图书在版编目(CIP)数据

数学物理方法 / 吴崇试,高春媛编著. -- 北京:北京大学出版社, 2024.8. --("101 计划"核心教材物理学领域). -- ISBN 978-7-301-35302-8

I. O411.1

中国国家版本馆 CIP 数据核字第 202436M6Z7 号

书 名	数学物理方法
	SHUXUE WULI FANGFA
著作责任者	吴崇试 高春媛 编著
责任编辑	尹照原
标准书号	ISBN 978-7-301-35302-8
出版发行	北京大学出版社
地 址	北京市海淀区成府路 205 号 100871
网 址	http://www.pup.cn
电子邮箱	zpup@pup.cn
新浪微博	@北京大学出版社
电 话	邮购部 010-62752015 发行部 010-62750672 编辑部 010-62752021
印 刷 者	北京市科星印刷有限责任公司
经 销 者	新华书店
	787 毫米 × 1092 毫米 16 开本 35.75 印张 958 千字
	2024 年 8 月第 1 版 2024 年 8 月第 1 次印刷
定 价	99.00 元

未经许可,不得以任何方式复制或抄袭本书之部分或全部内容。
版权所有,侵权必究
举报电话: 010-62752024 电子邮箱: fd@pup.cn
图书如有印装质量问题,请与出版部联系,电话: 010-62756370

出版说明

为深入实施科教兴国战略、人才强国战略、创新驱动发展战略,统筹推进教育科技人才体制机制一体化改革,教育部于 2023 年 4 月 19 日正式启动基础学科系列本科教育教学改革试点工作 (下称 "101 计划"). 物理学领域 "101 计划" 工作组邀请国内物理学界教学经验丰富、学术造诣深厚的优秀教师和顶尖专家,及 31 所基础学科拔尖学生培养计划 2.0 基地建设高校,从物理学专业教育教学的基本规律和基础要素出发,共同探索建设一流核心课程、一流核心教材、一流核心教师团队和一流核心实践项目. 这一系列举措有效地提高了我国物理学专业本科教学质量和水平,引领带动相关专业本科教育教学改革和人才培养质量提升.

通过基础要素建设的 "小切口",牵引教育教学模式的 "大改革",让人才培养模式从 "知识为主" 转向 "能力为先",是基础学科系列 "101 计划" 的主要目标. 物理学领域 "101 计划" 工作组遴选了力学、热学、电磁学、光学、原子物理学、理论力学、电动力学、量子力学、统计力学、固体物理、数学物理方法、计算物理、实验物理、物理学前沿与科学思想选讲等 14 门基础和前沿兼备、深度和广度兼顾的一流核心课程,由课程负责人牵头,组织调研并借鉴国际一流大学的先进经验,主动适应学科发展趋势和新一轮科技革命对拔尖人才培养的要求,力求将 "世界一流" "中国特色" "101 风格" 统一在配套的教材编写中. 本教材系列在吸纳新知识、新理论、新技术、新方法、新进展的同时,注重推动弘扬科学家精神,推进教学理念更新和教学方法创新.

在教育部高等教育司的周密部署下,物理学领域 "101 计划" 工作组下设的课程建设组、教材建设组,联合参与的教师、专家和高校,以及北京大学出版社、高等教育出版社、科学出版社等,经过反复研讨、协商,确定了系列教材详尽的出版规划和方案. 为保障系列教材质量,工作组还专门邀请多位院士和资深专家对每种教材的编写方案进行评审,并对内容进行把关.

在此,物理学领域 "101 计划" 工作组谨向教育部高等教育司的悉心指导、31 所参与高校的大力支持、各参与出版社的专业保障表示衷心的感谢;向北京大学郝平书记、龚旗煌校长,以及北京大学教师教学发展中心、教务部等相关部门在物理学领域 "101 计划" 酝酿、启动、建设过程中给予的亲切关怀、具体指导和帮助表示由衷的感谢;特别要向 14 位一流核心课程建设负责人及参与物理学领域 "101 计划" 一流核心教材编写的各位教师的辛勤付出,致以诚挚的谢意和崇高的敬意.

基础学科系列 "101 计划" 是我国本科教育教学改革的一项筑基性工程. 改革,改到深处是课程,改到实处是教材. 物理学领域 "101 计划" 立足世界科技前沿和国家重大战略需求,以兼具传承经典和探索新知的课程、教材建设为引擎,着力推进卓越人才自主培养,激发学生的科学志趣和创新潜力,推动教师为学生成长成才提供学术引领、精神感召和人生指导. 本教材系列的出版,是物理学领域"101 计划"实施的标志性成果和重要里程碑,与其他基础要素建设相得益彰,将为我国物理学及相关专业全面深化本科教育教学改革、构建高质量人才培养体系提供有力支撑.

物理学领域"101 计划"工作组

前　言

　　本书有幸列入"101 计划"作为物理专业课程核心教材出版.

　　本书是在《数学物理方法》(第三版, 北京大学出版社) 的基础上改编的. 从课程在整个物理专业教学计划中的定位出发, 根据"101 计划"的指导思想编写. 本课程立足于在高等数学 (包括线性代数) 和普通物理 (包括力学、热学、光学、电磁学和原子物理学) 的基础上, 为学习后继课程 (主要是电动力学和量子力学) 做准备, 包括数学知识和理论物理思维两方面的准备. 所以, 本教材增加了与后继课程的衔接, 添加了若干与后继课程相关的例题.

　　全书共分三个部分. 第一部分是复变函数, 或称解析函数论, 共 10 章. 在介绍了预备知识 (复数及其运算法则)、复数序列和复变函数后, 从微分学、积分学和无穷级数三个角度比较详细地介绍解析函数的性质及其应用. 和国内其他教材相比, 突出的内容有关于多值函数的讨论、Cauchy 定理的严格证明、发散级数与渐近级数等.

　　在这一部分中, 新增加了不少内容, 例如, 色散关系 (§3.9)、亚纯函数的有理分式展开 (§5.9)、计算含三角函数无穷积分的新方法 (§6.5)、一类无穷积分的变换公式 (§7.5)、在二阶线性齐次常微分方程正则奇点邻域内求解的 Frobenius 方法 (§8.3)、Riemann P- 方程 (§8.4)、超几何函数 (§8.4) 和合流超几何函数 (§8.5)、二阶线性齐次常微分方程的不变式 (§8.7)、常微分方程的积分解法 (§8.9) 和 Frullani 积分 (§10.3). 此外, 还增加了 Fourier 变换 (第九章), 包括在复平面上的 Fourier 变换 (§9.6), 并且从 Fourier 变换及其反演引入 δ 函数 (§9.4). 这里不少内容是国内现有教材所未曾涉及的.

　　本书的第二部分是数学物理方程, 共 11 章. 在由几类物理问题引出了三类常用的二阶线性偏微分方程以及定解条件后, 介绍了偏微分方程定解问题的常用解法: 分离变量法、积分变换法、Green 函数法和变分法. 其中的重点内容是分离变量法, 介绍了在直角坐标系 (第十三章)、平面极坐标系 (第十四章)、球坐标系 (第十六章) 以及柱坐标系 (第十七章) 中的应用, 并且在求解过程中自然引入了球函数和柱函数这两类特殊函数.

　　分离变量法的核心是本征值问题. 它们可以分为正则的和奇异的两种类型, 第十三、十四两章中遇到的本征值问题, 属于正则型, 它们总有解, 本征函数一定具有正交完备性. 而第十六、十七两章中的本征值问题, 多属于奇异型. 它们不一定有解, 但在有解的前提条件下, 本征函数也一定具有正交完备性. 本书第十五章介绍了 Sturm-Liouville 型方程本征值问题的基本结论, 它既作为第十三、十四两章的总结, 又作为第十六、十七两章的出发点. 在这一部分中, 新增加的内容还涉及与其他课程有关的问题, 例如量子力学中的角动量算符、理想超导体内的磁场以及涉及高精度光学系统设计的基本数学问题.

　　本书的第三部分, 选读材料汇编, 全部都是新增加的章节. 它由第二十二章和第二十三章构成. 集中介绍了与本课程密切相关的理论性课题. 第二十二章讨论了有关函数空间、线性算符以及线性微分算符的本征值问题, 介绍了与物理学密切相关的 Hilbert 空间、空间中的线性微分算符及其本征值问题, 特别是在讨论了正则的 Sturm-Liouville 型方程的本征值问题后, 介绍了奇异的本征值问题的相关结论, 从而使我们对常微分方程本征值问题有一个比较全面的了解. 第二十三章介绍了广义函数, 比较详细地介绍了广义函数的概念和它的运算规则, 介绍了广义函数 δ 和 $1/x$. 从广义函数的角度讨论了常微分方程初值问题和边值问题的本征值问题. 和传统的函数概念相比, 广义函数是全新的概念, 又是物理学中不可或缺的重要知识与工具, 需要逐步熟悉和运用. 这两章的内容, 应该说, 都有一定的理论深度与难度. 建议初读者先简单浏览一下全部内容, 对于所讨论的内容有一个基本的了解, 初步掌握相关的概念和运算. 以后随着学习与工作的需要, 再仔细研读.

本书融入了编者在长期教学中的思考与积淀, 在若干问题上采用了不同于传统教材的讲法. 例如在正交曲面坐标系中坐标原点处有界条件的提法, 不是简单归结为物理问题的需要. 又如 Γ 函数的互余宗量定理和倍乘公式的证明, 在一般教材中, 各自总要用到特别的技巧. 本书利用 B 函数与 Γ 函数的关系来证明, 希望能使证明的难度有所降低, 方法上也显得比较一致. 再如关于 Legendre 多项式, 通常都是在 $x=0$ 点的邻域内求解 Legendre 方程而引入. 现在改用在 $x=1$ 点的邻域内求解 Legendre 方程, 求解本征值问题更加直截了当, 在此基础上照样能推出 Legendre 多项式的其他性质, 并不产生任何困难.

需要提到, 本书中还添加了一些略有创新的内容, 例如前面已经提到的有关计算含三角函数无穷积分的新方法, 至少在国内教材中是独有的; 又如计算一类无穷积分的变换公式, 应用这些变换公式, 就可以实现一个符合条件的无穷积分与有界区间上积分的互换, 就可以轻松地计算出数以千计乃至数以万计的积分. 书中还介绍了 Legendre 多项式的 Christoffel 型和式 (§16.8), 其实不仅限于 Legendre 多项式, 根据其他特殊函数的递推关系, 也都可以导出各自的 Christoffel 型和式, 书中就留有推导 Bessel 函数的 Christoffel 型和式的习题. 以上这些内容, 书中只能做导引性的介绍, 谈不上说它们在课程内容的发展上有什么意义, 但可以启发读者的思维, 避免把数学物理方法看成是固化的、毫无创新余地的学科.

本书的前两部分, 每章均配有习题, 其中大约半数是新换的题目. 习题答案以数字资源的形式提供. 同时, 在数字资源中, 还提供了课程录像和课外阅读材料, 包括 "拾遗补阙" (列有 80 多个或简或繁的问答) 和编者发表的教学性论文, 也有相关工具书的勘误. 此外, 还请北京大学物理学院的朱杰同学更新了有关 Mathematica 软件的简介.

在本书的修订、改编过程中, 物理学 101 计划工作组邀请了中山大学林琼桂教授、山东大学刘天博教授和湖南大学戴凌云教授担任本书的评审专家. 三位教授非常仔细地审阅了全部书稿, 从基本概念到具体内容的表述都提出了不少中肯的意见, 为本书的最后定稿作出了不可磨灭的贡献. 编者在此谨向三位教授致以诚挚的感谢.

感谢北京大学出版社为本书出版提供的方便, 感谢尹照原编辑在书稿的加工和绘制插图等方面付出的辛勤劳动.

由于本书写作仓促, 错误之处, 欢迎使用本书的师生与其他读者指正.

吴崇试　2024 年于北京大学

目 录

第一部分　复变函数

第一章　复数和复变函数 · 3
　§1.1　预备知识: 复数与复数运算 · 3
　§1.2　复数序列 · 7
　§1.3　复变函数 · 8
　§1.4　无穷远点 · 10
*§1.5　正十七边形的尺规作图问题 · 10
　习题 · 11

第二章　解析函数 · 13
　§2.1　复变函数的极限和连续 · 13
　§2.2　可导与可微 · 13
　§2.3　解析函数 · 15
　§2.4　初等函数 · 17
*§2.5　解析函数的保角性 · 19
　§2.6　多值函数 · 22
　习题 · 28

第三章　复变积分 · 31
　§3.1　复变积分 · 31
　§3.2　Cauchy 定理 · 32
　§3.3　两个常用的引理 · 39
　§3.4　Cauchy积分公式 · 41
　§3.5　Cauchy 型积分 · 42
　§3.6　解析函数的高阶导数公式以及 Cauchy 积分公式的其他推论 · · · · · · 44
　§3.7　含参量积分的解析性 · 45
*§3.8　Poisson 公式 · 46
*§3.9　色散关系 · 48
　习题 · 49

第四章　无穷级数 · 51
　§4.1　复数级数 · 51
　§4.2　二重级数 · 54

§4.3 函数级数 · · · · · · 55
§4.4 幂级数 · · · · · · 57
§4.5 含参量的反常积分的解析性 · · · · · · 60
*§4.6 发散级数与渐近级数 · · · · · · 62
习题 · · · · · · 66

第五章 解析函数的无穷级数展开 · · · · · · 68
§5.1 解析函数的 Taylor 展开 · · · · · · 68
§5.2 Taylor 级数求法举例 · · · · · · 70
§5.3 解析函数的零点孤立性和解析函数的唯一性 · · · · · · 73
§5.4 解析函数的 Laurent 展开 · · · · · · 74
§5.5 Laurent 级数求法举例 · · · · · · 76
§5.6 单值函数的孤立奇点 · · · · · · 80
§5.7 解析延拓 · · · · · · 82
*§5.8 Bernoulli 数和 Euler 数 · · · · · · 84
§5.9 半纯函数的有理分式展开 · · · · · · 85
习题 · · · · · · 87

第六章 留数定理及其应用 · · · · · · 90
§6.1 留数定理 · · · · · · 90
§6.2 有理三角函数的积分 · · · · · · 94
§6.3 无穷积分 · · · · · · 95
§6.4 含三角函数的无穷积分 · · · · · · 97
§6.5 计算含三角函数无穷积分的新方法 · · · · · · 99
§6.6 积分路径上有奇点的情形 · · · · · · 101
§6.7 涉及多值函数的复变积分 · · · · · · 103
*§6.8 其他形式的积分围道 · · · · · · 106
*§6.9 应用留数定理计算无穷级数的和 · · · · · · 109
习题 · · · · · · 111

第七章 Γ 函数 · · · · · · 113
§7.1 Γ 函数的定义 · · · · · · 113
§7.2 Γ 函数的基本性质 · · · · · · 115
§7.3 ψ 函数 · · · · · · 117
§7.4 B 函数 · · · · · · 122
*§7.5 一类无穷积分的变换公式 · · · · · · 125
§7.6 Γ 函数的普遍表达式 · · · · · · 128
*§7.7 Γ 函数的渐近展开 · · · · · · 130
*§7.8 Riemann ζ 函数和 Möbius 变换 · · · · · · 132
习题 · · · · · · 136

第八章 二阶线性常微分方程的幂级数解法 · · · · · · 138
§8.1 二阶线性常微分方程的常点和奇点 · · · · · · 138
§8.2 方程常点邻域内的解 · · · · · · 139
§8.3 方程正则奇点邻域内的解 · · · · · · 143

§8.4　Riemann P-方程和超几何方程的解 ········· 151
§8.5　合流超几何方程的解 ········· 155
*§8.6　方程非正则奇点邻域内的解 ········· 158
§8.7　二阶线性常微分方程的不变式 ········· 161
§8.8　幂级数展开与常微分方程 ········· 167
*§8.9　常微分方程的积分解法 ········· 172
习题 ········· 176

第九章　Fourier 变换 ········· 178

§9.1　Fourier 变换的定义 ········· 178
§9.2　Fourier 变换的基本性质 ········· 185
§9.3　Fourier 变换的 Parseval 公式与卷积公式 ········· 186
§9.4　δ 函数 ········· 190
§9.5　利用 δ 函数计算无穷积分 ········· 196
§9.6　复平面上的 Fourier 变换 ········· 198
习题 ········· 202

第十章　Laplace 变换 ········· 204

§10.1　Laplace 变换的定义 ········· 204
§10.2　Laplace 变换的基本性质 ········· 206
§10.3　Laplace 变换的反演 ········· 210
§10.4　普遍反演公式 ········· 214
*§10.5　利用 Laplace 变换计算级数和 ········· 217
§10.6　Laplace 型常微分方程的积分解法 ········· 219
习题 ········· 222

第二部分　数学物理方程

第十一章　数学物理方程和定解条件 ········· 227

§11.1　波动方程 ········· 227
§11.2　热传导方程 ········· 230
§11.3　稳定问题 ········· 231
§11.4　定解条件 ········· 232
§11.5　定解问题的适定性 ········· 236
习题 ········· 238

第十二章　线性偏微分方程的通解 ········· 239

*§12.1　线性方程解的叠加性 ········· 239
*§12.2　常系数线性齐次偏微分方程的通解 ········· 240
*§12.3　常系数线性非齐次偏微分方程的通解 ········· 243
*§12.4　特殊的变系数线性齐次偏微分方程 ········· 246
*§12.5　波动方程的行波解 ········· 247
*§12.6　波的耗散和色散 ········· 249
*§12.7　热传导方程的定性讨论 ········· 251

*§12.8　Laplace 方程的定性讨论 · 253
　　习题 · 253

第十三章　分离变量法 · 255
　§13.1　两端固定弦的自由振动 · 256
　*§13.2　分离变量法的物理诠释 · 261
　§13.3　矩形区域内的稳定问题 · 262
　§13.4　多于两个自变量的定解问题 · 265
　§13.5　两端固定弦的受迫振动 · 267
　§13.6　非齐次边界条件的齐次化 · 273
　　习题 · 278

第十四章　正交曲面坐标系 · 281
　§14.1　正交曲面坐标系 · 281
　§14.2　正交曲面坐标系中的 Laplace 算符 · 283
　§14.3　Laplace 算符的平移、转动和反射不变性 · 290
　§14.4　圆形区域内的稳定问题 · 291
　*§14.5　矢量波动方程和矢量 Helmholtz 方程 · 300
　　习题 · 302

第十五章　常微分方程的本征值问题 · 303
　§15.1　自伴算符的本征值问题 · 303
　§15.2　Sturm-Liouville 型方程的本征值问题 · 309
　§15.3　Sturm-Liouville 型方程本征值问题的简并现象 · · · · · · · · · · · · · · · · 313
　§15.4　从 Sturm-Liouville 型方程的本征值问题看分离变量法 · · · · · · · · 314
　　习题 · 318

第十六章　球函数 · 321
　§16.1　Helmholtz 方程在球坐标系下的分离变量 · 321
　§16.2　Legendre 方程的解 · 322
　§16.3　Legendre 多项式 · 324
　§16.4　Legendre 多项式的微分表示 · 327
　§16.5　Legendre 多项式的正交完备性 · 329
　§16.6　Legendre 多项式的生成函数 · 332
　§16.7　Legendre 多项式的递推关系 · 333
　§16.8　Legendre 多项式的 Christoffel 型和式 · 336
　§16.9　Legendre 多项式应用举例 · 339
　§16.10　连带 Legendre 函数 · 344
　§16.11　球面调和函数 · 347
　§16.12　量子力学中的轨道角动量 · 350
　*§16.13　连带 Legendre 函数的加法公式 · 350
　*§16.14　关于正交多项式的一般讨论 · 354
　　习题 · 357

第十七章　柱函数 · · · · · · 360
　§17.1　Helmholtz 方程在柱坐标系下的分离变量 · · · · · · 360
　§17.2　Bessel 方程的解：Bessel 函数和 Neumann 函数 · · · · · · 361
　§17.3　Bessel 函数的递推关系 · · · · · · 367
　§17.4　Bessel 函数的渐近展开 · · · · · · 371
　§17.5　整数阶 Bessel 函数的生成函数和积分表示 · · · · · · 372
　§17.6　Bessel 方程的本征值问题 · · · · · · 376
　*§17.7　虚宗量 Bessel 函数 · · · · · · 381
　§17.8　半奇数阶 Bessel 函数 · · · · · · 385
　§17.9　球 Bessel 函数 · · · · · · 385
　§17.10　幂级数展开与偏微分方程 · · · · · · 388
　习题 · · · · · · 392

第十八章　积分变换的应用 · · · · · · 396
　§18.1　Laplace 变换的应用 · · · · · · 396
　§18.2　Fourier 变换的应用 · · · · · · 401
　*§18.3　半无界空间的情形 · · · · · · 404
　§18.4　关于积分变换的一般讨论 · · · · · · 405
　*§18.5　小波变换简介 · · · · · · 408
　习题 · · · · · · 412

第十九章　求解微分方程定解问题的 Green 函数方法 · · · · · · 413
　§19.1　二阶常微分方程的 Green 函数 · · · · · · 413
　§19.2　常微分方程初值问题的 Green 函数 · · · · · · 415
　§19.3　常微分方程边值问题的 Green 函数 · · · · · · 421
　§19.4　偏微分方程定解问题 Green 函数的概念 · · · · · · 426
　§19.5　稳定问题 Green 函数的一般性质 · · · · · · 429
　§19.6　三维无界空间 Helmholtz 方程的 Green 函数 · · · · · · 431
　§19.7　圆内 Poisson 方程第一边值问题的 Green 函数 · · · · · · 435
　*§19.8　波动方程的 Green 函数 · · · · · · 440
　*§19.9　热传导方程的 Green 函数 · · · · · · 445
　习题 · · · · · · 447

第二十章　变分法初步 · · · · · · 451
　§20.1　泛函的概念 · · · · · · 451
　§20.2　泛函的极值 · · · · · · 452
　§20.3　泛函的条件极值 · · · · · · 457
　§20.4　微分方程定解问题和本征值问题的变分形式 · · · · · · 459
　*§20.5　变边值问题 · · · · · · 461
　§20.6　Rayleigh-Ritz 方法 · · · · · · 463
　习题 · · · · · · 466

第二十一章　数学物理方程综述 · · · · · · 468
- §21.1　二阶线性偏微分方程的分类 · · · · · · 468
- §21.2　线性偏微分方程解法述评 · · · · · · 471
- §21.3　非线性偏微分方程问题 · · · · · · 473
- 习题 · · · · · · 477

第三部分　选读材料汇编

第二十二章　线性微分算符的本征值问题 · · · · · · 481
- §22.1　度量空间 · · · · · · 481
- §22.2　赋范线性空间与内积空间 · · · · · · 483
- §22.3　Hilbert 空间 · · · · · · 488
- §22.4　线性算符 · · · · · · 492
- §22.5　Hilbert 空间上的线性算符 · · · · · · 495
- §22.6　线性微分算符 · · · · · · 497
- §22.7　Sturm-Liouville 型方程的本征值问题 · · · · · · 502
- §22.8　奇异的本征值问题 · · · · · · 504

第二十三章　广义函数 · · · · · · 512
- §23.1　线性泛函 · · · · · · 512
- §23.2　广义函数 · · · · · · 515
- §23.3　广义函数的基本运算 · · · · · · 518
- §23.4　奇异广义函数 δ · · · · · · 521
- §23.5　广义函数序列的收敛性 · · · · · · 523
- §23.6　奇异广义函数 $1/x$ · · · · · · 526
- §23.7　广义函数中的微分方程 · · · · · · 531
- §23.8　常微分方程初值问题的 Green 函数 · · · · · · 536
- §23.9　常微分方程边值问题的 Green 函数 · · · · · · 540
- §23.10　Green 函数的本征函数展开 · · · · · · 544

参考书目 · · · · · · 551

索引 · · · · · · 553

数字资源目录

第一部分　数字课程

一、复变函数的微积分

二、无穷级数

三、解析函数的应用

四、偏微分方程定解问题及其解法

五、分离变量法（正交曲面坐标系）

六、偏微分方程定解问题的其他解法

第二部分　习题答案与 Mathematica 简介

一、习题答案

二、Mathematica 在数学物理方法课程中的应用

第三部分　阅读材料

一、拾遗补阙

二、特殊函数公式校订

三、《数学手册》勘误

四、教学论文

数学符号

$\forall$	任何; 凡	$\mathbb{N}$	非负整数 (自然数)
$\exists$	有; 存在	$\mathbb{Z}$	整数
$\exists!$	存在唯一的	$\mathbb{R}$	实数
$\nexists$	不存在	$\mathbb{R}^+$	正数
$\wedge$	并且; 与	$\mathbb{R}^-$	负数
$\vee$	或	$\mathbb{C}$	复数; 复平面
		$\overline{\mathbb{C}}$	复数 (包括 ∞)
$a \in A$	(元素) a 属于 (集合) A		扩充的复平面
$a \notin A$	a 不属于 A		
$\cup$	并集	$\overline{\lim}$	上极限
$\cap$	交集	$\underline{\lim}$	下极限
$\supset$	包含	$\rightrightarrows$	一致收敛
$\subset$	子集	$\|\cdot\|$	范数
$\subseteq$	包含于	$(\alpha)_n$	$\alpha(\alpha+1)\cdots(\alpha+n-1)$
$A \setminus B$	$\{a : a \in A, a \notin B\}$	$\langle \boldsymbol{x}, \boldsymbol{y} \rangle$	(矢量 $\boldsymbol{x}, \boldsymbol{y}$) 的内积
$\emptyset$	空集	(f, ϕ)	广义函数 f
$\mathscr{F}\{f\}$	f 的 Fourier 变换	$\mathscr{F}^{-1}\{f\}$	f 的 Fourier 逆变换
$\mathscr{L}\{f\}$	f 的 Laplace 变换	$\mathscr{L}^{-1}\{f\}$	f 的 Laplace 逆变换
$F(p) \fallingdotseq f(t)$	$F(p) = \mathscr{L}\{f(t)\}$	$f(t) \fallingdotseq F(p)$	$f(t) = \mathscr{L}^{-1}\{F(p)\}$

第一部分

复变函数

复变函数，简言之，是自变量为复数的函数，可以看成是自变量为实数的函数概念的自然推广．本书仅限于讨论单变量的复变函数，内容包括复变函数的定义、复变函数的极限与连续、解析函数以及解析函数的微积分学性质、复变级数以及解析函数的级数展开、留数定理及其应用、常微分方程的解析理论，还有 Fourier 变换和 Laplace 变换，等等．

复变函数，并不是只是简单地将函数的自变量由实数改写为复数．由于函数自变量的变化范围由实轴拓展到复平面，将函数在区间内处处可导拓展为在区域内处处可导，函数的性质会表现出全新的特点．例如，复正弦函数与余弦函数不再是有界函数，复指数函数也是周期函数．作为本课程前半部分的主线，研究复变函数的解析性与奇异性这两个侧面，可以使我们对函数的认识更加全面与深入．复变函数的内容十分丰富与完美，而且又与物理学密切相关，在物理学中有着广泛的应用．本部分将介绍复变函数论的基本知识，围绕物理学的需要选择内容，不刻意追求数学上的系统和严格．除此之外，还介绍了编者在长期教学中积累的创新性成果，例如计算含三角函数无穷积分的新方法以及一类无穷积分的变换公式等内容．

本部分中，介绍了常微分方程的解析理论，介绍了超几何方程和合流超几何方程的解，它们在后继课程中有广泛的应用．在介绍常微分方程的积分解法后，又介绍了 Fourier 变换和 Laplace 变换，并且通过 Fourier 变换引进了 δ 函数，涉及 δ 函数的基本知识以及应用 δ 函数级数定积分，实际上也就是常微分方程的 Green 函数解法．这些内容，在本书第二部分中，还将用于求解偏微分方程定解问题．

阅读本书的读者，应当已经掌握高等数学的相关知识，包括一元函数和多元函数的微积分、无穷级数、常微分方程等，并能熟练、正确地进行相关运算．

第一章

复数和复变函数

本章介绍复数的代数运算和几何结构. 要求读者已经熟知实数的运算以及相关的各种性质.

§1.1 预备知识: 复数与复数运算

1. 复数定义

设 x 和 y 都是实数, 如果**有序实数对** (x,y) 之间遵从下列运算规则:

$$\text{加法} \quad (x_1,y_1)+(x_2,y_2)=(x_1+x_2,y_1+y_2), \tag{1.1}$$

$$\text{乘法} \quad (x_1,y_1)(x_2,y_2)=(x_1x_2-y_1y_2,x_1y_2+y_1x_2), \tag{1.2}$$

则称有序实数对 (x,y) 定义了一个**复数** z, 记为

$$z=(x,y)=x(1,0)+y(0,1), \tag{1.3}$$

其中 x 称为 z 的**实部**, y 称为 z 的**虚部**, 记作

$$x=\operatorname{Re} z, \qquad y=\operatorname{Im} z.$$

由复数的定义可知, 由所有复数组成的集合构成一个域[①], 称为**复数域**, 记为 $\mathbb{C}$. 由所有实数组成的集合也构成一个域, 称为**实数域**, 记为 $\mathbb{R}$.

上面的 (1.1)、(1.2) 和 (1.3) 诸式均为关于复数的等式. 所谓两个**复数相等**, 其含义是这两个复数的实部、虚部分别相等.

和实数不同, 复数不能比较大小.

2. 特殊的复数: $1, \mathrm{i}$ 和 0

复数涵盖了实数作为它的特殊情形.

当虚部 $y=0$ 时, 复数

$$(x,0)\equiv x(1,0)\equiv x$$

就是实数 x, 特别是 $(1,0)$ 就是实数 1, 即

$$1=(1,0).$$

[①] 关于域的定义, 可以参考《代数学引论》(聂灵沼, 丁石孙著, 高等教育出版社, 1988) 的第一章.

由复数乘法 (1.2) 可知, 对任意复数 z, 均有

$$z \cdot 1 = 1 \cdot z = z.$$

当实部 $x = 0$ 时, 复数 $z = (0, y) = y(0, 1) = \mathrm{i}y$ 称为**纯虚数**, 其中复数 $(0, 1)$ 称作**虚单位**, 记作 i (Euler, 1777),

$$\mathrm{i} \equiv (0, 1). \tag{1.4}$$

于是, (1.3) 式中的复数 z 就可以记为

$$z = x + \mathrm{i}y. \tag{1.5}$$

显然, 由乘法规则 (1.2) 可得

$$(0, 1)(0, 1) = (-1, 0) = -1, \quad 即 \quad \mathrm{i}^2 = -1.$$

虚单位 i 的引入, 使得在实数域 $\mathbb{R}$ 内不能开平方的负数在复数域 $\mathbb{C}$ 内也能进行开平方运算. 相应地, 在实数域 $\mathbb{R}$ 内不能分解因式的 $z^2 + 1$ 也可以因式分解为 $z^2 + 1 = (z + \mathrm{i})(z - \mathrm{i})$.

另一个特殊的复数 (也是实数) 是零, 仍记为 0, 即

$$0 = (0, 0).$$

不难证明, 对于任意复数 z,

$$z + 0 = 0 + z = z, \quad z \cdot 0 = 0 \cdot z = 0.$$

每一个复数 z 都有唯一的**相反数**

$$-z = (-x, -y)$$

满足

$$z + (-z) = 0.$$

利用相反数可以定义复数的减法

$$z_1 - z_2 = z_1 + (-z_2) = (x_1, y_1) + (-x_2, -y_2) = (x_1 - x_2, y_1 - y_2). \tag{1.6}$$

显然, 复数的减法是加法的逆运算.

3. 复数的几何表示

复数 $z = x + \mathrm{i}y$ 可以用二维平面上横坐标为 x、纵坐标为 y 的点表示. 这样的二维平面称为**复平面**. 复平面上的水平横轴称为**实轴**, 竖直纵轴称为**虚轴**. 复数和复平面上的点有一一对应的关系: 对于任意一个复数, 复平面上都有唯一的一个点与之对应; 反之, 对于复平面上的任意一点, 也都有唯一的一个复数与之对应, 因此复平面上所有点的集合构成复数域 $\mathbb{C}$.

复数 $z = x + \mathrm{i}y$ 还可以用复平面 $\mathbb{C}$ 内的矢量表示. 这个矢量在实轴和虚轴上的投影分别为 x 和 y. 跟力学中表示力的矢量不同,复平面上的矢量没有作用点的概念,将复平面上的矢量平移仍代表同一个复数. 换言之,所有长度和指向都相同的矢量均表示同一个复数,在图 1.1 中就有两个矢量表示同一复数 z_2.

复数加法 (1.1) 满足平行四边形法则,或称三角形法则. 如图 1.1 所示,在复平面上将表示复数 z_1 与 z_2 的矢量首尾相连,则由 z_1 的起点指向 z_2 末端的矢量是 z_1 与 z_2 的和 $z_1 + z_2$;若将 z_1 和 z_2 的矢量起点重合,则 z_2 的末端指向 z_1 的末端的矢量就是 z_1 与 z_2 的差 $z_1 - z_2$. 表示 z_1 及 z_2 的矢量可以组成一个平行四边形,$z_1 + z_2$ 及 $z_1 - z_2$ 分别是此平行四边形的两条对角线.

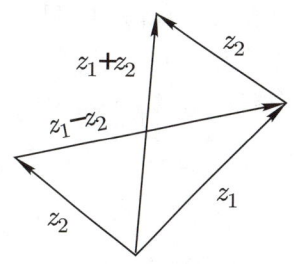

图 1.1　复数的加法和减法

4. 共轭复数及复数除法

复数 $z^* \equiv x - \mathrm{i}y$ 与 $z = x + \mathrm{i}y$ 互为**复共轭**. 在复平面上,复数 z 与其复共轭 z^* 关于实轴对称.

z 的共轭复数 z^* 有时也记为 $\bar{z}$.

显然 $(z^*)^* = z$.

z 是一个实数,当且仅当 $z = z^*$.

$z + z^* = 2x$ 是实数,$z - z^* = 2\mathrm{i}y$ 是纯虚数. 互为复共轭的两个复数的乘积 zz^* 为非负实数,

$$zz^* = (x + \mathrm{i}y)(x - \mathrm{i}y) = x^2 + y^2 \geqslant 0.$$

复数的除法是乘法的逆运算,借助共轭复数可以方便地进行复数除法运算:

$$\frac{x_1 + \mathrm{i}y_1}{x_2 + \mathrm{i}y_2} = \frac{(x_1 + \mathrm{i}y_1)(x_2 - \mathrm{i}y_2)}{(x_2 + \mathrm{i}y_2)(x_2 - \mathrm{i}y_2)} = \frac{x_1 x_2 + y_1 y_2}{x_2^2 + y_2^2} + \mathrm{i}\frac{y_1 x_2 - x_1 y_2}{x_2^2 + y_2^2}, \quad x_2 + \mathrm{i}y_2 \neq 0. \tag{1.7}$$

这里承袭并推广了实数运算的一个法则: 分式的分子、分母同乘一 (非零) 数,其值不变.

5. 复数的极坐标表示

二维平面上的点不仅可以用直角坐标 (x, y) 描述,也可以用极坐标 (r, θ) 描述:

$$x = r\cos\theta, \quad y = r\sin\theta.$$

换言之,复平面上的复数 z 不仅可以用实部 x 和虚部 y 表示,也可以用 r 和 θ 表示为:

$$z = x + \mathrm{i}y = r(\cos\theta + \mathrm{i}\sin\theta), \tag{1.8}$$

其中 r, θ 分别称为复数 z 的**模**和**辐角**,分别记为

$$r = |z| = \sqrt{x^2 + y^2}, \quad \theta = \arg z, \quad z \neq 0. \tag{1.9}$$

显然复数 z 的模 $|z|$ 一定是个非负实数,它是复平面上表示复数 z 的点到坐标原点的距离,也是表示复数 z 的矢量的长度. 复数 z_1 与 z_2 之差 $z_1 - z_2$ 的模 $|z_1 - z_2|$ 就是复平面上表

示复数 z_1 和 z_2 的两个点之间的距离. 当 $z = 0$ 时, $r = 0$, θ 任意, 即复数 0 的模为 0, 而辐角不定. 当 $z \neq 0$ 时, 由于三角函数的周期性, 导致复数的辐角值并不唯一: 它加上 2π 的任意整数倍, 仍然表示同一个复数 (见图 1.2). 因此, 如果两个复数 z_1 和 z_2 相等, 就意味着

$$|z_1| = |z_2|, \tag{1.10a}$$

$$\arg z_1 = \arg z_2 + 2n\pi, \qquad n = 0, \pm 1, \pm 2, \cdots. \tag{1.10b}$$

通常把 $(-\pi, \pi]$ 之间的辐角值称为辐角的**主值**.

复数的辐角值不唯一, 这一现象称为**辐角的多值性**. 后面我们将看到, 辐角的多值性将给我们的讨论带来一些复杂性.

在极坐标表示下, 复数的乘法运算和除法运算就很简单.

设有两个非零复数

$$z_1 = r_1\left(\cos\theta_1 + \mathrm{i}\sin\theta_1\right) \neq 0, \qquad z_2 = r_2\left(\cos\theta_2 + \mathrm{i}\sin\theta_2\right) \neq 0,$$

它们的乘积就是模相乘, 辐角相加, 即

$$\begin{aligned} z_1 \cdot z_2 &= r_1 r_2 \big[\left(\cos\theta_1\cos\theta_2 - \sin\theta_1\sin\theta_2\right) + \mathrm{i}\left(\sin\theta_1\cos\theta_2 + \cos\theta_1\sin\theta_2\right)\big] \\ &= r_1 r_2 \big[\cos\left(\theta_1 + \theta_2\right) + \mathrm{i}\sin\left(\theta_1 + \theta_2\right)\big]. \end{aligned} \tag{1.11}$$

如图 1.3 所示, 在复平面上, 由复数 $0, 1, z_1$ 构成的三角形与由复数 $0, z_2, z_1 z_2$ 构成的三角形相似.

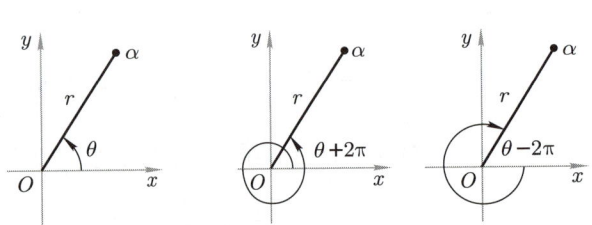

图 1.2 复数的模和辐角及辐角的多值性

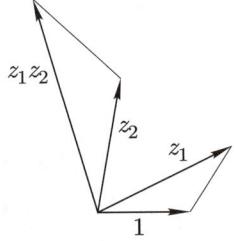

图 1.3 复数的乘法

同样, 两个复数相除, 就是它们的模相除, 辐角相减, 即

$$\frac{z_1}{z_2} = \frac{z_1 \cdot z_2^*}{z_2 \cdot z_2^*} = \frac{r_1}{r_2}\big[\cos\left(\theta_1 - \theta_2\right) + \mathrm{i}\sin\left(\theta_1 - \theta_2\right)\big], \qquad z_2 \neq 0. \tag{1.12}$$

6. 复数的指数表示

可以用 Euler 公式

$$\mathrm{e}^{\mathrm{i}\theta} = \cos\theta + \mathrm{i}\sin\theta \tag{1.13}$$

作为**纯虚数指数函数**的定义. 它具有和实指数函数相同的性质:

$$\mathrm{e}^{\mathrm{i}\theta_1} \cdot \mathrm{e}^{\mathrm{i}\theta_2} = \mathrm{e}^{\mathrm{i}(\theta_1 + \theta_2)}, \tag{1.14}$$

所以复数 z 又可以表示成
$$z = re^{i\theta}, \tag{1.15}$$
因而复数的乘法和除法运算可以表示得更简单:
$$z_1 \cdot z_2 = r_1 e^{i\theta_1} \cdot r_2 e^{i\theta_2} = r_1 r_2 e^{i(\theta_1 + \theta_2)}, \tag{1.11'}$$
$$\frac{z_1}{z_2} = r_1 e^{i\theta_1} \cdot \frac{1}{r_2} e^{-i\theta_2} = \frac{r_1}{r_2} e^{i(\theta_1 - \theta_2)}, \qquad z_2 \neq 0. \tag{1.12'}$$

§1.2 复数序列

按照一定顺序排列的无穷多个复数
$$z_n = x_n + iy_n, \quad n = 1, 2, 3, \cdots$$
称为**复数序列**, 记为 $\{z_n\}$. 显然, 一个复数序列完全等价于两个实数序列 $\{x_n\}$ 和 $\{y_n\}$.

前面曾经提到, 复数 z 和复平面上的点一一对应, 因此, 一般说来, 一个复数序列 $\{z_n\}$ 就对应于复平面上按给定次序排列的无穷多个点. 这无穷多个点在复平面上可能会聚集到一起, 我们因而可以定义序列的聚点: 给定序列 $\{z_n\}$, 若存在复数 z, $\forall \varepsilon > 0$, 恒有无穷多个 n 使得 $|z_n - z| < \varepsilon$, 则称 z 为序列 $\{z_n\}$ 的一个**聚点** (或**极限点**).

当然, 从概念上说, 序列的定义并不排除序列中的多个成员甚至全部成员都取同一数值, 例如序列 $\{1, 1, 1, \cdots\}$, 它在复平面上也就对应于一点.

一个序列可以有不止一个聚点, 例如序列
$$\frac{1}{2}, -\frac{2}{3}, \frac{3}{4}, -\frac{4}{5}, \frac{5}{6}, -\frac{6}{7}, \cdots, (-1)^{n+1}\frac{n}{n+1}, \cdots \tag{1.16}$$
就有两个聚点, ± 1.

特别是, 对于实数序列 $\{x_n\}$ 的聚点 (也必然是实数), 其中数值最大的, 称为实数序列 $\{x_n\}$ 的**上极限**, 记为 $\overline{\lim\limits_{n\to\infty}} x_n$; 而数值最小的, 称为实数序列 $\{x_n\}$ 的**下极限**, 记为 $\underline{\lim\limits_{n\to\infty}} x_n$. 上面的实数序列 (1.16) 中, 1 和 -1 就分别是它的上、下极限.

由实数序列上 (下) 极限的定义, 不难证明, 当 $x_n \geqslant 0$, $y_n \geqslant 0$ 时, 有
$$\overline{\lim_{n\to\infty}} (x_n \cdot y_n) \leqslant \overline{\lim_{n\to\infty}} x_n \cdot \overline{\lim_{n\to\infty}} y_n, \tag{1.17a}$$
$$\underline{\lim_{n\to\infty}} (x_n \cdot y_n) \geqslant \underline{\lim_{n\to\infty}} x_n \cdot \underline{\lim_{n\to\infty}} y_n. \tag{1.17b}$$

有界序列和无界序列 给定序列 $\{z_n\}$, 如果 $\exists M > 0$, 使 $\forall n$, 都有 $|z_n| < M$, 则序列 $\{z_n\}$ 称为有界的; 否则就是无界的.

Bolzano - Weierstrass 定理 一个有界序列至少有一个聚点.

极限 给定序列 $\{z_n\}$, 如果存在复数 z, $\forall \varepsilon > 0$, $\exists N(\varepsilon) > 0$, 使当 $n > N(\varepsilon)$ 时, 有 $|z_n - z| < \varepsilon$, 则称序列 $\{z_n\}$ 收敛于 z, 记为
$$\lim_{n\to\infty} z_n = z.$$

此时称序列 $\{z_n\}$ 是**收敛**的, 其中 z 叫作**序列** $\{z_n\}$ **的极限**. 一个序列的极限必然是此序列的聚点, 而且是唯一的聚点.

一个无界序列不可能是收敛的. 不收敛的序列称为**发散**序列.

只有在少数情况下能够直接利用序列收敛的定义 (即直接找到序列的极限) 证明序列是收敛的. 因此, 我们需要有办法来判别一个序列是否收敛.

复数序列收敛的 Cauchy 充要条件　$\forall \varepsilon > 0, \exists$ 正整数 $N(\varepsilon)$, 使对于 $\forall$ 正整数 p, 有
$$|z_{N+p} - z_N| < \varepsilon.$$

§1.3　复变函数

复变函数论中研究的是定义在一定区域内的函数, 为此先要介绍点集和区域的概念.

所谓复平面上的**点集**, 就是 $\mathbb{C}$ 的子集. 点集内存在所谓**内点**, 就是存在 $\delta > 0$, 使得 $|z - z_0| < \delta$ 的所有点都属于点集, 则称该点为点集的内点. 注意, 内点一定是相对于某个点集而言的.

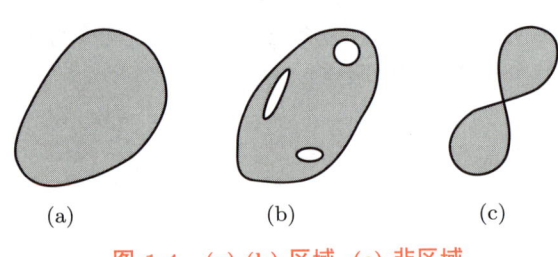

图 1.4　(a) (b) 区域, (c) 非区域

复平面上满足下列两个条件的点集称为**区域**: (1) 全部都由内点组成; (2) 具有**道路连通性**, 即点集中任意两点, 都可以用一条折线连接起来, 且折线上的点全都属于此点集.

图 1.4 (a) 和 (b) 中的图形都是区域, 但 (c) 不构成区域.

按照连通性质的不同, 还可以将区域进一步划分为单连通区域与多连通区域:

- **单连通区域**: 在区域内作任何简单闭合围道 (自身不相交的闭合曲线), 围道内的点都属于该区域;
- **多连通区域**: 不是单连通区域的区域, 也称复连通区域.

图 1.4 (a) 中的区域就属于单连通区域, 而图 1.4 (b) 中的区域则为多连通区域.

区域常常可用不等式表示. 例如, $|z| < R$ 表示以原点为圆心、R 为半径的圆内区域; $0 < \arg z < \pi/2$ 表示第一象限; $\operatorname{Im} z > 0$ 表示上半平面. 图 1.5 中给出了几个示例.

对区域 G, 如果 $\exists M > 0$, 使得对 $\forall z \in G$, 都有 $|z| < M$, 则称区域 G 为**有界区域**. 反之, 则称区域 G 为**无界区域**. 图 1.5 中 (a)、(c) 和 (f) 所示的区域是有界区域, (b)、(d) 和 (e) 所示的区域是无界区域.

与区域有关的概念还有边界点和边界. 区域 G 的**边界点** $z_1 \notin G$, 但是以 z_1 为圆心作圆, 对 $\forall r > 0$, 圆 $|z - z_1| < r$ 内总含有区域 G 的点. 边界点的全体就构成区域 G 的**边界**, 常用符号 C 表示 (有时也记为 ∂G). 区域 G 加上边界 C 就构成**闭区域** $\overline{G}, \overline{G} = G + C$.

区域的边界还具有**方向**. 如果沿着区域的边界前进, 区域恒保持在边界的左侧, 则此走向称为边界的正向. 例如, 对于图 1.5 (c) 中的环域 $R_1 < |z| < R_2$, 边界是圆周 $|z| = R_1$ 和

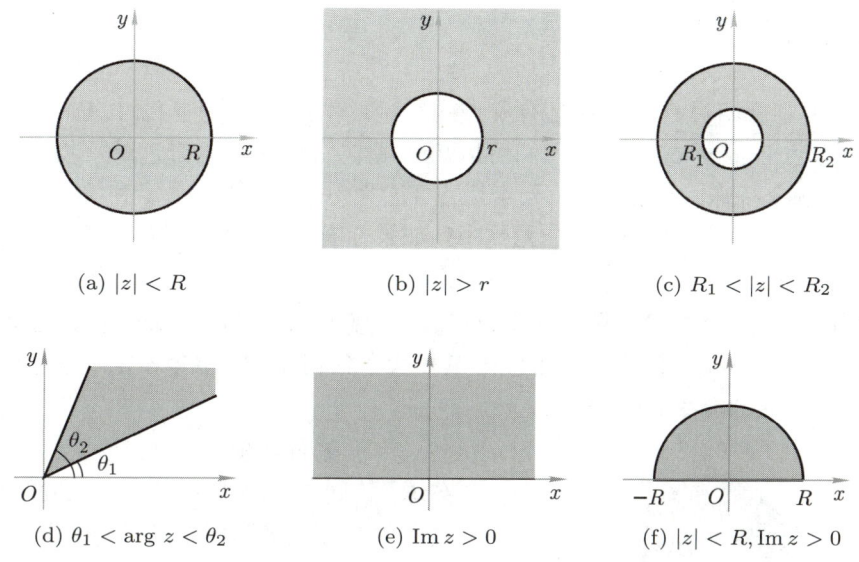

(a) $|z| < R$ (b) $|z| > r$ (c) $R_1 < |z| < R_2$

(d) $\theta_1 < \arg z < \theta_2$ (e) $\operatorname{Im} z > 0$ (f) $|z| < R, \operatorname{Im} z > 0$

图 1.5 几个典型的区域 (区域内用灰度填充)

$|z| = R_2$. 对于内边界 (圆周 $|z| = R_1$) 来说, 正向是顺时针方向; 对于外边界 (圆周 $|z| = R_2$) 来说, 正向是逆时针方向.

下面介绍 (定义在一定区域内的) 函数概念.

设区域 $G \subseteq \mathbb{C}$, 如果对于 G 内的每一个复数 z, 都有唯一一个复数 w 与之对应, w 和 z 之间的这种对应关系记为 f, 则称 f 为定义在 G 上的**复变函数**, 其中 z 是函数 f 的**自变量**, w 称为函数 f 在 z 点的**函数值**, 记为

$$w = f(z), \quad z \in G.$$

区域 G 称为函数 f 的**定义域**. 简单地说, 复变函数就是自变量是复数的函数. 需要注意, 要完全定义一个函数, 对应关系 f 和定义域 G 缺一不可. 不明确指明定义域时, 默认为可取到的最大区域.

因为 $z = x + \mathrm{i}y, w = u + \mathrm{i}v$, 所以

$$w = f(z) = u(x,y) + \mathrm{i}v(x,y),$$

因此复变函数 $f(z)$ 不过是两个二元实函数 [f 的实部 $u(x,y)$ 和虚部 $v(x,y)$] 的有序组合.

通常, 函数着重于说明复数与复数之间的对应关系. 复数与复平面上的点一一对应. 所以, 为了强调点与点之间的对应关系, 我们也常把函数 $w = f(z)$ 称为**映射** (或**变换**), 记为 $f : z \mapsto w$, 其中 w 称为 z 在映射 f 下的**像**, z 称为 w 的**原像**. 从映射关系看, 我们当然关心的是每个原像只有唯一的像与之对应的情形. 但是, 如果纯粹就复数与复数之间的对应关系而言, 还可能出现一对多的情形, 即给定一个自变量值, 可能有多个函数值与之对应. 这种对应关系, 称为**多值函数** (见 §2.6). 它也是复变函数论所要研究的重要内容. 尽管从映射关系来看, 多值函数并不是严格意义下的函数.

§1.4 无穷远点

前面 §1.2 中介绍过有界序列必有聚点的结论. 对于无界序列 $\{z_n\}$, $\forall M > 0$, 总有无穷多个 z_n 满足 $|z_n| > M$. 这时我们可以想象成它们会聚于无穷远处. 换言之, 无界序列 $\{z_n\}$ 也有一个特殊的聚点 —— **无穷远点** (记为 ∞). 例如 $z = \mathrm{i}$ 和 $z = \infty$ 就是序列 $\mathrm{i}, 2, \mathrm{i}, 4, \mathrm{i}, 6, \mathrm{i}, 8, \cdots$ 的两个聚点. 一个无界序列如果在有限远处无聚点, 那么 ∞ 就是它唯一的聚点.

在复平面上以任意方式无限地远离原点, 即可接近无穷远点. 因此说, 无穷远点不在复平面 $\mathbb{C}$ 内, 是一个不在复数域 $\mathbb{C}$ 内的数: 其**模大于任何正数, 辐角不定**. 包含有无穷远点的复平面称为**扩充的复平面**, 记作 $\overline{\mathbb{C}}$.

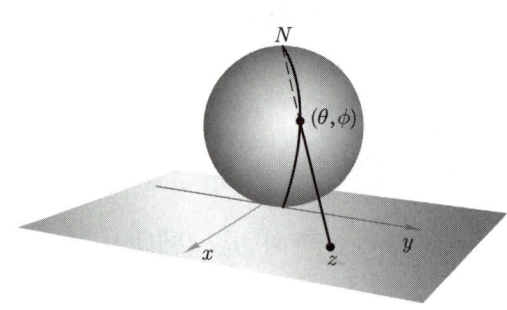

图 1.6 复数球面

为了更直观地表现无穷远点, 可以引进**复数球面**. 过扩充的复平面 $\overline{\mathbb{C}}$ 中的原点 $(0,0)$ 作直径为 1 的球面, 使之与 $\overline{\mathbb{C}}$ 相切, 切点称为南极. 过南极的直径的另一端称为北极 N, 如图 1.6 所示. 对于扩充的复平面 $\overline{\mathbb{C}}$ 中的一点 z, 将它和复数球面的北极 N 相连, 此连线和球面必有且只有一个交点, 因此, 就建立了复数球面上的点 (θ, ϕ) 和 $\overline{\mathbb{C}}$ 中的点 z 之间的一一对应关系. 于是就可以用复数球面上的交点 (θ, ϕ) 来表示复数 z. 例如南极对应于复数 0, 赤道对应于 $\overline{\mathbb{C}}$ 中的单位圆周. 令 $\overline{\mathbb{C}}$ 中的点无限远离原点, 就得到 ∞ 在复数球面上的对应点 —— 北极 N, 因而整个球面就把无穷远点以及所有复数都包含在内, 即复数球面上的点与扩充的复平面上的点一一对应. 这样的球面称为复数球面或者 **Riemann 球面**.

对于无穷远点, 还可以用映射的语言定义. 例如映射 $z = 1/t$ 就建立了复数 z 和复数 t 之间的一一对应关系. 复数 $z = 0$ 对应于 $t = \infty$, 而 $z = \infty$ 对应于 $t = 0$. 以后我们分析函数或者微分方程在无穷远点的性质时, 常常要用到这个映射, 将 $z = \infty$ 映射到 $t = 0$ 点, 通过变换后的 t 的函数或者微分方程在 $t = 0$ 点的性质定义变换之前原来的函数或微分方程在 $z = \infty$ 处的性质.

*§1.5 正十七边形的尺规作图问题

本节介绍复数在几何学的一个应用: 正十七边形的圆规、直尺作图问题. 设正十七边形的边长为 a, 内接于单位圆周. 显然, $a = 2\sin(\pi/17)$. 下面采用复数方法求出 a 的代数表达式.

设 $z = \mathrm{e}^{2\pi \mathrm{i}/17}$, 由于 $z^0 (= 1), z^1, z^2, \cdots, z^{16}$ 都是方程 $z^{17} - 1 = 0$ 的根, $z^0 + z^1 + z^2 + \cdots + z^{16} = 0$, 即 $z^1 + z^2 + z^3 + \cdots + z^{16} = -1$. 令

$$s = z^1 + z^9 + z^{9^2} + \cdots + z^{9^7} = z^1 + z^9 + z^{13} + z^{15} + z^{16} + z^8 + z^4 + z^2,$$
$$s' = z^3 + z^{3^3} + z^{3^5} + \cdots + z^{3^{15}} = z^3 + z^{10} + z^5 + z^{11} + z^{14} + z^7 + z^{12} + z^6.$$

在得到这两式时用到了 $z^{17} = 1$ 以及

$$9^2 = 4 \times 17 + 13, \quad 9^3 = 42 \times 17 + 15, \quad \cdots; \quad 3^3 = 1 \times 17 + 10, \quad 3^5 = 14 \times 17 + 5, \quad \cdots.$$

$z^0, z^1, \cdots, z^{16}$ 均匀地分布在单位圆周上, 且 $z^1 = (z^{16})^*, z^9 = (z^8)^*, z^{13} = (z^4)^*, z^{15} = (z^2)^*$, 从 z^1, z^2, z^4 和 z^8 各点的位置可以断定 s 为正数. 显然 $s + s' = -1$; 直接计算又可验证 $ss' = -4$. 因此

$$s = \frac{1}{2}\left(\sqrt{17} - 1\right), \qquad s' = -\frac{1}{2}\left(\sqrt{17} + 1\right).$$

再进一步分别将 s 和 s' 拆成两组数之和, 即令

$$p = z^1 + z^{13} + z^{16} + z^4, \qquad p' = z^9 + z^{15} + z^8 + z^2;$$
$$q = z^3 + z^5 + z^{14} + z^{12}, \qquad q' = z^{10} + z^{11} + z^7 + z^6.$$

容易验证 $p + p' = s, pp' = -1, q + q' = s', qq' = -1$. 所以

$$p = \frac{1}{2}\left(s + \sqrt{s^2 + 4}\right), \qquad q = \frac{1}{2}\left(s' + \sqrt{s'^2 + 4}\right).$$

再令 $r = z^1 + z^{16}, r' = z^{13} + z^4$, 显然又有 $r + r' = p, rr' = q$, 所以

$$r = z^1 + z^{16} = 2\cos\frac{2\pi}{17} = \frac{1}{2}\left(p + \sqrt{p^2 - 4q}\right).$$

最后, 就求得正十七边形的边长 $a = \sqrt{2 - r}$. 不难用圆规、直尺作出.

在实际的作图法中, 是首先作出 $\cos\frac{6\pi}{17} = \left(q + \sqrt{q^2 - 4p'}\right)/4$.

习 题

1. 计算下列表达式的值:

   (1) $\left(\dfrac{1+i}{2-i}\right)^2$; (2) $(1+i)^n + (1-i)^n$, 其中 n 为整数.

2. 写出下列复数的实部、虚部、模和辐角:

   (1) $1 - i\sqrt{3}$; (2) $e^{i\cos x}$, x 为实数;

   (3) $e^{ix} + e^{-ix}$; (4) $e^x - e^{-x}$;

   (5) $e^{i\phi(x)}$, $\phi(x)$ 是实变数 x 的实函数; (6) $1 + \cos\alpha - i\sin\alpha$, $-\pi \leqslant \alpha < \pi$.

3. 说明下列关系式描述的是什么样的几何图形:

   (1) $\operatorname{Im}\dfrac{z-z_1}{z-z_2} = 0$; (2) $\operatorname{Re}\dfrac{z-z_1}{z-z_2} = 0$;

   (3) $|z| < \operatorname{Re}z + 1$; (4) $\operatorname{Re}z + \operatorname{Im}z < 1$;

   (5) $|2z| > |1 + z^2|$.

4. 将下列和式表示成有限形式:

   (1) $\cos\phi + \cos 2\phi + \cos 3\phi + \cdots + \cos n\phi$;

   (2) $\sin\phi + \sin 2\phi + \sin 3\phi + \cdots + \sin n\phi$.

5. 求下列序列 $\{z_n\}$ 的聚点和极限; 如果是实数序列, 则同时求出上极限和下极限:

   (1) $1 + (-)^n \dfrac{n}{n+1}$, $n = 1, 2, 3, \cdots$, 其中的系数 $(-)^n$ 是 $(-1)^n$ 的简写;

(2) $|z| < 1$ 内的全部点组成的序列, 以任意方式排列.

6. 试求从坐标原点到曲线 $\left|z + \dfrac{1}{z}\right| = a$ 上各点的最大与最小距离.

小知识: 正七边形与复数计算

令 $z = e^{2\pi i/7}$. 考虑到方程 $Z^7 = 1$ 有 7 个根, 即 z^k, $k = 0, 1, 2, \cdots, 6$, 就能够写出它们的和

$$z^0 + z^1 + z^2 + z^3 + z^4 + z^5 + z^6 = 0.$$

再令

$$S = z + z^2 + z^4, \qquad S' = z^3 + z^5 + z^6,$$

容易发现, $S + S' = -1$, $SS' = 2$, 所以 S, S' 是方程 $S^2 + S + 2 = 0$ 的根,

$$S = \frac{-1 + i\sqrt{7}}{2}, \qquad S' = \frac{-1 - i\sqrt{7}}{2}.$$

从 S 或 S' 之值, 比较实部或虚部, 可以得到

$$\sin \frac{\pi}{7} - \sin \frac{2\pi}{7} - \sin \frac{3\pi}{7} = -\frac{1}{2}\sqrt{7}, \qquad \cos \frac{\pi}{7} - \cos \frac{2\pi}{7} + \cos \frac{3\pi}{7} = \frac{1}{2}.$$

经过简单的计算, 还能进一步求得

$$\tan \frac{\pi}{7} - 4 \sin \frac{2\pi}{7} = -\frac{1}{i}(S - S') = -\sqrt{7},$$

$$\tan \frac{3\pi}{7} + 4 \sin \frac{8\pi}{7} = \frac{1}{i}(S - S') = \sqrt{7},$$

$$\tan \frac{5\pi}{7} + 4 \sin \frac{4\pi}{7} = \frac{1}{i}(S - S') = \sqrt{7}.$$

第二章

解析函数

§2.1 复变函数的极限和连续

设函数 $f(z)$ 在 z_0 点的**空心邻域**[①] 内有定义,若存在复数 A, $\forall \varepsilon > 0$, $\exists \delta(\varepsilon) > 0$, 使当 $0 < |z - z_0| < \delta$ 时,恒有 $|f(z) - A| < \varepsilon$, 则称 $z \to z_0$ 时 $f(z)$ 的**极限** $(= A)$ 存在, 表示为

$$\lim_{z \to z_0} f(z) = A.$$

若函数 $f(z)$ 在 z_0 点的**邻域**[②] 内有定义, 且 $f(z)$ 在 z_0 点的极限值等于在该点的函数值 $f(z_0)$, 记为 $\lim\limits_{z \to z_0} f(z) = f(z_0)$, 即 $\forall \varepsilon > 0$, $\exists \delta(\varepsilon, z_0) > 0$, 使当 $|z - z_0| < \delta$ 时, 恒有 $|f(z) - f(z_0)| < \varepsilon$, 则称 $f(z)$ 在 z_0 点**连续**. 由定义可知, 函数的连续性是逐点定义的, 是函数在复平面内某一点的性质.

复变函数中极限和连续概念的表述, 形式上和实变函数中完全相同, 但由于涉及的数域不同, 因此实际含义并不完全相同.

若函数 f 在区域 G 内每一点都连续, 则称 f 为 G 内的**连续函数**. 连续函数的和、差、积、商 (在分母不为零的点) 仍为连续函数, 连续函数的复合函数也仍为连续函数.

在有界闭区域 $\overline{G}$ 中连续的函数 $f(z)$ 具有两个重要性质:

1. $|f(z)|$ 在 $\overline{G}$ 中有界, 并达到它的上确界和下确界;
2. $f(z)$ 在 $\overline{G}$ 中**一致连续**, 即 $\forall \varepsilon > 0$, $\exists \delta(\varepsilon) > 0$, 使得对 $\forall z_1 \in \overline{G}$, $\forall z_2 \in \overline{G}$, 只要满足 $|z_1 - z_2| < \delta$, 就有 $|f(z_1) - f(z_2)| < \varepsilon$.

由一致连续的定义可知, 函数 $f(z)$ 的一致连续性是和区域相关联的, 不能脱离区域谈一个函数的一致连续性. 一致连续性比上面讨论的连续性对函数的约束更强.

§2.2 可导与可微

设 $w = f(z)$ 是区域 G 内的单值函数, 如果在 G 内的某点 z,

$$\lim_{\Delta z \to 0} \frac{\Delta w}{\Delta z} = \lim_{\Delta z \to 0} \frac{f(z + \Delta z) - f(z)}{\Delta z} \tag{2.1}$$

[①] 所谓 z_0 点的空心邻域, 指的是以 z_0 点为圆心的环域 $0 < |z - z_0| < \varepsilon$.
[②] z_0 点的 ε 邻域 (简称邻域), 则是以 z_0 点为圆心的圆域 $|z - z_0| < \varepsilon$; 有时亦称 z_0 点及其邻域, 以示强调.

存在, 则称函数 $f(z)$ 在 z 点**可导**, 此极限值即称为 $f(z)$ 在 z 点的**导数**, 记为 $f'(z)$.

导数的定义在形式上和实数中一样, 只是把实自变量换成了复自变量, 因此高等数学中的各种求导数的公式都可搬用到复变函数中来. 例如

$$(z^n)' = nz^{n-1}, \qquad n = 0, 1, 2, \cdots.$$

需要强调, 上面所说的 $\lim\limits_{\Delta z \to 0}(\Delta w/\Delta z)$ 存在, 就意味着 Δz 以任意方式趋于 0 时, 比值 $\Delta w/\Delta z$ 都趋于同样的有限值. 反过来说, 如果当 Δz 以不同方式趋于 0, $\Delta w/\Delta z$ 趋于不同的值的话, 则 $\lim\limits_{\Delta z \to 0}(\Delta w/\Delta z)$ 是不存在的.

特别是, 考虑 $\Delta z \to 0$ 的不同特殊方式, 就能得到关于函数可导的必要条件. 例如:

(1) $\Delta x \to 0, \Delta y = 0$,

$$f'(z) = \lim_{\Delta z \to 0}\frac{\Delta w}{\Delta z} = \lim_{\Delta x \to 0}\frac{\Delta u + \mathrm{i}\Delta v}{\Delta x} = \frac{\partial u}{\partial x} + \mathrm{i}\frac{\partial v}{\partial x};$$

(2) $\Delta x = 0, \Delta y \to 0$,

$$f'(z) = \lim_{\Delta z \to 0}\frac{\Delta w}{\Delta z} = \lim_{\Delta y \to 0}\frac{\Delta u + \mathrm{i}\Delta v}{\mathrm{i}\Delta y} = \frac{\partial v}{\partial y} - \mathrm{i}\frac{\partial u}{\partial y}.$$

因此, 函数实部和虚部在 z 点的 4 个偏导数值必须满足 Cauchy-Riemann 条件:

$$\boxed{\frac{\partial u}{\partial x} = \frac{\partial v}{\partial y}, \qquad \frac{\partial u}{\partial y} = -\frac{\partial v}{\partial x}.} \tag{2.2}$$

Cauchy-Riemann 条件是函数可导的必要条件, 但不是充分条件. 它保证了当 Δz 以平行于实轴和虚轴这两种特殊方式趋于 0 时 $\Delta w/\Delta z$ 逼近同一值, 但并不足以保证当 Δz 以任意方式趋于 0 时 $\Delta w/\Delta z$ 逼近同一数值. 可以证明, 如果函数 $f(z) = u(x,y) + \mathrm{i}v(x,y)$ 的实部 $u(x,y)$ 和虚部 $v(x,y)$ 均在 (x,y) 点可微①, 且满足 Cauchy-Riemann 条件, 则函数 $f(z)$ 在 z 点可导.

和实数情形一样, 函数可导是比函数连续更强的条件. 如果函数 $f(z)$ 在 z 点可导, 则在 z 点必连续; 但是函数 $f(z)$ 在 z 点连续, 并不能推出函数 $f(z)$ 在 z 点可导. 甚至有函数在某区域内处处连续, 却处处不可导. 从历史上看, 早期数学家, 包括 Gauss 都认为, 连续函数的不可导的点集应当很小, 例如测度 (可以粗略地理解为点集的长度) 为 0. 1872 年, Weierstrass 发表了他的研究成果. 他利用无穷级数构造了函数 $f(x) = \sum\limits_{n=0}^{\infty} b^n \cos(a^n \pi x)$, 其中 a 为正奇数, $0 < b < 1$. 当 ab 满足一定条件时, 例如 $ab > 1 + 3\pi/2$, 可以证明此函数处处连续而又处处不可导. 这个函数因而命名为 Weierstrass 函数.

如果函数 $w = f(z)$ 在 z 点函数值的改变量 $\Delta w = f(z + \Delta z) - f(z)$ 可以写成

$$\Delta w = A(z)\Delta z + \rho(\Delta z), \qquad \text{其中} \quad \lim_{\Delta z \to 0}\frac{\rho(\Delta z)}{\Delta z} = 0,$$

---

① $u(x,y)$ 和 $v(x,y)$ 均可微的充分条件是: 四个偏导数 $\dfrac{\partial u}{\partial x}, \dfrac{\partial u}{\partial y}$ 和 $\dfrac{\partial v}{\partial x}, \dfrac{\partial v}{\partial y}$ 存在且连续.

则称 $w = f(z)$ 在 z 点**可微**, Δw 的线性部分 $A(z)\Delta z$ 称为函数 w 在 z 点的**微分**, 记作
$$\mathrm{d}w = A(z)\Delta z.$$

可以证明, 如果函数 $w = f(z)$ 在 z 点可导, 则一定在该点可微, 反之亦然, 并且 $A(z) = f'(z)$. 由于对函数 $f(z) = z$, $f'(z) = 1$, 从而 $\mathrm{d}z = \Delta z$, 因此有
$$\mathrm{d}w = A(z)\mathrm{d}z,$$
即
$$\mathrm{d}w = f'(z)\mathrm{d}z \quad \text{或} \quad \left.\frac{\mathrm{d}w}{\mathrm{d}z}\right|_{z=z} = f'(z). \tag{2.3}$$

因此导数也称作**微商**.

导数的几何意义 设 $w = f(z)$ 在 z_0 点可导, 则由 (2.3) 式可以看出 (见图 2.1), $f'(z_0)$ 的模 $|f'(z_0)|$ 是将 z_0 处的微元 $\mathrm{d}z$ 映射为 w_0 处 $\mathrm{d}w$ 的伸缩率 (放大倍数), 而 $f'(z_0)$ 的辐角 $\arg f'(z_0)$ 则给出映射的偏转角 ($\mathrm{d}w$ 与 $\mathrm{d}z$ 的辐角差).

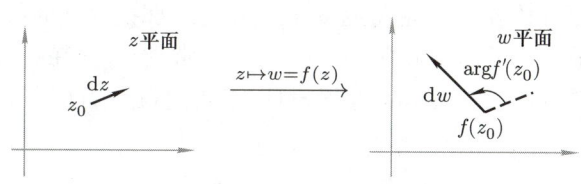

图 2.1 导数的几何意义

$|\mathrm{d}w| = |f'(z_0)| \cdot |\mathrm{d}z|, \quad \arg \mathrm{d}w = \arg f'(z_0) + \arg \mathrm{d}z$

§2.3 解析函数

在区域 G 内每一点都可导的函数, 称为 G 内的**解析函数**, 或者说函数在 G 内解析. 例如, z^2 就是 $\mathbb{C}$ 内的解析函数.

显然, 函数在 G 内解析的必要条件是在 G 内处处满足 Cauchy-Riemann 条件, 或者说, 在 G 内 Cauchy-Riemann 方程成立. Cauchy-Riemann 方程反映了解析函数的实部与虚部之间的联系. 更准确地说, 解析函数的实部和虚部不是相互独立的, 知道其中之一, 例如实部 $u(x,y)$, 就可以唯一地 (可相差一个可加实常数) 确定其虚部. 这是因为, 根据 Cauchy-Riemann 方程, 可以求出虚部 $v(x,y)$ 的全微分
$$\mathrm{d}v = \frac{\partial v}{\partial x}\mathrm{d}x + \frac{\partial v}{\partial y}\mathrm{d}y = -\frac{\partial u}{\partial y}\mathrm{d}x + \frac{\partial u}{\partial x}\mathrm{d}y,$$
因此, 通过二维平面内的线积分
$$\int^{(x,y)} \left(-\frac{\partial u}{\partial y}\mathrm{d}x + \frac{\partial u}{\partial x}\mathrm{d}y\right),$$
可以完全确定 $v(x,y)$ 的函数形式, 除了一个任意的实常数.

例 2.1 已知 $u(x,y) = x^2 - y^2$, 求 $f(z)$.

解 $\mathrm{d}v = -\dfrac{\partial u}{\partial y}\mathrm{d}x + \dfrac{\partial u}{\partial x}\mathrm{d}y = 2(y\mathrm{d}x + x\mathrm{d}y)$, 所以 $v = 2xy + C$, 其中 C 为任意实常数.
$$f(z) = (x^2 - y^2) + \mathrm{i}(2xy + C) = z^2 + \mathrm{i}C.$$

这个问题, 还可以有另一种解法, 即在 $u(x,y)$ 中直接代入

$$x = \frac{z+z^*}{2}, \qquad y = \frac{z-z^*}{2\mathrm{i}},$$

而后就能将 $u(x,y)$ 化成 $[f(z)+f^*(z)]/2$ 的形式, 即

$$u(x,y) = \left(\frac{z+z^*}{2}\right)^2 - \left(\frac{z-z^*}{2\mathrm{i}}\right)^2 = \frac{1}{2}\left[z^2 + (z^2)^*\right].$$

再经过甄别, 弃去不满足 Cauchy‑Riemann 方程的函数 $(z^2)^* = (z^*)^2$, 同样也能求出 $f(z) = z^2 + \mathrm{i}C$.

解析函数的实部和虚部之间的这种依赖关系, 还可以形象化地表现出来. 如果在 x‑y 平面内作一族曲线, $u(x,y) = $ 常数, 那么这族曲线的切线的方向矢量便是 $(\partial u/\partial y, -\partial u/\partial x)$. 同样, 再作一族曲线, $v(x,y) = $ 常数, 它们的切线的方向矢量就是 $(\partial v/\partial y, -\partial v/\partial x)$. 由 Cauchy‑Riemann 方程, 可以求得这两族方向矢量之间的标积

$$\left(\frac{\partial u}{\partial y}, -\frac{\partial u}{\partial x}\right)\begin{pmatrix}\partial v/\partial y \\ -\partial v/\partial x\end{pmatrix}$$
$$= \frac{\partial u}{\partial y}\frac{\partial v}{\partial y} + \frac{\partial u}{\partial x}\frac{\partial v}{\partial x} = 0. \tag{2.4}$$

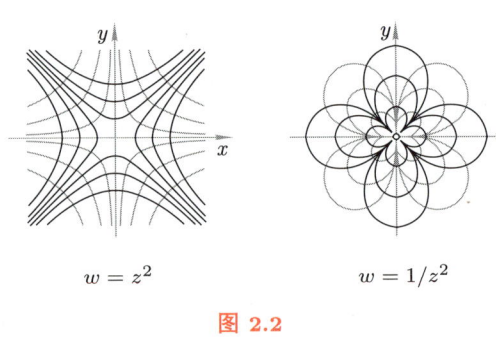

图 2.2

这表明, 这两族曲线是互相正交的. 图 2.2 中给出了两个例子. 它们分别是函数 $w = z^2$ 和 $w = 1/z^2$. 图中的粗黑线表示实部 $u(x,y) = $ 常数, 细灰线表示虚部 $v(x,y) = $ 常数.

练习 2.1 证明: Cauchy‑Riemann 方程等价于

$$\mathrm{i}\frac{\partial f}{\partial x} = \frac{\partial f}{\partial y}.$$

练习 2.2 如果把复变函数 $f = u + \mathrm{i}v$ 看成是 (x,y) 的二元函数, 即

$$f(x,y) = u(x,y) + \mathrm{i}v(x,y),$$

再进一步看成是 $z = x + \mathrm{i}y$ 和 $z^* = x - \mathrm{i}y$ 的二元函数, 证明 Cauchy‑Riemann 方程等价于

$$\frac{\partial f}{\partial z^*} = 0.$$

练习 2.3 证明:

$$\left|f'(z)\right|^2 = \left(\frac{\partial u}{\partial x}\right)^2 + \left(\frac{\partial v}{\partial x}\right)^2 = \left(\frac{\partial u}{\partial y}\right)^2 + \left(\frac{\partial v}{\partial y}\right)^2$$
$$= \left(\frac{\partial u}{\partial x}\right)^2 + \left(\frac{\partial u}{\partial y}\right)^2 = \left(\frac{\partial v}{\partial x}\right)^2 + \left(\frac{\partial v}{\partial y}\right)^2.$$

我们知道, 复变函数 $w = f(z) = u(x,y) + \mathrm{i}v(x,y)$ 的实部 $u(x,y)$ 和虚部 $v(x,y)$ 都是二元实函数. 那么是不是任意一个二元实函数都可以用来作为解析函数的实部或虚部呢? 回

答是否定的. §3.6 中将证明, 解析函数的任意阶导数均存在, 因此它的实部 $u(x,y)$ 和虚部 $v(x,y)$ 的二阶偏导数一定存在并且连续, 因此, 根据 Cauchy-Riemann 方程, 有

$$\frac{\partial^2 u}{\partial x^2} = \frac{\partial}{\partial x}\frac{\partial v}{\partial y} = \frac{\partial^2 v}{\partial x \partial y}, \qquad \frac{\partial^2 u}{\partial y^2} = \frac{\partial}{\partial y}\left(-\frac{\partial v}{\partial x}\right) = -\frac{\partial^2 v}{\partial x \partial y},$$

$$\frac{\partial^2 v}{\partial x^2} = \frac{\partial}{\partial x}\left(-\frac{\partial u}{\partial y}\right) = -\frac{\partial^2 u}{\partial x \partial y}, \qquad \frac{\partial^2 v}{\partial y^2} = \frac{\partial}{\partial y}\frac{\partial u}{\partial x} = \frac{\partial^2 u}{\partial x \partial y}.$$

这说明, $u(x,y)$ 和 $v(x,y)$ 都必须满足二维 Laplace 方程

$$\boxed{\frac{\partial^2 u}{\partial x^2} + \frac{\partial^2 u}{\partial y^2} = 0, \qquad \frac{\partial^2 v}{\partial x^2} + \frac{\partial^2 v}{\partial y^2} = 0.} \tag{2.5}$$

即解析函数的实部和虚部都必须是**调和函数**. 而且, 因为一个解析函数的实部和虚部必须受到 Cauchy-Riemann 方程的制约, 所以, 解析函数的实部和虚部就构成一对共轭调和函数.

函数的解析性, 总是和一定的区域联系在一起的. 有时也称**函数在 z_0 点解析**, 这应理解为存在 z_0 点的一个邻域, 函数在 z_0 点以及 z_0 的这个邻域内处处可导. 如果要讨论函数 $f(z)$ 在 $z = \infty$ 点是否解析, 则需做变换 $z = 1/t$, 然后讨论函数 $f(1/t)$ 在 $t = 0$ 点是否解析.

如果在复平面内某一点复变函数无定义, 或者有定义但不连续, 或者连续但不可导, 或者可导但不解析, 都称该点是此函数的**奇点**.

函数的解析性, 对函数是一个高要求, 这表现为解析函数具有一系列的重要性质. 讨论解析函数的各种特殊性质, 就是复变函数论的中心课题.

练习 2.4 证明:

$$\frac{\mathrm d}{\mathrm d z}[f(z) + g(z)] = \frac{\mathrm d f(z)}{\mathrm d z} + \frac{\mathrm d g(z)}{\mathrm d z}; \qquad \frac{\mathrm d}{\mathrm d z}[f(z)g(z)] = \frac{\mathrm d f(z)}{\mathrm d z}g(z) + f(z)\frac{\mathrm d g(z)}{\mathrm d z};$$

$$\frac{\mathrm d}{\mathrm d z}\frac{f(z)}{g(z)} = \frac{f'(z)g(z) - f(z)g'(z)}{g^2(z)}, \quad g(z) \neq 0; \qquad \frac{\mathrm d}{\mathrm d z}f(g(z)) = f'(g(z))\,g'(z).$$

练习 2.5 举例说明中值定理不适用于解析函数: 若函数 $f(z)$ 在 G 中解析, z_1 和 z_2 以及连接两点的线段均在 G 中, 在此线段上不一定存在 z_0 点, 使得

$$\frac{f(z_1) - f(z_2)}{z_1 - z_2} = f'(z_0).$$

练习 2.6 假设函数 $f(z)$ 在区域 G 内的任何一点都满足 $f'(z) = 0$, 证明 $f(z)$ 在 G 内为常数.

练习 2.7 若函数 $f(z)$ 在区域 G 内解析, 且 $\operatorname{Im} f(z) = 0$, 证明 $f(z)$ 在 G 内为常数.

练习 2.8 若函数 $f(z) = u(x,y) + \mathrm i v(x,y)$ 在区域 G 内解析, 且 $au(x,y) + bv(x,y) = c$, a, b 和 c 是不为 0 的实常数, 证明 $f(z)$ 必为常数.

如果 a, b 和 c 是不为 0 的复常数, 这个结论还成立吗?

§2.4 初等函数

本节介绍一些基本的解析函数, 例如幂函数 z^n; 指数函数 $\mathrm e^z$; 三角函数 $\sin z, \cos z, \cdots$; 双曲函数 $\sinh z, \cosh z, \cdots$; 等等. 它们都可以看成是相应实变函数在复数域中的推广. 这里将着重讨论这些函数作为复变函数所特有的那些性质.

1. 幂函数 z^n

当 $n = 0, 1, 2, \cdots$ 时, z^n 在 $\mathbb{C}$ 内解析; 并且当 $n = 1, 2, \cdots$ 时, z^n 在 $z = \infty$ 不解析.
当 $n = -1, -2, \cdots$ 时, z^n 在 $z = 0$ 不解析, 在包括 ∞ 点在内的 $\overline{\mathbb{C}} \setminus 0$ 内处处解析.
在 z^n 的解析区域内

$$(z^n)' = nz^{n-1}.$$

由幂函数还可以进一步定义 (n 次, $n = 0, 1, 2, \cdots$) **多项式** (函数)

$$P_n(z) = a_n z^n + a_{n-1} z^{n-1} + \cdots + a_1 z + a_0$$

和**有理函数**

$$R(z) = \frac{P_n(z)}{Q_m(z)}, \qquad Q_m(z) \neq 0,$$

其中 $P_n(z)$ 和 $Q_m(z)$ 分别是 n 次和 m 次多项式, n 和 m 都是非负整数.

2. 指数函数 e^z

$$\mathrm{e}^z = \mathrm{e}^{x+\mathrm{i}y} = \mathrm{e}^x \left(\cos y + \mathrm{i} \sin y \right).$$

由实指数函数及纯虚数指数函数的性质容易看出, "指数函数相乘等于指数相加" 这个法则, 对于复指数函数仍然成立:

$$\mathrm{e}^{z_1} \cdot \mathrm{e}^{z_2} = \mathrm{e}^{x_1 + \mathrm{i} y_1} \cdot \mathrm{e}^{x_2 + \mathrm{i} y_2} = \mathrm{e}^{x_1 + x_2} \cdot \mathrm{e}^{\mathrm{i}(y_1 + y_2)} = \mathrm{e}^{(x_1 + x_2) + \mathrm{i}(y_1 + y_2)} = \mathrm{e}^{z_1 + z_2}.$$

e^z 在 $\mathbb{C}$ 内解析,

$$(\mathrm{e}^z)' = \mathrm{e}^z.$$

但 e^z 在无穷远点无定义, 当然也不解析. 例如, 当 z 沿正实轴或负实轴趋于 ∞ 时, e^z 逼近不同的数值.

复指数函数特有而实指数函数不具备的一个性质是周期性, 周期为 $2\pi\mathrm{i}$:

$$\mathrm{e}^{z + 2\pi\mathrm{i}} = \mathrm{e}^{x + \mathrm{i}(y + 2\pi)} = \mathrm{e}^x \left[\cos(y + 2\pi) + \mathrm{i} \sin(y + 2\pi) \right]$$
$$= \mathrm{e}^x \left(\cos y + \mathrm{i} \sin y \right) = \mathrm{e}^{x + \mathrm{i}y} = \mathrm{e}^z.$$

练习 2.9 如果 z 沿不同辐角方向趋于 ∞ 点, 试讨论函数 e^z 的变化趋势.
又设常数 $\alpha \neq 0$, 试设计一个无穷序列 $\{z_n\}$, 使 $n \to \infty$ 时, 函数序列 $\{\mathrm{e}^{z_n}\}$ 趋于 α.

3. 三角函数 $\sin z, \cos z, \cdots$

复三角函数 $\sin z, \cos z$ 可以用复指数函数定义:

$$\sin z = \frac{\mathrm{e}^{\mathrm{i}z} - \mathrm{e}^{-\mathrm{i}z}}{2\mathrm{i}}, \qquad \cos z = \frac{\mathrm{e}^{\mathrm{i}z} + \mathrm{e}^{-\mathrm{i}z}}{2}. \tag{2.6}$$

由于 $\mathrm{e}^{\mathrm{i}z}$ 与 $\mathrm{e}^{-\mathrm{i}z}$ 在 $\mathbb{C}$ 内解析, 所以 $\sin z, \cos z$ 也在 $\mathbb{C}$ 内解析,

$$(\sin z)' = \cos z, \qquad (\cos z)' = -\sin z.$$

$z = \infty$ 是它们在扩充的复平面 $\overline{\mathbb{C}}$ 上的唯一的不解析点.

和实三角函数一样，$\sin z$ 和 $\cos z$ 也都是周期函数，周期为 2π.
和实三角函数不同，$\sin z$ 和 $\cos z$ 的模可以大于 1. 例如，

$$\mathrm{i}\sin \mathrm{i} = \frac{\mathrm{e}^{-1} - \mathrm{e}^{1}}{2} = -1.1752012\cdots, \qquad \cos \mathrm{i} = \frac{\mathrm{e}^{-1} + \mathrm{e}^{1}}{2} = 1.5430806\cdots.$$

和实数情形一样，其他三角函数，$\tan z, \cot z, \sec z, \csc z$，可以用 $\sin z$ 和 $\cos z$ 定义，

$$\tan z = \frac{\sin z}{\cos z}, \qquad \cot z = \frac{\cos z}{\sin z}, \qquad \sec z = \frac{1}{\cos z}, \qquad \csc z = \frac{1}{\sin z}.$$

根据这些定义可以证明，实三角函数的各种恒等式对于复三角函数仍然成立.

4. 双曲函数 $\sinh z, \cosh z, \cdots$

双曲函数 $\sinh z, \cosh z$ 也是通过复指数函数定义的.

$$\begin{aligned}
\sinh z &= \frac{\mathrm{e}^{z} - \mathrm{e}^{-z}}{2}, & \cosh z &= \frac{\mathrm{e}^{z} + \mathrm{e}^{-z}}{2}, & \tanh z &= \frac{\sinh z}{\cosh z}, \\
\coth z &= \frac{\cosh z}{\sinh z}, & \operatorname{sech} z &= \frac{1}{\cosh z}, & \operatorname{csch} z &= \frac{1}{\sinh z}.
\end{aligned} \qquad (2.7)$$

由定义可以直接证明，双曲函数和三角函数可以互化，

$$\sinh z = -\mathrm{i}\sin \mathrm{i}z, \qquad \cosh z = \cos \mathrm{i}z, \qquad \tanh z = -\mathrm{i}\tan \mathrm{i}z.$$

因此，双曲函数的性质完全可以由三角函数推出. 这里只想特别指出两点：一是周期性，双曲函数 $\sinh z, \cosh z, \operatorname{sech} z$ 和 $\operatorname{csch} z$ 的周期是 $2\pi\mathrm{i}$，$\tanh z$ 和 $\coth z$ 的周期是 $\pi\mathrm{i}$；二是导数公式

$$(\sinh z)' = \cosh z, \qquad (\cosh z)' = \sinh z, \qquad (\tanh z)' = \operatorname{sech}^{2} z. \qquad (2.8)$$

练习 2.10 证明下列公式：

$$\cosh^{2} z - \sinh^{2} z = 1; \qquad\qquad 1 - \tanh^{2} z = \operatorname{sech}^{2} z;$$

$$|\sinh y| \leqslant |\sin(x + \mathrm{i}y)| \leqslant \cosh y; \qquad |\sinh y| \leqslant |\cos(x + \mathrm{i}y)| \leqslant \cosh y;$$

$$\sinh(z_{1} \pm z_{2}) = \sinh z_{1} \cosh z_{2} \pm \cosh z_{1} \sinh z_{2};$$

$$\cosh(z_{1} \pm z_{2}) = \cosh z_{1} \cosh z_{2} \pm \sinh z_{1} \sinh z_{2}.$$

*§2.5 解析函数的保角性

函数的解析性是研究复变函数的微积分学性质的最基本前提. 这一看似简单的要求，实际上对函数施加了相当强的限制. 这从 Cauchy‑Riemann 方程已经可以看出一些端倪. 从解析性出发，可以导出函数的其他许多重要特性. 复变函数理论的主要研究对象，就是解析函数. 以后各章将逐步介绍解析函数的方方面面. 这一节，先侧重于从几何的角度简要讨论解析函数的应用.

复变函数代表了一个变换，或称映射. 在映射 $\zeta = f(z)$ 之下，z 复平面内的一点映射为 ζ 复平面内的相应一点. 如果函数 $\zeta = f(z)$ 是连续的，z 点邻域内的一点当然也应该映射为相应的 ζ 点邻域内的一点. 但是，z 复平面内的一个区域，是否也映射为 ζ 复平面内的一个区域，区域的边界是否仍映射为区域

的边界,并不是任何复变函数都能够保证做到的. 可以举一个极端的例子: 函数 $\zeta=\operatorname{Re}z$ 就把整个 z 复平面映射为 ζ 复平面内的实轴, 后者甚至不构成一个区域.

设 $\zeta=f(z)$ 在区域 G 内解析, z_0 为 G 内一点. $\zeta=f(z)$ 把 z_0 点映射为相应的 $\zeta_0=f(z_0)$ 点. 在 §2.2 中曾经提到, 当 $f'(z_0)\neq 0$ 时, $|f'(z_0)|$ 是把 z_0 处的微元 $\mathrm{d}z$ 映射为 ζ_0 处的微元 $\mathrm{d}\zeta$ 的伸缩率 (放大倍数), 而 $\arg f'(z_0)$ (这里不妨限制在主值范围内) 则给出映射的偏转角, 即 $\mathrm{d}\zeta$ 与 $\mathrm{d}z$ 的辐角差. 可以设想, 若在 z 复平面内有两条曲线 l_1 和 l_2 相交于 z_0, 那么, 在 ζ 复平面内, 必然也有相应的两条曲线 l'_1 和 l'_2 相交于 ζ_0 点. 由于

$$f'(z_0)=\lim_{z\to z_0}\frac{f(z)-f(z_0)}{z-z_0}$$

的数值, 包括 $|f'(z_0)|$ 和 $\arg f'(z_0)$, 与 z 趋于 z_0 的方式无关, 因此, 与 l_1 和 l_2 相比, l'_1 和 l'_2 应该放大或缩小了相同倍数, 并且偏转了同样大小的角度. 这就是说, 在解析函数所代表的变换之下, 过同一点的两条曲线, 它们的伸缩率相同, 并且夹角保持不变 (见图 2.3), 正是由于这个原因, 解析函数所代表的变换 (映射) 就称为**保角变换** (保角映射). 当然, 在不同点处, 即使 $f'(z)$ 均不为 0, 变换都具有保角

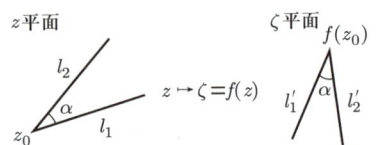

图 2.3 解析函数所代表的变换的保角性

性, 但由于数值不同, 因而各处的伸缩率和偏转角不同, 所以, 区域的几何形状就可能发生变化. 我们正是要选择合适的保角变换, 把 z 复平面内形状比较复杂的区域变换为 ζ 复平面内形状比较简单的区域. 例如, 把 z 复平面内两个不相交的偏心圆周所围成的区域变换为 ζ 复平面内同心圆周所围成的区域.

解析函数所代表的变换的保角性, 是有条件的: 只在 $f'(z)\neq 0$ 处才一定有保角性. 在 $f'(z)=0$ 的点, 由于 $\arg f'(z)$ 没有确定值, 因而变换不保角. 巧妙地利用变换在 $f'(z)=0$ 处的不保角性, 更可以把 (z 复平面内的) 复杂图形变换为 (ζ 复平面内的) 简单图形. 例如, 可以把多边形变为圆周. Riemann 映射定理告诉我们, 如果 C 是 z 平面上有界单连通区域 G 的边界, C' 是 ζ 平面上单连通区域 G' 的边界, 则一定存在一个 G 内的解析函数 $\zeta=f(z)$, 使得 G 内的每个点各自变换成 G' 内一个对应点, 使得 C 上的每个点各自变换成 C' 的一个对应点, 而且这样的变换是双向单值对应的.

将保角变换应用于解决实际问题, 不仅涉及区域形状的变换, 而且还要涉及数学表述形式 (例如微分方程) 的变换. 可以想象, 只有在既让区域的形状变得很简单, 也没有让微分方程的形式变得更复杂的条件下, 保角变换才具有真正的实用价值.

就本课程而言, 我们特别有兴趣于讨论二维 Laplace 算符

$$\nabla^2=\frac{\partial^2}{\partial x^2}+\frac{\partial^2}{\partial y^2} \tag{2.9}$$

在解析函数 $\zeta=\xi+\mathrm{i}\eta=f(z)$ 所代表的变换 $(x,y)\mapsto(\xi,\eta)$ 下的变化. 根据偏微商的链式法则, 有

$$\frac{\partial}{\partial x}=\frac{\partial\xi}{\partial x}\frac{\partial}{\partial\xi}+\frac{\partial\eta}{\partial x}\frac{\partial}{\partial\eta},\qquad \frac{\partial}{\partial y}=\frac{\partial\xi}{\partial y}\frac{\partial}{\partial\xi}+\frac{\partial\eta}{\partial y}\frac{\partial}{\partial\eta},$$

$$\frac{\partial^2}{\partial x^2}=\frac{\partial^2\xi}{\partial x^2}\frac{\partial}{\partial\xi}+\frac{\partial^2\eta}{\partial x^2}\frac{\partial}{\partial\eta}+\left(\frac{\partial\xi}{\partial x}\right)^2\frac{\partial^2}{\partial\xi^2}+\left(\frac{\partial\eta}{\partial x}\right)^2\frac{\partial^2}{\partial\eta^2}+2\frac{\partial\xi}{\partial x}\frac{\partial\eta}{\partial x}\frac{\partial^2}{\partial\xi\partial\eta},$$

$$\frac{\partial^2}{\partial y^2}=\frac{\partial^2\xi}{\partial y^2}\frac{\partial}{\partial\xi}+\frac{\partial^2\eta}{\partial y^2}\frac{\partial}{\partial\eta}+\left(\frac{\partial\xi}{\partial y}\right)^2\frac{\partial^2}{\partial\xi^2}+\left(\frac{\partial\eta}{\partial y}\right)^2\frac{\partial^2}{\partial\eta^2}+2\frac{\partial\xi}{\partial y}\frac{\partial\eta}{\partial y}\frac{\partial^2}{\partial\xi\partial\eta}.$$

所以

$$\begin{aligned}\nabla^2 &= \frac{\partial^2}{\partial x^2} + \frac{\partial^2}{\partial y^2}\\
&= \left[\left(\frac{\partial \xi}{\partial x}\right)^2 + \left(\frac{\partial \xi}{\partial y}\right)^2\right]\frac{\partial^2}{\partial \xi^2} + \left[\left(\frac{\partial \eta}{\partial x}\right)^2 + \left(\frac{\partial \eta}{\partial y}\right)^2\right]\frac{\partial^2}{\partial \eta^2}\\
&\quad + \left(\frac{\partial^2 \xi}{\partial x^2} + \frac{\partial^2 \xi}{\partial y^2}\right)\frac{\partial}{\partial \xi} + \left(\frac{\partial^2 \eta}{\partial x^2} + \frac{\partial^2 \eta}{\partial y^2}\right)\frac{\partial}{\partial \eta} + 2\left(\frac{\partial \xi}{\partial x}\frac{\partial \eta}{\partial x} + \frac{\partial \xi}{\partial y}\frac{\partial \eta}{\partial y}\right)\frac{\partial^2}{\partial \xi \partial \eta}.\end{aligned}$$

再利用练习 2.3 中的结果及 (2.4) 和 (2.5) 式, 就能得到

$$\nabla^2 = |f'(z)|^2 \left(\frac{\partial^2}{\partial \xi^2} + \frac{\partial^2}{\partial \eta^2}\right). \tag{2.10}$$

这个结果表明: 在解析函数 $\zeta = f(z)$ 所代表的保角变换之下, 二维 Laplace 方程

$$\left(\frac{\partial^2}{\partial x^2} + \frac{\partial^2}{\partial y^2}\right)u(x,y) = 0. \tag{2.11}$$

在 $f'(z) \neq 0$ 的点, 仍保持为二维 Laplace 方程:

$$\left(\frac{\partial^2}{\partial \xi^2} + \frac{\partial^2}{\partial \eta^2}\right)u(x(\xi,\eta),y(\xi,\eta)) = 0; \tag{2.12}$$

二维 Poisson 方程

$$\left(\frac{\partial^2}{\partial x^2} + \frac{\partial^2}{\partial y^2}\right)u(x,y) = \rho(x,y) \tag{2.13}$$

在变化后也仍然是二维 Poisson 方程:

$$\left(\frac{\partial^2}{\partial \xi^2} + \frac{\partial^2}{\partial \eta^2}\right)u(x(\xi,\eta),y(\xi,\eta)) = \frac{1}{|f'(z)|^2}\rho(x(\xi,\eta),y(\xi,\eta)). \tag{2.14}$$

练习 2.11 证明: 在解析函数 $\zeta = \xi + i\eta = f(z)$ 所代表的保角变换之下, 面积元的变化公式是

$$\mathrm{d}x\mathrm{d}y = |f'(z)|^{-2}\mathrm{d}\xi\mathrm{d}\eta.$$

因此, 如果把 Poisson 方程设想为平面静电场的方程, 非齐次项是面电荷密度, 则电荷守恒:

$$\rho(x,y)\mathrm{d}x\mathrm{d}y = \varrho(\xi,\eta)\mathrm{d}\xi\mathrm{d}\eta.$$

在解析函数 $\zeta = f(z)$ 所代表的保角变换之下, 二维 Helmholtz 方程

$$\left(\frac{\partial^2}{\partial x^2} + \frac{\partial^2}{\partial y^2}\right)u(x,y) + k^2 u(x,y) = 0 \tag{2.15}$$

在 $f'(z) \neq 0$ 的点, 则变为

$$\left(\frac{\partial^2}{\partial \xi^2} + \frac{\partial^2}{\partial \eta^2}\right)u(x(\xi,\eta),y(\xi,\eta)) + \frac{k^2}{|f'(z)|^2}u(x(\xi,\eta),y(\xi,\eta)) = 0. \tag{2.16}$$

这样, 应用保角变换, 就可以把形状比较复杂的区域内的 Laplace 方程、Poisson 方程或 Helmholtz 方程的求解问题, 转换为形状比较简单的区域 (例如圆) 内的求解问题.

§2.6 多值函数

在复变函数中还存在另一类函数, 即**多值函数**: 设区域 $G \subseteq \mathbb{C}$, 如果对于复数 $z \in G$, 有多个复数 w 与之对应, w 和 z 之间的这种对应关系记为 f, 则称 f 为定义在 G 上的多值函数. 这部分内容在复变函数理论中占有重要地位, 是复变函数中不可或缺的一部分.

从实际计算看, 除了 §2.4 介绍过的初等函数 (如幂函数、指数函数、三角函数等) 外, 我们还不可避免地要用到它们的逆运算, 即开方、求对数等, 它们都是多值函数. 本节只介绍开方和对数这两类基本的多值函数, 通过它们阐述多值函数的一些基本概念. 别的多值函数都可以用这两类多值函数表示.

1. 根式函数 $\sqrt{z-a}$

以开平方为例. 首先给出平方根的定义: 给定一个自变量值 z, 凡是满足等式

$$w^2 = z - a \tag{2.17}$$

的 w 值, 就定义为 $z-a$ 的平方根 $\sqrt{z-a}$. 稍后我们会看到, 给定一个 z 值, 通常会有两个 w 值与之对应.

为了更清楚地看出多值函数的性质, 下面仔细分析一下函数

$$w = \sqrt{z-a}. \tag{2.18}$$

如果采用极坐标表达式

$$w = \rho e^{i\phi}, \qquad z - a = r e^{i\theta},$$

代入 (2.17) 式则有 $\rho^2 e^{2i\phi} = r e^{i\theta}$. 所以 $\rho^2 = r$, $2\phi = \theta + 2n\pi$,

$$\rho = \sqrt{r}, \qquad \phi = \frac{\theta}{2} + n\pi, \qquad n = 0, \pm 1, \pm 2, \cdots,$$

这里 ρ 和 r 都是非负实数, 所以上面的 $\sqrt{r}$ 表示算术平方根. 这样我们就看到, 对于给定的一个 z 值, 有两个 w 值与之对应:

$$w_1(z) = \sqrt{r} e^{i\theta/2} \qquad \text{(相当于 } n = 0, \pm 2, \cdots\text{)},$$
$$w_2(z) = \sqrt{r} e^{i(\pi+\theta/2)} = -\sqrt{r} e^{i\theta/2} \qquad \text{(相当于 } n = \pm 1, \pm 3, \cdots\text{)}.$$

需要特别强调, w 值的多值性来源于 $z-a$ (而非自变量 z) 辐角的多值性. w 值的多值性表现为 w 辐角的多值性. 我们称引起多值性的 $z-a$ 为**宗量**[①]. 为了确定起见, 以后就把 $w = \sqrt{z-a}$ 明确表示成

$$|w| = \sqrt{|z-a|}, \quad \arg w = \frac{1}{2} \arg(z-a). \tag{2.19}$$

为了进一步揭示多值函数 $w = \sqrt{z-a}$ 的性质, 不妨在 z 复平面上画一个不经过 a 点的简单闭合曲线 (例如圆周), 研究当自变量 z 从闭合曲线上某一点 z_0 出发, 沿此曲线逆时

[①] 宗量通常不同于自变量. 例如, 多值函数 $\sqrt{z-a}$ 的宗量就是 $z-a$, 多值函数 $\sqrt[3]{(z-a)(z-b)}$ 的宗量就是 $(z-a)(z-b)$. 当然, 也有宗量就是自变量的情形. 例如多值函数 $\sqrt{z}$ 的宗量就是自变量 z.

针连续变化一周回到 z_0 点时, 相应地, w 复平面上 w 值相应的连续变化情况. 我们发现, 可能出现两种情形. 一种是 w 值也还原. 例如当 z 复平面上的 z 沿图 2.4 中左上的圆 C_1 一周回到原处时, 由于 a 点在圆外, $\arg(z-a)$ 不变, 因此 w 复平面内 w 值不变. 另一种情形是 w 值不还原. 例如当 z 复平面上的 z 从 A 点出发沿图 2.4 中左下的 C_2 经 B, C, D 各点回到 A 点时, 由于 a 点在闭合围道内, $\arg(z-a)$ 变化 2π, 则由 (2.19) 式知 $\arg w$ 只变化 π, 因此在 w 复平面上由 A 点经 B, C, D 各点到达 A' 点, w 值并不还原.

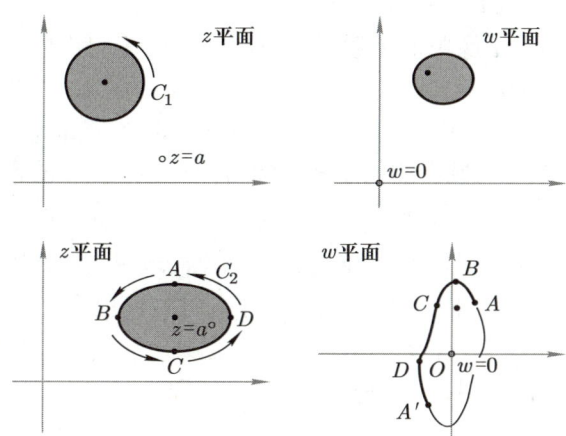

图 2.4 z 沿闭合曲线一周回到原处时, $w = \sqrt{z-a}$ 值的不同变化

上面的分析表明, $z = a$ 点在多值函数 $w = \sqrt{z-a}$ 中具有特殊的地位: 它是否位于简单闭合路径内就决定了当 z 沿这个路径一周回到原处时, 相应的 w 值是否能还原. 我们可以按照如下方法寻找这些特殊点: 已知 w 在某一点 z_0 的空心邻域内每一点都有对应值, 如果 $\exists r > 0$, 当 z 绕圆周 $|z - z_0| = r$ 一圈回到原处时, w 值不还原, 而且当 $r \to 0$ 时, w 值始终不还原. 这种 z_0 点就称为多值函数 $w(z)$ 的**分支点**①. 例如, $z = a$ 点就是 $w = \sqrt{z-a}$ 的分支点. 而 z 复平面内其他的点, 例如 $z = b\,(\neq a)$ 点, 就不是 $w = \sqrt{z-a}$ 的分支点. 因为只要 $r < |a-b| \neq 0$, z 绕圆周 $|z-b| = r$ (此时 a 点在圆外) 一周回到原处时, $w = \sqrt{z-a}$ 的值都能还原.

需要强调的是, 这里所讨论的所有圆周上的点都应该位于多值函数自变量 z 的取值范围以内, 也就是说, z 位于圆周上任意一点时, 都能找到与之对应的 w 值.

要考察 $z = \infty$ 是不是 $w = f(z)$ 的分支点, 有两种方法可供选择. 一种方法是作足够大的简单闭合路径 (使得在路径的外部区域内, 有限远处均无分支点), 考察 z 沿此路径一周, w 值是否不还原, 即可判断 ∞ 点是否是分支点. 就函数 $\sqrt{z-a}$ 而言, 只要这样的路径足够大 (因此 $z = a$ 就一定在其内部区域内), z 沿这样的路径一周回到原处, w 值一定不还原, 这就说明 ∞ 点也是 $\sqrt{z-a}$ 的分支点. 另一种方法是做变换 $z = 1/t$, 考察 $t = 0$ 是不是 $f(1/t)$ 的分支点. 因为

$$\sqrt{\frac{1}{t} - a} = \sqrt{\frac{1 - at}{t}},$$

---

① 即 branch point, 原译作 "枝点", 按照《数学名词》的规范, 应译为 "支点" 或 "分支点", 前者易与力学中的支点相混淆, 故本书中一律采用 "分支点".

我们看到，在 t 复平面，$\forall r < 1/|a|$，t 绕圆 $|t| = r$ 逆时针一圈回到原处时，$\arg(1-at)$ 不变，但是 $\arg t$ 增加 2π，因此 $\arg\sqrt{(1/t)-a}$ 减少 π，$\sqrt{(1/t)-a}$ 的值始终不还原. 因此 $t=0$ 是 $\sqrt{(1/t)-a}$ 的分支点，也就是说 $z=\infty$ 是 $\sqrt{z-a}$ 的分支点.

给定一个多值函数，如果已经确认某一点为其分支点，z 绕该点一周函数值不还原，则意味着绕闭合路径外至少一点一周，函数值也不还原. 例如 $w=\sqrt{z-a}$ 就有 $z=a$ 和 $z=\infty$ 两个分支点. 绕 $z=a$ 一周函数值不还原，就意味着也是绕路径外至少某一点 (现在就是 $z=\infty$ 点) 一周函数值不还原.

为了能够对 $w=\sqrt{z-a}$ 像单值函数一样研究其连续性、解析性等性质，我们需要将其**单值化**，也就是说要想办法让对每一个给定的 z，只有唯一的 w 与之对应.

比较简单的办法是限制宗量 $z-a$ 的辐角变化范围. 当宗量 $z-a$ 的辐角限制在某个 2π 周期内时，自变量 z 取定义域内的任意一个值时，$w=\sqrt{z-a}$ 的辐角都能被唯一地确定，因而 w 值也就唯一地确定. 例如，规定 $0 \leqslant \arg(z-a) < 2\pi$ 或 $2\pi \leqslant \arg(z-a) < 4\pi$，等等.

例 2.2 设 $w=\sqrt{z-1}$，规定 $0 \leqslant \arg(z-1) < 2\pi$，求 $w(2), w(\mathrm{i}), w(0), w(-\mathrm{i})$.

解 $\arg w = \dfrac{1}{2}\arg(z-1)$. 因为 $0 \leqslant \arg(z-1) < 2\pi$，所以

$$
\begin{aligned}
&\arg(z-1)\big|_{z=2} = 0, & &w(2) = 1, \\
&\arg(z-1)\big|_{z=\mathrm{i}} = \frac{3}{4}\pi, & &w(\mathrm{i}) = \sqrt[4]{2}\,\mathrm{e}^{3\pi\mathrm{i}/8}, \\
&\arg(z-1)\big|_{z=0} = \pi, & &w(0) = \mathrm{e}^{\pi\mathrm{i}/2} = \mathrm{i}, \\
&\arg(z-1)\big|_{z=-\mathrm{i}} = \frac{5}{4}\pi, & &w(-\mathrm{i}) = \sqrt[4]{2}\,\mathrm{e}^{5\pi\mathrm{i}/8}.
\end{aligned}
$$

显然，在辐角规定 $0 \leqslant \arg(z-a) < 2\pi$ 下，w 的辐角被限制在 $0 \leqslant \arg w < \pi$，即限制在上半平面. 于是 $w=\sqrt{z-a}$ 在 w 上半平面的值与自变量 z 值之间就有一一对应的关系，这样就实现了将多值函数 $w=\sqrt{z-a}$ 单值化的要求. 如果规定 $2\pi \leqslant \arg(z-a) < 4\pi$，则 $\pi \leqslant \arg w < 2\pi$，$w$ 将限制在下半平面，w 下半平面的值与 z 值又有新的一一对应关系. 在 $4\pi \leqslant \arg(z-a) < 6\pi, 6\pi \leqslant \arg(z-a) < 8\pi, \cdots$ 或 $-2\pi \leqslant \arg(z-a) < 0, -4\pi \leqslant \arg(z-a) < -2\pi, \cdots$ 的规定下，还会不断重复出现这些结果. 宗量辐角变化的各个周期，给出多值函数的各个**单值分支**. 每个单值分支都是单值函数，整个多值函数就是它的所有单值分支的总和. 在上面的讨论中，多值函数 $w=\sqrt{z-a}$ 有两个单值分支，分别是 w 的上半平面和下半平面：

$$
\begin{aligned}
&0 \leqslant \arg(z-a) < 2\pi \text{ 给出单值分支 I}: & &0 \leqslant \arg w < \pi, \\
&2\pi \leqslant \arg(z-a) < 4\pi \text{ 给出单值分支 II}: & &\pi \leqslant \arg w < 2\pi.
\end{aligned}
$$

应当指出，宗量辐角变化范围的规定不是唯一的. 例如，也可以规定

$$-\pi \leqslant \arg(z-a) < \pi \quad \text{和} \quad \pi \leqslant \arg(z-a) < 3\pi,$$

或

$$-3\pi/2 \leqslant \arg(z-a) < \pi/2 \quad \text{和} \quad \pi/2 \leqslant \arg(z-a) < 5\pi/2.$$

将多值函数划分为若干个 (甚至无穷个) 单值分支, 其实质就是限制 z 在复平面内的变化方式. 例如在上面的例子中, 就是限制 z 不得单独绕 $z=a$ 点或 ∞ 点转圈. 这种规定可以用几何方法形象化地表现出来 (见图 2.5). 在 z 复平面上平行于实轴从 $z=a$ 点向右作一**割线**, 一直延续到 ∞ 点. 如果规定在割线上岸 $\arg(z-a)=0$, 就给出单值分支 I; 规定在割线上岸 $\arg(z-a)=2\pi$, 就给出单值分支 II. 两个单值分支合起来, 就得到完整的 w 复平面, 也就是整个多值函数 w. 在作了割线之后, 自变量 z 在 z 复平面上变化的路径就不允许穿越割线. 由于割线连接了多值函数的两个分支点, $z=a$ 和 $z=\infty$, 因此, z 不再能够绕单独一个分支点一周 (但不禁止同时绕两个或者更多个分支点一周).

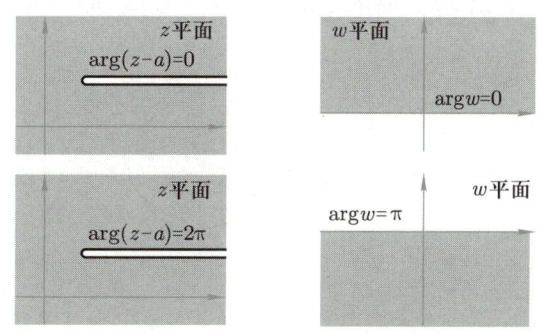

图 2.5 $w=\sqrt{z-a}$ 的两个单值分支

割线的作法也是多种多样, 甚至不必是直线. 只要用割线正确连接了多值函数的分支点, 同时适当规定割线一侧相关宗量的辐角值 (例如本章习题第 12 题), 或者等效地, 规定分支点以外某一点处 w 的值 (例如本章习题第 15 题), 多值函数在复平面内任意一点的值就唯一确定了.

对于更复杂的根式函数, 例如 $w=\sqrt[3]{z-a}$ 或 $\sqrt{(z-a)(z-b)(z-c)}$ 等, 也可以类似地讨论, 只是需要找出全部分支点, 并且正确地确定割线的作法. 要注意的是, 如果函数有三个以上分支点, 不一定需要用一条割线将所有分支点都连接起来. 例如当 a, b 和 c 三个复数两两不等时, 函数 $\sqrt{(z-a)(z-b)(z-c)}$ 有四个分支点: a, b, c 和 ∞. 可以作两条割线, 一条连接 $z=a$ 和 $z=b$ 两个分支点, 另一条连接其余两个分支点 $z=c$ 和 $z=\infty$ 即可. 这两条割线可以不相交.

一旦涉及多值函数以及多值函数的运算, 就需要特别留意有关宗量辐角的规定 (或者不妨就称之为相关多值函数的定义域). 有些运算公式, 在多值函数的情况下就可能只是有条件地成立, 或者反过来说, 就不会无条件成立. 例如, $\sqrt{(z-a)(z-b)}$ 就不能无条件地写成为 $\sqrt{z-a}$ 和 $\sqrt{z-b}$ 的乘积. 严格说来, 这里涉及三个多值函数. 如果它们是互相独立的, 可以独立地规定单值分支, 那么 $\sqrt{(z-a)(z-b)}$ 和 $\sqrt{z-a}\cdot\sqrt{z-b}$ 可以并不相等.

将多值函数划分为单值分支之后, 每个单值分支都是单值函数, 因而可以讨论它们的解析性. 在分支点以及割线上的点都是奇点, 这是因为分支点以及连接分支点的割线为多个单值分支所共有, 而不只属于某一个单值分支, 也不存在只属于一个单值分支的邻域. 由于割线作法具有一定的任意性, 因此存在这种情况: 复平面内分支点以外的点, 在一种割线作法下, 由于被割线穿过, 因而不解析, 但是如果换一种作法, 使得割线不通过这一点, 那么规定单值分支以后, 这一点就可以是解析点.

将多值函数划分单值分支的方法, 简单易行, 但是有一个明显的缺点, 就是限制了宗量的辐角变化范围, 而且, 还造成割线上的点也变为奇点 (准确地说, 割线就成为该单值分支的边界), 因而不能讨论比较复杂的问题. 为了克服这个缺点, 另一种确定自变量 z 与函数 w 值对应关系的办法是: 规定 w 在分支点以外的某一点 z_0 的值, 并明确说明由 z_0 出发到

达 z 点的连续变化路线. 当 z 沿该曲线变化时, w 值也随之连续变化. 请看下面的例题.

例 2.3 已知 $f(z) = \sqrt{z+1}$, 规定 $f(0) = -1$, 求 $f(3)$.

(1) 若 z 沿图 2.6 中的路径 C_1 从原点到达 $z = 3$ 点;

(2) 若 z 沿图 2.6 中的路径 C_2 从原点到达 $z = 3$ 点.

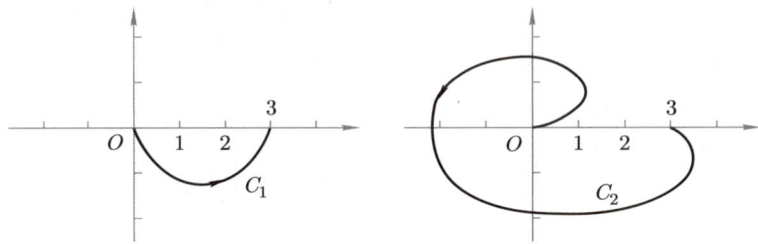

图 2.6

解 按题意, $f(z) = \sqrt{z+1} = \sqrt{|z+1|}\,\mathrm{e}^{\mathrm{i}\arg(z+1)/2}$. 由已知条件 $f(0) = -1$, 知

$$\arg(z+1)\Big|_{z=0} = 2(2n+1)\pi, \qquad n \in \mathbb{Z}.$$

(1) 若 z 沿图 2.6 中的路径 C_1 从原点到达 $z = 3$ 点, 则 $\Delta \arg(z+1) = 0$, 因此,

$$\arg(z+1)\Big|_{z=3} = 2(2n+1)\pi,$$
$$f(3) = \sqrt{|z+1|}\,\mathrm{e}^{\mathrm{i}\arg(z+1)/2}\Big|_{z=3} = -2.$$

(2) 若 z 沿图 2.6 中的路径 C_2 从原点到达 $z = 3$ 点, 则 $\Delta \arg(z+1) = 2\pi$. 因此,

$$\arg(z+1)\Big|_{z=3} = 4(n+1)\pi,$$
$$f(3) = \sqrt{|z+1|}\,\mathrm{e}^{\mathrm{i}\arg(z+1)/2}\Big|_{z=3} = 2.$$

采用这种办法, z 的变化路线不受限制, 因而就可以从一个单值分支移动到另一个单值分支. 在几何图形上, 这相当于将两个割开的 z 复平面粘接起来. 以 $\sqrt{z-a}$ 为例, 将图 2.5 中第一个 z 复平面的割线下岸 ($\arg(z-a) = 2\pi$) 和第二个 z 复平面的割线上岸 ($\arg(z-a) = 2\pi$) 合并, 同时, 将第一个 z 复平面的割线上岸 ($\arg(z-a) = 0$) 和第二个 z 复平面的割线下岸 ($\arg(z-a) = 4\pi$) 合并. 这就构成了二叶 Riemann 面 (见图 2.7). 显然, 这个二叶 Riemann 面无法在三维空间中实现, 我们只能到更高维空间中去想象. 对于 $w = \sqrt{z-a}$ 来说, 二叶 Riemann 面上的点和 w 复平面内的点是一一对应的. Riemann 面是 Riemann 首先研究的, 因而后来以他的名字命名. Riemann 面概念的提出, 使得数学家们困扰了很多年的多值函数问题得以圆满解决.

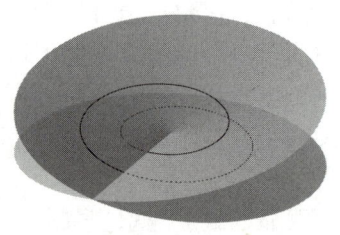

图 2.7 $w = \sqrt{z-a}$ 的 Riemann 面

2. 对数函数 $\ln z$

给定自变量值 z, 凡满足 $e^w = z$ 的所有 w 值均称为 $w = \ln z$ 的值.

令 $w = u + iv, z = re^{i\theta}$, 即得 $e^u \cdot e^{iv} = re^{i\theta}$. 所以

$$u = \ln r = \ln |z|, \quad v = \theta + 2n\pi \quad (n = 0, \pm 1, \pm 2, \cdots),$$

这里 $r > 0$. 因此 $\ln r$ 就是正数的实值对数, 有唯一值. 以后就把 $w = \ln z$ 明确表示为

$$w = \ln z = \ln |z| + i(\theta + 2n\pi) = \ln |z| + i\arg z. \tag{2.20}$$

对数函数 $w = \ln z$ 也是多值函数, w 值的多值性来源于宗量 z 辐角的多值性, w 值的多值性表现在 w 值虚部的多值性. 对应每一个 z 值, 有无穷多个 w 值, 它们的实部相同, 虚部相差 2π 的整数倍. 图 2.8 给出了 $w = \ln z$ 的示意图.

$w = \ln z$ 的分支点是 $z = 0$ 和 ∞. 作割线连接 0 与 ∞, 并规定割线一侧的 $\arg z$ 值, 即可得到 $w = \ln z$ 的单值分支.

$w = \ln z$ 有无穷多个单值分支. 每个单值分支内, $w = \ln z$ 都是解析函数, 而且都有

$$\frac{d}{dz}(\ln z) = \frac{1}{z}. \tag{2.21}$$

相应地, $w = \ln z$ 的 Riemann 面是无穷多叶的, 见图 2.9. $w = \ln z$ 的 Riemann 面上的点与 w 复平面内的点也是一一对应的.

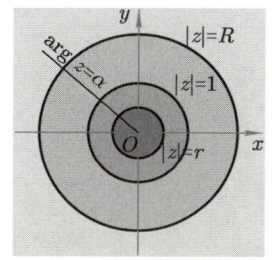
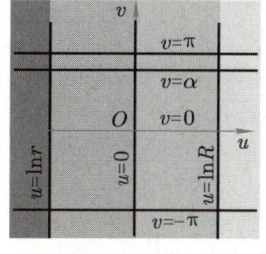

图 2.8 $w = \ln z$: 实部和虚部的等值线   图 2.9 $w = \ln z$ 的 Riemann 面

练习 2.12 证明: 如果 $f(z)$ 是 G 内的解析函数, 且 $f(z)$ 的模或辐角为常数, 则 $f(z)$ 必为常数.

3. 其他多值函数

例如, 还有复反三角函数和指数为任意复数的幂函数

$$\arcsin z = \frac{1}{i} \ln \left(iz + \sqrt{1 - z^2} \right), \tag{2.22}$$

$$\arccos z = \frac{1}{i} \ln \left(z + \sqrt{z^2 - 1} \right), \tag{2.23}$$

$$\arctan z = \frac{1}{2i} \ln \frac{1 + iz}{1 - iz}, \tag{2.24}$$

$$z^\alpha = e^{\alpha \ln z} \quad (\alpha \text{ 为任意复数}). \tag{2.25}$$

它们也都是多值函数,并且是对数函数或对数函数与根式函数的组合,因此它们的多值性可以根据这两种基本的多值函数来讨论. 对于 $\arctan z$ 和 z^α 来说,只涉及对数函数,因而它们的多值性就只需重复上面的讨论. 对于 $\arcsin z$ 和 $\arccos z$,同时涉及两种多值函数,这里不再一一讨论.

最后,还需要提到,对一般的多值函数,通常只能分析局部的 Riemann 面,难以直接得到全局的 Riemann 面. 前面讨论的根式函数 $\sqrt{z-a}$ 和对数函数 $\ln z$ 这两种最基本的多值函数,只是两个简单的例子.

习 题

1. 在下列各题中,可否适当选择常数 A,使得函数 $f(z)$ 在 $z=0$ 点连续?

(1) $f(z) = \begin{cases} \dfrac{\operatorname{Re} z}{z}, & z \neq 0, \\ A, & z = 0; \end{cases}$
(2) $f(z) = \begin{cases} \dfrac{\operatorname{Re}(z^2)}{|z|^2}, & z \neq 0, \\ A, & z = 0; \end{cases}$

(3) $f(z) = \begin{cases} \dfrac{z \operatorname{Re} z}{|z|}, & z \neq 0, \\ A, & z = 0; \end{cases}$
(4) $f(z) = \begin{cases} \dfrac{[\operatorname{Re}(z^2)]^2}{z^2}, & z \neq 0, \\ A, & z = 0. \end{cases}$

2. 证明平面极坐标系 (r, θ) 下的 Cauchy-Riemann 方程:

$$\frac{\partial u}{\partial r} = \frac{1}{r}\frac{\partial v}{\partial \theta}, \qquad \frac{\partial v}{\partial r} = -\frac{1}{r}\frac{\partial u}{\partial \theta},$$

并由此证明:

$$f'(z) = \frac{r}{z}\left(\frac{\partial u}{\partial r} + \mathrm{i}\frac{\partial v}{\partial r}\right) = \frac{1}{z}\left(\frac{\partial v}{\partial \theta} - \mathrm{i}\frac{\partial u}{\partial \theta}\right).$$

其中 $u(r, \theta)$ 和 $v(r, \theta)$ 分别为复变函数的实部和虚部.

3. 求出实常数 a, b, c,使得函数 $f(z)$ 解析:

(1) $f(z) = x + ay + \mathrm{i}(bx + cy)$

(2) $f(z) = \cos x (\cosh y + a \sinh y) + \mathrm{i}\sin x (b \cosh y + c \sinh y)$

4. 求出使函数 $f(z) = |x^2 - y^2| + 2\mathrm{i}|xy|$ 解析的区域.

5. 设 $z = x + \mathrm{i}y$,已知解析函数 $f(z) = u(x,y) + \mathrm{i}v(x,y)$ 的实部 $u(x,y)$ 如下,试求出解析函数 $f(z)$:

(1) $x^2 - y^2 + x$;
(2) $x^3 + 6x^2 y - 3xy^2 - 2y^3$;

(3) $\mathrm{e}^y \cos x$;
(4) $\cos x \cosh y$.

6. 设 $z = x + \mathrm{i}y$,已知解析函数 $f(z) = u(x,y) + \mathrm{i}v(x,y)$ 的实部或虚部如下,试求 $f'(z)$:

(1) $u = \sin x \cosh y$;
(2) $v = 3 + x^2 - y^2 - \dfrac{1}{2}\dfrac{y}{x^2+y^2}$.

7. 求 (非常数) 解析函数,使得其实部为:

(1) $u = \phi(y/x)$;
(2) $u = \phi(xy)$;

(3) $u = \phi(x^2 + y^2)$;
(4) $u = \phi(x + \sqrt{x^2 + y^2})$.

8. 若 $f(z) = u(x,y) + \mathrm{i}v(x,y)$ 解析,且 $u - v = (x-y)(x^2 + 4xy + y^2)$,试求 $f(z)$.

9. 试用实变量的三角函数和双曲函数表示下列函数的实部、虚部和模:

(1) $\sin z$; (2) $\cos z$;
(3) $\sinh z$; (4) $\cosh z$;
(5) $\tan z$; (6) $\tanh z$.

10. 求出下列函数的实部和虚部:

(1) $\tan(2-\mathrm{i})$; (2) $\tanh\left(\ln 3 + \dfrac{\pi\mathrm{i}}{4}\right)$;

(3) $\cot\left(\dfrac{\pi}{4} - \mathrm{i}\ln 2\right)$; (4) $\coth(2+\mathrm{i})$.

11. 将下列和式表示成有限形式 (其中 z 为复数):

(1) $\cos z + \cos 2z + \cos 3z + \cdots + \cos nz$;

(2) $\sin z + \sin 2z + \sin 3z + \cdots + \sin nz$;

(3) $\cos z + \cos 3z + \cos 5z + \cdots + \cos(2n-1)z$;

(4) $\sin z + \sin 3z + \sin 5z + \cdots + \sin(2n-1)z$.

12. 求出下列方程:

(1) $\sin z = \dfrac{3+\mathrm{i}}{4}$; (2) $\cos z = 4$;

(3) $\sin z - \cos z = 3$; (4) $\sinh z - \cosh z = 2\mathrm{i}$;

(5) $\tan z = 1 + 2\mathrm{i}$; (6) $\tanh z = 1 - \mathrm{i}$;

(7) $\mathrm{e}^{2\pi\mathrm{i}z^2} = 1$; (8) $\mathrm{e}^{2\pi\mathrm{i}z^3} = 1$.

13. 判断下列哪些是函数, 哪些是多值函数:

(1) $\sqrt{z^2-1}$; (2) $z + \sqrt{z-1}$;

(3) $\sin\sqrt{z}$; (4) $\cos\sqrt{z}$;

(5) $\dfrac{\sin\sqrt{z-1}}{\sqrt{z-1}}$; (6) $\dfrac{\cos\sqrt{z+1}}{\sqrt{z+1}}$;

(7) $\ln\sin(\mathrm{i}z)$; (8) $\sin(\mathrm{i}\ln z)$.

14. 找出下列多值函数的分支点, 并讨论 z 绕一个分支点移动一周回到原处后多值函数值的变化. 若同时绕两个、三个, 乃至更多个分支点一周, 多值函数的值又如何变化?

(1) $\sqrt{(z-a)(z-b)}$, $a \neq b$; (2) $\sqrt[3]{(z-a)(z-b)}$, $a \neq b$;

(3) $\sqrt[3]{1-z^3}$; (4) $\sqrt[4]{1-z^3}$;

(5) $\arctan z$; (6) $\ln\cos z$.

15. 规定在图 2.10 所示割线上岸 $\arg(z-2) = 0$, 试求多值函数 $w = z\sqrt[3]{z-2}$ 在割线下岸 $z = 3$ 处的数值.

又问: 这个多值函数有几个单值分支? 求出它在其他分支中割线下岸 $z = 3$ 处的值.

16. 求下列多值函数在指定点的全部可能取值:

(1) $\sqrt[3]{z-1}\big|_{z=0}$; (2) $\sqrt[4]{z-1}\big|_{z=0}$;

(3) $\ln\dfrac{z+1}{\sqrt{2}}\bigg|_{z=\mathrm{i}}$; (4) $\ln\dfrac{z+1}{\sqrt{2}}\bigg|_{z=-\mathrm{i}}$;

(5) $z^{\sqrt{2}}\big|_{z=1}$; (6) $z^{\sqrt{2}}\big|_{z=-2}$.

17. 已知多值函数 $f(z) = z^p(1-z)^{-p}$, p 为实数. 若在实轴上沿 0 到 1 作割线, 规定在割线上岸 $\arg z = \arg(1-z) = 0$, 试求 $f(\pm i)$ 和 $f(\infty)$.

18. 反正切函数 $\arctan z$ 的定义为

$$\arctan z \equiv \frac{1}{2i} \ln \frac{1+iz}{1-iz}.$$

若作割线如图 2.11 所示, 并规定

$$\arctan z \big|_{z=0} = \pi,$$

求函数在 $z=2$ 处的导数值.

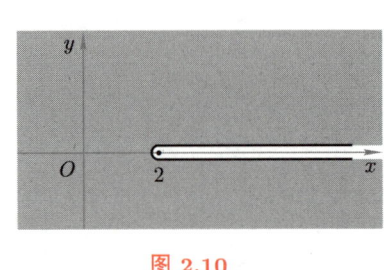

图 2.10

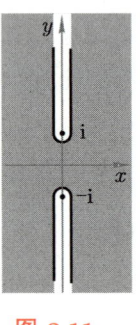

图 2.11

19. 若函数 $f(z)$ 在区域 G 内解析, 且其模为常数, 证明 $f(z)$ 本身也必为常数.

第三章

复变积分

利用复变积分可以相对简明地证明解析函数的很多重要性质. 本章不刻意追求给出数学上完整的严格证明, 一些结论会不加证明直接引用, 但是由于这部分内容对于研究解析函数性质很重要, 建议感兴趣的同学查阅相关的参考文献.

§3.1 复变积分

复变积分是复平面 $\mathbb{C}$ 上的线积分. 设 C 是 $\mathbb{C}$ 内的一条由 A 点到 B 点的曲线, 函数 $f(z)$ 在 C 上有定义. 如图 3.1 所示, 把曲线 C 任意分割为 n 段, 分点为 $z_0(=A), z_1, z_2, \cdots, z_n(=B)$, ζ_k 是 $z_{k-1} \to z_k$ 段上的任意一点, 作和数

$$\sum_{k=1}^{n} f(\zeta_k)(z_k - z_{k-1}) = \sum_{k=1}^{n} f(\zeta_k)\Delta z_k,$$

其中 $\Delta z_k = z_k - z_{k-1}$. 若当 $n \to \infty, \max|\Delta z_k| \to 0$ 时, 此和数的极限存在, 且极限值与 ζ_k 的选取无关, 则称此极限值为函数 $f(z)$ **沿曲线 C 的积分**, 记为

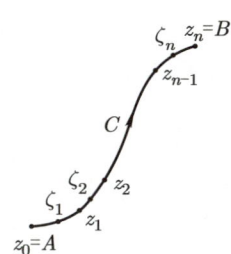

图 3.1

$$\int_C f(z)\mathrm{d}z = \lim_{\max|\Delta z_k| \to 0} \sum_{k=1}^{n} f(\zeta_k)\Delta z_k. \tag{3.1}$$

曲线 C 也称为积分路径. 如果积分路径是闭合的, 又常称为 (积分) 围道.

一个复变积分实际上是两个实变线积分的有序组合:

$$\int_C f(z)\mathrm{d}z = \int_C (u+\mathrm{i}v)(\mathrm{d}x+\mathrm{i}\mathrm{d}y) = \int_C (u\mathrm{d}x - v\mathrm{d}y) + \mathrm{i}\int_C (v\mathrm{d}x + u\mathrm{d}y). \tag{3.2}$$

因此, 根据实函数线积分的知识可以知道, 如果 C 是分段光滑曲线, $f(z)$ 是 C 上的连续函数, 则复变积分一定存在.

和实变积分相似, 复变积分具有下列性质:

(1) 如果积分 $\int_C f_1(z)\mathrm{d}z, \int_C f_2(z)\mathrm{d}z, \cdots, \int_C f_n(z)\mathrm{d}z$ 都存在, 其中 n 是正整数, 则

$$\int_C [f_1(z) + f_2(z) + \cdots + f_n(z)]\mathrm{d}z = \int_C f_1(z)\mathrm{d}z + \int_C f_2(z)\mathrm{d}z + \cdots + \int_C f_n(z)\mathrm{d}z;$$

(2) 若 $C = C_1 + C_2 + \cdots + C_n$, 其中 n 是正整数, 则
$$\int_C f(z)\mathrm{d}z = \int_{C_1} f(z)\mathrm{d}z + \int_{C_2} f(z)\mathrm{d}z + \cdots + \int_{C_n} f(z)\mathrm{d}z;$$

(3) $\int_{C^-} f(z)\mathrm{d}z = -\int_C f(z)\mathrm{d}z$, 其中 C^- 表示 C 的逆向;

(4) $\int_C af(z)\mathrm{d}z = a\int_C f(z)\mathrm{d}z$, 其中 a 为复常数;

(5) $\left|\int_C f(z)\mathrm{d}z\right| \leqslant \int_C |f(z)|\,|\mathrm{d}z|;$

(6) $\left|\int_C f(z)\mathrm{d}z\right| \leqslant Ml$, 其中 M 为 $|f(z)|$ 在 C 上的上界, l 为 C 的长度.

显然, 复变积分的值, 不仅依赖于被积函数和积分路径的端点, 还依赖于积分路径.

例 3.1 求 $\int_C \mathrm{Re}\, z\, \mathrm{d}z$, 其中 C 为 (i) 沿实轴由 $0 \to 1$, 再平行于虚轴由 $1 \to 1+\mathrm{i}$; (ii) 沿虚轴由 $0 \to \mathrm{i}$, 再平行于实轴由 $\mathrm{i} \to 1+\mathrm{i}$; (iii) 沿直线由 $0 \to 1+\mathrm{i}$.

解 对于 (i),
$$\int_C \mathrm{Re}\, z\, \mathrm{d}z = \int_0^1 x\,\mathrm{d}x + \int_0^1 \mathrm{i}\,\mathrm{d}y = \frac{1}{2} + \mathrm{i};$$
对于 (ii),
$$\int_C \mathrm{Re}\, z\, \mathrm{d}z = \int_0^1 x\,\mathrm{d}x = \frac{1}{2};$$
对于 (iii),
$$\int_C \mathrm{Re}\, z\, \mathrm{d}z = \int_0^1 (1+\mathrm{i})t\,\mathrm{d}t = \frac{1}{2}(1+\mathrm{i}).$$

§3.2 Cauchy 定理

定理 3.1 (Cauchy 定理) 设有有界区域 G, 其边界 C [见图 3.2 与图 3.3 (a)] 为分段光滑曲线, 如果函数 $f(z)$ 在闭区域 $\overline{G}$ 中解析, 则一定有

$$\boxed{\oint_C f(z)\mathrm{d}z = 0.} \tag{3.3}$$

证 证明分两步走. 首先证明定理对于单连通区域成立, 然后再推广到多连通区域.

对于有界单连通区域的情形, 为简单起见, 下面在更强的条件下证明这个定理. 附加的条件是 $f'(z)$ 在 $\overline{G}$ 中连续, 因而可以对
$$\oint_C f(z)\,\mathrm{d}z = \oint_C (u\,\mathrm{d}x - v\,\mathrm{d}y) + \mathrm{i}\oint_C (v\,\mathrm{d}x + u\,\mathrm{d}y)$$
应用 Green 公式
$$\oint_C [P(x,y)\,\mathrm{d}x + Q(x,y)\,\mathrm{d}y] = \iint_S \left(\frac{\partial Q}{\partial x} - \frac{\partial P}{\partial y}\right)\mathrm{d}x\,\mathrm{d}y,$$

从而将闭合围道积分化为面积分:

$$\oint_C (u\,dx - v\,dy) = -\iint_S \left(\frac{\partial v}{\partial x} + \frac{\partial u}{\partial y}\right) dx\,dy,$$

$$\oint_C (v\,dx + u\,dy) = \iint_S \left(\frac{\partial u}{\partial x} - \frac{\partial v}{\partial y}\right) dx\,dy.$$

由 Cauchy-Riemann 方程, 右端两个积分中的被积函数均为 0, 故 (3.3) 式得证.

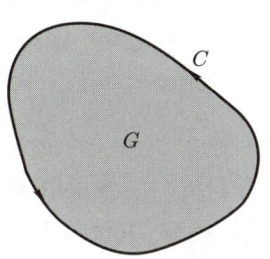

图 3.2 **Cauchy 定理 (有界单连通区域)**

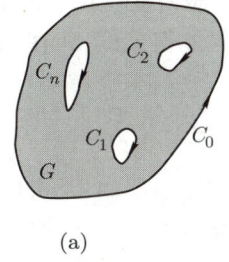 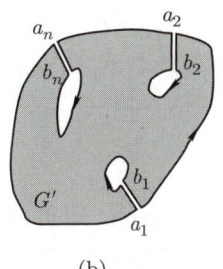

图 3.3 **Cauchy 定理 (有界多连通区域)**

如果被积函数在区域内有奇点, 为了保证被积函数的解析性就需要把奇点排除在外, 这样 $f(z)$ 就是定义在多连通闭区域 $\overline{G}$ 中的解析函数. 设 (有界) 多连通区域 $\overline{G}$ 的边界是由分段光滑曲线 $C_0, C_1, C_2, \cdots, C_n$ 组成, 并且 $C_1, C_2, \cdots, C_n$ 都包含在 C_0 的内部. 于是, 可以作适当的割线把 $C_0, C_1, C_2, \cdots, C_n$ 和 C_0 连接起来 [见图 3.3 (b)], 从而得到一个有界单连通闭区域 $\overline{G'}$, $f(z)$ 在 $\overline{G'}$ 中是解析的, 因而可以应用有界单连通区域的 Cauchy 定理, 得

$$\oint_{C_0} f(z)dz + \int_{a_1}^{b_1} f(z)dz + \oint_{C_1} f(z)dz + \int_{b_1}^{a_1} f(z)dz + \int_{a_2}^{b_2} f(z)dz + \oint_{C_2} f(z)dz$$
$$+ \int_{b_2}^{a_2} f(z)dz + \cdots + \int_{a_n}^{b_n} f(z)dz + \oint_{C_n} f(z)dz + \int_{b_n}^{a_n} f(z)dz = 0,$$

这里积分路径均为沿边界的正向, 即沿 C_0 段为逆时针方向, 而沿 $C_1, C_2, \cdots, C_n$ 等段则为顺时针方向. 由于 $f(z)$ 在 $\overline{G'}$ 中单值, 故沿同一割线两岸的积分值互相抵消,

$$\int_{a_i}^{b_i} f(z)dz + \int_{b_i}^{a_i} f(z)dz = 0,$$

所以

$$\oint_{C_0} f(z)dz + \sum_{i=1}^{n} \oint_{C_i} f(z)dz = 0.$$

这样也就证明了 (3.3) 式. 注意这时的积分路径 C 应当是沿多连通区域的边界 (正向). □

就多连通区域而言, 有时还将 Cauchy 定理改写成

$$\oint_{C_0} f(z)dz = \sum_{i=1}^{n} \oint_{C_i^{(-)}} f(z)dz, \tag{3.3'}$$

只是需要注意, 这里 C_0 与 $C_i^{(-)}, i = 1, 2, 3, \cdots, n$ 须保持为**同向**, 即同为逆时针方向, 或同为顺时针方向.

思考题 对于任一解析函数的实部或虚部, Cauchy 定理仍成立吗? 如果成立, 试证明之. 如果不成立, 试说明理由, 并举一例.

还值得指出, 以上讨论的, 无论是单连通区域, 或是多连通区域, 均只限于有界区域, 不能包含 ∞ 点在内. 从下面例 3.2 即可看到, 即使 $f(z)$ 在 ∞ 点解析, 例如 $f(z) = 1/z$, 它绕 ∞ 点一周的积分也可以不为 0.

Cauchy 定理还可以表述为复变积分的**变形定理**: 若函数 $f(z)$ 在区域 G 内解析, C 为 G 内的简单闭合曲线, 如果能将曲线 C 在 G 内连续地变形为曲线 C'[①], 则必有

$$\oint_C f(z) \mathrm{d}z = \oint_{C'} f(z) \mathrm{d}z.$$

Cauchy 定理, 顾名思义, 最早由 Cauchy 给出并证明. 但是当初 Cauchy 给出的解析函数定义是函数 $f(z)$ 在区域 G 内每一点均可导且 $f'(z)$ 连续. 后来 Goursat 论证了, 不需要 "导函数连续" 这个条件即可证明 Cauchy 定理. 从此解析函数的定义修改为区域 G 内每一点都可导的函数. 所以, 上面给出的 Cauchy 定理的证明, 是解析函数理论发展历史中的产物. 现在, 一些文献中也称 Cauchy 定理为 Cauchy–Goursat 定理. 而且, 定理的成立条件还可以减弱为: 若 $f(z)$ 在有界单连通区域 G 内解析, 在闭区域 $\overline{G}$ 中连续. 下面我们就不加证明地介绍几个引理, 然后用 Goursat 的方法证明有界单连通区域的 Cauchy 定理[②].

引理 3.1 设 $\overline{K_1}, \overline{K_2}, \overline{K_3}, \cdots$ 是复平面 $\mathbb{C}$ 内的一系列有界闭区域, 并且满足 $\overline{K_1} \supset \overline{K_2} \supset \overline{K_3} \supset \cdots$, 则至少存在一个点 z_0, 满足 $z_0 \in \bigcap_{i=1}^{\infty} \overline{K_i}$.

引理 3.2 设 α 和 β 是复值常数, γ 是复平面 $\mathbb{C}$ 内任意一个闭合的三角形围道, 那么

$$\oint_\gamma (\alpha + \beta z) \, \mathrm{d}z = 0.$$

引理 3.3 设 G 是复平面 $\mathbb{C}$ 内的一个有界单连通区域, f 是定义在 G 上的一个连续函数, γ 是 G 内的一条分段光滑曲线, 则 $\forall \varepsilon > 0$, 存在内接于 γ 且完全位于 G 内的折线 Γ, 使得

$$\left| \int_\gamma f \mathrm{d}z - \int_\Gamma f \mathrm{d}z \right| < \varepsilon.$$

根据引理 3.3, 只需证明对于内接于 C 的任何闭折线 P, 均有

$$\oint_P f(z) \mathrm{d}z = 0$$

即可. 现在将 P 所围成的多边形加以分割. 如果它不是凸多边形的话, 首先总可以将它分割为若干个凸多边形, 函数沿这些凸多边形的公共边上的积分互相抵消 (因为积分路径方向相反), 沿闭折线 P 的积分就等于沿各凸多边形积分之和, 因此我们只要证明函数沿凸多边形的积分为 0 即可. 而对于凸多边形, 又可以从选定的一点出发, 与多边形的各个顶点作连线, 把它分解成若干个三角形区域. 于是, 沿凸多边

[①] 准确地说, C 与 C' 应当是同伦曲线.
[②] 严格的证明见参考书目 [23] 的第四章, §2; 或 L. A. Ahlfors, Complex Analysis (Third Edition), McGraw-Hill International Editions, 2004, 第四章.

形的积分就是沿各个三角形积分之和. 这样，问题就又归结为只要证明函数沿任意一个三角形 T 的积分 $\oint_T f(z)\mathrm{d}z = 0$ 即可. 记 $\left|\oint_T f(z)\mathrm{d}z\right| = M$. 下面证明 $M = 0$.

为此，把三角形 T 三条边的中点连接起来，就得到 4 个与 T 相似的、小的全等三角形 T_1, T_2, T_3, T_4 (见图 3.4). 这 4 个三角形相邻边的积分相互抵消，因此有

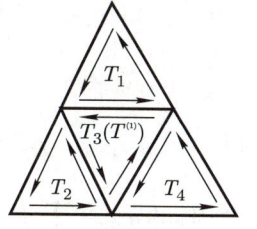

图 3.4　三角形闭合围道

$$M = \left|\oint_T f(z)\mathrm{d}z\right| = \left|\sum_{i=1}^4 \oint_{T_i} f(z)\mathrm{d}z\right| \leqslant \sum_{i=1}^4 \left|\oint_{T_i} f(z)\mathrm{d}z\right|,$$

所以右端的 4 个积分中至少有一个积分的模不小于 $M/4$. 不妨设这个积分来自小三角形 $T^{(1)}$，即

$$\left|\oint_{T^{(1)}} f(z)\mathrm{d}z\right| \geqslant \frac{M}{4}.$$

再将这个小三角形分割为 4 个更小的三角形，重复上面的讨论，我们又能得到

$$\left|\oint_{T^{(2)}} f(z)\mathrm{d}z\right| \geqslant \frac{M}{4^2}.$$

如此继续，将三角形 T 分割 n 次后，就得到

$$\left|\oint_{T^{(n)}} f(z)\mathrm{d}z\right| \geqslant \frac{M}{4^n}.$$

若三角形 T 的周长为 l，最大边长为 d，则 $T^{(n)}$ 的周长为 $l/2^n$，最大边长为 $d/2^n$. 将 $T^{(n)}$ 所包围的闭区域记为 Δ_n，则应当有

$$\Delta_{i+1} \subset \Delta_i, \qquad i = 0, 1, 2, \cdots.$$

按照上面的引理 3.1, 就必然存在一点 z_0, $z_0 \in \bigcap_i^\infty \Delta_i$. 因为 $z_0 \in G$, $f(z)$ 在 z_0 点可导，故在 z_0 点的邻域 $V(z_0; \delta): |z - z_0| < \delta$ 内有

$$f(z) - f(z_0) = f'(z_0)(z - z_0) + \rho(z, z_0)(z - z_0),$$

其中 $\lim\limits_{z \to z_0} \rho(z, z_0) = 0$.

在此基础上，我们就能来考察 $\oint_{T^{(n)}} f(z)\mathrm{d}z$. 因为当 n 足够大时，$\Delta_n \subset V(z_0; \delta)$，所以

$$\oint_{T^{(n)}} f(z)\mathrm{d}z = f(z_0) \oint_{T^{(n)}} \mathrm{d}z + f'(z_0) \oint_{T^{(n)}} (z - z_0)\mathrm{d}z + \oint_{T^{(n)}} \rho(z, z_0)(z - z_0)\mathrm{d}z.$$

由引理 3.2,

$$\oint_{T^{(n)}} \mathrm{d}z = 0, \qquad \oint_{T^{(n)}} z\,\mathrm{d}z = 0,$$

所以

$$\oint_{T^{(n)}} f(z)\mathrm{d}z = \oint_{T^{(n)}} \rho(z, z_0)(z - z_0)\mathrm{d}z.$$

这样就立即得到

$$\left|\oint_{T^{(n)}} f(z)\mathrm{d}z\right| \leqslant \oint_{T^{(n)}} |\rho(z, z_0)(z - z_0)\mathrm{d}z| \leqslant \frac{d}{2^n} \cdot \frac{l}{2^n} \cdot \max_{z \in T^{(n)}} |\rho(z, z_0)|.$$

上面已经证明 $M \leqslant 4^n \left|\oint_{T^{(n)}} f(z)\mathrm{d}z\right|$, 因此
$$M \leqslant dl \cdot \max_{z\in T^{(n)}} |\rho(z,z_0)|.$$

因为 $\lim_{z\to z_0} \rho(z,z_0)=0$, 亦即 $\lim_{n\to\infty} \max_{z\in T^{(n)}} |\rho(z,z_0)|=0$, 所以 $M=0$. □

例 3.2 计算 $\oint_C z^n \mathrm{d}z$ 值, 其中 n 为整数, C 为复平面 $\mathbb{C}$ 内一条简单闭合围道.

解 当 n 为自然数时, 显然, 按照 (有界单连通区域的) Cauchy 定理
$$\oint_C z^n \mathrm{d}z = 0.$$

当 n 为负整数时, 若 C 沿逆时针方向时所包含的区域内 (简称 C 内) 不含 $z=0$, 则也有
$$\oint_C z^n \mathrm{d}z = 0.$$

如果 C 内含有 $z=0$ 点, 则按 (有界多连通区域的) Cauchy 定理, 有
$$\oint_C z^n \mathrm{d}z = \oint_{|z|=\varepsilon} z^n \mathrm{d}z = \int_0^{2\pi} \varepsilon^{n+1} \mathrm{e}^{\mathrm{i}(n+1)\theta} \mathrm{i}\mathrm{d}\theta = \begin{cases} 2\pi\mathrm{i}, & n=-1; \\ 0, & n=-2,-3,-4,\cdots. \end{cases}$$

上述计算过程中不妨要求 ε 足够小, 以保证圆 $|z|=\varepsilon$ 位于 C 所包含的区域内.

总结上面的结果, 就有
$$\oint_C z^n \mathrm{d}z = \begin{cases} 2\pi\mathrm{i}, & n=-1, \text{且 } C \text{ 内含有 } z=0; \\ 0, & \text{其他情形}. \end{cases} \tag{3.4}$$

或者, 更一般地,
$$\oint_C (z-a)^n \mathrm{d}z = \begin{cases} 2\pi\mathrm{i}, & n=-1, \text{且 } C \text{ 内含有 } z=a; \\ 0, & \text{其他情形}. \end{cases} \tag{3.5}$$

例 3.3 计算积分 $\int_0^{2\pi} \sin^{2n}\theta \, \mathrm{d}\theta$.

解 令 $z=\mathrm{e}^{\mathrm{i}\theta}$, 则
$$\sin\theta = \frac{z^2-1}{2\mathrm{i}z}, \qquad \mathrm{d}\theta = \frac{\mathrm{d}z}{\mathrm{i}z},$$

而原积分即化为 z 平面上沿单位圆的积分,
$$\int_0^{2\pi} \sin^{2n}\theta \, \mathrm{d}\theta = \oint_{|z|=1} \left(\frac{z^2-1}{2\mathrm{i}z}\right)^{2n} \frac{\mathrm{d}z}{\mathrm{i}z} = \frac{(-)^n}{2^{2n}\mathrm{i}} \oint_{|z|=1} (z^2-1)^{2n} \frac{\mathrm{d}z}{z^{2n+1}}.$$

将 $(z^2-1)^{2n}$ 作二项式展开,
$$(z^2-1)^{2n} = \sum_{l=0}^{2n} \frac{(2n)!}{l!(2n-l)!} (-)^{2n-l} z^{2l},$$

则其中只有 z^{2n} 项 (即 $l = n$ 项) 对积分有贡献 (为什么?), 因此,

$$\int_0^{2\pi} \sin^{2n}\theta\, \mathrm{d}\theta = 2\pi\mathrm{i} \times \frac{1}{2^{2n}\mathrm{i}} \frac{(2n)!}{n!\,n!} = \frac{\pi}{2^{2n-1}} \frac{(2n)!}{n!\,n!}.$$

例 3.4 证明实系数多项式必有零点, 除非该多项式恒为常数 (零次多项式).

证 用反证法. 设此多项式为

$$P_n(z) = a_n z^n + a_{n-1} z^{n-1} + \cdots + a_0, \qquad a_n \neq 0,$$

$a_n, a_{n-1}, \cdots, a_0$ 均为实数. 按所设, 若 $P_n(z)$ 无零点, 则当 z 取实数值 x 时, $P(x)$ 一定不为 0, 且不变号, 因此

$$\int_0^{2\pi} \frac{\mathrm{d}\theta}{P_n(2\cos\theta)} \neq 0.$$

令 $z = \mathrm{e}^{\mathrm{i}\theta}$, 则上式化为

$$\oint_{|z|=1} \frac{1}{P_n(z+z^{-1})} \frac{\mathrm{d}z}{\mathrm{i}z} = \frac{1}{\mathrm{i}} \oint_{|z|=1} \frac{z^{n-1}}{Q_{2n}(z)} \mathrm{d}z \neq 0, \tag{3.6}$$

其中 $Q_{2n}(z) = z^n P_n(z+z^{-1})$ 为 $2n$ 次多项式. 因为 $P_n(z) \neq 0$, 故当 $z \neq 0$ 时 $P_n(z+z^{-1}) \neq 0$, 即 $Q_{2n}(z) \neq 0$; 又, $Q_{2n}(0) = a_n$ 亦不为 0, 因此函数 $z^{n-1}/Q_{2n}(z)$ (在全平面) 解析. 根据 Cauchy 定理, 一定有

$$\oint_{|z|=1} \frac{z^{n-1}}{Q_{2n}(z)} \mathrm{d}z = 0,$$

与 (3.6) 矛盾. 因此 $P_n(z)$ 必有零点. 命题得证.

讨论 此结论可推广到复系数多项式. 因为即使

$$P_n(z) = a_n z^n + a_{n-1} z^{n-1} + \cdots + a_0$$

为复系数多项式, 也可以构造一个新的实系数多项式

$$\left(a_n z^n + a_{n-1} z^{n-1} + \cdots + a_0\right)\left(a_n^* z^n + a_{n-1}^* z^{n-1} + \cdots + a_0^*\right),$$

因此上述结论仍然成立.

由 Cauchy 定理立即可得到下面的推论 (其实它就是复变积分变形定理的另一种表述形式):

推论 若 $f(z)$ 在有界单连通区域 G 中解析, 则复变积分 $\int_C f(z)\mathrm{d}z$ 与路径 C 无关, 其中 $C \subset G$.

既然在有界单连通区域中解析函数的积分值与路径无关, 因此, 如果任取起点 $z_0 \subset G$, 而令终点 z 为变点, 则作为积分上限的函数

$$\int_{z_0}^{z} f(\zeta)\mathrm{d}\zeta = F(z), \qquad z \in G \tag{3.7}$$

是有界单连通区域 G 内的单值函数, 称为 $f(z)$ 的**不定积分**.

定理 3.2 如果函数 $f(z)$ 在有界单连通区域 G 内解析, 则 $f(z)$ 的不定积分

$$F(z) = \int_{z_0}^{z} f(\zeta)\mathrm{d}\zeta, \quad z \in G \tag{3.8}$$

也在 G 内解析, 并且

$$F'(z) = \frac{\mathrm{d}}{\mathrm{d}z}\int_{z_0}^{z} f(\zeta)\mathrm{d}\zeta = f(z), \quad z \in G. \tag{3.9}$$

证 只要直接求出 $F(z)$ 的导数即可. 为此, 设 z 是 G 内一点, $z+\Delta z$ 为其邻点, 如图 3.5 所示, 则

$$F(z) = \int_{z_0}^{z} f(\zeta)\mathrm{d}\zeta, \quad F(z+\Delta z) = \int_{z_0}^{z+\Delta z} f(\zeta)\mathrm{d}\zeta.$$

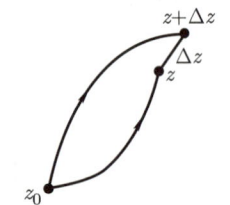

图 3.5 不定积分解析性的证明

因为积分与路径无关, 所以

$$\frac{\Delta F}{\Delta z} = \frac{F(z+\Delta z) - F(z)}{\Delta z} = \frac{1}{\Delta z}\int_{z}^{z+\Delta z} f(\zeta)\mathrm{d}\zeta.$$

由此可得

$$\left|\frac{\Delta F}{\Delta z} - f(z)\right| = \left|\frac{1}{\Delta z}\int_{z}^{z+\Delta z} f(\zeta)\mathrm{d}\zeta - f(z)\right| = \left|\frac{1}{\Delta z}\int_{z}^{z+\Delta z} [f(\zeta) - f(z)]\mathrm{d}\zeta\right|$$

$$\leqslant \frac{1}{|\Delta z|}\int_{z}^{z+\Delta z} |f(\zeta) - f(z)| \cdot |\mathrm{d}\zeta|.$$

由于 $f(z)$ 是连续的, $\forall \varepsilon > 0$, $\exists \delta > 0$, 使当 $|\Delta z| < \delta$ 时, 对于线段 Δz 上的所以点 ζ, 恒有 $|f(\zeta) - f(z)| < \varepsilon$, 所以

$$\left|\frac{\Delta F}{\Delta z} - f(z)\right| \leqslant \frac{1}{|\Delta z|} \cdot \varepsilon \cdot |\Delta z| = \varepsilon,$$

即得

$$F'(z) = \lim_{\Delta z \to 0}\frac{\Delta F}{\Delta z} = f(z), \quad z \in G.$$

这样就证明了 $F(z)$ 在 G 内可导, 并且 $F'(z) = f(z)$. □

在复变函数中, 除了不定积分外, 也还有原函数的概念.

如果函数 $\Phi(z)$ 的导数 $\Phi'(z) = f(z)$, 则称 $\Phi(z)$ 为 $f(z)$ 的**原函数**. 上面 (3.7) 式定义的 $f(z)$ 的不定积分就是 $f(z)$ 的一个原函数. 对于给定的函数 $f(z)$, 其原函数并不唯一, 任意两个原函数之间相差一个常数. 这是因为如果 $\Phi_1(z)$ 与 $\Phi_2(z)$ 都是 $f(z)$ 的原函数, 则

$$\Phi_1'(z) = f(z), \quad \Phi_2'(z) = f(z).$$

所以, $[\Phi_1(z) - \Phi_2(z)]' = 0$, 即

$$\Phi_1(z) - \Phi_2(z) = C. \tag{3.10}$$

知道了被积函数的原函数, 可使复变积分的计算大为简化. 例如, 设 $\Phi(z)$ 为 $f(z)$ 的一个原函数, 则 $f(z)$ 的不定积分

$$F(z) = \int_{z_0}^{z} f(\zeta)\mathrm{d}\zeta = \Phi(z) + C.$$

我们显然又有 $F(z_0) = \Phi(z_0) + C = 0$, $C = -\Phi(z_0)$. 所以

$$\int_{z_0}^{z} f(\zeta) \mathrm{d}\zeta = \Phi(z) - \Phi(z_0). \tag{3.11}$$

例 3.5 计算积分 $\int_a^b z^n \mathrm{d}z$, n 为整数.

解 当 n 为自然数时, z^n 在 $\mathbb{C}$ 内解析, $\frac{1}{n+1}z^{n+1}$ 是它的一个原函数. 因此, 对于 $\mathbb{C}$ 内的任意一条积分路径, 均有

$$\int_a^b z^n \mathrm{d}z = \frac{1}{n+1}\left(b^{n+1} - a^{n+1}\right). \tag{3.12}$$

当 $n = -2, -3, -4, \cdots$ 时, z^n 在 $\overline{\mathbb{C}} \setminus 0$ 内解析, 其原函数仍可取为 $\frac{1}{n+1}z^{n+1}$. 因此, 在不包含 $z = 0$ 的任一有界区域内, 仍有

$$\int_a^b z^n \mathrm{d}z = \frac{1}{n+1}\left(b^{n+1} - a^{n+1}\right), \qquad n = -2, -3, -4, \cdots. \tag{3.12'}$$

当 $n = -1$ 时, z^{-1} 也是在 $\overline{\mathbb{C}} \setminus 0$ 内解析, 但原函数为 $\ln z$. 故在不包含 $z = 0$ 的任一有界单连通区域内,

$$\int_a^b \frac{\mathrm{d}z}{z} = \ln b - \ln a. \tag{3.13}$$

这里需要特别注意, 一旦积分的上、下限给定, 则在一个有界单连通区域内, 上面的积分值一定与路径无关, 但对于不同的有界单连通区域, 可能会给出不同的积分值. 从计算过程看, (3.13) 式的原函数是多值函数, 因此积分值与由 a 变化到 b 的方式有关. 当限制在不含 $z = 0$ 的一个有界单连通区域内时, 原函数的分支点 $z = 0$ 和 $z = \infty$ 都不在区域内, 就是把 $\ln z$ 限制在某一个单值分支内, 故积分值 $\ln b - \ln a$ 唯一确定. 而对于不同的有界单连通区域, 就可能对应于 $\ln z$ 的不同单值分支, 因而积分值也就可能不同. 表面上看, 积分的上、下限给定, 即积分路径的终点与起点给定, 但是实际上, 它们在多叶 Riemann 面上的位置并不见得相同.

§3.3 两个常用的引理

引理 3.4 (小圆弧引理) 如果函数 $f(z)$ 在 $z = a$ 点的空心邻域内连续, 并且在 $\theta_1 \leqslant \arg(z-a) \leqslant \theta_2$ 中, 当 $|z-a| \to 0$ 时, $(z-a)f(z)$ 一致趋近于 k, 则

$$\boxed{\lim_{\delta \to 0} \int_{C_\delta} f(z) \mathrm{d}z = \mathrm{i}k(\theta_2 - \theta_1),} \tag{3.14}$$

其中 C_δ 是以 $z = a$ 为圆心、δ 为半径、张角为 $\theta_2 - \theta_1$ 的圆弧, $|z-a| = \delta$, $\theta_1 \leqslant \arg(z-a) \leqslant \theta_2$, 见图 3.6.

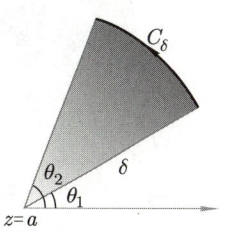

图 3.6

证 因为 $\int_{C_\delta} \dfrac{\mathrm{d}z}{z-a} = \mathrm{i}(\theta_2 - \theta_1)$, 所以

$$\left| \int_{C_\delta} f(z)\mathrm{d}z - \mathrm{i}k(\theta_2 - \theta_1) \right| = \left| \int_{C_\delta} \left[f(z) - \frac{k}{z-a} \right] \mathrm{d}z \right|$$

$$\leqslant \int_{C_\delta} |(z-a)f(z) - k| \frac{|\mathrm{d}z|}{|z-a|}.$$

由于在 $\theta_1 \leqslant \arg(z-a) \leqslant \theta_2$ 中, 当 $|z-a| \to 0$ 时, $(z-a)f(z)$ 一致趋近于 k, 这就意味着 $\forall \varepsilon > 0, \exists$ (与 $\arg(z-a)$ 无关的) $r(\varepsilon) > 0$, 使当 $|z-a| = \delta < r$ 时, $|(z-a)f(z) - k| < \varepsilon$. 所以

$$\left| \int_{C_\delta} f(z)\mathrm{d}z - \mathrm{i}k(\theta_2 - \theta_1) \right| \leqslant \varepsilon(\theta_2 - \theta_1),$$

即

$$\lim_{\delta \to 0} \int_{C_\delta} f(z)\mathrm{d}z = \mathrm{i}k(\theta_2 - \theta_1). \qquad \square$$

注意, 这个引理中要求 $(z-a)f(z)$ 在给定的条件下一致收敛, 读者可能会略感不便, 这时不妨计算当 $z \to a$ 时 $(z-a)f(z)$ 在相应辐角值的闭区间上极限存在, 因为按照 §2.1 中有关一致连续性的结论, 这就意味着 $(z-a)f(z)$ 在该条件下一致收敛.

引理 3.5 (大圆弧引理) 设 $f(z)$ 在 ∞ 点的邻域内连续, 在 $\theta_1 \leqslant \arg z \leqslant \theta_2$ 中, 当 $|z| \to \infty$ 时, $zf(z)$ 一致趋近于 K, 则

$$\boxed{\lim_{R \to \infty} \int_{C_R} f(z)\mathrm{d}z = \mathrm{i}K(\theta_2 - \theta_1),} \tag{3.15}$$

其中 C_R 是以原点为圆心、R 为半径、张角为 $\theta_2 - \theta_1$ 的圆弧, $|z| = R$, $\theta_1 \leqslant \arg z \leqslant \theta_2$, 见图 3.7.

证 证明和引理 3.4 相仿. 因为 $\int_{C_R} \dfrac{\mathrm{d}z}{z} = \mathrm{i}(\theta_2 - \theta_1)$, 所以

$$\left| \int_{C_R} f(z)\mathrm{d}z - \mathrm{i}K(\theta_2 - \theta_1) \right| = \left| \int_{C_R} \left[f(z) - \frac{K}{z} \right] \mathrm{d}z \right| \leqslant \int_{C_R} |zf(z) - K| \cdot \frac{|\mathrm{d}z|}{|z|}.$$

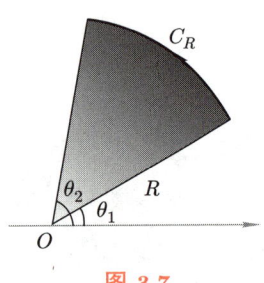

图 3.7

由于在 $\theta_1 \leqslant \arg z \leqslant \theta_2$ 中, 当 $|z| \to \infty$ 时, $zf(z)$ 一致趋近于 K, 这意味着 $\forall \varepsilon > 0, \exists$ (与 $\arg z$ 无关的) $M(\varepsilon) > 0$, 使当 $|z| = R > M$ 时, $|zf(z) - K| < \varepsilon$. 所以

$$\left| \int_{C_R} f(z)\mathrm{d}z - \mathrm{i}K(\theta_2 - \theta_1) \right| \leqslant \varepsilon(\theta_2 - \theta_1),$$

即

$$\lim_{R \to \infty} \int_{C_R} f(z)\mathrm{d}z = \mathrm{i}K(\theta_2 - \theta_1). \qquad \square$$

类似于小圆弧定理的讨论, 为了证明 $zf(z)$ 在一定条件下一致趋近于 K, 也不妨改为计算 $zf(z)$ 在该条件下极限为 K 即可.

§3.4 Cauchy 积分公式

Cauchy 定理从一个侧面反映了解析函数的基本特性: 解析函数在其解析区域内各点的函数值是密切相关的. Cauchy-Riemann 方程可以说是这种关联的微分形式, 而 Cauchy 定理则是它的积分形式. 这种关联性在 Cauchy 积分公式中也清楚地表现出来.

有界区域的 Cauchy 积分公式 设 $f(z)$ 是有界闭区域 $\overline{G}$ 中的单值解析函数, $\overline{G}$ 的边界 C 是分段光滑曲线, a 为 G 内一点, 则

$$\boxed{f(a) = \frac{1}{2\pi i} \oint_C \frac{f(z)}{z-a} dz, \qquad a \in G,} \tag{3.16}$$

其中积分路径沿 C 的正向.

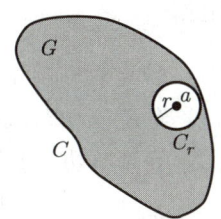

图 3.8 有界区域的 Cauchy 积分公式

证 在有界区域 G 内作小圆 $|z-a|<r$ (见图 3.8, r 足够小以保证圆周 $|z-a|=r$ 位于 G 内), 则根据 (有界多连通区域的) Cauchy 定理, 有

$$\oint_C \frac{f(z)}{z-a} dz = \oint_{|z-a|=r} \frac{f(z)}{z-a} dz, \tag{3.17}$$

其中 C 沿区域边界正方向. 令 $r \to 0$, 因为

$$\lim_{z \to a} (z-a) \frac{f(z)}{z-a} = f(a),$$

(3.17) 式等号左边与 r 的大小无关, 故可令 $r \to 0$, 由上节的引理 3.4, 就证得

$$\frac{1}{2\pi i} \oint_C \frac{f(z)}{z-a} dz = f(a). \qquad \square$$

作为 Cauchy 积分公式的特殊形式, 取 C 为以 a 为圆心、R 为半径的圆周, 如果 $f(z)$ 在圆内解析, 即可得到

$$\boxed{f(a) = \frac{1}{2\pi} \int_0^{2\pi} f\left(a + Re^{i\theta}\right) d\theta.} \tag{3.18}$$

这个结果称为**均值定理**: 解析函数 $f(z)$ 在解析区域 G 内任意一点 a 的函数值 $f(a)$, 等于 (完全位于 G 内的) 以该点为圆心的任一圆周上函数值的平均.

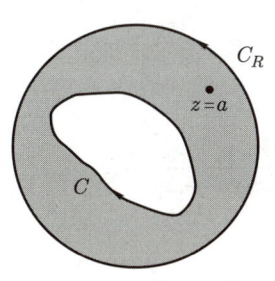

图 3.9 无界区域的 Cauchy 积分公式

对于无界区域, 需要假设 $f(z)$ 在简单闭合围道 C 上及 C 外 (包括 ∞ 点) 单值解析. 类似地计算 $\dfrac{1}{2\pi i} \oint_C \dfrac{f(z)}{z-a} dz$, 其中 a 为 C 外一点, 积分路径 C 的走向是绕无穷远点的正向, 即顺时针方向, 如图 3.9 所示. 在 C 外再作一个以原点为圆心, R 为半径的圆 C_R, 对于 C 和 C_R 所包围的有界多连通区域, 根据有界区域的 Cauchy 积分公式, 就有

$$\frac{1}{2\pi i} \left[\oint_{C_R} \frac{f(z)}{z-a} dz + \oint_C \frac{f(z)}{z-a} dz \right] = f(a),$$

C_R 的走向是逆时针方向. 等号两边令 $R \to \infty$, 若

$$\lim_{z \to \infty} z \cdot \frac{f(z)}{z-a} = \lim_{z \to \infty} f(z) = K, \tag{3.19}$$

根据上一节的引理 3.5, 即得

$$\lim_{R \to \infty} \left[\frac{1}{2\pi i} \oint_{C_R} \frac{f(z)}{z-a} dz \right] = K,$$

因此

$$\frac{1}{2\pi i} \oint_C \frac{f(z)}{z-a} dz = f(a) - K. \tag{3.20}$$

当 $K = 0$ 时, 就得到了**无界区域的 Cauchy 积分公式**: 如果 $f(z)$ 在简单闭合围道 C 上及 C 外解析, 且当 $z \to \infty$ 时, $f(z)$ 一致趋于 0, 则 Cauchy 积分公式

$$f(a) = \frac{1}{2\pi i} \oint_C \frac{f(z)}{z-a} dz \tag{3.21}$$

仍然成立, 此处 a 是 C 为顺时针方向时所包含的区域内的一点.

§3.5 Cauchy 型积分

设函数 $\phi(\zeta)$ 在分段光滑的 (闭合或不闭合) 曲线 C 上连续, z 为 C 外一点, 则积分

$$f(z) = \frac{1}{2\pi i} \int_C \frac{\phi(\zeta)}{\zeta - z} d\zeta, \qquad z \notin C \tag{3.22}$$

称为 **Cauchy 型积分**. 下面证明, $f(z)$ 是 z 的解析函数, 且其任意 p (p 为自然数) 阶导数 $f^{(p)}(z)$ 可通过积分号下求导而得到,

$$f^{(p)}(z) = \frac{p!}{2\pi i} \int_C \frac{\phi(\zeta)}{(\zeta-z)^{p+1}} d\zeta, \qquad z \notin C. \tag{3.23}$$

证 用数学归纳法证明. 首先求 $f'(z)$. 因为

$$\frac{f(z+h) - f(z)}{h} = \frac{1}{2\pi i} \frac{1}{h} \int_C \left[\frac{\phi(\zeta)}{\zeta - z - h} - \frac{\phi(\zeta)}{\zeta - z} \right] d\zeta$$

$$= \frac{1}{2\pi i} \int_C \frac{\phi(\zeta)}{(\zeta - z - h)(\zeta - z)} d\zeta,$$

取极限 $h \to 0$, 左端即为 $f'(z)$, 而右端被积函数的极限为 $\phi(\zeta)/(\zeta-z)^2$. 为了证明在积分号下求极限合法, 不妨考察

$$\int_C \frac{\phi(\zeta)}{(\zeta - z - h)(\zeta - z)} d\zeta - \int_C \frac{\phi(\zeta)}{(\zeta - z)^2} d\zeta = h \int_C \frac{\phi(\zeta)}{(\zeta - z - h)(\zeta - z)^2} d\zeta.$$

由于 $\phi(\zeta)$ 在 C 上连续, 故在 C 上有 $|\phi(\zeta)| \leqslant M$,

$$\left| \int_C \frac{\phi(\zeta)}{(\zeta - z - h)(\zeta - z)} d\zeta - \int_C \frac{\phi(\zeta)}{(\zeta - z)^2} d\zeta \right| \leqslant h \cdot \frac{Ml}{\delta^2(\delta - h)} \to 0,$$

其中 δ 为 z 到 C 的最短距离, l 为 C 的长度. 因此即证得

$$f'(z) = \frac{1}{2\pi\mathrm{i}} \int_C \frac{\phi(\zeta)}{(\zeta-z)^2} \mathrm{d}\zeta.$$

既然对于 C 外任意一点 z, $f'(z)$ 均存在, 当然就证明了 $f(z)$ 是解析函数.

现在假设

$$f^{(k)}(z) = \frac{k!}{2\pi\mathrm{i}} \int_C \frac{\phi(\zeta)}{(\zeta-z)^{k+1}} \mathrm{d}\zeta$$

成立, 于是

$$\begin{aligned}
\frac{f^{(k)}(z+h) - f^{(k)}(z)}{h} &= \frac{k!}{2\pi\mathrm{i}} \frac{1}{h} \int_C \left[\frac{\phi(\zeta)}{(\zeta-z-h)^{k+1}} - \frac{\phi(\zeta)}{(\zeta-z)^{k+1}} \right] \mathrm{d}\zeta \\
&= \frac{k!}{2\pi\mathrm{i}} \frac{1}{h} \int_C \phi(\zeta) \frac{(\zeta-z)^{k+1} - (\zeta-z-h)^{k+1}}{(\zeta-z)^{k+1}(\zeta-z-h)^{k+1}} \mathrm{d}\zeta \\
&= \frac{k!}{2\pi\mathrm{i}} \int_C \frac{\phi(\zeta)}{(\zeta-z)^{k+1}(\zeta-z-h)^{k+1}} \left[(k+1)(\zeta-z-h)^k + O(h) \right] \mathrm{d}\zeta \\
&= \frac{(k+1)!}{2\pi\mathrm{i}} \int_C \frac{\phi(\zeta)}{(\zeta-z)^{k+1}(\zeta-z-h)} \mathrm{d}\zeta + O(h),
\end{aligned}$$

亦即

$$\begin{aligned}
& \left| \frac{f^{(k)}(z+h) - f^{(k)}(z)}{h} - \frac{(k+1)!}{2\pi\mathrm{i}} \int_C \frac{\phi(\zeta)}{(\zeta-z)^{k+2}} \mathrm{d}\zeta \right| \\
&= \left| \frac{(k+1)!}{2\pi\mathrm{i}} \int_C \frac{\phi(\zeta)}{(\zeta-z)^{k+1}} \left(\frac{1}{\zeta-z-h} - \frac{1}{\zeta-z} \right) \mathrm{d}\zeta + O(h) \right| \leqslant h \frac{Ml}{\delta^{k+2}(\delta-h)} \to 0,
\end{aligned}$$

由此即可证得

$$f^{(k+1)}(z) = \frac{(k+1)!}{2\pi\mathrm{i}} \int_C \frac{\phi(\zeta)}{(\zeta-z)^{k+2}} \mathrm{d}\zeta$$

成立.

例 3.6 计算积分 $f(z) = \frac{1}{2\pi\mathrm{i}} \oint_{|\zeta|=1} \frac{\zeta^*}{\zeta-z} \mathrm{d}\zeta$, 其中 $|z| \neq 1$.

解 这是一个 Cauchy 型积分. 因为在 $|\zeta|=1$ 上 $\zeta^* = 1/\zeta$, 故

$$f(z) = \frac{1}{2\pi\mathrm{i}} \oint_{|\zeta|=1} \frac{1}{\zeta(\zeta-z)} \mathrm{d}\zeta.$$

当 $|z|>1$ 时, $1/(\zeta-z)$ 在 $|\zeta|=1$ 内解析, 因此可以用 Cauchy 积分公式计算此积分,

$$f(z) = \frac{1}{2\pi\mathrm{i}} \oint_{|\zeta|=1} \frac{1}{\zeta} \left(\frac{1}{\zeta-z} \right) \mathrm{d}\zeta = \frac{1}{\zeta-z} \bigg|_{\zeta=0} = -\frac{1}{z}.$$

当 $0<|z|<1$ 时,

$$f(z) = \frac{1}{2\pi\mathrm{i}} \oint_{|\zeta|=1} \frac{1}{z} \left(\frac{1}{\zeta-z} - \frac{1}{\zeta} \right) \mathrm{d}\zeta = 0.$$

可以看出, 此结果对于 $z = 0$ 仍成立. 综合以上结果, 就有

$$f(z) = \frac{1}{2\pi i} \oint_{|\zeta|=1} \frac{\zeta^*}{\zeta - z} d\zeta = \begin{cases} -\dfrac{1}{z}, & |z| > 1, \\ 0, & |z| < 1. \end{cases}$$

由此可见, $f(z)$ 在 $|z| \neq 1$ 处解析, 尽管 ζ^* 在全平面不解析.

§3.6 解析函数的高阶导数公式以及 Cauchy 积分公式的其他推论

将 Cauchy 型积分的结论应用于 Cauchy 积分公式, 就能直接得到**解析函数的高阶导数公式**: 如果 $f(z)$ 在有界闭区域 $\overline{G}$ 中解析, 则在 G 内 $f(z)$ 的任何阶导数 $f^{(n)}(z)$ 均存在, 并且

$$\boxed{f^{(n)}(z) = \frac{n!}{2\pi i} \oint_C \frac{f(\zeta)}{(\zeta - z)^{n+1}} d\zeta, \quad z \in G,} \tag{3.24}$$

其中 C 是 $\overline{G}$ 的正向边界, 为分段光滑曲线, z 为 G 内任意一点, 如图 3.10 所示.

此结果说明, 一个复变函数, 在其解析区域内任何阶导数都存在, 并且都是这个区域内的解析函数. 而在实变函数中并非如此, 并不能由 $f'(x)$ 的存在推断出 $f''(x)$ 的存在.

除了均值定理 (见 §3.4) 与高阶导数公式以外, 从 Cauchy 积分公式还可以导出许多其他重要推论, 进一步揭示出解析函数的各种特性.

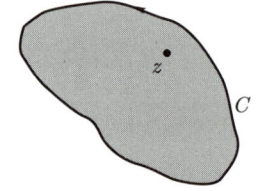

图 3.10 高阶导数公式

Morera 定理 设 $f(z)$ 在区域 $\overline{G}$ 中连续, 如果对于 $\overline{G}$ 中的任何闭合围道 C, 都有

$$\oint_C f(z) dz = 0,$$

则 $f(z)$ 在 G 内解析.

证 因为对于 $\overline{G}$ 中的任何闭合围道 C 都有 $\oint_C f(z) dz = 0$, 故积分 $F(z) = \int_{z_0}^{z} f(z) dz$ 与路径无关, 因此, 在

$$\frac{F(z + \Delta z) - F(z)}{\Delta z} - f(z) = \frac{1}{\Delta z} \int_{z}^{z+\Delta z} [f(\zeta) - f(z)] d\zeta$$

中, 积分路径可取为直线. 由 $f(z)$ 的连续性, 即可得到

$$\left| \frac{F(z + \Delta z) - F(z)}{\Delta z} - f(z) \right| \leqslant \frac{1}{|\Delta z|} \cdot \varepsilon \cdot |\Delta z| = \varepsilon \to 0.$$

所以

$$\frac{dF(z)}{dz} = \frac{d}{dz} \int_{z_0}^{z} f(z) dz = f(z),$$

即 $F(z)$ 解析, 其导数为 $f(z)$. 但根据上面已证的高阶导数的存在性即知, $f(z)$ 在 G 内也必解析.

Morera 定理也常称为 Cauchy 定理的逆定理.

Cauchy 不等式 设函数 $f(z)$ 在闭区域 $\overline{G}$ 中解析, 则 $f(z)$ 在边界 C 上连续, $|f(z)|$ 在 C 上必有而且达到上确界 M. 因此

$$\left|f^{(n)}(z)\right| = \frac{n!}{2\pi}\left|\oint_C \frac{f(\zeta)}{(\zeta-z)^{n+1}}\mathrm{d}\zeta\right| \leqslant \frac{n!}{2\pi}\frac{Ml}{d^{n+1}}, \tag{3.25}$$

其中 l 是边界 C 的长度, d 是 z 点到边界的最短距离.

特别是, 当边界是以 z 为圆心、R 为半径的圆周时,

$$\left|f^{(n)}(z)\right| \leqslant \frac{n!M}{R^n}. \tag{3.26}$$

这就是 Cauchy 不等式.

最大模定理 若 $f(z)$ 在闭区域 $\overline{G}$ 中解析, 则模 $|f(z)|$ 的最大值在 $\overline{G}$ 的边界上.

证 设 M 为 $|f(z)|$ 在边界 C 上的上确界, 则根据 Cauchy 不等式, 对于解析函数 $[f(z)]^m$ (m 为正整数), 有

$$|f(z)|^m \leqslant \frac{1}{2\pi}\frac{M^m l}{d}, \qquad |f(z)| \leqslant M\left(\frac{l}{2\pi d}\right)^{1/m}.$$

此式对任意 m 均成立, 故可取极限 $m\to\infty$, 由此即得

$$|f(z)| \leqslant M.$$

Liouville 定理 如果 $f(z)$ 在全平面解析, 且当 $z\to\infty$ 时, $|f(z)|$ 有界, 则 $f(z)$ 必为常数.

证 以任意有限点 z 为圆心, R 为半径作圆 C_R, 则根据 Cauchy 不等式, 有 $|f'(z)| \leqslant M_R/R$, M_R 是 $|f(z)|$ 在圆周 C_R 上的上确界. 因为 $z\to\infty$ 时 $|f(z)|$ 有界, 故 $R\to\infty$ 时 M_R 有界,

$$\lim_{R\to\infty}\frac{M_R}{R}=0.$$

所以 $|f'(z)|=0$, 即 $f'(z)=0$, 由此即证得

$$f(z)=\text{常数}.$$

注意这里对函数在无穷远点是否解析, 事先并未作任何限定. Liouville 定理告诉我们, 在满足定理的条件下, 函数在无穷远点也一定解析.

§3.7 含参量积分的解析性

利用 Cauchy 型积分, 可以直接推出含参量积分的解析性.

定理 3.3 (含参量积分的解析性) 设

1. $f(t,z)$ 是 t 和 z 的连续函数, $t\in[a,b]$, $z\in\overline{G}$, 其中 $\overline{G}$ 是有界闭区域;
2. 对于 $[a,b]$ 上的任何 t 值, $f(t,z)$ 是 $\overline{G}$ 上的单值解析函数,

则 $F(z) = \int_a^b f(t,z)\mathrm{d}t$ 在 G 内是解析的, 且

$$F'(z) = \int_a^b \frac{\partial f(t,z)}{\partial z}\mathrm{d}t, \qquad z \in G. \tag{3.27}$$

证 因为 $f(t,z)$ 在 $\overline{G}$ 中解析, 故对于 G 内的任何一点 z, Cauchy 积分公式成立,

$$f(t,z) = \frac{1}{2\pi\mathrm{i}} \oint_C \frac{f(t,\zeta)}{\zeta - z}\mathrm{d}\zeta,$$

其中 C 是 $\overline{G}$ 的边界, 积分沿 C 的正方向. 代入 $F(z)$ 的定义, 并交换积分次序 [因为 $f(t,z)$ 连续], 得

$$F(z) = \int_a^b \frac{\mathrm{d}t}{2\pi\mathrm{i}} \oint_C \frac{f(t,\zeta)}{\zeta - z}\mathrm{d}\zeta = \frac{1}{2\pi\mathrm{i}} \oint_C \frac{1}{\zeta - z}\left[\int_a^b f(t,\zeta)\mathrm{d}t\right]\mathrm{d}\zeta.$$

这是一个 Cauchy 型积分, $\int_a^b f(t,z)\mathrm{d}t$ 在 C 上连续, 故 $F(z)$ 为 G 内的解析函数, 且

$$F'(z) = \frac{1}{2\pi\mathrm{i}} \oint_C \frac{1}{(\zeta - z)^2}\left[\int_a^b f(t,\zeta)\mathrm{d}t\right]\mathrm{d}\zeta$$

$$= \int_a^b \left[\frac{1}{2\pi\mathrm{i}} \oint_C \frac{f(t,\zeta)}{(\zeta - z)^2}\mathrm{d}\zeta\right]\mathrm{d}t = \int_a^b \frac{\partial f(t,z)}{\partial z}\mathrm{d}t. \quad \square$$

显然, 这个结论也适用于 $\int_{C'} f(t,z)\mathrm{d}t$. 这时应当要求 C' 是分段光滑曲线, 当 t 在 C' 上变动, $z \in \overline{G}$ 时, $f(t,z)$ 是 t 和 z 的连续函数. 证明的方法与上面相同.

*§3.8 Poisson 公式

Cauchy 积分公式告诉我们, 对于有界闭区域 $\overline{G}$ 中的解析函数 $f(z)$, 边界上的数值就完全决定了函数在 G 内任意一点的值. 作为它的特殊情形, 当 $f(z)$ 在上半平面解析时, 就有

$$f(z) = \frac{1}{2\pi\mathrm{i}} \oint_C \frac{f(\zeta)}{\zeta - z}\mathrm{d}\zeta,$$

其中 C 是上半平面内的简单闭合围道, z 为 C 内任意一点.

现在取一个特殊的围道, 它由实轴上的线段 $[-R, R]$ 和以原点为圆心、R 为半径的半圆弧 C_R 组成 (见图 3.11). 只要 R 足够大, 则 z 点必在围道内. 令 $\zeta = \xi + \mathrm{i}\eta$, 就有

$$f(z) = \frac{1}{2\pi\mathrm{i}} \int_{-R}^R \frac{f(\xi)}{\xi - z}\mathrm{d}\xi + \frac{1}{2\pi\mathrm{i}} \int_{C_R} \frac{f(\zeta)}{\zeta - z}\mathrm{d}\zeta.$$

下面讨论 $R \to \infty$ 的极限情形. 因为 $f(z)$ 在上半平面解析, 故只需 z 在上半平面趋于 ∞ 时 $f(z)$ 一致趋于 0, 则根据 §3.3 中的引理 3.5 可知,

$$\lim_{R \to \infty} \int_{C_R} \frac{f(\zeta)}{\zeta - z}\mathrm{d}\zeta = 0,$$

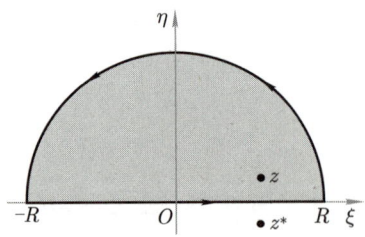

图 3.11 上半平面的 Poisson 公式

由此即得
$$f(z) = \frac{1}{2\pi i} \int_{-\infty}^{\infty} \frac{f(\xi)}{\xi - z} d\xi. \tag{3.28}$$

这个结果说明, 由 $f(z)$ 在实轴上的值, 可以唯一地决定它在上半平面内任意一点的数值. 更进一步, 令 $z = x + iy, f(z) = u + iv$, 还可以单独地写出 $f(z)$ 的实部与虚部:

$$u(x,y) = \frac{1}{2\pi} \int_{-\infty}^{\infty} \frac{(\xi - x)v(\xi,0) + yu(\xi,0)}{(\xi - x)^2 + y^2} d\xi, \tag{3.29}$$

$$v(x,y) = -\frac{1}{2\pi} \int_{-\infty}^{\infty} \frac{(\xi - x)u(\xi,0) - yv(\xi,0)}{(\xi - x)^2 + y^2} d\xi. \tag{3.30}$$

由于解析函数的实部和虚部并不互相独立, 由解析函数的实部就可以求出虚部 (反之亦然), 从而确定解析函数本身. 因此, 可以设想, 如果只知道解析函数的实部在实轴上的数值, 也有可能求出虚部在实轴上的数值, 从而完全决定函数在上半平面内任意一点 z 的值. 为此, 考虑 z 相对于实轴的反演点 z^*. 它一定位于下半平面, 所以

$$\lim_{R \to \infty} \left\{ \frac{1}{2\pi i} \oint_C \frac{f(\zeta)}{\zeta - z^*} d\zeta \right\} = \frac{1}{2\pi i} \int_{-\infty}^{\infty} \frac{f(\xi)}{\xi - x + iy} d\xi = 0. \tag{3.31}$$

或者也分别比较等式两端的实部与虚部,

$$\frac{1}{2\pi} \int_{-\infty}^{\infty} \frac{(\xi - x)u(\xi,0) + yv(\xi,0)}{(\xi - x)^2 + y^2} d\xi = 0, \tag{3.32}$$

$$\frac{1}{2\pi} \int_{-\infty}^{\infty} \frac{(\xi - x)v(\xi,0) - yu(\xi,0)}{(\xi - x)^2 + y^2} d\xi = 0. \tag{3.33}$$

将 (3.29) 和 (3.33) 式相加, 就得到

$$u(x,y) = \frac{1}{\pi} \int_{-\infty}^{\infty} \frac{(\xi - x)v(\xi,0)}{(\xi - x)^2 + y^2} d\xi \tag{3.34a}$$

$$= \frac{y}{\pi} \int_{-\infty}^{\infty} \frac{u(\xi,0)}{(\xi - x)^2 + y^2} d\xi. \tag{3.34b}$$

将 (3.30) 和 (3.32) 式相加, 又能得到

$$v(x,y) = -\frac{1}{\pi} \int_{-\infty}^{\infty} \frac{(\xi - x)u(\xi,0)}{(\xi - x)^2 + y^2} d\xi \tag{3.35a}$$

$$= \frac{y}{\pi} \int_{-\infty}^{\infty} \frac{v(\xi,0)}{(\xi - x)^2 + y^2} d\xi. \tag{3.35b}$$

(3.34) 和 (3.35) 诸式的特点是, 只根据 $u(x,y)$ 或 $v(x,y)$ 在实轴上的数值, 便可以完全确定 $u(x,y)$ 和 $v(x,y)$ 在上半平面内任意一点的值. 更进一步, 也就给出 $f(z)$ 本身在上半平面内任意一点的值:

$$f(z) = \frac{1}{\pi i} \int_{-\infty}^{\infty} \frac{u(\xi,0)}{\xi - (x + iy)} d\xi \tag{3.36a}$$

$$= \frac{1}{\pi} \int_{-\infty}^{\infty} \frac{v(\xi,0)}{\xi - (x + iy)} d\xi. \tag{3.36b}$$

而且将 (3.34) 和 (3.35) 的各式适当组合, 或者直接将 (3.28) 和 (3.31) 两式相减或相加, 还能得到

$$f(z) = \frac{y}{\pi} \int_{-\infty}^{\infty} \frac{f(\xi)}{(\xi - x)^2 + y^2} d\xi \tag{3.37a}$$

$$= \frac{1}{\pi i} \int_{-\infty}^{\infty} \frac{(\xi - x)f(\xi)}{(\xi - x)^2 + y^2} d\xi. \tag{3.37b}$$

(3.34)–(3.37) 诸式均称为上半平面的 Poisson 公式. 这些结果说明: 如果 $f(z)$ 在上半平面解析, 并且当 z 在上半平面趋于 ∞ 时一致趋于 0, 根据它 (或者它的实部或虚部) 在实轴上的数值, 就可以唯一地决定它在上半平面内任意一点的数值.

思考题 §2.3 中曾经指出, 由解析函数的实部 (虚部) 就可以求出虚部 (实部), 但可差一个任意实常数. 可是在上面的 (3.34a)、(3.35a) 和 (3.36a)、(3.36b) 诸式中并不出现任意常数, 为什么?

下面导出另一种 Poisson 公式: 圆内的 Poisson 公式. 设函数 $f(z)$ 在圆 $|z| \leqslant a$ 中解析, 则对于圆内任意一点 $z = re^{i\phi}, r < a$ (见图 3.12), 根据有界区域 Cauchy 积分公式, 有

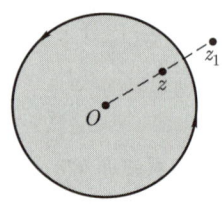

图 3.12 圆内的 Poisson 公式

$$f(z) = \frac{1}{2\pi i}\oint_{|\zeta|=a} \frac{f(\zeta)}{\zeta - z}d\zeta = \frac{a}{2\pi}\int_0^{2\pi}\frac{f(ae^{i\theta})}{a - re^{i(\phi-\theta)}}d\theta$$

$$= \frac{a}{2\pi}\int_0^{2\pi}\frac{a - re^{-i(\phi-\theta)}}{a^2 + r^2 - 2ar\cos(\phi - \theta)}f(ae^{i\theta})d\theta. \tag{3.38}$$

另一方面, 对于圆外的点 $z_1 = a^2/z^* = r_1 e^{i\phi}, r_1 = a^2/r$, 也应该有

$$\frac{1}{2\pi i}\oint_{|\zeta|=a}\frac{f(\zeta)}{\zeta - z_1}d\zeta = \frac{a}{2\pi}\int_0^{2\pi}\frac{a - r_1 e^{-i(\phi-\theta)}}{a^2 + r_1^2 - 2ar_1\cos(\phi - \theta)}f(ae^{i\theta})d\theta$$

$$= \frac{r}{2\pi}\int_0^{2\pi}\frac{r - ae^{-i(\phi-\theta)}}{a^2 + r^2 - 2ar\cos(\phi-\theta)}f(ae^{i\theta})d\theta = 0. \tag{3.39}$$

将 (3.38) 和 (3.39) 两式相减, 就得到圆内区域的 Poisson 公式

$$f(z) = \frac{a^2 - r^2}{2\pi}\int_0^{2\pi}\frac{f(ae^{i\theta})}{a^2 + r^2 - 2ar\cos(\phi - \theta)}d\theta. \tag{3.40}$$

或者令 $f(z)$ 的实部和虚部分别是 $u(r, \theta)$ 和 $v(r, \theta)$, 则对它们也有

$$u(r, \phi) = \frac{a^2 - r^2}{2\pi}\int_0^{2\pi}\frac{u(a, \theta)}{a^2 + r^2 - 2ar\cos(\phi - \theta)}d\theta, \tag{3.41}$$

$$v(r, \phi) = \frac{a^2 - r^2}{2\pi}\int_0^{2\pi}\frac{v(a, \theta)}{a^2 + r^2 - 2ar\cos(\phi - \theta)}d\theta. \tag{3.42}$$

*§3.9　色散关系

现在重新讨论上面得到的 (3.28) 式. 如果 $f(z)$ 在上半平面解析, 且当 $- \leqslant \arg z \leqslant \pi, |z| \to \infty$ 时, $f(z)$ 一致趋于 0, 则按照 Cauchy 积分公式, 应有

$$\frac{1}{2\pi i}\oint_C \frac{f(\xi)}{\xi - z}d\xi = f(z),$$

其中 $z = x + iy$ 处于上半平面, 而积分围道为实轴上由 $-R$ 到 R 的线段和以原点为圆心、R 为半径的上半圆弧. 令 $R \to \infty$, 则根据大圆弧引理, 可以得到 (3.28) 式,

$$\text{v.p.}\left\{\frac{1}{2\pi i}\int_{-\infty}^{\infty}\frac{f(\xi)}{\xi - z}d\xi\right\} = f(z).$$

这里等式左端的记号 v.p. 表示后面的积分取主值. 现在令 $y \to 0$, 就有

$$\int_{-\infty}^{x-\delta}\frac{f(\xi)}{\xi - x}d\xi + \int_{c_\delta}\frac{f(\zeta)}{\zeta - x}d\zeta + \int_{x+\delta}^{\infty}\frac{f(\xi)}{\xi - x}d\xi = 0,$$

其中 c_δ 表示从上半平面绕过 x 点的上半圆. 取极限 $\delta \to 0$, 同时应用小圆弧引理计算出沿 c_δ 积分的极限值, 即得
$$\text{v.p.} \int_{-\infty}^{\infty} \frac{f(\xi)}{\xi - x} \mathrm{d}\xi = -\lim_{\delta \to 0} \int_{c_\delta} \frac{f(\zeta)}{\zeta - x} \mathrm{d}\zeta = \pi \mathrm{i} f(x).$$
分别比较上式两端的实部和虚部,
$$\mathrm{Re}\, f(x) = \frac{1}{\pi} \times \text{v.p.} \int_{-\infty}^{\infty} \frac{\mathrm{Im}\, f(\xi)}{\xi - x} \mathrm{d}\xi, \tag{3.43a}$$
$$\mathrm{Im}\, f(x) = -\frac{1}{\pi} \times \text{v.p.} \int_{-\infty}^{\infty} \frac{\mathrm{Re}\, f(\xi)}{\xi - x} \mathrm{d}\xi. \tag{3.43b}$$

在这一对关系式中, 解析函数的实部 (虚部) 用此函数的虚部 (实部) 的积分表示, 在物理学中称为色散关系. 它来源于光学中的色散. 大约 100 年前, Knonig 和 Kramers 指出, $n^2 - 1$ (n 为折射率) 的实部可以表示为虚部的积分.

色散关系在近代物理学中有着广泛的应用[①]. 例如, 解析函数的实部描写的是 γ 射线在原子核 Coulomb 场中的向前散射, 而虚部则是在该场中电子-正电子对的产生 (吸收过程).

习　题

1. 试按给定的路径计算积分 $\displaystyle\int_C |z|\,\mathrm{d}z$:

(1) 从原点出发, 沿直线到达 $z = 2 - \mathrm{i}$ 点;

(2) 逆时针沿圆 $|z| = R$ 一周;

(3) 从 $z = 1$ 点出发, 沿半圆 $|z| = 1, 0 < \arg z < \pi$ 到达 $z = -1$ 点;

(4) 从 $z = -\mathrm{i}$ 点出发, 沿半圆 $|z| = 1, -\pi/2 < \arg z < \pi/2$ 到达 $z = \mathrm{i}$ 点.

2. 计算下列积分:

(1) $\displaystyle\oint_{|z|=1} \frac{z^*}{z}\,\mathrm{d}z;$

(2) $\displaystyle\oint_{|z|=1} \frac{z^*}{z}\,|\mathrm{d}z|;$

(3) $\displaystyle\oint_{|z|=1} \frac{z^*}{|z|}\,\mathrm{d}z;$

(4) $\displaystyle\oint_{|z|=1} \frac{z^*}{|z|}\,\mathrm{d}z.$

3. 计算下列积分:

(1) $\displaystyle\oint_C \frac{1}{z^2 + 1} \sinh \frac{\pi z}{4}\,\mathrm{d}z$, C 分别为:

(i) $|z| = 1/2$,   (ii) $|z - 1| = 1$,

(iii) $|z| = 3$,   (iv) $|z| = R, R \to \infty$.

(2) $\displaystyle\oint_C \frac{1}{z^2 - 1} \mathrm{e}^{\mathrm{i}z}\,\mathrm{d}z$, C 分别为:

(i) $|z - 1| = 1$,   (ii) $|z| = 2$,

(iii) $|z + 1| + |z - 1| = 2\sqrt{2}$,   (iv) 闭合曲线 $r = 3 - \sin^2 \dfrac{\theta}{4}$.

4. 计算下列积分:

(1) $\displaystyle\oint_{|z|=2} \frac{z^2 - 1}{z^2 + 3z + 1}\,\mathrm{d}z;$

(2) $\displaystyle\oint_{|z|=2} \frac{\mathrm{d}z}{z^2(z^3 + 16)};$

[①] 例如, 见 G. R. Screaton, Dispersion Relations, Oliver & Boyd Ltd (Edinburgh), 1961.

(3) $\oint_{|z|=2} \dfrac{\sin(\mathrm{e}^z)}{z}\,\mathrm{d}z;$

(4) $\oint_{|z|=2} \dfrac{|z|\sin(\mathrm{e}^z)}{z^2}\,\mathrm{d}z;$

(5) $\oint_{|z|=2} \dfrac{\cos z}{z^2}\,\mathrm{d}z;$

(6) $\oint_{|z|=2} \dfrac{\sin z}{z^4}\,\mathrm{d}z;$

(7) $\oint_{|z|=2} \dfrac{\mathrm{e}^z}{\sin z}\,\mathrm{d}z;$

(8) $\oint_{|z|=2} \dfrac{\mathrm{e}^z}{\cosh z}\,\mathrm{d}z.$

5. (1) 计算积分 $\oint_{|z|=1} \dfrac{\mathrm{e}^z}{z^2}\,\mathrm{d}z;$

(2) a 取何值时，函数 $F(z) = \displaystyle\int_{z_0}^{z} \mathrm{e}^z \left(\dfrac{a}{z} + \dfrac{1}{z^2}\right)\,\mathrm{d}z$ 在复平面 $\mathbb{C}$ 内是单值的？

6. 计算积分 $\dfrac{1}{2\pi\mathrm{i}} \displaystyle\oint_C \dfrac{\mathrm{e}^z}{z(1-z)^3}\,\mathrm{d}z$，若

(1) $z=0$ 点在围道 C 内，$z=1$ 点在围道 C 外；

(2) $z=1$ 点在围道 C 内，$z=0$ 点在围道 C 外；

(3) $z=0$ 与 $z=1$ 点均在围道 C 外.

7. 计算积分 $\dfrac{1}{2\pi\mathrm{i}} \displaystyle\oint_C \dfrac{z\mathrm{e}^z}{(z-a)^3}\,\mathrm{d}z$，$z=a$ 位于围道 C 内.

8. 计算下列积分：

(1) $\displaystyle\oint_{|\zeta|=2} \dfrac{(\zeta^*)^2 \mathrm{e}^\zeta}{\zeta - z}\,\mathrm{d}\zeta$，其中 ζ^* 是复数 ζ 的复共轭，z 是复数，且 $|z| \neq 2$；

(2) $\displaystyle\oint_{|z|=1} \ln\dfrac{2z+1}{2z-1}\dfrac{\mathrm{d}z}{z+2}$，在实轴上沿 $-\dfrac{1}{2}$ 到 $\dfrac{1}{2}$ 作割线，规定割线上岸 $\arg\dfrac{2z+1}{2z-1} = \pi.$

第四章

无穷级数

无穷级数, 特别是幂级数, 是解析函数常用的重要表达形式之一. 事实上, 除了代数函数[①] 之外, 许多初等函数和特殊函数都是用幂级数定义的.

在复变函数理论中, 无穷级数的许多基本概念, 和高等数学中的实数级数完全相似. 对于这部分内容, 我们将不加证明地叙述一下有关结论. 请读者在注意表述的相似性的同时, 更要关注内涵上可能存在的差异.

§4.1 复数级数

给定复数级数[②]

$$u_0 + u_1 + u_2 + \cdots + u_n + \cdots = \sum_{n=0}^{\infty} u_n, \tag{4.1}$$

如果它的部分和

$$S_n = u_0 + u_1 + u_2 + \cdots + u_n \tag{4.2}$$

所构成的序列 $\{S_n\}$ 收敛, 则称**级数** $\sum u_n$ **收敛**, 而序列 $\{S_n\}$ 的极限 $S = \lim_{n\to\infty} S_n$, 称为**级数 $\sum u_n$ 的和**; 否则, 级数 $\sum u_n$ 是发散的. 级数的收敛性, 完全等价于其部分和序列的收敛性. 因此, 根据序列收敛的充要条件, 可以写出无穷级数收敛的 Cauchy 充要条件: $\forall \varepsilon > 0$, $\exists$ 正整数 $N(\varepsilon)$, 使当 $n \geq N, p \geq 1$ 时, 有

$$\boxed{|u_{n+1} + u_{n+2} + \cdots + u_{n+p}| < \varepsilon.} \tag{4.3}$$

特别是, 令 $p = 1$, 就得到级数收敛的必要条件

$$\boxed{\lim_{n\to\infty} u_n = 0.} \tag{4.4}$$

显然, 一个无穷级数收敛与否, 并不受前有限项的影响.

一个收敛级数的子级数一定收敛.

[①] 所谓代数函数, 它可以用代数方程的根定义.
[②] 令 u_n 的实部和虚部分别为 α_n 与 β_n, 则

$$\sum u_n = \sum \alpha_n + \mathrm{i} \sum \beta_n.$$

因此, 一个复数级数 $\sum u_n$ 完全等价于两个实数级数 $\sum \alpha_n$ 和 $\sum \beta_n$, 反之亦然.

只要不改变求和次序, 可将收敛级数并项, 也就是说可以给收敛级数任意添加括号. 例如
$$u_1 + u_2 + u_3 + u_4 + \cdots = (u_1 + u_2) + (u_3 + u_4) + \cdots. \tag{4.5}$$
但是不能随意去掉收敛级数中的括号. 例如
$$(1-1) + (1-1) + (1-1) + \cdots \neq 1 - 1 + 1 - 1 + 1 - 1 + - \cdots.$$

如果级数 $\sum_{n=0}^{\infty} |u_n|$ 收敛, 则称级数 $\sum_{n=0}^{\infty} u_n$ **绝对收敛**. 因为
$$|u_{n+1} + u_{n+2} + \cdots u_{n+p}| \leqslant |u_{n+1}| + |u_{n+2}| + \cdots + |u_{n+p}|,$$
所以绝对收敛的级数一定收敛. 反之, 收敛级数不一定绝对收敛.

由于 $\sum_{n=0}^{\infty} |u_n|$ 是实数级数, 而且是正项级数, 所以高等数学中的任何一种正项级数的收敛判别法都可以用来判别复数级数是否绝对收敛. 下面列出最常用的几个判别法. 这些判别法的成立条件, 共同都要求 $\exists N \in \mathbb{N}$, 对 $\forall n > N$ 的限制, 恕不一一列出.

比较判别法 若 $|u_n| < v_n$, 而 $\sum_{n=0}^{\infty} v_n$ 收敛, 则 $\sum_{n=0}^{\infty} |u_n|$ 收敛, 即 $\sum_{n=0}^{\infty} u_n$ 绝对收敛. 若 $|u_n| > v_n > 0$, 而 $\sum_{n=0}^{\infty} v_n$ 发散, 则 $\sum_{n=0}^{\infty} |u_n|$ 发散.

比值判别法 若存在与 n 无关的常数 ρ, 则当 $|u_{n+1}/u_n| < \rho < 1$ 时, 级数 $\sum_{n=0}^{\infty} u_n$ 绝对收敛; 当 $|u_{n+1}/u_n| > \rho > 1$ 时, 级数 $\sum_{n=0}^{\infty} u_n$ 发散.

d'Alembert 判别法 若 $\overline{\lim_{n \to \infty}} |u_{n+1}/u_n| < 1$, 则级数 $\sum_{n=0}^{\infty} |u_n|$ 收敛; 若 $\varliminf_{n \to \infty} |u_{n+1}/u_n| > 1$, 则 $\sum_{n=0}^{\infty} u_n$ 发散.

若 $\lim_{n \to \infty} |u_{n+1}/u_n| = 1$, 则 $\sum_{n=0}^{\infty} u_n$ 的绝对收敛性可能需要利用下面的 Gauss 判别法进一步检验.

Gauss 判别法 设级数 $\sum_{n=0}^{\infty} u_n$ 邻项的比值可以写成
$$\frac{u_n}{u_{n+1}} = 1 + \frac{\mu}{n} + O(n^{-\lambda}),$$
其中 $\mu = a + ib$, $\lambda > 1$, 符号 O 表示数量级①. 若 $a > 1$, 则级数 $\sum_{n=0}^{\infty} u_n$ 绝对收敛; 若 $a \leqslant 1$, 则 $\sum_{n=0}^{\infty} |u_n|$ 发散.

---
① $\phi(z) = O\{\psi(z)\}$ 的含义是, 对于 z 的一定区域, 存在常数 $A > 0$, 使 $|\phi| \leqslant A|\psi|$.

Cauchy 判别法 若 $\varlimsup\limits_{n\to\infty} |u_n|^{1/n} < 1$, 则级数 $\sum\limits_{n=0}^{\infty} u_n$ 绝对收敛; 若 $\varlimsup\limits_{n\to\infty} |u_n|^{1/n} > 1$, 则级数 $\sum\limits_{n=0}^{\infty} u_n$ 发散.

绝对收敛级数具有下列性质:

(1) 可改换次序. 例如,

$$u_0 + u_1 + u_2 + u_3 + u_4 + \cdots = u_0 + u_1 + u_2 + u_4 + u_3 + u_6 + u_8 + u_5 + \cdots. \tag{4.6}$$

(2) 特别是, 可以把绝对收敛级数拆成几个子级数, 每个子级数仍绝对收敛. 例如,

$$\sum_{n=0}^{\infty} u_n = \sum_{n=0}^{\infty} u_{2n} + \sum_{n=0}^{\infty} u_{2n+1}. \tag{4.7}$$

(3) 两个绝对收敛级数之积仍然绝对收敛,

$$\sum_{k} u_k \cdot \sum_{l} v_l = \sum_{k,l} u_k v_l. \tag{4.8}$$

这里的乘积是一个二重级数

$$\begin{aligned}
& u_0 v_0 + u_0 v_1 + u_0 v_2 + u_0 v_3 + \cdots \\
+ & u_1 v_0 + u_1 v_1 + u_1 v_2 + u_1 v_3 + \cdots \\
+ & u_2 v_0 + u_2 v_1 + u_2 v_2 + u_2 v_3 + \cdots \\
+ & \cdots.
\end{aligned}$$

绝对收敛性意味着可按任意顺序求和, 其值不变. 例如可按 $k+l=n$ 的大小顺序排列,

$$\sum_{k=0}^{\infty} u_k \cdot \sum_{l=0}^{\infty} v_l = \sum_{n=0}^{\infty} w_n, \qquad w_n = \sum_{k=0}^{n} u_k v_{n-k}. \tag{4.9}$$

而且如果限于这种求和次序, 则乘法的条件还可以放宽成: $\sum u_k, \sum v_l$ 都收敛, 且其中之一绝对收敛; 或 $\sum u_k, \sum v_l$ 和 $\sum w_n$ 都收敛.

练习 4.1 设 $\sum\limits_{n=1}^{\infty} a_n$ 与 $\sum\limits_{n=1}^{\infty} b_n$ 皆为正项级数, 试举反例, 说明下列各种说法不正确:

(1) 若 $\lim\limits_{n\to\infty} n a_n = 0$, 则 $\sum\limits_{n=1}^{\infty} a_n$ 收敛;   (2) 若 $a_{2n} < a_{2n+1}$, 则 $\sum\limits_{n=1}^{\infty} a_n$ 发散;

(3) 若 $\lim\limits_{n\to\infty} \dfrac{a_{2n+1}}{a_{2n}} = \infty$, 则 $\sum\limits_{n=1}^{\infty} a_n$ 发散;   (4) 若 $\sum\limits_{n=1}^{\infty} a_n, \sum\limits_{n=1}^{\infty} b_n$ 发散, 则 $\sum\limits_{n=1}^{\infty} \sqrt{a_n b_n}$ 发散.

§4.2 二重级数

所谓二重级数, 指的是排列成

$$\begin{aligned}
& a_{11} + a_{12} + a_{13} + a_{14} + \cdots + a_{1n} + \cdots \\
+ & a_{21} + a_{22} + a_{23} + a_{24} + \cdots + a_{2n} + \cdots \\
+ & \cdots \\
+ & a_{m1} + a_{m2} + a_{m3} + a_{m4} + \cdots + a_{mn} + \cdots \\
+ & \cdots
\end{aligned} \tag{4.10}$$

的方阵, 这个方阵的右端和下端都是无限的. 方阵的每一项用 a_{kl} 表示, 其中的第一个指标 k 表示行, 第二个指标 l 表示列.

现在求出方阵的前 m 行 n 列共 $m \times n$ 项之和

$$S_{mn} = \sum_{\substack{1 \leqslant k \leqslant m \\ 1 \leqslant l \leqslant n}} a_{kl}, \tag{4.11}$$

根据 S_{mn} 就能构造出这个二重级数的部分和序列. 容易理解, 如果部分和序列收敛,

$$\lim_{\substack{m \to \infty \\ n \to \infty}} S_{mn} = S, \tag{4.12}$$

则称此二重级数收敛. S 就是这个二重级数之和:

$$S = \sum_{k,l=1}^{\infty} a_{kl}. \tag{4.13}$$

这时, $\forall \varepsilon > 0$, 总可以找到正整数 N, 当 $m, n > N$ 时, 恒有

$$|S_{mn} - S| < \varepsilon. \tag{4.14}$$

例 4.1 二重级数

$$\begin{aligned}
& 1 + 1 + 1 + 1 + \cdots \\
+ & 1 - 1 - 1 - 1 - \cdots \\
+ & 1 - 1 + 0 + 0 + \cdots \\
+ & 1 - 1 + 0 + 0 + \cdots \\
+ & \cdots
\end{aligned} \tag{4.15}$$

的 $S_{mn} = 2, m, n > 1$, 所以, 这个二重级数之和为 $S = 2$.

除了这种求和方式之外, 当然还可以考虑其他求和方式. 例如, 考虑到上面的部分和

$$S_{mn} = \sum_{\substack{1 \leqslant k \leqslant m \\ 1 \leqslant l \leqslant n}} a_{kl} = \sum_{k=1}^{m}\left(\sum_{l=1}^{n} a_{kl}\right) = \sum_{l=1}^{n}\left(\sum_{k=1}^{m} a_{kl}\right),$$

还可以有累次求和:

$$\sum_{k=1}^{\infty}\left(\sum_{l=1}^{\infty} a_{kl}\right) = \lim_{m \to \infty}\left(\lim_{n \to \infty} S_{mn}\right) \quad \text{或} \quad \sum_{l=1}^{\infty}\left(\sum_{k=1}^{\infty} a_{kl}\right) = \lim_{n \to \infty}\left(\lim_{m \to \infty} S_{mn}\right).$$

前者是先按行求和, 再将各行之和相加 (可称为逐行求和); 后者的求和次序则相反 (可称为逐列求和). 需要注意, 即使二重级数收敛, 某些行或列的和也不一定存在, 因此累次求和的和也不一定存在. 例如, 上面的二重级数 (4.15) 式就是如此, 它的第一列和第二列的列级数都不收敛, 第一行和第二行的行级数也不收敛.

而且, 如果逐行和逐列求和的和都存在, 这两个和数也不一定相等 (即和数与求和次序有关). 例如, 二重级数

$$a_{kl} = \frac{1}{k+1}\left(\frac{k}{k+1}\right)^l - \frac{1}{k+2}\left(\frac{k+1}{k+2}\right)^l$$

的部分和是

$$S_{mn} = \frac{1}{2}\left[1 - \left(\frac{1}{2}\right)^n\right] - \frac{m+1}{m+2}\left[1 - \left(\frac{m+1}{m+2}\right)^n\right],$$

所以

$$\lim_{m\to\infty}\left(\lim_{n\to\infty} S_{mn}\right) = -\frac{1}{2}, \qquad \lim_{n\to\infty}\left(\lim_{m\to\infty} S_{mn}\right) = \frac{1}{2}.$$

即使逐列求和与逐行求和的和数相等, 二重级数也不一定收敛. 例如, Kelvin 在讨论两个带电球之间的相互作用力时, 就曾经得到通项为 $a_{kl} = (-)^{k+l} kl/(k+l)^2$ 的二重级数

$$\sum_{k=1}^{\infty}\left(\sum_{l=1}^{\infty} a_{kl}\right) = \sum_{l=1}^{\infty}\left(\sum_{k=1}^{\infty} a_{kl}\right) = \frac{1}{6}\left(\ln 2 - \frac{1}{4}\right),$$

但部分和序列是在

$$\frac{1}{6}\left(\ln 2 - \frac{5}{8}\right) \quad \text{和} \quad \frac{1}{6}\left(\ln 2 + \frac{1}{8}\right)$$

之间振荡, 所以 $\sum_{k,l=1}^{\infty} a_{kl}$ 并不收敛.

前面讨论级数乘法时, 还涉及另一种特殊的求和方式, 见 (4.9) 式. 从方阵 (4.10) 来看, 这相当于按 (次) 对角线求和. 这个和数, 也不一定等于逐列或逐行求和的和数. 例如, 将二重级数 (4.15) 按对角线求和, 得到的和数为 4.

二重级数的和是否依赖于求和方式, 原则上与级数是否绝对收敛有关. 如果二重级数绝对收敛, 则级数各项的先后次序可以重新排列, 因而不同求和方式得到相同的和数.

§4.3 函数级数

设 $u_k(z)(k=1,2,\cdots)$ 在区域 G 内有定义. 如果对于 G 内一点 z_0, 级数 $\sum_{k=1}^{\infty} u_k(z_0)$ 收敛, 则称级数 $\sum_{k=1}^{\infty} u_k(z)$ 在 z_0 点 **收敛**. 反之, 若 $\sum_{k=1}^{\infty} v_k(z_0)$ 发散, 则称级数 $\sum_{k=1}^{\infty} v_k(z)$ 在 z_0 点 **发散**.

如果级数 $\sum_{k=1}^{\infty} u_k(z)$ 在区域 G 内每一点都收敛, 则称级数在 G 内 (逐点) **收敛**. 其和函

数 $S(z)$ 是 G 内的单值函数.

例 4.2 考察几何级数 $\sum_{n=0}^{\infty} = 1 + z + z^2 + \cdots + z^n + \cdots$ 的收敛性.

解 几何级数的部分和为
$$S_n = 1 + z + z^2 + \cdots + z^{n-1} = \frac{1-z^n}{1-z}.$$

由于当 $|z| < 1$ 时, $z^n \to 0$, 此时部分和序列 $\{S_n\}$ 收敛,
$$\lim_{n \to \infty} S_n = \frac{1}{1-z}.$$

而当 $|z| \geqslant 1$ 时, $|z^n| \geqslant 1$, 不满足级数收敛的必要条件 (4.4) 式, 因此几何级数发散.

综上所述, 知
$$\sum_{n=0}^{\infty} z^n = 1 + z + z^2 + \cdots + z^n + \cdots = \begin{cases} \dfrac{1}{1-z}, & |z| < 1, \\ \text{发散}, & |z| \geqslant 1. \end{cases} \tag{4.16}$$

需要强调的是, 所有关于收敛函数级数的等式, 一定都是有条件的, 即只在函数级数收敛的范围内成立. 因此关于函数级数的等式, 一定要注明等式成立的条件.

若 $\forall \varepsilon > 0, \exists$ 与 z 无关的 $N(\varepsilon)$, 使 $\forall n > N(\varepsilon), \forall z \in G$, 都有 $\left| S(z) - \sum_{k=1}^{n} u_k(z) \right| < \varepsilon$, 则称级数 $\sum_{k=1}^{\infty} u_k(z)$ 在 G 内**一致收敛**.

显然, 一致收敛的概念总是和一定的区域联系在一起的. 级数的一致收敛性是它在一定区域内的性质.

判断级数是否一致收敛, 除直接运用定义外, 常用 Weierstrass 的 M 判别法: 若 $\exists N > 0$, $\forall k > N, \forall z \in G, |u_k(z)| < a_k$, 且 a_k 与 z 无关, 而 $\sum_{k=1}^{\infty} a_k$ 收敛, 则级数 $\sum_{k=1}^{\infty} u_k(z)$ 在 G 内绝对而且一致收敛.

练习 4.2 设 x 为实数, 证明级数 $\sum_{n=1}^{\infty} \dfrac{x^2}{(1+x^2)^n}$ 绝对收敛, 但不一致收敛; 而级数 $\sum_{n=1}^{\infty} \dfrac{(-)^n}{n+x^2}$ 一致收敛, 但不绝对收敛.

一致收敛的级数具有下列重要性质.

1. 连续性 如果 $u_k(z)$ 在 G 内连续, 级数 $\sum_{k=1}^{\infty} u_k(z)$ 在 G 内一致收敛, 则其和函数 $S(z) = \sum_{k=1}^{\infty} u_k(z)$ 也在 G 内连续.

这个性质说明, 如果级数的每一项都是连续函数, 则一致收敛级数可以逐项求极限:
$$\boxed{\lim_{z \to z_0} \sum_{k=1}^{\infty} u_k(z) = \sum_{k=1}^{\infty} \left[\lim_{z \to z_0} u_k(z) \right].} \tag{4.17}$$

2. 逐项求积分 设 C 是区域 G 内的一条分段光滑曲线, 如果 $u_k(z)(k=1,2,\cdots)$ 是 C 上的连续函数, 则对于 C 上一致收敛的级数 $\sum_{k=1}^{\infty} u_k(z)$ 可以逐项求积分:

$$\boxed{\int_C \sum_{k=1}^{\infty} u_k(z)\mathrm{d}z = \sum_{k=1}^{\infty} \int_C u_k(z)\mathrm{d}z.} \tag{4.18}$$

3. 逐项求导数 (Weierstrass 定理) 设 $u_k(z)(k=1,2,\cdots)$ 在 $\overline{G}$ 中单值解析, 级数 $\sum_{k=1}^{\infty} u_k(z)$ 在 $\overline{G}$ 中一致收敛, 则此级数之和 $f(z)$ 是 G 内的解析函数, $f(z)$ 的各阶导数可以由 $\sum_{k=1}^{\infty} u_k(z)$ 逐项求导数得到,

$$\boxed{f^{(p)}(z) = \sum_{k=1}^{\infty} u_k^{(p)}(z),} \tag{4.19}$$

求导数后的级数在 G 内内闭一致收敛①.

§4.4 幂级数

幂级数是通项为幂函数的函数项级数,

$$\sum_{n=0}^{\infty} c_n(z-a)^n = c_0 + c_1(z-a) + c_2(z-a)^2 + \cdots + c_n(z-a)^n + \cdots. \tag{4.20}$$

这是一种特殊形式的函数项级数, 也是最基本、最常用的一种函数项级数.

定理 4.1 (Abel 第一定理) 如果级数 $\sum_{n=0}^{\infty} c_n(z-a)^n$ 在某点 z_0 收敛, 则在以 a 点为圆心、$|z_0-a|$ 为半径的圆内绝对收敛, 而在圆 $|z-a| \leqslant r$ $(r < |z_0-a|)$ 中一致收敛.

证 因为 $\sum_{n=0}^{\infty} c_n(z-a)^n$ 在 z_0 收敛, 故一定满足必要条件

$$\lim_{n\to\infty} c_n(z_0-a)^n = 0.$$

因此对 $\forall q > 0$, 存在正整数 N, 使 $\forall n > N$, $|c_n(z_0-a)^n| < q$. 所以,

$$|c_n(z-a)^n| = |c_n(z_0-a)^n| \cdot \left|\frac{z-a}{z_0-a}\right|^n < q\left|\frac{z-a}{z_0-a}\right|^n, \quad n > N.$$

因当 $\left|\dfrac{z-a}{z_0-a}\right| < 1$ (即 $|z-a| < |z_0-a|$) 时, $\sum_{n=0}^{\infty} \left|\dfrac{z-a}{z_0-a}\right|^n$ 收敛, 故

$$\boxed{\sum_{n=0}^{\infty} c_n(z-a)^n \text{ 在圆 } |z-a| < |z_0-a| \text{ 内绝对收敛.}} \tag{4.21}$$

---

① 级数在 G 内内闭一致收敛, 意即 $\forall \overline{G'} \subset G$, 该级数在闭区域 $\overline{G'}$ 中都一致收敛.

而当 $|z-a| \leqslant r < |z_0 - a|$ 时,
$$|c_n(z-a)^n| \leqslant q \frac{r^n}{|z_0-a|^n}, \qquad n > N,$$
由于常数项级数 $\sum_{n=0}^{\infty} \frac{r^n}{|z_0-a|^n}$ 收敛,故

$$\boxed{\sum_{n=0}^{\infty} c_n(z-a)^n \text{ 在圆 } |z-a| \leqslant r \ (<|z_0-a|) \text{ 中一致收敛.}} \tag{4.22}$$

Abel 第一定理常简称为 Abel 定理.

推论 若级数 $\sum_{n=0}^{\infty} c_n(z-a)^n$ 在某点 z_1 发散,则在圆 $|z-a| > |z_1 - a|$ 外处处发散.

证 用反证法. 假设级数 $\sum_{n=0}^{\infty} c_n(z-a)^n$ 在圆 $|z-a| > |z_1-a|$ 外某一点 z_2 收敛,则按 Abel 定理,级数必然在圆 $|z-a| < |z_2-a|$ 内收敛,由于 $|z_1-a| < |z_2-a|$,因此级数在 z_1 点收敛,与原设矛盾. 故级数 $\sum_{n=0}^{\infty} c_n(z-a)^n$ 在圆 $|z-a| > |z_1-a|$ 外处处发散. □

Abel 定理及其推论意味着,在幂级数 $\sum_{n=0}^{\infty} c_n(z-a)^n$ 的收敛点与发散点之间存在一个分界线,而且这个分界线一定是圆周. 圆内区域称为幂级数的**收敛圆**. 收敛圆的圆心一定是 $z=a$ 点,收敛圆的半径称为**收敛半径**. 例如 (4.16) 式的几何级数就是一个幂级数,其收敛圆圆心是 $z=0$ 点,收敛圆的半径是 1,几何级数在单位圆 $|z|<1$ 内绝对收敛,在单位圆内的任意一个闭区域中一致收敛,当然在任意一个比单位圆小的圆 $|z| \leqslant r \ (r<1)$ 中一致收敛.

作为特殊情况,收敛半径可以是 0,即收敛圆退化为一个点. 除 $z=a$ 点外,幂级数在全复平面处处发散;也可以是 ∞,收敛圆就是全复平面. 幂级数在全复平面收敛,但在 ∞ 点肯定发散,除非此幂级数只有常数项一项.

求幂级数的收敛半径的办法,常用的有两个:

(1) Cauchy-Hadamard 公式. 根据 Cauchy 判别法,

当 $\varlimsup\limits_{n\to\infty} |c_n(z-a)^n|^{1/n} < 1$ 即 $|z-a| < \dfrac{1}{\varlimsup\limits_{n\to\infty}|c_n|^{1/n}}$ 时,级数绝对收敛,

当 $\varlimsup\limits_{n\to\infty} |c_n(z-a)^n|^{1/n} > 1$ 即 $|z-a| > \dfrac{1}{\varlimsup\limits_{n\to\infty}|c_n|^{1/n}}$ 时,级数发散.

因此,幂级数 $\sum_{n=0}^{\infty} c_n(z-a)^n$ 的收敛半径是

$$\boxed{R = \frac{1}{\varlimsup\limits_{n\to\infty} |c_n|^{1/n}} = \varliminf\limits_{n\to\infty} \left|\frac{1}{c_n}\right|^{1/n}.} \tag{4.23}$$

(2) 根据 d'Alembert 判别法, 如果

$$\lim_{n\to\infty}\left|\frac{c_{n+1}(z-a)^{n+1}}{c_n(z-a)^n}\right| = |z-a|\lim_{n\to\infty}\left|\frac{c_{n+1}}{c_n}\right|$$

存在, 则

$$\text{当} \lim_{n\to\infty}\left|\frac{c_{n+1}(z-a)^{n+1}}{c_n(z-a)^n}\right| < 1 \text{ 即 } |z-a| < \lim_{n\to\infty}\left|\frac{c_n}{c_{n+1}}\right| \text{ 时, 级数绝对收敛,}$$

$$\text{当} \lim_{n\to\infty}\left|\frac{c_{n+1}(z-a)^{n+1}}{c_n(z-a)^n}\right| > 1 \text{ 即 } |z-a| > \lim_{n\to\infty}\left|\frac{c_n}{c_{n+1}}\right| \text{ 时, 级数发散.}$$

因此, 幂级数 $\sum_{n=0}^{\infty} c_n(z-a)^n$ 的收敛半径是

$$\boxed{R = \lim_{n\to\infty}\left|\frac{c_n}{c_{n+1}}\right|.} \tag{4.24}$$

值得强调的是, 这两个求收敛半径的公式各有优缺点. Cauchy-Hadamard 公式是普遍成立的, d'Alembert 公式则是有条件的 (要求极限 $\lim_{n\to\infty}|c_n/c_{n+1}|$ 存在). 但当后者能适用时, 往往计算更简单.

练习 4.3 已知 $\sum_{n=1}^{\infty} a_n z^n$ 和 $\sum_{n=1}^{\infty} b_n z^n$ 的收敛半径分别为 R_1 和 R_2, 求下列幂级数的收敛半径:

(1) $\sum_{n=1}^{\infty}(a_n - b_n)z^n$;

(2) $\sum_{n=1}^{\infty} a_n b_n z^n$;

(3) $\sum_{n=1}^{\infty}\frac{1}{a_n}z^n, \quad a_n \neq 0$;

(4) $\sum_{n=1}^{\infty}\frac{b_n}{a_n}z^n, \quad a_n \neq 0$.

由于幂级数 $\sum_{n=0}^{\infty} c_n(z-a)^n$ 的每一项在复平面 $\mathbb{C}$ 内都是 z 的解析函数, Abel 定理又告诉我们, 幂级数在其收敛圆内内闭一致收敛, 因此, 根据 §4.3 的 Weierstrass 定理, 幂级数在收敛圆内就代表了一个解析函数, 可以对幂级数逐项积分或逐项求导数, 而收敛半径不变:

$$\int_{z_0}^{z} \sum_{n=0}^{\infty} c_n(z-a)^n \mathrm{d}z = \sum_{n=0}^{\infty} c_n \int_{z_0}^{z}(z-a)^n \mathrm{d}z$$
$$= \sum_{n=0}^{\infty}\frac{c_n}{n+1}\left[(z-a)^{n+1} - (z_0-a)^{n+1}\right], \tag{4.25}$$

$$\frac{\mathrm{d}}{\mathrm{d}z}\left[\sum_{n=0}^{\infty} c_n(z-a)^n\right] = \sum_{n=0}^{\infty} c_n \frac{\mathrm{d}(z-a)^n}{\mathrm{d}z} = \sum_{n=0}^{\infty} c_{n+1}(n+1)(z-a)^n. \tag{4.26}$$

幂级数在收敛圆内一定收敛, 在收敛圆外一定发散. 在收敛圆的圆周上, 级数可能在所

有点都收敛, 可能在所有点都发散, 也可能在一部分点收敛, 在另一部分点发散. 例如:

$1 + z + \cdots + z^n + \cdots$ 在 $|z| = 1$ 上处处发散;

$\dfrac{z}{1} + \dfrac{z^2}{2} + \cdots + \dfrac{z^n}{n} + \cdots$ 在 $|z| = 1$ 上除 $z = 1$ 外均收敛, 而在 $z = 1$ 点发散;

$\dfrac{z^2}{1 \cdot 2} + \dfrac{z^3}{2 \cdot 3} + \cdots + \dfrac{z^n}{(n-1)n} + \cdots$ 在 $|z| = 1$ 上处处收敛.

但不论哪种情况, 幂级数的收敛圆的圆周上总肯定有和函数的奇点. 特别需要说明, 即使在和函数的奇点处, 幂级数仍然可能收敛. 读者可以求出上面三个级数的和函数, 验证它们在 $z = 1$ 点不解析.

当幂级数 $\sum_{n=0}^{\infty} c_n(z-a)^n$ 在收敛圆周上某点 z_0 收敛时, 其和与级数在收敛圆内的和函数之间的关系, 有下面的定理.

定理 4.2 (Abel 第二定理) 若幂级数 $\sum_{n=0}^{\infty} c_n(z-a)^n$ 在收敛圆内收敛到 $f(z)$, 且在收敛圆周上某点 z_0 也收敛, 和为 $S(z_0)$, 则当 z 由收敛圆内趋于 z_0 时, 只要保持在以 z_0 为顶点、张角为 $2\phi < \pi$ 的范围内 (见图 4.1), $f(z)$ 就一定趋于 $S(z_0)$.

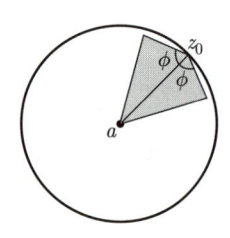

图 4.1　Abel 第二定理

需要明确一下 (当收敛半径为有限值时) "和函数的奇点 (或解析性)" 这种说法的含义. 毫无疑问, 幂级数在收敛圆内收敛, 在收敛圆外发散, 因而幂级数只在收敛圆内有定义, 并且代表了一个解析函数. 另一方面, 就和函数而言, 尽管幂级数是在收敛圆内才收敛到和函数, 但是, 我们从来不会认为这个函数只是局限于收敛圆内才有定义 (少数函数除外, 例如, 见第五章习题 10). 事实上, 幂级数只不过是这个函数在收敛圆内的一种表达形式, 在其他区域内可以有其他表达形式. 我们总会自觉或不自觉地在整个定义域上来考察它的解析性. 我们也正是在这个前提下, 才能谈论函数在收敛圆周上乃至收敛圆外的奇点.

§4.5　含参量的反常积分的解析性

§4.3 中有关函数级数解析性的结论, 也可以用来讨论含参量的反常积分的解析性.

定理 4.3 设

(1) $f(t, z)$ 是 t 和 z 的连续函数, $t \geqslant a, z \in \overline{G}$,

(2) 对于任何 $t \geqslant a$, $f(t, z)$ 是 $\overline{G}$ 中的单值解析函数,

(3) 积分 $\int_a^{\infty} f(t, z) \mathrm{d}t$ 在 $\overline{G}$ 中一致收敛, 即 $\forall \varepsilon > 0, \exists T(\varepsilon)$, 当 $T_2 > T_1 > T(\varepsilon)$ 时, 对 $\forall z \in \overline{G}$ 都有

$$\left| \int_{T_1}^{T_2} f(t, z) \mathrm{d}t \right| < \varepsilon,$$

则 $F(z) = \int_a^\infty f(t,z)\mathrm{d}t$ 在 G 内是解析的, 且

$$F'(z) = \int_a^\infty \frac{\partial f(t,z)}{\partial z}\mathrm{d}t. \tag{4.27}$$

证 任取一个单调无界序列 $\{a_n\}$,

$$a_0 = a < a_1 < a_2 < a_3 < \cdots < a_n < a_{n+1} < \cdots, \quad \lim_{n\to\infty} a_n = \infty.$$

令 $u_n(z) = \int_{a_n}^{a_{n+1}} f(t,z)\mathrm{d}t$, 则根据定理 3.3 (含参量积分的解析性, 见 §3.7) 可知, $u_n(z)$ 是 G 内的单值解析函数. 又因为

$$F(z) = \sum_{n=0}^\infty u_n(z) = \int_a^\infty f(t,z)\mathrm{d}t$$

在 $\overline{G}$ 中一致收敛, 故根据 Weierstrass 定理, 知 $F(z)$ 在 G 内解析, 且

$$F'(z) = \sum_{n=0}^\infty u_n'(z) = \int_a^\infty \frac{\partial f(t,z)}{\partial z}\mathrm{d}t. \qquad \square$$

对于含参量的瑕积分也可以类似地处理.

在应用这个定理时, 需要判断无穷积分 (或瑕积分) 是否一致收敛. 常用的判别法是: **如果存在函数 $\phi(t)$, 使得 $\exists T > a$, 对 $\forall t > T, \forall z \in \overline{G}$, 都有 $|f(t,z)| < \phi(t)$, 而且 $\int_a^\infty \phi(t)\mathrm{d}t$ 收敛, 则 $\int_a^\infty f(t,z)\mathrm{d}t$ 在 $\overline{G}$ 中绝对而且一致收敛.**

作为含参量的无穷积分的一个例子, 下面讨论积分

$$F(z) = \int_0^\infty \mathrm{e}^{-t^2} \cos 2zt\, \mathrm{d}t. \tag{4.28}$$

这个积分中的被积函数显然满足定理的前两个条件, 而且因为对于复数 $z = x + \mathrm{i}y$, 有

$$|\cos 2zt| = \sqrt{\cosh^2 2yt - \sin^2 2xt} \leqslant \cosh 2|yt| \leqslant \mathrm{e}^{2|yt|}.$$

所以, 对于 z 复平面内任意一个有界闭区域中的点, 都有 $|\mathrm{Im}\, z| < y_0$, 于是

$$\left|\mathrm{e}^{-t^2}\cos 2zt\right| < \mathrm{e}^{-t^2+2y_0 t}, \quad t > 0.$$

而积分 $\int_0^\infty \mathrm{e}^{-t^2+2y_0 t}\mathrm{d}t$ 收敛, 所以含参量的无穷积分 (4.28) 一致收敛, 因此, 这个积分作为 z 的函数, 在 z 复平面内的任意一个有界区域内解析. 更进一步, 就有

$$F'(z) = -\int_0^\infty \mathrm{e}^{-t^2} 2t \sin 2zt\, \mathrm{d}t$$
$$= \mathrm{e}^{-t^2}\sin 2zt\Big|_0^\infty - 2z\int_0^\infty \mathrm{e}^{-t^2}\cos 2zt\, \mathrm{d}t = -2zF(z).$$

解这个微分方程,就可以得到 $F(z) = Ce^{-z^2}$,其中常数 C 是

$$C = F(0) = \int_0^\infty e^{-t^2} dt = \frac{1}{2}\sqrt{\pi},$$

这样,最后就得到

$$\int_0^\infty e^{-t^2} \cos 2zt\, dt = \frac{1}{2}\sqrt{\pi} e^{-z^2}. \tag{4.29}$$

*§4.6 发散级数与渐近级数

迄今为止,我们的注意力都集中在级数的收敛性上. 讨论如何判断级数收敛, 收敛级数具有哪些性质, 甚至还具体讨论如何求级数的和. 但是, 绝不要认为发散级数毫无用处. 在历史上, 许多著名的数学家都研究或使用过发散级数, 例如, Stirling 在他的《微分法》(*Methodus Differentialis*) 一书中就曾经给出了

$$\ln m! = \left(m+\frac{1}{2}\right)\ln\left(m+\frac{1}{2}\right) - \left(m+\frac{1}{2}\right) + \frac{1}{2}\ln(2\pi) + \sum_{n=1}^{\infty} \frac{B_{2n}(1/2)}{(2n-1)(2n)}\left(m+\frac{1}{2}\right)^{-(2n-1)}, \tag{4.30}$$

其中的 $B_n(t)$ 是 Bernoulli 多项式

$$\frac{ze^{tz}}{e^z - 1} = \sum_{n=0}^{\infty} \frac{B_n(t)}{n!} z^n. \tag{4.31}$$

Stirling 用级数 (4.30) 的前几项就能计算 $\lg 1000!$ 到 10 位小数. 但这个级数是发散的, 不过它的头几项非常迅速地减小, 不多几项就可以给出足够好的近似. Euler 也曾讨论过下面几个级数:

$$1 - 1 + 1 - 1 + 1 - 1 + 1 - 1 + \cdots; \tag{4.32}$$

$$1 - 2 + 3 - 4 + 5 - 6 + - \cdots; \tag{4.33}$$

$$1 - 2 + 2^2 - 2^3 + 2^4 - 2^5 + 2^6 + - \cdots; \tag{4.34}$$

$$1 - 2! + 3! - 4! + 5! - 6! + - \cdots. \tag{4.35}$$

求出的 "和" 分别是

$$\frac{1}{2}, \quad \frac{1}{4}, \quad \frac{1}{3}, \quad 0.4036\cdots.$$

至于物理学家更不排斥发散级数. 事实上, 物理学中广泛使用的渐近展开常常就是发散级数. 问题是, 从数学上说, 必须在收敛级数的和的概念的基础上, 建立起发散级数的 "和" 的概念.

不妨再仔细分析一下级数 (4.32), 它的部分和序列

$$S_N = \sum_{n=0}^{N} (-1)^n = \frac{1}{2}\left[1 + (-1)^N\right]$$

并不收敛, 不能用部分和序列的极限来定义它的和. 但是可以造一个幂级数

$$\sum_{n=0}^{\infty} (-)^n z^n, \tag{4.36}$$

收敛区域是 $|z| < 1$. 上面的级数 (4.32) 就可以看成是将幂级数 (4.36) 不合法地取极限 $z \to 1$ 的结果. 事实上, 这个发散级数在 Fourier 的 *Theorie Analytique de la Chaleur* (中译本:《热的解析理论》, 桂质亮

译, 武汉出版社, 1993) 一书中就曾出现过. 在计算 Fourier 展开时, 得到 (见该书中译本第 170–171 页)

$$\frac{\pi}{2}\frac{\sinh x}{\sinh \pi} = \left(\sin x - \frac{1}{2}\sin 2x + \frac{1}{3}\sin 3x - \cdots\right) - \left(\sin x - \frac{1}{2^3}\sin 2x + \frac{1}{3^3}\sin 3x - \cdots\right)$$
$$+ \left(\sin x - \frac{1}{2^5}\sin 2x + \frac{1}{3^5}\sin 3x - \cdots\right) - \left(\sin x - \frac{1}{2^7}\sin 2x + \frac{1}{3^7}\sin 3x - \cdots\right) + \cdots$$
$$= \frac{\sin x}{1+\frac{1}{1}} - \frac{\sin 2x}{2+\frac{1}{2}} + \frac{\sin 3x}{3+\frac{1}{3}} + \cdots.$$

在导出这个结果时, Fourier 用到了和式

$$\frac{1}{n} - \frac{1}{n^3} + \frac{1}{n^5} - + \cdots = \frac{n}{1+n^2},$$

但是这个公式在 $n=1$ 时并不成立, 特别是, 左端的级数发散. 因此, 上述展开中 $\sin x$ 项的展开系数 a_1 不可能表示成这样的发散级数, 这个发散级数更不可能收敛到右端的和. 实际上, 正确的结果是

$$a_1 = \frac{1}{\sinh \pi}\int_0^\pi \sinh x \sin x \mathrm{d}x = \frac{1}{2},$$

恰恰又和前面的不合法的计算得到的结果一致. 这里要注意, 级数

$$1 + 0 - 1 + 1 + 0 - 1 + 1 + 0 - 1 + \cdots \tag{4.37}$$

不同于级数 (4.32). 级数 (4.37) 的 "和" 是 2/3.

可以类似地讨论另外几个发散级数, 只不过由级数 (4.34) 和 (4.35) 造出的幂级数

$$\sum_{n=0}^\infty (-)^n 2^n z^n \quad \text{和} \quad \sum_{n=0}^\infty (-)^n (n+1)!\, z^n$$

的收敛半径分别是 1/2 和 0, 而级数 (4.34) 和 (4.35) 的 "和" 则是这两个幂级数的和函数在收敛圆外的 $z=1$ 点的值.

以上讨论的是几个典型的发散级数. 在一种特殊的限制条件下, 这些发散级数也可以用于合法的计算. 上面的求 "和" 规则只不过是在这种背景下更复杂的运算过程的缩写.

非收敛级数主要出现在渐近级数中.

在介绍渐近级数 (或称渐近展开) 的概念之前, 还要先引进记号 O 和 o. 设 $f(z)$ 和 $\phi(z)$ 在 z_0 点的邻域内有定义, 且 $\phi(z) \neq 0$, 若 $z \to z_0$ 时, $f(z)/\phi(z)$ 有界, 则记为

$$f(z) = O(\phi(z)), \qquad \text{当 } z \to z_0;$$

若 $\lim_{z \to z_0} f(z)/\phi(z) = 0$, 则记为

$$f(z) = o(\phi(z)), \qquad \text{当 } z \to z_0.$$

渐近级数 若当 $z \to z_0$ 时, 对于每一个 m 值, 都有

$$f(z) - \sum_{n=0}^m a_n \phi_n(z) = o(\phi_m(z)), \tag{4.38}$$

则称 $\sum_{n=0}^\infty a_n \phi_n(z)$ 是函数 $f(z)$ 相对于 $\{\phi_n(z)\}$ 的渐近级数, 记为

$$f(z) \sim \sum_{n=0}^\infty a_n \phi_n(z). \tag{4.39}$$

渐近级数的定义说明, z 越接近 z_0, 有限和 $\sum_{n=0}^{m} a_n \phi_n(z)$ (称为 $z \to z_0$ 时 $f(z)$ 的渐近近似) 越逼近于 $f(z)$. 它区别于通常的级数展开, 例如 Taylor 展开 (见第五章)

$$f(z) = \sum_{n=0}^{N} a_n z^n + \cdots,$$

后者是 z 点固定, 级数的项数越多越准确,

$$\lim_{N \to \infty} \left[f(z) - \sum_{n=0}^{N} u_n(z) \right] = 0.$$

特别是, 在渐近级数的定义中, 并未要求级数 $\sum_{n=0}^{\infty} a_n \phi_n(z)$ 收敛. 渐近展开级数可以 (而且常常) 不是收敛级数. 因此, 对于一定的 z, 并不能通过多取项数 (即增大 N) 来无限制地改善近似程度. 例如, 对于指数积分

$$\mathrm{Ei}(-x) = -\int_x^\infty \frac{\mathrm{e}^{-t}}{t} \mathrm{d}t, \qquad x > 0, \tag{4.40}$$

用分部积分的方法可以得到

$$\begin{aligned}
-\mathrm{Ei}(-x) &= \frac{\mathrm{e}^{-x}}{x} - \int_x^\infty \frac{\mathrm{e}^{-t}}{t^2} \mathrm{d}t = \cdots \\
&= \frac{\mathrm{e}^{-x}}{x} \left[1 - \frac{1}{x} + \frac{2!}{x^2} - \frac{3!}{x^3} + \cdots + \frac{(-)^{n-1} n!}{x^n} \right] + (-)^{n+1} (n+1)! \int_x^\infty \frac{\mathrm{e}^{-t}}{t^{n+2}} \mathrm{d}t.
\end{aligned} \tag{4.41}$$

容易证明, 它的余项

$$\int_x^\infty \frac{\mathrm{e}^{-t}}{t^{n+2}} \mathrm{d}t < \frac{1}{x^{n+2}} \int_x^\infty \mathrm{e}^{-t} \mathrm{d}t = \frac{\mathrm{e}^{-x}}{x^{n+2}},$$

因此, (4.41) 式的确给出了 $-\mathrm{Ei}(-x)$ 在 $x \to \infty$ 时的渐近展开. 然而, 级数相邻两项之比

$$\lim_{n \to \infty} \left| \frac{u_{n+1}}{u_n} \right| = \lim_{n \to \infty} \frac{n}{x} = \infty,$$

由 Cauchy 判别法可知级数发散. 且对于给定的 x, $-\mathrm{Ei}(-x)$ 的渐近近似中取 $N \approx x$ 项可以得到最佳逼近: 在此项之前, 级数各项绝对值递降, 而此后各项的绝对值反而递增.

渐近展开不同于 Taylor 展开或 Laurent 展开 (见第五章), 还在于渐近级数通常都有一定的辐角限制, 即渐近展开只在一定的辐角范围内成立[①]. 同一个函数在不同的辐角范围内, 渐近展开的形式可以不同; 即使在两个不同区域的公共区域内, 两个渐近展开也可以有明显不同的结果.

在 $\arg z$ 的一定范围内, 渐近展开 (如果存在) 是唯一的, 系数由

$$a_m = \lim_{z \to z_0} \frac{1}{\phi_m(z)} \left[f(z) - \sum_{n=0}^{m-1} a_n \phi_n(z) \right] \tag{4.42}$$

决定. 但不同的函数在同一个区域内可以有相同形式的渐近展开. 例如, 当 $|\arg z| < \alpha < \pi/2$, 而 $|z| \to \infty$ 时, 如果有

$$J(z) \sim \sum_{n=0}^{N} a_n \phi_n(z) + \cdots,$$

[①] 这时关于 O 和 o 的定义以及渐近序列的概念都应做相应的修改.

则对于函数 $J(z) + \mathrm{e}^{-z}$, 同样有

$$J(z) + \mathrm{e}^{-z} \sim \sum_{n=0}^{N} a_n \phi_n(z) + \cdots.$$

如果要讨论扇形区域 $\alpha < \arg z < \beta$ 中, $z \to \infty$ 时的渐近展开, 最简单的渐近序列是 $\{\phi(z)z^{-n}\}$, 其中 $\phi(z)$ 在 $z \to \infty$ 时的行为已知 (它就决定了扇形区域的辐角范围),

$$f(z) \sim \phi(z) \sum_{n=0}^{\infty} a_n z^{-n}, \tag{4.43}$$

而将

$$\frac{f(z)}{\phi(z)} \sim \sum_{n=0}^{\infty} a_n z^{-n} \tag{4.44}$$

称为渐近幂级数.

渐近幂级数和收敛幂级数具有相似的运算性质. 例如, 当 $z \to \infty$ 时,

$$f(z) \sim \sum_{n=0}^{\infty} a_n z^{-n}, \quad g(z) \sim \sum_{n=0}^{\infty} b_n z^{-n}, \quad \alpha < \arg z < \beta,$$

则根据渐近级数的定义, 可以证明:

(1) $Af(z) \sim A \sum_{n=0}^{\infty} a_n z^{-n}$, A 为常数;

(2) $f(z) + g(z) \sim \sum_{n=0}^{\infty} (a_n + b_n) z^{-n}$;

(3) $f(z) \cdot g(z) \sim \sum_{n=0}^{\infty} \left(\sum_{k=0}^{n} a_k b_{n-k} \right) z^{-n}$;

(4) $\dfrac{1}{f(z)} \sim \dfrac{1}{a_0} + \sum_{n=1}^{\infty} d_n z^{-n}$, 其中

$$d_1 = \lim_{z \to \infty} z \left[\frac{1}{f(z)} - \frac{1}{a_0} \right] = -\frac{a_1}{a_0^2},$$
$$d_2 = \lim_{z \to \infty} z^2 \left[\frac{1}{f(z)} - \frac{1}{a_0} - \frac{d_1}{z} \right] = \frac{a_1^2 - a_0 a_2}{a_0^3}, \cdots.$$

此外, 若 $|z| > R$ 时 $f(z)$ 连续, 则当 $|z| > R$ 时,

$$F(z) = \int_z^{\infty} \left[f(t) - a_0 - a_1 t^{-1} \right] \mathrm{d}t$$

连续; 若在区域 $G: |z| > R, \alpha < \arg z < \beta$ 内 $f(z)$ 解析, 且在 G 所含的任一闭扇形中, 当 $z \to \infty$ 时, 对 $\arg z$ 一致地有

$$f(z) \sim a_0 + a_1 z^{-1} + a_2 z^{-2} + a_3 z^{-3} + \cdots,$$

则在 G 所含的任一闭扇形中, 当 $z \to \infty$ 时, 对 $\arg z$ 一致地有

$$f'(z) \sim -a_1 z^{-2} - 2a_2 z^{-3} - 3a_3 z^{-4} + \cdots.$$

有关求渐近展开的具体方法, 请参阅参考书目 [13] 和 [34], [35], [36].

习 题

1. 判断下列级数的收敛性与绝对收敛性:

(1) $\sum_{n=2}^{\infty} \dfrac{i^n}{\ln n}$;

(2) $\sum_{n=1}^{\infty} \dfrac{i^n}{n}$.

2. 证明级数 $\sum_{n=1}^{\infty} \dfrac{z^{2n-1}}{(1-z^{2n})(1-z^{2n+2})}, |z| \neq 1$ 收敛, 并求其和.

3. 求下列二重级数之和:

(1) $\sum_{n=2}^{\infty} \sum_{m=2}^{\infty} \dfrac{1}{(2m)^n}$;

(2) $\sum_{n=1}^{\infty} \sum_{m=1}^{\infty} \dfrac{1}{(4m-1)^{2n+1}}$;

(3) $\sum_{n=1}^{\infty} \sum_{m=1}^{\infty} \dfrac{1}{(4m-1)^{2n}}$;

(4) $\sum_{n=1}^{\infty} \sum_{m=1}^{\infty} \dfrac{1}{(4m-2)^{2n}}$.

提示: 上述级数均绝对收敛, 因此它们的和与求和次序无关. 不妨先对 n 求和.

4. 试确定下列级数的收敛区域:

(1) $\sum_{n=1}^{\infty} z^{2n}$;

(2) $\sum_{n=1}^{\infty} [3+(-1)^n]^n z^n$;

(3) $\sum_{n=1}^{\infty} (-)^n \left[\dfrac{z(z+n)}{n}\right]^n$;

(4) $\sum_{n=1}^{\infty} 2^n \ln\left(1 + \dfrac{z}{3^n}\right)$.

5. 证明级数 $\sum_{n=0}^{\infty} \left(\dfrac{z^{n+1}}{n+1} - \dfrac{2z^{2n+3}}{2n+3}\right)$ 的和函数在 $z=1$ 点不连续.

6. 证明:
$$\ln(1-z) = -z - \dfrac{z^2}{2} - \dfrac{z^3}{3} - \dfrac{z^4}{4} - \cdots, \quad |z| < 1,$$
并由此导出
$$r\cos\theta - r^2 \dfrac{\cos 2\theta}{2} + r^3 \dfrac{\cos 3\theta}{3} - + \cdots = \dfrac{1}{2}\ln\left(1 + 2r\cos\theta + r^2\right),$$
$$r\sin\theta - r^2 \dfrac{\sin 2\theta}{2} + r^3 \dfrac{\sin 3\theta}{3} - + \cdots = \arctan\dfrac{r\sin\theta}{1+r\cos\theta},$$
其中 $-1 < r < 1$.

7. 求下列级数之和:

(1) $\cos\theta + \dfrac{\cos 2\theta}{2} + \dfrac{\cos 3\theta}{3} + \dfrac{\cos 4\theta}{4} + \cdots, \qquad 0 < \theta < 2\pi,$

$\sin\theta + \dfrac{\sin 2\theta}{2} + \dfrac{\sin 3\theta}{3} + \dfrac{\sin 4\theta}{4} + \cdots, \qquad 0 < \theta < 2\pi;$

(2) $\cos\theta + \dfrac{\cos 3\theta}{3} + \dfrac{\cos 5\theta}{5} + \dfrac{\cos 7\theta}{7} + \cdots, \qquad 0 < \theta < \pi,$

$\sin\theta + \dfrac{\sin 3\theta}{3} + \dfrac{\sin 5\theta}{5} + \dfrac{\sin 7\theta}{7} + \cdots, \qquad 0 \leqslant \theta \leqslant \pi;$

(3) $\sin\theta - \dfrac{\sin 3\theta}{3^2} + \dfrac{\sin 5\theta}{5^2} - \dfrac{\sin 7\theta}{7^2} + - \cdots, \qquad -\dfrac{\pi}{2} \leqslant \theta \leqslant \dfrac{\pi}{2};$

(4) $\cos\theta - \dfrac{\cos 5\theta}{5} + \dfrac{\cos 7\theta}{7} - \dfrac{\cos 11\theta}{11} + - \cdots, \qquad -\dfrac{\pi}{3} < \theta < \dfrac{\pi}{3}.$

提示: 利用上题结果以及 Abel 第二定理.

8. 试求下列幂级数的收敛半径:

(1) $\sum_{n=1}^{\infty} \dfrac{1}{n^n} z^n$;

(2) $\sum_{n=1}^{\infty} \dfrac{1}{2^n n^n} z^n$;

(3) $\sum_{n=1}^{\infty} n^{\ln n} z^n$;

(4) $\sum_{n=1}^{\infty} \dfrac{1}{2^{2n}} z^{2n}$.

复数级数的判别法(补充)

1. Dirichlet 判别法: 若级数 $\sum a_n$ 有界, 而级数 $\sum(v_n - v_{n+1})$ 绝对收敛, 且 $\lim v_n = 0$, 则级数 $\sum a_n v_n$ 收敛.

2. 如果 $\dfrac{a_n}{a_{n+1}} = 1 + \dfrac{\mu}{n} + O\left(\dfrac{1}{n^\lambda}\right)$, 其中 $\mu = \alpha + \mathrm{i}\beta$, $\lambda > 1$, 则
(1) 若 $\alpha > 1$, 则 $\sum a_n$ 收敛;
(2) 若 $\alpha = 1$, 且 $\beta \neq 0$, 则 $\sum a_n$ 振荡;
(3) 若 $0 < \alpha < 1$, 则 $\sum a_n$ 发散, 尽管仍有 $a_n \to 0$;
(4) 若 $\alpha \leqslant 0$, 则 a_n 不趋于 0, 因而 $\sum a_n$ 根本不可能收敛.

此结论首先由 Weierstrass 给出, 它的特殊情形就是 Gauss 判别法.

第五章

解析函数的无穷级数展开

§5.1 解析函数的 Taylor 展开

前面我们看到,幂级数在它的收敛圆内代表一个解析函数. 现在提一个相反的问题: 如何把一个解析函数表示成幂级数?

定理 5.1 (Taylor 展开) 设函数 $f(z)$ 在以 a 为圆心的圆 C 内及 C 上解析,则对于圆内的任何 z 点,$f(z)$ 可用幂级数展开为 (或者说, $f(z)$ 可在 a 点展开为幂级数)

$$f(z) = \sum_{n=0}^{\infty} a_n (z-a)^n, \tag{5.1}$$

其中

$$a_n = \frac{1}{2\pi i} \oint_C \frac{f(\zeta)}{(\zeta-a)^{n+1}} d\zeta = \frac{f^{(n)}(a)}{n!}, \tag{5.2}$$

C 取逆时针方向①.

证 根据 Cauchy 积分公式,对于圆 C 内任意一点 z, 有

$$f(z) = \frac{1}{2\pi i} \oint_C \frac{f(\zeta)}{\zeta - z} d\zeta. \tag{5.3}$$

因为

$$\frac{1}{\zeta - z} = \frac{1}{(\zeta-a)-(z-a)} = \frac{1}{\zeta-a} \sum_{n=0}^{\infty} \left(\frac{z-a}{\zeta-a}\right)^n, \quad |z-a| < |\zeta-a|, \tag{5.4}$$

由 (4.16) 式知,级数 $\sum_{n=0}^{\infty} \left(\frac{z-a}{\zeta-a}\right)^n$ 在区域 $\left|\frac{z-a}{\zeta-a}\right| \leqslant r < 1$ 中一致收敛,故可逐项积分,

$$\begin{aligned} f(z) &= \frac{1}{2\pi i} \oint_C \left[\sum_{n=0}^{\infty} \frac{(z-a)^n}{(\zeta-a)^{n+1}}\right] f(\zeta) d\zeta \\ &= \sum_{n=0}^{\infty} \left[\frac{1}{2\pi i} \oint_C \frac{f(\zeta)}{(\zeta-a)^{n+1}} d\zeta\right] (z-a)^n \\ &= \sum_{n=0}^{\infty} a_n (z-a)^n, \qquad \left|\frac{z-a}{\zeta-a}\right| \leqslant r < 1, \end{aligned}$$

---

① 以后的围道积分,若无特殊说明,均为逆时针方向.

$$a_n = \frac{1}{2\pi i}\oint_C \frac{f(\zeta)}{(\zeta-a)^{n+1}}\mathrm{d}\zeta = \frac{f^{(n)}(a)}{n!}.\qquad\square$$

对于这个定理, 需要做以下说明:

1. 定理的条件可以放宽, 只要 $f(z)$ 在圆域 C 内解析即可. 这时对于给定的圆内 z 点, 总可以以 a 为圆心作一圆 $\overline{C'}$, 使 $z\in C'$. 于是即可在闭圆域 $\overline{C'}$ 中应用上面的结论.

2. 这里 Taylor 展开的形式和实变函数中的 Taylor 公式相同, 但是条件不同. 在实变函数中, $f(x)$ 的任何阶导数存在, 还不足以保证 Taylor 公式存在 (或 Taylor 级数收敛). 在复变函数中, 函数解析的要求就足以保证 Taylor 级数收敛.

3. **收敛范围**   设 b 是 $f(z)$ 的离 a 点最近的奇点, 则 $f(z)$ 在圆 $|z-a|<|b-a|$ 内处处解析, $f(z)$ 可以在圆内展开为 Taylor 级数 (或者说, Taylor 级数在圆 $|z-a|<|b-a|$ 内收敛). 这就是说, $f(z)$ 在 a 点展开得到的 Taylor 级数收敛半径不小于 $|b-a|$. 另一方面, 收敛半径一般也不能大于 $|b-a|$. 否则, b 点就包含在收敛圆内, 因而幂级数在 b 点解析, 与 $f(z)$ 在 b 点不解析的假设矛盾 (除非 b 点是可去奇点, 见 §5.6). 所以, 一般说来, 收敛半径 $R=|b-a|$. 函数 $f(z)$ 的奇点完全决定了其 Taylor 级数的收敛半径. 例如

$$\frac{1}{1+z^2} = \sum_{n=0}^{\infty}(-)^n z^{2n}, \qquad |z|<1. \tag{5.5}$$

左端的函数在 $z=\pm\mathrm{i}$ 不解析, 就决定了右端 Taylor 级数的收敛半径 $R=|\pm\mathrm{i}|=1$. 但是在实数范围内,

$$\frac{1}{1+x^2} = \sum_{n=0}^{\infty}(-)^n x^{2n}, \qquad -1<x<1,$$

就无法直观地讨论级数的收敛区间与函数性质之间的联系, 因为函数 $1/(1+x^2)$ 在整个实轴上都是任意阶连续可导的.

4. **Taylor 展开的唯一性**   给定一个在圆 C 内解析的函数, 则它的 Taylor 展开是唯一的, 即展开系数 a_n 是完全确定的.

证   假定有两个 Taylor 级数在圆 C 内都收敛到同一个解析函数 $f(z)$,

$$\begin{aligned}f(z) &= a_0 + a_1(z-a) + a_2(z-a)^2 + \cdots + a_n(z-a)^n + \cdots\\ &= a_0' + a_1'(z-a) + a_2'(z-a)^2 + \cdots + a_n'(z-a)^n + \cdots.\end{aligned}$$

取极限 $z\to a$, 则由于级数在圆 C 内内闭一致收敛, 故有

$$a_0 = a_0'.$$

逐项微商, 再取极限 $z\to a$, 又得

$$a_1 = a_1'.$$

如此继续, 即可证得

$$a_n = a_n', \qquad n=0,1,2,\cdots.\qquad\square$$

Taylor 展开的唯一性告诉我们: (1) 不论用什么方法, 得到的 $f(z)$ 在同一个圆内的 Taylor 展开是唯一的. 因此, 不一定非得用公式 (5.2) 去求展开系数. (2) 如果在同一点展开的两个 Taylor 级数相等, 则可以逐项比较系数. 这里要强调, 必须是在同一点展开的两个 Taylor 级数相等, 才可以逐项比较系数.

§5.2 Taylor 级数求法举例

这里介绍求 Taylor 级数的一些常见方法. 为简单起见, 本小节举例都在 $z=0$ 邻域内展开.

对于最基本的几个初等函数, 需要利用系数公式求出展开系数. 由于公式的形式和实变函数中完全相同, 因此, 可以把实变函数中的结果原封不动地改写成复数形式:

$$e^z = 1 + z + \frac{z^2}{2!} + \cdots + \frac{z^n}{n!} + \cdots = \sum_{n=0}^{\infty} \frac{z^n}{n!}, \qquad |z| < \infty, \tag{5.6}$$

$$\frac{1}{1-z} = \sum_{n=0}^{\infty} z^n, \qquad |z| < 1. \tag{5.7}$$

对于其他函数, 总是尽量利用这些已知的结果, 包括做变量代换, 或者它们的线性组合和微商、积分. 例如

$$\frac{1}{1+z^2} = \sum_{n=0}^{\infty} (-z^2)^n = \sum_{n=0}^{\infty} (-)^n z^{2n}, \qquad |z| < 1. \tag{5.8}$$

$$\sin z = \frac{e^{iz} - e^{-iz}}{2i} = \sum_{n=0}^{\infty} \frac{(-)^n}{(2n+1)!} z^{2n+1}, \qquad |z| < \infty. \tag{5.9}$$

$$\cos z = \frac{e^{iz} + e^{-iz}}{2} = \sum_{n=0}^{\infty} \frac{(-)^n}{(2n)!} z^{2n}, \qquad |z| < \infty. \tag{5.10}$$

$$\frac{1}{1-3z+2z^2} = -\frac{1}{1-z} + \frac{2}{1-2z} = \sum_{n=0}^{\infty} \left(2^{n+1} - 1\right) z^n, \qquad |z| < \frac{1}{2}. \tag{5.11}$$

$$\frac{1}{(1-z)^2} = \frac{d}{dz}\frac{1}{1-z} = \frac{d}{dz}\sum_{n=0}^{\infty} z^n = \sum_{n=0}^{\infty} (n+1)z^n, \qquad |z| < 1. \tag{5.12}$$

下面介绍两种新的方法, 即**级数乘法**和**待定系数法**.

如果一个函数可以表示成两个 (或多个) 函数的乘积, 而每一个因子的 Taylor 展开比较容易求出, 则可以采用级数相乘的方法. 例如

$$\frac{1}{1-3z+2z^2} = \frac{1}{1-z} \cdot \frac{1}{1-2z} = \sum_{k=0}^{\infty} z^k \cdot \sum_{l=0}^{\infty} 2^l z^l = \sum_{k=0}^{\infty} \sum_{l=0}^{\infty} 2^l z^{k+l}$$

$$= \sum_{n=0}^{\infty} \left(\sum_{l=0}^{n} 2^l\right) z^n = \sum_{n=0}^{\infty} \left(2^{n+1} - 1\right) z^n, \qquad |z| < \frac{1}{2}. \tag{5.13}$$

幂级数在收敛圆内绝对收敛, 故乘积在两收敛圆的公共区域内仍绝对收敛.

关于待定系数法, 见下面的例子.

例 5.1 求 $\tan z$ 在 $z=0$ 的 Taylor 展开.

解 由于 $\tan z$ 是奇函数, 故其在 $z=0$ 的 Taylor 展开应只有奇次幂,

$$\tan z = \sum_{k=0}^{\infty} a_{2k+1} z^{2k+1},$$

因此, $\sin z = \cos z \cdot \sum_{k=0}^{\infty} a_{2k+1} z^{2k+1}$, 即

$$\sum_{n=0}^{\infty} \frac{(-)^n}{(2n+1)!} z^{2n+1} = \sum_{l=0}^{\infty} \frac{(-)^l}{(2l)!} z^{2l} \cdot \sum_{k=0}^{\infty} a_{2k+1} z^{2k+1} = \sum_{n=0}^{\infty} \left(\sum_{k=0}^{n} \frac{(-)^{n-k}}{(2n-2k)!} a_{2k+1} \right) z^{2n+1}.$$

根据 Taylor 展开的唯一性, 可以将上式中左右两式比较系数, 由此即得

$$\sum_{k=0}^{n} \frac{(-)^k}{(2n-2k)!} a_{2k+1} = \frac{1}{(2n+1)!}, \qquad n = 0, 1, 2, \cdots.$$

所以

$$\begin{aligned}
&n = 0 & & & & a_1 = 1; \\
&n = 1 & & \frac{1}{2} a_1 - a_3 = \frac{1}{6}, & & a_3 = \frac{1}{3}; \\
&n = 2 & & \frac{1}{24} a_1 - \frac{1}{2} a_3 + a_5 = \frac{1}{120}, & & a_5 = \frac{2}{15}; \\
&\vdots & & \vdots & & \vdots
\end{aligned}$$

最后就得到

$$\tan z = z + \frac{1}{3} z^3 + \frac{2}{15} z^5 + \frac{17}{315} z^7 + \cdots. \tag{5.14}$$

从 $\tan z$ 的奇点可以判断, 级数的收敛半径应为 $\pi/2$.

应用待定系数法, 能得到系数之间的递推关系, 从而逐个求出展开系数, 但一般很难求出级数的通项公式 (即展开系数 a_n 的解析表达式). 然而, 如果我们只需要求出级数中的某一项或某几项系数, 待定系数法还不失为可取的方法之一.

多值函数的 Taylor 展开 对于多值函数, 在适当规定了单值分支后, 即可像单值函数那样在解析点邻域内作 Taylor 展开.

例 5.2 求多值函数 $(1+z)^\alpha$ 在 $z = 0$ 的 Taylor 展开, 规定 $z = 0$ 时 $(1+z)^\alpha \big|_{z=0} = 1$.

解 可直接求出函数 $(1+z)^\alpha$ 在 $z = 0$ 点的各阶导数值,

$$\begin{aligned}
&f(0) = 1, \\
&f'(0) = \alpha (1+z)^{\alpha-1} \big|_{z=0} = \alpha, \\
&f''(0) = \alpha(\alpha-1)(1+z)^{\alpha-2} \big|_{z=0} = \alpha(\alpha-1), \\
&\quad \vdots \\
&f^{(n)}(0) = \alpha(\alpha-1)(\alpha-2)\cdots(\alpha-n+1)(1+z)^{\alpha-n} \big|_{z=0} = \alpha(\alpha-1)\cdots(\alpha-n+1), \\
&\quad \vdots
\end{aligned}$$

因此

$$(1+z)^\alpha = \sum_{n=0}^{\infty} \binom{\alpha}{n} z^n, \tag{5.15}$$

其中
$$\binom{\alpha}{0} = 1, \qquad \binom{\alpha}{n} = \frac{\alpha(\alpha-1)\cdots(\alpha-n+1)}{n!}$$

称为普遍的二项式展开系数. 级数的收敛区域, 应视割线的作法而定. 收敛半径等于 $z=0$ 到割线的最短距离. 最大可能的收敛区域是 $|z|<1$. 所以, 只要许可, 我们总是会将割线作在单位圆外.

例 5.3 求多值函数 $\ln(1+z)$ 在 $z=0$ 的 Taylor 展开, 规定 $\ln(1+z)\big|_{z=0}=0$.

解 在上述规定下, 函数 $\ln(1+z)$ 可表示为定积分, 因此

$$\ln(1+z) = \ln(1+z) - \ln(1+z)\big|_{z=0} = \int_0^z \frac{1}{1+\zeta}\mathrm{d}\zeta$$

$$= \int_0^z \sum_{n=0}^\infty (-)^n \zeta^n \mathrm{d}\zeta = \sum_{n=0}^\infty (-)^n \int_0^z \zeta^n \mathrm{d}\zeta = \sum_{n=1}^\infty \frac{(-)^{n-1}}{n} z^n. \tag{5.16}$$

收敛区域也要看割线怎么作. 收敛半径等于 $z=0$ 到割线的最短距离, 最大可能的收敛区域是 $|z|<1$. 同样, 只要许可, 我们总是将割线作在单位圆外.

在无穷远点的 Taylor 展开 如果函数 $f(z)$ 在 $z=\infty$ 点解析, 则也可以在 $z=\infty$ 点展开成 Taylor 级数.

所谓 $f(z)$ 在 ∞ 点展开成 Taylor 级数, 完全等价于做变换 $z=1/t$, 而将 $f(1/t)$ 在 $t=0$ 点展开成 Taylor 级数. 因为 $f(1/t)$ 在 $t=0$ 点解析, 故

$$f\left(\frac{1}{t}\right) = a_0 + a_1 t + a_2 t^2 + \cdots + a_n t^n + \cdots, \quad |t|<r; \tag{5.17a}$$

$$f(z) = a_0 + \frac{a_1}{z} + \frac{a_2}{z^2} + \cdots + \frac{a_n}{z^n} + \cdots, \qquad |z|>\frac{1}{r}. \tag{5.17b}$$

值得注意的是, $f(z)$ 在 ∞ 点的 Taylor 级数中只有常数项及负幂项, 没有正幂项, 而收敛范围为 $|z|>1/r$, 也就是说, 级数在以 ∞ 为圆心的某个圆内收敛.

例 5.4 将函数 $1/(1-z^2)$ 在 ∞ 点作 Taylor 展开.

解 因为在代换 $z=1/t$ 之下, $1/(1-z^2) = -t^2/(1-t^2)$,

$$-\frac{t^2}{1-t^2} = -t^2 \sum_{n=0}^\infty t^{2n} = -\sum_{n=1}^\infty t^{2n}, \qquad |t|<1,$$

所以, $\dfrac{1}{1-z^2}$ 在 ∞ 点的 Taylor 展开就是

$$\frac{1}{1-z^2} = -\sum_{n=1}^\infty z^{-2n}, \qquad |z|>1. \tag{5.18}$$

其实, 在作展开时也可不必写出代换 $z=1/t$, 而只需记住当 $|z|>1$ 时 $|1/z|<1$,

$$\frac{1}{1-z^2} = -\frac{1}{z^2}\frac{1}{1-\frac{1}{z^2}} = -\frac{1}{z^2}\sum_{n=0}^\infty \frac{1}{z^{2n}} = -\sum_{n=1}^\infty \frac{1}{z^{2n}}, \qquad |z|>1.$$

再举一个多值函数的例子.

例 5.5 将函数 $1/\sqrt{z^2-1}$ 在 $z=\infty$ 作 Taylor 展开, 约定直接连接 $z=\pm 1$ 作割线, 且规定当 z 位于 $z=1$ 之右的实轴上时函数取正值.

解 在此单值分支的规定下, 显然有

$$\frac{1}{\sqrt{z^2-1}} = \frac{1}{z}\left(1-\frac{1}{z^2}\right)^{-1/2} = \frac{1}{z}\sum_{n=0}^{\infty}\binom{-1/2}{n}\left(-\frac{1}{z^2}\right)^n$$
$$= \sum_{n=0}^{\infty}(-)^n\binom{-1/2}{n}\frac{1}{z^{2n+1}}, \qquad |z|>1.$$

还可以将展开系数改写为

$$(-)^n\binom{-1/2}{n} = \frac{(-)^n}{n!}\left(-\frac{1}{2}\right)\left(-\frac{3}{2}\right)\cdots\left(\frac{1}{2}-n\right)$$
$$= \frac{1}{2^n}\frac{(2n-1)!!}{n!} = \frac{1}{2^{2n}}\frac{(2n)!}{n!\,n!}.$$

§5.3 解析函数的零点孤立性和解析函数的唯一性

如果 $f(z)$ 在 a 点的邻域内解析且不恒为 0, 若 $f(a)=0$, 则称 $z=a$ 为 $f(z)$ 的**零点**.
设 $f(z)$ 在 $z=a$ 点的邻域内解析, 则 $f(z)$ 可以在 $z=a$ 的邻域内展成 Taylor 级数,

$$f(z) = \sum_{n=0}^{\infty}a_n(z-a)^n, \qquad |z-a|<\rho. \tag{5.19}$$

故若 $z=a$ 为零点, 则必有

$$a_0 = a_1 = \cdots = a_{m-1} = 0, \qquad a_m \neq 0. \tag{5.20}$$

此时, 称 $z=a$ 点为 $f(z)$ 的 m 阶零点, 相应地,

$$f(a) = f'(a) = \cdots = f^{(m-1)}(a) = 0, \qquad f^{(m)}(a) \neq 0. \tag{5.21}$$

可见 m 不可能是零或者负数. 因为 $f(z)$ 不恒为零, 所以 m 也不可能为 ∞. m 更不可能是非整数[1], 因此零点的阶数 m 一定是正整数.

解析函数零点的一个重要性质是它的孤立性.

定理 5.2 (解析函数的零点孤立性定理) 若 $z=a$ 是 $f(z)$ 的零点且 $f(z)$ 在 $z=a$ 的邻域内不恒等于零, 则一定 $\exists \rho>0$, 使得 $f(z)$ 在空心邻域 $0<|z-a|<\rho$ 内无零点.

证 设 a 为 $f(z)$ 的 m 阶零点, 则

$$f(z) = (z-a)^m \phi(z),$$

---

[1] 对于 $(z-a)^s$, 当 $s \neq$ 整数时, $z=a$ 是分支点, 函数在该点并不解析, 因而不是这里所讨论的解析函数的零点.

$\phi(z)$ 在 $|z-a| < R$ 内解析, 且 $\phi(a) \neq 0$. 因为 $\phi(z)$ 在 $z = a$ 点连续, 即 $\forall \varepsilon > 0$, $\exists \rho > 0$, 使得当 $|z-a| < \rho$ 时, 恒有 $|\phi(z) - \phi(a)| < \varepsilon$. 不妨取 $\varepsilon = |\phi(a)|/2$, 则得

$$|\phi(z)| > |\phi(a)| - \varepsilon = \frac{1}{2}|\phi(a)| > 0.$$

由此即证得 $f(z)$ 在 $0 < |z-a| < \rho$ 内无零点. □

解析函数的零点孤立性定理的逆否定理是: 若 $\exists R > 0$, $f(z)$ 在 $|z-a| < R$ 内解析, $\forall \rho > 0$, $f(z)$ 在空心邻域 $0 < |z-a| < \rho$ 内都有零点, 那么 $f(z)$ 在 $z = a$ 的空心邻域 $0 < |z-a| < R$ 内恒等于零. 也就是说, 如果解析函数 $f(z)$ 的零点是非孤立的, 则此函数在其解析区域内一定恒为 0. 这个结论还可以表述为下面的几个推论.

推论 5.1 设 $f(z)$ 在 $G : |z-a| < R$ 内解析, $f(a) = 0$. 若在 G 内存在 $f(z)$ 的无穷多个互不相等的零点 $\{z_n\}$, 且 $\lim\limits_{n \to \infty} z_n = a$, 但 $z_n \neq a$, 则在 G 内 $f(z) \equiv 0$.

推论 5.2 设 $f(z)$ 在 $G : |z-a| < R$ 内解析. 若在 G 内存在过 a 点的一段弧 l 或含有 a 点的一个子区域 g, 在 l 上或 g 内 $f(z) \equiv 0$, 则在整个区域 G 内 $f(z) \equiv 0$.

推论 5.3 设 $f(z)$ 在 G 内解析. 若在 G 内存在一点 $z = a$ 及过 a 点的一段弧 l 或含有 a 点的一个子区域 g, 在 l 上或 g 内 $f(z) \equiv 0$, 则在整个区域 G 内 $f(z) \equiv 0$.

推论 5.4 设 $f_1(z)$ 和 $f_2(z)$ 都在区域 G 内解析, 且在 G 内的一段弧或一个子区域内相等, 则在 G 内 $f_1(z) \equiv f_2(z)$.

推论 5.5 在实轴上成立的恒等式, 在 z 复平面上仍然成立, 只要这个恒等式两端的函数在 z 复平面上都是解析的.

也还可以把推论 1 改写成解析函数的唯一性定理.

定理 5.3 (解析函数的唯一性定理) 设在区域 G 内有两个解析函数 $f_1(z)$ 和 $f_2(z)$, 在 G 内存在序列 $\{z_n\}$, 且 $\forall i, j$, $z_i \neq z_j$. 若 $\forall n$, $f_1(z_n) = f_2(z_n)$, 则当 $\{z_n\}$ 的一个聚点 $z = a (\neq z_n)$ 也落在 G 内时, 一定有 $f_1(z) \equiv f_2(z)$, $z \in G$.

§5.4 解析函数的 Laurent 展开

一个函数除了可在解析点的邻域 (单连通区域) 内作 Taylor 展开外, 有时还需要将它在环形区域 (多连通区域) 展开成幂级数. 这时就得到 Laurent 级数.

定理 5.4 (Laurent 展开) 设函数 $f(z)$ 在以 b 为圆心的环形区域 $R_1 \leq |z-b| \leq R_2$ 中单值解析, 则对于环域内的任何 z 点, $f(z)$ 可以用幂级数展开为

$$f(z) = \sum_{n=-\infty}^{\infty} a_n (z-b)^n, \quad R_1 < |z-b| < R_2, \quad (5.22)$$

其中

$$a_n = \frac{1}{2\pi i} \oint_C \frac{f(\zeta)}{(\zeta - b)^{n+1}} d\zeta, \quad (5.23)$$

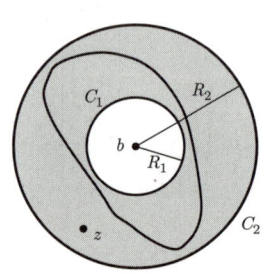

图 5.1 Laurent 展开

C 是环域内绕内圆一周的任意一条闭合曲线 (见图 5.1).

证 将环域内、外边界分别记为 C_1 和 C_2, 则根据 (多连通区域的) Cauchy 积分公式, 有

$$f(z) = \frac{1}{2\pi i} \oint_{C_2} \frac{f(\zeta)}{\zeta - z} d\zeta - \frac{1}{2\pi i} \oint_{C_1} \frac{f(\zeta)}{\zeta - z} d\zeta.$$

对于 C_2 上的积分, 可以直接引用证明 Taylor 展开定理时得到的结果,

$$\frac{1}{2\pi i} \oint_{C_2} \frac{f(\zeta)}{\zeta - z} d\zeta = \sum_{n=0}^{\infty} a_n (z-b)^n, \qquad |z-b| < R_2,$$

$$a_n = \frac{1}{2\pi i} \oint_{C_2} \frac{f(\zeta)}{(\zeta-b)^{n+1}} d\zeta.$$

对于 C_1 上的积分,

$$-\frac{1}{2\pi i} \oint_{C_1} \frac{f(\zeta)}{\zeta - z} d\zeta = \frac{1}{2\pi i} \oint_{C_1} \frac{f(\zeta)}{(z-b)-(\zeta-b)} d\zeta = \frac{1}{2\pi i} \oint_{C_1} \frac{f(\zeta)}{z-b} \sum_{k=0}^{\infty} \left(\frac{\zeta-b}{z-b}\right)^k d\zeta$$

$$= \sum_{k=0}^{\infty} (z-b)^{-k-1} \cdot \frac{1}{2\pi i} \oint_{C_1} f(\zeta)(\zeta-b)^k d\zeta$$

$$= \sum_{n=-1}^{-\infty} a_n (z-b)^n, \qquad |z-b| > R_1,$$

其中

$$a_n = \frac{1}{2\pi i} \oint_{C_1} \frac{f(\zeta)}{(\zeta-b)^{n+1}} d\zeta.$$

把两部分合并起来, 就有

$$f(z) = \sum_{n=-\infty}^{\infty} a_n (z-b)^n, \qquad R_1 < |z-b| < R_2,$$

$$a_n = \frac{1}{2\pi i} \oint_{C} \frac{f(\zeta)}{(\zeta-b)^{n+1}} d\zeta.$$

这里把系数 a_n 公式中的积分围道统一写成了 C, 其中 C 是环域内绕内圆一周的任意一条闭合曲线 (为什么能这样做?). □

这个结果称为函数 $f(z)$ 在环域 $R_1 < |z-b| < R_2$ 内的 Laurent 展开, 得到的级数称为 **Laurent 级数**.

对于上面的结果, 也需要做一些补充讨论.

1. 和 Taylor 展开一样, 本定理的条件也可放宽为 $f(z)$ 在 $R_1 < |z-b| < R_2$ 内单值解析.

2. 对于 Laurent 展开来说, 系数 (即使是正幂项的系数)

$$a_n \neq \frac{1}{n!} f^{(n)}(b).$$

3. $f(z)$ 在内圆 $\overline{C_1}$ 中不解析. 一般说来, 在 C_1 圆周上有奇点. 在圆心 b 点, $f(z)$ 可能解析, 也可能不解析.

如果 b 点是 $f(z)$ 在圆 $\overline{C_1}$ 中唯一的奇点, 则 C_1 的半径可以无限缩小, 收敛范围就变成 $0<|z-b|<R$. 这时圆心 b 点称为函数 $f(z)$ 的**孤立奇点**, 就得到 $f(z)$ 在孤立奇点 b 的空心邻域内的 Laurent 展开. 同样, 外圆 C_2 的半径也可能为 ∞.

4. Laurent 展开既有正幂项, 又有负幂项. 正幂项在外圆 C_2 内 ($|z-b|<R_2$) 绝对收敛, 并且内闭一致收敛, 称为 **Laurent 级数的正则部分**; 负幂项在内圆 C_1 外 ($|z-b|>R_1$) 绝对收敛, 在 C_1 外的任一闭区域中一致收敛, 称为 **Laurent 级数的主要部分**. 两部分合起来, 就构成 Laurent 级数, 在环域 $R_1<|z-b|<R_2$ 内绝对收敛, 并且内闭一致收敛. 当内圆半径 $R_1=0$ 时, Laurent 级数的主要部分就完全反映了 $f(z)$ 在孤立奇点 $z=b$ 点的奇异性.

5. 如果函数 $f(z)$ 在无穷远点不解析, 但在无穷远点的空心邻域内单值解析, 则可将 $f(z)$ 在 ∞ 点的空心邻域内作 Laurent 展开 (或者简单地说成在 ∞ 点作 Laurent 展开).

所谓 $f(z)$ 在 ∞ 点的空心邻域内单值解析, 就意味着函数 $f(1/t)$ 在 $t=0$ 点的空心邻域内单值解析, 因而

$$f\left(\frac{1}{t}\right)=\sum_{n=-\infty}^{\infty} a_n t^n,\ 0<|t|<r, \quad 即 \quad f(z)=\sum_{n=-\infty}^{\infty} a_n z^{-n},\ \frac{1}{r}<|z|<\infty. \tag{5.24}$$

这里的收敛范围可以理解为是以 $z=\infty$ 点为圆心的一个环域. $f(1/t)$ 在 $t=0$ 点的 Laurent 级数中 t 的正幂项 (包括常数项) 部分是正则部分; t 的负幂项是主要部分, 完全反映了 $f(1/t)$ 在孤立奇点 $t=0$ 点的奇异性. 对应地, 我们把 $f(z)$ 在 $z=\infty$ 点空心邻域内的 Laurent 级数中, z 的负幂项 (包括常数项) 称为正则部分; z 的正幂项称为主要部分, 完全反映了函数 $f(z)$ 在 ∞ 点的奇异性.

6. **Laurent 展开的唯一性** 设 $f(z)$ 在环域 $R_1<|z-b|<R_2$ 内有两个 Laurent 级数,

$$f(z)=\sum_{n=-\infty}^{\infty} a_n(z-b)^n=\sum_{n=-\infty}^{\infty} a'_n(z-b)^n.$$

两端同乘以 $(z-b)^{-k-1}$, 其中 k 为任意整数, 沿环域内绕内圆一周的任一围道 C 积分 (这两个级数在环域内内闭一致收敛, 因而可以逐项积分), 则由于

$$\oint_C (z-b)^{n-k-1}\mathrm{d}z=2\pi\mathrm{i}\delta_{nk},$$

故有 $a_k=a'_k$. 因为 k 任意, 故有

$$a_k=a'_k, \qquad k=0,\pm 1,\pm 2,\cdots. \tag{5.25}$$

即证得 Laurent 展开的唯一性. 它告诉我们: 两个 Laurent 级数在同一环域内处处相等, 则对应项系数相等 (即可以比较系数).

§5.5 Laurent 级数求法举例

求 Laurent 展开, 一般不直接利用公式求系数. 由于函数在给定环域内 Laurent 展开唯一性的保证, 因此, 不论用什么方法, 包括引用 Taylor 展开中得到的结果, 只要最终得到的

是在给定环域内收敛到 $f(z)$ 的幂级数, 那它就一定是 $f(z)$ 的 Laurent 展开.

例 5.6 求 $\dfrac{1}{z(z-1)}$ 在 $0 < |z| < 1$ 内和 $|z| > 1$ 内的展开式.

解 $\dfrac{1}{z(z-1)}$ 在 $0 < |z| < 1$ 内的展开形式一定是 $\sum_{n=-\infty}^{\infty} a_n z^n$, 所以

$$\frac{1}{z(z-1)} = -\frac{1}{z}\frac{1}{1-z} = -\frac{1}{z}\sum_{n=0}^{\infty} z^n = -\sum_{n=-1}^{\infty} z^n, \qquad 0 < |z| < 1.$$

也可以用部分分式的方法:

$$\frac{1}{z(z-1)} = -\frac{1}{z} - \frac{1}{1-z} = -\frac{1}{z} - \sum_{n=0}^{\infty} z^n = -\sum_{n=-1}^{\infty} z^n, \qquad 0 < |z| < 1.$$

$\dfrac{1}{z(z-1)}$ 在 $|z| > 1$ 内解析, 在 $|z| > 1$ 内幂级数展开形式也是 $\sum_{n=-\infty}^{\infty} a_n z^n$,

$$\frac{1}{z(z-1)} = \frac{1}{z^2}\frac{1}{1-\frac{1}{z}} = \frac{1}{z^2}\sum_{n=0}^{\infty}\left(\frac{1}{z}\right)^n = \sum_{n=-2}^{-\infty} z^n, \qquad |z| > 1.$$

此结果也可以看成是 $1/[z(z-1)]$ 在 ∞ 点邻域内的 Taylor 展开.

例 5.7 用待定系数法求 $\cot z$ 在 $z = 0$ 空心邻域内的 Laurent 展开.

解 待定系数法只能用于只有有限个负幂项 (或有限个正幂项) 的情形.

$$\cot z = \sum_{n=-1}^{\infty} b_{2n+1} z^{2n+1} \tag{5.26}$$

(为什么只有一个负幂项, 这个道理将在 §5.6 讨论).

$$\cos z = \sin z \sum_{n=-1}^{\infty} b_{2n+1} z^{2n+1},$$

$$\sum_{n=0}^{\infty} \frac{(-)^n}{(2n)!} z^{2n} = \sum_{k=0}^{\infty} \frac{(-)^k}{(2k+1)!} z^{2k+1} \sum_{l=0}^{\infty} b_{2l-1} z^{2l-1} = \sum_{n=0}^{\infty} \left[\sum_{l=0}^{n} \frac{(-)^{n-l}}{(2n-2l+1)!} b_{2l-1}\right] z^{2n}.$$

由此得到递推关系

$$\sum_{l=0}^{n} \frac{(-)^l}{(2n-2l+1)!} b_{2l-1} = \frac{1}{(2n)!}. \tag{5.27}$$

逐次求解, 即得

$$
\begin{aligned}
n &= 0 & & & b_{-1} &= 1; \\
n &= 1 & \frac{1}{3!}b_{-1} - \frac{1}{1!}b_1 &= \frac{1}{2!}, & b_1 &= -\frac{1}{3}; \\
n &= 2 & \frac{1}{5!}b_{-1} - \frac{1}{3!}b_1 + \frac{1}{1!}b_3 &= \frac{1}{4!}, & b_3 &= -\frac{1}{45}; \\
n &= 3 & \frac{1}{7!}b_{-1} - \frac{1}{5!}b_1 + \frac{1}{3!}b_3 - \frac{1}{1!}b_5 &= \frac{1}{6!}, & b_5 &= -\frac{2}{945}; \\
&\vdots & \vdots & & \vdots &
\end{aligned}
$$

所以
$$\cot z = \frac{1}{z} - \frac{1}{3}z - \frac{1}{45}z^3 - \frac{2}{945}z^5 - \cdots. \tag{5.28}$$

根据 $\cot z$ 的奇点分布, 可判断此级数的收敛范围为 $0 < |z| < \pi$.

本题还可以采用级数除法. 当 $|z| > 0$ 而又足够小时,

$$
\begin{aligned}
\cot z &= \frac{1}{\tan z} = \left(z + \frac{1}{3}z^3 + \frac{2}{15}z^5 + \frac{17}{315}z^7 + \cdots \right)^{-1} \\
&= \frac{1}{z} \left(1 + \frac{1}{3}z^2 + \frac{2}{15}z^4 + \frac{17}{315}z^6 + \cdots \right)^{-1} \\
&= \frac{1}{z} \left[1 - \left(\frac{1}{3}z^2 + \frac{2}{15}z^4 + \frac{17}{315}z^6 + \cdots \right) + \left(\frac{1}{3}z^2 + \frac{2}{15}z^4 + \frac{17}{315}z^6 + \cdots \right)^2 \right.\\
&\qquad \left. - \left(\frac{1}{3}z^2 + \frac{2}{15}z^4 + \frac{17}{315}z^6 + \cdots \right)^3 + - \cdots \right] \\
&= \frac{1}{z} \left[1 - \frac{1}{3}z^2 + \left(-\frac{2}{15} + \frac{1}{9} \right) z^4 + \left(-\frac{17}{315} + 2 \times \frac{1}{3} \times \frac{2}{15} - \frac{1}{27} \right) z^6 + \cdots \right] \\
&= \frac{1}{z} - \frac{1}{3}z - \frac{1}{45}z^3 - \frac{2}{945}z^5 - \cdots.
\end{aligned}
$$

这个计算过程显然只在区域
$$0 < \left| \frac{\tan z}{z} - 1 \right| < 1$$

(明显比 $0 < |z| < \pi$ 小, 因为 $\tan z$ 在 $z = \pi/2$ 点不解析) 内有效, 但最后结果却在更大的区域 $0 < |z| < \pi$ 内成立, 理由见 §5.7.

例 5.8 求函数 $f(z) = \ln \dfrac{z-2}{z-1}$ 在 $1 < |z| < 2$ 及 $2 < |z| < \infty$ 内的幂级数展开.

解 本题中指定的展开区域是环形区域, 是多连通区域, 所以, 如果能作幂级数展开的话, 得到的一定是 Laurent 级数.

$f(z)$ 有两个分支点: $z = 1$ 和 $z = 2$. $f(z)$ 的割线一定要连接这两个分支点. 不论割线怎么作, 它一定会穿过环域 $1 < |z| < 2$, 换言之, $f(z)$ 在 z 复平面内的环域 $1 < |z| < 2$ 内一定不解析, 故在此环域内不可能作 Laurent 展开.

在环域 $2 < |z| < \infty$ 内, 如果割线不通过此环域, 则规定单值分支后, $f(z)$ 单值解析, 此时可作 Laurent 展开. 例如, 若沿实轴从 $z=1$ 到 $z=2$ 作割线, 规定在割线上岸 $\arg(z-2) - \arg(z-1) = \pi$, 则

$$f(\infty) = \ln \frac{z-2}{z-1}\bigg|_{z=\infty} = 0.$$

于是有

$$\ln\frac{z-2}{z-1} = \int_\infty^z \left(\frac{1}{\zeta-2} - \frac{1}{\zeta-1}\right)\mathrm{d}\zeta = \int_\infty^z \frac{1}{\zeta}\sum_{n=0}^\infty\left[\left(\frac{2}{\zeta}\right)^n - \left(\frac{1}{\zeta}\right)^n\right]\mathrm{d}\zeta$$
$$= -\frac{1}{z} - \frac{3}{2}\frac{1}{z^2} - \frac{7}{3}\frac{1}{z^3} - \cdots - \frac{2^n-1}{n}\frac{1}{z^n} - \cdots. \tag{5.29}$$

最大可能的收敛范围是 $|z| > 2$. 这是 $\ln[(z-2)/(z-1)]$ 在 ∞ 点的 Taylor 级数.

思考题 若对单值分支做其他规定, 函数 $\ln\dfrac{z-2}{z-1}$ 在 $|z|>2$ 内的幂级数展开式, 和 (5.29) 式比较有何异同?

例 5.9 求函数 $\exp\left\{\dfrac{z}{2}\left(t - \dfrac{1}{t}\right)\right\}$ 在环域 $0<|t|<\infty$ 内的 Laurent 展开.

解 用级数乘法. 因为

$$\mathrm{e}^{zt/2} = \sum_{k=0}^\infty \left(\frac{z}{2}\right)^k \frac{t^k}{k!}, \qquad |t|<\infty,$$

$$\mathrm{e}^{-z/2t} = \sum_{l=0}^\infty \left(\frac{z}{2}\right)^l \frac{(-)^l}{l!}\left(\frac{1}{t}\right)^l, \qquad \left|\frac{1}{t}\right|<\infty \text{ 即 } |t|>0,$$

所以

$$\exp\left\{\frac{z}{2}\left(t-\frac{1}{t}\right)\right\} = \sum_{k=0}^\infty \left(\frac{z}{2}\right)^k \frac{t^k}{k!}\sum_{l=0}^\infty \left(\frac{z}{2}\right)^l \frac{(-)^l}{l!}\left(\frac{1}{t}\right)^l = \sum_{k=0}^\infty\sum_{l=0}^\infty \frac{(-)^l}{k!l!}\left(\frac{z}{2}\right)^{k+l} t^{k-l}$$
$$= \sum_{n=0}^\infty\left[\sum_{l=0}^\infty \frac{(-)^l}{l!(l+n)!}\left(\frac{z}{2}\right)^{2l+n}\right]t^n + \sum_{n=-1}^{-\infty}\left[\sum_{l=-n}^\infty \frac{(-)^l}{l!(l+n)!}\left(\frac{z}{2}\right)^{2l+n}\right]t^n$$
$$= \sum_{n=-\infty}^\infty \mathrm{J}_n(z) t^n, \tag{5.30}$$

其中

$$\mathrm{J}_n(z) = \begin{cases} \displaystyle\sum_{l=0}^\infty \frac{(-)^l}{l!(l+n)!}\left(\frac{z}{2}\right)^{2l+n}, & n=0,1,2,\cdots, \\ \displaystyle\sum_{l=-n}^\infty \frac{(-)^l}{l!(l+n)!}\left(\frac{z}{2}\right)^{2l+n}, & n=-1,-2,-3,\cdots \end{cases} \tag{5.31}$$

称为 n 阶 Bessel 函数. (5.30) 式既可以看成是函数 $\exp[z(t-1/t)/2]$ 在 $z=0$ 点空心邻域内的 Laurent 展开 (有无穷多个负幂项), 又可以看成是该函数在 ∞ 点空心邻域内的 Laurent 展开 (有无穷多个正幂项).

思考题 求 $f(z) = \sin z$ 在 ∞ 点空心邻域内的 Laurent 展开.

§5.6 单值函数的孤立奇点

设 $f(z)$ 为单值函数 (或多值函数的一个单值分支), 如果 $f(z)$ 在 b 点不解析, 但是 $\exists r > 0$, $f(z)$ 在 b 点的空心邻域 $0 < |z-b| < r$ 内解析, 则称 b 点为 $f(z)$ 的**孤立奇点**. 反之, 如果对 $\forall r > 0$, 在 b 点的空心邻域 $0 < |z-b| < r$ 内都有 $f(z)$ 的奇点, 则称 b 点为 $f(z)$ 的**非孤立奇点**.

孤立奇点的例子已经见过很多, 这里举一个非孤立奇点的例子. 我们知道, 对于 $1/\sin(1/z)$, $z = 1/(n\pi)$ (即 $1/z = n\pi$), $n = \pm 1, \pm 2, \cdots$ 均为奇点. 显然, $z = 0$ 点是这些奇点的聚点: 在 $z = 0$ 的任一空心邻域中, 总存在函数 $1/\sin(1/z)$ 的奇点, 故 $z = 0$ 是函数 $1/\sin(1/z)$ 的非孤立奇点.

$z = b$ 是单值函数 $f(z)$ 的孤立奇点, 意味着一定存在 $R > 0$, $f(z)$ 在环域 $0 < |z-b| < R$ 内可以展开成 Laurent 级数:

$$f(z) = \sum_{n=-\infty}^{\infty} a_n (z-b)^n, \qquad 0 < |z-b| < R. \tag{5.32}$$

这时可能出现三种情况:

(1) 幂级数展开式 (5.32) 不含负幂项, 此时 b 点称为 $f(z)$ 的**可去奇点**. 例如, $z = 0$ 就是函数

$$\frac{\sin z}{z} = \sum_{n=0}^{\infty} \frac{(-)^n}{(2n+1)!} z^{2n}, \qquad |z| < \infty$$

和

$$\frac{1}{z} - \cot z = \frac{1}{3}z + \frac{1}{45}z^3 + \frac{2}{945}z^5 + \cdots, \qquad |z| < \pi$$

的可去奇点.

(2) 幂级数展开式 (5.32) 只含有限个负幂项, 此时 b 点称为 $f(z)$ 的**极点**.

(3) 幂级数展开式 (5.32) 含有无穷多个负幂项, 此时 b 点称为 $f(z)$ 的**本性奇点**.

下面分别讨论函数在三种孤立奇点处的行为.

可去奇点 由于在可去奇点处的幂级数展开不含负幂项, 故级数不但在环域内收敛, 而且在环域的中心, 即可去奇点 $z = b$ 处也是收敛的. 也就是说, 这时的收敛区域其实是一个圆形区域, 圆心位于可去奇点 $z = b$ 处, 级数在收敛圆内内闭一致收敛, 因而其和函数连续,

$$\lim_{z \to b} f(z) = \lim_{z \to b} \sum_{n=0}^{\infty} a_n (z-b)^n = a_0, \tag{5.33}$$

即函数在可去奇点处的极限值是有限的. 如果定义一个新的函数

$$F(z) = \begin{cases} f(z), & z \neq b, \\ \lim_{z \to b} f(z), & z = b, \end{cases} \tag{5.34}$$

这样函数 $F(z)$ 在 b 点也是解析的. 这正是可去奇点这一称谓的由来.

反过来说, 如果 $z = b$ 是函数 $f(z)$ 的孤立奇点, 而且 $f(z)$ 在 $z = b$ 的邻域内有界, 则 $z = b$ 是 $f(z)$ 的可去奇点.

极点 函数在极点空心邻域内的 Laurent 展开有有限个负幂项,

$$\begin{aligned}f(z) &= a_{-m}(z-b)^{-m} + a_{-m+1}(z-b)^{-m+1} + \cdots + a_{-1}(z-b)^{-1} + a_0 + a_1(z-b) + \cdots \\ &= (z-b)^{-m}\left[a_{-m} + a_{-m+1}(z-b) + a_{-m+2}(z-b)^2 + \cdots\right] \\ &= (z-b)^{-m}\phi(z), \qquad 0 < |z-b| < R,\end{aligned} \tag{5.35}$$

其中 m 是正整数,

$$\phi(z) = a_{-m} + a_{-m+1}(z-b) + a_{-m+2}(z-b)^2 + \cdots$$

在 $z=b$ 点的邻域内是解析的, 而且 $\phi(b) = a_{-m} \ne 0$. b 点就称为 $f(z)$ 的 m **阶极点**. 显然, 只要 $|z-b|$ 足够小, $|f(z)|$ 可以大于任何正数,

$$\lim_{z\to b} f(z) = \infty. \tag{5.36}$$

所以, 函数在极点处的极限值是 ∞, 即函数在极点附近无界.

反之, 如果 b 是 $f(z)$ 的孤立奇点, 且 $\lim_{z\to b} f(z) = \infty$, 则 b 是 $f(z)$ 的极点.

从 (5.35) 式可以看到, 如果 $z=b$ 是 $f(z)$ 的 m 阶极点, 则

$$\frac{1}{f(z)} = (z-b)^m \frac{1}{\phi(z)}, \qquad \frac{1}{\phi(z)} \text{在 } z=b \text{ 点解析, 且不为 } 0,$$

所以 $z=b$ 必定是 $1/f(z)$ 的 m 阶零点. 反之亦然. 利用这个关系, 可以帮助我们寻找极点, 尤其是确定极点的阶数. 例如, $z=n\pi$ 是 $1/\sin z$ 的一阶极点; $z=2k\pi\mathrm{i}, k=0,\pm 1, \pm 2, \cdots$ 是 $1/(\mathrm{e}^z - 1)$ 的一阶极点; $z=1$ 是 $1/(z-1)^2$ 的二阶极点.

练习 5.1 设 $f(z)$ 和 $g(z)$ 均在 $z=z_0$ 点解析, 且 $f(z_0) = g(z_0) = 0$, 证明 l'Hôpital 法则成立,

$$\lim_{z\to z_0} \frac{f(z)}{g(z)} = \lim_{z\to z_0} \frac{f'(z)}{g'(z)}.$$

练习 5.2 设 $f(z)$ 和 $g(z)$ 均在 $z=z_0$ 点的空心邻域内解析, 且 $z=z_0$ 是 $f(z)$ 的 n 阶极点, 是 $g(z)$ 的 m 阶极点, $n \le m$, 证明 l'Hôpital 法则成立, 即

$$\lim_{z\to z_0} \frac{f(z)}{g(z)} = \lim_{z\to z_0} \frac{f'(z)}{g'(z)}.$$

本性奇点 函数在本性奇点邻域内的 Laurent 展开具有无穷多个负幂项.

如果 $z=b$ 是函数 $f(z)$ 的本性奇点, 则当 $z\to b$ 时, $f(z)$ 的极限不存在. 更准确地说, $z\to b$ 的方式不同, $f(z)$ 可以逼近不同的数值. 例如, $z=0$ 是函数

$$\mathrm{e}^{1/z} = \sum_{n=0}^{\infty} \frac{1}{n!} \left(\frac{1}{z}\right)^n, \qquad 0 < |z| < \infty$$

的本性奇点. 当 z 以不同方式趋于 0 时, 就有不同的结果:

- 当 z 沿正实轴趋于 0 时, $\mathrm{e}^{1/z} \to \infty$;
- 当 z 沿负实轴趋于 0 时, $\mathrm{e}^{1/z} \to 0$;

- 当 z 沿虚轴趋于 0 时, $e^{1/z}$ 不趋于一个确定的数.

事实上, 根据 Picard 大定理, 我们知道, 在本性奇点的任意一个小邻域内, $f(z)$ 可以取 (并且无穷多次取) 任意的有限复数值, 至多可能有一个例外 (称为 Picard 例外值). 例如 $e^{1/z}$ 在 $z=0$ 的空心邻域内的 Picard 例外值就是 0.

练习 5.3 设计几个序列 $\{z_n\}$, 使当 $z \to 0$ 时, $e^{1/z}$ 分别趋于 ± 1 和 $\pm i$.

无穷远点 仍然通过变换 $z=1/t$ 把 $f(z)$ 化成 $f(1/t)$ 来讨论. 若 $t=0$ 是 $f(1/t)$ 的可去奇点, 则 $z=\infty$ 是 $f(z)$ 的可去奇点 (甚至看成是解析点, 就实际函数而言, 我们往往可以不必苛刻地加以区分); 若 $t=0$ 是 $f(1/t)$ 的极点, 则 $z=\infty$ 是 $f(z)$ 的极点; 若 $t=0$ 是 $f(1/t)$ 的本性奇点, 则 $z=\infty$ 是 $f(z)$ 的本性奇点. 例如, $z=\infty$ 是 $1/(1+z)$ 的可去奇点 (或解析点); $z=\infty$ 是 $1+z^2$ 的二阶极点; $z=\infty$ 是 $e^z, \sin z, \cos z, \cdots$ 的本性奇点.

练习 5.4 试就 $z=\infty$ 点是 $f(z)$ 的可去奇点、极点、本性奇点三种情形, 分别讨论 $f(z)$ 在 $z=\infty$ 点邻域内 Laurent 展开的特点.

§5.7 解析延拓

先介绍一个例子.

几何级数

$$\sum_{n=0}^{\infty} z^n = 1 + z + z^2 + \cdots \tag{5.37}$$

在单位圆 $g_1 : |z| < 1$ 内收敛, 代表一个解析函数 (记为 $f_1(z)$). 事实上, 例 4.1 中已经求出

$$f_1(z) = \sum_{n=0}^{\infty} z^n = \frac{1}{1-z}, \qquad |z| < 1. \tag{5.38}$$

然而, 考察函数 $1/(1-z)$ 本身可以发现, 它在全复平面 (并不限于单位圆内) 都有定义, 而且在 $z \neq 1$ 的全复平面上处处解析. 这样, 通过幂级数 (5.37) 的求和, 我们不但得出了幂级数在收敛圆内所代表的解析函数, 而且得到的解析函数本身, 还在更大的范围内解析. 从这个例子中, 可以抽象出解析延拓的概念.

定义 设函数 $f_1(z)$ 在区域 g_1 内解析, 函数 $f_2(z)$ 在区域 g_2 内解析, $g_1 \bigcap g_2 \neq \emptyset$, 而在 g_1 与 g_2 的公共区域 $g_1 \bigcap g_2$ 内, $f_1(z) \equiv f_2(z)$, 则称 $f_2(z)$ 为 $f_1(z)$ 在 g_2 内的解析延拓; 反之, $f_1(z)$ 是 $f_2(z)$ 在 g_1 内的解析延拓.

对照上面的例子, $f_1(z)$ 就是幂级数 (5.37), 它在区域 g_1 (单位圆) 内解析; $f_2(z)$ 就是函数 $1/(1-z)$, 它在区域 g_2 内 ($z \neq 1$ 的全复平面上) 处处解析; 而且, 在 g_1 和 g_2 的公共区域 $g_1 \bigcap g_2$ 内, $f_1(z) \equiv f_2(z)$. 所以, 从概念上来说, 函数 $1/(1-z)$ 就是幂级数 (5.37) 在全复平面 ($z \neq 1$) 上的解析延拓.

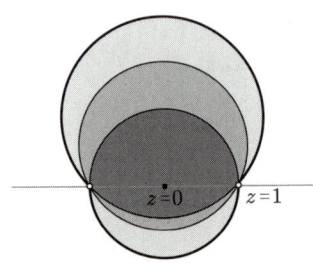

图 5.2　解析延拓

求出幂级数的和函数, 当然是理想的解析延拓方法. 但是在许多问题中, 往往难以求出和函数的有限表达式. 即使

如此，也仍然可以作解析延拓．仍以幂级数 (5.37) 为例．因为这个幂级数在单位圆内解析（记为 $f_1(z)$)，所以能求出 $f_1(z)$ 在单位圆内任意一点的函数值及各阶导数值．例如，在 $z = \mathrm{i}/2$ 点，有

$$f_1\left(\frac{\mathrm{i}}{2}\right) = 1 + \frac{\mathrm{i}}{2} + \left(\frac{\mathrm{i}}{2}\right)^2 + \cdots,$$

$$f_1'\left(\frac{\mathrm{i}}{2}\right) = 1 + 2 \cdot \frac{\mathrm{i}}{2} + 3 \cdot \left(\frac{\mathrm{i}}{2}\right)^2 + \cdots,$$

$$\vdots$$

因此，$f_1(z)$ 在 $z = \mathrm{i}/2$ 点的 Taylor 展开是

$$\sum_{n=0}^{\infty} \frac{1}{n!} f_1^{(n)}\left(\frac{\mathrm{i}}{2}\right) \cdot \left(z - \frac{\mathrm{i}}{2}\right)^n. \tag{5.39}$$

这个级数当然也在它的收敛圆 $g_2 : |z - \mathrm{i}/2| < r$ 内收敛，也代表了一个解析函数，记为 $f_2(z)$．显然，在 g_1 与 g_2 的公共区域 $g_1 \bigcap g_2\ (\neq \emptyset)$ 内，$f_1(z) \equiv f_2(z)$．这样得到的 $f_2(z)$ 就是 $f_1(z)$ 在区域 g_2 内的解析延拓；反之，$f_1(z)$ 也是 $f_2(z)$ 在区域 g_1 内的解析延拓．事实上，因为

$$f_1^{(n)}\left(\frac{\mathrm{i}}{2}\right) = \frac{n!}{(1 - \mathrm{i}/2)^{n+1}}, \tag{5.40}$$

所以，在区域 $g_2 : |z - \mathrm{i}/2| < \sqrt{5}/2$ 内，有

$$f_2(z) = \sum_{n=0}^{\infty} \frac{1}{(1 - \mathrm{i}/2)^{n+1}} \left(z - \frac{\mathrm{i}}{2}\right)^n = \frac{1}{1-z}, \tag{5.41}$$

因此，$f_1(z)$ 和 $f_2(z)$ 只不过是同一个函数 [也就是 $1/(1-z)$] 在不同区域内的幂级数表达式．这两个幂级数表达式都有各自的解析区域：$g_1 : |z| < 1$ 和 $g_2 : |z - \mathrm{i}/2| < \sqrt{5}/2$．同时 g_1 和 g_2 也有公共区域 $g_1 \bigcap g_2 \neq \emptyset$．在公共区域内，$f_1(z) \equiv f_2(z)$．

这样，我们从定义在一定区域 g_1 内的幂级数出发，有可能得到在另一区域 g_2 内的另一幂级数表达式，在两个区域的公共部分 $g_1 \bigcap g_2\ (\neq \emptyset)$ 内二者相等．这样就有可能超出原来的定义范围，重复这个步骤，甚至可能扩展到整个 z 复平面．

解析延拓的办法，可以用来扩大函数的定义域和解析范围．例如，用级数或积分定义的函数，本来都可能只适用于复平面上的某一范围，但是，通过解析延拓，就可能定义出在更大范围内的解析函数．在上面的例子中，就得到了在区域 $g_1 \bigcup g_2$ 内解析的函数 $f(z)$，

$$f(z) = \begin{cases} f_1(z), & z \in g_1, \\ f_2(z), & z \in g_2. \end{cases} \tag{5.42}$$

一个实际例子是 Γ 函数（见 §7.1）．由常用的积分定义（只在右半平面解析）出发，经过解析延拓，就得到它在全复平面上的定义．

在作解析函数的 Taylor 展开或 Laurent 展开时，也常常用到解析延拓．我们只要在级数的收敛区域（圆域或环域）内一个子区域乃至一段弧上定出展开系数即可．例如，例 5.7 中介绍的级数除法，实际上就需要用到解析延拓．

另一类要用到解析延拓的问题是常微分方程的求解问题. 例如对于二阶常微分方程

$$\frac{\mathrm{d}^2 w}{\mathrm{d} z^2} + p(z)\frac{\mathrm{d} w}{\mathrm{d} z} + q(z)w = 0, \tag{5.43}$$

通常只能求得在一定范围内的解式, 而通过解析延拓, 可以从这个解式推算出在其他范围内的表达式. §8.2 中有相关的讨论.

解析延拓是复变函数理论中最重要的概念之一. 本节只是浅显地介绍了一下解析延拓的概念, 并没有涉及解析延拓的理论问题. 例如, 解析延拓能否实现, 这取决于函数奇点的分布状况: 如果在收敛圆 g_1 的边界上 "布满了" 函数 $f(z)$ 的奇点 (例如, 见本章习题 10), 即在收敛圆的圆周上任意一点, 其任意小的邻域内都有 $f(z)$ 的奇点, 而且有无穷多个奇点, 那么, 在 g_1 内重新作 Taylor 展开, 其收敛范围绝不可能超出 g_1. 再例如, 解析延拓的结果是否与路径有关, 即沿着不同路径延拓 (到同一区域) 的结果是否相同, 或者说, 沿着闭合路径一周回到原处时, 延拓的结果是否还原. 有兴趣的读者可以参看有关的专著.

*§5.8 Bernoulli 数和 Euler 数

先讨论函数

$$f(z) = \frac{z}{\mathrm{e}^z - 1}$$

在 $z = 0$ 点的幂级数展开. 由于此函数分母的零点为 $2n\pi\mathrm{i}, n = 0, \pm 1, \pm 2, \cdots$, 且均为一阶零点; 同时 $z = 0$ 又是函数分子的一阶零点, 因此 $z = 0$ 点是 $f(z)$ 的可去奇点,

$$\lim_{z \to 0} \frac{z}{\mathrm{e}^z - 1} = 1.$$

$f(z)$ 可在圆域 $|z| < 2\pi$ 内作 Taylor 展开,

$$\frac{z}{\mathrm{e}^z - 1} = \sum_{n=0}^{\infty} \frac{\mathrm{B}_n}{n!} z^n, \tag{5.44}$$

其中 B_n 称为 Bernoulli 数. 下面就来求 B_n. 因为

$$\frac{z}{\mathrm{e}^z - 1} = \frac{z}{2}\left(\frac{\mathrm{e}^z + 1}{\mathrm{e}^z - 1} - 1\right) = \frac{z}{2}\frac{\mathrm{e}^{z/2} + \mathrm{e}^{-z/2}}{\mathrm{e}^{z/2} - \mathrm{e}^{-z/2}} - \frac{z}{2},$$

第一项为 z 的偶函数, 展开时只有 z 的偶次幂, 所以

$$\mathrm{B}_{2n+1} = -\frac{1}{2}\delta_{n0}, \qquad n = 0, 1, 2, \cdots.$$

再用待定系数法求出 B_{2n}. 为此, 将 (5.44) 式改写成 (其中 $[k/2]$ 表示取 $k/2$ 的整数部分)

$$\frac{\mathrm{e}^z - 1}{z}\left[-\frac{z}{2} + \sum_{n=0}^{\infty}\frac{\mathrm{B}_{2n}}{(2n)!}z^{2n}\right] = -\frac{1}{2}\sum_{k=1}^{\infty}\frac{1}{k!}z^k + \sum_{k=0}^{\infty}\left[\sum_{n=0}^{[k/2]}\frac{1}{(k-2n+1)!}\frac{\mathrm{B}_{2n}}{(2n)!}\right]z^{2k} = 1,$$

就可以求得 $\mathrm{B}_0 = 1$ 以及 B_{2n} 的递推关系

$$\sum_{n=0}^{[k/2]}\frac{k!}{(k-2n+1)!}\frac{\mathrm{B}_{2n}}{(2n)!} = \frac{1}{2}.$$

从而推得

$$B_2 = \frac{1}{6}, \qquad B_4 = -\frac{1}{30}, \qquad B_6 = \frac{1}{42}, \qquad B_8 = -\frac{1}{30},$$
$$B_{10} = \frac{5}{66}, \qquad B_{12} = -\frac{691}{2730}, \qquad B_{14} = \frac{7}{6}, \qquad B_{16} = -\frac{3617}{510}, \qquad \cdots.$$

不难看出 $B_{4n-2} > 0, B_{4n} < 0, n = 1, 2, 3, \cdots$.

应用上面的结果还可以得到许多有用的展开式, 例如

$$\frac{z}{2} \cot \frac{z}{2} = \frac{iz}{2} \frac{e^{iz/2} + e^{-iz/2}}{e^{iz/2} - e^{-iz/2}} = \sum_{n=0}^{\infty} (-)^n \frac{B_{2n}}{(2n)!} z^{2n}, \qquad |z| < 2\pi; \tag{5.45}$$

$$\frac{z}{2} \tan \frac{z}{2} = \frac{z}{2} \cot \frac{z}{2} - z \cot z = \sum_{n=1}^{\infty} (-)^{n-1} \frac{2^{2n} - 1}{(2n)!} B_{2n} z^{2n}, \qquad |z| < \pi; \tag{5.46}$$

$$z \csc z = \frac{z}{2} \cot \frac{z}{2} + \frac{z}{2} \tan \frac{z}{2} = \sum_{n=0}^{\infty} (-)^{n-1} \frac{2(2^{2n-1} - 1)}{(2n)!} B_{2n} z^{2n}, \qquad |z| < \pi; \tag{5.47}$$

$$\ln \frac{\sin z}{z} = \sum_{n=1}^{\infty} (-)^n \frac{2^{2n-1}}{n(2n)!} B_{2n} z^{2n}, \qquad |z| < \pi; \tag{5.48}$$

$$\ln \cos z = \sum_{n=1}^{\infty} (-)^n \frac{2^{2n-1}(2^{2n} - 1)}{n(2n)!} B_{2n} z^{2n}, \qquad |z| < \frac{\pi}{2}; \tag{5.49}$$

$$\ln \frac{\tan z}{z} = \sum_{n=1}^{\infty} (-)^{n-1} \frac{2^{2n}(2^{2n-1} - 1)}{n(2n)!} B_{2n} z^{2n}, \qquad |z| < \frac{\pi}{2}. \tag{5.50}$$

用同样的办法还可以得到

$$\frac{2e^{z/2}}{e^z + 1} = \operatorname{sech} \frac{z}{2} = \sum_{n=0}^{\infty} \frac{E_n}{n!} \left(\frac{z}{2}\right)^n, \qquad |z| < \pi, \tag{5.51}$$

其中 E_n 称为 Euler 数,

$$E_{2n+1} = 0, \qquad n = 0, 1, 2, \cdots;$$
$$E_0 = 1, \qquad E_2 = -1, \qquad E_4 = 5, \qquad E_6 = -61, \qquad \cdots.$$

它们满足递推关系

$$\sum_{l=0}^{k} \frac{(2k)!}{(2l)!(2k-2l)!} E_{2l} = 0, \qquad k \geqslant 1.$$

而 (5.51) 式还可以写成

$$\frac{2e^{z/2}}{e^z + 1} = \operatorname{sech} \frac{z}{2} = \sum_{n=0}^{\infty} \frac{E_{2n}}{(2n)!} \left(\frac{z}{2}\right)^{2n}, \qquad |z| < \pi. \tag{5.51'}$$

练习 5.5 证明: $\sec z = \sum_{n=0}^{\infty} (-)^n \frac{E_{2n}}{(2n)!} z^{2n}, |z| < \frac{\pi}{2}$.

§5.9 半纯函数的有理分式展开

在 $\mathbb{C}$ 上处处解析的函数称为整函数 (或全纯函数). 整函数当然可以在 $z = 0$ 点作 Taylor 展开, 得到的 Taylor 级数一定在 $\mathbb{C}$ 上收敛.

Liouville 定理 (见 §3.6) 告诉我们, 一个在全平面解析的函数 (因此是整函数), 若 $z \to \infty$ 时有界, 则必为常数. 因此, 除了常数这种特殊情形外, 无穷远点一定是整函数的奇点.

无穷远点可以是整函数的极点. 若极点阶数为 n, 则此整函数一定就是 n 次多项式.

无穷远点也可能是整函数的本性奇点, 它的 Taylor 级数中有无穷多个正幂项. $\mathrm{e}^z, \sin z$ 和 $\cos z$ 就是这样的整函数.

如果整函数在 $\mathbb{C}$ 上无零点, 这样的整函数一定可以写成 $\mathrm{e}^{g(z)}$ 的形式, 其中的 $g(z)$ 也是整函数.

除了极点之外, 在有限远处都解析的函数称为半纯函数. 在任意一个给定的有界区域内, 一定只有有限个极点. 无穷远点可能是半纯函数的解析点 (包括可去奇点) 或孤立奇点 (而且一定是极点, 因为多值函数不可能只有一个分支点), 也可能是半纯函数的非孤立奇点 (极点的聚点). 如果限于无穷远点是半纯函数的解析点或极点的情形, 则有限远处一定只有有限个极点. 设这些极点为 $b_r, r = 1, 2, \cdots, k$, 每个极点的阶数为 m_r. 于是, 这时的半纯函数 $f(z)$ 就可以写成

$$f(z) = \phi(z) + \sum_{r=1}^{k} \left[\frac{c_{-m_r}^{(r)}}{(z-b_r)^{m_r}} + \frac{c_{-m_r+1}^{(r)}}{(z-b_r)^{m_r-1}} + \cdots + \frac{c_{-1}^{(r)}}{z-b_r} \right], \tag{5.52}$$

而 $\phi(z)$ 为整函数. 根据 Liouville 定理, 可以断定 $\phi(z)$ 一定是常数 (无穷远点是半纯函数的解析点) 或多项式 (无穷远点是半纯函数的极点). (5.52) 式就是半纯函数 $f(z)$ 的有理分式表示. 其实, 把 (5.52) 式通分, 就能看出, 这样的半纯函数一定能表示为两个多项式相除, 即一定是有理函数. 直接将半纯函数 $f(z)$ 部分分式, 就可以得到 (5.52) 式.

如果半纯函数有无穷多个极点, 则无穷远点一定是非孤立奇点 (无穷多个极点的聚点). 这样的函数可以举出 $\cot z, \sec z, \csc z$ 等. 对于这类函数, 除了在它们解析区域 (圆域或环域) 内展开为 Taylor 级数或 Laurent 级数外, 也还可以在全平面上作有理分式展开. 在这种展开中, 函数在它的全部极点处的奇异性同时表现无遗.

Mittag-Leffler 定理 设有半纯函数 $f(z)$, 其极点为 $a_1, a_2, a_3, \cdots, |a_1| \leqslant |a_2| \leqslant |a_3| \leqslant \cdots$, 如果存在具有下列性质的围道序列 $\{C_m\}$:

(1) 当 $m \to \infty$ 时 C_m 到原点的最近距离 $R_m \to \infty$, 但 l_m/R_m 有界, l_m 是 C_m 的周长,

(2) 在 C_m 上 $|z^{-p} f(z)| < M$, 其中 p 为某最小的非负整数, M 为与 m 无关的正数, 则 $f(z)$ 可展为有理分式的级数

$$f(z) = \sum_{k=0}^{p} \frac{f^{(k)}(0)}{k!} z^k + \sum_{n=1}^{\infty} \left[G_n\left(\frac{1}{z-a_n}\right) - \phi_{np}(z) \right], \tag{5.53}$$

其中

$$G_n\left(\frac{1}{z-a_n}\right) = \frac{A_{n,s_n}}{(z-a_n)^{s_n}} + \frac{A_{n,s_n-1}}{(z-a_n)^{s_n-1}} + \cdots + \frac{A_{n,1}}{z-a_n} \tag{5.54}$$

是 $f(z)$ 在 a_n 点的主部,

$$\phi_{np}(z) = \sum_{k=0}^{p} \left[\frac{\mathrm{d}^k}{\mathrm{d}\zeta^k} G_n\left(\frac{1}{\zeta-a_n}\right) \right]_{\zeta=0} \frac{z^k}{k!}. \tag{5.55}$$

定理的证明可见: 参考书目 [13], §1.5.

如果 $a_1, a_2, \cdots (\neq 0)$ 都是半纯函数 $f(z)$ 的一阶极点, 而且在 C_m 上 $|f(z)| < M$ (即 $p = 0$), M 与 m 无关, 则有特别简单的展开公式

$$f(z) = f(0) + \sum_{n=0}^{\infty} b_n \left(\frac{1}{z - a_n} + \frac{1}{a_n} \right), \tag{5.56}$$

其中 b_n 是 $f(z)$ 在 a_n 点的留数 (见下一章 §6.1).

(5.53) 式和 (5.56) 式右方的级数都在全平面上代表等式左方的函数.

作为应用 Mittag-Leffler 定理求半纯函数有理分式展开的例子, 可以举出

$$\pi \tan \pi z = -8z \sum_{m=1}^{\infty} \frac{1}{4z^2 - (2m-1)^2}, \qquad z \neq \pm \frac{1}{2}, \pm \frac{3}{2}, \cdots, \tag{5.57}$$

$$\pi \cot \pi z = \frac{1}{z} + 2z \sum_{m=1}^{\infty} \frac{1}{z^2 - m^2}, \qquad z \neq 0, \pm 1, \pm 2, \cdots, \tag{5.58}$$

$$\pi \csc \pi z = \frac{\pi}{2} \left(\tan \frac{\pi z}{2} + \cot \frac{\pi z}{2} \right) = \frac{1}{z} + 2z \sum_{m=1}^{\infty} \frac{(-1)^m}{z^2 - m^2}, \qquad z \neq 0, \pm 1, \pm 2, \cdots, \tag{5.59}$$

$$\pi \sec \pi z = \pi \csc \pi \left(\frac{1}{2} - z \right) = 4 \sum_{m=1}^{\infty} \frac{(-)^m (2m-1)}{4z^2 - (2m-1)^2}, \qquad z \neq \pm \frac{1}{2}, \pm \frac{3}{2}, \cdots. \tag{5.60}$$

习 题

1. 将下列函数在指定点展开为 Taylor 级数, 并给出其收敛半径:

(1) $\dfrac{z}{z^2 - 4z + 13}$, 在 $z = 0$ 展开;   (2) $\sin(2z - z^2)$, 在 $z = 1$ 展开;

(3) $\left(\dfrac{z}{z+1} \right)^2$, 在 $z = 1$ 展开;   (4) $\dfrac{\cos \pi z}{1 - 4z^2}$, 在 $z = 0$ 展开;

(5) $\exp \left\{ \dfrac{1}{1-z} \right\}$, 在 $z = 0$ 展开 (可只求前四项).

2. 将下列函数在指定点展开为 Taylor 级数, 并给出其收敛半径:

(1) $f(z) = \sqrt[3]{z}$, 在 $z = 1$ 展开, 规定 $f(1) = e^{2\pi i/3}$;

(2) $f(z) = \sqrt{\cos z}$, 在 $z = 0$ 展开, 规定 $f(0) = 1$;

(3) $f(z) = \dfrac{z}{\ln(1-z)}$ 在 $|z| < 1$ 内展开, 规定 $f(0) = 1$;

(4) $f(z) = \arctan(1 + z)$, 在 $z = 0$ 展开, 规定 $f(0) = \pi/4$.

3. 求下列无穷级数之和, 注意给出相应的收敛区域:

(1) $\displaystyle\sum_{n=1}^{\infty} \frac{1}{n} z^n (1 - z^n);$ (2) $\displaystyle\sum_{n=0}^{\infty} \frac{1}{(2n+1)!} z^n;$

(3) $\displaystyle\sum_{n=0}^{\infty} \sum_{m=0}^{\infty} \frac{(n+m)!}{n!\, m!} \left(\frac{z}{2} \right)^{n+m};$ (4) $\displaystyle\sum_{n=0}^{\infty} \sum_{m=0}^{\infty} \sum_{p=0}^{\infty} \frac{(n+m+p)!}{n!\, m!\, p!} \left(\frac{z}{3} \right)^{n+m+p}.$

4. 求下列函数的 Laurent 展开:

(1) $\dfrac{1}{z^2 + 3z + 2}$, 展开区域为 $1 < |z| < 2$;

(2) $\dfrac{1}{z^2+3z+2}$, 展开区域为 $2<|z|<\infty$;

(3) $\dfrac{(z-1)(z-2)}{(z-3)(z-4)}$, 展开区域为 $3<|z|<4$;

(4) $\dfrac{(z-1)(z-2)}{(z-3)(z-4)}$, 展开区域为 $4<|z|<\infty$.

5. 用级数相乘的方法求下列函数 (取主值分支) 在 $z=0$ 点附近的级数展开:

(1) $-\ln(1-z)\ln(1+z)$; (2) $\ln\dfrac{1+z}{1-z}\arctan z$.

6. 判断下列函数孤立奇点的性质, 如果是极点, 确定其阶数:

(1) $\dfrac{1}{z^2+a^2}$, $a\neq 0$; (2) $\dfrac{1}{z}\left[1+\dfrac{1}{z+1}+\dfrac{1}{(z+1)^2}+\cdots+\dfrac{1}{(z+1)^n}\right]$;

(3) $\dfrac{\cos z-\cos 2z}{z^2}$; (4) $\dfrac{1}{z^2}\ln\dfrac{1+z}{1-z}$;

(5) $\cos\dfrac{1}{\sqrt{z}}$; (6) $\dfrac{\sqrt{z}}{\sin\sqrt{z}}$;

(7) $\dfrac{1}{(z-1)\ln z}$; (8) $\displaystyle\int_0^z \dfrac{\sinh\sqrt{\zeta}}{\sqrt{\zeta}}\mathrm{d}\zeta$.

7. 判断下列函数在 ∞ 点的性质:

(1) z^2; (2) $\dfrac{1}{z}$;

(3) $\dfrac{\cos z}{z}$; (4) $\dfrac{z}{\cos z}$;

(5) $\dfrac{z^2+1}{\mathrm{e}^z}$; (6) $\exp\left\{-\dfrac{1}{z^2}\right\}$;

(7) $\dfrac{1}{\cosh\sqrt{z}}$; (8) $\sqrt{(z-1)(z-2)}$.

8. 定义在不同区域内的两个级数可以互为解析延拓. 作为一个例子, 证明

$$f_1(z)=1+az+a^2z^2+a^3z^3+\cdots$$

与

$$f_2(z)=\dfrac{1}{1-z}-\dfrac{(1-a)z}{(1-z)^2}+\dfrac{(1-a)^2z^2}{(1-z)^3}-+\cdots$$

互为解析延拓.

9. 无穷级数在不同区域内可以收敛到不同的和函数. 这两个和函数尽管 (在不同区域内) 有相同形式的级数表达式, 但却不互为解析延拓. 作为一个例子, 证明级数

$$\sum_{n=1}^{\infty}\left(\dfrac{1}{1-z^{n+1}}-\dfrac{1}{1-z^n}\right)$$

在区域 $|z|<1$ 与 $|z|>1$ 内分别代表两个解析函数, 但不互为解析延拓.

10. 已知级数

$$\sum_{n=0}^{\infty} z^{2^n}=z+z^2+z^4+z^8+z^{16}+\cdots$$

在单位圆内收敛, 其和函数为 $f(z)$.

(1) 证明: $z=1$ 点是 $f(z)$ 的奇点.

(2) 证明: $f(z) = z + f(z^2)$, 因此, $z^2 = 1$ 的根都是 $f(z)$ 的奇点.

(3) 类似地证明: $z^{2^k} = 1$ 的 2^k 个根都是 $f(z)$ 的奇点, 其中 k 为任意正整数.

(4) 由此证明: 不可能将 $f(z)$ 解析延拓到单位圆外.

11. 将 (5.58) 式改写为 $\cot z$ 的有理分式展开, 并进一步将 z 改写为 $z \pm \mathrm{i}\gamma$, 导出

$$\frac{\sin 2z}{\cosh 2\gamma - \cos 2z} \quad \text{和} \quad \frac{\sin 2\gamma}{\gamma} \frac{1}{\cosh 2\gamma - \cos 2z}$$

的有理分式展开.

12. 将 (5.59) 式改写为 $\dfrac{1}{\sin z}$ 的有理分式展开, 并进一步将 z 改写为 $z \pm \mathrm{i}\gamma$, 导出

$$\frac{2 \sin z \cosh \gamma}{\cosh 2\gamma - \cos 2z} \quad \text{和} \quad \frac{2 \sin \gamma}{\gamma} \frac{\cos z}{\cosh 2\gamma - \cos 2z}$$

的有理分式展开.

第六章

留数定理及其应用

§6.1 留数定理

定理 6.1 (留数定理) 设有界区域 G 的边界 C 为分段光滑的简单闭合曲线. 若除有限个孤立奇点 $b_k, k = 1, 2, 3, \cdots, n$ 外, 函数 $f(z)$ 在 G 内单值解析, 在 $\overline{G}$ 中连续, 则沿区域 G 边界正向的积分

$$\oint_C f(z)\mathrm{d}z = 2\pi\mathrm{i} \sum_{k=1}^{n} \operatorname{res} f(b_k). \tag{6.1}$$

$\operatorname{res} f(b_k)$ 称为 $f(z)$ 在 b_k 处的**留数**, 它等于 $f(z)$ 在孤立奇点 b_k 的空心邻域内 Laurent 展开

$$f(z) = \sum_{l=-\infty}^{\infty} a_l^{(k)} (z - b_k)^l, \qquad 0 < |z - b_k| < r$$

中 $(z - b_k)^{-1}$ 的系数 $a_{-1}^{(k)}$.

证 如图 6.1 所示, 围绕每个孤立奇点 b_k 作简单闭合曲线 γ_k, 使 γ_k 均在 G 内, 且互不交叠, 则根据 (有界多连通区域) Cauchy 定理及函数作 Laurent 展开的系数公式 (5.23), 就有

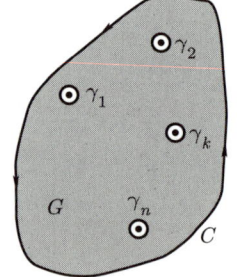

图 6.1 留数定理

$$\oint_C f(z)\mathrm{d}z = \sum_{k=1}^{n} \oint_{\gamma_k} f(z)\mathrm{d}z = 2\pi\mathrm{i} \sum_{k=1}^{n} a_{-1}^{(k)} = 2\pi\mathrm{i} \sum_{k=1}^{n} \operatorname{res} f(b_k). \qquad \square$$

由以上证明可以看出, 留数定理就是 (有界多连通区域的) Cauchy 定理和 Laurent 展开系数公式的直接推论. 它告诉我们, 为了计算解析函数的围道积分值, 只需求出函数在孤立奇点处的留数即可.

求出 $f(z)$ 在孤立奇点 b 处的留数, 就是要求出 $f(z)$ 在 $z = b$ 的空心邻域内 Laurent 展开中 $(z - b)^{-1}$ 项的系数. 在极点的情况下, 通过微商的计算就可以比较容易地求出来.

设 $z = b$ 是 $f(z)$ 的 m 阶极点, 则

$$\begin{aligned} f(z) = & a_{-m}(z-b)^{-m} + a_{-m+1}(z-b)^{-m+1} + \cdots \\ & + a_{-1}(z-b)^{-1} + a_0 + a_1(z-b) + \cdots, \qquad 0 < |z - b_k| < r. \end{aligned} \tag{6.2}$$

两端乘上 $(z-b)^m$, 有

$$(z-b)^m f(z) = a_{-m} + a_{-m+1}(z-b) + \cdots + a_{-1}(z-b)^{m-1} + a_0(z-b)^m + a_1(z-b)^{m+1} + \cdots.$$

这时 a_{-1} 是 $(z-b)^m f(z)$ 的展开式中 $(z-b)^{m-1}$ 项的系数, 故

$$a_{-1} = \frac{1}{(m-1)!} \frac{\mathrm{d}^{m-1}}{\mathrm{d}z^{m-1}} (z-b)^m f(z) \bigg|_{z=b}. \tag{6.3}$$

思考题 求函数 $f(z)$ 在极点 $z=b$ 处的留数时, 可否在 (6.2) 式两端同乘以 $(z-b)^k$, 而 $k > m$?

特别是 $z = b$ 为**一阶极点**的情形,

$$f(z) = a_{-1}(z-b)^{-1} + a_0 + a_1(z-b) + a_2(z-b)^2 + \cdots, \qquad 0 < |z - b_k| < r. \tag{6.4}$$

所以函数 $f(z)$ 在该点的留数就是

$$a_{-1} = \lim_{z \to b} (z-b) f(z). \tag{6.5}$$

可见, 函数 $f(z)$ 在复平面内一阶极点 $z = b$ 处的留数一定不为零.

常见的情况是 $f(z)$ 可以表示为 $\dfrac{P(z)}{Q(z)}$ 的形式, 其中 $P(z)$ 和 $Q(z)$ 都在 b 点及其邻域内解析, 且 $P(b) \neq 0$, $z = b$ 是 $Q(z)$ 的一阶零点, 即 $Q(b) = 0$, $Q'(b) \neq 0$, 则

$$a_{-1} = \lim_{z \to b} (z-b) f(z) = \lim_{z \to b} (z-b) \frac{P(z)}{Q(z)} = \frac{P(b)}{Q'(b)}. \tag{6.6}$$

例 6.1 求 $\dfrac{1}{z^2+1}$ 在复平面 $\mathbb{C}$ 内孤立奇点处的留数.

解 $z = \pm \mathrm{i}$ 是它的一阶极点,

$$\operatorname{res} f(\pm \mathrm{i}) = \frac{1}{2z} \bigg|_{z = \pm \mathrm{i}} = \mp \frac{\mathrm{i}}{2}.$$

例 6.2 求 $\dfrac{\mathrm{e}^{\mathrm{i}az} - \mathrm{e}^{\mathrm{i}bz}}{z^2}$ 在复平面 $\mathbb{C}$ 内孤立奇点处的留数.

解 $z = 0$ 是它的一阶极点,

$$\operatorname{res} f(0) = \lim_{z \to 0} z \cdot \frac{\mathrm{e}^{\mathrm{i}az} - \mathrm{e}^{\mathrm{i}bz}}{z^2} = \lim_{z \to 0} \frac{\mathrm{e}^{\mathrm{i}az} - \mathrm{e}^{\mathrm{i}bz}}{z} = \mathrm{i}(a - b).$$

例 6.3 求 $1/(z^2+1)^3$ 在复平面 $\mathbb{C}$ 内孤立奇点处的留数.

解 $z = \pm \mathrm{i}$ 是它的三阶极点,

$$\operatorname{res} f(\pm \mathrm{i}) = \frac{1}{2!} \frac{\mathrm{d}^2}{\mathrm{d}z^2} \left[(z \mp \mathrm{i})^3 \cdot \frac{1}{(z^2+1)^3} \right] \bigg|_{z = \pm \mathrm{i}} = \mp \frac{3}{16} \mathrm{i}.$$

练习 6.1 设 $f(z)$ 为偶函数, $z = 0$ 点是它的孤立奇点, 证明 $f(z)$ 在 $z = 0$ 处的留数必为 0.

练习 6.2 若 $z=0$ 是 $f(z)$ 的 n 阶零点，试求下列函数在该点的留数：

(1) $\dfrac{f'(z)}{f(z)}$; (2) $\dfrac{f''(z)}{f(z)}$;

(3) $\dfrac{f''(z)}{f'(z)}$; (4) $\dfrac{(n-1)f'(z)-zf''(z)}{f(z)}$.

练习 6.3 若 $z=0$ 是 $f(z)$ 的 n 阶极点，试求下列函数在该点的留数：

(1) $\dfrac{f'(z)}{f(z)}$; (2) $\dfrac{f''(z)}{f(z)}$;

(3) $\dfrac{f''(z)}{f'(z)}$; (4) $\dfrac{(n+1)f'(z)+zf''(z)}{f(z)}$.

练习 6.4 总结各种情形下孤立奇点 (z_0) 处留数的求法，并填充下表：

函数	给 定 条 件	奇 点 类 型	留 数
$f(z)$	$\lim\limits_{z\to z_0}(z-z_0)f(z)=0$		
$f(z)$	$\lim\limits_{z\to z_0}(z-z_0)f(z)\neq 0$		
$f(z)$	$\lim\limits_{z\to z_0}(z-z_0)^{k-1}f(z)=\infty$, $\lim\limits_{z\to z_0}(z-z_0)^k f(z)\neq 0$		
$\dfrac{g(z)}{f(z)}$	z_0 点为 $g(z), f(z)$ 的同阶零点		
$\dfrac{g(z)}{f(z)}$	$g(z_0)\neq 0$, $f(z_0)=0, f'(z_0)\neq 0$		
$\dfrac{g(z)}{f(z)}$	z_0 点为 $g(z)$ 的 m 阶零点，$f(z)$ 的 $m+1$ 阶零点		
$\dfrac{g(z)}{f(z)}$	$g(z_0)\neq 0, f(z_0)=f'(z_0)=0$, $f''(z_0)\neq 0$		
$\dfrac{g(z)}{(z-z_0)^2}$	$g(z_0)\neq 0$		
$\dfrac{g(z)}{f(z)}$	z_0 点为 $f(z)$ 的 m 阶零点，且 $g(z_0)\neq 0$		
$\dfrac{g(z)}{f(z)}$	z_0 点为 $g(z)$ 的 m 阶零点，$f(z)$ 的 $m+n$ 阶零点		

应用留数概念，可以方便地讨论有理函数的部分分式. 例如，要求将函数

$$f(z)=\frac{1}{(z-1)(z-2)(z-3)}$$

部分分式，

$$\frac{1}{(z-1)(z-2)(z-3)}=\frac{A}{z-1}+\frac{B}{z-2}+\frac{C}{z-3}. \tag{6.7}$$

那么，三个待定常数 A, B, C 正好就是函数 $f(z)$ 在一阶极点 $z=1, z=2, z=3$ 处的留数.

因此

$$A = \text{res}\left.\frac{1}{(z-1)(z-2)(z-3)}\right|_{z=1} = \frac{1}{2}, \tag{6.8a}$$

$$B = \text{res}\left.\frac{1}{(z-1)(z-2)(z-3)}\right|_{z=2} = -1, \tag{6.8b}$$

$$C = \text{res}\left.\frac{1}{(z-1)(z-2)(z-3)}\right|_{z=3} = \frac{1}{2}. \tag{6.8c}$$

如果函数 $f(z)$ 具有高阶极点,也可以类似地处理. 例如,

$$\frac{1}{(z-1)^2(z-2)(z-3)} = \frac{A}{(z-1)^2} + \frac{B}{z-1} + \frac{C}{z-2} + \frac{D}{z-3}. \tag{6.9}$$

容易看出

$$A = \text{res}\left.\frac{1}{(z-1)(z-2)(z-3)}\right|_{z=1} = \frac{1}{2}, \tag{6.10a}$$

$$B = \text{res}\left.\frac{1}{(z-1)^2(z-2)(z-3)}\right|_{z=1} = \frac{3}{4}, \tag{6.10b}$$

$$C = \text{res}\left.\frac{1}{(z-1)^2(z-2)(z-3)}\right|_{z=2} = -1, \tag{6.10c}$$

$$D = \text{res}\left.\frac{1}{(z-1)^2(z-2)(z-3)}\right|_{z=3} = \frac{1}{4}. \tag{6.10d}$$

无穷远点的留数　以上的讨论均局限于复平面 $\mathbb{C}$ 内的孤立奇点. 如果 ∞ 点不是 $f(z)$ 的非孤立奇点,那么可以定义

$$\boxed{\text{res}\, f(\infty) = \frac{1}{2\pi\mathrm{i}} \oint_{C'} f(z)\mathrm{d}z,} \tag{6.11}$$

其中 C' 为绕 ∞ 点正向 (即顺时针方向) 一周的简单封闭曲线,在围道内除 ∞ 点外的其他点均解析,∞ 点是 $f(z)$ 的唯一可能的孤立奇点. 需要注意,$\text{res}\, f(\infty)$ 并不是 $f(z)$ 在 ∞ 点邻域内 Laurent 展开中 z^1 项的系数. 这是因为,做变换 $t = 1/z$,则

$$\begin{aligned}
\text{res}\, f(\infty) &= \frac{1}{2\pi\mathrm{i}} \oint_{C'} f(z)\mathrm{d}z = -\frac{1}{2\pi\mathrm{i}} \oint_{C} \frac{f(1/t)}{t^2}\mathrm{d}t \\
&= -\frac{f(1/t)}{t^2} \text{ 在 } t=0 \text{ 点邻域内幂级数展开中 } t^{-1} \text{ 项的系数} \\
&= -f(1/t) \text{ 在 } t=0 \text{ 点邻域内幂级数展开中 } t^1 \text{ 项的系数} \\
&= -f(z) \quad \text{在 } z=\infty \text{ 点邻域内幂级数展开中 } z^{-1} \text{ 项的系数}.
\end{aligned} \tag{6.12}$$

在这个结果中,与有限远处不同之处在于:

(1) 从结果上说,函数 $f(z)$ 在 ∞ 点的留数,等于 $-f(z)$ 在 ∞ 点邻域内幂级数展开中 z^{-1} 项的系数,这里多了一个负号.

(2) 从概念上说,由于 z^{-1} 项属于 $f(z)$ 在 ∞ 点邻域内幂级数展开式的正则部分,因此,即使 $f(z)$ 在 ∞ 点解析,$\text{res}\, f(\infty)$ 也可能不为 0. 反之,即使 ∞ 点是 $f(z)$ 的孤立奇点,甚至是一阶极点,$\text{res}\, f(\infty)$ 也可能为 0.

练习 6.5 设 $f(z)$ 在 $z = \infty$ 点邻域内的展开式为

$$f(z) = c_0 + \frac{c_1}{z} + \frac{c_2}{z^2} + \cdots,$$

试求 $f^2(z)$ 在 $z = \infty$ 处的留数.

练习 6.6 证明: 若 $f(z)$ 在 $\mathbb{C}$ 内除有限个孤立奇点外解析, 则函数 $f(z)$ 在 $\overline{\mathbb{C}}$ 中的留数和为 0.

留数定理把围道积分的计算转化为留数的计算, 只要能把定积分和某个解析函数的围道积分联系起来, 就有可能比较简便地计算出这些定积分.

§6.2 有理三角函数的积分

作为应用留数定理计算定积分的第一类例子, 研究有理三角函数的积分

$$I = \int_0^{2\pi} R(\sin\theta, \cos\theta) \mathrm{d}\theta, \tag{6.13}$$

其中 R 是 $\sin\theta, \cos\theta$ 的有理函数, 即 R 是由 $\sin\theta, \cos\theta$ 的多项式相除得到的函数, R 在积分区间 $[0, 2\pi]$ 上是连续的. 做变换 $z = \mathrm{e}^{\mathrm{i}\theta}$, 则

$$\sin\theta = \frac{z^2 - 1}{2\mathrm{i}z}, \qquad \cos\theta = \frac{z^2 + 1}{2z}, \qquad \mathrm{d}\theta = \frac{\mathrm{d}z}{\mathrm{i}z},$$

相应的积分路径则变为 z 复平面内的一条闭合围道 —— 单位圆的圆周 $|z| = 1$. 于是,

$$I = \oint_{|z|=1} R\left(\frac{z^2 - 1}{2\mathrm{i}z}, \frac{z^2 + 1}{2z}\right) \frac{\mathrm{d}z}{\mathrm{i}z}. \tag{6.14}$$

有理三角函数 $R(\sin\theta, \cos\theta)$ 在积分区间 $[0, 2\pi]$ 上连续, 保证了有理函数 $R\left(\dfrac{z^2-1}{2\mathrm{i}z}, \dfrac{z^2+1}{2z}\right)$ 在积分围道 (单位圆的圆周) 上无奇点. 又因为被积函数 $R\left(\dfrac{z^2-1}{2\mathrm{i}z}, \dfrac{z^2+1}{2z}\right)\dfrac{1}{\mathrm{i}z}$ 在单位圆内部只有有限个孤立奇点, 那么就可以应用留数定理得

$$\oint_{|z|=1} R\left(\frac{z^2-1}{2\mathrm{i}z}, \frac{z^2+1}{2z}\right)\frac{\mathrm{d}z}{\mathrm{i}z} = 2\pi \sum_{|z|<1} \operatorname{res}\left\{\frac{1}{z} R\left(\frac{z^2-1}{2\mathrm{i}z}, \frac{z^2+1}{2z}\right)\right\}. \tag{6.15}$$

例 6.4 计算积分 $I = \displaystyle\int_0^{\pi} \frac{1}{1 + \varepsilon\cos\theta} \mathrm{d}\theta$, $|\varepsilon| < 1$.

解 由于被积函数 $\dfrac{1}{1 + \varepsilon\cos\theta}$ 是 θ 的偶函数, 所以

$$\int_0^{\pi} \frac{1}{1 + \varepsilon\cos\theta} \mathrm{d}\theta = \frac{1}{2} \int_{-\pi}^{\pi} \frac{1}{1 + \varepsilon\cos\theta} \mathrm{d}\theta.$$

仿照上面的方法步骤,我们有

$$\int_{-\pi}^{\pi} \frac{1}{1+\varepsilon\cos\theta}\mathrm{d}\theta = \oint_{|z|=1} \frac{1}{1+\varepsilon\frac{z^2+1}{2z}}\frac{\mathrm{d}z}{\mathrm{i}z} = \oint_{|z|=1} \frac{2}{\varepsilon z^2+2z+\varepsilon}\frac{\mathrm{d}z}{\mathrm{i}}$$

$$= 2\pi \sum_{|z|<1} \mathrm{res}\left\{\frac{2}{\varepsilon z^2+2z+\varepsilon}\right\}$$

$$= 2\pi \cdot \left.\frac{2}{2\varepsilon z+2}\right|_{z=(-1+\sqrt{1-\varepsilon^2})/\varepsilon} = \frac{2\pi}{\sqrt{1-\varepsilon^2}}.$$

因此

$$I = \frac{\pi}{\sqrt{1-\varepsilon^2}}.$$

这里在计算留数时,要注意函数 $2/(\varepsilon z^2+2z+\varepsilon)$ 有两个极点,

$$z = \frac{-1\pm\sqrt{1-\varepsilon^2}}{\varepsilon},$$

由于它们的乘积为 1, 且每个极点之模 $\neq 1$, 所以一定只有一个极点 $z=(-1+\sqrt{1-\varepsilon^2})/\varepsilon$ 处于单位圆内.

练习 6.7 如果 $R(\sin\theta,\cos\theta)$ 在 $[0,2\pi]$ 中有瑕点, 则通过变换 $z=\mathrm{e}^{\mathrm{i}\theta}$ 后, $R(\sin\theta,\cos\theta)$ 变为

$$f(z) \equiv R\left(\frac{z^2-1}{2\mathrm{i}z},\frac{z^2+1}{2z}\right),$$

$f(z)$ 在单位圆的圆周 $|z|=1$ 上有奇点. 设这些奇点 $\beta_k (k=1,2,\cdots,m)$ 均为一阶极点, 证明:

$$\int_0^{2\pi} R(\sin\theta,\cos\theta)\mathrm{d}\theta = 2\pi\sum_{|z|<1}\mathrm{res}\left\{\frac{f(z)}{z}\right\} + \pi\sum_{k=1}^m \mathrm{res}\left\{\frac{f(z)}{z}\right\}_{z=\beta_k}.$$

§6.3 无穷积分

第二类可以用留数定理计算的定积分是无穷积分[①]

$$I = \int_{-\infty}^{\infty} f(x)\mathrm{d}x. \tag{6.16}$$

[①] 无穷积分 (但非瑕积分) 的定义为

$$I = \lim_{\substack{R_1\to+\infty\\R_2\to+\infty}} \int_{-R_1}^{R_2} f(x)\mathrm{d}x.$$

有时这种极限不存在, 但 $\lim\limits_{R\to+\infty}\int_{-R}^R f(x)\mathrm{d}x$ 存在, 称为积分主值, 记为

$$\mathrm{v.p.}\int_{-\infty}^{\infty} f(x)\mathrm{d}x = \lim_{R\to+\infty}\int_{-R}^R f(x)\mathrm{d}x.$$

显然, 当这两种极限都存在时, 它们必定相等. 为了保证积分存在, 一般要求满足当 $x\to\pm\infty$ 时, $f(x)=O\left(x^{-\lambda}\right), \lambda>1.$

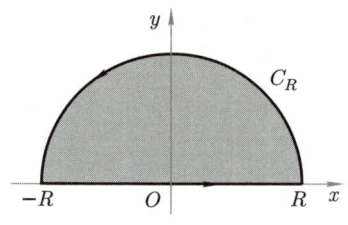

图 6.2 无穷积分典型围道 (1)

在复平面上看,积分路径是实轴,并不构成闭合围道. 为了应用留数定理计算这种类型的积分,其基本原则是: (1) 将实函数 $f(x)$ 的定义域延拓到复平面,成为复函数 $f(z)$; (2) 补上适当的积分路径从而形成复平面内的闭合围道. 为此可以在上半平面补上以原点 O 为圆心、R 为半径的半圆弧 C_R (见图 6.2). 由实轴上的线段 $[-R, R]$ 及 C_R 就构成闭合围道. 如果函数 $f(z)$ 在闭合围道上没有奇点,而且在围道内部只有有限个孤立奇点,则可以应用留数定理计算围道积分,而后令 $R \to \infty$, 如果极限存在,即可算出积分 (6.16).

例 6.5 计算积分 $\int_{-\infty}^{\infty} \dfrac{\mathrm{d}x}{(1+x^2)^3}$.

解 考虑复变积分 $\oint_C \dfrac{\mathrm{d}z}{(1+z^2)^3}$,积分围道如图 6.2. 根据留数定理,有

$$\oint_C \frac{\mathrm{d}z}{(1+z^2)^3} = \int_{-R}^{R} \frac{\mathrm{d}x}{(1+x^2)^3} + \int_{C_R} \frac{1}{(1+z^2)^3} \mathrm{d}z = 2\pi\mathrm{i} \cdot \mathrm{res} \left.\frac{1}{(1+z^2)^3}\right|_{z=\mathrm{i}}. \tag{6.17}$$

因为

$$\lim_{z \to \infty} \left[z \cdot \frac{1}{(1+z^2)^3} \right] = 0,$$

根据引理 3.5 即得

$$\lim_{R \to \infty} \int_{C_R} \frac{1}{(1+z^2)^3} \mathrm{d}z = 0.$$

所以将 (6.17) 式取极限 $R \to \infty$, 并代入例 6.3 中的结果,最后就求得

$$\int_{-\infty}^{\infty} \frac{\mathrm{d}x}{(1+x^2)^3} = \frac{3}{8}\pi.$$

不难看出,应用留数定理计算这种类型的无穷积分时,函数 $f(z)$ 应满足下列条件:

(1) $f(z)$ 在上半平面除有限个孤立奇点外处处解析,在实轴上没有奇点;

(2) 在 $0 \leqslant \arg z \leqslant \pi$ 范围内,当 $|z| \to \infty$ 时,$zf(z)$ 一致趋于 0, 即 $\forall \varepsilon > 0, \exists M(\varepsilon) > 0$, 使当 $|z| \geqslant M$, 并且 $0 \leqslant \arg z \leqslant \pi$ 时, $|zf(z)| < \varepsilon$.

在上述基本原则下,围道的选取具有一定灵活性.

例 6.6 计算定积分 $\int_0^{\infty} \dfrac{\mathrm{d}x}{1+x^4}$.

解 由于这里的被积函数 $f(x) = 1/(1+x^4)$ 是 x^4 的函数,故可采用图 6.3 的围道: 沿正虚轴回到原点. 这样,在围

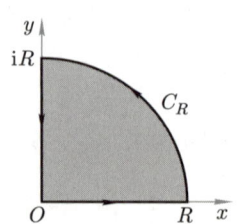

图 6.3 无穷积分典型围道 (2)

道内, 就只有一个奇点, $z = \mathrm{e}^{\mathrm{i}\pi/4}$. 根据留数定理, 我们就有

$$\oint_C \frac{\mathrm{d}z}{1+z^4} = \int_0^R \frac{\mathrm{d}x}{1+x^4} + \int_{C_R} \frac{\mathrm{d}z}{1+z^4} + \int_R^0 \frac{\mathrm{i}\mathrm{d}y}{1+(\mathrm{i}y)^4}$$

$$= (1-\mathrm{i})\int_0^R \frac{\mathrm{d}x}{1+x^4} + \int_{C_R} \frac{\mathrm{d}z}{1+z^4}$$

$$= 2\pi\mathrm{i}\,\mathrm{res}\,\frac{1}{1+z^4}\bigg|_{z=\mathrm{e}^{\mathrm{i}\pi/4}} = \frac{\pi}{2}\frac{1-\mathrm{i}}{\sqrt{2}}. \tag{6.18}$$

取极限 $R \to \infty$, 同样根据引理 3.5, 可以判断沿 C_R 的积分趋于 0,

$$\lim_{R\to\infty}\int_{C_R}\frac{\mathrm{d}z}{1+z^4} = 0.$$

于是, 就得到

$$\int_0^\infty \frac{\mathrm{d}x}{1+x^4} = \frac{\sqrt{2}}{4}\pi.$$

在这个例子中, 当然也可以采用图 6.2 所示的半圆形的围道. 这时被积函数 $1/(1+z^4)$ 在围道内有两个孤立奇点: $z = \mathrm{e}^{\pi\mathrm{i}/4}$ 和 $z = \mathrm{e}^{3\pi\mathrm{i}/4}$, 计算量要略微大一些. 可以设想, 如果要计算定积分 $\int_0^\infty \frac{\mathrm{d}x}{1+x^{100}}$, 若采用夹角为 $\pi/50$ 的扇形围道, 围道内只有一个孤立奇点; 而若采用半圆形围道, 围道内则有 50 个孤立奇点. 两者在计算量上的差异就很可观了.

练习 6.8 计算积分 $\int_0^\infty \frac{\mathrm{d}x}{1+x^3}$.

上面关于留数定理的应用条件还可以放宽: 如果函数 $f(z)$ 在上半平面内没有非孤立奇点, 但是有无穷多个孤立奇点 $b_n, n = 1, 2, \cdots$, 只要存在曲线序列 $\{C_m\}$, 每一条 C_m 都与实轴上从 $-R_m$ 到 R_m 的直线段构成闭合围道, 在围道上没有 $f(z)$ 的奇点, 且当 $m \to \infty$ 时, C_m 上的点 z 的模 $|z|$ 和 R_m 都趋于 ∞, 同时 $\lim_{m\to\infty}\int_{C_m} f(z)\mathrm{d}z = 0$, 则

$$\int_{-\infty}^\infty f(x)\mathrm{d}x = 2\pi\mathrm{i}\sum_{n=1}^\infty \mathrm{res}\,f(b_n). \tag{6.19}$$

§6.4 含三角函数的无穷积分

第三类可以应用留数定理计算的定积分是

$$I = \int_{-\infty}^\infty f(x)\cos px\,\mathrm{d}x \quad \text{或} \quad I = \int_{-\infty}^\infty f(x)\sin px\,\mathrm{d}x. \tag{6.20}$$

这里不妨假设 $p > 0$.

处理这种类型的积分, 仍可采用如图 6.2 所示的半圆形围道. 至于被积函数, 通常并不取为 $f(z)\cos pz$ 或 $f(z)\sin pz$. 这是因为 $z = \infty$ 是 $\cos pz, \sin pz$ 的本性奇点, 当 $|z| = R \to \infty$ 时, 函数 $\cos pz, \sin pz$ 的行为略显复杂, 在计算

$$\lim_{R\to\infty}\int_{C_R} f(z)\cos pz\,\mathrm{d}z \quad \text{或} \quad \lim_{R\to\infty}\int_{C_R} f(z)\sin pz\,\mathrm{d}z$$

时似乎会遇到一点困难. 避开这一困难的方法是将被积函数取为 $f(z)\mathrm{e}^{\mathrm{i}pz}$. 如果 $f(z)\mathrm{e}^{\mathrm{i}pz}$ 在上半平面内只有有限个孤立奇点, 则可以利用留数定理计算沿闭合围道的积分, 有

$$\oint_C f(z)\mathrm{e}^{\mathrm{i}pz}\mathrm{d}z = \int_{-R}^R f(x)\mathrm{e}^{\mathrm{i}px}\mathrm{d}x + \int_{C_R} f(z)\mathrm{e}^{\mathrm{i}pz}\mathrm{d}z$$

$$= \int_{-R}^R f(x)\big(\cos px + \mathrm{i}\sin px\big)\mathrm{d}x + \int_{C_R} f(z)\mathrm{e}^{\mathrm{i}pz}\mathrm{d}z.$$

这样, 只要能够计算出 $\lim\limits_{R\to\infty}\int_{C_R} f(z)\mathrm{e}^{\mathrm{i}pz}\mathrm{d}z$, 然后分别比较实部和虚部, 就可以求得积分 $\int_{-\infty}^\infty f(x)\cos px\,\mathrm{d}x$ 和 $\int_{-\infty}^\infty f(x)\sin px\,\mathrm{d}x$. 为此, 介绍一个引理.

引理 6.1 (Jordan 引理) 设在 $0\leqslant \arg z\leqslant \pi$ 范围内, 当 $|z|\to\infty$ 时 $Q(z)$ 一致地趋于 0, 则

$$\boxed{\lim_{R\to\infty}\int_{C_R} Q(z)\mathrm{e}^{\mathrm{i}pz}\mathrm{d}z = 0,} \tag{6.21}$$

其中 $p>0$, C_R 是以原点为圆心, R 为半径的上半圆弧.

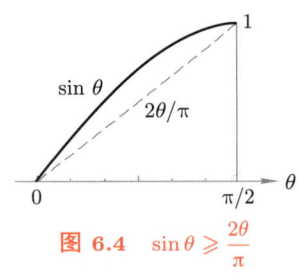

图 6.4 $\sin\theta \geqslant \dfrac{2\theta}{\pi}$

证 当 z 在 C_R 上时, $z=R\mathrm{e}^{\mathrm{i}\theta}$, 在 $0\leqslant\arg z\leqslant\pi$ 范围内, 当 $|z|\to\infty$ 时 $Q(z)$ 一致地趋于 0, 意味着 $\forall \varepsilon>0$, 存在与 $\arg z$ 无关的 $M(\varepsilon)>0$, 使得当 $|z|=R>M$, 且 $0\leqslant\arg z\leqslant\pi$ 时, $|Q(z)|<\varepsilon$,

$$\left|\int_{C_R} Q(z)\mathrm{e}^{\mathrm{i}pz}\mathrm{d}z\right| = \left|\int_0^\pi Q\big(R\mathrm{e}^{\mathrm{i}\theta}\big)\mathrm{e}^{\mathrm{i}pR(\cos\theta+\mathrm{i}\sin\theta)}R\mathrm{e}^{\mathrm{i}\theta}\mathrm{i}\mathrm{d}\theta\right|$$

$$\leqslant \int_0^\pi \big|Q\big(R\mathrm{e}^{\mathrm{i}\theta}\big)\big|\mathrm{e}^{-pR\sin\theta}R\mathrm{d}\theta$$

$$< \varepsilon R\int_0^\pi \mathrm{e}^{-pR\sin\theta}\mathrm{d}\theta$$

$$= 2\varepsilon R\int_0^{\pi/2}\mathrm{e}^{-pR\sin\theta}\mathrm{d}\theta.$$

证明的关键在于精确估计 $\sin\theta$ 值. 由图 6.4 可见, 当 $0\leqslant\theta\leqslant\pi/2$ 时有 $\sin\theta\geqslant 2\theta/\pi$, 所以

$$\left|\int_{C_R} Q(z)\mathrm{e}^{\mathrm{i}pz}\mathrm{d}z\right| < 2\varepsilon R\int_0^{\pi/2}\mathrm{e}^{-pR\cdot 2\theta/\pi}\mathrm{d}\theta = \frac{\varepsilon\pi}{p}\big(1-\mathrm{e}^{-pR}\big).$$

这样, 就证明了

$$\lim_{R\to\infty}\int_{C_R} Q(z)\mathrm{e}^{\mathrm{i}pz}\mathrm{d}z = 0. \qquad \Box$$

例 6.7 计算积分 $\int_0^\infty \dfrac{x\sin x}{x^2+a^2}\mathrm{d}x$, $a>0$.

解 考虑复变积分 $\oint_C \dfrac{z\mathrm{e}^{\mathrm{i}z}}{z^2+a^2}\mathrm{d}z$, 积分围道 C 如图 6.2 所示. 则由留数定理, 有

$$\oint_C \frac{z\mathrm{e}^{\mathrm{i}z}}{z^2+a^2}\mathrm{d}z = \int_{-R}^R \frac{x\mathrm{e}^{\mathrm{i}x}}{x^2+a^2}\mathrm{d}x + \int_{C_R}\frac{z\mathrm{e}^{\mathrm{i}z}}{z^2+a^2}\mathrm{d}z$$

$$= 2\pi\mathrm{i}\cdot\mathrm{res}\left.\frac{z\mathrm{e}^{\mathrm{i}z}}{z^2+a^2}\right|_{z=a\mathrm{i}} = \pi\mathrm{i}\mathrm{e}^{-a}.$$

取极限 $R \to \infty$, 因为
$$\lim_{z\to\infty}\frac{z}{z^2+a^2}=0,$$
故根据 Jordan 引理, 有
$$\lim_{R\to\infty}\int_{C_R}\frac{ze^{iz}}{z^2+a^2}dz=0.$$
最后就求得
$$\int_{-\infty}^{\infty}\frac{xe^{ix}}{x^2+a^2}dx=\pi ie^{-a}.$$
所以
$$\int_{-\infty}^{\infty}\frac{x\sin x}{x^2+a^2}dx=\pi e^{-a}, \qquad \int_{0}^{\infty}\frac{x\sin x}{x^2+a^2}dx=\frac{\pi}{2}e^{-a}. \tag{6.22}$$
与此同时, 还得到
$$\int_{-\infty}^{\infty}\frac{x\cos x}{x^2+a^2}dx=0. \tag{6.23}$$
这是显然的, 因为被积函数是奇函数.

§6.5　计算含三角函数无穷积分的新方法

上一节介绍了应用留数定理计算含三角函数的无穷积分
$$\int_{-\infty}^{\infty}Q(x)\sin px\,dx \quad 与 \quad \int_{-\infty}^{\infty}Q(x)\cos px\,dx, \qquad p>0$$
的一种做法, 就是采用半圆形围道计算复变积分 $\oint_C Q(z)e^{ipz}dz$. 这种做法的优点是, 只要 $Q(z)$ 在上半平面范围内, 当 $|z|\to\infty$ 时一致地趋于 0, 根据 Jordan 引理就能判断 $\lim_{R\to\infty}\int_{C_R}Q(z)e^{ipz}dz=0$. 我们可以举出种种理由, 说明在构造复变积分时, 为什么不是简单地将实函数 $Q(x)\sin px, Q(x)\cos px$ 延拓为 $Q(z)\sin pz, Q(z)\cos pz$, 核心的理由是 $z=\infty$ 是 $\sin pz, \cos pz$ 的本性奇点, 或者说, $\sin pz, \cos pz$ 中含有 e^{-ipz}, 因而给处理沿 C_R 的积分带来一些困难. 应该说, 这种分析与讨论有助于我们理解如何选择复变积分 (包括被积函数与积分围道两个方面), 但绝不可以将上面提到的困难绝对化, 更不应该引申出不正确的结论. 例如, 因为 $z=\infty$ 是 $\sin pz, \cos pz$ 的本性奇点, 当 z 按不同方式逼近 ∞ 时, $\sin pz, \cos pz$ 可以逼近不同的值, 或者说, $z\to\infty$ 时函数 $\sin pz, \cos pz$ 的极限均不存在, 这些说法无疑都是正确的, 但是, 我们并不能由此就推断出 "$\lim_{R\to\infty}\int_{C_R}Q(z)\sin pz\,dz$ 或 $\lim_{R\to\infty}\int_{C_R}Q(z)\cos pz\,dz$ 不存在" 的结论.

正是基于这一思想, 我们现在就来探讨应用留数定理直接计算积分 $\oint_C Q(z)\sin pz\,dz$ 与 $\oint_C Q(z)\cos pz\,dz$ 的可行性. 读者将会看到, 就其基本精神而言, 这一做法与上面的做法并不矛盾. 应用这种新方法[①], 在计算某些积分时可能更加简单. 为此目的, 只需要建立一个新的引理, 姑且称之为 "补充引理", 它是留数定理与 Jordan 引理相结合的产物.

---

① 见: 吴崇试, 计算含三角函数无穷积分的新方法, 大学物理, 2011, 30(2), 53.

补充引理 设函数 $Q(z)$ 只有有限个奇点, 且在下半平面的范围内, 当 $|z| \to \infty$ 时一致趋近于 0, 则

$$\lim_{R \to \infty} \int_{C_R} Q(z) e^{-ipz} dz = 2\pi i \times \sum_{\text{全平面}} \text{res}\left\{Q(z) e^{-ipz}\right\} \tag{6.24a}$$

$$= -2\pi i \times \text{res}\left\{Q(z) e^{-ipz}\right\}_{z=\infty}, \tag{6.24b}$$

其中 $p>0$, C_R 是以原点为圆心、R 为半径的半圆弧, 位于上半平面 (见图 6.2).

请读者补足证明.

现在就来重新计算上一节刚刚讨论过的例 6.7. 按照现在提出的新方法, 取复变积分的被积函数为 $\dfrac{z \sin z}{z^2 + a^2}$, 则根据留数定理, 有

$$\oint_C \frac{z \sin z}{z^2 + a^2} dz = 2\pi i \times \text{res}\left. \frac{z \sin z}{z^2 + a^2} \right|_{z=ai} = \frac{\pi}{2}\left(e^{-a} - e^a\right).$$

另一方面,

$$\oint_C \frac{z \sin z}{z^2 + a^2} dz = \int_{-R}^{R} \frac{x \sin x}{x^2 + a^2} dx + \int_{C_R} \frac{z \sin z}{z^2 + a^2} dz,$$

取极限 $R \to \infty$,

$$\lim_{R \to \infty} \int_{C_R} \frac{z e^{iz}}{z^2 + a^2} dz = 0, \qquad \text{(Jordan 引理)}$$

$$\lim_{R \to \infty} \int_{C_R} \frac{z e^{-iz}}{z^2 + a^2} dz = 2\pi i \times \frac{1}{2}\left(e^a + e^{-a}\right), \qquad \text{(补充引理)}$$

所以,

$$\lim_{R \to \infty} \int_{C_R} \frac{z \sin z}{z^2 + a^2} dz = -\frac{\pi}{2}\left(e^a + e^{-a}\right).$$

这样就直接求得

$$\int_{-\infty}^{\infty} \frac{x \sin x}{x^2 + a^2} dx = \pi e^{-a}, \qquad \text{即} \qquad \int_0^{\infty} \frac{x \sin x}{x^2 + a^2} dx = \frac{\pi}{2} e^{-a}.$$

例 6.8 计算积分 $\displaystyle\int_{-\infty}^{\infty} \frac{\sin x}{x} dx$.

解 考虑复变积分 $\displaystyle\oint_C \frac{\sin z}{z} dz$, 围道 C 见图 6.2. 因为被积函数在围道内无奇点, 所以

$$\oint_C \frac{\sin z}{z} dz = \int_{-R}^{R} \frac{\sin x}{x} dx + \int_{C_R} \frac{\sin z}{z} dz = 0.$$

取极限 $R \to \infty$, 分别根据留数定理和补充引理, 有

$$\lim_{R \to \infty} \int_{C_R} \frac{e^{iz}}{z} dz = 0, \qquad \lim_{R \to \infty} \int_{C_R} \frac{e^{-iz}}{z} dz = 2\pi i,$$

亦即

$$\lim_{R \to \infty} \int_{C_R} \frac{\sin z}{z} dz = -\pi.$$

这样就求得

$$\int_{-\infty}^{\infty} \frac{\sin x}{x} \mathrm{d}x = \pi. \tag{6.25}$$

按照这样的办法, 还可以计算更复杂的积分, 例如

$$\int_{-\infty}^{\infty} \frac{\sin^2 x}{x^2} \mathrm{d}x = \pi, \qquad \int_{-\infty}^{\infty} \frac{\sin^3 x}{x^3} \mathrm{d}x = \frac{3}{4}\pi, \qquad \int_{-\infty}^{\infty} \frac{\sin^4 x}{x^4} \mathrm{d}x = \frac{2}{3}\pi,$$

$$\int_{-\infty}^{\infty} \frac{\sin^5 x}{x^5} \mathrm{d}x = \frac{115}{192}\pi, \qquad \int_{-\infty}^{\infty} \frac{\sin^6 x}{x^6} \mathrm{d}x = \frac{11}{20}\pi, \qquad \cdots$$

或者, 更普遍的结果[1]:

$$I_n \equiv \int_{-\infty}^{\infty} \frac{\sin^n x}{x^n} \mathrm{d}x = \frac{\pi}{(n-1)!} \sum_{k=0}^{[n/2]} (-)^k \binom{n}{k} \left(\frac{n-2k}{2}\right)^{n-1}. \tag{6.26}$$

§6.6 积分路径上有奇点的情形

如果实变积分是瑕积分[2] (例如瑕点为 $x = a$), 则在处理相应的复变积分 $\oint_C f(z) \mathrm{d}z$ 时, 实轴上的 $z = a$ 点也是被积函数的奇点, 那么我们选择积分路径时必须绕开奇点而构成闭合的积分围道. 下面通过两个例子来具体说明处理这类积分的基本精神.

例 6.9 计算主值积分

$$\text{v.p.} \int_{-\infty}^{\infty} \frac{\mathrm{d}x}{x(1 + x + x^2)}.$$

解 这是一个反常积分, 其反常性既表现在积分区间为无穷区间, 又表现为 $x = 0$ 是被积函数的瑕点. 此积分在主值意义下存在. 因此, 在应用留数定理计算此积分时, 应考虑复变积分

$$\oint_C \frac{\mathrm{d}z}{z(1 + z + z^2)},$$

---

[1] 见 T. M. Apostol, Math. Mag. 53 (1980), 183; 亦可见参考书目 [20] 的第 175–176 页.

[2] 瑕积分的定义是: 若 $a < c < b$, c 是被积函数 $f(x)$ 的瑕点, 则积分 $\int_a^b f(x)\mathrm{d}x$ 称为瑕积分. 而若 $\lim_{\delta_1 \to 0} \int_a^{c-\delta_1} f(x)\mathrm{d}x$ 和 $\lim_{\delta_2 \to 0} \int_{c+\delta_2}^b f(x)\mathrm{d}x$ 都存在, 则瑕积分的积分值定义为

$$\int_a^b f(x)\mathrm{d}x = \lim_{\delta_1 \to 0} \int_a^{c-\delta_1} f(x)\mathrm{d}x + \lim_{\delta_2 \to 0} \int_{c+\delta_2}^b f(x)\mathrm{d}x.$$

如果

$$\lim_{\delta \to 0} \left[\int_a^{c-\delta} f(x)\mathrm{d}x + \int_{c+\delta}^b f(x)\mathrm{d}x \right]$$

存在, 则称瑕积分的主值存在, 记为

$$\text{v.p.} \int_a^b f(x)\mathrm{d}x = \lim_{\delta \to 0} \left[\int_a^{c-\delta} f(x)\mathrm{d}x + \int_{c+\delta}^b f(x)\mathrm{d}x \right].$$

当然, 如果瑕积分及其主值都存在, 那么它们一定相等.

积分围道 C 如图 6.5 所示, 由以原点为圆心、δ 为半径的小半圆弧 C_δ 和以原点为圆心、R 为半径的大半圆弧 C_R 以及直线段 $-R \to -\delta$ 和 $\delta \to R$ 构成. 于是, 根据留数定理, 有

$$\oint_C \frac{dz}{z(1+z+z^2)} = \int_{-R}^{-\delta} \frac{dx}{x(1+x+x^2)} + \int_{C_\delta} \frac{dz}{z(1+z+z^2)}$$
$$+ \int_{\delta}^{R} \frac{dx}{x(1+x+x^2)} + \int_{C_R} \frac{dz}{z(1+z+z^2)}$$
$$= 2\pi i \cdot \mathrm{res} \left. \frac{1}{z(1+z+z^2)} \right|_{z=e^{i2\pi/3}} = -\frac{\pi}{\sqrt{3}} - i\pi. \tag{6.27}$$

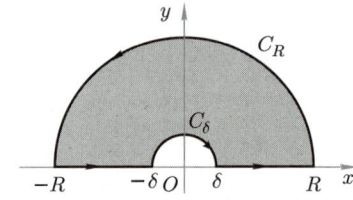

图 6.5 实轴上有奇点时的积分围道

由引理 3.5, 可以判断

$$\lim_{R\to\infty} \int_{C_R} \frac{dz}{z(1+z+z^2)} = 0.$$

为了计算沿小圆弧 C_δ 积分的极限值, 则可以应用引理 3.4. 因为

$$\lim_{z\to 0}\left[z \cdot \frac{1}{z(1+z+z^2)}\right] = 1,$$

所以有

$$\lim_{\delta\to 0} \int_{C_\delta} \frac{dz}{z(1+z+z^2)} = -\pi i.$$

这样, 对 (6.27) 式取极限 $R \to \infty, \delta \to 0$, 就得到

$$\mathrm{v.p.} \int_{-\infty}^{\infty} \frac{dx}{x(1+x+x^2)} = -\frac{\pi}{\sqrt{3}}. \tag{6.28}$$

思考题 如果积分围道中的小半圆弧是从下半平面绕过 $z=0$ 点, 从而把 $z=0$ 点包围在围道内, 是否会得到不同的结果? 为什么?

在有些情况下 (例如, 含三角函数的无穷积分), 由于在计算复变积分中, 如果不是简单地将被积函数 $f(x)$ 换成 $f(z)$, 有可能本来实积分并不是瑕积分, 但在复变积分中, 积分路径上却可能出现奇点. 例如前面的例 6.8 中计算的积分 $\displaystyle\int_{-\infty}^{\infty} \frac{\sin x}{x} dx$. 如果考虑复变积分 $\displaystyle\oint_C \frac{e^{iz}}{z} dz$. 虽然 $x=0$ 不是原来实积分中被积函数 $\dfrac{\sin x}{x}$ 的瑕点, 但是 $z=0$ 却是新的复变积分中被积函数 $\dfrac{e^{iz}}{z}$ 的奇点. 因此积分路径需要绕过奇点 $z=0$, 所以积分围道 C 和例 6.9 相同 (见图 6.5).

$$\oint_C \frac{e^{iz}}{z} dz = \int_{-R}^{-\delta} \frac{e^{ix}}{x} dx + \int_{C_\delta} \frac{e^{iz}}{z} dz + \int_{\delta}^{R} \frac{e^{ix}}{x} dx + \int_{C_R} \frac{e^{iz}}{z} dz.$$

在围道所包围的区域内, 被积函数解析, 故围道积分为 0. 根据 Jordan 引理和引理 3.4, 又有

$$\lim_{R\to\infty} \int_{C_R} \frac{e^{iz}}{z} dz = 0, \qquad \lim_{\delta\to 0} \int_{C_\delta} \frac{e^{iz}}{z} dz = -\pi i.$$

因此
$$\int_{-\infty}^{\infty} \frac{e^{ix}}{x} dx = \pi i.$$
比较两端的实部和虚部，即得
$$\text{v.p.} \int_{-\infty}^{\infty} \frac{\cos x}{x} dx = 0, \quad \int_{-\infty}^{\infty} \frac{\sin x}{x} dx = \pi. \tag{6.29}$$

从以上两个例子可以看出，就复变积分而言，被积函数 $f(z)$ 在积分路径上可以有奇点，例如 $z = z_0$，但需要从它的一侧绕过。到现在为止，被积函数还都是单值函数，奇点 z_0 只能是一阶极点[①]，圆弧上积分值的极限可以用小圆弧引理计算，它正比于极限值 $\lim\limits_{\delta \to 0}(z - z_0)f(z)$。不难发现，这个极限值正是 $f(z)$ 在 z_0 点的留数。所以，在这个意义上，小圆弧引理和留数定理既有共同之处，又有所区别。相同之处是它们对积分的贡献均与留数相关，而且正比于绕过奇点时辐角的改变值，也就是说，小圆弧上各处对积分的贡献是均匀分布的[②]。不同之处是应用留数定理时，闭合围道上的点到奇点的距离不必趋于 0，只要在围道内无其他奇点即可；但小圆弧引理不同，它只在小圆弧半径 $\delta \to 0$ 才成立，否则，$f(z)$ 的正则部分对积分的贡献不会趋于 0。

§6.7 涉及多值函数的复变积分

下面讨论一类新的积分：如果把定义域扩展到复平面，这些积分的被积函数是多值函数。我们运用围道积分计算这类积分时，就需要明确规定被积函数的函数值，例如，适当规定被积函数的单值分支。一种常见的类型就是
$$I = \int_0^{\infty} x^{s-1} Q(x) dx, \tag{6.30}$$

其中 s 为实数。从复平面上看，$Q(z)$ 单值，在正实轴上没有奇点。被积函数中的 z^{s-1}，当 s 不等于整数时，就是一个多值函数。原来积分 (6.30) 中的积分变量应该理解为 $\arg z = 0$。

为了计算这种类型的积分，通常考虑相应的复变积分为 $\oint_C z^{s-1} Q(z) dz$。由于 $z = 0$ 及 ∞ 是 z^{s-1} 的分支点，所以需要将复平面沿正实轴割开，并规定割线上岸 $\arg z = 0$。这时积分路径由割开的大、小同心圆弧（圆心为 $z = 0$ 点，半径分别为 R 和 δ）及割线上、下岸组成（见图 6.6）。割线成为（块形）积分围道的一部分。只是需要注意，在计算留数时，要遵守上面对于 z^{s-1} 所作的限制，即 $0 \leqslant \arg z \leqslant 2\pi$。

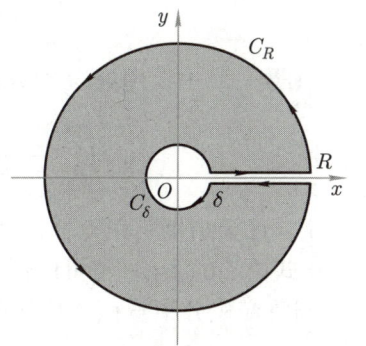

图 6.6 计算多值函数积分的块形围道

[①] 如果以半圆弧绕过 z_0 点，$|z - z_0| = \delta$，$\Delta \arg(z - z_0) = \pm\pi$，还许可是奇数阶的极点，这时当 $\delta \to 0$ 时，它们对积分值的贡献均趋于 0。

[②] 至少 Jordan 引理就表明，对于围绕本性奇点的圆弧，各处对积分的贡献就不同。这当然与函数在本性奇点处的极限值不存在有关。

例 6.10 计算积分 $\int_0^\infty \dfrac{x^{\alpha-1}}{x+\mathrm{e}^{\mathrm{i}\phi}}\mathrm{d}x, 0<\alpha<1, -\pi<\phi<\pi$.

解 考虑复变积分 $\oint_C \dfrac{z^{\alpha-1}}{z+\mathrm{e}^{\mathrm{i}\phi}}\mathrm{d}z$, 积分围道 C 如图 6.6 所示. 由留数定理有

$$\oint_C \frac{z^{\alpha-1}}{z+\mathrm{e}^{\mathrm{i}\phi}}\mathrm{d}z = \int_\delta^R \frac{x^{\alpha-1}}{x+\mathrm{e}^{\mathrm{i}\phi}}\mathrm{d}x + \int_{C_R}\frac{z^{\alpha-1}}{z+\mathrm{e}^{\mathrm{i}\phi}}\mathrm{d}z + \int_R^\delta \frac{(x\mathrm{e}^{2\pi\mathrm{i}})^{\alpha-1}}{x+\mathrm{e}^{\mathrm{i}\phi}}\mathrm{d}x + \int_{C_\delta}\frac{z^{\alpha-1}}{z+\mathrm{e}^{\mathrm{i}\phi}}\mathrm{d}z$$

$$= 2\pi\mathrm{i}\cdot\left(\frac{z^{\alpha-1}}{z+\mathrm{e}^{\mathrm{i}\phi}}\text{ 在围道内的留数和}\right). \tag{6.31}$$

因为在 $0<\alpha<1$ 的条件下,

$$\lim_{z\to 0}\left(z\cdot\frac{z^{\alpha-1}}{z+\mathrm{e}^{\mathrm{i}\phi}}\right) = 0, \qquad \lim_{z\to\infty}\left(z\cdot\frac{z^{\alpha-1}}{z+\mathrm{e}^{\mathrm{i}\phi}}\right) = 0,$$

根据引理 3.4 和引理 3.5, 有

$$\lim_{\delta\to 0}\int_{C_\delta}\frac{z^{\alpha-1}}{z+\mathrm{e}^{\mathrm{i}\phi}}\mathrm{d}z = 0, \qquad \lim_{R\to\infty}\int_{C_R}\frac{z^{\alpha-1}}{z+\mathrm{e}^{\mathrm{i}\phi}}\mathrm{d}z = 0.$$

另一方面, 被积函数在围道内只有一个奇点 (一阶极点), $z=\mathrm{e}^{\mathrm{i}(\phi+\pi)}$, 在该点的留数为

$$\mathrm{e}^{\mathrm{i}(\phi+\pi)(\alpha-1)} = -\mathrm{e}^{\mathrm{i}\pi\alpha}\mathrm{e}^{\mathrm{i}\phi(\alpha-1)}.$$

因此对 (6.31) 式取极限 $\delta\to 0, R\to\infty$, 就得到

$$\int_0^\infty \frac{x^{\alpha-1}}{x+\mathrm{e}^{\mathrm{i}\phi}}\mathrm{d}x = -\frac{2\pi\mathrm{i}}{1-\mathrm{e}^{\mathrm{i}2\pi\alpha}}\mathrm{e}^{\mathrm{i}\pi\alpha}\mathrm{e}^{\mathrm{i}\phi(\alpha-1)} = \frac{\pi}{\sin\pi\alpha}\cdot\mathrm{e}^{\mathrm{i}\phi(\alpha-1)}. \tag{6.32}$$

从这个积分还可以推出其他一些积分. 例如, 作为它的特殊情形, 取 $\phi=0$, 则

$$\int_0^\infty \frac{x^{\alpha-1}}{1+x}\mathrm{d}x = \frac{\pi}{\sin\pi\alpha}. \tag{6.33}$$

在 Γ 函数一章中要用到这个结果. 又如, 比较 (6.32) 式两端的虚部, 还可以得到[①]

$$\int_0^\infty \frac{x^{\alpha-1}}{x^2+2x\cos\phi+1}\mathrm{d}x = \frac{\pi}{\sin\pi\alpha}\frac{\sin(1-\alpha)\phi}{\sin\phi}. \tag{6.34}$$

(6.34) 式这个结果是在 $0<\alpha<1$ 的条件下得到的, 但是可以解析延拓到 $0<\alpha<2$. 比较 (6.32) 式两端的实部, 也可以得到同样的结果.

当复变积分中被积函数在积分路径上有奇点时, 需要将图 6.6 中的积分围道修改为从奇点的上方和下方绕过. 作为练习, 读者不妨计算积分 $\int_0^\infty\dfrac{x^{\alpha-1}}{1-x}\mathrm{d}x$, 其中 $0<\alpha<1$.

思考题 如果规定在割线上岸 $\arg z=2\pi$, 是否还能用于计算积分 (6.30)? 得到的积分值是否相同?

思考题 如果 $Q(x)$ 具有一定的对称性, 例如是 x 的奇函数或偶函数, 是否可取其他形式的围道?

另一种多值函数的积分涉及对数函数.

[①] 1785 年, Euler 实际上已经得到了这个结果, 或者说, 这个结果的特殊情形, 即 α 为有理数 m/n 的情形.

例 6.11 计算积分 $\int_0^\infty \dfrac{\ln x}{1+x+x^2} \mathrm{d}x$.

解 仍取围道如图 6.6 所示, 计算复变积分 $\oint_C \dfrac{\ln z}{1+z+z^2} \mathrm{d}z$. 则由留数定理, 有

$$\oint_C \frac{\ln z}{1+z+z^2}\mathrm{d}z = \int_\delta^R \frac{\ln x}{1+x+x^2}\mathrm{d}x + \int_{C_R} \frac{\ln z}{1+z+z^2}\mathrm{d}z$$
$$+ \int_R^\delta \frac{\ln(x\mathrm{e}^{\mathrm{i}2\pi})}{1+x+x^2}\mathrm{d}x + \int_{C_\delta} \frac{\ln z}{1+z+z^2}\mathrm{d}z$$
$$= 2\pi\mathrm{i}\sum_{\text{全平面}}\mathrm{res}\left\{\frac{\ln z}{1+z+z^2}\right\} = 2\pi\mathrm{i}\left(\frac{2\pi}{3\sqrt{3}} - \frac{4\pi}{3\sqrt{3}}\right) = -\frac{4\pi^2\mathrm{i}}{3\sqrt{3}}. \tag{6.35}$$

根据引理 3.4 和引理 3.5, 有

$$\lim_{\delta\to 0}\int_{C_\delta}\frac{\ln z}{1+z+z^2}\mathrm{d}z = 0, \qquad \lim_{R\to\infty}\int_{C_R}\frac{\ln z}{1+z+z^2}\mathrm{d}z = 0.$$

所以, 将 (6.35) 式取极限 $R\to\infty, \delta\to 0$, 即得

$$\int_0^\infty \frac{\ln x}{1+x+x^2}\mathrm{d}x - \int_0^\infty \frac{\ln x + 2\pi\mathrm{i}}{1+x+x^2}\mathrm{d}x = -\frac{4\pi^2\mathrm{i}}{3\sqrt{3}}.$$

尽管现在沿割线上、下岸的积分都与所要计算的积分有关, 但却相互抵消, 只剩下一个并非我们所要计算的定积分

$$\int_0^\infty \frac{1}{1+x+x^2}\mathrm{d}x = \frac{2\pi}{3\sqrt{3}}. \tag{6.36}$$

通过计算围道积分 $\oint_C \dfrac{\ln z}{1+z+z^2}\mathrm{d}z$ 不能得到积分 $\int_0^\infty \dfrac{\ln x}{1+x+x^2}\mathrm{d}x$ 的值, 其原因是对数函数 $\ln z$ 的多值性表现在虚部上, 因此沿割线上、下岸积分时, 实部 $\ln x$ 互相抵消. 但上面的计算过程表明, 一方面, 可以通过围道积分 $\oint_C f(z)\ln z\,\mathrm{d}z$ 来计算定积分 $\int_0^\infty f(x)\mathrm{d}x$; 另一方面, 如果要计算积分 $\int_0^\infty f(x)\ln x\,\mathrm{d}x$, 则应当考虑复变积分 $\oint_C f(z)\ln^2 z\,\mathrm{d}z$. 因为这时 $\ln^2 z$ 在割线上、下岸的函数值 $\ln^2 x$ 和 $(\ln x + 2\pi\mathrm{i})^2$ 相互抵消掉一部分, 剩下的正好有所需要的 $\ln x$ 项. 事实正是如此. 将被积函数换成 $\dfrac{\ln^2 z}{1+z+z^2}$, 重复上面的计算步骤, 即得

$$\int_0^\infty \frac{\ln^2 x}{1+x+x^2}\mathrm{d}x - \int_0^\infty \frac{(\ln x + 2\pi\mathrm{i})^2}{1+x+x^2}\mathrm{d}x$$
$$= 2\pi\mathrm{i}\sum_{\text{全平面}}\mathrm{res}\left\{\frac{\ln^2 z}{1+z+z^2}\right\} = \frac{2\pi}{\sqrt{3}}\left(\frac{16}{9}\pi^2 - \frac{4}{9}\pi^2\right) = \frac{8}{3\sqrt{3}}\pi^3.$$

于是

$$-4\pi\mathrm{i}\int_0^\infty \frac{\ln x}{1+x+x^2}\mathrm{d}x + 4\pi^2 \int_0^\infty \frac{1}{1+x+x^2}\mathrm{d}x = \frac{8}{3\sqrt{3}}\pi^3.$$

所以, 就可以得到所要求的积分

$$\int_0^\infty \frac{\ln x}{1+x+x^2}\mathrm{d}x = 0. \tag{6.37}$$

除此之外，也还可以再次得到 (6.36) 式的结果.

思考题　如果 $f(x)$ 具有一定的对称性，例如是 x 的奇 (或偶) 函数，是否可取其他形式的围道?

*§6.8　其他形式的积分围道

以上几节讨论了留数定理的一种最基本的应用——计算定积分. 介绍了常见的几种类型的定积分，涉及的围道大体上都是圆形、半圆形以及为了绕开奇点而作的少许变化. 本节再介绍两种围道，一种是哑铃型围道，可以用于计算多值函数的积分，如果被积函数的分支点出现在有限远处的话；另一种是矩形围道或平行四边形围道，多用于计算含指数函数的积分，因为指数函数的周期为复数.

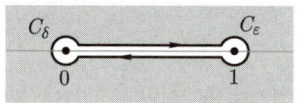

图 6.7　应用于例 6.12 的哑铃形围道

例 6.12　指定积分围道如图 6.7 所示，选择适当的被积函数，计算积分 $\int_0^1 \dfrac{\sqrt[4]{x(1-x)^3}}{(1+x)^3}\mathrm{d}x$.

解　考虑积分 $\oint_C f(z)\mathrm{d}z = \oint_C \dfrac{\sqrt[4]{z(1-z)^3}}{(1+z)^3}\mathrm{d}z$. 因为被积函数在围道的内部区域不可能解析 (存在分支点)，本题只能对围道包围的外部区域应用留数定理，故而也就约定沿围道顺时针方向积分. 若规定在割线上岸 $\arg z = 0$，$\arg(1-z) = 0$，则在割线下岸 $\arg z = 0$，$\arg(1-z) = -2\pi$. 除 $z = \mathrm{e}^{\mathrm{i}\pi}$ 点外，被积函数 $f(z)$ 在围道外单值解析，所以

$$\oint_C \dfrac{\sqrt[4]{z(1-z)^3}}{(1+z)^3}\mathrm{d}z = \int_\delta^{1-\varepsilon} \dfrac{\sqrt[4]{x(1-x)^3}}{(1+x)^3}\mathrm{d}x + \int_{C_\varepsilon} \dfrac{\sqrt[4]{z(1-z)^3}}{(1+z)^3}\mathrm{d}z$$
$$+ \int_{1-\varepsilon}^\delta \dfrac{\sqrt[4]{x\big[(1-x)\mathrm{e}^{-\mathrm{i}2\pi}\big]^3}}{(1+x)^3}\mathrm{d}x + \int_{C_\delta} \dfrac{\sqrt[4]{z(1-z)^3}}{(1+z)^3}\mathrm{d}z$$
$$= 2\pi\mathrm{i}\big[\mathrm{res}\, f(\mathrm{e}^{\mathrm{i}\pi}) + \mathrm{res}\, f(\infty)\big].$$

由于

$$\lim_{\delta\to 0}\int_{C_\delta} \dfrac{\sqrt[4]{z(1-z)^3}}{(1+z)^3}\mathrm{d}z = 0, \qquad \lim_{\varepsilon\to 0}\int_{C_\varepsilon} \dfrac{\sqrt[4]{z(1-z)^3}}{(1+z)^3}\mathrm{d}z = 0,$$

令 $\delta \to 0, \varepsilon \to 0$，就得到

$$\big(1 - \mathrm{e}^{-\mathrm{i}3\pi/2}\big)\int_0^1 \dfrac{\sqrt[4]{x(1-x)^3}}{(1+x)^3}\mathrm{d}x = 2\pi\mathrm{i}\,\big[\,\mathrm{res}\, f(\mathrm{e}^{\mathrm{i}\pi}) + \mathrm{res}\, f(\infty)\,\big].$$

现在就来求这两个留数. 对于 $\mathrm{res}\, f(\mathrm{e}^{\mathrm{i}\pi})$，有

$$\mathrm{res}\, f(\mathrm{e}^{\mathrm{i}\pi}) = \dfrac{1}{2!}\dfrac{\mathrm{d}^2}{\mathrm{d}z^2}\left[(z+1)^3\cdot\dfrac{\sqrt[4]{z(1-z)^3}}{(1+z)^3}\right]_{z=\mathrm{e}^{\mathrm{i}\pi}} = -\dfrac{3}{128}2^{3/4}\mathrm{e}^{\mathrm{i}\pi/4}.$$

为了求 $\mathrm{res}\, f(\infty)$，只需注意 $\sqrt[4]{z(1-z)^3} = O(z)$，这说明 $f(z)$ 在 $z = \infty$ 点的幂级数展开中不可能含有 z^{-1} 项，因而 $\mathrm{res}\, f(\infty) = 0$.

将求得的 $\mathrm{res}\, f(\mathrm{e}^{\mathrm{i}\pi})$ 和 $\mathrm{res}\, f(\infty)$ 代入，并注意 $\mathrm{e}^{-\mathrm{i}3\pi/2} = \mathrm{e}^{\mathrm{i}\pi/2}$，最后就得到

$$\int_0^1 \dfrac{\sqrt[4]{x(1-x)^3}}{(1+x)^3}\mathrm{d}x = -\dfrac{3\pi\mathrm{i}}{64}2^{3/4}\dfrac{\mathrm{e}^{\mathrm{i}\pi/4}}{1-\mathrm{e}^{\mathrm{i}\pi/2}} = \dfrac{3\pi}{64}\dfrac{2^{-1/4}}{\sin\pi/4} = \dfrac{3\sqrt[4]{2}}{64}\pi. \qquad (6.38)$$

例 6.13　采用矩形围道计算积分 $\int_{-\infty}^{\infty} \dfrac{\mathrm{e}^{\alpha x}}{1+\mathrm{e}^x}\mathrm{d}x$，其中 $0 < \alpha < 1$.

解 取被积函数为
$$f(z) = \frac{P(z)}{Q(z)} = \frac{e^{\alpha z}}{1+e^z}.$$

显然分母 $Q(z) = 1+e^z$ 为周期函数，$Q(z+2\pi i) = Q(z)$，同时分子 $P(z) = e^{\alpha z}$ 也具有良好的变换性质：$P(z+2\pi i) = e^{2\pi \alpha i}P(z)$，适合于采用矩形围道（见图 6.8），且矩形的高度为 2π. 函数 $f(z)$ 在此围道内只有一个奇点 $z = \pi i$，留数为 $-e^{\alpha \pi i}$. 因此，根据留数定理，有

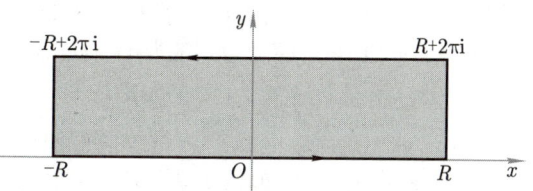

图 6.8 应用于例 6.13 的矩形积分围道

$$\int_{-R}^{R} \frac{e^{\alpha x}}{1+e^x}dx + \int_0^{2\pi}\frac{e^{\alpha(R+iy)}}{1+e^{R+iy}}idy + \int_R^{-R}\frac{e^{\alpha(x+2\pi i)}}{1+e^x}dx + \int_{2\pi}^0 \frac{e^{\alpha(-R+iy)}}{1+e^{-R+iy}}idy = -2\pi i\, e^{\alpha\pi i}.$$

现在分别估计沿矩形两条侧边上的积分值. 因为

$$\left|\int_0^{2\pi}\frac{e^{\alpha(R+iy)}}{1+e^{R+iy}}idy\right| \leqslant \frac{e^{\alpha R}}{e^R-1}\int_0^{2\pi}dy = \frac{2\pi e^{\alpha R}}{e^R-1},$$

$$\left|\int_{2\pi}^0 \frac{e^{\alpha(-R+iy)}}{1+e^{-R+iy}}idy\right| \leqslant \frac{e^{-\alpha R}}{1-e^{-R}}\int_0^{2\pi}dy = \frac{2\pi}{1-e^{-R}}e^{-\alpha R},$$

所以

$$\lim_{R\to\infty}\int_0^{2\pi}\frac{e^{\alpha(R+iy)}}{1+e^{R+iy}}idy = 0, \qquad \lim_{R\to\infty}\int_{2\pi}^0 \frac{e^{\alpha(-R+iy)}}{1+e^{-R+iy}}idy = 0.$$

因此

$$\left(1-e^{2\pi\alpha i}\right)\int_{-\infty}^{\infty}\frac{e^{\alpha x}}{1+e^x}dx = -2\pi i\, e^{\pi\alpha i},$$

由此即得

$$\int_{-\infty}^{\infty}\frac{e^{\alpha x}}{1+e^x}dx = \frac{\pi}{\sin\pi\alpha}, \qquad 0 < \alpha < 1. \tag{6.39}$$

做变换 $t = e^x$，本题就化为例 6.10 中的 (6.33) 式.

例 6.14 1801 年，Gauss 在日记中记载了一个公式，采用现在的记号，可以写成

$$\sum_{k=0}^{n-1} e^{2\pi i k^2/n} = \frac{1+(-i)^n}{1-i}\sqrt{n}, \qquad n \geqslant 1. \tag{6.40}$$

此结果称为 Gauss 和.

证 引进整函数

$$G_n(z) = \sum_{k=0}^{n-1}\exp\left[\frac{2\pi i}{n}(z+k)^2\right], \qquad n \geqslant 1.$$

它在 $z = 0$ 的数值即为 Gauss 和. 为了应用留数定理计算 Gauss 和，可进一步定义半纯函数

$$M_n(z) = \frac{G_n(z)}{e^{2\pi i z}-1},$$

如图 6.9 所示，取 r 足够大，作平行四边形，顶点为

$$-\frac{1}{2}-cr, \frac{1}{2}-cr, \frac{1}{2}+cr, -\frac{1}{2}+cr,$$

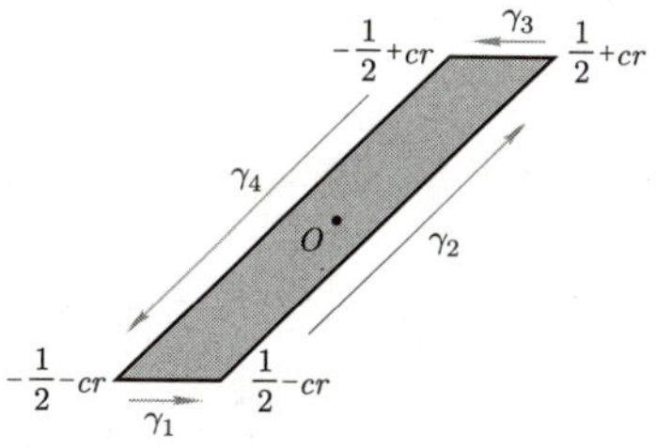

图 6.9 用于计算 Gauss 和的围道

其中 $c = (1+\mathrm{i})/\sqrt{2} = \sqrt{2}/(1-\mathrm{i})$, 在平行四边形内 $M_n(z)$ 只有一个极点, $z = 0$, 留数为 $G_n(0)/2\pi\mathrm{i}$, 因此, 将平行四边形的四条边分别记为 $\gamma_1, \gamma_2, \gamma_3$ 和 γ_4, 就有

$$\oint_{\gamma_1+\gamma_2+\gamma_3+\gamma_4} M_n(\zeta)\mathrm{d}\zeta = G_n(0).$$

先计算沿 γ_1 和 γ_3 的积分. 因为在 γ_1 上, $\zeta = t - cr$, $-1/2 \leqslant t \leqslant 1/2$,

$$M_n(\zeta) = \frac{1}{\mathrm{e}^{2\pi\mathrm{i}(t-cr)} - 1} \sum_{k=0}^{n-1} \exp\left[\frac{2\pi\mathrm{i}}{n}(t+k-cr)^2\right]$$

$$= \frac{1}{\mathrm{e}^{2\pi\mathrm{i}t - \sqrt{2}\pi\mathrm{i}r + \sqrt{2}\pi r} - 1} \sum_{k=0}^{n-1} \exp\left[-\frac{2\pi}{n}\left(r - \frac{t+k}{c}\right)^2\right],$$

在 γ_3 上, $\zeta = t + cr$, $-1/2 \leqslant t \leqslant 1/2$,

$$M_n(\zeta) = \frac{1}{\mathrm{e}^{2\pi\mathrm{i}(t+cr)} - 1} \sum_{k=0}^{n-1} \exp\left[\frac{2\pi\mathrm{i}}{n}(t+k+cr)^2\right]$$

$$= \frac{1}{\mathrm{e}^{2\pi\mathrm{i}t + \sqrt{2}\pi\mathrm{i}r - \sqrt{2}\pi r} - 1} \sum_{k=0}^{n-1} \exp\left[-\frac{2\pi}{n}\left(r + \frac{t+k}{c}\right)^2\right],$$

因为

$$\lim_{r \to \infty} \left\{ r \cdot \frac{1}{\mathrm{e}^{2\pi\mathrm{i}t - \sqrt{2}\pi\mathrm{i}r + \sqrt{2}\pi r} - 1} \sum_{k=0}^{n-1} \exp\left[-\frac{2\pi}{n}\left(r - \frac{t+k}{c}\right)^2\right] \right\}$$

$$= \lim_{r \to \infty} \left\{ r \cdot \frac{1}{\mathrm{e}^{2\pi\mathrm{i}t + \sqrt{2}\pi\mathrm{i}r - \sqrt{2}\pi r} - 1} \sum_{k=0}^{n-1} \exp\left[-\frac{2\pi}{n}\left(r + \frac{t+k}{c}\right)^2\right] \right\} = 0,$$

所以, 将大圆弧引理推广到直线段上, 就得到

$$\lim_{r \to \infty} \int_{\gamma_1} M_n(\zeta)\mathrm{d}\zeta = \lim_{r \to \infty} \int_{\gamma_3} M_n(\zeta)\mathrm{d}\zeta = 0.$$

再来计算沿 γ_2 和 γ_4 的积分. 因为

$$G_n(z) - G_n(z-1) = \sum_{k=0}^{n-1} \exp\left[\frac{2\pi\mathrm{i}}{n}(z+k)^2\right] - \sum_{k=0}^{n-1} \exp\left[\frac{2\pi\mathrm{i}}{n}(z+k-1)^2\right]$$

$$= \exp\left[\frac{2\pi\mathrm{i}}{n}(z+n-1)^2\right] - \exp\left[\frac{2\pi\mathrm{i}}{n}(z-1)^2\right] = \mathrm{e}^{2\pi\mathrm{i}(z-1)^2/n}\left(\mathrm{e}^{4\pi\mathrm{i}z} - 1\right),$$

因此

$$M_n(z) - M_n(z-1) = \mathrm{e}^{2\pi\mathrm{i}(z-1)^2/n}\left(\mathrm{e}^{2\pi\mathrm{i}z} + 1\right).$$

所以

$$\int_{\gamma_2} M_n(\zeta)\mathrm{d}\zeta + \int_{\gamma_4} M_n(\zeta)\mathrm{d}\zeta$$

$$= \int_{\gamma_2}[M_n(\zeta) - M_n(\zeta-1)]\mathrm{d}\zeta = \int_{\gamma_2} \mathrm{e}^{2\pi\mathrm{i}(\zeta-1)^2/n}\left(\mathrm{e}^{2\pi\mathrm{i}\zeta} + 1\right)\mathrm{d}\zeta.$$

由恒等式

$$\frac{2\pi\mathrm{i}(\zeta-1)^2}{n} + 2\pi\mathrm{i}\zeta = \frac{2\pi\mathrm{i}}{n}\left(\zeta - 1 + \frac{n}{2}\right)^2 - \frac{1}{2}n\pi\mathrm{i}$$

以及 $e^{-n\pi i/2} = (-i)^n$,即得

$$\int_{\gamma_2} M_n(\zeta)d\zeta + \int_{\gamma_4} M_n(\zeta)d\zeta = \int_{\gamma_2} e^{2\pi i(\zeta-1)^2/n}d\zeta - (-i)^n \int_{\gamma_2} e^{2\pi i(\zeta-1+n/2)^2/n}d\zeta.$$

在 γ_2 上,$\zeta = \frac{1}{2} + ct$, $-r \leqslant t \leqslant r$,

$$\int_{\gamma_2} M_n(\zeta)d\zeta + \int_{\gamma_4} M_n(\zeta)d\zeta$$
$$= c\int_{-r}^{r} \exp\left[-\frac{2\pi}{n}\left(t - \frac{1}{2c}\right)^2\right]dt + (-i)^n c\int_{-r}^{r} \exp\left[-\frac{2\pi}{n}\left(t + \frac{n-1}{2c}\right)^2\right]dt.$$

取极限 $r \to \infty$,即得

$$\lim_{r \to \infty}\left[\int_{\gamma_2} M_n(\zeta)d\zeta + \int_{\gamma_4} M_n(\zeta)d\zeta\right] = [1 + (-i)^n]c\int_{-\infty}^{\infty} e^{-2\pi t^2/n}dt$$
$$= [1 + (-i)^n]c\sqrt{\frac{n}{2\pi}}\int_{-\infty}^{\infty} e^{-t^2}dt = \frac{1 + (-i)^n}{1 - i}\sqrt{n}.$$

综合以上计算结果,就证得

$$\sum_{k=0}^{n-1} e^{2\pi i k^2/n} = \frac{1 + (-i)^n}{1 - i}\sqrt{n}.$$

*§6.9 应用留数定理计算无穷级数的和

本节讨论留数定理的另一个应用,即计算某些无穷级数的和. 设 $f(z)$ 是已知函数,在 $\mathbb{C}$ 内除有限个极点外解析,而且 $f(z)$ 的极点都不是整数. 如果存在另一个函数 $G(z)$,在 $\mathbb{C} \setminus \{0, \pm 1, \pm 2, \cdots\}$ 内解析,而 $z = 0, \pm 1, \pm 2, \cdots$ 是 $G(z)$ 的一阶极点,且在这些极点处的留数均为 1. 于是,作闭合围道 C_N,将 $n = 0, \pm 1, \pm 2, \cdots, \pm N$ 包围在内,根据留数定理,就有

$$\oint_{C_N} G(z)f(z)dz = 2\pi i\left\{\sum_{n=-N}^{N} f(n) + \sum_{f(z)\text{的极点}} \text{res}\,[G(z)f(z)]\right\}.$$

取极限 $N \to \infty$,如果能求得 $\lim_{N \to \infty} \oint_{C_N} G(z)f(z)dz$ (例如,在一定条件下为零),就可以算出级数和 $\sum f(n)$.

这里存在着两个问题:一是要找到函数 $G(z)$,二是如何求出极限值 $\lim_{N \to \infty} \oint_{C_N} G(z)f(z)dz$. 前一个问题的答案是 $G(z)$ 可取为 $\pi \cot \pi z$. 后一个问题,则用引理 6.2 解决.

引理 6.2 设 $f(z)$ 在 $\mathbb{C}$ 内除了有限个孤立奇点外处处解析,若存在常数 $R > 0$ 和 $M > 0$,使当 $|z| > R$ 时,$|zf(z)| \leqslant M$,则

$$\lim_{N \to \infty} \oint_{C_N} \pi \cot \pi z f(z)dz = 0, \quad (6.41)$$

其中积分围道 C_N 为正方形(见图 6.10),四个顶点位于 $(N + 1/2)(1 \pm i)$ 和 $-(N + 1/2)(1 \pm i)$.

证明从略. 读者可参阅参考书目 [1] 的 8.9 节.

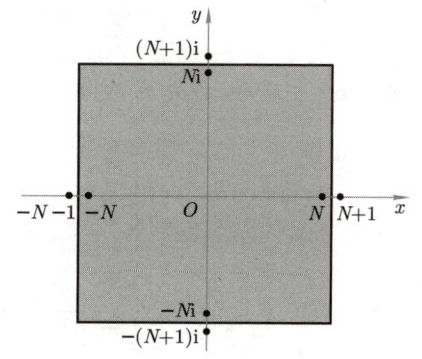

图 6.10 方形围道

根据这个引理, 立即可以证明下面的定理.

定理 6.2 若函数 $f(z)$ 在 $\mathbb{C}$ 上除有限个非整数的极点外处处解析, 且存在常数 $R > 0$ 和 $M > 0$, 使当 $|z| > R$ 时, $|zf(z)| \leqslant M$, 则

$$\sum_{n=-\infty}^{\infty} f(n) = \lim_{N \to \infty} \sum_{n=-N}^{N} f(n) = -\sum_{f(z)\text{的极点}} \text{res}\{\pi \cot \pi z f(z)\}. \tag{6.42}$$

证 取图 6.10 中的方形围道 C_N, 考虑积分 $\oint_{C_N} \pi \cot \pi z f(z) \mathrm{d}z$. 只要 N 足够大, 则 C_N 一定包围了 $f(z)$ 的全部极点. 这样, 在 C_N 中, 除了有 $f(z)$ 的全部极点外, 还有 $\pi \cot \pi z$ 的孤立奇点 (一阶极点) $z = n, n = 0, \pm 1, \pm 2, \cdots, \pm N$. 在这些孤立奇点处, 留数为

$$\left. \frac{\pi \cos \pi z}{(\sin \pi z)'} \cdot f(z) \right|_{z=n} = f(n).$$

于是, 根据留数定理, 有

$$\oint_{C_N} \pi \cot \pi z f(z) \mathrm{d}z = 2\pi \mathrm{i} \left\{ \sum_{n=-N}^{N} f(n) + \sum_{f(z)\text{的极点}} \text{res}[\pi \cot \pi z f(z)] \right\}. \tag{6.43}$$

(6.43) 式两边取极限, 即得所求. $\square$

例 6.15 求无穷级数 $\sum_{n=1}^{\infty} \frac{1}{n^2}$ 之和.

解 按照上面的讨论, 可取 $f(z) = 1/z^2$. 但是, $f(z)$ 的极点为整数, 所以不能直接引用定理 6.2 的结果, 而应该仿照前面的做法, 从留数定理出发, 得到

$$\oint_{C_N} \frac{\pi \cot \pi z}{z^2} \mathrm{d}z = 2\pi \mathrm{i} \sum_{n=-N}^{N} \text{res} \left\{ \frac{\pi \cot \pi z}{z^2} \right\}_{z=n}.$$

$\text{res}\, \pi \cot \pi z / z^2 \big|_{z=0}$ 即为 $\pi \cot \pi z$ 在 $z=0$ 点邻域内展开式中 z^1 的系数, 利用 (5.28) 式的结果即得

$$\text{res} \left\{ \frac{\pi \cot \pi z}{z^2} \right\}_{z=0} = -\frac{\pi^2}{3}.$$

在 $z = n \neq 0$ 点,

$$\text{res} \left\{ \frac{\pi \cot \pi z}{z^2} \right\}_{z=n} = \frac{1}{n^2}.$$

所以

$$\oint_{C_N} \frac{\pi \cot \pi z}{z^2} \mathrm{d}z = 2\pi \mathrm{i} \left(-\frac{\pi^2}{3} + 2\sum_{n=1}^{N} \frac{1}{n^2} \right).$$

令 $N \to \infty$, 左端的极限为零, 故得

$$\sum_{n=1}^{\infty} \frac{1}{n^2} = \frac{\pi^2}{6}. \tag{6.44}$$

练习 6.9 求无穷级数 $\sum_{n=1}^{\infty} \frac{1}{n^4}$ 之和.

练习 6.10 求无穷级数 $\sum_{n=1}^{\infty} \frac{1}{n^{2k}}, k \geqslant 1$ 之和.

练习 6.11 求无穷级数 $\sum_{n=1}^{\infty} \frac{(-1)^{n-1}}{n^2}$ 之和.

提示: 考虑积分 $\oint_{C_N} \dfrac{\pi}{z^2 \sin \pi z} \mathrm{d}z$.

习 题

1. 求下列函数在指定点 z_0 处的留数:

(1) $\dfrac{1}{z-1} \exp(z^2), z_0 = 1$;

(2) $\dfrac{1}{(z-1)^2} \exp(z^2), z_0 = 1$;

(3) $\left(\dfrac{z}{1-\cos z}\right)^2, z_0 = 0$;

(4) $\dfrac{1}{z^2 \sin z}, z_0 = 0$;

(5) $\dfrac{\mathrm{e}^z}{(z^2-1)^2}, z_0 = 1$;

(6) $\dfrac{1}{\cosh \sqrt{z}}, z_0 = -\left(\dfrac{2n+1}{2}\pi\right)^2, n = 0, 1, 2, \cdots$.

2. 求下列函数在复平面 $\mathbb{C}$ 内每一个孤立奇点处的留数:

(1) $\dfrac{z^2}{(z-1)^3(z+1)}$;

(2) $\dfrac{1}{(1+z^2)^{m+1}}, m$ 为正整数;

(3) $\dfrac{z}{1-\cos z}$;

(4) $\dfrac{\sqrt{z}}{\sinh \sqrt{z}}$;

(5) $\exp\left[\dfrac{1}{2}\left(z - \dfrac{1}{z}\right)\right]$;

(6) $\cos \dfrac{1}{\sqrt{z}}$;

(7) $\dfrac{1}{(z-1)\ln z}$;

(8) $\dfrac{1}{z}\left[1 + \dfrac{1}{z+1} + \dfrac{1}{(z+1)^2} + \cdots + \dfrac{1}{(z+1)^n}\right]$.

3. 求下列函数在 ∞ 点处的留数:

(1) $\dfrac{1}{z}$;

(2) $\dfrac{\cos z}{z}$;

(3) $\dfrac{z}{\cos z}$;

(4) $\dfrac{\cos z}{(z+a)^2}$;

(5) $(z^2+1)\mathrm{e}^z$;

(6) $\sqrt{(z-1)(z-2)}$.

4. 计算下列积分值:

(1) $\oint_{|z-1|=1} \dfrac{1}{1+z^4} \mathrm{d}z$;

(2) $\oint_{|z-1|=2} \dfrac{1}{1+z^4} \mathrm{d}z$;

(3) $\oint_{|z-1|=1} \dfrac{1}{z^2-1} \sin \dfrac{\pi z}{4} \mathrm{d}z$;

(4) $\oint_{|z|=3} \dfrac{1}{z^2-1} \sin \dfrac{\pi z}{4} \mathrm{d}z$;

(5) $\oint_{|z|=n} \tan \pi z \mathrm{d}z, n$ 为正整数;

(6) $\oint_{|z|=2} \dfrac{1}{z^3(z^{10}-2)} \mathrm{d}z$;

(7) $\oint_{|z|=1} \dfrac{\mathrm{e}^z}{z^3} \mathrm{d}z$;

(8) $\oint_{|z|=R} \dfrac{z^2}{\mathrm{e}^{2\pi i z^3}-1} \mathrm{d}z, n < R^3 < n+1, n$ 为正整数.

5. 计算下列积分:

(1) $\int_0^{2\pi} \cos^{2n}\theta \mathrm{d}\theta, n$ 为正整数;

(2) $\int_0^{2\pi} \dfrac{\mathrm{d}x}{(a+b\cos x)^2}, a > b > 0$;

(3) $\int_0^{\pi} \dfrac{\mathrm{d}\theta}{1+\sin^2\theta}$;

(4) $\int_0^{\pi} \dfrac{\mathrm{d}\theta}{(1+\sin^2\theta)^2}$.

6. 计算下列积分:

(1) $\int_{-\infty}^{\infty} \dfrac{x^2}{1+x^4} \mathrm{d}x$;

(2) $\int_{-\infty}^{\infty} \dfrac{1}{(1+x^2)^{n+1}} \mathrm{d}x, n$ 为正整数;

(3) $\int_{-\infty}^{\infty} \dfrac{x^{2m}}{1+x^{2n}} \mathrm{d}x$, n, m 均为正整数, 且 $n > m$;

(4) $\int_{-\infty}^{\infty} \dfrac{\mathrm{d}x}{(1+x^2)\cosh\dfrac{\pi x}{2}}$.

7. 计算下列积分:

(1) $\int_{0}^{\infty} \dfrac{\cos x}{1+x^4} \mathrm{d}x$;

(2) $\int_{0}^{\infty} \dfrac{\cos x}{(1+x^2)^3} \mathrm{d}x$;

(3) $\int_{-\infty}^{\infty} \dfrac{x\sin x}{x^2-2x+2} \mathrm{d}x$;

(4) $\int_{0}^{\infty} \dfrac{\sin(a+2n)x - \sin ax}{(1+x^2)\sin x} \mathrm{d}x, a > -1, n$ 为正整数.

8. 计算下列积分:

(1) v.p. $\int_{-\infty}^{\infty} \dfrac{\mathrm{d}x}{x(x-1)(x-2)}$;

(2) $\int_{0}^{\infty} \dfrac{\sin(x+a)\sin(x-a)}{x^2-a^2} \mathrm{d}x, a > 0$;

(3) $\int_{0}^{\infty} \dfrac{x - \sin x}{x^3(1+x^2)} \mathrm{d}x$;

(4) $\int_{-\infty}^{\infty} \dfrac{\mathrm{e}^{px} - \mathrm{e}^{qx}}{1 - \mathrm{e}^x} \mathrm{d}x, 0 < p < 1, 0 < q < 1$.

9. 计算下列积分:

(1) v.p. $\int_{0}^{\infty} \dfrac{x^{s-1}}{1-x} \mathrm{d}x, 0 < s < 1$;

(2) $\int_{0}^{\infty} \dfrac{x^s}{(1+x^2)^2} \mathrm{d}x, -1 < s < 3$;

(3) $\int_{0}^{\infty} \dfrac{x^{\alpha-1}\ln x}{1+x} \mathrm{d}x, 0 < \alpha < 1$;

(4) $\int_{0}^{\infty} \dfrac{\ln^2 x}{x^2+a^2} \mathrm{d}x, a > 0$.

10. 早期宇宙历史的中微子 ν 的能量密度为 $\rho_\nu = \dfrac{4\pi}{h^3} \int_{0}^{\infty} \dfrac{x^3}{\mathrm{e}^{x/kT}+1} \mathrm{d}x$, 其中 h 及 kT 均为已知常数, 试计算此积分.

第七章

Γ 函数

§7.1 Γ 函数的定义

Γ 函数是最基本的特殊函数. 常用的定义是

$$\Gamma(z) = \int_0^\infty e^{-t} t^{z-1} dt, \qquad \mathrm{Re}\, z > 0, \tag{7.1}$$

称为第二类 Euler 积分, 其中的积分变量 t 应该理解为 $\arg t = 0$.

首先证明积分在右半平面代表一个解析函数. 因为这是一个反常积分, 既是瑕积分 (在 $t=0$ 端), 又是无穷积分, 所以要拆成两部分来分别讨论①:

$$\int_0^\infty e^{-t} t^{z-1} dt = \int_0^1 e^{-t} t^{z-1} dt + \int_1^\infty e^{-t} t^{z-1} dt. \tag{7.2}$$

先看第二部分. 显然当 $t \geq 1$ 时, 被积函数 $e^{-t} t^{z-1}$ 是 t 的连续函数, 并且作为 z 的函数, 在全复平面解析. 由定理 4.3 可知, 要证明它代表一个解析函数, 只需证明积分在某个区域内一致收敛. 因为

$$e^t = \sum_{n=0}^\infty \frac{t^n}{n!}, \qquad |t| < \infty,$$

所以 $t > 0$ 时, $\forall$ 正整数 N,

$$e^t > \frac{t^N}{N!}, \qquad e^{-t} < \frac{N!}{t^N}.$$

对于 z 复平面内任一有界闭区域 $\overline{G}$, $\exists x_0$, $\forall z \in \overline{G}$, 均有 $\mathrm{Re}\, z < x_0$ (见图 7.1), 因此

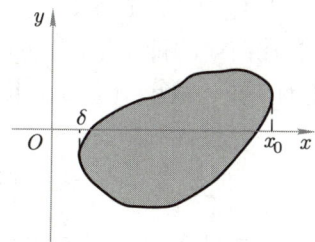

图 7.1 Γ 函数的解析区域

$$\left| e^{-t} t^{z-1} \right| < N! \cdot t^{x_0 - N - 1}, \qquad t \geq 1.$$

这样, 只要选择足够大的 N (使得 $N > x_0$), 积分 $\int_1^\infty t^{x_0-N-1} dt$ 就收敛, 故

$$\Gamma(z, 1) = \int_1^\infty e^{-t} t^{z-1} dt$$

---

① 函数 $\gamma(z, \alpha) = \int_0^\alpha e^{-t} t^{z-1} dt$ 和 $\Gamma(z, \alpha) = \int_\alpha^\infty e^{-t} t^{z-1} dt$ 均称为不完全 Γ 函数.

在 z 复平面内的任一有界闭区域中一致收敛,因此在全 z 复平面解析.

要证明第一部分的瑕积分在 z 右半平面解析,关键也是证明它的一致收敛性. 因为
$$\left|\mathrm{e}^{-t}t^{z-1}\right| = \mathrm{e}^{-t}t^{x-1}, \quad x = \operatorname{Re}z, \quad t \in \mathbb{R},$$
所以,对于 z 右半平面的任一闭区域,$\exists \delta > 0$,使得对 z 右半平面闭区域内的任意一点 z,都有 $\operatorname{Re}z = x \geqslant \delta > 0$,因此
$$\left|\mathrm{e}^{-t}t^{z-1}\right| \leqslant t^{\delta-1}, \quad 0 < t < 1,$$
而 $\int_0^1 t^{\delta-1}\mathrm{d}t$ 收敛,由此即可推知积分
$$\gamma(z,1) = \int_0^1 \mathrm{e}^{-t}t^{z-1}\mathrm{d}t$$
在 z 右半平面的任一闭区域中一致收敛,故在 z 右半平面解析.

把两部分合起来,就证得 Γ 函数 (7.1) 在 z 的右半平面解析. □

下面再把 Γ 函数的定义加以扩充. 首先,积分路径并不需要限定在实轴上,而可以修改为
$$\Gamma(z) = \int_L \mathrm{e}^{-t}t^{z-1}\mathrm{d}t, \quad \operatorname{Re}z > 0, \tag{7.3}$$

积分路径 L 是 t 复平面内从 $t = 0$ 出发的半射线,$\arg t = \alpha$ 为常数,$|\alpha| < \pi/2$. 取围道 C 如图 7.2 所示,应用留数定理讨论复变积分 $\oint_C \mathrm{e}^{-t}t^{z-1}\mathrm{d}t$,就能证得这个结论. 请读者补足证明.

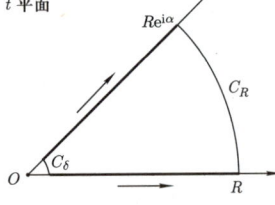

图 7.2 Γ 函数定义的扩充

这个结果还可以进一步修改: 积分路径 L 可以是 t 复平面内从 $t = 0$ 出发的任意分段光滑曲线,只要最后以 $\operatorname{Re}t \to +\infty$ 的方式趋于无穷远点即可. 也请读者补足这个证明.

上面介绍的 Γ 函数的定义 (7.1) 式当然只适用于 $\operatorname{Re}z > 0$. 为了延拓到 z 的全复平面,注意在前面的证明中,积分的第二部分 $\Gamma(z,1)$ 在全平面解析,因此,只要用适当的方法将积分的第一部分 $\gamma(z,1)$ 延拓到全平面即可. 比较直接的方法是将指数函数作 Taylor 展开:
$$\int_0^1 \mathrm{e}^{-t}t^{z-1}\mathrm{d}t = \sum_{n=0}^\infty \frac{(-)^n}{n!}\int_0^1 t^{n+z-1}\mathrm{d}t = \sum_{n=0}^\infty \frac{(-)^n}{n!}\frac{1}{n+z}, \quad \operatorname{Re}z > 0.$$

这个结果是在 $\operatorname{Re}z > 0$ 的条件下得到的. 但等式右端的无穷级数显然在全复平面内 ($z \neq 0, -1, -2, \cdots$) 内闭一致收敛,因此在全复平面解析 ($z \neq 0, -1, -2, \cdots$). 也就是说,等式右端的级数表达式就是左端积分表达式在全复平面内的解析延拓,
$$\Gamma(z) = \int_1^\infty \mathrm{e}^{-t}t^{z-1}\mathrm{d}t + \sum_{n=0}^\infty \frac{(-)^n}{n!}\frac{1}{n+z}, \quad z \neq 0, -1, -2, \cdots. \tag{7.4}$$

在许多学科中都可能用到 Γ 函数. 下面分别举一个物理学和概率统计方面的例子.

例 7.1 按照 Maxwell 速率分布律,速率处于 v 与 $v + \mathrm{d}v$ 间的粒子数 $\mathrm{d}N$ 为
$$\mathrm{d}N = 4\pi N \left(\frac{m}{2\pi kT}\right)^{3/2} \mathrm{e}^{-mv^2/2kT}v^2\mathrm{d}v,$$

其中 N 为总粒子数. 求平均值 $\langle v^n \rangle = \dfrac{1}{N} \displaystyle\int_0^\infty v^n \mathrm{d}N$.

解 只需直接计算积分

$$\langle v^n \rangle = \frac{1}{N}\int_0^\infty v^n \mathrm{d}N = 4\pi \left(\frac{m}{2\pi kT}\right)^{3/2} \int_0^\infty \mathrm{e}^{-mv^2/2kT} v^{n+2} \mathrm{d}v$$

即可. 令 $x = mv^2/2kT$, 就能算出

$$\begin{aligned}
\langle v^n \rangle &= 4\pi \left(\frac{m}{2\pi kT}\right)^{3/2} \frac{1}{2}\left(\frac{2kT}{m}\right)^{(n+3)/2} \int_0^\infty \mathrm{e}^{-x} x^{(n+1)/2}\mathrm{d}x \\
&= \frac{2}{\sqrt{\pi}}\left(\frac{2kT}{m}\right)^{n/2} \Gamma\left(\frac{n+3}{2}\right).
\end{aligned}$$

例 7.2 γ 分布的概率密度为

$$f(x) = \begin{cases} \dfrac{1}{\beta^\alpha \Gamma(\alpha)} x^{\alpha-1} \mathrm{e}^{-x/\beta}, & x > 0, \\ 0, & x \leqslant 0, \end{cases}$$

其中 α, β 均为已知正数. 求 x 的平均值 $\langle x \rangle = \displaystyle\int_{-\infty}^\infty x f(x) \mathrm{d}x$ 及标准偏差 $\sqrt{\langle x^2 \rangle - \langle x \rangle^2}$.

解 可以直接计算出平均值

$$\begin{aligned}
\langle x \rangle &= \frac{1}{\beta^\alpha \Gamma(\alpha)} \int_0^\infty x^\alpha \mathrm{e}^{-x/\beta} \mathrm{d}x = \frac{\beta^{\alpha+1} \Gamma(\alpha+1)}{\beta^\alpha \Gamma(\alpha)} = \beta\alpha, \\
\langle x^2 \rangle &= \frac{1}{\beta^\alpha \Gamma(\alpha)} \int_0^\infty x^{\alpha+1} \mathrm{e}^{-x/\beta} \mathrm{d}x = \frac{\beta^{\alpha+2} \Gamma(\alpha+2)}{\beta^\alpha \Gamma(\alpha)} = \beta^2 \alpha(\alpha+1).
\end{aligned}$$

由此又能算出标准偏差

$$\sqrt{\langle x^2 \rangle - \langle x \rangle^2} = \sqrt{\beta^2 \alpha(\alpha+1) - (\beta\alpha)^2} = \beta\sqrt{\alpha}.$$

§7.2 Γ 函数的基本性质

性质 1 $\Gamma(1) = 1$. (7.5)

直接在 Γ 函数的定义 (7.1) 式中代入 $z = 1$ 即可得到这个结果.

性质 2 递推关系 $\Gamma(z+1) = z\Gamma(z)$. (7.6)

证 根据 Γ 函数的定义,

$$\begin{aligned}
\Gamma(z+1) &= \int_0^\infty \mathrm{e}^{-t} t^z \mathrm{d}t = -\mathrm{e}^{-t} t^z \Big|_0^\infty + \int_0^\infty \mathrm{e}^{-t} z t^{z-1} \mathrm{d}t \\
&= z \int_0^\infty \mathrm{e}^{-t} t^{z-1} \mathrm{d}t = z\Gamma(z). \qquad \square
\end{aligned}$$

这个结果可以从两个角度来理解. 一方面, 尽管在证明中用到了条件 $\operatorname{Re} z > 0$, 但由于 $\Gamma(z+1)$ 和 $z\Gamma(z)$ 都在全复平面解析 ($z = 0, -1, -2, \cdots$ 除外), 因此, 根据解析延拓原理可

以断定, 这个递推关系在全复平面均成立. 另一方面, 也可以直接通过递推关系来完成 Γ 函数的解析延拓. 这时, 因为 Γ(z + 1) 在半平面 Re z > −1 内解析, 因此就可以把

$$\Gamma(z) = \frac{1}{z}\Gamma(z+1), \qquad z \neq 0 \tag{7.7}$$

看成是 Γ(z) 在区域 Re z > −1 内的定义, 而 z = 0 点是 Γ 函数的一阶极点, res Γ(0) = 1.

重复上述步骤, 还可以将 Γ 函数解析延拓到区域 Re z > −2,

$$\Gamma(z) = \frac{1}{z(z+1)}\Gamma(z+2), \qquad z \neq 0, -1. \tag{7.8}$$

$z = -1$ 也是 Γ 函数的一阶极点, res Γ(−1) = −1.

如此继续, 就可以将 Γ 函数延拓到全复平面, 而 $z = 0, -1, -2, \cdots$ 都是一阶极点,

$$\operatorname{res}\Gamma(-n) = \frac{(-1)^n}{n!}. \tag{7.9}$$

推论 7.1 对于正整数 n,

$$\Gamma(n) = (n-1)!. \tag{7.10}$$

正是因为这个原因, Γ 函数又称为阶乘函数.

性质 3 互余宗量关系

$$\Gamma(z)\Gamma(1-z) = \frac{\pi}{\sin \pi z}. \tag{7.11}$$

证明见 §7.4.

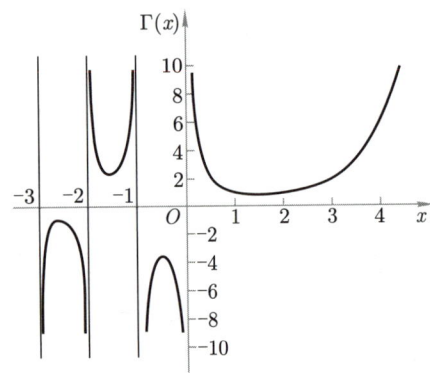

图 7.3 自变量为实数时的 Γ 函数值

推论 7.2 $\Gamma(1/2) = \sqrt{\pi}$. (7.12)

只需在 (7.11) 式中代入 $z = 1/2$, 并注意 $\Gamma(1/2) > 0$ (因被积函数值恒正) 即可证得.

推论 7.3 Γ 函数在全复平面无零点.

证 (反证法) 因为 $\pi/\sin \pi z \neq 0$, 所以 $\Gamma(z)\Gamma(1-z) \neq 0$. 假设在 $z = z_0$ 点有 $\Gamma(z_0) = 0$, 则必有 $\Gamma(1-z_0) = \infty$. 这只能发生在 $1 - z_0 = -n$ (亦即 $z_0 = n+1$), $n = 0, 1, 2, \cdots$ 处. 但 $\Gamma(z_0) = \Gamma(n+1) = n!$, 与所设矛盾. 故 Γ(z) 在全复平面无零点. □

图 7.3 给出了 Γ(x) (x 为实数) 的图形.

性质 4 倍乘公式

$$\Gamma(2z) = 2^{2z-1}\pi^{-1/2}\Gamma(z)\Gamma\left(z+\frac{1}{2}\right). \tag{7.13}$$

这个公式的证明亦见 §7.4.

性质 5 Γ 函数的渐近展开, 即 Stirling 公式: 当 $|z| \to \infty, |\arg z| < \pi$ 时, 有

$$\Gamma(z) \sim z^{z-1/2} e^{-z} \sqrt{2\pi} \left\{ 1 + \frac{1}{12z} + \frac{1}{288z^2} - \frac{139}{51840z^3} - \frac{571}{2488320z^4} + \cdots \right\}, \tag{7.14}$$

$$\ln \Gamma(z) \sim \left(z - \frac{1}{2}\right)\ln z - z + \frac{1}{2}\ln(2\pi) + \frac{1}{12z} - \frac{1}{360z^3} + \frac{1}{1260z^5} - \frac{1}{1680z^7} + \cdots. \tag{7.15}$$

在物理中更常用的结果是
$$\ln n! \sim n\ln n - n. \tag{7.16}$$

下面的 §7.7 中, 将就实数的情形推导 (7.14) 式. 复数的一般情形下的推导, 可参阅参考书目 [1], 9.6 节.

§7.3 ψ 函数

ψ 函数是 Γ 函数的对数微商
$$\psi(z) = \frac{\mathrm{d}\ln\Gamma(z)}{\mathrm{d}z} = \frac{\Gamma'(z)}{\Gamma(z)}. \tag{7.17}$$

根据 Γ 函数的性质, 可以得出 ψ(z) 的下列性质:

(1) $z = 0, -1, -2, \cdots$ 都是 ψ(z) 的一阶极点, 留数均为 -1; 除了这些点以外, ψ(z) 在全复平面解析.

(2) $\psi(z+1) = \psi(z) + \dfrac{1}{z}.$ \quad (7.18)

$\psi(z+n) = \psi(z) + \dfrac{1}{z} + \dfrac{1}{z+1} + \cdots + \dfrac{1}{z+n-1}, \quad n = 2, 3, 4, \cdots.$ \quad (7.19)

(3) $\psi(1-z) = \psi(z) + \pi\cot\pi z.$ \quad (7.20)

(4) $\psi(z) - \psi(-z) = -\dfrac{1}{z} - \pi\cot\pi z.$ \quad (7.21)

(5) $\psi(2z) = \dfrac{1}{2}\psi(z) + \dfrac{1}{2}\psi\left(z+\dfrac{1}{2}\right) + \ln 2.$ \quad (7.22)

(6) $\psi(z) \sim \ln z - \dfrac{1}{2z} - \dfrac{1}{12z^2} + \dfrac{1}{120z^4} - \dfrac{1}{252z^6} + \cdots, \quad z \to \infty, |\arg z| < \pi.$ \quad (7.23)

(7) $\lim\limits_{n\to\infty}[\psi(z+n) - \ln n] = 0.$ \quad (7.24)

ψ 函数的特殊值有

$$\psi(1) = -\gamma, \qquad\qquad \psi'(1) = \frac{\pi^2}{6},$$
$$\psi\left(\frac{1}{2}\right) = -\gamma - 2\ln 2, \qquad\qquad \psi'\left(\frac{1}{2}\right) = \frac{\pi^2}{2},$$
$$\psi\left(-\frac{1}{2}\right) = -\gamma - 2\ln 2 + 2, \qquad\qquad \psi'\left(-\frac{1}{2}\right) = \frac{\pi^2}{2} + 4,$$
$$\psi\left(\frac{1}{4}\right) = -\gamma - \frac{\pi}{2} - 3\ln 2, \qquad\qquad \psi\left(\frac{3}{4}\right) = -\gamma + \frac{\pi}{2} - 3\ln 2,$$
$$\psi\left(\frac{1}{3}\right) = -\gamma - \frac{\pi}{2\sqrt{3}} - \frac{3}{2}\ln 3, \qquad\qquad \psi\left(\frac{2}{3}\right) = -\gamma + \frac{\pi}{2\sqrt{3}} - \frac{3}{2}\ln 3,$$

其中 $\gamma = -\psi(1)$ 是数学中的一个基本常数, 称为 Euler 常数[①],

$$\gamma = 0.577\,215\,664\,901\,532\,860\,606\,512\,090\,082\,402\,431\,042\,159\,335\,939\,92\cdots. \tag{7.25}$$

[①] 也称为 Euler-Mascheroni 常数, 是最基本的数学常数之一. 至今还不知道它是不是**无理数**, 但是猜想它是一个**超越数**. 连分数的分析表明, 如果它是有理数的话, 则其分母必须大于 $10^{242\,080}$. 迄今为止, 其数值已经计算到 1 337 000 000 000 位小数.

例 7.3 计算积分 $\int_0^\pi \dfrac{\sin^2 n\theta}{\sin\theta}\,\mathrm{d}\theta$.

解 取半径为 1 的半圆形围道, 于是, 根据留数定理有

$$\oint \frac{z^{2n}-1}{z^2-1}\,\mathrm{d}z = \int_0^\pi \frac{\mathrm{e}^{\mathrm{i}2n\theta}-1}{\mathrm{e}^{\mathrm{i}2\theta}-1}\mathrm{e}^{\mathrm{i}\theta}\mathrm{i}\,\mathrm{d}\theta + \int_{-1}^1 \frac{x^{2n}-1}{x^2-1}\,\mathrm{d}x = 0.$$

因为

$$\int_0^\pi \frac{\mathrm{e}^{\mathrm{i}2n\theta}-1}{\mathrm{e}^{\mathrm{i}2\theta}-1}\mathrm{e}^{\mathrm{i}\theta}\mathrm{i}\,\mathrm{d}\theta = \int_0^\pi \frac{\cos 2n\theta - 1 + \mathrm{i}\sin 2n\theta}{2\sin\theta}\,\mathrm{d}\theta$$
$$= -\int_0^\pi \frac{\sin^2 n\theta}{\sin\theta}\,\mathrm{d}\theta + \frac{\mathrm{i}}{2}\int_0^\pi \frac{\sin 2n\theta}{\sin\theta}\,\mathrm{d}\theta$$

以及

$$\int_{-1}^1 \frac{x^{2n}-1}{x^2-1}\,\mathrm{d}x = \int_{-1}^1 \left(x^{2n-2} + x^{2n-4} + \cdots + 1\right)\mathrm{d}x$$
$$= 2\left(\frac{1}{2n-1} + \frac{1}{2n-3} + \cdots + \frac{1}{3} + 1\right)$$
$$= \psi\left(n+\frac{1}{2}\right) - \psi\left(\frac{1}{2}\right),$$

因此,

$$-\int_0^\pi \frac{\sin^2 n\theta}{\sin\theta}\,\mathrm{d}\theta + \frac{\mathrm{i}}{2}\int_0^\pi \frac{\sin 2n\theta}{\sin\theta}\,\mathrm{d}\theta + \psi\left(n+\frac{1}{2}\right) - \psi\left(\frac{1}{2}\right) = 0.$$

比较实部, 即得

$$\int_0^\pi \frac{\sin^2 n\theta}{\sin\theta}\,\mathrm{d}\theta = \psi\left(n+\frac{1}{2}\right) - \psi\left(\frac{1}{2}\right). \tag{7.26}$$

与此同时, 比较虚部, 还能得到

$$\int_0^\pi \frac{\sin 2n\theta}{\sin\theta}\,\mathrm{d}\theta = 0. \tag{7.27a}$$

顺便指出, 还可以计算类似于 (7.27a) 的积分

$$\int_0^\pi \frac{\sin(2n+1)\theta}{\sin\theta}\,\mathrm{d}\theta = \int_0^\pi \frac{\mathrm{e}^{\mathrm{i}(2n+1)\theta} - \mathrm{e}^{-\mathrm{i}(2n+1)\theta}}{\mathrm{e}^{\mathrm{i}\theta} - \mathrm{e}^{-\mathrm{i}\theta}}\,\mathrm{d}\theta$$
$$= \int_0^\pi \left[\mathrm{e}^{\mathrm{i}2n\theta} + \mathrm{e}^{\mathrm{i}(2n-2)\theta} + \cdots + \mathrm{e}^{-\mathrm{i}(2n-2)\theta} + \mathrm{e}^{-\mathrm{i}2n\theta}\right]\mathrm{d}\theta,$$

这 $2n+1$ 项中只有一项对积分有贡献, 因此

$$\int_0^\pi \frac{\sin(2n+1)\theta}{\sin\theta}\,\mathrm{d}\theta = \int_0^\pi 1\cdot\mathrm{d}\theta = \pi, \qquad n=0,1,2,\cdots. \tag{7.27b}$$

例 7.4 计算积分 $\mathrm{v.p.}\int_0^\infty \dfrac{\tan x}{x}\,\mathrm{d}x$.

解 按照无穷积分以及瑕积分的定义, 不妨取正整数 N, 从而有

$$\begin{aligned}
\text{v.p.} \int_0^\infty \frac{\tan x}{x} \mathrm{d}x &= \text{v.p.} \int_0^\infty \frac{\tan \pi x}{x} \mathrm{d}x = \lim_{N\to\infty}\left(\text{v.p.}\int_0^N \frac{\tan \pi x}{x}\mathrm{d}x\right) \\
&= \lim_{N\to\infty} \sum_{k=0}^{N-1}\left(\text{v.p.}\int_k^{k+1}\frac{\tan \pi x}{x}\mathrm{d}x\right) = \lim_{N\to\infty}\sum_{k=0}^{N-1}\left(\text{v.p.}\int_0^1 \frac{\tan \pi x}{x+k}\mathrm{d}x\right) \\
&= \lim_{N\to\infty}\left[\text{v.p.}\int_0^1 \tan \pi x\left(\sum_{k=0}^{N-1}\frac{1}{x+k}\right)\mathrm{d}x\right] \\
&= \lim_{N\to\infty}\left\{\text{v.p.}\int_0^1 \tan \pi x\bigl[\psi(x+N)-\psi(x)\bigr]\mathrm{d}x\right\} \\
&= \lim_{N\to\infty}\left[\text{v.p.}\int_0^1 \tan \pi x\,\psi(x+N)\mathrm{d}x\right] - \text{v.p.}\int_0^1 \tan \pi x\,\psi(x)\mathrm{d}x. \quad (7.28)
\end{aligned}$$

在以上的计算中用到了 $\psi(z)=\Gamma'(z)/\Gamma(z)$ 的关系式 (7.19).

对于 (7.28) 式右端的第一个积分,

$$\begin{aligned}
&\text{v.p.}\int_0^1 \tan \pi x\,\psi(x+N)\mathrm{d}x \\
&= \lim_{\varepsilon\to 0}\left[\int_0^{(1/2)-\varepsilon}\tan \pi x\,\psi(x+N)\mathrm{d}x + \int_{(1/2)+\varepsilon}^1 \tan \pi x\,\psi(x+N)\mathrm{d}x\right] \\
&= \int_0^{1/2}\tan \pi x\bigl[\psi(x+N)-\psi(1-x+N)\bigr]\mathrm{d}x.
\end{aligned}$$

回顾一下 $\psi(z)$ 的渐近展开 (7.23), 它意味着 $\psi(z)-\ln z = O(1/z)$, 即

$$\lim_{z\to\infty}\bigl[\psi(z)-\ln z\bigr]=0, \tag{7.29a}$$

于是就应该有

$$\lim_{n\to\infty}\bigl[\psi(z+n)-\psi(1-z+n)\bigr] = \lim_{n\to\infty}\left(\ln\frac{z+n}{1-z+n}\right)=0, \tag{7.29b}$$

这样就得到

$$\lim_{N\to\infty}\int_0^{1/2}\tan \pi x\bigl[\psi(x+N)-\psi(1-x+N)\bigr]\mathrm{d}x = 0,$$

即

$$\lim_{N\to\infty}\left[\text{v.p.}\int_0^1 \tan \pi x\,\psi(x+N)\mathrm{d}x\right]=0.$$

而对于 (7.28) 式右端的第二个积分, 可以类似地化为

$$\text{v.p.}\int_0^1 \tan \pi x\,\psi(x)\mathrm{d}x = \int_0^{1/2}\tan \pi x\bigl[\psi(x)-\psi(1-x)\bigr]\mathrm{d}x.$$

而根据 (7.20) 式即可证得

$$\text{v.p.}\int_0^1 \tan \pi x\,\psi(x)\mathrm{d}x = -\pi\int_0^{1/2}\mathrm{d}x = -\frac{\pi}{2}.$$

综合以上结果, 就得到

$$\text{v.p.} \int_0^\infty \frac{\tan x}{x} dx = \frac{\pi}{2}. \tag{7.30}$$

根据上述计算, 还可以导出一类积分的变换公式, 见 §7.5.

利用 ψ 函数, 可以方便地求出通项为有理式的无穷级数

$$\sum_{n=0}^\infty u_n = \sum_{n=0}^\infty \frac{p(n)}{d(n)} \tag{7.31a}$$

之和, 其中 $p(n)$ 和 $d(n)$ 都是 n 的多项式. 设 $d(n)$ 是 n 的 m 次多项式, 并且全部零点都是一阶零点,

$$d(n) = (n+\alpha_1)(n+\alpha_2)\cdots(n+\alpha_m),$$

即 u_n 只有一阶极点, 则可部分分式为

$$u_n = \frac{p(n)}{d(n)} = \sum_{k=1}^m \frac{a_k}{n+\alpha_k}. \tag{7.31b}$$

为了保证级数收敛, 必须有

$$\lim_{n\to\infty} u_n = \lim_{n\to\infty} n \cdot u_n = 0, \quad 即 \quad \sum_{k=1}^m a_k = 0. \tag{7.31c}$$

利用 ψ 函数的递推关系 (7.19), 即可求得

$$\sum_{n=0}^N u_n = \sum_{k=1}^m a_k \Big[\psi(\alpha_k+N) - \psi(\alpha_k)\Big] = \sum_{k=1}^m a_k \Big[\psi(\alpha_k+N) - \psi(\alpha_k)\Big] - \ln N \sum_{k=1}^m a_k$$
$$= \sum_{k=1}^m a_k \Big[\psi(\alpha_k+N) - \ln N - \psi(\alpha_k)\Big].$$

取极限 $N \to \infty$, 注意到 (7.24) 式, 即得

$$\sum_{n=0}^\infty u_n = \lim_{N\to\infty} \sum_{k=1}^m a_k \Big[\psi(\alpha_k+N) - \ln N\Big] - \sum_{k=1}^m a_k \psi(\alpha_k) = -\sum_{k=1}^m a_k \psi(\alpha_k). \tag{7.32}$$

例 7.5 求无穷级数 $\displaystyle\sum_{n=0}^\infty \frac{1}{(3n+1)(3n+2)(3n+3)}$ 之和.

解 因为

$$\frac{1}{(3n+1)(3n+2)(3n+3)} = \frac{1}{6}\left(\frac{1}{n+1/3} - \frac{2}{n+2/3} + \frac{1}{n+1}\right),$$

所以, 根据上面给出的求和公式, 有

$$\sum_{n=0}^\infty \frac{1}{(3n+1)(3n+2)(3n+3)} = -\frac{1}{6}\left[\psi\left(\frac{1}{3}\right) - 2\psi\left(\frac{2}{3}\right) + \psi(1)\right].$$

代入 ψ 函数的特殊值, 即得

$$\sum_{n=0}^{\infty} \frac{1}{(3n+1)(3n+2)(3n+3)} = \frac{1}{4}\left(\frac{\pi}{\sqrt{3}} - \ln 3\right).$$

例 7.6 求无穷级数 $\sum_{n=0}^{\infty} \frac{1}{n^2 + a^2}$ 之和, 其中 $a > 0$.

解 因为

$$\sum_{n=0}^{\infty} \frac{1}{n^2 + a^2} = \frac{\mathrm{i}}{2a}\sum_{n=0}^{\infty}\left(\frac{1}{n+\mathrm{i}a} - \frac{1}{n-\mathrm{i}a}\right) = -\frac{\mathrm{i}}{2a}\big[\psi(\mathrm{i}a) - \psi(-\mathrm{i}a)\big],$$

利用上面列出的 ψ 函数的性质 4, 有

$$\psi(\mathrm{i}a) - \psi(-\mathrm{i}a) = -\frac{1}{\mathrm{i}a} - \pi\cot\mathrm{i}\pi a = \mathrm{i}\left(\frac{1}{a} + \pi\coth\pi a\right),$$

就可以求得

$$\sum_{n=0}^{\infty} \frac{1}{n^2 + a^2} = \frac{1}{2a^2}\big(1 + \pi a\coth\pi a\big). \tag{7.33}$$

这个结果也可以用其他方法得到, 如 §8.5 的例 8.12.

如果 u_n 还有二阶极点, 例如

$$d(n) = (n+\alpha_1)(n+\alpha_2)\cdots(n+\alpha_m)(n+\beta_1)^2(n+\beta_2)^2\cdots(n+\beta_l)^2,$$

则

$$u_n = \frac{p(n)}{d(n)} = \sum_{k=1}^{m} \frac{a_k}{n+\alpha_k} + \sum_{k=1}^{l}\left[\frac{b_{1k}}{n+\beta_k} + \frac{b_{2k}}{(n+\beta_k)^2}\right]. \tag{7.34a}$$

相应地, 级数收敛的条件是

$$\sum_{k=1}^{m} a_k + \sum_{k=1}^{l} b_{1k} = 0. \tag{7.34b}$$

根据 ψ 函数的递推关系, 即得

$$\sum_{n=0}^{\infty} u_n = -\sum_{k=1}^{m} a_k\psi(\alpha_k) - \sum_{k=1}^{l}\big[b_{1k}\psi(\beta_k) - b_{2k}\psi'(\beta_k)\big]. \tag{7.34c}$$

例 7.7 求无穷级数 $\sum_{n=0}^{\infty} \frac{1}{(n+1)^2(2n+1)^2}$ 之和.

解 因为

$$\frac{1}{(n+1)^2(2n+1)^2} = \left[\frac{4}{n+1} + \frac{1}{(n+1)^2}\right] - \left[\frac{4}{n+1/2} - \frac{1}{(n+1/2)^2}\right],$$

所以

$$\sum_{n=0}^{\infty} \frac{1}{(n+1)^2(2n+1)^2} = -\big[4\psi(1) - \psi'(1)\big] + \left[4\psi\left(\frac{1}{2}\right) + \psi'\left(\frac{1}{2}\right)\right]$$

$$= \frac{2\pi^2}{3} - 8\ln 2. \tag{7.35}$$

§7.4 B 函数

B 函数是由第一类 Euler 积分定义的:
$$\mathrm{B}(p,q) = \int_0^1 t^{p-1}(1-t)^{q-1}\mathrm{d}t, \qquad \mathrm{Re}\, p > 0,\ \mathrm{Re}\, q > 0, \tag{7.36}$$

其中的积分变量 t 应该理解为 $\arg t = \arg(1-t) = 0$. 令 $t = \sin^2\theta$, 还可以得到 B 函数的另一个表达式
$$\mathrm{B}(p,q) = 2\int_0^{\pi/2} \sin^{2p-1}\theta \cos^{2q-1}\theta\,\mathrm{d}\theta. \tag{7.36'}$$

B 函数可以用 Γ 函数表示出来,
$$\mathrm{B}(p,q) = \frac{\Gamma(p)\Gamma(q)}{\Gamma(p+q)}. \tag{7.37}$$

证 在 $\mathrm{Re}\, p > 0,\ \mathrm{Re}\, q > 0$ 的条件下, 显然有
$$\Gamma(p) = \int_0^\infty \mathrm{e}^{-t}t^{p-1}\mathrm{d}t = 2\int_0^\infty \mathrm{e}^{-x^2}x^{2p-1}\mathrm{d}x, \qquad \Gamma(q) = 2\int_0^\infty \mathrm{e}^{-y^2}y^{2q-1}\mathrm{d}y,$$
于是
$$\Gamma(p)\Gamma(q) = 4\int_0^\infty\int_0^\infty \mathrm{e}^{-(x^2+y^2)}x^{2p-1}y^{2q-1}\mathrm{d}x\mathrm{d}y.$$
令 $x = r\sin\theta,\ y = r\cos\theta$, 得
$$\begin{aligned}\Gamma(p)\Gamma(q) &= 4\int_0^\infty\int_0^{\pi/2} \mathrm{e}^{-r^2}(r\sin\theta)^{2p-1}(r\cos\theta)^{2q-1}r\mathrm{d}r\mathrm{d}\theta\\ &= 4\int_0^\infty \mathrm{e}^{-r^2}r^{2(p+q)-1}\mathrm{d}r\int_0^{\pi/2}\sin^{2p-1}\theta\cos^{2q-1}\theta\mathrm{d}\theta\\ &= \Gamma(p+q)\mathrm{B}(p,q). \qquad \square\end{aligned}$$

利用这个关系式, 可把 B 函数解析延拓到 p 或 q 的全复平面.

从 B 函数的定义 (7.36), 或者 (7.37) 式, 立即可以看出 $\mathrm{B}(p,q)$ 对于 p 和 q 对称:
$$\mathrm{B}(p,q) = \mathrm{B}(q,p). \tag{7.38}$$

现在根据 B 函数和 Γ 函数的关系式 (7.37), 补证 Γ 函数的两个性质, 即互余宗量关系 (7.11) 和倍乘公式 (7.13). 首先, 在 (7.36) 式中令 $p = z,\ q = 1-z$, 即得
$$\mathrm{B}(z, 1-z) = \frac{\Gamma(z)\Gamma(1-z)}{\Gamma(1)} = \Gamma(z)\Gamma(1-z).$$

另一方面,
$$\mathrm{B}(z, 1-z) = \int_0^1 t^{z-1}(1-t)^{-z}\mathrm{d}t.$$

令 $x = t/(1-t)$, 上式即可化为
$$\mathrm{B}(z, 1-z) = \int_0^\infty \frac{x^{z-1}}{1+x}\mathrm{d}x.$$

这个积分在 §6.7 中已经计算过 [见 (6.33) 式], 这样就证得
$$\Gamma(z)\Gamma(1-z) = B(z, 1-z) = \frac{\pi}{\sin \pi z}.$$
这个证明是在 $0 < \mathrm{Re}\, z < 1$ 的条件下得到的. 但由于等式的两端在全复平面都解析, 因此这个等式在全复平面均成立. □

需要说明, 即使在奇点 $z = 0, \pm 1, \pm 2, \cdots$ 处, (7.11) 式也仍然成立.

要证明 (7.13) 式, 则可以通过积分
$$\int_{-1}^{1} (1-x^2)^{z-1} \mathrm{d}x, \qquad \mathrm{Re}\, z > 0$$
的计算得到. 令 $x^2 = t$, 则得
$$\int_{-1}^{1} (1-x^2)^{z-1} \mathrm{d}x = \int_0^1 (1-t)^{z-1} t^{-1/2} \mathrm{d}t = B\left(z, \frac{1}{2}\right) = \frac{\Gamma(z)\Gamma(1/2)}{\Gamma(z+1/2)}.$$
若做变换 $1 + x = 2t$, $1 - x = 2(1-t)$, 则有另一种形式的结果:
$$\int_{-1}^{1} (1-x^2)^{z-1} \mathrm{d}x = 2^{2z-1} \int_0^1 t^{z-1}(1-t)^{z-1} \mathrm{d}t = 2^{2z-1} B(z,z) = 2^{2z-1} \frac{\Gamma(z)\Gamma(z)}{\Gamma(2z)}.$$
于是
$$\frac{\Gamma(z)\Gamma(1/2)}{\Gamma(z+1/2)} = 2^{2z-1} \frac{\Gamma(z)\Gamma(z)}{\Gamma(2z)},$$
约去等式两端的公因子 $\Gamma(z)$ (因为 $\Gamma(z)$ 恒不为 0), 就得到 (7.13) 式. 这里的证明仍然是在 $\mathrm{Re}\, z > 0$ 的条件下进行的. 但是, 正如前面多次论证过的, 结果在全复平面都成立. □

例 7.8 应用 B 函数重新计算积分 $\int_0^1 \frac{\sqrt[4]{x(1-x)^3}}{(1+x)^3} \mathrm{d}x$.

解 此积分曾经应用留数定理计算过 (见例 6.12). 现在选择做特定的自变量变换而化为 B 函数. 为此, 令
$$t = \frac{2x}{1+x}, \qquad 1-t = \frac{1-x}{1+x}, \qquad \mathrm{d}t = \frac{2\,\mathrm{d}x}{(1+x)^2},$$
于是直接计算得
$$\int_0^1 \frac{\sqrt[4]{x(1-x)^3}}{(1+x)^3} \mathrm{d}x = \int_0^1 \left(\frac{x}{1+x}\right)^{1/4} \left(\frac{1-x}{1+x}\right)^{3/4} \frac{\mathrm{d}x}{(1+x)^2}$$
$$= 2^{-5/4} \int_0^1 t^{1/4}(1-t)^{3/4} \mathrm{d}t = \frac{2^{-5/4}}{\Gamma(3)} \Gamma\left(\frac{5}{4}\right) \Gamma\left(\frac{7}{4}\right)$$
$$= 2^{-9/4} \cdot \frac{1}{4} \cdot \frac{3}{4} \cdot \frac{\pi}{\sin(\pi/4)} = \frac{3\sqrt[4]{2}}{64}\pi.$$

例 7.9 $x_1^2 + x_2^2 + x_3^2 + \cdots + x_n^2 \leqslant a^2$ 是 n 维空间中的球体, 球半径为 a. 试求该球体的体积
$$V_n(a) = \int \cdots \int_{x_1^2+x_2^2+\cdots+x_n^2 \leqslant a^2} \mathrm{d}x_1 \mathrm{d}x_2 \mathrm{d}x_3 \cdots \mathrm{d}x_n$$
$$= 2^n \int_0^a \mathrm{d}x_n \int_0^{r_{n-1}} \mathrm{d}x_{n-1} \int_0^{r_{n-2}} \mathrm{d}x_{n-2} \cdots \int_0^{r_1} \mathrm{d}x_1,$$

其中
$$r_{n-1} = \sqrt{a^2 - x_n^2}, \qquad r_{n-2} = \sqrt{a^2 - (x_n^2 + x_{n-1}^2)}, \qquad \cdots,$$
$$r_1 = \sqrt{a^2 - (x_n^2 + x_{n-1}^2 + x_{n-2}^2 + \cdots + x_2^2)}.$$

解 做变换 $x_i = at_i, i = 1, 2, 3, \cdots, n-1$, 相应地
$$\tau_{n-1} = \sqrt{1 - t_n^2}, \qquad \tau_{n-2} = \sqrt{1 - (t_n^2 + t_{n-1}^2)}, \qquad \cdots,$$
$$\tau_1 = \sqrt{1 - (t_n^2 + t_{n-1}^2 + t_{n-2}^2 + \cdots + t_2^2)},$$

因此,
$$V_n(a) = 2^n a^n \int_0^1 \mathrm{d}t_n \int_0^{\tau_{n-1}} \mathrm{d}t_{n-1} \int_0^{\tau_{n-2}} \mathrm{d}t_{n-2} \cdots \int_0^{\tau_1} \mathrm{d}t_1 = C_n a^n.$$

可以采用递推的办法计算 $V_n(a)$. 因为
$$V_n(a) = 2 \int_0^a V_{n-1}(\sqrt{a^2 - x_n^2}) \mathrm{d}x_n = 2 C_{n-1} a^n \int_0^1 (1 - t_n^2)^{(n-1)/2} \mathrm{d}t_n$$
$$= C_{n-1} a^n \int_0^1 (1-t)^{(n-1)/2} t^{-1/2} \mathrm{d}t = \mathrm{B}\left(\frac{n+1}{2}, \frac{1}{2}\right) a^n$$
$$= \frac{\Gamma\left((n+1)/2\right)}{\Gamma\left(1 + n/2\right)} \sqrt{\pi} C_{n-1} a^n,$$

亦即
$$C_n = \frac{\Gamma\left((n+1)/2\right)}{\Gamma\left(1 + n/2\right)} \sqrt{\pi} C_{n-1}.$$

反复利用这个递推关系, 即得
$$C_n = \frac{\Gamma\left((n+1)/2\right)}{\Gamma\left(1 + n/2\right)} \pi^{1/2} C_{n-1} = \frac{\Gamma\left(n/2\right)}{\Gamma\left(1 + n/2\right)} \pi C_{n-2}$$
$$= \cdots = \frac{\Gamma\left(5/2\right)}{\Gamma\left(1 + n/2\right)} \pi^{(n-3)/2} C_3,$$

C_3 就来自三维球体 $x_1^2 + x_2^2 + x_3^2 \leqslant a^2$ 的体积, $C_3 = 4\pi/3$, 因此就求得
$$C_n = \frac{\Gamma\left(5/2\right)}{\Gamma\left(1 + n/2\right)} \pi^{(n-3)/2} \times \frac{4\pi}{3} = \frac{\pi^{n/2}}{\Gamma\left(1 + n/2\right)},$$

亦即
$$V_n(a) = \frac{\pi^{n/2}}{\Gamma\left(1 + n/2\right)} a^n.$$

此结果亦适用于 $n = 1, 2$, $V_1(a) = 2a$ 就是线段 $x^2 \leqslant a^2$ 的长度, $V_2(a) = \pi a^2$ 就是圆 $x_1^2 + x_2^2 \leqslant a^2$ 的面积.

*§7.5 一类无穷积分的变换公式

本节介绍一类积分的变换公式[①]. 通过这些公式, 我们可以方便地计算许多积分.

回顾例 7.4 中关于积分 $\text{v.p.}\int_0^\infty \frac{\tan x}{x}\,dx$ 的计算, 在此计算过程蕴涵着更普遍的内容. 事实上, 撇开最后的具体结果不谈, 我们在计算中只用到了函数 $\tan x$ 的周期性以及奇偶性, 因此, 完全重复上面的步骤, 就可以导出下列更一般的结论:

变换公式 I 若 $f(x)$ 为偶函数, 且以 π 为周期, 则

$$\text{v.p.}\int_0^\infty f(x)\frac{\tan x}{x}\,dx = \int_0^{\pi/2} f(x)\,dx, \tag{7.39}$$

如果等式两端的积分 (至少在主值意义下) 均存在[②].

还可以将 (7.39) 式改写为

$$\text{v.p.}\int_0^\infty \frac{f(x)}{x}\,dx = \int_0^{\pi/2} f(x)\cot x\,dx, \tag{7.39'}$$

其中 $f(x)$ 为奇函数, 且以 π 为周期.

可以将 (7.39) 或 (7.39') 式称为周期函数积分的变换公式, 它建立起周期函数的积分与相应无穷积分的联系. 而例 7.4 中关于积分 $\text{v.p.}\int_0^\infty \frac{\tan x}{x}\,dx$ 的计算, 就是 $f(x)=1$ 的特殊情形.

在一般情况下, 无穷积分可能较难计算, 采用这个变换公式, 就能够转化为计算定积分. 例如, 可以用这种方法重新计算我们多次计算过的积分 $\int_0^\infty \frac{\sin x}{x}\,dx$. 因为 $\sin x$ 的周期为 2π, 故需先做变换:

$$\int_0^\infty \frac{\sin x}{x}\,dx = \int_0^\infty \frac{\sin 2x}{x}\,dx,$$

再应用变换公式 I, 即可求得

$$\int_0^\infty \frac{\sin x}{x}\,dx = \int_0^{\pi/2} \sin 2x\cdot\cot x\,dx = 2\int_0^{\pi/2}\cos^2 x\,dx = \frac{\pi}{2}. \tag{7.40}$$

类似地, 有更一般的结果:

$$\int_0^\infty \frac{\sin^{2n+1} x}{x}\,dx = \int_0^\infty \frac{\sin^{2n+1} 2x}{x}\,dx = \int_0^{\pi/2}\sin^{2n+1} 2x\cdot\cot x\,dx$$

$$= 2^{2n+1}\int_0^{\pi/2}\sin^{2n} x\cos^{2n+2} x\,dx$$

$$= 2^{2n}\frac{\Gamma(n+1/2)\,\Gamma(n+3/2)}{\Gamma(2n+2)} = \frac{\sqrt{\pi}}{2}\frac{\Gamma(n+1/2)}{n!}. \tag{7.41}$$

在多数情况下, 我们既可以应用 (7.39) 或 (7.39') 式, 将可能较难计算的无穷积分转换为可能较易计算的定积分; 也可以根据已有的定积分 $\int_0^{\pi/2} f(x)\,dx$, 无须任何计算而能直接给出 $\int_0^\infty f(x)\frac{\tan x}{x}\,dx$ 值. 例如, 我们就可以由

$$\int_0^{\pi/2}\sin^{2n} x\cos^{2m} x\,dx = \frac{1}{2}\frac{\Gamma(n+1/2)\,\Gamma(m+1/2)}{\Gamma(n+m+1)}, \quad m,n = 0,1,2,\cdots$$

[①] 见: 吴崇试, 涉及周期函数积分的变换公式, 大学物理, 2012, 31(11), 1; 涉及周期函数积分的变换公式续谈, 大学物理, 2012, 31(12), 1.

[②] 在以下讨论的各个变换公式中, 同样均要求公式两端的积分存在 (至少在主值意义下存在). 恕不一一指明.

推出
$$\text{v.p.} \int_0^\infty \frac{\sin^{2n} x \cos^{2m} x \tan x}{x} \mathrm{d}x = \text{v.p.} \int_0^\infty \frac{\sin^{2n+1} x \cos^{2m-1} x}{x} \mathrm{d}x$$
$$= \frac{1}{2} \frac{\Gamma(n+1/2)\,\Gamma(m+1/2)}{\Gamma(n+m+1)}. \tag{7.42}$$

可以将上面的变换公式 I 加以推广:

变换公式 II 设 $f(x)$ 为偶函数, 且以 π 为周期, 则
$$\int_0^{\pi/2} f(x)\,\mathrm{d}x = \int_0^\infty f(x) \left(\frac{\sin x}{x}\right)^2 \mathrm{d}x. \tag{7.43}$$

仿照例 7.4 的计算过程, 可以得到
$$\int_0^\infty f(x)\left(\frac{\sin x}{x}\right)^2 \mathrm{d}x = \frac{1}{\pi} \int_0^\infty f(\pi x)\left(\frac{\sin \pi x}{x}\right)^2 \mathrm{d}x$$
$$= \lim_{N\to\infty} \left\{\frac{1}{\pi}\int_0^N f(\pi x)\left(\frac{\sin \pi x}{x}\right)^2 \mathrm{d}x\right\}$$
$$= \lim_{N\to\infty} \left\{\frac{1}{\pi}\sum_{k=0}^{N-1}\int_0^1 f(\pi x)\left(\frac{\sin \pi x}{x+k}\right)^2 \mathrm{d}x\right\}$$
$$= \lim_{N\to\infty} \left\{\frac{1}{\pi}\int_0^1 f(\pi x)\sin^2 \pi x \left[\sum_{k=0}^{N-1}\frac{1}{(x+k)^2}\right] \mathrm{d}x\right\}$$
$$= \lim_{N\to\infty} \left\{\frac{1}{\pi}\int_0^1 f(\pi x)\sin^2 \pi x \left[\psi'(x)-\psi'(x+k)\right] \mathrm{d}x\right\},$$

利用
$$\lim_{N\to\infty}\left[\psi'(x+N)+\psi'(1-x+N)\right]=0,$$
$$\psi'(x)+\psi'(1-x)=\frac{\mathrm{d}}{\mathrm{d}x}[\psi(x)-\psi(1-x)]=\pi^2(1+\cot^2 \pi x)=\frac{\pi^2}{\sin^2 \pi x},$$

就能导出这个公式. 请读者补足计算.

当然, 如果令 $g'(x)=f(x)$, 则用分部积分的办法, 也可以由 (7.39) 式直接导出 (7.43) 式. 但推导过程中需要对 $f(x)$ 加上额外的限制.

例 7.10 应用变换公式 II, 就能够容易地计算出下列积分:
$$\int_0^\infty \left(\frac{\sin x}{x}\right)^2 \mathrm{d}x = \int_0^{\pi/2} \mathrm{d}x = \frac{\pi}{2}; \tag{7.44}$$
$$\int_0^\infty \left(\frac{\sin x}{x}\right)^2 \cos 2nx\,\mathrm{d}x = \int_0^{\pi/2} \cos 2nx\,\mathrm{d}x = 0, \qquad n=1,2,3,\cdots; \tag{7.45}$$
$$\int_0^\infty \frac{\sin^{2n+2} x \cos^{2m} x}{x^2} \mathrm{d}x = \int_0^{\pi/2} \sin^{2n} x \cos^{2m} x\,\mathrm{d}x$$
$$= \frac{1}{2}\frac{\Gamma(n+1/2)\,\Gamma(m+1/2)}{(m+n)!}, \qquad m,n=0,1,2,\cdots. \tag{7.46}$$

最后的 (7.46) 式对应于前面的 (7.42) 式.

模仿变换公式 II 的证明步骤, 可以继续将变换公式 I 加以推广.

变换公式 III 设有偶函数 $f(x)$, 以 π 为周期, 则

$$\int_0^\infty \frac{f(x)}{\cos x}\left(\frac{\sin x}{x}\right)^3 dx = \int_0^{\pi/2} f(x)\, dx. \tag{7.47}$$

例 7.11 取 $f(x) = 1$, 则根据 (7.47) 式, 有

$$\text{v.p.} \int_0^\infty \left(\frac{\sin x}{x}\right)^3 \frac{dx}{\cos x} = \int_0^{\pi/2} 1 \cdot dx = \frac{\pi}{2}. \tag{7.48}$$

如果取 $f(x) = \cos 2nx$, $n = 1, 2, 3, \cdots$, 则有

$$\text{v.p.} \int_0^\infty \frac{\cos 2nx}{\cos x}\left(\frac{\sin x}{x}\right)^3 dx = \int_0^{\pi/2} \cos 2nx\, dx = 0. \tag{7.49}$$

例 7.12 计算积分 $\int_0^\infty \left(\dfrac{\sin x}{x}\right)^3 dx$.

解 不能直接取 $f(x) = \cos x$, 因为它的周期为 2π, 不符合变换公式 III 的成立条件, 但只需做简单的变量替换即可.

$$\int_0^\infty \left(\frac{\sin x}{x}\right)^3 dx = \frac{1}{4}\int_0^\infty \left(\frac{\sin 2x}{x}\right)^3 dx = 2\int_0^\infty \left(\frac{\sin x \cos x}{x}\right)^3 dx$$
$$= 2\int_0^\infty \frac{\cos^4 x}{\cos x}\left(\frac{\sin x}{x}\right)^3 dx = 2\int_0^{\pi/2} \cos^4 x\, dx = \frac{3}{8}\pi. \tag{7.50}$$

仿照上面的做法, 还可以继续导出有关积分 $\int_0^\infty f(x)\left(\dfrac{\sin x}{x}\right)^4 dx$ 的变换公式. 不再赘述.

总结以上给出的变换公式, 其实质只是应用了函数 $\cot \pi z$ 的有理分式展开 [见 (5.58) 式]

$$\cot z = \frac{1}{z} + \sum_{n=1}^\infty \frac{2z}{z^2 - n^2\pi^2} = \frac{1}{z} + \sum_{n=1}^\infty \left(\frac{1}{z - n\pi} + \frac{1}{z + n\pi}\right), \tag{7.51a}$$

包括将上式两端求导而得到的公式:

$$\frac{1}{\sin^2 z} = \frac{1}{z^2} + \sum_{n=1}^\infty \left[\frac{1}{(z - n\pi)^2} + \frac{1}{(z + n\pi)^2}\right], \tag{7.51b}$$

$$\frac{\cos z}{\sin^3 z} = \frac{1}{z^3} + \sum_{n=1}^\infty \left[\frac{1}{(z - n\pi)^3} + \frac{1}{(z + n\pi)^3}\right]. \tag{7.51c}$$

例如, 现在就可以利用 (7.51a) 式计算:

$$\int_0^{\pi/2} f(x)\, dx = \int_0^{\pi/2} f(x) \tan x \cot x\, dx$$
$$= \int_0^{\pi/2} f(x) \tan x \left[\frac{1}{x} + \sum_{n=1}^\infty \left(\frac{1}{x - n\pi} + \frac{1}{x + n\pi}\right)\right] dx$$
$$= \int_0^{\pi/2} f(x) \frac{\tan x}{x}\, dx + \sum_{n=1}^\infty \int_0^{\pi/2} \left[\frac{f(x)}{x - n\pi} + \frac{f(x)}{x + n\pi}\right] \tan x\, dx$$
$$= \int_0^{\pi/2} f(x) \frac{\tan x}{x}\, dx + \sum_{n=1}^\infty \left[\int_{(n-1/2)\pi}^{n\pi} \frac{f(n\pi - t)}{t} \tan t\, dt\right.$$
$$\left. + \int_{n\pi}^{(n+1/2)\pi} \frac{f(n\pi + t)}{t} \tan t\, dt\right].$$

如果 $f(x)$ 为偶函数,且以 π 为周期,
$$f(-x) = f(x), \qquad f(x+\pi) = f(x),$$
则可立即得到
$$\int_0^{\pi/2} f(x)\,\mathrm{d}x = \int_0^{\pi/2} f(x) \frac{\tan x}{x}\,\mathrm{d}x + \sum_{n=1}^\infty \int_{(n-1/2)\pi}^{(n+1/2)\pi} f(x) \frac{\tan x}{x}\,\mathrm{d}x$$
$$= \int_0^\infty f(x) \frac{\tan x}{x}\,\mathrm{d}x.$$

这正是前面给出的变换公式 I,即 (7.39) 式.

完全类似地,也可以利用 (7.51b) 和 (7.51c) 式分别导出变换公式 II 和变换公式 III.

本着这样的思路,我们也可以利用 [见 (5.59) 式]
$$\frac{1}{\sin z} = \frac{1}{z} + 2z \sum_{n=1}^\infty \frac{(-1)^n}{z^2 - n^2\pi^2} = \frac{1}{z} + \sum_{n=1}^\infty (-1)^n \left(\frac{1}{z - n\pi} + \frac{1}{z + n\pi} \right) \tag{7.52}$$

导出新的变换公式. 例如,当 $g(x)$ 为奇函数、且 $g(x) = -g(\pi+x)$ 时,
$$\int_0^\infty \frac{g(x)}{x}\,\mathrm{d}x = \int_0^{\pi/2} \frac{g(x)}{x}\,\mathrm{d}x + \sum_{m=1}^\infty \left[\int_{(m-1/2)\pi}^{m\pi} \frac{g(x)}{x}\,\mathrm{d}x + \int_{m\pi}^{(m+1/2)\pi} \frac{g(x)}{x}\,\mathrm{d}x \right]$$
$$= \int_0^{\pi/2} \frac{g(x)}{x}\,\mathrm{d}x + \sum_{m=1}^\infty \int_0^{\pi/2} \left[\frac{g(m\pi - x)}{m\pi - x} + \frac{g(m\pi + x)}{m\pi + x} \right]\mathrm{d}x$$
$$= \int_0^{\pi/2} \left[\frac{1}{x} + \sum_{m=1}^\infty (-1)^m \left(\frac{1}{x - m\pi} + \frac{1}{x + m\pi} \right) \right] g(x)\,\mathrm{d}x$$
$$= \int_0^{\pi/2} \frac{g(x)}{\sin x}\,\mathrm{d}x. \tag{7.53a}$$

或令 $g(x)/\sin x = f(x)$,则可将上式改写成
$$\int_0^{\pi/2} f(x)\,\mathrm{d}x = \int_0^\infty f(x) \frac{\sin x}{x}\,\mathrm{d}x, \tag{7.53b}$$

其中 $f(x)$ 为偶函数、且 $f(x) = f(\pi+x)$.

类似的结果还可以列出
$$\int_0^\infty \frac{f(x)}{x^2}\,\mathrm{d}x = \int_0^{\pi/2} \frac{f(x)\cos x}{\sin^2 x}\,\mathrm{d}x, \qquad f(x) = f(-x) = -f(\pi+x), \tag{7.54a}$$
$$\int_0^\infty f(x) \left(\frac{\sin x}{x} \right)^2 \mathrm{d}x = \int_0^{\pi/2} f(x) \cos x\,\mathrm{d}x, \qquad f(x) = f(-x) = -f(\pi+x), \tag{7.54b}$$
$$\int_0^\infty \frac{f(x)}{\cos x} \left(\frac{\sin x}{x} \right)^2 \mathrm{d}x = \int_0^{\pi/2} f(x)\,\mathrm{d}x, \qquad f(x) = f(-x) = f(\pi+x). \tag{7.54c}$$

§7.6 Γ 函数的普遍表达式

Γ 函数的定义 [第二类 Euler 积分 (7.1) 式] 只适用于右半平面 $\mathrm{Re}\,z > 0$. 为了弥补这一缺陷,本节不加证明地介绍 Γ 函数的另外几种表达式,包括围道积分表示和无穷乘积表示,它们都在全复平面成立 (孤立奇点除外). 有关证明见参考书目 [13] 的第 3 章.

1. **Γ 函数的围道积分表示**

$$\Gamma(z) = -\frac{1}{2\mathrm{i}\sin\pi z}\int_\infty^{(0+)} \mathrm{e}^{-t}(-t)^{z-1}\mathrm{d}t, \quad |\arg(-t)|<\pi, \tag{7.55}$$

其中的积分围道为: 从上半平面挨近正实轴无穷远处出发, 左行绕原点正向一周, 再右行到下半平面挨近正实轴无穷远处 (见图 7.4). 此式在全 z 复平面成立, 但 $z=$ 整数除外.

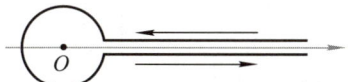 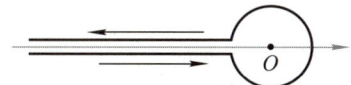

图 7.4 Γ 函数的围道积分表示 (1)   图 7.5 Γ 函数的围道积分表示 (2)

Γ 函数的另一个围道积分表示是

$$\frac{1}{\Gamma(z)} = \frac{1}{2\pi\mathrm{i}}\int_{-\infty}^{(0+)} \mathrm{e}^t t^{-z}\mathrm{d}t, \quad |\arg t|<\pi, \tag{7.56}$$

积分围道为从下半平面挨近负实轴无穷远处出发, 右行绕原点正向一周, 再左行到上半平面挨近负实轴无穷远处 (见图 7.5). 此式在全 z 复平面成立, 包括 $z=$ 整数.

2. **Γ 函数的 Euler 无穷乘积表示**

$$\Gamma(z) = \frac{1}{z}\prod_{n=1}^\infty \left[\left(1+\frac{z}{n}\right)^{-1}\left(1+\frac{1}{n}\right)^z\right], \tag{7.57}$$

此式对任何 z 均成立, 但极点 $z=0$ 或负整数除外.

3. **Γ 函数的 Weierstrass 无穷乘积表示**

$$\frac{1}{\Gamma(z)} = z\mathrm{e}^{\gamma z}\prod_{n=1}^\infty \left[\left(1+\frac{z}{n}\right)\mathrm{e}^{-z/n}\right], \tag{7.58}$$

其中

$$\gamma = \lim_{n\to\infty}\left(\sum_{k=1}^n \frac{1}{k} - \ln n\right) = 0.577\,215\,664\,901\cdots \tag{7.59}$$

就是 Euler 常数 (§7.3, (7.25) 式). 这个无穷乘积给出了任何 z 的 $\Gamma(z)$, 同时指明了 $\Gamma(z)$ 的孤立奇点为一阶极点 $z=0,-1,-2,\cdots$ 而无零点.

从 Γ 函数的无穷乘积表示可得到一系列有意义的结果. 例如

$$\sin\pi z = \frac{\pi}{\Gamma(z)\Gamma(1-z)} = \pi z\prod_{m=1}^\infty \left(1-\frac{z^2}{m^2}\right), \tag{7.60}$$

$$\cos\pi z = \frac{\sin 2\pi z}{2\sin\pi z} = \prod_{m=1}^\infty \left[1-\frac{4z^2}{(2m-1)^2}\right]. \tag{7.61}$$

将这两式求对数微商, 又可以得到

$$\pi\tan\pi z = -8z\sum_{m=1}^\infty \frac{1}{4z^2-(2m-1)^2}, \qquad z\neq\pm\frac{1}{2},\pm\frac{3}{2},\cdots, \tag{7.62}$$

$$\pi\cot\pi z = \frac{1}{z}+2z\sum_{m=1}^\infty \frac{1}{z^2-m^2}, \qquad z\neq 0,\pm 1,\pm 2,\cdots, \tag{7.63}$$

$$\pi\csc\pi z = \frac{\pi}{2}\left[\tan\frac{\pi z}{2}+\cot\frac{\pi z}{2}\right] = \frac{1}{z}+2z\sum_{m=1}^\infty \frac{(-1)^m}{z^2-m^2}, \qquad z\neq 0,\pm 1,\pm 2,\cdots, \tag{7.64}$$

$$\pi\sec\pi z = \pi\csc\pi\left(\frac{1}{2}-z\right) = 4\sum_{m=1}^\infty \frac{(-)^m(2m-1)}{4z^2-(2m-1)^2}, \qquad z\neq\pm\frac{1}{2},\pm\frac{3}{2},\cdots. \tag{7.65}$$

这正是这些函数的有理分式展开.

将 (7.62) 和 (7.63) 两式再求微商, 还可以进一步得到

$$\pi^2 \sec^2 \pi z = 4 \sum_{m=-\infty}^{\infty} \frac{1}{[2z-(2m-1)]^2}, \qquad z \neq \pm\frac{1}{2}, \pm\frac{3}{2}, \cdots, \tag{7.66}$$

$$\pi^2 \csc^2 \pi z = \sum_{m=-\infty}^{\infty} \frac{1}{(z-m)^2}, \qquad z \neq 0, \pm 1, \pm 2, \cdots. \tag{7.67}$$

将 (7.62) ~ (7.65) 诸式右端在 $z=0$ 点作 Taylor 展开, 并交换求和次序, 又可以得到

$$\pi z \tan \pi z = 2 \sum_{n=1}^{\infty} \left[\sum_{m=1}^{\infty} \frac{1}{(2m-1)^{2n}} \right] (2z)^{2n}, \quad \pi z \cot \pi z = 1 - 2 \sum_{n=1}^{\infty} \left(\sum_{m=1}^{\infty} \frac{1}{m^{2n}} \right) z^{2n},$$

$$\pi \sec \pi z = 4 \sum_{n=0}^{\infty} \left[\sum_{m=1}^{\infty} \frac{(-)^{m-1}}{(2m-1)^{2n+1}} \right] (2z)^{2n}, \quad \pi z \csc \pi z = 1 + 2 \sum_{n=1}^{\infty} \left[\sum_{m=1}^{\infty} \frac{(-)^{m-1}}{m^{2n}} \right] z^{2n}.$$

再与 (5.45) ~ (5.47) 诸式及 (5.51′) 式相比较, 就可以得出下列几个级数和:

$$\sum_{m=1}^{\infty} \frac{1}{m^{2n}} = \frac{(-)^{n-1}}{2} \frac{(2\pi)^{2n}}{(2n)!} B_{2n}, \tag{7.68}$$

$$\sum_{m=1}^{\infty} \frac{(-1)^{m-1}}{m^{2n}} = (-)^{n-1} \frac{2^{2n-1}-1}{(2n)!} \pi^{2n} B_{2n}, \tag{7.69}$$

$$\sum_{m=1}^{\infty} \frac{1}{(2m-1)^{2n}} = \frac{(-)^{n-1}}{2} \frac{2^{2n}-1}{(2n)!} \pi^{2n} B_{2n}, \tag{7.70}$$

$$\sum_{m=1}^{\infty} \frac{(-1)^{m-1}}{(2m-1)^{2n+1}} = \frac{(-)^n}{2^{2n+2}} \frac{\pi^{2n+1}}{(2n)!} E_{2n}. \tag{7.71}$$

将 (7.68) 式改写成

$$B_{2n} = (-)^{n-1} \frac{2(2n)!}{(2\pi)^{2n}} \sum_{m=1}^{\infty} \frac{1}{m^{2n}}, \tag{7.71′}$$

就可以看出, 当 $n \to \infty$ 时 $B_{2n} \to \infty$. 例如,

$$B_{20} = -5.291 \times 10^2, \qquad B_{30} = 6.016 \times 10^8, \qquad B_{40} = -1.930 \times 10^{16},$$
$$B_{50} = 7.501 \times 10^{24}, \qquad \cdots, \qquad B_{200} = -3.647 \times 10^{215}.$$

*§7.7　Γ 函数的渐近展开

§7.2 中曾经介绍了 $z \to \infty$ 时 $\Gamma(z)$ 的渐近展开. 这一节就 z 为实数 x, 即

$$\Gamma(x+1) = \int_0^{\infty} e^{-t} t^x dt, \qquad x > 0 \tag{7.72}$$

的情形, 推导一下这个公式[①]. 分析一下积分 (7.72) 的被积函数, 它在 $t=0$ 时为 0, 随着 t 的增大而增大, 当 $t=x$ 时达到极大, 而后又单调下降. 由于指数函数的变化特点, 被积函数对积分的贡献主要来

[①] 本节的推导方法引自 T. C. Bradbury, Mathematical Methods with Applications to Problems in the Physical Sciences, John Wiley & Sons, Inc., New York, 1984. 基本思想仍是鞍点法, 只不过由于限于实数情形, 因而比较简单.

自 $t = x$ 附近的一个很窄的区间. 这时, 可以将被积函数写成 $\mathrm{e}^{-t}t^x = \mathrm{e}^{-t+x\ln t}$, 再将函数 $-t + x\ln t$ 在 $t = x$ 点作 Taylor 展开:

$$-t + x\ln t = x\ln x - x - \frac{(t-x)^2}{2x} + -\cdots. \tag{7.73}$$

所以, 就得到 Γ 函数的近似表达式

$$\Gamma(x+1) \approx x^x \mathrm{e}^{-x} \int_0^\infty \mathrm{e}^{-(t-x)^2/2x}\mathrm{d}t \approx x^x\mathrm{e}^{-x} \int_{-\infty}^\infty \mathrm{e}^{-\xi^2/2x}\mathrm{d}\xi = x^x \mathrm{e}^{-x} \sqrt{2\pi x}. \tag{7.74}$$

这样, 可以预料, $\Gamma(x+1)$ 的渐近展开式应该为

$$\Gamma(x+1) = x^x \mathrm{e}^{-x} \sqrt{2\pi x} \left(1 + \frac{A}{x} + \frac{B}{x^2} + \frac{C}{x^3} + \cdots\right). \tag{7.75}$$

问题是如何确定系数 $A, B, C, \cdots$. 巧妙的办法是将 (7.75) 式代入 Γ 函数的递推关系 $\Gamma(x+1) = x\Gamma(x)$, 从而得到

$$1 + \frac{A}{x} + \frac{B}{x^2} + \frac{C}{x^3} + \cdots = \mathrm{e}\left(1 - \frac{1}{x}\right)^{x-1/2} \left[1 + \frac{A}{x-1} + \frac{B}{(x-1)^2} + \frac{C}{(x-1)^3} + \cdots\right]. \tag{7.76}$$

由于

$$\left(1 - \frac{1}{x}\right)^{x-1/2} = \exp\left\{\left(x - \frac{1}{2}\right)\ln\left(1 - \frac{1}{x}\right)\right\},$$

当 x 很大时,

$$\left(x - \frac{1}{2}\right)\ln\left(1 - \frac{1}{x}\right) = \left(x - \frac{1}{2}\right)\left(-\frac{1}{x} - \frac{1}{2x^2} - \frac{1}{3x^3} - \frac{1}{4x^4} - \cdots\right)$$

$$= -1 - \frac{1}{12x^2} - \frac{1}{12x^3} - \cdots,$$

所以

$$\left(1 - \frac{1}{x}\right)^{x-1/2} = \exp\left\{-1 - \frac{1}{12x^2} - \frac{1}{12x^3} - \cdots\right\}$$

$$= \exp\{-1\}\left(1 - \frac{1}{12x^2} - \frac{1}{12x^3} + \cdots\right). \tag{7.77}$$

同时, 将 $(x-1)^{-n}$ 也作展开,

$$\frac{1}{(x-1)^n} = \frac{1}{x^n}\left(1 - \frac{1}{x}\right)^{-n} = \frac{1}{x^n}\sum_{k=0}^\infty \frac{1}{k!}\frac{(k+n-1)!}{(n-1)!}\frac{1}{x^k}, \tag{7.78}$$

令 $n = 1, 2, 3, \cdots$, 代入 (7.76) 式, 有

$$1 + \frac{A}{x} + \frac{B}{x^2} + \frac{C}{x^3} + \cdots$$
$$= \left(1 - \frac{1}{12x^2} - \frac{1}{12x^3} + \cdots\right)\left(1 + \frac{A}{x} + \frac{A}{x^2} + \frac{A}{x^3} + \frac{B}{x^2} + \frac{2B}{x^3} + \frac{C}{x^3} + \cdots\right)$$
$$= 1 + \frac{A}{x} + \left(A + B - \frac{1}{12}\right)\frac{1}{x^2} + \left(\frac{11}{12}A + 2B + C - \frac{1}{12}\right)\frac{1}{x^3} + \cdots. \tag{7.79}$$

比较系数, 就求得

$$A = \frac{1}{12}, \qquad B = \frac{1}{288}. \tag{7.80}$$

当然, 如果在 (7.77) 和 (7.78) 式中, 写出更高次负幂项, 就可以定出系数 $C, D, \cdots$.

*§7.8　Riemann ζ 函数和 Möbius 变换

另一个和 $\Gamma(z)$ 有关的函数是 Riemann ζ 函数. 它的定义是

$$\zeta(z) = \sum_{n=1}^{\infty} \frac{1}{n^z}, \quad \mathrm{Re}\,z > 1. \tag{7.81}$$

通过它的积分表示, 可以延拓到整个 z 平面上. 与此相应地, 可以推出 $\zeta(z)$ 的函数方程

$$\zeta(1-z) = \frac{2\Gamma(z)}{(2\pi)^z} \cos\frac{\pi z}{2} \zeta(z) \quad \text{或} \quad \pi^{-z/2}\Gamma\left(\frac{z}{2}\right)\zeta(z) = \pi^{-(1-z)/2}\Gamma\left(\frac{1-z}{2}\right)\zeta(1-z), \tag{7.82}$$

也可以由此求出 $\zeta(z)$ 在 $\mathrm{Re}\,z < 1$ 时的值.

在全平面, $\zeta(z)$ 只有一个奇点, $z=1$, 是它的一阶极点, 留数为 1. $z = -2m$ ($m = 1, 2, 3, \cdots$) 是 $\zeta(z)$ 的零点, 其余的零点只能分布在 $0 < \mathrm{Re}\,z < 1$ 的带形区域内. 由 (7.82) 式可以看出, 这些零点应该对称于直线 $\mathrm{Re}\,z = 1/2$. 此直线即称为临界线. 1859 年, Riemann 猜想, 这些零点全都集中在临界线上, 即可表示为 $1/2 + \mathrm{i}t$ 的形式, t 为实数. 例如, 头几个零点就是 $t = \pm 14.135\cdots, \pm 21.022\cdots, \pm 25.011\cdots$. 160 余年来, 此猜想既未能得到证明, 也未能找到一个反例. 2006 年, Gourdon 和 Demichel 验算了临界线上的 10^{13} 个零点, 以及 $t \sim 10^{13}, 10^{14}, \cdots, 10^{24}$ 附近的 2×10^9 个零点.

$\zeta(z)$ 的其他特殊值有

$$\zeta(0) = -\frac{1}{2}, \qquad \zeta'(0) = -\frac{1}{2}\ln(2\pi),$$
$$\zeta(2m) = \frac{(-)^{m-1}}{2}\frac{(2\pi)^{2m}}{(2m)!}\mathrm{B}_{2m}, \qquad \zeta(1-2m) = -\frac{1}{2m}\mathrm{B}_{2m},$$

其中 $m = 1, 2, 3, \cdots$, B_m 是 Bernoulli 数.

Riemann ζ 函数在数论中有重要的应用. 例如, 可以证明:

$$\frac{1}{\zeta(z)} = \prod_{\text{质数}\,p}\left(1 - \frac{1}{p^z}\right) = \sum_{n=1}^{\infty} \frac{\mu(n)}{n^z}, \quad \mathrm{Re}\,z > 1, \tag{7.83}$$

其中的 $\mu(n)$ 称为 Möbius 函数,

$$\mu(n) = \begin{cases} 1, & n = 1, \\ (-1)^r, & n \text{ 是 } r \text{ 个不同质因子的乘积}, \\ 0, & n \text{ 中含有重复的质因子}. \end{cases} \tag{7.84}$$

例如,

$$\mu(1) = 1, \quad \mu(2) = -1, \quad \mu(3) = -1, \quad \mu(4) = 0, \quad \mu(5) = -1,$$
$$\mu(6) = 1, \quad \mu(7) = -1, \quad \mu(8) = 0, \quad \mu(9) = 0, \quad \mu(10) = 1.$$

应用 Möbius 函数, 可以讨论 Möbius 变换[①] 的反演问题. 设 $f(n)$ 是一个数论函数 (即自变量为自然数 n 的函数), 则

$$g(n) = \sum_{d \mid n} f(d) \tag{7.85}$$

[①] 这里指的是数论中的 Möbius 变换. 保角变换中的分式线性变换 (见 8.4 节) 也称作 Möbius 变换.

称为 f 的 Möbius 变换, 其中求和对 n 的所有因子 d (包括 1 和 n) 进行. 而且, 由于

$$\sum_{d|n} f(d) = \sum_{(n/d)|n} f\left(\frac{n}{d}\right) = \sum_{d|n} f\left(\frac{n}{d}\right),$$

所以, 也可以把 (7.85) 式改写成

$$g(n) = \sum_{d|n} f\left(\frac{n}{d}\right). \tag{7.85'}$$

还存在 Möbius 变换的反演 (简称 Möbius 反演), 即由 $g(n)$ 可以唯一地求出

$$f(n) = \sum_{d|n} \mu(d) g\left(\frac{n}{d}\right). \tag{7.86}$$

把 Möbius 变换应用于数学分析中的一般数学问题时, 需要面对的是无穷级数, 例如

$$g(x) = \sum_{n=1}^{\infty} f\left(\frac{x}{n}\right), \tag{7.87}$$

不妨称之为函数 f 的修正的 Möbius 变换. 设 $f(x)$ 和 $g(x)$ 均可在 $x=0$ 点作 Taylor 展开,

$$f(x) = \sum_{k=2}^{\infty} c_k x^k, \tag{7.88}$$

$$g(x) = \sum_{k=2}^{\infty} d_k x^k, \tag{7.89}$$

这里的级数中缺少 $k=0$ 和 1 项, 是为了保证 (7.87) 式中的级数收敛. 将 (7.88) 和 (7.89) 式代入 (7.87) 式, 并进一步假设可以交换求和次序, 就可以得到

$$g(x) = \sum_{n=1}^{\infty} \left[\sum_{k=2}^{\infty} c_k \left(\frac{x}{n}\right)^k\right] = \sum_{k=2}^{\infty} c_k x^k \left(\sum_{n=1}^{\infty} \frac{1}{n^k}\right) = \sum_{k=2}^{\infty} c_k \zeta(k) x^k = \sum_{k=2}^{\infty} d_k x^k,$$

所以, 应该有

$$d_k = c_k \zeta(k) \quad \text{即} \quad c_k = \frac{d_k}{\zeta(k)}. \tag{7.90}$$

再代回到 (7.88) 中, 就得到

$$f(x) = \sum_{k=2}^{\infty} \frac{d_k}{\zeta(k)} x^k = \sum_{k=2}^{\infty} d_k \left[\sum_{n=1}^{\infty} \frac{\mu(n)}{n^k}\right] x^k = \sum_{n=1}^{\infty} \mu(n) \left[\sum_{k=2}^{\infty} d_k \left(\frac{x}{n}\right)^k\right] = \sum_{n=1}^{\infty} \mu(n) g\left(\frac{x}{n}\right). \tag{7.91}$$

这就是修正的 Möbius 反演公式.

对于

$$g(x) = \sum_{n=1}^{\infty} f(nx) \tag{7.92}$$

形式的级数, 也可以得到类似的结果:

$$f(x) = \sum_{n=1}^{\infty} \mu(n) g(nx), \tag{7.93}$$

只要 $f(x)$ 和 $g(x)$ 能在 $x=\infty$ 点作 Taylor 展开即可.

上面提到的修正的 Möbius 变换及其反演公式, 在一些数论的著作中已经 (或实际上已经) 出现过, 但长期以来并未得到重视与应用. 1990 年, 我国陈难先院士[1] 再次得到这个结果, 并成功地应用于讨论了

---

[1] Nan-xian Chen, Modified Möbius inverse formula and its applications in physics, Phys. Rev. Lett., **64** (1990) 1193.

凝聚态物理中的两个重要问题: 声子态密度和黑体辐射的反问题, 出人意料然而恰到好处地给出了问题的精确解, 开辟了应用纯粹数学解决物理问题的新途径. 此后, 陈难先等还讨论了其他一些物理问题中的反演问题, 包括 Bose 体系和 Fermi 体系的问题. 特别是, 第一次给出了交错级数

$$g(x) = \sum_{n=1}^{\infty} (-)^{n-1} f(nx) \tag{7.94}$$

的反演公式

$$f(x) = \sum_{n=1}^{\infty} \mu(n) \left[\sum_{m=1}^{\infty} 2^{m-1} f(2^{m-1} nx) \right]. \tag{7.95}$$

把修正的 Möbius 反演公式应用到现有的无穷级数上, 可以得到一些有意思的结果. 例如, 从

$$\coth \pi x = \frac{1}{\pi x} + \frac{2x}{\pi} \sum_{n=1}^{\infty} \frac{1}{x^2 + n^2} \quad \text{和} \quad \cot \pi x = \frac{1}{\pi x} + \frac{2x}{\pi} \sum_{n=1}^{\infty} \frac{1}{x^2 - n^2} \tag{7.96}$$

[见 (7.33) 和 (7.63) 式], 就可以推出

$$\frac{x^2}{x^2 + 1} = \frac{1}{2} \sum_{n=1}^{\infty} \mu(n) \left(\frac{\pi x}{n} \coth \frac{\pi x}{n} - 1 \right), \quad |x| < 1, \tag{7.97}$$

$$\frac{x^2}{x^2 - 1} = \frac{1}{2} \sum_{n=1}^{\infty} \mu(n) \left(\frac{\pi x}{n} \cot \frac{\pi x}{n} - 1 \right), \quad |x| < 1. \tag{7.98}$$

继续发展这一思路, 陈难先院士更提出一般无穷级数的 Möbius 反演方法[①]. 设有无穷级数

$$P_m(x) = \sum_{n=0}^{\infty} A(n) Q_{n+m}(x), \tag{7.99}$$

称为 $Q_n(x)$ 的 Möbius 变换, 这里把展开系数写为 $A(n)$ 而非惯用的 A_n, 若 $A(0) \neq 0$, 且能找到另一组展开系数 $A^{-1}(n)$, 使得

$$Q_m(x) = \sum_{n=0}^{\infty} A^{-1}(n) P_{n+m}(x) \tag{7.100}$$

成立, 则称之为上述 Möbius 变换的反演. 建立无穷级数的 Möbius 反演关系, 关键就在于要找出这样的一对展开系数. 为此, 将 (7.99) 式代入 (7.100) 式, 即得

$$Q_k(x) = \sum_{n=0}^{\infty} \sum_{m=0}^{\infty} A(n) A^{-1}(m) Q_{n+m+k}(x)$$

$$= \sum_{l=0}^{\infty} \left[\sum_{n=0}^{l} A(n) A^{-1}(l-n) \right] Q_{l+k}(x),$$

这里当然要求二重级数绝对收敛, 因而可以改变求和次序. 所以, 展开系数 $A(n)$ 与 $A^{-1}(n)$ 之间应当满足

$$\sum_{n=0}^{l} A(n) A^{-1}(l-n) = \delta_{l0}. \tag{7.101}$$

根据此式, 我们就可以由展开系数 $A(n)$ 求出 $A^{-1}(n)$. 在得到这一关系式时, 默认展开式具有唯一性.

还可以换一个角度考察关系式 (7.101): 若 $f(z)$ 在 G 内解析, G 为包含 $z=0$ 在内的某一单连通区域, 且 $f(0) \neq 0$, 则可将 $f(z)$ 展开为

$$f(z) = \sum_{k=0}^{\infty} A(k) z^k, \tag{7.102a}$$

[①] 见陈难先、刘刚,《自然科学进展》, 13 卷第 5 期 (2003 年 5 月), 第 473 页.

同样, $1/f(z)$ 也可以展开为

$$\frac{1}{f(z)} = \sum_{k=0}^{\infty} A^{-1}(k) z^k. \tag{7.102b}$$

于是,

$$1 = \sum_{k=0}^{\infty} \sum_{m=0}^{\infty} A(m) A^{-1}(k) z^{m+k} = \sum_{n=0}^{\infty} \left[\sum_{m=0}^{n} A(m) A^{-1}(n-m) \right] z^n,$$

比较等式两端的系数, 即可得到 (7.101) 式. 这也就为寻找 Möbius 反演系数提供了可行的途径.

例7.13 因为

$$\mathrm{e}^z = \sum_{k=0}^{\infty} \frac{1}{k!} z^k, \qquad \mathrm{e}^{-z} = \sum_{k=0}^{\infty} \frac{(-1)^k}{k!} z^k, \tag{7.103}$$

所以就有一对 Möbius 反演系数

$$A(k) = \frac{1}{k!}, \qquad A^{-1}(k) = \frac{(-1)^k}{k!}.$$

例 7.14 因为

$$(1+z)^{\alpha} = \sum_{k=0}^{\infty} \frac{(-1)^k}{k!} (-\alpha)_k z^k, \qquad (1+z)^{-\alpha} = \sum_{k=0}^{\infty} \frac{(-1)^k}{k!} (\alpha)_k z^k, \tag{7.104}$$

所以有

$$A(k) = \frac{(-\alpha)_k}{k!}, \qquad A^{-1}(k) = \frac{(\alpha)_k}{k!},$$

其中 $(\alpha)_0 = 1$, $(\alpha)_k = \Gamma(\alpha+k)/\Gamma(\alpha)$. 又,

$$\mathrm{N}_k(x) = \frac{(-1)^k}{k!} (-x)_k = \frac{1}{k!} \frac{\Gamma(x+1)}{\Gamma(x-k+1)} \tag{7.105}$$

称为 Newton 多项式.

例 7.15 因为

$$\frac{\mathrm{e}^z - 1}{z} = \sum_{k=0}^{\infty} \frac{1}{(k+1)!} z^k, \qquad \frac{z}{\mathrm{e}^z - 1} = \sum_{k=0}^{\infty} \frac{\mathrm{B}_k}{k!} z^k, \tag{7.106}$$

B_k 为 Bernoulli 数 (见 §5.8). 所以

$$A(k) = \frac{1}{(k+1)!}, \qquad A^{-1}(k) = \frac{\mathrm{B}_k}{k!}.$$

例 7.16 因为

$$\frac{\sin z}{z} = \sum_{k=0}^{\infty} \frac{(-1)^k}{(2k+1)!} z^{2k}, \tag{7.107a}$$

$$\frac{z}{\sin z} = 2 \sum_{k=0}^{\infty} (-1)^{k-1} \frac{2^{2k-1} - 1}{(2k)!} \mathrm{B}_{2k} z^{2k}, \tag{7.107b}$$

所以就有

$$A(k) = \frac{(-1)^k}{(2k+1)!}, \qquad A^{-1}(k) = (-1)^{k-1} \frac{2(2^{2k-1} - 1)}{(2k)!} \mathrm{B}_{2k}.$$

例 7.17 因为

$$\frac{\tan z}{z} = 4 \sum_{k=0}^{\infty} (-1)^k \frac{2^{2k+2} - 1}{(2k+2)!} \mathrm{B}_{2k+2} (2z)^{2k}, \tag{7.108a}$$

$$z \cot z = \sum_{k=0}^{\infty} (-1)^k \frac{\mathrm{B}_{2k}}{(2k)!} (2z)^{2k}, \tag{7.108b}$$

所以又有
$$A(k) = 4\frac{2^{2k+2}-1}{(2k+2)!}B_{2k+2}, \qquad A^{-1}(k) = \frac{B_{2k}}{(2k)!}.$$

习 题

1. 将下列连乘积用 Γ 函数表示出来:

(1) $(2n)!!$;   (2) $(2n-1)!!$;

(3) $(1+\nu)(2+\nu)(3+\nu)\cdots(n+\nu)$;

(4) $[n(n+1)-\nu(\nu+1)][(n-1)n-\nu(\nu+1)]\cdots[0-\nu(\nu+1)]$.

2. 计算下列积分:

(1) $\int_0^\infty x^{-\alpha}\sin x\,\mathrm{d}x, \quad 0<\alpha<2$;

$\int_0^\infty x^{-\alpha}\cos x\,\mathrm{d}x, \quad 0<\alpha<1$.

(2) $\int_0^\infty x^{\alpha-1}\mathrm{e}^{-x\cos\theta}\cos(x\sin\theta)\mathrm{d}x, \quad \alpha>0, \quad -\frac{\pi}{2}<\theta<\frac{\pi}{2}$;

$\int_0^\infty x^{\alpha-1}\mathrm{e}^{-x\cos\theta}\sin(x\sin\theta)\mathrm{d}x, \quad \alpha>0, \quad -\frac{\pi}{2}<\theta<\frac{\pi}{2}$.

3. 设 $\psi(z) = \dfrac{\mathrm{d}}{\mathrm{d}z}\ln\Gamma(z) = \dfrac{\Gamma'(z)}{\Gamma(z)}$, 证明:

(1) $\psi(z+1) = \dfrac{1}{z} + \psi(z)$;

(2) $\psi(z+n) - \psi(z) = \dfrac{1}{z} + \dfrac{1}{z+1} + \cdots + \dfrac{1}{z+n-1}$.

4. 计算积分 $\iiint_V x^{\alpha-1}y^{\beta-1}z^{\gamma-1}\mathrm{d}x\mathrm{d}y\mathrm{d}z$ (α,β,γ 均为正数), 其中积分区域 V 为平面 $x=0, y=0, z=0$ 及曲面 $x^p+y^q+z^r=1$ 所包围的体积, p,q,r 均为已知正数.

5. 计算卵形线 $y^2 = \dfrac{1-x^2}{1+x^2}$ 所包围的面积.

6. 求双纽线 $\rho^2 = a^2\cos 2\theta$ 的长度.

7. 一质点在引力作用下沿直线运动, 力的大小与质点到原点的距离成反比, 若质点的质量为 m, 从 $x=L$ 处出发, 初速度为 0, 求质点到达原点处所需用的时间.

8. 设单摆作往复运动, 若摆长 L, 左右摆动的总角度为 π, 求单摆的振动周期.

9. 库仑散射的粒子波函数为 $\psi(r,\theta)$, 它在原点的数值为 $\psi(0) = \mathrm{e}^{\pi\gamma/2}\Gamma(1+\mathrm{i}\gamma)$, 其中 $\gamma = Z_1Z_2e^2/\hbar v$ 为已知正数. 求 $|\psi(0)|^2$.

10. 求下列无穷级数之和:

(1) $\sum\limits_{n=1}^\infty \dfrac{1}{n(4n^2-1)}$;   (2) $\sum\limits_{n=-\infty}^\infty \dfrac{1}{(n^2+1)^2}$.

11. 已知 $f(x) = f(\pi \pm x)$, 利用第五章第 11, 12 题的结果, 模仿 §7.5 的做法推导下列无穷积分的变换公式:

(1) $\int_0^\infty \dfrac{\cosh 2\gamma - \cos 2x}{x^2 + \gamma^2} f(x)\,\mathrm{d}x$;   (2) v.p. $\int_0^\infty \dfrac{\cosh 2\gamma - \cos 2x}{x^2 + \gamma^2} \dfrac{f(x)}{\cos x}\mathrm{d}x$;

(3) v.p. $\int_0^\infty \dfrac{\cosh 2\gamma - \cos 2x}{x^2 + \gamma^2} \dfrac{x f(x)}{\sin x} \, dx$;   (4) v.p. $\int_0^\infty \dfrac{\cosh 2\gamma - \cos 2x}{x^2 + \gamma^2} \dfrac{x f(x)}{\sin 2x} \, dx$.

12. 应用第 11 题的公式计算下列积分：

(1) $\int_0^\infty \dfrac{\cosh 2\gamma - \cos 2x}{x^2 + \gamma^2} \, dx$;   (2) v.p. $\int_0^\infty \dfrac{\cosh 2\gamma - \cos 2x}{x^2 + \gamma^2} \dfrac{1}{\cos x} \, dx$;

(3) v.p. $\int_0^\infty \dfrac{\cosh 2\gamma - \cos 2x}{x^2 + \gamma^2} \dfrac{x}{\sin x} \, dx$;   (4) v.p. $\int_0^\infty \dfrac{\cosh 2\gamma - \cos 2x}{x^2 + \gamma^2} \dfrac{x}{\sin 2x} \, dx$.

Γ 函数的其他近似表达式

1. $\Gamma(x+1) = 1 + a_1 x + a_2 x^2 + \cdots + a_5 x^5 + \varepsilon(x)$, $0 \leqslant x \leqslant 1$, $|\varepsilon(x)| \leqslant 5 \times 10^{-5}$.

$$a_1 = -0.5748646, \quad a_2 = 0.9512363, \quad a_3 = -0.6998588,$$
$$a_4 = 0.4245549, \quad a_5 = -0.1010678.$$

2. $\Gamma(x+1) = 1 + a_1 x + a_2 x^2 + \cdots + a_8 x^8 + \varepsilon(x)$, $0 \leqslant x \leqslant 1$, $|\varepsilon(x)| \leqslant 3 \times 10^{-7}$.

$$a_1 = -0.577191652, \quad a_2 = 0.988205891, \quad a_3 = -0.897056937,$$
$$a_4 = 0.918206857, \quad a_5 = -0.756704078, \quad a_6 = 0.482199394,$$
$$a_7 = -0.193527818, \quad a_8 = 0.035868343.$$

3. $\ln \Gamma(z) = \left(z - \dfrac{1}{2}\right) \ln z - z + \dfrac{1}{2} \ln(2\pi) + \dfrac{1}{12(z+1)} + \dfrac{1}{12(z+1)(z+2)}$
$\qquad + \dfrac{59}{360(z+1)(z+2)(z+3)} + \dfrac{29}{60(z+1)(z+2)(z+3)(z+4)} + \cdots,$ $\operatorname{Re} z > 0$.

4. $\Gamma(z) \approx z^{z-1/2} e^{-z} \sqrt{2\pi} \left(z \sinh \dfrac{1}{z} + \dfrac{1}{810 z^6}\right)^{z/2}$.

5. $\Gamma(z) \approx z^{z-1/2} e^{-z} \sqrt{2\pi} \left(1 + \dfrac{10}{120 z^2 - 1}\right)^z$.

第八章

二阶线性常微分方程的幂级数解法

幂级数解法是求解变系数线性常微分方程的一种实用方法. 这种解法的理论称为常微分方程解析理论, 其基础仍然是解析函数论. 求解步骤类似于前面幂级数展开中介绍的待定系数法: 首先通过对二阶线性常微分方程的分析, 判断出方程的解在待求区域的级数形式 (其中的叠加系数是待定常数), 然后通过迭代的方法求出常微分方程幂级数解中的叠加系数.

§8.1 二阶线性常微分方程的常点和奇点

在数学物理问题中, 经常会出现一些**二阶线性齐次常微分方程**, 它们的标准形式是

$$\frac{\mathrm{d}^2 w}{\mathrm{d} z^2} + p(z) \frac{\mathrm{d} w}{\mathrm{d} z} + q(z) w = 0, \tag{8.1}$$

$p(z)$ 和 $q(z)$ 称为**方程的系数**. 显然, 方程的解是完全由方程的系数决定的. 特别是, 我们将看到, 方程解的解析性是完全由方程系数的解析性决定的.

用级数解法解常微分方程时, 得到的解总是某一指定点 z_0 的邻域内收敛的无穷级数. 方程系数 $p(z), q(z)$ 在 z_0 点的解析性就决定了级数解在 z_0 点的解析性, 或者说, 就决定了级数解的形式, 例如, 是 Taylor 级数还是 Laurent 级数.

若方程的系数 $p(z)$ 和 $q(z)$ 都在 z_0 点解析, 则 z_0 点称为**方程的常点**.

若方程的系数 $p(z)$ 与 $q(z)$ 中至少有一个在 z_0 点不解析, 则 z_0 点称为**方程的奇点**.

例 8.1 超几何方程

$$z(1-z) \frac{\mathrm{d}^2 w}{\mathrm{d} z^2} + [\gamma - (1 + \alpha + \beta) z] \frac{\mathrm{d} w}{\mathrm{d} z} - \alpha \beta w = 0 \tag{8.2}$$

的系数是

$$p(z) = \frac{\gamma - (1 + \alpha + \beta) z}{z(1-z)} \quad \text{和} \quad q(z) = -\frac{\alpha \beta}{z(1-z)}.$$

在 z 复平面 $\mathbb{C}$ 内, $p(z)$ 和 $q(z)$ 有两个孤立奇点: $z = 0$ 和 $z = 1$. 所以, 除了 $z = 0$ 和 $z = 1$ 是超几何方程的奇点外, 复平面内其他点都是超几何方程的常点.

例 8.2 Legendre 方程

$$(1 - z^2) \frac{\mathrm{d}^2 w}{\mathrm{d} z^2} - 2z \frac{\mathrm{d} w}{\mathrm{d} z} + l(l+1) w = 0, \tag{8.3}$$

在 z 复平面内的奇点为 $z = \pm 1$.

练习 8.1 已知二阶线性齐次常微分方程 (8.1) 的两个线性无关解是 $w_1(z)$ 和 $w_2(z)$, 试证:
$$p(z) = -\frac{\Delta_1(z)}{\Delta(z)}, \qquad q(z) = \frac{\Delta_2(z)}{\Delta(z)},$$

其中
$$\Delta(z) = \begin{vmatrix} w_1(z) & w_1'(z) \\ w_2(z) & w_2'(z) \end{vmatrix}, \qquad \Delta_1(z) = \begin{vmatrix} w_1(z) & w_1''(z) \\ w_2(z) & w_2''(z) \end{vmatrix}, \qquad \Delta_2(z) = \begin{vmatrix} w_1'(z) & w_1''(z) \\ w_2'(z) & w_2''(z) \end{vmatrix}.$$

要判断无穷远点 $z = \infty$ 是不是方程 (8.1) 的奇点, 需将方程做自变量替换 $z = 1/t$. 因为
$$\frac{\mathrm{d}w}{\mathrm{d}z} = -t^2 \frac{\mathrm{d}w}{\mathrm{d}t}, \qquad \frac{\mathrm{d}^2 w}{\mathrm{d}z^2} = -t^2 \frac{\mathrm{d}}{\mathrm{d}t}\left(-t^2 \frac{\mathrm{d}w}{\mathrm{d}t}\right) = t^4 \frac{\mathrm{d}^2 w}{\mathrm{d}t^2} + 2t^3 \frac{\mathrm{d}w}{\mathrm{d}t},$$

所以关于 z 的微分方程 (8.1) 变为关于 t 的微分方程
$$\frac{\mathrm{d}^2 w}{\mathrm{d}t^2} + \left[\frac{2}{t} - \frac{1}{t^2} p\left(\frac{1}{t}\right)\right] \frac{\mathrm{d}w}{\mathrm{d}t} + \frac{1}{t^4} q\left(\frac{1}{t}\right) w = 0. \tag{8.4}$$

如果 $t = 0$ 是方程 (8.4) 的常点 (奇点), 则称无穷远点 $z = \infty$ 为方程 (8.1) 的常点 (奇点). $t = 0$ (即 $z = \infty$) 为方程 (8.4) 常点的条件是
$$p\left(\frac{1}{t}\right) = 2t + a_2 t^2 + a_3 t^3 + \cdots, \qquad q\left(\frac{1}{t}\right) = b_4 t^4 + b_5 t^5 + \cdots, \qquad |t| < r, \tag{8.5}$$

也就是说当
$$p(z) = \frac{2}{z} + \frac{a_2}{z^2} + \frac{a_3}{z^3} + \cdots, \qquad q(z) = \frac{b_4}{z^4} + \frac{b_5}{z^5} + \cdots, \qquad |z| > \frac{1}{r} \tag{8.6}$$

时, 无穷远点 $z = \infty$ 是方程 (8.1) 的常点. 由此可见, 无穷远点是超几何方程 (8.2) 和 Legendre 方程 (8.3) 的奇点.

§8.2 方程常点邻域内的解

我们不加证明地介绍下面的定理[①].

定理 8.1 如果 $p(z)$ 和 $q(z)$ 在圆 $|z - z_0| < R$ 内单值解析, 则在此圆内二阶线性齐次常微分方程的初值问题
$$\frac{\mathrm{d}^2 w}{\mathrm{d}z^2} + p(z) \frac{\mathrm{d}w}{\mathrm{d}z} + q(z) w = 0, \tag{8.7a}$$
$$w(z_0) = c_0, \quad w'(z_0) = c_1 \quad (\text{其中 } c_0, c_1 \text{ 为任意常数}) \tag{8.7b}$$

的解存在而且唯一, 并且解 $w(z)$ 在这个圆内单值解析.

根据这个定理, 方程的解 $w(z)$ 在常点 z_0 的邻域 $|z - z_0| < R$ 内可以展开为 Taylor 级数
$$w(z) = \sum_{k=0}^{\infty} c_k (z - z_0)^k. \tag{8.8}$$

[①] 有关定理 8.1 及定理 8.2, 8.3 的证明, 可见参考书目 [13] 的 2.2, 2.3 和 2.4 节.

显然, $(z-z_0)^0$ 与 $(z-z_0)^1$ 的系数 c_0 与 c_1 正好和初值条件 (8.7b) 一致. 定理 8.1 说明, 系数 c_k ($k=2,3,\cdots$) 一定均可用 c_0, c_1 表示, 而且表达式唯一. 我们通过一个实例来说明具体的求解过程.

例 8.3 求 Legendre 方程

$$(1-z^2)\frac{\mathrm{d}^2 w}{\mathrm{d}z^2} - 2z\frac{\mathrm{d}w}{\mathrm{d}z} + l(l+1)w = 0 \tag{8.9}$$

在 $z=0$ 点邻域内的解, 其中 l 为已知参数.

解 显然 $z=0$ 是 Legendre 方程的常点. 因此, 可令方程在 $z=0$ 点邻域内的解为

$$w = \sum_{k=0}^{\infty} c_k z^k, \qquad |z|<1. \tag{8.10}$$

代入方程 (8.9), 整理合并, 就得到

$$\sum_{k=0}^{\infty} \left\{ (k+2)(k+1)c_{k+2} - [k(k+1) - l(l+1)]c_k \right\} z^k = 0.$$

根据 Taylor 展开的唯一性, 有

$$(k+2)(k+1)c_{k+2} - [k(k+1) - l(l+1)]c_k = 0.$$

这样就得到了系数之间的递推关系

$$c_{k+2} = \frac{k(k+1) - l(l+1)}{(k+2)(k+1)} c_k = \frac{(k-l)(k+l+1)}{(k+2)(k+1)} c_k. \tag{8.11}$$

反复利用递推关系, 就可以求得系数

$$\begin{aligned}
c_{2n} &= \frac{(2n-l-2)(2n+l-1)}{2n(2n-1)} c_{2n-2} \\
&= \frac{(2n-l-2)(2n-l-4)(2n+l-1)(2n+l-3)}{2n(2n-1)(2n-2)(2n-3)} c_{2n-4} \\
&= \cdots \\
&= \frac{c_0}{(2n)!}(2n-l-2)(2n-l-4)\cdots(-l)(2n+l-1)(2n+l-3)\cdots(l+1),
\end{aligned} \tag{8.12}$$

$$\begin{aligned}
c_{2n+1} &= \frac{(2n-l-1)(2n+l)}{(2n+1)(2n)} c_{2n-1} \\
&= \frac{(2n-l-1)(2n-l-3)(2n+l)(2n+l-2)}{(2n+1)(2n)(2n-1)(2n-2)} c_{2n-3} \\
&= \cdots \\
&= \frac{c_1}{(2n+1)!}(2n-l-1)(2n-l-3)\cdots(-l+1)(2n+l)(2n+l-2)\cdots(l+2). \tag{8.13}
\end{aligned}$$

显然

$$\lambda(\lambda+1)(\lambda+2)\cdots(\lambda+n-1) = \frac{\Gamma(\lambda+n)}{\Gamma(\lambda)},$$

其中 $\Gamma(\lambda)$ 是 Γ 函数 (见 §7.1), 则 c_{2n} 和 c_{2n+1} 可以写成

$$c_{2n} = \frac{2^{2n}}{(2n)!} \frac{\Gamma\left(n - \dfrac{l}{2}\right) \Gamma\left(\dfrac{l+1}{2} + n\right)}{\Gamma\left(-\dfrac{l}{2}\right) \Gamma\left(\dfrac{l+1}{2}\right)} c_0, \tag{8.14}$$

$$c_{2n+1} = \frac{2^{2n}}{(2n+1)!} \frac{\Gamma\left(n - \dfrac{l-1}{2}\right) \Gamma\left(\dfrac{l}{2} + 1 + n\right)}{\Gamma\left(-\dfrac{l-1}{2}\right) \Gamma\left(\dfrac{l}{2} + 1\right)} c_1. \tag{8.15}$$

所以, Legendre 方程 (8.9) 在 $|z|<1$ 内的解就是

$$w(z) = c_0 w_1(z) + c_1 w_2(z), \qquad |z|<1, \tag{8.16}$$

其中

$$w_1(z) = \sum_{n=0}^{\infty} \frac{2^{2n}}{(2n)!} \frac{\Gamma\left(n - \dfrac{l}{2}\right) \Gamma\left(\dfrac{l+1}{2} + n\right)}{\Gamma\left(-\dfrac{l}{2}\right) \Gamma\left(\dfrac{l+1}{2}\right)} z^{2n}, \tag{8.17}$$

$$w_2(z) = \sum_{n=0}^{\infty} \frac{2^{2n}}{(2n+1)!} \frac{\Gamma\left(n - \dfrac{l-1}{2}\right) \Gamma\left(\dfrac{l}{2} + 1 + n\right)}{\Gamma\left(-\dfrac{l-1}{2}\right) \Gamma\left(\dfrac{l}{2} + 1\right)} z^{2n+1}. \tag{8.18}$$

正如定理 8.1 所说, 任意给定一组初条件 c_0 和 c_1, 就一定可以求出方程的一个特解. 特别是, 分别取 $c_0=1, c_1=0$ 和 $c_0=0, c_1=1$, 得到的特解就是上面的 $w_1(z)$ 和 $w_2(z)$. 这两个特解显然是线性无关的, 也称为 Legendre 方程 (8.9) 的两个独立解. 因此, 解式 (8.16) 也就是 Legendre 方程 (8.9) 的通解, 只要把常数 c_0 和 c_1 看成任意叠加常数即可.

上面求得的特解中, $w_1(z)$ 和 $w_2(z)$ 分别只含有 z 的偶次幂和奇次幂, 即 $w_1(z)$ 是 z 的偶函数, $w_2(z)$ 是 z 的奇函数. 从求解的过程来看, 这是由于递推关系中只出现系数 c_{k+2} 和 c_k, 而与 c_{k+1} 无关, 因此 c_{2n} 完全由 c_0 决定, c_{2n+1} 完全由 c_1 决定. 从根本上来说, 方程的解的对称性 (这里指的是奇偶性) 应该是方程的对称性的反映. 事实上, 在 Legendre 方程中令 $z \to -z$, 就有

$$[1-(-z)^2] \frac{\mathrm{d}^2 w(-z)}{\mathrm{d}(-z)^2} - 2(-z) \frac{\mathrm{d}w(-z)}{\mathrm{d}(-z)} + l(l+1)w(-z) = 0,$$

即仍为

$$(1-z^2) \frac{\mathrm{d}^2 w(-z)}{\mathrm{d}z^2} - 2z \frac{\mathrm{d}w(-z)}{\mathrm{d}z} + l(l+1)w(-z) = 0.$$

这说明, 在变换 $z \to -z$ 之下, Legendre 方程的形式不变. 所以, 如果 $w(z)$ 是 Legendre 方程的解, $w(-z)$ 也一定是 Legendre 方程的解. 因此 $w(z) \pm w(-z)$ 也是 Legendre 方程的解. 显然, $w(z) + w(-z)$ 是 z 的偶函数, $w(z) - w(-z)$ 是 z 的奇函数.

通过这个实例, 可以看出在常点邻域内求幂级数解的一般步骤:

(1) 将方程常点邻域内的解展开为 Taylor 级数, 同时将方程的系数也在同一区域内展成幂级数, 一并代入微分方程;

(2) 整理方程, 比较系数, 得到系数之间的递推关系;

(3) 反复利用递推关系, 求出系数 c_k 的普遍表达式 (用 c_0, c_1 表示), 最后得到幂级数解. 由于递推关系一定是线性的 (因为方程是线性的), 所以最后的幂级数解 (也正是微分方程的通解) 一定可以写成

$$w(z) = c_0 w_1(z) + c_1 w_2(z)$$

的形式. $w_1(z)$ 和 $w_2(z)$ 是方程的两个线性无关解.

需要指出, 在系数之间的递推关系中, 一般会出现 c_k, c_{k+1}, c_{k+2} 三个相邻的系数, 因此 c_k 会同时依赖于 c_0 和 c_1, 最后求得的 $w_1(z)$ 或 $w_2(z)$ 就不会只含有 z 的偶次幂或奇次幂.

应用常微分方程的幂级数解法, 可以得到方程在一定区域内的解式. 我们也可以根据需要, 求出方程在不同区域内的解式. 下面证明, 方程在两个不同区域内的解式互为解析延拓. 因此, 也可从方程在某一区域内的解式出发, 通过解析延拓, 推出方程在其他区域内的解式.

结论 1 设 w_1 是方程

$$\frac{\mathrm{d}^2 w}{\mathrm{d}z^2} + p(z)\frac{\mathrm{d}w}{\mathrm{d}z} + q(z)w = 0 \tag{8.19}$$

的解, 在区域 G_1 内解析. 若 $\widetilde{w}_1$ 是 w_1 在区域 G_2 内的解析延拓, 即

$$w_1 \equiv \widetilde{w}_1, \qquad z \in G_1 \bigcap G_2 \neq \emptyset, \tag{8.20}$$

试证明: $\widetilde{w}_1$ 是方程在区域 G_2 内的解.

证 设

$$g(z) = \frac{\mathrm{d}^2 \widetilde{w}_1}{\mathrm{d}z^2} + p(z)\frac{\mathrm{d}\widetilde{w}_1}{\mathrm{d}z} + q(z)\widetilde{w}_1,$$

由题意知 $\widetilde{w}_1$ 在 G_2 内解析, 因此 $g(z)$ 在 G_2 内解析. 又因为 w_1 是方程 (8.19) 在区域 G_1 内的解, 故在公共区域 $G_1 \bigcap G_2$ 内, 仍满足方程

$$\frac{\mathrm{d}^2 w_1}{\mathrm{d}z^2} + p(z)\frac{\mathrm{d}w_1}{\mathrm{d}z} + q(z)w_1 = 0.$$

而在此子区域内, $w_1(z) \equiv \widetilde{w}_1(z)$, 故

$$\frac{\mathrm{d}^2 \widetilde{w}_1}{\mathrm{d}z^2} + p(z)\frac{\mathrm{d}\widetilde{w}_1}{\mathrm{d}z} + q(z)\widetilde{w}_1 = 0, \qquad z \in G_1 \bigcap G_2,$$

即 $g(z) \equiv 0, z \in G_1 \bigcap G_2$. 根据解析函数的唯一性, 立即证得

$$g(z) \equiv 0, \qquad z \in G_2,$$

亦即 $\widetilde{w}_1$ 在 G_2 内满足方程

$$\frac{\mathrm{d}^2 \widetilde{w}_1}{\mathrm{d}z^2} + p(z)\frac{\mathrm{d}\widetilde{w}_1}{\mathrm{d}z} + q(z)\widetilde{w}_1 = 0. \qquad \square$$

结论 2 设 w_1 和 w_2 是方程 (8.19) 的两个线性无关解, 且均在区域 G_1 内解析. 若 $\widetilde{w}_1$ 和 $\widetilde{w}_2$ 分别是 w_1 和 w_2 在区域 G_2 内的解析延拓, 即在 $z \in G_1 \bigcap G_2$ 中

$$w_1 \equiv \widetilde{w}_1, \quad w_2 \equiv \widetilde{w}_2, \tag{8.21}$$

试证: $\widetilde{w}_1$ 和 $\widetilde{w}_2$ 线性无关.

证 已知 $\widetilde{w}_1$ 和 $\widetilde{w}_2$ 是方程 (8.19) 在 G_2 内的解. 因为 w_1 和 w_2 线性无关,

$$\Delta[w_1, w_2] \equiv \begin{vmatrix} w_1 & w_2 \\ w_1' & w_2' \end{vmatrix} \neq 0, \quad z \in G_1. \tag{8.22}$$

设

$$\Delta[\widetilde{w}_1, \widetilde{w}_2] \equiv \begin{vmatrix} \widetilde{w}_1 & \widetilde{w}_2 \\ \widetilde{w}_1' & \widetilde{w}_2' \end{vmatrix} = g(z), \quad z \in G_2, \tag{8.23}$$

$g(z)$ 在 G_2 内解析. 由于在 $z \in G_1 \bigcap G_2$ 内时,

$$w_1 \equiv \widetilde{w}_1, \quad w_2 \equiv \widetilde{w}_2, \tag{8.24}$$

故 $g(z) \neq 0$, $z \in G_1 \bigcap G_2$. 仍然根据解析函数的唯一性, 就证得

$$g(z) \neq 0, \quad z \in G_2. \tag{8.25}$$

所以, $\widetilde{w}_1$ 和 $\widetilde{w}_2$ 在 G_2 内线性无关. □

§8.3 方程正则奇点邻域内的解

一般说来, 方程的奇点可能同时也是解的奇点. 不但可能是解的极点或本性奇点, 还可能是解的分支点. 这里只讨论方程的奇点是**极点性奇点** (即方程的奇点是方程系数的极点) 的情形. 我们再次不加证明地介绍另一个定理:

定理 8.2 如果 z_0 是二阶线性齐次常微分方程 (8.1) 的奇点, 但是方程的系数 $p(z)$ 和 $q(z)$ 在环形区域 $0 < |z - z_0| < R$ 内都解析, 则方程 (8.1) 在此环形区域内的线性无关解是

$$w_1(z) = (z - z_0)^{\rho_1} \sum_{k=-\infty}^{\infty} c_k (z - z_0)^k, \tag{8.26a}$$

$$w_2(z) = g w_1(z) \ln(z - z_0) + (z - z_0)^{\rho_2} \sum_{k=-\infty}^{\infty} d_k (z - z_0)^k, \tag{8.26b}$$

其中 ρ_1, ρ_2 和 g 都是常数.

一般说来, ρ_1 或 ρ_2 不是整数 (否则就可以并入后面的级数中), 或者 $g \neq 0$, 方程的解均为多值函数, z_0 为其分支点.

现在的问题是, 如果我们把解 (8.26a) 或 (8.26b) 代入方程就会发现, 尽管仍然能得到系数之间的递推关系, 但却难以通过迭代的办法求出系数的普遍表达式. 因为这时的幂级数解中, 如果有无穷多个正幂项和负幂项, 反复利用递推关系将会永无休止.

例外的情形是如果解式 (8.26) 中的级数只有有限个负幂项, 这时总可以调整 ρ 值, 使得级数中没有负幂项,

$$w_1(z) = (z-z_0)^{\rho_1} \sum_{k=0}^{\infty} c_k (z-z_0)^k,$$

$$w_2(z) = g w_1(z) \ln(z-z_0) + (z-z_0)^{\rho_2} \sum_{k=0}^{\infty} d_k (z-z_0)^k.$$

这种形式的解称为**正则解**. 方程在奇点邻域内有两个正则解的条件, 见定理 8.3.

定理 8.3 二阶线性齐次常微分方程 (8.1) 在它的奇点 z_0 的空心邻域 $0 < |z-z_0| < R$ 内有两个正则解

$$w_1(z) = (z-z_0)^{\rho_1} \sum_{k=0}^{\infty} c_k (z-z_0)^k, \qquad\qquad c_0 \neq 0, \qquad (8.27\text{a})$$

$$w_2(z) = g w_1(z) \ln(z-z_0) + (z-z_0)^{\rho_2} \sum_{k=0}^{\infty} d_k (z-z_0)^k, \qquad g \text{ 或 } d_0 \neq 0 \qquad (8.27\text{b})$$

的充要条件是 $(z-z_0)p(z)$ 和 $(z-z_0)^2 q(z)$ 在 z_0 点解析.

这样的奇点称为**正则奇点**. ρ_1 和 ρ_2 称为在方程正则奇点处 (或正则解) 的**指标**.

显然, $z=0$ 和 $z=1$ 都是超几何方程

$$z(1-z)\frac{\mathrm{d}^2 w}{\mathrm{d}z^2} + [\gamma - (1+\alpha+\beta)z]\frac{\mathrm{d}w}{\mathrm{d}z} - \alpha\beta w = 0$$

的正则奇点, $z=\pm 1$ 也都是 Legendre 方程

$$(1-z^2)\frac{\mathrm{d}^2 w}{\mathrm{d}z^2} - 2z\frac{\mathrm{d}w}{\mathrm{d}z} + l(l+1)w = 0$$

的正则奇点. 同样可以判断, $z=0$ 是 Bessel 方程

$$\frac{\mathrm{d}^2 w}{\mathrm{d}z^2} + \frac{1}{z}\frac{\mathrm{d}w}{\mathrm{d}z} + \left(1 - \frac{\nu^2}{z^2}\right)w = 0 \qquad (8.28)$$

的正则奇点.

为了判断无穷远点是否为正则奇点, 同样要做变量替换 $z=1/t$. 如果 $t=0$ 是变换后的方程的正则奇点, 即 $t=0$ 点是变换后的方程的奇点, 且

$$t\left[\frac{2}{t} - \frac{1}{t^2}p\left(\frac{1}{t}\right)\right] = 2 - \frac{1}{t}p\left(\frac{1}{t}\right) \qquad \text{和} \qquad t^2 \cdot \frac{1}{t^4}q\left(\frac{1}{t}\right) = \frac{1}{t^2}q\left(\frac{1}{t}\right)$$

在 $t=0$ 点解析, 亦即 $z=\infty$ 点是变换前方程的奇点, 且 $zp(z)$ 和 $z^2 q(z)$ 在 $z=\infty$ 点解析, 则称 $z=\infty$ 点是变换前方程的正则奇点.

容易判断, $z=\infty$ 也都是超几何方程和 Legendre 方程的正则奇点, 但是是 Bessel 方程的非正则奇点.

根据定理 8.3, 在方程的正则奇点处, 我们应当将正则解 $w_1(z)$ 或 $w_2(z)$ 代入方程, 比较系数, 求出指标和递推关系, 进而求出系数的普遍表达式, 最终求得方程在正则奇点邻域

内的两个正则解. 但因为 $w_2(z)$ 的表达式中含有 $w_1(z)$, 而且, 如果 $g = 0$, $w_2(z)$ 的表达式中不含对数函数项, 解式的形式又和 $w_1(z)$ 相同, 所以实际求解时, 总是先将 $w_1(z)$ 形式的解代入方程. 如果能够同时求得两个线性无关解, 当然任务便告完成. 如果这时只能求得一个解 (例如 $\rho_1 = \rho_2$ 时), 那么, 就必须再将 $w_2(z)$ 形式的解 (这时的 g 一定不为 0) 代入方程求解.

下面简述一下求解过程. 为了书写简单, 不妨假设 $z = 0$ 点是二阶线性齐次常微分方程 (8.1) 的正则奇点. 于是, 在 $z = 0$ 点的空心邻域内, 可将方程的系数展开为

$$p(z) = \sum_{l=0}^{\infty} a_l z^{l-1}, \qquad q(z) = \sum_{l=0}^{\infty} b_l z^{l-2}, \qquad 0 < |z| < R.$$

设解为

$$w(z) = z^{\rho} \sum_{k=0}^{\infty} c_k z^k, \qquad 0 < |z| < R,$$

代入方程, 就有

$$\sum_{k=0}^{\infty} c_k (k+\rho)(k+\rho-1) z^{k+\rho-2}$$
$$+ \sum_{l=0}^{\infty} a_l z^{l-1} \sum_{k=0}^{\infty} c_k (k+\rho) z^{k+\rho-1} + \sum_{l=0}^{\infty} b_l z^{l-2} \sum_{k=0}^{\infty} c_k z^{k+\rho} = 0.$$

整理, 得

$$\sum_{k=0}^{\infty} \left\{ (k+\rho)(k+\rho-1) c_k + \sum_{l=0}^{k} [a_{k-l}(l+\rho) + b_{k-l}] c_l \right\} z^k = 0.$$

或者单独提出 $k = 0$ 项,

$$c_0 f(\rho) + \sum_{k=1}^{\infty} \left[f(k+\rho) c_k + \sum_{l=0}^{k-1} g_{k-l}(l+\rho) c_l \right] z^k = 0,$$

其中

$$f(\rho) = \rho(\rho-1) + a_0 \rho + b_0, \qquad g_k(\rho) = a_k \rho + b_k.$$

比较等式两端最低次幂, 即 z^0 的系数, 可得

$$c_0 f(\rho) = c_0 \left[\rho(\rho-1) + a_0 \rho + b_0 \right] = 0.$$

由于 $c_0 \neq 0$, 所以

$$\boxed{\rho(\rho-1) + a_0 \rho + b_0 = 0.} \tag{8.29}$$

这就是**指标方程**, 注意其中的 a_0 和 b_0 为

$$\boxed{a_0 = \lim_{z \to 0} z p(z), \qquad b_0 = \lim_{z \to 0} z^2 q(z).} \tag{8.30}$$

根据指标方程可以求出两个指标, ρ_1 和 ρ_2. 规定 $\operatorname{Re} \rho_1 \geqslant \operatorname{Re} \rho_2$.

再比较 z^n 的系数，便可得到系数之间的**递推关系**：

$$f(n+\rho)c_n + \sum_{l=0}^{n-1} g_{n-l}(l+\rho)c_l = 0.$$

反复利用这个递推关系，就可以得到系数 c_n 的普遍表达式 (与 ρ 有关). 分别用 $\rho = \rho_1$ 和 ρ_2 代入，

$$c_n^{(1)} = -\frac{1}{f(n+\rho_1)} \sum_{l=0}^{n-1} g_{n-l}(l+\rho_1)c_l^{(1)}, \tag{8.31a}$$

$$c_n^{(2)} = -\frac{1}{f(n+\rho_2)} \sum_{l=0}^{n-1} g_{n-l}(l+\rho_2)c_l^{(2)}. \tag{8.31b}$$

这样就得到解 $w_1(z)$ 和 $w_2(z)$. 若 $\rho_1 - \rho_2 \neq$ 整数，我们就求出了方程的两个 (线性无关) 特解. 但是，需要注意，当 $\rho_1 = \rho_2$ 时，这样只能得到同一个解，所以第二解一定含对数函数项.

当 $\rho_1 - \rho_2 =$ 正整数 m 时，对于第二解中无穷级数 z^m 项的系数 $c_m^{(2)}$，有

$$f(m+\rho_2)c_m^{(2)} + \sum_{l=0}^{m-1} g_{m-l}(l+\rho_2)c_l^{(2)} = 0.$$

注意 $m + \rho_2 = \rho_1$，所以 $f(m+\rho_2) = f(\rho_1) = 0$，上式就是

$$0 \cdot c_m^{(2)} + \sum_{l=0}^{m-1} g_{m-l}(l+\rho_2)c_l^{(2)} = 0.$$

因此

$$\boxed{\begin{array}{ll} \text{当 } \sum_{l=0}^{m-1} g_{m-l}(l+\rho_2)c_l^{(2)} \neq 0 \text{ 时}, & c_m^{(2)} \text{ 无解}; \\ \text{当 } \sum_{l=0}^{m-1} g_{m-l}(l+\rho_2)c_l^{(2)} = 0 \text{ 时}, & c_m^{(2)} \text{ 任意}. \end{array}}$$

对于第一种情形，方程的第二解一定含对数函数项，就需要用解式 (8.27b) 代入方程重新求解. 对于第二种情形，当然还能继续求解，只是这时以后的各项系数 $c_n^{(2)}$ $(n > m)$ 会同时依赖于 $c_0^{(2)}$ 和 $c_m^{(2)}$.

$$f(m+n+\rho_2)c_{m+n}^{(2)} + \sum_{l=0}^{m+n-1} g_{m+n-l}(l+\rho_2)c_l^{(2)} = 0, \quad n = 1, 2, 3, \cdots,$$

亦即

$$\begin{aligned} c_{m+n}^{(2)} &= -\frac{1}{f(n+\rho_1)} \left[\sum_{l=0}^{m-1} g_{m+n-l}(l+\rho_2)c_l^{(2)} + \sum_{l=m}^{m+n-1} g_{m+n-l}(l+\rho_2)c_l^{(2)} \right] \\ &= -\frac{1}{f(n+\rho_1)} \left[\sum_{l=0}^{m-1} g_{m+n-l}(l+\rho_2)c_l^{(2)} + \sum_{l=0}^{n-1} g_{n-l}(l+\rho_1)c_{m+l}^{(2)} \right]. \end{aligned}$$

第二解 $w_2(z)$ 便有两项，一项正比于 $c_0^{(2)}$，一项正比于 $c_m^{(2)}$。恰恰由于这时 $c_m^{(2)}$ 可取任意值 (零或非零)，而且和 (8.31a) 式比较就可以看出，与 $c_m^{(2)}$ 成正比的项一定是方程的解，就是指标为 ρ_1 的第一解 (最多可能差一个常数倍数)，因而不妨就取 $c_m^{(2)} = 0$。

总结以上讨论，就可以得出下列结论：

当 $\rho_1 - \rho_2 \neq$ 整数时，	第二解一定不含对数函数项；
当 $\rho_1 = \rho_2$ 时，	第二解一定含对数函数项；
当 $\rho_1 - \rho_2 =$ 正整数时，	第二解可能含对数函数项．

需要指出，根据常微分方程的普遍理论，对于二阶线性齐次常微分方程 (8.1)，如果已经求出了一个解 $w_1(z)$，那么，总可以通过积分

$$w_2(z) = A w_1(z) \int^z \left\{ \frac{1}{[w_1(z)]^2} \exp\left[-\int^z p(\zeta)\mathrm{d}\zeta\right] \right\} \mathrm{d}z \tag{8.32}$$

来求出第二解．这是因为 $w_1(z)$ 和 $w_2(z)$ 这两个解都满足方程

$$\frac{\mathrm{d}^2 w_1}{\mathrm{d}z^2} + p(z)\frac{\mathrm{d}w_1}{\mathrm{d}z} + q(z)w_1 = 0, \qquad \frac{\mathrm{d}^2 w_2}{\mathrm{d}z^2} + p(z)\frac{\mathrm{d}w_2}{\mathrm{d}z} + q(z)w_2 = 0.$$

将第一个方程乘以 w_2，第二个方程乘以 w_1，相减，便可得到

$$w_1 \frac{\mathrm{d}^2 w_2}{\mathrm{d}z^2} - w_2 \frac{\mathrm{d}^2 w_1}{\mathrm{d}z^2} + p(z)\left(w_1 \frac{\mathrm{d}w_2}{\mathrm{d}z} - w_2 \frac{\mathrm{d}w_1}{\mathrm{d}z}\right) = 0,$$

即

$$\frac{\mathrm{d}}{\mathrm{d}z}\left(w_1 \frac{\mathrm{d}w_2}{\mathrm{d}z} - w_2 \frac{\mathrm{d}w_1}{\mathrm{d}z}\right) + p(z)\left(w_1 \frac{\mathrm{d}w_2}{\mathrm{d}z} - w_2 \frac{\mathrm{d}w_1}{\mathrm{d}z}\right) = 0.$$

再对 z 积分，可得

$$w_1 \frac{\mathrm{d}w_2}{\mathrm{d}z} - w_2 \frac{\mathrm{d}w_1}{\mathrm{d}z} = A \exp\left[-\int^z p(\zeta)\mathrm{d}\zeta\right]. \tag{8.33}$$

两端除以 w_1^2，又可以得到

$$\frac{\mathrm{d}}{\mathrm{d}z}\left(\frac{w_2}{w_1}\right) = \frac{A}{w_1^2} \exp\left[-\int^z p(\zeta)\mathrm{d}\zeta\right].$$

再积分一次，就得到 (8.32) 式．

例 8.4 求方程 $(1-z^2)\dfrac{\mathrm{d}^2 w}{\mathrm{d}z^2} + 2(n-1)z\dfrac{\mathrm{d}w}{\mathrm{d}z} + 2nw = 0$ 在 $z=1$ 点解析的解，其中 n 为正整数[①]。

解 $z=1$ 为正则奇点，故可设 $w(z) = \sum\limits_{k=0}^{\infty} c_k (z-1)^{k+\rho}$，代入方程，有

$$[(z-1)^2 + 2(z-1)] \sum_{k=0}^{\infty} c_k (k+\rho)(k+\rho-1)(z-1)^{k+\rho-2}$$

$$- 2(n-1)[(z-1)+1] \sum_{k=0}^{\infty} c_k (k+\rho)(z-1)^{k+\rho-1} - 2n \sum_{k=0}^{\infty} c_k (z-1)^{k+\rho} = 0,$$

[①] 此方程微商 n 次，就是 Legendre 方程．

消去 $(z-1)^\rho$,即可将方程整理为
$$\sum_{k=0}^{\infty} c_k(k+\rho+1)(k+\rho-2n)(z-1)^{k+1} + 2\sum_{k=0}^{\infty} c_k(k+\rho)(k+\rho-n)(z-1)^k = 0.$$

比较 $(z-1)^0$ 项的系数,可以得到指标方程
$$\rho(\rho-n)=0,$$

由此求得指标 $\rho_1 = n$, $\rho_2 = 0$.

再比较 $(z-1)^m$ 项的系数,得递推关系
$$c_{m-1}(m+\rho)(m+\rho-2n-1) + 2c_m(m+\rho)(m+\rho-n) = 0,$$

即
$$c_m = -\frac{1}{2}\frac{m+\rho-2n-1}{m+\rho-n}c_{m-1}.$$

对于 $\rho_1 = n$,
$$c_m = -\frac{1}{2}\frac{m-n-1}{m}c_{m-1} = \frac{1}{2}\frac{n+1-m}{m}c_{m-1}.$$

反复利用此递推关系,即可求得
$$c_k = \frac{1}{2^k}\frac{(n+1-k)(n+2-k)\cdots n}{k!}c_0 = \frac{1}{2^k}\frac{n!}{k!\,(n-k)!}c_0.$$

显然,当 $k > n$ 时,$c_k = 0$,因此,
$$w_1(z) = c_0(z-1)^n \sum_{k=0}^{n} \frac{n!}{k!\,(n-k)!}\left(\frac{z-1}{2}\right)^k.$$

不妨引进新的常数 $A = 2^{-n}c_0$,则有
$$w_1(z) = A(z-1)^n \sum_{k=0}^{n} \frac{n!}{k!\,(n-k)!} 2^{n-k}(z-1)^k = A(z^2-1)^n.$$

对于 $\rho_2 = 0$,
$$c_m = -\frac{1}{2}\frac{m-2n-1}{m-n}c_{m-1},$$

c_n 无意义,这说明 $w_2(z)$ 一定含有对数函数项,因此在 $z = 1$ 点不解析,非本题所要求.

其实,按照 (8.32) 式,可以写出
$$w_2(z) = Bw_1(z)\int^z \frac{1}{w_1^2(z)}\exp\left[-\int^z \frac{2(n-1)t}{1-t^2}\mathrm{d}t\right]\mathrm{d}z$$
$$= B(z^2-1)^n \int^z \frac{\mathrm{d}z}{(z^2-1)^{n+1}}.$$

另一方面,如果将方程改写为
$$(z^2-1)\frac{\mathrm{d}^2 w}{\mathrm{d}z^2} + 2z\frac{\mathrm{d}w}{\mathrm{d}z} - 2n\left(z\frac{\mathrm{d}w}{\mathrm{d}z} + w\right) = 0,$$

即
$$\frac{\mathrm{d}}{\mathrm{d}z}\left[(z^2-1)\frac{\mathrm{d}w}{\mathrm{d}z}\right] - 2n\frac{\mathrm{d}(zw)}{\mathrm{d}z} = 0,$$
我们可以直接积分一次, 得
$$(z^2-1)\frac{\mathrm{d}w}{\mathrm{d}z} - 2nzw = c_1.$$
这是非齐次方程, 相应齐次方程 (即取 $c_1 = 0$) 为
$$\frac{1}{w}\frac{\mathrm{d}w}{\mathrm{d}z} = \frac{2nz}{z^2-1},$$
再积分一次, 即得
$$\ln w = n\ln(z^2-1) + \ln A, \qquad 即 \qquad w = A(z^2-1)^n.$$
这正是上面求得的第一解. 在此基础上, 如果模仿常数变易法的做法, 将上式中的常数改变为 z 的函数, 即令 $w(z) = A(z)(z^2-1)^n$, 就可以得到 $A(z)$ 满足的二阶常微分方程,
$$(z^2-1)A'' + 2(n+1)zA' = 0,$$
则除了可以求得第一解 $w_1(z)$ (即 A 为常数) 之外, 还可以求得第二解的上述积分表达式.

下面介绍求正则解的另一种方法: Frobenius 方法. 我们将看到, 它对于 $\rho_1 - \rho_2 = $ 整数时求第二解特别有用.

简要复述一下前面的求解过程. 仍设 $z = 0$ 是方程
$$\frac{\mathrm{d}^2 w}{\mathrm{d}z^2} + p(z)\frac{\mathrm{d}w}{\mathrm{d}z} + q(z)w = 0 \qquad 即 \qquad z^2\frac{\mathrm{d}^2 w}{\mathrm{d}z^2} + zp_1(z)\frac{\mathrm{d}w}{\mathrm{d}z} + q_1(z)w = 0$$
的正则奇点, 其中 $p_1(z) = zp(z), q_1(z) = z^2 q(z)$. 引进微分算符
$$\widehat{L} \equiv z^2 \frac{\mathrm{d}^2}{\mathrm{d}z^2} + zp_1(z)\frac{\mathrm{d}}{\mathrm{d}z} + q_1(z),$$
将微分方程简写成 $\widehat{L}[w] = 0$. 用解式
$$w(z) = z^\rho \sum_{n=0}^{\infty} c_n z^n = \sum_{n=0}^{\infty} c_n z^{n+\rho} \tag{8.34}$$
代入方程, 即得微分式
$$\widehat{L}[w] \equiv z^\rho \left\{ c_0 f(\rho) + \sum_{n=1}^{\infty}\left[c_n f(\rho+n) + \sum_{k=1}^{n} c_{n-k} g_k(\rho+n-k)\right] z^n \right\}. \tag{8.35}$$
取 c_n 满足递推关系
$$c_n f(\rho+n) + \sum_{k=1}^{n} c_{n-k} g_k(\rho+n-k) = 0, \quad n = 1, 2, 3, \cdots, \tag{8.36}$$
则微分式 (8.35) 退化为
$$\widehat{L}[w] \equiv c_0 z^\rho f(\rho) = c_0 z^\rho (\rho - \rho_1)(\rho - \rho_2), \tag{8.35'}$$

ρ_1 和 ρ_2 是指标方程 $f(\rho)=0$ 的两个根.

如果 $\rho_1-\rho_2\neq$ 整数, 依次在 (8.36) 式中令 $\rho=\rho_1$ 和 $\rho=\rho_2$, 则由此定出的两组系数 $c_n^{(1)}$, $c_n^{(2)}$ 将分别给出方程 $L[w]=0$ 的两个线性无关解.

如果 $\rho_1-\rho_2=0$, 即 $\rho_1=\rho_2$, 则 (8.35′) 式成为

$$L[w]\equiv c_0 z^\rho (\rho-\rho_1)^2. \tag{8.37a}$$

对 ρ 微商, 得

$$L\left[\frac{\partial w}{\partial \rho}\right]\equiv \frac{\partial L[w]}{\partial \rho}=c_0 z^\rho\left[(\rho-\rho_1)^2 \ln z+2(\rho-\rho_1)\right]. \tag{8.37b}$$

当 $\rho=\rho_1$ 时, (8.37a) 式和 (8.37b) 式的右方均为 0, 换言之, $(w)_{\rho=\rho_1}$ 和 $(\partial w/\partial \rho)_{\rho=\rho_1}$ 都是方程 $L[w]=0$ 的解. 因此, 如果用递推关系 (8.36) 定出解 $w(z)$ 的系数 c_n ($n=1,2,3,\cdots$), 立即可得方程 $L[w]=0$ 的两个线性无关解

$$w_1(z)=(w)_{\rho=\rho_1}=z^{\rho_1}\sum_{n=0}^{\infty}(c_n)_{\rho=\rho_1}z^n \quad (c_0 \text{ 为任意常数}), \tag{8.38}$$

$$w_2(z)=\left(\frac{\partial w}{\partial \rho}\right)_{\rho=\rho_1}=w_1(z)\ln z+z^{\rho_1}\sum_{n=1}^{\infty}\left(\frac{\partial c_n}{\partial \rho}\right)_{\rho=\rho_1}z^n. \tag{8.39}$$

在得到上面的结果时, 默认 c_0 与 ρ 无关, $\partial c_0/\partial \rho=0$, 所以在 $w_2(z)$ 中, 后面的级数中不含 $n=0$ 项.

当 $\rho_1-\rho_2=m$ ($m=1,2,3,\cdots$) 时, 我们知道, 第二解可能不含对数函数项, 也可能含对数函数项. 在前一情形下, 仍然可以依次在 (8.36) 式中令 $\rho=\rho_1$ 和 $\rho=\rho_2$, 分别定出的两组系数 $c_n^{(1)}$, $c_n^{(2)}$ 均仍有意义, 由此就给出方程 $L[w]=0$ 的两个线性无关解. 而在后一情形下, 由于 $f_0(\rho_2+m)=f_0(\rho_1)=0$, 使得 $c_m^{(2)}$ 为无穷而失去意义, 由此更波及后面所有的系数 $c_{m+1}^{(2)}$, $c_{m+2}^{(2)}$, $\cdots$. 这说明第二解一定含有对数函数项. 这时, 为了求得 w_2, 不妨明确放弃不自觉地认为常数 c_0 与 ρ 无关的假设, 而令

$$c_0=c_0'(\rho-\rho_2), \tag{8.40}$$

c_0' 是 (与 ρ 无关的) 任意常数. 仍用 (8.36) 式来确定系数 c_n ($n=1,2,3,\cdots$), 则 (8.35′) 式成为

$$\widehat{L}[w]\equiv c_0' z^\rho(\rho-\rho_1)(\rho-\rho_2)^2, \tag{8.41a}$$

它对 ρ 的微商是

$$\frac{\partial}{\partial \rho}\widehat{L}[w]=\widehat{L}\left[\frac{\partial w}{\partial \rho}\right]\equiv c_0' z^\rho\left[(\rho-\rho_1)(\rho-\rho_2)^2 \ln z+(\rho-\rho_2)^2+2(\rho-\rho_1)(\rho-\rho_2)\right]. \tag{8.41b}$$

由 (8.41a) 和 (8.41b) 式可知 $(w)_{\rho=\rho_1}$, $(w)_{\rho=\rho_2}$, $(\partial w/\partial \rho)_{\rho=\rho_2}$ 都是方程 $L[w]=0$ 的解, 但其中最多只能有两个解线性无关. 下面就对这三个解式逐一加以分析.

首先, 对于 $(w)_{\rho=\rho_1}$, 引进 $c_0=c_0'(\rho-\rho_2)$, 不会产生任何影响, 仍应如 (8.38) 式. 其次, 对于 $(w)_{\rho=\rho_2}$, 因为所有由 (8.36) 式定出的 $c_1, c_2, \cdots, c_{m-1}$ 都与 c_0 成正比, 因而都含因子 $(\rho-\rho_2)$, 使得

$$(c_1)_{\rho=\rho_2}=(c_2)_{\rho=\rho_2}=\cdots=(c_{m-1})_{\rho=\rho_2}=0; \tag{8.42}$$

而 $(c_m)_{\rho=\rho_2}$ 则可以是任意常数. 以后的 $(c_n)_{\rho=\rho_2}$ $(n>m)$ 可用 $(c_m)_{\rho=\rho_2}$ 表示,

$$(c_{m+n})_{\rho=\rho_2} f(\rho_2+m+n) + \sum_{k=1}^{n}(c_{m+n-k})_{\rho=\rho_2} g_k(\rho_2+m+n-k) = 0,$$

亦即

$$(c_{m+n})_{\rho=\rho_2} f(\rho_1+n) + \sum_{k=1}^{n}(c_{m+n-k})_{\rho=\rho_2} g_k(\rho_1+n-k) = 0,$$

与 $(w)_{\rho=\rho_1}$ 中 $(c_n)_{\rho=\rho_1}$ 用 c_0 表示的关系式

$$(c_n)_{\rho=\rho_1} f(\rho_1+n) + \sum_{k=1}^{n}(c_{n-k})_{\rho=\rho_1} g_k(\rho_1+n-k) = 0$$

完全一样. 因此 $(w)_{\rho=\rho_2}$ 与 $(w)_{\rho=\rho_1}$ 与线性相关①. 至于 $(\partial w/\partial \rho)_{\rho=\rho_2}$, 一定含有 $\ln z$ 项, 因此它就是与 $w_1=(w)_{\rho=\rho_1}$ 线性无关的第二解:

$$w_2(z) = \left(\frac{\partial w}{\partial \rho}\right)_{\rho=\rho_2} = \ln z \cdot z^{\rho_2} \sum_{n=m}^{\infty}(c_n)_{\rho=\rho_2} z^n + z^{\rho_2} \sum_{n=0}^{\infty}\left(\frac{\partial c_n}{\partial \rho}\right)_{\rho=\rho_2} z^n. \quad (8.43)$$

在第一个和式中用了 (8.42) 式. 不难看出, (8.43) 式右方的第一项与 $w_1(z)\ln z$ 最多只差一个常数因子, 因为正如前面论证过的, 两者级数中系数之间的递推关系完全一样. 又应注意, 现在的 $c_0 = c_0'(\rho-\rho_2)$, 也是 ρ 的函数, 其微商不等于 0 而是等于 c_0', 故 (8.43) 式右方第二个级数从 $n=0$ 开始, 与 (8.39) 式不同.

当然可以应用 Frobenius 方法重新求解例 8.4. 由于化简过程中涉及 Γ 函数和 ψ 函数的较多计算, 故从略.

以上介绍的 Frobenius 解法中, 关键性的一步是富有创意地引入变换 (8.40), 因为它改变了 c_0 与 ρ 无关的习惯思维. 这一变换本身, 有效地克服了求第二解过程中所遇到的困难, 从而为计算带来明显的方便.

§8.4 Riemann P-方程和超几何方程的解

1. Riemann P-方程

方程的奇点全部都是正则奇点的方程称为 **Fuchs 型方程**. 对于具有三个正则奇点 $a, b, c\,(\neq \infty)$ 的 Fuchs 方程, 其普遍形式是

$$\frac{\mathrm{d}^2 w}{\mathrm{d}z^2} + \left(\frac{1-\alpha_1-\alpha_2}{z-a} + \frac{1-\beta_1-\beta_2}{z-b} + \frac{1-\gamma_1-\gamma_2}{z-c}\right)\frac{\mathrm{d}w}{\mathrm{d}z}$$

$$+ \left[\frac{\alpha_1\alpha_2(a-b)(a-c)}{z-a} + \frac{\beta_1\beta_2(b-a)(b-c)}{z-b} + \frac{\gamma_1\gamma_2(c-a)(c-b)}{z-c}\right]$$

$$\times \frac{w}{(z-a)(z-b)(z-c)} = 0, \quad (8.44)$$

---

① 还可以换一个角度理解 $(w)_{\rho=\rho_2}$ 与 $(w)_{\rho=\rho_1}$ 线性相关这个事实. 正是因为 (8.42) 式, 所以

$$(w)_{\rho=\rho_2} = z^{\rho_2}\sum_{k=m}^{\infty} c_k^{(2)} z^k = z^{\rho_2+m}\sum_{k=0}^{\infty} c_{k+m}^{(2)} z^k = z^{\rho_1}\sum_{k=0}^{\infty} c_{k+m}^{(2)} z^k,$$

这表明 $(w)_{\rho=\rho_2}$ 就是指标为 ρ_1 的正则解, 即 $(w)_{\rho=\rho_1}$.

其中 $(\alpha_1,\alpha_2),(\beta_1,\beta_2),(\gamma_1,\gamma_2)$ 是 a,b,c 三点处的指标. 而如果奇点之一 (例如 c) 为 ∞, 则方程退化为

$$\frac{\mathrm{d}^2 w}{\mathrm{d} z^2} + \left(\frac{1-\alpha_1-\alpha_2}{z-a} + \frac{1-\beta_1-\beta_2}{z-b}\right)\frac{\mathrm{d} w}{\mathrm{d} z}$$
$$+ \left[\frac{\alpha_1\alpha_2(a-b)}{z-a} + \frac{\beta_1\beta_2(b-a)}{z-b} + \gamma_1\gamma_2\right]\frac{w}{(z-a)(z-b)} = 0. \tag{8.45}$$

前面讨论过的超几何方程和 Legendre 方程都是此方程的特殊情形.

为了保证方程 (8.44) 或 (8.45) 只有三个奇点并且全都是正则奇点, 三个奇点处、总共六个指标之和一定有

$$\alpha_1 + \alpha_2 + \beta_1 + \beta_2 + \gamma_1 + \gamma_2 = 1. \tag{8.46}$$

引进 P-符号

$$P\left\{\begin{array}{ccc} a & b & c \\ \alpha_1 & \beta_1 & \gamma_1;\ z \\ \alpha_2 & \beta_2 & \gamma_2 \end{array}\right\},$$

在大括号中有三行数字, 第一行 a,b,c 表示三个正则奇点, 下面的两行数字则是该奇点处的指标; 而最后分号的字母是自变量. 这样, 超几何方程 (8.44)、(8.45) 的 (全部) 解就可以表示成

$$w(z) = P\left\{\begin{array}{ccc} a & b & c \\ \alpha_1 & \beta_1 & \gamma_1;\ z \\ \alpha_2 & \beta_2 & \gamma_2 \end{array}\right\},$$

称为 **Riemann P-方程**. 这样做的好处是不单一目了然地表示出方程 (8.44)、(8.45) 的 (全部) 解, 而且采用 P-符号, 还可以简洁地表示这类方程的解在特定变换下的变换规律. 重要的变换有两类. 一类是自变量的变换. 不难证明, 方程 (8.53)、(8.54) 在平移、放缩和求倒数这三种变换 $\zeta = z+a$, $\zeta = bz$, $\zeta = 1/z$ 下, 或者更一般地, 在线性分式变换 (因为它只不过是上面三种变换的组合)

$$\zeta = \lambda\frac{z+\mu}{z+\nu} = \lambda\left(1 + \frac{\mu-\nu}{z+\nu}\right)$$

之下, 仍然保持方程的形式不变, 只是奇点的位置发生相应的变化, 而指标保持不变. 这一规律就可以用 P- 符号表示为

$$P\left\{\begin{array}{ccc} a & b & c \\ \alpha_1 & \beta_1 & \gamma_1;\ z \\ \alpha_2 & \beta_2 & \gamma_2 \end{array}\right\} = P\left\{\begin{array}{ccc} \zeta_1 & \zeta_2 & \zeta_3 \\ \alpha_1 & \beta_1 & \gamma_1;\ \zeta = \lambda\dfrac{z+\mu}{z+\nu} \\ \alpha_2 & \beta_2 & \gamma_2 \end{array}\right\}, \tag{8.47}$$

其中

$$\zeta_1 = \lambda\frac{z+\mu}{z+\nu}\bigg|_{z=a}, \qquad \zeta_2 = \lambda\frac{z+\mu}{z+\nu}\bigg|_{z=b}, \qquad \zeta_3 = \lambda\frac{z+\mu}{z+\nu}\bigg|_{z=c}.$$

因为分式线性变换只有三个独立的参数 λ, μ 和 ν, 所以, 根据变换前后三个奇点的对应关系, 就可以唯一地决定分式线性变换.

另一类变换是因变量的变换

$$\mathscr{W}(z) = \left(\frac{z-a}{z-c}\right)^k \left(\frac{z-b}{z-c}\right)^l w(z), \tag{8.48}$$

则奇点不变, 而指标发生改变:

$$\left(\frac{z-a}{z-c}\right)^k \left(\frac{z-b}{z-c}\right)^l P \left\{\begin{array}{ccc} a & b & c \\ \alpha_1 & \beta_1 & \gamma_1; \ z \\ \alpha_2 & \beta_2 & \gamma_2 \end{array}\right\} = P \left\{\begin{array}{ccc} a & b & c \\ \alpha_1+k & \beta_1+l & \gamma_1-k-l; \ z \\ \alpha_2+k & \beta_2+l & \gamma_2-k-l \end{array}\right\}. \tag{8.49}$$

此式仅适用于三个奇点 a, b, c 均不为 ∞ 时. 若奇点之一, 例如 $c = \infty$, 则此变换关系变为

$$(z-a)^k (z-b)^l P \left\{\begin{array}{ccc} a & b & \infty \\ \alpha_1 & \beta_1 & \gamma_1; \ z \\ \alpha_2 & \beta_2 & \gamma_2 \end{array}\right\} = P \left\{\begin{array}{ccc} a & b & \infty \\ \alpha_1+k & \beta_1+l & \gamma_1-k-l; \ z \\ \alpha_2+k & \beta_2+l & \gamma_2-k-l \end{array}\right\}. \tag{8.50}$$

直接写出变换前后 $w(z)$ 和 $\mathscr{W}(z)$ 所满足的微分方程, 就能证明上述等式成立.

最后, 需要提醒, 因为线性齐次微分方程的解乘以常数仍然是该方程的解, 所以, 将方程 (8.44) 或 (8.45) 的 (一个或几个) 解乘以 (不同的) 常数, 其 Riemann P- 方程不变.

4.2 超几何方程的解

超几何方程

$$z(1-z)\frac{\mathrm{d}^2 w}{\mathrm{d}z^2} + \left[\gamma - (\alpha+\beta+1)z\right]\frac{\mathrm{d}w}{\mathrm{d}z} - \alpha\beta w = 0 \tag{8.51}$$

的奇点是 $0, 1$ 和 ∞. 可以求出, 在这三个奇点处的指标分别为

$$z = 0: \qquad 指标为 \ 0 \ 和 \ 1 - \gamma;$$
$$z = 1: \qquad 指标为 \ 0 \ 和 \ \gamma - \alpha - \beta;$$
$$z = \infty: \qquad 指标为 \ \alpha \ 和 \ \beta.$$

因此, 超几何方程的解就可以采用 Riemann P- 方程写成

$$w(z) = P \left\{\begin{array}{ccc} 0 & 1 & \infty \\ 0 & 0 & \alpha; \ z \\ 1-\gamma & \gamma-\alpha-\beta & \beta \end{array}\right\}. \tag{8.52}$$

下面就来写出这些解的具体表达式. 首先, 在 $z = 0$ 点邻域内, 设解为

$$w(z) = \sum_{n=0}^{\infty} c_n z^{n+\rho}, \qquad |z| < 1, \tag{8.53}$$

代入方程, 可以求得两个指标为 $\rho = 0$ 和 $1 - \gamma$, 而系数之间的递推关系为

$$c_n = \frac{(\rho+n-1+\alpha)(\rho+n-1+\beta)}{(\rho+n)(\rho+n-1+\gamma)} c_{n-1}. \tag{8.54}$$

因此，当 $\gamma \ne$ 整数 (即两指标之差不等于整数) 时，方程的两个线性无关解均为 (8.27a) 式的形式 (因而无需区分 ρ_1 与 ρ_2)，它们分别对应于指标 $\rho = 0$ 与 $\rho = 1 - \gamma$，

$$w_1(z) = \mathrm{F}(\alpha, \beta; \gamma; z) = \sum_{n=0}^{\infty} \frac{1}{n!} \frac{\Gamma(\alpha+n)}{\Gamma(\alpha)} \frac{\Gamma(\beta+n)}{\Gamma(\beta)} \frac{\Gamma(\gamma)}{\Gamma(\gamma+n)} z^n, \tag{8.55a}$$

$$w_2(z) = z^{1-\gamma} \mathrm{F}(\alpha - \gamma + 1, \beta - \gamma + 1; 2 - \gamma; z). \tag{8.55b}$$

$\mathrm{F}(\alpha, \beta; \gamma; z)$ 称为**超几何级数**，它在单位圆内就代表了一个解析函数. 当然，如果 $\gamma =$ 整数，则指标大的对应于第一解，可表示为超几何级数，而第二解就含有对数函数项，不能简单地表示为超几何级数.

为了要求得超几何方程在其他奇点处的解，可以通过自变量的变换来实现. 例如，要求超几何方程在 $z = 1$ 处的解，则可做变换 $z = 1 - \zeta$，因此

$$w(z) = P \left\{ \begin{array}{ccc} 0 & 1 & \infty \\ 0 & 0 & \alpha\ ; \ z \\ 1-\gamma & \gamma-\alpha-\beta & \beta \end{array} \right\} = P \left\{ \begin{array}{ccc} 1 & 0 & \infty \\ 0 & 0 & \alpha\ ; \ 1-z \\ 1-\gamma & \gamma-\alpha-\beta & \beta \end{array} \right\}. \tag{8.56}$$

所以，如果 $\gamma - \alpha - \beta \ne$ 整数，则超几何方程在 $z = 1$ 处的两个线性无关解就是

$$w_3(z) = \mathrm{F}(\alpha, \beta; \alpha + \beta - \gamma + 1; 1 - z),$$
$$w_4(z) = (1-z)^{\gamma-\alpha-\beta} \mathrm{F}(\gamma-\alpha, \gamma-\beta; \gamma-\alpha-\beta+1; 1-z).$$

同样，通过变换 $z = 1/\zeta$，又能得到

$$\begin{aligned}
w(z) &= P \left\{ \begin{array}{ccc} 0 & 1 & \infty \\ 0 & 0 & \alpha\ ; \ z \\ 1-\gamma & \gamma-\alpha-\beta & \beta \end{array} \right\} = P \left\{ \begin{array}{ccc} \infty & 1 & 0 \\ 0 & 0 & \alpha\ ; \ \frac{1}{z} \\ 1-\gamma & \gamma-\alpha-\beta & \beta \end{array} \right\} \\
&= \left(\frac{1}{z}\right)^{\alpha} P \left\{ \begin{array}{ccc} \infty & 1 & 0 \\ \alpha & 0 & 0\ ; \ \frac{1}{z} \\ 1+\alpha-\gamma & \gamma-\alpha-\beta & \beta-\alpha \end{array} \right\}.
\end{aligned} \tag{8.57}$$

请读者尝试写出超几何方程在 $z = \infty$ 处的两个线性无关解.

在第十六章中，我们将用这个方法写出 Legendre 方程和连带 Legendre 方程的解. 这时，还会得用到

$$\frac{\mathrm{d}^m}{\mathrm{d}z^m} P \left\{ \begin{array}{ccc} 0 & 1 & \infty \\ 0 & 0 & \alpha\ ; \ z \\ 1-\gamma & \gamma-\alpha-\beta & \beta \end{array} \right\} = P \left\{ \begin{array}{ccc} 0 & 1 & \infty \\ 0 & 0 & \alpha+m\ ; \ z \\ 1-\gamma-m & \gamma-\alpha-\beta-m & \beta+m \end{array} \right\}. \tag{8.58}$$

直接将方程 (8.44) 微商，就能发现，$\mathrm{d}w/\mathrm{d}z$ 仍然满足超几何方程，只是 α, β, γ 变为 $\alpha+1$，$\beta+1, \gamma+1$. 如此继续，将方程 (8.44) 微商 m 次，就能得到上述公式.

最后再简单介绍超几何级数 $\mathrm{F}(\alpha, \beta; \gamma; z)$ 的一些性质.

从 (8.55a) 式可以看出, 超几何级数对于 α 和 β 是对称的,

$$F(\alpha,\beta;\gamma;z) = F(\beta,\alpha;\gamma;z). \tag{8.59}$$

根据常微分方程的解析理论, 我们知道, 只有方程的奇点才可能是解的奇点. 因此, 可以将超几何级数解析延拓到全平面上去, 只是 $z=1$ 和 ∞ 点可能除外. 事实上, 可以把超几何级数化为复变积分的形式, 而后就容易进行解析延拓. 在较严的限制条件 $\operatorname{Re}\gamma > \operatorname{Re}\beta > 0$ 下, 可以求得超几何级数的一个积分表示

$$F(\alpha,\beta;\gamma;z) = \frac{\Gamma(\gamma)}{\Gamma(\beta)\Gamma(\gamma-\beta)}\int_0^1 t^{\beta-1}(1-t)^{\gamma-\beta-1}(1-zt)^{-\alpha}\mathrm{d}t, \tag{8.60}$$

其中规定 $|\arg(1-z)|<\pi$, $(1-zt)^{-\alpha}\big|_{z=0}=1$. 在 $|z|<1$ 的条件下, 直接验算就可以证明此式的正确性. 但由于式中的积分并不受条件 $|z|<1$ 的约束, 因而根据解析延拓原理, 可以通过这个积分表示把超几何级数延拓到全平面. 延拓后的函数称为**超几何函数**, 仍用 $F(\alpha,\beta;\gamma;z)$ 表示.

由 (8.60) 式可以看出, 超几何函数是多值函数, 分支点为 $z=1$ 和 ∞. 准确地说, 超几何函数在沿 $z=1$ 到 $z=\infty$ 割开的平面上解析.

由 (8.55a) 和 (8.60) 式, 可得超几何函数的两个特殊值,

$$F(\alpha,\beta;\gamma;0) = 1, \tag{8.61}$$

$$F(\alpha,\beta;\gamma;1) = \frac{\Gamma(\gamma)\Gamma(\gamma-\alpha-\beta)}{\Gamma(\gamma-\alpha)\Gamma(\gamma-\beta)}, \qquad \operatorname{Re}(\gamma-\alpha-\beta)>0. \tag{8.62}$$

关于超几何函数的更多性质, 以及 $\gamma=$ 整数时超几何方程的解的形式, 读者可参阅参考书目 [13, 14].

§8.5 合流超几何方程的解

将超几何方程 (8.51) 中的 z 换为 z/b, 然后除以 b, 就有

$$z\left(1-\frac{z}{b}\right)\frac{\mathrm{d}^2 w}{\mathrm{d}z^2} + \left[\gamma - (\alpha+\beta+1)\frac{z}{b}\right]\frac{\mathrm{d}w}{\mathrm{d}z} - \frac{\alpha\beta}{b}w = 0.$$

此方程的奇点是 $0,b,\infty$, 都是正则奇点. 现在如果令 $b=\beta\to\infty$, 则得到方程

$$z\frac{\mathrm{d}^2 w}{\mathrm{d}z^2} + (\gamma-z)\frac{\mathrm{d}w}{\mathrm{d}z} - \alpha w = 0. \tag{8.63}$$

这个新方程只有两个奇点: 0 和 ∞; 前者仍为正则奇点, 后者是两个奇点 ($b=\beta$ 和 ∞) 的合流, 成为非正则奇点. 所以方程 (8.63) 称为合流超几何方程.

合流超几何方程在正则奇点 $z=0$ 的邻域内, 有两个正则解. 因此可令

$$u(z) = \sum_{n=0}^{\infty} c_n z^{n+\rho},$$

代入方程, 就有
$$\sum_{n=0}^{\infty} c_n(n+\rho)(n+\rho-1)z^{n+\rho-1} + (\gamma-z)\sum_{n=0}^{\infty} c_n(n+\rho)z^{n+\rho-1} - \alpha\sum_{n=0}^{\infty} c_n z^{n+\rho} = 0.$$

整理, 并消去因子 $z^{\rho-1}$, 则得到
$$\sum_{n=0}^{\infty} c_n(n+\rho)(n+\rho+\gamma-1)z^n - \sum_{n=0}^{\infty} c_n(n+\rho+\alpha)z^{n+1} = 0.$$

比较 z^0 项的系数, 就得到指标方程
$$\rho(\rho+\gamma-1) = 0,$$

假设 $\gamma \ne$ 整数, 则不妨取 $\rho_1 = 0$, $\rho_2 = 1-\gamma$[①].

再比较 z^k 项的系数, 有
$$c_k(k+\rho)(k+\rho+\gamma-1) - c_{k-1}(k+\rho+\alpha-1) = 0,$$

于是就得到递推关系
$$c_k = \frac{k+\rho+\alpha-1}{(k+\rho)(k+\rho+\gamma-1)} c_{k-1}.$$

代入 $\rho=0$, 逐次利用递推关系, 就能够导出
$$c_n = \frac{1}{n}\frac{n+\alpha-1}{n+\gamma-1}c_{n-1} = \frac{1}{n}\frac{n+\alpha-1}{n+\gamma-1}\cdot\frac{1}{n-1}\frac{n+\alpha-2}{n+\gamma-2}c_{n-2}$$
$$= \cdots = \frac{1}{n!}\frac{\Gamma(\alpha+n)}{\Gamma(\alpha)}\frac{\Gamma(\gamma)}{\Gamma(\gamma+n)}c_0,$$

取 $c_0 = 1$, 就得到第一解
$$w_1(z) = \sum_{n=0}^{\infty} \frac{1}{n!}\frac{\Gamma(\alpha+n)}{\Gamma(\alpha)}\frac{\Gamma(\gamma)}{\Gamma(\gamma+n)} z^n = \mathrm{F}(\alpha;\gamma;z), \qquad |z| < \infty. \tag{8.64}$$

该函数在全平面解析, 称为合流超几何函数. 显然, 当 $\alpha = 0$ 或负整数时, $\mathrm{F}(\alpha;\gamma;z)$ 退化为多项式.

在递推关系中代入 $\rho = 1-\gamma$, 又能导出
$$c'_n = \frac{1}{n}\frac{n+\alpha-\gamma}{n+1-\gamma}c'_{n-1} = \frac{1}{n}\frac{n+\alpha-\gamma}{n+1-\gamma}\cdot\frac{1}{n-1}\frac{n+\alpha-\gamma-1}{n-\gamma}c'_{n-2}$$
$$= \cdots = \frac{1}{n!}\frac{\Gamma(\alpha+1-\gamma+n)}{\Gamma(\alpha+1-\gamma)}\frac{\Gamma(2-\gamma)}{\Gamma(2-\gamma+n)}c'_0,$$

取 $c'_0 = 1$, 又得到第二解
$$w_2(z) = z^{1-\gamma}\sum_{n=0}^{\infty} \frac{1}{n!}\frac{\Gamma(\alpha+1-\gamma+n)}{\Gamma(\alpha+1-\gamma)}\frac{\Gamma(2-\gamma)}{\Gamma(2-\gamma+n)} z^n$$
$$= z^{1-\gamma}\mathrm{F}(\alpha+1-\gamma; 2-\gamma; z), \quad |z| < \infty. \tag{8.65}$$

---

① 因为两指标之差不等于整数, 两个正则解中均不含有对数函数项, 所以无需区分 ρ_1 与 ρ_2.

需要注意,因为合流超几何方程只有两个奇点,$z=0$ 与 $z=\infty$,所以,在方程正则奇点 $z=0$ 邻域内的两个解也就是在方程非正则奇点 $z=\infty$ 邻域内的解.

有许多特殊函数能用合流超几何函数表示. 例如 Bessel 函数

$$J_\nu(z) = \frac{1}{\Gamma(\nu+1)} e^{-iz} \left(\frac{z}{2}\right)^\nu F\left(\nu+\frac{1}{2}; 2\nu+1; 2iz\right), \tag{8.66}$$

虚宗量 Bessel 函数

$$I_\nu(z) = \frac{1}{\Gamma(\nu+1)} e^{-z} \left(\frac{z}{2}\right)^\nu F\left(\nu+\frac{1}{2}; 2\nu+1; 2z\right), \tag{8.67}$$

不完全 Γ 函数

$$\gamma(\nu, z) = \frac{1}{\nu} z^\nu F(\nu; \nu+1; -z), \tag{8.68}$$

误差函数

$$\mathrm{erf}(z) = \frac{2z}{\sqrt{\pi}} F\left(\frac{1}{2}; \frac{3}{2}; -z^2\right), \tag{8.69}$$

Fresnel 积分

$$C(z) \pm iS(z) = z F\left(1/2; 3/2; \pm i\pi/2 z^2\right), \tag{8.70}$$

Hermite 函数

$$H_\nu(z) = \frac{\sqrt{\pi}}{\Gamma((1-\nu)/2)} F\left(-\frac{\nu}{2}; \frac{1}{2}; z^2\right) - \frac{\sqrt{2\pi}}{\Gamma(-\nu/2)} z F\left(\frac{1-\nu}{2}; \frac{3}{2}; z^2\right), \tag{8.71}$$

Hermite 多项式

$$H_{2n}(z) = (-1)^n \frac{(2n)!}{n!} F\left(-n; \frac{1}{2}; z^2\right), \tag{8.72}$$

$$H_{2n+1}(z) = (-1)^n \frac{(2n+1)!}{n!} 2z\, F\left(-n; \frac{3}{2}; z^2\right), \tag{8.73}$$

Lagerre 函数

$$L_\nu^\mu(z) = \frac{1}{\Gamma(\nu+1)} F(-\nu; \mu+1; z), \tag{8.74}$$

Lagerrer 多项式

$$L_n(z) = F(-n; 1; z), \tag{8.75}$$

广义 Lagerrer 多项式

$$L_n^\mu(z) = \frac{1}{n!} \frac{\Gamma(n+\mu+1)}{\Gamma(\mu+1)} F(-n; \mu+1; z). \tag{8.76}$$

还有一些函数用 Whittaker 函数

$$M_{k,\pm\mu}(z) = z^{\pm\mu+1/2} e^{-z/2} F(\pm\mu-k+1/2; \pm 2\mu+1; z), \tag{8.77}$$

$$W_{k,\mu}(z) = \frac{\Gamma(-2\mu)}{\Gamma(-\mu-k+1/2)} M_{k,\mu}(z) + \frac{\Gamma(2\mu)}{\Gamma(\mu-k+1/2)} M_{k,-\mu}(z) \tag{8.78}$$

表示更为方便, 例如, Hankel 函数

$$H_\nu^{(1)}(z) = \sqrt{\frac{2}{\pi z}} e^{-i(2\nu+1)\pi/4} W_{0,\nu}\left(2e^{-i\pi/2} z\right), \tag{8.79}$$

$$H_\nu^{(2)}(z) = \sqrt{\frac{2}{\pi z}} e^{i(2\nu+1)\pi/4} W_{0,\nu}\left(2e^{i\pi/2} z\right), \tag{8.80}$$

抛物线柱函数

$$D_\nu(z) = 2^{(2\nu+1)/4} z^{-1/2} W_{(2\nu+1)/4, -1/4}\left(\frac{1}{2} z^2\right), \tag{8.81}$$

指数积分

$$\mathrm{Ei}(z) = -e^{z/2}(-z)^{-1/2} W_{-1/2, 0}(-z), \quad |\arg(-z)| < \pi, \tag{8.82}$$

对数积分

$$\mathrm{li}(z) = -(-\ln z)^{-1/2} z^{1/2} W_{-1/2, 0}(-\ln z), \quad |\arg(-\ln z)| < \pi. \tag{8.83}$$

上面这些特殊函数的定义, 特别是有关单值分枝的规定, 均请见有关专著, 例如, 参考书目 [14, 16] 两书. 但要注意, 不同书中的定义可能有所不同.

*§8.6 方程非正则奇点邻域内的解

前面讨论了在方程正则奇点邻域内的解. 我们知道, 在正则奇点的邻域内, 二阶线性齐次常微分方程 (8.1) 的两个线性无关解都是正则解. 如果 $z = z_0$ 是方程的非正则奇点, 则在该点的邻域 $0 < |z - z_0| < R$ 内最多只能有一个正则解. 如果 $p(z)$ 和 $q(z)$ 可以在 $0 < |z - z_0| < R$ 内作 Laurent 展开

$$p(z) = (z - z_0)^{-m} \sum_{k=0}^\infty a_k (z - z_0)^k, \qquad q(z) = (z - z_0)^{-n} \sum_{k=0}^\infty b_k (z - z_0)^k,$$

将正则解 (8.27a) 以及 $p(z)$ 和 $q(z)$ 的 Laurent 级数代入方程, 则当且仅当 m 和 n 满足

$$\boxed{m \geqslant 2, \quad \text{并且} \quad m \geqslant n - 1} \tag{8.84}$$

时, 得到的指标方程为一次方程. 这时可以模仿正则奇点处的求解步骤求解, 不再赘述.

如果无穷远点 $z = \infty$ 是非正则奇点, 原则上应当做变量替换 $z = 1/t$, 然后在 $t = 0$ 点的邻域内讨论即可. 但是, 也可以直接令

$$w(z) = z^\rho \sum_{k=0}^\infty c_k z^{-k},$$

同时将 $p(z)$ 和 $q(z)$ 在 $z = \infty$ 点的空心邻域内作 Laurent 展开

$$p(z) = z^m \sum_{k=0}^\infty a_k z^{-k}, \qquad q(z) = z^n \sum_{k=0}^\infty b_k z^{-k},$$

代入微分方程, 则得到

$$\sum_{k=0}^\infty c_k (k-\rho)(k-\rho-1) z^{-k} + z^{1+m} \sum_{l=0}^\infty a_l z^{-l} \sum_{k=0}^\infty c_k (k-\rho) z^{-k} + z^{2+n} \sum_{l=0}^\infty b_l z^{-l} \sum_{k=0}^\infty c_k z^{-k} = 0.$$

所以, 方程只有一个正则解的条件是

$$\boxed{m \geqslant 0, \quad \text{并且} \quad m \geqslant n + 1,} \tag{8.84'}$$

即在 $z=\infty$ 点 $p(z)$ 的阶大于 $q(z)$ 的阶. 注意, 方程只有一个正则解的条件, 对于有限远处和无穷远点, 在形式上有所不同.

现在讨论方程非正则奇点邻域内不存在正则解, 或者方程虽有一个正则解, 但我们要求这个正则解之外的另一解的情形. 这时, $z=z_0$ 应该是解的本性奇点 (当然还可能是分支点). 为了描写解在 $z=z_0$ 点的这种奇异性, 不妨假设

$$w(z) = e^{Q(z)} v(z), \tag{8.85}$$

使得 $z=z_0$ 是 $e^{Q(z)}$ 的本性奇点, 而 $v(z)$ 可以写成正则解的形式:

$$v(z) = (z-z_0)^\rho \sum_{k=0}^{\infty} c_k (z-z_0)^k, \qquad c_0 \neq 0. \tag{8.86}$$

(8.85) 式这种形式的解称为**常规解**. 把这种解代入方程, 则得 $v(z)$ 的方程

$$\frac{d^2 v}{dz^2} + p^*(z) \frac{dv}{dz} + q^*(z) v = 0, \tag{8.87}$$

其中

$$p^*(z) = p(z) + 2Q'(z), \qquad q^*(z) = q(z) + p(z)Q'(z) + Q''(z) + [Q'(z)]^2.$$

再根据方程有正则解的要求, 就有可能恰当地选择 $Q(z)$, 并进而求出解 $w(z)$.

如果求常规解的尝试失败, 还可以求**次常规解** (详见参考书目 [13] 的 2.11 节).

下面讨论 Bessel 方程

$$\frac{d^2 w}{dz^2} + \frac{1}{z} \frac{dw}{dz} + \left(1 - \frac{\nu^2}{z^2}\right) w = 0 \tag{8.88}$$

在非正则奇点 $z=\infty$ 邻域内的解. 容易看出, 在 $z=\infty$ 处, $m=-1$, $n=0$, 不满足方程有正则解的要求 (8.84'), 因而在 $z=\infty$ 的邻域内, 方程最多只能有常规解. 做变换 (8.85), 则方程 (8.87) 中的系数为

$$p^*(z) = \frac{1}{z} + 2Q'(z), \tag{8.89}$$

$$q^*(z) = 1 - \frac{\nu^2}{z^2} + \frac{Q'(z)}{z} + Q''(z) + [Q'(z)]^2. \tag{8.90}$$

为了保证 $z=\infty$ 是 $e^{Q(z)}$ 的本性奇点, 可取 $Q(z)$ 为 z 的多项式, 这也同时满足了 $p^*(z)$ 的阶 $m \geqslant 0$ 的要求; 再进一步, 为了使得 $p^*(z)$ 的阶大于 $q^*(z)$ 的阶, 则必须取 $Q(z) = \lambda z$, 并且 $1+\lambda^2 = 0$, 即这样, $v(z)$ 所满足的方程就是

$$\frac{d^2 v}{dz^2} + \left(\frac{1}{z} + 2\lambda\right) \frac{dv}{dz} + \left(\frac{\lambda}{z} - \frac{\nu^2}{z^2}\right) v = 0. \tag{8.91}$$

设

$$v(z) = z^\rho \sum_{l=0}^{\infty} c_l z^{-l}, \tag{8.92}$$

则有

$$\sum_{l=0}^{\infty} \left[(\rho-l)^2 - \nu^2\right] c_l z^{-l} + \lambda \sum_{l=0}^{\infty} \left[(2\rho+1) - 2l\right] c_l z^{-l+1} = 0. \tag{8.93}$$

比较 z^1 项的系数, 即得

$$2\rho + 1 = 0, \qquad 即 \qquad \rho = -1/2.$$

所以, 在无穷远点 $z=\infty$ 附近, Bessel 方程解的首项便是 $c_0 e^{\pm iz} \sqrt{1/z}$.

为了求出整个解, 可将 $\rho = -1/2$ 代入 (8.93) 式, 再比较 z^{-k+1} 项的系数, 就得到递推关系

$$c_k = -\frac{4\nu^2 - (2k-1)^2}{2^2 k} \frac{1}{2\lambda} c_{k-1}. \tag{8.94}$$

反复利用递推关系, 就可以得到系数 c_k 的普遍表达式:
$$c_k = \frac{(\nu,k)}{(-2\lambda)^k} c_0, \tag{8.95}$$
其中 $(\nu,0)=1$,
$$(\nu,k) = \frac{\left[4\nu^2-(2k-1)^2\right]\left[4\nu^2-(2k-3)^2\right]\cdots\left[4\nu^2-3^2\right]\left[4\nu^2-1^2\right]}{2^{2k}k!}.$$
通常令
$$c_0 = \sqrt{\frac{2}{\pi}} \exp\left[-\lambda\left(\frac{\nu\pi}{2}+\frac{\pi}{4}\right)\right], \tag{8.96}$$
于是就可以求得 Bessel 方程在无穷远点 $z=\infty$ 邻域内的解.

但是, 容易判断, 这个幂级数解的收敛半径
$$R = \lim_{k\to\infty}\left|\frac{c_{k-1}}{c_k}\right| = |2\lambda| \times \lim_{k\to\infty}\left|\frac{(\nu,k-1)}{(\nu,k)}\right| = 0.$$

这说明, 在一般情况下, 这样得到的幂级数解是发散的, 除非 ν 是半奇数, 即 $\nu=n+1/2$, 这时从 z^{-n-1} 项起, 各项的系数均为 0, 级数截断为多项式,
$$w(z) = \sqrt{\frac{2}{\pi z}}\exp\left[\lambda\left(z-\frac{n+1}{2}\pi\right)\right] \sum_{k=0}^{n}\frac{(n+1/2,k)}{(-2\lambda z)^k}.$$

将 $\lambda=\pm\mathrm{i}$ 代入, 就得到 Bessel 方程的两个解:
$$w_1(z) = (-\mathrm{i})^{n+1}\sqrt{\frac{2}{\pi z}}\mathrm{e}^{\mathrm{i}z}\sum_{k=0}^{n}\frac{(-)^k(n+1/2,k)}{(2\mathrm{i}z)^k}, \tag{8.97}$$
$$w_2(z) = \mathrm{i}^{n+1}\sqrt{\frac{2}{\pi z}}\mathrm{e}^{-\mathrm{i}z}\sum_{k=0}^{n}\frac{(n+1/2,k)}{(2\mathrm{i}z)^k}. \tag{8.98}$$

如果 ν 不是半奇数, 得到的级数实际上是 Bessel 方程的解 (事实上, 是 Hankel 函数) 当 $|z|\to\infty$ 时的渐近展开:
$$\begin{aligned}\mathrm{H}_\nu^{(1)}(z) &\sim \sqrt{\frac{2}{\pi z}}\exp\left[\mathrm{i}\left(z-\frac{\nu\pi}{2}-\frac{\pi}{4}\right)\right]\sum_{k=0}^{\infty}\frac{(-)^k(\nu,k)}{(2\mathrm{i}z)^k} \\ \mathrm{H}_\nu^{(2)}(z) &\sim \sqrt{\frac{2}{\pi z}}\exp\left[-\mathrm{i}\left(z-\frac{\nu\pi}{2}-\frac{\pi}{4}\right)\right]\sum_{k=0}^{\infty}\frac{(\nu,k)}{(2\mathrm{i}z)^k}\end{aligned} \quad (-2\pi<\arg z<\pi). \tag{8.99}$$

将它们重新组合, 还可得到 Bessel 函数和 Neumann 函数在 $|z|\to\infty$, $-\pi<\arg z<\pi$ 时的渐近展开:
$$\begin{aligned}\mathrm{J}_\nu(z) &= \frac{\mathrm{H}_\nu^{(1)}(z)+\mathrm{H}_\nu^{(2)}(z)}{2} \\ &\sim \sqrt{\frac{2}{\pi z}}\left[\cos\left(z-\frac{\nu\pi}{2}-\frac{\pi}{4}\right)\sum_{k=0}^{\infty}\frac{(-)^k(\nu,2k)}{(2z)^{2k}} - \sin\left(z-\frac{\nu\pi}{2}-\frac{\pi}{4}\right)\sum_{k=0}^{\infty}\frac{(-)^k(\nu,2k+1)}{(2z)^{2k+1}}\right],\end{aligned} \tag{8.100}$$
$$\begin{aligned}\mathrm{N}_\nu(z) &= \frac{\mathrm{H}_\nu^{(1)}(z)-\mathrm{H}_\nu^{(2)}(z)}{2\mathrm{i}} \\ &\sim \sqrt{\frac{2}{\pi z}}\left[\sin\left(z-\frac{\nu\pi}{2}-\frac{\pi}{4}\right)\sum_{k=0}^{\infty}\frac{(-)^k(\nu,2k)}{(2z)^{2k}} + \cos\left(z-\frac{\nu\pi}{2}-\frac{\pi}{4}\right)\sum_{k=0}^{\infty}\frac{(-)^k(\nu,2k+1)}{(2z)^{2k+1}}\right].\end{aligned} \tag{8.101}$$

§8.7 二阶线性常微分方程的不变式

在求解常微分方程时,重要的是需要先判断方程有无奇点,有几个正则奇点,几个非正则奇点,无穷远点是不是奇点,是正则奇点还是非正则奇点,包括方程在每个正则奇点处的指标. 这样做的好处,是使得我们对于所要求解的方程,有一个全局性的了解,也便于我们将方程尽可能地变换为相关的标准形式,甚至直接写出解式.

按照正则奇点和非正则奇点的数目,常见的典型方程见表 8.1.

表 8.1 典型的二阶线性常微分方程

正则奇点数	非正则奇点数	二阶线性常微分方程
4	0	Lamé 方程
3	0	超几何方程, Legendre 方程, 连带 Legendre 方程
2	1	Mathieu 方程
1	1	合流超几何方程, Bessel 方程, Weber 方程
0	1	Stokes 方程

例 8.5 全部奇点均为正则奇点的方程称为 Fuchs 型方程. 在 (扩充的) 全平面上有两个正则奇点 a, b 的 Fuchs 型方程的普遍形式是

$$\frac{d^2 u}{dz^2} + \left(\frac{1-\alpha-\alpha'}{z-a} + \frac{1+\alpha+\alpha'}{z-b}\right)\frac{du}{dz} + \frac{\alpha-\alpha'(a-b)^2}{(z-a)^2(z-b)^2} = 0. \tag{8.102}$$

方程在 $z=a$ 点的指标为 α 与 α', 在 $z=b$ 点的指标为 $-\alpha$ 与 $-\alpha'$. 按照常微分方程幂级数解法的标准步骤, 可以求得方程的通解为初等函数

$$u = A\left(\frac{z-a}{z-b}\right)^{\alpha} + B\left(\frac{z-a}{z-b}\right)^{\alpha'}. \tag{8.103}$$

读者可能注意到, 这个方程的四个指标之和为 0. 这不是一个偶然的现象. 事实上, 可以证明[①], 对于有 n 个奇点的 Fuchs 型方程,

$$\text{全部指标之和} = n - 2.$$

具有三个奇点的 Fuchs 型方程的原型是

$$z(1-z)\frac{d^2 w}{dz^2} + [\gamma - (\alpha+\beta+1)z]\frac{dw}{dz} - \alpha\beta w = 0, \tag{8.104}$$

称为超几何方程, 奇点为 $z=0, 1, \infty$, 相应的指标为 $(0, 1-\gamma)$, $(0, \gamma-\alpha-\beta)$, (α, β). 前面 §8.4 已经讨论过此方程的解, 不再重复.

合流超几何方程

$$z\frac{d^2 w}{dz^2} + (\gamma - z)\frac{dw}{dz} - \alpha w = 0. \tag{8.105}$$

---

① 参见参考书目 [13], 第 63 页. 注意此处的表述形式与该书不同, 差异在于是否将 ∞ 点 (如果也是奇点的话) 计算在内.

是另一个典型. 它只有两个奇点: 0 和 ∞; 前者为正则奇点, 后者是非正则奇点. §8.5 中也讨论过此方程的解.

超几何方程和合流超几何方程, 是物理学中常用的两个方程. 许多微分方程都是它们的特殊情形, 或者可以变换为这两种方程. 因此, 找到适当的因变量变换, 建立起已知微分方程与超几何方程或合流超几何方程之间的关系, 就是一件十分有意义的事情.

不妨把问题归结为两个常微分方程互化的普遍问题. 要实现两个微分方程的互化, 可行的办法是将它们同时化为另一个特殊形式的微分方程, 例如, 使得二阶微分方程中一阶导数项的系数为 0.

设有二阶常微分方程

$$\frac{\mathrm{d}^2 w}{\mathrm{d}x^2} + p(x)\frac{\mathrm{d}w}{\mathrm{d}x} + q(x)w(x) = 0. \tag{8.106}$$

做变换 $w(x) = f(x)\mathscr{W}(x)$, 则

$$\frac{\mathrm{d}w}{\mathrm{d}x} = f'(x)\mathscr{W}(x) + f(x)\mathscr{W}'(x),$$
$$\frac{\mathrm{d}^2 w}{\mathrm{d}x^2} = f''(x)\mathscr{W}(x) + 2f'(x)\mathscr{W}'(x) + f(x)\mathscr{W}''(x),$$

于是, 方程 (8.106) 就化为

$$f(x)\mathscr{W}''(x) + [2f'(x) + p(x)f(x)]\mathscr{W}'(x)$$
$$+ [f''(x) + p(x)f'(x) + q(x)f(x)]\mathscr{W}(x) = 0.$$

因此, 只需取

$$2f'(x) + p(x)f(x) = 0, \quad \text{即} \quad f(x) = \exp\left\{-\frac{1}{2}\int^x p(\xi)\mathrm{d}\xi\right\}, \tag{8.107}$$

则方程 (8.106) 就变成

$$\mathscr{W}''(x) + C(x)\mathscr{W}(x) = 0, \tag{8.108a}$$

其中

$$C(x) = q(x) + p(x)\frac{f'(x)}{f(x)} + \frac{f''(x)}{f(x)} = q(x) - \frac{1}{2}p'(x) - \frac{1}{4}p^2(x) \tag{8.108b}$$

称为方程 (8.106) 的不变式.

如果两个常微分方程

$$\frac{\mathrm{d}^2 w_1}{\mathrm{d}x^2} + p_1(x)\frac{\mathrm{d}w_1}{\mathrm{d}x} + q_1(x)w_1(x) = 0,$$
$$\frac{\mathrm{d}^2 w_2}{\mathrm{d}x^2} + p_2(x)\frac{\mathrm{d}w_2}{\mathrm{d}x} + q_2(x)w_2(x) = 0$$

有相同的不变式, 则此二方程一定可以通过因变量变换

$$w_1(x)\exp\left\{\frac{1}{2}\int^x p_1(\xi)\mathrm{d}\xi\right\} = w_2(x)\exp\left\{\frac{1}{2}\int^x p_2(\xi)\mathrm{d}\xi\right\} \tag{8.109}$$

互化.

例 8.6 求连带 Legendre 方程

$$\frac{\mathrm{d}}{\mathrm{d}x}\left[(1-x^2)\frac{\mathrm{d}y}{\mathrm{d}x}\right] + \left[\nu(\nu+1) - \frac{\mu^2}{1-x^2}\right]y(x) = 0 \tag{8.110}$$

在 $x = 1$ 点邻域内的解.

解 首先做变换 $z = (1-x)/2$, $y(x) = w(z)$, 将方程变为

$$\frac{\mathrm{d}}{\mathrm{d}z}\left[z(1-z)\frac{\mathrm{d}w}{\mathrm{d}z}\right] + \left[\nu(\nu+1) - \frac{\mu^2}{4z(1-z)}\right]w(z) = 0. \tag{8.111}$$

其系数为

$$p(z) = \frac{1-2z}{z(1-z)} = \frac{1}{z} - \frac{1}{1-z},$$

$$q(z) = \frac{\nu(\nu+1)}{z(1-z)} - \frac{\mu^2}{4z^2(1-z)^2}$$

$$= \frac{1}{z}\left[\nu(\nu+1) - \frac{\mu^2}{2}\right] + \frac{1}{1-z}\left[\nu(\nu+1) - \frac{\mu^2}{2}\right] - \frac{\mu^2}{4}\frac{1}{z^2} - \frac{\mu^2}{4}\frac{1}{(1-z)^2},$$

由此可以写出方程 (8.111) 的不变式

$$C(z) = \frac{1}{z}\left[\nu(\nu+1) - \frac{\mu^2-1}{2}\right] + \frac{1}{1-z}\left[\nu(\nu+1) - \frac{\mu^2-1}{2}\right] + \frac{1-\mu^2}{4}\frac{1}{z^2} + \frac{1-\mu^2}{4}\frac{1}{(1-z)^2}.$$

另一方面, 超几何方程

$$z(1-z)\frac{\mathrm{d}^2\mathscr{W}}{\mathrm{d}z^2} + [\gamma - (\alpha+\beta+1)z]\frac{\mathrm{d}\mathscr{W}}{\mathrm{d}z} - \alpha\beta\mathscr{W}(z) = 0$$

的不变式为

$$C(z) = \frac{1}{z}\left\{-\alpha\beta - \frac{\gamma}{2}[\gamma - (\alpha+\beta+1)]\right\} + \frac{1}{1-z}\left\{-\alpha\beta - \frac{\gamma}{2}[\gamma - (\alpha+\beta+1)]\right\}$$
$$+ \frac{\gamma(2-\gamma)}{4}\frac{1}{z^2} - \frac{(\gamma-\alpha-\beta)^2-1}{4}\frac{1}{(1-z)^2}.$$

两相对照, 可以发现, 当

$$\alpha = -\nu, \qquad \beta = \nu+1, \qquad \gamma = 1+\mu$$

时, 两个方程具有相同的不变式. 此时联系二方程的因变量变换是

$$w(z)\exp\left\{\frac{1}{2}\int^z\left(\frac{1}{\zeta} - \frac{1}{1-\zeta}\right)\mathrm{d}\zeta\right\} = \mathscr{W}(z)\exp\left\{\frac{1}{2}\int^z\left[\frac{\gamma}{\zeta} + \frac{\gamma-(\alpha+\beta+1)}{1-\zeta}\right]\mathrm{d}\zeta\right\}.$$

代入刚刚定出的 α, β, γ 值, 就得到

$$w(z) = \left(\frac{z}{1-z}\right)^{\mu/2}\mathscr{W}(z).$$

再回到原来的连带 Legendre 方程 (8.110), 就是

$$y(x) = \left(\frac{1-x}{1+x}\right)^{\mu/2}\mathscr{W}\left(\frac{1-x}{2}\right). \tag{8.112}$$

因此, 当 μ 不为整数时, 连带 Legendre 方程 (8.110) 的两个线性无关解即为

$$y_1(x) = \left(\frac{1-x}{1+x}\right)^{\mu/2} F\left(-\nu, 1+\nu; 1+\mu; \frac{1-x}{2}\right), \tag{8.113a}$$

$$y_2(x) = (1-x^2)^{-\mu/2} F\left(-\nu-\mu, \nu-\mu+1; 1-\mu; \frac{1-x}{2}\right). \tag{8.113b}$$

当 μ 为整数时, 也可利用超几何方程的相关结果, 写出连带 Legendre 方程 (8.110) 的两个线性无关解.

例 8.7 合流超几何方程

$$z\frac{d^2\mathscr{W}}{dz^2} + (\gamma - z)\frac{d\mathscr{W}}{dz} - \alpha\mathscr{W}(z) = 0 \tag{8.114}$$

是另一类方程的代表, 它们的共同特点是都有两个奇点, 并且一个是正则奇点 ($z=0$), 另一个是非正则奇点 ($z=\infty$). 用常微分方程的幂级数解法, 可以求出它的两个线性无关解. 当 γ 不为整数时, 它们都可以表示为合流超几何函数

$$\mathscr{W}_1(z) = F(\alpha; \gamma; z) \equiv \sum_{n=0}^{\infty} \frac{1}{n!} \frac{(\alpha)_n}{(\gamma)_n} z^n, \tag{8.115a}$$

$$\mathscr{W}_2(z) = z^{1-\gamma} F(\alpha - \gamma + 1; 2 - \gamma; z). \tag{8.115b}$$

Bessel 方程

$$\frac{d^2 y}{dx^2} + \frac{1}{x}\frac{dy}{dx} + \left(1 - \frac{\nu^2}{x^2}\right) y(x) = 0 \tag{8.116}$$

也具有相同的奇点分布. 试将 Bessel 方程的解用合流超几何函数表示出来.

解 先分别写出这两个方程的不变式:

合流超几何方程: $\quad C(z) = -\dfrac{1}{4} + \dfrac{\gamma - 2\alpha}{2}\dfrac{1}{z} - \dfrac{\gamma(\gamma-2)}{4}\dfrac{1}{z^2}, \tag{8.117a}$

Bessel 方程: $\quad C(x) = 1 + \dfrac{1-4\nu^2}{4}\dfrac{1}{x^2}. \tag{8.117b}$

两者有相似的结构, 但又有数值上的差异. 这个差异, 我们可以归之于 Bessel 方程中的 $q(x)$ 项. 因此需要先对 Bessel 方程做自变量变换: $z = \lambda x$, $y(x) = w(z)$, 从而将方程化为:

$$\frac{d^2 w}{dz^2} + \frac{1}{z}\frac{dw}{dz} + \left(\frac{1}{\lambda^2} - \frac{\nu^2}{z^2}\right) w(z) = 0. \tag{8.116'}$$

它的不变式是

$$C(z) = \frac{1}{\lambda^2} + \frac{1-4\nu^2}{4}\frac{1}{z^2}. \tag{8.117c}$$

因此, 如果取

$$\frac{1}{\lambda^2} = -\frac{1}{4}, \qquad \gamma - 2\alpha = 0, \qquad \gamma(\gamma - 2) = 4\nu^2 - 1,$$

亦即

$$\lambda = 2i, \qquad \gamma = 2\nu + 1, \qquad \alpha = \nu + 1/2,$$

则方程 (8.114) 与方程 (8.116′) 有相同的不变式. 此二方程间的变换关系是

$$w(z)\exp\left\{\frac{1}{2}\int^z\frac{\mathrm{d}\zeta}{\zeta}\right\}=\mathscr{W}(z)\exp\left\{\frac{1}{2}\int^z\left(\frac{\gamma}{\zeta}-1\right)\mathrm{d}\zeta\right\},$$

亦即

$$w(z)=\mathrm{e}^{-z/2}z^{(\gamma-1)/2}\mathscr{W}(z)=\mathrm{e}^{-z/2}z^\nu\mathscr{W}(z),$$

因此, 方程 (8.116′) 在 2ν 不为整数时的线性无关解为

$$w_1(z)=\mathrm{e}^{-z/2}z^\nu\mathrm{F}(\nu+1/2;2\nu+1;z),$$
$$w_2(z)=\mathrm{e}^{-z/2}z^{-\nu}\mathrm{F}(-\nu+1/2;-2\nu+1;z).$$

再回到 Bessel 方程 (8.116), 它的线性无关解就是

$$y_1(x)=\mathrm{e}^{-\mathrm{i}x}x^\nu\mathrm{F}(\nu+1/2;2\nu+1;2\mathrm{i}x),\tag{8.118a}$$
$$y_2(x)=\mathrm{e}^{-\mathrm{i}x}x^{-\nu}\mathrm{F}(-\nu+1/2;-2\nu+1;2\mathrm{i}x).\tag{8.118b}$$

事实上, 它们就是 $\mathrm{J}_{\pm\nu}(x)$ (差常数倍).

例 8.8 求解常微分方程本征值问题

$$\frac{1}{r^2}\frac{\mathrm{d}}{\mathrm{d}r}\left(r^2\frac{\mathrm{d}R}{\mathrm{d}r}\right)+\left[\frac{2\mu E}{\hbar^2}+\frac{2\mu}{\hbar^2}\frac{e^2}{4\pi\varepsilon_0}\frac{1}{r}-\frac{l(l+1)}{r^2}\right]R=0,\tag{8.119a}$$

$$R(0)\text{ 有界}, \qquad \int_0^\infty|R(r)|^2\,r^2\mathrm{d}r\text{ 收敛}.\tag{8.119b}$$

解 此问题来自量子力学中的氢原子问题. E 为待求的本征值, μ 是电子与氢核 (质子) 的折合质量, e 为元电荷, $\hbar$ 是约化 Planck 常量, ε_0 是真空电容率, $l=0,1,2,\cdots$. 在量子力学教材中, 都会介绍到此问题的解法, 多从波函数的渐近行为考虑, 逐次变换而求解. 但从微分方程的不变式来看, 有关的变换却是自然之举.

容易判断, 方程 (8.119a) 有两个奇点: $r=0$ (正则奇点) 与 $r=\infty$ (非正则奇点), 与合流超几何方程相同. 因此我们可以将方程 (8.119a) 化为合流超几何方程, 从而写出它的解. 为此, 只需要写出方程 (8.119a) 的不变式

$$C(r)=q(r)-\frac{1}{2}p'(r)-\frac{1}{4}p^2(r)=\frac{2\mu E}{\hbar^2}+\frac{2\mu}{\hbar^2}\frac{e^2}{4\pi\varepsilon_0}\frac{1}{r}-\frac{l(l+1)}{r^2}.$$

现在似乎已经可以与合流超几何方程的不变式 (8.117a) 比较, 从而令 $2\mu E/\hbar^2=-1/4$, 但这样做的结果, 将导致 E 取唯一确定值 $E=-\hbar^2/(8\mu)$, 而相应的函数 $R(r)$ 并不满足平方可积的要求. 正确的做法是引进变量变换 $z=\kappa r$, 将方程变为

$$\frac{\mathrm{d}^2 R}{\mathrm{d}z^2}+\frac{2}{z}\frac{\mathrm{d}R}{\mathrm{d}z}+\left[\frac{2\mu E}{\hbar^2\kappa^2}+\frac{2}{\kappa a_0}\frac{1}{z}-\frac{l(l+1)}{z^2}\right]R=0,$$

其中

$$a_0=\frac{4\pi\varepsilon_0\hbar^2}{\mu e^2}=0.529\,177\,249\times10^{-8}\,\mathrm{cm}$$

就是 Bohr 半径. 相应地, 不变式则变为

$$C(z) = \frac{2\mu E}{\hbar^2 \kappa^2} + \frac{k}{z} - \frac{l(l+1)}{z^2}, \quad \text{其中 } k = \frac{2}{\kappa a_0}.$$

现在就可以令

$$\frac{2\mu E}{\hbar^2 \kappa^2} = -\frac{1}{4}, \qquad 即 \qquad \kappa = \frac{2}{ka_0} = \sqrt{-\frac{8\mu E}{\hbar^2}}, \tag{8.120a}$$

$$l(l+1) = \frac{\gamma(\gamma-2)}{4}, \qquad 即 \qquad \gamma = 2l+2, \tag{8.120b}$$

$$k = \frac{\gamma - 2\alpha}{2}, \qquad 即 \qquad \alpha = l - k + 1, \tag{8.120c}$$

则方程 (8.119a) 即化为合流超几何方程 (8.114). 联系二方程之间的变换为

$$R(r) \exp\left\{\int^{\kappa r} \frac{\mathrm{d}\zeta}{\zeta}\right\} = \mathscr{W}(\kappa r) \exp\left\{\frac{1}{2}\int^{\kappa r} \left(\frac{\gamma}{\zeta} - 1\right)\mathrm{d}\zeta\right\},$$

亦即 $R(r) = \mathrm{e}^{-\kappa r}(\kappa r)^l \mathscr{W}(\kappa r)$. 于是, 满足方程 (8.119a) 并且 $R(0)$ 有界的解就是

$$R(r) = N\mathrm{e}^{-\kappa r/2} r^l \mathrm{F}(l-k+1; 2l+2; \kappa r), \tag{8.121}$$

其中 N 为 (归一化) 常数. 由 $\mathrm{F}(\alpha; \gamma; z)$ 的渐近展开① 可知, 当 $r \to \infty$ 时,

$$R(r) \sim N'\mathrm{e}^{\alpha r/2} r^{-k-1} \frac{\Gamma(2l+2)}{\Gamma(l-k+1)},$$

因此, 作为无穷级数, $R(r)$ 指数地趋于 ∞, 不可能满足平方可积的要求, 除非

$$l - k + 1 = -n_r, \qquad n_r = 0, 1, 2, \cdots, \tag{8.122a}$$

即

$$k = n_r + l + 1 = n, \qquad n = 1, 2, 3, \cdots, \quad l = 0, 1, \cdots, n-1, \tag{8.122b}$$

从而使解 (8.121) 截断为多项式

$$R_{nl}(r) = N_{nl} \mathrm{e}^{-r/(na_0)} r^l \mathrm{F}\left(-n+l+1; 2l+2; \frac{2r}{na_0}\right). \tag{8.123}$$

相应地, 将 (8.122) 式代入 (8.120a) 式, 即得氢原子的能量本征值

$$E_n = -\frac{\hbar^2}{2\mu a_0^2} \frac{1}{n^2} = -\frac{e^2}{8\pi\varepsilon_0 a_0} \frac{1}{n^2} = -\frac{\mu e^4}{32\pi^2 \varepsilon_0^2 \hbar^2} \frac{1}{n^2}, \quad n = 1, 2, 3, \cdots, \tag{8.124a}$$

其中

$$\frac{\mu e^4}{32\pi^2 \varepsilon_0^2 \hbar^2} = 13.605\,692\,53(30)\,\mathrm{eV} \tag{8.124b}$$

是氢原子的电离能.

更进一步的讨论, 包括归一化常数的计算以及结果的物理分析, 从略.

---

① 例如, 参见参考书目 [13], 第 306 页.

§8.8 幂级数展开与常微分方程

函数在其解析区域内可作幂级数展开（Taylor 展开或 Laurent 展开）. 对于一些数学形式比较复杂的函数, 找出它所满足的常微分方程, 通过求微分方程幂级数解的方法, 得到该函数的幂级数展开, 有时可能是一种不错的选择. 在第五章中其实就已经接触过这种做法（见例 5.1）. 本节通过几个实例, 介绍利用求解二阶线性常微分方程的办法, 求出解析函数的幂级数展开.

在介绍具体实例之前, 先讨论已知方程的两个线性无关解, 如何确定二阶线性常微分方程.

二阶线性齐次常微分方程的标准形式是

$$w'' + p(z)w' + q(z)w = 0. \tag{8.125}$$

所谓求解此方程, 即要求得函数 $w(z)$, 使 (8.125) 成为恒等式. 反之, 如果已知两个函数 $w_1(z)$ 与 $w_2(z)$, 也能求出它们所满足的微分方程, 即方程 (8.125) 中的系数 $p(z)$ 与 $q(z)$. 这是因为函数 $w_1(z)$ 与 $w_2(z)$, 作为方程 (8.125) 的解, 一定满足

$$w_1'' + p(z)w_1' + q(z)w_1 = 0, \qquad w_2'' + p(z)w_2' + q(z)w_2 = 0,$$

这可以看成是关于 $p(z)$ 和 $q(z)$ 的代数方程组,

$$p(z)w_1' + q(z)w_1 = -w_1'', \qquad p(z)w_2' + q(z)w_2 = -w_2'',$$

只要 $w_1(z)$ 与 $w_2(z)$ 线性无关,

$$W[w_1(z), w_2(z)] \equiv \begin{vmatrix} w_1(z) & w_1'(z) \\ w_2(z) & w_2'(z) \end{vmatrix} \ne 0,$$

就一定可以求得

$$p(z) = -\frac{W'[w_1(z), w_2(z)]}{W[w_1(z), w_2(z)]}, \qquad q(z) = \frac{W[w_1'(z), w_2'(z)]}{W[w_1(z), w_2(z)]}, \tag{8.126}$$

其中

$$W'[w_1(z), w_2(z)] \equiv \frac{\mathrm{d}}{\mathrm{d}z} W[w_1(z), w_2(z)] = \begin{vmatrix} w_1(z) & w_2(z) \\ w_1''(z) & w_2''(z) \end{vmatrix},$$

例 8.9 求函数 $f(z) = \left(\dfrac{\sqrt{1+4z}+1}{2}\right)^\nu$ 在 $z = 0$ 点的 Taylor 展开, 规定 $f(0) = 1$.

解 为了确定 $f(z)$ 所满足的二阶线性常微分方程, 需要再引进另一个函数

$$g(z) = \left(\frac{\sqrt{1+4z}-1}{2}\right)^\nu.$$

容易求得:

$$W[f(z), g(z)] = \frac{\nu}{\sqrt{1+4z}} z^{\nu-1},$$

$$W'[f(z), g(z)] = -2\nu z^{\nu-1}(1+4z)^{-3/2} + \nu(\nu-1)z^{\nu-2}(1+4z)^{-1/2},$$

$$W[f'(z), g'(z)] = \nu^2(\nu-1)z^{\nu-2}(1+4z)^{-3/2}.$$

根据上面的讨论, 我们可以求出 $f(z)$ 与 $g(z)$ 满足的常微分方程

$$w'' + p(z)w' + q(z)w = 0$$

的系数

$$p(z) = \frac{2}{1+4z} - \frac{\nu-1}{z}, \qquad q(z) = \frac{\nu(\nu-1)}{z(1+4z)},$$

换言之, $f(z)$ 与 $g(z)$ 是常微分方程

$$z(1+4z)w'' + [(6-4\nu)z - (\nu-1)]w' + \nu(\nu-1)w = 0 \tag{8.127}$$

的线性无关解. 方程 (8.127) 在有限远处有两个正则奇点, $z=0$ 与 $z=-1/4$. 于是, 在环域 $0 < |z| < 1/4$ 内, 方程有正则解

$$w(z) = \sum_{n=0}^{\infty} c_n z^{n+\rho}.$$

代入方程, 化简即得

$$\sum_{n=0}^{\infty} c_n (n+\rho)(n+\rho-\nu) z^n + \sum_{n=0}^{\infty} c_n (2n+2\rho-\nu)(2n+2\rho-\nu+1) z^{n+1} = 0.$$

比较系数, 由最低次幂 (z^0) 项得指标方程

$$\rho(\rho-\nu) = 0,$$

因此求得指标 $\rho=0,\nu$. 再比较 z^n 项的系数, 可得递推关系

$$c_n(n+\rho)(n+\rho-\nu) + c_{n-1}(2n+2\rho-\nu-2)(2n+2\rho-\nu-1) = 0$$

即

$$c_n = \frac{(\nu+2-2n-2\rho)(\nu+1-2n-2\rho)}{(n+\rho)(\nu-n-\rho)} c_{n-1}.$$

反复利用递推关系, 就可以得到系数

$$\begin{aligned}
c_n &= (-1)^n \frac{\Gamma(2n+2\rho-\nu)}{\Gamma(2\rho-\nu)} \frac{\Gamma(\rho+1)}{\Gamma(n+\rho+1)} \frac{\Gamma(\rho-\nu+1)}{\Gamma(n+\rho-\nu+1)} c_0 \\
&\doteq \frac{\Gamma(\nu-2\rho+1)}{\Gamma(\nu-2\rho-2n+1)} \frac{\Gamma(\rho+1)}{\Gamma(n+\rho+1)} \frac{\Gamma(\nu-n-\rho)}{\Gamma(\nu-\rho)} c_0.
\end{aligned}$$

方程的解即为

$$w(z) = c_0 \sum_{n=0}^{\infty} (-1)^n \frac{\Gamma(2n+2\rho-\nu)}{\Gamma(2\rho-\nu)} \frac{\Gamma(\rho+1)}{\Gamma(n+\rho+1)} \frac{\Gamma(\rho-\nu+1)}{\Gamma(n+\rho-\nu+1)} z^{n+\rho} \tag{8.128a}$$

$$= c_0 \sum_{n=0}^{\infty} \frac{\Gamma(\nu-2\rho+1)}{\Gamma(\nu-2\rho-2n+1)} \frac{\Gamma(\rho+1)}{\Gamma(n+\rho+1)} \frac{\Gamma(\nu-n-\rho)}{\Gamma(\nu-\rho)} z^{n+\rho}. \tag{8.128b}$$

对于 $f(x)$, 因为已经规定 $f(0)=1$, 所以一定是对应于 $\rho=0$ 的解, 且 $c_0=1$,

$$\left(\frac{\sqrt{1+4z}+1}{2}\right)^\nu = \sum_{n=0}^\infty \frac{(-1)^n}{n!}\frac{\Gamma(2n-\nu)}{\Gamma(-\nu)}\frac{\Gamma(-\nu+1)}{\Gamma(n-\nu+1)}z^n$$

$$= \sum_{n=0}^\infty \frac{(-1)^{n-1}}{n!}\frac{\nu\,\Gamma(2n-\nu)}{\Gamma(n-\nu+1)}z^n \tag{8.129a}$$

$$= \sum_{n=0}^\infty \frac{1}{n!}\frac{\Gamma(\nu+1)}{\Gamma(\nu-2n+1)}\frac{\Gamma(\nu-n)}{\Gamma(\nu)}z^n$$

$$= \sum_{n=0}^\infty \frac{1}{n!}\frac{\nu\,\Gamma(\nu-n)}{\Gamma(\nu-2n+1)}z^n. \tag{8.129b}$$

而 $\rho=\nu$ 的解则对应于 $g(z)$,

$$\left(\frac{\sqrt{1+4z}-1}{2}\right)^\nu = \sum_{n=0}^\infty \frac{(-1)^n}{n!}\frac{\Gamma(2n+\nu)}{\Gamma(\nu)}\frac{\Gamma(\nu+1)}{\Gamma(n+\nu+1)}z^{n+\nu} \tag{8.130a}$$

$$= \sum_{n=0}^\infty \frac{(-1)^n}{n!}\frac{\nu\,\Gamma(2n+\nu)}{\Gamma(n+\nu+1)}z^{n+\nu}, \tag{8.130b}$$

或者写作

$$\left(\frac{\sqrt{1+4z}+1}{2}\right)^{-\nu} = \sum_{n=0}^\infty \frac{(-1)^n}{n!}\frac{\nu\,\Gamma(2n+\nu)}{\Gamma(n+\nu+1)}z^n. \tag{8.130c}$$

因为

$$\left(\frac{\sqrt{1+4z}-1}{2z}\right)^\nu = \left(\frac{\sqrt{1+4z}+1}{2}\right)^{-\nu},$$

所以将 (8.129a) 式中的 ν 换成 $-\nu$, 就能得到 (8.130c) 式.

简言之, 本题的做法是将函数的幂级数展开问题 (Taylor 展开或 Laurent 展开) 转化为求常微分方程的幂级数解. 问题的关键在于寻找 $f(x)$ 的 "共轭" 函数 $g(z)$, 使得此二函数满足的常微分方程形式简单, 便于求解. 可以理解, 在通常情况下, 如果选取的函数 $g(z)$, 其数学结构与 $f(z)$ 相似, 得到的常微分方程就可能比较简单. 在一般情况下, 我们倒不必指望、也不应当要求采用特别简单的 $g(z)$ (例如为常数或幂函数).

或者换一个角度讨论 $g(z)$ 的选取问题. 在本题中, $f(z)$ 是多值函数, 准确说, 是多值函数 $[(\sqrt{1+4z}+1)/2]^\nu$ 的一个单值分枝, 即规定 $\sqrt{1+4z}|_{z=0}=1$. 这样, 如果我们希望方程的系数为单值函数的话, 则多值函数 $[(\sqrt{1+4z}-1)/2]^\nu$ 的另一个单值分枝 (即规定 $\sqrt{1+4z}|_{z=0}=-1$) 也必然是方程的解[①], 这也正是本题中所取的 $g(z)$.

正因为我们不是直接作函数的幂级数展开, 而是转化为求解常微分方程的问题, 所以, 在解题之初, 我们并没有对函数作奇点分析. 一旦列出常微分方程后, 函数奇点的可能位置也就完全确定了.

容易判断, $z=\infty$ 也是方程 (8.127) 的正则奇点, 因此, 可以预料, 通过变换 $\zeta=-4z, w(z)=\mathscr{W}(\zeta)$, 方程 (8.127) 的正则奇点 $z=0,-1/4,\infty$ 就变为 $\zeta=0,1,\infty$, 与超几

[①] 见参考书目 [13], 第 50 页.

何方程相同. 事实上, 在此变换下, $\mathscr{W}(\zeta)$ 满足的方程是

$$\zeta(1-\zeta)\frac{\mathrm{d}^2\mathscr{W}}{\mathrm{d}\zeta^2} + \left[(1-\nu) - \left(\frac{3}{2}-\nu\right)\zeta\right]\frac{\mathrm{d}\mathscr{W}}{\mathrm{d}\zeta} - \frac{\nu(\nu-1)}{4}\mathscr{W}(\zeta) = 0. \tag{8.130}$$

直接和超几何方程相比较, 就能定出 $\alpha = -\nu/2$, $\beta = (1-\nu)/2$; $\gamma = 1 - \nu$. 由此就能写出

$$\left(\frac{\sqrt{1+4z}+1}{2}\right)^\nu = \mathrm{F}\left(-\frac{\nu}{2}, \frac{1-\nu}{2}; 1-\nu; -4z\right), \tag{8.129'}$$

$$\left(\frac{\sqrt{1+4z}-1}{2}\right)^\nu = z^\nu \mathrm{F}\left(\frac{\nu}{2}, \frac{1+\nu}{2}, 1+\nu; -4z\right). \tag{8.130'}$$

写出这个结果时, 需要用到

$$\left(\frac{\sqrt{1+4z}+1}{2}\right)^\nu \bigg|_{z=0} = 1, \qquad z^{-\nu}\left(\frac{\sqrt{1+4z}-1}{2}\right)^\nu \bigg|_{z=0} = 1.$$

例 8.10 求函数 $f(z) = \left(\sqrt{1+z^2}+z\right)^{2\nu}$ 在 $z = 0$ 点的 Taylor 展开, 规定 $f(0) = 1$.

解 再引进函数 $g(z) = \left(\sqrt{1+z^2}-z\right)^{2\nu}$, 并规定 $g(0) = 1$. 直接微商可以求得 $f'(z)$ 与 $g'(z)$, 因而得到

$$W[f(z),\,g(z)] = -\frac{4\nu}{\sqrt{1+z^2}}, \qquad W'[f(z),\,g(z)] = \frac{4\nu z}{(1+z^2)^{3/2}},$$

$$W[f'(z),\,g'(z)] = \frac{16\nu^3}{(1+z^2)^{3/2}}.$$

所以 $f(z)$ 与 $g(z)$ 满足的常微分方程为

$$w'' + \frac{z}{1+z^2}w' - \frac{4\nu^2}{1+z^2}w = 0 \quad 即 \quad (1+z^2)w'' + zw' - 4\nu^2 w = 0. \tag{8.131}$$

显然 $z = 0$ 是方程的常点, 而 $z = \pm i$ 是方程的正则奇点, 在单位圆 $|z| < 1$ 内方程的解可以作 Taylor 展开

$$w(z) = \sum_{n=0}^\infty c_n z^n.$$

代入方程, 整理即得

$$\sum_{n=0}^\infty c_{n+2}(n+2)(n+1)z^n + \sum_{n=0}^\infty c_n(n^2 - 4\nu^2)z^n = 0.$$

比较系数, 就得到递推关系

$$c_n = \frac{4\nu^2 - (n-2)^2}{n(n-1)}c_{n-2}.$$

再反复应用递推关系, 从而导出系数公式

$$c_{2n} = \frac{\left[\nu^2 - (n-1)^2\right]\left[\nu^2 - (n-2)^2\right]\cdots(\nu^2 - 1^2)\nu^2}{(2n)!}2^{2n}c_0 = \frac{2^{2n}}{(2n)!}\frac{\nu\,\Gamma(\nu+n)}{\Gamma(\nu-n+1)}c_0,$$

$$c_{2n+1} = \frac{\left[\nu^2 - (n-1/2)^2\right]\left[\nu^2 - (n-3/2)^2\right]\cdots\left[\nu^2 - (3/2)^2\right]\left[\nu^2 - (1/2)^2\right]}{(2n+1)!}2^{2n}c_1$$

$$= \frac{2^{2n}}{(2n+1)!}\frac{\Gamma(\nu+n+1/2)}{\Gamma(\nu-n+1/2)}c_1.$$

于是, 方程 (8.131) 的两个线性无关解便是

$$w_1(z) = \sum_{n=0}^{\infty} \frac{1}{(2n)!} \frac{\nu \, \Gamma(\nu+n)}{\Gamma(\nu-n+1)} (2z)^{2n}, \tag{8.132a}$$

$$w_2(z) = \sum_{n=0}^{\infty} \frac{1}{(2n+1)!} \frac{\Gamma(\nu+n+1/2)}{\Gamma(\nu-n+1/2)} (2z)^{2n+1}. \tag{8.132b}$$

请读者验证, 方程 (8.131) 也是有三个奇点, 并且全都是正则奇点. 如果做变换 $\zeta = -z^2$, 则 $\mathscr{W}(\zeta) \equiv w(z)$ 就满足超几何方程. 因此, 也可以将方程 (8.131) 的两个解表示为超几何函数.

不可误以为这样得到的 $w_1(z)$ 与 $w_2(z)$ 就直接对应于 $f(z)$ 与 $g(z)$. 事实上, $w_1(z)$ 与 $w_2(z)$ 明显具有奇偶性, 而 $f(z)$ 与 $g(z)$ 则否. 然而, 无论如何, 这两组函数, 作为同一个微分方程 (8.131) 的解, 必然彼此线性相关, 因此必须有

$$f(z) = \alpha w_1(z) + \beta w_2(z), \qquad g(z) = \gamma w_1(z) + \delta w_2(z).$$

因为

$$f(0) = 1, \quad f'(0) = 2\nu, \quad g(0) = 1, \quad g'(0) = -2\nu$$

以及

$$w_1(0) = 1, \quad w_1'(0) = 0, \quad w_2(0) = 0, \quad w_2'(0) = 2,$$

所以,

$$\alpha = 1, \qquad \beta = \nu, \qquad \gamma = 1, \qquad \delta = -\nu.$$

这样, 最后就得到

$$\begin{aligned}
(\sqrt{1+z^2} + z)^{2\nu} &= \sum_{n=0}^{\infty} \frac{1}{(2n)!} \frac{\nu \, \Gamma(\nu+n)}{\Gamma(\nu-n+1)} (2z)^{2n} \\
&\quad + \nu \sum_{n=0}^{\infty} \frac{1}{(2n+1)!} \frac{\Gamma(\nu+n+1/2)}{\Gamma(\nu-n+1/2)} (2z)^{2n+1} \\
&= \nu \sum_{n=0}^{\infty} \frac{1}{n!} \frac{\Gamma(\nu+n/2)}{\Gamma(\nu+1-n/2)} (2z)^n,
\end{aligned} \tag{8.133}$$

$$\begin{aligned}
(\sqrt{1+z^2} - z)^{2\nu} &= \sum_{n=0}^{\infty} \frac{1}{(2n)!} \frac{\nu \, \Gamma(\nu+n)}{\Gamma(\nu-n+1)} (2z)^{2n} \\
&\quad - \nu \sum_{n=0}^{\infty} \frac{1}{(2n+1)!} \frac{\Gamma(\nu+n+1/2)}{\Gamma(\nu-n+1/2)} (2z)^{2n+1} \\
&= \nu \sum_{n=0}^{\infty} \frac{(-1)^n}{n!} \frac{\Gamma(\nu+n/2)}{\Gamma(\nu+1-n/2)} (2z)^n.
\end{aligned} \tag{8.134}$$

*§8.9 常微分方程的积分解法

1. 基本原理

为了阐明常微分方程积分解法的基本原理，需要用到微分式的伴式. 设有微分式

$$\widehat{L}[u] \equiv p_0(z)\frac{\mathrm{d}^2 u}{\mathrm{d} z^2} + p_1(z)\frac{\mathrm{d} u}{\mathrm{d} z} + p_2(z)u, \tag{8.135}$$

其中

$$\widehat{L} \equiv p_0(z)\frac{\mathrm{d}^2}{\mathrm{d} z^2} + p_1(z)\frac{\mathrm{d}}{\mathrm{d} z} + p_2(z) \tag{8.136}$$

是相应的**微分算符**, 则可定义微分式 (8.135) 的伴式为

$$\widehat{\overline{L}}[v] \equiv \frac{\mathrm{d}^2(p_0 v)}{\mathrm{d} z^2} - \frac{\mathrm{d}(p_1 v)}{\mathrm{d} z} + p_2 v. \tag{8.137}$$

相应地,

$$\widehat{\overline{L}} \equiv \frac{\mathrm{d}^2(p_0)}{\mathrm{d} z^2} - \frac{\mathrm{d}(p_1)}{\mathrm{d} z} + p_2 \tag{8.138}$$

就是微分算符 $\widehat{L}$ 的**伴算符**[①]. 直接计算就能证明

$$v\widehat{L}[u] - u\widehat{\overline{L}}[v] = \frac{\mathrm{d}}{\mathrm{d} z} Q[u,v], \tag{8.139}$$

其中

$$Q[u,v] \equiv (vp_0)\frac{\mathrm{d} u}{\mathrm{d} z} - \frac{\mathrm{d}(vp_0)}{\mathrm{d} z} u + vp_1 u \tag{8.140}$$

称为双线性伴式, 它是 u 和 v 的二次齐次微分式, 但分别对于 u, u' 或 v, v' 是线性的.

积分解法的基本原理是用积分变换

$$u(z) = \int_C K(z,t) v(t) \mathrm{d} t \tag{8.141}$$

把解线性微分方程

$$\widehat{L}[u] \equiv p_0(z)\frac{\mathrm{d}^2 u}{\mathrm{d} z^2} + p_1(z)\frac{\mathrm{d} u}{\mathrm{d} z} + p_2(z)u = 0 \tag{8.142}$$

的问题化为求 $v(t)$ 的问题. (8.141) 式中的 $K(z,t)$ 称为积分变换的核, C 是复平面上的积分路径, 它们都应当按微分方程 (8.142) 的性质适当地选取.

设 (8.141) 式的积分可以在积分号下求微商两次, 则

$$\widehat{L}[u] = \int_C \widehat{L}_z[K(z,t)] v(t) \mathrm{d} t, \tag{8.143}$$

其中 $\widehat{L}_z$ 就是微分算子 $\widehat{L}$, 下标表明是对变量 z 作用. 若取 $K(z,t)$ 为偏微分方程

$$\widehat{L}_z[K(z,t)] = \widehat{M}_t[K(z,t)] \tag{8.144}$$

[①] 有关算符及其伴算符的定义, 见 §15.1. 通常算符的定义包括变换关系以及边界条件. 这里纯粹只有变换关系, 因此伴算符的定义也稍有不同.

的一个特解，其中 $\widehat{M}_t$ 是对变量 t 的微分算子，则可利用 (8.139) 式，将 (8.143) 式化为

$$\widehat{L}[u] = \int_C v(t)\widehat{M}_t[K(z,t)]\mathrm{d}t = \int_C K(z,t)\widehat{\overline{M}}_t[v(t)]\mathrm{d}t + \{Q[K,v]\}_C, \tag{8.145}$$

其中 $\widehat{\overline{M}}_t$ 是 M_t 的伴算符，$Q[K,v]$ 是相应的双线性伴式，$\{Q\}_C$ 表示 Q 作为 t 的函数，沿积分路线 C 的变化.

如果取 $v(t)$ 满足方程

$$\widehat{\overline{M}}_t[v(t)] = 0, \tag{8.146}$$

并选积分路线 C 使

$$\{Q[K,v]\}_C = 0, \tag{8.147}$$

即 $Q[K,v]$ 在 C 的起点与终点之差等于 0，则 (8.145) 式右方为 0，而 (8.141) 式的 $u(z)$ 是方程 (8.142) 的积分解.

从上面的推导看出，用这种方法的主要关键在算符 $\widehat{M}_t$ 的选取，它必须使方程 (8.144) 和 (8.146) 都容易求解. 解方程 (8.146) 的问题还比较简单，因为这是一个常微分方程；通常要求它比原方程 (8.142) 的求解更容易，例如要求它是一个一阶常微分方程. 至于方程 (8.144) 则是一个偏微分方程，求解问题比较复杂，通常多按原方程奇点的性质，选用一定的核 $K(z,t)$，而不是先选定 $\widehat{M}_t$ 后用 (8.144) 式求 $K(z,t)$. 常用的核有下列三种：

1. Euler 变换的核 $K(z,t) = (z-t)^\mu$，其中 μ 为参数. 这种核多用于解 Fuchs 型方程 (即所有奇点都是正则奇点的方程).

2. Laplace 变换的核 $K(z,t) = \mathrm{e}^{zt}$，多用于具有非正则奇点 $(z=\infty)$ 的方程.

3. Mellin 变换的核 $K(z,t) = z^t$.

最后需要指出，(8.144) 式的右方可以是 $\overline{M}_t[G(z,t)]$，$G(z,t)$ 可以不同于 $K(z,t)$. 唯一的改变是要将 (8.145) 和 (8.147) 式中的 $K(z,t)$ 换成 $G(z,t)$.

2. Fuchs 型方程与 Euler 变换

Euler 变换

$$w(z) = \int_C (z-t)^\mu v(t)\mathrm{d}t \qquad (\mu \text{ 待定}) \tag{8.148}$$

适合于用来解下列形式的方程：

$$\widehat{L}[w] \equiv p_0(z)w'' + p_1(z)w' + p_2(z)w = 0, \tag{8.149}$$

其中

$$p_0(z) = a_0 z^2 + b_0 z + c_0, \quad p_1(z) = b_1 z + c_1, \quad p_2(z) = c_2. \tag{8.150}$$

如果 $a_0 \neq 0$，而且 $p_0(-c_1/b_1) \neq 0$，即 $p_0(z)$ 和 $p_1(z)$ 无相同的零点，则在有限区域内方程 (8.149) 有两个奇点，它们是 $p_0(z) = 0$ 的根 (设 $b_0^2 - 4a_0c_0 \neq 0$)；另外一个是 ∞. 三个奇点都是正则的 (所以这类方程称为 Fuchs 型方程).

由 (8.149) 得

$$\widehat{L}[w] \equiv \int_C \{p_0(z)\mu(\mu-1)(z-t)^{\mu-2} + p_1(z)\mu(z-t)^{\mu-1} + p_2(z)(z-t)^\mu\}v(t)\mathrm{d}t. \tag{8.151}$$

将系数 ((8.150) 式) 都用 $z-t$ 的幂表示:

$$\left.\begin{aligned}
p_0(z) &= p_0(t) + p_0'(t)(z-t) + \frac{1}{2}p_0''(t)(z-t)^2 \\
&= (a_0t^2 + b_0t + c_0) + (2a_0t + b_0)(z-t) + a_0(z-t)^2, \\
p_1(z) &= p_1(t) + p_1'(t)(z-t) = (b_1t + c_1) + b_1(z-t), \\
p_2(z) &= p_2(t) = c_2,
\end{aligned}\right\} \quad (8.152)$$

代入 (8.151) 式, 得

$$\widehat{L}[w] = \int_C v(t) \left\{ p_0(t)\frac{\partial^2}{\partial t^2} - [p_0'(t)(\mu-1) + p_1(t)]\frac{\partial}{\partial t} \right. \\
\left. + \left[\frac{1}{2}p_0''(t)\mu(\mu-1) + p_1'(t)\mu + p_2(t)\right] \right\} (z-t)^\mu \mathrm{d}t.$$

取 μ 满足方程

$$\frac{1}{2}p_0''(t)\mu(\mu-1) + p_1'(t)\mu + p_2(t) \equiv a_0\mu(\mu-1) + b_1\mu + c_2 = 0, \quad (8.153)$$

则

$$\widehat{L}[w] = \int_C v(t)\widehat{M}_t[(z-t)^\mu]\mathrm{d}t, \quad (8.154)$$

其中

$$\widehat{M}_t \equiv \alpha\frac{\partial^2}{\partial t^2} - \beta\frac{\partial}{\partial t}, \quad (8.155)$$

$$\alpha = p_0(t), \qquad \beta = p_0'(t)(\mu-1) + p_1(t). \quad (8.156)$$

于是, 用 (8.138) $\sim$ (8.140) 式, 得

$$\widehat{L}[w] \equiv \int_C (z-t)^\mu \widehat{\widehat{M}}_t[v(t)]\mathrm{d}t + \{Q[(z-t)^\mu, v(t)]\}_C, \quad (8.157)$$

其中

$$\widehat{\widehat{M}}_t[v(t)] \equiv \frac{\mathrm{d}^2(\alpha v)}{\mathrm{d}t^2} + \frac{\mathrm{d}(\beta v)}{\mathrm{d}t} = \frac{\mathrm{d}}{\mathrm{d}t}[(\alpha v)' + \beta v], \quad (8.158)$$

$$Q[(z-t)^\mu, v(t)] \equiv -\mu\alpha v(z-t)^{\mu-1} - [(\alpha v)' + \beta v](z-t)^\mu. \quad (8.159)$$

取 $v(t)$ 满足方程

$$(\alpha v)' + \beta v = 0, \quad (8.160)$$

即

$$\begin{aligned}
v(t) &= \frac{A}{\alpha}\exp\left\{-\int^t \frac{\beta}{\alpha}\mathrm{d}t\right\} = \frac{A}{p_0(t)}\exp\left\{\int^t \left[-\frac{p_0'(\zeta)}{p_0(\zeta)}(\mu-1) - \frac{p_1(\zeta)}{p_0(\zeta)}\right]\mathrm{d}\zeta\right\} \\
&= A[p_0(t)]^{-\mu}\exp\left\{-\int^t \frac{p_1(\zeta)}{p_0(\zeta)}\mathrm{d}\zeta\right\},
\end{aligned} \quad (8.161)$$

其中 A 是任意常数, 则 $v(t)$ 也满足 $\widehat{M}_t[v(t)] = 0$, 而

$$Q[(z-t)^\mu, v(t)] = -\mu p_0(t) v(t)(z-t)^{\mu-1}. \tag{8.162}$$

取路线 C 使 $\{Q[(z-t)^\mu, v(t)]\}_C = 0$, 则 (8.148) 就是方程 (8.149) 的积分解, 只要在积分号下取微商是合法的.

注意到 $Q[(z-t)^\mu, v(t)]$ 作为 z 和 t 的函数, 与 (8.148) 式中的被积函数只差一个单值的因子 $p_0(t)(z-t)^{-1}$, 故总可以选 C 为这样的路径 (围道): 当 t 沿 C 变化, 最后回到出发点时, (8.148) 式中的被积函数之值还原.

例 8.11 Legendre 方程的积分解

Legendre 方程

$$(1-z^2)\frac{d^2 w}{dz^2} - 2z\frac{dw}{dz} - \nu(\nu+1)w = 0 \tag{8.163}$$

正符合 (8.149) 的形式, $p_0(z) = 1-z^2$, $p_1(z) = -2z$, $p_2(z) = \nu(\nu+1)$. 设积分解为

$$w(z) = \int_C (z-t)^\mu v(t) dt, \tag{8.164}$$

代入方程 (8.163), 得

$$\widehat{L}[w] \equiv \int_C [(1-z^2)\mu(\mu-1)(z-t)^{\mu-2} - 2z\mu(z-t)^{\mu-1} + \nu(\nu+1)(z-t)^\mu] v(t) dt. \tag{8.165}$$

将 $1-z^2$ 及 $-2z$ 分别在 $z=t$ 点展开,

$$1 - z^2 = -(z-t)^2 - 2t(z-t) + (1-t^2), \qquad -2z = -2(z-t) - 2t,$$

代入 (8.165) 式, 并项, 得

$$\widehat{L}[w] \equiv \int_C \left\{[-\mu(\mu+1) + \nu(\nu+1)](z-t)^\mu - 2\mu^2 t(z-t)^{\mu-1} + \mu(\mu-1)(1-t^2)(z-t)^{\mu-2}\right\} v(t) dt.$$

取 $\mu = -\nu - 1$ (另一取法是 $\mu = \nu$), 则被积函数中的第一项为 0, 而有

$$\widehat{L}[w] = \int_C v(t) \left[-2\mu^2 t(z-t)^{\mu-1} + \mu(\mu-1)(1-t^2)(z-t)^{\mu-2}\right] dt$$

$$= \int_C v(t) \left[2\mu t \frac{d}{dt} + (1-t^2)\frac{d^2}{dt^2}\right] (z-t)^\mu dt. \tag{8.166}$$

分部积分, 得

$$\widehat{L}[w] = \left\{2\mu t v(t)(z-t)^\mu + (1-t^2)v(t)\frac{d}{dt}(z-t)^\mu - (z-t)^\mu \frac{d}{dt}[(1-t^2)v(t)]\right\}_C$$

$$+ \int_C (z-t)^\mu \left\{\frac{d^2}{dt^2}[(1-t^2)v(t)] - 2\mu \frac{d}{dt}[tv(t)]\right\} dt. \tag{8.167}$$

取 $v(t)$ 满足方程

$$\frac{d}{dt}[(1-t^2)v(t)] - 2\mu t v(t) = 0, \tag{8.168}$$

则
$$\widehat{L}[w] = \left\{(1-t^2)v(t)\frac{\mathrm{d}(z-t)^\mu}{\mathrm{d}t}\right\}_C. \tag{8.169}$$

将 $\mu = -\nu - 1$ 代入 (8.168) 式, 得
$$\frac{\mathrm{d}v}{\mathrm{d}t} + \frac{2\nu t}{1-t^2}v = 0.$$

容易求得这个一阶常微分方程的解
$$v(t) = A\left(1-t^2\right)^\nu, \tag{8.170}$$

A 是任意常数. 把这个解式代入 (8.169) 式, 得
$$\widehat{L}[w] = \left\{A(\nu+1)(z-t)^{-\nu-2}\left(1-t^2\right)^{\nu+1}\right\}_C. \tag{8.171}$$

取 C 为图 8.1 中的围道: $t=1$ 和 $t=z$ 在 C 内, $t=-1$ 在 C 外, 则当 t 沿 C 正向一周时, $(1-t^2)^{\nu+1}$ 的辐角的改变 $(=2\nu\pi)$ 与 $(z-t)^{-\nu-2}$ 的辐角的改变 $(=-2\nu\pi)$ 抵消, 故 (8.171) 式右方为 0. 因此, Legendre 方程 (8.163) 的一个积分解是 (其中 A 是任意常数)

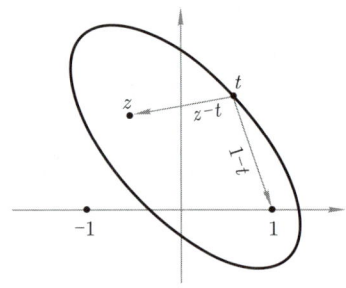

图 8.1 Legendre 方程的积分解: 积分路径 C

$$w(z) = A\int_C \frac{(t^2-1)^\nu}{(t-z)^{\nu+1}}\mathrm{d}t. \tag{8.172}$$

习 题

1. 求二阶线性常微分方程, 使其解为:

(1) $w_1(z) = z, w_2(z) = \mathrm{e}^z$;

(2) $w_1(z) = \mathrm{e}^{1/z}, w_2(z) = \mathrm{e}^{-2/z}$;

(3) $w_1(z) = \cos\dfrac{a}{z}, w_2(z) = \sin\dfrac{a}{z}$;

(4) $w_1(z) = \dfrac{z^2}{z^2-1}, w_2(z) = \dfrac{z}{z^2-1}$.

2. 求下列方程在 $z=0$ 邻域内的两个幂级数解:

(1) $w'' - z^2 w = 0$;

(2) $w'' - zw = 0$;

(3) $(z^2-1)w'' + zw' - w = 0$;

(4) $(1+z+z^2)w'' + 2(1+2z)w' + 2w = 0$;

(5) $(1-z^2)w'' + 2w = 0$;

(6) $(1+z^2)w'' + zw' - 4\nu^2 w = 0$.

3. 求下列方程在 $z=0$ 邻域内的两个幂级数解:

(1) $z^2(1-z)w'' + z(1-3z)w' - (1+z)w = 0$;

(2) $9z^2 w'' - 15zw' + (36z^4+7)w = 0$;

(3) $zw'' + (z-1)w' + w = 0$;

(4) $4z^2(z+1)w'' - 4z^2 w' + (3z+1)w = 0$;

(5) $z^2(1-z)w'' - z(4-5z)w' + 3(2-3z)w = 0$.

4. 求方程 $\dfrac{\mathrm{d}^2 u}{\mathrm{d}z^2} + \dfrac{2}{z}\dfrac{\mathrm{d}u}{\mathrm{d}z} + m^2 u = 0$ 在 $z=0$ 附近的两个独立解.

5. 求方程 $\dfrac{d^2 w}{dz^2} + \dfrac{1}{z}\dfrac{dw}{dz} - m^2 w = 0$ 在 $z=0$ 附近的两个独立解.

6. 在量子力学中讨论 Stark 效应时会得遇到常微分方程
$$\dfrac{d}{dz}\left(z\dfrac{dw}{dz}\right) + \left(\dfrac{1}{2}Ez + \alpha - \dfrac{m^2}{4z} - \dfrac{1}{3}Fz^2\right)w = 0,$$
试求此方程在 $z=0$ 点的有界解, 其中 α, m^2, E 和 F 都是已知常数. 不妨假设 $m \geqslant 0$.

提示: 求到级数解的第 3 项.

7. 求方程 $w'' + \dfrac{1}{z^2}w' - \dfrac{2}{z^2}w = 0$ 在 $z=0$ 点邻域内的两个线性无关解.

8. 求方程 $z^4\dfrac{d^2 w}{dz^2} + 2z(z^2 - 1)\dfrac{dw}{dz} + 2w = 0$ 在无穷远点邻域内的级数解.

9. 将下列方程化为超几何方程, 从而将方程的解表示为 Riemann P- 符号:

(1) $(z^2 - 1)w'' + zw' - w = 0$;

(2) $(1 + z^2)w'' + zw' - 4\nu^2 w = 0$, 其中 ν 为已知常数;

(3) $(z-1)(z-2)w'' - (2z-3)w' + 2w = 0$;

(4) $z^2(z^2 - 1)w'' + 2z(z^2 + 1)w' - 2w = 0$.

10. 利用微分方程的不变式, 将下列方程化为超几何方程, 并求出方程的全部解 (用 Riemann P- 符号表示):

(1) $z^2(1-z)w'' + z(1-3z)w' - w = 0$;

(2) $z^2(1-z)w'' + z(1-z)w' - w = 0$.

11. 利用微分方程的不变式, 将下列方程化为合流超几何方程, 并将方程在正则奇点邻域内的解表示为合流超几何函数:

(1) $zw'' - zw' + w = 0$;   (2) $zw'' + (z-1)w' + w = 0$.

12. 找出下列函数满足的常微分方程, 并通过常微分方程的幂级数解法, 求出函数在指定点邻域内的幂级数展开式:

(1) $f(z) = \dfrac{1}{\sqrt{1+z^2}}\left(\sqrt{1+z^2} + z\right)^{2\nu}, g(z) = \dfrac{1}{\sqrt{1+z^2}}\left(\sqrt{1+z^2} + z\right)^{-2\nu}$, 规定 $f(0) = 1$, $f'(0) = 2\nu, g(0) = 1, g'(0) = -2\nu$;

(2) $f(z) = \left(\dfrac{z}{\sqrt{1+z^2}+z}\right)^{2\nu}, g(z) = \left(\dfrac{z}{\sqrt{1+z^2}+z}\right)^{-2\nu}$, 规定 $f(\infty) = 2^{2\nu}, g(\infty) = 2^{-2\nu}$.

13. 利用 Euler 变换求出方程 $(1+z^2)w'' + zw' - 4\nu^2 w = 0$ 的一个积分解, 其中 ν 为已知常数.

第九章

Fourier 变换

§9.1 Fourier 变换的定义

1. 由 Fourier 级数到 Fourier 积分

按照 Laurent 展开定理，如果函数 $f(z)$ 在以 $z=0$ 为圆心的环形区域 $R_1 \leqslant |z| \leqslant R_2$ 上单值解析，则对于环域内的任何 z 点，$f(z)$ 可以展开为 Laurent 级数，

$$f(z) = \sum_{n=-\infty}^{\infty} a_n z^n, \qquad R_1 < |z| < R_2,$$

$$a_n = \frac{1}{2\pi i} \oint_C \frac{f(\zeta)}{\zeta^{n+1}} d\zeta,$$

其中 C 是环域内绕内圆一周的任意一条闭合曲线.

假如 $R_1 < 1 < R_2$，则可以考虑单位圆上的点，$z = e^{i\theta}$，

$$f(e^{i\theta}) = \sum_{n=-\infty}^{\infty} a_n e^{in\theta}, \qquad a_n = \frac{1}{2\pi} \int_{-\pi}^{\pi} f(e^{i\theta}) e^{-in\theta} d\theta.$$

通常将 $f(e^{i\theta})$ 改写为 $f(\theta)$，

$$f(\theta) = \sum_{n=-\infty}^{\infty} a_n e^{in\theta}, \tag{9.1}$$

$$a_n = \frac{1}{2\pi} \int_{-\pi}^{\pi} f(\theta) e^{-in\theta} d\theta. \tag{9.2}$$

或者改写为

$$f(\theta) = a_0 + \sum_{n=1}^{\infty} \left(a_n e^{in\theta} + a_{-n} e^{-in\theta} \right) = c_0 + \sum_{n=1}^{\infty} \left(c_n \cos n\theta + d_n \sin n\theta \right) \tag{9.3}$$

$$c_0 = a_0 = \frac{1}{2\pi} \int_{-\pi}^{\pi} f(\theta) d\theta, \tag{9.4}$$

$$c_n = a_n + a_{-n} = \frac{1}{\pi} \int_{-\pi}^{\pi} f(\theta) \cos n\theta d\theta, \tag{9.5}$$

$$d_n = -i(a_n + a_{-n}) = \frac{1}{\pi} \int_{-\pi}^{\pi} f(\theta) \sin n\theta d\theta. \tag{9.6}$$

(9.1) 式和 (9.3) 式, 都是函数 $f(\theta)$ 的 Fourier 展开, 前者更称为 Fourier 展开的指数形式. 如果 $f(\theta) = f(-\theta)$, 一定有 $d_n = 0$, 因此得**余弦展开**

$$f(\theta) = c_0 + \sum_{n=1}^{\infty} c_n \cos n\theta.$$

如果 $f(\theta) = -f(-\theta)$, 一定有 $c_n = 0$, 因此得**正弦展开**

$$f(\theta) = \sum_{n=1}^{\infty} d_n \sin n\theta$$

若函数 $f(x)$ 满足 Dirichlet 条件: (1) $f(x)$ 在 $-\pi \leqslant x \leqslant \pi$ 中除了有有限个第一类间断点外都是连续的, (2) $f(x)$ 在 $-\pi \leqslant x \leqslant \pi$ 中只有有限个极值点, 则级数

$$f(x) = c_0 + \sum_{n=1}^{\infty} \Big(c_n \cos nx + d_n \sin nx \Big)$$

收敛, 且

$$\text{级数和} = \begin{cases} f(x), & \text{在连续点 } x, \\ \dfrac{1}{2}\Big[f(x+0) + f(x-0)\Big], & \text{在间断点 } x. \end{cases}$$

令函数 $f(x)$ 当 $|x| \to \infty$ 时足够快地趋于 0, 且 $f_T(x)$ 是以 T 为周期的周期函数, 在 $-T/2 \leqslant x < T/2$ 的区间上与 f 重合. 如果 f_T 满足 Dirichlet 条件, 则对于所有的 x,

$$f_T(x) = \sum_{k=-\infty}^{\infty} c_k e^{2\pi i k x/T}, \qquad c_k = \frac{1}{T} \int_{-T/2}^{T/2} f(\xi) e^{-2\pi i k \xi/T} d\xi,$$

所以, 对于 $|x| < T/2$,

$$f(x) = \frac{1}{2\pi} \sum_{k=-\infty}^{\infty} \left[\frac{2\pi}{T} \int_{-T/2}^{T/2} f(\xi) e^{2\pi i k (x-\xi)/T} d\xi \right]. \tag{9.7}$$

置 $\omega_k = 2k\pi/T$, $\Delta\omega = 2\pi/T$ 及

$$g(\omega, x, T) = \frac{1}{\sqrt{2\pi}} \int_{-T/2}^{T/2} f(\xi) e^{i\omega(x-\xi)} d\xi,$$

(9.1) 式就变为

$$f(x) = \frac{1}{\sqrt{2\pi}} \sum_{k=-\infty}^{\infty} g(\omega_k, x, T) \Delta\omega, \qquad |x| < T/2, \tag{9.8}$$

对于大的 T, 这能看成是将区间 (π, π) 作等间隔划分时的 Riemann 和. 因此 (9.8) 式中的和本质上就是 ω 由 $-\infty$ 到 ∞ 的积分. 同时, 因为 $T \to \infty$, g 的表达式也变成 ξ 由 $-\infty$ 到 ∞ 的积分 (假设积分存在). 这样, 就得到函数 $f(x)$ 的 Fourier 积分表达式

$$f(x) = \frac{1}{\sqrt{2\pi}} \int_{-\infty}^{\infty} F(\omega) e^{i\omega x} d\omega, \tag{9.9}$$

其中
$$F(\omega) = \frac{1}{\sqrt{2\pi}} \int_{-\infty}^{\infty} f(\xi) e^{-i\omega\xi} d\xi. \tag{9.10}$$

在积分收敛的条件下, 对于给定的 ω 值, 它就给出了相应的积分值.

如果对于某一区域 G 内任意 ω 值, Fourier 积分均收敛, 则 (9.10) 式就定义了区域 G 内的函数 $F(\omega)$, 这样也就建立了函数 $f(x)$ 与 (定义在区域 G 内的) 函数 $F(\omega)$ 之间的对应关系. 或者说, (9.10) 式就建立了 $f(x)$ 与 $F(\omega)$ 之间的一个变换: **Fourier 变换**, 简称**傅氏变换**, 而 (9.9) 式则指出了如何求 Fourier 变换的反演, 即如何由 $F(\omega)$ 重构 $f(x)$,
$$F(\omega) = \mathscr{F}\{f(x)\} = \widetilde{f}(\omega), \qquad f(x) = \mathscr{F}^{-1}\{F(\omega)\}.$$

为了证明 (9.9) 式, 我们需要注意, (9.9) 式中的积分必须理解为
$$\lim_{R \to \infty} \int_{-R}^{R} F(\omega) e^{i\omega x} d\omega. \tag{9.11}$$

假设 $f(x)$ 在区间 $(-\infty, \infty)$ 上绝对可积, 故 F 存在. 将 F 的定义代入, 并交换积分次序, 我们得到
$$\begin{aligned}
\frac{1}{\sqrt{2\pi}} \int_{-R}^{R} F(\omega) e^{i\omega x} d\omega &= \frac{1}{2\pi} \int_{-R}^{R} e^{i\omega x} d\omega \int_{-\infty}^{\infty} f(\xi) e^{-i\omega\xi} d\xi \\
&= \frac{1}{2\pi} \int_{-\infty}^{\infty} f(\xi) d\xi \int_{-R}^{R} e^{-i\omega(\xi-x)} d\omega \\
&= \int_{-\infty}^{\infty} f(\xi) \frac{\sin R(\xi - x)}{\pi(\xi - x)} d\xi = \int_{-\infty}^{\infty} f(x+y) \frac{\sin Ry}{\pi y} dy.
\end{aligned}$$

因为 $\sin Ry/\pi y$ 是 δ 序列 (见 §9.4), 所以对于很大一类函数这个极限是 $f(x)$.

当函数 $f(t)$ 具有奇偶性时, Fourier 变换又具有特殊性. 例如, 若 $f(t)$ 为偶函数, $f(-x) = f(x)$, 则根据 (9.10) 式,
$$F(\omega) = \frac{1}{\sqrt{2\pi}} \int_{-\infty}^{\infty} f(\xi) \big[\cos\omega\xi - i\sin\omega\xi\big] d\xi = \sqrt{\frac{2}{\pi}} \int_{0}^{\infty} f(\xi) \cos\omega\xi \, d\xi.$$

显然有 $F(-\omega) = F(\omega)$, 因此由 (9.9) 式又有
$$f(x) = \sqrt{\frac{2}{\pi}} \int_{0}^{\infty} F(\omega) \cos\omega x \, d\omega.$$

这时我们便将 $F(\omega)$ 称为 $f(x)$ 的余弦变换, 记作 $F_c(\omega)$,
$$F_c(\omega) = \mathscr{F}_c\{f(x)\} = \sqrt{\frac{2}{\pi}} \int_{0}^{\infty} f(\xi) \cos\omega\xi \, d\xi, \tag{9.12}$$
$$f(x) = \mathscr{F}_c^{-1}\{F(\omega)\} = \sqrt{\frac{2}{\pi}} \int_{0}^{\infty} F(\omega) \cos\omega x \, d\omega. \tag{9.13}$$

注意, 上述二式隐含有原来的约定: $f(x) = f(-x)$, $F_c(\omega) = F_c(-\omega)$.

同样, 如果 $f(x)$ 是奇函数, $f(-x) = -f(x)$, 则有 $F(-\omega) = -F(\omega)$,

$$F(\omega) = -\sqrt{\frac{2}{\pi}}\mathrm{i} \int_0^\infty f(\xi)\sin\omega\xi\,\mathrm{d}\xi, \qquad f(x) = \sqrt{\frac{2}{\pi}}\mathrm{i} \int_0^\infty F(\omega)\sin\omega x\,\mathrm{d}\omega.$$

令 $\mathrm{i}F(\omega) = F_s(\omega)$, 称为 $f(x)$ 的正弦变换, $F_s(\omega) = -F_s(-\omega)$,

$$F_s(\omega) = \mathscr{F}_s\{f(x)\} = \sqrt{\frac{2}{\pi}} \int_0^\infty f(\xi)\sin\omega\xi\,\mathrm{d}\xi, \tag{9.14}$$

$$f(x) = \mathscr{F}_s^{-1}\{F(\omega)\} = \sqrt{\frac{2}{\pi}} \int_0^\infty F(\omega)\sin\omega x\,\mathrm{d}\omega. \tag{9.15}$$

这里也隐含有原来的约定: $f(x) = -f(-x), F_c(\omega) = F_c(-\omega)$.

需要说明, 上面我们引进的 Fourier 变换和逆变换, 包括正弦变换和余弦变换, 它们的形式数学教材中略有不同. 例如, (9.9) 和 (9.10) 的形式更加对称, 更多地为物理学所采用.

例 9.1 求函数 $f(x) = \mathrm{e}^{-x^2/2}$ 的 Fourier 变换.

解 按照定义,

$$\begin{aligned}F(\omega) &= \frac{1}{\sqrt{2\pi}} \int_{-\infty}^\infty \mathrm{e}^{-x^2/2}\mathrm{e}^{-\mathrm{i}\omega x}\mathrm{d}x = \frac{1}{\sqrt{2\pi}} \int_{-\infty}^\infty \mathrm{e}^{-(x+\mathrm{i}\omega)^2/2}\mathrm{e}^{-\omega^2/2}\mathrm{d}x \\ &= \frac{\mathrm{e}^{-\omega^2/2}}{\sqrt{2\pi}} \int_{-\infty}^\infty \mathrm{e}^{-x'^2/2}\mathrm{d}x' = \mathrm{e}^{-\omega^2/2}.\end{aligned} \tag{9.16}$$

上面的计算过程中用到了留数定理: 原来的积分路径是平行于实轴的直线, 虚部为常数 ω, 但是因为被积函数在全平面无奇点, 所以可以变换为沿实轴进行. 而最后的计算结果则用到了积分

$$\int_{-\infty}^\infty \mathrm{e}^{-x^2}\mathrm{d}x = \sqrt{\pi},$$

见第四章 §4.5 中的例题.

最后还需要提到, 因为 $f(x)$ 为偶函数, 所以本题也是在做余弦变换,

$$F_c(\omega) = F(\omega) = \mathrm{e}^{-\omega^2/2}. \tag{9.16'}$$

例 9.2 求函数 $f(x) = x\mathrm{e}^{-x^2/2}$ 的 Fourier 变换.

解 直接利用上题的结果,

$$\begin{aligned}F(\omega) &= \frac{1}{\sqrt{2\pi}} \int_{-\infty}^\infty x\mathrm{e}^{-x^2/2}\mathrm{e}^{-\mathrm{i}\omega x}\mathrm{d}x = \mathrm{i}\frac{\partial}{\partial\omega}\left(\frac{\mathrm{i}}{\sqrt{2\pi}} \int_{-\infty}^\infty \mathrm{e}^{-x^2/2}\mathrm{e}^{-\mathrm{i}\omega x}\mathrm{d}x\right) \\ &= \mathrm{i}\times\frac{\mathrm{d}}{\mathrm{d}\omega}\mathrm{e}^{-\omega^2/2} = -\mathrm{i}\omega\mathrm{e}^{-\omega^2/2}.\end{aligned}$$

因为 $f(x) = x\mathrm{e}^{-x^2/2}$ 是奇函数, 所以上述结果实际上也给出了 $f(x)$ 的正弦变换:

$$F_s(\omega) = \mathrm{i}F(\omega) = \omega\mathrm{e}^{-\omega^2/2}.$$

表 9.1　部分初等函数的 Fourier 余弦变换
$[f(x)$ 为偶函数, $f(-x)=f(x)]$

$f(x),\ x\geqslant 0$	$F_c(\omega),\ \omega>0$	成立条件
$\eta(a-x)$	$\sqrt{\dfrac{2}{\pi}}\dfrac{\sin a\omega}{\omega}$	$a>0$
$\cos x\,\eta(a-x)$	$\dfrac{1}{\sqrt{2\pi}}\left[\dfrac{\sin a(1-\omega)}{1-\omega}+\dfrac{\sin a(1+\omega)}{1+\omega}\right]$	$a>0$
$\sin x\,\eta(a-x)$	$\dfrac{1}{\sqrt{2\pi}}\left[\dfrac{\cos a(1-\omega)}{1-\omega}+\dfrac{\cos a(1+\omega)}{1+\omega}\right]$	$a>0$
e^{-x}	$\sqrt{\dfrac{2}{\pi}}\dfrac{1}{1+\omega^2}$	
$\dfrac{1}{1+x^4}$	$\sqrt{\dfrac{\pi}{2}}\mathrm{e}^{-\omega/\sqrt{2}}\sin\left(\dfrac{\omega}{\sqrt{2}}+\dfrac{\pi}{4}\right)$	
$\dfrac{1}{\cosh \pi x}$	$\dfrac{1}{\sqrt{2\pi}}\cosh\dfrac{\omega}{2}$	
$\mathrm{e}^{-x^2/2}$	$\mathrm{e}^{-\omega^2/2}$	
$\sin\dfrac{x^2}{2}$	$\dfrac{1}{\sqrt{2}}\left(\cos\dfrac{\omega^2}{2}-\sin\dfrac{\omega^2}{2}\right)$	
$\cos\dfrac{x^2}{2}$	$\dfrac{1}{\sqrt{2}}\left(\cos\dfrac{\omega^2}{2}+\sin\dfrac{\omega^2}{2}\right)$	

表 9.2　部分初等函数的 Fourier 正弦变换
$[f(x)$ 为奇函数, $f(-x)=-f(x)]$

$f(x),\ x\geqslant 0$	$F_s(\omega),\ \omega>0$	成立条件
e^{-x}	$\sqrt{\dfrac{2}{\pi}}\dfrac{\omega}{1+\omega^2}$	
$\dfrac{1}{\mathrm{e}^{x\sqrt{2\pi}}-1}-\dfrac{1}{x\sqrt{2\pi}}$	$\dfrac{1}{\mathrm{e}^{\omega\sqrt{2\pi}}-1}-\dfrac{1}{\omega\sqrt{2\pi}}$	
$\dfrac{1}{\sinh(x\sqrt{\pi/2})}-\dfrac{1}{x\sqrt{\pi/2}}$	$\tanh\left(\omega\sqrt{\dfrac{\pi}{2}}\right)-1$	
$x\mathrm{e}^{-x^2/2}$	$\omega\mathrm{e}^{-\omega^2/2}$	
$\dfrac{\sin ax}{x}$	$\dfrac{1}{\sqrt{2\pi}}\ln\left|\dfrac{a+\omega}{a-\omega}\right|$	$a>0$

例 9.3　求函数 $f(x)=\operatorname{arccot}p|x|\cdot\operatorname{sgn}x$ 与 $g(x)=\operatorname{arccot}px^2$ 的 Fourier 变换,其中参数 $p>0$.

解　因为 $f(x)=\operatorname{arccot}p|x|\cdot\operatorname{sgn}x$ 是奇函数,

$$F(\omega)\equiv\dfrac{1}{\sqrt{2\pi}}\int_{-\infty}^{\infty}\mathrm{e}^{-\mathrm{i}\omega x}\operatorname{arccot}p|x|\cdot\operatorname{sgn}x\,\mathrm{d}x=-\mathrm{i}\sqrt{\dfrac{2}{\pi}}\int_0^{\infty}\sin\omega x\operatorname{arccot}px\,\mathrm{d}x$$

$$=-\mathrm{i}\sqrt{\dfrac{2}{\pi}}\left(-\dfrac{1}{\omega}\cos\omega x\operatorname{arccot}px\bigg|_0^{\infty}-\dfrac{p}{\omega}\int_0^{\infty}\dfrac{\cos\omega x}{1+p^2x^2}\,\mathrm{d}x\right)$$

$$=-\mathrm{i}\sqrt{\dfrac{\pi}{2}}\dfrac{1}{\omega}\left(1-\mathrm{e}^{-|\omega|/p}\right). \tag{9.17}$$

最后的积分可以用留数定理计算.

上述结果也可以看成是 $f(x)$ 的正弦变换,
$$F_s(\omega) = \mathrm{i}F(\omega) = \sqrt{\frac{\pi}{2}}\frac{1}{\omega}\left(1 - \mathrm{e}^{-|\omega|/p}\right). \tag{9.17'}$$

同样, 因为 $g(x) = \operatorname{arccot} px^2$ 是偶函数,
$$\begin{aligned}G(\omega) &= \frac{1}{\sqrt{2\pi}}\int_{-\infty}^{\infty}\mathrm{e}^{-\mathrm{i}\omega x}\operatorname{arccot} px^2\,\mathrm{d}x = \sqrt{\frac{2}{\pi}}\int_{0}^{\infty}\cos\omega x\operatorname{arccot} px^2\,\mathrm{d}x\\ &= \sqrt{\frac{2}{\pi}}\left(\frac{1}{\omega}\sin\omega x\operatorname{arccot} px^2\Big|_0^{\infty} + \frac{2p}{\omega}\int_0^{\infty}\frac{x\sin\omega x}{1+p^2x^4}\,\mathrm{d}x\right)\\ &= \frac{\sqrt{2\pi}}{\omega}\mathrm{e}^{-|\omega|/\sqrt{2p}}\sin\frac{\omega}{\sqrt{2p}}.\end{aligned} \tag{9.18}$$

这也能看成是 $g(x)$ 的余弦变换,
$$G_c(\omega) = G(\omega) = \frac{\sqrt{2\pi}}{\omega}\mathrm{e}^{-|\omega|/\sqrt{2p}}\sin\frac{\omega}{\sqrt{2p}}. \tag{9.18'}$$

2. 有关 Fourier 积分的几个重要定理

下面不加证明地介绍有关 Fourier 积分的几个重要定理. 尽管后面的计算中不见得需要直接引用这些定理, 但了解这些定理, 对于理解 Fourier 积分和 Fourier 变换, 肯定是有帮助的.

Riemann-Lebesgue 定理　设函数 $f(x) \in \mathscr{L}_1(-\infty, \infty)$, 则
$$\lim_{\lambda \to \infty}\int_{-\infty}^{\infty}f(x)\mathrm{e}^{-\mathrm{i}\lambda x}\mathrm{d}x = 0. \tag{9.19}$$

关于 Fourier 积分收敛性定理 (1)　若函数 $f(x) \in \mathscr{L}_1(-\infty, \infty)$, 则
$$\frac{1}{\pi}\int_0^{\infty}\mathrm{d}\lambda\int_{-\infty}^{\infty}f(t)\cos\lambda(x-t)\,\mathrm{d}t = a$$

的充要条件是对于任意给定的 δ,
$$\lim_{\lambda \to \infty}\int_0^{\delta}\left[f(x+y) + f(x-y) - 2a\right]\frac{\sin\lambda y}{y}\mathrm{d}y = 0.$$

关于 Fourier 积分收敛性定理 (2)　若 $f(x) \in \mathscr{L}_1(-\infty, \infty)$ 是在含有 x 点在内的某区间内的有限变差函数, 则
$$\frac{1}{2}\bigl[f(x+) + f(x-)\bigr] = \frac{1}{\pi}\int_0^{\infty}\mathrm{d}\lambda\int_{-\infty}^{\infty}f(t)\cos\lambda(x-t)\,\mathrm{d}t. \tag{9.20a}$$

若 $f(x)$ 在区间 (a, b) 内连续且有限变差, 则
$$f(x) = \frac{1}{\pi}\int_0^{\infty}\mathrm{d}\lambda\int_{-\infty}^{\infty}f(t)\cos\lambda(x-t)\,\mathrm{d}t, \tag{9.20b}$$

且积分在 (a,b) 内的任意区间上一致收敛.

关于 Fourier 积分收敛性定理 (3) 设 $f(x) \in \mathscr{L}_1(-\infty, \infty)$, 若对于某正数 δ, 积分

$$\int_0^\delta |f(x+y) + f(x-y) - 2f(x)| \frac{\mathrm{d}y}{y}$$

存在, 特别是, 如果 $f(x)$ 在 x 点可微, 则 (9.20b) 为真.

关于 Fourier 积分收敛性定理 (4) 设 $f(t)/(1+|t|) \in \mathscr{L}_1(-\infty, \infty)$, 令

$$a_1(x) = \frac{1}{\pi} \int_{-\infty}^\infty f(y) \frac{\sin xy}{y} \mathrm{d}y,$$

$$b_1(x) = \frac{1}{\pi} \int_{-1}^1 f(y) \frac{1-\cos xy}{y} \mathrm{d}y - \frac{1}{\pi} \int_{-\infty}^{-1} f(y) \frac{\cos xy}{y} \mathrm{d}y - \frac{1}{\pi} \int_1^\infty f(y) \frac{\cos xy}{y} \mathrm{d}y$$

在任意一个区间 $0 < \delta \leqslant x \leqslant \Delta$ 上绝对连续, 它们的导数分别为 $a(x)$ 与 $b(x)$. 若 $f(t)$ 在 $t = x$ 点的邻域内满足定理 9.2 或定理 9.3 的条件, 则

$$\frac{1}{2}[f(x+) + f(x-)] = \int_0^\infty [a(u) \cos xu + b(u) \sin xu] \mathrm{d}u.$$

最后, 值得对 Fourier 变换 (9.10) 及其逆变换 (9.9) 作进一步的分析. 例如, 将 (9.10) 式代入 (9.9) 式, 并交换积分次序,

$$f(x) = \frac{1}{2\pi} \int_{-\infty}^\infty \left[\int_{-\infty}^\infty f(\xi) \mathrm{e}^{-\mathrm{i}\omega\xi} \mathrm{d}\xi \right] \mathrm{e}^{\mathrm{i}\omega x} \mathrm{d}\omega$$

$$= \int_{-\infty}^\infty f(\xi) \left[\frac{1}{2\pi} \int_{-\infty}^\infty \mathrm{e}^{-\mathrm{i}\omega(\xi-x)} \mathrm{d}\omega \right] \mathrm{d}\xi,$$

令内层的积分为 $\delta(\xi - x)$,

$$\delta(\xi - x) = \frac{1}{2\pi} \int_{-\infty}^\infty \mathrm{e}^{-\mathrm{i}\omega(\xi-x)} \mathrm{d}\omega = \frac{1}{2\pi} \int_{-\infty}^\infty \cos \omega(\xi-x) \mathrm{d}\omega = \frac{1}{2\pi} \int_{-\infty}^\infty \mathrm{e}^{\mathrm{i}\omega(\xi-x)} \mathrm{d}\omega.$$

则得

$$f(x) = \int_{-\infty}^\infty f(\xi) \delta(\xi - x) \mathrm{d}\xi. \tag{9.21}$$

此式应该对于任意函数 $f(x)$ 均成立, 这意味着被积函数对积分的贡献全部集中于 $\xi = x$ 一点. 因此, 从经典的微积分来看, 就必须有

$$\delta(\xi - x) = \begin{cases} 0, & \xi \neq x, \\ \infty, & \xi = x. \end{cases} \tag{9.22}$$

同理, 将 (9.9) 式代入 (9.10) 式, 并交换积分次序, 也能得到类似的结果:

$$F(\omega) = \frac{1}{2\pi} \int_{-\infty}^\infty \left[\int_{-\infty}^\infty F(\tau) \mathrm{e}^{\mathrm{i}\tau\xi} \mathrm{d}\tau \right] \mathrm{e}^{-\mathrm{i}\omega\xi} \mathrm{d}\xi$$

$$= \int_{-\infty}^\infty F(\tau) \left[\frac{1}{2\pi} \int_{-\infty}^\infty \mathrm{e}^{\mathrm{i}\xi(\tau-\omega)} \mathrm{d}\xi \right] \mathrm{d}\tau$$

$$= \int_{-\infty}^\infty F(\tau) \delta(\tau - \omega) \mathrm{d}\tau.$$

这里，我们只是根据 Fourier 变换形式地引进了 δ 函数，介绍了它在积分计算中独特的筛选功能. 这些内容在 §9.3 中将会用到. 有关 δ 函数的确切定义以及对它的正确理解，将在 §9.4 中做略微详细的介绍.

§9.2 Fourier 变换的基本性质

1. 首先，Fourier 变换是**线性运算**:

$$\mathscr{F}\{c_1 f_1(x) + c_2 f_2(x)\} = c_1 F_1(\omega) + c_2 F_2(\omega). \tag{9.23}$$

代入定义直接证明即可. 它其实就是积分运算具有线性运算性质的反映.

同样，直接根据 Fourier 变换的定义还可以证明:

2. **相似定理** $\mathscr{F}\{f(ax)\} = \dfrac{1}{a} F\left(\dfrac{\omega}{a}\right), \quad a > 0.$ （9.24）

3. **延迟定理** $\mathscr{F}\{f(x - x_0)\} = \mathrm{e}^{-\mathrm{i}\omega x_0} F(\omega).$ （9.25）

4. **位移定理** $\mathscr{F}\{\mathrm{e}^{\mathrm{i}\omega_0 x} f(x)\} = F(\omega - \omega_0).$ （9.26）

证 将 Fourier 积分做适当的变换即可证明.

$$\begin{aligned}
\mathscr{F}\{f(ax)\} &= \frac{1}{\sqrt{2\pi}} \int_{-\infty}^{\infty} f(ax) \mathrm{e}^{-\mathrm{i}\omega x} \mathrm{d}x \\
&= \frac{1}{a} \frac{1}{\sqrt{2\pi}} \int_{-\infty}^{\infty} f(y) \mathrm{e}^{-\mathrm{i}\omega y/a} \mathrm{d}y = \frac{1}{a} F\left(\frac{\omega}{a}\right). \\
\mathscr{F}\{f(x - x_0)\} &= \frac{1}{\sqrt{2\pi}} \int_{-\infty}^{\infty} f(x - x_0) \mathrm{e}^{-\mathrm{i}\omega x} \mathrm{d}x \\
&= \frac{1}{\sqrt{2\pi}} \int_{-\infty}^{\infty} f(y) \mathrm{e}^{-\mathrm{i}\omega(y + x_0)} \mathrm{d}y = \mathrm{e}^{-\mathrm{i}\omega x_0} F(\omega). \\
\mathscr{F}\{\mathrm{e}^{\mathrm{i}\omega_0 x} f(x)\} &= \frac{1}{\sqrt{2\pi}} \int_{-\infty}^{\infty} \mathrm{e}^{\mathrm{i}\omega_0 x} f(x) \mathrm{e}^{-\mathrm{i}\omega x} \mathrm{d}x \\
&= \frac{1}{\sqrt{2\pi}} \int_{-\infty}^{\infty} f(x) \mathrm{e}^{-\mathrm{i}(\omega - \omega_0)x} \mathrm{d}x = F(\omega - \omega_0). \quad \Box
\end{aligned}$$

5. **导数定理**

$$\mathscr{F}\{f'(x)\} = \mathrm{i}\omega F(\omega), \tag{9.27}$$

6. **积分定理**

$$\mathscr{F}\left\{\int^x f(\xi) \mathrm{d}\xi\right\} = \frac{1}{\mathrm{i}\omega} F(\omega), \tag{9.28}$$

前者可以将 Fourier 积分分部积分而证明，

$$\begin{aligned}
\mathscr{F}\{f'(x)\} &= \frac{1}{\sqrt{2\pi}} \int_{-\infty}^{\infty} f'(x) \mathrm{e}^{-\mathrm{i}\omega x} \mathrm{d}x \\
&= \frac{1}{\sqrt{2\pi}} \left[f(x) \mathrm{e}^{-\mathrm{i}\omega x} \Big|_{-\infty}^{\infty} + \mathrm{i}\omega \int_{-\infty}^{\infty} f(x) \mathrm{e}^{-\mathrm{i}\omega x} \mathrm{d}x \right] \\
&= \mathrm{i}\omega F(\omega).
\end{aligned}$$

后者则可直接应用导数定理而推出：令 $\phi(x) = \displaystyle\int^x f(\xi)\mathrm{d}\xi$，则 $\dfrac{\mathrm{d}\phi(x)}{\mathrm{d}x} = f(x)$. 因此 $\mathscr{F}\{f(x)\} = \mathrm{i}\omega\mathscr{F}\{\phi(x)\}$，亦即

$$\mathscr{F}\left\{\int^x f(\xi)\mathrm{d}\xi\right\} = \frac{1}{\mathrm{i}\omega}F(\omega).$$

§9.3　Fourier 变换的 Parseval 公式与卷积公式

假设函数 $f(x)$ 与 $g(x)$ 的 Fourier 变换均存在，

$$F(\omega) = \mathscr{F}\{f\}(\omega) = \frac{1}{\sqrt{2\pi}}\int_{-\infty}^{\infty} f(\xi)\mathrm{e}^{-\mathrm{i}\omega\xi}\mathrm{d}\xi, \tag{9.29a}$$

$$G(\omega) = \mathscr{F}\{g\}(\omega) = \frac{1}{\sqrt{2\pi}}\int_{-\infty}^{\infty} g(\xi)\mathrm{e}^{-\mathrm{i}\omega\xi}\mathrm{d}\xi, \tag{9.29b}$$

同时，它们的反演是

$$f(x) = \mathscr{F}^{-1}\{F\}(x) = \frac{1}{\sqrt{2\pi}}\int_{-\infty}^{\infty} F(\omega)\mathrm{e}^{\mathrm{i}\omega x}\mathrm{d}\omega, \tag{9.29c}$$

$$g(x) = \mathscr{F}^{-1}\{G\}(x) = \frac{1}{\sqrt{2\pi}}\int_{-\infty}^{\infty} G(\omega)\mathrm{e}^{\mathrm{i}\omega x}\mathrm{d}\omega, \tag{9.29d}$$

于是，

$$\begin{aligned}
\int_{-\infty}^{\infty} f(x)g(x)\mathrm{d}x &= \frac{1}{2\pi}\int_{-\infty}^{\infty}\mathrm{d}x\int_{-\infty}^{\infty} F(\omega)\mathrm{e}^{\mathrm{i}\omega x}\mathrm{d}\omega\int_{-\infty}^{\infty} G(\sigma)\mathrm{e}^{\mathrm{i}\sigma x}\mathrm{d}\sigma \\
&= \int_{-\infty}^{\infty} F(\omega)\mathrm{d}\omega\int_{-\infty}^{\infty} G(\sigma)\mathrm{d}\sigma\left[\frac{1}{2\pi}\int_{-\infty}^{\infty}\mathrm{e}^{\mathrm{i}(\omega+\sigma)x}\mathrm{d}x\right] \\
&= \int_{-\infty}^{\infty} F(\omega)\mathrm{d}\omega\int_{-\infty}^{\infty} G(\sigma)\delta(\omega+\sigma)\mathrm{d}\sigma \\
&= \int_{-\infty}^{\infty} F(\omega)G(-\omega)\mathrm{d}\omega.
\end{aligned} \tag{9.30}$$

$$\begin{aligned}
\int_{-\infty}^{\infty} F(\omega)G(\omega)\mathrm{d}\omega &= \frac{1}{2\pi}\int_{-\infty}^{\infty}\mathrm{d}\omega\int_{-\infty}^{\infty} f(x)\mathrm{e}^{-\mathrm{i}\omega x}\mathrm{d}x\int_{-\infty}^{\infty} g(y)\mathrm{e}^{-\mathrm{i}\omega y}\mathrm{d}y \\
&= \int_{-\infty}^{\infty} f(x)\mathrm{d}x\int_{-\infty}^{\infty} g(y)\mathrm{d}y\left[\frac{1}{2\pi}\int_{-\infty}^{\infty}\mathrm{e}^{-\mathrm{i}\omega(x+y)}\mathrm{d}\omega\right] \\
&= \int_{-\infty}^{\infty} f(x)\mathrm{d}x\int_{-\infty}^{\infty} g(y)\delta(x+y)\mathrm{d}y \\
&= \int_{-\infty}^{\infty} f(x)g(-x)\mathrm{d}x.
\end{aligned} \tag{9.31}$$

类似的关系式还有

$$\int_{-\infty}^{\infty} f(x)g^*(x)\mathrm{d}x = \frac{1}{2\pi}\int_{-\infty}^{\infty}\mathrm{d}x\int_{-\infty}^{\infty}F(\omega)\mathrm{e}^{\mathrm{i}\omega x}\mathrm{d}\omega\left[\int_{-\infty}^{\infty}G(\sigma)\mathrm{e}^{\mathrm{i}\sigma x}\mathrm{d}\sigma\right]^*$$
$$= \frac{1}{2\pi}\int_{-\infty}^{\infty}\mathrm{d}x\int_{-\infty}^{\infty}F(\omega)\mathrm{e}^{\mathrm{i}\omega x}\mathrm{d}\omega\int_{-\infty}^{\infty}G^*(\sigma)\mathrm{e}^{-\mathrm{i}\sigma x}\mathrm{d}\sigma$$
$$= \int_{-\infty}^{\infty}F(\omega)\mathrm{d}\omega\int_{-\infty}^{\infty}G^*(\sigma)\mathrm{d}\sigma\left[\frac{1}{2\pi}\int_{-\infty}^{\infty}\mathrm{e}^{\mathrm{i}(\omega-\sigma)x}\mathrm{d}x\right]$$
$$= \int_{-\infty}^{\infty}F(\omega)\mathrm{d}\omega\int_{-\infty}^{\infty}G^*(\sigma)\delta(\omega-\sigma)\mathrm{d}\sigma$$
$$= \int_{-\infty}^{\infty}F(\omega)G^*(\omega)\mathrm{d}\omega. \tag{9.32}$$

特别是, 取 $f(x) = g(x)$,

$$\int_{-\infty}^{\infty}|f(x)|^2\mathrm{d}x = \int_{-\infty}^{\infty}|F(\omega)|^2\mathrm{d}\omega. \tag{9.33}$$

另外,

$$\int_{-\infty}^{\infty}f(x)G(x)\mathrm{d}x = \frac{1}{2\pi}\int_{-\infty}^{\infty}\mathrm{d}x\int_{-\infty}^{\infty}F(\omega)\mathrm{e}^{\mathrm{i}\omega x}\mathrm{d}\omega\int_{-\infty}^{\infty}g(\xi)\mathrm{e}^{\mathrm{i}\xi x}\mathrm{d}\xi$$
$$= \int_{-\infty}^{\infty}F(\omega)\mathrm{d}\omega\int_{-\infty}^{\infty}g(\xi)\mathrm{d}\xi\left[\frac{1}{2\pi}\int_{-\infty}^{\infty}\mathrm{e}^{\mathrm{i}(\omega-\xi)x}\mathrm{d}x\right]$$
$$= \int_{-\infty}^{\infty}F(\omega)\mathrm{d}\omega\int_{-\infty}^{\infty}g(\xi)\delta(\omega-\xi)\mathrm{d}\xi$$
$$= \int_{-\infty}^{\infty}F(\omega)g(\omega)\mathrm{d}\omega. \tag{9.34}$$

注意这里的 $g(\omega)$ 应理解为将函数 $g(x)$ 中的自变量 x 改写成 ω, 相应地, $G(x)$ 则是将 $G(\omega)$ 中的自变量 ω 改写成 x, 换言之, 即是将 (9.29b) 和 (9.29d) 改写成

$$G(x) = \mathscr{F}\{g\}(x) = \frac{1}{\sqrt{2\pi}}\int_{-\infty}^{\infty}g(\xi)\mathrm{e}^{-\mathrm{i}x\xi}\mathrm{d}\xi, \tag{9.29b'}$$

$$g(\omega) = \mathscr{F}^{-1}\{G\}(\omega) = \frac{1}{\sqrt{2\pi}}\int_{-\infty}^{\infty}G(x)\mathrm{e}^{\mathrm{i}\omega x}\mathrm{d}x. \tag{9.29d'}$$

(9.30) — (9.34) 诸式均被称为 Fourier 变换的 Parseval 公式. 在推导这些公式时, 都用到了交换积分次序, 因而都要求函数 $f(x)$, $g(x)$ (相应地, 函数 $F(\omega)$, $G(\omega)$) 满足一定的条件. 这里不做仔细的讨论. 但笼统地说, 如果函数 $f(x)$ 与 $g(x)$ 都是 [在区间 $(-\infty,\infty)$ 上] 平方可积的, 则上述诸式均成立. 而如果从广义函数的角度来看, 这些等式自然在广义函数的意义下都成立.

类似地, 对于正弦变换, 也能证明

$$\int_0^{\infty}f(x)g^*(x)\mathrm{d}x = \int_0^{\infty}F_s(\omega)G_s^*(\omega)\mathrm{d}\omega, \tag{9.35}$$

$$\int_0^{\infty}|f(x)|^2\mathrm{d}x = \int_0^{\infty}|F_s(\omega)|^2\mathrm{d}\omega, \tag{9.36}$$

$$\int_0^{\infty}f(x)G_s(x)\mathrm{d}x = \int_0^{\infty}F_s(\omega)g(\omega)\mathrm{d}\omega. \tag{9.37}$$

对于余弦变换, 也有

$$\int_0^\infty f(x)g^*(x)\mathrm{d}x = \int_0^\infty F_c(\omega)G_c^*(\omega)\mathrm{d}\omega, \tag{9.38}$$

$$\int_0^\infty |f(x)|^2 \mathrm{d}x = \int_0^\infty |F_c(\omega)|^2 \mathrm{d}\omega, \tag{9.39}$$

$$\int_0^\infty f(x)G_c(x)\mathrm{d}x = \int_0^\infty F_c(\omega)g(\omega)\mathrm{d}\omega. \tag{9.40}$$

援用上述 Parseval 公式, 可以计算某些特定形式的积分.

例 9.4 作为应用 Parseval 公式的第一个例子, 取 $f(x) = \eta(a - |x|)$, $g(x) = \eta(b - |x|)$,

$$F(\omega) = \frac{1}{\sqrt{2\pi}} \int_{-a}^{a} \mathrm{e}^{-\mathrm{i}\omega x} \mathrm{d}x = \sqrt{\frac{2}{\pi}} \frac{\sin a\omega}{\omega},$$

$G(\omega)$ 也有类似的表达式, 于是应用 (9.30) 或 (9.33) 式, 即得

$$\frac{2}{\pi} \int_{-\infty}^{\infty} \frac{\sin a\omega}{\omega} \frac{\sin b\omega}{\omega} \mathrm{d}\omega = \int_{-\min(a,b)}^{\min(a,b)} \mathrm{d}x = 2\min(a,b),$$

或者直接写作

$$\int_{-\infty}^{\infty} \frac{\sin ax \sin bx}{x^2} \mathrm{d}x = \pi \times \min(a, b). \tag{9.41}$$

例 9.5 计算积分 $\int_0^\infty \ln\left|\dfrac{a+x}{a-x}\right| \ln\left|\dfrac{b+x}{b-x}\right| \mathrm{d}x$, 其中 $a > 0$, $b > 0$.

解 因为 (见表 9.2)

$$\mathscr{F}_s\left\{\frac{\sin ax}{x}\right\} = \frac{1}{\sqrt{2\pi}} \ln\left|\frac{a+\omega}{a-\omega}\right|, \qquad \mathscr{F}_s\left\{\frac{\sin bx}{x}\right\} = \frac{1}{\sqrt{2\pi}} \ln\left|\frac{b+\omega}{b-\omega}\right|,$$

所以, 根据 (9.36) 式, 有

$$\int_0^\infty \ln\left|\frac{a+x}{a-x}\right| \ln\left|\frac{b+x}{b-x}\right| \mathrm{d}x = 2\pi \int_0^\infty \frac{\sin ax}{x} \frac{\sin bx}{x} \mathrm{d}x = \pi^2 \times \min(a, b). \tag{9.42}$$

例 9.6 计算积分 $\int_0^\infty \mathrm{arccot}\,(px)\,\mathrm{arccot}\,(qx)\,\mathrm{d}x$, 其中 $p > 0$, $q > 0$.

解 上面的例 9.3 中已经计算过 $\mathrm{arccot}\,(p|x|) \cdot \mathrm{sgn}\,x$ 的 Fourier 正弦变换, 因此, 根据 (9.36) 式, 就能求得

$$\begin{aligned}
\int_0^\infty \mathrm{arccot}\,(px)\,\mathrm{arccot}\,(qx)\,\mathrm{d}x &= \frac{\pi}{2} \int_0^\infty \frac{1-\mathrm{e}^{-\omega/p}}{\omega} \frac{1-\mathrm{e}^{-\omega/q}}{\omega} \mathrm{d}\omega \\
&= \frac{\pi}{2}\left\{-\frac{(1-\mathrm{e}^{-\omega/p})(1-\mathrm{e}^{-\omega/q})}{\omega}\bigg|_0^\infty + \int_0^\infty \left[(1-\mathrm{e}^{-\omega/p})(1-\mathrm{e}^{-\omega/q})\right]' \frac{\mathrm{d}\omega}{\omega}\right\} \\
&= \frac{\pi}{2} \int_0^\infty \left[\frac{1}{p}\mathrm{e}^{-\omega/p}(1-\mathrm{e}^{-\omega/q}) + \frac{1}{q}\mathrm{e}^{-\omega/q}(1-\mathrm{e}^{-\omega/p})\right] \frac{\mathrm{d}\omega}{\omega} \\
&= \frac{\pi}{2}\left[\frac{1}{p}\ln\left(1+\frac{p}{q}\right) + \frac{1}{q}\ln\left(1+\frac{q}{p}\right)\right]. \tag{9.43}
\end{aligned}$$

类似于 Parseval 公式的推导, 还能导出 Fourier 变换的卷积公式,

$$\int_{-\infty}^{\infty} f(\xi)\,g(x-\xi)\,\mathrm{d}\xi = \frac{1}{2\pi}\int_{-\infty}^{\infty}\mathrm{d}\xi\int_{-\infty}^{\infty}F(\omega)\mathrm{e}^{\mathrm{i}\omega\xi}\,\mathrm{d}\omega\int_{-\infty}^{\infty}G(\sigma)\mathrm{e}^{\mathrm{i}\sigma(x-\xi)}\,\mathrm{d}\sigma$$

$$= \frac{1}{2\pi}\int_{-\infty}^{\infty}F(\omega)\,\mathrm{d}\omega\int_{-\infty}^{\infty}G(\sigma)\,\mathrm{e}^{\mathrm{i}\sigma x}\,\mathrm{d}\sigma\int_{-\infty}^{\infty}\mathrm{e}^{\mathrm{i}(\omega-\sigma)\xi}\,\mathrm{d}\xi$$

$$= \int_{-\infty}^{\infty}F(\omega)\,\mathrm{d}\omega\int_{-\infty}^{\infty}G(\sigma)\,\mathrm{e}^{\mathrm{i}\sigma x}\,\delta(\omega-\sigma)\,\mathrm{d}\sigma$$

$$= \int_{-\infty}^{\infty}F(\omega)\,G(\omega)\,\mathrm{e}^{\mathrm{i}\omega x}\,\mathrm{d}\omega, \tag{9.44}$$

$$\int_{-\infty}^{\infty} F(\sigma)\,G(\omega-\sigma)\,\mathrm{d}\sigma = \frac{1}{2\pi}\int_{-\infty}^{\infty}\mathrm{d}\sigma\int_{-\infty}^{\infty}f(x)\,\mathrm{e}^{-\mathrm{i}\sigma x}\,\mathrm{d}x\int_{-\infty}^{\infty}g(y)\,\mathrm{e}^{-\mathrm{i}(\omega-\sigma)y}\,\mathrm{d}y$$

$$= \frac{1}{2\pi}\int_{-\infty}^{\infty}f(x)\,\mathrm{d}x\int_{-\infty}^{\infty}g(y)\mathrm{e}^{-\mathrm{i}\omega y}\,\mathrm{d}y\int_{-\infty}^{\infty}\mathrm{e}^{-\mathrm{i}\sigma(x-y)}\,\mathrm{d}\sigma$$

$$= \int_{-\infty}^{\infty}f(x)\,\mathrm{d}x\int_{-\infty}^{\infty}g(y)\mathrm{e}^{-\mathrm{i}\omega y}\,\delta(x-y)\,\mathrm{d}y$$

$$= \int_{-\infty}^{\infty}f(x)\,g(x)\,\mathrm{e}^{-\mathrm{i}\omega x}\,\mathrm{d}x. \tag{9.45}$$

作为它们的特殊情形, 还可以在 (9.44) 式中代入 $x=0$, 或是在 (9.45) 式中代入 $\omega=0$,

$$\int_{-\infty}^{\infty} f(\xi)\,g(-\xi)\,\mathrm{d}\xi = \int_{-\infty}^{\infty} F(\omega)\,G(\omega)\,\mathrm{d}\omega, \tag{9.46}$$

$$\int_{-\infty}^{\infty} F(\sigma)\,G(-\sigma)\,\mathrm{d}\sigma = \int_{-\infty}^{\infty} f(x)\,g(x)\,\mathrm{d}x. \tag{9.47}$$

它们就是 Fourier 变换的 Parseval 公式, 见前面的 (9.30) 和 (9.31) 二式.

下面举一个应用卷积公式的例题.

例 9.7 取 $f(x)=\dfrac{1}{1+x^2}$, $f(x)=\dfrac{1}{1-x^2}$, 应用留数定理, 直接计算可得

$$F(\omega) = \frac{1}{\sqrt{2\pi}}\int_{-\infty}^{\infty}\frac{\mathrm{e}^{-\mathrm{i}\omega x}}{1+x^2}\mathrm{d}x = \frac{1}{\sqrt{2\pi}}\int_{-\infty}^{\infty}\frac{\cos\omega x}{1+x^2}\mathrm{d}x = \sqrt{\frac{\pi}{2}}\mathrm{e}^{-|\omega|}, \tag{9.48}$$

$$G(\omega) = \frac{1}{\sqrt{2\pi}}\int_{-\infty}^{\infty}\frac{\mathrm{e}^{-\mathrm{i}\omega x}}{1-x^2}\mathrm{d}x = \frac{1}{\sqrt{2\pi}}\int_{-\infty}^{\infty}\frac{\cos\omega x}{1-x^2}\mathrm{d}x = \sqrt{\frac{\pi}{2}}\sin|\omega|. \tag{9.49}$$

根据卷积公式 (9.45), 可以计算

$$\int_{-\infty}^{\infty} f(x)g(x)\mathrm{e}^{-\mathrm{i}\omega x}\mathrm{d}x = \int_{-\infty}^{\infty}\frac{\mathrm{e}^{-\mathrm{i}\omega x}}{1-x^4}\mathrm{d}x$$

$$= \int_{-\infty}^{\infty} F(\sigma)G(\omega-\sigma)\mathrm{d}\sigma = \frac{\pi}{2}\int_{-\infty}^{\infty}\mathrm{e}^{-|\sigma|}\sin|\omega-\sigma|\,\mathrm{d}\sigma$$

$$= \frac{\pi}{2}\left[\int_{-\infty}^{\omega}\mathrm{e}^{-|\sigma|}\sin(\omega-\sigma)\mathrm{d}\sigma + \int_{\omega}^{\infty}\mathrm{e}^{-|\sigma|}\sin(\sigma-\omega)\mathrm{d}\sigma\right].$$

不妨设 $\omega > 0$, 则

$$\int_{-\infty}^{\infty} \frac{e^{-i\omega x}}{1-x^4} dx$$
$$= \frac{\pi}{2}\left[\int_{-\infty}^{0} e^{\sigma}\sin(\omega-\sigma)d\sigma + \int_{0}^{\omega} e^{-\sigma}\sin(\omega-\sigma)d\sigma + \int_{\omega}^{\infty} e^{-\sigma}\sin(\sigma-\omega)d\sigma\right]$$
$$= \frac{\pi}{2}\left[\int_{0}^{\infty} e^{-\sigma}\sin(\omega+\sigma)d\sigma + \int_{0}^{\omega} e^{-\sigma}\sin(\omega-\sigma)d\sigma + \int_{\omega}^{\infty} e^{-\sigma}\sin(\sigma-\omega)d\sigma\right]$$
$$= \frac{\pi}{2}\left\{\int_{0}^{\omega} e^{-\sigma}[\sin(\omega+\sigma)+\sin(\omega-\sigma)]d\sigma + \int_{\omega}^{\infty} e^{-\sigma}[\sin(\omega+\sigma)+\sin(\sigma-\omega)]d\sigma\right\}$$
$$= \pi\left[\sin\omega \int_{0}^{\omega} e^{-\sigma}\cos\sigma d\sigma + \cos\omega \int_{\omega}^{\infty} e^{-\sigma}\sin\sigma d\sigma\right].$$

根据

$$\int e^{-\sigma} e^{i\sigma} d\sigma = -\frac{1}{1-i} e^{-\sigma} e^{-i\sigma} + C,$$

可以导出

$$\int_{0}^{\omega} e^{-\sigma}\cos\sigma d\sigma = \frac{1}{2}\left[1 - e^{-\omega}(\cos\omega - \sin\omega)\right],$$
$$\int_{\omega}^{\infty} e^{-\sigma}\sin\sigma d\sigma = \frac{1}{2} e^{-\omega}(\cos\omega + \sin\omega),$$

由此即得

$$\int_{-\infty}^{\infty} \frac{e^{-i\omega x}}{1-x^4} dx = \frac{\pi}{2}\left(e^{-\omega} + \sin\omega\right), \quad \omega > 0.$$

考虑到此积分是 ω 的偶函数, 所以

$$\int_{-\infty}^{\infty} \frac{e^{-i\omega x}}{1-x^4} dx = \frac{\pi}{2}\left(e^{-|\omega|} + \sin|\omega|\right). \tag{9.50}$$

§9.4 δ 函数

上面在 §9.1 中引进了 δ 函数, 我们已经看到, 它不同于我们已经熟悉的各种函数. 从传统的函数观点来看, 它只在一点不为 0, 而且无界, 在其余各处皆为 0. 所以, δ 函数是一类 "怪异" 的函数, 超越了经典的数学概念. 它的严格数学理论 (广义函数) 要涉及泛函分析的知识. 本节将从物理学的直观出发, 引进 δ 函数的概念, 介绍它的最基本的知识及其初步应用. 有关广义函数的定义及其运算规则, 详见第二十三章.

δ 函数是由英国物理学家 Dirac 首先引进的, 可用于描写物理学中的点量, 例如质点、点电荷、脉冲等, 在近代物理学中有着广泛的应用. 按照一定的规则, δ 函数可以当作普通连续函数一样进行运算, 包括微积分计算, 也可以应用于求解微分方程. 总之, 引入 δ 函数可以为我们处理有关的数学物理问题, 带来极大的便利.

为了进一步了解 δ 函数, 作为 δ 函数的物理背景, 不妨先讨论点源, 例如点电荷的密度分布函数的数学表示.

为简单起见, 先讨论一维情形. 如图 9.1 所示, 设有总电量为 1 个单位的电荷, 均匀分布在区间 $-l/2 < x < l/2$ 内, 区间外无电荷, 则描述此电荷分布的电荷密度函数为

$$\delta_l(x) = \begin{cases} 0, & x \leqslant -l/2; \\ 1/l, & -l/2 < x < l/2; \\ 0, & x \geqslant l/2. \end{cases} \tag{9.51}$$

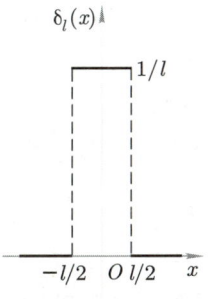

图 9.1 单位点电荷的电荷密度

显然,

$$\int_{-\infty}^{\infty} \delta_l(x) \mathrm{d}x = 1,$$

即总电量为 1 个单位. 对于在 $-l/2 < x < l/2$ 中连续的任意函数 $f(x)$, 根据中值定理, 有

$$\int_{-\infty}^{\infty} f(x) \delta_l(x) \mathrm{d}x = f(\theta l), \quad -1/2 \leqslant \theta \leqslant 1/2. \tag{9.52}$$

实际上, 积分限不一定是 $\pm\infty$. 只要 $a < -l/2, b > l/2$, 就有

$$\int_a^b f(x) \delta_l(x) \mathrm{d}x = f(\theta l), \quad -1/2 \leqslant \theta \leqslant 1/2. \tag{9.52'}$$

作为极限情形, 令 (9.1) 式中 $l \to 0$, 就得到一维单位点电荷的电荷密度分布函数, 记为

$$\delta(x) = \lim_{l \to 0} \delta_l(x) = \begin{cases} 0, & x \neq 0, \\ \infty, & x = 0. \end{cases} \tag{9.53}$$

而且, 对于任意一个在 $x = 0$ 点连续的函数 $f(x)$, 有

$$\int_{-\infty}^{\infty} f(x) \delta(x) \mathrm{d}x = f(0). \tag{9.54}$$

这里的积分限也不一定是 $\pm\infty$. 只要 $a < 0, b > 0$, 就有

$$\int_a^b f(x) \delta(x) \mathrm{d}x = f(0). \tag{9.54'}$$

总电量为 1 个单位这个条件始终未变, 即

$$\int_{-\infty}^{\infty} \delta(x) \mathrm{d}x = 1. \tag{9.55}$$

显然, 上面关于点电荷密度分布函数 $\delta_l(x)$ 的描述也适用于其他物理量, 例如质量的密度分布函数. 重复上面的讨论. 作为它们的极限情形, 总会得到同样的结果.

(9.54) 式左端的积分应该理解为

$$\int_{-\infty}^{\infty} f(x) \delta(x) \mathrm{d}x = \lim_{l \to 0} \int_{-\infty}^{\infty} f(x) \delta_l(x) \mathrm{d}x.$$

事实上, 对于任意一个检验函数[①] $f(x)$, 凡是具有

$$\lim_{l\to 0}\int_{-\infty}^{\infty} f(x)\delta_l(x)\mathrm{d}x = f(0) \tag{9.56a}$$

性质的函数序列 $\{\delta_l(x)\}$, 或是具有

$$\lim_{n\to \infty}\int_{-\infty}^{\infty} f(x)\delta_n(x)\mathrm{d}x = f(0) \tag{9.56b}$$

性质的函数序列 $\{\delta_n(x)\}$ (即 δ 序列, 例如见图 9.2), 它们的极限都是 δ 函数. 我们不妨把 δ 函数理解为满足 (9.56) 式的任意阶可微函数序列的极限. 从计算的角度来看, 引进 δ 函数的初衷, 即在于简化先对函数序列进行微积分计算, 后取极限的过程. 由于组成函数序列的函数具有足够好的连续性质, 所以, 在计算过程中可以把 δ 函数当作任意阶可微的函数处理. 换一个角度说, 引进 δ 函数, 就可以直接把积分与求极限或求导数之类的运算无条件地交换次序, 即使从传统微积分的角度考察, 这种交换次序是不合法的. 当然, 这样计算过程与得到的结果, 也自然在广义函数的意义下成立.

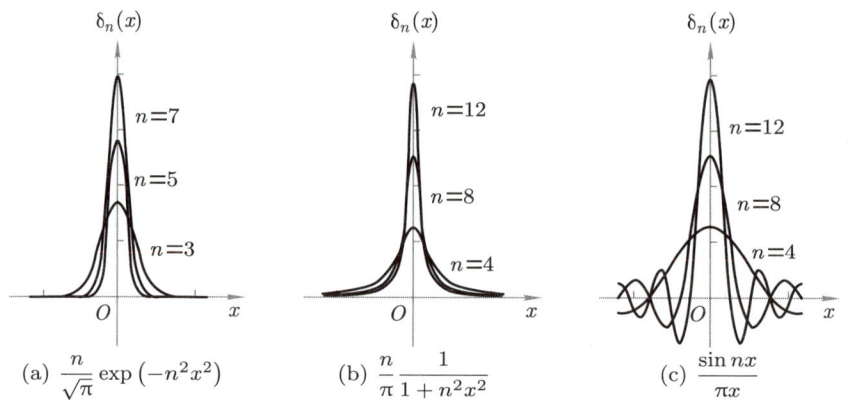

图 9.2 δ 序列举例

δ 函数不像普通的函数那样具有唯一、确定的表达式. δ 函数并不是经典意义下的函数: 它并不给出自变量与因变量数值之间的对应关系, 通常我们看到的对应关系

$$\delta(x) = \begin{cases} 0, & x \neq 0, \\ \infty, & x = 0 \end{cases}$$

按照对经典函数的理解是没有意义的, 因为它唯一取非零值的点是它唯一的奇点. 这种奇异的 "函数值" 只能从积分运算中加以理解.

类似地, 还可以定义 δ 函数的导数 $\delta'(x)$: 对于任意一个检验函数 $f(x)$, 有

$$\int_{-\infty}^{\infty} f(x)\delta'(x)\mathrm{d}x = f(x)\delta(x)\Big|_{-\infty}^{\infty} - \int_{-\infty}^{\infty} f'(x)\delta(x)\mathrm{d}x = -f'(0). \tag{9.57}$$

[①] 所谓 (一维) 检验函数, 简言之, 应当满足: (1) 在整个实轴上任意次导数均存在, (2) 只在有限区间内不为 0. 准确的表述见第二十三章.

这里，就把 δ 函数当作普通的连续函数一样进行分部积分.

从电荷分布的简单图像或许有助于我们认识 $\delta'(x)$. 设在 $x = \pm\varepsilon$ $(\varepsilon > 0)$ 两点分别有一点电荷，电荷量为 $\pm q$ $(q > 0)$, 于是，电荷密度分布函数即为

$$q\delta(x - \varepsilon) - q\delta(x + \varepsilon) = -2q\varepsilon \cdot \frac{\delta(x + \varepsilon) - \delta(x - \varepsilon)}{2\varepsilon}.$$

令 $\varepsilon \to 0$ 而保持 $-2q\varepsilon = -p$ (即这一对电荷构成电偶极子，其偶极矩大小为 p, 方向与 x 轴方向相反) 为有限值，就得到电荷密度分布函数的极限值为 $-p\delta'(x)$. 换句话说，$\delta'(x)$ 就是 (位于 $x = 0$ 处的) 单位电偶极矩的电荷密度分布函数.

可以进一步定义 δ 函数的高阶导数，

$$\int_{-\infty}^{\infty} f(x)\delta''(x)\mathrm{d}x = f(x)\delta'(x)\Big|_{-\infty}^{\infty} - \int_{-\infty}^{\infty} f'(x)\delta'(x)\mathrm{d}x = f''(0),$$

$$\int_{-\infty}^{\infty} f(x)\delta'''(x)\mathrm{d}x = f(x)\delta''(x)\Big|_{-\infty}^{\infty} - \int_{-\infty}^{\infty} f'(x)\delta''(x)\mathrm{d}x = -f'''(0),$$

$$\cdots$$

$$\int_{-\infty}^{\infty} f(x)\delta^{(n)}(x)\mathrm{d}x = f(x)\delta^{(n-1)}(x)\Big|_{-\infty}^{\infty} - \int_{-\infty}^{\infty} f'(x)\delta^{(n-1)}(x)\mathrm{d}x = (-)^n f^{(n)}(0).$$

甚至从而写出 δ 函数的 Taylor 展开，

$$\delta(x - a) = \sum_{n=0}^{\infty} \frac{(-)^n}{n!} \delta^{(n)}(x) a^n$$

$$= \delta(x) - \delta'(x)a + \frac{1}{2}\delta''(x)a^2 + \cdots + \frac{(-)^n}{n!}\delta^{(n)}(x)a^n + \cdots.$$

从静电学的角度看，此结果表明，位于 $x = a$ 处的单位点电荷就等价于位于坐标原点的各次多极矩的叠加.

将此式两端同乘以检验函数 $f(x)$, 再积分，就可以得到我们熟悉的公式

$$f(a) = \int_{-\infty}^{\infty} f(x)\delta(x - a)\mathrm{d}x = \sum_{n=0}^{\infty} \frac{(-)^n}{n!} a^n \int_{-\infty}^{\infty} f(x)\delta^{(n)}(x)\mathrm{d}x$$

$$= \sum_{n=0}^{\infty} \frac{1}{n!} f^{(n)}(0) a^n.$$

由于

$$\int_{-\infty}^{x} \delta(\zeta)\mathrm{d}\zeta = \eta(x) = \begin{cases} 0, & x < 0, \\ 1, & x > 0, \end{cases} \tag{9.58}$$

这里的 η 函数称为 (Heaviside 定义的) **单位阶跃函数**, 严格说来，它也是广义函数，所以

$$\delta(x) = \frac{\mathrm{d}\eta(x)}{\mathrm{d}x}. \tag{9.59}$$

如果说，我们从传统微积分的角度勉强可以接受 (9.58) 式，但是，无论如何，难以理解 (9.59) 式，因为 $\eta(x)$ 在间断点处根本不可导. 所以，这个结果，严格说来，需要从广义函数的角度

去理解, 应该理解为在它的两端同乘以检验函数后再积分, 而后等式成立. 因此, 可以预料, 在广义函数的意义下, 对于具有第一类间断点的任意函数 $f(x)$, 也可以类似地求得它们的导数 f' 乃至任意阶导数. 例如, 因为 $\operatorname{sgn} x = -1 + 2\eta(x)$, 我们就有

$$\frac{\mathrm{d}\operatorname{sgn} x}{\mathrm{d}x} = 2\delta(x).$$

根据这一思路, 我们就能计算函数 $\mathrm{e}^{-|x|}$ 的各阶导数. 从微积分学知识可以判断, 函数 $\mathrm{e}^{-|x|}$ 连续, 除 $x = 0$ 之外, 处处可导, 而且在 $x = 0$ 点右侧导数与左侧导数分别为 ∓ 1. 这样, 我们就得到

$$\frac{\mathrm{d}(\mathrm{e}^{-|x|})}{\mathrm{d}x} = -\mathrm{e}^{-|x|}\operatorname{sgn} x.$$

此函数分段连续, 有第一类间断点 $x = 0$, 因此, 在引进 δ 函数后, 我们就有

$$\begin{aligned}\frac{\mathrm{d}^2(\mathrm{e}^{-|x|})}{\mathrm{d}x^2} &= -\frac{\mathrm{d}(\mathrm{e}^{-|x|})}{\mathrm{d}x}\operatorname{sgn} x - \mathrm{e}^{-|x|}\frac{\mathrm{d}(\operatorname{sgn} x)}{\mathrm{d}x}\\ &= \mathrm{e}^{-|x|}(-\operatorname{sgn} x)^2 - 2\mathrm{e}^{-|x|}\delta(x) = \mathrm{e}^{-|x|} - 2\delta(x).\end{aligned}$$

其中用到了 $f(x)\delta(x) = f(0)\delta(x)$.

如此继续, 还能求得 $\mathrm{e}^{-|x|}$ 的高阶导数. 例如,

$$\frac{\mathrm{d}^3\left(\mathrm{e}^{-|x|}\right)}{\mathrm{d}x^3} = -\mathrm{e}^{-|x|}\operatorname{sgn} x - 2\delta'(x), \qquad \frac{\mathrm{d}^4\left(\mathrm{e}^{-|x|}\right)}{\mathrm{d}x^4} = \mathrm{e}^{-|x|} - 2\delta(x) - 2\delta''(x).$$

δ 函数也可以表示成初等函数的 Fourier 积分. 因为

$$\int_{-\infty}^{\infty}\delta(x)\mathrm{e}^{-\mathrm{i}kx}\mathrm{d}x = 1,$$

所以, 根据 Fourier 变换的反演公式, 有

$$\delta(x) = \frac{1}{2\pi}\int_{-\infty}^{\infty}\mathrm{e}^{\mathrm{i}kx}\mathrm{d}k = \frac{1}{2\pi}\int_{-\infty}^{\infty}\cos kx\, \mathrm{d}k. \tag{9.60}$$

显然 (9.60) 式中的两个无穷积分在经典意义下都是不收敛的. 这也从另一个角度表现出 δ 函数不是经典函数.

值得再次强调, 所有有关 δ 函数的等式, 都应当从积分意义下去理解. 如

$$x\delta(x) = 0 \qquad \text{应理解为} \int_{-\infty}^{\infty}f(x)x\delta(x)\mathrm{d}x = 0, \tag{9.61}$$

$$\delta(-x) = \delta(x) \qquad \text{应理解为} \int_{-\infty}^{\infty}f(x)\delta(-x)\mathrm{d}x = \int_{-\infty}^{\infty}f(x)\delta(x)\mathrm{d}x, \tag{9.62}$$

$$\delta'(-x) = -\delta'(x) \qquad \text{应理解为} \int_{-\infty}^{\infty}f(x)\delta'(-x)\mathrm{d}x = -\int_{-\infty}^{\infty}f(x)\delta'(x)\mathrm{d}x, \tag{9.63}$$

$$\delta(ax) = \frac{1}{|a|}\delta(x) \qquad \text{应理解为} \int_{-\infty}^{\infty}f(x)\delta(ax)\mathrm{d}x = \int_{-\infty}^{\infty}f(x)\left[\frac{1}{|a|}\delta(x)\right]\mathrm{d}x, \tag{9.64}$$

$$g(x)\delta(x) = g(0)\delta(x) \qquad \text{应理解为} \int_{-\infty}^{\infty}f(x)g(x)\delta(x)\mathrm{d}x = \int_{-\infty}^{\infty}f(x)\left[g(0)\delta(x)\right]\mathrm{d}x, \tag{9.65}$$

(9.65) 式中的 $g(x)$ 是经典的可微函数. (9.54) 式其实就是它的特殊情形.

需要提醒一下, 一旦在我们的计算中出现了 δ 函数, 例如, 我们引用了上述涉及 δ 函数的公式, 就意味着所有的计算都必须遵守广义函数的运算规则, 所有的结果都需要从广义函数的角度去理解, 甚至会得出现从经典微积分学的角度难以理解的结果. 例如, 根据 (9.54) 式, 我们就发现, 齐次代数方程

$$xf(x) = 0$$

可以有非零解,

$$f(x) = c\delta(x), \quad c \text{ 为任意常数}.$$

现在把 δ 函数推广到二维或三维的情形. 显然, 如果在平面上 (x_0, y_0) 点处有一个单位点电荷, 它的密度分布函数就是 $\delta(x - x_0)\delta(y - y_0)$. 同样, 如果在三维空间 (x_0, y_0, z_0) 处有一个单位点电荷, 它的密度分布函数就是 $\delta(x - x_0)\delta(y - y_0)\delta(z - z_0)$. 当然, 从三维空间来看, 所谓一维点电荷应该是三维空间内的面电荷, 二维点电荷就是三维空间内的线电荷.

例 9.8 证明

$$\nabla^2 \frac{1}{r} = -4\pi\delta(\boldsymbol{r}), \tag{9.66}$$

其中

$$\nabla^2 \equiv \frac{\partial^2}{\partial x^2} + \frac{\partial^2}{\partial y^2} + \frac{\partial^2}{\partial z^2} \tag{9.67}$$

称为 Laplace 算符, $r \equiv |\boldsymbol{r}| = \sqrt{x^2 + y^2 + z^2}$, $\delta(\boldsymbol{r}) = \delta(x)\delta(y)\delta(z)$.

证 正像前面指出的, 凡是涉及 δ 函数的等式都应该从积分意义下去理解, 这意味着本题就是应该去证明

$$\iiint_V \nabla^2 \frac{1}{r} \mathrm{d}\boldsymbol{r} = \begin{cases} 0, & \text{当 } \boldsymbol{r} = \boldsymbol{0} \notin V; \\ -4\pi, & \text{当 } \boldsymbol{r} = \boldsymbol{0} \in V. \end{cases} \tag{9.68}$$

其中 $\mathrm{d}\boldsymbol{r} = \mathrm{d}x\mathrm{d}y\mathrm{d}z$ 是三维空间的体积元. 当 $\boldsymbol{r} \neq \boldsymbol{0}$ 时, 直接微商可得

$$\frac{\partial^2}{\partial x^2} \frac{1}{\sqrt{x^2 + y^2 + z^2}} = \frac{3x^2 - (x^2 + y^2 + z^2)}{(x^2 + y^2 + z^2)^{5/2}},$$

$$\frac{\partial^2}{\partial y^2} \frac{1}{\sqrt{x^2 + y^2 + z^2}} = \frac{3y^2 - (x^2 + y^2 + z^2)}{(x^2 + y^2 + z^2)^{5/2}},$$

$$\frac{\partial^2}{\partial z^2} \frac{1}{\sqrt{x^2 + y^2 + z^2}} = \frac{3z^2 - (x^2 + y^2 + z^2)}{(x^2 + y^2 + z^2)^{5/2}}.$$

三式相加, 即得

$$\nabla^2 \frac{1}{r} = 0, \quad r \neq 0.$$

这样就证得: 当积分体积 V 内不包含原点 $\boldsymbol{r} = \boldsymbol{0}$ 时, 积分恒为 0.

当积分体积 V 内包含原点 $r=0$ 时, 由于函数 $1/r$ 在 $r=0$ 点不可导, 上面的结果不成立. 这时不妨将 V 就取为整个 (三维) 空间, 因而可以得到

$$\iiint \nabla^2 \frac{1}{r} \mathrm{d}^3 r = \lim_{a \to 0} \iiint \nabla^2 \frac{1}{\sqrt{x^2+y^2+z^2+a^2}} \mathrm{d}x\mathrm{d}y\mathrm{d}z$$

$$= -\lim_{a \to 0} \iiint \frac{3a^2}{(r^2+a^2)^{5/2}} r^2 \mathrm{d}r \sin\theta \mathrm{d}\theta \mathrm{d}\phi$$

$$= -12\pi \lim_{a \to 0} \int_0^\infty \frac{a^2}{(r^2+a^2)^{5/2}} r^2 \mathrm{d}r.$$

容易看到, 此处求极限和计算积分不能随意交换次序. 但是做代换 $r = a \tan x$, 即可证明上面的积分与 a 无关, 且

$$\iiint \nabla^2 \frac{1}{r} \mathrm{d}^3 r = -12\pi \int_0^{\pi/2} \frac{\tan^2 x}{(1+\tan^2 x)^{3/2}} \mathrm{d}x = -12\pi \int_0^{\pi/2} \sin^2 x \cos x \, \mathrm{d}x$$

$$= -12\pi \cdot \frac{1}{3} \sin^3 x \Big|_0^{\pi/2} = -4\pi. \qquad \square$$

已知位于原点的单位点电荷产生的电势为 $u(r) = \dfrac{1}{4\pi\varepsilon_0} \dfrac{1}{r}$, 位于原点的单位点电荷的电荷密度为 $\rho(r) = \delta(r)$, 所以本题就是验证了点电荷情况下静电势所满足的方程

$$\nabla^2 u(r) = -\frac{1}{\varepsilon_0} \rho(r).$$

§9.5 利用 δ 函数计算无穷积分

利用 δ 函数的常用积分表达式

$$\delta(x) = \frac{1}{2\pi} \int_{-\infty}^\infty \mathrm{e}^{\mathrm{i}kx} \mathrm{d}k \quad \text{或} \quad \delta(x) = \frac{1}{2\pi} \int_{-\infty}^\infty \cos kx \, \mathrm{d}k,$$

也可以计算无穷积分. 下面通过几个例题来说明计算的一般步骤.

例 9.9 计算积分 $\displaystyle\int_{-\infty}^\infty \frac{\sin x}{x} \mathrm{d}x$.

解 考虑辅助积分

$$F(\lambda) = \int_{-\infty}^\infty \frac{\sin \lambda x}{x} \mathrm{d}x,$$

如果许可在积分号下求导, 则有

$$F'(\lambda) = \int_{-\infty}^\infty \cos \lambda x \, \mathrm{d}x = 2\pi \delta(\lambda).$$

所以, 积分一次, 即得

$$F(\lambda) = 2\pi \eta(\lambda) + C,$$

其中 C 为积分常数, 待定. 不妨限定 $\lambda > 0$, 于是

$$F(\lambda) = 2\pi + C, \qquad F(-\lambda) = C.$$

考虑到 $F(\lambda)$ 是 λ 的奇函数,
$$F(-\lambda) = -F(\lambda), \qquad F(0) = 0,$$
即可定出 $C = -\pi$. 因此
$$F(\lambda) = \begin{cases} \pi, & \lambda > 0, \\ 0, & \lambda = 0, \\ -\pi, & \lambda < 0. \end{cases}$$
特别是, 当 $\lambda = 1$, 就有
$$\int_{-\infty}^{\infty} \frac{\sin x}{x} \mathrm{d}x = \pi.$$

例 9.10 计算积分 $I = \displaystyle\int_{-\infty}^{\infty} \frac{\sin 2x}{x^2 + x + 1} \mathrm{d}x$.

解 可以引进辅助积分
$$F(\lambda) = \int_{-\infty}^{\infty} \frac{\mathrm{e}^{\mathrm{i}\lambda x}}{x^2 + x + 1} \mathrm{d}x,$$
同样, 在积分号下求导, 就能得到它所满足的微分方程
$$-F''(\lambda) - \mathrm{i}F'(\lambda) + F(\lambda) = 2\pi\delta(\lambda). \tag{9.69}$$
这是一个特殊的二阶常微分方程: 其非齐次项含有 δ 函数. 这种特殊性表现在两方面: 一是当 $\lambda \neq 0$ 时, $\delta(\lambda) = 0$, 方程是齐次的, 所以
$$F(\lambda) = \begin{cases} A\mathrm{e}^{\lambda \mathrm{e}^{-\pi \mathrm{i}/6}} + B\mathrm{e}^{\lambda \mathrm{e}^{-5\pi \mathrm{i}/6}}, & \lambda > 0, \\ C\mathrm{e}^{\lambda \mathrm{e}^{-\pi \mathrm{i}/6}} + D\mathrm{e}^{\lambda \mathrm{e}^{-5\pi \mathrm{i}/6}}, & \lambda < 0. \end{cases} \tag{9.70}$$
考虑到 $\lambda \to \pm\infty$ 时 $F(\lambda)$ 有界 (因为积分收敛), A 和 D 必为 0. 二是方程 (9.69) 的非齐次项为 $2\pi\delta(\lambda)$, 这一定可以推断出 $F(\lambda)$ 在 $\lambda = 0$ 点连续,
$$\lim_{\varepsilon \to +0} F(\lambda)\Big|_{0-\varepsilon}^{0+\varepsilon} = 0, \qquad 由此导出 \qquad B = C, \tag{9.71}$$
而 $F'(\lambda)$ 不连续 [因此 $F''(\lambda)$ 才会出现 $\delta(\lambda)$]. 为了得到 $F'(\lambda)$ 在 $\lambda = 0$ 点不连续性的定量描述, 可以将微分方程 (9.69) 由 $\lambda = 0$ 之左到 $\lambda = 0$ 之右积分, 于是就有
$$\int_{0-\varepsilon}^{0+\varepsilon} [F''(\lambda) + \mathrm{i}F'(\lambda) - F(\lambda)]\mathrm{d}\lambda = -2\pi \int_{0-\varepsilon}^{0+\varepsilon} \delta(\lambda)\mathrm{d}\lambda = -2\pi.$$
因 $F(\lambda)$ 在 $\lambda = 0$ 点连续, 故当 $\varepsilon \to +0$ 时, 上式左端第二项和第三项的积分均趋于 0,
$$\lim_{\varepsilon \to +0} F'(\lambda)\Big|_{0-\varepsilon}^{0+\varepsilon} = -2\pi. \tag{9.72}$$
将 (9.70) 式代入 (9.72) 式, 得
$$\frac{-\mathrm{i} - \sqrt{3}}{2}B - \frac{-\mathrm{i} + \sqrt{3}}{2}C = -2\pi,$$

因此求得
$$B = C = 2\pi/\sqrt{3}.$$
所以
$$F(\lambda) = \begin{cases} \dfrac{2\pi}{\sqrt{3}} e^{-\sqrt{3}\lambda/2}\, e^{-i\lambda/2}, & \lambda > 0, \\ \dfrac{2\pi}{\sqrt{3}} e^{\sqrt{3}\lambda/2}\, e^{-i\lambda/2}, & \lambda < 0. \end{cases}$$
而所要求的积分即为
$$I = \operatorname{Im} F(2) = -\dfrac{2\pi}{\sqrt{3}} e^{-\sqrt{3}} \sin 1.$$

现在不妨再验证一下 $F'(\lambda)$ 在 $\lambda = 0$ 点的不连续性. 根据上面所得的结果, 可以求出
$$F'(\lambda) = \begin{cases} -\left(1 + \dfrac{i}{\sqrt{3}}\right) \pi\, e^{-\sqrt{3}\lambda/2}\, e^{-i\lambda/2}, & \lambda > 0, \\ \left(1 - \dfrac{i}{\sqrt{3}}\right) \pi\, e^{\sqrt{3}\lambda/2}\, e^{-i\lambda/2}, & \lambda < 0, \end{cases}$$
或者统一写成
$$F'(\lambda) = \left[1 - \dfrac{i}{\sqrt{3}} - 2\eta(\lambda)\right] \pi\, e^{-\sqrt{3}|\lambda|/2}\, e^{-i\lambda/2}.$$
特别是, 在 $\lambda = 0$ 点, $F'(\lambda)$ 的左、右极限为
$$\lim_{\varepsilon \to +0} F'(0 \pm \varepsilon) = -\dfrac{\pi i}{\sqrt{3}} \mp \pi.$$

需要指出, 本节所讨论的常微分方程, 非齐次项都是以 δ 函数为非齐次项, 例如例 9.10 中的方程 (9.69). 这类方程的解, 称为 (相应常微分方程的) Green 函数. 我们在第十九章中将会详细讨论.

§9.6 复平面上的 Fourier 变换

在一定程度上, 可以将公式 (9.3) 和 (9.4) 的变换变量 ω 扩展为复数值. 令 $\omega = \sigma + i\tau$ (σ 和 τ 为实数), 我们得到
$$F(\omega) = F(\sigma + i\tau) = \dfrac{1}{\sqrt{2\pi}} \int_{-\infty}^{\infty} e^{-i\omega x} f(x)\, dx = \dfrac{1}{\sqrt{2\pi}} \int_{-\infty}^{\infty} e^{-i\sigma x} e^{\tau x} f(x)\, dx. \tag{9.73}$$
这样, $F(\omega)$ 就是函数 $e^{\tau x} f(x)$ 的 "老" 的 Fourier 变换, 变换的变量为 σ. 如果选择 τ, 使得 $e^{\tau x} f(x)$ 属于 $\mathscr{L}_1(-\infty, \infty)$, 我们可以由 (9.73) 式导出
$$e^{\tau x} f(x) = \lim_{R \to \infty} \dfrac{1}{\sqrt{2\pi}} \int_{-R}^{R} F(\sigma + i\tau) e^{i\sigma x}\, d\sigma.$$
后一个积分可理解为复 ω 平面上沿平行于实轴的直线的积分. 事实上, 我们有
$$f(x) = \lim_{R \to \infty} \dfrac{1}{\sqrt{2\pi}} \int_{i\tau - R}^{i\tau + R} F(\omega) e^{i\omega x}\, d\omega,$$

或者直接就写成
$$f(x) = \frac{1}{\sqrt{2\pi}} \int_{i\tau-\infty}^{i\tau+\infty} F(\omega) e^{i\omega x} d\omega, \tag{9.74}$$
其中 τ 是任意实数, 使得
$$\int_{-\infty}^{\infty} |e^{\tau x} f(x)| dx < \infty. \tag{9.75}$$
如果不等式在整个带形区域 $\tau_1 < \tau < \tau_2$ 内成立, 则 $F(\omega)$ 就是该带内的解析函数.

例 9.11 $f(x) = e^{-|x|}$. 则对于 $-1 < \tau < 1$ 内的所有 τ 值, $f(x)e^{\tau x}$ 属于 $\mathscr{L}_1(-\infty, \infty)$.
$$F(\omega) = \frac{1}{\sqrt{2\pi}} \int_{-\infty}^{0} e^{-i\omega x} e^{x} dx + \frac{1}{\sqrt{2\pi}} \int_{0}^{\infty} e^{-i\omega x} e^{-x} dx$$
$$= \frac{1}{\sqrt{2\pi}} \left(\frac{1}{1-i\omega} + \frac{1}{1+i\omega} \right) = \frac{1}{\sqrt{2\pi}} \frac{2}{1+\omega^2}, \quad -1 < \tau < 1.$$

现在我们示范, 用 $\tau = 0$, 如何能用 (9.74) 式通过围道积分由 $F(\omega)$ 求出 $f(x)$. 对于 $x > 0$, 考虑由以 R 为半径的上半圆及实轴上的直径组成的围道 C [见图 9.3(a)], 则由留数定理,
$$\lim_{R\to\infty} \oint_C \frac{2}{1+\omega^2} e^{i\omega x} d\omega = 2\pi i \times \left\{ \frac{2}{1+\omega^2} e^{i\omega x} \text{ 在 } C \text{ 内的留数和} \right\} = 2\pi e^{-x}.$$

当 $R \to \infty$ 时, 根据 Jordan 引理可以判断, 沿半圆弧 C_R 的贡献趋于 0. 这样围道积分中就只剩下沿实轴的积分的贡献, 于是就得到
$$\frac{1}{2\pi} \int_{-\infty}^{\infty} \frac{2}{1+\omega^2} e^{i\omega x} d\omega = e^{-x}, \quad x > 0.$$

类似地, 考虑在下半平面内的围道积分 [见图 9.3(b)], 就能够得到 $x < 0$ 时的逆变换积分值为 e^x.

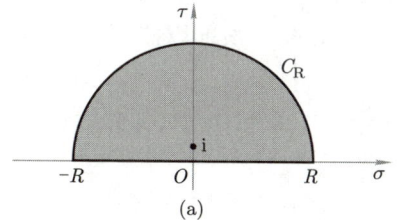 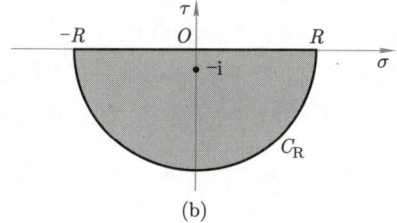

图 9.3 例 9.11 中用到的积分围道

例 9.12 $f(x) = -2\eta(x)\sinh x$, 其中 $\eta(x)$ 是 Heaviside 函数.
$$f(x) = \begin{cases} -2\sinh x, & x > 0, \\ 0, & x < 0. \end{cases}$$

因为 $2\sinh x = e^x - e^{-x}$, 我们看到, 当 $\tau < -1$ 时 $e^{\tau x} \sinh x$ 属于 $\mathscr{L}_1(0, \infty)$, 所以当 $\tau < -1$ 时 $e^{\tau x} f(x)$ 属于 $\mathscr{L}_1(-\infty, \infty)$. 简单的计算给出
$$F(\omega) = \frac{1}{\sqrt{2\pi}} \int_0^{\infty} (e^{-x} - e^x) e^{-i\omega x} dx = \frac{1}{\sqrt{2\pi}} \frac{2}{1+\omega^2}, \quad \tau < -1.$$

和例 9.11 相比较, 第一印象是不可思议: 两个不同的函数居然有相同的 Fourier 变换! 回答是不同的函数的 Fourier 变换的确可以有相同的函数形式, 它们各自在 ω 平面上**互不相重叠的不同区域内有效**. 我们仍旧可以用逆变换公式 (9.74) 去求出本例题中的 $f(x)$, 只是这时应取 $\tau < -1$. 当 $x < 0$ 时 (采用图 9.4(a) 的围道) 算出 $f = 0$. 对于 $x > 0$ 又可以采用图 9.4(b) 的围道, 它包含了被积函数的两个极点, $\omega = \pm \mathrm{i}$, 这样又得到 $f = -2\sinh x$.

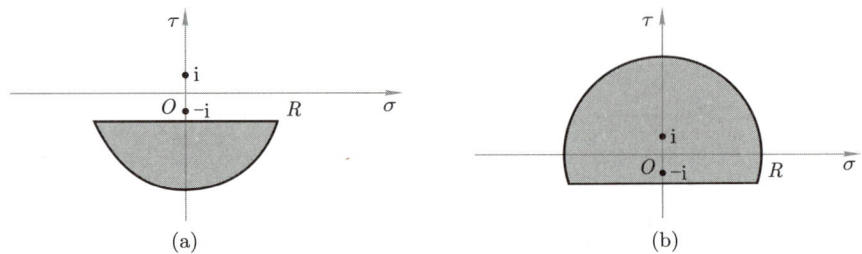

图 9.4　例 9.12 中用到的积分围道

例 9.13　$f(x) = \mathrm{e}^{-x^2}$. 这时对于任何实的 τ, $f\mathrm{e}^{\tau x}$ 都属于 $\mathscr{L}_1(-\infty, \infty)$, 所以 $F(\omega)$ 是整个 ω 平面上的解析函数. 对于 $\omega = \mathrm{i}\tau$,

$$F(\mathrm{i}\tau) = \frac{1}{\sqrt{2\pi}} \int_{-\infty}^{\infty} \mathrm{e}^{\tau x} \mathrm{e}^{-x^2} \mathrm{d}x = \frac{1}{\sqrt{2\pi}} \mathrm{e}^{\tau^2/4} \int_{-\infty}^{\infty} \mathrm{e}^{-(x-\tau/2)^2} \mathrm{d}x = \frac{1}{\sqrt{2}} \mathrm{e}^{\tau^2/4}.$$

所以, 由解析延拓,

$$F(\omega) = \frac{1}{\sqrt{2}} \mathrm{e}^{-\omega^2/4}.$$

最后, 必须指出, 就一般函数 $f(x)$ 而言, 出现在 (9.73) 中的因子 $\mathrm{e}^{\tau x}$ 具有两面性: 如果 $\tau > 0$ 它改善了在下限的收敛性, 但却破坏了在上限的收敛性; 如果 $\tau < 0$ 则相反. 即使 $f(x) = 1$ 也不存在 τ 值使得 (9.73) 式成立, 所以我们的方案必须加以修改. 为此需要引进**单侧函数**的概念, 包括**右侧函数**和**左侧函数**.

$x < 0$ 时恒为 0 的函数称为右侧函数, 记为 $f_+(x)$; $x > 0$ 时恒为 0 的函数称为左侧函数, 记为 $f_-(x)$.

考虑右侧函数 f_+, 假设它在 $x \to +\infty$ 时为 $O(\mathrm{e}^{\alpha x})$, 即存在常数 C, 使得

$$|f_+(x)| < C\mathrm{e}^{\alpha x} \qquad 对于足够大的 x.$$

则 $f_+(x)\mathrm{e}^{\tau x}$ 在 $\tau < -\alpha$ 时属于 $\mathscr{L}_1(-\infty, \infty)$, 因此 $f_+(x)$ 的 Fourier 变换 $F_+(\omega)$ 在下半平面 $\tau < -\alpha$ 解析. 公式 (9.73) 和 (9.74) 分别变为

$$F_+(\omega) = \frac{1}{\sqrt{2\pi}} \int_0^{\infty} f_+(x) \mathrm{e}^{-\mathrm{i}\omega x} \mathrm{d}x, \qquad \tau < -\alpha, \tag{9.76}$$

$$f_+(x) = \frac{1}{\sqrt{2\pi}} \int_{\mathrm{i}\tau-\infty}^{\mathrm{i}\tau+\infty} F_+(\omega) \mathrm{e}^{\mathrm{i}\omega x} \mathrm{d}\omega, \qquad \tau < -\alpha. \tag{9.77}$$

特别是, 这意味着 (9.77) 式中的积分在 $x < 0$ 时恒为 0.

对于 $x \to -\infty$ 时为 $O(\mathrm{e}^{\beta x})$ 的左侧函数 $f_-(x)$, 它在 $\tau > -\beta$ 时属于 $\mathscr{L}_1(-\infty, \infty)$, 因而积分 $F_-(\omega)$ 在 $\tau > -\beta$ 的上半平面解析. 我们因此有

$$F_-(\omega) = \frac{1}{\sqrt{2\pi}} \int_{-\infty}^{0} f_-(x) \mathrm{e}^{-\mathrm{i}\omega x} \mathrm{d}x, \qquad \tau > -\beta, \tag{9.78}$$

$$f_-(x) = \frac{1}{\sqrt{2\pi}} \int_{\mathrm{i}\tau-\infty}^{\mathrm{i}\tau+\infty} F_-(\omega) \mathrm{e}^{\mathrm{i}\omega x} \mathrm{d}\omega, \qquad \tau > -\beta. \tag{9.79}$$

(9.79) 式中的积分在 $x > 0$ 时恒为 0.

如果 $f(x)$ 是实轴上的任意函数, 我们总能写成 $f(x) = f_+(x) + f_-(x)$, 其中

$$f_+(x) = \begin{cases} f(x), & x > 0, \\ 0, & x < 0, \end{cases} \qquad f_-(x) = \begin{cases} 0, & x > 0, \\ f(x), & x < 0. \end{cases}$$

如果 $f(x)$ 在 $x \to +\infty$ 和 $x \to -\infty$ 时分别为 $O(\mathrm{e}^{\alpha x})$ 和 $O(\mathrm{e}^{\beta x})$, 我们可以把前面的结果组合起来而得到

$$F_+(\omega) = \frac{1}{\sqrt{2\pi}} \int_0^{\infty} f(x) \mathrm{e}^{-\mathrm{i}\omega x} \mathrm{d}x, \qquad \tau < -\alpha, \tag{9.80}$$

$$F_-(\omega) = \frac{1}{\sqrt{2\pi}} \int_{-\infty}^{0} f(x) \mathrm{e}^{-\mathrm{i}\omega x} \mathrm{d}x, \qquad \tau > -\beta, \tag{9.81}$$

$$f(x) = \frac{1}{\sqrt{2\pi}} \int_{\mathrm{i}a-\infty}^{\mathrm{i}a+\infty} F_+(\omega) \mathrm{e}^{\mathrm{i}\omega x} \mathrm{d}\omega + \frac{1}{\sqrt{2\pi}} \int_{\mathrm{i}b-\infty}^{\mathrm{i}b+\infty} F_-(\omega) \mathrm{e}^{\mathrm{i}\omega x} \mathrm{d}\omega, \tag{9.82}$$

其中 $a < -\alpha$, $b > -\beta$. 这些公式有效地推广了 (9.73) 与 (9.74) 式. 若 $\beta > \alpha$, 则 $-\beta < \tau < -\alpha$ 时 Fourier 变换存在, 我们能在此带形区域内取 $a = b$ 而将 (9.82) 化为 (9.74).

例 9.14 求 $f(x) = 1/\sinh \pi x$ 的 Fourier 变换.

解 本题的特殊之处在于 $f(x) = 1/\sinh \pi x$ 显然不是平方可积函数, 因此, 从原则上说, 它的 Fourier 变换问题也应该从广义函数的角度加以审视. 但因为 $f(x)$ 是奇函数, 故其 Fourier 变换的实部 (在积分主值的意义下) 为 0, 而虚部恰恰又是一个收敛性很好的积分, 甚至无须涉及广义函数的概念.

下面采用围道积分的办法计算函数 $1/\sinh \pi x$ 的 Fourier 变换. 为此取积分围道 C 如图 9.5, 考虑复变积分 $\displaystyle\oint_C \frac{\mathrm{e}^{-\mathrm{i}\omega z}}{\sinh \pi z} \mathrm{d}z$. 因为积分围道内无奇点, 所以此围道积分为 0. 易证

$$\lim_{\mathrm{Re}\, z \to \pm\infty} z \cdot \frac{\mathrm{e}^{-\mathrm{i}\omega z}}{\sinh \pi z} = 0,$$

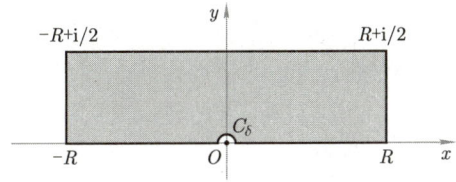

图 9.5 例 9.14 中的积分围道

因此,

$$\int_{-\infty}^{-\delta} \frac{\mathrm{e}^{-\mathrm{i}\omega x}}{\sinh \pi x} \mathrm{d}x + \int_{C_\delta} \frac{\mathrm{e}^{-\mathrm{i}\omega z}}{\sinh \pi z} \mathrm{d}z + \int_{\delta}^{\infty} \frac{\mathrm{e}^{-\mathrm{i}\omega x}}{\sinh \pi x} \mathrm{d}x = \int_{-\infty}^{\infty} \frac{\mathrm{e}^{-\mathrm{i}\omega(x+\mathrm{i}/2)}}{\sinh \pi(x+\mathrm{i}/2)} \mathrm{d}x.$$

又因为

$$\lim_{z \to 0} z \cdot \frac{\mathrm{e}^{-\mathrm{i}\omega z}}{\sinh \pi z} = \frac{1}{\pi},$$

所以, 取极限 $\delta \to 0$, 就得到

$$\int_{-\infty}^{\infty} \frac{\mathrm{e}^{-\mathrm{i}\omega x}}{\sinh \pi x} \mathrm{d}x = \mathrm{i} + \int_{-\infty}^{\infty} \frac{\mathrm{e}^{-\mathrm{i}\omega(x+\mathrm{i}/2)}}{\sinh \pi(x+\mathrm{i}/2)} \mathrm{d}x = \mathrm{i} - \mathrm{i}\,\mathrm{e}^{\omega/2} \int_{-\infty}^{\infty} \frac{\mathrm{e}^{-\mathrm{i}\omega x}}{\cosh \pi x} \mathrm{d}x$$

$$= \mathrm{i}\left[1 - \frac{\mathrm{e}^{\omega/2}}{\cosh \omega/2}\right] = -\mathrm{i}\tanh \frac{\omega}{2},$$

亦即

$$\mathscr{F}\left\{\frac{1}{\sinh \pi x}\right\} = -\frac{\mathrm{i}}{\sqrt{2\pi}} \tanh \frac{\omega}{2}.$$

习 题

1. 计算下列函数的 Fourier 变换:

(1) $f(x) = \begin{cases} \cos x, & |x| < a, \\ 0, & |x| > a; \end{cases}$

(2) $f(x) = \begin{cases} \sin x, & |x| < a, \\ 0, & |x| > a. \end{cases}$

(3) $f(x) = \mathrm{e}^{-|x|}$;

(4) $f(x) = \mathrm{e}^{-|x|} \operatorname{sgn} x$.

2. 计算下列函数的 Fourier 变换:

(1) $f(x) = \dfrac{1}{1+x^2}$;

(2) $f(x) = \dfrac{x}{1+x^2}$;

(3) $f(x) = \dfrac{\sin x}{x}$;

(4) $f(x) = \dfrac{\sin x}{x} \operatorname{sgn} x$.

3. 利用 Fourier 变换的 Parseval 公式或卷积公式计算下列积分:

(1) 已知 $\mathscr{F}\left\{\dfrac{1}{1+x^2}\right\} = \sqrt{\dfrac{\pi}{2}}\mathrm{e}^{-|\omega|}$, 计算积分

$$\int_{-\infty}^{\infty} \left(\frac{1}{1+x^2}\right)^2 \mathrm{d}x \quad \text{及} \quad \int_{-\infty}^{\infty} \left(\frac{1}{1+x^2}\right)^2 \mathrm{e}^{-\mathrm{i}\omega x} \mathrm{d}\omega;$$

(2) 已知 $\mathscr{F}_s\left\{\dfrac{x}{1+x^2}\right\} = \sqrt{\dfrac{\pi}{2}}\mathrm{e}^{-|\omega|}\operatorname{sgn}(\omega)$, 计算积分

$$\int_{-\infty}^{\infty} \left(\frac{x}{1+x^2}\right)^2 \mathrm{d}x \quad \text{及} \quad \int_{-\infty}^{\infty} \left(\frac{x}{1+x^2}\right)^2 \mathrm{e}^{-\mathrm{i}\omega x} \mathrm{d}\omega.$$

4. 已知氢原子的基态空间波函数为

$$\psi(\boldsymbol{r}) = \left(\frac{1}{\pi a_0^3}\right)^{1/2} \mathrm{e}^{-r/a_0},$$

其中 a_0 是 Bohr 半径, $r = |\boldsymbol{r}|$, 试计算它的 Fourier 换式

$$g(\boldsymbol{p}) = \frac{1}{(2\pi\hbar)^{3/2}} \iiint \psi(\boldsymbol{r}) \mathrm{e}^{-\mathrm{i}\boldsymbol{p}\cdot\boldsymbol{r}/\hbar} \mathrm{d}^3 r,$$

其中 $\hbar$ 是 Planck 常数, $\mathrm{d}^3 r \equiv \mathrm{d}x\mathrm{d}y\mathrm{d}z$.

5. 原子核的电荷分布函数为 $\rho(r)$, 它的 Fourier 变换 (称为形状因子)

$$F(k) = \frac{1}{(2\pi)^{3/2}} \iiint \rho(r) \mathrm{e}^{-\mathrm{i}\boldsymbol{k}\cdot\boldsymbol{r}} \mathrm{d}^3 r = \frac{1}{(2\pi)^{3/2}} \left(1 + \frac{k^2}{a^2}\right)^{-1},$$

其中 $r = |\boldsymbol{r}|$, $k = |\boldsymbol{k}|$, $\mathrm{d}^3 r \equiv \mathrm{d}x\mathrm{d}y\mathrm{d}z$, a 为常数, 试求 $\rho(r)$.

6. 证明 δ 函数的下列性质:

(1) $\delta(x) = \delta(-x)$;   (2) $x\delta(x) = 0$;

(3) $g(x)\delta(x) = g(0)\delta(x)$;   (4) $x\delta'(x) = -\delta(x)$;

(5) $\delta(ax) = \dfrac{1}{a}\delta(x), \quad a > 0$;   (6) $g(x)\delta'(x) = g(0)\delta'(x) - g'(0)\delta(x)$;

(7) $\delta(x^2 - a^2) = \dfrac{1}{2a}[\delta(x-a) + \delta(x+a)], \quad a > 0$.

7. 应用 δ 函数计算下列积分:

(1) $\displaystyle\int_{-\infty}^{\infty} \frac{\cos x}{1+x^2} \mathrm{d}x$;   (2) $\displaystyle\int_{-\infty}^{\infty} \left(\frac{\sin x}{x}\right)^2 \mathrm{d}x$;

(3) $\displaystyle\int_{-\infty}^{\infty} \frac{\cos x}{2-2x+x^2} \mathrm{d}x$;   (4) $\displaystyle\int_{-\infty}^{\infty} \frac{x\sin x}{2-2x+x^2} \mathrm{d}x$.

8. Bessel 方程的积分解: 求函数 $T(t)$, 并确定积分路径的端点, 使复变积分

$$w(z) = z^{1/2} \int_a^b \mathrm{e}^{\mathrm{i}zt} T(t) \mathrm{d}t$$

是 Bessel 方程 $z^2 \dfrac{\mathrm{d}^2 w}{\mathrm{d}z^2} + z\dfrac{\mathrm{d}w}{\mathrm{d}z} + (z^2 - \nu^2)w = 0$ 的解.

第十章

Laplace 变换

Laplace 变换是一种常用的积分变换. 在数学、物理及工程科学中有广泛的应用. 本章介绍 Laplace 变换的定义及其基本性质, 以及它的简单应用.

§10.1 Laplace 变换的定义

1. Laplace 积分与 Laplace 变换

积分
$$F(p) = \int_0^\infty e^{-pt} f(t)\, dt. \tag{10.1}$$

称为 Laplace 积分. 在积分收敛的条件下, 对于给定的 p 值, 它就给出了相应的积分值. 如果对于某一区域 G 内任意 p 值, Laplace 积分均收敛, 则 (10.1) 式就定义了区域 G 内的函数 $F(p)$, 这样也就建立了 (定义在 $0 \leqslant t < \infty$ 上的) 函数 $f(t)$ 与 (定义在区域 G 内的) 函数 $F(p)$ 之间的对应关系. 换言之, (10.1) 式就建立了**原函数** $f(t)$ 与**像函数** $F(p)$ 之间的一个变换: **Laplace 变换**, 或简称为**拉氏变换**. 这里的 $t > 0$ 是非负实数, $p = s + i\sigma$ 是复数. $F(p)$ 也称为 $f(t)$ 的 **Laplace 换式**, 简称**拉氏换式**. e^{-pt} 是 Laplace 变换的**核**. 通常把 Laplace 变换简写为

$$F(p) = \mathscr{L}\{f(t)\} \quad \text{或} \quad F(p) \risingdotseq f(t); \tag{10.2}$$
$$f(t) = \mathscr{L}^{-1}\{F(p)\} \quad \text{或} \quad f(t) \fallingdotseq F(p). \tag{10.3}$$

已知原函数 $f(t)$, 求像函数 $F(p)$ 称为对原函数 $f(t)$ 做 Laplace 变换; 已知像函数 $F(p)$, 求原函数 $f(t)$ 的运算称为**反演**.

需要说明, 在本章中约定: 当 $t < 0$ 时应该理解为 $f(t) = 0$, 或者说, 应该将 $f(t)$ 理解为 $f(t)\eta(t)$, 其中

$$\eta(t) = \begin{cases} 1, & t > 0, \\ 0, & t < 0 \end{cases} \tag{10.4}$$

就是上一章中见到过的单位阶跃函数 (见 (9.69) 式). 相应地, $f(t - \tau)$ 也就应该理解为 $f(t - \tau)\eta(t - \tau)$.

练习 10.1 证明:

$$f(t - \tau) \risingdotseq e^{-p\tau} F(p),\ \tau > 0; \qquad f(at) \risingdotseq \frac{1}{a} F\left(\frac{p}{a}\right),\ a > 0; \qquad e^{p_0 t} f(t) \risingdotseq F(p - p_0).$$

例 10.1　函数 $f(t)=1$ 的 Laplace 换式为
$$1 \risingdotseq \int_0^\infty \mathrm{e}^{-pt}\,\mathrm{d}t = -\frac{1}{p}\mathrm{e}^{-pt}\Big|_0^\infty = \frac{1}{p}, \quad \operatorname{Re} p > 0. \tag{10.5}$$
这里的限制条件 $\operatorname{Re} p > 0$ 是为了保证积分收敛, 换言之, 也就是函数 $\eta(t)$ 的 Laplace 变换存在的条件.

例 10.2　函数 $f(t)=\mathrm{e}^{\alpha t}$ 的 Laplace 换式为
$$\mathrm{e}^{\alpha t} \risingdotseq \int_0^\infty \mathrm{e}^{-pt}\cdot\mathrm{e}^{\alpha t}\,\mathrm{d}t = \frac{1}{p-\alpha}, \quad \operatorname{Re} p > \operatorname{Re}\alpha. \tag{10.6}$$
这里的限制条件 $\operatorname{Re} p > \operatorname{Re}\alpha$, 同样是为了保证积分收敛, 即保证函数 $\mathrm{e}^{\alpha t}\eta(t)$ 的 Laplace 变换存在.

2. Laplace 积分的收敛半平面

$f(t)$ 的 Laplace 变换存在的条件就是积分 $\int_0^\infty \mathrm{e}^{-pt}f(t)\,\mathrm{d}t$ 收敛的条件. 由于 Laplace 变换的核是 e^{-pt}, 所以对于相当广泛的函数 $f(t)$, 其拉氏换式都存在, 甚至当 $t\to\infty$, $f(t)\to\infty$ 时 (例如例 10.2 中的 $\mathrm{e}^{\alpha t}$, $\operatorname{Re}\alpha > 0$), 拉氏换式也可能存在.

在绝大多数实际问题中, $f(t)$ 都能满足:

(1) $f(t)$ 在区间 $0\leqslant t<\infty$ 上除第一类间断点外都是连续的, 且有连续导数, 在任何有限区间内这种间断点的数目是有限的;

(2) $f(t)$ 有有限的增长指数, 即存在正数 $M>0, t_0>0$ 及 $s'\geqslant 0$, 使对于任何 $t>t_0$,
$$|f(t)| < M\mathrm{e}^{s't}. \tag{10.7}$$

这是 Laplace 变换存在的**充分条件**. 在这样的条件下, Laplace 积分绝对收敛. 一般物理问题中遇到的函数都能满足这个要求.

对于 Laplace 积分, 可以证明下列结论成立[1]:

(1) 若 Laplace 积分在 p 平面上某一点 p_0 处绝对收敛, 则在半闭平面 $\operatorname{Re} p \geqslant \operatorname{Re} p_0$ 上亦绝对收敛.

(2) Laplace 积分的绝对收敛区域要么是开的半平面 $\operatorname{Re} p > s_0'$, 要么是闭的半平面 $\operatorname{Re} p \geqslant s_0'$. 作为它们的极端情形, 这里的 s_0' 也可以是 $\pm\infty$.

(3) Laplace 积分绝对收敛的区域 $\operatorname{Re} p > s_0'$ 或 $\operatorname{Re} p \geqslant s_0'$ 称为 Laplace 积分的**绝对收敛半平面**, 相应的实数值 s_0' 称为 Laplace 积分的**绝对收敛横标**.

(4) 若 Laplace 积分 $\int_0^\infty f(t)\mathrm{e}^{-pt}\mathrm{d}t$ 在 $p=p_0$ 处收敛, 则它在半开平面 $\operatorname{Re} p > \operatorname{Re} p_0$ 上亦收敛, 且在此半平面上等于绝对收敛积分
$$(p-p_0)\int_0^\infty g(t;p_0)\mathrm{e}^{-(p-p_0)t}\mathrm{d}t,$$
其中
$$g(t;p_0) = \int_0^t f(\tau)\mathrm{e}^{-p_0\tau}\mathrm{d}\tau.$$

---

[1] 详见参考书目 [20], 第 13 章.

(5) Laplace 积分的收敛区域是半平面 $\operatorname{Re} p > s_0$，而对于直线 $\operatorname{Re} p = s_0$ 上的点，可能 Laplace 积分全都收敛，可能全都发散，也有可能在一部分点上收敛，而在另一部分点上发散. 作为极端情形，这里的 s_0 也可以是 $\pm\infty$.

(6) Laplace 积分的收敛区域 $\operatorname{Re} p > s_0$ 称为 Laplace 积分的**收敛半平面**，相应的实数值 s_0 称为 Laplace 积分的**收敛横标**.

容易以为, Laplace 积分的收敛横标 s_0 与绝对收敛横标 s_0' 相等，或者说，Laplace 积分的收敛区域与绝对收敛区域最多只是在边界上可能有差异，就像我们熟悉的幂级数中遇见的情形那样. 事实并非如此. 我们所能得出的结论只是 $s_0' \geqslant s_0$. 甚至存在这样的 Laplace 积分，它在全平面处处收敛，却处处不绝对收敛. 例如函数

$$f(t) = \begin{cases} 0, & 0 \leqslant t < \ln\ln 3, \\ (-1)^n e^{\lambda e^t}, & \ln\ln n \leqslant t < \ln\ln(n+1), \ n = 3, 4, \cdots. \end{cases}$$

事实上，这时

$$\int_0^\infty f(t) e^{-pt} dt = \sum_{n=3}^\infty (-1)^n \int_{\ln\ln n}^{\ln\ln(n+1)} e^{\lambda e^t} e^{-pt} dt,$$

做变换 $t = \ln\ln x$，得

$$\int_0^\infty f(t) e^{-pt} dt = \sum_{n=3}^\infty (-1)^n \int_n^{n+1} \frac{\ln^{-p-1} x}{x^{1-\lambda}} dx.$$

容易看出，只要 $\lambda < 1$，则对于任意实数 p 值，至少 n 足够大时，$\int_n^{n+1} \frac{\ln^{-p-1} x}{x^{1/2}} dx$ 单调地趋于 0，因此级数 (作为交错级数) 收敛，即原 Laplace 积分收敛；但当 $0 < \lambda < 1$ 时，无论 p 取何值，均有

$$\int_0^\infty |f(t) e^{-pt}| dt = \int_{\ln\ln 3}^\infty e^{\lambda e^t - st} dt$$

总不收敛，亦即原 Laplace 积分不绝对收敛.

§10.2 Laplace 变换的基本性质

Laplace 变换具有下列基本性质：

性质 1 Laplace 变换是一个**线性变换**，即若 $f_1(t) \risingdotseq F_1(p)$, $f_2(t) \risingdotseq F_2(p)$，则对任意复常数 α_1 和 α_2，

$$\boxed{\alpha_1 f_1(t) + \alpha_2 f_2(t) \risingdotseq \alpha_1 F_1(p) + \alpha_2 F_2(p).} \tag{10.8}$$

这个性质很容易从 Laplace 变换的定义得到，因为它只不过是积分运算线性性质的反映. 根据这个性质，立即得到

$$\sin\omega t = \frac{e^{i\omega t} - e^{-i\omega t}}{2i} \risingdotseq \frac{1}{2i}\left(\frac{1}{p - i\omega} - \frac{1}{p + i\omega}\right) = \frac{\omega}{p^2 + \omega^2}; \tag{10.9}$$

$$\cos\omega t = \frac{e^{i\omega t} + e^{-i\omega t}}{2} \risingdotseq \frac{1}{2}\left(\frac{1}{p - i\omega} + \frac{1}{p + i\omega}\right) = \frac{p}{p^2 + \omega^2}. \tag{10.10}$$

性质 2 Laplace 积分在其收敛半平面 $\operatorname{Re} p > s_0$ 内解析 (s_0 为 Laplace 积分的收敛横标),其各阶导数可以由积分号下求导而得:

$$F^{(n)}(p) = \int_0^\infty (-t)^n f(t) e^{-pt} dt. \tag{10.11}$$

证 我们首先可以在放宽的条件下加以证明. 如果函数 $f(t)$ 满足 Laplace 变换存在的充分条件,则

$$\left| e^{-pt} f(t) \right| < M e^{-(s-s_0)t}, \qquad s = \operatorname{Re} p.$$

当 $s - s_0 \geqslant \delta > 0$ 时,

$$\left| e^{-pt} f(t) \right| < M e^{-\delta t}.$$

而积分 $\int_0^\infty M e^{-\delta t} dt$ 收敛,故 $\int_0^\infty e^{-pt} f(t) dt$ 在 $\operatorname{Re} p \geqslant s_0 + \delta$ 上一致收敛,因而在 $\operatorname{Re} p > s_0$ 的半平面内代表一个解析函数,即 $F(p)$ 在半平面 $\operatorname{Re} p > s_0$ 内解析.

要严格地证明 Laplace 积分在收敛半平面内解析,按照解析函数的定义,只需证明 $F(p)$ 在收敛半平面内处处可导,而且只需证明

$$F'(p) = \int_0^\infty (-t) f(t) e^{-pt} dt \tag{10.12}$$

在收敛半平面内处处成立即可. 这一证明的困难之处在于 Laplace 积分只是收敛而非绝对收敛 (因而直接在积分号下求导的运算不合法),而克服这一困难的办法,恰恰就是应用上一节的结论 (4),将收敛的 Laplace 积分改写成绝对收敛的 Laplace 积分,也能证明 (10.12) 式成立.

根据这个性质,就能用来确定 Laplace 积分的收敛横标 s_0.

性质 3 若 $f(t)$ 满足 Laplace 变换存在的充分条件,则

$$\boxed{F(p) \to 0, \quad \text{当 } \operatorname{Re} p = s \to +\infty.} \tag{10.13}$$

证 因为

$$|F(p)| \leqslant \int_0^\infty \left| e^{-pt} f(t) \right| dt \leqslant M \int_0^\infty e^{-(s-s_0)t} dt = \frac{M}{s - s_0}, \qquad s > s_0,$$

故当 $\operatorname{Re} p = s \to +\infty$ 时,$F(p) \to 0$. □

此外,由 Riemann-Lebesgue 定理(见第九章,(9.19) 式)还可证明,当 $\operatorname{Re} p = s > s_0$ 时,

$$\boxed{\lim_{\operatorname{Im} p \to \pm\infty} F(p) = 0.}$$

性质 4 原函数导数的 Laplace 变换. 设 $f(t)$ 及 $f'(t)$ 的 Laplace 变换均存在,$f(t) \doteqdot F(p)$,则因为

$$\int_0^\infty f'(t) e^{-pt} dt = f(t) e^{-pt} \Big|_0^\infty + p \int_0^\infty f(t) e^{-pt} dt,$$

所以

$$\boxed{f'(t) \doteqdot pF(p) - f(0).} \tag{10.14}$$

同样，只要 $f(t), f'(t), \cdots, f^{(n)}(t)$ 的 Laplace 变换均存在，$f(t) \risingdotseq F(p)$，则

$$f''(t) \risingdotseq p^2 F(p) - pf(0) - f'(0), \tag{10.15a}$$

$$f^{(3)}(t) \risingdotseq p^3 F(p) - p^2 f(0) - pf'(0) - f''(0), \tag{10.15b}$$

$$f^{(n)}(t) \risingdotseq p^n F(p) - p^{n-1} f(0) - p^{n-2} f'(0) - \cdots - pf^{(n-2)}(0) - f^{(n-1)}(0). \tag{10.15c}$$

这个性质表明，对原函数 $f(t)$ 的微商运算就转化为对像函数 $F(p)$ 的乘法运算，而且自动包括了 $f(t)$ 及其导数的初值. 所以 Laplace 变换是求解常微分方程初值问题的一种重要方法.

例 10.3 LR 串联电路 (图 10.1)，假设在 K 合上前电路中没有电流，求 K 合上后电路中的电流.

解 根据 Kirchhoff 定律，可列出微分方程

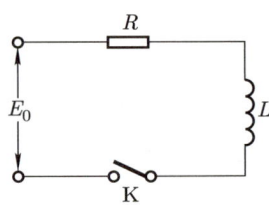

图 10.1 LR 串联电路

$$L\frac{\mathrm{d}i}{\mathrm{d}t} + Ri = E, \tag{10.16a}$$

$$i(0) = 0. \tag{10.16b}$$

设 $i(t) \risingdotseq I(p)$，则

$$\frac{\mathrm{d}i}{\mathrm{d}t} \risingdotseq pI(p) - i(0) = pI(p).$$

所以

$$LpI(p) + RI(p) = \frac{E}{p}. \tag{10.17}$$

这样，经过 Laplace 变换，求解原函数 $i(t)$ 的常微分方程的定解问题 (10.16) 就转化为求解像函数 $I(p)$ 的代数方程 (10.17)，易得

$$I(p) = \frac{E}{p}\frac{1}{Lp+R} = \frac{E}{R}\left(\frac{1}{p} - \frac{L}{Lp+R}\right).$$

反演，得

$$i(t) = \frac{E}{R}\left[1 - \mathrm{e}^{-(R/L)t}\right]. \tag{10.18}$$

Laplace 变换不仅仅可以用于求解常微分方程的初值问题，也可以用来求解半无界空间常微分方程的边值问题.

例 10.4 求解下列定解问题

$$y''(t) - y'(t) - 2y(t) = 0, \qquad t > 0, \tag{10.19a}$$

$$y(0) = 1, \qquad y(t)|_{t\to\infty} \text{ 有界}. \tag{10.19b}$$

解 设 $y(t)$ 的 Laplace 变换存在，$y(t) \risingdotseq Y(p)$，相应地，

$$y'(t) \risingdotseq pY(p) - 1, \qquad y''(t) \risingdotseq p^2 Y(p) - p - y'(0).$$

在原题中并未给出 $y'(0)$ 值, 不妨当作待定常数, 它可以根据无穷远条件 ($t \to \infty$ 时 $y(t)$ 有界) 确定. 于是, 经过 Laplace 变换后, 定解问题 (10.19) 变为

$$[p^2 Y(p) - p - y'(0)] - [pY(p) - 1] - 2Y(p) = 0,$$

解之得

$$Y(p) = \frac{p - 1 + y'(0)}{p^2 - p - 2} = \frac{1}{3}\left(\frac{1}{p-2} + \frac{2}{p+1}\right) + \frac{1}{3}y'(0)\left(\frac{1}{p-2} - \frac{1}{p+1}\right).$$

求反演, 有

$$y(t) = \frac{1}{3}[2 - y'(0)]e^{-t} + \frac{1}{3}[1 + y'(0)]e^{2t}.$$

因 $t \to \infty$ 时 e^{2t} 无界, 故由无穷远条件, 可以定出 $y'(0) = -1$. 所以最后就求得

$$y(t) = e^{-t}.$$

性质 5 原函数积分的 Laplace 变换. 设 $f(t)$ 满足 Laplace 变换存在的充分条件, 则

$$\left|\int_0^t f(\tau)\,d\tau\right| \leqslant \int_0^t |f(\tau)|\,d\tau \leqslant \int_0^t Me^{s_0 \tau}\,d\tau = \frac{M}{s_0}\left(e^{s_0 t} - 1\right),$$

所以 $\int_0^t f(\tau)\,d\tau$ 的 Laplace 变换也存在, 记

$$f(t) \doteqdot F(p), \qquad \int_0^t f(\tau)\,d\tau \doteqdot \mathscr{L}\left\{\int_0^t f(\tau)\,d\tau\right\}.$$

因为 $\dfrac{d}{dt}\int_0^t f(\tau)\,d\tau = f(t)$, 根据性质 4, 就有

$$F(p) = p\mathscr{L}\left\{\int_0^t f(\tau)\,d\tau\right\} - 0.$$

所以

$$\boxed{\int_0^t f(\tau)\,d\tau \doteqdot \frac{F(p)}{p}.} \tag{10.20}$$

练习 4.2 证明:

$$\int_0^\infty f(t,\tau)\,d\tau \doteqdot \int_0^\infty F(p,\tau)\,d\tau, \qquad \frac{\partial f(x,t)}{\partial x} \doteqdot \frac{dF(x,p)}{dx}, \qquad \int_t^\infty \frac{f(\tau)}{\tau}\,d\tau \doteqdot \frac{1}{p}\int_0^p F(q)\,dq,$$

假定有关的积分均存在.

例 10.5 求 LC 串联电路 (见图 10.2) 中电流随时间的变化.

解 因为

$$\frac{q(t)}{C} = L\frac{di}{dt}, \tag{10.21a}$$

$$q(t) = -\int_0^t i(\tau)\,d\tau + q_0, \tag{10.21b}$$

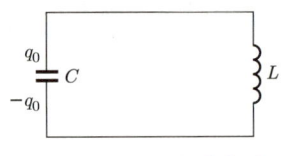

图 10.2　LC 串联电路

所以
$$L\frac{\mathrm{d}i}{\mathrm{d}t}+\frac{1}{C}\int_0^t i(\tau)\mathrm{d}\tau=\frac{q_0}{C}.$$

这是关于未知函数 $i(t)$ 的**微分积分方程**. 设 $i(t) \doteqdot I(p)$, 则有
$$Lp\,I(p)+\frac{1}{C}\frac{I(p)}{p}=\frac{q_0}{C}\frac{1}{p}.$$

所以求解微分积分方程的定解问题 (10.21) 也转化为求解代数方程
$$I(p)=\frac{q_0}{LCp^2+1}.$$

利用 (10.9) 式求反演, 即得
$$i(t)=\frac{q_0}{\sqrt{LC}}\sin\frac{t}{\sqrt{LC}}. \tag{10.22}$$

还值得对上面得到的 (10.20) 式做进一步的分析. 如果我们将该式改写成
$$\int_0^\infty f(t)\mathrm{e}^{-pt}\mathrm{d}t=p\int_0^\infty g(t)\mathrm{e}^{-pt}\mathrm{d}t,\quad \text{其中}\ g(t)=\int_0^t f(\tau)\mathrm{d}\tau, \tag{10.22}$$

上面的推导表明, 只要 $f(t)$ 满足 Laplace 变换存在的充分条件, 则 $g(t)$ 的 Laplace 变换就存在; 反过来说, 只要 $g(t)$ 的 Laplace 变换存在, 而且 $g(t)$ 可导, 则 $g'(t)$ 就一定满足 Laplace 变换存在的充分条件. 因此我们在讨论 Laplace 变换的性质时, 包括下面在讨论 Laplace 变换的反演时, 常常假设原函数满足 Laplace 变换存在的充分条件 (或者等价地, 假设像函数在 $\mathrm{Re}\,p\geqslant s_1>s_0$ 的半平面上解析). 这一要求实际上可以减弱, 在通常情况下, 要求原函数的 Laplace 变换存在即可.

§10.3　Laplace 变换的反演

求 Laplace 变换的反演, 首先就遇到**反演的唯一性问题**, 即对于任意给定的像函数 $F(p)$, 是否可能存在不止一个原函数? 例如是否可能存在两个不同的原函数 $f_1(t)$ 和 $f_2(t)$, 使得
$$f_1(t)\doteqdot F(p),\qquad f_2(t)\doteqdot F(p). \tag{10.23}$$

或者说, 是否存在函数 $g(t)\equiv f_1(t)-f_2(t)\not\equiv 0$, 使得
$$g(t)\doteqdot 0. \tag{10.24}$$

回答是: 如果限定 $g(t)$ 为连续函数, 则由 (10.24) 式一定能推出 $g(t)\equiv 0$; 但若允许 $g(t)$ 不连续, 则 $g(t)$ 可以不恒为 0, 但是几乎处处为 0 (例如在有限个点处不为 0, 而在其余点均为 0). 如果我们也将这种函数称为 "零函数", 则对应于同一个 $F(p)$, 它的原函数可以有无穷多个, 彼此间相差一个零函数. 但是, 如果限定原函数为连续函数, 则 Laplace 变换的反演具有唯一性. 以下的讨论中, 我们将约定原函数均为连续函数.

像函数导数的反演 设 $f(t)$ 满足 Laplace 变换存在的充分条件, $f(t) \risingdotseq F(p)$, 则 $F(p)$ 在 $\operatorname{Re} p \geqslant s_1 > s_0$ 的半平面上解析, 因而可以在积分号下求导:

$$F^{(n)}(p) = \frac{\mathrm{d}^n}{\mathrm{d}p^n} \int_0^\infty f(t) \mathrm{e}^{-pt} \mathrm{d}t = \int_0^\infty (-t)^n f(t) \mathrm{e}^{-pt} \mathrm{d}t.$$

所以

$$F^{(n)}(p) \risingdotseq (-t)^n f(t). \tag{10.25}$$

根据这个公式, 可以得到

$$\frac{1}{p^2} = -\frac{\mathrm{d}}{\mathrm{d}p}\frac{1}{p} \risingdotseq t, \tag{10.26}$$

$$\frac{1}{p^3} = \frac{1}{2}\frac{\mathrm{d}^2}{\mathrm{d}p^2}\frac{1}{p} \risingdotseq \frac{1}{2}t^2. \tag{10.27}$$

这样, 若 $F(p)$ 是有理函数, 则总可以通过部分分式求反演. 例如

$$\begin{aligned}\frac{1}{p^3(p+\alpha)} &= \frac{1}{\alpha}\frac{1}{p^3} - \frac{1}{\alpha^2}\frac{1}{p^2} + \frac{1}{\alpha^3}\frac{1}{p} - \frac{1}{\alpha^3}\frac{1}{p+\alpha} \\ &\risingdotseq \frac{1}{2\alpha}t^2 - \frac{1}{\alpha^2}t + \frac{1}{\alpha^3} - \frac{1}{\alpha^3}\mathrm{e}^{-\alpha t}.\end{aligned} \tag{10.28}$$

像函数的积分的反演 如果 $G(p) = \int_p^\infty F(q) \mathrm{d}q$ 存在[①], 且当 $t \to 0$ 时, $|f(t)/t|$ 有界, 则

$$\boxed{\int_p^\infty F(q) \mathrm{d}q \risingdotseq \frac{f(t)}{t}.} \tag{10.29}$$

证 设 $G(p) \risingdotseq g(t)$, 则因为 $G'(p) = -F(p)$, 故有

$$(-t)g(t) = -f(t),$$

因此即证得 (10.29) 式. □

利用这个公式, 又可以得到许多函数的 Laplace 变换. 例如,

$$\frac{\sin \omega t}{t} \risingdotseq \int_p^\infty \frac{\omega}{q^2 + \omega^2} \mathrm{d}q = \frac{\pi}{2} - \arctan\frac{p}{\omega}. \tag{10.30}$$

特别是, 如果 $p \to 0$ 时, (10.27) 式两端的积分均存在, 则有

$$\boxed{\int_0^\infty F(p) \mathrm{d}p = \int_0^\infty \frac{f(t)}{t} \mathrm{d}t.} \tag{10.31}$$

利用这个结果, 可以计算 $\int_0^\infty \frac{f(t)}{t} \mathrm{d}t$ 型的积分. 例如

$$\int_0^\infty \frac{\sin t}{t} \mathrm{d}t = \int_0^\infty \frac{1}{p^2 + 1} \mathrm{d}p = \frac{\pi}{2}. \tag{10.32}$$

---

① 这里的积分上限应理解为 $\operatorname{Re} p \to +\infty$, 并且积分路径在 $F(p)$ 的解析区域内, 因而积分值与路径无关.

这个积分曾经应用留数定理计算过. 但是这里的计算更为简便.

同样, 还可以计算

$$\int_0^\infty \frac{\cos at - \cos bt}{t} dt = \int_0^\infty \left(\frac{p}{p^2+a^2} - \frac{p}{p^2+b^2}\right) dp$$
$$= \frac{1}{2} \ln \frac{p^2+a^2}{p^2+b^2} \bigg|_0^\infty = \ln b - \ln a, \qquad a>0, b>0. \tag{10.33}$$

上式这种类型的积分称为 **Frullani 积分**. 它的一般形式是

$$\int_0^\infty \frac{f(ax) - f(bx)}{x} dx = k \ln \frac{b}{a}, \tag{10.34}$$

其中 $a>0, b>0$. 此式的成立条件是: 函数 $f(z)$ 在全平解析, $\lim\limits_{z\to 0} f(z) = $ 有限值 $k \neq 0$, 且积分 $\int_A^\infty \frac{f(x)}{x} dx$ 收敛, $A>0$. 此结果可以直接应用留数定理加以证明①, 而无须借助 (10.31) 式.

我们可以写出更多的 Frullani 积分:

$$\int_0^\infty \frac{e^{-ax} - e^{-bx}}{x} dx = \ln \frac{b}{a}, \tag{10.35}$$

$$\int_0^\infty \frac{\cos^{2n+1} at - \cos^{2n+1} bt}{t} dt = \ln \frac{b}{a}, \qquad n=1,2,3,\cdots, \tag{10.36}$$

$$\int_0^\infty \left(e^{-ax} \cos^n ax - e^{-bx} \cos^n bx\right) \frac{dx}{x} = \ln \frac{b}{a}, \qquad n=1,2,3,\cdots, \tag{10.37}$$

$$\int_0^\infty \frac{\cos^{2n} ax - \cos^{2n} bx}{x} dx = \left[1 - \frac{1}{2^{2n}} \frac{(2n)!}{n!\, n!}\right] \ln \frac{b}{a}, \qquad n=1,2,3,\cdots, \tag{10.38}$$

$$\int_0^\infty \frac{\sin^{2n} ax - \sin^{2n} bx}{x} dx = -\frac{1}{2^{2n}} \frac{(2n)!}{n!\, n!} \ln \frac{b}{a}, \qquad n=1,2,3,\cdots. \tag{10.39}$$

最后两式用到

$$\cos^{2n} x = \left(\frac{e^{ix} + e^{-ix}}{2}\right)^{2n} = \frac{1}{2^{2n-1}} \sum_{k=0}^{n-1} \frac{(2n)!}{k!(2n-k)!} \cos 2(n-k)x + \frac{1}{2^{2n}} \frac{(2n)!}{n!\, n!},$$

$$\sin^{2n} x = \left(\frac{e^{ix} - e^{-ix}}{2i}\right)^{2n} = \frac{1}{2^{2n-1}} \sum_{k=0}^{n-1} (-)^{n-k} \frac{(2n)!}{k!(2n-k)!} \cos 2(n-k)x + \frac{1}{2^{2n}} \frac{(2n)!}{n!\, n!},$$

常数项的存在, 使得无穷积分 $\int_A^\infty \cos^{2n} x \frac{dx}{x}$ 和 $\int_A^\infty \sin^{2n} x \frac{dx}{x}$ 并不收敛, 换言之, 我们需要扣除掉该常数项后, 才能保证此无穷积分存在.

像函数在 ∞ 点解析的情形 现在研究一个更特殊的情形, 它特别容易求出原函数. 如果可以将 $F(p)$ 由半平面 $\mathrm{Re}\, p > s_0$ (单值地) 解析延拓到含有 $p = \infty$ 点在内的一定区域内, 且 $F(p)$ 在 $p = \infty$ 点解析, 这样, 函数 $F(p)$ 就可以在 $p = \infty$ 点作 Taylor 级数展开:

$$F(p) = \sum_{n=1}^\infty c_n p^{-n}. \tag{10.40}$$

---
① 吴崇试, Frullani 积分, 大学物理, 2017, 36(4), 1; 反常 Frullani 积分, 大学物理, 2017, 36(6), 1.

级数中不含 $n=0$ 项, 是因为 $F(p)$ 作为 Laplace 换式, 应当满足 $\operatorname{Re} p \to +\infty$ 时 $F(p) \to 0$ 的要求. 将级数逐项求反演, 就得到

$$\boxed{f(t) = \sum_{n=0}^{\infty} \frac{c_{n+1}}{n!} t^n.} \tag{10.41}$$

考察这种做法的合法性在于证明级数收敛. 为此作圆周 $C_R : |p| = R$, 在 C_R 外 $F(p)$ 解析,

$$c_n = \frac{1}{2\pi \mathrm{i}} \oint_{C_R} F(p)\, p^{n-1}\, \mathrm{d}p.$$

因为 $p = \infty$ 是 $F(p)$ 的零点, 故当 $|p| > R$ 时, $|F(p)| > M/R$, 因之 $|c_n| > MR^{n-1}$. 由此即得

$$\left| \sum_{n=0}^{\infty} \frac{c_{n+1}}{n!} t^n \right| \leqslant \sum_{n=0}^{\infty} \frac{|c_{n+1}|}{n!} |t|^n < M \sum_{n=0}^{\infty} \frac{1}{n!} R^n |t|^n = M \mathrm{e}^{R|t|},$$

故级数收敛. 这里同时也证明了 $f(t)$ 具有有限的增长指数, 因而 Laplace 变换存在.

应用这个方法可以求出函数 $1/\sqrt{p^2+1}$ 的反演. 这是一个多值函数, 如果规定单值分支 $\left. 1/\sqrt{p^2+1} \right|_{p \to \infty} \to 1/p$, 则有

$$\frac{1}{\sqrt{p^2+1}} = \sum_{k=0}^{\infty} (-)^k \frac{(2k)!}{2^{2k}(k!)^2} \frac{1}{p^{2k+1}} \doteqdot \sum_{k=0}^{\infty} (-)^k \frac{1}{2^{2k}(k!)^2} t^{2k} = \sum_{k=0}^{\infty} \frac{(-)^k}{k!\, k!} \left(\frac{t}{2} \right)^{2k}. \tag{10.42}$$

这正是 §5.5 例 5.9 中见到过的 Bessel 函数 $\mathrm{J}_0(t)$.

另一个例子是

$$\frac{1}{p} \mathrm{e}^{-1/p} = \sum_{n=0}^{\infty} (-)^n \frac{1}{n!} \frac{1}{p^{n+1}} \doteqdot \sum_{n=0}^{\infty} \frac{(-)^n}{n!\, n!} t^n = \mathrm{J}_0\left(2\sqrt{t}\right). \tag{10.43}$$

如果 $F(p)$ 可以分解为 $F_1(p)$ 和 $F_2(p)$ 之积, 其反演问题就需要用到下面的卷积定理.

定理 10.1 (卷积定理) 设 $F_1(p) \doteqdot f_1(t)$, $F_2(p) \doteqdot f_2(t)$, 则

$$\boxed{F_1(p) F_2(p) \doteqdot \int_0^t f_1(\tau) f_2(t-\tau)\, \mathrm{d}\tau.} \tag{10.44}$$

证 因为

$$F_1(p) = \int_0^{\infty} f_1(t) \mathrm{e}^{-pt} \mathrm{d}t, \qquad F_2(p) = \int_0^{\infty} f_2(t) \mathrm{e}^{-pt} \mathrm{d}t,$$

所以,

$$\begin{aligned} F_1(p) F_2(p) &= \int_0^{\infty} f_1(\tau)\, \mathrm{e}^{-p\tau}\, \mathrm{d}\tau \int_0^{\infty} f_2(\nu)\, \mathrm{e}^{-p\nu}\, \mathrm{d}\nu \\ &= \int_0^{\infty} f_1(\tau)\, \mathrm{d}\tau \int_0^{\infty} f_2(\nu)\, \mathrm{e}^{-p(\tau+\nu)}\, \mathrm{d}\nu \\ &= \int_0^{\infty} f_1(\tau)\, \mathrm{d}\tau \int_{\tau}^{\infty} f_2(t-\tau)\, \mathrm{e}^{-pt}\, \mathrm{d}t, \end{aligned}$$

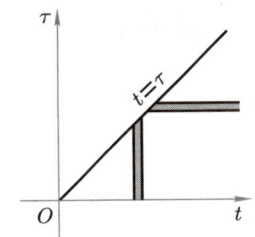
图 10.3 卷积定理的证明

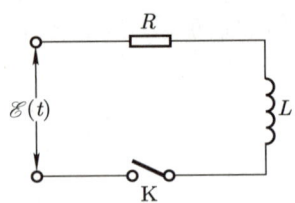
图 10.4 LR 串联电路

在 $Ot\tau$ 平面上画出积分区域 (见图 10.3), 改变积分次序, 即可证得

$$F_1(p)F_2(p) = \int_0^\infty e^{-pt} dt \int_0^t f_1(\tau)f_2(t-\tau) d\tau. \qquad \Box$$

例 10.6 在 LR 串联电路 (见图 10.4) 中加一方形脉冲电压

$$\mathscr{E}(t) = \begin{cases} E_0, & 0 \leqslant t \leqslant T, \\ 0, & t > T. \end{cases} \tag{10.45}$$

求电路中的电流 $i(t)$, 设 $i(0) = 0$.

解 列方程

$$L\frac{di}{dt} + Ri = \mathscr{E}(t),$$
$$i(0) = 0.$$

做 Laplace 变换: 设 $i(t) \doteqdot I(p), \mathscr{E}(t) \doteqdot E(p)$, 则

$$LpI(p) + RI(p) = E(p), \quad \text{亦即} \quad I(p) = \frac{1}{Lp+R} \cdot E(p).$$

所以

$$i(t) = \int_0^t \mathscr{E}(\tau) \frac{1}{L} e^{-R(t-\tau)/L} d\tau = \begin{cases} \dfrac{E_0}{R}\left(1 - e^{-Rt/L}\right), & 0 \leqslant t \leqslant T, \\ \dfrac{E_0}{R}\left(e^{RT/L} - 1\right) e^{-Rt/L}, & t > T. \end{cases}$$

由上述计算过程可以看出, 应用卷积定理, 在整个求解过程中我们无需求出方程非齐次项 $\mathscr{E}(t)$ 的像函数 $E(p)$ 的具体表达式.

§10.4 普遍反演公式

若函数 $F(p) = F(s + i\sigma)$ 在区域 $\text{Re}\, p > s_0$ 内满足: (1) $F(p)$ 解析, (2) 当 $|p| \to \infty$ 时 $F(p)$ 趋于 0, (3) 对于所有的 $\text{Re}\, p = s > s_0$, 沿直线 $L : \text{Re}\, p = s$ 的无穷积分

$$\int_{s-i\infty}^{s+i\infty} |F(p)|\, d\sigma \qquad (s > s_0)$$

收敛，则对于 $\operatorname{Re} p = s > s_0$, $F(p)$ 的原函数为

$$f(t) = \frac{1}{2\pi\mathrm{i}} \int_{s-\mathrm{i}\infty}^{s+\mathrm{i}\infty} F(p)\,\mathrm{e}^{pt}\,\mathrm{d}p. \tag{10.46}$$

证明从略. 读者可参阅参考书目 [30] 的 8.2 节. 也可转换为 Fourier 变换而证明, 见参考书目 [1] 的 10.7 节.

例 10.7 用普遍反演公式求 Laplace 换式 $F(p) = 1/(p^2 + \omega^2)^2$ $(\omega > 0)$ 的原函数.

解 由普遍反演公式, 此像函数的原函数为

$$f(t) = \frac{1}{2\pi\mathrm{i}} \int_{s-\mathrm{i}\infty}^{s+\mathrm{i}\infty} \frac{1}{(p^2+\omega^2)^2}\,\mathrm{e}^{pt}\,\mathrm{d}p.$$

函数 $1/(p^2 + \omega^2)^2$ 的孤立奇点都在虚轴上，所以取 $s > 0$ 即可. 因为 $t < 0$ 时一定有 $f(t) = 0$，故只需讨论 $t > 0$ 的情形. 此时可取围道如图 10.5 所示. 由于

$$\lim_{p \to \infty} \frac{1}{(p^2+\omega^2)^2} = 0,$$

所以, 根据推广的 Jordan 引理①, 可以断定

$$\lim_{R \to \infty} \int_{C_R} \frac{1}{(p^2+\omega^2)^2}\,\mathrm{e}^{pt}\,\mathrm{d}p = 0.$$

这样，由留数定理, 就得到

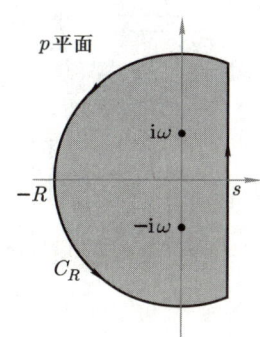

图 10.5　例 10.7 所用的围道

$$\begin{aligned} f(t) &= \frac{1}{2\pi\mathrm{i}} \int_{s-\mathrm{i}\infty}^{s+\mathrm{i}\infty} \frac{1}{(p^2+\omega^2)^2}\,\mathrm{e}^{pt}\,\mathrm{d}p = \sum_{\text{全平面}} \operatorname{res}\left\{\frac{1}{(p^2+\omega^2)^2}\,\mathrm{e}^{pt}\right\} \\ &= \left\{\left[\frac{t}{(p+\mathrm{i}\omega)^2} - \frac{2}{(p+\mathrm{i}\omega)^3}\right]\mathrm{e}^{pt}\right\}_{p=\mathrm{i}\omega} + \left\{\left[\frac{t}{(p-\mathrm{i}\omega)^2} - \frac{2}{(p-\mathrm{i}\omega)^3}\right]\mathrm{e}^{pt}\right\}_{p=-\mathrm{i}\omega} \\ &= \frac{1}{2\omega^3}\left(\sin\omega t - \omega t\cos\omega t\right). \end{aligned} \tag{10.47}$$

例 10.8 应用普遍反演公式, 求 Laplace 换式 $F(p) = \dfrac{1}{\sqrt{p}}\mathrm{e}^{-\alpha\sqrt{p}}$, $\alpha > 0$ 的原函数.

解 由普遍反演公式, 原函数为

$$\frac{1}{2\pi\mathrm{i}} \int_{s-\mathrm{i}\infty}^{s+\mathrm{i}\infty} \frac{1}{\sqrt{p}}\mathrm{e}^{-\alpha\sqrt{p}}\,\mathrm{e}^{pt}\,\mathrm{d}p.$$

其中的积分路径 $L: \operatorname{Re} p = s > 0$ 是右半平面上的一条平行于虚轴的无穷直线. 考虑到被积函数是多值函数, $p = 0$ 和 $p = \infty$ 是分支点, 为保证像函数在积分路径 L 右侧解析, 所以从 $p = 0$ 沿负实轴到 $p = \infty$ 作割线, 并规定在割线上、下岸 $\arg p = \pm\pi$. 因此, 在应用留数定

---

① 这里所谓推广的 Jordan 引理, 指的是将原始的 Jordan 引理 (见 §6.4) 作了如下的变化与扩充:

(1) 将 Jordan 引理所讨论的圆弧旋转了 $90°$.

(2) 现在的圆弧是和直线 $L: \operatorname{Re} p = s > 0$ 相交, 所以要略大于半圆弧. 但可以证明 (从略), 只要圆弧与虚轴的距离 (即 s) 固定 (因而当圆弧的半径 $R \to \infty$ 时, 虚轴右方圆弧的张角 $\to 0$), 则引理仍然成立.

理计算这个积分时, 应该取积分围道如图 10.6 所示. 因为被积函数在积分围道内解析, 所以

$$\oint_C \frac{1}{\sqrt{p}} e^{-\alpha\sqrt{p}} e^{pt} dp = \int_A^B \frac{1}{\sqrt{p}} e^{-\alpha\sqrt{p}} e^{pt} dp + \int_{C_R} \frac{1}{\sqrt{p}} e^{-\alpha\sqrt{p}} e^{pt} dp + \int_{C_1} \frac{1}{\sqrt{p}} e^{-\alpha\sqrt{p}} e^{pt} dp$$
$$+ \int_{C_\delta} \frac{1}{\sqrt{p}} e^{-\alpha\sqrt{p}} e^{pt} dp + \int_{C_2} \frac{1}{\sqrt{p}} e^{-\alpha\sqrt{p}} e^{pt} dp + \int_{C_R'} \frac{1}{\sqrt{p}} e^{-\alpha\sqrt{p}} e^{pt} dp = 0.$$

在 C_1 和 C_2 上, $\arg p = \pm \pi$, 故可分别令 $p = re^{\pm i\pi}$ 而得到

$$\int_{C_1} \frac{1}{\sqrt{p}} e^{-\alpha\sqrt{p}} e^{pt} dp = -i \int_\delta^R \frac{1}{\sqrt{r}} e^{-i\alpha\sqrt{r}} e^{-rt} dr,$$

$$\int_{C_2} \frac{1}{\sqrt{p}} e^{-\alpha\sqrt{p}} e^{pt} dp = -i \int_\delta^R \frac{1}{\sqrt{r}} e^{i\alpha\sqrt{r}} e^{-rt} dr.$$

又, 由推广的 Jordan 引理, 可知

$$\lim_{R\to\infty} \int_{C_R} \frac{1}{\sqrt{p}} e^{-\alpha\sqrt{p}} e^{pt} dp = 0,$$

$$\lim_{R\to\infty} \int_{C_R'} \frac{1}{\sqrt{p}} e^{-\alpha\sqrt{p}} e^{pt} dp = 0.$$

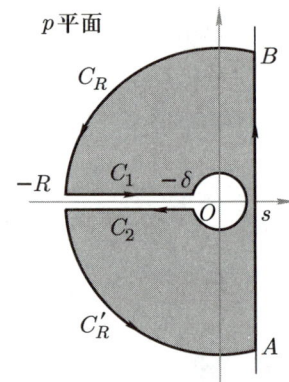

图 10.6 例 10.8 所用的围道

根据引理 3.4, 也有

$$\lim_{\delta\to 0} \int_{C_\delta} \frac{1}{\sqrt{p}} e^{-\alpha\sqrt{p}} e^{pt} dp = 0.$$

所以, 在取极限 $R \to \infty$, $\delta \to 0$ 后, 就有

$$\frac{1}{\sqrt{p}} e^{-\alpha\sqrt{p}} \risingdotseq \frac{1}{2\pi} \int_0^\infty \frac{1}{\sqrt{r}} \left[e^{i\alpha\sqrt{r}} + e^{-i\alpha\sqrt{r}} \right] e^{-rt} dr = \frac{2}{\pi} \int_0^\infty e^{-x^2 t} \cos\alpha x \, dx,$$

代入 (4.29) 式的结果即得

$$\frac{1}{\sqrt{p}} e^{-\alpha\sqrt{p}} \risingdotseq \frac{1}{\sqrt{\pi t}} e^{-\alpha^2/4t}. \tag{10.48}$$

在这个结果的基础上就可以证明下列公式:

$$\frac{1}{\sqrt{\pi t}} \int_0^\infty f(\tau) e^{-\tau^2/4t} d\tau \risingdotseq \int_0^\infty e^{-pt} \left\{ \frac{1}{\sqrt{\pi t}} \int_0^\infty f(\tau) e^{-\tau^2/4t} d\tau \right\} dt$$
$$= \int_0^\infty f(\tau) \left\{ \int_0^\infty \frac{1}{\sqrt{\pi t}} e^{-\tau^2/4t} e^{-pt} dt \right\} d\tau$$
$$= \int_0^\infty f(\tau) \frac{1}{\sqrt{p}} e^{-\tau\sqrt{p}} d\tau = \frac{1}{\sqrt{p}} F(\sqrt{p}). \tag{10.49}$$

例 10.9 求 $\dfrac{1}{p} e^{-\alpha\sqrt{p}}$, $\alpha > 0$ 的原函数.

解 在 (10.49) 式中代入 $F(p) = \dfrac{1}{p} e^{-\alpha p}$, 并注意 $\dfrac{1}{p} e^{-\alpha p} \risingdotseq \eta(t-\alpha)$, 就有

$$\frac{1}{p} e^{-\alpha\sqrt{p}} \risingdotseq \frac{1}{\sqrt{\pi t}} \int_0^\infty \eta(\tau-\alpha) e^{-\tau^2/4t} d\tau = \frac{1}{\sqrt{\pi t}} \int_\alpha^\infty e^{-\tau^2/4t} d\tau,$$

由此即得

$$\frac{1}{p}\mathrm{e}^{-\alpha\sqrt{p}} \risingdotseq \mathrm{erfc}\frac{\alpha}{2\sqrt{t}}, \tag{10.50}$$

其中的 $\mathrm{erfc}\, x$ 称为**余误差函数**, 定义为

$$\mathrm{erfc}\, x = \frac{2}{\sqrt{\pi}} \int_x^\infty \mathrm{e}^{-\xi^2} \mathrm{d}\xi. \tag{10.51}$$

相关的还有**误差函数** $\mathrm{erf}\, x$,

$$\mathrm{erf}\, x = 1 - \mathrm{erfc}\, x = \frac{2}{\sqrt{\pi}} \int_0^x \mathrm{e}^{-\xi^2} \mathrm{d}\xi. \tag{10.52}$$

*§10.5 利用 Laplace 变换计算级数和

Laplace 变换也可以用来计算某些级数 $\sum F(n)$ 之和. 基本思路是利用 Laplace 变换

$$F(p) = \int_0^\infty f(t)\mathrm{e}^{-pt} \mathrm{d}t,$$

将级数的通项表示成积分, 而后交换积分和级数求和的次序,

$$\sum F(n) = \sum \int_0^\infty f(t)\mathrm{e}^{-nt} \mathrm{d}t = \int_0^\infty f(t)\left(\sum \mathrm{e}^{-nt}\right) \mathrm{d}t, \tag{10.53}$$

从而将级数求和的问题转化为计算定积分. 由于函数 e^{-nt} 的存在, 一般情况下常常可以保证交换积分与求和次序是合法的.

在计算中常用到的 Laplace 变换的结果有

$$\int_0^\infty \mathrm{e}^{\alpha t} \mathrm{e}^{-pt} \mathrm{d}t = \frac{1}{p-\alpha}, \qquad \int_0^\infty t^{\alpha-1} \mathrm{e}^{-pt} \mathrm{d}t = \frac{\Gamma(\alpha)}{p^\alpha},$$

$$\int_0^\infty \mathrm{e}^{-pt} \sin\omega t\, \mathrm{d}t = \frac{\omega}{p^2+\omega^2}, \qquad \int_0^\infty \mathrm{e}^{-pt} \cos\omega t\, \mathrm{d}t = \frac{p}{p^2+\omega^2},$$

$$\int_0^\infty \mathrm{e}^{-pt} \sinh at\, \mathrm{d}t = \frac{a}{p^2-a^2}, \qquad \int_0^\infty \mathrm{e}^{-pt} \cosh at\, \mathrm{d}t = \frac{p}{p^2-a^2}.$$

例 10.10 求级数 $\displaystyle\sum_{n=1}^\infty \frac{1}{n^2}$ 之和.

解 此级数和在第六章已经计算过 (见例 6.15), 现在改用 Laplace 变换方法计算. 容易将待求级数化为积分:

$$\sum_{n=1}^\infty \frac{1}{n^2} = \sum_{n=1}^\infty \int_0^\infty x\mathrm{e}^{-nx} \mathrm{d}x = \int_0^\infty \frac{x\mathrm{e}^{-x}}{1-\mathrm{e}^{-x}} \mathrm{d}x = \int_0^\infty \frac{x}{\mathrm{e}^x-1} \mathrm{d}x.$$

下面应用留数定理计算此积分. 取积分围道如图 10.7 所示, 则

$$\oint_C \frac{z^2}{\mathrm{e}^z-1} \mathrm{d}z$$
$$= \int_0^R \frac{x^2}{\mathrm{e}^x-1} \mathrm{d}x + \int_0^{2\pi} \frac{(R+\mathrm{i}y)^2}{\mathrm{e}^{R+\mathrm{i}y}-1} \mathrm{i}\mathrm{d}y$$
$$+ \int_R^\delta \frac{(x+2\pi\mathrm{i})^2}{\mathrm{e}^x-1} \mathrm{d}x + \int_{C_\delta} \frac{z^2}{\mathrm{e}^z-1} \mathrm{d}z$$
$$+ \int_{2\pi-\delta}^0 \frac{(\mathrm{i}y)^2}{\mathrm{e}^{\mathrm{i}y}-1} \mathrm{d}z = 0.$$

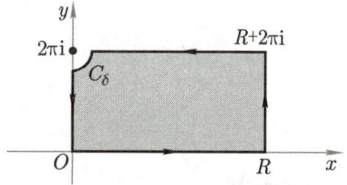

图 10.7 例 10.11 和例 10.12 所用的围道

取极限 $R \to \infty$, $\delta \to 0$, 因为

$$\lim_{R\to\infty}\int_0^{2\pi}\frac{(R+\mathrm{i}y)^2}{\mathrm{e}^{R+\mathrm{i}y}-1}\mathrm{i}\mathrm{d}y=0,\quad \lim_{\delta\to 0}\int_{C_\delta}\frac{z^2}{\mathrm{e}^z-1}\mathrm{d}z=-\frac{\pi\mathrm{i}}{2}\cdot(2\pi\mathrm{i})^2=2\pi^3\mathrm{i},$$

所以就得到

$$\int_0^\infty\frac{4\pi\mathrm{i}x-4\pi^2}{\mathrm{e}^x-1}\mathrm{d}x-\int_0^{2\pi}\frac{y^2}{\mathrm{e}^{\mathrm{i}y}-1}\mathrm{i}\mathrm{d}y=2\pi^3\mathrm{i}.$$

注意

$$\int_0^{2\pi}\frac{y^2}{\mathrm{e}^{\mathrm{i}y}-1}\mathrm{i}\mathrm{d}y=\int_0^{2\pi}\frac{y^2\mathrm{e}^{-\mathrm{i}y/2}}{2\sin(y/2)}\mathrm{d}y,$$

比较上式的虚部, 即得

$$4\pi\int_0^\infty\frac{x}{\mathrm{e}^x-1}\mathrm{d}x+\frac{1}{2}\int_0^{2\pi}y^2\mathrm{d}y=2\pi^3,$$

于是就求得

$$\sum_{n=1}^\infty\frac{1}{n^2}=\int_0^\infty\frac{x}{\mathrm{e}^x-1}\mathrm{d}x=-\frac{1}{3}\pi^2+\frac{1}{2}\pi^2=\frac{\pi^2}{6}. \tag{10.54}$$

例 10.11 求级数 $\displaystyle\sum_{n=1}^\infty\frac{1}{n^4}$ 之和.

解 类似于上题, 我们有

$$\sum_{n=1}^\infty\frac{1}{n^4}=\frac{1}{6}\int_0^\infty\frac{x^3}{\mathrm{e}^x-1}\mathrm{d}x.$$

考虑复变积分 $\displaystyle\oint_C\frac{z^4}{\mathrm{e}^z-1}\mathrm{d}z$, 积分围道 C 仍如图 10.7 所示. 因为被积函数在 C 内解析, 所以

$$\int_0^R\frac{x^4}{\mathrm{e}^x-1}\mathrm{d}x+\int_0^{2\pi}\frac{(R+\mathrm{i}y)^4}{\mathrm{e}^{R+\mathrm{i}y}-1}\mathrm{i}\mathrm{d}y+\int_R^\delta\frac{(x+2\pi\mathrm{i})^4}{\mathrm{e}^x-1}\mathrm{d}x$$
$$+\int_{C_\delta}\frac{z^4}{\mathrm{e}^z-1}\mathrm{d}z+\int_{2\pi-\delta}^0\frac{(\mathrm{i}y)^4}{\mathrm{e}^{\mathrm{i}y}-1}\mathrm{d}z=0.$$

取极限 $R\to\infty$, $\delta\to 0$, 因为

$$\lim_{R\to\infty}\int_0^{2\pi}\frac{(R+\mathrm{i}y)^4}{\mathrm{e}^{R+\mathrm{i}y}-1}\mathrm{i}\mathrm{d}y=0,\quad \lim_{\delta\to 0}\int_{C_\delta}\frac{z^4}{\mathrm{e}^z-1}\mathrm{d}z=-\frac{\pi\mathrm{i}}{2}\cdot(2\pi\mathrm{i})^4=-8\pi^5\mathrm{i},$$

所以就得到

$$\int_0^\infty\frac{4x^3 2\pi\mathrm{i}+6x^2(2\pi\mathrm{i})^2+4x(2\pi\mathrm{i})^3+(2\pi\mathrm{i})^4}{\mathrm{e}^x-1}\mathrm{d}x-\int_0^{2\pi}\frac{(\mathrm{i}y)^4}{\mathrm{e}^{\mathrm{i}y}-1}\mathrm{i}\mathrm{d}y=-8\pi^5\mathrm{i}.$$

注意

$$\int_0^{2\pi}\frac{y^4}{\mathrm{e}^{\mathrm{i}y}-1}\mathrm{i}\mathrm{d}y=\int_0^{2\pi}\frac{y^4\mathrm{e}^{-\mathrm{i}y/2}}{2\sin(y/2)}\mathrm{d}y,$$

所以比较上式的虚部, 即得

$$8\pi\int_0^\infty\frac{x^3}{\mathrm{e}^x-1}\mathrm{d}x-32\pi^3\int_0^\infty\frac{x}{\mathrm{e}^x-1}\mathrm{d}x-\frac{1}{2}\int_0^{2\pi}y^4\mathrm{d}y=-8\pi^5,$$

于是就求得

$$\int_0^\infty\frac{x^3}{\mathrm{e}^x-1}\mathrm{d}x=-\pi^4+4\pi^2\int_0^\infty\frac{x}{\mathrm{e}^x-1}\mathrm{d}x+\frac{2}{5}\pi^4=-\pi^4+4\pi^2\cdot\frac{\pi^2}{6}+\frac{2}{5}\pi^4=\frac{1}{15}\pi^4,$$

亦即

$$\sum_{n=1}^{\infty} \frac{1}{n^4} = \frac{\pi^4}{90}. \tag{10.55}$$

例 10.12 计算级数 $\displaystyle\sum_{n=0}^{\infty} \frac{1}{n^2 - a^2}$ 之和, 其中 a 不为整数, 且不妨设 $\operatorname{Re} a > 0$.

解 这个级数和实际上在 §7.6 [见 (7.63) 式] 也已经遇到过, 当时是作为 Γ 函数无穷乘积表示的直接应用而得到的. 这里再采用 Laplace 变换的办法讨论. 因为

$$\int_0^\infty e^{-pt} \sinh at\, dt = \frac{a}{p^2 - a^2}, \qquad \operatorname{Re} p > \operatorname{Re} a,$$

所以在 $\operatorname{Re} a < 1$ 的条件下, 级数可化为

$$\sum_{n=0}^{\infty} \frac{1}{n^2 - a^2} = -\frac{1}{a^2} + \sum_{n=1}^{\infty} \frac{1}{a} \int_0^\infty e^{-nt} \sinh at\, dt = -\frac{1}{a^2} + \frac{1}{a} \int_0^\infty \frac{\sinh at}{e^t - 1}\, dt.$$

可以直接算出上式左端的积分,

$$\int_0^\infty \frac{\sinh at}{e^t - 1}\, dt = \frac{1}{2} \int_0^\infty \frac{e^{at}}{e^t - 1}\, dt - \frac{1}{2} \int_0^\infty \frac{e^{-at}}{e^t - 1}\, dt = \frac{1}{2} \int_1^\infty \frac{x^{a-1}}{x - 1}\, dx + \frac{1}{2} \int_0^1 \frac{x^a}{x - 1}\, dx$$

$$= \frac{1}{2} \int_0^\infty \frac{x^{a-1}}{x-1}\, dx + \frac{1}{2} \int_0^1 x^a\, dx = -\frac{\pi}{2} \cot \pi a + \frac{1}{2a}.$$

最后一步用到了第 6 章习题 9(1) 的结果. 由此就求出了级数和

$$\sum_{n=1}^{\infty} \frac{1}{n^2 - a^2} = \frac{1}{2a^2} - \frac{\pi}{2a} \cot \pi a. \tag{10.56}$$

以上结果是在 $0 < \operatorname{Re} a < 1$ 的条件下得到的. 但是容易延拓到 $\operatorname{Re} a > 0$. 另外, 当 a 为纯虚数时也成立. 这时不妨将 (10.79) 式中的 a 改写成 ia, 而设 $a > 0$,

$$\sum_{n=1}^{\infty} \frac{1}{n^2 + a^2} = -\frac{1}{2a^2} + \frac{\pi}{2a} \coth \pi a. \tag{10.57}$$

这其实就是例 7.6 中得到的结果 (7.33).

作为 (10.56) 或 (10.57) 式的特殊情况, 也还可以取 $a = 0$, 所得结果例 10.10 一致.

将 (10.57) 式积分, 还可以得到

$$\sum_{n=1}^{\infty} \ln\left(1 + \frac{a^2}{n^2}\right) = \sum_{n=1}^{\infty} \int_0^a \frac{2x}{n^2 + x^2}\, dx = \int_0^a \left(-\frac{1}{x} + \pi \coth \pi x\right) dx = \ln \frac{\sinh \pi a}{\pi a}. \tag{10.58}$$

§10.6　Laplace 型常微分方程的积分解法

常微分方程

$$\widehat{L}[u] \equiv (a_0 z + b_0) u'' + (a_1 z + b_1) u' + (a_2 z + b_2) u = 0 \tag{10.59}$$

称为 Laplace 型方程. 它的特点是, 所有系数都是 z 的线性函数, 因此在有限远处最多只有一个奇点, $z = -b_0/a_0$, 且为正则奇点; 若 $a_0 = 0$, 则在有限远处无奇点. $z = \infty$ 是方程的非正则奇点.

所谓用 Laplace 变换解 Laplace 型方程 (10.59), 指的是用常微分方程积分解法的方法, 求得形式为
$$u(z) = \int_C e^{zt} v(t) dt \tag{10.60}$$
的解式. 这里的 Laplace 变换, 已经将自变量 t 拓展为复变量, 已经将 Laplace 积分拓展为在复平面上沿一定路径的积分, 包括围道积分, 或者说, 我们也把 Laplace 变换拓展到了复平面.

将解式 (10.60) 代入方程 (10.59), 有
$$\widehat{L}[u] = \int_C v(t) \widehat{L}_z[e^{zt}] dt = \int_C v(t) \{(a_0 z + b_0)t^2 + (a_1 z + b_1)t + (a_2 + b_2)\} e^{zt} dt$$
$$= \int_C v(t) \widehat{M}_t[e^{zt}] dt, \tag{10.61}$$
其中
$$\widehat{M}_t \equiv (a_0 t^2 + a_1 t + a_2) \frac{\partial}{\partial t} + (b_0 t^2 + b_1 t + b_2). \tag{10.62}$$
用分部积分法, 由 (10.61) 式得
$$\widehat{L}[u] = \int_C e^{zt} \left\{ -\frac{d}{dt}[(a_0 t^2 + a_1 t + a_2) v(t)] + (b_0 t^2 + b_1 t + b_2) v(t) \right\} dt$$
$$+ \left\{ (a_0 t^2 + a_1 t + a_2) v(t) e^{zt} \right\}_C. \tag{10.63}$$
取 $v(t)$ 满足方程
$$-\frac{d}{dt}[(a_0 t^2 + a_1 t + a_2) v(t)] + (b_0 t^2 + b_1 t + b_2) v(t) = 0, \tag{10.64}$$
并选 C 使
$$\{P(z, t)\}_C \equiv \{(a_0 t^2 + a_1 t + a_2) v(t) e^{zt}\}_C = 0, \tag{10.65}$$
(10.60) 式就是方程 (10.61) 的解, 只要在积分号下求微商是合法的.

由于方程 (10.64) 是一阶的, 容易求出 $v(t)$:
$$\frac{d \ln v(t)}{dt} = \frac{b_0 t^2 + (b_1 - 2a_0) t + (b_2 - a_1)}{a_0 t^2 + a_t t + a_2} = \mu + \frac{\lambda_1}{t - \alpha_1} + \frac{\lambda_2}{t - \alpha_2}, \tag{10.66}$$
$$v(t) = e^{\mu t} (t - \alpha_1)^{\lambda_1} (t - \alpha_2)^{\lambda_2}, \tag{10.67}$$
α_1 和 α_2 是方程 $a_0 t^2 + a_1 t + a_2 = 0$ 的两个根. 如果 $a_0 = 0$, 或者 $\alpha_1 = \alpha_2$, (10.66) 和 (10.67) 以及以下的各式须做适当改变, 但不会引起什么困难.

现在看如何选取积分路线 C. 将 (10.67) 式代入 (10.65) 式左方, 得
$$P(z, t) \equiv a_0 e^{(\mu+z)t} (t - \alpha_1)^{\lambda_1+1} (t - \alpha_2)^{\lambda_2+1}. \tag{10.68}$$

(i) 如果 $\mathrm{Re}(\lambda_1) > -1$, $\mathrm{Re}(\lambda_2) > -1$, 可选 C 为 t 平面上连接 $t = \alpha_1$ 和 $t = \alpha_2$ 的任意一条分段光滑曲线. 在 C 的两个端点上 $P(z, t) = 0$, 故 (10.65) 式满足. 又, 对于这样的曲线 C, (10.60) 式在积分号下求微商是合法的. 因此, 方程 (10.59) 的一个积分解为
$$u(z) = \int_C e^{(\mu+z)t} (t - \alpha_1)^{\lambda_1} (t - \alpha_2)^{\lambda_2} dt, \qquad \mathrm{Re}(\lambda_1) > -1, \mathrm{Re}(\lambda_2) > -1. \tag{10.69}$$

(ii) λ_1, λ_2 是不等于整数的任意常数,可选 C 为图 10.8(a) 中的双周围道:从 t 平面上任意一点 $P(\neq \alpha_1, \alpha_2)$ 开始,正向绕 α_1 和 α_2 各一周,然后负向绕 α_1 和 α_2 各一周,回到 P. 此围道在函数 $(t-\alpha_1)^{\lambda_1}(t-\alpha_2)^{\lambda_2}$ 的 Riemann 面上是闭合的,故 $P(z,t)$ 之值在围道的起点和终点相同,而使 (10.65) 式满足. 又,对于这样的围道,积分 (10.60) 不为 0,并且可以在积分号下求微商,故

$$u(z) = \int_P^{(\alpha_1+,\alpha_2+,\alpha_1-,\alpha_2-)} e^{(\mu+z)t}(t-\alpha_1)^{\lambda_1}(t-\alpha_2)^{\lambda_2} dt \qquad (\lambda_1, \lambda_2 \neq \text{整数}) \qquad (10.70)$$

是方程 (10.59) 的一个积分解. 这里我们把积分路线用明显的记号标出.

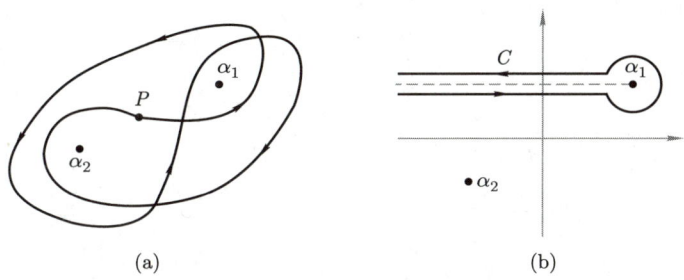

图 10.8 两种典型的积分路径

当 λ_1 或 λ_2 为整数时,这种双周围道积分之值为 0,故不适用.

(iii) 另一种常用的积分路线是从 t 平面上的无穷远点出发,绕 α_1 (若 $\lambda_1 \neq$ 整数) 一周,或绕 α_2 (若 $\lambda_2 \neq$ 整数) 一周,再回到无穷远处. 例如,设 $\lambda_1 \neq$ 整数,$\text{Re}(\mu+z) > 0$,可以取 C 为图 10.8(b) 中的路线:从 $-\infty + i\,\text{Im}(\alpha_1)$ 出发,正向绕 α_1 一周,回到出发点. 这个积分路线虽然在 $(t-\alpha_1)^{\lambda_1}$ 的 Riemann 面上不是闭合的,但在积分路线的起点与终点处,$P(z,t) \to 0$,故 (10.65) 式满足. 又,这样的积分 (10.60) 在 $|\arg(\mu+z)| \leqslant \pi/2 - \delta\,(\delta > 0)$ 的条件下是一致收敛的,可以在积分号下取微商. 因此

$$u(z) = \int_{-\infty}^{(\alpha_1+)} e^{(\mu+z)t}(t-\alpha_1)^{\lambda_1}(t-\alpha_2)^{\lambda_2} dt \qquad (\text{Re}(\mu+z) > 0,\, \lambda_1 \neq \text{整数}) \qquad (10.71)$$

是方程 (10.59) 的一个积分解.

例 10.13 Bessel 方程的积分解

Bessel 方程

$$w'' + \frac{1}{z}w' + \left(1 - \frac{\nu^2}{z^2}\right)w = 0 \qquad (10.72)$$

本身不属于 Laplace 型方程. 但是通过变换 $w(z) = z^\nu u(z)$,可以化为 Laplace 型方程,

$$z\frac{d^2 u}{dz^2} + (2\nu+1)\frac{du}{dz} + zu = 0. \qquad (10.73)$$

与 (10.59) 式比较,可见

$$a_0 = 1, \qquad a_1 = 0, \qquad a_2 = 1,$$
$$b_0 = 0, \qquad b_1 = 2\nu+1, \qquad b_2 = 0.$$

设积分解为
$$u(z) = \int_C e^{zt} v(t) dt, \tag{10.74}$$

则由 (10.64) 式, $v(t)$ 应满足
$$-\frac{d}{dt}\left[(t^2+1)v(t)\right] + (2\nu+1)tv(t) = 0 \quad 即 \quad \frac{dv}{v} = (2\nu-1)\frac{tdt}{t^2+1}. \tag{10.75}$$

解之得
$$v(t) = A(t^2+1)^{\nu-1/2}, \tag{10.76}$$

A 为任意常数. 所以,
$$u(z) = A \int_C e^{zt}(t^2+1)^{\nu-1/2} dt. \tag{10.77}$$

或者将 t 换成 it,
$$u(z) = A' \int_C e^{izt}(1-t^2)^{\nu-1/2} dt, \tag{10.78}$$

A' 仍为任意常数. 积分路线 C 应使
$$\left\{ e^{izt}(1-t^2)^{\nu+1/2} \right\}_C = 0. \tag{10.79}$$

由此即得 Bessel 方程 (10.72) 的积分解式
$$w(z) = A' z^{\nu} \int_C e^{izt}(1-t^2)^{\nu-1/2} dt. \tag{10.80}$$

如果 $\text{Re}(\nu+1/2) > 0$, 则可以取 C 为从 $t = -1$ 到 $t = 1$ 的直线段, 在此路线的端点 $(1-t^2)^{\nu+1/2} = 0$, (10.78) 式满足. 如果规定在积分路线上 $\arg(1-t^2) = 0$, 将解式 (10.80) 被积函数中的 $(1-t^2)^{\nu-1/2}$ 作 Taylor 展开, 逐项积分, 即可证得
$$w(z) = A'\Gamma\left(\nu+\frac{1}{2}\right)\sqrt{\pi}\, 2^{\nu} J_{\nu}(z). \tag{10.81}$$

如果取其他形式的积分围道, 则可以得到柱函数的其他积分表达式.

习 题

[下列各题中的原函数 $f(t)$, 均应理解为 $f(t)\eta(t)$]

1. 求下列函数的 Laplace 换式:

(1) $(1-e^{-t})^n$, $n = 0, 1, 2, \cdots$;

(2) $(1-e^{-t})^{\alpha}$, $\text{Re}\,\alpha > -1$;

(3) $e^{\lambda t}\sin\omega t$, $\lambda > 0$, $\omega > 0$;

(4) $\dfrac{\sin\omega t}{t}$, $\omega > 0$;

(5) $\dfrac{t-\sin t}{t^2}$, $\omega > 0$;

(6) $\displaystyle\int_t^{\infty} \dfrac{\cos\tau}{\tau} d\tau$.

2. 若 $f(t)$ 为周期函数, 周期为 α, 即 $f(t+\alpha) = f(t)$. 如果 $f(t)\eta(t)$ 的 Laplace 变换存在, 证明: 像函数是
$$F(p) = \frac{1}{1-e^{-\alpha p}} \int_0^{\alpha} e^{-pt} f(t) dt.$$

3. 求下列函数的 Laplace 换式:

(1) $|\cos \omega t|$, $\omega > 0$; (2) $[t]$.

4. 求下列 Laplace 换式的原函数:

(1) $\dfrac{a^3}{p(p+a)^3}$; (2) $\dfrac{\omega}{p(p^2+\omega^2)}$, $\omega > 0$;

(3) $\dfrac{4p-1}{(p^2+p)(4p^2-1)}$; (4) $\dfrac{p^2+\omega^2}{(p^2-\omega^2)^2}$, $\omega > 0$;

(5) $\dfrac{1}{(p^2+1)^2}\mathrm{e}^{-p\tau}$, $\tau > 0$; (6) $\dfrac{p}{(p^2+1)^2}\mathrm{e}^{-p\tau}$, $\tau > 0$.

5. 利用 Laplace 变换求解下列微分方程 (组) 或积分方程:

(1) $\dfrac{\mathrm{d}^2 y}{\mathrm{d}t^2} - 4y = 0$, $y(0) = 2$, $\left.\dfrac{\mathrm{d}y}{\mathrm{d}t}\right|_{t=0} = 1$;

(2) $\dfrac{\mathrm{d}^2 y}{\mathrm{d}t^2} + 6y - 7 = 0$, $y(0) = 1$, $\left.\dfrac{\mathrm{d}y}{\mathrm{d}t}\right|_{t=0} = 0$;

(3) $\dfrac{\mathrm{d}^2 y}{\mathrm{d}t^2} + 2\dfrac{\mathrm{d}y}{\mathrm{d}t} + 2y = 0$, $y(0) = 1$, $\left.\dfrac{\mathrm{d}y}{\mathrm{d}t}\right|_{t=0} = -1$;

(4) $\dfrac{\mathrm{d}^2 y}{\mathrm{d}t^2} + 2\dfrac{\mathrm{d}y}{\mathrm{d}t} + 2y = 2$, $y(0) = 0$, $\left.\dfrac{\mathrm{d}y}{\mathrm{d}t}\right|_{t=0} = 1$.

6. 利用 Laplace 变换求解下列积分方程或微分积分方程:

(1) $y(t) = a\sin t - 2\displaystyle\int_0^t y(\tau)\cos(t-\tau)\mathrm{d}\tau$;

(2) $y(t) + 2\displaystyle\int_0^t y(\tau)\cos(t-\tau)\mathrm{d}\tau = 9\mathrm{e}^{2t}$;

(3) $y'(t) - \displaystyle\int_0^t y(\tau)\cos(t-\tau)\mathrm{d}\tau = \eta(t) - \eta(t-2)$, $y(0) = 1$.

7. 利用 Laplace 变换, 求解常微分方程边值问题:

$$\begin{cases} \dfrac{\mathrm{d}^2 y(t)}{\mathrm{d}t^2} - k^2 y(t) = \delta(t-\tau), & t > 0, k > 0, \tau > 0, \\ y(0) = 0, \quad \lim_{t\to\infty} y(t) = 0. \end{cases}$$

8. 利用 Laplace 变换计算下列积分:

(1) $\displaystyle\int_0^\infty \dfrac{x\sin xt}{1+x^2}\mathrm{d}x$; (2) $\displaystyle\int_0^\infty \left(\dfrac{\sin xt}{x}\right)^2 \mathrm{d}x$;

(3) $\displaystyle\int_0^\infty \dfrac{\cos xt}{(1+x^2)^2}\mathrm{d}x$; (4) $\displaystyle\int_0^\infty \dfrac{x\sin xt}{(1+x^2)^2}\mathrm{d}x$.

9. 计算下列 Frullani 积分:

(1) $\displaystyle\int_0^\infty \dfrac{\mathrm{e}^{-ax} - \mathrm{e}^{-bx}}{x}\cos cx\, \mathrm{d}x$, $a > 0$, $b > 0$, $c > 0$;

(2) $\displaystyle\int_0^\infty \dfrac{1-\cos ax}{x}\cos bx\, \mathrm{d}x$, $a > b > 0$;

(3) $\displaystyle\int_0^\infty \dfrac{\sin^2 ax - \sin^2 bx}{x}\mathrm{d}x$, $a > 0, b > 0$;

(4) $\displaystyle\int_0^\infty \left(\dfrac{\sin ax}{ax} - \dfrac{\sin bx}{bx}\right)\dfrac{\mathrm{d}x}{x}$, $a > 0, b > 0$.

10. 用普遍反演公式求下列 Laplace 换式的原函数:

(1) $\dfrac{1}{(p-a)(p-b)(p-c)}$, a, b, c 为互不相等的常数;

(2) $\dfrac{\mathrm{e}^{-p\tau}}{p^2(p^2+1)}$, $\tau > 0$;

(3) $\dfrac{1}{p}\mathrm{e}^{-\alpha p}$, $\alpha > 0$;

(4) $\dfrac{1}{p}\dfrac{\cosh(l-x)\sqrt{p}}{\cosh l\sqrt{p}}$, $0 < x < l$.

11. 求下列无穷级数之和:

(1) $\displaystyle\sum_{n=0}^{\infty}\dfrac{(-1)^n}{3n+1}$;

(2) $\displaystyle\sum_{n=0}^{\infty}\dfrac{(-1)^n}{4n+1}$;

(3) $\displaystyle\sum_{n=0}^{\infty}\dfrac{(-1)^n}{(3n+1)(3n+2)(3n+3)}$;

(4) $\displaystyle\sum_{n=0}^{\infty}\dfrac{1}{(3n+1)(3n+2)(3n+3)}$.

12. 求下列 Laplace 型常微分方程的各一个积分解:

(1) $zw'' - zw' + w = 0$;

(2) $zw'' + (z-1)w' + w = 0$.

第二部分

数学物理方程

数学物理方程,通常指从物理学及其他各门自然科学、技术科学中所产生的偏微分方程,有时也包括与此有关的积分方程、微分积分方程和常微分方程.例如:

(1) 静电势和引力势满足的 Laplace 方程或 Poisson 方程;
(2) 波的传播所满足的波动方程;
(3) 热传导问题和扩散问题中的热传导方程;
(4) 连续介质力学中的 Navier-Stokes 方程组和 Euler 方程组;
(5) 描写电磁场运动变化的 Maxwell 方程组;
(6) 作为微观物质运动基本规律的 Schrödinger 方程以及 Dirac 方程;
(7) 弹性力学中的 Saint-Venant 方程组,

等等.这些方程(组)多是二阶线性偏微分方程(组).所以,在本课程中,将集中讨论几种典型的二阶线性偏微分方程.

对于数学物理方程,需要讨论各种典型问题的解,通过与实验或观测结果比较,来检验相关的物理理论,从而加深人们对于有关自然规律的认识,甚至预言新的现象.在工程设计中,它也能提供必要的数据,使得工程建设有更加坚实可靠的基础.在本课程中,将主要讨论由线性偏微分方程和相应的定解条件构成的定解问题,着重介绍分离变量法和积分变换等求解这类定解问题的常用解法,以及在求解过程中常用到的特殊函数.此外,还将简单介绍两种在理论上和实用上都十分重要的方法,即 Green 函数法和变分法.在这一部分中,也介绍了编者在长期教学中积累的成果,例如关于特殊函数的 Christoffel 型和式.编者就导出了数千个这种和式.

学习这部分内容之前,要求读者了解常微分方程理论,会求解常微分方程的定解问题,熟悉线性空间相关的知识.

第十一章

数学物理方程和定解条件

作为本书的"数学物理方程"部分的开始,在这一章里,我们先从一些物理问题中导出一些典型的二阶线性偏微分方程. 以后再讨论这些方程的一般性质及解法.

从实际的物理问题出发,确定最方便用来描写该问题的物理量,经过抽象简化,抓住主要因素,作出合理的近似,建立起它所满足的微分方程. 用数学语言描述物理问题,是我们认识物理世界的基础,是所有各门物理类课程都要讨论的内容,本课程只能就方程的推导举出几个经典例子,只能起到一个示范和引导的作用.

§11.1 波动方程

1. 弦的横振动方程

有一根完全柔软的均匀轻弦,绷紧,而后以某种方法激发,使弦在一个平面内作小振动. 列出弦的横振动方程.

取弦的平衡位置为 x 轴,两个端点的坐标分别为 $x=0$ 和 $x=l$. 这样弦上每一点都可以用坐标 x 标记. 设 $u(x,t)$ 为弦上一点 x 在 t 时刻的横向位移. 像在力学问题中常用的那样,采用微元分析法,在弦上隔离出长为 Δx 的一小段 (如图 11.1 所示),这一段弦是如此之小,以至于可以把它看成是质点. 这一小段弦在两个端点 x 及 $x+\Delta x$ 处受到弹性力的作用. 因为弦完全柔软,故弹性力只有切向应力 (张力),而无法向应力. t 时刻弦上 x 点的切线与 x 正方向的夹角记为 $\theta(x,t)$, 切线的斜率

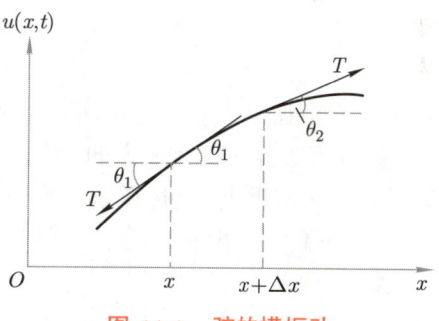

图 11.1 弦的横振动

$$\tan\theta(x,t) = \left.\frac{\partial u}{\partial x}\right|_x.$$

弦本身很轻,相对于张力而言,重力可以忽略. 因此由 Newton 第二定律,可以写出 t 时刻这一小段弦在 x 方向及垂直方向上的动力学方程:

$$(T\cos\theta)_{x+\Delta x} - (T\cos\theta)_x = 0, \tag{11.1}$$

$$(T\sin\theta)_{x+\Delta x} - (T\sin\theta)_x = \rho\Delta x \overline{\frac{\partial^2 u}{\partial t^2}}, \tag{11.2}$$

其中 $T|_x$ 表示弦上 x 点处切向应力的大小，ρ 是弦的线密度，即单位长度的质量. 弦均匀，不仅意味着弦的质量分布均匀，即线密度 ρ 是常数，与 x 无关，同时还意味着弦的弹性性质均匀. $\overline{\partial^2 u/\partial t^2}$ 表示微元的平均加速度.

在小振动近似下，$x+\Delta x$ 与 x 两点间任一时刻横向位移之差 $u(x+\Delta x,t)-u(x,t)$ 与 Δx 相比是一个小量，即 $|\partial u/\partial x|\ll 1$. 因此，在准确到小量 $\partial u/\partial x$ 的一级项的条件下，

$$\sin\theta \approx \tan\theta = \frac{\partial u}{\partial x} \quad (\text{略去了 } \partial u/\partial x \text{ 的三级项}), \tag{11.3}$$

$$\cos\theta \approx 1 \quad (\text{略去了 } \partial u/\partial x \text{ 的二级项}). \tag{11.4}$$

将 (11.4) 式代入 (11.1) 式，就有

$$T|_{x+\Delta x}-T|_x=0, \quad \text{即} \quad T|_{x+\Delta x}=T|_x, \tag{11.5}$$

表示 T 与 x 无关，即弦中各点的张力相等. 将 (11.3) 和 (11.5) 式代入 (11.2) 式，即得

$$\rho\Delta x\,\overline{\frac{\partial^2 u}{\partial t^2}}=T\left(\frac{\partial u}{\partial x}\bigg|_{x+\Delta x}-\frac{\partial u}{\partial x}\bigg|_x\right).$$

两端同时除以 Δx，并令 $\Delta x\to 0$，得

$$\rho\frac{\partial^2 u}{\partial t^2}-T\frac{\partial^2 u}{\partial x^2}=0.$$

定义 $a=\sqrt{T/\rho}$①，则方程可以写成

$$\boxed{\frac{\partial^2 u}{\partial t^2}-a^2\frac{\partial^2 u}{\partial x^2}=0.} \tag{11.6}$$

这就是自由振动的弦满足的方程. 这里所谓"自由"表示弦上各点除端点外都不受外力作用. 振动沿着弦 (即沿 x 方向) 传播，而振动的方向与振动传播的方向垂直，即 u 的方向与 x 的方向互相垂直，这种振动称为横振动.

在小振动的条件下，还可以证明张力 T 与时间 t 无关. 这是因为这一段弦的伸长

$$\Delta s-\Delta x=\sqrt{\Delta u^2+\Delta x^2}-\Delta x=\left[\sqrt{1+\left(\frac{\partial u}{\partial x}\right)^2}-1\right]\Delta x=O\left(\left(\frac{\partial u}{\partial x}\right)^2\right),$$

所以，弦的总长度不随时间变化. 因此，由 Hooke 定律可知，张力 T 不随时间变化. 前面又已经证明，T 也不随 x 变化，所以 T 是一个常量.

如果弦在位移 u 的方向上还受到外力的作用，设单位长度所受的外力为 f，其正方向沿 u 的正方向. 仿照前面的推导，有

$$\rho\Delta x\,\overline{\frac{\partial^2 u}{\partial t^2}}=T\left(\frac{\partial u}{\partial x}\bigg|_{x+\Delta x}-\frac{\partial u}{\partial x}\bigg|_x\right)+f\Delta x.$$

---

① 通过量纲分析可知，a 的量纲是速度量纲. 以后将会看到，a 就是弦的振动传播速率.

因此，受迫振动的弦满足非齐次方程

$$\frac{\partial^2 u}{\partial t^2} - a^2 \frac{\partial^2 u}{\partial x^2} = \frac{f}{\rho}, \tag{11.7}$$

其中的非齐次项 f/ρ 是单位质量所受的外力.

2. 杆的纵振动方程

对于弹性杆的纵振动方程，可以类似地处理.

考虑一均匀细轻杆，沿杆长方向作小振动. 列出杆的纵振动方程.

如图 11.2 所示，取杆长方向为 x 轴方向. 假设在垂直杆长方向的任一截面上各点的振动状况（即位移）完全相同，因此垂直于杆长方向的各截面均可用它的平衡位置 x 标记. 设

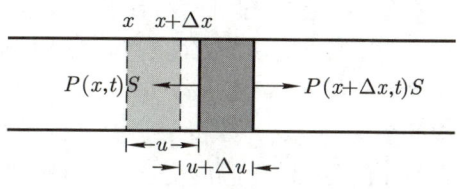

图 11.2　杆的纵振动, 应力与应变

在任一时刻 t，此截面相对于平衡位置的位移为 $u(x,t)$，约定沿 x 正方向的位移为正.

仍然采用微元分析法. 在杆中隔离出一小段 $(x, x+\Delta x)$，分析它所受的弹性力. 通过截面 x，微元受到弹性力 $P(x,t)S$ 的作用（$P(x,t)$ 为 x 处单位面积所受弹性力，即应力，规定沿 x 方向为正），通过截面 $x+\Delta x$ 受到弹性力 $P(x+\Delta x,t)S$ 的作用. 在 t 时刻，两截面的位移分别为 $u(x,t)$ 与 $u(x+\Delta x,t) \approx u+\Delta u$（二者相差高阶小量）. 对此小段应用 Newton 第二定律，即得

$$\rho S \Delta x \overline{\frac{\partial^2 u}{\partial t^2}} = [P(x+\Delta x,t) - P(x,t)]S,$$

其中 ρ 为杆的体密度，S 为垂直杆长方向横截面的面积，$\overline{\dfrac{\partial^2 u}{\partial t^2}}$ 是这一小段杆的平均加速度. 两端同时除以 $S\Delta x$，并令 $\Delta x \to 0$，得

$$\rho \frac{\partial^2 u}{\partial t^2} = \frac{\partial P}{\partial x}. \tag{11.8}$$

如果略去垂直杆长方向的形变，根据 Hooke 定律，应力大小与应变 $\partial u/\partial x$ 成正比，

$$P\Big|_x = E \frac{\partial u}{\partial x}, \tag{11.9}$$

比例系数 E 称为杨氏模量，是一个物质常数. 将此式代入 (11.8) 式，就得到杆的纵振动方程

$$\boxed{\frac{\partial^2 u}{\partial t^2} - a^2 \frac{\partial^2 u}{\partial x^2} = 0,} \tag{11.10}$$

其中 $a = \sqrt{E/\rho}$. 这里，位移发生在杆的方向上，波动也是沿着杆的方向传播. 这种位移与波动传播方向相同的振动，称为纵振动. 我们看到，杆的纵振动与弦的横振动机理并不完全相同，但它们满足的偏微分方程 (11.10) 和 (11.6) 式的形式却完全一样. 这一类方程统称为**波动方程**. 更一般地，在三维空间中的波动方程是

$$\boxed{\frac{\partial^2 u}{\partial t^2} - a^2 \nabla^2 u = 0,} \tag{11.11}$$

其中
$$\nabla^2 u = \nabla \cdot (\nabla u), \qquad \nabla^2 \equiv \frac{\partial^2}{\partial x^2} + \frac{\partial^2}{\partial y^2} + \frac{\partial^2}{\partial z^2} = \nabla \cdot \nabla \tag{11.12}$$

称为 **Laplace 算符**.

§11.2 热传导方程

推导热传导方程所用的数学方法和上面的完全相同. 不同之处在于具体的物理规律不同. 这里用到的是热学方面的两个基本规律, 即能量守恒定律和热传导的 Fourier 定律.

简要介绍一下 Fourier 定律. 设有一块连续介质. 取定坐标系, 用 $u(x,y,z,t)$ 表示介质内空间坐标为 (x,y,z) 的一点在 t 时刻的温度. 若沿 x 方向存在温度差, 则在 x 方向就一定有热量的传递. 当温度变化不大时, 单位时间内通过垂直 x 方向的单位面积的热量 q_x 与温度沿 x 方向的空间变化率成正比,

$$\boxed{q_x = -k \frac{\partial u}{\partial x},} \tag{11.13}$$

q_x 称为沿 x 方向的**热流密度**, 沿 x 的正方向为正. 上式中的负号表示热流方向和温度变化的方向相反, 即热量由高温流向低温. k 称为**热导率**, 与介质的材料有关. 严格说来, k 与温度 u 也有关系. 但如果温度的变化幅度不大, 则 k 近似地与 u 无关.

在三维各向同性的均匀介质中, k 与热流方向以及空间位置均无关. 因此, 在 x, y, z 三个方向上都存在温度差, 则热流密度矢量 $\boldsymbol{q}$ 与温度梯度 ∇u 成正比,

$$q_x = -k \frac{\partial u}{\partial x}, \qquad q_y = -k \frac{\partial u}{\partial y}, \qquad q_z = -k \frac{\partial u}{\partial z}, \tag{11.14}$$

或者

$$\boxed{\boldsymbol{q} = -k \nabla u.} \tag{11.14'}$$

(11.13)、(11.14) 或 (11.14′) 诸式即为 Fourier 定律. 如果讨论的介质各向异性, 则 (11.14′) 式应改写成

$$\boldsymbol{q} = -\boldsymbol{K} \cdot \nabla u. \tag{11.15}$$

这里的 $\boldsymbol{K}$ 是一个 3×3 矩阵, 它和 ∇u 按矩阵乘法的规则相乘.

下面根据 Fourier 定律和能量守恒定律来推导热传导方程. 设想在介质内部隔离出一个长方体 (见图 11.3), 六个面都和坐标面重合. Δt 时间内沿 x 方向流入长方体的热量为

$$\left(q_x \big|_x - q_x \big|_{x+\Delta x} \right) \Delta y \Delta z \Delta t = -\frac{\partial q_x}{\partial x} \Delta x \Delta y \Delta z \Delta t.$$

同理, 在 Δt 时间内沿 y 方向流入长方体的热量为

$$\left(q_y \big|_y - q_y \big|_{y+\Delta y} \right) \Delta x \Delta z \Delta t = -\frac{\partial q_y}{\partial y} \Delta x \Delta y \Delta z \Delta t,$$

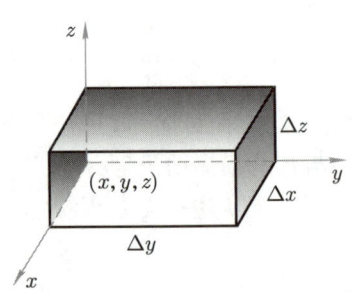

图 11.3 热传导方程的推导: 位于 (x,y,z) 处的小长方体

在 Δt 时间内沿 z 方向流入长方体的热量为

$$\left(q_z|_z - q_z|_{z+\Delta z}\right)\Delta x \Delta y \Delta t = -\frac{\partial q_z}{\partial z}\Delta x \Delta y \Delta z \Delta t.$$

如果在介质内有热量产生或消耗 (例如存在放热或吸热的化学反应, 或通有电流, 等等), 单位时间内单位体积中产生的热量为 $F(x,y,z,t)$, 则应有

$$-\nabla \cdot \boldsymbol{q}\Delta x \Delta y \Delta z \Delta t + F(x,y,z,t)\Delta x \Delta y \Delta z \Delta t = \rho \Delta x \Delta y \Delta z \cdot c \cdot \Delta u,$$

其中 ρ 是介质的体密度, c 是比热容, 即

$$\boxed{\frac{\partial(\rho c u)}{\partial t} + \nabla \cdot \boldsymbol{q} = F(x,y,z,t).} \tag{11.16}$$

此方程常称为**连续性方程**. 对各向异性介质, 将 (11.15) 式代入方程 (11.16), 得

$$\boxed{\frac{\partial(\rho c u)}{\partial t} - \nabla \cdot (\boldsymbol{K} \cdot \nabla u) = F(x,y,z,t).} \tag{11.17}$$

对各向同性均匀介质, ρ, c 和 k 都是常数, 将 (11.14′) 式代入方程 (11.16), 得

$$\boxed{\frac{\partial u}{\partial t} - \kappa \nabla^2 u = \frac{F}{\rho c} = f,} \tag{11.18}$$

其中 $\kappa = k/(\rho c)$ 称为扩散率或温度传导率. 如果在介质内部没有其他热量来源或消耗, $F = 0$, 则

$$\boxed{\frac{\partial u}{\partial t} - \kappa \nabla^2 u = 0.} \tag{11.19}$$

从分子运动的角度看, 温度是分子热运动激烈程度的反映. 分子热运动的不平衡, 通过碰撞交换能量, 在宏观上就表现为热量的传递. 可以设想, 如果介质内存在别种不均匀状况, 例如物质浓度的不均匀, 通过分子的运动也会发生物质的交换, 宏观上就表现为分子的扩散. 微观机理上的这种相似性, 就决定了扩散方程和热传导方程有相同的形式,

$$\boxed{\frac{\partial u}{\partial t} - D \nabla^2 u = f(x,y,z,t),} \tag{11.20}$$

其中的 $u(x,y,z,t)$ 代表分子浓度, D 是扩散率, $f(x,y,z,t)$ 则是单位时间内在单位体积中该种分子的产率.

(11.17) — (11.20) 式均称为**热传导方程**或者**扩散方程**, 其中 (11.19) 式是齐次的, 描写内部无热源的热传导过程 (或者内部无源或汇的扩散过程), (11.17)、(11.18) 和 (11.20) 式都是非齐次的, 描写介质内部有热源的热传导过程 (或者内部有源或汇的扩散过程).

§11.3 稳定问题

在一定条件下, 物体温度达到稳定 (温度不随时间变化, 即 $\partial u/\partial t = 0$) 时, 则温度分布满足 **Poisson 方程**

$$\boxed{\nabla^2 u = -\frac{f}{\kappa}.} \tag{11.21}$$

特别是, 如果 $f = 0$, 则有 **Laplace 方程**

$$\boxed{\nabla^2 u = 0.} \tag{11.22}$$

在电磁学中, 将电场强度 $\boldsymbol{E}$ 与电势 u 之间的关系式

$$\boldsymbol{E} = -\nabla u,$$

代入 Gauss 定理 (的微分形式)

$$\nabla \cdot \boldsymbol{E} = \frac{\rho}{\varepsilon_0},$$

也能得到静电势 u 满足的 Poisson 方程

$$\nabla^2 u = -\frac{\rho}{\varepsilon_0}, \tag{11.23}$$

其中 ρ 是电荷密度, ε_0 为真空电容率 (真空介电常数). 在电荷密度 $\rho \equiv 0$ 的区域内, 静电势则满足 Laplace 方程.

如果齐次波动方程

$$\frac{\partial^2 u}{\partial t^2} - a^2 \nabla^2 u = 0$$

中, $u(x,y,z,t)$ 随时间周期地变化, 频率为 ω,

$$u(x,y,z,t) = v(x,y,z) \mathrm{e}^{-\mathrm{i}\omega t}, \tag{11.24}$$

则 $v(x,y,z)$ 满足 **Helmholtz 方程**

$$\boxed{\nabla^2 v(x,y,z) + k^2 v(x,y,z) = 0,} \tag{11.25}$$

其中 $k = \omega/a$ 称为波数.

以后我们还将看到, 将波动方程或热传导方程分离变量, 或者对它们做 Laplace 变换或是 Fourier 变换, 也会得到 Helmholtz 方程.

以上介绍了几种基本的偏微分方程. 从物理上看, 有反映波动过程的**波动方程**, 有反映热传导过程的**热传导方程**, 也有反映稳恒状态的 **Poisson 方程**和 **Laplace 方程**. 从数学上看, 这也正好相应地分为三类: 波动方程, 在数学上属于**双曲型方程**; 热传导方程, 属于**抛物型方程**; 而 Poisson 方程和 Laplace 方程, 则属于**椭圆型方程**. 求解这三类方程构成的定解问题, 将是本课程的中心任务.

§11.4 定解条件

上面几节建立的偏微分方程, 并不能唯一地、确定地描写某一个具体的物理过程. 正如只根据 Newton 第二定律列出的动力学方程 (二阶常微分方程) 并不能唯一地确定质点的运动 (通解中含有两个任意常数) 一样. 要完全确定一个质点的运动, 除了常微分方程之外, 还必须有初始条件.

对于偏微分方程来说，情况还要更复杂一些. 如果我们能求得二阶线性偏微分方程的通解，它应含有两个任意函数. 这是容易理解的. 例如，偏微分方程

$$\frac{\partial^2 u(x,y)}{\partial x^2} = 0$$

的通解就是

$$u(x,y) = c_1(y) + x c_2(y),$$

其中 $c_1(y)$ 和 $c_2(y)$ 是 y 的任意函数.

仅有偏微分方程，解并不唯一，换句话说，还不足以唯一地决定介质中发生的具体物理过程，因为在推导偏微分方程时，只考虑了介质的内部，并没有考虑介质 (通过边界面) 与外界的相互作用. 因此，微分方程只适用于介质内部. 而且，如果问题与时间有关的话，在推导方程时也并没有考虑介质的历史状况. 为了完全描写一个具有确定解的物理问题，在数学上就是要构成一个定解问题，这除了偏微分方程之外，还必须有定解条件，包括**初始条件**和**边界条件**.

先讨论初始条件. 初始条件应该完全描写初始时刻 (通常定为 $t=0$) 介质内部以及边界上任意一点的状况. 对于波动方程，就应该给出初始时刻的位移和速度 (如果是力学问题的话),

$$\left. u \right|_{t=0} = \phi(x,y,z), \qquad \left. \frac{\partial u}{\partial t} \right|_{t=0} = \psi(x,y,z), \qquad (x,y,z) \in \overline{V}. \tag{11.26}$$

对于热传导方程，由于方程中只出现未知函数 $u(x,y,z,t)$ 对 t 的一阶偏微商，所以只需给出体系内部以及边界上任意一点在初始时刻的温度

$$\left. u \right|_{t=0} = \phi(x,y,z), \qquad (x,y,z) \in \overline{V}. \tag{11.27}$$

边界条件的形式比较多样化，要由具体问题中描述的具体状况决定. 总的原则是：边界条件应该完全描写边界上各点在任一时刻 ($t \geqslant 0$) 的状况. 首先以弦的横振动为例. 如果弦的 "两端固定"，那么边界条件就是

$$\left. u \right|_{x=0} = 0, \qquad \left. u \right|_{x=l} = 0, \qquad t \geqslant 0. \tag{11.28}$$

对于杆的纵振动，如果 $x=0$ 端固定，则该处的边界条件仍是

$$\left. u \right|_{x=0} = 0. \tag{11.29}$$

如果杆的另一端 ($x=l$) 受 x 方向上的外力作用，单位面积上的拉力是 $F(t)$ (见图 11.4，约定 $F(t)$ 沿 x 正方向为正)，那么这一端的边界条件并不能直接看出. 我们应当模仿推导方程的办法，在端点 $x=l$ 处截取一小块介质，长度为 ε. 根据 Newton 第二定律可知，这一小段介质所受的合力 (外力以及介质的其余部分施加的内应力)，应该等于这一小段介质的质量乘以介质的平均加速度，

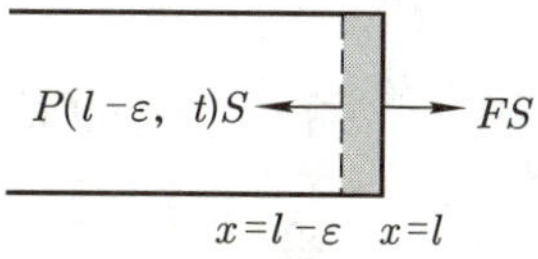

图 11.4 端点所受外力与应力平衡

$$\rho \varepsilon S \overline{\frac{\partial^2 u}{\partial t^2}} = F(t)S - P(l-\varepsilon, t)S.$$

令 $\varepsilon \to 0$, 并利用 (11.9) 式, 则有

$$\left.\frac{\partial u}{\partial x}\right|_{x=l} = \frac{1}{E}F(t). \tag{11.30}$$

如果外力为 0, 即 $x = l$ 端自由, 则

$$\left.\frac{\partial u}{\partial x}\right|_{x=l} = 0. \tag{11.31}$$

如果外力 $F(t)$ 不是一个确定的已知函数, 而是由弹簧提供的弹性力 (约定沿 x 正方向为正), 则

$$F(t)S = -k[u(l,t) - u_0],$$

k 是弹簧的劲度系数, 于是,

$$\left(ku + ES\frac{\partial u}{\partial x}\right)_{x=l} = ku_0. \tag{11.32}$$

对于热传导问题, 常见的边界条件有下列几种类型.

第一种类型是边界上各点的温度已知,

$$u\big|_{\Sigma} = \phi(\Sigma, t). \tag{11.33}$$

这里我们用 Σ 代表边界上的变点, 同时也表示这些点的坐标.

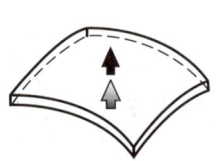

图 11.5 边界面处的热流连续

第二种类型是单位时间内, 通过单位面积的边界面散出的热量 $\psi(\Sigma, t)$ 已知. 这时可在边界内侧截取一小薄层介质, 它的一个底面在介质的表面, 另一个底面在介质内部. 两底面积相等, 厚度趋于 0 (见图 11.5). 根据能量守恒定律可知, 介质从两个底面及侧面流入的热量之和, 应该等于这一块介质温度升高所需要的热量. 但是, 当介质的厚度趋于 0 时, 通过侧面流入的热量应该趋于 0 (因为侧面积趋于 0), 介质的热容量趋于 0 (因为介质的质量趋于 0), 因此, 由介质内部流向薄层的热量应当全部通过介质表面散出. 于是, 可以写出边界条件

$$-k\left.\frac{\partial u}{\partial n}\right|_{\Sigma} = \psi(\Sigma, t), \tag{11.34}$$

其中 $\dfrac{\partial}{\partial n}$ 称为**法向微商**, 它是温度梯度矢量在外法线方向上的投影,

$$\frac{\partial}{\partial n} = \boldsymbol{n} \cdot \nabla, \quad \text{即} \quad \frac{\partial u}{\partial n} = \boldsymbol{n} \cdot \nabla u.$$

如果边界绝热, 则 $\psi \equiv 0$,

$$\left.\frac{\partial u}{\partial n}\right|_{\Sigma} = 0. \tag{11.35}$$

第三种类型是介质通过边界按 Newton 冷却定律散热: 单位时间通过单位面积表面向外界散出的热量与介质表面温度 $u|_\Sigma$ 和外界温度 u_0 之差成正比. 设比例系数为 H, 则边界条件就是

$$-k\frac{\partial u}{\partial n}\bigg|_\Sigma = H\left(u|_\Sigma - u_0\right), \tag{11.36}$$

或者写成

$$\boxed{\left(Hu + k\frac{\partial u}{\partial n}\right)_\Sigma = Hu_0.}$$

在上面的讨论中出现的边界条件有一个共同的特点: 就未知函数而言, 它们都是线性的. 再进一步细分, 还可以分为三类:

第一类边界条件: 给出边界上各点的函数值;

第二类边界条件: 给出边界上各点函数的法向微商值;

第三类边界条件: 给出边界上各点的函数值与法向微商值之间的线性关系.

需要注意, 就实际问题而言, 在整个边界面上, 各点的边界条件并不一定能有统一的表达式, 也不见得属于同一种类型. 其实上面讨论的弹性杆的边界条件就是如此.

无穷远条件

以上讨论的都是有界空间, 都存在确定的几何边界. 如果要讨论无界空间的问题, 这时的边界条件当然就应当给出未知函数在无穷远处的极限行为, 例如函数乃至它的微商在无穷远处有界.

有界条件

在有界空间的问题中, 有时也要出现有界条件. 例如, 当我们采用平面极坐标系、柱坐标系或球坐标系时, 偏微商 $\partial u/\partial r$ 在坐标原点失去意义, 因而需要针对具体情况, 在坐标原点补充上有界条件或其他条件. 以后在有关章节中再做讨论.

内部界面上的连接条件

前面说到, 微分方程只在空间区域的内部成立. 这也是有条件的. 如果在区域的内部出现结构 (例如密度或其他相关的物理性质) 上的跃变, 处理这类问题, 一种方法是在微分方程中引入间断函数乃至 δ 函数, 另一种方法是认为微分方程在这些跃变点 (线、面) 上不成立. 在这些点 (线、面) 上, 需要补充上相应的条件, 通常称为**连接条件**.

最简单的例子是由两种质料组成的介质, 例如由两种不同材料的弹性细绳连接而成的弦. 从波动方程的推导过程可以看出, 质料不同, 两段弦上的振动传播速度不同, 方程当然不同:

$$\text{对于第一段弦} \quad \frac{\partial^2 u_1(x,t)}{\partial t^2} - a_1^2\frac{\partial^2 u_1(x,t)}{\partial x^2} = 0, \quad 0 < x < x_0, \tag{11.37a}$$

$$\text{对于第二段弦} \quad \frac{\partial^2 u_2(x,t)}{\partial t^2} - a_2^2\frac{\partial^2 u_2(x,t)}{\partial x^2} = 0, \quad x_0 < x < l. \tag{11.37b}$$

而且, 在连接点根本无法写出微分方程, 而应该代之以**连接条件**. 连接条件当然与连接的方式或状况有关. 作为最理想的近似, 如果这种连接 (即跃变) 只严格地发生于一点, 而且连

接得非常牢固光滑,那么,在连接点(设坐标为 x_0)的连接条件就是

$$u_1(x,t)\big|_{x=x_0-0} = u_2(x,t)\big|_{x=x_0+0} \qquad \text{(位移相等)}, \tag{11.38a}$$

$$\frac{\partial u_1(x,t)}{\partial x}\bigg|_{x=x_0-0} = \frac{\partial u_2(x,t)}{\partial x}\bigg|_{x=x_0+0} \qquad \text{(张力相等)}, \tag{11.38b}$$

这里的 $u(x,t)\big|_{x=x_0-0}$ 和 $u(x,t)\big|_{x=x_0+0}$ 分别表示函数 $u(x,t)$ 在 $x=x_0$ 点的左、右极限,

$$u(x,t)\big|_{x=x_0\pm 0} = \lim_{\varepsilon \to +0} u(x_0 \pm \varepsilon, t).$$

即使是一种材料构成的介质,也可能出现连接条件. 仍以弦的横振动为例. 如果在均匀弦的某一点上受到有限大小的力("集中外力") $f(t)$ 的作用,方向与横向位移 u 的正方向相反,那么,在这一点(仍记为 $x=x_0$)方程也不成立,也应该代之以连接条件

$$u(x,t)\big|_{x=x_0-0} = u(x,t)\big|_{x=x_0+0} \qquad \text{(位移相等)}, \tag{11.39a}$$

$$T\left[\frac{\partial u(x,t)}{\partial x}\bigg|_{x=x_0+0} - \frac{\partial u(x,t)}{\partial x}\bigg|_{x=x_0-0}\right] = f(t) \qquad \text{(张力与外力平衡)}. \tag{11.39b}$$

更进一步, 如果这个集中外力是由一个重物 M 提供的,而且,这个重物和弦同步地发生运动,重物和弦之间没有相对位移,这时,连接条件又应该变为

$$u(x,t)\big|_{x=x_0-0} = u(x,t)\big|_{x=x_0+0}, \tag{11.40a}$$

$$T\left[\frac{\partial u(x,t)}{\partial x}\bigg|_{x=x_0+0} - \frac{\partial u(x,t)}{\partial x}\bigg|_{x=x_0-0}\right] = Mg + M\frac{\partial^2 u}{\partial t^2}\bigg|_{x=x_0}. \tag{11.40b}$$

在静电场的问题中,也常见到连接条件. 例如,在两种电介质的界面 Σ' 上,电势连续和电位移矢量的法向分量连续,

$$u_1\big|_{\Sigma'} = u_2\big|_{\Sigma'}, \qquad \varepsilon_1 \frac{\partial u_1}{\partial n}\bigg|_{\Sigma'} = \varepsilon_2 \frac{\partial u_2}{\partial n}\bigg|_{\Sigma'}, \tag{11.41}$$

其中 u_1 和 u_2 分别表示电介质 1 和电介质 2 中的电势, ε_1 和 ε_2 分别是这两种电介质的电容率. 关于这两个条件的推导,见电磁学或电动力学教材,这里从略.

§11.5 定解问题的适定性

通过以上几节的讨论,我们看到, 在处理某些实际的物理问题时,可能会归结为在一定定解条件下求解偏微分方程. 偏微分方程加上相应的定解条件就构成**定解问题**.

首先解释一下什么叫作定解问题的解. 为了表述方便,不妨以有界空间内的热传导问题为例. 设定解问题为

$$\frac{\partial u}{\partial t} - \kappa \nabla^2 u = f(x,y,z,t), \qquad (x,y,z) \in V, \, t > 0, \tag{11.42a}$$

$$u\big|_{\Sigma} = \mu(\Sigma, t), \qquad t \geqslant 0, \tag{11.42b}$$

$$u\big|_{t=0} = \phi(x,y,z), \qquad (x,y,z) \in \overline{V}, \tag{11.42c}$$

其中 $\overline{V} \equiv V + \Sigma$. 假设 $f(x,y,z,t)$, $\mu(\Sigma,t)$ 和 $\phi(x,y,z)$ 均为连续函数, 则此定解问题的解 $u(x,y,z,t)$ 应当满足:

(1) 是 $(x,y,z) \in V, t > 0$ 内的连续函数;

(2) 在 $(x,y,z) \in V, t > 0$ 内有连续一阶偏导数 $\dfrac{\partial u}{\partial t}$ 和连续二阶偏导数 $\dfrac{\partial^2 u}{\partial x^2}, \dfrac{\partial^2 u}{\partial y^2}, \dfrac{\partial^2 u}{\partial z^2}$;

(3) 是方程 (11.42a) 的解, 即 $u(x,y,z,t)$ 使 (11.42a) 在 $(x,y,z) \in V, t > 0$ 内为恒等式;

(4) 在边界面 Σ 上, 使 (11.42b) 式在 $t > 0$ 的任一时刻恒成立, 并且当 $t \to 0+$ 时也成立;

(5) 在初始时刻 $t = 0$, 使 (11.42c) 式在体积 V 内的任意一点恒成立, 并且从体积内部逼近边界面时也成立.

现在的问题是: 在什么条件下, 定解问题的解是存在的, 唯一的, 并且是稳定的?

所谓解的**存在性**, 是指在给定的定解条件下, 偏微分方程是否有解. 如果方程及定解条件中存在矛盾, 这种定解问题的解就可能不存在.

所谓解的**唯一性**, 是指在给定的定解条件下, 偏微分方程的解是否只有一个. 如果已知条件不足以保证实际问题解的唯一性, 就说明还需要补充新的定解条件.

所谓解的**稳定性**, 即如果定解问题中的已知条件 (例如方程或定解条件中的已知函数) 有微小改变时, 相应地, 解也只有微小的改变. 由于在建立方程或者定解问题时, 总会要做适当的简化与近似, 解的稳定性就成为检验构建定解问题合理性的必然要求.

定解问题解的存在性、唯一性和稳定性, 统称**适定性**. 这当然需要从数学上加以研究. 从物理上考虑, 只要对实际物理问题的抽象是合理的, 初始条件的确是完全、确定地描写了初始时刻 (通常取为 $t = 0$) 体系内部以及边界面上任意一点的状况, 边界条件的确是完全而且确定地描写了边界面上任意一点在 $t \geqslant 0$ 的状况, 那么, 这样构成的定解问题就一定是适定的.

与此相关的问题是, 按照上面对于初始条件和边界条件的要求, 在这些条件中出现的已知函数必须满足一定的连续性要求. 例如对于上面的定解问题 (11.42), 就应当有

$$\mu(\Sigma,t)\big|_{t=0} = \phi(x,y,z)\big|_{\Sigma}. \tag{11.43}$$

有些定解问题不一定满足这个要求. 可以设想, 把初始温度分布为 $\phi(x,y,z)$ 的一块介质放到一个恒温环境 (例如温度恒为 u_0) 中, 使介质表面的温度也迅速达到恒温 u_0, 如果要求的精度许可, 允许忽略介质表面冷却或升温细致过程的影响, 那么, 就可以简单地将边界条件写成

$$u(x,y,z,t)\big|_{\Sigma} = u_0. \tag{11.44}$$

这样做的结果, 尽管和精确的边界条件还有差别, 但只要这种差别足够小, 那么, 解的稳定性就告诉我们, 由此引起的解的差异也是足够小的. 当然, 如果我们就是要研究这种冷却或升温细致过程的影响, 这种近似就是不可取的.

在实际问题中还广泛存在另一种情况, 这就是偏微分方程和边界条件、初始条件中的非齐次项可能并不是满足连续性的要求, 例如描述演奏弦乐器过程的偏微分方程就是 (11.7) 式, 边界条件和初始条件都是齐次的. 但是方程 (11.7) 中的非齐次项, 即施加在弦上的驱动力往往是不连续的, 在时间上固然是间断的, 在空间上也只是作用在某一点或每一段上. 演

奏这样的乐器, 当然可以欣赏到美妙的乐曲. 而从数学物理方程的角度来看, 如果我们姑且还把它称为定解问题的话, 它的解仍然是存在、唯一, 而且是稳定的, 尽管它的驱动力项不满足连续性的要求. 这时我们就需要把解的概念扩充为 **广义解**.

作为极端情形. 数学物理方程中还会专门研究偏微分方程的非齐次项为点源 (只在空间一点不为 0, 出现在稳定问题中) 或瞬时点源 (只在某一时刻、并在空间一点不为 0, 出现在与时间有关的问题中) 在齐次定解条件下的解 (Green 函数), 重要的是由它可以叠加出相应的方程和定解条件中非齐次项为任意函数时的解. 这种方法在近代物理学中得到广泛的应用. 并且, 为了描写这类点源或瞬时点源, 在物理学中首先提出了 δ 函数, 从而导致在数学中诞生出一个新的数学分支——广义函数.

习 题

1. 在弦的横振动问题中, 若弦受到一与速度成正比 (比例系数为 $-\alpha$) 的阻尼, 试导出弦的有阻尼振动方程. 又若除了阻尼力之外, 弦还受到与弦的位移成正比 (比例系数为 $-k$) 的回复力, 则此时弦的振动满足的方程是什么?

图 11.6

2. 一长为 l、横截面积为 S 的均匀弹性杆, 已知一端 ($x=0$) 固定, 另一端 ($x=l$) 在杆轴方向上受拉力 F 的作用而达到平衡 (见图 11.6). 在 $t=0$ 时, 撤去外力 F. 试列出杆的纵振动所满足的方程、边界条件和初始条件.

3. 一长为 l 的金属细杆 (可近似地看成是一维的), 通有稳定电流 I. 如果杆的两端 ($x=0$ 和 $x=l$) 均按 Newton 冷却定律与外界交换热量. 外界温度为 u_0. 初始时杆的温度分布为 $u_0(1-2x/l)^2$. 试写出杆上温度场所满足的方程、边界条件和初始条件, 设金属杆的电阻为 R.

4. 在铀块中, 除了中子的扩散运动外, 还存在中子的吸收和增殖过程. 设在单位时间内、单位体积中吸收和增殖的中子数均正比于该时刻、该处的中子浓度 $u(\boldsymbol{r},t)$, 因而净增中子数可表为 $\alpha u(\boldsymbol{r},t)$, α 为比例常数. 试导出 $u(\boldsymbol{r},t)$ 所满足的偏微分方程.

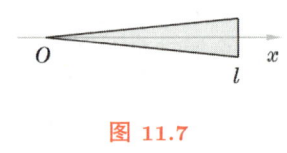

图 11.7

5. 一截面不均匀的细杆 (见图 11.7), 杆的截面积与离杆尖的距离成正比. 写出此杆的纵振动方程.

6. 一长为 l 的弦, 浸在阻尼系数为 α 的媒质中. 一端固定, 另一端受驱动力 $A\sin\omega t$ 的作用. 初始时处于平衡位置不动. 试写出弦的横振动方程, 边界条件和初始条件.

稳定问题中的三类定解问题

对于静电场或稳定的温度场, 未知函数 (静电势或温度) 满足 Laplace 方程或 Poisson 方程. 由于与时间无关, 所以定解条件就应当只是边界条件, 定解问题就称为相关偏微分方程的边值问题. 依照边界条件纯粹是第一类 (未知函数在边界面上的数值已知), 第二类 (未知函数的法向微商在边界面上的数值已知), 或者是第三类 (未知函数及其法向微商的线性组合在边界面上的数值 已知), 这三类定解问题分别称为偏微分方程的第一类边值问题、第二类边值问题或第三类边值问题, 或者称为偏微分方程的 Dirichlet 问题、Neumann 问题或 Robin 问题.

第十二章

线性偏微分方程的通解

上一章我们示范性地推导了常用的几个典型的线性偏微分方程以及定解条件,现在我们讨论如何求解这些偏微分方程定解问题.

求解常微分方程的定解问题时,我们常常先求出常微分方程的通解,然后将通解代入定解条件,定出通解中的任意常数,从而确定常微分方程定解问题的解. 按照这样的求解思路,我们也从偏微分方程的通解 (如果能够求得的话) 开始,讨论偏微分方程定解问题的求解问题.

*§12.1 线性方程解的叠加性

在第十一章中导出的几种典型的二阶偏微分方程都是线性偏微分方程,也就是说,在方程中只出现对于未知函数的线性运算. 在讨论偏微分方程的通解之前,我们先介绍线性方程共有的性质. 下面为了叙述简洁起见,引进线性算符 $\widehat{L}$ 的记号,把这些线性偏微分方程统一写成

$$\widehat{L}[u] = f \tag{12.1}$$

的形式,其中 u 是未知函数,f 是已知函数,称为**方程的非齐次项**. 若 $f \equiv 0$,则称方程是**齐次的**,否则方程就是**非齐次的**. 和上一章中得到的各个偏微分方程做比较,就可以看出线性算符 $\widehat{L}$ 的具体形式. 下面的表 12.1 中给出了几个典型的例子. 而且,本书讨论的定解条件,也都是线性的,也可以把它们写成类似的算符形式.

表 12.1

方程类型	方　　程	线性算符 $\widehat{L}$
波动方程	$\dfrac{\partial^2 u}{\partial t^2} - a^2 \nabla^2 u = f$	$\widehat{L} \equiv \dfrac{\partial^2}{\partial t^2} - a^2 \nabla^2$
热传导方程	$\dfrac{\partial u}{\partial t} - \kappa \nabla^2 u = f$	$\widehat{L} \equiv \dfrac{\partial}{\partial t} - \kappa \nabla^2$
Poisson 方程	$\nabla^2 u = f$	$\widehat{L} \equiv \nabla^2$
Helmholtz 方程	$\nabla^2 u + k^2 u = f$	$\widehat{L} \equiv \nabla^2 + k^2$

根据**线性算符**的定义

$$\widehat{L}[c_1 u_1 + c_2 u_2] = c_1 \widehat{L}[u_1] + c_2 \widehat{L}[u_2] \quad (c_1, c_2 \text{ 为常数}),$$

立即可以导出线性方程的下列基本性质.

性质 1 若 u_1 和 u_2 都是齐次线性方程 $\widehat{L}[u] = 0$ 的解,

$$\widehat{L}[u_1] = 0, \qquad \widehat{L}[u_2] = 0,$$

则它们的线性组合 $c_1u_1 + c_2u_2$ 也是该齐次线性方程的解,
$$\widehat{L}[c_1u_1 + c_2u_2] = 0. \tag{12.2}$$

性质 2 若 u_1 和 u_2 都是同一个非齐次线性方程 $\widehat{L}[u] = f$ 的解,
$$\widehat{L}[u_1] = f, \qquad \widehat{L}[u_2] = f,$$
则它们的差 $u_1 - u_2$ 一定是相应的齐次线性方程的解,
$$\widehat{L}[u_1 - u_2] = 0. \tag{12.3}$$

换言之, 非齐次线性方程的一个特解加上相应齐次线性方程的解仍是原非齐次线性方程的解, 特别是, 非齐次线性方程的一个特解加上相应齐次线性方程的通解就是原非齐次线性方程的通解.

性质 3 若 u_1 和 u_2 分别满足非齐次线性方程
$$\widehat{L}[u_1] = f_1, \qquad \widehat{L}[u_2] = f_2,$$
则它们的线性组合 $c_1u_1 + c_2u_2$ 满足非齐次线性方程
$$\widehat{L}[c_1u_1 + c_2u_2] = c_1f_1 + c_2f_2. \tag{12.4}$$

本节和以后几节均以两个自变量的线性偏微分方程为例, 讨论方程的特解和通解. 这类线性偏微分方程的普遍形式可以写为
$$A_0\frac{\partial^n u}{\partial x^n} + A_1\frac{\partial^n u}{\partial x^{n-1}\partial y} + \cdots + A_n\frac{\partial^n u}{\partial y^n} + B_0\frac{\partial^{n-1} u}{\partial x^{n-1}} + \cdots + M_0\frac{\partial u}{\partial x} + M_1\frac{\partial u}{\partial y} + Nu = f(x,y), \tag{12.5}$$

或者引进简写符号 $\widehat{D}_x \equiv \partial/\partial x$, $\widehat{D}_y \equiv \partial/\partial y$, 而将方程写成
$$\widehat{L}(\widehat{D}_x, \widehat{D}_y)u \equiv \big(A_0\widehat{D}_x^n + A_1\widehat{D}_x^{n-1}\widehat{D}_y + \cdots + A_n\widehat{D}_y^n + B_0\widehat{D}_x^{n-1}$$
$$+ \cdots + M_0\widehat{D}_x + M_1\widehat{D}_y + N\big)u = f(x,y), \tag{12.5'}$$

其中 $A_0, A_1, \cdots, A_n, B_0, \cdots, M_0, M_1, N$ 都是 x, y 的已知函数, 称为**方程的系数**. 我们只讨论最简单的情形, 即常系数的线性偏微分方程 (方程的系数均为常数), 以及能化为常系数的线性偏微分方程.

*§12.2 常系数线性齐次偏微分方程的通解

两个自变量的常系数线性齐次偏微分方程的普遍形式是
$$A_0\frac{\partial^n u}{\partial x^n} + A_1\frac{\partial^n u}{\partial x^{n-1}\partial y} + \cdots + A_n\frac{\partial^n u}{\partial y^n} + B_0\frac{\partial^{n-1} u}{\partial x^{n-1}} + \cdots + M_0\frac{\partial u}{\partial x} + M_1\frac{\partial u}{\partial y} + Nu = 0, \tag{12.6}$$

或者写成
$$\widehat{L}(\widehat{D}_x, \widehat{D}_y)u \equiv \big(A_0\widehat{D}_x^n + A_1\widehat{D}_x^{n-1}\widehat{D}_y + \cdots + A_n\widehat{D}_y^n + B_0\widehat{D}_x^{n-1}$$
$$+ \cdots + M_0\widehat{D}_x + M_1\widehat{D}_y + N\big)u = 0, \tag{12.6'}$$

其中方程的系数 $A_0, A_1, \cdots, A_n, B_0, \cdots, M, N, P$ 都是常数. 求解这类方程, 需要区分两种情形, 即 $\widehat{L}(\widehat{D}_x, \widehat{D}_y)$ 是不是 $\widehat{D}_x, \widehat{D}_y$ 的齐次式.

1. $\widehat{L}(\widehat{D}_x, \widehat{D}_y)$ 是 $\widehat{D}_x, \widehat{D}_y$ 的齐次式

$$(A_0\widehat{D}_x^n + A_1\widehat{D}_x^{n-1}\widehat{D}_y + A_2\widehat{D}_x^{n-2}\widehat{D}_y^2 + \cdots + A_n\widehat{D}_y^n)u = 0. \tag{12.7}$$

正如 n 次代数方程

$$A_0x^n + A_1x^{n-1} + A_2x^{n-2} + \cdots + A_n = 0$$

总可以因式分解为

$$A_0(x-\alpha_1)(x-\alpha_2)(x-\alpha_3)\cdots(x-\alpha_n) = 0$$

一样, 线性算符 $\widehat{L}(\widehat{D}_x, \widehat{D}_y)$ 也总可以分解成为 n 个线性算符的乘积

$$\widehat{L}(\widehat{D}_x, \widehat{D}_y) = A_0(\widehat{D}_x - \alpha_1\widehat{D}_y)(\widehat{D}_x - \alpha_2\widehat{D}_y)\cdots(\widehat{D}_x - \alpha_n\widehat{D}_y), \tag{12.8}$$

其中 $\alpha_1, \alpha_2, \cdots, \alpha_n$ 也都是常数, 因此这 n 个因子的次序可以任意调换.

取试探解为 $u = \phi(y + \alpha x)$, 因为

$$\widehat{D}_x^k u = \alpha^k \phi^{(k)}(y+\alpha x), \qquad \widehat{D}_y^k u = \phi^{(k)}(y+\alpha x), \qquad \widehat{D}_x^r\widehat{D}_y^s u = \alpha^r \phi^{(r+s)}(y+\alpha x),$$

代入方程即得

$$(A_0\alpha^n + A_1\alpha^{n-1} + \cdots + A_n)\phi^{(n)}(y+\alpha x) = 0. \tag{12.9}$$

设代数方程 (称为附加方程, auxiliary equation)

$$A_0\alpha^n + A_1\alpha^{n-1} + \cdots + A_n = 0 \tag{12.10}$$

的解是 $\alpha_1, \alpha_2, \cdots, \alpha_n$, 且互不相等, 则方程 (12.7) 的通解为

$$u = \phi_1(y+\alpha_1 x) + \phi_2(y+\alpha_2 x) + \cdots + \phi_n(y+\alpha_n x), \tag{12.11}$$

其中 $\phi_i, i=1,2,\cdots,n$ 是 (互相独立的) 任意 (n 次可微) 函数.

例 12.1 求方程 $\dfrac{\partial^2 u}{\partial x^2} - a^2 \dfrac{\partial^2 u}{\partial y^2} = 0$ 的通解, a 为常数.

解 因附加方程 $\alpha^2 - a^2 = 0$ 的解 $\alpha = \pm a$, 故方程的通解为

$$u = \phi_1(y+ax) + \phi_2(y-ax).$$

若 α 是重根, 例如是二重根, $(\widehat{D}_x - \alpha\widehat{D}_y)^2 u = 0$, 则不妨令 $u = f(x)\phi(y+\alpha x)$, 因此

$$(\widehat{D}_x - \alpha\widehat{D}_y)u = f'(x),$$
$$(\widehat{D}_x - \alpha\widehat{D}_y)^2 u = (\widehat{D}_x - \alpha\widehat{D}_y)f'(x) = f''(x) = 0,$$

由此可得两个独立解 $f(x) = 1$ 与 $f(x) = 1$, 所以方程 $(\widehat{D}_x - \alpha\widehat{D}_y)^2 u = 0$ 的通解即为

$$u = x\phi_1(y+\alpha x) + \phi_2(y+\alpha x).$$

当然, 也可以令 $u = g(y)\phi(y+\alpha x)$, 从而得到

$$u = y\phi_3(y+\alpha x) + \phi_4(y+\alpha x).$$

显然这两种形式的通解可以互化.

更进一步, 若 α 为 n 重根, 即 $(\widehat{D}_x - \alpha\widehat{D}_y)^n u = 0$, 则方程的通解为
$$u = x^{n-1}\phi_1(y+\alpha x) + x^{n-2}\phi_2(y+\alpha x) + \cdots + x\phi_{n-1}(y+\alpha x) + \phi_n(y+\alpha x).$$

例 12.2 方程 $(\widehat{D}_x^2 - 2\widehat{D}_x\widehat{D}_y + \widehat{D}_y^2)u = 0$ 的通解为
$$u = x\phi(x+y) + \psi(x+y).$$

2. $\widehat{L}(\widehat{D}_x, \widehat{D}_y)$ 不是 $\widehat{D}_x, \widehat{D}_y$ 的齐次式

首先考虑一阶偏微分方程
$$(\widehat{D}_x - \alpha\widehat{D}_y - \beta)u = 0. \tag{12.12}$$

前面已经求出此方程在 $\beta = 0$ 时的通解 $u = \phi(y+\alpha x)$. 当 $\beta \neq 0$ 时仍可设解为
$$u(x,y) = f(x)\phi(y+\alpha x).$$

代入方程, 有
$$\begin{aligned}(\widehat{D}_x - \alpha\widehat{D}_y - \beta)&\bigl[f(x)\phi(y+\alpha x)\bigr] \\ &= f(x)(\widehat{D}_x - \alpha\widehat{D}_y)\phi(y+\alpha x) + \phi(y+\alpha x)(\widehat{D}_x - \beta)f(x) = 0.\end{aligned}$$

因为 $(\widehat{D}_x - \alpha\widehat{D}_y)\phi(y+\alpha x) = 0$, 就得到 $f(x)$ 满足的常微分方程
$$(\widehat{D}_x - \beta)f(x) \equiv f'(x) - \beta f(x) = 0.$$

解之得 $f(x) = \mathrm{e}^{\beta x}$. 因此, 方程 (12.12) 的通解就是
$$u(x,y) = \mathrm{e}^{\beta x}\phi(y+\alpha x). \tag{12.13}$$

在上面的通解中, 本来还会出现一个常系数, 但它可以吸收进任意函数 $\phi(y+\alpha x)$ 中.

练习 12.1 将方程 (12.12) 的通解取为 $u(x,y) = g(y)\phi(y+\alpha x)$, 试求解.

显然, 当 $\widehat{L}(\widehat{D}_x, \widehat{D}_y)$ 不是 $\widehat{D}_x$ 和 $\widehat{D}_y$ 的齐次式, 但能分解为 $\widehat{D}_x$ 和 $\widehat{D}_y$ 的线性式的乘积时, 也可以容易地求出方程的通解.

练习 12.3 求方程 $\dfrac{\partial^2 u}{\partial x^2} - \dfrac{\partial^2 u}{\partial x \partial y} - 2\dfrac{\partial^2 u}{\partial y^2} + 2\dfrac{\partial u}{\partial x} + 2\dfrac{\partial u}{\partial y} = 0$ 的通解.

解 容易看出,
$$(\widehat{D}_x^2 - \widehat{D}_x\widehat{D}_y - 2\widehat{D}_y^2 + 2\widehat{D}_x + 2\widehat{D}_y)u = (\widehat{D}_x + \widehat{D}_y)(\widehat{D}_x - 2\widehat{D}_y + 2)u = 0,$$

故方程的通解为
$$u = \phi(x-y) + \mathrm{e}^{-2x}\psi(y+2x).$$

注意: 若有重复性因子, 例如 $(\widehat{D}_x - \alpha\widehat{D}_y - \beta)^2 z = 0$, 则通解为
$$z = x\mathrm{e}^{\beta x}\phi(y+\alpha x) + \mathrm{e}^{\beta x}\psi(y+\alpha x).$$

*§12.3 常系数线性非齐次偏微分方程的通解

对于线性非齐次偏微分方程，
$$\widehat{L}(\widehat{D}_x, \widehat{D}_y)u = f(x,y), \tag{12.14}$$
显然有

> 线性非齐次方程的通解 = 线性非齐次方程的任一特解 + 相应线性齐次方程的通解.

因此，问题便转化为只需求出线性非齐次方程的任意一个特解.

将方程 (12.14) 的特解形式地表示为
$$u_0 = \frac{1}{\widehat{L}(\widehat{D}_x, \widehat{D}_y)} f(x,y), \tag{12.15}$$
它的含义就是
$$\widehat{L}(\widehat{D}_x, \widehat{D}_y)u_0 = f(x,y).$$
可以按照下列法则求出 $u_0(x,y)$.

(1) 若 $f(x,y) = \mathrm{e}^{ax+by}$，则
$$\boxed{\frac{1}{\widehat{L}(\widehat{D}_x, \widehat{D}_y)} \mathrm{e}^{ax+by} = \frac{1}{L(a,b)} \mathrm{e}^{ax+by}, \qquad L(a,b) \neq 0,} \tag{12.16}$$
其中 $L(a,b)$ 表示在算符 $\widehat{L}(\widehat{D}_x, \widehat{D}_y)$ 中的 $\widehat{D}_x, \widehat{D}_y$ 分别用 a,b 代替后得到的数值. (12.16) 式其实就完全等价于
$$\widehat{L}(\widehat{D}_x, \widehat{D}_y)\mathrm{e}^{ax+by} = L(a,b)\mathrm{e}^{ax+by},$$
直接利用求偏导数的公式
$$\widehat{D}_x \mathrm{e}^{ax+by} = a\mathrm{e}^{ax+by}, \qquad \widehat{D}_y \mathrm{e}^{ax+by} = b\mathrm{e}^{ax+by}$$
就能够证明这个公式.

例外的情形是 (12.16) 式中 $L(a,b) = 0$. 这时，不妨设 $\widehat{L}(\widehat{D}_x, \widehat{D}_y) = b\widehat{D}_x - a\widehat{D}_y$，于是便需要求解
$$(b\widehat{D}_x - a\widehat{D}_y)u = \mathrm{e}^{ax+by}. \tag{12.17}$$
可设特解为
$$u_0(x,y) = f(x,y)\mathrm{e}^{ax+by},$$
代入方程 (12.17)，
$$\begin{aligned}(b\widehat{D}_x - a\widehat{D}_y)[f(x,y)\mathrm{e}^{ax+by}] &= \mathrm{e}^{ax+by}(b\widehat{D}_x - a\widehat{D}_y)f(x,y) + f(x,y)(b\widehat{D}_x - a\widehat{D}_y)\mathrm{e}^{ax+by} \\ &= \mathrm{e}^{ax+by}(b\widehat{D}_x - a\widehat{D}_y)f(x,y) = \mathrm{e}^{ax+by},\end{aligned}$$
可以得到 $f(x,y)$ 满足的微分方程
$$(b\widehat{D}_x - a\widehat{D}_y)f(x,y) = 1.$$
不妨取此方程的解为
$$f(x,y) = \alpha x + \beta y + \gamma,$$
其中的系数满足
$$b\alpha - a\beta = 1$$

即可. 特别是, 可取 $\beta = \gamma = 0$, $\alpha = 1/b$,

$$\boxed{\frac{1}{b\widehat{D}_x - a\widehat{D}_y}\mathrm{e}^{ax+by} = \frac{x}{b}\mathrm{e}^{ax+by},} \tag{12.18}$$

或者取 $\alpha = \gamma = 0$, $\beta = -1/a$,

$$\boxed{\frac{1}{b\widehat{D}_x - a\widehat{D}_y}\mathrm{e}^{ax+by} = -\frac{y}{a}\mathrm{e}^{ax+by}.} \tag{12.18}$$

例 12.4 求解方程 $(2\widehat{D}_x - 3\widehat{D}_y)(\widehat{D}_x + \widehat{D}_y)u = 5\mathrm{e}^{x-y}$.

解 显然, 相应齐次方程的通解为 $\phi(y-x) + \psi(2y+3x)$.

非齐次方程的特解可取为

$$u_0 = \frac{5}{(\widehat{D}_x + \widehat{D}_y)(2\widehat{D}_x - 3\widehat{D}_y)}\mathrm{e}^{x-y} = \frac{1}{\widehat{D}_x + \widehat{D}_y}\left[\frac{5}{2-3(-1)}\mathrm{e}^{x-y}\right] = \frac{1}{\widehat{D}_x + \widehat{D}_y}\mathrm{e}^{x-y} = x\mathrm{e}^{x-y}.$$

所以, 非齐次方程的通解为

$$u = x\mathrm{e}^{x-y} + \phi(y-x) + \psi(2y+3x).$$

(2) 若 $f(x,y) = \mathrm{e}^{\mathrm{i}(ax+by)}$, 显然有

$$\frac{1}{\widehat{L}(\widehat{D}_x, \widehat{D}_y)}\mathrm{e}^{\mathrm{i}(ax+by)} = \frac{1}{L(\mathrm{i}a, \mathrm{i}b)}\mathrm{e}^{\mathrm{i}(ax+by)}.$$

因此, 当 a 和 b 为实数, 且 $\widehat{L}(\widehat{D}_x, \widehat{D}_y)$ 中的系数也为实数时,

$$\boxed{\frac{1}{\widehat{L}(\widehat{D}_x, \widehat{D}_y)}\sin(ax+by) = \mathrm{Im}\left[\frac{1}{L(\mathrm{i}a, \mathrm{i}b)}\mathrm{e}^{\mathrm{i}(ax+by)}\right],} \tag{12.19}$$

$$\boxed{\frac{1}{\widehat{L}(\widehat{D}_x, \widehat{D}_y)}\cos(ax+by) = \mathrm{Re}\left[\frac{1}{L(\mathrm{i}a, \mathrm{i}b)}\mathrm{e}^{\mathrm{i}(ax+by)}\right].} \tag{12.20}$$

(3) 若 $f(x,y) = \mathrm{e}^{ax+by}g(x,y)$, 则

$$\boxed{\frac{1}{\widehat{L}(\widehat{D}_x, \widehat{D}_y)}\mathrm{e}^{ax+by}g(x,y) = \mathrm{e}^{ax+by}\frac{1}{\widehat{L}(\widehat{D}_x + a, \widehat{D}_y + b)}g(x,y).} \tag{12.21}$$

要证明这个公式, 只需注意到

$$\widehat{D}_x\left[\mathrm{e}^{ax+by}f(x,y)\right] = \mathrm{e}^{ax+by}(\widehat{D}_x + a)f(x,y), \quad \widehat{D}_y\left[\mathrm{e}^{ax+by}f(x,y)\right] = \mathrm{e}^{ax+by}(\widehat{D}_y + b)f(x,y),$$

因此就有

$$\widehat{L}(\widehat{D}_x, \widehat{D}_y)\left[\mathrm{e}^{ax+by}f(x,y)\right] = \mathrm{e}^{ax+by}\widehat{L}(\widehat{D}_x + a, \widehat{D}_y + b)f(x,y).$$

这样, 用 $\widehat{L}(\widehat{D}_x, \widehat{D}_y)$ 作用在公式 (12.21) 两端, 显然,

$$\widehat{L}(\widehat{D}_x, \widehat{D}_y)\left[\mathrm{e}^{ax+by}\frac{1}{\widehat{L}(\widehat{D}_x + a, \widehat{D}_y + b)}g(x,y)\right]$$
$$= \mathrm{e}^{ax+by}\widehat{L}(\widehat{D}_x + a, \widehat{D}_y + b)\left[\frac{1}{\widehat{L}(\widehat{D}_x + a, \widehat{D}_y + b)}g(x,y)\right] = \mathrm{e}^{ax+by}g(x,y).$$

所以, 公式 (12.21) 成立.

(4) 若 $f(x,y) = x^m y^n$, 则可将 $1/\widehat{L}(\widehat{D}_x, \widehat{D}_y)$ 展开为 $\widehat{D}_x, \widehat{D}_y$ 的幂级数, 而后求出特解.

例 12.5 求方程 $(\widehat{D}_x^2 - 2\widehat{D}_x\widehat{D}_y + \widehat{D}_y^2)u = 12xy$ 的通解.

解 方程的特解可取为

$$u_0 = \frac{12}{\widehat{D}_x^2 - 2\widehat{D}_x\widehat{D}_y + \widehat{D}_y^2}xy = \frac{12}{(\widehat{D}_x - \widehat{D}_y)^2}xy = \frac{12}{\widehat{D}_x^2}\left(1 - \frac{\widehat{D}_y}{\widehat{D}_x}\right)^{-2}xy$$

$$= \frac{12}{\widehat{D}_x^2}\left(1 + 2\frac{\widehat{D}_y}{\widehat{D}_x} + \cdots\right)xy = \frac{12}{\widehat{D}_x^2}\left(xy + \frac{2}{\widehat{D}_x}x\right) = 12\left(y\frac{1}{\widehat{D}_x^2}x + \frac{2}{\widehat{D}_x^3}x\right)$$

$$= 12\left(\frac{1}{6}x^3y + \frac{1}{12}x^4\right) = x^4 + 2x^3y,$$

其中利用了

$$\frac{1}{\widehat{D}_x^2}x = \frac{1}{6}x^3 \quad \left(\text{因 } \frac{\mathrm{d}^2}{\mathrm{d}x^2}\frac{x^3}{6} = x\right), \qquad \frac{1}{\widehat{D}_x^3}x = \frac{1}{24}x^4 \quad \left(\text{因 } \frac{\mathrm{d}^3}{\mathrm{d}x^3}\frac{x^4}{24} = x\right).$$

相应齐次方程的通解已在例 12.2 中求出, 故非齐次方程的通解为

$$u = x\phi(x+y) + \psi(x+y) + x^4 + 2x^3y.$$

需要说明, 在将 $1/\widehat{L}(\widehat{D}_x, \widehat{D}_y)$ 展开时可以有不同的方法, 因而得到不同的结果. 例如, 在上面的例题中, 也可以得到

$$\frac{1}{(\widehat{D}_x - \widehat{D}_y)^2} = \frac{1}{\widehat{D}_y^2}\left(1 - \frac{\widehat{D}_x}{\widehat{D}_y}\right)^{-2} = \frac{1}{\widehat{D}_y^2}\left(1 - 2\frac{\widehat{D}_x}{\widehat{D}_y} + \cdots\right),$$

因此, 非齐次方程的特解也可以取为

$$u_0 = \frac{12}{(\widehat{D}_x - \widehat{D}_y)^2}xy = 2xy^3 + y^4.$$

容易验证, 这两种办法得到的特解之差

$$x^4 + 2x^3y - 2xy^3 - y^4 = (x-y)(x+y)^3 = 2x(x+y)^3 - (x+y)^4$$

正是相应齐次方程的解.

推论 若非齐次项为 $f(ax+by)$, 且 $\widehat{L}(\widehat{D}_x, \widehat{D}_y)$ 是 $\widehat{D}_x, \widehat{D}_y$ 的齐 (n) 次式, 则

$$\widehat{D}_x^r g(ax+by) = a^r g^{(r)}(ax+by), \qquad \widehat{D}_y^s g(ax+by) = b^s g^{(s)}(ax+by).$$

所以

$$\widehat{L}(\widehat{D}_x, \widehat{D}_y)g(ax+by) = L(a,b)g^{(n)}(ax+by).$$

因此, 当 $L(a,b) \neq 0$ 时, 就有

$$\boxed{\frac{1}{\widehat{L}(\widehat{D}_x, \widehat{D}_y)}g^{(n)}(ax+by) = \frac{1}{L(a,b)}g(ax+by).} \tag{12.22}$$

例 12.6 求解方程 $\dfrac{\partial^2 v}{\partial x^2} + \dfrac{\partial^2 v}{\partial y^2} = 12(x+y)$.

解 先求特解. 将方程写成 $(\widehat{D}_x^2 + \widehat{D}_y^2)v = 12(x+y)$, 显然特解为

$$v_0 = \frac{12}{\widehat{D}_x^2 + \widehat{D}_y^2}(x+y) = \frac{12}{(1^2+1^2)}\frac{1}{3!}(x+y)^3 = (x+y)^3.$$

容易求出相应齐次方程的通解,从而得出非齐次方程的通解
$$v = (x+y)^3 + \phi(x+\mathrm{i}y) + \psi(x-\mathrm{i}y).$$

此推论也有失效的情形,这就是 (12.22) 式中 $L(a,b) = 0$. 这时不妨先考虑一个相关的然而特殊的一阶非齐次偏微分方程
$$(\widehat{D}_x - \alpha \widehat{D}_y)u = \phi(x)\psi(y+\alpha x), \tag{12.23}$$

同样可设
$$u(x,y) = f(x)\psi(y+\alpha x).$$

代入方程 (12.23),可以得到 $f(x)$ 满足的常微分方程 $f'(x) = \phi(x)$,由此即可解得 $f(x)$. 或者直接将方程 (12.23) 中的非齐次项写成 $f'(x)\psi(y+\alpha x)$,就有

$$\boxed{\frac{1}{\widehat{D}_x - \alpha \widehat{D}_y} f'(x)\psi(y+\alpha x) = f(x)\psi(y+\alpha x).} \tag{12.24}$$

反复利用 (12.24) 式的结果,还可以进一步得到

$$\boxed{\frac{1}{(\widehat{D}_x - \alpha \widehat{D}_y)^k} f^{(k)}(x)\psi(y+\alpha x) = f(x)\psi(y+\alpha x).} \tag{12.25}$$

例 12.7 求解 $(\widehat{D}_x^2 - 6\widehat{D}_x\widehat{D}_y + 9\widehat{D}_y^2)u = 6x + 2y$,即
$$(\widehat{D}_x - 3\widehat{D}_y)^2 u = 6x + 2y.$$

解 相应齐次方程的通解 (见例 12.3) 为 $x\phi(y+3x) + \psi(y+3x)$. 而非齐次方程的特解为
$$u_0 = \frac{1}{(\widehat{D}_x - 3\widehat{D}_y)^2}(6x+2y) = \frac{2}{(\widehat{D}_x - 3\widehat{D}_y)^2}(3x+y) = x^2(y+3x).$$

因此,非齐次方程的通解为
$$u = x^2(y+3x) + x\phi(y+3x) + \psi(y+3x).$$

对于方程 (12.23) 右端的非齐次项为 $\phi(x)\psi(y+\alpha x)$ 的更一般的情形,可类似地讨论.

*§12.4 特殊的变系数线性齐次偏微分方程

先讨论
$$x^m y^n \frac{\partial^{m+n} u}{\partial x^m \partial y^n} \tag{12.26}$$

形式的项. 令
$$x = \mathrm{e}^t, \qquad y = \mathrm{e}^s, \tag{12.27}$$

即 $t = \ln x, s = \ln y$,则有
$$\widehat{D}_t \equiv \frac{\partial}{\partial t} = x\frac{\partial}{\partial x}, \qquad \widehat{D}_s \equiv \frac{\partial}{\partial s} = y\frac{\partial}{\partial y}. \tag{12.28}$$

于是,
$$x^2 \frac{\partial^2}{\partial x^2} = \widehat{D}_t(\widehat{D}_t - 1), \qquad y^2 \frac{\partial^2}{\partial y^2} = \widehat{D}_s(\widehat{D}_s - 1),$$
$$x^3 \frac{\partial^3}{\partial x^3} = \widehat{D}_t(\widehat{D}_t - 1)(\widehat{D}_t - 2), \qquad y^3 \frac{\partial^3}{\partial y^3} = \widehat{D}_s(\widehat{D}_s - 1)(\widehat{D}_s - 2),$$
$$\vdots \qquad\qquad\qquad \vdots$$

更一般地,
$$x^m y^n \frac{\partial^{m+n}}{\partial x^m \partial y^n} = \widehat{D}_t(\widehat{D}_t-1)\cdots(\widehat{D}_t-m+1)\widehat{D}_s(\widehat{D}_s-1)\cdots(\widehat{D}_s-n+1). \tag{12.29}$$

所以, 对于 $\widehat{L}(\widehat{D}_x, \widehat{D}_y)$ 均由 (12.26) 式形式的项组成时, 通过变换 (12.27) 可以化为常系数的微分方程. 下面通过一个具体的例子来说明这类方程的解法.

例 12.8 求方程 $x^2\dfrac{\partial^2 u}{\partial x^2} - y^2\dfrac{\partial^2 u}{\partial y^2} + x\dfrac{\partial u}{\partial x} - y\dfrac{\partial u}{\partial y} = 0$ 的通解.

解 做变换 (12.27), 则方程化为
$$\left[\widehat{D}_t(\widehat{D}_t-1) - \widehat{D}_s(\widehat{D}_s-1) + \widehat{D}_t - \widehat{D}_s\right]u = 0,$$
即 $(\widehat{D}_t^2 - \widehat{D}_s^2)u = 0$. 所以, 方程的通解为
$$u = \phi_1(t+s) + \psi_1(t-s) = \phi_1(\ln x + \ln y) + \psi_1(\ln x - \ln y)$$
$$= \phi_1(\ln xy) + \psi_1\left(\ln \frac{x}{y}\right) = \phi(xy) + \psi\left(\frac{x}{y}\right).$$

*§12.5 波动方程的行波解

在例 12.1 中, 曾经讨论过波动方程
$$\frac{\partial^2 u}{\partial t^2} - a^2\frac{\partial^2 u}{\partial x^2} = 0 \tag{12.30}$$
的通解, 这里, 把它改写成
$$u(x,t) = f(x-at) + g(x+at), \tag{12.31}$$
其中 f 和 g 是任意二阶可微函数. 这个解式表明, 波动方程 (12.30) 的通解由两个波组成: $f(x-at)$ 代表沿 x 轴向右传播的波, 当 $t=0$ 时, 波形为 $f(x)$, 而后以恒定速率 a 向右传播, 保持波形不变; $g(x+at)$ 则代表沿 x 轴向左传播的波, 当 $t=0$ 时, 波形为 $g(x)$, 而后也以同样的恒定速率 a 向左传播, 保持波形不变. 单独的 $f(x-at)$ 和 $g(x+at)$ 也是方程 (12.30) 的解. 它们独立传播, 互不干扰. 这正是因为波动方程是线性齐次方程, 其解具有可叠加性.

原则上说, 函数 f 和 g 应该由定解条件确定. 如果把问题简化为一维无界弦上波的传播问题, 那么, f 和 g 当然便完全由初始条件决定.

例 12.9 求解定解问题[①]
$$\frac{\partial^2 u}{\partial t^2} - a^2\frac{\partial^2 u}{\partial x^2} = 0, \qquad -\infty < x < \infty, t > 0, \tag{12.32a}$$
$$u(x,t)\big|_{t=0} = \phi(x), \qquad -\infty < x < \infty, \tag{12.32b}$$
$$\frac{\partial u}{\partial t}\bigg|_{t=0} = \psi(x), \qquad -\infty < x < \infty. \tag{12.32c}$$

---

① 这个定解问题中明显缺少了边界条件. 严格说来, 这里的确应该明确写出无穷远条件
$$u(x,t)\big|_{x \to \pm\infty} \to 0 \quad 或 \quad u(x,t)\big|_{x \to \pm\infty} 有界.$$
但就具体问题而言, 这个条件可以由 $\phi(x)$ 和 $\psi(x)$ 的具体形式来得到保证. $\phi(x)$ 和 $\psi(x)$ 总是会局限在一个有限的范围内. 当 $|x|$ 增大时, $\phi(x)$ 和 $\psi(x)$ 都会足够快地趋于 0. 因此, 从后面的解 (12.34) 就可以看出, 在有限的时间内, $u(x,t)$ 总还是在一个有限的范围内才不为 0. 从概念上说, 所谓无穷长的弦当然只是一个理想化的抽象. 它恰恰就是表示: 在我们所考察的时间和空间范围内, 端点的影响可以忽略不计.

解 方程 (12.32a) 的通解已由 (12.31) 式给出, 现在的问题便是如何根据初始条件 (12.32b) 和 (12.32c) 确定函数 f 和 g. 为此, 将解式 (12.31) 代入初始条件, 得

$$f(x)+g(x)=\phi(x), \tag{12.33a}$$

$$a\big[f'(x)-g'(x)\big]=-\psi(x). \tag{12.33b}$$

将 (12.33b) 积分, 可以得到

$$f(x)-g(x)=-\frac{1}{a}\int_0^x \psi(\xi)\mathrm{d}\xi+C,$$

其中 C 是积分常数. 将这个结果和 (12.33a) 联立, 即可求得

$$f(x)=\frac{1}{2}\phi(x)-\frac{1}{2a}\int_0^x \psi(\xi)\mathrm{d}\xi+\frac{C}{2}, \qquad g(x)=\frac{1}{2}\phi(x)+\frac{1}{2a}\int_0^x \psi(\xi)\mathrm{d}\xi-\frac{C}{2}.$$

再代回解式 (12.31), 即得

$$\begin{aligned} u(x,t) &= f(x-at)+g(x+at) \\ &= \frac{1}{2}[\phi(x-at)+\phi(x+at)]+\frac{1}{2a}\int_{x-at}^{x+at}\psi(\xi)\mathrm{d}\xi. \end{aligned} \tag{12.34}$$

这样, 就求得了一维无界区间上波动方程定解问题 (12.32) 的解. 它称为一维波动方程定解问题的**行波解**, 或 d'Alembert 解. 这个解具有清楚的物理意义: 第一项表示由初位移 $u(x,t)\big|_{t=0}=\phi(x)$ 激发的行波, $t>0$ 以后分成相等的两部分, 独立地向左、右传播, 速率为 a; 第二项表示由初速度 $\partial u/\partial t\big|_{t=0}=\psi(x)$ 激发的行波, 在 $t>0$ 时刻, 它左右对称地扩展到 $[x-at, x+at]$ 的范围, 所以传播速率也是 a.

无界弦自由振动的这种传播特性, 可以利用几何图形更直观地表现出来. 显然, 定解问题 (12.32) 的定义域是 $x\text{-}t$ 平面上的上半平面. 如果弦上一点 x_0 在 $t=0$ 时 (即对应于 $x\text{-}t$ 平面 x 轴上的 $(x_0, 0)$ 点) 受到激发, 则此后一定只波及区域 $x_0-at\leqslant x\leqslant x_0+at$ 内. 这个区域就是弦上 x_0 点的**影响区域** [见图 12.1(a)]. 因为区域内任意一点一定会受到初始激发的影响, 而区域外的任何点一定不会受到初始激发的影响. 这里的直线 $x=x_0-at$ 和 $x=x_0+at$ 称为波动方程的 (过 x_0 点的) **特征线**. 类似地, 由特征线 $x=x_1-at$ 和 $x=x_2+at$ 围成的平面区域

$$x_1-at\leqslant x\leqslant x_2+at, \qquad x_2>x_1, t\geqslant 0$$

就是 (x 轴上) 区间 $[x_1, x_2]$ 的影响区域, 见图 12.1(b).

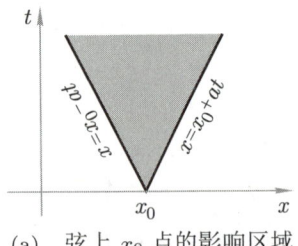

(a) 弦上 x_0 点的影响区域

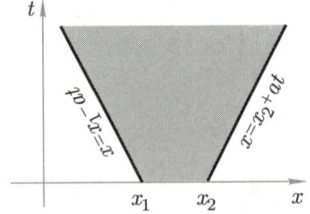

(b) 区间 $[x_1, x_2]$ 的影响区域

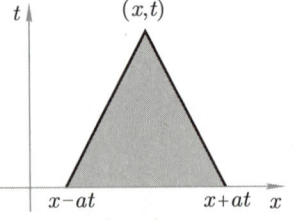

(c) (x,t) 点的依赖区间

图 12.1 一维无界空间波动方程的影响区域和依赖区间

还可以从相反的角度提出问题: $x\text{-}t$ 平面上一点 (x,t) (即弦上 x 点在 t 时刻) 的位移到底与 x 轴上哪些点的初始激发有关? 解式 (12.34) 告诉我们, 对于 $x\text{-}t$ 平面上的任意一点 (x,t), 其位移仅依赖于弦上 $[x-at, x+at]$ 中的初始激发, 而与区间外任何点的初始激发无关. 因此 x 轴上的区间 $[x-at, x+at]$

就是 (x,t) 点的**依赖区间** [见图 12.1(c)]. 反之, 由 x 轴和 $x = x_1 + at$ 及 $x = x_2 - at$ 所围成的三角形区域, 就是 x 轴上区间 $[x_1, x_2]$ 的**决定区域**: 决定区域内任意一点的位移, 完全由区间 $[x_1, x_2]$ 上的初始激发决定.

简要回顾求解定解问题 (12.32) 的过程不难发现, 我们是照搬求解二阶线性常微分方程定解问题的思路: 首先求出方程的通解, 然后将通解代入定解条件, 确定通解中的任意常数 (对常微分方程) 或任意函数 (对偏微分方程), 从而得到定解问题的唯一解. 这种求解偏微分方程定解问题的方法称为**行波法**. 行波法思路清晰, 得到的解物理图像清楚, 但只适用于无界空间波动方程的初值问题, 而且基本上只能限于一维无界空间. 对于一般的二维或三维空间, 我们就难以写出波动方程的通解, 自然也就无法用行波法求解. 为了克服这种局限性, 我们在下一章将介绍另外一种求解偏微分方程定解问题的方法. 它将不仅适用于波动问题, 也适用于热传导问题和稳定问题, 而且不受空间维数的限制.

*§12.6 波的耗散和色散

本节在一维无界空间波动方程行波解的基础上, 简要地讨论一下波动过程中的一些基本物理特征.

波动方程 (12.30) 描写的是以恒定速率 a 传播的非衰减波. 这是因为我们假定了在波动过程中不存在耗散, 表现为无界弦的总能量[①]

$$E(t) = \frac{1}{2}\int_{-\infty}^{\infty}\left[\rho\left(\frac{\partial u}{\partial t}\right)^2 + T\left(\frac{\partial u}{\partial x}\right)^2\right]\mathrm{d}x = \frac{1}{2}\int_{-\infty}^{\infty}\left[\left(\frac{\partial u}{\partial t}\right)^2 + a^2\left(\frac{\partial u}{\partial x}\right)^2\right]\rho\,\mathrm{d}x \tag{12.35}$$

守恒,

$$\begin{aligned}\frac{\mathrm{d}E(t)}{\mathrm{d}t} &= \int_{-\infty}^{\infty}\left(\frac{\partial u}{\partial t}\frac{\partial^2 u}{\partial t^2} + a^2\frac{\partial u}{\partial x}\frac{\partial^2 u}{\partial x\partial t}\right)\rho\,\mathrm{d}x \\ &= a^2\rho\frac{\partial u}{\partial x}\frac{\partial u}{\partial t}\bigg|_{-\infty}^{\infty} + \int_{-\infty}^{\infty}\frac{\partial u}{\partial t}\left(\frac{\partial^2 u}{\partial t^2} - a^2\frac{\partial^2 u}{\partial x^2}\right)\rho\,\mathrm{d}x = 0.\end{aligned} \tag{12.36}$$

相应地, 反映在方程上, 它在时间反演 $t \to -t$ 下是不变的. 我们还做了小振动的假设, 涉及振动位移 $u(x,t)$ 的非线性效应可以忽略. 这样就导致传播速率为常数, 不依赖于频率和波长. 所有这些简化假设, 就导致了方程 (12.30) 的形式与介质的具体性质无关. 介质的具体性质仅仅体现在传播速率 a 的大小上.

波动方程 (12.30) 的解可以分解为向左、右独立传播的两个波. 我们可以跟踪其中的一个波, 而完全忽略另一个波的存在. 例如, 不妨只考察向右传播的波 $u(x,t) = f(x-at)$, 它是一阶波动方程

$$\frac{\partial u}{\partial t} + a\frac{\partial u}{\partial x} = 0 \tag{12.37}$$

的解. 在此基础上, 以适当方式进一步包括进方程建立过程中所略去的一些高级项, 就可以明白地表现出波的耗散和色散.

首先, 在方程 (12.37) 中加上 $\partial^2 u/\partial x^2$ 项, 例如

$$\frac{\partial u}{\partial t} + a\frac{\partial u}{\partial x} - \alpha\frac{\partial^2 u}{\partial x^2} = 0, \tag{12.38}$$

a 和 α 仍为常数. 如果仍然要寻找谐波形式的解[②]

$$u(x,t) = \int_{-\infty}^{\infty}A(k)\mathrm{e}^{\mathrm{i}(kx-\omega t)}\mathrm{d}k, \tag{12.39}$$

[①] 关于能量表达式的推导, 可参阅钟锡华、周岳明所著《大学物理通用教程·力学》(北京: 北京大学出版社, 2000 年) 的第 9.5 节.

[②] 这是复数形式的解. 真正的位移是它的实部或虚部. k 必为实数, 因为在 $t=0$ 时解也必须是 x 的振荡函数.

代入方程 (12.38)，假定可以和积分交换次序，那么就可以得到波数 k 和 "角频率" ω 所必须满足的关系式 $\omega = ka - \mathrm{i}\alpha k^2$，因此，方程 (12.38) 的解就是

$$u(x,t) = \int_{-\infty}^{\infty} A(k) \mathrm{e}^{-\alpha k^2 t} \mathrm{e}^{\mathrm{i}k(x-at)} \mathrm{d}k.$$

这说明方程 (12.38) 所描写的波动过程仍是以恒定速率 a 传播的波，然而振幅却随时间而指数地衰减 (设常数 $\alpha > 0$)。由于振幅的衰减因子与波数 k (或波长 $2\pi/k$) 有关，不同波数的分量衰减速度不同，因此波的覆盖区间大小保持不变，但波形却将随着时间而改变。

如果在方程 (12.37) 中加上 $\partial^3 u/\partial x^3$ 项，我们就会得到

$$\frac{\partial u}{\partial t} + a\frac{\partial u}{\partial x} + \beta\frac{\partial^3 u}{\partial x^3} = 0, \tag{12.40}$$

a 和 β 仍为常数。倘若仍然要寻找 (12.39) 形式的解，则波数 k 和角频率 ω 必须满足的关系式就是 $\omega = k\left(a - \beta k^2\right)$，所以

$$kx - \omega t = k\left[x - \left(a - \beta k^2\right) t\right],$$

方程 (12.40) 的解就是

$$u(x,t) = \int_{-\infty}^{\infty} A(k) \mathrm{e}^{\mathrm{i}k\left[x - \left(a - \beta k^2\right)t\right]} \mathrm{d}k. \tag{12.41}$$

这样，波的传播速率 (准确说，是相位的传播速率，即**相速**)

$$v_\mathrm{p} = \frac{\omega}{k} = a - \beta k^2 \tag{12.42}$$

就是 k 的函数。这说明，波数不同，传播速率不同。甚至对于 $k^2 < a/\beta$ 和 $k^2 > a/\beta$ 的分量，传播方向也不相同，因此，随着时间的增大，波的覆盖区间将越来越大；在空间一点上，波的组分 (不同波数的分量所占比例) 也将随着时间而变化。这个现象，就称为波的**色散**。

还可以定义另一种传播速率

$$v_\mathrm{g} = \frac{\mathrm{d}\omega}{\mathrm{d}k} = a - 3\beta k^2, \tag{12.43}$$

称为**群速** (见图 12.2)。它是波包的传播速率，因而也就是能量的传播速率。群速度和相速度不相等，是色散波的又一特点。

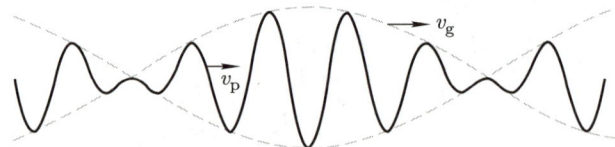

图 12.2　群速 v_g 与相速 v_p

上面定性地讨论了波的耗散和色散。共同特点是方程仍保持为齐次，因而还具有解的可叠加性。如果在一阶波动方程中引进其他形式的线性修正项，也有可能产生耗散和色散，甚至会同时出现耗散和色散。回到原来的二阶波动方程，也可类似地讨论。

最后简要提一下**非线性效应**。若在一定条件下，在波动方程中出现非线性项，例如

$$\frac{\partial u}{\partial t} + a(1 + \gamma u)\frac{\partial u}{\partial x} = 0, \tag{12.44}$$

这可以理解为传播速率不只与介质的物理性质有关，还与位移的大小有关。可以直接验证，这个方程的解能够写成隐函数的形式：

$$u(x,t) = f\left(x - a(1 + \gamma u)t\right), \tag{12.45}$$

其中 f 仍是任意可微函数, 它就是 $u(x,t)$ 在 $t=0$ 时的形状 $f(x)$,
$$u(x,t)\big|_{t=0} = f(x).$$

这里需要特别强调, 由于在方程 (12.44) 中出现了非线性项
$$u\frac{\partial u}{\partial x} = \frac{1}{2}\frac{\partial (u^2)}{\partial x},$$

方程 (12.44) 的解不再具有可叠加性: 如果 $u(x,t)$ 是方程 (12.44) 的解, $Au(x,t)$ (A 为常数, 且 $\neq 1$) 也不再是该方程的解. 同样, $u_1(x,t)$ 和 $u_2(x,t)$ 都是方程 (12.44) 的解, 它们的线性组合一般也不会是方程 (12.44) 的解. 这样必然会产生两个后果: 一方面是方程更加难以求解, 特别是难以求出全部解; 另一方面, 方程的解必然会表现出新的特点 (相应地, 物理上就表现为新的规律性). 研究各种非线性方程的求解以及解的特性, 是非线性学科的课题. 这里从略.

*§12.7 热传导方程的定性讨论

对于热传导方程, 最明显的特点便是存在耗散. 热传导方程属于抛物型方程, 在方程中含有未知函数对时间变量的一阶偏导数和对空间变量的二阶偏导数, 因此, 方程不具有时间反演不变性. 换句话说, 热传导过程是不可逆的. 为了定性地了解热传导方程的特点, 不妨讨论一下无穷长的一维介质上的热传导问题:
$$\frac{\partial u}{\partial t} - \kappa\frac{\partial^2 u}{\partial x^2} = 0, \tag{12.46a}$$
$$u\big|_{t=0} = \phi(x). \tag{12.46b}$$

与方程 (12.38) 相比较就可以看出, 热传导方程 (12.46a) 的解可以表示成
$$u(x,t) = \int_{-\infty}^{\infty} A(k)e^{-\kappa k^2 t}e^{ikx}dk, \tag{12.47}$$

其中的叠加系数 $A(k)$ 由初值函数 $\phi(x)$ 决定,
$$\phi(x) = \int_{-\infty}^{\infty} A(k)e^{ikx}dk, \tag{12.48}$$
$$A(k) = \frac{1}{2\pi}\int_{-\infty}^{\infty}\phi(x')e^{-ikx'}dx'. \tag{12.49}$$

这里就明白无误地表现出了温度 $u(x,t)$ 随时间 t 的衰减.

将 (12.49) 式代入 (12.47) 式, 并交换积分次序, 就得到
$$\begin{aligned}u(x,t) &= \frac{1}{2\pi}\int_{-\infty}^{\infty}e^{-\kappa k^2 t}dk\int_{-\infty}^{\infty}e^{ikx}\phi(x')e^{-ikx'}dx' \\ &= \frac{1}{2\pi}\int_{-\infty}^{\infty}\phi(x')dx'\int_{-\infty}^{\infty}e^{-\kappa k^2 t}e^{ik(x-x')}dk \\ &= \sqrt{\frac{1}{4\pi\kappa t}}\int_{-\infty}^{\infty}\phi(x')\exp\left\{-\frac{(x-x')^2}{4\kappa t}\right\}dx'.\end{aligned} \tag{12.50}$$

最后一步用到了 (4.29) 式的结果. (12.50) 式表明: $t=0$ 时在一维介质上任意一点的初始温度, 都将立即传播到整个 (无穷长) 介质上的每一点. 换言之, 热传导方程隐含着传热速率为无穷. 就介质上的任意一点而言, 它的影响区域都是 (x,t) 平面上的整个上半平面. 反过来说, 对于 x-t 平面上的任意一点 (x,t), 它的依赖区间都是整个 x 轴.

在后面的 §19.9 中，我们将定义一维无穷长介质上热传导方程的 Green 函数 $g(x,t;x',t')$，它是定解问题

$$\frac{\partial g}{\partial t} - \kappa \frac{\partial^2 g}{\partial x^2} = \delta(x-x')\delta(t-t'), \qquad t' > 0. \tag{12.51a}$$

$$g(x,t;x',t')\big|_{t=0} = 0 \tag{12.51b}$$

的解. 这个定解问题描述了瞬时 (只存在于 t' 时刻) 点 (集中在空间 x' 一点) 热源所产生的温度场. $t=0$ 时介质的温度为 0. 这样，在热源出现之前 (即 $t<t'$ 时)，介质的温度显然仍一定维持为 0. 当 $t>t'$ 时，可以求出 (见 §19.9 的 (19.138) 式),

$$g(x,t;x',t') = \frac{1}{2\sqrt{\kappa\pi(t-t')}} \exp\left[-\frac{(x-x')^2}{4\kappa(t-t')}\right]. \tag{12.52}$$

这也同样表现出热传导方程的无穷传热速率，因为只要 $t>t'$，则对于介质上的任何一点 x，$g(x,t;x',t')$ 总不为 0. 这就是说，只要一旦热源在介质上某点出现，则不论距离多远处，总立即感受到它的影响.

无穷的传热速度，是热传导方程的基本特性之一. 这个特性，对于 (有界或无界的) 二维或三维介质仍然成立. 因此，如果 $t=0$ 时介质内某点温度达到极值，那么在 $t>0$ 时就会迅速弥散而消失. 同样，如果介质的边界温度和初始温度都不超过某一常数 M，且介质内部无热源，则介质内部任意一点在任一时刻的温度也不会超过 M. 以一维热传导方程

$$\frac{\partial u}{\partial t} - \kappa \frac{\partial^2 u}{\partial x^2} = 0$$

为例，可以证明，若 $u(x,t)$ 在 x-t 平面上的矩形区域 $a \leqslant x \leqslant b, 0 \leqslant t \leqslant T$ 上连续，则它一定在矩形的两条侧边 ($x=a$ 和 $x=b, 0 \leqslant t \leqslant T$) 及底边 ($t=0, a \leqslant x \leqslant b$) 达到最大值和最小值. 这是热传导方程和波动方程的重要区别. 波动方程具有有限的传播速度，在波的传播过程中位移 (或其他相关的物理量) 可以在区域内部达到最大和最小，甚至可以不断反复出现.

这种无穷的传热速率，当然只是一个近似. 因此，只有在热源出现后的足够长的时间之后，热传导方程才可能足够好地描写实际的热传导过程. 但由于这个方程形式简单，便于求解，只要物理问题的近似程度许可，我们总还是采用这种简化的热传导方程.

之所以出现无穷大的传热速度，是由于建立热传导方程时过分简化了热传导过程的微观机理. 连续介质中出现的任何不均匀性，例如引起热传导过程的热运动的不均匀性，引起扩散过程的物质密度的不均匀性，总会由于微观粒子 (分子、原子 ……) 的碰撞 而以有限的速度逐渐传播开来. 这样，热传导方程便应该修改为

$$\frac{\partial^2 u}{\partial x^2} = \frac{1}{\kappa}\frac{\partial u}{\partial t} + \frac{1}{a^2}\frac{\partial^2 u}{\partial t^2}. \tag{12.53}$$

方程的右端出现了两项. 如果第一项占主导作用，第二项只是一个修正，方程的解仍然应当表现出热传导的基本特征[①]，但不容忽视，第二项的存在，的确可以导致传热速度为有限值. 这从定解问题

$$\frac{\partial^2 \mathscr{G}}{\partial x^2} - \frac{1}{\kappa}\frac{\partial \mathscr{G}}{\partial t} - \frac{1}{a^2}\frac{\partial^2 \mathscr{G}}{\partial t^2} = -\delta(x-x')\delta(t-t') \quad (t,t'>0, -\infty < x, x' < \infty), \tag{12.54a}$$

$$\mathscr{G}\big|_{t=0} = 0, \quad \frac{\partial \mathscr{G}}{\partial t}\bigg|_{t=0} = 0 \qquad (-\infty < x, x' < \infty) \tag{12.54b}$$

的解

$$\mathscr{G}(x,t) = \frac{a}{2}\mathrm{J}_0\left(\frac{a}{2\kappa}\sqrt{(x-x')^2 - a^2(t-t')^2}\right)\exp\left[-\frac{a^2}{2\kappa}(t-t')\right]\eta\left(t-t'-\frac{|x-x'|}{a}\right) \tag{12.55}$$

可以看出，正如预料的那样，上面给出的 (12.52) 式，正是 $\mathscr{G}(x,t)$ 在 $a \to \infty$ 的极限下的结果. 利用零阶 Bessel 函数 $\mathrm{J}_0(z)$ 的渐近展开 (见 (8.100) 或 (17.43) 式) 就能够证明这一点.

[①] 如果第二项占主导作用，方程的解当然就表现出波动过程的基本特征，而第一项就可以看成耗散项.

*§12.8　Laplace 方程的定性讨论

在本书的复变函数部分已经指出, 解析函数

$$f(z) = f(x + \mathrm{i}y) = u(x, y) + \mathrm{i}v(x, y)$$

的实部 $u(x, y)$ (或虚部 $v(x, y)$), 一定是二维 Laplace 方程

$$\nabla^2 u(x, y) = 0 \tag{12.56}$$

的解, 称为二维调和函数. 另外, 还可以证明 [见 §3.4 的 (3.18) 式]: 在解析函数的解析区域内, 任意一点 a 的函数值一定等于以该点为圆心的圆周上各点函数值的平均值

$$f(a) = \frac{1}{2\pi} \oint_{|z-a|=R} f(z) \mathrm{d}\theta. \tag{12.57}$$

进一步比较等式两端的实部 (或虚部) 就可以看出, 均值定理对解析函数的实部 (或虚部) 单独也成立:

$$u(x_0, y_0) = \frac{1}{2\pi R} \oint_C u(x, y) \mathrm{d}l, \qquad C: (x - x_0)^2 + (y - y_0)^2 = R^2. \tag{12.58}$$

由此还可以推断出, 只要 $u(x, y) \neq$ 常数, $u(x, y)$ 的最大值和最小值一定只能出现在圆周上. 用反证法就能加以证明. 这个结论称为极值原理. 它可以看成是最大模原理在 $u(x, y)$ 上的具体表现. 这样, 均值定理和极值原理就是二维调和函数的最基本特性.

也可以建立三维调和函数的概念. 如果在区域 V 内函数的二阶偏导数存在, 且满足三维 Laplace 方程, 则称该函数为 V 内的三维调和函数. 可以证明, 均值定理对于三维调和函数仍然成立, 因此极值原理仍然成立.

作为三维调和函数的具体实例, 不妨讨论一下 (直角坐标系中) 三维 Laplace 方程的多项式解 (二维调和函数是它们的特殊情形). 因为 Laplace 方程中, 对各自变量的偏导数阶数相同, 所以, 这样的多项式独立解可取为自变量的齐次函数, 即齐次多项式. 显然, 常数 (0 次齐次式) 和一次多项式 (一次齐次式) x, y, z 就是这样的独立解. 对于二次多项式, 独立解有五个, 可以取为

$$2z^2 - x^2 - y^2, \qquad xz, \qquad yz, \qquad xy \quad \text{和} \quad x^2 - y^2.$$

三次多项式的独立解有七个, 可取为

$$(4z^2 - x^2 - y^2)x, \qquad (4z^2 - x^2 - y^2)y, \qquad (2z^2 - 3x^2 - 3y^2)z,$$
$$xyz, \qquad (x^2 - y^2)z, \qquad (y^2 - 3x^2)y \quad \text{和} \quad (x^2 - 3y^2)x.$$

更一般地, l 次多项式的独立解有 $2l + 1$ 个. 它们的形式将在 §16.11 中给出, 并且会看到, 为什么 l 次多项式的独立解有 $2l + 1$ 个.

习　题

1. 求下列线性齐次偏微分方程的通解:

(1) $\dfrac{\partial^2 u}{\partial x^2} + 2\dfrac{\partial^2 u}{\partial x \partial y} - 3\dfrac{\partial^2 u}{\partial y^2} = 0;$

(2) $\dfrac{\partial^2 u}{\partial x^2} - 2\dfrac{\partial^2 u}{\partial x \partial y} + 2\dfrac{\partial^2 u}{\partial y^2} = 0;$

(3) $\dfrac{\partial^2 u}{\partial x^2} + \dfrac{\partial^2 u}{\partial x \partial y} = 0;$

(4) $\dfrac{\partial^2 u}{\partial t^2} = \dfrac{c^2}{r} \dfrac{\partial}{\partial r}\left(r \dfrac{\partial u}{\partial r}\right), c \neq 0;$

(5) $(a^2 - b^2)\dfrac{\partial^2 u}{\partial x^2} - 2a\dfrac{\partial^2 u}{\partial x \partial t} + \dfrac{\partial^2 u}{\partial t^2} = 0,\ b \neq 0$;

(6) $\dfrac{\partial^4 u}{\partial x^4} - \dfrac{\partial^4 u}{\partial y^4} = 0$.

2. 求下列线性非齐次偏微分方程的通解:

(1) $\dfrac{\partial^2 u}{\partial x^2} + \dfrac{\partial^2 u}{\partial y^2} = x^2 + xy$;

(2) $\dfrac{\partial^2 u}{\partial x^2} - \dfrac{\partial^2 u}{\partial y^2} = xy - x$;

(3) $\dfrac{\partial^2 u}{\partial x^2} - 2\dfrac{\partial^2 u}{\partial x \partial y} + \dfrac{\partial^2 u}{\partial y^2} = x^2 + y$.

3. 求解偏微分方程:

(1) $x^2 \dfrac{\partial^2 u}{\partial x^2} - 2xy \dfrac{\partial^2 u}{\partial x \partial y} + y^2 \dfrac{\partial^2 u}{\partial y^2} + x\dfrac{\partial u}{\partial x} + y\dfrac{\partial y}{\partial y} = 0$;

(2) $\dfrac{\partial^2 u}{\partial x^2} - \dfrac{\partial^2 u}{\partial y^2} = (x^2 - y^2)\sin xy$.

4. 用行波法求解一维半无界弦的波动问题

$$\dfrac{\partial^2 u}{\partial t^2} - a^2 \dfrac{\partial^2 u}{\partial x^2} = 0, \qquad x > 0,\ t > 0,$$
$$u\big|_{x=0} = 0, \qquad t \geqslant 0,$$
$$u\big|_{t=0} = \phi(x), \qquad \dfrac{\partial u}{\partial t}\bigg|_{t=0} = \psi(x), \qquad x \geqslant 0.$$

5. 用行波法求解偏微分方程初值问题

$$\dfrac{\partial}{\partial x}\left[\left(1 - \dfrac{x}{l}\right)\dfrac{\partial u}{\partial x}\right] - \dfrac{1}{a^2}\left(1 - \dfrac{x}{l}\right)\dfrac{\partial^2 u}{\partial t^2} = 0,$$
$$u\big|_{t=0} = \phi(x), \qquad \dfrac{\partial u}{\partial t}\bigg|_{t=0} = \psi(x).$$

6. 试求二维 Laplace 方程 $\nabla^2 u(x, y) = 0$ 的多项式解:

(1) 二次多项式; (2) 三次多项式.

无界弦的受迫振动问题

设无界弦在驱动力 $f(x,t)$ 作用下发生振动, 而初位移与初速度均为 0, 则定解问题为

$$\dfrac{\partial^2 u}{\partial t^2} - a^2 \dfrac{\partial^2 u}{\partial x^2} = f(x,t),$$
$$u\big|_{t=0} = 0, \qquad \dfrac{\partial u}{\partial t}\bigg|_{t=0} = 0.$$

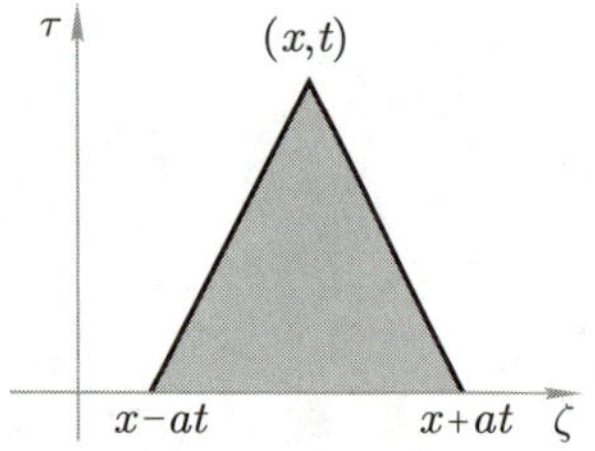

仿照例 12.1 的办法, 做代换 $\xi = x - at, \eta = x + at$, 求出非齐次方程的通解, 然后代回到原来的变量 x, t, 利用初始条件即可得到解为

$$u(x,t) = \dfrac{1}{2a} \iint_D f(\zeta, \tau)\,\mathrm{d}\zeta\,\mathrm{d}\tau,$$

其中积分区域 D 是以 $(x-at, 0)$, $(x+at, 0)$ 和 (x, t) 为三个顶点构成的三角形, 如图 12.3 所示. 读者可以验证此结果的正确性.

图 12.3　积分区域 D

第十三章

分离变量法

上一章介绍的行波法虽然得到的解表达式简洁、物理图像清晰,但是能够用行波法求解的定解问题有限. 因此我们必须寻找新的求解一般偏微分方程定解问题的方法.

偏微分方程和常微分方程的一个显著不同是: 满足偏微分方程的未知函数,自变量一定有两个或者更多个,而常微分方程未知函数的自变量只有一个. 我们能否能够本着化繁为简的思路, 设法把目前还不会求解的偏微分方程转化为已经会求解的常微分方程呢? 例如, 如果满足偏微分方程的未知函数 $u(x,t)$ 是某种特别的形式, 例如

$$u(x,t) = X(x)T(t),$$

也就是说是由两个一元函数相乘得到, 那么每个一元函数 $X(x)$ 和 $T(t)$ 满足的方程应该都是常微分方程, 只要能求出 $X(x)$ 和 $T(t)$, 就可能求出 $u(x,t)$. 这样我们就把求解多元函数 $u(x,t)$ 的问题转变为求解一元函数 $X(x)$ 和 $T(t)$ 的问题, 把求解偏微分方程定解问题转变为求解常微分方程问题[①]. 本章介绍的分离变量法就是采用这种思路, 是解偏微分方程定解问题基本方法. 在学习本章内容之前, 要求读者已经能够熟练求解常微分方程定解问题.

分离变量法的提出, 应该说, 还受到物理现象的启发. 在数学物理方程发展的初期, 波动问题, 特别是乐器的发声现象, 受到广泛的关注. 在弦乐器中, 能够观测到普遍存在的驻波. 它的特点就是固定一个时刻, 弦呈现一定的形状, 随着时间的变化, 弦的形状会发生改变. 从弦上的固定一点来看, 也呈现周期的变化, 而且有些点永远保持是波峰, 另外一些点则保持为波节. 这种现象恰恰可以用 $X(x)T(t)$ 这样的函数形式加以描述. 所以, 分离变量法也称为驻波法.

我们在解常微分方程定解问题时, 通常总是先求出微分方程的特解, 由线性无关的特解叠加出通解, 而后用定解条件 (例如, 初始条件) 定出适合于该问题的叠加系数. 对于一阶线性偏微分方程的求解问题, 基本的方法也是转化为一阶线性常微分方程组的求解问题. 对于二阶以及更高阶偏微分方程定解问题, 情况有些不同: 即使可以先求出偏微分方程的通解, 但由于其中含有待定函数, 一般也难以直接根据定解条件定出. 这样, 为了求解偏微分方程的定解问题, 就必须把求解步骤加以适当的修改. 本章介绍的分离变量法, 就是先求出满足方程及一部分定解条件的全部特解, 把这全部特解叠加起来, 再利用其余的定解条件定出叠加系数, 从而求出该定解问题的解.

[①] 回顾一下上一章的行波法, $u(x,t)$ 其实也是拆分为两个一元函数 $f(x-at)$ 和 $g(x+at)$.

§13.1 两端固定弦的自由振动

考虑长为 l、两端固定的弦的自由振动，方程及定解条件为

$$\frac{\partial^2 u}{\partial t^2} - a^2 \frac{\partial^2 u}{\partial x^2} = 0, \qquad 0 < x < l,\ t > 0, \qquad (13.1\text{a})$$

$$u\big|_{x=0} = 0, \qquad u\big|_{x=l} = 0, \qquad t \geqslant 0, \qquad (13.1\text{b})$$

$$u\big|_{t=0} = \phi(x), \qquad \frac{\partial u}{\partial t}\bigg|_{t=0} = \psi(x), \qquad 0 \leqslant x \leqslant l. \qquad (13.1\text{c})$$

这里的方程和边界条件都是齐次的，而初始条件是非齐次的.

求解过程可分解为下列四步.

第一步，分离变量.

我们希望求得的特解具有分离变量的形式，即

$$u(x,t) = X(x)T(t) \qquad (13.2)$$

形式的非零解①. 将 (13.2) 式代入方程 (13.1a)，即得

$$X(x)T''(t) = a^2 X''(x) T(t).$$

由于 $u(x,t)$ 不恒为 0, 等式两端除以 $X(x)T(t)$，就有

$$\frac{1}{a^2} \frac{T''(t)}{T(t)} = \frac{X''(x)}{X(x)}.$$

注意在这个等式中，左端只是 t 的函数 (即与 x 无关)，右端只是 x 的函数 (即与 t 无关)，左端和右端相等，就必须共同等于一个既与 x 无关、又与 t 无关的常数. 令这个常数为 $-\lambda$，上面的结果又可以写成

$$T''(t) + \lambda a^2 T(t) = 0, \qquad (13.3\text{a})$$

$$X''(x) + \lambda X(x) = 0. \qquad (13.3\text{b})$$

这样我们就得到了两个常微分方程，同时引入了一个待定常数 λ，所以，更准确地说，就得到了通过待定常数 λ 而互相关联的两个常微分方程. 同样，将 (13.2) 式代入齐次边界条件 (13.1b)，得

$$X(0)T(t) = 0, \quad X(l)T(t) = 0.$$

因为 $T(t)$ 不可能恒为 0 (否则 $u(x,t)$ 恒为 0)，所以这时必须有

$$X(0) = 0, \qquad X(l) = 0. \qquad (13.3\text{c})$$

这样，就完成了分离变量. 分离变量之所以能够实现，是因为原来的偏微分方程和边界条件都是齐次的. 初始条件是非齐次的，所以不能分离变量.

---

① 显然应当假设特解中 $X(x)$ 和 $T(t)$ 不恒等于 0, 即 $u(x,t)$ 不恒等于 0. 恒等于 0 的解称为平凡 (trivial) 解. 尽管它的确是齐次偏微分方程的解，但并不具有任何实用价值. 我们要求的是非零解.

第二步，求解本征值问题.

分离变量的结果，是得到了多个含有待定常数的齐次常微分方程和齐次边界条件，齐次常微分方程 (13.3b) 和相应的齐次边界条件 (13.3c) 构成常微分方程的**本征值问题**. 其特点是：常微分方程 (13.3b) 中含有一个待定常数 λ，而定解条件 (13.3c) 是一对齐次边界条件. 由常微分方程的理论可知，常微分方程初值问题的解一定存在并且唯一，而且，如果微分方程和初始条件都是齐次的，就一定只有零解. 在齐次边界条件下，齐次常微分方程常常也只有零解. 但是，下面将看到，当待定参数 λ 取某些特定值时，可以有既满足齐次常微分方程 (13.3b)、又满足齐次边界条件 (13.3c) 的非零解 $X(x)$. λ 的这些特定值称为**本征值**，相应的非零解称为**本征函数**.

我们不能先验地认定本征值是实数，本征函数也是实函数，所以需要在复数域来求解本征值问题. 考虑到常微分方程 (13.3b) 解的特点 (该方程的特征根是否为重根)，应该区别 $\lambda = 0$ 与 $\lambda \neq 0$ 的两种情形.

当 $\lambda = 0$ 时, 方程 (13.3b) 的通解是

$$X(x) = Ax + B,$$

代入边界条件 (13.3c)，可以定出 $A = B = 0$，所以 $\lambda = 0$ 不是本征值.

当 $\lambda \neq 0$ 时，常微分方程 (13.3b) 的通解则是

$$X(x) = A \sin \sqrt{\lambda} x + B \cos \sqrt{\lambda} x,$$

代入边界条件 (13.3c)，就有

$$B = 0, \qquad A \sin \sqrt{\lambda} l = 0.$$

因为 $A \neq 0$ (否则 $X(x) \equiv 0$, $u(x,t) \equiv 0$)，故必有 $\sqrt{\lambda} l = n\pi$，即本征值

$$\lambda_n = \left(\frac{n\pi}{l}\right)^2, \qquad n = 1, 2, 3, \cdots, \tag{13.4a}$$

相应的本征函数就是

$$X_n(x) = \sin \frac{n\pi}{l} x. \tag{13.4b}$$

这里取 $A = 1$，因为所要求的只是线性无关解[①]. 也不必考虑 n 为负整数的情形，因为 $\pm n$ 给出的本征值相同，相应的本征函数也线性相关.

这样我们求得了所有的本征值 λ_n 以及相应的本征函数 $X_n(x)$，有无穷多组，它们可以用脚标 n 标记.

第三步，求特解，并进一步叠加出一般解.

在求解本征值问题后，将本征值 λ_n 代入方程 (13.3a)，求出相应的 $T_n(t)$，

$$T_n(t) = C_n \sin \frac{n\pi}{l} at + D_n \cos \frac{n\pi}{l} at. \tag{13.5}$$

[①] 从概念上说，构成本征值问题的常微分方程和边界条件都是齐次的，因此，如果 $X(x)$ 是对应于 λ 的本征函数，那么 $cX(x)$ 也一定是本征函数，其中 c 是任意常数. 因此，对应于每一个本征值 λ，就只要求出线性无关的本征函数即可.

因此, 就得到了同时满足偏微分方程 (13.1a) 和边界条件 (13.1b) 的特解

$$u_n(x,t) = \left(C_n \sin \frac{n\pi}{l}at + D_n \cos \frac{n\pi}{l}at\right) \sin \frac{n\pi}{l}x, \qquad n=1,2,3,\cdots. \tag{13.6}$$

这样的特解有无穷多个. 每个特解都满足齐次偏微分方程和齐次边界条件. 但一般说来, 单独任何一个特解不可能也满足给定的初始条件, 除非 $\phi(x)$ 和 $\psi(x)$ 恰好同时是同一个 $\sin \frac{n\pi}{l}x$ 的倍数. 然而由于偏微分方程和边界条件都是线性、齐次的, 把全部特解叠加起来, 得到

$$u(x,t) = \sum_{n=1}^{\infty} \left(C_n \sin \frac{n\pi}{l}at + D_n \cos \frac{n\pi}{l}at\right) \sin \frac{n\pi}{l}x, \tag{13.7}$$

只要级数收敛并且可以逐项求二阶偏微商, 那么, 这样的 $u(x,t)$ 也仍然是线性齐次偏微分方程在齐次边界条件下的解. 这种形式的解称为 (满足齐次偏微分方程和齐次边界条件的) **一般解**. 它不同于偏微分方程的通解, 因为一般解不仅仅满足偏微分方程, 而且还要满足齐次边界条件, 因此并没有涵盖偏微分方程的全部解式. 这样的解式也不宜称为定解问题的一般解, 因为对于定解问题来说, 只要是适定的, 它就只有唯一、确定的一个解, 不再含有任何未定常数.

现在遗留的问题就是如何适当选择叠加系数 C_n 和 D_n, 使解式 (13.7) 满足初始条件

$$\sum_{n=1}^{\infty} D_n \sin \frac{n\pi}{l}x = \phi(x), \tag{13.8}$$

$$\sum_{n=1}^{\infty} C_n \frac{n\pi a}{l} \sin \frac{n\pi}{l}x = \psi(x). \tag{13.9}$$

或者说, 应当如何根据初始条件中的已知函数 $\phi(x)$ 和 $\psi(x)$ 定出叠加系数 C_n 和 D_n.

第四步, 利用本征函数的正交性定叠加系数.

这里求得的本征函数具有一个重要特性, 即**本征函数的正交性**: 对应不同本征值的本征函数正交,

$$\int_0^l X_n(x) X_m(x) \, \mathrm{d}x = 0. \qquad n \neq m, \tag{13.10}$$

设 X_n 是对应本征值 λ_n 的本征函数, 即

$$X_n''(x) + \lambda_n X_n(x) = 0, \tag{13.11a}$$

$$X_n(0) = 0, \qquad X_n(l) = 0; \tag{13.11b}$$

又设 X_m 是对应本征值 λ_m 的本征函数, 即

$$X_m''(x) + \lambda_m X_m(x) = 0, \tag{13.12a}$$

$$X_m(0) = 0, \qquad X_m(l) = 0. \tag{13.12b}$$

将方程 (13.11a) 和 (13.12a) 分别乘以 $X_m(x)$ 和 $X_n(x)$, 相减, 再积分, 得

$$\int_0^l \left[X_n''(x) X_m(x) - X_m''(x) X_n(x)\right] \mathrm{d}x + (\lambda_n - \lambda_m) \int_0^l X_n(x) X_m(x) \, \mathrm{d}x = 0.$$

上面第一项积分可以积出,再进一步代入边界条件 (13.11b) 式和 (13.12b) 式, 得

$$(\lambda_n - \lambda_m) \int_0^l X_n(x) X_m(x) \, dx = -\left[X_n'(x) X_m(x) - X_m'(x) X_n(x) \right]_{x=0}^{x=l} = 0.$$

因此, 当 $\lambda_n - \lambda_m \neq 0$ 即 $\lambda_n \neq \lambda_m$ 时, 一定有

$$\int_0^l X_n(x) X_m(x) \, dx = 0.$$

即对应不同本征值的本征函数正交.

现在, 在 (13.8) 式两端同乘以 $\sin \dfrac{m\pi}{l} x$, 并逐项积分, 根据本征函数的正交性, 即得

$$\int_0^l \phi(x) \sin \frac{m\pi}{l} x \, dx = \int_0^l \sum_{n=1}^{\infty} D_n \sin \frac{n\pi}{l} x \, \sin \frac{m\pi}{l} x \, dx$$

$$= \sum_{n=1}^{\infty} D_n \int_0^l \sin \frac{n\pi}{l} x \, \sin \frac{m\pi}{l} x \, dx = D_m \int_0^l \sin^2 \frac{m\pi}{l} x \, dx.$$

上式右端的积分称为本征函数 (13.4b) 的**模方**①. 具体计算可以得到

$$\|X_n\|^2 \equiv \int_0^l |X_n(x)|^2 \, dx = \int_0^l \sin^2 \frac{n\pi}{l} x \, dx = \frac{l}{2}. \tag{13.13}$$

因此就得到叠加系数

$$D_n = \frac{2}{l} \int_0^l \phi(x) \sin \frac{n\pi}{l} x \, dx. \tag{13.14}$$

同样, 可以求得

$$C_n = \frac{2}{n\pi a} \int_0^l \psi(x) \sin \frac{n\pi}{l} x \, dx. \tag{13.15}$$

这样, 根据已知函数 $\phi(x)$ 和 $\psi(x)$ 计算出积分, 就求得了整个定解问题的解.

严格说来, 上面得到的还只是形式解. 对于具体问题, 还必须验证:

(1) $u(x,t)$ 是否满足偏微分方程 —— 级数解是否可以逐项求二阶偏微商;

(2) $u(x,t)$ 是否满足边界条件 —— 级数解的和函数是否连续;

(3) 在定叠加系数时, 逐项积分是否合法.

这三个问题都涉及级数解的收敛性. 由于系数 C_n 和 D_n 是由 $\phi(x)$ 和 $\psi(x)$ 决定的, 因而 $\phi(x)$ 和 $\psi(x)$ 的性质就决定了对这三个问题的回答. 详细的讨论见参考书目 [1]. 假定以后所讨论的问题都能够满足收敛性的要求, 不再重复讨论.

---

① $\|X_n\|$ 的倒数常称为**本征函数的归一因子**. 这是因为

$$\frac{1}{\|X_n\|^2} \int_0^l X_n^2(x) \, dx = 1,$$

即本征函数 $X_n(x)/\|X_n\|$ 的模为 1. 另外, (13.10) 和 (13.13) 两式还可以合并写成

$$\int_0^l X_n(x) X_m(x) \, dx = \frac{l}{2} \delta_{nm},$$

称为**本征函数的正交归一性**.

从理论上说, 分离变量法的成功, 要取决于下列几个条件:

(1) 本征值问题有解;

(2) 定解问题的解一定可以按照本征函数展开 —— 本征函数的全体是完备的;

(3) 本征函数一定具有正交性.

以后将在第十五章回答这几个问题.

练习 13.1 若定解问题中的偏微分方程和初始条件都是齐次的, 仿照上面分离变量的步骤一定可以得到

$$T''(t) + \lambda a^2 T(t) = 0,$$
$$T(0) = 0, \quad T'(0) = 0.$$

是否存在特定的 λ 值, 使此定解问题有非零解 $T(t)$? 读者可从两种角度来回答这个问题: (1) 直接求解; (2) 运用第八章中介绍的常微分方程解析理论.

从这个问题的回答中, 你能得出什么普遍性的结论?

练习 13.2 证明下列本征值问题本征函数的正交性:

$$X''(x) + \lambda X(x) = 0,$$
$$X(0)\cos\alpha - X'(0)\sin\alpha = 0,$$
$$X(l)\cos\beta + X'(l)\sin\beta = 0,$$

其中 $0 \leqslant \alpha \leqslant \pi/2, 0 \leqslant \beta \leqslant \pi/2$ 都是已知实数.

现在分析一下弦的总能量. 在任一时刻 t, 有界弦的总能量是

$$E(t) = \frac{1}{2}\int_0^l \rho\left(\frac{\partial u}{\partial t}\right)^2 \mathrm{d}x + \frac{1}{2}\int_0^l T\left(\frac{\partial u}{\partial x}\right)^2 \mathrm{d}x, \tag{13.16}$$

其中第一项为动能, 第二项为势能. 将解式 (13.7) 代入, 利用本征函数的正交归一性即得

$$E(t) = \frac{m\pi^2 a^2}{4l^2}\sum_{n=1}^{\infty} n^2\left(|C_n|^2 + |D_n|^2\right). \tag{13.17}$$

等式右端显然是常数, 与 t 无关, 即弦的总能量守恒[①].

根据弦的总能量守恒, 还可以证明定解问题 (13.1) 的解的唯一性. 这是因为, 如果此定解问题有两个解 $u_1(x,t)$ 和 $u_2(x,t)$, 那么, $v(x,t) \equiv u_1(x,t) - u_2(x,t)$ 就一定满足定解问题

$$\frac{\partial^2 v}{\partial t^2} - a^2\frac{\partial^2 v}{\partial x^2} = 0, \qquad 0 < x < l, \, t > 0,$$
$$v\big|_{x=0} = 0, \quad v\big|_{x=l} = 0, \qquad t \geqslant 0,$$
$$v\big|_{t=0} = 0, \quad \frac{\partial v}{\partial t}\bigg|_{t=0} = 0, \qquad 0 \leqslant x \leqslant l.$$

只要能够证明 $v(x,t) = 0$ 即可. 从物理上可以判断, 这肯定是正确的. 从能量守恒的要求来看, 当 $t = 0$ 时弦的总能量为 0, 因此以后任一时刻的 $E(t)$ 均为 0. 这意味着一定有 $\partial v/\partial x = 0, \partial v/\partial t = 0$, 即 $v(x,t)$ 为常数. 由初始条件或边界条件都能定出此常数为 0.

[①] 更严格的办法是仿照 §13.6 的作法, 直接由 (13.16) 式推出 $\mathrm{d}E/\mathrm{d}t = 0$, 而不依赖于具体的求解方法 (例如, 分离变量法). 这只要将 (13.16) 式对 t 求导, 利用方程 (13.1a) 及由边界条件 (13.1b) 导出的 $(\partial u/\partial t)_{x=0} = 0$ 和 $(\partial u/\partial t)_{x=l} = 0$ 即可证得.

*§13.2 分离变量法的物理诠释

现在讨论解式 (13.7) 的物理意义. 先看特解 (13.6) 式

$$u_n(x,t) = \left(C_n \sin \frac{n\pi}{l}at + D_n \cos \frac{n\pi}{l}at\right)\sin\frac{n\pi}{l}x = A_n \sin(\omega_n t + \delta_n)\sin k_n x,$$

其中

$$\omega_n = \frac{n\pi}{l}a, \qquad k_n = \frac{n\pi}{l}, \qquad A_n \cos\delta_n = C_n, \qquad A_n \sin\delta_n = D_n.$$

因此, $u_n(x,t)$ 代表一个驻波, $A_n \sin k_n x$ 表示弦上各点的振幅分布, $\sin(\omega_n t + \delta_n)$ 表示相位因子. ω_n 是驻波的角频率, 称为两端固定弦的固有频率或本征频率, 与初始条件无关; k_n 称为波数, 即单位长度上波的周期数; δ_n 是初相位, 由初始条件决定. 在 $k_n x = m\pi$, 即 $x = m\pi/k_n = (m/n)l, m=0,1,2,3,\cdots,n$ 的各点上, 振动的振幅恒为 0, 称为波节. 包括弦的两个端点在内, 波节点共有 $n+1$ 个. 在 $k_n x = (m+1/2)\pi, m = 0,1,2,3,\cdots,n-1$ 的各点上, 振动振幅的绝对值恒为最大, 称为波腹. 波腹点共 n 个. 相邻两个波节或两个波腹之间的距离为半波长. 整个问题的解 (13.7) 则是这些驻波的叠加. 正是因为这个原因, 这种解法也称为**驻波法**.

就两端固定的弦来说, 固有频率中有一个最小值, 即

$$\omega_1 = \frac{\pi}{l}a,$$

称为**基频**, 其他固有频率 ω_n 都是基频 ω_1 的整数倍,

$$\omega_n = n\omega_1, \quad n = 2,3,4,\cdots,$$

称为**倍频**. 弦的基频就决定了所发声音的音调, 在弦乐器中, 当弦的材料一定 (即 ρ 一定) 时, 通过改变弦的绷紧程度 (即改变张力 T 的大小), 就可以调节基频 ω_1 的大小. 在解式 (13.7) 中, 基频和倍频的叠加系数 $\{C_n\}$ 和 $\{D_n\}$ 的相对大小决定了声音的频谱分布, 即决定了声音的音色. 由 (13.17) 式还看到, 和数

$$\sum_{n=1}^{\infty} n^2 \left(|C_n|^2 + |D_n|^2\right)$$

与弦的总能量成正比, 所以就决定了声音的强度.

还可以进一步讨论分离变量法的解和行波解 (12.34) 式的联系. 为此, 先将初始条件 $\phi(x)$ 和 $\psi(x)$ 作奇延拓

$$\Phi(x) = \begin{cases} -\phi(-x), & -l \leqslant x \leqslant 0, \\ \phi(x), & 0 \leqslant x \leqslant l, \end{cases} \qquad \Psi(x) = \begin{cases} -\psi(-x), & -l \leqslant x \leqslant 0, \\ \psi(x), & 0 \leqslant x \leqslant l, \end{cases}$$

然后再延拓为周期为 $2l$ 的周期函数 (仍记为 $\Phi(x)$ 和 $\Psi(x)$). 可以看出, 这样延拓的结果保证了在端点 $x = l$ 也是奇延拓. 将 $\Phi(x)$ 和 $\Psi(x)$ 展开为 Fourier 级数

$$\Phi(x) = \sum_{n=1}^{\infty} \alpha_n \sin\frac{n\pi}{l}x, \qquad \Psi(x) = \sum_{n=1}^{\infty} \beta_n \sin\frac{n\pi}{l}x,$$

其中

$$\alpha_n = \frac{1}{l}\int_{-l}^{l} \Phi(x)\sin\frac{n\pi}{l}x\,\mathrm{d}x = \frac{2}{l}\int_{0}^{l} \phi(x)\sin\frac{n\pi}{l}x\,\mathrm{d}x,$$

$$\beta_n = \frac{1}{l}\int_{-l}^{l} \Psi(x)\sin\frac{n\pi}{l}x\,\mathrm{d}x = \frac{2}{l}\int_{0}^{l} \psi(x)\sin\frac{n\pi}{l}x\,\mathrm{d}x.$$

与 (13.14)、(13.15) 两式相比较, 就可以看出
$$\alpha_n = D_n, \qquad \beta_n = \frac{n\pi a}{l} C_n.$$
所以
$$\begin{aligned} u(x,t) &= \sum_{n=1}^{\infty} \left(\frac{\beta_n l}{n\pi a} \sin\frac{n\pi}{l} at + \alpha_n \cos\frac{n\pi}{l} at \right) \sin\frac{n\pi}{l} x \\ &= \frac{1}{2} \sum_{n=1}^{\infty} \alpha_n \left[\sin\frac{n\pi}{l}(x-at) + \sin\frac{n\pi}{l}(x+at) \right] \\ &\quad + \frac{1}{2} \sum_{n=1}^{\infty} \frac{\beta_n l}{n\pi a} \left[\cos\frac{n\pi}{l}(x-at) - \cos\frac{n\pi}{l}(x+at) \right] \\ &= \frac{1}{2} \left[\Phi(x-at) + \Phi(x+at) \right] + \frac{1}{2a} \int_{x-at}^{x+at} \Psi(x)\,\mathrm{d}x. \end{aligned}$$

它和行波解的形式完全一致, 只不过这里的 $\Phi(x)$ 和 $\Psi(x)$ 是由初始条件 $\phi(x)$ 和 $\psi(x)$ 按照前面的法则延拓而得的. 这样得到的解式 $u(x,t)$ 也只适用于区间 $0 \leqslant x \leqslant l$ 中.

从上面的讨论还可以看出波动在两端固定弦上的传播过程. 为了简单起见, 仍以单纯由初位移引起的波动为例. 当 $t > 0$ 时, 初位移也像在无界弦上分别向左右传播, 不同之处是到达端点 $x = 0$ 或 $x = l$ 时, 必须反射回来, 并伴有额外的相位损失 π (即在端点 $x = 0$ 和 $x = l$ 必须作奇延拓, 这是由两端固定这样的边界条件决定的). 就弦上任意一点在任意一个时刻的位移而言, 它就是初位移在两个端点间多次反复反射而叠加出的结果. 对于初速度激发的波动, 当然也可以类似地讨论.

练习 13.3 如果定解问题中的边界条件改为
$$\left.\frac{\partial u(x,t)}{\partial x}\right|_{x=0} = 0, \qquad \left.\frac{\partial u(x,t)}{\partial x}\right|_{x=l} = 0,$$
这时应该如何将初始条件作延拓?

练习 13.4 如果定解问题中的边界条件改为
$$u(x,t)\big|_{x=0} = 0, \qquad \left.\frac{\partial u(x,t)}{\partial x}\right|_{x=l} = 0,$$
这时又该如何将初始条件作延拓?

§13.3 矩形区域内的稳定问题

分离变量法也能用于求解热传导问题和稳定问题 (例如 Laplace 方程) 的定解问题.
设有定解问题
$$\frac{\partial^2 u}{\partial x^2} + \frac{\partial^2 u}{\partial y^2} = 0, \qquad\qquad 0 < x < a,\ 0 < y < b, \tag{13.18a}$$
$$u\big|_{x=0} = 0, \qquad \left.\frac{\partial u}{\partial x}\right|_{x=a} = 0, \qquad 0 \leqslant y \leqslant b, \tag{13.18b}$$
$$u\big|_{y=0} = f(x), \qquad \left.\frac{\partial u}{\partial y}\right|_{y=b} = 0, \qquad 0 \leqslant x \leqslant a. \tag{13.18c}$$

仍用分离变量法求解. 为此, 令

$$u(x,y) = X(x)Y(y), \tag{13.19}$$

代入方程 (13.18a), 分离变量, 即得

$$\frac{X''(x)}{X(x)} = -\frac{Y''(y)}{Y(y)}.$$

在此等式中, 左端是 x 的函数 (与 y 无关), 右端是 y 的函数 (与 x 无关), 因此, 必须共同等于一个既与 x 无关、又与 y 无关的常数. 令此常数为 $-\lambda$, 因此, 上面的结果又可写成通过待定常数 λ 而互相关联的两个常微分方程

$$X''(x) + \lambda X(x) = 0, \tag{13.20a}$$

$$Y''(y) - \lambda Y(y) = 0. \tag{13.20b}$$

同样, 将解式 (13.19) 代入关于 x 的一对齐次边界条件 (13.18b), 也可以分离变量得

$$X(0) = 0, \qquad X'(a) = 0. \tag{13.20c}$$

这样, 齐次常微分方程 (13.20a) 和齐次边界条件 (13.20c) 又构成了一个本征值问题. 方程 (13.20a) 的通解是

$$X(x) = \begin{cases} A_0 x + B_0, & \lambda = 0, \\ A \sin\sqrt{\lambda}x + B \cos\sqrt{\lambda}x, & \lambda \neq 0. \end{cases}$$

代入边界条件 (13.20c), 当 $\lambda = 0$ 时, 可以定出

$$A_0 = B_0 = 0,$$

因此 $\lambda = 0$ 不是本征值. 而若 $\lambda \neq 0$, 则可得到

$$B = 0, \qquad A \neq 0, \qquad \cos\sqrt{\lambda}a = 0,$$

于是就求出了

$$\text{本 征 值} \qquad \lambda_n = \left(\frac{2n+1}{2a}\pi\right)^2, \qquad n = 0, 1, 2, 3, \cdots, \tag{13.21}$$

$$\text{本 征 函 数} \qquad X_n(x) = \sin\frac{2n+1}{2a}\pi x. \tag{13.22}$$

相应地, 由方程 (13.20b) 可求出

$$Y_n(y) = C_n \sinh\frac{2n+1}{2a}\pi y + D_n \cosh\frac{2n+1}{2a}\pi y.$$

于是, 就得到了既满足 Laplace 方程 (13.18a), 又满足齐次边界条件 (13.18b) 的特解

$$u_n(x,y) = \left(C_n \sinh\frac{2n+1}{2a}\pi y + D_n \cosh\frac{2n+1}{2a}\pi y\right) \sin\frac{2n+1}{2a}\pi x. \tag{13.23}$$

将这无穷多个特解叠加起来，就得到一般解

$$u(x,y) = \sum_{n=0}^{\infty} \left(C_n \sinh \frac{2n+1}{2a}\pi y + D_n \cosh \frac{2n+1}{2a}\pi y \right) \sin \frac{2n+1}{2a}\pi x. \tag{13.24}$$

代入关于 y 的一对边界条件 (13.18c)，

$$u\big|_{y=0} = \sum_{n=0}^{\infty} D_n \sin \frac{2n+1}{2a}\pi x = f(x),$$

$$\frac{\partial u}{\partial y}\bigg|_{y=b} = \sum_{n=0}^{\infty} \frac{2n+1}{2a}\pi \left(C_n \cosh \frac{2n+1}{2a}\pi b + D_n \sinh \frac{2n+1}{2a}\pi b \right) \sin \frac{2n+1}{2a}\pi x = 0,$$

再次根据本征函数的正交归一性，

$$\int_0^a \sin \frac{2n+1}{2a}\pi x \sin \frac{2m+1}{2a}\pi x \, dx = \frac{a}{2}\delta_{nm}, \tag{13.25}$$

就可以求得

$$D_n = \frac{2}{a} \int_0^a f(x) \sin \frac{2n+1}{2a}\pi x \, dx \tag{13.26}$$

和

$$C_n \cosh \frac{2n+1}{2a}\pi b + D_n \sinh \frac{2n+1}{2a}\pi b = 0,$$

由此得

$$C_n = -D_n \tanh \frac{2n+1}{2a}\pi b. \tag{13.27}$$

这样，就求出了矩形区域内 Laplace 方程边值问题 (13.18) 的级数解. 知道了 $f(x)$ 的具体形式，就可以求出叠加系数 C_n 和 D_n.

在这个问题中，因为与 t 无关，不出现初始条件. 用分离变量法求解时，则是采用关于 x 的一对齐次边界条件构成本征值问题，而用另一对边界条件定叠加系数.

练习 13.5 将关于 $Y(y)$ 的常微分方程的通解写成别的形式，例如

(1) $\quad Y_n(y) = A_n \exp\left\{\frac{2n+1}{2a}\pi y\right\} + B_n \exp\left\{-\frac{2n+1}{2a}\pi y\right\},$

(2) $\quad Y_n(y) = A_n \sinh \frac{2n+1}{2a}\pi y + B_n \cosh \frac{2n+1}{2a}\pi(b-y),$

再重新求解上述定解问题. 试问: (1) 结果有何不同? (2) 采用何种形式的 $Y_n(y)$ 计算更为便捷?

练习 13.6 如果定解问题的边界条件全是非齐次的，例如

$$\frac{\partial^2 u}{\partial x^2} + \frac{\partial^2 u}{\partial y^2} = 0, \qquad 0 < x < a, \; 0 < y < b,$$

$$u\big|_{x=0} = f(y), \qquad \frac{\partial u}{\partial x}\bigg|_{x=a} = g(y), \qquad 0 \leqslant y \leqslant b,$$

$$u\big|_{y=0} = \phi(x), \qquad \frac{\partial u}{\partial y}\bigg|_{y=b} = \psi(x), \qquad 0 \leqslant x \leqslant a,$$

这时应该如何利用分离变量法求解?

§13.4 多于两个自变量的定解问题

当定解问题的自变量超过两个时 (当然时间变量最多只能一个), 仍可采用分离变量法求解, 但有一些技术性的细节需要注意.

作为示例, 下面扼要讨论矩形介质的热传导问题. 假设介质四周绝热, 定解问题是

$$\frac{\partial u}{\partial t} - \kappa \left(\frac{\partial^2 u}{\partial x^2} + \frac{\partial^2 u}{\partial y^2} \right) = 0, \qquad 0 < x < a, 0 < y < b, t > 0, \tag{13.28a}$$

$$\left.\frac{\partial u}{\partial x}\right|_{x=0} = 0, \qquad \left.\frac{\partial u}{\partial x}\right|_{x=a} = 0, \qquad 0 \leqslant y \leqslant b, t \geqslant 0, \tag{13.28b}$$

$$\left.\frac{\partial u}{\partial y}\right|_{y=0} = 0, \qquad \left.\frac{\partial u}{\partial y}\right|_{y=b} = 0, \qquad 0 \leqslant x \leqslant a, t \geqslant 0, \tag{13.28c}$$

$$u\big|_{t=0} = \phi(x,y), \qquad\qquad 0 \leqslant x \leqslant a, 0 \leqslant y \leqslant b. \tag{13.28d}$$

设 $u(x,y,t) = X(x)Y(y)T(t)$, 代入齐次方程 (13.28a), 即得

$$\frac{X''(x)}{X(x)} + \frac{Y''(y)}{Y(y)} - \frac{1}{\kappa}\frac{T'(t)}{T(t)} = 0. \tag{13.29}$$

此等式成立, 意味着式中各项均应为常数, 即

$$X''(x) + \mu X(x) = 0, \tag{13.30a}$$

$$Y''(y) + \nu Y(y) = 0, \tag{13.31a}$$

$$T'(t) + \lambda \kappa T(t) = 0, \tag{13.32}$$

其中 μ, ν, λ 是分离变量时引进的待定常数, $\mu + \nu = \lambda$.

再将齐次边界条件 (13.28b)、(13.28c) 分离变量, 又可以得到

$$X'(0) = 0, \qquad X'(a) = 0, \tag{13.30b}$$

$$Y'(0) = 0, \qquad Y'(b) = 0. \tag{13.31b}$$

(13.30a)、(13.30b) 和 (13.31a)、(13.31b) 就分别构成了两个本征值问题.

现在着手解本征值问题 (13.30). 当 $\mu = 0$ 时, 方程 (13.30a) 的通解为 $X(x) = Ax + B$, 由边界条件 (13.30b), 可以求得 $A = 0$, B 任意. 因此, 对于本征值问题 (13.30),

$$\mu_0 = 0 \tag{13.33}$$

是本征值, 相应的本征函数可以取为

$$X_0(x) = 1. \tag{13.34}$$

当 $\mu \neq 0$ 时, 方程 (13.30a) 的通解为 $X(x) = A\sin\sqrt{\mu}x + B\cos\sqrt{\mu}x$, 代入边界条件 (13.30b), 有 $A = 0$, $B \neq 0$, $\sin\sqrt{\mu}a = 0$, 因而可以求得 $\sqrt{\mu}a = n\pi$, 即

$$\mu_n = \left(\frac{n\pi}{a}\right)^2, \qquad n = 1, 2, 3, \cdots. \tag{13.35}$$

相应的本征函数是 (取 $B=1$)
$$X_n(x) = \cos\frac{n\pi}{a}x. \tag{13.36}$$

把 $\mu=0$ 和 $\mu\neq 0$ 的结果合并起来, 就可以统一写成

$$\text{本 征 值} \quad \mu_n = \left(\frac{n\pi}{a}\right)^2, \quad n=0,1,2,3,\cdots, \tag{13.37a}$$

$$\text{本征函数} \quad X_n(x) = \cos\frac{n\pi}{a}x. \tag{13.37b}$$

同样可以解得本征值问题 (13.31) 的解为

$$\text{本 征 值} \quad \nu_m = \left(\frac{m\pi}{b}\right)^2, \quad m=0,1,2,3,\cdots, \tag{13.38a}$$

$$\text{本征函数} \quad Y_m(x) = \cos\frac{m\pi}{b}y. \tag{13.38b}$$

注意这里的 n 和 m 互相独立. 对于给定的 n 和 m, 再进一步求出方程 (13.32) 的通解

$$T_{nm}(t) = A_{nm}\,\mathrm{e}^{-\lambda_{nm}\kappa t}, \quad n=0,1,2,\cdots,m=0,1,2,\cdots, \tag{13.39}$$

其中
$$\lambda_{nm} = \mu_n + \nu_m = \left(\frac{n\pi}{a}\right)^2 + \left(\frac{m\pi}{b}\right)^2.$$

因此, 就求得同时满足方程 (13.28a) 和边界条件 (13.28b)、(13.28c) 的特解

$$u_{nm}(x,y,t) = X_n(x)Y_m(y)T_{nm}(t) = A_{nm}\cos\frac{n\pi}{a}x\cos\frac{m\pi}{b}y\,\mathrm{e}^{-\lambda_{nm}\kappa t}, \tag{13.40}$$

并由此进一步叠加得一般解

$$u(x,y,t) = \sum_{n=0}^{\infty}\sum_{m=0}^{\infty} A_{nm}\cos\frac{n\pi}{a}x\cos\frac{m\pi}{b}y\exp\left\{-\left[\left(\frac{n\pi}{a}\right)^2+\left(\frac{m\pi}{b}\right)^2\right]\kappa t\right\}. \tag{13.41}$$

代入初始条件 (13.28d), 有

$$u(x,y,t)\Big|_{t=0} = \sum_{n=0}^{\infty}\sum_{m=0}^{\infty} A_{nm}\cos\frac{n\pi}{a}x\cos\frac{m\pi}{b}y = \phi(x,y). \tag{13.42}$$

下一步应当根据本征函数的正交性定出叠加系数. 需要注意, 现在既要用到 $\{X_n(x),n=0,1,2,\cdots\}$ 的正交性, 又要用到 $\{Y_m(y),m=0,1,2,\cdots\}$ 的正交性, 缺一不可. 其次, 考虑到它们的正交归一性

$$\int_0^a X_n(x)X_{n'}(x)\,\mathrm{d}x = \frac{a}{2}(1+\delta_{n0})\,\delta_{nn'}, \tag{13.43}$$

$$\int_0^b Y_m(y)Y_{m'}(y)\,\mathrm{d}y = \frac{b}{2}(1+\delta_{m0})\,\delta_{mm'}, \tag{13.44}$$

需要留心区分 $n=0$ 与 $n\neq 0$ 和 $m=0$ 与 $m\neq 0$ 的情形. 最后的结果是

$$A_{nm} = \frac{4}{ab}\frac{1}{(1+\delta_{n0})(1+\delta_{m0})}\int_0^a\int_0^b \phi(x,y)\cos\frac{n\pi}{a}x\cos\frac{m\pi}{b}y\,\mathrm{d}x\mathrm{d}y. \tag{13.45}$$

§13.5 两端固定弦的受迫振动

在前几节的讨论中，特别强调了齐次偏微分方程和齐次边界条件在分离变量法中的关键作用：因为方程和边界条件是齐次的，分离变量才得以实现。如果方程和边界条件不是齐次的，分离变量法的基本原则仍能适用，但实际求解步骤需作适当调整。本节就先讨论非齐次方程、齐次边界条件的情形。

为了突出对于方程非齐次项的处理，不妨研究纯粹由外力引起的两端固定弦的受迫振动，弦的初位移和初速度均为 0。这样，定解问题就是

$$\frac{\partial^2 u}{\partial t^2} - a^2 \frac{\partial^2 u}{\partial x^2} = f(x,t), \qquad 0 < x < l, t > 0, \tag{13.46a}$$

$$u\big|_{x=0} = 0, \qquad u\big|_{x=l} = 0, \qquad t \geq 0, \tag{13.46b}$$

$$u\big|_{t=0} = 0, \qquad \frac{\partial u}{\partial t}\bigg|_{t=0} = 0, \qquad 0 \leq x \leq l. \tag{13.46c}$$

对于这种非齐次方程、齐次边条件构成的定解问题，可以有两种处理方法。

1. 边界条件保持齐次，而将方程齐次化

这种解法的中心思想是把求解非齐次方程、齐次边条件构成的定解问题转化为求解齐次方程、齐次边条件构成的定解问题。设

$$u(x,t) = v(x,t) + w(x,t), \tag{13.47}$$

如果我们能够求出满足

$$\frac{\partial^2 v}{\partial t^2} - a^2 \frac{\partial^2 v}{\partial x^2} = f(x,t), \tag{13.48a}$$

$$v(x,t)\big|_{x=0} = 0, \qquad v(x,t)\big|_{x=l} = 0 \tag{13.48b}$$

的函数 $v(x,t)$，换言之，也就是能够求得既满足非齐次方程 (13.46a)，而且还满足齐次边界条件 (13.46b) 的特解 $v(x,t)$，则 $w(x,t)$ 一定满足

$$\frac{\partial^2 w}{\partial t^2} - a^2 \frac{\partial^2 w}{\partial x^2} = 0, \qquad 0 < x < l, t > 0, \tag{13.49a}$$

$$w\big|_{x=0} = 0, \qquad w\big|_{x=l} = 0, \qquad t \geq 0, \tag{13.49b}$$

$$w\big|_{t=0} = -v\big|_{t=0}, \qquad \frac{\partial w}{\partial t}\bigg|_{t=0} = -\frac{\partial v}{\partial t}\bigg|_{t=0}, \qquad 0 \leq x \leq l. \tag{13.49c}$$

因此，我们可以重复 §13.1 中的步骤，求出满足方程 (13.49a) 和边界条件 (13.49b) 的特解，并进一步叠加出一般解，从而得到

$$u(x,t) = v(x,t) + \sum_{n=1}^{\infty} \left(C_n \sin \frac{n\pi}{l} at + D_n \cos \frac{n\pi}{l} at \right) \sin \frac{n\pi}{l} x. \tag{13.50}$$

再代入初始条件 (13.49c), 有

$$\sum_{n=1}^{\infty} D_n \sin \frac{n\pi}{l} x = -v(x,t)\big|_{t=0},$$

$$\sum_{n=1}^{\infty} C_n \frac{n\pi a}{l} \sin \frac{n\pi}{l} x = -\frac{\partial v(x,t)}{\partial t}\bigg|_{t=0}.$$

利用本征函数的正交归一性, 就可以定出叠加系数

$$C_n = -\frac{2}{n\pi a} \int_0^l \frac{\partial v(x,t)}{\partial t}\bigg|_{t=0} \sin \frac{n\pi}{l} x \, \mathrm{d}x, \tag{13.51}$$

$$D_n = -\frac{2}{l} \int_0^l v(x,0) \sin \frac{n\pi}{l} x \, \mathrm{d}x. \tag{13.52}$$

这种解法可以简单地称为**方程齐次化法**. 有时也把 $v(x,t)$ 称为齐次化函数. 需要特别注意, 在将非齐次方程齐次化的同时, 必须保持原有的齐次边界条件不变. 这种解法的关键就在于求得特解 $v(x,t)$. 如果方程的非齐次项 $f(x,t)$ 的形式比较简单, 可以尝试采用这种解法.

从求解过程可以看出, 初始条件是否齐次不影响求解步骤.

例 13.1 求解定解问题

$$\frac{\partial^2 u}{\partial t^2} - a^2 \frac{\partial^2 u}{\partial x^2} = f(x), \qquad 0 < x < l, \, t > 0, \tag{13.53a}$$

$$u\big|_{x=0} = 0, \qquad u\big|_{x=l} = 0, \qquad t \geqslant 0, \tag{13.53b}$$

$$u\big|_{t=0} = 0, \qquad \frac{\partial u}{\partial t}\bigg|_{t=0} = 0, \qquad 0 \leqslant x \leqslant l, \tag{13.53c}$$

其中 $f(x)$ 为已知函数.

解 这里只给出解题的主要思路. 由于方程的非齐次项只是 x 的函数, 不妨把齐次化函数也取为只是 x 的函数, 即设

$$u(x,t) = v(x) + w(x,t), \tag{13.54}$$

其中 $v(x)$ 可以由常微分方程的边值问题

$$v''(x) = -\frac{1}{a^2} f(x), \tag{13.55a}$$

$$v(0) = 0, \quad v(l) = 0 \tag{13.55b}$$

求出, 而 $w(x,t)$ 则满足齐次方程、齐次边条件型的定解问题

$$\frac{\partial^2 w}{\partial t^2} - a^2 \frac{\partial^2 w}{\partial x^2} = 0, \qquad 0 < x < l, \, t > 0, \tag{13.56a}$$

$$w\big|_{x=0} = 0, \qquad w\big|_{x=l} = 0, \qquad t \geqslant 0, \tag{13.56b}$$

$$w\big|_{t=0} = -v(x), \qquad \frac{\partial w}{\partial t}\bigg|_{t=0} = 0, \qquad 0 \leqslant x \leqslant l, \tag{13.56c}$$

可以用 §13.1 的方法求解.

例 13.2 求解定解问题

$$\frac{\partial^2 u}{\partial t^2} - a^2 \frac{\partial^2 u}{\partial x^2} = A_0 \sin \omega t, \qquad 0 < x < l, t > 0, \tag{13.57a}$$

$$u\big|_{x=0} = 0, \qquad u\big|_{x=l} = 0, \qquad t \geqslant 0, \tag{13.57b}$$

$$u\big|_{t=0} = 0, \qquad \frac{\partial u}{\partial t}\bigg|_{t=0} = 0, \qquad 0 \leqslant x \leqslant l, \tag{13.57c}$$

其中 a, A_0 及 ω 均为已知常数.

解 设

$$u(x,t) = v(x,t) + w(x,t), \tag{13.58}$$

其中的齐次化函数 $v(x,t)$ 取为

$$v(x,t) = f(x) \sin \omega t. \tag{13.59}$$

选择 $f(x)$, 使得 $v(x,t)$ 满足非齐次方程 (13.57a) 及齐次边界条件 (13.57b), 即要求 $f(x)$ 满足

$$-\omega^2 f(x) - a^2 f''(x) = A_0, \tag{13.60a}$$

$$f(0) = 0, \qquad f(l) = 0. \tag{13.60b}$$

非齐次常微分方程 (13.60a) 的通解为

$$f(x) = -\frac{A_0}{\omega^2} + A \sin \frac{\omega}{a} x + B \cos \frac{\omega}{a} x.$$

利用齐次边界条件 (13.60b) 可以定出

$$B = \frac{A_0}{\omega^2}, \qquad A = \frac{A_0}{\omega^2} \tan \frac{\omega l}{2a}.$$

于是

$$f(x) = -\frac{A_0}{\omega^2} \left[\left(1 - \cos \frac{\omega}{a} x\right) - \tan \frac{\omega l}{2a} \sin \frac{\omega}{a} x \right] = -\frac{A_0}{\omega^2} \left[1 - \frac{\cos(\omega(x - l/2)/a)}{\cos(\omega l/2a)} \right]. \tag{13.61}$$

这样就能导出 $w(x,t)$ 所满足的齐次方程、齐次边条件类型的定解问题

$$\frac{\partial^2 w}{\partial t^2} - a^2 \frac{\partial^2 w}{\partial x^2} = 0, \qquad 0 < x < l, t > 0, \tag{13.62a}$$

$$w\big|_{x=0} = 0, \qquad w\big|_{x=l} = 0, \qquad t \geqslant 0, \tag{13.62b}$$

$$w\big|_{t=0} = 0, \qquad \frac{\partial w}{\partial t}\bigg|_{t=0} = -\omega f(x), \qquad 0 \leqslant x \leqslant l. \tag{13.62c}$$

容易求出满足齐次方程 (13.62a) 及齐次边界条件 (13.62b) 的一般解为

$$w(x,t) = \sum_{n=1}^{\infty} \left(C_n \sin \frac{n\pi}{l} at + D_n \cos \frac{n\pi}{l} at \right) \sin \frac{n\pi}{l} x. \tag{13.63}$$

利用上面的初始条件 (13.62c) 就可以定出

$$D_n = 0, \tag{13.64a}$$

$$C_n = -\frac{2\omega}{n\pi a}\int_0^l f(x)\sin\frac{n\pi}{l}x\,\mathrm{d}x = -\frac{2A_0\omega l^3}{\pi^2 a}\frac{1-(-)^n}{n^2}\frac{1}{(n\pi a)^2-(\omega l)^2}. \tag{13.64b}$$

这说明, 只有 $n=$ 奇数时, C_n 才不为 0. 这样, 最后就求出了

$$w(x,t) = -\frac{4A_0\omega l^3}{\pi^2 a}\sum_{n=0}^{\infty}\frac{1}{(2n+1)^2}\frac{1}{[(2n+1)\pi a]^2-(\omega l)^2}\sin\frac{2n+1}{l}\pi x\sin\frac{2n+1}{l}\pi at \tag{13.65}$$

和

$$\begin{aligned}u(x,t) = &-\frac{A_0}{\omega^2}\left[1 - \frac{\cos\omega(x-l/2)/a}{\cos(\omega l/2a)}\right]\sin\omega t \\ &-\frac{4A_0\omega l^3}{\pi^2 a}\sum_{n=0}^{\infty}\frac{1}{(2n+1)^2}\frac{1}{[(2n+1)\pi a]^2-(\omega l)^2}\sin\frac{2n+1}{l}\pi x\sin\frac{2n+1}{l}\pi at.\end{aligned} \tag{13.66}$$

在上面的解题过程中, 还忽略了一个特殊情形, 即驱动力的角频率 ω 正好是弦的某个固有频率 (不妨记为 $\omega_{2k+1} = (2k+1)\pi a/l$, k 为确定的自然数) 时, 弦在驱动力的作用下会发生共振现象. 这表现在求解过程中, 作为常微分方程边值问题 (13.60) 的解, (13.61) 式失去意义, 此后的解题过程均需做相应的修改. 事实上, 最后的解应该就是 (13.66) 式在 $\omega \to \omega_{2k+1}$ 下的极限值. 最简单的作法是将 (13.61) 式中的 $f(x)$ 也按本征函数组 $\left\{\sin\frac{n\pi}{l}x, n=1,2,3,\cdots\right\}$ 展开 [其实在 (13.64b) 式中已经完成此项计算],

$$f(x) = -\sum_{n=1}^{\infty}\frac{n\pi a}{\omega l}C_n\sin\frac{n\pi}{l}x,$$

其中的 C_n 见 (13.64b) 式. 整理即得

$$\begin{aligned}u(x,t) = &\frac{4A_0 l^2}{\pi^2 a}\sum_{n=0}^{\infty}\frac{1}{(2n+1)^2}\frac{1}{[(2n+1)\pi a]^2-(\omega l)^2}\sin\frac{2n+1}{l}\pi x \\ &\times\left[(2n+1)\pi a\sin\omega t - (\omega l)\sin\frac{2n+1}{l}\pi at\right].\end{aligned} \tag{13.67}$$

当 $\omega \to \omega_{2k+1}$ 时, 此和式中的 $n=k$ 项为不定式, 应单独提出, 而用 l'Hôpital 法则求出极限值,

$$\begin{aligned}u(x,t) = &\frac{4A_0 l^2}{\pi^2 a}\sum_{n=0}^{\infty}{}'\left\{\frac{1}{(2n+1)^2}\frac{1}{[(2n+1)\pi a]^2-(\omega l)^2}\sin\frac{2n+1}{l}\pi x\right.\\ &\left.\times\left[(2n+1)\pi a\sin\omega t - (\omega l)\sin\frac{2n+1}{l}\pi at\right]\right\}\\ &+\frac{4A_0 l^2}{\pi^2 a}\frac{1}{(2k+1)^2}\frac{1}{[(2k+1)\pi a]^2-(\omega l)^2}\sin\frac{2k+1}{l}\pi x\\ &\times\left[(2k+1)\pi a\sin\omega t - (\omega l)\sin\frac{2k+1}{l}\pi at\right]\end{aligned}$$

$$= \frac{4A_0 l^2}{\pi^2 a} \sum_{n=0}^{\infty}{}' \left\{ \frac{1}{(2n+1)^2} \frac{1}{[(2n+1)\pi a]^2 - (\omega l)^2} \sin\frac{2n+1}{l}\pi x \right.$$
$$\left. \times \left[(2n+1)\pi a \, \sin\omega t - (\omega l)\sin\frac{2n+1}{l}\pi a t \right] \right\}$$
$$- \frac{2A_0 l}{\pi^2 a} \frac{1}{(2k+1)^2} \sin\frac{2k+1}{l}\pi x \left[t\cos\frac{2k+1}{l}\pi a t - \frac{l}{(2k+1)\pi a}\sin\frac{2k+1}{l}\pi a t \right], \quad (13.68)$$

其中 $\sum'$ 表示和式中不含 $n=k$ 项.

练习 13.7 如果定解问题中的方程和初始条件都是非齐次的, 但边界条件仍是齐次的, 例如

$$\frac{\partial^2 u}{\partial t^2} - a^2 \frac{\partial^2 u}{\partial x^2} = f(x,t), \qquad 0 < x < l, t > 0,$$
$$u|_{x=0} = 0, \qquad u|_{x=l} = 0, \qquad t \geq 0,$$
$$u|_{t=0} = \phi(x), \qquad \left.\frac{\partial u}{\partial t}\right|_{t=0} = \psi(x), \qquad 0 \leq x \leq l.$$

重复上面的办法, 利用分离变量法求解.

练习 13.8 如果定解问题中的方程和边界条件都是非齐次的, 例如

$$\frac{\partial^2 u}{\partial t^2} - a^2 \frac{\partial^2 u}{\partial x^2} = f(x,t), \qquad 0 < x < l, t > 0,$$
$$u|_{x=0} = \mu(t), \qquad u|_{x=l} = \nu(t), \qquad t \geq 0,$$
$$u|_{t=0} = 0, \qquad \left.\frac{\partial u}{\partial t}\right|_{t=0} = 0, \qquad 0 \leq x \leq l.$$

这时是否仍然可以仿照上面的方法求解?

2. 按相应齐次问题本征函数展开

如果方程非齐次项 $f(x,t)$ 的形式比较复杂, 难以求得非齐次方程的特解, 就可以采用按相应齐次问题本征函数展开的解法. 其中心思想是寻找一组本征函数 $\{X_n(x), n = 1, 2, 3, \cdots\}$, 只要相对于所要求的解 $u(x,t)$ 及方程的非齐次项 $f(x,t)$ 而言, 这组本征函数是完备的, 就可以将 $u(x,t)$ 及 $f(x,t)$ 均按这组本征函数展开:

$$u(x,t) = \sum_{n=1}^{\infty} T_n(t) X_n(x), \tag{13.69}$$

$$f(x,t) = \sum_{n=1}^{\infty} g_n(t) X_n(x), \tag{13.70}$$

然后再求出 $T_n(t)$ 即可. 由于 $T_n(t)$ 是一元函数, 它满足的是常微分方程 (组), 有可能比求解偏微分方程来得简单.

仍以定解问题 (13.46) 为例. 本征函数组 $\{X_n(x)\}$ 必须满足齐次边界条件 (13.46b),

$$X_n(0) = 0, \qquad X_n(l) = 0. \tag{13.71}$$

对于 $\{X_n(x)\}$ 所满足的微分方程, 原则上没有什么限制. 但从实际可行性来看, 最佳选择是取 $\{X_n(x)\}$ 为相应齐次定解问题的本征函数, 也就是满足由相应齐次偏微分方程和齐次边

界条件

$$\frac{\partial^2 u}{\partial t^2} - a^2 \frac{\partial^2 u}{\partial x^2} = 0, \qquad 0 < x < l, t > 0,$$
$$u|_{x=0} = 0, \quad u|_{x=l} = 0, \qquad t \geqslant 0$$

分离变量而得到的本征值问题

$$X_n''(x) + \lambda_n X_n(x) = 0,$$
$$X_n(0) = 0, \qquad X_n(l) = 0.$$

将 $u(x,t)$ 和 $f(x,t)$ 的展开式 (13.69) 和 (13.70) 代入偏微分方程 (13.46a), 并逐项微商, 有

$$\sum_{n=1}^{\infty} T_n''(t) X_n(x) - a^2 \sum_{n=1}^{\infty} T_n(t) X_n''(x) = \sum_{n=1}^{\infty} g_n(t) X_n(x).$$

利用 $X_n(x)$ 所满足的常微分方程, 又可以化成

$$\sum_{n=1}^{\infty} T_n''(t) X_n(x) + a^2 \sum_{n=1}^{\infty} \lambda_n T_n(t) X_n(x) = \sum_{n=1}^{\infty} g_n(t) X_n(x).$$

再根据本征函数的正交性, 或者说, 根据按本征函数展开的唯一性, 就得到 $T_n(t)$ 所满足的常微分方程

$$T_n''(t) + \lambda_n a^2 T_n(t) = g_n(t). \tag{13.72}$$

同样将 $u(x,t)$ 的展开式 (13.69) 代入初始条件 (13.46c), 也可得到

$$\sum_{n=1}^{\infty} T_n(0) X_n(x) = 0, \qquad \sum_{n=1}^{\infty} T_n'(0) X_n(x) = 0.$$

根据本征函数的正交性, 即能导出

$$T_n(0) = 0, \qquad T_n'(0) = 0. \tag{13.73}$$

用解非齐次常微分方程的常数变易法, 或者用 Laplace 变换, 就可以最后求出非齐次方程 (13.72) 在初始条件 (13.73) 下的解

$$T_n(t) = \frac{l}{n\pi a} \int_0^t g_n(\tau) \sin \frac{n\pi}{l} a(t-\tau) \, d\tau. \tag{13.74}$$

练习 13.9 为什么本征函数组 $\{X_n(x)\}$ 必须满足定解问题的齐次边界条件 (13.46b) 或 (13.71)? 这个限制是否可以取消?

也还可以用这种方法求解例 13.2 中的定解问题. 相应齐次问题的本征函数已经在 §13.1 中给出, 因此可以将 $u(x,t)$ 及方程的非齐次项 $A_0 \sin \omega t$ 也按这一组本征函数展开:

$$u(x,t) = \sum_{n=1}^{\infty} T_n(t) \sin \frac{n\pi}{l} x, \tag{13.75}$$

$$A_0 \sin \omega t = \frac{2A_0}{\pi} \sum_{n=1}^{\infty} \frac{1-(-1)^n}{n} \sin \frac{n\pi}{l} x \sin \omega t, \tag{13.76}$$

代入方程 (13.57a) 和初始条件 (13.57c), 就得到

$$T_n''(t) + \left(\frac{n\pi}{l}a\right)^2 T_n(t) = \frac{2A_0}{\pi}\frac{1-(-1)^n}{n}\sin\omega t,$$
$$T_n(0) = 0, \qquad T_n'(0) = 0.$$

解之即得

$$T_n(t) = \frac{2A_0 l^2}{n\pi}\frac{1-(-1)^n}{(n\pi a)^2 - (\omega l)^2}\left(\sin\omega t - \frac{\omega l}{n\pi a}\sin\frac{n\pi}{l}at\right). \tag{13.77}$$

代入 (13.75) 式, 就求出了例 13.2 的解. 不难看出, 这正是 (13.67) 式.

§13.6 非齐次边界条件的齐次化

到目前为止, 除了在稳定问题中需要有一部分边界条件用于定叠加系数, 因而允许是非齐次的以外, 在波动问题或热传导问题中, 我们总是要求边界条件是齐次的. 上面列举出各种技术性的理由来说明为什么边界条件必须是齐次的, 例如说, 非齐次边界条件不能分离变量, 又说, 只有满足齐次方程和齐次边界条件的特解叠加起来才仍能满足齐次方程和齐次边界条件. 但最根本的原因涉及本征函数的完备性, 我们将在第十五章中讨论这个问题.

现在讨论非齐次边界条件的处理. 为了叙述方便, 下面仍以波动方程的定解问题为例. 为了突出非齐次边界条件的处理, 假定方程和初始条件都是齐次的.

$$\frac{\partial^2 u}{\partial t^2} - a^2 \frac{\partial^2 u}{\partial x^2} = 0, \qquad 0 < x < l, t > 0, \tag{13.78a}$$

$$u\big|_{x=0} = \mu(t), \qquad u\big|_{x=l} = \nu(t), \qquad t \geqslant 0, \tag{13.78b}$$

$$u\big|_{t=0} = 0, \qquad \frac{\partial u}{\partial t}\bigg|_{t=0} = 0, \qquad 0 \leqslant x \leqslant l. \tag{13.78c}$$

这时为了应用分离变量法, 别无选择, 只有先将非齐次边界条件齐次化, 即令

$$u(x,t) = v(x,t) + w(x,t), \tag{13.79}$$

适当选择 $v(x,t)$, 使之满足和未知函数 $u(x,t)$ 的非齐次边条件 (13.78b) 相同的非齐次边条件

$$v(x,t)\big|_{x=0} = \mu(t), \qquad v(x,t)\big|_{x=l} = \nu(t). \tag{13.80}$$

这样, $w(x,t)$ 当然就一定满足齐次边界条件

$$w(x,t)\big|_{x=0} = 0, \qquad w(x,t)\big|_{x=l} = 0. \tag{13.81}$$

一般说来, $w(x,t)$ 所满足的方程和初始条件都将是非齐次的,

$$\frac{\partial^2 w}{\partial t^2} - a^2 \frac{\partial^2 w}{\partial x^2} = -\left(\frac{\partial^2 v}{\partial t^2} - a^2 \frac{\partial^2 v}{\partial x^2}\right),$$

$$w\big|_{t=0} = -v\big|_{t=0}, \qquad \frac{\partial w}{\partial t}\bigg|_{t=0} = -\frac{\partial v}{\partial t}\bigg|_{t=0}.$$

采用 §13.5 中的办法，求出 $w(x,t)$，再代回到 (13.79) 式中，就给出了定解问题 (13.78) 的解 $u(x,t)$.

齐次化函数 $v(x,t)$ 有相当大的选择余地，因为仅要求它满足 (13.80) 式. 如果把 t 看成参数，这就只要求在 x-y 平面上的曲线 $y=v(x,t)$ 通过给定的两点 $(0,\mu(t))$ 和 $(l,\nu(t))$ 即可. 这样的曲线当然有无穷多条. 例如，可取直线

$$v(x,t) = A(t)x + B(t),$$

由 (13.80) 式即可定出

$$B(t) = \mu(t), \qquad A(t) = \frac{1}{l}\big[\nu(t) - \mu(t)\big].$$

也可取抛物线

$$v(x,t) = A(t)x^2 + B(t),$$
$$A(t) = \frac{1}{l^2}\big[\nu(t) - \mu(t)\big], \qquad B(t) = \mu(t)$$

或

$$v(x,t) = A(t)(l-x)^2 + B(t)x^2,$$
$$A(t) = \frac{1}{l^2}\mu(t), \qquad B(t) = \frac{1}{l^2}\nu(t).$$

练习 13.10 如果将定解问题 (13.78) 中的边界条件改为第二类，即

$$\left.\frac{\partial u}{\partial x}\right|_{x=0} = \mu(t), \qquad \left.\frac{\partial u}{\partial x}\right|_{x=l} = \nu(t).$$

试问: 这时的齐次化函数 $v(x,t)$ 应如何选取？

练习 13.11 如果将定解问题中的边界条件是混合型的，例如

$$\left.u\right|_{x=0} = \mu(t), \qquad \left.\frac{\partial u}{\partial x}\right|_{x=l} = \nu(t).$$

这时的齐次化函数 $v(x,t)$ 又该如何选取？

例 13.3 求解定解问题

$$\frac{\partial u}{\partial t} - \kappa \frac{\partial^2 u}{\partial x^2} = 0, \qquad 0 < x < l,\ t > 0, \tag{13.82a}$$

$$\left.u\right|_{x=0} = A\sin\omega t, \qquad \left.u\right|_{x=l} = 0, \qquad t \geqslant 0, \tag{13.82b}$$

$$\left.u\right|_{t=0} = 0, \qquad 0 \leqslant x \leqslant l. \tag{13.82c}$$

解 考虑到非齐次边界条件的具体形式，可设齐次化函数 $v(x,t) = A\left(1-\dfrac{x}{l}\right)\sin\omega t$，即令

$$u(x,t) = A\left(1 - \frac{x}{l}\right)\sin\omega t + w(x,t), \tag{13.83}$$

则 $w(x,t)$ 满足定解问题

$$\frac{\partial w}{\partial t} - \kappa \frac{\partial^2 w}{\partial x^2} = -A\omega\left(1 - \frac{x}{l}\right)\cos\omega t, \qquad 0 < x < l,\ t > 0, \tag{13.84a}$$

$$w\big|_{x=0} = 0, \qquad w\big|_{x=l} = 0, \qquad t \geqslant 0, \tag{13.84b}$$

$$w\big|_{t=0} = 0, \qquad 0 \leqslant x \leqslant l. \tag{13.84c}$$

将 $w(x,t)$ 和方程的非齐次项 $1 - x/l$ 都按相应齐次问题的本征函数展开，有

$$w(x,t) = \sum_{n=1}^{\infty} T_n(t) \sin\frac{n\pi}{l}x, \qquad 1 - \frac{x}{l} = \sum_{n=1}^{\infty} \frac{2}{n\pi} \sin\frac{n\pi}{l}x. \tag{13.85}$$

根据 $T_n(t)$ 应该满足非齐次一阶常微分方程

$$T_n'(t) + \kappa\left(\frac{n\pi}{l}\right)^2 T_n(t) = -\frac{2A\omega}{n\pi}\cos\omega t$$

和初始条件 $T_n(0) = 0$，容易求出

$$T_n(t) = \frac{2A\omega l^2}{\kappa^2(n\pi)^4 + \omega^2 l^4} \frac{1}{n\pi} \left[\kappa(n\pi)^2\, \mathrm{e}^{-(n\pi/l)^2 \kappa t} - \kappa(n\pi)^2 \cos\omega t - \omega l^2 \sin\omega t\right]. \tag{13.86}$$

这样就求得了 $w(x,t)$. 代回 (13.83) 式，就得到定解问题的解 $u(x,t)$.

选择不同的齐次化函数 $v(x,t)$，当然导出的 $w(x,t)$ 的定解问题也就不同，于是求出的 $w(x,t)$ 也就不同. 但是，由于定解问题解的存在唯一性，就保证了最后给出的 $u(x,t)$ 一定是相同的，尽管表达式的形式可能有所不同.

在某些特殊情形下，可以选择合适的齐次化函数 $v(x,t)$，使得 $w(x,t)$ 所满足的定解问题容易求解. 最理想的就是不论原来 $u(x,t)$ 的方程是否齐次，最终 $w(x,t)$ 满足的方程是齐次的[①]. 我们把这种方法称为将**方程和边界条件同时齐次化**.

例 13.4 求解定解问题

$$\frac{\partial^2 u}{\partial t^2} - a^2 \frac{\partial^2 u}{\partial x^2} = 0, \qquad 0 < x < l, t > 0, \tag{13.87a}$$

$$u\big|_{x=0} = 0, \qquad \left.\frac{\partial u}{\partial x}\right|_{x=l} = A\sin\omega t, \qquad t \geqslant 0, \tag{13.87b}$$

$$u\big|_{t=0} = 0, \qquad \left.\frac{\partial u}{\partial t}\right|_{t=0} = 0, \qquad 0 \leqslant x \leqslant l. \tag{13.87c}$$

解 现在就试图找到齐次化函数，将方程和边界条件同时齐次化. 为此，设

$$u(x,t) = v(x,t) + w(x,t), \tag{13.88}$$

考虑到非齐次边界条件的具体函数形式，可取齐次化函数 $v(x,t)$ 为

$$v(x,t) = f(x)\sin\omega t, \tag{13.89}$$

[①] 读者不必考虑 $w(x,t)$ 又满足齐次方程和齐次初始条件的情形. 因为如果这样的话，一定有 $w(x,t) = 0$. 这意味着 $v(x,t) = u(x,t)$ 就是原定解问题 (13.78) 的解.

且 $f(x)$ 是下列常微分方程边值问题

$$f''(x) + \left(\frac{\omega}{a}\right)^2 f(x) = 0,$$
$$f(0) = 0, \qquad f'(l) = A$$

的解. 容易求得

$$f(x) = \frac{Aa}{\omega} \frac{1}{\cos(\omega l/a)} \sin \frac{\omega}{a} x. \tag{13.90}$$

于是, 就得到 $w(x,t)$ 所满足的齐次方程、齐次边条件类型的定解问题

$$\frac{\partial^2 w}{\partial t^2} - a^2 \frac{\partial^2 w}{\partial x^2} = 0, \qquad 0 < x < l, t > 0, \tag{13.91a}$$

$$w|_{x=0} = 0, \qquad \left.\frac{\partial w}{\partial x}\right|_{x=l} = 0, \qquad t \geqslant 0, \tag{13.91b}$$

$$w|_{t=0} = 0, \qquad \left.\frac{\partial w}{\partial t}\right|_{t=0} = -\frac{Aa}{\cos(\omega l/a)} \sin \frac{\omega}{a} x, \qquad 0 \leqslant x \leqslant l. \tag{13.91c}$$

利用 §13.1 的方法解得

$$w(x,t) = \sum_{n=0}^{\infty} \left(C_n \sin \frac{2n+1}{2l} \pi a t + D_n \cos \frac{2n+1}{2l} \pi a t \right) \sin \frac{2n+1}{2l} \pi x, \tag{13.92}$$

其中

$$C_n = -\frac{4A}{\pi \cos(\omega l/a)} \frac{1}{2n+1} \int_0^l \sin \frac{\omega}{a} x \sin \frac{2n+1}{2l} \pi x \, dx$$
$$= (-)^n \frac{16A\omega l^2 a}{(2n+1)\pi} \frac{1}{(\omega l)^2 - [(2n+1)\pi a]^2}, \tag{13.93a}$$

$$D_n = 0. \tag{13.93b}$$

将 $v(x,t)$ 和 $w(x,t)$ 代回到 (13.88) 式中, 就最后给出了定解问题 (13.87) 的解 $u(x,t)$.

在这个例子中, 之所以能够容易地找到齐次化函数 $v(x,t)$, 使方程和边界条件同时齐次化, 当然是由边界条件中非齐次项的特殊形式决定的: 非齐次项的函数形式是 $\sin \omega t$, 而方程正好有 $(A \sin kx + B \cos kx)(C \sin kat + D \cos kat)$ 形式的特解.

现在, 对于具有非齐次边界条件的波动问题或热传导问题, 就有两种解法可供选择. 到底只是简单地将边界条件齐次化, 还是力求使方程也同时齐次化, 需要视具体条件而定. 有时尽管也能使方程和边界条件同时齐次化, 但如果齐次化函数 $v(x,t)$ 的形式过于复杂, 不易求得, 而导出的 $w(x,t)$ 的定解问题又比较复杂, 也许还是找一个形式比较简单的函数, 只将边界条件齐次化来得方便.

练习 13.12 对于最一般的定解问题, 例如

$$\frac{\partial^2 u}{\partial t^2} - a^2 \frac{\partial^2 u}{\partial x^2} = f(x,t), \qquad 0 < x < l, t > 0,$$

$$u|_{x=0} = \mu(t), \qquad u|_{x=l} = \nu(t), \qquad t \geqslant 0,$$

$$u|_{t=0} = \phi(x), \qquad \left.\frac{\partial u}{\partial t}\right|_{t=0} = \psi(x), \qquad 0 \leqslant x \leqslant l,$$

试用分离变量法求解.

这里值得重新讨论一下前面的例 13.3. 我们是否也可以采用将方程和非齐次边界条件同时齐次化的方法求解? 问题是, 这里出现的是热传导方程, 只含有对于时间 t 的一阶偏导数, 因此如果简单地将齐次化函数取为 $f(x)\sin\omega t$, 不可能使方程仍然保持齐次. 这时比较简单的办法是采用 "复数解法", 即引进复函数 $\mathscr{U}(x,t)$, 它满足定解问题

$$\frac{\partial \mathscr{U}}{\partial t} - \kappa \frac{\partial^2 \mathscr{U}}{\partial x^2} = 0, \qquad 0 < x < l,\ t > 0, \tag{13.94a}$$

$$\mathscr{U}\big|_{x=0} = A\mathrm{e}^{\mathrm{i}\omega t}, \qquad \mathscr{U}\big|_{x=l} = 0, \qquad t \geqslant 0, \tag{13.94b}$$

$$\mathscr{U}\big|_{t=0} = 0, \qquad 0 \leqslant x \leqslant l. \tag{13.94c}$$

取齐次化函数为

$$\mathscr{V}(x,t) = F(x)\mathrm{e}^{\mathrm{i}\omega t},$$

则 $F(x)$ 满足常微分方程边值问题

$$F''(x) - \mathrm{i}\omega F(x) = 0,$$
$$F(0) = A, \qquad F'(l) = 0.$$

求出 $\mathscr{V}(x,t)$ 后, 再令

$$\mathscr{U}(x,t) = \mathscr{V}(x,t) + \mathscr{W}(x,t),$$

则 $\mathscr{W}(x,t)$ 满足齐次方程、齐次边界条件的定解问题

$$\frac{\partial \mathscr{W}}{\partial t} - \kappa \frac{\partial^2 \mathscr{W}}{\partial x^2} = 0, \qquad 0 < x < l,\ t > 0,$$

$$\mathscr{W}\big|_{x=0} = 0, \qquad \mathscr{W}\big|_{x=l} = 0, \qquad t \geqslant 0,$$

$$\mathscr{W}\big|_{t=0} = -\mathscr{V}(x,0), \qquad 0 \leqslant x \leqslant l.$$

不难求出 $\mathscr{W}(x,t)$, 因而也就求得了 $\mathscr{U}(x,t)$. 再求虚部, 就得到原始定解问题 (13.82) 的解 $u(x,t)$. 请读者完成这个计算.

读者可能会想到, 对于定解问题 (13.78), 应该也可以将齐次方程 (13.78a) 和齐次初始条件 (13.78c) 分离变量而得到

$$T''(t) + \lambda a^2 T(t) = 0, \tag{13.95a}$$

$$T(0) = 0, \quad T'(0) = 0. \tag{13.95b}$$

如果这也构成本征值问题, 并且也能够求出本征值和本征函数的话, 那么似乎可以因此求得与之相关的一般解, 从而利用非齐次边界条件 (13.78b) 定出叠加系数即可. 其实, 在本章一开始的练习 13.1 中, 就提出了这个问题. 从实际计算的结果来看, 这是不可行的, 原因是在齐次初始条件 (13.95b) 下, 对于任何 λ 值, 方程 (13.95a) 总只有零解. 容易看出, 任何有限的 t 点都是方程 (13.95a) 的常点, 因此, 根据常微分方程解析理论, 解 $T(t)$ 在全 t 平面上解析, 故而可以在 $t=0$ 点展开为 Taylor 级数. 齐次的初始条件就决定了级数的全部系数

均为 0. 正是基于这个原因, 我们要再次强调, 构成本征值问题, 一定是含有待定参数的齐次微分方程和齐次边界条件. 边界条件和初始条件的这种差别, 在物理意义上, 是由于它们分别对应于空间变量和时间变量, 在数学上, 是由于边界条件给出的是函数 (或者导数, 或者它们的线性组合) 在不同点 (例如 $x=0$ 和 $x=l$) 的数值, 初始条件则是给出函数在同一点 (即 $t=0$) 的数值与导数值. 边界条件和初始条件在分离变量法中起着不同的作用.

对于稳定问题, 不含时间变量 t, 定解条件只是边界条件, 这样, 即使全部边界条件都是非齐次的, 在选择将哪些边界条件齐次化而用于构成本征值问题, 其余的边界条件留作定叠加系数时, 就有充分的自由. 实际上, 对于定解问题

$$\frac{\partial^2 u}{\partial x^2}+\frac{\partial^2 u}{\partial y^2}=f(x,y), \qquad 0<x<a, 0<y<b,$$
$$u(x,y)\big|_{x=0}=\xi(y), \qquad u(x,y)\big|_{x=a}=\eta(y), \qquad 0\leqslant y\leqslant b,$$
$$u(x,y)\big|_{y=0}=\phi(x), \qquad u(x,y)\big|_{y=b}=\psi(x), \qquad 0\leqslant x\leqslant a,$$

还可以更简单地令 $u(x,y)=u_1(x,y)+u_2(x,y)$, 使得 $u_1(x,y)$ 和 $u_2(x,y)$ 满足的定解问题中, 都只有一组边界条件非齐次的, 即

$$\frac{\partial^2 u_1}{\partial x^2}+\frac{\partial^2 u_1}{\partial y^2}=f(x,y), \qquad 0<x<a, 0<y<b,$$
$$u_1(x,y)\big|_{x=0}=0, \qquad u_1(x,y)\big|_{x=a}=0, \qquad 0\leqslant y\leqslant b,$$
$$u_1(x,y)\big|_{y=0}=\phi(x), \qquad u_1(x,y)\big|_{y=b}=\psi(x), \qquad 0\leqslant x\leqslant a$$

和

$$\frac{\partial^2 u_2}{\partial x^2}+\frac{\partial^2 u_2}{\partial y^2}=0, \qquad 0<x<a, 0<y<b,$$
$$u_2(x,y)\big|_{x=0}=\xi(y), \qquad u_2(x,y)\big|_{x=a}=\eta(y), \qquad 0\leqslant y\leqslant b,$$
$$u_2(x,y)\big|_{y=0}=0, \qquad u_2(x,y)\big|_{y=b}=0, \qquad 0\leqslant x\leqslant a.$$

读者不难采用前几节中已经讲过的相应方法求出 $u_1(x,y)$ 和 $u_2(x,y)$.

习 题

1. 将方程 $\dfrac{\partial^2 u}{\partial t^2}+h\dfrac{\partial u}{\partial t}-a^2\dfrac{\partial^2 u}{\partial x^2}=0$ 分离变量, 其中 h 及 a 均为常数.
2. 求解第十一章习题第 2 题.
3. 长为 l 的均匀弦, 两端固定, 初始时刻静止, $u\big|_{t=0}=bx(l-x)$, 求解此问题.
4. 长为 $2l$ 的均匀细杆, 杆身表面及两端均绝热, 初始温度为

$$u\big|_{t=0}=f(x)=\begin{cases}0, & 0\leqslant x<c-\delta,\\ \dfrac{1}{2\delta}, & c-\delta<x<c+\delta,\\ 0, & c+\delta<x\leqslant l,\end{cases}$$

求杆上任意一点的温度 $u(x,t)$.

5. 一均匀各向同性的弹性薄膜, $0 \leqslant x \leqslant l, 0 \leqslant y \leqslant l$, 四周夹紧, 初始位移为 0, 初始速度为 $Axy(l-x)(l-y)$. 求解膜的横振动.

6. 已知下列偏微分方程定解问题:

$$\begin{cases} \dfrac{\partial^2 u}{\partial t^2} - a^2 \dfrac{\partial^2 u}{\partial x^2} = A\sin\alpha x, \\ u(x,t)\big|_{x=0} = 0, \qquad u(x,t)\big|_{x=l} = 0, \\ u(x,t)\big|_{t=0} = 0, \qquad \dfrac{\partial u}{\partial t}\bigg|_{t=0} = 0, \end{cases}$$

其中 a 与 A, α 为已知常数, 试求非齐次方程的特解 $u_0(x,t)$, 并满足齐次边界条件.

7. 已知下列偏微分方程定解问题:

$$\begin{cases} \dfrac{\partial u}{\partial t} - \kappa \dfrac{\partial^2 u}{\partial x^2} = A\mathrm{e}^{-\kappa\alpha^2 t} \\ u(x,t)\big|_{x=0} = 0 \qquad u(x,t)\big|_{x=l} = 0 \\ u(x,t)\big|_{t=0} = 0, \end{cases}$$

其中 κ, α 与 A 为已知常数, 试求非齐次方程的特解 $u_0(x,t)$, 并满足齐次边界条件.

8. 求解:

$$\dfrac{\partial^2 u}{\partial t^2} - a^2 \dfrac{\partial^2 u}{\partial x^2} = b\left(1 - \cos\dfrac{2\pi}{l}x\right),$$
$$u\big|_{x=0} = 0, \qquad u\big|_{x=l} = 0,$$
$$u\big|_{t=0} = 0, \qquad \dfrac{\partial u}{\partial t}\bigg|_{t=0} = 0.$$

9. 在矩形区域 $0 \leqslant x \leqslant a, -b/2 \leqslant y \leqslant b/2$ 中求解:

(1) $\begin{cases} \nabla^2 u = -(x+y), \\ u\big|_{x=0,a} = 0, \\ u\big|_{y=\pm b/2} = 0; \end{cases}$ (2) $\begin{cases} \nabla^2 u = -x^2 y, \\ u\big|_{x=0,a} = 0, \\ u\big|_{y=\pm b/2} = 0. \end{cases}$

10. 求解:

$$\dfrac{\partial^2 u}{\partial x^2} + \dfrac{\partial^2 u}{\partial y^2} = 0,$$
$$u\big|_{x=0} = u_0, \qquad u\big|_{x=a} = u_0\left[\dfrac{2y}{b} - \left(\dfrac{y}{b}\right)^2\right],$$
$$\dfrac{\partial u}{\partial y}\bigg|_{y=0} = 0, \qquad \dfrac{\partial u}{\partial y}\bigg|_{y=b} = 0,$$

其中 b 为已知常数.

11. 横截面为矩形 $0 \leqslant x \leqslant a, 0 \leqslant y \leqslant b$ 无穷长直棱柱, $y=0$ 的柱壁有热流 q/a 流入, 而从 $x=0$ 的柱壁有热流 q/b 流出, 其余两个柱壁绝热, 柱内无热源, 求柱内的稳定温度分布.

12. 一细长杆, $x=0$ 端固定, $x=l$ 端受周期力 $A\sin\omega t$ 作用. 设初位移和初速度均为 0, 求解此杆的纵振动问题.

13. 设有长为 $2l$ 的均匀细杆,处于恒温状态(不妨取为 0). 现通过其两端、在单位时间内、经单位面积分别供给热量 q. 试求杆内的温度分布与变化.

14. 试求下列定解问题之解:
$$\frac{\partial^2 u}{\partial t^2} - a^2 \frac{\partial^2 u}{\partial x^2} = 0,$$
$$u\big|_{x=0} = \cos\frac{\pi}{l}at, \qquad \frac{\partial u}{\partial x}\bigg|_{x=l} = 0,$$
$$u\big|_{t=0} = \cos\frac{\pi}{l}x, \qquad \frac{\partial u}{\partial t}\bigg|_{t=0} = \sin\frac{\pi}{2l}x.$$

15. 求解下列定解问题:
$$\frac{\partial u}{\partial t} - \kappa \frac{\partial^2 u}{\partial x^2} = 0,$$
$$u\big|_{x=0} = A\mathrm{e}^{\mathrm{i}\omega t}, \qquad u\big|_{x=l} = 0,$$
$$u\big|_{t=0} = 0.$$

16. 求解下列定解问题:
$$\frac{\partial u}{\partial t} - \kappa \frac{\partial^2 u}{\partial x^2} = 0,$$
$$u\big|_{x=0} = A\exp\left\{-\alpha^2 \kappa t\right\}, \qquad u\big|_{x=l} = B\exp\left\{-\beta^2 \kappa t\right\},$$
$$u\big|_{t=0} = 0.$$

17. 设弹簧一端固定,一端在外力作用下作周期振动,当振动进行很长时间后,初条件产生的影响由于阻尼而消失. 此时的解 $u(x,t)$ 只是周期函数,与初条件无关,定解问题退化为
$$\begin{cases} \dfrac{\partial^2 u}{\partial t^2} - a^2 \dfrac{\partial^2 u}{\partial x^2} = 0 \\ u\big|_{x=0} = 0, \qquad u\big|_{x=l} = A\sin\omega t. \end{cases}$$
试求它的周期解.

18. 试求下列球内的热传导问题:
$$\begin{cases} \dfrac{\partial u}{\partial t} - \dfrac{\kappa}{r^2}\dfrac{\partial}{\partial r}\left(r^2 \dfrac{\partial u}{\partial r}\right) = \dfrac{A}{r}\sin\beta r, \quad r < a, t > 0, \\ u\big|_{r=0} \text{ 有界} \qquad u\big|_{r=a} = 0 \\ u\big|_{t=0} = 0 \end{cases}$$
其中 κ, A, β 均为已知正数.

提示: $\dfrac{1}{r^2}\dfrac{\partial}{\partial r}\left(r^2 \dfrac{\partial u}{\partial r}\right) \equiv \dfrac{1}{r}\dfrac{\partial^2(ru)}{\partial r^2}$

19. 当层状铀块的厚度超过一定临界值时,中子浓度将随时间而增高,以致引起铀块爆炸. 这就是原子弹爆炸的基本物理过程. 试估计层状铀块的临界厚度. 中子浓度满足的偏微分方程见第十一章习题第 4 题,假定边界条件为齐次的第一类边界条件.

第十四章

正交曲面坐标系

上一章讨论的问题中, 所涉及的空间几何形状, 除了一维的直线 (线段) 外, 仅限于二维平面上的矩形区域, 以及三维空间中的长方体. 对于这些几何形状, 总可以适当地放置直角坐标架, 使得所讨论区域的边界面都与坐标面重合, 从而实现齐次边界条件的分离变量.

如果我们讨论的问题涉及的空间区域具有其他几何形状, 例如圆柱形 (包括它的特殊情形, 二维平面上的圆形) 或球形, 这时无论怎样放置直角坐标架, 总不能使得区域的边界面全部都和坐标面重合. 因此, 即使边界条件是齐次的, 也无法分离变量.

解决这个问题的办法是选用别的坐标系. 常用的是一些正交曲面坐标系. 这一章我们将介绍正交曲面坐标系以及矢量分析的基本知识.

§14.1 正交曲面坐标系

为方便讨论, 我们常常根据所要讨论的空间区域的特点选择不同的坐标系. 例如圆形区域, 首选的坐标系当然是平面极坐标系. 圆柱形区域, 当然应当考虑柱坐标系. 对于球形区域, 就应该选用球坐标系. 作为这些坐标系的概括, 利用我们熟悉的直角坐标系 (x, y, z), 可以定义**曲面坐标系** (x^1, x^2, x^3)[①],

$$x^1 = \xi(x, y, z), \qquad x^2 = \eta(x, y, z), \qquad x^3 = \zeta(x, y, z). \tag{14.1}$$

显然 (14.1) 式就是直角坐标系 (x, y, z) 到曲面坐标系 (x^1, x^2, x^3) 的坐标变换[②]. 曲面坐标系 (x^1, x^2, x^3) 的坐标面是三组曲面

$$x^1 = \text{常数}, \qquad x^2 = \text{常数}, \qquad x^3 = \text{常数}.$$

空间任意一点的坐标 (x^1, x^2, x^3), 就由过该点的三个坐标面决定.

[①] 这里的 $x^i\ (i = 1, 2, 3)$ 中, 上标 i 用来标记空间点的坐标 (分量), 并不表示方次.

[②] 为了保证 x^1, x^2 和 x^3 是相互独立的, 应当要求 Jacobi 行列式

$$\frac{\partial(x^1, x^2, x^3)}{\partial(x, y, z)} \equiv \begin{vmatrix} \dfrac{\partial x^1}{\partial x} & \dfrac{\partial x^1}{\partial y} & \dfrac{\partial x^1}{\partial z} \\ \dfrac{\partial x^2}{\partial x} & \dfrac{\partial x^2}{\partial y} & \dfrac{\partial x^2}{\partial z} \\ \dfrac{\partial x^3}{\partial x} & \dfrac{\partial x^3}{\partial y} & \dfrac{\partial x^3}{\partial z} \end{vmatrix} \neq 0.$$

第十四章 正交曲面坐标系

对于空间的任意一点, 如果通过该点的三个坐标面总是互相垂直的, 这个坐标系就称为**正交曲面坐标系**. 例如, 在直角坐标系中, 过空间任意一点 (x_0, y_0, z_0) 的三个坐标面

$$x = x_0, \qquad y = y_0, \qquad z = z_0$$

就是互相垂直的.

判断一个坐标系是不是正交曲面坐标系, 当然可以直接从坐标系的定义 (即坐标面的方程) 去判断. 更常用的办法[①] 是由 (14.1) 式计算出弧长[②]

$$\begin{aligned}
\mathrm{d}s^2 &= \mathrm{d}x^2 + \mathrm{d}y^2 + \mathrm{d}z^2 \\
&= \left(\frac{\partial x}{\partial x^1}\mathrm{d}x^1 + \frac{\partial x}{\partial x^2}\mathrm{d}x^2 + \frac{\partial x}{\partial x^3}\mathrm{d}x^3\right)^2 + \left(\frac{\partial y}{\partial x^1}\mathrm{d}x^1 + \frac{\partial y}{\partial x^2}\mathrm{d}x^2 + \frac{\partial y}{\partial x^3}\mathrm{d}x^3\right)^2 \\
&\quad + \left(\frac{\partial z}{\partial x^1}\mathrm{d}x^1 + \frac{\partial z}{\partial x^2}\mathrm{d}x^2 + \frac{\partial z}{\partial x^3}\mathrm{d}x^3\right)^2 \\
&= \sum_{i,j=1,2,3} g_{ij}\mathrm{d}x^i \mathrm{d}x^j,
\end{aligned} \tag{14.2}$$

其中

$$g_{ij} = g_{ji} = \frac{\partial x}{\partial x^i}\frac{\partial x}{\partial x^j} + \frac{\partial y}{\partial x^i}\frac{\partial y}{\partial x^j} + \frac{\partial z}{\partial x^i}\frac{\partial z}{\partial x^j}.$$

g_{ij} 构成的矩阵

$$G = \begin{pmatrix} g_{11} & g_{12} & g_{13} \\ g_{21} & g_{22} & g_{23} \\ g_{31} & g_{32} & g_{33} \end{pmatrix}$$

称为此空间的**度规** (metric). 如果度规是对角矩阵,

$$g_{ij} = g_{ii}\delta_{ij}, \tag{14.3}$$

则此坐标系为**正交曲面坐标系**.

例 14.1 直角坐标系下,

$$\mathrm{d}s^2 = \mathrm{d}x^2 + \mathrm{d}y^2 + \mathrm{d}z^2,$$

所以

$$g_{ij} = \delta_{ij}, \qquad i,j = 1,2,3.$$

因此直角坐标系是正交曲面坐标系.

例 14.2 对于柱坐标系, $x = \rho\cos\phi$, $y = \rho\sin\phi$, $z = z$,

$$\begin{aligned}
\mathrm{d}s^2 &= (\cos\phi\mathrm{d}\rho - \rho\sin\phi\mathrm{d}\phi)^2 + (\sin\phi\mathrm{d}\rho + \rho\cos\phi\mathrm{d}\phi)^2 + \mathrm{d}z^2 \\
&= \mathrm{d}\rho^2 + \rho^2\mathrm{d}\phi^2 + \mathrm{d}z^2.
\end{aligned} \tag{14.4}$$

[①] 这种讨论方法的一个优点是可以直接推广到高维空间的情形.

[②] 在微分几何中, 更常略去 (14.2) 式中的和号, 而直接写成

$$\mathrm{d}s^2 = g_{ij}\mathrm{d}x^i\mathrm{d}x^j.$$

按照 Einstein 规则, 此式应理解为需对所有重复指标 (并且一个是上指标, 一个是下指标) 求和.

所以，$g_{11}=1, g_{22}=\rho^2, g_{33}=1$，当 $i\neq j$ 时 $g_{ij}=0$. 因此柱坐标系是正交曲面坐标系.

例 14.3 对于球坐标系，$x=r\sin\theta\cos\phi, y=r\sin\theta\sin\phi, z=r\cos\theta$,

$$\begin{aligned} \mathrm{d}s^2 &= (\sin\theta\cos\phi \mathrm{d}r + r\cos\theta\cos\phi \mathrm{d}\theta - r\sin\theta\sin\phi \mathrm{d}\phi)^2 \\ &\quad + (\sin\theta\sin\phi \mathrm{d}r + r\cos\theta\sin\phi \mathrm{d}\theta + r\sin\theta\cos\phi \mathrm{d}\phi)^2 + (\cos\theta \mathrm{d}r - r\sin\theta \mathrm{d}\theta)^2 \\ &= \mathrm{d}r^2 + r^2 \mathrm{d}\theta^2 + r^2\sin^2\theta \mathrm{d}\phi^2. \end{aligned} \tag{14.5}$$

所以，$g_{11}=1, g_{22}=r^2, g_{33}=r^2\sin^2\theta$，$i\neq j$ 时 $g_{ij}=0$. 故球坐标系也是正交曲面坐标系.

§14.2 正交曲面坐标系中的 Laplace 算符

这一节，通过外微分法介绍正交曲面坐标系中 Laplace 算符的一般形式. 这种方法的优点在于它的协变性，即可以脱离开坐标系的具体定义，而得到最普遍的表达式. 作为一个最初步的介绍，我们略去数学上的严格定义，只给出有关运算的规则.

外微分法则 这里要介绍外微分算符、楔积运算及 $*$ 算符，以及微分形式的概念.

首先定义**外微分算符** d. 它作用在 (n 维空间的标量) 函数 $f(x^1,x^2,\cdots,x^n)$ 上，

$$\mathrm{d}: f \mapsto \mathrm{d}f = \sum_{i=1}^n \frac{\partial f}{\partial x^i} \mathrm{d}x^i, \tag{14.6}$$

得到的 $\mathrm{d}f$ 称为**一次微分形式** (简称一次形式).

设 u 是三维空间的标量函数，例如三维空间的温度分布，则对于直角坐标系，

$$\mathrm{d}u = \frac{\partial u}{\partial x}\mathrm{d}x + \frac{\partial u}{\partial y}\mathrm{d}y + \frac{\partial u}{\partial z}\mathrm{d}z. \tag{14.7}$$

对于柱坐标系，

$$\mathrm{d}u = \frac{\partial u}{\partial \rho}\mathrm{d}\rho + \frac{\partial u}{\partial \phi}\mathrm{d}\phi + \frac{\partial u}{\partial z}\mathrm{d}z. \tag{14.8}$$

对于球坐标系，

$$\mathrm{d}u = \frac{\partial u}{\partial r}\mathrm{d}r + \frac{\partial u}{\partial \theta}\mathrm{d}\theta + \frac{\partial u}{\partial \phi}\mathrm{d}\phi. \tag{14.9}$$

外微分算符 d 也可以作用于一次微分形式 $\alpha=\sum_{i=1}^n \alpha_i \mathrm{d}x^i$，其中 α_i 都是标量函数，则得到二次微分形式

$$\mathrm{d}\alpha = \mathrm{d}\left(\sum_{i=1}^n \alpha_i \mathrm{d}x^i\right) = \sum_{i=1}^n \mathrm{d}\alpha_i \wedge \mathrm{d}x^i = \sum_{i=1}^n\sum_{j=1}^n \frac{\partial \alpha_i}{\partial x^j} \mathrm{d}x^j \wedge \mathrm{d}x^i.$$

规定

$$\mathrm{d}(\mathrm{d}x^i) = 0, \qquad i=1,2,\cdots n. \tag{14.10}$$

运算 $\wedge$ 称为**楔积**.

运算法则 1　　$\mathrm{d}x^i \wedge \mathrm{d}x^j = -\mathrm{d}x^j \wedge \mathrm{d}x^i, \qquad i,j=1,2,\cdots,n.$ (14.11)

因此，

$$\mathrm{d}x^i \wedge \mathrm{d}x^i = 0, \qquad i=1,2,\cdots,n.$$

所以, n 维空间最多只有 n 次微分形式. 将外微分算符 d 作用于 p 次 $(p<n)$ 微分形式 $\alpha=\sum\alpha_I \mathrm{d}x^I$, 就得到 $(p+1)$ 次微分形式:

$$\mathrm{d}\alpha = \mathrm{d}\left(\sum_I \alpha_I \mathrm{d}x^I\right) = \sum_I \mathrm{d}\alpha_I \wedge \mathrm{d}x^I = \sum_I \sum_{i=1}^n \frac{\partial \alpha_I}{\partial x^i}\mathrm{d}x^i \wedge \mathrm{d}x^I, \tag{14.12}$$

其中

$$\mathrm{d}x^I \equiv \mathrm{d}x^{i_1} \wedge \mathrm{d}x^{i_2} \wedge \cdots \wedge \mathrm{d}x^{i_p}, \qquad I=(i_1,i_2,\cdots,i_p). \tag{14.13}$$

$i_1,i_2,\cdots,i_p$ 都是正整数 $1,2,\cdots,n$.

运算法则 2 设 α 为 p 次微分形式, β 和 γ 为 q 次微分形式,

$$\mathrm{d}(\beta+\gamma) = \mathrm{d}\beta + \mathrm{d}\gamma, \tag{14.14}$$
$$\mathrm{d}(\alpha\wedge\beta) = (\mathrm{d}\alpha)\wedge\beta + (-)^p \alpha\wedge(\mathrm{d}\beta), \tag{14.15}$$
$$\mathrm{d}(\mathrm{d}\alpha) = 0. \tag{14.16}$$

* **运算** 是一个线性变换, 它把 p 次微分形式变换为相应的 $n-p$ 次微分形式,

$${}^*\!\left(\mathrm{d}x^{i_1}\wedge \mathrm{d}x^{i_2}\wedge\cdots\wedge \mathrm{d}x^{i_p}\right) = \frac{\sqrt{\det G}}{g_{i_1 i_1}g_{i_2 i_2}\cdots g_{i_p i_p}}\mathrm{d}x^{i_{p+1}}\wedge \mathrm{d}x^{i_{p+2}}\wedge\cdots\wedge \mathrm{d}x^{i_n}, \tag{14.17}$$

其中 $\det G$ 为度规矩阵 G 的行列式值, $(i_1,i_2,\cdots,i_p,i_{p+1},i_{p+2},\cdots,i_n)$ 构成 $(1,2,3,\cdots,n)$ 的偶排列. 特别是, 对于二维空间, 有

$${}^*\mathrm{d}x^1 = \frac{\sqrt{\det G}}{g_{11}}\mathrm{d}x^2, \qquad {}^*\mathrm{d}x^2 = -\frac{\sqrt{\det G}}{g_{22}}\mathrm{d}x^1 = -\frac{g_{11}}{\sqrt{\det G}}\mathrm{d}x^1, \tag{14.18}$$

而对于三维空间, 则有

$${}^*\mathrm{d}x^i = \frac{\sqrt{\det G}}{g_{ii}}\mathrm{d}x^I, \qquad {}^*\mathrm{d}x^I = \frac{g_{ii}}{\sqrt{\det G}}\mathrm{d}x^i, \qquad i=1,2,3, \tag{14.19}$$

其中 (i,I) 构成 $(1,2,3)$ 的偶排列.

运算法则 3 三维空间中, 有

$${}^*1 = \sqrt{\det G}\, \mathrm{d}x^1 \wedge \mathrm{d}x^2 \wedge \mathrm{d}x^3, \tag{14.20}$$
$${}^*\!\left(\sqrt{\det G}\, \mathrm{d}x^1 \wedge \mathrm{d}x^2 \wedge \mathrm{d}x^3\right) = 1. \tag{14.21}$$

注意 $\sqrt{\det G}\, \mathrm{d}x^1 \wedge \mathrm{d}x^2 \wedge \mathrm{d}x^3$ 正好是通常的三维空间的体积元.

例 14.4 对于直角坐标系, $\det G=1$,

$${}^*\mathrm{d}u = \frac{\partial u}{\partial x}\mathrm{d}y\wedge \mathrm{d}z + \frac{\partial u}{\partial y}\mathrm{d}z\wedge \mathrm{d}x + \frac{\partial u}{\partial z}\mathrm{d}x\wedge \mathrm{d}y. \tag{14.22}$$

例 14.5 对于柱坐标系, $\det G=\rho^2$,

$${}^*\mathrm{d}u = \rho\frac{\partial u}{\partial \rho}\mathrm{d}\phi\wedge \mathrm{d}z + \frac{1}{\rho}\frac{\partial u}{\partial \phi}\mathrm{d}z\wedge \mathrm{d}\rho + \rho\frac{\partial u}{\partial z}\mathrm{d}\rho\wedge \mathrm{d}\phi. \tag{14.23}$$

例 14.6 对于球坐标系, $\det G = r^4\sin^2\theta$,

$${}^*\mathrm{d}u = r^2\sin\theta\frac{\partial u}{\partial r}\mathrm{d}\theta\wedge \mathrm{d}\phi + \sin\theta\frac{\partial u}{\partial \theta}\mathrm{d}\phi\wedge \mathrm{d}r + \frac{1}{\sin\theta}\frac{\partial u}{\partial \phi}\mathrm{d}r\wedge \mathrm{d}\theta. \tag{14.24}$$

外微分运算与矢量分析 外微分运算的优点是它的协变性, 即它的表述形式与坐标系无关. 运用外微分运算可以方便地导出各种正交曲面坐标系中的矢量分析公式, 只需注意把握微分形式中的 $\sqrt{g_{ii}}\,\mathrm{d}x^i$ 和矢量式中坐标单位矢量 e_i 之间的对应关系.

外微分 d (作用于标量函数) 是梯度 grad 的协变微分形式. 准确说, 将一次微分形式 (14.6) 改写为
$$\mathrm{d}u = \sum_i \frac{1}{\sqrt{g_{ii}}} \frac{\partial u}{\partial x^i} \sqrt{g_{ii}}\,\mathrm{d}x^i,$$
就正好对应于梯度
$$\nabla u \equiv \mathrm{grad}\, u = \sum_i \frac{1}{\sqrt{g_{ii}}} \frac{\partial u}{\partial x^i}\, e_i. \tag{14.25}$$

例 14.7 直角坐标系中, e_x 对应 $\mathrm{d}x$, e_y 对应 $\mathrm{d}y$, e_z 对应 $\mathrm{d}z$, 梯度 ∇u 的三个分量是
$$(\nabla u)_x = \frac{\partial u}{\partial x}, \qquad (\nabla u)_y = \frac{\partial u}{\partial y}, \qquad (\nabla u)_z = \frac{\partial u}{\partial z}. \tag{14.26}$$

例 14.8 柱坐标系中, e_ρ 对应 $\mathrm{d}\rho$, e_ϕ 对应 $\rho\mathrm{d}\phi$, e_z 对应 $\mathrm{d}z$, 梯度 ∇u 的三个分量是
$$(\nabla u)_\rho = \frac{\partial u}{\partial \rho}, \qquad (\nabla u)_\phi = \frac{1}{\rho}\frac{\partial u}{\partial \phi}, \qquad (\nabla u)_z = \frac{\partial u}{\partial z}. \tag{14.27}$$

例 14.9 球坐标系中, e_r 对应 $\mathrm{d}r$, e_θ 对应 $r\mathrm{d}\theta$, e_ϕ 对应 $r\sin\theta\mathrm{d}\phi$, 梯度 ∇u 的三个分量是
$$(\nabla u)_r = \frac{\partial u}{\partial r}, \qquad (\nabla u)_\theta = \frac{1}{r}\frac{\partial u}{\partial \theta}, \qquad (\nabla u)_\phi = \frac{1}{r\sin\theta}\frac{\partial u}{\partial \phi}. \tag{14.28}$$

*d 是旋度 curl 的协变微分形式.

例 14.10 在直角坐标系中, 矢量
$$\boldsymbol{A} = A_x(x,y,z)\boldsymbol{e}_x + A_y(x,y,z)\boldsymbol{e}_y + A_z(x,y,z)\boldsymbol{e}_z \tag{14.29}$$

所对应的一次微分形式是
$$A_x(x,y,z)\mathrm{d}x + A_y(x,y,z)\mathrm{d}y + A_z(x,y,z)\mathrm{d}z. \tag{14.30}$$

用 *d 作用, 就得到
$$^*\mathrm{d}\left(A_x\mathrm{d}x + A_y\mathrm{d}y + A_z\mathrm{d}z\right) \tag{14.31}$$
$$= {}^*\left(\frac{\partial A_x}{\partial y}\mathrm{d}y \wedge \mathrm{d}x + \frac{\partial A_x}{\partial z}\mathrm{d}z \wedge \mathrm{d}x + \frac{\partial A_y}{\partial x}\mathrm{d}x \wedge \mathrm{d}y + \frac{\partial A_y}{\partial z}\mathrm{d}z \wedge \mathrm{d}y\right.$$
$$\left. + \frac{\partial A_z}{\partial x}\mathrm{d}x \wedge \mathrm{d}z + \frac{\partial A_z}{\partial y}\mathrm{d}y \wedge \mathrm{d}z\right)$$
$$= \left(\frac{\partial A_z}{\partial y} - \frac{\partial A_y}{\partial z}\right)\mathrm{d}x + \left(\frac{\partial A_x}{\partial z} - \frac{\partial A_z}{\partial x}\right)\mathrm{d}y + \left(\frac{\partial A_y}{\partial x} - \frac{\partial A_x}{\partial y}\right)\mathrm{d}z. \tag{14.32}$$

相应地, 就有
$$\mathrm{curl}\,\boldsymbol{A} \equiv \nabla \times \boldsymbol{A} = \left(\frac{\partial A_z}{\partial y} - \frac{\partial A_y}{\partial z}\right)\boldsymbol{e}_x + \left(\frac{\partial A_x}{\partial z} - \frac{\partial A_z}{\partial x}\right)\boldsymbol{e}_y + \left(\frac{\partial A_y}{\partial x} - \frac{\partial A_x}{\partial y}\right)\boldsymbol{e}_z. \tag{14.33}$$

例 14.11 在柱坐标系中, 矢量
$$\boldsymbol{A} = A_\rho(\rho,\phi,z)\boldsymbol{e}_\rho + A_\phi(\rho,\phi,z)\boldsymbol{e}_\phi + A_z(\rho,\phi,z)\boldsymbol{e}_z \tag{14.34}$$

所对应的一次微分形式是
$$A_\rho(\rho,\phi,z)\mathrm{d}\rho + A_\phi(\rho,\phi,z)\rho\,\mathrm{d}\phi + A_z(\rho,\phi,z)\mathrm{d}z. \tag{14.35}$$

作用以 *d, 就得到
$$\begin{aligned}&{}^*\mathrm{d}\left(A_\rho\mathrm{d}\rho + A_\phi\rho\mathrm{d}\phi + A_z\mathrm{d}z\right)\\ &= \left[\frac{\partial A_z}{\partial \phi} - \frac{\partial(\rho A_\phi)}{\partial z}\right]\frac{1}{\rho}\mathrm{d}\rho + \left(\frac{\partial A_\rho}{\partial z} - \frac{\partial A_z}{\partial \rho}\right)\rho\mathrm{d}\phi + \left[\frac{\partial(\rho A_\phi)}{\partial \rho} - \frac{\partial A_\rho}{\partial \phi}\right]\frac{1}{\rho}\mathrm{d}z.\end{aligned} \tag{14.36}$$

相应地, 就有
$$\begin{aligned}\mathrm{curl}\,\boldsymbol{A} &\equiv \nabla \times \boldsymbol{A}\\ &= \frac{1}{\rho}\left[\frac{\partial A_z}{\partial \phi} - \frac{\partial(\rho A_\phi)}{\partial z}\right]\boldsymbol{e}_\rho + \left(\frac{\partial A_\rho}{\partial z} - \frac{\partial A_z}{\partial \rho}\right)\boldsymbol{e}_\phi + \frac{1}{\rho}\left[\frac{\partial(\rho A_\phi)}{\partial \rho} - \frac{\partial A_\rho}{\partial \phi}\right]\boldsymbol{e}_z.\end{aligned} \tag{14.37}$$

例 14.12 在球坐标系中, 矢量
$$\boldsymbol{A} = A_r(r,\theta,\phi)\boldsymbol{e}_r + A_\theta(r,\theta,\phi)\boldsymbol{e}_\theta + A_\phi(r,\theta,\phi)\boldsymbol{e}_\phi, \tag{14.38}$$

所对应的一次微分形式是
$$A_r(r,\theta,\phi)\mathrm{d}r + A_\theta(r,\theta,\phi)r\,\mathrm{d}\theta + A_\phi(r,\theta,\phi)\,r\sin\theta\,\mathrm{d}\phi. \tag{14.39}$$

作用以 *d, 就得到
$$\begin{aligned}&{}^*\mathrm{d}\left(A_r\mathrm{d}r + A_\theta r\mathrm{d}\theta + A_\phi r\sin\theta\mathrm{d}\phi\right)\\ &= \left[\frac{\partial(r\sin\theta A_\phi)}{\partial \theta} - \frac{\partial(rA_\theta)}{\partial \phi}\right]\frac{1}{r^2\sin\theta}\mathrm{d}r + \left[\frac{\partial A_r}{\partial \phi} - \frac{\partial(r\sin\theta A_\phi)}{\partial r}\right]\frac{1}{\sin\theta}\mathrm{d}\theta\\ &\quad + \left[\frac{\partial(rA_\theta)}{\partial r} - \frac{\partial A_r}{\partial \theta}\right]\sin\theta\mathrm{d}\phi.\end{aligned} \tag{14.40}$$

相应地, 就有
$$\begin{aligned}\mathrm{curl}\boldsymbol{A} \equiv \nabla \times \boldsymbol{A} &= \frac{1}{r\sin\theta}\left[\frac{\partial(\sin\theta A_\phi)}{\partial \theta} - \frac{\partial A_\theta}{\partial \phi}\right]\boldsymbol{e}_r + \frac{1}{r}\left[\frac{1}{\sin\theta}\frac{\partial A_r}{\partial \phi} - \frac{\partial(rA_\phi)}{\partial r}\right]\boldsymbol{e}_\theta\\ &\quad + \frac{1}{r}\left[\frac{\partial(rA_\theta)}{\partial r} - \frac{\partial A_r}{\partial \theta}\right]\boldsymbol{e}_\phi.\end{aligned} \tag{14.41}$$

d 是散度 div 的协变微分形式.

例 14.13 在直角坐标系中, 利用
$$\begin{aligned}&{}^*\mathrm{d}x = \mathrm{d}y\wedge\mathrm{d}z, &&{}^*(\mathrm{d}y\wedge\mathrm{d}z) = \mathrm{d}x, &&{}^*(\mathrm{d}x\wedge\mathrm{d}y\wedge\mathrm{d}z) = 1,\\ &{}^*\mathrm{d}y = \mathrm{d}z\wedge\mathrm{d}x, &&{}^*(\mathrm{d}z\wedge\mathrm{d}x) = \mathrm{d}y, &&{}^*1 = \mathrm{d}x\wedge\mathrm{d}y\wedge\mathrm{d}z,\\ &{}^*\mathrm{d}z = \mathrm{d}x\wedge\mathrm{d}y, &&{}^*(\mathrm{d}x\wedge\mathrm{d}y) = \mathrm{d}z,\end{aligned}$$

得
$$\begin{aligned}&{}^*\mathrm{d}^*\left(A_x\mathrm{d}x + A_y\mathrm{d}y + A_z\mathrm{d}z\right)\\ &= {}^*\mathrm{d}\left(A_x\mathrm{d}y\wedge\mathrm{d}z + A_y\mathrm{d}z\wedge\mathrm{d}x + A_z\mathrm{d}x\wedge\mathrm{d}y\right)\end{aligned}$$

$$= {}^* \left(\frac{\partial A_x}{\partial x} \mathrm{d}x \wedge \mathrm{d}y \wedge \mathrm{d}z + \frac{\partial A_y}{\partial y} \mathrm{d}y \wedge \mathrm{d}z \wedge \mathrm{d}x + \frac{\partial A_z}{\partial z} \mathrm{d}z \wedge \mathrm{d}x \wedge \mathrm{d}y \right)$$
$$= \frac{\partial A_x}{\partial x} + \frac{\partial A_y}{\partial y} + \frac{\partial A_z}{\partial z}. \tag{14.42}$$

因此,
$$\mathrm{div}\boldsymbol{A} \equiv \nabla \cdot \boldsymbol{A} = \frac{\partial A_x}{\partial x} + \frac{\partial A_y}{\partial y} + \frac{\partial A_z}{\partial z}. \tag{14.43}$$

例 14.14 在柱坐标系中, 利用

$$^*\mathrm{d}\rho = \rho\mathrm{d}\phi \wedge \mathrm{d}z, \qquad {}^*(\mathrm{d}\phi \wedge \mathrm{d}z) = \frac{1}{\rho}\mathrm{d}\rho, \qquad {}^*(\mathrm{d}\rho \wedge \mathrm{d}\phi \wedge \mathrm{d}z) = \frac{1}{\rho},$$
$$^*\mathrm{d}\phi = \frac{1}{\rho}\mathrm{d}z \wedge \mathrm{d}\rho, \qquad {}^*(\mathrm{d}z \wedge \mathrm{d}\rho) = \rho\mathrm{d}\phi,$$
$$^*\mathrm{d}z = \rho\mathrm{d}\rho \wedge \mathrm{d}\phi, \qquad {}^*(\mathrm{d}\rho \wedge \mathrm{d}\phi) = \frac{1}{\rho}\mathrm{d}z,$$

得
$$^*\mathrm{d}^* \left(A_\rho \mathrm{d}\rho + A_\phi \rho \mathrm{d}\phi + A_z \mathrm{d}z\right) = \frac{1}{\rho}\frac{\partial(\rho A_\rho)}{\partial \rho} + \frac{1}{\rho}\frac{\partial A_\phi}{\partial \phi} + \frac{\partial A_z}{\partial z}. \tag{14.44}$$

因此,
$$\mathrm{div}\boldsymbol{A} \equiv \nabla \cdot \boldsymbol{A} = \frac{1}{\rho}\frac{\partial(\rho A_\rho)}{\partial \rho} + \frac{1}{\rho}\frac{\partial A_\phi}{\partial \phi} + \frac{\partial A_z}{\partial z}. \tag{14.45}$$

例 14.15 在球坐标系中, 利用

$$^*\mathrm{d}r = r^2 \sin\theta \mathrm{d}\theta \wedge \mathrm{d}\phi, \qquad {}^*(\mathrm{d}\theta \wedge \mathrm{d}\phi) = \frac{1}{r^2 \sin\theta}\mathrm{d}r, \qquad {}^*(\mathrm{d}r \wedge \mathrm{d}\theta \wedge \mathrm{d}\phi) = \frac{1}{r^2 \sin\theta},$$
$$^*\mathrm{d}\theta = \sin\theta \mathrm{d}\phi \wedge \mathrm{d}r, \qquad {}^*(\mathrm{d}\phi \wedge \mathrm{d}r) = \frac{1}{\sin\theta}\mathrm{d}\theta,$$
$$^*\mathrm{d}\phi = \frac{1}{\sin\theta}\mathrm{d}r \wedge \mathrm{d}\theta, \qquad {}^*(\mathrm{d}r \wedge \mathrm{d}\theta) = \sin\theta \mathrm{d}\phi,$$

得
$$^*\mathrm{d}^* \left(A_r \mathrm{d}r + A_\theta r \mathrm{d}\theta + A_\phi r \sin\theta \mathrm{d}\phi\right) = \frac{1}{r^2}\frac{\partial(r^2 A_r)}{\partial r} + \frac{1}{r \sin\theta}\frac{\partial(\sin\theta A_\theta)}{\partial \theta} + \frac{1}{r \sin\theta}\frac{\partial A_\phi}{\partial \phi}. \tag{14.46}$$

因此,
$$\mathrm{div}\boldsymbol{A} \equiv \nabla \cdot \boldsymbol{A} = \frac{1}{r^2}\frac{\partial(r^2 A_r)}{\partial r} + \frac{1}{r \sin\theta}\frac{\partial(\sin\theta A_\theta)}{\partial \theta} + \frac{1}{r \sin\theta}\frac{\partial A_\phi}{\partial \phi}. \tag{14.47}$$

正交曲面坐标系中的 Laplace 算符

$^*\mathrm{d}^*\mathrm{d}$ 是作用在标量函数上的 Laplace 算符 $\nabla^2 \equiv \nabla \cdot \nabla \equiv \mathrm{div\,grad}$ 的协变微分形式.

例 14.16 直角坐标系, 由 (14.22) 式, 可得

$$\mathrm{d}^*\mathrm{d}u = \mathrm{d}\left(\frac{\partial u}{\partial x}\mathrm{d}y \wedge \mathrm{d}z + \frac{\partial u}{\partial y}\mathrm{d}z \wedge \mathrm{d}x + \frac{\partial u}{\partial z}\mathrm{d}x \wedge \mathrm{d}y\right)$$
$$= \frac{\partial^2 u}{\partial x^2}\mathrm{d}x \wedge \mathrm{d}y \wedge \mathrm{d}z + \frac{\partial^2 u}{\partial y^2}\mathrm{d}y \wedge \mathrm{d}z \wedge \mathrm{d}x + \frac{\partial^2 u}{\partial z^2}\mathrm{d}z \wedge \mathrm{d}x \wedge \mathrm{d}y$$
$$= \left(\frac{\partial^2 u}{\partial x^2} + \frac{\partial^2 u}{\partial y^2} + \frac{\partial^2 u}{\partial z^2}\right)\mathrm{d}x \wedge \mathrm{d}y \wedge \mathrm{d}z.$$

因此,

$$^*\mathrm{d}^*\mathrm{d}u = \left(\frac{\partial^2}{\partial x^2} + \frac{\partial^2}{\partial y^2} + \frac{\partial^2}{\partial z^2}\right)u.$$

这就是说, 作用在标量函数上的 Laplace 算符在直角坐标系下的表达式是

$$\nabla^2 \equiv \nabla \cdot \nabla \equiv \mathrm{div}\,\mathrm{grad} \equiv \frac{\partial^2}{\partial x^2} + \frac{\partial^2}{\partial y^2} + \frac{\partial^2}{\partial z^2}. \tag{14.48}$$

例 14.17 柱坐标系, 由 (14.23) 式, 可得

$$\mathrm{d}^*\mathrm{d}u = \left[\frac{\partial}{\partial \rho}\left(\rho \frac{\partial u}{\partial \rho}\right) + \frac{1}{\rho}\frac{\partial^2 u}{\partial \phi^2} + \rho \frac{\partial^2 u}{\partial z^2}\right]\mathrm{d}\rho \wedge \mathrm{d}\phi \wedge \mathrm{d}z,$$

$$^*\mathrm{d}^*\mathrm{d}u = \frac{1}{\rho}\frac{\partial}{\partial \rho}\left(\rho \frac{\partial u}{\partial \rho}\right) + \frac{1}{\rho^2}\frac{\partial^2 u}{\partial \phi^2} + \frac{\partial^2 u}{\partial z^2}.$$

这就是说, 作用在标量函数上的 Laplace 算符在柱坐标系下的表达式是

$$\nabla^2 \equiv \nabla \cdot \nabla \equiv \mathrm{div}\,\mathrm{grad} \equiv \frac{1}{\rho}\frac{\partial}{\partial \rho}\left(\rho \frac{\partial}{\partial \rho}\right) + \frac{1}{\rho^2}\frac{\partial^2}{\partial \phi^2} + \frac{\partial^2}{\partial z^2}. \tag{14.49}$$

例 14.18 球坐标系, 由 (14.24) 式, 可得

$$\mathrm{d}^*\mathrm{d}u = \left[\sin\theta \frac{\partial}{\partial r}\left(r^2 \frac{\partial u}{\partial r}\right) + \frac{\partial}{\partial \theta}\left(\sin\theta \frac{\partial u}{\partial \theta}\right) + \frac{1}{\sin\theta}\frac{\partial^2 u}{\partial \phi^2}\right]\mathrm{d}r \wedge \mathrm{d}\theta \wedge \mathrm{d}\phi,$$

$$^*\mathrm{d}^*\mathrm{d}u = \frac{1}{r^2}\frac{\partial}{\partial r}\left(r^2 \frac{\partial u}{\partial r}\right) + \frac{1}{r^2\sin\theta}\frac{\partial}{\partial \theta}\left(\sin\theta \frac{\partial u}{\partial \theta}\right) + \frac{1}{r^2\sin^2\theta}\frac{\partial^2 u}{\partial \phi^2}.$$

所以, 作用在标量函数上的 Laplace 算符在球坐标系下的表达式是

$$\nabla^2 \equiv \nabla \cdot \nabla \equiv \mathrm{div}\,\mathrm{grad} \equiv \frac{1}{r^2}\frac{\partial}{\partial r}\left(r^2 \frac{\partial}{\partial r}\right) + \frac{1}{r^2\sin\theta}\frac{\partial}{\partial \theta}\left(\sin\theta \frac{\partial}{\partial \theta}\right) + \frac{1}{r^2\sin^2\theta}\frac{\partial^2}{\partial \phi^2}. \tag{14.50}$$

Laplace 算符还可以作用在矢量函数上. 对于三维矢量函数 $\boldsymbol{A} = \sum_{i=1}^{3} A_i \boldsymbol{e}_i$, 其定义是

$$\nabla^2 \boldsymbol{A} \equiv \nabla(\nabla \cdot \boldsymbol{A}) - \nabla \times (\nabla \times \boldsymbol{A}). \tag{14.51}$$

因此作用在矢量函数上的 Laplace 算符 $\nabla^2 \equiv \nabla(\nabla \cdot) - \nabla \times (\nabla \times) \equiv \mathrm{grad}\,\mathrm{div} - \mathrm{curl}\,\mathrm{curl}$ 的协变微分形式是 $\mathrm{d}^*\mathrm{d}^* - {}^*\mathrm{d}^*\mathrm{d}$, 将 $(\mathrm{d}^*\mathrm{d}^* - {}^*\mathrm{d}^*\mathrm{d})$ 作用在一次微分形式 $\sum_{i=1}^{3} A_i \sqrt{g_{ii}}\,\mathrm{d}x^i$ 上.

例 14.19 三维空间中 $\nabla^2 \boldsymbol{A}$ 的直角坐标分解

由 (14.42) 式和 (14.32) 式, 得

$$\mathrm{d}^*\mathrm{d}^*(A_x\mathrm{d}x + A_y\mathrm{d}y + A_z\mathrm{d}z)$$

$$= \mathrm{d}\left(\frac{\partial A_x}{\partial x} + \frac{\partial A_y}{\partial y} + \frac{\partial A_z}{\partial z}\right)$$

$$= \left(\frac{\partial^2 A_x}{\partial x^2} + \frac{\partial^2 A_y}{\partial x \partial y} + \frac{\partial^2 A_z}{\partial z \partial x}\right)\mathrm{d}x$$

$$+ \left(\frac{\partial^2 A_x}{\partial x \partial y} + \frac{\partial^2 A_y}{\partial y^2} + \frac{\partial^2 A_z}{\partial y \partial z} \right) \mathrm{d}y$$

$$+ \left(\frac{\partial^2 A_x}{\partial x \partial z} + \frac{\partial^2 A_y}{\partial y \partial z} + \frac{\partial^2 A_z}{\partial z^2} \right) \mathrm{d}z,$$

$$
\begin{aligned}
{}^*\mathrm{d}{}^*\mathrm{d}\, & (A_x \mathrm{d}x + A_y \mathrm{d}y + A_z \mathrm{d}z) \\
= {}^*\mathrm{d} & \left[\left(\frac{\partial A_z}{\partial y} - \frac{\partial A_y}{\partial z} \right) \mathrm{d}x + \left(\frac{\partial A_x}{\partial z} - \frac{\partial A_z}{\partial x} \right) \mathrm{d}y + \left(\frac{\partial A_y}{\partial x} - \frac{\partial A_x}{\partial y} \right) \mathrm{d}z \right] \\
= & \left[\frac{\partial}{\partial y}\left(\frac{\partial A_y}{\partial x} - \frac{\partial A_x}{\partial y} \right) - \frac{\partial}{\partial z}\left(\frac{\partial A_x}{\partial z} - \frac{\partial A_z}{\partial x} \right) \right] \mathrm{d}x \\
& + \left[\frac{\partial}{\partial z}\left(\frac{\partial A_z}{\partial y} - \frac{\partial A_y}{\partial z} \right) - \frac{\partial}{\partial x}\left(\frac{\partial A_y}{\partial x} - \frac{\partial A_x}{\partial y} \right) \right] \mathrm{d}y \\
& + \left[\frac{\partial}{\partial x}\left(\frac{\partial A_x}{\partial z} - \frac{\partial A_z}{\partial x} \right) - \frac{\partial}{\partial y}\left(\frac{\partial A_z}{\partial y} - \frac{\partial A_y}{\partial z} \right) \right] \mathrm{d}z.
\end{aligned}
$$

上面两式相减, 得 $\nabla^2 \boldsymbol{A}$ 的直角坐标分量表达式

$$
\begin{aligned}
\nabla^2 \boldsymbol{A} &= (\nabla^2 \boldsymbol{A})_x \boldsymbol{e}_x + (\nabla^2 \boldsymbol{A})_y \boldsymbol{e}_y + (\nabla^2 \boldsymbol{A})_z \boldsymbol{e}_z \\
&= \left[\left(\frac{\partial^2}{\partial x^2} + \frac{\partial^2}{\partial y^2} + \frac{\partial^2}{\partial z^2} \right) A_x \right] \boldsymbol{e}_x + \left[\left(\frac{\partial^2}{\partial x^2} + \frac{\partial^2}{\partial y^2} + \frac{\partial^2}{\partial z^2} \right) A_y \right] \boldsymbol{e}_y \quad (14.52) \\
&\quad + \left[\left(\frac{\partial^2}{\partial x^2} + \frac{\partial^2}{\partial y^2} + \frac{\partial^2}{\partial z^2} \right) A_z \right] \boldsymbol{e}_z. \quad (14.53)
\end{aligned}
$$

例 14.20 三维空间中 $\nabla^2 \boldsymbol{A}$ 的柱坐标分解.

利用 (14.44) 式和 (14.36) 式就能求出 $\nabla^2 \boldsymbol{A}$ 的柱坐标分量表达式

$$
\begin{aligned}
\nabla^2 \boldsymbol{A} &= (\nabla^2 \boldsymbol{A})_\rho \boldsymbol{e}_\rho + (\nabla^2 \boldsymbol{A})_\phi \boldsymbol{e}_\phi + (\nabla^2 \boldsymbol{A})_z \boldsymbol{e}_z \\
&= \left(\nabla^2 A_\rho - \frac{1}{\rho^2} A_\rho - \frac{2}{\rho^2} \frac{\partial A_\phi}{\partial \phi} \right) \boldsymbol{e}_\rho \\
&\quad + \left(\nabla^2 A_\phi - \frac{1}{\rho^2} A_\phi + \frac{2}{\rho^2} \frac{\partial A_\rho}{\partial \phi} \right) \boldsymbol{e}_\phi + \nabla^2 A_z \boldsymbol{e}_z. \quad (14.54)
\end{aligned}
$$

例 14.21 三维空间中 $\nabla^2 \boldsymbol{A}$ 的球坐标分解.

利用 (14.46) 式和 (14.40) 式可以得到 $\nabla^2 \boldsymbol{A}$ 的球坐标分量表达式

$$
\begin{aligned}
\nabla^2 \boldsymbol{A} &= (\nabla^2 \boldsymbol{A})_r \boldsymbol{e}_r + (\nabla^2 \boldsymbol{A})_\theta \boldsymbol{e}_\theta + (\nabla^2 \boldsymbol{A})_\phi \boldsymbol{e}_\phi \\
&= \left(\nabla^2 A_r - \frac{2}{r^2} A_r - \frac{2}{r^2 \sin\theta} \frac{\partial (\sin\theta A_\theta)}{\partial \theta} - \frac{2}{r^2 \sin\theta} \frac{\partial A_\phi}{\partial \phi} \right) \boldsymbol{e}_r \\
&\quad + \left(\nabla^2 A_\theta - \frac{1}{r^2 \sin^2\theta} A_\theta + \frac{2}{r^2} \frac{\partial A_r}{\partial r} - \frac{2}{r^2} \frac{\cos\theta}{\sin^2\theta} \frac{\partial A_\phi}{\partial \phi} \right) \boldsymbol{e}_\theta \\
&\quad + \left(\nabla^2 A_\phi - \frac{1}{r^2 \sin^2\theta} A_\phi + \frac{2}{r^2 \sin\theta} \frac{\partial A_r}{\partial \phi} + \frac{2}{r^2} \frac{\cos\theta}{\sin^2\theta} \frac{\partial A_\theta}{\partial \phi} \right) \boldsymbol{e}_\phi. \quad (14.55)
\end{aligned}
$$

我们将上面用到的矢量分析与外微分运算的对应关系总结在表 14.1 中.

表 14.1

矢 量 分 析	外微分运算
n 维空间体积元	$\sqrt{\det G}\,\mathrm{d}\xi^1\wedge\mathrm{d}\xi^2\wedge\mathrm{d}\xi^3\cdots\wedge\mathrm{d}\xi^n$
坐标单位矢量 $\boldsymbol{e}_i$	一次微分形式 $\sqrt{g_{ii}}\,\mathrm{d}\xi^i$
矢量 $\boldsymbol{A}=\sum\limits_{i=1}^{n}A_i\boldsymbol{e}_i$	一次微分形式 $\sum\limits_{i=1}^{n}A_i\sqrt{g_{ii}}\,\mathrm{d}\xi^i$
标量 u 的梯度 $\operatorname{grad} u\equiv\nabla u$	外微分 d 作用于标量函数 u
矢量 $\boldsymbol{A}$ 的旋度 $\operatorname{curl}\mathrm{A}\equiv\nabla\times\mathrm{A}$	*d 作用于一次微分形式 $\sum\limits_{i=1}^{n}A_i\sqrt{g_{ii}}\,\mathrm{d}\xi^i$
矢量 $\boldsymbol{A}$ 的散度 $\operatorname{div}\boldsymbol{A}\equiv\nabla\cdot\boldsymbol{A}$	*d* 作用于一次微分形式 $\sum\limits_{i=1}^{n}A_i\sqrt{g_{ii}}\,\mathrm{d}\xi^i$
作用于标量函数 u 的 Laplace 算符 $\nabla^2\equiv\nabla\cdot\nabla\equiv\operatorname{div}\operatorname{grad}$	*d*d 作用于标量 u
作用于三维矢量函数 $\boldsymbol{A}$ 的 Laplace 算符 $\nabla^2\equiv\nabla(\nabla\cdot)-\nabla\times(\nabla\times)$ $\equiv\operatorname{grad}\operatorname{div}-\operatorname{curl}\operatorname{curl}$	(d*d* $-$ *d*d) 作用于 (三维空间中) 一次微分形式 $\sum\limits_{i=1}^{3}A_i\sqrt{g_{ii}}\,\mathrm{d}\xi^i$

§14.3　Laplace 算符的平移、转动和反射不变性

根据问题的需要, 我们可以选择合适的坐标系. 选定了坐标系以后, 在求解定解问题时, 往往还需要考虑两个问题. 一是坐标架如何放置, 包括坐标原点位置和坐标轴取向的选择, 以最大限度地利用问题中的对称性, 使求解过程得到充分的简化. 二是讨论定解问题的对称性与解的对称性之间的必然联系.

坐标架的不同放置, 在数学上, 就表现为不同坐标系之间的线性变换. 这一节就讨论一些具体的变换, 证明 Laplace 算符在这些变换下的不变性. 为了确定起见, 下面的讨论在直角坐标系中进行. 当然, 得到的结论在任意正交曲面坐标系中都成立.

首先, 关于坐标原点的不同选择, 涉及的是**平移变换**

$$x'=x-a,\qquad y'=y-b,\qquad z'=z-c. \tag{14.56}$$

容易看出, Laplace 算符在平移变换下是不变的, 即

$$\frac{\partial^2}{\partial x'^2}+\frac{\partial^2}{\partial y'^2}+\frac{\partial^2}{\partial z'^2}\equiv\frac{\partial^2}{\partial x^2}+\frac{\partial^2}{\partial y^2}+\frac{\partial^2}{\partial z^2}. \tag{14.57}$$

关于坐标轴的取向问题, 涉及坐标系之间的**正交变换**. 设空间一点在变换前后的坐标分别是 (x,y,z) 和 (x',y',z'), 它们之间的关系是

$$\begin{pmatrix}x\\y\\z\end{pmatrix}=\begin{pmatrix}a_{11}&a_{12}&a_{13}\\a_{21}&a_{22}&a_{23}\\a_{31}&a_{32}&a_{33}\end{pmatrix}\begin{pmatrix}x'\\y'\\z'\end{pmatrix}. \tag{14.58}$$

所谓正交变换, 指的是变换矩阵

$$\boldsymbol{A}=\begin{pmatrix}a_{11}&a_{12}&a_{13}\\a_{21}&a_{22}&a_{23}\\a_{31}&a_{32}&a_{33}\end{pmatrix} \tag{14.59}$$

满足正交关系

$$\sum_{k=1}^{3} a_{ik}a_{jk} = \sum_{k=1}^{3} a_{ki}a_{kj} = \delta_{ij}. \tag{14.60}$$

在正交变换之下，Laplace 算符的形式是不变的. 这只要证明变换后的度规矩阵仍为单位矩阵即可. 为了书写方便，下面把变换前后的坐标改写为 (x^1, x^2, x^3) 和 (x'^1, x'^2, x'^3). 根据 (14.58) 式就有

$$\mathrm{d}x^i = \sum_{k=1}^{3} a_{ik}\mathrm{d}x'^k. \tag{14.61}$$

容易得到

$$\begin{aligned}\mathrm{d}s^2 &= \sum_{ij}\delta_{ij}\mathrm{d}x^i\mathrm{d}x^j = \sum_{ij}\sum_{kl}\delta_{ij}a_{ik}a_{jl}\mathrm{d}x'^k\mathrm{d}x'^l\\ &= \sum_{kl}\bigg(\sum_{i}a_{ik}a_{il}\bigg)\mathrm{d}x'^k\mathrm{d}x'^l = \sum_{kl}\delta_{kl}\mathrm{d}x'^k\mathrm{d}x'^l.\end{aligned} \tag{14.62}$$

这就证明了变换后的度规矩阵仍是单位矩阵，所以变换后的 Laplace 算符仍为

$$\nabla^2 = \frac{\partial^2}{\partial x'^2} + \frac{\partial^2}{\partial y'^2} + \frac{\partial^2}{\partial z'^2}. \tag{14.63}$$

正交变换的矩阵 A 中有 3×3 个元素. 由于正交关系含有 $3\times 4/2$ 个限制条件，因此只有 3 个矩阵元是独立的，或者说只有 3 个自由参数. 这三个参数不妨取为描写刚体转动的三个 Euler 角. 这等价于坐标架绕 (过原点的) 固定轴的转动. 因此 Laplace 算符在绕 (过原点的) 任意固定轴的转动下也是不变的.

最后，容易看出，在空间反射

$$x' = -x, \qquad y' = -y, \qquad z' = -z \tag{14.64}$$

下，Laplace 算符也是不变的.

讨论 Laplace 算符的不变性，一方面是求解定解问题的直接需要 (选择坐标系，确定坐标原点的位置以及坐标轴的取向)，另一方面，这些不变性也必然会影响到相关定解问题的解的对称性.

§14.4 圆形区域内的稳定问题

现在讨论圆形区域内的稳定问题. 定解问题为

$$\frac{\partial^2 u}{\partial x^2} + \frac{\partial^2 u}{\partial y^2} = 0, \qquad x^2 + y^2 < a^2, \tag{14.65a}$$

$$u\big|_{x^2+y^2=a^2} = f. \tag{14.65b}$$

在直角坐标系下方程 (14.65a) 可以分离变量 (例如见 §13.3)，但边界条件 (14.65b) 显然不能分离变量. 由于边界的形状是圆形，很自然地，应该采用平面极坐标系.

在平面极坐标系中，定解问题 (14.65) 似乎可以改写为

$$\frac{1}{r}\frac{\partial}{\partial r}\bigg(r\frac{\partial u}{\partial r}\bigg) + \frac{1}{r^2}\frac{\partial^2 u}{\partial \phi^2} = 0, \qquad 0 < r < a, 0 \leqslant \phi \leqslant 2\pi, \tag{14.66a}$$

$$u\big|_{r=a} = f(\phi), \tag{14.66b}$$

但方程 (14.66a) 和边界条件 (14.66b) 并不构成适定的定解问题, 或者说, 并不完全等价于原来的定解问题 (14.65). 原因是原来的方程 (14.65a) 在圆内处处成立, 包括在坐标原点 ($r=0$) 以及实轴 ($\phi=0$ 或 2π) 也成立. 但方程 (14.66a) 在 $r=0$ 点并不成立 (因为 $\partial u(r,\phi)/\partial r$ 在 $r=0$ 点无定义). $r=0$ 点作为 (平面极坐标系) 自变量 r 的一个端点, 需要补充上 $u(r,\phi)$ 在 $r=0$ 点所应当满足的边界条件. 考虑到方程 (14.65a) 是齐次的 ("无源"), 因此, $u(r,\phi)$ 在坐标原点应当有界①, 要补充上有界条件

$$u(r,\phi)\big|_{r=0} \text{ 有界}.$$

同样, 自变量 ϕ 的变化范围是 $[0,2\pi]$, 方程 (14.66a) 在区间的端点 $\phi=0$ 和 $\phi=2\pi$ 并不成立 (因为 $\partial u(r,\phi)/\partial \phi$ 在端点 $\phi=0$ 和 $\phi=2\pi$ 处无定义). 考虑到平面极坐标系的特点, $(r,\phi=0)$ 和 $(r,\phi=2\pi)$ 代表的是平面上的同一点, 所以, 作为完整的定解问题, 还应当补充上周期条件

$$u(r,\phi)\big|_{\phi=0} = u(r,\phi)\big|_{\phi=2\pi} \quad \text{和} \quad \frac{\partial u(r,\phi)}{\partial \phi}\bigg|_{\phi=0} = \frac{\partial u(r,\phi)}{\partial \phi}\bigg|_{\phi=2\pi}.$$

总结上面的讨论, 我们看到, 在转换到平面极坐标系后, 定解问题 (14.65) 应该变为

$$\frac{1}{r}\frac{\partial}{\partial r}\left(r\frac{\partial u}{\partial r}\right) + \frac{1}{r^2}\frac{\partial^2 u}{\partial \phi^2} = 0, \qquad 0<\phi<2\pi,\ 0<r<a, \tag{14.67a}$$

$$u(r,\phi)\big|_{\phi=0} = u(r,\phi)\big|_{\phi=2\pi}, \qquad 0\leqslant r\leqslant a, \tag{14.67b}$$

$$\frac{\partial u(r,\phi)}{\partial \phi}\bigg|_{\phi=0} = \frac{\partial u(r,\phi)}{\partial \phi}\bigg|_{\phi=2\pi}, \qquad 0\leqslant r\leqslant a, \tag{14.67c}$$

$$u(r,\phi)\big|_{r=0} \text{ 有界}, \qquad 0\leqslant \phi\leqslant 2\pi. \tag{14.67d}$$

$$u(r,\phi)\big|_{r=a} = f(\phi), \qquad 0\leqslant \phi\leqslant 2\pi. \tag{14.67e}$$

现在应用分离变量法求上述定解问题的解. 令 $u(r,\phi)=R(r)\Phi(\phi)$, 代入方程 (14.67a) 和边界条件 (14.67b)、(14.67c), 分离变量, 即得

$$\frac{1}{r}\frac{\mathrm{d}}{\mathrm{d}r}\left[r\frac{\mathrm{d}R(r)}{\mathrm{d}r}\right] + \frac{1}{r^2}\frac{\mathrm{d}^2\Phi(\phi)}{\mathrm{d}\phi^2} = 0,$$

$$R(r)\Phi(0) = R(r)\Phi(2\pi), \qquad R(r)\frac{\mathrm{d}\Phi(\phi)}{\mathrm{d}\phi}\bigg|_{\phi=0} = R(r)\frac{\mathrm{d}\Phi(\phi)}{\mathrm{d}\phi}\bigg|_{\phi=2\pi}.$$

因此, 就可以得到

$$r\frac{\mathrm{d}}{\mathrm{d}r}\left(r\frac{\mathrm{d}R}{\mathrm{d}r}\right) - \lambda R = 0 \tag{14.68}$$

---

① 不妨用大家熟悉的静电场的知识来理解这个问题. 三维空间中, 只有在点电荷和线电荷所在处电势分别以 $1/r$ 和 $\ln r$ 的形式发散, 除此之外, 电势是处处有界的. 二维平面上的点电荷, 就是三维空间中的均匀线电荷. 换一个角度说, 因为 (14.65a) 是 Laplace 方程, 所以 u 应当是圆内的解析函数, 或者是解析函数的实部或虚部, $r=0$ 不可能是奇点.

和
$$\frac{d^2\Phi}{d\phi^2} + \lambda\Phi = 0, \tag{14.69a}$$

$$\Phi(0) = \Phi(2\pi), \qquad \Phi'(0) = \Phi'(2\pi), \tag{14.69b}$$

其中 λ 是分离变量时引入的常数. 这样, 由带有待定参数的齐次常微分方程 (14.69a) 和周期边界条件 (14.69b) 又构成了一个本征值问题. 不难求出, $\lambda = 0$ 是本征值, 即本征值问题 (14.69) 有一组非零解

$$\text{本 征 值} \qquad \lambda_0 = 0, \tag{14.70a}$$

$$\text{本征函数} \qquad \Phi_0(\phi) = 1. \tag{14.70b}$$

当 $\lambda \neq 0$ 时, 方程 (14.69a) 的通解为 $\Phi(\phi) = A\sin\sqrt{\lambda}\phi + B\cos\sqrt{\lambda}\phi$. 代入周期条件 (14.69b), 就得到

$$B = A\sin\sqrt{\lambda}2\pi + B\cos\sqrt{\lambda}2\pi, \qquad A = A\cos\sqrt{\lambda}2\pi - B\sin\sqrt{\lambda}2\pi.$$

这是关于 A 和 B 的线性齐次代数方程组, 有非零解的充要条件是

$$\begin{vmatrix} \sin\sqrt{\lambda}2\pi & \cos\sqrt{\lambda}2\pi - 1 \\ \cos\sqrt{\lambda}2\pi - 1 & -\sin\sqrt{\lambda}2\pi \end{vmatrix} = 0,$$

即 $2(\cos\sqrt{\lambda}2\pi - 1) = 0$. 这样又可以求得本征值

$$\lambda_m = m^2, \qquad m = 1, 2, 3, \cdots, \tag{14.71a}$$

相应的非零解是

$$A \text{ 任意}, \qquad B \text{ 任意}.$$

这就是说, 对应于一个本征值 λ_m, 有两个本征函数

$$\Phi_{m1}(\phi) = \sin m\phi, \tag{14.71b}$$

$$\Phi_{m2}(\phi) = \cos m\phi. \tag{14.71c}$$

当然, 也还可以将 $\lambda_0 = 0$ 的结果 (14.70) 和 (14.71) 合并, 统一写成 (14.71) 的形式, 而将 (14.71a) 和 (14.71c) 中 m 的取值相应地改为 $0, 1, 2, 3, \cdots$.

再来求常微分方程 (14.68) 的解. 注意这个常微分方程是一个特殊的变系数常微分方程 (Euler 型微分方程), 经过自变量的变换

$$\frac{d}{dt} = r\frac{d}{dr}, \qquad \text{即} \qquad t = \ln r \tag{14.72}$$

后, 就可以变为常系数的常微分方程

$$\frac{d^2R}{dt^2} - \lambda R = 0. \tag{14.68'}$$

所以, 当 $\lambda_0 = 0$ 时, 通解为
$$R_0(r) = C_0 + D_0 t = C_0 + D_0 \ln r; \tag{14.73}$$

当 $\lambda_m = m^2,\ m \neq 0$ 时, 通解为
$$R_m(r) = C_m \mathrm{e}^{mt} + D_m \mathrm{e}^{-mt} = C_m r^m + D_m r^{-m}. \tag{14.74}$$

这样, 就求得了满足齐次方程 (14.67a) 和周期条件 (14.67b)、(14.67c) 的全部特解:
$$u_0(r, \phi) = C_0 + D_0 \ln r, \tag{14.75a}$$
$$u_{m1}(r, \phi) = \left(C_{m1} r^m + D_{m1} r^{-m}\right) \sin m\phi, \tag{14.75b}$$
$$u_{m2}(r, \phi) = \left(C_{m2} r^m + D_{m2} r^{-m}\right) \cos m\phi. \tag{14.75c}$$

把它们叠加起来, 就得到方程 (14.67a) 在周期条件 (14.67b)、(14.67c) 之下的一般解:
$$u(r, \phi) = C_0 + D_0 \ln r + \sum_{m=1}^{\infty} \left(C_{m1} r^m + D_{m1} r^{-m}\right) \sin m\phi$$
$$+ \sum_{m=1}^{\infty} \left(C_{m2} r^m + D_{m2} r^{-m}\right) \cos m\phi. \tag{14.76}$$

考虑到 $r = 0$ 处的有界条件 (14.67d), $\ln r$ 和 r^{-m} 项的系数都必须为 0,
$$D_0 = 0, \quad D_{m1} = 0, \quad D_{m2} = 0, \tag{14.77}$$

这是因为 $\ln r$ 和 r^{-m} 在 $r = 0$ 处均无界. 再代入边界条件 (14.67e), 就得到
$$u(r, \phi)\Big|_{r=a} = C_0 + \sum_{m=1}^{\infty} a^m (C_{m1} \sin m\phi + C_{m2} \cos m\phi) = f(\phi).$$

下面的问题便是如何定出叠加系数 C_0, C_{m1} 和 C_{m2}. 尽管现在也可以根据 Fourier 展开的公式定出系数 C_0, C_{m1} 和 C_{m2}, 但我们还是采用分离变量法的标准做法, 即利用本征函数的正交性定叠加系数.

容易证明, 对于本征值问题 (14.69), 对应不同本征值的本征函数正交:
$$\int_0^{2\pi} \sin m\phi\, \mathrm{d}\phi = 0, \tag{14.78a}$$
$$\int_0^{2\pi} \cos m\phi\, \mathrm{d}\phi = 0, \qquad m \neq 0, \tag{14.78b}$$
$$\int_0^{2\pi} \sin n\phi \sin m\phi\, \mathrm{d}\phi = 0, \qquad m \neq n, \tag{14.78c}$$
$$\int_0^{2\pi} \sin n\phi \cos m\phi\, \mathrm{d}\phi = 0, \qquad m \neq n, \tag{14.78d}$$
$$\int_0^{2\pi} \cos n\phi \cos m\phi\, \mathrm{d}\phi = 0, \qquad m \neq n. \tag{14.78e}$$

而且, 对应于同一个本征值 $\lambda_m = m^2$ 的两个本征函数 $\sin m\phi$ 和 $\cos m\phi$ 也正交:

$$\int_0^{2\pi} \sin m\phi \cos m\phi \, d\phi = 0. \tag{14.78f}$$

因此, 利用本征函数的正交性以及

$$\int_0^{2\pi} d\phi = 2\pi, \qquad \int_0^{2\pi} \sin^2 m\phi \, d\phi = \pi, \qquad \int_0^{2\pi} \cos^2 m\phi \, d\phi = \pi,$$

就可求得

$$C_0 = \frac{1}{2\pi} \int_0^{2\pi} f(\phi) \, d\phi, \tag{14.79a}$$

$$C_{m1} = \frac{1}{a^m \pi} \int_0^{2\pi} f(\phi) \sin m\phi \, d\phi, \tag{14.79b}$$

$$C_{m2} = \frac{1}{a^m \pi} \int_0^{2\pi} f(\phi) \cos m\phi \, d\phi. \tag{14.79c}$$

这样我们就完全给出了定解问题 (14.67) 的解.

练习 14.1 直接从本征值问题 (14.69) 的方程和边界条件出发, 证明本征函数的正交性 (14.78a – 14.78e).

练习 14.2 证明本征函数的正交性 (14.78f).

现在再对上面求解过程中的某些问题做一些补充讨论.

(1) 关于定解问题 (14.67) 和 (14.65) 的等价性.

在直角坐标系中, $u(x, y)$ 在圆内满足 Laplace 方程, 因此可以找到 $u(x, y)$ 的共轭调和函数 $v(x, y)$, 使 $w(z) = w(x + \mathrm{i}y) = u(x, y) + \mathrm{i}v(x, y)$ 在圆内 $x^2 + y^2 < a^2$ 解析. 但是, 一旦选择了平面极坐标系, 则定解问题转变为 (14.67). Laplace 方程只在 $0 < \phi < 2\pi, 0 < r < a$ 的范围内成立. 周期条件的引入, 排除了 $w(z) = u(r, \phi) + \mathrm{i}v(r, \phi)$ 的多值性, 从而将 $w(z)$ 的解析区域扩充为环域 $0 < |z| < a$. 而有界条件 (14.67d) 又排除了 $z = 0$ 是 $w(z)$ 的极点或本性奇点的可能性, 将 $w(z)$ 的解析区域进一步扩充为圆域 $x^2 + y^2 < a^2$ (因此 $w(z)$ 及其实部与虚部都在此圆域内处处满足 Laplace 方程). 这同样体现在偏微分方程 (14.67a) 的特解

$$1, \qquad \ln r, \qquad r^m \sin m\phi, \qquad r^m \cos m\phi, \qquad r^{-m} \sin m\phi, \qquad r^{-m} \cos m\phi$$

上, 它们正是解析函数

$$z^0, \qquad \ln z, \qquad z^m, \qquad z^{-m}$$

的实部或者虚部. 周期条件 (14.67b)、(14.67c) 和有界条件 (14.67d) 的作用就在于排除掉在圆内 $|z| < a$ 并不处处解析的函数 $\ln z$ 和 z^{-m}.

(2) 圆内 Laplace 方程边值问题中的边界条件.

从上面的求解过程可以看出, 圆内 Laplace 方程边值问题的本征函数, 是由 Laplace 方程分离变量后得到的 (14.69a) 以及周期条件 (14.69b) 决定的, 而圆周上的边界条件, 只是用来定叠加系数. 因此, 哪怕圆周上的边界条件是非齐次的, 也无须齐次化. 事实上, 对于圆内 Laplace 方程的边值问题, 如果遇到的是齐次的第一类边界条件, 那么这个定解问题就

只有零解. 至于圆内 Poisson 方程 (默认非齐次项为周期函数, 且在 $r=0$ 有界) 的边值问题, 在将方程齐次化时, 选择的齐次化函数自然应当是周期函数, 同时也应当在 $r=0$ 处有界, 当然在圆周上也应该有界, 但是就不必过多担心对圆周上边界条件的影响.

这里还要顺便指出, 周期条件在构成圆形区域乃至环形区域的定解问题是必不可少的. 但是, 如果求解区域不是完整的圆形或环形, 例如是半圆, 甚至是带有割线的圆形, 周期条件就不再成立. 在作为区域边界组成部分的 (两条) 半径上, 就必须给出相应的边界条件.

可以换一个角度考察周期条件. 如果我们把圆形区域中 ϕ 角的变化范围 (定义域) 写为 $(-\infty,\infty)$, 则周期条件相应的就是

$$u(r,\phi) = u(r,\phi+2\pi) \quad \text{对于任意 } \phi \text{ 值均成立},$$

而且无须再写出导数相当 (因为方程有解则 $u(r,\phi)$ 必须有连续的二阶导数, 因而上式两端自然可以微商一次而仍然成立). 所以, 周期条件其实是体系旋转不变性的反映. 在物理学中, 还有另一种不变性, 即平移不变性. 例如, 在固体物理学中, 晶体的原胞在三个格矢方向都具有平移不变性. 这时也会引进周期条件. 严格说来, 由于晶体的尺寸总是有限大小, 这种平移不变性是近似成立的. 但是, 晶体原胞的大小总小于 1 纳米, 而晶片的尺寸是在毫米乃至厘米量级, 相差至少 6 个量级, 所以应该还是一个很好的近似.

(3) 本征值问题的简并现象.

在求解本征值问题 (14.69) 时, 对应于一个本征值得到两个 (线性无关的) 本征函数. 我们把对应一个本征值有不止一个 (线性无关的) 本征函数的现象, 称为**简并** (或退化). 一般地说, 如果对应一个本征值有 n 个本征函数, 则称本征值问题是 n 重简并的, 或者说**简并度**为 n. 对于二阶常微分方程的本征值问题, 最多只能是二重简并的. 我们还将证明 (见下一章), 在二阶常微分方程的本征值问题中, 如果边界条件是一、二、三类, 则对应一个本征值, 只能有一个本征函数, 或者说, 本征值问题一定是非简并的.

(4) 简并情形下本征函数的正交性问题.

对于简并的本征值问题, 本征函数的选取并不唯一. 对应同一个本征值的本征函数也不一定正交, 但是一定可以通过适当的重新组合而使它们正交化. 如果将本征值问题 (14.69) 的对应于 $\lambda_m = m^2$, $m=1,2,3,\cdots$ 的本征函数取为

$$\sin m\phi \quad \text{和} \quad e^{im\phi}, \tag{14.80}$$

这两个本征函数线性无关但是不正交, 因为

$$\int_0^{2\pi} (\sin m\phi)^* e^{im\phi} d\phi = i\pi \neq 0. \tag{14.81}$$

现在的本征函数是复函数, 在上面的正交关系中需要将其中的一个本征函数取复共轭. 这样做的直接原因就是为了保证本征函数的模方恒为正值. 而如果将本征值问题 (14.69) 的对应于 $\lambda_m = m^2$, $m=1,2,3,\cdots$ 的本征函数取为

$$e^{im\phi} \quad \text{和} \quad e^{-im\phi},$$

这两个本征函数是正交的:

$$\int_0^{2\pi} (e^{im\phi})^* e^{-im\phi} d\phi = 0. \tag{14.82}$$

可以简单地将本征值问题 (14.69) 的全部本征值 (包括 $\lambda_0 = 0$) 和本征函数统一写成

$$\lambda_m = m^2, \qquad m = 0, \pm 1, \pm 2, \cdots, \tag{14.83a}$$

$$\Phi_m(\phi) = \mathrm{e}^{\mathrm{i}m\phi}. \tag{14.83b}$$

这时, 对应不同本征值的本征函数当然仍然是正交的:

$$\int_0^{2\pi} (\mathrm{e}^{\mathrm{i}m\phi})^* \mathrm{e}^{\mathrm{i}n\phi} \mathrm{d}\phi = 0, \qquad m, n = 0, \pm 1, \pm 2, \cdots, n \neq m. \tag{14.84}$$

练习 14.3 证明本征函数组 (14.83b) 的正交性 (14.82).

(5) 圆内 Laplace 方程第一边值问题的解与 Poisson 公式.

把上面求得的系数 (14.77) 和 (14.79) 代入到 (14.76) 式中, 还可以得到

$$\begin{aligned} u(r,\phi) &= \frac{1}{2\pi} \int_0^{2\pi} f(\phi') \mathrm{d}\phi' + \frac{1}{\pi} \sum_{m=1}^{\infty} \left(\frac{r}{a}\right)^m \sin m\phi \int_0^{2\pi} f(\phi') \sin m\phi' \mathrm{d}\phi' \\ &\quad + \frac{1}{\pi} \sum_{m=1}^{\infty} \left(\frac{r}{a}\right)^m \cos m\phi \int_0^{2\pi} f(\phi') \cos m\phi' \mathrm{d}\phi' \\ &= \frac{1}{2\pi} \int_0^{2\pi} f(\phi') \left[1 + 2 \sum_{m=1}^{\infty} \left(\frac{r}{a}\right)^m \cos m(\phi - \phi') \right] \mathrm{d}\phi'. \end{aligned}$$

显然, 当 $r < a$ 时级数收敛. 将余弦函数改写为复指数函数, 利用等比级数的求和公式就可以求出级数的和, 就得到

$$u(r,\phi) = \frac{a^2 - r^2}{2\pi} \int_0^{2\pi} \frac{f(\phi')}{r^2 + a^2 - 2ar \cos(\phi - \phi')} \mathrm{d}\phi'. \tag{14.85}$$

这个结果称为 Poisson 积分公式, 它把 Laplace 方程在圆内第一类边值问题的解表示为边值 $f(\phi)$ 的积分. 事实上, 由解析函数的 Cauchy 积分公式, 也可以推出这个结果 (见 §3.8, (3.41) 式), 而 $u(r,\phi)$ 正好是解析函数的实部 (或虚部).

例 14.22 求解圆内 Poisson 方程的定解问题:

$$\frac{1}{r} \frac{\partial}{\partial r} \left(r \frac{\partial u}{\partial r} \right) + \frac{1}{r^2} \frac{\partial^2 u}{\partial \phi^2} = -r^2 \cos 2\phi, \qquad 0 < r < a, \ 0 < \phi < 2\pi,$$

$$u\big|_{\phi=0} = u\big|_{\phi=2\pi}, \qquad \frac{\partial u}{\partial \phi}\bigg|_{\phi=0} = \frac{\partial u}{\partial \phi}\bigg|_{\phi=2\pi}, \qquad 0 \leqslant r \leqslant a,$$

$$u\big|_{r=0} \text{ 有界}, \qquad u\big|_{r=a} = 0, \qquad 0 \leqslant \phi \leqslant 2\pi.$$

解 这是非齐次方程的定解问题, 可以采用两种方法求解.

解法一 方程齐次化. 将方程改写到直角坐标系, 有

$$\frac{\partial^2 u}{\partial x^2} + \frac{\partial^2 u}{\partial y^2} = -(x^2 - y^2),$$

故可取齐次化函数为 $A(x^4-y^4)=Ar^4\cos 2\phi$,代入 Poisson 方程,可以定出 $A=-1/12$. 令
$$u(r,\phi)=-\frac{1}{12}r^4\cos 2\phi+w(r,\phi),$$
即可得到 $w(r,\phi)$ 所满足的定解问题
$$\frac{1}{r}\frac{\partial}{\partial r}\left(r\frac{\partial w}{\partial r}\right)+\frac{1}{r^2}\frac{\partial^2 w}{\partial \phi^2}=0, \qquad 0<r<a,\ 0<\phi<2\pi,$$
$$w\big|_{\phi=0}=w\big|_{\phi=2\pi},\qquad \frac{\partial w}{\partial \phi}\bigg|_{\phi=0}=\frac{\partial w}{\partial \phi}\bigg|_{\phi=2\pi}, \qquad 0\leqslant r\leqslant a,$$
$$w\big|_{r=0}\ \text{有界}, \qquad w\big|_{r=a}=\frac{1}{12}a^4\cos 2\phi, \qquad 0\leqslant \phi\leqslant 2\pi.$$

容易写出满足齐次方程、周期条件以及 $r=0$ 处有界条件的一般解
$$w(r,\phi)=\sum_{m=0}^{\infty}r^m\left(A_m\cos m\phi+B_m\sin m\phi\right).$$

代入 $r=a$ 处的边界条件,
$$w(a,\phi)=\sum_{m=0}^{\infty}a^m\left(A_m\cos m\phi+B_m\sin m\phi\right)=\frac{1}{12}a^4\cos 2\phi,$$
即可定出
$$A_m=\frac{1}{12}a^2\delta_{m2},\qquad B_m=0,\qquad m=0,1,2,\cdots.$$
于是就得到原始 Poisson 方程边值问题的解为
$$u(r,\phi)=\frac{1}{12}r^2\left(a^2-r^2\right)\cos 2\phi.$$

解法二 按相应齐次问题本征函数展开. 相应齐次问题的本征函数已在上面解法一中给出,所以就可以令
$$u(r,\phi)=R_0(r)+\sum_{m=1}^{\infty}\Big[R_{m1}(r)\cos m\phi+R_{m2}(r)\sin m\phi\Big].$$

代入方程及关于 r 边界条件,利用本征函数的正交性,就能导出 $R_0(r)$, $R_{m1}(r)$ 及 $R_{m2}(r)$ 满足的常微分方程边值问题:
$$\begin{cases}\dfrac{1}{r}\dfrac{\mathrm{d}}{\mathrm{d}r}\left(r\dfrac{\mathrm{d}R_0}{\mathrm{d}r}\right)=0,\\ R_0(0)\ \text{有界},\qquad R_0(a)=0;\end{cases}$$
$$\begin{cases}\dfrac{1}{r}\dfrac{\mathrm{d}}{\mathrm{d}r}\left(r\dfrac{\mathrm{d}R_{m1}}{\mathrm{d}r}\right)-\dfrac{m^2}{r^2}R_{m1}=-r^2\delta_{m2},\\ R_{m1}(0)\ \text{有界},\qquad R_{m1}(a)=0;\end{cases}$$
$$\begin{cases}\dfrac{1}{r}\dfrac{\mathrm{d}}{\mathrm{d}r}\left(r\dfrac{\mathrm{d}R_{m2}}{\mathrm{d}r}\right)-\dfrac{m^2}{r^2}R_{m2}=0,\\ R_{m2}(0)\ \text{有界},\qquad R_{m2}(a)=0.\end{cases}$$

解之即得
$$R_0(r) = 0, \qquad R_{m1}(r) = \frac{1}{12}r^2(a^2-r^2)\delta_{m2}, \qquad R_{m2}(r) = 0.$$
最后也就求得
$$u(r,\phi) = \frac{1}{12}r^2(a^2-r^2)\cos 2\phi.$$
与解法一完全相同.

讨论 其实本题还可以有第三种解法: 直接令 $u(r,\phi) = R(r)\cos 2\phi$, 代入定解问题, 求出 $R(r)$ 即可. 请读者完成此计算, 并且考虑: 这种解法的根据是什么?

例 14.23 设有扇形区域 $-\alpha < \phi < \alpha$, $r > 0$. 两边上 $r < a$ 的线段内温度为 1, 其余部分温度为 0. 求扇形区域内的稳定温度分布.

解 设扇形区域内 (r,ϕ) 处的温度为 $u(r,\phi)$, 它满足的定解问题为

$$\frac{1}{r}\frac{\partial}{\partial r}\left(r\frac{\partial u}{\partial r}\right) + \frac{1}{r^2}\frac{\partial^2 u}{\partial \phi^2} = 0, \qquad r>0,\ -\alpha<\phi<\alpha, \qquad (14.86a)$$

$$u\big|_{r=0} \text{ 有界}, \qquad u\big|_{r\to\infty} \to 0, \qquad -\alpha \leqslant \phi \leqslant \alpha, \qquad (14.86b)$$

$$u\big|_{\theta=\pm\alpha} = \eta(a-r), \qquad r\geqslant 0, \qquad (14.86c)$$

其中 $\eta(x)$ 是 Heaviside 单位阶跃函数. 和圆形区域的定解问题不同, 现在需要用 $\phi = \pm\alpha$ 上齐次边界条件以及相应的微分方程构成本征值问题. 显然, 无论是 $r > a$ 时, 或是 $r < a$ 但将边界条件齐次化 (齐次化函数就是 1) 后, 将 Laplace 方程以及齐次边界条件分离变量, 都会得到本征值问题

$$\Phi'' + \lambda\Phi = 0,$$
$$\Phi(\pm\alpha) = 0.$$

这样就能定出

本 征 值 $\quad \lambda_n = \left(\dfrac{n\pi}{2\alpha}\right)^2, \qquad n = 1, 2, 3, \cdots,$

本征函数 $\quad \Phi_n(\phi) = \sin\dfrac{n\pi}{2\alpha}(\phi + \alpha),$

相应的径向方程

$$\frac{1}{r}\frac{d}{dr}\left(r\frac{dR_n}{dr}\right) - \frac{\lambda_n}{r^2}R_n = 0$$

的解就可以取为

$$R_n(r) = A_n\left(\frac{r}{a}\right)^{n\pi/2\alpha} + B_n\left(\frac{a}{r}\right)^{n\pi/2\alpha}.$$

考虑到 $r = 0$ 处的有界条件以及 $r \to \infty$ 时的无穷远条件, 就能写出一般解

$$u(r,\phi) = \begin{cases} 1 + \displaystyle\sum_{n=1}^{\infty} C_n \left(\frac{r}{a}\right)^{n\pi/2\alpha} \sin\dfrac{n\pi}{2\alpha}(\phi+\alpha), & r < a, \\[2mm] \displaystyle\sum_{n=1}^{\infty} D_n \left(\frac{a}{r}\right)^{n\pi/2\alpha} \sin\dfrac{n\pi}{2\alpha}(\phi+\alpha), & r > a. \end{cases}$$

$u(r,\phi)$ 应当满足连接条件

$$u(r,\phi)\Big|_{r=a-0} = u(r,\phi)\Big|_{r=a+0}, \qquad \frac{\partial u(r,\phi)}{\partial r}\Big|_{r=a-0} = \frac{\partial u(r,\phi)}{\partial r}\Big|_{r=a+0},$$

即

$$1 + \sum_{n=1}^{\infty} C_n \sin \frac{n\pi}{2\alpha}(\phi+\alpha) = \sum_{n=1}^{\infty} D_n \sin \frac{n\pi}{2\alpha}(\phi+\alpha),$$

$$\sum_{n=1}^{\infty} n C_n \sin \frac{n\pi}{2\alpha}(\phi+\alpha) = -\sum_{n=1}^{\infty} n D_n \sin \frac{n\pi}{2\alpha}(\phi+\alpha).$$

根据本征函数的正交性

$$\int_{-\alpha}^{\alpha} \sin \frac{n\pi}{2\alpha}(\phi+\alpha) \sin \frac{m\pi}{2\alpha}(\phi+\alpha)\mathrm{d}\phi = \alpha\delta_{nm},$$

就能得到

$$\frac{2}{n\pi}\Big[1-(-1)^n\Big] + C_n = D_n, \qquad C_n = -D_n,$$

从而定出

$$C_n = -\frac{1}{n\pi}\Big[1-(-1)^n\Big], \qquad D_n = \frac{1}{n\pi}\Big[1-(-1)^n\Big].$$

最后就求得

$$u(r,\phi) = \begin{cases} 1 - \dfrac{2}{\pi}\displaystyle\sum_{n=0}^{\infty}\dfrac{(-1)^n}{2n+1}\left(\dfrac{r}{a}\right)^{(2n+1)\pi/2\alpha}\cos\dfrac{2n+1}{2\alpha}\pi\theta, & r < a, \\[2mm] \dfrac{2}{\pi}\displaystyle\sum_{n=0}^{\infty}\dfrac{(-1)^n}{2n+1}\left(\dfrac{a}{r}\right)^{(2n+1)\pi/2\alpha}\cos\dfrac{2n+1}{2\alpha}\pi\theta, & r > a. \end{cases}$$

*§14.5 矢量波动方程和矢量 Helmholtz 方程

到目前为止, 讨论的波动方程中, 未知函数代表的物理量都是标量. 但在某些物理问题中, 未知函数代表的物理量 $\boldsymbol{u}(\boldsymbol{r},t)$ 是矢量, 因而可能出现矢量波动方程

$$\frac{\partial^2 \boldsymbol{u}}{\partial t^2} - a^2 \nabla^2 \boldsymbol{u} = 0. \tag{14.87}$$

例如, 在均匀各向同性介质中, 电磁场的 Maxwell 方程组为

$$\begin{aligned} \nabla \cdot \boldsymbol{E} &= \frac{\rho}{\varepsilon}, & \nabla \times \boldsymbol{E} &= -\mu \frac{\partial \boldsymbol{H}}{\partial t}, \\ \nabla \cdot \boldsymbol{H} &= 0, & \nabla \times \boldsymbol{H} &= \varepsilon \frac{\partial \boldsymbol{E}}{\partial t} + \boldsymbol{j}. \end{aligned} \tag{14.88}$$

由此即可导出

$$\frac{\partial^2 \boldsymbol{H}}{\partial t^2} = -\frac{1}{\mu}\nabla\times\left(\frac{\partial \boldsymbol{E}}{\partial t}\right) = -\frac{1}{\mu\varepsilon}\big[\nabla\times(\nabla\times\boldsymbol{H}) - \nabla\times\boldsymbol{j}\big],$$

$$\frac{\partial^2 \boldsymbol{E}}{\partial t^2} = \frac{1}{\varepsilon}\left[\nabla\times\left(\frac{\partial \boldsymbol{H}}{\partial t}\right) - \frac{\partial \boldsymbol{j}}{\partial t}\right] = -\frac{1}{\mu\varepsilon}\nabla\times(\nabla\times\boldsymbol{E}) - \frac{1}{\varepsilon}\frac{\partial \boldsymbol{j}}{\partial t}.$$

这样，在 $\rho = 0$, $j = 0$ 的区域内，E 和 H 就都满足齐次矢量波动方程

$$\frac{\partial^2 E}{\partial t^2} - c^2 \nabla^2 E = 0, \quad \frac{\partial^2 H}{\partial t^2} - c^2 \nabla^2 H = 0, \tag{14.89}$$

其中 $c = 1/\sqrt{\varepsilon\mu}$.

将矢量波动方程 (14.87) 分离变量，$u(r,t) = A(r)T(t)$，可以进一步得到矢量 A 满足的方程

$$\nabla^2 A + k^2 A = 0, \tag{14.90}$$

称为矢量 Helmholtz 方程. 由 (14.53) 式可知，在直角坐标系下矢量 Helmholtz 方程 (14.90) 就完全等价于三个独立的标量 Helmholtz 方程

$$\nabla^2 A_x + k^2 A_x = 0, \quad \nabla^2 A_y + k^2 A_y = 0, \quad \nabla^2 A_z + k^2 A_z = 0. \tag{14.91}$$

这种做法可以简称为矢量 Helmholtz 方程的直角坐标分解. 当然也可以作柱坐标 (包括二维情形下的平面极坐标) 分解或球坐标分解.

(1) 矢量 Helmholtz 方程 (14.90) 的柱坐标分解

利用 (14.54) 式，柱坐标下矢量 Helmholtz 方程 (14.90) 就分解为关于 A_r 和 A_ϕ 的偏微分方程组

$$\nabla^2 A_r - \frac{1}{r^2} A_r - \frac{2}{r^2}\frac{\partial A_\phi}{\partial \phi} + k^2 A_r = 0, \tag{14.92a}$$

$$\nabla^2 A_\phi - \frac{1}{r^2} A_\phi + \frac{2}{r^2}\frac{\partial A_r}{\partial \phi} + k^2 A_\phi = 0 \tag{14.92b}$$

以及关于 A_z 的 Helmholtz 方程

$$\nabla^2 A_z + k^2 A_z = 0. \tag{14.92c}$$

(2) 矢量 Helmholtz 方程 (14.90) 的球坐标分解

利用 (14.55) 式，球坐标下矢量 Helmholtz 方程 (14.90) 就可以分解为关于 A_r, A_θ 和 A_ϕ 的偏微分方程组

$$\nabla^2 A_r - \frac{2}{r^2} A_r - \frac{2}{r^2 \sin\theta}\frac{\partial(\sin\theta A_\theta)}{\partial \theta} - \frac{2}{r^2 \sin\theta}\frac{\partial A_\phi}{\partial \phi} + k^2 A_r = 0, \tag{14.93a}$$

$$\nabla^2 A_\theta - \frac{1}{r^2 \sin^2\theta} A_\theta + \frac{2}{r^2}\frac{\partial A_r}{\partial r} - \frac{2}{r^2}\frac{\cos\theta}{\sin^2\theta}\frac{\partial A_\phi}{\partial \phi} + k^2 A_\theta = 0, \tag{14.93b}$$

$$\nabla^2 A_\phi - \frac{1}{r^2 \sin^2\theta} A_\phi + \frac{2}{r^2 \sin\theta}\frac{\partial A_r}{\partial \phi} + \frac{2}{r^2}\frac{\cos\theta}{\sin^2\theta}\frac{\partial A_\theta}{\partial \phi} + k^2 A_\phi = 0. \tag{14.93c}$$

从以上的讨论可以看出，矢量 Helmholtz 方程的各种分解式中，直角坐标分解最简单. 这时仍可采用适当的坐标系，求解三个数学形式完全相同的标量 Helmholtz 方程，而后叠加出所要求的矢量解，包括矢量解的柱坐标或球坐标分量. 求解矢量 Helmholtz 方程的另一种有效办法[①] 需要少许矢量运算. 不难验证，如果标量函数 w 是 Helmholtz 方程

$$\nabla^2 w + k^2 w = 0$$

的解，则下面三个矢量

$$L = \nabla w, \quad M = \nabla \times (aw) \quad \text{和} \quad N = \frac{1}{k}\nabla \times M$$

[①] 详细内容，请参阅有关著作，例如 J. A. Stratton, Electromagnetic Theory, Ch. 7, McGraw-Hill, New York, 1941 以及参考书目 [4]，第 13 章.

(其中 $\boldsymbol{a}$ 是任意的单位常矢量, $|\boldsymbol{a}|=1$) 都满足矢量 Helmholtz 方程

$$\nabla^2 \boldsymbol{A} + k^2 \boldsymbol{A} = 0,$$

而且它们是线性无关的. 这种解法的优点除了只需求解标量 Helmholtz 方程外, 还在于解 $\boldsymbol{L}$, $\boldsymbol{M}$ 和 $\boldsymbol{N}$ 具有明显的物理特性, 即

$$\nabla \times \boldsymbol{L} = 0, \quad \nabla \cdot \boldsymbol{M} = 0, \quad \nabla \cdot \boldsymbol{N} = 0.$$

这表明 $\boldsymbol{L}$ 是一个无旋场, 而 $\boldsymbol{M}$ 和 $\boldsymbol{N}$ 是无源场, 当然可以有选择地用来描写电磁场.

习 题

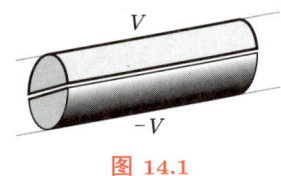

图 14.1

1. 一个半径为 a 的无穷长空心导体圆柱, 沿柱轴分成两半, 互相绝缘. 一半电势为 V, 另一半电势为 $-V$ (见图 14.1). 求柱内的电势分布.

2. 求半径为 a 的无穷长圆柱体外的静电势分布, 已知边界条件为

$$u\Big|_{r=a} = \begin{cases} A\sin\phi, & 0 < \phi < \pi, \\ \dfrac{4A}{3}\sin^3\phi, & \pi < \phi < 2\pi, \end{cases}$$

其中 A 为已知常数.

3. 求在环形区域 $a \leqslant r \leqslant b$ 内满足边界条件 $u\big|_{r=a} = f(\phi)$, $u\big|_{r=b} = g(\phi)$ 的调和函数.

4. 在圆域 $0 \leqslant x^2 + y^2 \leqslant a^2$ 上求解:

(1) $\begin{cases} \nabla^2 u = -4, \\ u\big|_{x^2+y^2=a^2} = 0; \end{cases}$
(2) $\begin{cases} \nabla^2 u = -4y, \\ u\big|_{x^2+y^2=a^2} = 0; \end{cases}$

(3) $\begin{cases} \nabla^2 u = -4xy, \\ u\big|_{x^2+y^2=a^2} = 0; \end{cases}$
(4) $\begin{cases} \nabla^2 u = -4(x+y), \\ u\big|_{x^2+y^2=a^2} = 0. \end{cases}$

5. 求 Poisson 方程 $\nabla^2 u = A$ 在圆内 $r < a$ 的解, 边界条件为 $\dfrac{\partial u}{\partial r}\Big|_{r=a} = B$. 选择常数 B, 使得定解问题有解, 并求出该解.

第十五章

常微分方程的本征值问题

到现在为止，我们已经处理了几种典型的偏微分方程定解问题，介绍了求解这些定解问题的一种有效方法——分离变量法. 这种方法当然有一定的适用条件，例如，要求方程和定解条件都是线性的，因此解具有叠加性. 在第十三章中，我们曾经结合具体的求解过程，分析了这种解法对于定解问题的要求. 特别是，曾经指出 (见 §13.1) 这种方法是否能够普遍地应用于求解偏微分方程定解问题，在理论上取决于下列几个关键问题：

1. 本征值问题是否一定有解，或者说，在什么条件下，本征值问题一定有解；
2. 定解问题的解是否一定可以按照某一组本征函数展开，或者说，在什么条件下，本征函数组是完备的；
3. 本征函数是否一定具有正交性.

这一章就要从理论上回答这几个问题，从而为分离变量法奠定一个坚实的理论基础.

为此，我们从自伴算符的本征值问题入手，开始本章的讨论. 由于我们所关心的这种特定背景，所以这里讨论的算符仅限于微分算符，并且主要是二阶常微分算符. 学习这一章，读者应当已经掌握线性空间的基本概念并熟悉相关的计算. 此外，还假定读者已经了解度量空间、赋范空间和内积空间，以及函数空间 (包括平方可积的函数空间、Hilbert 空间) 和线性算符的基本知识. 对于不太熟悉这方面内容的读者，可以阅读本书第三部分的第二十二章.

§15.1 自伴算符的本征值问题

定义在 $a \leqslant x \leqslant b$ 上的复值平方可积的函数组成的集合，对于加法和数乘是封闭的 (即集合内的任意两个函数相加仍然属于此集合，任意一个函数与任意复数的数乘也属于此集合)，构成一个复数域上的线性空间，记为 $\mathscr{H}$. 对 $\mathscr{H}$ 内的任意两个函数 u,v，定义内积，

$$\langle v, u \rangle = \int_a^b v^* u \rho(x) \mathrm{d}x,$$

则 $\mathscr{H}$ 成为一个内积空间，其中 $\rho(x)$ 是实值函数，称为权函数. 设 $V \subseteq \mathscr{H}$，若对于 V 内的每一个函数 f，都有唯一一个函数 $g \in \mathscr{H}$ 与之对应，g 和 f 之间的这种对应关系记为

$$g = \widehat{L}f, \quad f \in V,$$

则称 $\widehat{L}$ 为定义在 V 上的**算符**，其中 f 称为算符 $\widehat{L}$ 的**自变量函数**，g 称为算符 $\widehat{L}$ 在 f 点的**像函数**，$\mathscr{H}$ 的子集 V 称为算符 $\widehat{L}$ 的**定义域**，常记为 $D(\widehat{L}) = V$. 因此算符 $\widehat{L}$ 是 $\mathscr{H} \to \mathscr{H}$

的映射. 需要注意的是, 要完全定义一个算符, 对应关系和定义域缺一不可. 不明确指明定义域时, 默认为在 $\mathscr{H}$ 内可取到的最大子集.

物理上常用的是**线性算符**: 如果对 $\forall \alpha \in \mathbb{C}$, $\forall \beta \in \mathbb{C}$, $\forall u \in D(\widehat{L})$, $\forall v \in D(\widehat{L})$, 算符 $\widehat{L}$ 满足

$$\widehat{L}(\alpha u + \beta v) = \alpha \widehat{L} u + \beta \widehat{L} v,$$

则称算符 $\widehat{L}$ 为线性算符. 本书中也只讨论线性算符.

在物理学中, 尤其量子力学中有重要应用的是**自伴算符**. 为此, 我们先介绍**伴算符**.

定义 15.1 $D(\widehat{L}) \subseteq \mathscr{H}$, 设 $\widehat{L}$ 为定义在 $D(\widehat{L})$ 上的线性 (微分) 算符, $\forall u \in D(\widehat{L})$, 如果对一个 $v \in \mathscr{H}$, 能找到唯一一个 $w \in \mathscr{H}$ 满足

$$\langle v, \widehat{L} u \rangle = \langle w, u \rangle, \quad \text{即} \quad \int_a^b v^*(\widehat{L}u)\rho(x)\mathrm{d}x = \int_a^b w^* u \rho(x) \mathrm{d}x, \tag{15.1}$$

则建立了函数 v 和函数 w 之间的对应关系, 记这种对应关系为

$$w = \widehat{M} v,$$

相应地, $\mathscr{H}$ 内所有 v 的集合就构成了 $\widehat{M}$ 的定义域. 这样就完全确定了一个算符 $\widehat{M}$. 算符 $\widehat{M}$ 称为原算符 $\widehat{L}$ 的伴算符, 记为 $\widehat{L}^\dagger$.

从定义可以看出, 不是每一个算符都一定有伴算符. 即使算符 $\widehat{L}$ 有伴算符, 对应关系 $w = \widehat{M} v$ 可以不同于 $g = \widehat{L} u$, 两者的定义域也可以不同.

例 15.1 若 $\widehat{L}$ 为微分算符

$$\begin{cases} \widehat{L} u = \dfrac{1}{\rho(x)} \dfrac{\mathrm{d} u}{\mathrm{d} x}, \\ D(\widehat{L}) = \left\{ u(x) : u \in \mathscr{H}, \widehat{L} u \in \mathscr{H}, \text{ 且 } u(a) = u(b) \right\}, \end{cases}$$

其中 $\rho(x)$ 为权函数, 于是, 由

$$\int_a^b v^* \frac{1}{\rho(x)} \frac{\mathrm{d} u}{\mathrm{d} x} \rho(x) \mathrm{d} x = \int_a^b v^* \frac{\mathrm{d} u}{\mathrm{d} x} \mathrm{d} x = v^* u \Big|_a^b + \int_a^b \left(-\frac{\mathrm{d} v}{\mathrm{d} x} \right)^* u \mathrm{d} x$$

知 $\widehat{L}$ 的伴算符是

$$\begin{cases} \widehat{L}^\dagger v = -\dfrac{1}{\rho(x)} \dfrac{\mathrm{d} v}{\mathrm{d} x}, \\ D(\widehat{L}^\dagger) = \left\{ v(x) : v \in \mathscr{H}, \widehat{L}^\dagger v \in \mathscr{H}, \text{ 且 } v(a) = v(b) \right\}. \end{cases}$$

例 15.2 若 $\widehat{L}$ 为微分算符

$$\begin{cases} \widehat{L} u = \dfrac{\mathrm{i}}{\rho(x)} \dfrac{\mathrm{d} u}{\mathrm{d} x}, \\ D(\widehat{L}) = \left\{ u(x) : u \in \mathscr{H}, \widehat{L} u \in \mathscr{H}, \text{ 且 } u(a) = u(b) = 0 \right\}, \end{cases}$$

其中 $\rho(x)$ 为权函数, 类似地, 由

$$\int_a^b v^* \frac{\mathrm{i}}{\rho(x)} \frac{\mathrm{d} u}{\mathrm{d} x} \rho(x) \mathrm{d} x = \int_a^b v^* \mathrm{i} \frac{\mathrm{d} u}{\mathrm{d} x} \mathrm{d} x = \mathrm{i} v^* u \Big|_a^b + \int_a^b \left(\mathrm{i} \frac{\mathrm{d} v}{\mathrm{d} x} \right)^* u \mathrm{d} x$$

知 $\widehat{L}$ 的伴算符是

$$\begin{cases} \widehat{L}^\dagger v = \dfrac{\mathrm{i}}{\rho(x)}\dfrac{\mathrm{d}v}{\mathrm{d}x}, \\ D(\widehat{L}^\dagger) = \left\{v(x): v \in \mathscr{H}, \widehat{L}^\dagger v \in \mathscr{H}, v(a) \text{ 有界}, v(b) \text{ 有界}\right\}. \end{cases}$$

上面两个例子中的伴算符 $\widehat{L}^\dagger$ 都不同于原来的算符 $\widehat{L}$: 例 15.1 中伴算符的对应关系和原算符不同, 例 15.2 中伴算符和原算符的定义域不同. 但也有一些算符, 不仅有伴算符, 而且伴算符和原来的算符相同, 不仅对应关系相同, 而且定义域也完全相同, 即

$$\widehat{L}^\dagger = \widehat{L}. \tag{15.2}$$

定义 15.2 若算符 $\widehat{L}$ 的伴算符就是它自身, 则称 $\widehat{L}$ 是自伴算符.

例 15.3 若 $\widehat{L}$ 为微分算符

$$\begin{cases} \widehat{L}u = \dfrac{1}{\rho(x)}\dfrac{\mathrm{d}^2 u}{\mathrm{d}x^2}, \\ D(\widehat{L}) = \left\{u(x): u \in \mathscr{H}, \widehat{L}u \in \mathscr{H},\ \text{且}\ u(a) = u(b),\ u'(a) = u'(b)\right\}, \end{cases}$$

其中 $\rho(x)$ 为权函数, 于是, 由

$$\int_a^b v^* \frac{\mathrm{d}^2 u}{\mathrm{d}x^2}\mathrm{d}x = \left[v^* u' - (v^*)' u\right]_a^b + \int_a^b \left(\frac{\mathrm{d}^2 v}{\mathrm{d}x^2}\right)^* u\, \mathrm{d}x$$

可知,

$$\begin{cases} \widehat{L}^\dagger v = \dfrac{1}{\rho(x)}\dfrac{\mathrm{d}^2 v}{\mathrm{d}x^2}, \\ D(\widehat{L}^\dagger) = \{v(x): v \in \mathscr{H}, \widehat{L}^\dagger v \in \mathscr{H},\ \text{且}\ v(a) = v(b), v'(a) = v'(b)\}. \end{cases}$$

所以这个算符是自伴算符.

例 15.4 若 $\widehat{L}$ 为微分算符

$$\begin{cases} \widehat{L}u = \dfrac{\mathrm{i}}{\rho(x)}\dfrac{\mathrm{d}u}{\mathrm{d}x}, \\ D(\widehat{L}) = \left\{u(x): u \in \mathscr{H}, \widehat{L}u \in \mathscr{H},\ \text{且}\ u(a) = u(b)\right\}, \end{cases}$$

其中 $\rho(x)$ 为权函数, 根据

$$\int_a^b v^* \mathrm{i}\frac{\mathrm{d}u}{\mathrm{d}x}\mathrm{d}x = \mathrm{i}v^* u\Big|_a^b + \int_a^b \left(\mathrm{i}\frac{\mathrm{d}v}{\mathrm{d}x}\right)^* u\, \mathrm{d}x,$$

我们也能看出, $\widehat{L}$ 的伴算符是

$$\begin{cases} \widehat{L}^\dagger v = \dfrac{\mathrm{i}}{\rho(x)}\dfrac{\mathrm{d}v}{\mathrm{d}x}, \\ D(\widehat{L}^\dagger) = \left\{v(x): v \in \mathscr{H}, \widehat{L}^\dagger v \in \mathscr{H},\ \text{且}\ v(a) = v(b)\right\}. \end{cases}$$

所以这个算符也是自伴算符.

自伴算符的概念容易与 Hermite 算符混淆.

定义 15.3　如果对 $\forall u\in D(\widehat{L})$, $\forall v\in D(\widehat{L})$, 均有

$$\langle u,\widehat{L}v\rangle=\langle \widehat{L}u,v\rangle, \tag{15.3}$$

则称算符 $\widehat{L}$ 为 **Hermite 算符**[①].

由 Hermite 算符的定义可知, 一个算符是不是 Hermite 算符, 与其伴算符甚至有无伴算符都没有关系, 只要给出了算符的对应关系和定义域, 我们就可以判别它是不是 Hermite 算符. 自伴算符比 Hermite 算符的要求更强. 从定义可以看出, 自伴算符一定是 Hermite 算符, 但 Hermite 算符不一定是自伴算符. 例 15.2 中定义的算符不是自伴算符, 但是简单验算一下就知道它是 Hermite 算符.

例 15.5　设

$$\begin{cases}\widehat{L}u=\dfrac{\mathrm{i}}{\rho(x)}\dfrac{\mathrm{d}u}{\mathrm{d}x},\\ D(\widehat{L})=\left\{u(x):u\in\mathscr{H},\widehat{L}u\in\mathscr{H},\text{且 }u(b)=\alpha u(a),\alpha\in\mathbb{C}\right\},\end{cases}$$

其中 $\rho(x)$ 为权函数, 由

$$\begin{aligned}\int_a^b v^*\left(\mathrm{i}\frac{\mathrm{d}u}{\mathrm{d}x}\right)\mathrm{d}x &=\mathrm{i}v^*u\Big|_a^b-\mathrm{i}\int_a^b\frac{\mathrm{d}v^*}{\mathrm{d}x}u\,\mathrm{d}x\\ &=\mathrm{i}\big[\alpha v^*(b)-v^*(a)\big]u(a)+\int_a^b\left(\frac{\mathrm{i}}{\rho(x)}\frac{\mathrm{d}v}{\mathrm{d}x}\right)^* u\rho(x)\mathrm{d}x\end{aligned}$$

知

$$\begin{cases}\widehat{L}^\dagger v=\dfrac{\mathrm{i}}{\rho(x)}\dfrac{\mathrm{d}v}{\mathrm{d}x},\\ D(\widehat{L}^\dagger)=\left\{v(x):v\in\mathscr{H},\widehat{L}^\dagger v\in\mathscr{H},\text{且 }\alpha^*v(b)=v(a),\alpha\in\mathbb{C}\right\},\end{cases}$$

只有边界条件中的 α 满足 $\alpha\alpha^*=1$, 算符 $\widehat{L}$ 才是自伴的. 例 15.4 就是 $\alpha=1$ 时的特例.

定义 15.4　若 $\widehat{L}$ 为自伴算符, 则方程

$$\widehat{L}y(x)=\lambda y(x) \tag{15.4}$$

称为**自伴算符的本征值问题**.

注意, 这里的 (15.4) 式既包括了微分方程, 也包括了定解条件, 后者由算符的定义域给定. 只有 λ 为一些特定值时, 本征值问题才有解. 称这些特定的 λ 为**本征值**, 相应的非零解 $y(x)$ 称为 (本征值 λ 所对应的) **本征函数**.

讨论本征值问题, 首先要回答解 (即本征值与相应的本征函数) 是否存在. 就自伴算符而言, 需要区别**正则的**与**奇异的**两种情形: 如果算符的定义域是无界或半无界区间, 或者区间的端点是方程的奇点, 则此本征值问题是奇异的, 否则就属于正则的本征值问题.

[①] 在数学中称为对称算符. 但请注意, Hermite 算符可以在选定的一组基下写出它的表示矩阵, 此矩阵称为 Hermite 矩阵, 即在转置加复共轭的变换下保持不变, 并非对称矩阵.

可以证明, 在可分的 Hilbert 空间 $\mathscr{H}$ 内, 正则的自伴算符本征值问题一定有解, 而且本征值是离散的 (因而构成可数集).

对于奇异的自伴算符, 其本征值问题则不一定有解, 即使有解, 也可能是连续谱, 或者离散谱与连续谱二者兼而有之. 由于篇幅限制, 本章就不做进一步的讨论了.

在自伴算符本征值问题有解的前提下, 求得的本征值与本征函数具有下列性质.

性质 1 自伴算符的本征值必为实数.

证 因为
$$\widehat{L}y = \lambda y,$$
取复共轭
$$(\widehat{L}y)^* = \lambda^* y^*.$$
由于 $\widehat{L}$ 是自伴算符, $\widehat{L}^\dagger = \widehat{L}$, 所以
$$0 = \int_a^b [y^*\widehat{L}y - (\widehat{L}^\dagger y)^* y]\rho(x)\mathrm{d}x$$
$$= \int_a^b [y^*\widehat{L}y - (\widehat{L}y)^* y]\rho(x)\mathrm{d}x = (\lambda - \lambda^*)\int_a^b y^* y \rho(x)\mathrm{d}x.$$
又因为 $\int_a^b y^* y \rho(x)\mathrm{d}x \neq 0$, 所以 $\lambda = \lambda^*$, 即证得本征值 λ 为实数. □

性质 2 自伴算符的本征函数具有正交性, 即对应不同本征值的本征函数一定正交.

证 设 λ_i 和 λ_j 是不相等的两个本征值, 对应的本征函数为 y_i 和 y_j,
$$\widehat{L}y_i = \lambda_i y_i, \qquad \widehat{L}y_j = \lambda_j y_j.$$
注意到本征值 λ_i, λ_j 为实数, 于是
$$\int_a^b [y_i^* \widehat{L} y_j - (\widehat{L} y_i)^* y_j]\rho(x)\mathrm{d}x = (\lambda_j - \lambda_i)\int_a^b y_i^* y_j \rho(x)\mathrm{d}x.$$
当 $\lambda_i \neq \lambda_j$ 时, 一定有
$$\int_a^b y_i^*(x) y_j(x) \rho(x)\mathrm{d}x = 0. \tag{15.5}$$
这样就证明了对应不同本征值的本征函数一定正交. □

因为 $\widehat{L}$ 是线性算符, 所以本征函数乘以一个非零常数仍然是本征函数. 如果本征函数平方可积, 则适当选择这个常数, 总可以使得对于任意一个本征值 λ_i, 相应的本征函数都有
$$\int_a^b y_i^*(x) y_i(x) \rho(x)\mathrm{d}x = 1. \tag{15.6}$$
这样得到的就是一个**正交归一的函数组**. 更进一步, (15.5) 和 (15.6) 两式还可以统一写成
$$\int_a^b y_i^*(x) y_j(x) \rho(x)\mathrm{d}x = \delta_{ij}. \tag{15.7}$$
如果本征函数不平方可积 (这对应于本征值构成连续谱的情形), 则应当将本征函数归一化到 δ 函数.

性质 3 自伴算符 $\widehat{L}$ 的全体本征函数构成一个完备函数组, 即 $\mathscr{H}$ 内的任意函数 $f(x)$, 均可按本征函数 $\{y_n(x)\}$ 展开为绝对而且一致收敛的级数[①]

$$f(x)=\sum_{n=1}^{\infty}c_n y_n(x), \qquad \forall f\in\mathscr{H}, \tag{15.8}$$

其中展开系数 c_n 可以由本征函数的正交性求得:

$$c_n=\frac{\int_a^b y_n^*(x)f(x)\rho(x)\mathrm{d}x}{\int_a^b y_n^*(x)y_n(x)\rho(x)\mathrm{d}x}. \tag{15.9}$$

特别是, 如果本征函数是归一化的, (15.9) 式中的分母为 1, 展开形式更加简单.

同样, 正交归一的本征函数组的完备性也还可以表示成

$$\sum_{n=1}^{\infty}y_n(x)y_n^*(x')\rho(x')=\delta(x-x'), \qquad a\leqslant x, x'\leqslant b. \tag{15.10}$$

还可以从函数逼近的角度考察展开式 (15.8). 如果要求用 (正交归一的) 本征函数 $\{y_n(x)\}$ 的线性组合逐次逼近函数 $f(x)$, 按照最小二乘法, 使得偏差

$$\Delta \equiv \int_a^b \left| f(x)-\sum_{n=1}^N c_n y_n(x) \right|^2 \rho(x)\mathrm{d}x$$

$$= \|f(x)\|^2 - \sum_{n=1}^N c_n \int_a^b f^*(x)y_n(x)\rho(x)\mathrm{d}x - \sum_{n=1}^N c_n^* \int_a^b f(x)y_n^*(x)\rho(x)\mathrm{d}x + \sum_{n=1}^N c_n^* c_n$$

取最小值. 这时就必须有

$$\frac{\partial\Delta}{\partial c_n}=0, \qquad \frac{\partial\Delta}{\partial c_n^*}=0,$$

因此

$$c_n=\int_a^b f(x)y_n^*(x)\rho(x)\mathrm{d}x, \qquad c_n^*=\int_a^b f^*(x)y_n(x)\rho(x)\mathrm{d}x,$$

这说明, 应用本征函数的正交性而求出的系数 (15.9) 就使得逼近的偏差取极小,

$$\Delta=\|f(x)\|^2-\sum_{n=1}^N |c_n|^2.$$

而且, 这样的逼近过程还有一个明显的特点: 逼近函数的系数并不随项数增加而有任何改变. 随着项数的增加, 偏差不断减小, 或者说, 逼近的精度不断改善.

由上面的性质 2 和性质 3 可以看到, 只要将本征函数归一化, 则本征函数的全体就构成了 $\mathscr{H}$ 内一个完备的正交归一函数集. 这里我们默认对应一个本征值只有一个本征函数. 如果对应于一个本征值有不止一个 (线性无关的) 本征函数, 这些对应同一个本征值的不同

[①] 这里假设本征值是离散的. 对于连续谱的情形, 需将级数改为积分.

本征函数可能并不彼此正交. 这种情形将在 §15.3 讨论. 但即使如此, 总可以采用 Schmidt 的正交化步骤使之正交化, 因而仍然可以得到一个完备的正交归一函数集.

在物理学中, 广泛应用的是完备的内积空间, 即 **Hilbert 空间**. 由于 Hilbert 空间 $\mathscr{H}$ 中的零元素可以理解为广义零函数, 因此, 在此前提下, 对于定义在 $[a, b]$ 中平方可积的任意函数, (15.8) 及 (15.10) 式则都是在平均收敛

$$\lim_{N \to \infty} \int_a^b \left| f(x) - \sum_{n=1}^N c_n y_n(x) \right|^2 \rho(x) \mathrm{d}x = 0 \tag{15.11}$$

的意义下成立, 而且仍然可以应用本征函数的正交性求得展开系数公式 (15.9).

最后, 需要指出, 算符的自伴性也不是该算符的本征值问题有解的必要条件. 因为, 既然正则的自伴算符 $\hat{L}$ 本征值一定存在, 且均为实数, 尽管 $\mathrm{i}\hat{L}$ 一定不是自伴算符, 但其本征值问题一定有解: 本征值就是前者的本征值乘以 i (它们全部都是纯虚数), 本征函数就是 $\hat{L}$ 的本征函数.

§15.2 Sturm-Liouville 型方程的本征值问题

在前面两章中, 我们讨论过常微分方程

$$X'' + \lambda X = 0$$

在一、二、三类边界条件或周期条件下的几种本征值问题. 此外, 在上一章的习题第 5 题中, 还可以出现 Euler 型方程

$$\frac{1}{r} \frac{\mathrm{d}}{\mathrm{d}r} \left[\frac{\mathrm{d}R(r)}{\mathrm{d}r} \right] + \frac{\lambda}{r^2} R(r) = 0$$

与第一类齐次边界条件构成的本征值问题. 不妨将这类常微分方程概括为 Sturm-Liouville 型 (简称 S-L 型) 常微分方程

$$\frac{\mathrm{d}}{\mathrm{d}x} \left[p(x) \frac{\mathrm{d}y}{\mathrm{d}x} \right] + [\lambda \rho(x) - q(x)] y = 0 \tag{15.12}$$

的形式. S-L 型方程附加上适当的 (齐次) 边界条件, 就构成 S-L **型方程的本征值问题**. 只有当待定常数 λ 取某些特定值 (称为**本征值**) 时, 才有既满足 S-L 型方程、又满足 (齐次) 边界条件的非零解 (即**本征函数**).

本节只讨论有界区间 (a, b) 上的本征值问题, 边界条件仍限定为一、二、三类边界条件或周期条件. 在此区间上, $p(x), q(x)$ 和 $\rho(x)$ 都是实函数, $p(x)$ 连续可导, $p'(x)$ 连续, 且 $p(x) > 0, q(x) \geqslant 0, \rho(x) > 0$. 这类本征值问题, 称为**正则的本征值问题**[①].

$\rho(x)$ 称为权函数. 当 $\rho(x) =$ 常数时, 即可取为 1. 不恒为常数的权函数, 可能来源于正交曲面坐标系的使用 (这时可以从 Laplace 算符的具体表达式中追寻到权函数的踪迹. 从根本上说, 它反映了坐标长度单位是该变量的函数, 不妨称之为来源于空间的几何描述的不

[①] 若区间 (算符的定义域) 为半无界或无界, 或端点为方程的奇点, 则称为**奇异的本征值问题**.

均匀性), 也可能来源于问题所涉及的物理性质的不均匀性 (例如, 密度分布的不均匀). 就我们所关心的物理问题而言, 都满足 $\rho(x) \geqslant 0$, 且 $\int_a^b \rho(x)\mathrm{d}x > 0$.

练习 15.1 将二阶常微分方程
$$a(x)y'' + b(x)y' + \big[c(x) - \lambda d(x)\big]y = 0$$
化为 S-L 型方程的形式.

在采用内积定义
$$\langle y_1, y_2 \rangle \equiv \int_a^b y_1^*(x)y_2(x)\rho(x)\mathrm{d}x \tag{15.13}$$
的前提条件下, 可以引进记号
$$\widehat{L} \equiv \frac{1}{\rho(x)}\left\{-\frac{\mathrm{d}}{\mathrm{d}x}\left[p(x)\frac{\mathrm{d}}{\mathrm{d}x}\right] + q(x)\right\}. \tag{15.14}$$

这样, 再加上相应地边界条件, S-L 型方程 (15.12) 的本征值问题就可以改写成
$$\widehat{L}y(x) = \lambda y(x). \tag{15.15}$$

因为上面已经限定 $p(x), q(x)$ 和 $\rho(x)$ 都是实函数, 所以这里讨论的算符 $\widehat{L}$ 是**实线性算符**.

下面就分析一下, 需要加上什么边界条件, 算符
$$\begin{cases} \widehat{L}y = \dfrac{1}{\rho(x)}\left\{-\dfrac{\mathrm{d}}{\mathrm{d}x}\left[p(x)\dfrac{\mathrm{d}}{\mathrm{d}x}\right] + q(x)\right\}y, \\ D(\widehat{L}) = \Big\{y(x) : y \in \mathscr{H}, \widehat{L}y \in \mathscr{H}, \text{且满足适当的边界条件}\Big\} \end{cases} \tag{15.16}$$
是自伴的. 或者说, 对于 $D(\widehat{L})$ 中的任意两个函数 $y_i(x), y_j(x)$, 我们可以按照自伴算符的定义, 考察它们应当满足的边界条件.

$$\begin{aligned}
\langle y_i, \widehat{L}y_j \rangle &= \int_a^b y_i^*(x)\frac{1}{\rho(x)}\left\{-\frac{\mathrm{d}}{\mathrm{d}x}\left[p(x)\frac{\mathrm{d}y_j(x)}{\mathrm{d}x}\right] + q(x)y_j(x)\right\}\rho(x)\mathrm{d}x \\
&= -y_i^*(x)p(x)\frac{\mathrm{d}y_j(x)}{\mathrm{d}x}\bigg|_{x=a}^{x=b} + \int_a^b \frac{\mathrm{d}y_i^*(x)}{\mathrm{d}x}p(x)\frac{\mathrm{d}y_j(x)}{\mathrm{d}x}\mathrm{d}x + \int_a^b y_i^*(x)q(x)y_j(x)\mathrm{d}x \\
&= -p(x)y_i^*(x)\frac{\mathrm{d}y_j(x)}{\mathrm{d}x}\bigg|_{x=a}^{x=b} + p(x)y_j(x)\frac{\mathrm{d}y_i^*(x)}{\mathrm{d}x}\bigg|_{x=a}^{x=b} \\
&\quad + \int_a^b y_j(x)\left\{-\frac{\mathrm{d}}{\mathrm{d}x}\left[p(x)\frac{\mathrm{d}y_i^*(x)}{\mathrm{d}x}\right] + q(x)y_i^*(x)\right\}\mathrm{d}x \\
&= p(x)\left[y_j(x)\frac{\mathrm{d}y_i^*(x)}{\mathrm{d}x} - y_i^*(x)\frac{\mathrm{d}y_j(x)}{\mathrm{d}x}\right]\bigg|_{x=a}^{x=b} \\
&\quad + \int_a^b \left(\frac{1}{\rho(x)}\left\{-\frac{\mathrm{d}}{\mathrm{d}x}\left[p(x)\frac{\mathrm{d}}{\mathrm{d}x}\right] + q(x)\right\}y_i(x)\right)^* y_j(x)\rho(x)\mathrm{d}x,
\end{aligned}$$

其中用到了 $p(x), q(x), \rho(x)$ 都是实值函数. 因此, 只要 $y_i(x), y_j(x)$ 满足同样的边界条件, 使得
$$p(x)\left(y_j\frac{\mathrm{d}y_i^*}{\mathrm{d}x} - y_i^*\frac{\mathrm{d}y_j}{\mathrm{d}x}\right)\bigg|_{x=a}^{x=b} = 0 \tag{15.17}$$

成立, 则算符 (15.16) 就是自伴算符.

下面对本书中已经出现过的几种类型的边界条件逐一加以检验, 我们将会看到, 这几种类型的边界条件都符合上述要求, 都能保证 (15.17) 式成立, 因此, 自伴算符本征值问题的一系列结论都能移植到 S-L 型方程 (15.12) 的本征值问题中.

(1) 在端点 $x=a,b$ 处, $y_j \dfrac{\mathrm{d}y_i^*}{\mathrm{d}x} - y_i^* \dfrac{\mathrm{d}y_j}{\mathrm{d}x}$ 均为 0.

不妨以端点 $x=a$ 为例. 此时 $p(a)>0$, $y(x)$ 在该点满足第一、二、三类边界条件

$$y(a)\cos\alpha - y'(a)\sin\alpha = 0,$$

其中 $0 \leqslant \alpha \leqslant \pi/2$. 因此, 根据

$$y_i^*(a)\cos\alpha - y_i^{*\prime}(a)\sin\alpha = 0, \qquad y_j(a)\cos\alpha - y_j'(a)\sin\alpha = 0,$$

由于 $\sin\alpha, \cos\alpha$ 不可能同时为 0, 我们就能导出

$$\left(y_j \dfrac{\mathrm{d}y_i^*}{\mathrm{d}x} - y_i^* \dfrac{\mathrm{d}y_j}{\mathrm{d}x}\right)_{x=a} = 0.$$

$x=b$ 点可做类似的讨论.

(2) 在端点 $x=a,b$ 处, $p(x)\left(y_j \dfrac{\mathrm{d}y_i^*}{\mathrm{d}x} - y_i^* \dfrac{\mathrm{d}y_j}{\mathrm{d}x}\right)$ 均不为 0.

这发生在 $p(a)=p(b)\ne 0$ 时. 若 $y(x)$ 在端点满足周期条件

$$y(a)=y(b), \qquad y'(a)=y'(b).$$

我们立刻就能看到, 尽管 $\left(y_j \dfrac{\mathrm{d}y_i^*}{\mathrm{d}x} - y_i^* \dfrac{\mathrm{d}y_j}{\mathrm{d}x}\right)_{x=a}$ 和 $\left(y_j \dfrac{\mathrm{d}y_i^*}{\mathrm{d}x} - y_i^* \dfrac{\mathrm{d}y_j}{\mathrm{d}x}\right)_{x=b}$ 单独均不为 0, 但是一定有

$$\left(y_j \dfrac{\mathrm{d}y_i^*}{\mathrm{d}x} - y_i^* \dfrac{\mathrm{d}y_j}{\mathrm{d}x}\right)_{x=a} = \left(y_j \dfrac{\mathrm{d}y_i^*}{\mathrm{d}x} - y_i^* \dfrac{\mathrm{d}y_j}{\mathrm{d}x}\right)_{x=b},$$

因而 (15.17) 式成立.

例 15.6 求解本征值问题

$$\begin{cases} \dfrac{1}{r}\dfrac{\mathrm{d}}{\mathrm{d}r}\left[r\dfrac{\mathrm{d}R(r)}{\mathrm{d}r}\right] + \dfrac{\lambda}{r^2}R(r) = 0, \\ R(a)=0, \qquad R(b)=0, \end{cases}$$

其中 $b>a>0$.

解 此微分方程属于 Euler 型, 在第十四章中已遇到过. 求解此方程, 可做代换 $\zeta = \ln r$, $Z(\zeta)=R(r)$, 于是本征值问题即化为

$$\begin{cases} Z''(\zeta) + \lambda Z(\zeta) = 0, \\ Z(\ln a)=0, \qquad Z(\ln b)=0. \end{cases}$$

此本征值问题也已多次见过，其解为

$$\text{本 征 值} \qquad \lambda_n = \left(\frac{n\pi}{\ln b - \ln a}\right)^2, \qquad n = 1, 2, 3, \cdots,$$

$$\text{本征函数} \qquad Z_n(\zeta) = \sin\left(\frac{\zeta - \ln a}{\ln b - \ln a} n\pi\right).$$

回到原来的变量 r，本征值不变，而本征函数则为

$$R_n(r) = \sin\left(\frac{\ln r - \ln a}{\ln b - \ln a} n\pi\right).$$

容易判断，此本征函数的正交权函数为 $1/r$.

例 15.7 设有本征值问题

$$\begin{cases} X^{(4)} + \lambda X = 0, \\ X(0) = 0, \qquad X(l) = 0, \\ X''(0) = 0, \qquad X''(l) = 0, \end{cases}$$

证明：本征值

$$\lambda = -\frac{\displaystyle\int_0^l |X''(x)|^2 \, \mathrm{d}x}{\displaystyle\int_0^l |X(x)|^2 \, \mathrm{d}x} < 0.$$

证 将 $X(x)$ 的微分方程乘以 $X^*(x)$，积分，并代入 $X(x)$, $X^*(x)$ 所满足的边界条件，就有

$$\begin{aligned} \lambda \int_0^l |X(x)|^2 \, \mathrm{d}x &= -\int_0^l X^{(4)}(x) X^*(x) \mathrm{d}x \\ &= \int_0^l X^{(3)}(x) X^{*\prime}(x) \mathrm{d}x - X^{(3)}(x) X^*(x) \Big|_{x=0}^{x=l} \\ &= -\int_0^l |X''(x)|^2 \, \mathrm{d}x + X''(x) X^{*\prime}(x) \Big|_{x=0}^{x=l} = -\int_0^l |X''(x)|^2 \, \mathrm{d}x, \end{aligned}$$

因此即证得

$$\lambda = -\frac{\displaystyle\int_0^l |X''(x)|^2 \, \mathrm{d}x}{\displaystyle\int_0^l |X(x)|^2 \, \mathrm{d}x} < 0.$$

实际上，我们写出微分方程 $X^{(4)} + \lambda X = 0$ 的通解

$$X(x) = A \sin \sqrt[4]{-\lambda}\, x + B \cos \sqrt[4]{-\lambda}\, x + C \sinh \sqrt[4]{-\lambda}\, x + D \cosh \sqrt[4]{-\lambda}\, x,$$

代入边界条件，可以得到 $B = C = D = 0$，取 $A = 1$，即可求得

$$\text{本 征 值} \qquad \lambda_n = -\left(\frac{n\pi}{l}\right)^4, \qquad n = 1, 2, 3, \cdots,$$

$$\text{本征函数} \qquad X_n(x) = \sin \frac{n\pi}{l} x.$$

在这个例题中, 讨论的是 4 阶常微分方程的本征值问题, 应该说超出了 Sturm-Liuville 型方程的形式, 但是我们可以证明, 涉及的 4 阶微分算符是自伴的, 对应不同本征值的本征函数也是正交的, 甚至从本征函数的具体形式, 也可以看出它们的确构成完备的函数组. 讨论这个例题, 一方面是因为在实际问题中可能会对遇到, 例如弹性力学中会出现这种类型的 4 阶常微分方程本征值问题. 另一方面, 也想提请读者注意, 所谓自伴算符的本征值问题, 绝不仅仅限于 Sturm-Liouville 型方程本征值问题这一种形式. 我们不但会遇到 4 阶的自伴算符, 前面在例 15.4 中, 也遇到过自伴的一阶微分算符.

再扼要地讨论一下奇异的本征值问题. 这发生在区间有界而端点是方程的奇点, 或是区间为无界或半无界. 前者出现在端点为 $p(x)$ 的零点, 这时端点往往是方程的正则奇点, 因而要求解在端点有界 (有界条件). 后面的第十六章和第十七章中, 都将出现这样的本征值问题. 后者往往要求本征值问题的解 (本征函数) $y(x)$ 具有适当的渐近行为, 例如要求解在区间上平方可积. 量子力学课程中会遇到这种类型的边界条件. 还会遇到区间端点为非正则奇点的情形 (例如谐振子的本征值问题). 正如上一节指出的, 这些本征值问题是否有解, 需要针对具体问题做具体讨论.

§15.3 Sturm-Liouville 型方程本征值问题的简并现象

在第十四章中, 我们曾经遇到过对应一个本征值有不止一个 (线性无关的) 本征函数的情形. 这种现象称为**简并**或退化. 由于 S-L 型方程是二阶线性常微分方程, 所以, 对应一个本征值最多只能有两个 (线性无关的) 本征函数. 现在的问题是, 到底在什么条件下, S-L 型方程的本征值问题是简并的, 在什么条件下是非简并的, 下面的两个定理可以给予明确的回答.

定理 15.1 如果 S-L 型方程本征值问题的本征函数是复值函数, 且其实部和虚部线性无关, 则此本征值问题是二重简并的.

证 根据定理所设, 本征函数 $y(x)$ 是复函数, 设其实部和虚部分别为 $f(x)$ 和 $g(x)$,

$$y(x) = f(x) + \mathrm{i}g(x),$$

则 S-L 型方程可以写成

$$\widehat{L}(f + \mathrm{i}g) = \lambda(f + \mathrm{i}g).$$

由于算符 $\widehat{L}$ 为实线性算符, 当 $\widehat{L}$ 自伴时本征值 λ 亦为实数, 故将上式分别比较实部和虚部, 就得到

$$\widehat{L}f = \lambda f, \qquad \widehat{L}g = \lambda g.$$

这说明 $f(x)$ 和 $g(x)$ 都是对应于同一个本征值 λ 的本征函数.

还必须证明 $f(x)$ 和 $g(x)$ 也满足原本征值问题的边界条件. 这只要注意边界条件也是线性齐次的, 其中的系数也是实数, 于是在边界条件中也分别比较实部和虚部即可. □

定理 15.2 设 $y_1(x)$ 和 $y_2(x)$ 都是 S-L 型方程本征值问题 (15.16) 的两个线性无关的实值本征函数, 并且在 $x = a$ 和 $x = b$ 点都单独满足边界条件 (15.17), 则 $y_1(x)$ 和 $y_2(x)$ 不可能对应于同一个本征值 λ.

证 用反证法. 设 $y_1(x)$ 和 $y_2(x)$ 对应于同一个本征值 λ,
$$\widehat{L} y_1 = \lambda y_1, \qquad \widehat{L} y_2 = \lambda y_2,$$
因此
$$\langle y_1, \widehat{L} y_2 \rangle - \langle y_2, \widehat{L} y_1 \rangle = 0.$$
注意 $y_1(x)$ 和 $y_2(x)$ 都是实值函数, $y_1^*(x) = y_1(x)$, $y_2^*(x) = y_2(x)$, 将 (15.13) 式代入, 即得
$$\frac{\mathrm{d}}{\mathrm{d} x} \left[p(x) \left(y_1 \frac{\mathrm{d} y_2}{\mathrm{d} x} - y_2 \frac{\mathrm{d} y_1}{\mathrm{d} x} \right) \right] = 0.$$
于是
$$p(x) \left(y_1 \frac{\mathrm{d} y_2}{\mathrm{d} x} - y_2 \frac{\mathrm{d} y_1}{\mathrm{d} x} \right) = \text{常数 } C.$$
而根据定理给出的已知条件,
$$p(x) \left(y_1 \frac{\mathrm{d} y_2}{\mathrm{d} x} - y_2 \frac{\mathrm{d} y_1}{\mathrm{d} x} \right) \bigg|_{x=a} = 0, \qquad p(x) \left(y_1 \frac{\mathrm{d} y_2}{\mathrm{d} x} - y_2 \frac{\mathrm{d} y_1}{\mathrm{d} x} \right) \bigg|_{x=b} = 0,$$
所以, 在区间内每一点都有
$$p(x) \left(y_1 \frac{\mathrm{d} y_2}{\mathrm{d} x} - y_2 \frac{\mathrm{d} y_1}{\mathrm{d} x} \right) \equiv 0.$$
但因为 $p(x) \not\equiv 0$, 故有
$$y_1 \frac{\mathrm{d} y_2}{\mathrm{d} x} - y_2 \frac{\mathrm{d} y_1}{\mathrm{d} x} \equiv 0, \qquad \text{即} \qquad W\big[y_1(x), \quad y_2(x)\big] \equiv \begin{vmatrix} y_1(x) & y_2(x) \\ y_1'(x) & y_2'(x) \end{vmatrix} \equiv 0,$$
$y_1(x)$ 和 $y_2(x)$ 线性相关, 与已知条件矛盾. 故 $y_1(x)$ 和 $y_2(x)$ 不可能对应于同一个本征值.

□

这个定理说明, 在一、二、三类 (齐次) 边条件下, S-L 型方程本征值问题不可能是简并的. 就本书所讨论过的几种类型的边界条件而言, 只有在周期条件之下, 本征函数在区间的每一个端点并不单独满足 (15.17), 才有可能发生简并现象.

这里顺便指出, 即使 $p(x)$ 在区间的端点为 0, 因而该点为方程的奇点, 这时我们面临的是奇异的本征值问题. 即使如此, 只要该点是方程的正则奇点, 因而边界条件是有界条件, 这时在区间内部仍然有 $p(x) \neq 0$, 要求 Wroński 行列式为 0 与两个解线性无关矛盾, 所以对应一个本征值仍然只有一个本征函数, 也不会出现简并现象.

最后强调一下, 这里讨论的是常微分方程的本征值问题. 如果是偏微分方程的本征值问题, 一般说来, 即使在一、二、三类 (齐次) 边条件或 (和) 有界条件下, 也会出现简并现象. 在多数情况下, 这种简并性往往与本征值问题的对称性有关.

§15.4 从 Sturm-Liouville 型方程的本征值问题看分离变量法

在介绍了 Sturm-Liouville 型方程本征值问题的普遍结论后, 再回顾一下分离变量法.

仍以弦的横振动问题为例. 对于两端固定弦的自由振动, 定解问题是

$$\frac{\partial^2 u}{\partial t^2} - a^2 \frac{\partial^2 u}{\partial x^2} = 0, \qquad 0 < x < l, t > 0; \tag{15.18a}$$

$$u|_{x=0} = 0, \qquad u|_{x=l} = 0, \qquad t \geq 0; \tag{15.18b}$$

$$u|_{t=0} = \phi(x), \qquad \frac{\partial u}{\partial t}\bigg|_{t=0} = \psi(x), \qquad 0 \leq x \leq l. \tag{15.18c}$$

根据 §15.1 和 §15.2 的讨论可知, 如果存在一个自伴的 S-L 型算符

$$\widehat{L}X = \frac{1}{\rho(x)}\left\{-\frac{\mathrm{d}}{\mathrm{d}x}\left[p(x)\frac{\mathrm{d}}{\mathrm{d}x}\right] + q(x)\right\}X, \tag{15.19a}$$

$$D(\widehat{L}) = \left\{X(x): X \in \mathscr{H}, \widehat{L}X \in \mathscr{H}, X(0) = 0, X(l) = 0\right\}, \tag{15.19b}$$

则相应的本征值问题

$$\widehat{L}X = \lambda X \tag{15.20}$$

是自伴的. 并且为方便起见, 假设本征函数均已正交归一化:

$$\langle X_n, X_m \rangle = \int_0^l X_n^*(x) X_m(x) \rho(x)\, \mathrm{d}x = \delta_{nm}. \tag{15.21}$$

由于定解问题 (15.18) 的边界条件 (15.18b) 的形式和边界条件 (15.19b) 相同, 因此可以将定解问题 (15.18) 的解 $u(x,t)$ 按照本征函数组 $\{X_n(x), n = 1, 2, 3, \cdots\}$ 展开为绝对而且一致收敛的无穷级数[①]

$$u(x,t) = \sum_{n=1}^{\infty} T_n(t) X_n(x). \tag{15.22}$$

代入方程 (15.18a), 有

$$\sum_{m=1}^{\infty} T_m''(t) X_m(x) - a^2 \sum_{m=1}^{\infty} T_m(t) X_m''(x) = 0. \tag{15.23}$$

将上式两端同乘以 $X_n^*(x)\rho(x)$, 并在区间 $[0, l]$ 上积分, 就得到关于 $T_n(t)$ 的常微分方程组

$$T_n''(t) - a^2 \sum_{m=1}^{\infty} \langle X_n, X_m''\rangle T_m(t) = 0, \quad n = 1, 2, 3, \cdots. \tag{15.24}$$

同样, 再将初始条件 (15.18c) 也按这一组本征函数展开, 只要 $\phi(x), \psi(x)$ 也满足和 $\{X_n(x)\}$ 相同的边界条件,

$$\phi(0) = 0, \qquad \phi(l) = 0,$$
$$\psi(0) = 0, \qquad \psi(l) = 0,$$

---

① 这里, 不言自明, 有关 $u(x,t)$ 和 $\{X_n(x)\}$ 必须满足相同形式的 (齐次) 边界条件. 否则, 求解过程在形式上仍然可以继续进行, 但一切计算都是在平均收敛的意义下成立.

则展开式
$$\phi(x) = \sum_{n=1}^{\infty} \langle X_n, \phi \rangle X_n(x), \qquad \psi(x) = \sum_{n=1}^{\infty} \langle X_n, \psi \rangle X_n(x)$$
也是绝对而且一致收敛的, 因而可以进一步得到
$$T_n(0) = \langle X_n, \phi \rangle, \quad T'_n(0) = \langle X_n, \psi \rangle. \tag{15.25}$$

如果能够由 (15.24) 和 (15.25) 式求出 $T_n(t)$, 也就求出了定解问题 (15.18) 的解 $u(x,t)$. 这里, 本征函数组的完备性起了决定性的作用. 为了保证级数 $\sum_{n=1}^{\infty} T_n(t) X_n(x)$ 收敛 (至少是平均收敛) 到解 $u(x,t)$, 求和必须遍及全部本征函数, 绝不可以无理由地摒弃其中任何一部分.

更进一步, 对于两端固定弦的受迫振动问题, 则定解问题 (15.18) 中的方程 (15.18a) 改为
$$\frac{\partial^2 u}{\partial t^2} - a^2 \frac{\partial^2 u}{\partial x^2} = f(x,t), \tag{15.18a'}$$
求解过程并没有太大的差异, 不同之处只在于要将方程的非齐次项 $f(x,t)$ 也按本征函数展开,
$$f(x,t) = \sum_{n=1}^{\infty} \langle X_n, f \rangle X_n(x).$$
这里同样要求 $f(0,t) = f(l,t) = 0$. 于是, 齐次的常微分方程组 (15.24) 变成了非齐次的方程组
$$T''_n(t) - a^2 \sum_{m=1}^{\infty} \langle X_n, X''_m \rangle T_m(t) = \langle X_n, f \rangle, \quad n = 1, 2, 3, \cdots. \tag{15.24'}$$

当然, 函数 $\phi(x), \psi(x)$ 和 $f(x,t)$ 之中, 哪怕只有一个不满足和 $\{X_n(x)\}$ 相同的边界条件, 则相关的级数展开就是平均收敛的, 因而导致最后得到的解式也是在平均收敛的意义下成立.

同样不难理解, 如果定解问题的边界条件是非齐次的, 就必须先将边界条件齐次化.

从以上分析可以看出, 分离变量法的理论核心是本征函数组的完备性, 而齐次边界条件 (15.19b) 在其中起了重要作用. 对于本征函数所满足的微分方程, 也就是自伴算符 $\widehat{L}$ 的具体形式 (15.19a) 并未作任何限制. 在满足齐次边界条件 (15.19b) 的前提下, 选择不同的本征函数组 $\{X_n(x), n = 1,2,3,\cdots\}$, 得到的关于 $T_n(t)$ 的常微分方程组的形式当然绝不相同, 因而求得的 $T_n(t)$ 也不相同. 但是, 定解问题的解的存在唯一性, 保证了最后求得的是同一个 $u(x,t)$.

但是, 并不是任何常微分方程组都是容易求解的, 何况现在遇到的是无穷维的常微分方程组. 在实际的求解过程中, 我们就应当恰当地选择自伴算符 $\widehat{L}$ 的具体形式, 或者说, 选择本征函数组 $\{X_n(x)\}$, 使得 $T_n(t)$ 的求解问题尽可能地简单. 最简单的情形当然就是 $T_n(t)$ 满足的是常微分方程, 而非常微分方程组. 在 (15.24) 或 (15.24') 式中, 就应当要求本征函数满足
$$\langle X_n, X''_m \rangle = -\lambda_n \delta_{nm} = -\lambda \langle X_n, X_m \rangle, \tag{15.26}$$

即本征函数满足常微分方程

$$-X_n''(x) = \lambda_n X_n(x). \tag{15.26'}$$

这正是分离变量法中得到的微分方程. 相应地, 方程组 (15.24) 和 (15.24′) 就变成常微分方程

$$T_n''(t) + a^2\lambda_n T_n(t) = 0 \tag{15.27}$$

和

$$T_n''(t) + a^2\lambda_n T_n(t) = \langle X_n, f\rangle. \tag{15.28}$$

所以, 分离变量法实际上提供了一个选择本征函数组的理想途径. 如果说, 本征函数的完备性是在理论上保证了一定可以将定解问题的解按该本征函数组展开 (条件是定解问题和本征函数要满足相同的齐次边界条件), 而选用相应齐次问题的本征函数则保证了可以方便地求出展开系数 (实际上是函数), 保证了这种解法在实用上的可行性与便捷性.

然而从解式的最终形式 (15.22) 来看, 尽管级数中每一项都是分离变量的形式, 但是叠加后就不再是分离变量的了. 所以, 与其说是用分离变量法求解偏微分方程定解问题, 还不如说是用本征函数展开法求解偏微分方程定解问题来得更确切. 基于这种认识, 我们对于各种类型的定解问题 (方程齐次或非齐次, 边界条件齐次或非齐次) 的求解就有了一个统一的更深入的理解, 并且对于求解偏微分方程定解问题也就获得了更大的自由, 这表现为拓宽了对于某些定解问题的求解思路. 例如, 对于矩形区域内的齐次边值问题

$$\frac{\partial^2 u}{\partial x^2} + \frac{\partial^2 u}{\partial y^2} = f(x,y), \qquad 0 < x < a, 0 < y < b, \tag{15.29a}$$

$$u\big|_{x=0} = 0, \qquad u\big|_{x=a} = 0, \tag{15.29b}$$

$$u\big|_{y=0} = 0, \qquad u\big|_{y=b} = 0, \tag{15.29c}$$

按照第十三章中的做法, 应当将 $u(x,y)$ 按相应齐次问题的本征函数展开, 例如

$$u(x,y) = \sum_{n=1}^{\infty} C_n(y) \sin\frac{n\pi}{a}x, \tag{15.30}$$

代入方程 (15.29a), 导出 $C_n(y)$ 满足的非齐次方程, 结合边界条件

$$C_n(0) = 0, \qquad C_n(b) = 0 \tag{15.31}$$

求出 $C_n(y)$. 但是, 按照本节中前面的分析, 如果能找到一组本征函数, 只要它满足此定解问题的全部齐次边界条件, 那么, 就可以将 $u(x,y)$ 按这一组本征函数展开. 具体说来, 可以先求解本征值问题

$$\frac{\partial^2 w}{\partial x^2} + \frac{\partial^2 w}{\partial y^2} = -\lambda w, \qquad 0 < x < a, 0 < y < b, \tag{15.32a}$$

$$w\big|_{x=0} = 0, \qquad w\big|_{x=a} = 0, \tag{15.32b}$$

$$w\big|_{y=0} = 0, \qquad w\big|_{y=b} = 0, \tag{15.32c}$$

得到本征值和本征函数

$$\lambda_{mn} = \left(\frac{m\pi}{a}\right)^2 + \left(\frac{n\pi}{b}\right)^2, \qquad m=1,2,3,\cdots, n=0,1,2,\cdots, \tag{15.33}$$

$$w_{mn}(x,y) = \sin\frac{m\pi}{a}x \sin\frac{n\pi}{b}y. \tag{15.34}$$

然后将 $u(x,y)$ 按 $w_{mn}(x,y)$ 展开，

$$u(x,y) = \sum_{m=1}^{\infty}\sum_{n=1}^{\infty} c_{mn} \sin\frac{m\pi}{a}x \sin\frac{n\pi}{b}y, \tag{15.35}$$

代入方程 (15.29a)，就得到

$$-\left[\left(\frac{m\pi}{a}\right)^2 + \left(\frac{n\pi}{b}\right)^2\right]c_{mn} = \frac{4}{ab}\int_0^a \sin\frac{m\pi}{a}x\,\mathrm{d}x \int_0^b \sin\frac{n\pi}{b}y\, f(x,y)\,\mathrm{d}y,$$

由此即可求出 c_{mn}，

$$c_{mn} = -\frac{4ab}{\pi^2}\frac{1}{(na)^2+(mb)^2}\int_0^a \sin\frac{m\pi}{a}x\,\mathrm{d}x \int_0^b \sin\frac{n\pi}{b}y\, f(x,y)\,\mathrm{d}y. \tag{15.36}$$

前面在求解本征函数时，已经用到了全部边界条件，这样，就自动保证了解 $u(x,y)$ 也满足这些边界条件．

这种解法的优点是除了要找到合适的本征函数外，无须再去求解常微分方程．这是以多作了一重级数展开为代价的．这相当于将 $C_m(y)$ 也按本征函数 $\sin\frac{n\pi}{b}y$ 展开而得的结果．当然，这种做法只适用于不含时间的稳定问题，并且还要求相应的本征值问题有解，甚至还要求 0 不是本征值．

以上的做法，可以方便地推广到适当几何形状的三维区域．

习 题

1. 将下列方程化为 Sturm-Liouville 型方程的标准形式：

(1) $(1-x^2)\dfrac{\mathrm{d}^2 y}{\mathrm{d}x^2} - x\dfrac{\mathrm{d}y}{\mathrm{d}x} + \lambda y = 0;$

(2) $x\dfrac{\mathrm{d}^2 y}{\mathrm{d}x^2} + (\mu+1-x)\dfrac{\mathrm{d}y}{\mathrm{d}x} + \lambda y = 0;$

(3) $x\dfrac{\mathrm{d}^2 y}{\mathrm{d}x^2} + (1-x)\dfrac{\mathrm{d}y}{\mathrm{d}x} + \lambda y = 0;$

(4) $\dfrac{\mathrm{d}^2 y}{\mathrm{d}x^2} - 2x\dfrac{\mathrm{d}y}{\mathrm{d}x} + 2\lambda y = 0.$

2. 求解本征值问题：

$$\frac{1}{r}\frac{\mathrm{d}}{\mathrm{d}r}\left(r\frac{\mathrm{d}R}{\mathrm{d}r}\right) + \frac{\lambda}{r^2}R = 0,$$

$$R(a) = 0, \qquad R'(b) = 0,$$

其中 $b > a > 0$．

3. 设有本征值问题

$$\frac{\mathrm{d}}{\mathrm{d}x}\left[p(x)\frac{\mathrm{d}y}{\mathrm{d}x}\right] + [\lambda\rho(x) - q(x)]y = 0,$$

$$y(b) = \alpha_{11} y(a) + \alpha_{12} y'(a),$$

$$y'(b) = \alpha_{21} y(a) + \alpha_{22} y'(a),$$

其中 $p(a)=p(b)$. 试证明, 当 $\begin{vmatrix} \alpha_{11} & \alpha_{12} \\ \alpha_{21} & \alpha_{22} \end{vmatrix}=1$ 时, 对应不同本征值的本征函数正交.

4. 求解本征值问题
$$\begin{cases} \mathrm{i}\dfrac{\mathrm{d}y}{\mathrm{d}x}=\lambda y, & a<x<b, \\ y(b)=\mathrm{e}^{\mathrm{i}\theta}y(a), \end{cases}$$
其中 $0\leqslant\theta\leqslant 2\pi$.

5. 问 α,β 和 γ 满足什么条件时, 本征值问题
$$\begin{cases} \dfrac{\mathrm{d}^2 u}{\mathrm{d}x^2}+\cot x\dfrac{\mathrm{d}u}{\mathrm{d}x}+\lambda u=0, & \theta<x<\pi-\theta, \\ u(\pi-\theta)\cos\gamma=u(\theta)\cos\alpha-u'(\theta)\sin\alpha, \\ u'(\pi-\theta)\sin\gamma=u(\theta)\cos\beta-u'(\theta)\sin\beta \end{cases}$$
是自伴的? 其中 α,β,γ 和 θ 均为已知常数, $0<\theta<\pi/2$, $0\leqslant\alpha,\beta,\gamma\leqslant\pi/2$.

6. 半无界区域的边界为 $x=0$ 与 $y=0,b$, 边界 $x=0$ 的电势为 V, 其余两边均接地, 区域内填充有两种电介质, 电容率为分别
$$\varepsilon=\begin{cases} \varepsilon_1, & 0<y<h, \\ \varepsilon_2, & h<y<b, \end{cases}$$
求介质内的静电势.

7. 横截面为矩形 $0\leqslant x\leqslant a$, $0\leqslant y\leqslant b$ 的无穷长直棱柱, 柱内填充有两种电介质, 电容率分别为
$$\varepsilon=\begin{cases} \varepsilon_1, & 0<y<h, \\ \varepsilon_2, & h<y<b, \end{cases}$$
如果 $x=0$ 的柱壁电势为 V, 其余三个柱壁均接地, 求棱柱内的静电势.

8. 设本征值问题
$$\nabla^2\varPhi+\lambda\varPhi=0,$$
$$\varPhi\big|_\varSigma=0$$
的解 (本征函数) 为 $\varPhi_k$ (设已归一化), 对应的本征值为 λ_k, 这里的 k 是本征值的编号. 试证明: 当 $\lambda=0$ 不是本征值时, Poisson 方程的第一类边值问题
$$\nabla^2 u=-f,$$
$$u\big|_\varSigma=0$$
的解为 $u=\sum\limits_k \dfrac{A_k}{\lambda_k}\varPhi_k$, A_k 是非齐次项 f 按 $\{\varPhi_k\}$ 展开的系数, $f=\sum\limits_k A_k\varPhi_k$.

9. 用第 8 题的方法求解矩形区域 $0\leqslant x\leqslant a$, $0\leqslant y\leqslant b$ 内 Poisson 方程的定解问题
$$\dfrac{\partial^2 u}{\partial x^2}+\dfrac{\partial^2 u}{\partial y^2}=-f(x,y),$$
$$u\big|_{x=0}=0, \quad u\big|_{x=a}=0,$$
$$u\big|_{y=0}=0, \quad u\big|_{y=b}=0.$$

10. 非自伴算符的本征值问题举例.

以长为 l 的均匀圆杆作微小扭转振动. 在振动过程中, 杆的各横截面仍保持为平面而绕杆轴扭转, 轴向上不发生位移. 杆的一端固定, 另一端连接在圆盘上, 则偏转角 θ 所满足的方程和边界条件为

$$\frac{\partial^2 \theta}{\partial t^2} - a^2 \frac{\partial^2 \theta}{\partial x^2} = 0,$$

$$\theta\big|_{x=0} = 0, \qquad \frac{\partial^2 \theta}{\partial t^2}\bigg|_{x=l} = -c^2 \frac{\partial \theta}{\partial x}\bigg|_{x=l},$$

已知 a 和 c 均为正数.

(1) 求相应的本征值 λ_n 及本征函数 $X_n(x)$;

(2) 计算积分 $\int_0^l X_n(x) X_m(x) \mathrm{d}x$;

(3) 计算积分 $\int_0^l X_n'(x) X_m'(x) \mathrm{d}x$.

第十六章

球 函 数

§16.1 Helmholtz 方程在球坐标系下的分离变量

在球坐标系中，Helmholtz 方程的具体形式是

$$\frac{1}{r^2}\frac{\partial}{\partial r}\left(r^2\frac{\partial u}{\partial r}\right) + \frac{1}{r^2\sin\theta}\frac{\partial}{\partial \theta}\left(\sin\theta\frac{\partial u}{\partial \theta}\right) + \frac{1}{r^2\sin^2\theta}\frac{\partial^2 u}{\partial \phi^2} + k^2 u = 0. \tag{16.1}$$

令 $u(r,\theta,\phi) = R(r)S(\theta,\phi)$，代入方程，即得

$$\frac{r^2}{R(r)}\left[\frac{1}{r^2}\frac{\mathrm{d}}{\mathrm{d}r}\left(r^2\frac{\mathrm{d}R(r)}{\mathrm{d}r}\right) + k^2 R(r)\right]$$
$$= -\frac{1}{S(\theta,\phi)}\left\{\frac{1}{\sin\theta}\frac{\partial}{\partial\theta}\left[\sin\theta\frac{\partial S(\theta,\phi)}{\partial\theta}\right] + \frac{1}{\sin^2\theta}\frac{\partial^2 S(\theta,\phi)}{\partial\phi^2}\right\}.$$

等式的左端只是 r 的函数，与 θ, ϕ 无关；右端只是 θ, ϕ 的函数，与 r 无关. 所以它们必须等于既与 r 无关又与 θ, ϕ 无关的常数. 把这个常数记为 λ，就成功地完成了从 Helmholtz 方程中分离去径向部分 (即与 r 有关的部分) 的任务，

$$\frac{1}{r^2}\frac{\mathrm{d}}{\mathrm{d}r}\left[r^2\frac{\mathrm{d}R(r)}{\mathrm{d}r}\right] + \left(k^2 - \frac{\lambda}{r^2}\right)R(r) = 0, \tag{16.2}$$

$$\frac{1}{\sin\theta}\frac{\partial}{\partial\theta}\left[\sin\theta\frac{\partial S(\theta,\phi)}{\partial\theta}\right] + \frac{1}{\sin^2\theta}\frac{\partial^2 S(\theta,\phi)}{\partial\phi^2} + \lambda S(\theta,\phi) = 0. \tag{16.3}$$

继续将方程 (16.3) 分离变量. 为此，再令 $S(\theta,\phi) = \Theta(\theta)\Phi(\phi)$，代入 (16.3)，又得到

$$\frac{\sin^2\theta}{\Theta}\left[\frac{1}{\sin\theta}\frac{\mathrm{d}}{\mathrm{d}\theta}\left(\sin\theta\frac{\mathrm{d}\Theta(\theta)}{\mathrm{d}\theta}\right) + \lambda\Theta\right] = -\frac{1}{\Phi}\frac{\mathrm{d}^2\Phi}{\mathrm{d}\phi^2}.$$

这样，我们再次看到，等式的左端只是 θ 的函数，与 ϕ 无关；右端只是 ϕ 的函数，与 θ 无关. 所以它们必须等于既与 θ 无关又与 ϕ 无关的常数，记为 μ，于是又完成了将 θ 部分和 ϕ 部分的分离，得到的两个常微分方程是

$$\frac{1}{\sin\theta}\frac{\mathrm{d}}{\mathrm{d}\theta}\left[\sin\theta\frac{\mathrm{d}\Theta(\theta)}{\mathrm{d}\theta}\right] + \left(\lambda - \frac{\mu}{\sin^2\theta}\right)\Theta = 0, \tag{16.4}$$

$$\frac{\mathrm{d}^2\Phi}{\mathrm{d}\phi^2} + \mu\Phi = 0. \tag{16.5}$$

这样就最终完成了 Helmholtz 方程在球坐标系下的分离变量.

在球坐标系下将 Helmholtz 方程分离变量, 当然是得到三个常微分方程, 即 (16.2)、(16.4) 和 (16.5). 其中的 (16.5) 是常系数常微分方程, 不难求解. 其余两个方程都是变系数常微分方程. 方程 (16.4) 称为**连带 Legendre 方程**. 当 $k \ne 0$ 时, 方程 (16.2) 可化为球 Bessel 方程. 本章和下一章也将要分别讨论它们.

这里还要讨论一种常见特殊情形, 即 $u = u(r, \theta)$ 与 ϕ 无关的情形. 这就是说, 整个定解问题在绕极轴转动任意角时不变. 在这种情形下, Helmholtz 方程的形式就化简为

$$\frac{1}{r^2}\frac{\partial}{\partial r}\left(r^2\frac{\partial u}{\partial r}\right) + \frac{1}{r^2\sin\theta}\frac{\partial}{\partial \theta}\left(\sin\theta\frac{\partial u}{\partial \theta}\right) + k^2 u = 0. \tag{16.6}$$

令 $u(r, \theta) = R(r)\Theta(\theta)$, 代入方程, 即得

$$\frac{r^2}{R(r)}\left\{\frac{1}{r^2}\frac{\mathrm{d}}{\mathrm{d}r}\left[r^2\frac{\mathrm{d}R(r)}{\mathrm{d}r}\right] + k^2 R(r)\right\} = -\frac{1}{\Theta(\theta)}\frac{1}{\sin\theta}\frac{\mathrm{d}}{\mathrm{d}\theta}\left(\sin\theta\frac{\mathrm{d}\Theta(\theta)}{\mathrm{d}\theta}\right).$$

等式的左端只是 r 的函数, 与 θ 无关; 右端只是 θ 的函数, 与 r 无关. 所以它们必须等于既与 r 无关又与 θ 无关的常数, 记作 λ, 这样就完成了分离变量. 得到的两个常微分方程, 径向方程和 (16.2) 完全相同, 另一个常微分方程

$$\frac{1}{\sin\theta}\frac{\mathrm{d}}{\mathrm{d}\theta}\left[\sin\theta\frac{\mathrm{d}\Theta(\theta)}{\mathrm{d}\theta}\right] + \lambda\Theta(\theta) = 0 \tag{16.7}$$

仅与方位角 θ 有关, 称为 **Legendre 方程**, 它是连带 Legendre 方程 (16.4) 的特殊情形 ($\mu = 0$).

为了求解的方便, 还需要做变换 $x = \cos\theta, y(x) = \Theta(\theta)$, 于是, 方程 (16.4) 和 (16.7) 就变为

$$\frac{\mathrm{d}}{\mathrm{d}x}\left[(1-x^2)\frac{\mathrm{d}y}{\mathrm{d}x}\right] + \left(\lambda - \frac{\mu}{1-x^2}\right)y = 0 \tag{16.4'}$$

和

$$\frac{\mathrm{d}}{\mathrm{d}x}\left[(1-x^2)\frac{\mathrm{d}y}{\mathrm{d}x}\right] + \lambda y = 0. \tag{16.7'}$$

本章将求解这两个方程, 特别是相关的本征值问题, 讨论本征函数的主要性质及其应用.

§16.2 Legendre 方程的解

在求出 Legendre 方程的解的具体形式之前, 根据常微分方程的解析理论 (见第八章), 事先就可以对 Legendre 方程的解的解析性有如下判断.

首先, Legendre 方程

$$\frac{\mathrm{d}}{\mathrm{d}z}\left[(1-z^2)\frac{\mathrm{d}w}{\mathrm{d}z}\right] + \lambda w = 0, \tag{16.8}$$

有三个奇点, $z = \pm 1$ 和 $z = \infty$, 并且都是正则奇点. 因此, 除了这三个点外, Legendre 方程的解在全复平面上任意一点均解析.

§16.2 Legendre 方程的解

$z=0$ 点是 Legendre 方程的常点, 因此, 方程的解在以 $z=0$ 点为圆心的单位圆 $|z|<1$ 内解析, 可以展开为 Taylor 级数. 第八章中已经求出了两个线性无关的特解, 它们是

$$w_1(z) = \sum_{n=0}^{\infty} \frac{2^{2n}}{(2n)!} \left(-\frac{\nu}{2}\right)_n \left(\frac{\nu+1}{2}\right)_n z^{2n}, \tag{16.9a}$$

$$w_2(z) = \sum_{n=0}^{\infty} \frac{2^{2n}}{(2n+1)!} \left(-\frac{\nu-1}{2}\right)_n \left(1+\frac{\nu}{2}\right)_n z^{2n+1}, \tag{16.9b}$$

其中 $\nu(\nu+1) = \lambda$,

$$(\alpha)_n = \frac{\Gamma(\alpha+n)}{\Gamma(\alpha)}. \tag{16.10}$$

根据 Γ 函数的 Stirling 公式 (见第七章 (7.14) 式) 可以估计, 当 n 足够大时,

$$c_{2n} = \frac{2^{2n}}{(2n)!} \left(-\frac{\nu}{2}\right)_n \left(\frac{\nu+1}{2}\right)_n \sim -\frac{1}{\sqrt{\pi}} \frac{\Gamma(1+\nu/2)}{\Gamma((1+\nu)/2)} \sin\frac{\pi\nu}{2} \times \frac{1}{n},$$

$$c_{2n+1} = \frac{2^{2n}}{(2n+1)!} \left(-\frac{\nu-1}{2}\right)_n \left(1+\frac{\nu}{2}\right)_n \sim \frac{1}{2\sqrt{\pi}} \frac{\Gamma((1+\nu)/2)}{\Gamma(1+\nu/2)} \cos\frac{\pi\nu}{2} \times \frac{1}{n+1/2}.$$

这说明, $w_1(z)$ 与 $w_2(z)$ 在 $z=\pm 1$ 均对数发散,

$$w_1(z) \sim -\frac{1}{\sqrt{\pi}} \frac{\Gamma(1+\nu/2)}{\Gamma((1+\nu)/2)} \sin\frac{\pi\nu}{2} \ln\frac{1}{1-z^2},$$

$$w_2(z) \sim \pm\frac{1}{2\sqrt{\pi}} \frac{\Gamma((1+\nu)/2)}{\Gamma(1+\nu/2)} \cos\frac{\pi\nu}{2} \ln\frac{1+z}{1-z}.$$

可以把它们延拓到由 $z=1$ 向左沿实轴到 ∞ 割开的复平面上. 分支点为 $z=\pm 1$ 和 ∞.

还可以在正则奇点的邻域内求解 Legendre 方程. 由于 Legendre 方程是一个特殊的超几何方程 (都是有 3 个奇点, 并且都是正则奇点), 所以可以方便地表示为 Riemann P- 方程 (见 §8.4):

$$w(z) = P \begin{Bmatrix} 1 & -1 & \infty \\ 0 & 0 & \nu+1; & z \\ 0 & 0 & -\nu \end{Bmatrix} = P \begin{Bmatrix} 0 & 1 & \infty \\ 0 & 0 & \nu+1; & \frac{1-z}{2} \\ 0 & 0 & -\nu \end{Bmatrix}. \tag{16.11}$$

这里用到了 P-符号的变换公式 (8.37). 在 $z=1$ 点, $\rho_1 = \rho_2 = 0$. 这说明 Legendre 方程在 $z=1$ 点邻域内的第一解实际上是在圆域 $|z-1|<2$ 内解析的,

$$P_\nu(z) = F\left(-\nu, 1+\nu; 1; \frac{1-z}{2}\right) = \sum_{n=0}^{\infty} \frac{1}{(n!)^2} \frac{\Gamma(n-\nu)\Gamma(n+\nu+1)}{\Gamma(-\nu)\Gamma(\nu+1)} \left(\frac{1-z}{2}\right)^n$$

$$= \sum_{n=0}^{\infty} \frac{1}{(n!)^2} \frac{\Gamma(\nu+n+1)}{\Gamma(\nu-n+1)} \left(\frac{z-1}{2}\right)^n, \quad |z-1|<2, \tag{16.12}$$

称为 ν 次第一类 Legendre 函数. 同时, 第二解则一定含有对数函数项, 通常取为

$$Q_\nu(z) = \frac{\pi}{2} \frac{e^{-i\nu\pi \operatorname{Im} z} P_\nu(z) - P_\nu(-z)}{\sin \nu\pi} \tag{16.13a}$$

$$= P_\nu(z) \left[\frac{1}{2} \ln \frac{z+1}{z-1} - \gamma - \psi(\nu+1)\right]$$

$$+ \sum_{n=0}^{\infty} \frac{1}{(n!)^2} \frac{\Gamma(\nu+n+1)}{\Gamma(\nu-n+1)} [\psi(n+1) - \psi(1)] \left(\frac{z-1}{2}\right)^n, \tag{16.13b}$$

称为 ν 次第二类 Legendre 函数, 其中 γ 是 Euler 常数, $\psi(z)$ 是 Γ 函数的对数微商. $Q_\nu(z)$ 是多值函数, 分支点为 $z = \pm 1$, 沿实轴连接 $z = \pm 1$ 作割线, 在割线上、下岸 $Q_\nu(z)$ 值不相等. 对于实用中恰恰要用到的区间 $-1 < x < 1$ 内的实数 x (即 $0 < \theta < \pi$), 则约定

$$Q_\nu(x) = \frac{1}{2}\left[Q_\nu(x+i0) + Q_\nu(x-i0)\right].$$

也可以类似地求出 Legendre 方程在 $z = -1$ 或 $z = \infty$ 邻域内的解. 这里从略, 读者可参阅参考书目 [13, 14].

§16.3　Legendre 多项式

首先看一个球形区域内 $x^2 + y^2 + z^2 < a^2$ 的 Laplace 方程边值问题

$$\nabla^2 u = 0, \tag{16.14a}$$

$$u\big|_\Sigma = f(\Sigma), \tag{16.14b}$$

其中 Σ 代表球面 $x^2 + y^2 + z^2 = a^2$ 上的变点. 考虑到空间区域的具体形状, 自然采用球坐标系来求解这个定解问题, 并且把球坐标架的坐标原点放置在球心. 如果边界条件具有绕某一个通过球心的固定轴旋转不变的对称性, 那么, 也就应当把这个对称轴的方向取为极轴的方向. 这样选定了坐标系后, 所要求的未知函数 u 就与 ϕ 无关, $u = u(r, \theta)$.

利用第十四章中得到的 Laplace 算符在球坐标系下的表达式 (14.50), 容易写出定解问题 (16.14) 在球坐标系下的具体形式. 但需要注意, 这时 Laplace 方程在 $\theta = 0$ 和 $\theta = \pi$ 方向上以及在坐标原点 $r = 0$ 均不成立. 因此, 当把 Laplace 方程从直角坐标系改写到球坐标系时, 为了保持整个定解问题的等价性, 就还要补偿上 $u(r, \theta)$ 在 $\theta = 0$ 和 $\theta = \pi$ 方向上以及在坐标原点 $r = 0$ 处的有界条件. 换言之, 定解问题 (16.14) 在球坐标系下的完整表达形式应该是

$$\frac{1}{r^2}\frac{\partial}{\partial r}\left(r^2\frac{\partial u}{\partial r}\right) + \frac{1}{r^2 \sin\theta}\frac{\partial}{\partial \theta}\left(\sin\theta \frac{\partial u}{\partial \theta}\right) = 0, \tag{16.15a}$$

$$u\big|_{\theta=0} \text{ 有界}, \quad u\big|_{\theta=\pi} \text{ 有界}, \tag{16.15b}$$

$$u\big|_{r=0} \text{ 有界}, \quad u\big|_{r=a} = f(\theta). \tag{16.15c}$$

令

$$u(r,\theta) = R(r)\Theta(\theta), \tag{16.16}$$

代入方程 (16.15a) 和有界条件 (16.15b), 就能够分离变量而得到

$$\frac{1}{\sin\theta}\frac{\mathrm{d}}{\mathrm{d}\theta}\left[\sin\theta\frac{\mathrm{d}\Theta(\theta)}{\mathrm{d}\theta}\right]+\lambda\Theta(\theta)=0, \qquad (16.17a)$$

$$\Theta(0) \text{ 有界}, \qquad \Theta(\pi) \text{ 有界} \qquad (16.17b)$$

和

$$\frac{\mathrm{d}}{\mathrm{d}r}\left[r^2\frac{\mathrm{d}R(r)}{\mathrm{d}r}\right]-\lambda R(r)=0, \qquad (16.18)$$

其中 λ 是待定常数. Legendre 方程 (16.17a) 配上有界条件 (16.17b), 就构成本征值问题. 通常总要做变换 $x=\cos\theta$, $y(x)=\Theta(\theta)$, 并将参数 λ 写成 $\nu(\nu+1)$, 这样本征值问题 (16.17) 就变为

$$\frac{\mathrm{d}}{\mathrm{d}x}\left[(1-x^2)\frac{\mathrm{d}y}{\mathrm{d}x}\right]+\nu(\nu+1)y=0, \qquad (16.19a)$$

$$y(\pm 1) \text{ 有界}. \qquad (16.19b)$$

练习 16.1 证明: 若本征值问题 (16.19) 有 (非零) 解的话, 其本征值 $\nu(\nu+1)$ 一定为非负实数.

为了求解本征值问题 (16.19), 我们可以从 Legendre 方程在 $x=1$ 点邻域内的两个线性无关解 $\mathrm{P}_\nu(x)$ 和 $\mathrm{Q}_\nu(x)$ 出发. 这时, Legendre 方程的通解是

$$y(x)=c_1\mathrm{P}_\nu(x)+c_2\mathrm{Q}_\nu(x), \qquad (16.20)$$

$\mathrm{P}_\nu(x)$ 在 $x=1$ 点解析, 因而有界, 而 $\mathrm{Q}_\nu(x)$ 在 $x=1$ 点对数发散. 由于要求解在 $x=1$ 有界, 故必有 $c_2=0$. 不妨取 $c_1=1$. 再进一步, 当 $x\to -1$ 时, $\mathrm{P}_\nu(x)$ 的数值为

$$\mathrm{P}_\nu(x)=\sum_{n=0}^{\infty}\frac{1}{(n!)^2}\frac{\Gamma(\nu+n+1)}{\Gamma(\nu-n+1)}\left(\frac{x-1}{2}\right)^n=-\frac{\sin\nu\pi}{\pi}\sum_{n=0}^{\infty}\frac{\Gamma(n+\nu+1)\Gamma(n-\nu)}{(n!)^2}\left(\frac{1-x}{2}\right)^n.$$

根据 Γ 函数的 Stirling 公式, 可以估计出, 当 n 足够大时,

$$\frac{\Gamma(n+\nu+1)\Gamma(n-\nu)}{(n!)^2}\sim\frac{1}{n},$$

因此, 对于一般的 ν 值, 或者说, 只要 $\mathrm{P}_\nu(x)$ 是无穷级数, 它就一定在 $x=-1$ 对数发散,

$$\mathrm{P}_\nu(x)\sim-\frac{\sin\nu\pi}{\pi}\ln\frac{2}{1+x}.$$

要使得本征值问题 (16.19) 有 (非零) 解, 唯一可能就必须要求 $\mathrm{P}_\nu(x)$ 不是无穷级数, 即截断为多项式. 从 $\mathrm{P}_\nu(x)$ 的级数表达式 (16.12) 式来看, 这只能发生在 ν 为自然数时. 所以, 本征值问题 (16.19) 的解就是

本 征 值 $\qquad \lambda_l=l(l+1), \qquad l=0,1,2,3,\cdots,\qquad (16.21a)$

本征函数 $\qquad y_l(x)=\mathrm{P}_l(x). \qquad (16.21b)$

回到本征值问题 (16.17),它的解就是

$$\text{本征值} \qquad \lambda_l = l(l+1), \qquad l = 0, 1, 2, 3, \cdots, \tag{16.21a'}$$

$$\text{本征函数} \qquad \Theta_l(\theta) = \mathrm{P}_l(\cos\theta). \tag{16.21b'}$$

$\mathrm{P}_l(x)$ 是一个 l 次多项式,称为 l **次 Legendre 多项式**,

$$\mathrm{P}_l(x) = \sum_{n=0}^{l} \frac{1}{(n!)^2} \frac{(l+n)!}{(l-n)!} \left(\frac{x-1}{2}\right)^n. \tag{16.22}$$

它是作为本征值问题 (16.19) 的解 (Legendre 方程在有界条件下的本征函数) 出现的. 下面列出最低的几个 Legendre 多项式的表达式 (图形见图 16.1):

$$\begin{aligned}
&\mathrm{P}_0(x) = 1, &&\mathrm{P}_1(x) = x, \\
&\mathrm{P}_2(x) = \frac{1}{2}\left(3x^2 - 1\right), &&\mathrm{P}_3(x) = \frac{1}{2}\left(5x^3 - 3x\right), \\
&\mathrm{P}_4(x) = \frac{1}{8}\left(35x^4 - 30x^2 + 3\right), &&\mathrm{P}_5(x) = \frac{1}{8}\left(63x^5 - 70x^3 + 15x\right).
\end{aligned} \tag{16.23}$$

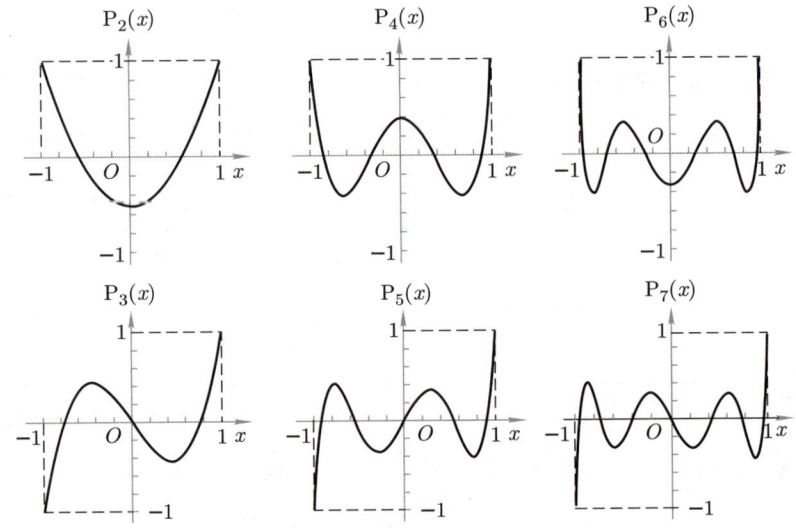

图 16.1　Legendre 多项式

由 (16.22) 式,还能立即得到 Legendre 多项式在 $x = 1$ 点的数值:

$$\mathrm{P}_l(1) = 1. \tag{16.24}$$

练习 16.2　求 $\mathrm{P}'_l(1)$ 和 $\mathrm{P}''_l(1)$ 之值.

练习 16.3　证明: Legendre 多项式的零点均为一阶零点.

最后说明一下,完整地求解定解问题 (16.15),就还要解常微分方程 (16.18),求出满足线性齐次偏微分方程 (16.15a) 和线性齐次边界条件 (16.15b) 的特解,再由全部特解叠加出一般解,而后利用边界条件 (16.15c) 定出叠加系数. 本节的目的只在于引进 Legendre 多项式. 下面几节将先研究 Legendre 多项式的一些基本性质,然后在 §16.7 集中讨论 Legendre 多项式在分离变量法中的应用,讨论有关偏微分方程定解问题的求解问题.

§16.4　Legendre 多项式的微分表示

回顾在第八章的例 8.3 中, 我们曾经求解过常微分方程

$$(1-x^2)\frac{\mathrm{d}^2 w}{\mathrm{d}x^2} + 2(l-1)x\frac{\mathrm{d}w}{\mathrm{d}x} + 2lw = 0,$$

它的两个线性无关解是

$$w_1(x) = A(x^2-1)^l \quad \text{和} \quad w_2(x) = B(x^2-1)^l \int^x \frac{\mathrm{d}x}{(x^2-1)^{l+1}}.$$

将这个微分方程求导 l 次, 就得到 l 阶 Legendre 方程. 因此, 不难理解, Legendre 方程的解就可以表示为

$$A\frac{\mathrm{d}^l}{\mathrm{d}x^l}(x^2-1)^l \quad \text{和} \quad B\frac{\mathrm{d}^l}{\mathrm{d}x^l}\left[(x^2-1)^l \int^x \frac{\mathrm{d}x}{(x^2-1)^{l+1}}\right].$$

前者在 $x=\pm 1$ 均解析, 后者由于将被积函数在 $x=\pm 1$ 作幂级数展开, 一定含有 $(x\mp 1)^{-1}$, 积分后即会出现 $\ln(x\mp 1)$, 所以在 $x=\pm 1$ 点对数发散. 因此, 适当选择常数 A, 前者就给出 Legendre 多项式的微分表示, 而后者也正好就是第二类 Legendre 函数的微分表示.

比较 $\dfrac{\mathrm{d}^l}{\mathrm{d}x^l}(x^2-1)^l$ 和 Legendre 多项式 $\mathrm{P}_l(x)$ 的最高次幂 x^l 项的系数, 或者计算二者在 $x=1$ 点的数值, 即可定出系数 A, 从而就得到 Legendre 多项式的微分表示 (亦称 **Rodrigues 公式**)

$$\mathrm{P}_l(x) = \frac{1}{2^l l!}\frac{\mathrm{d}^l}{\mathrm{d}x^l}(x^2-1)^l. \tag{16.25}$$

此式也可以通过计算

$$(x^2-1)^l = (x-1)^l[2+(x-1)]^l = \sum_{n=0}^{l}\frac{l!}{n!(l-n)!}2^{l-n}(x-1)^{l+n},$$

从而得到 (16.22) 式

$$\frac{1}{2^l l!}\frac{\mathrm{d}^l}{\mathrm{d}x^l}(x^2-1)^l = \frac{\mathrm{d}^l}{\mathrm{d}x^l}\sum_{n=0}^{l}\frac{1}{n!(l-n)!}2^{-n}(x-1)^{l+n}$$

$$= \sum_{n=0}^{l}\frac{1}{n!(l-n)!}\frac{(l+n)!}{n!}\left(\frac{x-1}{2}\right)^n$$

而加以证明.

从 Legendre 多项式的微分表示, 立即可以看出 Legendre 多项式的奇偶性:

$$\mathrm{P}_l(-x) = (-)^l\mathrm{P}_l(x). \tag{16.26}$$

再结合 $\mathrm{P}_l(1) = 1$, 又可以得到

$$\mathrm{P}_l(-1) = (-1)^l. \tag{16.27}$$

练习 16.4 求 $P_l'(-1)$ 和 $P_l''(-1)$ 之值.

从 Legendre 多项式的微分表示还可以导出 Legendre 多项式的另一个显明表达式. 为此, 可将 $(x^2-1)^l$ 展开, 然后微商,

$$\frac{\mathrm{d}^l}{\mathrm{d}x^l}(x^2-1)^l = \frac{\mathrm{d}^l}{\mathrm{d}x^l}\sum_{r=0}^{l}(-)^r\frac{l!}{r!(l-r)!}x^{2l-2r}.$$

由于微商 l 次后, 多项式的次数要降低 l 次, 所以

$$P_l(x) = \sum_{r=0}^{[l/2]}(-)^r\frac{(2l-2r)!}{2^l\,r!(l-r)!(l-2r)!}x^{l-2r}. \tag{16.28}$$

从这个表达式容易求出 Legendre 多项式在 $x=0$ 点的数值:

$$P_{2l}(0) = (-)^l\frac{(2l)!}{2^{2l}\,l!\,l!}, \qquad P_{2l+1}(0) = 0. \tag{16.29}$$

练习 16.5 求 $P_{2l}'(0)$ 和 $P_{2l+1}'(0)$ 之值.

从 Legendre 多项式的微分表示, 还可以得到许多有意义的结果. 例如, 把 Legendre 多项式的微分表示和 Rolle 引理结合起来, 就能证明 l 次 Legendre 多项式的 l 个零点一定都是实数, 并且位于区间 $(-1,1)$ 内.

Legendre 多项式的微分表示的用途之一是计算某些含 Legendre 多项式的积分.

例 16.1 计算积分 $\displaystyle\int_{-1}^{1}x^k P_l(x)\,\mathrm{d}x$, k,l 均为自然数.

解 从被积函数的奇偶性可以判断,

$$\int_{-1}^{1}x^k P_l(x)\,\mathrm{d}x = 0, \qquad 当\ k\pm l = 奇数. \tag{16.30}$$

当 $k\pm l$ 为偶数时, 可将 $P_l(x)$ 用它的微分表示代入, 分部积分, 就有

$$\int_{-1}^{1}x^k P_l(x)\,\mathrm{d}x = \frac{1}{2^l\,l!}\int_{-1}^{1}(-)^1\left(\frac{\mathrm{d}x^k}{\mathrm{d}x}\right)\frac{\mathrm{d}^{l-1}}{\mathrm{d}x^{l-1}}(x^2-1)^l\,\mathrm{d}x.$$

重复分部积分 l 次后, 结果就变为

$$\int_{-1}^{1}x^k P_l(x)\,\mathrm{d}x = \frac{1}{2^l\,l!}\int_{-1}^{1}(-)^l\left(\frac{\mathrm{d}^l x^k}{\mathrm{d}x^l}\right)(x^2-1)^l\,\mathrm{d}x.$$

这时有两种可能, 一种是 $k<l$, 函数 x^k 微商 l 次一定为 0, 于是

$$\int_{-1}^{1}x^k P_l(x)\,\mathrm{d}x = 0, \qquad 当\ k<l. \tag{16.31}$$

另一种可能是 $k\geqslant l$, 不妨令 $k=l+2n$, 于是

$$\int_{-1}^{1}x^{l+2n}P_l(x)\,\mathrm{d}x = \frac{1}{2^l\,l!}\int_{-1}^{1}(-)^l\frac{\mathrm{d}^l x^{l+2n}}{\mathrm{d}x^l}(x^2-1)^l\,\mathrm{d}x$$

$$= \frac{1}{2^l\,l!}\frac{(l+2n)!}{(2n)!}\int_{-1}^{1}x^{2n}(1-x^2)^l\,\mathrm{d}x.$$

做变换 $x^2 = t$, 并利用 B 函数就可以算出积分

$$\int_{-1}^{1} x^{l+2n} P_l(x) \, dx = \frac{1}{2^l \, l!} \frac{(l+2n)!}{(2n)!} \int_0^1 t^{n-1/2} (1-t)^l \, dt$$

$$= \frac{1}{2^l \, l!} \frac{(l+2n)!}{(2n)!} B(n+1/2, l+1) = 2^{l+1} \frac{(l+2n)!\,(l+n)!}{n!\,(2l+2n+1)!}. \tag{16.32}$$

特别是 $k = l$, 即 $n = 0$ 时,

$$\int_{-1}^{1} x^l P_l(x) \, dx = \frac{l!}{2^l} \frac{\sqrt{\pi}}{\Gamma(l+3/2)} = 2^{l+1} \frac{l!\,l!}{(2l+1)!}. \tag{16.33}$$

值得强调, 上面的 (16.30) 和 (16.31) 两式说明, 只要 $k < l$, 不论 $k \pm l$ 是奇数或偶数, 积分 $\int_{-1}^{1} x^k P_l(x) \, dx$ 都一定为 0.

练习 16.6 设 $f_k(x)$ 是任意一个 k 次多项式, 证明

$$\int_{-1}^{1} f_k(x) P_l(x) \, dx = 0, \quad \text{当 } k < l.$$

§16.5 Legendre 多项式的正交完备性

Legendre 方程在有界条件下的本征值问题 (16.19), 属于奇异的 Sturm-Liouville 方程的本征值问题, 既然已经求得了此本征值问题的解, 那么作为本征函数, Legendre 多项式就一定具有正交完备性. 例如, 从本征值问题 (16.19) 出发, 可以证明:

$$\int_{-1}^{1} P_l(x) P_k(x) \, dx = 0, \quad k \neq l, \tag{16.34}$$

即不同次数的 Legendre 多项式在区间 $[-1, 1]$ 上正交. 作为练习, 请读者补足这个证明.

另一种方法是直接应用 (16.30)、(16.31) 和 (16.33) 诸式的结果. 当 $k \neq l$ 时, 不妨假设 $k < l$. 于是 $P_k(x)$ 作为 k 次多项式, 它的每一项乘以 $P_l(x)$ 的积分都是 0, 所以就证明了不同次数的 Legendre 多项式在区间 $[-1, 1]$ 上正交, 即 (16.34) 式.

再讨论 $k = l$ 的情形. 这时仍然写出一个 $P_l(x)$ 的各项, 然后逐项积分,

$$\int_{-1}^{1} P_l(x) P_l(x) \, dx = \int_{-1}^{1} \left(c_l x^l + c_{l-2} x^{l-2} + c_{l-4} x^{l-4} + \cdots \right) P_l(x) \, dx.$$

除了第一项和 l 次 Legendre 多项式的乘积的积分不为 0 外, 其余各项和 l 次 Legendre 多项式的乘积的积分均为 0. 于是, 就有

$$\int_{-1}^{1} P_l(x) P_l(x) \, dx = c_l \int_{-1}^{1} x^l P_l(x) \, dx = c_l \times 2^{l+1} \frac{l!\,l!}{(2l+1)!},$$

c_l 是 l 次 Legendre 多项式中 x^l 项的系数. 由 (16.28) 式可得出 $c_l = (2l)!/2^l(l!)^2$, 所以

$$\int_{-1}^{1} P_l(x) P_l(x) \, dx = \frac{2}{2l+1}. \tag{16.35}$$

把 (16.34) 式和 (16.35) 式合并起来，还可以写成

$$\int_{-1}^{1} P_k(x) P_l(x) \, dx = \frac{2}{2l+1} \delta_{kl}. \tag{16.36}$$

以上关于 Legendre 多项式正交性的讨论和模方的计算都是以 x 为自变量表述的。也可以通过变换 $x = \cos\theta$ 变回到以 θ 为自变量。例如 (16.36) 式就变为

$$\int_{0}^{\pi} P_k(\cos\theta) P_l(\cos\theta) \sin\theta \, d\theta = \frac{2}{2l+1} \delta_{kl}. \tag{16.36'}$$

这就是说，k 次 Legendre 多项式 $P_k(\cos\theta)$ 和 l 次 Legendre 多项式 $P_l(\cos\theta)$ 在区间 $[0, \pi]$ 上以权函数 $\sin\theta$ 正交。这里的权函数 $\sin\theta$ 正好就是微分方程

$$\frac{d}{d\theta}\left(\sin\theta \frac{d\Theta}{d\theta}\right) + \lambda \sin\theta \, \Theta = 0$$

中本征值 λ 后的函数 $\sin\theta$。

关于 Legendre 多项式的完备性，可以表述为：任意一个在区间 $[-1, 1]$ 中分段连续的函数 $f(x)$（在平均收敛的意义下）可以展开为级数

$$f(x) = \sum_{l=0}^{\infty} c_l P_l(x), \tag{16.37}$$

其中的展开系数 c_l 可以根据 Legendre 多项式的正交性求得:

$$c_l = \frac{2l+1}{2} \int_{-1}^{1} f(x) P_l(x) \, dx. \tag{16.38}$$

也可以改用以 θ 为自变量表述：任意一个在 $0 \leqslant \theta \leqslant \pi$ 中分段连续的函数 $f(\theta)$，可以按 Legendre 多项式 $P_l(\cos\theta)$ 展开：

$$f(\theta) = \sum_{l=0}^{\infty} c_l P_l(\cos\theta), \tag{16.39}$$

展开系数为

$$c_l = \frac{2l+1}{2} \int_{0}^{\pi} f(\theta) P_l(\cos\theta) \sin\theta \, d\theta. \tag{16.40}$$

例 16.2 将函数 $f(x) = x^3$ 按 Legendre 多项式展开。

解 设 $x^3 = \sum_{l=0}^{\infty} c_l P_l(x)$，则

$$c_l = \frac{2l+1}{2} \int_{-1}^{1} x^3 P_l(x) \, dx.$$

根据上面的讨论，可以判断，除 c_1 和 c_3 外，其余的 c_l 均为 0，

$$x^3 = c_1 P_1(x) + c_3 P_3(x). \tag{16.41}$$

利用 (16.32) 式的结果, 可以求得展开系数 c_1 和 c_3 分别为

$$c_1 = \frac{3}{2}\int_{-1}^{1} x^4 \mathrm{d}x = \frac{3}{5}, \qquad c_3 = \frac{7}{2}\int_{-1}^{1} x^3 \mathrm{P}_3(x) \,\mathrm{d}x = \frac{2}{5}.$$

最后的结果就是

$$x^3 = \frac{3}{5}\mathrm{P}_1(x) + \frac{2}{5}\mathrm{P}_3(x). \tag{16.42}$$

将 $f(x) = x^3$ 按 Legendre 多项式展开, 还有更简单的方法: 我们只要写出 $\mathrm{P}_3(x)$ 的表达式

$$\mathrm{P}_3(x) = \frac{5}{2}x^3 - \frac{3}{2}x,$$

并且将右端第二项中的 x 改写为 $\mathrm{P}_1(x)$, 重新整理, 就能得到 (16.42) 式. 从 Legendre 多项式的正交完备性出发, 不难导出函数按照 Legendre 多项式展开的唯一性, 从而也就能确认这种做法的正确性.

更一般地说, 将 x^k 按 Legendre 多项式展开, $x^k = \sum_{l=0}^{\infty} c_l \mathrm{P}_l(x)$, 从 (16.31) 式可以看出, 当 $l > k$ 时, c_l 一定为 0. 换一个角度看: 仿照上面的做法, 根据 $\mathrm{P}_k(x)$ 的表达式, 总可以将 x^k 写为 $\mathrm{P}_k(x)$ 以及 $x^{k-2}, x^{k-4}, x^{k-6}, \cdots$ 的线性组合. 重复这样的做法, 再将 x^{k-2} 写为 $\mathrm{P}_{k-2}(x)$ 以及 $x^{k-4}, x^{k-6}, x^{k-8}, \cdots$ 的线性组合. 如此继续, 最后我们总能将 x^k 表示为 $\mathrm{P}_l(x)$, $l \leqslant k$ 的线性组合. 这个结论, 既可以从幂级数展开的唯一性的角度加以确认, 也可以从按 Legendre 多项式展开的唯一性的角度加以确认. 这一思想, 还可以应用到函数按其他正交多项式的展开中.

例 16.3 计算积分 $\int_0^1 x^\alpha \mathrm{P}_l(x) \,\mathrm{d}x$, $\alpha > -1$.

解 本积分与例 16.2 不同, 表现在: (1) α 可以不是整数, (2) 积分区间为 $[0, 1]$, 因此, 需要调整一下计算方法. 但是, 令人意外的是, 只凭简单的计算与推理, 就能计算出这个积分值.

我们首先注意到 $\mathrm{P}_l(x)$ 是 l 次多项式, 并且只含偶次幂或奇次幂,

$$\mathrm{P}_l(x) = a_0 x^l + a_1 x^{l-2} + a_2 x^{l-4} + \cdots,$$

共有 $[l/2]+1$ 项, 所以, 逐项积分, 就一定有

$$\int_0^1 x^\alpha \mathrm{P}_l(x) \,\mathrm{d}x = \frac{a_0}{\alpha+l+1} + \frac{a_1}{\alpha+l-1} + \frac{a_2}{\alpha+l-3} + \cdots$$

$$= \frac{f(\alpha)}{(\alpha+l+1)(\alpha+l-1)(\alpha+l-3)\cdots},$$

其中的分母是 α 的 $[l/2]+1$ 次多项式, 分子 $f(\alpha)$ 是 α 的 $[l/2]$ 次多项式. 但因为 $\mathrm{P}_l(1) = a_0 + a_1 + a_2 + \cdots = 1$, 故 $f(\alpha)$ 的最高次幂项的系数必为 1. 再注意当 $\alpha = l-2, l-4, \cdots$ 时,

$$\int_0^1 x^\alpha \mathrm{P}_l(x) \,\mathrm{d}x = \frac{1}{2}\int_{-1}^{1} x^\alpha \mathrm{P}_l(x) \,\mathrm{d}x = 0,$$

因此 $f(\alpha)$ 作为 α 的多项式, 就一定含有 $(\alpha - l + 2), (\alpha - l + 4), \cdots$ 等因子, 即

$$f(\alpha) = (\alpha - l + 2)(\alpha - l + 4)\cdots,$$

连乘积中正好有 $[l/2]$ 个因子，最后一项为 α 或 $\alpha-1$，视 l 为偶数或奇数而定. 所以即得

$$\int_0^1 x^\alpha \mathrm{P}_{2l}(x)\,\mathrm{d}x = \frac{(\alpha-2l+2)(\alpha-2l+4)\cdots\alpha}{(\alpha+2l+1)(\alpha+2l-1)\cdots(\alpha+1)}, \tag{16.43a}$$

$$\int_0^1 x^\alpha \mathrm{P}_{2l+1}(x)\,\mathrm{d}x = \frac{(\alpha-2l+1)(\alpha-2l+3)\cdots(\alpha-1)}{(\alpha+2l+2)(\alpha+2l)\cdots(\alpha+2)}. \tag{16.43b}$$

§16.6 Legendre 多项式的生成函数

Legendre 多项式是首先在势论的研究中引进的. 设在极轴方向 ($\theta=0$) 上距原点 r 处有一个单位点电荷，此点电荷在 (r',θ,ϕ) 点的电势（显然与 ϕ 无关）即为（略去因子 $1/4\pi\varepsilon_0$）

$$\frac{1}{\sqrt{r^2+r'^2-2rr'\cos\theta}} = \begin{cases} \dfrac{1}{r}\dfrac{1}{\sqrt{1-2xt+t^2}}, & t=\dfrac{r'}{r}, \\ \dfrac{1}{r'}\dfrac{1}{\sqrt{1-2xt+t^2}}, & t=\dfrac{r}{r'}, \end{cases}$$

其中 $x=\cos\theta$. 多值函数 $1/\sqrt{1-2xt+t^2}$ 的分支点是 $x\pm\sqrt{x^2-1}=\mathrm{e}^{\pm i\theta}$，连接两个分支点作割线，并规定单值分支为

$$\left.\frac{1}{\sqrt{1-2xt+t^2}}\right|_{t=0} = 1.$$

在这样的规定下，只要割线位于单位圆外，则 $1/\sqrt{1-2xt+t^2}$ 在 $t=0$ 点的邻域内解析，因而可作 Taylor 展开. 下面证明展开系数就是 Legendre 多项式 $\mathrm{P}_l(x)$，即

$$\frac{1}{\sqrt{1-2xt+t^2}} = \sum_{l=0}^\infty \mathrm{P}_l(x)\,t^l, \qquad |t|<1. \tag{16.44}$$

$1/\sqrt{1-2xt+t^2}$ 即称为 Legendre 多项式的**生成函数**. 由于两个分支点都位于单位圆周上，所以 (16.44) 式的收敛范围不会超出单位圆 $|t|<1$.

证 直接将函数 $1/\sqrt{1-2xt+t^2}$ 在 $t=0$ 点作 Taylor 展开

$$\begin{aligned}
\frac{1}{\sqrt{1-2xt+t^2}} &= \frac{1}{\sqrt{1-2t+t^2-2(x-1)t}} = \frac{1}{1-t}\left[1-\frac{2(x-1)t}{(1-t)^2}\right]^{-1/2} \\
&= \frac{1}{1-t}\sum_{k=0}^\infty \frac{1}{k!}\left(-\frac{1}{2}\right)\left(-\frac{3}{2}\right)\cdots\left(\frac{1}{2}-k\right)\left[-\frac{2(x-1)t}{(1-t)^2}\right]^k \\
&= \sum_{k=0}^\infty \frac{(2k-1)!!}{k!}(x-1)^k t^k (1-t)^{-(2k+1)} \\
&= \sum_{k=0}^\infty \frac{(2k-1)!!}{k!}(x-1)^k t^k \sum_{n=0}^\infty \frac{(2k+n)!}{n!\,(2k)!}t^n \\
&= \sum_{l=0}^\infty \left[\sum_{k=0}^l \frac{(l+k)!}{k!\,k!\,(l-k)!}\left(\frac{x-1}{2}\right)^k\right]t^l.
\end{aligned}$$

对照 (16.22) 式就可以看出,展开系数正是 l 次 Legendre 多项式. 这样就证明了 (16.44) 式.
□

利用 Legendre 多项式的生成函数,可以得到许多有用的结果. 例如, 在 (16.44) 式中令 $x = 1$,

$$\frac{1}{\sqrt{1-2t+t^2}} = \frac{1}{1-t} = \sum_{l=0}^{\infty} t^l = \sum_{l=0}^{\infty} P_l(1) t^l,$$

就可以证得 $P_l(1) = 1$.

又如, 根据

$$\frac{1}{\sqrt{1-2xt+t^2}} = \frac{1}{\sqrt{1-2(-x)(-t)+(-t)^2}},$$

亦即

$$\sum_{l=0}^{\infty} P_l(x) t^l = \sum_{l=0}^{\infty} P_l(-x) (-t)^l,$$

也可以证明 Legendre 多项式的奇偶性 $P_l(-x) = (-)^l P_l(x)$.

利用 Legendre 多项式的生成函数, 也可以得到一些展开式 (或计算某些积分). 例如,

$$\frac{1}{\sqrt{\cosh\xi - \cos\theta}} = \frac{\sqrt{2}e^{-\xi/2}}{\sqrt{1-2e^{-\xi}\cos\theta + e^{-2\xi}}} = \sqrt{2} e^{-\xi/2} \sum_{l=0}^{\infty} P_l(\cos\theta) e^{-l\xi}, \qquad \xi > 0.$$

相应地, 可以计算积分

$$\int_{-1}^{1} \frac{P_l(x)}{\sqrt{\cosh\xi - x}} dx = \frac{2\sqrt{2}}{2l+1} e^{-(l+1/2)\xi}, \qquad \xi > 0.$$

从 Legendre 多项式的生成函数出发, 还可以证明 Legendre 多项式的正交性, 并计算 Legendre 多项式的模方. 读者可参阅 H. Sagan, *Boundary and eigenvalue problems in mathematical physics*, John Wiley & Sons, Inc., New York, 1961.

§16.7　Legendre 多项式的递推关系

从 Legendre 多项式的生成函数展开式 (16.44) 出发, 容易导出邻次 Legendre 多项式之间的关系, 即 Legendre 多项式的递推关系.

首先, 将 (16.44) 式两端对 t 微商, 有

$$\frac{x-t}{(1-2xt+t^2)^{3/2}} = \sum_{k=0}^{\infty} k P_k(x) t^{k-1},$$

即

$$(x-t) \sum_{k=0}^{\infty} P_k(x) t^k = (1-2xt+t^2) \sum_{k=0}^{\infty} k P_k(x) t^{k-1}.$$

比较等式两端 t^l 项的系数, 整理即得

$$(2l+1)x P_l(x) = (l+1) P_{l+1}(x) + l P_{l-1}(x). \tag{16.45}$$

这就得到了 Legendre 多项式的一个递推关系, 涉及三个邻次 Legendre 多项式.

如果将 (16.44) 式对 x 求导, 又能得到

$$\frac{t}{(1-2xt+t^2)^{3/2}} = \sum_{k=0}^{\infty} P'_k(x) t^k,$$

即

$$t\sum_{k=0}^{\infty} P_k(x) t^k = (1-2xt+t^2) \sum_{k=0}^{\infty} P'_k(x) t^k.$$

比较 t^{l+1} 项的系数, 得

$$P_l(x) = P'_{l+1}(x) - 2xP'_l(x) + P'_{l-1}(x). \tag{16.46}$$

这个递推关系中, 出现的是三个邻次 Legendre 多项式及其导数.

把 (16.45) 式对 x 求导, 还可以得到

$$(2l+1)P_l(x) + (2l+1)xP'_l(x) = (l+1)P'_{l+1}(x) + lP'_{l-1}(x).$$

和 (16.46) 式联立, 消去 $P'_{l-1}(x)$ 或 $P'_{l+1}(x)$, 又可以得到

$$P'_{l+1}(x) = xP'_l(x) + (l+1)P_l(x), \tag{16.47}$$

$$P'_{l-1}(x) = xP'_l(x) - lP_l(x). \tag{16.48}$$

这两个递推关系, 则是把 $P'_{l\pm 1}(x)$ 用 $P_l(x)$ 及其导数表示出来.

把这些递推关系重新组合, 还能给出其他形式的递推关系. 例如, 将 (16.41)、(16.42) 两式相减, 消去 $P'_l(x)$, 就得到

$$P'_{l+1}(x) - P'_{l-1}(x) = (2l+1)P_l(x). \tag{16.49}$$

递推关系也可以用于计算某些类型的积分, 例如

$$\int_{-1}^{1} x P_k(x) P_l(x) \, dx.$$

根据递推关系 (16.45), 就能够计算出

$$\int_{-1}^{1} x P_k(x) P_l(x) \, dx = \frac{k+1}{2k+1} \int_{-1}^{1} P_{k+1}(x) P_l(x) \, dx + \frac{k}{2k+1} \int_{-1}^{1} P_{k-1}(x) P_l(x) \, dx$$

$$= \frac{k+1}{2k+1} \frac{2}{2k+3} \delta_{k+1,l} + \frac{k}{2k+1} \frac{2}{2k-1} \delta_{k-1,l}. \tag{16.50}$$

作为 Legendre 多项式递推关系的另一种特殊表述形式, 下面推导一下 Legendre 多项式的升降算符.

定义算符

$$\widehat{L}_n = (1-x^2) \left\{ \frac{d}{dx} \left[(1-x^2) \frac{d}{dx} \right] + n(n+1) \right\},$$

则 $P_n(x)$ 就是方程
$$\widehat{L}_n[P_n(x)] = 0 \tag{16.51}$$
的有界解. 直接验算可以证明
$$\widehat{L}_n = \widehat{S}_n \widehat{T}_n + n^2 \tag{16.52}$$
$$= \widehat{T}_{n+1} \widehat{S}_{n+1} + (n+1)^2, \tag{16.53}$$
其中
$$\widehat{T}_n = (1-x^2)\frac{\mathrm{d}}{\mathrm{d}x} + nx, \tag{16.54}$$
$$\widehat{S}_n = (1-x^2)\frac{\mathrm{d}}{\mathrm{d}x} - nx. \tag{16.55}$$
于是可以将 (16.51) 式改写为
$$\widehat{S}_n \widehat{T}_n[P_n(x)] + n^2 P_n(x) = 0.$$
两端再左乘以算符 $\widehat{T}_n$, 则有
$$\widehat{T}_n \widehat{S}_n \widehat{T}_n[P_n(x)] + n^2 \widehat{T}_n P_n(x) = 0.$$
因为, 按照 (16.53) 式, 应该有
$$\widehat{T}_n \widehat{S}_n + n^2 = \widehat{L}_{n-1},$$
所以上式即可写成
$$\widehat{L}_{n-1}[\widehat{T}_n P_n(x)] = 0.$$
这就说明, $T_n P_n(x)$ 是 $n-1$ 次 Legendre 方程的有界解, 即 $\widehat{T}_n P_n(x)$ 一定与 $P_{n-1}(x)$ 成正比,
$$\left[(1-x^2)\frac{\mathrm{d}}{\mathrm{d}x} + nx\right] P_n(x) = cP_{n-1}(x),$$
令 $x=1$, 即可定出 $c=n$. 于是,
$$\widehat{T}_n P_n(x) \equiv \left[(1-x^2)\frac{\mathrm{d}}{\mathrm{d}x} + nx\right] P_n(x) = nP_{n-1}(x). \tag{16.56}$$
$\widehat{T}_n$ 即称为 n 次 Legendre 多项式的降算符, 因为它作用于 n 次 Legendre 多项式, 就可以得到 $n-1$ 次 Legendre 多项式.

同理, 根据 (16.53) 式可以证明
$$\widehat{L}_{n+1}[\widehat{S}_{n+1} P_n(x)] = 0.$$
所以 $\widehat{S}_{n+1}$ 是 n 次 Legendre 多项式的升算符,
$$\widehat{S}_{n+1} P_n(x) \equiv \left[(1-x^2)\frac{\mathrm{d}}{\mathrm{d}x} - (n+1)x\right] P_n(x) = -(n+1)P_{n+1}(x). \tag{16.57}$$

§16.8　Legendre 多项式的 Christoffel 型和式

Legendre 多项式的递推关系还能用于导出 Legendre 多项式的一些新的关系式. 例如, 将 (16.45) 式两端同乘以 $P_l(y)$, 得

$$(2l+1)x\,P_l(x)\,P_l(y) = (l+1)\,P_{l+1}(x)\,P_l(y) + l\,P_{l-1}(x)\,P_l(y).$$

将变量 x, y 互换, 并与原式相减, 就可以写成

$$(2l+1)(x-y)P_l(x)\,P_l(y)$$
$$= (l+1)\bigl[P_{l+1}(x)\,P_l(y) - P_{l+1}(y)\,P_l(x)\bigr] - l\bigl[P_l(x)\,P_{l-1}(y) - P_l(y)\,P_{l-1}(x)\bigr].$$

于是, 对 l 求和, 就得到 Legendre 多项式的 **Christoffel** 和式,

$$\sum_{l=0}^{n}(2l+1)P_l(x)\,P_l(y) = \frac{n+1}{x-y}\bigl[P_{n+1}(x)\,P_n(y) - P_{n+1}(y)\,P_n(x)\bigr]. \tag{16.58}$$

令 $y = -x$, 则得

$$\sum_{l=0}^{n}(-)^{n-l}(2l+1)\bigl[P_l(x)\bigr]^2 = \frac{n+1}{x}P_n(x)\,P_{n+1}(x). \tag{16.59}$$

还可以令 (16.58) 式中 $y \to x$, 又能得到

$$\sum_{l=0}^{n}(2l+1)\bigl[P_l(x)\bigr]^2 = (n+1)\bigl[P'_{n+1}(x)\,P_n(x) - P_{n+1}(x)\,P'_n(x)\bigr] \tag{16.60a}$$
$$= (n+1)^2\bigl\{\bigl[P_n(x)\bigr]^2 + \bigl[P_{n+1}(x)\bigr]^2\bigr\}$$
$$\quad + (n+1)x\bigl[P_n(x)\,P'_n(x) - P_{n+1}(x)\,P'_{n+1}(x)\bigr]. \tag{16.60b}$$

上面的推导过程可以归纳为下列步骤:

第一步, 列出 (相邻三个) 相关特殊函数 $u_l(x)$ 的递推关系

$$\alpha_l(x)\,u_l(x) + \beta_l(x)u'_l(x) = \gamma_{l+1}\,u_{l+1}(x) + \gamma_l\,u_{l-1}(x) \tag{16.61a}$$

或

$$\alpha_l(x)\,u_l(x) + \beta_l(x)u'_l(x) = \gamma_{l+1}\,u'_{l+1}(x) + \gamma_l\,u'_{l-1}(x). \tag{16.61b}$$

$\alpha_l(x)$ 与 $\beta_l(x)$ 可以是 x 的函数 (例如, 是 x 的一次或二次函数), 也可以是常系数, 不排除 $\alpha_l(x)$ 或 $\beta_l(x)$ 之一为 0.

第二步, 将 (16.61a) 式两端同乘以 $u_l(y)$, 即

$$\alpha_l(x)\,u_l(x)\,u_l(y) + \beta_l(x)\,u'_l(x)\,u_l(y) = \gamma_{l+1}\,u_{l+1}(x)\,u_l(y) + \gamma_l\,u_l(x)\,u_{l-1}(y), \tag{16.62a}$$

或者将 (16.61b) 式两端同乘以 $u'_l(y)$, 即

$$\alpha_l(x)\,u_l(x)\,u'_l(y) + \beta_l(x)\,u'_l(x)\,u'_l(y) = \gamma_{l+1}\,u'_{l+1}(x)\,u'_l(y) + \gamma_l\,u'_l(y)\,u'_{l-1}(x). \tag{16.62b}$$

第三步, 将 (16.62a) 或 (16.62b) 式中的变量 x, y 互换, 而后与原式相减, 于是有

$$[\alpha_l(x) - \alpha_l(y)] u_l(x) u_l(y) + [\beta_l(x) u_l'(x) u_l(y) - \beta_l(y) u_l'(y) u_l(x)]$$
$$= \gamma_{l+1} g_{l+1}(x,y) - \gamma_l g_l(x,y) \tag{16.63a}$$

或

$$[\alpha_l(x) u_l(x) u_l'(y) - \alpha_l(y) u_l(y) u_l'(x)] + [\beta_l(x) - \beta_l(y)] u_l'(x) u_l'(y)$$
$$= \gamma_{l+1} h_{l+1}(x,y) - \gamma_l h_l(x,y), \tag{16.63b}$$

其中

$$g_l(x,y) = u_l(x) u_{l-1}(y) - u_l(y) u_{l-1}(x),$$
$$h_l(x,y) = u_l'(x) u_{l-1}'(y) - u_l'(y) u_{l-1}'(x).$$

第四步, 对 l 求和, 即得和式

$$\sum_{l=0}^{n} [\alpha_l(x) - \alpha_l(y)] u_l(x) u_l(y) + \sum_{l=0}^{n} [\beta_l(x) u_l'(x) u_l(y) - \beta_l(y) u_l'(y) u_l(x)]$$
$$= \gamma_{n+1} g_{n+1}(x,y) - \gamma_0 g_0(x,y) \tag{16.64a}$$

或

$$\sum_{l=0}^{n} [\alpha_l(x) u_l(x) u_l'(y) - \alpha_l(y) u_l(y) u_l'(x)] + \sum_{l=0}^{n} [\beta_l(x) - \beta_l(y)] u_l'(x) u_l'(y)$$
$$= \gamma_{n+1} h_{n+1}(x,y) - \gamma_0 h_0(x,y). \tag{16.64b}$$

这里的求和, 涉及 $l = 0$ 项, 前提是: (1) 等式左端有意义, 即 α_0 与 β_0 为有限值; (2) γ_0 及 $g_0(x,y)$, $h_0(x,y)$ 有意义, 包括递推关系 (16.61a) 与 (16.61b) 也能适用于 $l = 0$. 否则上面的求和公式就应当不包含 $l = 0$ 项.

按照这一思路, 只要 Legendre 多项式 (或其他特殊函数) 的递推关系具有 (甚至可以化为) (16.61a) 或 (16.61b) 式的形式, 就能导出相应的和式. 例如, 根据 Legendre 多项式的递推关系[①]

$$(2l+1) x \, \mathrm{P}_l'(x) = l \, \mathrm{P}_{l+1}'(x) + (l+1) \, \mathrm{P}_{l-1}'(x), \tag{16.65}$$

$$\mathrm{P}_l(x) = \mathrm{P}_{l+1}'(x) - 2x \, \mathrm{P}_l'(x) + \mathrm{P}_{l-1}'(x), \tag{16.66}$$

$$(2l+1) \mathrm{P}_l(x) = \mathrm{P}_{l+1}'(x) - \mathrm{P}_{l-1}'(x), \tag{16.67}$$

$$\frac{2l+1}{l(l+1)} (x^2 - 1) \mathrm{P}_l'(x) = \mathrm{P}_{l+1}(x) - \mathrm{P}_{l-1}(x), \tag{16.68}$$

重复上面指出的步骤, 也可以得到相应的和式. 为了表明与和式 (16.58) 之间既有联系又有区别, 我们将这类新结果称为 Christoffel 型和式[②].

[①] 对于递推关系 (16.65) — (16.68), 通常标明的成立条件是 $l = 1, 2, 3, \cdots$. 但由于 $\mathrm{P}_{-l-1}(x) = \mathrm{P}_l(x)$, 所以在这些递推关系中, 有些实际上在 $l = 0$ 时仍然成立.

[②] 见: 吴崇试, 数学物理方法专题——数理方程与特殊函数 (北京: 北京大学出版社, 2012), 第十二章.

例 16.4 作为一个示例,考察一下 (16.65) 式. 我们看到, 它本身并不符合 (16.62a) 或 (16.62b) 式的要求, 需要将此式两端同乘以一数. 由于 $\gamma_{l+1}/\gamma_l = l/(l+1)$, 因此, 若取 $\gamma_1 = 1$, 就能定出

$$\gamma_{l+1} = \prod_{k=1}^{l} \frac{\gamma_{k+1}}{\gamma_k} = \frac{1}{l+1},$$

这就告诉我们, 应当将递推关系 (16.65) 式的两端同除以 $l(l+1)$,

$$\frac{2l+1}{l(l+1)} x \, \mathrm{P}'_l(x) = \frac{1}{l+1} \mathrm{P}'_{l+1}(x) + \frac{1}{l} \mathrm{P}'_{l-1}(x), \tag{16.65'}$$

从而符合 (16.61b) 式的要求. 现在, 两端同乘以 $\mathrm{P}'_l(y)$,

$$\frac{2l+1}{l(l+1)} x \, \mathrm{P}'_l(x) \mathrm{P}'_l(y) = \frac{1}{l+1} \mathrm{P}'_{l+1}(x) \mathrm{P}'_l(y) + \frac{1}{l} \mathrm{P}'_{l-1}(x) \mathrm{P}'_l(y). \tag{16.69a}$$

再将变量 x, y 互换,

$$\frac{2l+1}{l(l+1)} y \, \mathrm{P}'_l(x) \mathrm{P}'_l(y) = \frac{1}{l+1} \mathrm{P}'_{l+1}(y) \mathrm{P}'_l(x) + \frac{1}{l} \mathrm{P}'_{l-1}(y) \mathrm{P}'_l(x). \tag{16.69b}$$

两式相减,

$$\begin{aligned}\frac{2l+1}{l(l+1)} (x-y) \mathrm{P}'_l(x) \mathrm{P}'_l(y) &= \frac{1}{l+1} \left[\mathrm{P}'_{l+1}(x) \mathrm{P}'_l(y) - \mathrm{P}'_{l+1}(y) \mathrm{P}'_l(x) \right] \\ &\quad - \frac{1}{l} \left[\mathrm{P}'_l(x) \mathrm{P}'_{l-1}(y) - \mathrm{P}'_l(y) \mathrm{P}'_{l-1}(x) \right]. \end{aligned} \tag{16.70}$$

最后对 l 求和, 就得到 Legendre 多项式的另一个和式:

$$\sum_{l=1}^{n} \frac{2l+1}{l(l+1)} \mathrm{P}'_l(x) \mathrm{P}'_l(y) = \frac{1}{n+1} \frac{\mathrm{P}'_{n+1}(x) \mathrm{P}'_n(y) - \mathrm{P}'_{n+1}(y) \mathrm{P}'_n(x)}{x-y}. \tag{16.71}$$

取极限 $y \to x$, 也能求得 (16.71) 式的特殊情形,

$$\sum_{l=1}^{n} \frac{2l+1}{l(l+1)} \left[\mathrm{P}'_l(x) \right]^2 = \frac{1}{n+1} \left[\mathrm{P}''_{n+1}(x) \mathrm{P}'_n(x) - \mathrm{P}'_{n+1}(x) \mathrm{P}''_n(x) \right], \tag{16.72a}$$

更可以进一步利用 Legendre 方程化简, 得

$$\sum_{l=1}^{n} \frac{2l+1}{l(l+1)} \left[\mathrm{P}'_l(x) \right]^2 = \frac{1}{1-x^2} \left[n \mathrm{P}_n(x) \mathrm{P}'_{n+1}(x) - (n+2) \mathrm{P}'_n(x) \mathrm{P}_{n+1}(x) \right]. \tag{16.72b}$$

同样, 由递推关系 (16.66) — (16.68) 出发, 也可以导出相应的和式. 限于篇幅, 从略.

从特殊函数 $u_l(x)$ 的递推关系 (16.61a) 或 (16.61b) 式出发, 还能得到另一种和式. 这只需将该式两端同乘以 $(-1)^l u_l(x)$ 或 $(-1)^l u'_l(x)$, 而后求和即可. 例如, 由 (16.61b) 式, 若 $\alpha_l = 0$, 则能得到和式

$$\sum_{l=0}^{n} (-1)^l \beta_l \left[u'_l(x) \right]^2 = (-1)^n \gamma_{n+1} u'_{n+1}(x) u'_n(x) + \gamma_0 u'_0(x) u'_{-1}(x). \tag{16.73}$$

例如，将递推关系 (16.65′)，按照上面的办法，就可以导出

$$\sum_{l=1}^{n}(-1)^l\frac{2l+1}{l(l+1)}\left[\mathrm{P}_l'(x)\right]^2=\frac{(-1)^n}{n+1}\frac{\mathrm{P}_n'(x)\,\mathrm{P}_{n+1}'(x)}{x}. \tag{16.74}$$

同样，读者还能由递推关系 (16.66) — (16.68) 出发，导出相应的和式.

还需要提到，对于第二类 Legendre 函数 $\mathrm{Q}_l(x)$，也有与 Legendre 多项式 $\mathrm{P}_l(x)$ 相同形式的递推关系，因此，我们也能写出关于 $\mathrm{Q}_l(x)$ 的一系列和式，乃至 $\mathrm{P}_l(x)$ 和 $\mathrm{Q}_l(x)$ 之间的混合型和式，包括 Christoffel (第二) 和式：

$$\sum_{l=1}^{n}(2l+1)\,\mathrm{P}_l(x)\,\mathrm{Q}_l(y)=\frac{1}{x-y}\Big\{1-(n+1)\big[\mathrm{P}_{n+1}(x)\,\mathrm{Q}_n(y)-\mathrm{P}_n(x)\,\mathrm{Q}_{n+1}(y)\big]\Big\}. \tag{16.75}$$

或许还值得提到，上面导出的这些求和公式，除了 (16.58) 及 (16.75) 二式外，笔者在几本主要专著和工具书中都没有检索到.

受上述推导 Legendre 多项式和第二类 Legendre 函数 Christoffel 和式思路的启发，我们不仅可以推导这些二次型的 Christoffel 和式，也能直接推导线性的和式. 最简单的例子就是将 (16.67)、(16.68) 二式改写为

$$(4l+3)\mathrm{P}_{2l+1}(x)=\mathrm{P}_{2l+2}'(x)-\mathrm{P}_{2l}'(x),$$

$$(4l+5)\mathrm{P}_{2l+2}(x)=\mathrm{P}_{2l+3}'(x)-\mathrm{P}_{2l+1}'(x),$$

$$\frac{4l+3}{(2l+1)(2l+2)}(x^2-1)\mathrm{P}_{2l+1}'(x)=\mathrm{P}_{2l+2}(x)-\mathrm{P}_{2l}(x),$$

$$\frac{4l+5}{(2l+2)(2l+3)}(x^2-1)\mathrm{P}_{2l+2}'(x)=\mathrm{P}_{2l+3}(x)-\mathrm{P}_{2l+1}(x).$$

直接求和即得

$$\sum_{l=0}^{n}(4l+3)\mathrm{P}_{2l+1}(x)=\mathrm{P}_{2n+2}'(x)-\mathrm{P}_0'(x)=\mathrm{P}_{2n+2}'(x), \tag{16.76}$$

$$\sum_{l=0}^{n}(4l+5)\mathrm{P}_{2l+2}(x)=\mathrm{P}_{2n+3}'(x)-\mathrm{P}_1'(x)=\mathrm{P}_{2n+3}'(x)-1, \tag{16.77}$$

$$(x^2-1)\sum_{l=0}^{n}\frac{4l+3}{(2l+1)(2l+2)}\mathrm{P}_{2l+1}'(x)=\mathrm{P}_{2n+2}(x)-\mathrm{P}_0(x)=\mathrm{P}_{2n+2}(x)-1, \tag{16.78}$$

$$(x^2-1)\sum_{l=0}^{n}\frac{4l+5}{(2l+2)(2l+3)}\mathrm{P}_{2l+2}'(x)=\mathrm{P}_{2n+3}(x)-\mathrm{P}_1(x)=\mathrm{P}_{2n+3}(x)-x. \tag{16.79}$$

同样，从 (16.65′) 式也能导出两个线性和式.

对于本章后面介绍的连带 Legendre 函数以及下一章介绍的柱函数，也能推导相应的 Christoffel 和式.

§16.9 Legendre 多项式应用举例

本节通过静电学的几个例子，讨论 Legendre 多项式在分离变量法中的应用.

例 16.5 均匀电场中的导体球.

设在电场强度为 E_0 的均匀电场中放进一个接地导体球,球的半径为 a,求球外任意一点的电势.

解 均匀电场中放进导体球后,由于静电感应,导体球的球面上就会形成一定的感生面电荷分布,而使球体成为等势体. 球外任意一点的总电势就是原有均匀电场的电势和感生电荷的电势的叠加. 球体接地,意味着球体的电势为 0. 因为在球外处处没有电荷,所以在球外的电势满足 Laplace 方程. 如果采用球坐标系,坐标原点与球心重合,极轴沿原来电场的方向. 考虑到均匀电场以及球体的对称性,在球面上的感生电荷一定是绕极轴旋转不变的,因而,对于球外任意一点,无论是感生电荷产生的电势,或是总电势,也都是绕极轴旋转不变的. 设 $u(r,\theta)$ 是球外一点 (r,θ,ϕ) 的总电势,$u_1(r,\theta)$ 和 $u_2(r,\theta)$ 分别是均匀电场和感生电荷的电势,$u(r,\theta) = u_1(r,\theta) + u_2(r,\theta)$. 由 $-\nabla u_1 = E_0 \boldsymbol{e}_z$ 可以推定

$$u_1(r,\theta) = -E_0 z + u_0 = -E_0 r \cos\theta + u_0,$$

常数 u_0 即为均匀电场在坐标原点处的电势. $u_2(r,\theta)$ 则由定解问题

$$\frac{1}{r^2}\frac{\partial}{\partial r}\left(r^2\frac{\partial u_2}{\partial r}\right) + \frac{1}{r^2\sin\theta}\frac{\partial}{\partial \theta}\left(\sin\theta\frac{\partial u_2}{\partial \theta}\right) = 0, \qquad (16.80a)$$

$$u_2|_{\theta=0} \text{ 有界}, \qquad u_2|_{\theta=\pi} \text{ 有界}, \qquad (16.80b)$$

$$u_2|_{r=a} = E_0 a\cos\theta - u_0, \qquad u_2|_{r\to\infty} \to 0 \qquad (16.80c)$$

决定. $u_2(r,\theta)$ 满足 Laplace 方程,从物理上说,是由于感生电荷只分布在球面上,球外处处皆无感生电荷存在. 从数学上说,因为 $u(r,\theta)$ 和单独的 $u_1(r,\theta)$ 都满足 Laplace 方程. 同样由于感生电荷只分布在球面上,所以可以规定当 $r \to \infty$ 时 $u_2(r,\theta)$ 趋于 0.

下面就来求解定解问题 (16.80). 将 (16.80a) 和 (16.80b) 分离变量后,可以得到

$$\frac{1}{\sin\theta}\frac{\mathrm{d}}{\mathrm{d}\theta}\left[\sin\theta\frac{\mathrm{d}\Theta(\theta)}{\mathrm{d}\theta}\right] + \lambda\Theta(\theta) = 0, \qquad (16.81a)$$

$$\Theta(0) \text{ 有界}, \qquad \Theta(\pi) \text{ 有界}, \qquad (16.81b)$$

$$\frac{\mathrm{d}}{\mathrm{d}r}\left[r^2\frac{\mathrm{d}R(r)}{\mathrm{d}r}\right] - \lambda R(r) = 0, \qquad (16.82)$$

其中 λ 是分离变量时引进的待定参数. 本征值问题 (16.81) 亦即 §16.3 中讨论过的本征值问题 (16.17),其解为

$$\text{本 征 值} \qquad \lambda_l = l(l+1), \qquad l = 0,1,2,3,\cdots, \qquad (16.83a)$$

$$\text{本征函数} \qquad \Theta_l(\theta) = \mathrm{P}_l(\cos\theta). \qquad (16.83b)$$

为了求解方程 (16.82),可做变换 $t = \ln r$,将方程变为

$$\frac{\mathrm{d}^2 R_l}{\mathrm{d}t^2} + \frac{\mathrm{d}R_l}{\mathrm{d}t} - l(l+1)R_l = 0.$$

于是

$$R_l(r) = A_l \mathrm{e}^{lt} + B_l \mathrm{e}^{-(l+1)t} = A_l r^l + B_l r^{-l-1}. \qquad (16.84)$$

因此，满足方程 (16.80a) 和有界条件 (16.80b) 的一般解就是

$$u_2(r,\theta) = \sum_{l=0}^{\infty} \left(A_l r^l + B_l r^{-l-1} \right) \mathrm{P}_l(\cos\theta). \tag{16.85}$$

考虑到无穷远条件 $u_2|_{r\to\infty} \to 0$，应该有 $A_l = 0$. 再代入球面 $r = a$ 上的边界条件，

$$\sum_{l=0}^{\infty} B_l a^{-l-1} \mathrm{P}_l(\cos\theta) = E_0 a \mathrm{P}_1(\cos\theta) - u_0 \mathrm{P}_0(\cos\theta),$$

所以有 $B_0 = -u_0 a$, $B_1 = E_0 a^3$ 和 $B_l = 0, l \geqslant 2$. 这样就求得

$$u_2(r,\theta) = -u_0 \frac{a}{r} + \frac{E_0 a^3}{r^2} \cos\theta. \tag{16.86}$$

这里求得的 $u_2(r,\theta)$ 就反映了球面上感生电荷的分布状况. 在均匀电场的作用下，接地球面上的感生电荷等效于 (位于坐标原点的) 点电荷与电偶极子的叠加. 点电荷的电量为 $-4\pi\varepsilon_0 u_0 a$. 电偶极子的偶极矩为 $4\pi\varepsilon_0 E_0 a^3$，方向与均匀电场的方向相同.

将 $u_1(r,\theta)$ 和 $u_2(r,\theta)$ 叠加，就得到球外任意一点的总电势

$$u(r,\theta) = u_0 \left(1 - \frac{a}{r}\right) - E_0 \left(1 - \frac{a^3}{r^3}\right) r \cos\theta. \tag{16.87}$$

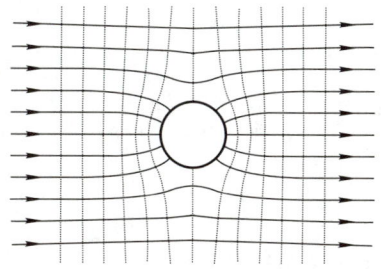

图 16.2 均匀电场中的导体球电场线和等势面

图 16.2 给出了过极轴的任意一个截面上电场线的分布图.

例 16.6 均匀带电细圆环的静电势.

设有一均匀带电细圆环，半径为 a，总电荷量为 Q，求它在空间任意一点的静电势.

解 **解法一** 除了圆环上各点外，静电势处处满足 Laplace 方程.

仍取球坐标系，坐标原点在环心，而圆环则处在赤道面上. 这时，空间任意一点 (r,θ,ϕ) 的静电势应与 ϕ 无关，$u = u(r,\theta)$. 可以写出 u 所满足的定解问题

$$\frac{1}{r^2}\frac{\partial}{\partial r}\left(r^2 \frac{\partial u}{\partial r}\right) + \frac{1}{r^2 \sin\theta}\frac{\partial}{\partial \theta}\left(\sin\theta \frac{\partial u}{\partial \theta}\right) = -\frac{1}{\varepsilon_0}\rho(r,\theta), \tag{16.88a}$$

$$u|_{\theta=0} \text{ 有界}, \qquad u|_{\theta=\pi} \text{ 有界}, \tag{16.88b}$$

$$u|_{r=0} \text{ 有界}, \qquad u|_{r\to\infty} \to 0. \tag{16.88c}$$

因为电荷只是均匀分布在圆环上，而圆环的体积为 0，所以电荷密度分布函数在圆环上为 ∞，而在其余各处皆为 0. 这时就需要引进第九章介绍的广义函数 δ，

$$\rho(r,\theta) = C\delta(r-a)\delta\left(\theta - \frac{\pi}{2}\right). \tag{16.89a}$$

由圆环上的总电荷

$$\iiint C\delta(r-a)\delta\left(\theta - \frac{\pi}{2}\right) r^2 \sin\theta \mathrm{d}r\mathrm{d}\theta\mathrm{d}\phi = Q$$

就可以定出常数 C:
$$C = \frac{Q}{2\pi a^2}. \tag{16.89b}$$

下面就来求解定解问题 (16.88). 注意, 当 $r \ne a$ 时, 方程 (16.88a) 退化为 Laplace 方程. 这样, 再结合 (16.88b) 和 (16.88c), 就可以得到

$$u(r, \theta) = \begin{cases} \sum_{l=0}^{\infty} A_l r^l \mathrm{P}_l(\cos\theta), & r < a, \\ \sum_{l=0}^{\infty} B_l r^{-l-1} \mathrm{P}_l(\cos\theta), & r > a. \end{cases} \tag{16.90}$$

把球面 $r = a$ 看成是界面, 在界面上存在电荷分布 [即方程 (16.88a) 右端的非齐次项]. 考虑到 δ 函数应该是间断函数的导数, 所以 $u(r, \theta)$ 在球面 $r = a$ 上一定是连续的,

$$u(r, \theta)\Big|_{r=a-0}^{r=a+0} = 0, \tag{16.91}$$

而 $\partial u(r, \theta)/\partial r$ 在球面 $r = a$ 上一定是不连续的, 它在球面 $r = a$ 两侧的跃变可以由方程 (16.88a) 对 r 积分得到:

$$\frac{\partial u}{\partial r}\Big|_{r=a-0}^{r=a+0} = -\frac{Q}{2\pi a^2 \varepsilon_0} \delta\left(\theta - \frac{\pi}{2}\right). \tag{16.92}$$

由 (16.91) 式可得
$$A_l a^l = B_l a^{-l-1},$$

将 (16.92) 式中的 δ 函数也按 Legendre 多项式展开,

$$\delta\left(\theta - \frac{\pi}{2}\right) = \sum_{l=0}^{\infty} \frac{2l+1}{2} \mathrm{P}_l(0) \mathrm{P}_l(\cos\theta),$$

又可得

$$A_l l a^{l+1} + B_l (l+1) a^{-l} = \frac{(2l+1)Q}{4\pi\varepsilon_0} \mathrm{P}_l(0).$$

解之即得

$$A_l = \frac{Q}{4\pi\varepsilon_0} a^{-l-1} \mathrm{P}_l(0), \quad B_l = \frac{Q}{4\pi\varepsilon_0} a^l \mathrm{P}_l(0).$$

因为 $\mathrm{P}_{2l+1}(0) = 0$, 所以

$$u(r, \theta) = \begin{cases} \dfrac{Q}{4\pi\varepsilon_0} \dfrac{1}{a} \sum_{l=0}^{\infty} \left(\dfrac{r}{a}\right)^{2l} \mathrm{P}_{2l}(0) \mathrm{P}_{2l}(\cos\theta), & r < a, \\ \dfrac{Q}{4\pi\varepsilon_0} \dfrac{1}{a} \sum_{l=0}^{\infty} \left(\dfrac{a}{r}\right)^{2l+1} \mathrm{P}_{2l}(0) \mathrm{P}_{2l}(\cos\theta), & r > a. \end{cases} \tag{16.93}$$

解式 (16.93) 中只含有偶次 Legendre 多项式, 反映了静电势 $r(r, \theta)$ 对于赤道面的 (镜像) 反射不变性, 即

$$u(r, \theta) = u(r, \pi - \theta).$$

解法二 本题还有一种非标准的解法,即在 $r \ne a$ 的条件下写出一般解 (16.90),把它看成是 $u(r,\theta)$ 在 $r=0$ 或 $r=\infty$ 点邻域内的 Taylor 展开,设法找到 $u(r,\theta)$ 在某一特殊 θ 方向上的数值,而后根据 Taylor 展开的唯一性定出叠加系数. 由于圆环上各点到轴线上 $(r,\theta)=(r,0)$ 或 (r,π) 点的距离相等,故可直接叠加出轴线上任意一点的静电势,

$$u(r,\theta)\Big|_{\theta=0,\pi} = \frac{Q}{4\pi\varepsilon_0}\frac{1}{\sqrt{a^2+r^2}} = \frac{Q}{4\pi\varepsilon_0}\frac{1}{\sqrt{a^2+r^2-2ra\cos\theta'}}\bigg|_{\theta'=\pi/2}$$

$$= \begin{cases} \dfrac{Q}{4\pi\varepsilon_0}\dfrac{1}{a}\sum_{l=0}^{\infty}\left(\dfrac{r}{a}\right)^{2l}\mathrm{P}_{2l}(0), & r<a, \\ \dfrac{Q}{4\pi\varepsilon_0}\dfrac{1}{r}\sum_{l=0}^{\infty}\left(\dfrac{a}{r}\right)^{2l}\mathrm{P}_{2l}(0), & r>a. \end{cases} \quad (16.94)$$

另一方面,由 (16.90) 式又可以得到

$$u(r,\theta)\Big|_{\theta=0,\pi} = \begin{cases} \sum_{l=0}^{\infty}(\pm)^l A_l r^l, & r<a, \\ \sum_{l=0}^{\infty}(\pm)^l B_l r^{-l-1}, & r>a, \end{cases}$$

其中的正、负号分别对应于 $\theta=0$ 和 π, $(\pm 1)^l$ 也正好就是 $\mathrm{P}_l(\pm 1)$. 与 (16.94) 式相比较,就有

$$A_{2l} = \frac{Q}{4\pi\varepsilon_0}a^{-2l-1}\mathrm{P}_{2l}(0), \qquad A_{2l+1}=0,$$
$$B_{2l} = \frac{Q}{4\pi\varepsilon_0}a^{2l}\mathrm{P}_{2l}(0), \qquad B_{2l+1}=0.$$

代入 (16.90) 式,正如预料的那样,所得解式和 (16.93) 式完全相同.

这种非标准解法[①]的中心思想是: (1) 在球内 ($r<a$) 和球外 ($r>a$) 写出解式 (16.90),其前提是在球内外都必须满足 Laplace 方程,电荷最多只能分布在界面 ($r=a$) 上; (2) 用其他方法求出轴线上任意一点的电势,并展开为

$$u(r,\theta)\Big|_{\theta=0,\pi} = \begin{cases} \sum_{l=0}^{\infty}(\pm)^l A_l r^l, & r<a, \\ \sum_{l=0}^{\infty}(\pm)^l B_l r^{-l-1}, & r>a, \end{cases}$$

这样才能根据幂级数展开的唯一性定出系数 A_l 和 B_l.

[①] 有关这种解法的分析讨论,请见: 吴崇试,均匀带电圆盘的静电势问题,大学物理,第 19 卷 (2000 年) 第 11 期. 吴崇试,张之翔,轴对称荷电圆盘的静电势,大学物理,第 19 卷 (2000 年) 第 12 期; 吴崇试,圆形面偶极层的静电势,大学物理,第 22 卷 (2003 年) 第 1 期.

§16.10 连带 Legendre 函数

本节求解连带 Legendre 方程的本征值问题

$$\frac{\mathrm{d}}{\mathrm{d}x}\left[(1-x^2)\frac{\mathrm{d}y}{\mathrm{d}x}\right]+\left(\lambda-\frac{m^2}{1-x^2}\right)y=0, \qquad m=0,1,2,\cdots, \tag{16.95a}$$

$$y(\pm 1) \text{ 有界}. \tag{16.95b}$$

首先要求出连带 Legendre 方程

$$\frac{\mathrm{d}}{\mathrm{d}z}\left[(1-z^2)\frac{\mathrm{d}w}{\mathrm{d}z}\right]+\left(\lambda-\frac{m^2}{1-z^2}\right)w=0 \tag{16.96}$$

的通解. 令 $\lambda=\nu(\nu+1)$. 可以看出, 连带 Legendre 方程的奇点和 Legendre 方程完全一样, 都是 $z=\pm 1$ 和 $z=\infty$, 而且也都是正则奇点. 不难求出在 $z=\pm 1$ 处的指标为 $\rho=\pm m/2$, 而在 $z=\infty$ 的指标为 $\nu+1$ 和 $-\nu$. 因此, 连带 Legendre 方程的解就能表示为 Riemann P-方程 (见 §8.4):

$$\begin{aligned}
w(z)&=P\left\{\begin{array}{ccc}1 & -1 & \infty \\ \dfrac{m}{2} & \dfrac{m}{2} & \nu+1; \ z \\ -\dfrac{m}{2} & -\dfrac{m}{2} & -\nu\end{array}\right\}=(z^2-1)^{m/2}P\left\{\begin{array}{ccc}1 & -1 & \infty \\ 0 & 0 & \nu+m+1; \ z \\ -m & -m & -\nu+m\end{array}\right\}\\
&=(z^2-1)^{m/2}\frac{\mathrm{d}^m}{\mathrm{d}z^m}P\left\{\begin{array}{ccc}1 & -1 & \infty \\ 0 & 0 & \nu+1; \ z \\ 0 & 0 & -\nu\end{array}\right\}\\
&=(z^2-1)^{m/2}\frac{\mathrm{d}^m}{\mathrm{d}z^m}P\left\{\begin{array}{ccc}0 & 1 & \infty \\ 0 & 0 & \nu+1; \ \dfrac{1-z}{2} \\ 0 & 0 & -\nu\end{array}\right\}.
\end{aligned} \tag{16.97}$$

这里先后用到了 P- 符号的变换公式 (8.40)、(8.48) 和 (8.37). 因此, 连带 Legendre 方程在 $z=1$ 点邻域内的两个线性无关解就是

$$\mathrm{P}_\nu^m(z)\equiv(z^2-1)^{m/2}\frac{\mathrm{d}^m\mathrm{P}_\nu(z)}{\mathrm{d}z^m}, \tag{16.98a}$$

$$\mathrm{Q}_\nu^m(z)\equiv(z^2-1)^{m/2}\frac{\mathrm{d}^m\mathrm{Q}_\nu(z)}{\mathrm{d}z^m}. \tag{16.98b}$$

$\mathrm{P}_\nu^m(z)$ 和 $\mathrm{Q}_\nu^m(z)$ 都是多值函数, 分支点为 ± 1 和无穷远点. 通常沿实轴由 $z=1$ 向左到 $z=\infty$ 作割线, 规定单值分支后, $\mathrm{P}_\nu^m(z)$ 和 $\mathrm{Q}_\nu^m(z)$ 在这样割开的复平面上解析, 但一般说来, 在割线上下两侧并不连续. 这样求得的 $\mathrm{P}_\nu^m(z)$ 和 $\mathrm{Q}_\nu^m(z)$ 并不适合于用来表示本征值问题 (16.95) 的解, 因为我们要求的恰恰是连带 Legendre 方程在区间 $-1<x<1$ 上的解. 为

此，Hobson 定义

$$\mathrm{P}_\nu^m(x) \equiv \mathrm{i}^m \mathrm{P}_\nu^m(x+\mathrm{i}0) \equiv \mathrm{i}^{-m} \mathrm{P}_\nu^m(x-\mathrm{i}0)$$
$$\equiv (-)^m \left(1-x^2\right)^{m/2} \frac{\mathrm{d}^m \mathrm{P}_\nu(x)}{\mathrm{d}x^m}, \tag{16.99a}$$

$$\mathrm{Q}_\nu^m(x) \equiv \frac{(-)^m}{2}\left[\mathrm{i}^{-m}\mathrm{Q}_\nu^m(x+\mathrm{i}0) + \mathrm{i}^m \mathrm{Q}_\nu^m(x-\mathrm{i}0)\right]$$
$$\equiv (-)^m \left(1-x^2\right)^{m/2} \frac{\mathrm{d}^m \mathrm{Q}_\nu(x)}{\mathrm{d}x^m}. \tag{16.99b}$$

而连带 Legendre 方程 (16.95a) 的通解便是

$$y(x) = c_1 \mathrm{P}_\nu^m(x) + c_2 \mathrm{Q}_\nu^m(x). \tag{16.100}$$

为了求解本征值问题 (16.95)，需要讨论 $\mathrm{P}_\nu^m(x)$ 和 $\mathrm{Q}_\nu^m(x)$ 在 $x=\pm 1$ 的行为. §16.2 中已经指出，在 $x=1$ 点，$\mathrm{P}_\nu(x)$ 有界，而 $\mathrm{Q}_\nu(x)$ 对数发散. 所以 $(1-x^2)^{m/2} \mathrm{P}_\nu^{(m)}(x)$ 在 $x=1$ 点也有界，它是连带 Legendre 方程在 $x=1$ 点邻域内指标 $\rho = m/2$ 的解；而 $(1-x^2)^{m/2} \mathrm{Q}_\nu^{(m)}(x)$ 在 $x=1$ 也发散，它正是连带 Legendre 方程在 $x=1$ 点邻域内指标 $\rho = -m/2$ 的解. 要求解在 $x=1$ 有界，就一定有 $c_2 = 0$.

更进一步，§16.3 中还曾指出，对于一般的 ν 值，只要 $\mathrm{P}_\nu(x)$ 是无穷级数，它在 $x=-1$ 点就是对数发散的. 这样，$(1-x^2)^{m/2} \mathrm{P}_\nu^{(m)}(x)$ 在 $x=-1$ 点也还是发散的. 为了满足在 $x=-1$ 点有界的要求，唯一的可能是 $\mathrm{P}_\nu(x)$ 断成多项式，即 ν 为自然数. 但由于在解中出现的是 $\mathrm{P}_\nu^{(m)}(x)$，所以必须有 $\nu \geqslant m$.

总结上面的讨论，就求出了本征值问题 (16.95) 的解

$$\text{本 征 值} \quad \lambda_l = l(l+1), \quad l = m, m+1, m+2, \cdots, \tag{16.101a}$$

$$\text{本征函数} \quad y_l(x) = \mathrm{P}_l^m(x) \equiv (-)^m \left(1-x^2\right)^{m/2} \frac{\mathrm{d}^m \mathrm{P}_l(x)}{\mathrm{d}x^m}. \tag{16.101b}$$

$\mathrm{P}_l^m(x)$ 称为 **m 阶 l 次连带 Legendre 函数**（或**关联 Legendre 函数**）.

另外，也还有 $\mathrm{P}_l^{-m}(x)$，它与 $\mathrm{P}_l^m(x)$ 线性相关，

$$\mathrm{P}_l^{-m}(x) = (-)^m \frac{(l-m)!}{(l+m)!} \mathrm{P}_l^m(x). \tag{16.102}$$

证明从略. 读者可参阅参考书目 [1] 的第 16.11 节.

连带 Legendre 函数也是作为本征值问题的解，即常微分方程 (16.95a) 在有界条件 (16.95b) 下的本征函数引入的，因此，连带 Legendre 函数也应当具有正交性：相同阶但不同次的连带 Legendre 函数在区间 $[-1,1]$ 上正交，

$$\int_{-1}^{1} \mathrm{P}_l^m(x) \mathrm{P}_k^m(x) \, \mathrm{d}x = 0, \qquad k \neq l. \tag{16.103}$$

因为对于连带 Legendre 方程的本征值问题来说，m 是固定的已知参数，故在上面的正交关系中，连带 Legendre 函数的阶数 m 必须相同.

可以从方程 (16.95a) 出发，并应用有界条件 (16.95b)，来证明正交关系 (16.103)．这是证明 Sturm-Liouville 型方程本征函数正交性的标准方法，无须重复．下面采用和证明 Legendre 多项式的正交性类似的办法．由于 $k \ne l$，不妨假设 $k < l$，代入连带 Legendre 函数的定义 (16.101b)，并分部积分，即得

$$\int_{-1}^1 P_l^m(x) P_k^m(x) \, dx = \int_{-1}^1 (1-x^2)^m \frac{d^m P_k(x)}{dx^m} \frac{d^m P_l(x)}{dx^m} dx$$

$$= -\int_{-1}^1 \left\{ \frac{d}{dx} \left[(1-x^2)^m \frac{d^m P_k(x)}{dx^m} \right] \right\} \frac{d^{m-1} P_l(x)}{dx^{m-1}} dx = \cdots$$

$$= (-)^m \int_{-1}^1 \left\{ \frac{d^m}{dx^m} \left[(1-x^2)^m \frac{d^m P_k(x)}{dx^m} \right] \right\} P_l(x) \, dx.$$

注意上式右方的被积函数是 l 次 Legendre 多项式和另一个多项式

$$\frac{d^m}{dx^m} \left[(1-x^2)^m \frac{d^m P_k(x)}{dx^m} \right]$$

的乘积．容易求出这个多项式的次数为 $k - m + 2m - m = k$．由于前设 $k < l$，根据 §16.4 练习 16.6，立即就可以证得连带 Legendre 函数的正交性，即 (16.103) 式．

完全模仿前面的做法，还能求得连带 Legendre 函数的模方．事实上，这只要在以上证明过程中取 $k = l$ 即可．于是，

$$\int_{-1}^1 P_l^m(x) P_l^m(x) \, dx = (-)^m \int_{-1}^1 \left\{ \frac{d^m}{dx^m} \left[(1-x^2)^m \frac{d^m P_l(x)}{dx^m} \right] \right\} P_l(x) \, dx.$$

现在出现在等式右端的被积函数是 l 次 Legendre 多项式和另一个 l 次多项式

$$\frac{d^m}{dx^m} \left[(1-x^2)^m \frac{d^m P_l(x)}{dx^m} \right] = \frac{1}{2^l l!} \frac{d^m}{dx^m} \left[(1-x^2)^m \frac{d^{l+m}}{dx^{l+m}} (x^2-1)^l \right]$$

的乘积．由 §16.5 的讨论可知，对积分值的唯一贡献就只来自这个多项式的最高幂次项．容易求出该项的系数是

$$(-)^m \frac{1}{2^l l!} \frac{(2l)!}{(l-m)!} \frac{(l+m)!}{l!},$$

所以，就得到

$$\int_{-1}^1 P_l^m(x) P_l^m(x) \, dx = \frac{(2l)!}{2^l (l!)^2} \frac{(l+m)!}{(l-m)!} \int_{-1}^1 x^l P_l(x) \, dx = \frac{(l+m)!}{(l-m)!} \frac{2}{2l+1}. \tag{16.104}$$

(16.103) 和 (16.104) 两式还可以合并写为

$$\int_{-1}^1 P_l^m(x) P_k^m(x) \, dx = \frac{(l+m)!}{(l-m)!} \frac{2}{2l+1} \delta_{lk}, \tag{16.105}$$

或者做变换 $x = \cos\theta$，写成另一种形式：

$$\int_0^\pi P_l^m(\cos\theta) P_k^m(\cos\theta) \sin\theta \, d\theta = \frac{(l+m)!}{(l-m)!} \frac{2}{2l+1} \delta_{lk}. \tag{16.105'}$$

注意，这里也出现正交权函数 $\sin\theta$．

从原则上说，连带 Legendre 函数的许多性质都可以由 Legendre 多项式的相应性质推导出．

§16.11 球面调和函数

重新回到 Laplace 方程在球坐标系下的分离变量. 为确定起见, 不妨讨论球内 Laplace 方程的第一类边值问题, 定解问题是

$$\frac{1}{r^2}\frac{\partial}{\partial r}\left(r^2\frac{\partial u}{\partial r}\right) + \frac{1}{r^2\sin\theta}\frac{\partial}{\partial \theta}\left(\sin\theta\frac{\partial u}{\partial \theta}\right) + \frac{1}{r^2\sin^2\theta}\frac{\partial^2 u}{\partial \phi^2} = 0, \tag{16.106a}$$

$$u|_{\theta=0} \text{ 有界}, \qquad u|_{\theta=\pi} \text{ 有界}, \tag{16.106b}$$

$$u|_{\phi=0} = u|_{\phi=2\pi}, \qquad \left.\frac{\partial u}{\partial \phi}\right|_{\phi=0} = \left.\frac{\partial u}{\partial \phi}\right|_{\phi=2\pi}, \tag{16.106c}$$

$$u|_{r=0} \text{ 有界}, \qquad u|_{r=a} = f(\theta, \phi). \tag{16.106d}$$

重复 §16.1 的步骤, 令 $u(r,\theta,\phi) = R(r)S(\theta,\phi)$, 分离变量, 即得

$$\frac{\mathrm{d}}{\mathrm{d}r}\left[r^2\frac{\mathrm{d}R(r)}{\mathrm{d}r}\right] - \lambda R(r) = 0, \tag{16.107a}$$

$$R(0) \text{ 有界} \tag{16.107b}$$

和

$$\frac{1}{\sin\theta}\frac{\partial}{\partial\theta}\left[\sin\theta\frac{\partial S(\theta,\phi)}{\partial\theta}\right] + \frac{1}{\sin^2\theta}\frac{\partial^2 S(\theta,\phi)}{\partial \phi^2} + \lambda S(\theta,\phi) = 0, \tag{16.108a}$$

$$S|_{\theta=0} \text{ 有界}, \qquad S|_{\theta=\pi} \text{ 有界}, \tag{16.108b}$$

$$S|_{\phi=0} = S|_{\phi=2\pi}, \qquad \left.\frac{\partial S}{\partial \phi}\right|_{\phi=0} = \left.\frac{\partial S}{\partial \phi}\right|_{\phi=2\pi}. \tag{16.108c}$$

(16.108) 也是一个本征值问题, 偏微分方程的本征值问题. 为了求出本征值 λ 和相应的本征函数, 可以再令 $S(\theta,\phi) = \Theta(\theta)\Phi(\phi)$, 进一步分离变量, 就有

$$\frac{1}{\sin\theta}\frac{\mathrm{d}}{\mathrm{d}\theta}\left[\sin\theta\frac{\mathrm{d}\Theta(\theta)}{\mathrm{d}\theta}\right] + \left(\lambda - \frac{\mu}{\sin^2\theta}\right)\Theta(\theta) = 0, \tag{16.109a}$$

$$\Theta(0) \text{ 有界}, \qquad \Theta(\pi) \text{ 有界} \tag{16.109b}$$

和

$$\Phi'' + \mu\Phi = 0, \tag{16.110a}$$

$$\Phi(0) = \Phi(2\pi), \qquad \Phi'(0) = \Phi'(2\pi). \tag{16.110b}$$

这两个常微分方程本征值问题都已经讨论过, 分别见 §16.10 和 §14.4. 这样, 对于偏微分方程本征值问题 (16.108), 本征值就是

$$\lambda_l = l(l+1), \quad l = 0, 1, 2, 3, \cdots. \tag{16.111}$$

而对应于一个本征值 λ_l, 有 $2l+1$ 个本征函数

$$S_{lm1}(\theta,\phi) = \mathrm{P}_l^m(\cos\theta)\cos m\phi, \qquad m = 0, 1, 2, \cdots, l, \tag{16.112a}$$

$$S_{lm2}(\theta,\phi) = \mathrm{P}_l^m(\cos\theta)\sin m\phi, \qquad m = 1, 2, \cdots, l. \tag{16.112b}$$

这些本征函数，统称为**球面调和函数**，或**球面谐函数**。本征值问题 (16.108) 的简并度是 $2l+1$。至于常微分方程 (16.107a), §16.9 已经讨论过. 它在有界条件 (16.107b) 下的解是 $R_l(r) = r^l$. 这样，满足齐次偏微分方程 (16.106a) 和齐次边界条件 (16.106b)、(16.106c) 的 $2l+1$ 个特解就是

$$u_{lm1}(r,\theta,\phi) = r^l \mathrm{P}_l^m(\cos\theta)\cos m\phi, \quad l=0,1,2,\cdots, m=0,1,2,\cdots,l, \quad (16.113a)$$
$$u_{lm2}(r,\theta,\phi) = r^l \mathrm{P}_l^m(\cos\theta)\sin m\phi, \quad l=0,1,2,\cdots, m=1,2,\cdots,l. \quad (16.113b)$$

而叠加得的一般解则为

$$u(r,\theta,\phi) = \sum_{l=0}^{\infty}\sum_{m=0}^{l} r^l \mathrm{P}_l^m(\cos\theta)\left(A_{lm}\cos m\phi + B_{lm}\sin m\phi\right). \quad (16.114)$$

值得回顾一下，在 §12.8 中我们曾经介绍过三维调和函数的概念：如果在区域 V 内函数的二阶偏导数存在，且满足三维 Laplace 方程，则称该函数为 V 内的三维调和函数。上面在将 Laplace 方程 (16.106a) 分离变量时，$R(r)S(\theta,\phi)$ 当然就是调和函数。更进一步，$S(\theta,\phi)$ 仍然是 (16.106a) 的解，它只不外乎是此方程在 $r=$ 常数时的解，自然就称为球面调和函数。注意，在定义调和函数时，我们没有任何边界条件的约束。

特别是，如果调和函数是 x,y,z 的齐次式，

$$f(cx,cy,cz) = c^\alpha f(x,y,z),$$

则称函数 $f(x,y,z)$ 为 α 次调和函数，并且记为 $f_\alpha(x,y,z)$. 这里的 α 可以是自然数，也可以是负整数，甚至也可以是复数。在 §12.8 中我们就给出过一次、二次和三次调和函数，对于给定的自然数 l, 独立的 l 次调和函数 $f_l(x,y,z)$, 一定只有 $2l+1$ 个. 它们也就是上面得到的 $r^l S_{lm1}(\theta,\phi)$ 和 $r^l S_{lm2}(\theta,\phi)$, 只不过是采用球坐标变量 r,θ,ϕ 表示的表达式。更进一步，

$$\begin{aligned}f_l(x,y,z) &= f_l(r\sin\theta\cos\phi, r\sin\theta\sin\phi, r\cos\phi)\\ &= r^l f_l(\sin\theta\cos\phi, \sin\theta\sin\phi, \cos\phi) = r^l S_l(\theta,\phi),\end{aligned}$$

这时的 $S_l(\theta,\phi)$ 就是球面调和函数，也就是上面得到的 $S_{lm1}(\theta,\phi)$ 和 $S_{lm2}(\theta,\phi)$.

练习 16.7 已知球外区域 Laplace 方程的第一类边值问题

$$\frac{1}{r^2}\frac{\partial}{\partial r}\left(r^2\frac{\partial u}{\partial r}\right) + \frac{1}{r^2\sin\theta}\frac{\partial}{\partial \theta}\left(\sin\theta\frac{\partial u}{\partial \theta}\right) + \frac{1}{r^2\sin^2\theta}\frac{\partial^2 u}{\partial \phi^2} = 0,$$

$$u\big|_{\theta=0} \text{ 有界}, \quad u\big|_{\theta=\pi} \text{ 有界},$$
$$u\big|_{\phi=0} = u\big|_{\phi=2\pi}, \quad \frac{\partial u}{\partial \phi}\bigg|_{\phi=0} = \frac{\partial u}{\partial \phi}\bigg|_{\phi=2\pi},$$
$$u\big|_{r=a} = f(\theta,\phi), \quad u\big|_{r\to\infty} \to 0,$$

试写出满足齐次偏微分方程和齐次边界条件的 (全部) 特解和一般解.

练习 16.8 已知空心球壳内部 Laplace 方程的第一类边值问题

$$\frac{1}{r^2}\frac{\partial}{\partial r}\left(r^2\frac{\partial u}{\partial r}\right) + \frac{1}{r^2\sin\theta}\frac{\partial}{\partial\theta}\left(\sin\theta\frac{\partial u}{\partial\theta}\right) + \frac{1}{r^2\sin^2\theta}\frac{\partial^2 u}{\partial\phi^2} = 0,$$

$$u|_{\theta=0} \text{ 有界}, \qquad u|_{\theta=\pi} \text{ 有界},$$

$$u|_{\phi=0} = u|_{\phi=2\pi}, \qquad \frac{\partial u}{\partial\phi}\bigg|_{\phi=0} = \frac{\partial u}{\partial\phi}\bigg|_{\phi=2\pi},$$

$$u|_{r=a} = f(\theta,\phi), \qquad u|_{r=b} = g(\theta,\phi),$$

试写出满足齐次偏微分方程和齐次边界条件的 (全部) 特解和一般解.

综合 §16.5 和 §16.10 的讨论可以看出, l 或 m 不同的球面调和函数在整个 4π 立体角上是彼此正交的, 即当 $(l,m) \ne (k,n)$ 时, 有

$$\int_0^\pi P_l^m(\cos\theta) P_k^n(\cos\theta) \sin\theta\, d\theta \int_0^{2\pi} \cos m\phi \cos n\phi\, d\phi = 0, \tag{16.115a}$$

$$\int_0^\pi P_l^m(\cos\theta) P_k^n(\cos\theta) \sin\theta\, d\theta \int_0^{2\pi} \sin m\phi \sin n\phi\, d\phi = 0, \tag{16.115b}$$

$$\int_0^\pi P_l^m(\cos\theta) P_k^n(\cos\theta) \sin\theta\, d\theta \int_0^{2\pi} \cos m\phi \sin n\phi\, d\phi = 0. \tag{16.115c}$$

同样, 还可以写出球面调和函数的模方

$$\int_0^\pi \left[P_l^m(\cos\theta)\right]^2 \sin\theta d\theta \int_0^{2\pi} \cos^2 m\phi\, d\phi = \frac{(l+m)!}{(l-m)!}\frac{2\pi}{2l+1}(1+\delta_{m0}), \tag{16.116a}$$

$$\int_0^\pi \left[P_l^m(\cos\theta)\right]^2 \sin\theta d\theta \int_0^{2\pi} \sin^2 m\phi\, d\phi = \frac{(l+m)!}{(l-m)!}\frac{2\pi}{2l+1}. \tag{16.116b}$$

物理学中常用的是另一种形式的球面调和函数: 对应于本征值 $\lambda_l = l(l+1)$, $l = 0,1,2,\cdots$, 本征值问题 (16.108) 的本征函数取为

$$S_{lm}(\theta,\phi) = P_l^{|m|}(\cos\theta) e^{im\phi}, \qquad m = 0, \pm 1, \pm 2, \cdots, \pm l. \tag{16.117}$$

它们仍称为球面调和函数, 但是正交归一关系的形式更简单:

$$\int_0^\pi \int_0^{2\pi} S_{lm}(\theta,\phi) S_{kn}^*(\theta,\phi) \sin\theta d\theta d\phi = \frac{(l+|m|)!}{(l-|m|)!}\frac{4\pi}{2l+1}\delta_{lk}\delta_{mn}. \tag{16.118}$$

通常更采用归一化的球面调和函数. 例如, 可定义

$$Y_l^m(\theta,\phi) = \sqrt{\frac{(l-|m|)!}{(l+|m|)!}\frac{2l+1}{4\pi}} P_l^{|m|}(\cos\theta) e^{im\phi}, \quad m = 0, \pm 1, \pm 2, \cdots, \pm l, \tag{16.117'}$$

这时就有正交归一关系

$$\int_0^\pi \int_0^{2\pi} Y_l^m(\theta,\phi) Y_k^{n*}(\theta,\phi) \sin\theta d\theta d\phi = \delta_{lk}\delta_{mn}. \tag{16.118'}$$

最后值得提醒, 在不同文献中, $Y_l^m(\theta,\phi)$ 常常有不同的定义, 使用时需要认真核对.

§16.12　量子力学中的轨道角动量

在量子力学中,轨道角动量定义为

$$\widehat{\boldsymbol{L}} = \boldsymbol{r} \times \boldsymbol{p} = -\mathrm{i}\hbar \boldsymbol{r} \times \boldsymbol{\nabla} = -\mathrm{i}\hbar \begin{vmatrix} \boldsymbol{e}_x & \boldsymbol{e}_y & \boldsymbol{e}_z \\ x & y & z \\ \dfrac{\partial}{\partial x} & \dfrac{\partial}{\partial y} & \dfrac{\partial}{\partial z} \end{vmatrix},$$

因此,

$$\widehat{L}_x = -\mathrm{i}\hbar\left(y\frac{\partial}{\partial z} - z\frac{\partial}{\partial y}\right), \qquad \widehat{L}_y = -\mathrm{i}\hbar\left(z\frac{\partial}{\partial x} - x\frac{\partial}{\partial z}\right), \qquad \widehat{L}_z = -\mathrm{i}\hbar\left(x\frac{\partial}{\partial y} - y\frac{\partial}{\partial x}\right),$$

其中 $\hbar$ 是 Planck 常数. 采用球坐标系, 就有

$$\widehat{L}_x = \mathrm{i}\hbar\left(\sin\phi\frac{\partial}{\partial\theta} + \cot\theta\cos\phi\frac{\partial}{\partial\phi}\right), \tag{16.119}$$

$$\widehat{L}_y = -\mathrm{i}\hbar\left(\cos\phi\frac{\partial}{\partial\theta} - \cot\theta\sin\phi\frac{\partial}{\partial\phi}\right), \tag{16.120}$$

$$\widehat{L}_z = -\mathrm{i}\hbar\frac{\partial}{\partial\phi}. \tag{16.121}$$

在此基础上还可以定义

$$\widehat{L^2} \equiv \widehat{\boldsymbol{L}}\cdot\widehat{\boldsymbol{L}} = \widehat{L_x^2} + \widehat{L_y^2} + \widehat{L_z^2}$$
$$= -\hbar^2\left[\frac{1}{\sin\theta}\frac{\partial}{\partial\theta}\left(\sin\theta\frac{\partial}{\partial\theta}\right) + \frac{1}{\sin^2\theta}\frac{\partial^2}{\partial\phi^2}\right]. \tag{16.122}$$

因为算符 $\widehat{L^2}$ 与 $\widehat{L}_z$ 对易,所以有共同的本征函数[①] (量子力学中称本征态) $\mathrm{Y}_l^m(\theta,\phi)$,

$$\widehat{L^2}\mathrm{Y}_l^m(\theta,\phi) = l(l+1)\hbar^2\,\mathrm{Y}_l^m(\theta,\phi), \tag{16.123}$$

$$\widehat{L}_z\mathrm{Y}_l^m(\theta,\phi) = m\hbar\,\mathrm{Y}_l^m(\theta,\phi). \tag{16.124}$$

这里本征值问题中的边界条件,对于 $\widehat{L^2}$,就是 (16.108b) 和 (16.108c),对于 $\widehat{L}_z$,则只要求函数在 $\phi=0$ 与 $\phi=2\pi$ 两点之值相等.

鉴于以上原因,球面调和函数 (包括 Legendre 多项式和连带 Legendre 函数) 在量子力学课程中有广泛的应用,在电动力学的静电场、静磁场和电磁波的传播等方面也有同样广泛的应用. 由于不同次的 Legendre 多项式或连带 Legendre 的极值位置明显不同,所以它们也广泛应用于散射粒子角分布数据的分析.

*§16.13　连带 Legendre 函数的加法公式

讨论点电荷的静电势问题. 设在 (r',θ',ϕ') 处有一点电荷,电量为 $4\pi\varepsilon_0$,则 (r,θ,ϕ) 处的电势为

$$G(\boldsymbol{r};\boldsymbol{r}') \equiv \frac{1}{|\boldsymbol{r}-\boldsymbol{r}'|}. \tag{16.125}$$

[①] 请自己证明: 若算符 $\widehat{A},\widehat{B}$ 对易,$\widehat{A}\widehat{B}=\widehat{B}\widehat{A}$,则必有共同的本征函数.

显然，$G(\boldsymbol{r};\boldsymbol{r}')$ 应当是定解问题

$$\nabla^2 G(\boldsymbol{r};\boldsymbol{r}') = -4\pi\delta(\boldsymbol{r}-\boldsymbol{r}'), \tag{16.126a}$$

$$G(\boldsymbol{r};\boldsymbol{r}')\big|_{\theta=0} \text{ 有界}, \qquad G(\boldsymbol{r};\boldsymbol{r}')\big|_{\theta=\pi} \text{ 有界}, \tag{16.126b}$$

$$G(\boldsymbol{r};\boldsymbol{r}')\big|_{\phi=0} = G(\boldsymbol{r};\boldsymbol{r}')\big|_{\phi=2\pi}, \qquad \frac{\partial G(\boldsymbol{r};\boldsymbol{r}')}{\partial \phi}\bigg|_{\phi=0} = \frac{\partial G(\boldsymbol{r};\boldsymbol{r}')}{\partial \phi}\bigg|_{\phi=2\pi}, \tag{16.126c}$$

$$G(\boldsymbol{r};\boldsymbol{r}')\big|_{r=0} \text{ 有界}, \qquad G(\boldsymbol{r};\boldsymbol{r}')\big|_{r\to\infty} \to 0 \tag{16.126d}$$

的解，其中 $\delta(\boldsymbol{r}-\boldsymbol{r}')$ 是三维 δ 函数 (见第九章). 因为当 $\boldsymbol{r}\neq\boldsymbol{r}'$ 时，方程 (16.126a) 是齐次的，所以

$$G(\boldsymbol{r};\boldsymbol{r}') = \begin{cases} \displaystyle\sum_{l=0}^{\infty}\sum_{m=0}^{l} \left(\frac{r}{r'}\right)^l \mathrm{P}_l^m(\cos\theta)\left(A_{lm}\cos m\phi + B_{lm}\sin m\phi\right), & r<r', \\ \displaystyle\sum_{l=0}^{\infty}\sum_{m=0}^{l} \left(\frac{r'}{r}\right)^{l+1} \mathrm{P}_l^m(\cos\theta)\left(C_{lm}\cos m\phi + D_{lm}\sin m\phi\right), & r>r'. \end{cases}$$

将方程 (16.126a) 积分，并注意

$$\delta(\boldsymbol{r}-\boldsymbol{r}') = \frac{1}{r^2\sin\theta}\delta(r-r')\delta(\theta-\theta')\delta(\phi-\phi'),$$

就可以得到 $G(\boldsymbol{r};\boldsymbol{r}')$ 在球面 $r=r'$ 上的连接条件

$$G(\boldsymbol{r};\boldsymbol{r}')\bigg|_{r=r'-0}^{r=r'+0} = 0, \qquad \frac{\partial G(\boldsymbol{r};\boldsymbol{r}')}{\partial r}\bigg|_{r=r'-0}^{r=r'+0} = -\frac{4\pi}{r'^2\sin\theta}\delta(\theta-\theta')\delta(\phi-\phi').$$

将 $\delta(\theta-\theta')\delta(\phi-\phi')$ 按连带 Legendre 函数展开，

$$\frac{1}{\sin\theta}\delta(\theta-\theta')\delta(\phi-\phi') = \sum_{l=0}^{\infty}\sum_{m=0}^{l}\left[\frac{2l+1}{2\pi(1+\delta_{m0})}\frac{(l-m)!}{(l+m)!}\right.$$
$$\left. \times \mathrm{P}_l^m(\cos\theta)\mathrm{P}_l^m(\cos\theta')\left(\cos m\phi\cos m\phi' + \sin m\phi\sin m\phi'\right)\right],$$

由此可以定出

$$A_{lm} = C_{lm} = \frac{2}{1+\delta_{m0}}\frac{(l-m)!}{(l+m)!}\frac{1}{r'}\mathrm{P}_l^m(\cos\theta')\cos m\phi',$$

$$B_{lm} = D_{lm} = \frac{(l-m)!}{(l+m)!}\frac{1}{r'}\mathrm{P}_l^m(\cos\theta')\sin m\phi',$$

于是就得到展开式

$$\frac{1}{|\boldsymbol{r}-\boldsymbol{r}'|} = \begin{cases} \displaystyle\frac{1}{r'}\sum_{l=0}^{\infty}\left(\frac{r}{r'}\right)^l \bigg\{\mathrm{P}_l(\cos\theta)\mathrm{P}_l(\cos\theta') \\ \qquad +2\displaystyle\sum_{m=1}^{l}\frac{(l-m)!}{(l+m)!}\mathrm{P}_l^m(\cos\theta)\mathrm{P}_l^m(\cos\theta')\cos m(\phi-\phi')\bigg\}, & r<r', \\ \displaystyle\frac{1}{r}\sum_{l=0}^{\infty}\left(\frac{r'}{r}\right)^l \bigg\{\mathrm{P}_l(\cos\theta)\mathrm{P}_l(\cos\theta') \\ \qquad +2\displaystyle\sum_{m=1}^{l}\frac{(l-m)!}{(l+m)!}\mathrm{P}_l^m(\cos\theta)\mathrm{P}_l^m(\cos\theta')\cos m(\phi-\phi')\bigg\}, & r>r'. \end{cases} \tag{16.127a}$$

另一方面，可以直接计算场点 (r,θ,ϕ) 与源点 (r',θ',ϕ') 之间的距离 $|\boldsymbol{r}-\boldsymbol{r}'|$，

$$|\boldsymbol{r}-\boldsymbol{r}'|^2 = r^2 + r'^2 - 2rr'\left[\cos\theta\cos\theta' + \sin\theta\sin\theta'\cos(\phi-\phi')\right],$$

将此二点对于坐标原点的张角记为 γ，
$$\cos\gamma = \cos\theta\cos\theta' + \sin\theta\sin\theta'\cos(\phi-\phi'),$$

于是又应该有

$$\frac{1}{|\boldsymbol{r}-\boldsymbol{r}'|} = \begin{cases} \dfrac{1}{r'}\displaystyle\sum_{l=0}^{\infty}\left(\dfrac{r}{r'}\right)^l \mathrm{P}_l(\cos\gamma), & r < r', \\ \dfrac{1}{r}\displaystyle\sum_{l=0}^{\infty}\left(\dfrac{r'}{r}\right)^l \mathrm{P}_l(\cos\gamma), & r > r'. \end{cases} \tag{16.127b}$$

与 (16.127a) 式比较，由 Taylor 展开的唯一性，即可导出

$$\mathrm{P}_l(\cos\gamma) = \mathrm{P}_l(\cos\theta)\mathrm{P}_l(\cos\theta') + 2\sum_{m=1}^{l}\frac{(l-m)!}{(l+m)!}\mathrm{P}_l^m(\cos\theta)\mathrm{P}_l^m(\cos\theta')\cos m(\phi-\phi'). \tag{16.128}$$

此即**连带 Legendre 函数的加法公式**，亦称**球面调和函数的叠加定理**. 这个结果还可以理解为改变球坐标极轴方向时连带 Legendre 函数 (球面调和函数) 的变换关系.

重新讨论例 16.6 的带电圆环问题. 在环上取弧元 $a\mathrm{d}\phi'$，它到空间任意一点 (r,θ,ϕ) 的静电势就是

$$\mathrm{d}u = \frac{1}{4\pi\varepsilon_0}\frac{Q\mathrm{d}\phi'}{2\pi}\frac{1}{\sqrt{r^2+a^2-2ra\cos\gamma}},$$

其中

$$\cos\gamma = \cos\theta\cos\theta' + \sin\theta\sin\theta'\cos(\phi-\phi')\Big|_{\theta'=\pi/2} = \sin\theta\cos(\phi-\phi').$$

由此就直接叠加出整个带电圆环在 (r,θ,ϕ) 的静电势

$$u(r,\theta,\phi) = \frac{Q}{8\pi^2\varepsilon_0}\int_0^{2\pi}\frac{\mathrm{d}\phi'}{\sqrt{r^2+a^2-2ra\cos\gamma}}.$$

可以利用 (16.128) 式计算出这个积分. 当 $r < a$ 时，

$$\int_0^{2\pi}\frac{\mathrm{d}\phi'}{\sqrt{r^2+a^2-2ra\cos\gamma}} = \frac{1}{a}\sum_{l=0}^{\infty}\left(\frac{r}{a}\right)^l\int_0^{2\pi}\mathrm{P}_l(\cos\gamma)\mathrm{d}\phi'$$

$$= \frac{1}{a}\sum_{l=0}^{\infty}\left(\frac{r}{a}\right)^l\int_0^{2\pi}\left[\mathrm{P}_l(\cos\theta)\mathrm{P}_l(0) + 2\sum_{m=1}^{l}\frac{(l-m)!}{(l+m)!}\mathrm{P}_l^m(\cos\theta)\mathrm{P}_l^m(0)\cos m(\phi-\phi')\right]\mathrm{d}\phi'$$

$$= \frac{2\pi}{a}\sum_{l=0}^{\infty}\left(\frac{r}{a}\right)^l \mathrm{P}_l(\cos\theta)\mathrm{P}_l(0),$$

因为 $\mathrm{P}_{2l+1}(0) = 0$，所以得

$$u(r,\theta,\phi) = \frac{Q}{4\pi a\varepsilon_0}\sum_{l=0}^{\infty}\left(\frac{r}{a}\right)^l \mathrm{P}_l(\cos\theta)\mathrm{P}_l(0) = \frac{Q}{4\pi a\varepsilon_0}\sum_{l=0}^{\infty}\left(\frac{r}{a}\right)^{2l} \mathrm{P}_{2l}(\cos\theta)\mathrm{P}_{2l}(0).$$

类似地，当 $r > a$ 时也可以得到

$$u(r,\theta,\phi) = \frac{Q}{4\pi r\varepsilon_0}\sum_{l=0}^{\infty}\left(\frac{a}{r}\right)^{2l} \mathrm{P}_{2l}(\cos\theta)\mathrm{P}_{2l}(0).$$

这里的结果显然和 (16.108) 式完全相同.

例 16.7 载流圆线圈的静磁场问题.

设圆线圈的半径为 a，通有电流 I，求空间任意一点的磁矢势 $\boldsymbol{A}$ 和磁感应强度 $\boldsymbol{B}$.

*§16.13 连带 Legendre 函数的加法公式

解 取球坐标系. 坐标原点位于圆心, 圆线圈处于赤道面上, 电流方向即为 ϕ 增大的方向. 按定义, 此电流圈在空间 $\boldsymbol{r} = (r, \theta, \phi)$ 处的磁矢势 $\boldsymbol{A}$ 应为

$$\boldsymbol{A} = \frac{\mu_0 I}{4\pi} \oint_l \frac{\mathrm{d}\boldsymbol{l}'}{|\boldsymbol{r} - \boldsymbol{r}'|},$$

其中 $\boldsymbol{r}' = (r', \theta', \phi')$ 是圆环 l 上的变点 ($r' = a$, $\theta' = \pi/2$), $\mathrm{d}\boldsymbol{l}'$ 是圆环上的弧元 (矢量)

$$\mathrm{d}\boldsymbol{l}' = a(-\sin\phi' \boldsymbol{e}_x + \cos\phi' \boldsymbol{e}_y)\mathrm{d}\phi'.$$

由对称性可知, 磁矢势 $\boldsymbol{A}$ 一定只有 $\boldsymbol{e}_\phi$ 分量, 即 $A_r = A_\theta = 0$, $A_\phi \neq 0$. 记径矢 $\boldsymbol{r}$ 与 $\boldsymbol{r}'$ 间的夹角为 γ, 则

$$\frac{1}{|\boldsymbol{r} - \boldsymbol{r}'|} = \frac{1}{\sqrt{r^2 + a^2 - 2ra\cos\gamma}},$$

其中 $\cos\gamma = \cos\theta\cos\theta' + \sin\theta\sin\theta'\cos(\phi - \phi')\big|_{\theta' = \pi/2}$. 代入即得

$$\boldsymbol{A} = \frac{\mu_0 a I}{4\pi} \int_0^{2\pi} \frac{-\sin\phi' \boldsymbol{e}_x + \cos\phi' \boldsymbol{e}_y}{\sqrt{r^2 + a^2 - 2ra\cos\gamma}} \mathrm{d}\phi'.$$

下面分别就 $r < a$ 和 $r > a$ 的两种情形计算积分. 当 $r < a$ 时,

$$\frac{1}{\sqrt{r^2 + a^2 - 2ra\cos\gamma}} = \frac{1}{a} \sum_{l=0}^\infty \left(\frac{r}{a}\right)^l \mathrm{P}_l(\cos\gamma),$$

所以

$$\boldsymbol{A} = \frac{\mu_0 I}{4\pi} \sum_{l=0}^\infty \left(\frac{r}{a}\right)^l \int_0^{2\pi} \mathrm{P}_l(\cos\gamma) (-\sin\phi' \boldsymbol{e}_x + \cos\phi' \boldsymbol{e}_y)\mathrm{d}\phi'.$$

更进一步, 由连带 Legendre 函数的加法公式以及正交关系

$$\int_0^{2\pi} \sin m\phi' \sin\phi' \mathrm{d}\phi' = \pi\delta_{m1}, \qquad \int_0^{2\pi} \sin m\phi' \cos\phi' \mathrm{d}\phi' = 0,$$

$$\int_0^{2\pi} \cos m\phi' \cos\phi' \mathrm{d}\phi' = \pi\delta_{m1}, \qquad \int_0^{2\pi} \cos m\phi' \sin\phi' \mathrm{d}\phi' = 0,$$

可以算出积分

$$\int_0^{2\pi} \mathrm{P}_l(\cos\gamma) \sin\phi' \mathrm{d}\phi' = 2\pi \frac{(l-1)!}{(l+1)!} \mathrm{P}_l^1(\cos\theta) \mathrm{P}_l^1(\cos\theta') \sin\phi,$$

$$\int_0^{2\pi} \mathrm{P}_l(\cos\gamma) \cos\phi' \mathrm{d}\phi' = 2\pi \frac{(l-1)!}{(l+1)!} \mathrm{P}_l^1(\cos\theta) \mathrm{P}_l^1(\cos\theta') \cos\phi.$$

注意 $\theta' = \pi/2$,

$$\mathrm{P}_{2l}^1(\cos\theta') = \mathrm{P}_{2l}^1(0) = 0, \qquad \mathrm{P}_{2l+1}^1(\cos\theta') = \mathrm{P}_{2l+1}^1(0),$$

就得到

$$\boldsymbol{A} = \frac{\mu_0 I}{2} \sum_{l=0}^\infty \left(\frac{r}{a}\right)^l \frac{(l-1)!}{(l+1)!} \mathrm{P}_l^1(\cos\theta) \mathrm{P}_l^1(\cos\theta') (-\sin\phi \boldsymbol{e}_x + \cos\phi \boldsymbol{e}_y)$$

$$= \frac{\mu_0 I}{2} \boldsymbol{e}_\phi \sum_{l=0}^\infty \frac{1}{(2l+1)(2l+2)} \left(\frac{r}{a}\right)^{2l+1} \mathrm{P}_{2l+1}^1(0) \mathrm{P}_{2l+1}^1(\cos\theta).$$

当 $r > a$ 时,

$$\frac{1}{\sqrt{r^2 + a^2 - 2ra\cos\gamma}} = \frac{1}{r} \sum_{l=0}^\infty \left(\frac{a}{r}\right)^l \mathrm{P}_l(\cos\gamma).$$

经过完全类似的计算, 也可得到

$$\boldsymbol{A} = \frac{\mu_0 I}{2} \boldsymbol{e}_\phi \sum_{l=0}^{\infty} \frac{1}{(2l+1)(2l+2)} \left(\frac{a}{r}\right)^{2l+2} \mathrm{P}_{2l+1}^1(0) \, \mathrm{P}_{2l+1}^1(\cos\theta).$$

在此基础上, 可以进一步求出磁感应强度 $\boldsymbol{B} = \nabla \times \boldsymbol{A} = \nabla \times (A_\phi \boldsymbol{e}_\phi)$:

$$B_r = \frac{1}{r\sin\theta}\frac{\partial(\sin\theta A_\phi)}{\partial \theta} = \begin{cases} -\dfrac{\mu_0 I}{2r} \displaystyle\sum_{l=0}^{\infty} \left(\dfrac{a}{r}\right)^{2l+2} \mathrm{P}_{2l+1}^1(0) \, \mathrm{P}_{2l+1}^1(\cos\theta), & r < a, \\[2mm] -\dfrac{\mu_0 I}{2r} \displaystyle\sum_{l=0}^{\infty} \left(\dfrac{a}{r}\right)^{2l+2} \mathrm{P}_{2l+1}^1(0) \, \mathrm{P}_{2l+1}^1(\cos\theta), & r > a; \end{cases}$$

$$B_\theta = -\frac{1}{r}\frac{\partial(rA_\phi)}{\partial r} = \begin{cases} -\dfrac{\mu_0 I}{2r} \displaystyle\sum_{l=0}^{\infty} \frac{1}{2l+1}\left(\dfrac{r}{a}\right)^{2l+1} \mathrm{P}_{2l+1}^1(0) \, \mathrm{P}_{2l+1}^1(\cos\theta), & r < a, \\[2mm] \dfrac{\mu_0 I}{2r} \displaystyle\sum_{l=0}^{\infty} \frac{1}{2l+2}\left(\dfrac{a}{r}\right)^{2l+2} \mathrm{P}_{2l+1}^1(0) \, \mathrm{P}_{2l+1}^1(\cos\theta), & r > a; \end{cases}$$

$$B_\phi = 0.$$

A_ϕ 和 B_r 显然是处处连续的. 至于 B_θ, 当 $r = a$ 时,

$$\begin{aligned} B_\theta \Big|_{r=a-0}^{r=a+0} &= \frac{\mu_0 I}{2r}\sum_{l=0}^{\infty} \left[\frac{1}{2l+2} + \frac{1}{2l+1}\right] \mathrm{P}_{2l+1}^1(0) \, \mathrm{P}_{2l+1}^1(\cos\theta) \\ &= \frac{\mu_0 I}{2r}\sum_{l=0}^{\infty} \frac{4l+3}{(2l+1)(2l+2)} \mathrm{P}_{2l+1}^1(0) \, \mathrm{P}_{2l+1}^1(\cos\theta) = \frac{\mu_0 I}{r}\delta(\theta - \pi/2). \end{aligned}$$

所以除 $\theta = \pi/2$ 外, B_θ 在 $r = a$ 的球面上也是连续的. 最后一步用到了 δ 函数的展开式

$$\delta(\theta - \pi/2) = \sum_{l=0}^{\infty} \frac{4l+3}{2} \frac{(2l)!}{(2l+2)!} \mathrm{P}_{2l+1}^1(0) \, \mathrm{P}_{2l+1}^1(\cos\theta). \tag{16.129}$$

*§16.14 关于正交多项式的一般讨论

在 §16.3 中求解 Legendre 方程在有界条件下的本征值问题时, 得到的本征函数是 Legendre 多项式. 现在讨论更一般的 Sturm-Liouville 型方程的本征值问题只有多项式解的情形. 设有方程

$$\frac{\mathrm{d}}{\mathrm{d}x}\left[p(x)\frac{\mathrm{d}y(x)}{\mathrm{d}x}\right] + [\lambda\rho(x) - q(x)]y(x) = 0, \tag{16.130}$$

所加的边界条件保证算符

$$\widehat{L} = \frac{1}{\rho(x)}\left\{-\frac{\mathrm{d}}{\mathrm{d}x}\left[p(x)\frac{\mathrm{d}}{\mathrm{d}x}\right] + q(x)\right\}$$

是自伴的. 如果我们约定, 将本征值从小到大排列, $\lambda_0 < \lambda_1 < \lambda_2 < \cdots$, 而且, 对应于本征值 λ_n, 本征函数 $Q_n(x)$ 是 n 次多项式. 显然, 在这样的约定[①] 下, 边界条件不可能是一、二、三类边界条件, 也不可能是周期条件. 这是因为, 本征函数是常数就排除了第一类和第三类边界条件, 本征函数是一次多项式又排除了第二类边界条件, 而除了 $Q_0(x)$ 之外的本征函数也排除了周期条件. 这样, 边界条件就只能是有界条件等形式, 换句话说, 本征值问题只可能是奇异的. 当端点在有限远处时, 区间的端点是方程的奇点, 边界条件

---

① 需要强调, 下面的所有结论都是在这个约定之下得到的. 改变这个约定, 后面的结论当然需要做相应的修改.

是有界条件; 当端点为 ∞ 时, 则应当要求 $Q_n(x)$ 足够快地趋于 0, 以保证反常积分 $\int^{\infty} |Q_n(x)|^2 \rho(x) \mathrm{d}x$ 收敛.

更进一步, 当 $\lambda = \lambda_0$ 时, 有
$$[\lambda_0 \rho(x) - q(x)] Q_0(x) = 0,$$
由此可得
$$q(x) = \lambda_0 \, \rho(x). \tag{16.131}$$

相应地, 微分方程 (16.130) 变为
$$\frac{\mathrm{d}}{\mathrm{d}x}\left[p(x)\frac{\mathrm{d}y(x)}{\mathrm{d}x}\right] + (\lambda - \lambda_0)\rho(x)y(x) = 0. \tag{16.132}$$

同样, 当 $\lambda = \lambda_1$ 时,
$$\frac{\mathrm{d}}{\mathrm{d}x}\left[p(x)\frac{\mathrm{d}Q_1(x)}{\mathrm{d}x}\right] + (\lambda_1 - \lambda_0)\rho(x)Q_1(x) = 0,$$
亦即
$$p'(x)Q_1'(x) + (\lambda_1 - \lambda_0)\rho(x)Q_1(x) = 0,$$
所以,
$$p'(x) = -\frac{(\lambda_1 - \lambda_0)}{Q_1'(x)}Q_1(x)\rho(x) = 常数 \times Q_1(x)\rho(x) = 一次多项式 \times \rho(x). \tag{16.133}$$

再由于 $\lambda = \lambda_2$ 时,
$$\frac{\mathrm{d}}{\mathrm{d}x}\left[p(x)\frac{\mathrm{d}Q_2(x)}{\mathrm{d}x}\right] + (\lambda_2 - \lambda_0)\rho(x)Q_2(x) = 0,$$
亦即
$$p(x)Q_2''(x) + p'(x)Q_2'(x) + (\lambda_2 - \lambda_0)\rho(x)Q_2(x) = 0,$$
所以,
$$p(x) = -\left[p'(x)\frac{Q_2'(x)}{Q_2''(x)} - + (\lambda_2 - \lambda_0)\frac{Q_2(x)}{Q_2''(x)}\right]\rho(x).$$

因为 $Q_2(x)$ 是二次多项式, 所以 $Q_2'(x)$ 是一次多项式, $Q_2''(x)$ 是常数, 同时利用 (16.133) 中的结果, 又有
$$p(x) = 最高为二次多项式 \times \rho(x). \tag{16.134}$$

总结以上讨论, 我们就能将微分方程 (16.130) 写为
$$\alpha(x)y''(x) + \beta(x)y'(x) + \lambda y(x) = 0, \tag{16.135a}$$
其中
$$\alpha(x) = a_0 x^2 + a_1 x + a_2, \tag{16.135b}$$
$$\beta(x) = b_0 x + b_1, \tag{16.135c}$$
而
$$\beta(x)\rho(x) = \frac{\mathrm{d}}{\mathrm{d}x}\left[\alpha(x)\rho(x)\right]. \tag{16.136}$$

在 (16.135a) 中还约去了公因子 $\rho(x)$, 并且取 $\lambda_0 = q(x) = 0$, 因为这只不过是将所有的本征值同时加减一个数, 而本征函数不变, 所以本征值问题没有任何实质性的改变.

由 (16.136) 式可以求得
$$\rho(x) = \frac{1}{\alpha(x)} \exp\left\{\int \frac{\beta(x)}{\alpha(x)}\mathrm{d}x\right\}. \tag{16.137}$$

权函数 $\rho(x)$ 的形式,当然要保证函数的内积有意义. 由于本征函数是多项式,所以如果是无界区间,则当 $x\to\pm\infty$ 时, $\rho(x)$ 应当比 $|x|$ 的任意次幂都要快地趋于 0. 如果本征值问题的区间是 $[0,\infty]$,则要求当 $x\to\infty$ 时, $\rho(x)$ 应当比 x 的任意次幂都要快地趋于 0.

在方程 (16.135a) 中,最多有 5 个待定参数,即 $\alpha(x)$ 中的 a_0, a_1, a_2 和 $\beta(x)$ 中的 b_0, b_1. 考虑到在下列 3 种变换下,本征值问题没有任何实质性的改变:

1. 将方程 (16.135a) 同乘 (除) 以一数,因此,本征值也相应地乘 (除) 以该数,但本征函数不变. 所以,我们总可以将 $\alpha(x)$ 中最高次幂项的系数取为 1 或 -1.
2. 对方程 (16.135a) 做变换 $\zeta = x - x_0$,本征值不变,本征函数变为 $Q_n(\zeta) = Q_n(x - x_0)$. 于是,只要不是无界区间,我们总可以将区间的 (一个) 端点加以适当的调整.
3. 对方程 (16.135a) 做变换 $\zeta = kx$,本征值不变,本征函数变为 $Q_n(\zeta) = Q_n(kx)$. 因此,我们可以对 $\beta(x)$ 中的一个参数做适当的指定.

因此,这 5 个待定参数中,最多只有两个可以做实质性的改变. 下面我们就来讨论方程 (16.135a) 的各种可能的形式.

1. $\alpha(x)$ 为常数. 不妨取此常数为 1. 对应于上面的变换 2 和 3,可以令 $b_0 = -2, b_1 = 0$. 于是方程变为

$$\frac{\mathrm{d}^2 y(x)}{\mathrm{d}x^2} - 2x \frac{\mathrm{d}y(x)}{\mathrm{d}x} + \lambda y(x) = 0. \tag{16.138}$$

这个方程称为 Hermite 方程. 它在有限远处没有奇点, $x = \pm\infty$ 为非正则奇点. 因此,如果要求构成本征值问题,而且本征函数 $Q_n(x)$ 为 n 次多项式,则区间必须是 $(-\infty, \infty)$,权函数为

$$\rho(x) = \exp\left\{\int (-2x)\mathrm{d}x\right\} = \mathrm{e}^{-x^2},$$

边界条件就是本征函数在两个端点处均平方可积,亦即

$$\int_{-\infty}^{\infty} |y(x)|^2 \mathrm{e}^{-x^2} \mathrm{d}x$$

收敛. 不难求出,本征值 $\lambda_n = 2n, n = 0, 1, 2, \cdots$,本征函数即为 Hermite 多项式 $\mathrm{H}_n(x)$.

2. $\alpha(x)$ 为一次多项式. 不妨取 $\alpha(x) = x$. 于是,

$$\rho(x) = \frac{1}{x} \exp\left\{\int \frac{b_0 x + b_1}{x} \mathrm{d}x\right\} = x^{b_1 - 1} \mathrm{e}^{b_0 x}.$$

通常取 $b_0 = -1, b_1 = \mu + 1$,则方程变为

$$x \frac{\mathrm{d}^2 y(x)}{\mathrm{d}x^2} + (\mu + 1 - x) \frac{\mathrm{d}y(x)}{\mathrm{d}x} + \lambda y(x) 0,$$

称为 Laguerre 方程. 因为 $x = 0$ 和 ∞ 都是奇点,所以本征值问题的区间一定为 $[0, \infty)$,边界条件则是

$$y(0) \text{ 有界}, \quad \int_0^\infty |y(x)|^2 x^\mu \mathrm{e}^{-x} \mathrm{d}x \text{ 收敛}.$$

可以求得本征值 $\lambda_n = n, n = 0, 1, 2, \cdots$,本征函数是广义 Laguerre 多项式 $\mathrm{L}_n^\mu(x)$. 他的特殊情形, $\mathrm{L}_n^0(x) = \mathrm{L}_n(x)$,称为 Laguerre 多项式.

3. $\alpha(x)$ 为二次多项式. 这时需要区分 $\alpha(x)$ 有无实根的两种情形.

当 $\alpha(x)$ 有实根时,不妨取 $\alpha(x) = 1 - x^2, \beta(x) = -(\mu + \nu + 2)x + (\mu - \nu)$,于是,

$$\frac{\beta(x)}{\alpha(x)} = -\frac{(\mu + \nu + 2)x - (\mu - \nu)}{1 - x^2} = \frac{\nu + 1}{1 + x} - \frac{\mu + 1}{1 - x},$$

所以
$$\rho(x) = (1-x)^\mu (1+x)^\nu.$$

这时，微分方程
$$(1-x^2)\frac{\mathrm{d}^2 y(x)}{\mathrm{d}x^2} + [(\nu-\mu)-(\nu+\mu+2)x]\frac{\mathrm{d}y(x)}{\mathrm{d}x} + \lambda y(x) = 0$$

称为 Jacobi 方程. 方程有三个奇点，$x = \pm 1$ 和 ∞，且属于 Fuchs 型方程. 如果考虑在区间为 $(-1, 1)$ 的本征值问题，则边界条件应为 $y(\pm 1)$ 有界. 可以求得本征值 $\lambda_n = n(n+\nu+\mu+1)$，$n = 0, 1, 2, \cdots$，本征函数 $\mathrm{P}_n^{(\mu,\nu)}(x)$ 称为 Jacobi 多项式. Gegenbauer 多项式 $\mathrm{C}_n^\mu(x)$、Legendre 多项式 $\mathrm{P}_n(x)$ 和 Chebyshev 多项式 $\mathrm{T}_n(x) \equiv \cos(\arccos x)$ 都是它的特殊情形，分别对应于 $\mu = \nu$，$\mu = \nu = 0$ 和 $\mu = \nu = -1/2$. 如果 $\mu = \nu = $ 正整数 m，则本征函数为 $\dfrac{\mathrm{d}^m \mathrm{P}_n(x)}{\mathrm{d}x^m}$，正交权函数为 $\rho(x) = (1-x^2)^m$. 这实际上是连带 Legendre 函数的另一种表述形式.

如果 $\alpha(x)$ 无实根，不妨取 $\alpha(x) = 1 + x^2$. 这时，本征值问题的区间仍应取为 $(-\infty, \infty)$. 因为
$$\int \frac{b_0 x + b_1}{1+x^2}\mathrm{d}x = \frac{b_0}{2}\ln(1+x^2) + b_1 \arctan x,$$

所以正交权函数
$$\rho(x) = (1+x^2)^{(b_0-2)/2}\mathrm{e}^{b_1 \arctan x},$$

无论 b_0, b_1 取何值，都不能保证积分 $\displaystyle\int_{-\infty}^\infty |y(x)|^2 \rho(x)\mathrm{d}x$ 收敛，因此，在这种情形下，本征值问题无解.

上面这些奇异的本征值问题，只要有解，则从它们满足的本征值问题 (微分方程和边界条件) 出发，就能够证明本征函数一定具有正交性.

习 题

(在下列各题中，k, l 均为自然数)

1. 证明：
$$\int_x^1 \mathrm{P}_k(x)\mathrm{P}_l(x)\mathrm{d}x = (1-x^2)\frac{\mathrm{P}_k'(x)\mathrm{P}_l(x) - \mathrm{P}_l'(x)\mathrm{P}_k(x)}{k(k+1)-l(l+1)}, \qquad k \neq l.$$

2. 计算积分 $\displaystyle\int_{-1}^1 (1+x)^k \mathrm{P}_l(x)\mathrm{d}x$. 注意分别讨论 $k \geqslant l$ 和 $k < l$ 两种情形.

3. 计算下列积分：

(1) $\displaystyle\int_{-1}^1 \mathrm{P}_l(x)\ln(1-x)\mathrm{d}x$;

(2) $\displaystyle\int_{-1}^1 \mathrm{P}_l(x)(1-x)^{-\alpha}\mathrm{d}x$, $0 < \alpha < 1$;

(3) $\displaystyle\int_0^1 \mathrm{P}_k(x)\mathrm{P}_l(x)\mathrm{d}x$;

(4) $\displaystyle\int_{-1}^1 \frac{1}{x}\mathrm{P}_l(x)\mathrm{P}_{l+1}(x)\mathrm{d}x$;

(5) $\displaystyle\int_{-1}^1 \mathrm{P}_l(x^2)\mathrm{P}_{2l}(x)\mathrm{d}x$;

(6) $\displaystyle\int_0^\pi \mathrm{P}_k(\sin\theta)\mathrm{P}_l(\sin\theta)\cos\theta\mathrm{d}\theta$.

4. 中子 (质量数是 1) 为原子核 (质量数是 A, $A > 1$) 散射. 在质心系中，散射是各向同性的. 因此，在实验室坐标系中，中子偏折角余弦 $\cos\psi$ 的平均值为
$$\langle\cos\psi\rangle = \frac{1}{2}\int_0^\pi \frac{A\cos\theta+1}{\sqrt{1+2A\cos\theta+A^2}}\sin\theta\,\mathrm{d}\theta,$$

试计算 $\langle\cos\psi\rangle$ 值.

5. 将下列定义在 $[-1, 1]$ 上的函数按 Legendre 多项式展开：

(1) $f(x) = \dfrac{1-t^2}{(1-2xt+t^2)^{3/2}}$;   (2) $f(x) = \mathrm{P}_l(|x|)$;

(3) $f(x) = x^{2n}$, n 为正整数;   (4) $f(x) = \mathrm{P}'_{l+1}(x) + \mathrm{P}'_l(x)$.

6. 试利用 Legendre 多项式的下列递推关系, 每个递推关系各导出两个 Christoffel 型和式:

(1) $(2l+1)\mathrm{P}_l(x) = \mathrm{P}'_{l+1}(x) - \mathrm{P}'_{l-1}(x)$;

(2) $\dfrac{2l+1}{l(l+1)}\mathrm{P}'_l(x) = \mathrm{P}_{l+1}(x) - \mathrm{P}_{l-1}(x)$.

7. 利用第二类 Legendre 函数的下列递推关系, 每个递推关系各导出两个 Christoffel 型和式:

(1) $(2l+1)x\mathrm{Q}_l(x) = (l+1)\mathrm{Q}_{l+1}(x) + l\mathrm{Q}_{l-1}(x)$;

(2) $(2l+1)x\mathrm{Q}'_l(x) = l\mathrm{Q}'_{l+1}(x) + (l+1)\mathrm{Q}'_{l-1}(x)$.

提示: 最后结果要用到 0 次和 1 第二类 Legendre 函数及其导数的表达式:

$$\mathrm{Q}_0(x) = \dfrac{1}{2}\ln\dfrac{1+x}{1-x}, \qquad \mathrm{Q}'_0(x) = \dfrac{1}{1-x^2},$$
$$\mathrm{Q}_1(x) = \dfrac{x}{2}\ln\dfrac{1+x}{1-x} - 1, \qquad \mathrm{Q}'_0(x) = \dfrac{1}{2}\ln\dfrac{1+x}{1-x} + \dfrac{x}{1-x^2}.$$

8. 利用 Legendre 多项式和第二类 Legendre 函数的递推关系, 推导线性的 Christoffel 型和式:

(1) $(l+1)\mathrm{P}_l(x) = \mathrm{P}'_{l+1}(x) - x\mathrm{P}'_l(x)$;   (2) $l\mathrm{P}_l(x) = x\mathrm{P}'_l(x) - \mathrm{P}'_{l-1}(x)$;

(3) $\dfrac{2l+1}{l(l+1)} x \mathrm{P}'_l(x) = \dfrac{1}{l+1}\mathrm{P}'_{l+1}(x) + \dfrac{1}{l}\mathrm{P}'_{l-1}(x)$;

(4) $(2l+1)x\mathrm{Q}_l(x) = (l+1)\mathrm{Q}_{l+1}(x) + l\mathrm{Q}_{l-1}(x)$.

提示: 对于 (1)、(2) 两式, 等式两端需同乘以一个幂函数.

9. 求解空心球壳内的定解问题

$$\nabla^2 u = 0, \qquad a < r < b,$$
$$u\big|_{r=a} = u_0,$$
$$u\big|_{r=b} = u_0 \cos^2\theta.$$

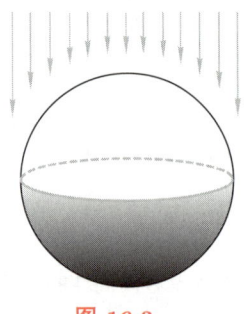

图 16.3

10. 有一半径为 a、表面涂黑的金属球, 曝晒于日光下 (见图 16.3), 在垂直于光线的单位面积上, 单位时间内吸收热量 M. 同时, 球面按牛顿冷却定律散热 (不妨取周围介质的温度为 0). 求解球内的稳定温度分布.

11. 设有一半径为 a 的导体半球, 球面温度为 $u_0\cos\theta$, 底面温度为 0, 求半球内的稳定温度分布.

12. 设有半径为 a 的导体半球, 球面温度为 $u_0 f(\theta)$, 底面绝热, 求半球内的稳定温度分布.

13. 求解球内的定解问题:

$$\nabla^2 u = A\cos\theta, \qquad r < a,$$
$$u\big|_{r=a} = 0,$$

其中 A 为已知常数.

14. 两个相距 $2d$ 的点电荷, 电荷量分别为 $\pm Q$. 求空间任意一点的静电势.

提示: 取球坐标系, 极轴通过点电荷 ±Q, 原点位于点电荷连线的中点.

15. 两个同轴圆环, 半径均为 a, 相距为 $2d$. 环上均匀带电, 电荷量分别为 ±Q. 求空间任意一点的静电势.

提示: 取球坐标系, 极轴通过两圆环的环心, 原点位于环心连线的中点.

16. 半径为 a 的接地理想导体球壳内, 有一单位点电荷, 点电荷与球心相距 r_0, 求球内的静电势. 从对称性考虑, 可将球心所在位置取为坐标原点, 球心与点电荷的连线方向为 $\theta = 0$.

17. 计算下列积分:

(1) $\int_0^\pi \sin^2\theta\, P_l^1(\cos\theta)\, \mathrm{d}\theta,\ l = 1, 2, 3, \cdots$

(2) $\int_0^\pi \left[\dfrac{\mathrm{d}P_k^m(\cos\theta)}{\mathrm{d}\theta} \dfrac{\mathrm{d}P_l^m(\cos\theta)}{\mathrm{d}\theta} + \dfrac{m^2}{\sin^2\theta} P_k^m(\cos\theta) P_l^m(\cos\theta)\right] \sin\theta\, \mathrm{d}\theta.$

提示: 可能用到连带 Legendre 方程以及连带 Legendre 函数的正交关系.

18. 试求均匀导体球内的稳定温度分布. 设球的半径为 a, 球内无热源, 球面上的温度为

(1) $u\big|_{r=a} = \sin^2\theta \cos^2\phi$; (2) $u\big|_{r=a} = (1+\cos\theta)\sin\theta\cos\phi$.

19. 求解球内问题:

$$\nabla^2 u = Ar^3 \cos\theta \sin\phi,$$
$$u\big|_{r=a} = 0,$$

其中 A 为已知常数.

第十七章

柱 函 数

§17.1 Helmholtz 方程在柱坐标系下的分离变量

在柱坐标系中, Helmholtz 方程

$$\nabla^2 u + k^2 u = 0 \tag{17.1}$$

的具体形式是

$$\frac{1}{\rho}\frac{\partial}{\partial \rho}\left(\rho \frac{\partial u}{\partial \rho}\right) + \frac{1}{\rho^2}\frac{\partial^2 u}{\partial \phi^2} + \frac{\partial^2 u}{\partial z^2} + k^2 u = 0. \tag{17.2}$$

这里 u 是三个自变量的函数. 要将它分离变量, 还是应采取逐个分离的办法: 先分离一个自变量, 然后再将其余两个自变量分离. 为此, 令 $u(\rho, \phi, z) = v(\rho, \phi) Z(z)$, 代入方程即得

$$\frac{1}{v}\left[\frac{1}{\rho}\frac{\partial}{\partial \rho}\left(\rho \frac{\partial v}{\partial \rho}\right) + \frac{1}{\rho^2}\frac{\partial^2 v}{\partial \phi^2} + k^2 v\right] = -\frac{1}{Z}\frac{\mathrm{d}^2 Z}{\mathrm{d} z^2}.$$

等式的左端是 ρ 和 ϕ 的函数, 与 z 无关; 右端是 z 的函数, 与 ρ 及 ϕ 均无关. 所以它们必须等于既与 ρ, ϕ 无关又与 z 无关的常数. 把这个常数记为 λ, 就得到

$$\frac{1}{\rho}\frac{\partial}{\partial \rho}\left(\rho \frac{\partial v}{\partial \rho}\right) + \frac{1}{\rho^2}\frac{\partial^2 v}{\partial \phi^2} + \left(k^2 - \lambda\right) v = 0, \tag{17.3}$$

$$\frac{\mathrm{d}^2 Z}{\mathrm{d} z^2} + \lambda Z = 0. \tag{17.4}$$

这样就完成了自变量 z 的分离. 接着再令 $v(\rho, \phi) = R(\rho)\Phi(\phi)$, 代入方程 (17.3), 又得到

$$\frac{\rho^2}{R(\rho)}\left[\frac{1}{\rho}\frac{\mathrm{d}}{\mathrm{d}\rho}\left(\rho\frac{\mathrm{d}R}{\mathrm{d}\rho}\right) + \left(k^2 - \lambda\right) R\right] = -\frac{1}{\Phi(\phi)}\frac{\mathrm{d}^2 \Phi}{\mathrm{d}\phi^2}.$$

现在, 再次看到, 等式的左端只是 ρ 的函数, 与 ϕ 无关; 右端只是 ϕ 的函数, 与 ρ 无关. 所以它们必须等于既与 ρ 无关又与 ϕ 无关的常数, 记为 μ. 于是又得到

$$\frac{1}{\rho}\frac{\mathrm{d}}{\mathrm{d}\rho}\left(\rho\frac{\mathrm{d}R}{\mathrm{d}\rho}\right) + \left(k^2 - \lambda - \frac{\mu}{\rho^2}\right) R = 0, \tag{17.5}$$

$$\frac{\mathrm{d}^2 \Phi}{\mathrm{d}\phi^2} + \mu \Phi = 0. \tag{17.6}$$

这样，就完成了对于自变量 ρ 和 ϕ 的分离变量，也就完成了 Helmholtz 方程的分离变量. 也是得到了三个常微分方程，即 (17.4)、(17.5) 和 (17.6). (17.4) 和 (17.6) 是常系数常微分方程. 方程 (17.5) 是变系数常微分方程. 当 $k^2 - \lambda \neq 0$ 时，可以做变换 $x = \sqrt{k^2 - \lambda}\, r$, $y(x) = R(r)$, 方程 (17.5) 就变为

$$\frac{1}{x}\frac{\mathrm{d}}{\mathrm{d}x}\left[x\frac{\mathrm{d}y(x)}{\mathrm{d}x}\right] + \left(1 - \frac{\nu^2}{x^2}\right)y(x) = 0, \tag{17.7}$$

其中 $\mu = \nu^2$. 方程 (17.7) 称为 (ν 阶) **Bessel 方程**.

本章的主要任务就是讨论 Bessel 方程及相关微分方程的解及其性质，以及它们在分离变量法中的应用.

§17.2 Bessel 方程的解: Bessel 函数和 Neumann 函数

Bessel 方程

$$\frac{1}{z}\frac{\mathrm{d}}{\mathrm{d}z}\left[z\frac{\mathrm{d}w(z)}{\mathrm{d}z}\right] + \left(1 - \frac{\nu^2}{z^2}\right)w(z) = 0 \tag{17.8}$$

是常见的常微分方程之一，其中 ν 是常数，不妨假设 $\mathrm{Re}\,\nu \geqslant 0$. 容易判断，$z = 0$ 是方程的正则奇点, $z = \infty$ 是方程的非正则奇点.

现在就来讨论 Bessel 方程在正则奇点 $z = 0$ 点的空心邻域 $|z| > 0$ 内的解. 设

$$w(z) = z^\rho \sum_{k=0}^{\infty} c_k z^k, \qquad c_0 \neq 0, \tag{17.9}$$

代入方程 (17.8), 得

$$\sum_{k=0}^{\infty} c_k (k+\rho)(k+\rho-1) z^{k+\rho-2} + \sum_{k=0}^{\infty} c_k (k+\rho) z^{k+\rho-2} + \sum_{k=0}^{\infty} c_k z^{k+\rho} - \nu^2 \sum_{k=0}^{\infty} c_k z^{k+\rho-2} = 0,$$

约去 $z^{\rho-2}$, 即得

$$\sum_{k=0}^{\infty} c_k \left[(k+\rho)^2 - \nu^2\right] z^k + \sum_{k=0}^{\infty} c_k z^{k+2} = 0.$$

根据级数展开的唯一性，即可比较系数.

由最低次幂 z^0 项的系数，且因为 $c_0 \neq 0$, 就得到**指标方程**

$$\rho^2 - \nu^2 = 0, \tag{17.10}$$

因而求得

$$\rho_1 = \nu, \qquad \rho_2 = -\nu. \tag{17.11}$$

因为 $\mathrm{Re}\,\nu \geqslant 0$, 所以满足 $\mathrm{Re}\,\rho_1 \geqslant \mathrm{Re}\,\rho_2$.

由 z^1 的系数，得

$$c_1 \left[(\rho+1)^2 - \nu^2\right] = 0 \qquad 即 \qquad c_1 (2\rho + 1) = 0,$$

因此

$$c_1 = 0, \qquad 当 \rho \neq -1/2; \tag{17.12a}$$
$$c_1 \text{ 任意}, \qquad 当 \rho = -1/2. \tag{17.12b}$$

以后将看到, 即使 $\rho = -1/2$, 仍可以取 $c_1 = 0$.

由 z^n 的系数, 得

$$c_n\left[(\rho+n)^2 - \nu^2\right] + c_{n-2} = 0, \quad 即 \quad c_n n(2\rho+n) + c_{n-2} = 0,$$

因此, 得到**递推关系**

$$c_n = -\frac{1}{n(n+2\rho)} c_{n-2}. \tag{17.13}$$

反复利用递推关系, 就可以求得

$$c_{2n} = -\frac{1}{n(n+\rho)} \frac{1}{2^2} c_{2n-2} = (-)^2 \frac{1}{n(n-1)(n+\rho)(n+\rho-1)} \frac{1}{2^4} c_{2n-4}$$
$$= \cdots = \frac{(-)^n}{n!} \frac{\Gamma(\rho+1)}{\Gamma(\rho+1+n)} \frac{1}{2^{2n}} c_0, \tag{17.14}$$

$$c_{2n+1} = -\frac{1}{(n+1/2)(n+\rho+1/2)} \frac{1}{2^2} c_{2n-1} \tag{17.15}$$

$$= \frac{(-)^2}{(n+1/2)(n-1/2)(n+\rho+1/2)(n+\rho-1/2)} \frac{1}{2^4} c_{2n-3}$$

$$= \cdots = (-)^n \frac{\Gamma(3/2)}{\Gamma(n+3/2)} \frac{\Gamma(\rho+3/2)}{\Gamma(\rho+3/2+n)} \frac{1}{2^{2n}} c_1 = 0. \tag{17.16}$$

用 $\rho_1 = \nu$ 代入, 即得

$$w_1(z) = c_0 z^\nu \sum_{k=0}^\infty \frac{(-)^k \Gamma(\nu+1)}{k!\,\Gamma(k+\nu+1)} \left(\frac{z}{2}\right)^{2k}. \tag{17.17}$$

取 $c_0 = \dfrac{1}{2^\nu \Gamma(\nu+1)}$, 就有解

$$\mathrm{J}_\nu(z) = \sum_{k=0}^\infty \frac{(-)^k}{k!\,\Gamma(k+\nu+1)} \left(\frac{z}{2}\right)^{2k+\nu}. \tag{17.18}$$

用 $\rho_2 = -\nu$ 代入, 有

$$w_2(z) = c_0 z^{-\nu} \sum_{k=0}^\infty \frac{(-)^k \Gamma(1-\nu)}{k!\,\Gamma(k-\nu+1)} \left(\frac{z}{2}\right)^{2k}. \tag{17.19}$$

取 $c_0 = \dfrac{2^\nu}{\Gamma(-\nu+1)}$, 又得

$$\mathrm{J}_{-\nu}(z) = \sum_{k=0}^\infty \frac{(-)^k}{k!\,\Gamma(k-\nu+1)} \left(\frac{z}{2}\right)^{2k-\nu}. \tag{17.20}$$

当 $\nu \neq$ 整数时, 这两个正则解 $J_{\pm\nu}(z)$ 显然线性无关 (因为二者相除不可能为常数), 称为 ($\pm\nu$ 阶) **第一类 Bessel 函数** (简称 **Bessel 函数**). 图 17.1 中给出了自变量为实数时前几个 $J_n(x)$ 的图形. 在表达式 (17.18) 中代入 $\nu = n$ 就可以看出, $J_n(x)$ 具有奇偶性

$$J_n(-x) = (-)^n J_n(x), \tag{17.21}$$

所以图 17.1 中只画出了 $x \geqslant 0$ 的一半.

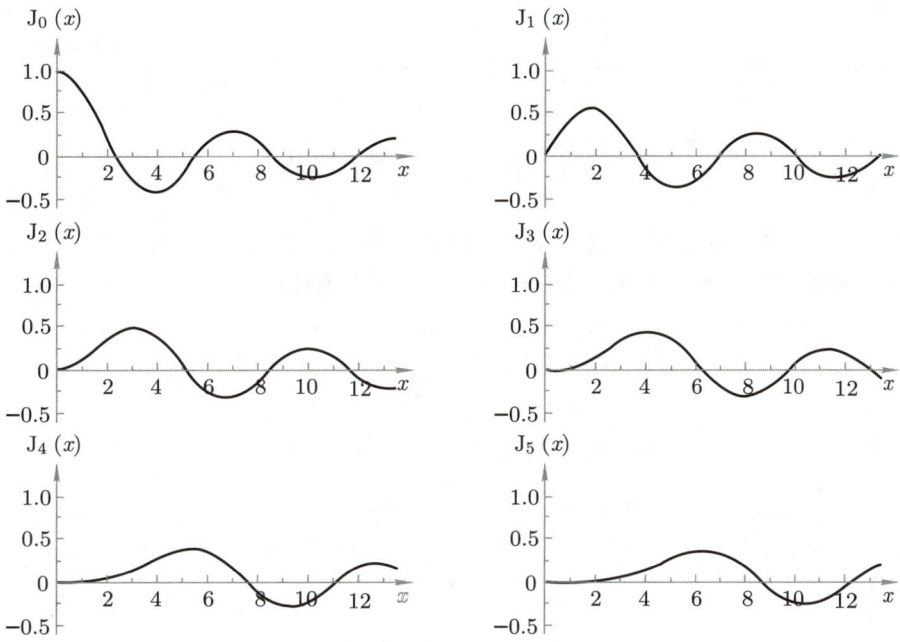

图 17.1 自变量为实数时的 Bessel 函数 $J_n(x)$

现在补充讨论一下 $\rho = -1/2$ 的情形. 前面曾经提到, 这时仍然可以取 $c_1 = 0$. 因为如果 $c_1 \neq 0$, 则

$$c_{2n+1} = \frac{(-)^n \Gamma(3/2)}{\Gamma(3/2+n)\Gamma(n+1)} \frac{1}{2^{2n}} c_1.$$

注意到 $\Gamma(n+1) = n!$, 这样在 $w_2(z)$ 中只不过是再增加一项

$$z^{-1/2} \sum_{n=0}^{\infty} c_{2n+1} z^{2n+1} = c_1 \sum_{n=0}^{\infty} \frac{(-)^n}{n!\,\Gamma(n+3/2)} \sqrt{\frac{\pi}{2}} \left(\frac{z}{2}\right)^{2n+1/2} = c_1 \sqrt{\frac{\pi}{2}} J_{1/2}(z),$$

即在 $w_2(z)$ 中只不过是再叠加上第一解.

但是, 当 $\nu = 0$ 时, 上面的求解过程只是给出了同一个解

$$J_0(z) = \sum_{k=0}^{\infty} \frac{(-)^k}{k!\,k!} \left(\frac{z}{2}\right)^{2k}. \tag{17.22}$$

不仅如此, 当 $\nu = n, n = 1, 2, 3, \cdots$ 时, 上面求出的仍然也只是一个解. 这可以从下面三个角度来说明. 第一, 从递推关系 (17.13) 来看, 当 $\nu = n$ 时, 显然 c_{2n} 无意义, 以后各项

系数因而也都失去意义. 第二, 上面在导出 (17.20) 式时, 曾经取 $c_0 = 2^\nu/\Gamma(1-\nu)$, 这在 $\nu = n, n = 1, 2, \cdots$ 是不合法的, 因为这意味着 $c_0 = 0$, 违反了幂级数解中首项系数不为 0 的约定. 第三, 退一步说, 即使许可取 $c_0 = 0$, 因为这样得到的幂级数解

$$\mathrm{J}_{-n}(z) = \sum_{k=0}^{\infty} \frac{(-)^k}{k!\,\Gamma(k-n+1)} \left(\frac{z}{2}\right)^{2k-n}$$

仍然有意义, 但由于 $\Gamma(k-n+1) = \infty, k = 0, 1, \cdots, n-1$, 所以

$$\mathrm{J}_{-n}(z) = \sum_{k=n}^{\infty} \frac{(-)^k}{k!\,\Gamma(k-n+1)} \left(\frac{z}{2}\right)^{2k-n} = \sum_{l=0}^{\infty} \frac{(-)^{n+l}}{(n+l)!\,\Gamma(l+1)} \left(\frac{z}{2}\right)^{2(n+l)-n}$$

$$= (-)^n \sum_{l=0}^{\infty} \frac{(-)^l}{l!\,\Gamma(n+l+1)} \left(\frac{z}{2}\right)^{2l+n} = (-)^n \mathrm{J}_n(z), \tag{17.23}$$

和第一解 $\mathrm{J}_n(z)$ 线性相关, 所以也并没有给出新的解. 总之, 当 $\nu = n, n = 0, 1, 2, \cdots$ 时, 以上都只是求得了第一解. 这说明第二解一定含有对数函数项, 即

$$w_2(z) = g\mathrm{J}_n(z) \ln z + \sum_{k=0}^{\infty} d_k z^{k-n}, \quad g \neq 0. \tag{17.24}$$

从原则上说, 将 $w_2(z)$ 及 $\mathrm{J}_n(z)$ 的级数表达式代入 Bessel 方程

$$\frac{\mathrm{d}^2 w}{\mathrm{d}z^2} + \frac{1}{z}\frac{\mathrm{d}w}{\mathrm{d}z} + \left(1 - \frac{n^2}{z^2}\right)w = 0,$$

化简整理得

$$g\sum_{k=0}^{\infty} \frac{(-)^k}{k!\,(k+n)!} \frac{2k+n}{2^{2k+n-1}} z^{2k+2n} + \sum_{k=0}^{\infty} d_k k(k-2n) z^k + \sum_{k=0}^{\infty} d_k z^{k+2} = 0.$$

逐一比较 z 的各次幂的系数, 定出 g 和 $d_k, k = 0, 1, 2, \cdots$, 即可求得 $w_2(z)$. 不再赘述.

下面介绍求 Bessel 方程第二解的另一种方法. 为此, 先计算 $\mathrm{J}_\nu(z)$ 和 $\mathrm{J}_{-\nu}(z)$ 的 Wroński 行列式, 以分析它们的线性相关性. 考虑到 Bessel 方程的系数 $p(z) = 1/z$, 从 (8.33) 式就可得到

$$W[\mathrm{J}_\nu(z), \mathrm{J}_{-\nu}(z)] \equiv \begin{vmatrix} \mathrm{J}_\nu(z) & \mathrm{J}_{-\nu}(z) \\ \mathrm{J}'_\nu(z) & \mathrm{J}'_{-\nu}(z) \end{vmatrix} = A\exp\left[-\int^z \frac{\mathrm{d}\zeta}{\zeta}\right] = \frac{A}{z}.$$

为了定出积分常数 A, 只需将 $\mathrm{J}_\nu(z)$ 和 $\mathrm{J}_{-\nu}(z)$ 的幂级数展开式 (17.18) 和 (17.20) 代入, 找出

$$W[\mathrm{J}_\nu(z), \mathrm{J}_{-\nu}(z)] \equiv \mathrm{J}_\nu(z)\mathrm{J}'_{-\nu}(z) - \mathrm{J}_{-\nu}(z)\mathrm{J}'_\nu(z)$$

中 z^{-1} 项的系数即可. 这只来自各级数中的第一项. 因此,

$$A = \frac{1}{\Gamma(1+\nu)}\frac{1}{2^\nu}\frac{1}{\Gamma(1-\nu)}\frac{-\nu}{2^{-\nu}} - \frac{1}{\Gamma(1-\nu)}\frac{1}{2^\nu}\frac{1}{\Gamma(1+\nu)}\frac{\nu}{2^\nu}$$

$$= -\frac{2\nu}{\Gamma(1+\nu)\Gamma(1-\nu)} = -\frac{2}{\Gamma(\nu)\Gamma(1-\nu)} = -\frac{2}{\pi}\sin\pi\nu.$$

这样就得到
$$W[\mathrm{J}_\nu(z),\, \mathrm{J}_{-\nu}(z)] = -\frac{2}{\pi z}\sin\pi\nu. \tag{17.25}$$

上面的计算中用到了 Γ 函数的性质 (见 (7.11) 式)
$$\Gamma(\nu)\Gamma(1-\nu) = \frac{\pi}{\sin\pi\nu}.$$

(17.25) 式再次表明, 当 $\nu = n$, $n = 0, 1, 2, \cdots$ 时, $\mathrm{J}_\nu(z)$ 和 $\mathrm{J}_{-\nu}(z)$ 线性相关. 但是如果将 Bessel 方程的第二解取为 $\mathrm{J}_\nu(z)$ 和 $\mathrm{J}_{-\nu}(z)$ 的线性组合
$$w_2(z) = c_1 \mathrm{J}_\nu(z) + c_2 \mathrm{J}_{-\nu}(z),$$

则
$$W[\mathrm{J}_\nu(z),\, w_2(z)] = c_2 W[\mathrm{J}_\nu(z),\, \mathrm{J}_{-\nu}(z)] = -\frac{2c_2}{\pi z}\sin\pi\nu.$$

只要选择适当的组合系数 c_2, 使得 $W[\mathrm{J}_\nu(z), w_2(z)]$ 对任何 ν 均不为 0, 这样对任何 ν, $w_2(z)$ 就一定与 $\mathrm{J}_\nu(z)$ 线性无关. 为此, 我们就取 $c_2 = -1/\sin\pi\nu$, 即取第二解为
$$w_2(z) = \frac{c\mathrm{J}_\nu(z) - \mathrm{J}_{-\nu}(z)}{\sin\pi\nu},$$

这样便有
$$W[\mathrm{J}_\nu(z),\, w_2(z)] = \frac{2}{\pi z}. \tag{17.26}$$

为了保证这样定义的 $w_2(z)$ 对 ν 为整数时也有意义 ($\sin n\pi = 0$, 分母为 0), 并注意到 $\mathrm{J}_{-n}(z) = (-)^n \mathrm{J}_n(z)$, 我们便应当进一步选取系数 c, 使得 $w_2(z)$ 中的分子在 $\nu = n$ 时也为 0, 例如取 $c = \cos\pi\nu$ 即可. 这样得到 Bessel 方程的第二解便是
$$\mathrm{N}_\nu(z) = \frac{\cos\pi\nu\, \mathrm{J}_\nu(z) - \mathrm{J}_{-\nu}(z)}{\sin\pi\nu}, \tag{17.27}$$

称为 (ν 阶) **第二类 Bessel 函数** (或 **Neumann 函数**)[①]. 因为它是 $\mathrm{J}_{\pm\nu}(x)$ 的线性组合, 所以它也是 Bessel 方程 (17.8) 的解. 引进 Neumann 函数 $\mathrm{N}_\nu(x)$ 的优点是: 不论 ν 是否为整数, 它总与 $\mathrm{J}_\nu(x)$ 线性无关.

当 $\nu = n$, $n = 0, 1, 2, \cdots$, (17.27) 式为不定式, 可按 l'Hôpital 法则求极限,
$$\mathrm{N}_n(z) = \lim_{\nu \to n} \mathrm{N}_\nu(z) = \lim_{\nu \to n} \frac{\cos\nu\pi\, \mathrm{J}_\nu(z) - \mathrm{J}_{-\nu}(z)}{\sin\nu\pi} = \frac{1}{\pi}\left[\frac{\partial \mathrm{J}_\nu(z)}{\partial\nu} - (-)^n \frac{\partial \mathrm{J}_{-\nu}(z)}{\partial\nu}\right]_{\nu=n}$$
$$= \frac{2}{\pi}\mathrm{J}_n(z)\ln\frac{z}{2} - \frac{1}{\pi}\sum_{k=0}^{n-1}\frac{(n-k-1)!}{k!}\left(\frac{z}{2}\right)^{2k-n}$$
$$- \frac{1}{\pi}\sum_{k=0}^{\infty}\frac{(-)^k}{k!(n+k)!}[\psi(n+k+1) + \psi(k+1)]\left(\frac{z}{2}\right)^{2k+n}, \quad |\arg z| < \pi, \tag{17.28}$$

其中 $\psi(\zeta)$ 是 Γ 函数的对数微商 (见 (7.17) 式),
$$\psi(\zeta) \equiv \frac{\mathrm{d}\ln\Gamma(\zeta)}{\mathrm{d}\zeta} = \frac{\Gamma'(\zeta)}{\Gamma(\zeta)},$$

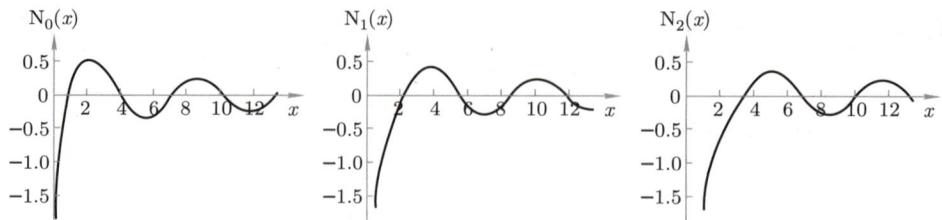

图 17.2　自变量为实数时的 Neumann 函数 $\mathrm{N}_n(x)$

并且约定, 当 $n=0$ 时应当去掉 (17.28) 式右端第二项的有限和.

前几个 $\mathrm{N}_n(x)$ 的图形见图 17.2.

练习 17.1　证明 $\mathrm{J}_\nu(x)$ 和 $\mathrm{N}_\nu(x)$ 无共同零点.

提示: 证明若 $\mathrm{J}_\nu(x)$ 和 $\mathrm{N}_\nu(x)$ 有共同零点, 则必线性相关.

练习 17.2　证明: $\left.\dfrac{\partial \mathrm{J}_\nu(x)}{\partial \nu}\right|_{\nu=0} = \dfrac{\pi}{2}\mathrm{N}_0(x).$

练习 17.3　证明:

$$\mathrm{N}_{-\nu}(z) = \sin\nu\pi\, \mathrm{J}_\nu(z) + \cos\nu\pi\, \mathrm{N}_\nu(z),$$
$$\mathrm{N}_\nu\!\left(z\mathrm{e}^{m\pi\mathrm{i}}\right) = \mathrm{e}^{-m\nu\pi\mathrm{i}}\mathrm{N}_\nu(z) + 2\mathrm{i}\sin m\nu\pi\, \cot\nu\pi\, \mathrm{J}_\nu(z),$$
$$\mathrm{N}_{-\nu}\!\left(z\mathrm{e}^{m\pi\mathrm{i}}\right) = \mathrm{e}^{-m\nu\pi\mathrm{i}}\mathrm{N}_{-\nu}(z) + 2\mathrm{i}\sin m\nu\pi\, \csc\nu\pi\, \mathrm{J}_\nu(z).$$

级数表达式是 Bessel 函数的基本表达式, 由此可以推出 Bessel 函数的一些其他性质, 例如递推关系 (见 §17.3), 还可以用于计算某些类型的积分, 例如被积函数为指数函数与 Bessel 函数的乘积的无穷积分.

例 17.1　计算积分 $\displaystyle\int_0^\infty \mathrm{e}^{-ax}\mathrm{J}_0(bx)\mathrm{d}x, \ \mathrm{Re}\,a>0.$

解　将 Bessel 函数的级数表示代入, 并逐项积分:

$$\begin{aligned}
\int_0^\infty \mathrm{e}^{-ax}\mathrm{J}_0(bx)\mathrm{d}x &= \int_0^\infty \mathrm{e}^{-ax}\sum_{k=0}^\infty \frac{(-)^k}{(k!)^2}\left(\frac{bx}{2}\right)^{2k}\mathrm{d}x \\
&= \sum_{k=0}^\infty \frac{(-)^k}{(k!)^2}\left(\frac{b}{2}\right)^{2k}\int_0^\infty \mathrm{e}^{-ax}x^{2k}\mathrm{d}x = \sum_{k=0}^\infty \frac{(-)^k}{(k!)^2}\left(\frac{b}{2}\right)^{2k}\frac{(2k)!}{a^{2k+1}} \\
&= \frac{1}{a}\sum_{k=0}^\infty \frac{1}{k!}\left(-\frac{1}{2}\right)\left(-\frac{3}{2}\right)\left(-\frac{5}{2}\right)\cdots\left(-\frac{2k-1}{2}\right)\left(\frac{b}{a}\right)^{2k} \\
&= \frac{1}{a}\left[1+\left(\frac{b}{a}\right)^2\right]^{-1/2} = \frac{1}{\sqrt{a^2+b^2}}.
\end{aligned} \tag{17.29}$$

这种做法的难点是级数求和, 求和时还往往要有一定的限制条件. 例如在上面求和时就要求 $|b/a|<1$. 但就本题而言, 容易证明, 原来的积分在 $\mathrm{Re}\,a>0$ 的任意闭区域中一致收敛, 因而在 $\mathrm{Re}\,a>0$ 的任意区域内解析. 而积分出的结果也在同一区域内解析. 根据解析延拓的原理, 就可以去掉这个限制条件.

---

① 在有的文献中也写为 $\mathrm{Y}_\nu(x)$.

从这个积分还可以推出一个有意思的结果. 如果将这个积分理解为 Bessel 函数 $J_0(bt)$ 的 Laplace 变换,
$$\int_0^\infty J_0(bt) e^{-pt} dt = \frac{1}{\sqrt{p^2+b^2}},$$
那么, 根据 Laplace 变换的卷积定理 (见 §10.3), 就应该有
$$\int_0^t J_0(b\tau) J_0(b(t-\tau)) d\tau \doteqdot \frac{1}{p^2+b^2}.$$
另一方面, 我们又知道,
$$\frac{1}{p^2+b^2} \doteqdot \frac{1}{b} \sin bt.$$
所以, 就能得到积分
$$\int_0^t J_0(b\tau) J_0(b(t-\tau)) d\tau = \frac{1}{b} \sin bt. \tag{17.30}$$

§17.3 Bessel 函数的递推关系

Bessel 函数 $J_{\pm\nu}(x)$ 的基本递推关系是
$$\frac{d}{dx}[x^\nu J_\nu(x)] = x^\nu J_{\nu-1}(x), \tag{17.31}$$
$$\frac{d}{dx}[x^{-\nu} J_\nu(x)] = -x^{-\nu} J_{\nu+1}(x). \tag{17.32}$$

证 先证明 (17.31) 式. 为此, 直接从 Bessel 函数的级数表达式 (17.18) 出发. 由于级数在全复平面收敛, 所以可以逐项微商,
$$\frac{d}{dx}[x^\nu J_\nu(x)] = \sum_{k=0}^\infty \frac{(-)^k}{k!\,\Gamma(k+\nu)} \frac{x^{2k+2\nu-1}}{2^{2k+\nu-1}} = x^\nu J_{\nu-1}(x).$$
这就是 (17.31) 式. 同样,
$$\frac{d}{dx}[x^{-\nu} J_\nu(x)] = \sum_{k=0}^\infty \frac{(-)^{k+1}}{k!\,\Gamma(k+\nu+2)} \frac{x^{2k+1}}{2^{2k+\nu+1}} = -x^{-\nu} J_{\nu+1}(x).$$
这样就又证明了 (17.32) 式. □

在这两个递推关系中消去 $J_\nu(x)$ 或 $J_\nu'(x)$, 又可以得到两个新的递推关系:
$$J_{\nu-1}(x) - J_{\nu+1}(x) = 2 J_\nu'(x), \tag{17.33}$$
$$J_{\nu-1}(x) + J_{\nu+1}(x) = \frac{2\nu}{x} J_\nu(x). \tag{17.34}$$

从这些递推关系可以看出, 任意整数阶的 Bessel 函数, 总可以用 $J_0(x)$ 和 $J_1(x)$ 表示出来. 特别是, 在 (17.31)、(17.32) 或 (17.33) 式中令 $\nu = 0$, 并利用 (17.34) 式的结果, 还能得到
$$J_0'(x) = -J_1(x). \tag{17.35}$$

根据 $N_\nu(x)$ 的定义 (17.27) 及 $J_\nu(x)$ 的递推关系 (17.31) 和 (17.32),可以导出 $N_\nu(x)$ 的递推关系,其形式和 $J_\nu(x)$ 完全相同:

$$\frac{\mathrm{d}}{\mathrm{d}x}\left[x^\nu N_\nu(x)\right] = x^\nu N_{\nu-1}(x), \tag{17.36}$$

$$\frac{\mathrm{d}}{\mathrm{d}x}\left[x^{-\nu} N_\nu(x)\right] = -x^{-\nu} N_{\nu+1}(x). \tag{17.37}$$

练习 17.4 证明 $N_\nu(x)$ 的递推关系 (17.36) 和 (17.37) 式.

练习 17.5 $J_\nu(x)$ 和 $N_\nu(x)$ 的任意线性组合是否还满足递推关系 (17.36) 和 (17.37)? 为什么?

满足递推关系

$$\frac{\mathrm{d}}{\mathrm{d}x}\left[x^\nu C_\nu(x)\right] = x^\nu C_{\nu-1}(x), \tag{17.38}$$

$$\frac{\mathrm{d}}{\mathrm{d}x}\left[x^{-\nu} C_\nu(x)\right] = -x^{-\nu} C_{\nu+1}(x) \tag{17.39}$$

的函数 $\{C_\nu(x)\}$ 统称为**柱函数**. 可以证明: 柱函数一定是 Bessel 方程的解.

第一类 Bessel 函数又称**第一类柱函数**, 第二类 Bessel 函数又称**第二类柱函数**. 除了这两类柱函数之外, 还有**第三类柱函数**, 或称为 **Hankel 函数**:

$$H_\nu^{(1)}(x) \equiv J_\nu(x) + \mathrm{i} N_\nu(x) \tag{17.40a}$$

$$H_\nu^{(2)}(x) \equiv J_\nu(x) - \mathrm{i} N_\nu(x). \tag{17.40b}$$

$H_\nu^{(1)}(x)$ 和 $H_\nu^{(2)}(x)$ 更分别称为**第一种和第二种 Hankel 函数**.

练习 17.6 证明:

$$H_{-\nu}^{(1)}(z) = \mathrm{e}^{\nu\pi\mathrm{i}} H_\nu^{(1)}(z), \qquad H_{-\nu}^{(2)}(z) = \mathrm{e}^{-\nu\pi\mathrm{i}} H_\nu^{(2)}(z).$$

练习 17.7 证明:

$$H_\nu^{(1)}(z\mathrm{e}^{m\pi\mathrm{i}}) = \frac{\sin(1-m)\nu\pi}{\sin\nu\pi} H_\nu^{(1)}(z) - \mathrm{e}^{-\nu\pi\mathrm{i}} \frac{\sin m\nu\pi}{\sin\nu\pi} H_\nu^{(2)}(z),$$

$$H_\nu^{(2)}(z\mathrm{e}^{m\pi\mathrm{i}}) = \frac{\sin(1+m)\nu\pi}{\sin\nu\pi} H_\nu^{(2)}(z) + \mathrm{e}^{\nu\pi\mathrm{i}} \frac{\sin m\nu\pi}{\sin\nu\pi} H_\nu^{(1)}(z).$$

Bessel 函数递推关系的应用之一, 是计算含 Bessel 函数的积分. 主要用于被积函数为幂函数与 Bessel 函数的乘积的情形.

例 17.2 计算积分 $\int_0^1 (1-x^2) J_0(\mu x) x\,\mathrm{d}x$, 其中 $J_0(\mu) = 0$.

解 利用递推关系 (17.31), 分部积分, 有

$$\int_0^1 (1-x^2) J_0(\mu x) x\,\mathrm{d}x = \int_0^1 (1-x^2) \frac{1}{\mu} \frac{\mathrm{d}}{\mathrm{d}x}[x J_1(\mu x)]\,\mathrm{d}x$$

$$= (1-x^2) \frac{1}{\mu} [x J_1(\mu x)]\Big|_0^1 + \frac{2}{\mu} \int_0^1 x^2 J_1(\mu x)\,\mathrm{d}x$$

$$= \frac{2}{\mu^2} x^2 J_2(\mu x)\Big|_0^1 = \frac{2}{\mu^2} J_2(\mu).$$

再令递推关系 (17.34) 中 $\nu = 1$, 有
$$J_0(x) + J_2(x) = \frac{2}{x}J_1(x),$$
并考虑到 $J_0(\mu) = 0$, 就有
$$J_2(\mu) = \frac{2}{\mu}J_1(\mu).$$
代入即得
$$\int_0^1 (1-x^2) J_0(\mu x) x \,\mathrm{d}x = \frac{4}{\mu^3}J_1(\mu). \tag{17.41}$$

下面针对幂函数与 Bessel 函数乘积的积分做一点更普遍的讨论.
首先考虑积分 $\int x^\mu J_\nu(x)\mathrm{d}x$. 采用递推关系
$$\frac{\mathrm{d}}{\mathrm{d}x}\left[x^\nu J_\nu(x)\right] = x^\nu J_{\nu-1}(x),$$
反复分部积分, 就有
$$\begin{aligned}
\int x^\mu J_\nu(x)\mathrm{d}x &= \int x^{\mu-\nu-1} x^{\nu+1} J_\nu(x)\mathrm{d}x \\
&= x^{\mu-\nu-1} x^{\nu+1} J_{\nu+1}(x) - (\mu-\nu-1)\int x^{\mu-\nu-2} x^{\nu+1} J_{\nu+1}(x)\mathrm{d}x \\
&= x^\mu J_{\nu+1}(x) - (\mu-\nu-1)\int x^{\mu-\nu-3} x^{\nu+2} J_{\nu+1}(x)\mathrm{d}x \\
&= \left[x^\mu J_{\nu+1}(x) - (\mu-\nu-1)x^{\mu-1} J_{\nu+2}(x)\right] \\
&\quad + (\mu-\nu-1)(\mu-\nu-3)\int x^{\mu-\nu-5} x^{\nu+3} J_{\nu+2}(x)\mathrm{d}x \\
&= \cdots.
\end{aligned}$$

每分部积分一次, 除了分部积分出的项中再增加一项外, 在新出现的积分中, 被积函数的幂函数的幂次就降低一次, 而 Bessel 函数的阶数则升高 1. 这样, 分部积分 n 次后, 便会遇到积分 $\int x^{\mu-n} J_{\nu+n}(x)\mathrm{d}x$. 若 $(\mu-n)\pm(\nu+n)=1$, 即 $\mu+\nu=1$ 或 $\mu-\nu=2n+1$, 则这个积分可以表示为有限的形式, 并且能够用初等方法积出.

如果改用递推关系
$$\frac{\mathrm{d}}{\mathrm{d}x}\left[x^{-\nu} J_\nu(x)\right] = -x^{-\nu} J_{\nu+1}(x)$$
计算, 重复上面的讨论, 又可以得到
$$\begin{aligned}
\int x^\mu J_\nu(x)\mathrm{d}x &= \int x^{\mu+\nu-1} x^{-\nu+1} J_\nu(x)\mathrm{d}x \\
&= -x^{\mu+\nu-1} x^{-\nu+1} J_{\nu-1}(x) - (\mu+\nu-1)\int x^{\mu+\nu-2} x^{-\nu+1} J_{\nu-1}(x)\mathrm{d}x \\
&= -x^\mu J_{\nu-1}(x) + (\mu+\nu-1)\int x^{\mu-1} J_{\nu-1}(x)\mathrm{d}x.
\end{aligned}$$

我们看到，每分部积分一次，在新出现的积分中，被积函数的幂函数的幂次降低一次，而 Bessel 函数的阶数也降低 1. 于是，在分部积分 n 次后，便会遇到积分 $\int x^{\mu-n} J_{\nu-n}(x) dx$. 若 $(\mu-n) \pm (\nu-n) = 1$，即 $\mu-\nu = 1$ 或 $\mu+\nu = 2n+1$，则此积分也可以表示为有限的形式，也能用初等方法积出.

当 $\mu \pm \nu \neq$ 奇数时，积分 $\int x^\mu J_\nu(x) dx$ 常常会涉及我们不熟悉的特殊函数. 例如，

$$\int_0^z z^\nu J_\nu(z) \, dz = 2^{\nu-1} \sqrt{\pi} \, \Gamma\left(\nu + \frac{1}{2}\right) z \Big[J_\nu(z) \mathbb{H}_{\nu-1}(z) - J_{\nu-1}(z) \mathbb{H}_\nu(z) \Big].$$

$\mathbb{H}_\nu(z)$ 称为 (ν 阶) Struve 函数，

$$\mathbb{H}_\nu(z) = \sum_{k=0}^\infty \frac{(-)^k}{\Gamma(k+3/2)\,\Gamma(\nu+k+3/2)} \left(\frac{z}{2}\right)^{2k+\nu+1}.$$

例 17.3 根据柱函数的递推关系，证明 (任意阶) 柱函数 $C_\nu(z)$ 的加法公式

$$C_\nu(z+t) = \sum_{m=-\infty}^\infty C_{\nu-m}(t) J_m(z), \qquad |z| < |t|.$$

证 考虑右端的无穷级数 $\sum_{m=-\infty}^\infty C_{\nu-m}(t) J_m(z)$，

$$\left(\frac{\partial}{\partial t} - \frac{\partial}{\partial z}\right) \sum_{m=-\infty}^\infty C_{\nu-m}(t) J_m(z) = \sum_{m=-\infty}^\infty \Big[C'_{\nu-m}(t) J_m(z) - C_{\nu-m}(t) J'_m(z) \Big]$$

$$= \frac{1}{2} \sum_{m=-\infty}^\infty \Big\{ \Big[C_{\nu-m-1}(t) - C_{\nu-m+1}(t) \Big] J_m(z) - C_{\nu-m}(t) \Big[J_{m-1}(z) - J_{m+1}(z) \Big] \Big\}.$$

但是

$$\sum_{m=-\infty}^\infty C_{\nu-m}(t) \Big[J_{m-1}(z) - J_{m+1}(z) \Big]$$

$$= \sum_{m=-\infty}^\infty C_{\nu-m}(t) J_{m-1}(z) - \sum_{m=-\infty}^\infty C_{\nu-m}(t) J_{m+1}(z)$$

$$= \sum_{m=-\infty}^\infty \Big[C_{\nu-m-1}(t) - C_{\nu-m+1}(t) \Big] J_m(z),$$

因此

$$\left(\frac{\partial}{\partial t} - \frac{\partial}{\partial z}\right) \sum_{m=-\infty}^\infty C_{\nu-m}(t) J_m(z) = 0.$$

这说明此级数的和函数应该是 $t+z$ 的函数，设为 $f(t+z)$，

$$f(t+z) = \sum_{m=-\infty}^\infty C_{\nu-m}(t) J_m(z).$$

代入 $z = 0$, 即可定出

$$f(t) = \sum_{m=-\infty}^{\infty} C_{\nu-m}(t) \mathrm{J}_m(0) = C_\nu(t).$$

因此就证得

$$C_\nu(t+z) = \sum_{m=-\infty}^{\infty} C_{\nu-m}(t) \mathrm{J}_m(z).$$

§17.4 Bessel 函数的渐近展开

Bessel 函数的渐近展开有两种基本类型. 一种适用于 $z \to 0$,

$$\mathrm{J}_\nu(z) = \frac{1}{\Gamma(\nu+1)} \left(\frac{z}{2}\right)^\nu + O\left(z^{\nu+2}\right). \tag{17.42}$$

这可以直接由 Bessel 函数的级数表达式 (17.18) 得到. 另一种渐近展开适用于 $z \to \infty$,

$$\mathrm{J}_\nu(z) \sim \sqrt{\frac{2}{\pi z}} \cos\left(z - \frac{\nu\pi}{2} - \frac{\pi}{4}\right), \qquad |\arg z| < \pi. \tag{17.43}$$

这个公式的推导通常要用到任意阶 Bessel 函数的积分表示, 还要用到一种特殊的技巧 (鞍点法, 或称最陡下降法). 严格的推导可见参考书目 [16] 的第 7 章. 在参考书目 [1] 中也给出了整数阶 Bessel 函数渐近展开的证明. 本书第八章事实上也曾得到过 Bessel 方程的解的渐近展开, 但并不完全, 因为在那里并未能证明得到的渐近展开式到底对应于 Bessel 方程的哪一种解式.

当 $z \to 0$, $\mathrm{Re}\,\nu > 0$ 时, $\mathrm{N}_\nu(z)$ 的渐近行为由 $\mathrm{J}_{-\nu}(z)$ 决定:

$$\mathrm{N}_\nu(z) \sim -\frac{\Gamma(\nu)}{\pi} \left(\frac{z}{2}\right)^{-\nu}. \tag{17.44}$$

而对于 $\mathrm{N}_0(z)$, 可由 (17.28) 式直接得到:

$$\mathrm{N}_0(z) \sim \frac{2}{\pi} \ln \frac{z}{2}. \tag{17.45}$$

所以, 不论 ν 是否为整数, $\mathrm{N}_\nu(z)$ 在 $z = 0$ 点都是发散的.

还可以证明, 当 $z \to \infty$ 时, Neumann 函数的渐近表达式是

$$\mathrm{N}_\nu(z) \sim \sqrt{\frac{2}{\pi z}} \sin\left(z - \frac{\nu\pi}{2} - \frac{\pi}{4}\right), \qquad |\arg z| < \pi. \tag{17.46}$$

将 (17.43)、(17.46) 两式组合起来, 又能得到 Hankel 函数在 $z \to \infty$ 时的渐近表达式

$$\mathrm{H}_\nu^{(1)}(z) \sim \sqrt{\frac{2}{\pi z}} \exp\left[\mathrm{i}\left(z - \frac{\nu\pi}{2} - \frac{\pi}{4}\right)\right], \qquad |\arg z| < \pi, \tag{17.47a}$$

$$\mathrm{H}_\nu^{(2)}(z) \sim \sqrt{\frac{2}{\pi z}} \exp\left[-\mathrm{i}\left(z - \frac{\nu\pi}{2} - \frac{\pi}{4}\right)\right], \qquad |\arg z| < \pi. \tag{17.47b}$$

在物理学中, 柱函数可用于描写柱面波. 例如, 将 (17.43) 式两端同乘以时间因子 $\mathrm{e}^{-\mathrm{i}\omega t}$, 并做代换 $z = kr$, 则当 r 足够大时, 右端即为

$$\sqrt{\frac{2}{\pi k r}} \cos\left(kr - \frac{\nu\pi}{2} - \frac{\pi}{4}\right) \mathrm{e}^{-\mathrm{i}\omega t}$$
$$= \frac{1}{2}\sqrt{\frac{2}{\pi k r}} \left\{ \exp\left[\mathrm{i}\left(kr - \frac{\nu\pi}{2} - \frac{\pi}{4} - \omega t\right)\right] + \exp\left[-\mathrm{i}\left(kr - \frac{\nu\pi}{2} - \frac{\pi}{4} + \omega t\right)\right]\right\},$$

如果将 r 理解为柱坐标系中的坐标变量, k 为波数, 则此式就可以描写等相位面为柱面

$$kr - \frac{\nu\pi}{2} - \frac{\pi}{4} \mp \omega t = 常数$$

的波动过程, 准确地说, 是等相位面随着时间不断扩大 (发散) 和收缩 (会聚) 的两个柱面波的叠加. 而且, 由于上式中还含有与 $\sqrt{r}$ 成反比的振幅因子, 即波动过程的能流密度与 r 成反比, 可是由于圆柱的侧面积与 r 成正比, 所以单位时间内通过每个圆柱面流过的总能量不变. 这就是说, (17.43) 式描述的还是一个不衰减的柱面波.

同样, $\mathrm{N}_\nu(x)$ 也可以用来描写柱面波, 也是发散的柱面波和会聚的柱面波的叠加.

如果仍限定时间因子为 $\mathrm{e}^{-\mathrm{i}\omega t}$, 则 $\mathrm{H}_\nu^{(1)}(x)$ 代表发散波, $\mathrm{H}_\nu^{(2)}(x)$ 代表会聚波.

§17.5 整数阶 Bessel 函数的生成函数和积分表示

Bessel 方程 (17.7) 中的 $\nu^2 = \mu$, 通常是由本征值问题

$$\Phi'' + \mu\Phi = 0,$$
$$\Phi(0) = \Phi(2\pi), \qquad \Phi'(0) = \Phi'(2\pi)$$

决定的, $\mu = m^2, m = 0, 1, 2, \cdots$. 因此, 本节特别介绍整数阶 Bessel 函数特有的性质.

1. $\mathrm{J}_n(z)$ **的生成函数展开式** (§5.5, 例 5.9 中已证)

$$\exp\left[\frac{z}{2}\left(t - \frac{1}{t}\right)\right] = \sum_{n=-\infty}^{\infty} \mathrm{J}_n(z) t^n, \qquad 0 < |t| < \infty. \tag{17.48}$$

2. $\mathrm{J}_n(z)$ **的积分表示**

$$\mathrm{J}_n(z) = \frac{1}{\pi} \int_0^\pi \cos(z\sin\theta - n\theta) \mathrm{d}\theta. \tag{17.49}$$

证 在 (17.48) 式中令 $t = \mathrm{e}^{\mathrm{i}\theta}$, 就得到

$$\mathrm{e}^{\mathrm{i}z\sin\theta} = \sum_{n=-\infty}^{\infty} \mathrm{J}_n(z) \mathrm{e}^{\mathrm{i}n\theta}. \tag{17.50}$$

这就是函数 $\mathrm{e}^{\mathrm{i}z\sin\theta}$ 的 Fourier 展开式 (复数形式). 于是, 由 Fourier 展开的系数公式, 就能证得

$$\mathrm{J}_n(z) = \frac{1}{2\pi} \int_{-\pi}^{\pi} \mathrm{e}^{\mathrm{i}z\sin\theta} \left(\mathrm{e}^{\mathrm{i}n\theta}\right)^* \mathrm{d}\theta$$
$$= \frac{1}{2\pi} \int_{-\pi}^{\pi} \left[\cos(z\sin\theta - n\theta) + \mathrm{i}\sin(z\sin\theta - n\theta)\right] \mathrm{d}\theta.$$

在右端积分的被积函数中,虚部是奇函数,积分为 0,所以就能直接化为 (17.49) 式. □

$J_n(z)$ 的积分表示,也可以用来计算含 Bessel 函数的积分. 例如对于例 17.1 中的积分,有

$$\int_0^\infty e^{-ax} J_0(bx) dx = \int_0^\infty e^{-ax} \left[\frac{1}{2\pi} \int_{-\pi}^\pi e^{ibx\sin\theta} d\theta \right] dx$$
$$= \frac{1}{2\pi} \int_{-\pi}^\pi d\theta \int_0^\infty e^{-(a-ib\sin\theta)x} dx = \frac{1}{2\pi} \int_{-\pi}^\pi \frac{d\theta}{a - ib\sin\theta}.$$

用留数定理计算这个积分,

$$\int_0^\infty e^{-ax} J_0(bx) dx = \frac{1}{2\pi i} \oint_{|z|=1} \frac{2 dz}{-bz^2 + 2az + b}$$
$$= \left. \frac{1}{-bz+a} \right|_{z=(a-\sqrt{a^2+b^2})/b} = \frac{1}{\sqrt{a^2+b^2}}.$$

就本题而言,这种做法要比代入 Bessel 函数的级数表达式更容易些,因为现在的计算步骤明确,不像级数求和更具有技巧性. 这种做法的另一个好处是不需做解析延拓.

上面的计算显然不适用于 $\text{Re}\,\alpha = 0$ 的情形. 当 $\text{Re}\,\alpha = 0$ 时,我们实际上遇到的乃是 Bessel 函数与三角函数乘积的积分,例如 $\int_0^\infty J_0(\beta x) \cos\alpha x\, dx$,其中 α, β 均为正数. 仍然用 (17.49) 式代入,交换积分次序,则有

$$\int_0^\infty J_0(\beta x) \cos\alpha x\, dx = \frac{1}{\pi} \int_0^\pi d\theta \int_0^\infty \cos\alpha x \cos(\beta x \sin\theta) dx$$
$$= \frac{1}{2\pi} \int_0^\pi d\theta \int_0^\infty \left[\cos(\alpha - \beta\sin\theta)x + \cos(\alpha + \beta\sin\theta)x \right] dx$$
$$= \frac{1}{4\pi} \int_0^\pi d\theta \int_{-\infty}^\infty \left[e^{i(\alpha-\beta\sin\theta)x} + e^{i(\alpha+\beta\sin\theta)x} \right] dx$$
$$= \frac{1}{2} \int_0^\pi \left[\delta(\alpha - \beta\sin\theta) + \delta(\alpha + \beta\sin\theta) \right] d\theta$$
$$= \frac{1}{2} \int_0^\pi \delta(\alpha - \beta\sin\theta) d\theta = \int_0^{\pi/2} \delta(\alpha - \beta\sin\theta) d\theta,$$

其中的 $\delta(x)$ 是广义函数 δ (见第九章). 令 $t = \beta\sin\theta$,上面的积分就能化为

$$\int_0^\infty J_0(\beta x) \cos\alpha x\, dx = \int_0^\beta \frac{\delta(\alpha - t)}{\sqrt{\beta^2 - t^2}} dt.$$

需要区分 $\alpha < \beta, \alpha > \beta$ 和 $\alpha = \beta$ 三种情形. 当 $\alpha < \beta$ 时,积分区间中含有 $t = \alpha$ 点,所以

$$\int_0^\infty J_0(\beta x) \cos\alpha x\, dx = \left. \frac{1}{\sqrt{\beta^2 - t^2}} \right|_{t=\alpha} = \frac{1}{\sqrt{\beta^2 - \alpha^2}}.$$

当 $\alpha > \beta$ 时,积分区间中不含有 $t = \alpha$ 点,所以

$$\int_0^\infty J_0(\beta x) \cos\alpha x\, dx = 0.$$

$\alpha=\beta$ 的情形需要特别的分析. 因为 $\int_0^\infty J_0(\beta x)\cos\alpha x\,dx$ 是一个反常积分, 其反常性表现在积分上限为 ∞, 因此, 当 x 足够大时, 不妨将被积函数中的 $J_0(\beta x)$ 用渐近展开代入:

$$J_0(\beta x)\cos\alpha x \sim \sqrt{\frac{2}{\pi x}}\cos\left(\beta x-\frac{\pi}{4}\right)\cos\alpha x$$
$$=\frac{1}{\sqrt{2\pi x}}\Big[\cos(\beta-\alpha)x+\cos(\beta+\alpha)x+\sin(\beta-\alpha)x+\sin(\beta+\alpha)x\Big].$$

这就明白地表现出被积函数的主要特征. 我们也就能理解为什么当 $\beta\neq\alpha$ 时积分收敛. 但是, 当 $\beta=\alpha$ 时,

$$J_0(\alpha x)\cos\alpha x \sim \frac{1}{\sqrt{2\pi x}}\big(1+\cos 2\alpha x+\sin 2\alpha x\big),$$

$1/\sqrt{2\pi x}$ 项的存在, 使得反常积分不再收敛,

$$\int_0^\infty J_0(\alpha x)\cos\alpha x\,dx=\infty.$$

把上面的三种情形写到一起, 就是

$$\int_0^\infty J_0(\beta x)\cos\alpha x\,dx=\begin{cases}\dfrac{1}{\sqrt{\beta^2-\alpha^2}}, & \alpha<\beta,\\ \infty, & \alpha=\beta,\\ 0, & \alpha>\beta.\end{cases} \tag{17.51}$$

Bessel 函数与三角函数乘积的积分, 一般说来都比较复杂, 在很多情况下积分值是间断函数. 考虑到反常积分的收敛性, 在积分方法的选择上, 需要特别小心.

如果在 (17.48) 式中令 $t=ie^{i\theta}$, 还可以得到

$$e^{iz\cos\theta}=\sum_{n=-\infty}^\infty J_n(z)i^n e^{in\theta}=J_0(z)+2\sum_{n=1}^\infty i^n J_n(z)\cos n\theta. \tag{17.52}$$

我们又能得到 Bessel 函数的另一个积分表示:

$$J_n(z)=\frac{i^{-n}}{\pi}\int_0^\pi e^{iz\cos\theta}\cos n\theta\,d\theta. \tag{17.53}$$

对于 (17.52) 式还可以有另一种解读: 如果令 $z=kr$, 于是就有

$$e^{ikr\cos\theta}=J_0(kr)+2\sum_{n=1}^\infty i^n J_n(kr)\cos n\theta. \tag{17.52'}$$

把 (17.52′) 式中的 r 和 θ 理解为柱坐标系中的坐标变量, 并且把 k 理解为波数, 同时取相位的时间因子为 $e^{-i\omega t}$, 则上式两端都分别对应于波动过程相位因子的空间部分: 左端是沿正 x 轴方向传播[①]的平面波, 因为它的等相位面是

$$kr\cos\theta-\omega t=\text{常数}.$$

[①] 传播方向与相位的时间因子的规定有关. 如果取时间因子为 $e^{i\omega t}$, 这个平面波就是向负 x 轴方向传播的.

而右端各项中的 $J_0(kr)$ 和 $J_n(kr)$ 描述的是柱面波 (见 §17.4). 因此, 就可以赋予 (17.52′) 式一个物理上的解释: 平面波按柱面波展开.

例 17.4 在光学系统的设计中, 特别是接近衍射极限的系统 (例如光刻机物镜、高清晰度航拍物镜等系统), 需要进行像质的定量评价. 这涉及一系列的 Fourier 变换和逆变换的计算. 作为这一过程的基础性工作, 首先要计算光瞳函数 $p(\xi, \eta)$ 的 Fourier 变换

$$P(x,y) = \frac{1}{2\pi} \iint_{-\infty}^{\infty} p(\xi, \eta) \exp\left[-\mathrm{i}\frac{2\pi}{\lambda z}(x\xi + y\eta)\right] \mathrm{d}\xi \mathrm{d}\eta,$$

其中 λ, z 均为已知常数. 如果是圆形光瞳, 半径为 a, 光场在圆内为常数 (不妨取为 1), 圆外为 0,

$$p(\xi, \eta) = \begin{cases} 1, & \xi^2 + \eta^2 < a^2, \\ 0, & \xi^2 + \eta^2 > a^2. \end{cases}$$

令

$$x = r\cos\phi, \qquad y = r\sin\phi,$$
$$\xi = \rho\cos\theta, \qquad \eta = \rho\sin\theta,$$

则有

$$\begin{aligned}P(r,\phi) &= \frac{1}{2\pi} \int_0^a \rho\mathrm{d}\rho \int_0^{2\pi} \exp\left[-\mathrm{i}\frac{2\pi r\rho}{\lambda z}(\cos\phi\cos\theta + \sin\phi\sin\theta)\right] \mathrm{d}\theta \\ &= \frac{1}{2\pi} \int_0^a \rho\mathrm{d}\rho \int_0^{2\pi} \exp\left[-\mathrm{i}\frac{2\pi r\rho}{\lambda z}\cos\theta'\right] \mathrm{d}\theta' \\ &= \int_0^a J_0\left(\frac{2\pi r\rho}{\lambda z}\right) \rho\mathrm{d}\rho = a^2 \frac{J_1(kra/z)}{kra/z},\end{aligned}$$

其中 $k = \lambda/(2\pi)$. 上述计算中用到了 Bessel 函数的积分表示和 Bessel 函数的递推关系.

在大光场的情况下, 光瞳变为椭圆. 设长半轴为 a, 短半轴为 b, 这时光瞳函数

$$p(\xi, \eta) = \begin{cases} 1, & \dfrac{\xi^2}{a^2} + \dfrac{\eta^2}{b^2} < 1, \\ 0, & \dfrac{\xi^2}{a^2} + \dfrac{\eta^2}{b^2} > 1. \end{cases}$$

令

$$x = (r/a)\cos\phi, \qquad y = (r/b)\sin\phi,$$
$$\xi = a\rho\cos\theta, \qquad \eta = b\rho\sin\theta,$$

则得

$$\begin{aligned}P(x,y) &= \frac{ab}{2\pi} \int_0^1 \rho\mathrm{d}\rho \int_0^{2\pi} \exp\left[-\mathrm{i}\frac{2\pi r\rho}{\lambda z}(\cos\phi\cos\theta + \sin\phi\sin\theta)\right] \mathrm{d}\theta \\ &= \frac{ab}{2\pi} \int_0^1 \rho\mathrm{d}\rho \int_0^{2\pi} \exp\left[-\mathrm{i}\frac{2\pi r\rho}{\lambda z}\cos\theta'\right] \mathrm{d}\theta' = ab\int_0^1 J_0\left(\frac{2\pi r\rho}{\lambda z}\right)\rho\mathrm{d}\rho \\ &= ab\frac{J_1(kr/z)}{kr/z} = ab\frac{J_1(k\sqrt{a^2x^2 + b^2y^2}/z)}{k\sqrt{a^2x^2 + b^2y^2}/z}.\end{aligned}$$

§17.6　Bessel 方程的本征值问题

现在从一个具体问题入手, 讨论 Bessel 方程的本征值问题. 要讨论的问题是: 求四周固定的圆形薄膜的固有频率.

注意, 这个问题不同于过去讨论过的偏微分方程定解问题: 现在并没有给出初始条件, 所要求的也不是描写圆形薄膜振动的位移如何随时间和空间而变化. 现在要求的是固有频率, 即求出给定偏微分方程和边界条件下的所有各种振动模式的角频率. 也正是因为现在的问题中并没有给出初始条件, 所以也不能得出位移转动不变的结论.

取平面极坐标系, 坐标原点放在圆形薄膜的中心. 这样, 偏微分方程和边界条件就是

$$\frac{\partial^2 u}{\partial t^2} - c^2 \left[\frac{1}{r}\frac{\partial}{\partial r}\left(r\frac{\partial u}{\partial r}\right) + \frac{1}{r^2}\frac{\partial^2 u}{\partial \phi^2} \right] = 0, \tag{17.54a}$$

$$u\big|_{r=0} \text{ 有界}, \qquad u\big|_{r=a} = 0, \tag{17.54b}$$

$$u\big|_{\phi=0} = u\big|_{\phi=2\pi}, \qquad \frac{\partial u}{\partial \phi}\bigg|_{\phi=0} = \frac{\partial u}{\partial \phi}\bigg|_{\phi=2\pi}. \tag{17.54c}$$

现在要求的就是在边界条件 (17.54b) 和 (17.54c) 的限制下, 到底许可哪些 ω 值, 使得方程 (17.54a) 有非零解

$$u(r,\phi,t) = v(r,\phi)\mathrm{e}^{-\mathrm{i}\omega t}. \tag{17.55}$$

将此解式代入方程 (17.54a) 及边界条件 (17.54b) 和 (17.54c), 并令 $k = \omega/c$, 就可以得到下列偏微分方程的本征值问题:

$$\frac{1}{r}\frac{\partial}{\partial r}\left(r\frac{\partial v}{\partial r}\right) + \frac{1}{r^2}\frac{\partial^2 v}{\partial \phi^2} + k^2 v = 0, \tag{17.56a}$$

$$v\big|_{r=0} \text{ 有界} \qquad v\big|_{r=a} = 0, \tag{17.56b}$$

$$v\big|_{\phi=0} = v\big|_{\phi=2\pi}, \qquad \frac{\partial v}{\partial \phi}\bigg|_{\phi=0} = \frac{\partial v}{\partial \phi}\bigg|_{\phi=2\pi}. \tag{17.56c}$$

再令 $v(r,\phi) = R(r)\Phi(\phi)$, 分离变量, 就分解为两个常微分方程的本征值问题

$$\Phi''(\phi) + \lambda \Phi(\phi) = 0, \tag{17.57a}$$

$$\Phi(0) = \Phi(2\pi), \qquad \Phi'(0) = \Phi'(2\pi) \tag{17.57b}$$

和

$$\frac{1}{r}\frac{\mathrm{d}}{\mathrm{d}r}\left[r\frac{\mathrm{d}R(r)}{\mathrm{d}r}\right] + \left(k^2 - \frac{\lambda}{r^2}\right)R(r) = 0, \tag{17.58a}$$

$$R(0) \text{ 有界}, \qquad R(a) = 0. \tag{17.58b}$$

本征值问题 (17.57) 已经多次见到过, 它的解是

本 征 值　　$\lambda_m = m^2, \qquad m = 0,1,2,3,\cdots,$

本征函数　　$\Phi_m(\phi) = \begin{cases} \cos m\phi, & m = 0,1,2,\cdots, \\ \sin m\phi, & m = 1,2,3,\cdots. \end{cases}$

所以, 在本征值问题 (17.58) 中, 参数 $\lambda = m^2$ 是已知的, 而本征值 k^2 待求.

将 (17.58a) 式两端乘以 $rR^*(r)$, 再积分, 就可以得到

$$k^2 \int_0^a R(r)R^*(r)r\mathrm{d}r = m^2 \int_0^a R(r)R^*(r)\frac{\mathrm{d}r}{r} + \int_0^a \frac{\mathrm{d}R(r)}{\mathrm{d}r}\frac{\mathrm{d}R^*(r)}{\mathrm{d}r}r\mathrm{d}r,$$

所以, 一定有本征值 $k^2 > 0$. 通过做变换 $x = kr$, $y(x) = R(r)$, 就可以将微分方程 (17.58a) 化为 Bessel 方程, 从而求得它的通解

$$R(r) = C\mathrm{J}_m(kr) + D\mathrm{N}_m(kr). \tag{17.59}$$

考虑到边界条件 (17.58b) 的要求, $R(0)$ 有界, 故 $D = 0$. 又由于要求 $R(a) = 0$, 就得到

$$\mathrm{J}_m(ka) = 0.$$

将 m 阶 Bessel 函数 $\mathrm{J}_m(x)$ 的第 i 个正零点 (由小到大排列) 记作 μ_{mi}, $i = 1, 2, 3, \cdots$, 则本征值问题 (17.58) 的解是

$$\text{本 征 值} \quad k_{mi}^2 = \left(\frac{\mu_{mi}}{a}\right)^2, \quad i = 1, 2, 3, \cdots, \tag{17.60a}$$

$$\text{本 征 函 数} \quad R_{mi}(r) = \mathrm{J}_m(k_{mi}r). \tag{17.60b}$$

于是就求得了圆形薄膜的固有振动的角频率

$$\omega_{mi} = \frac{\mu_{mi}}{a}c, \tag{17.61}$$

其中 μ_{mi} 是 m 阶 Bessel 函数 $\mathrm{J}_m(x)$ 的第 i 个正零点.

在上述求解过程中, 实际上用到了有关 $\mathrm{J}_\nu(x)$ 零点的结论: 当 $\nu > -1$ 或为整数时, $\mathrm{J}_\nu(x)$ 有无穷多个零点, 它们全部都是实数, 对称地分布在实轴上.

本征值问题 (17.58), 显然属于奇异的 Sturm-Liouville 型方程的本征值问题, 其本征值和本征函数一经求出, 本征函数正交完备性的普遍性结论自然成立, 本来无须再做讨论. 但是为了求出本征函数的模方, 不妨重新证明一下本征函数的正交性. 下面介绍一种不同于上一章的做法, 同样既可以证明本征函数的正交性, 又能计算得本征函数的模方.

首先, 写出本征函数 $R_{mi}(r) = \mathrm{J}_m(k_{mi}r)$ 所满足的微分方程和边界条件:

$$\frac{1}{r}\frac{\mathrm{d}}{\mathrm{d}r}\left[r\frac{\mathrm{d}\mathrm{J}_m(k_{mi}r)}{\mathrm{d}r}\right] + \left(k_{mi}^2 - \frac{m^2}{r^2}\right)\mathrm{J}_m(k_{mi}r) = 0, \tag{17.62a}$$

$$\mathrm{J}_m(0) \text{ 有界}, \quad \mathrm{J}_m(k_{mi}a) = 0. \tag{17.62b}$$

同时, 再写出函数 $R(r) = \mathrm{J}_m(kr)$ 所满足的微分方程和边界条件:

$$\frac{1}{r}\frac{\mathrm{d}}{\mathrm{d}r}\left[r\frac{\mathrm{d}\mathrm{J}_m(kr)}{\mathrm{d}r}\right] + \left(k^2 - \frac{m^2}{r^2}\right)\mathrm{J}_m(kr) = 0, \tag{17.63a}$$

$$\mathrm{J}_m(0) \text{ 有界}. \tag{17.63b}$$

由于其中的 k 为任意实数, 所以一般说来, 不会有 $\mathrm{J}_m(ka) = 0$.

再用 $rJ_m(kr)$ 和 $rJ_m(k_{mi}r)$ 分别乘方程 (17.62a) 和 (17.63a), 相减, 并在区间 $[0,a]$ 上积分, 就得到

$$(k_{mi}^2 - k^2)\int_0^a J_m(k_{mi}r)J_m(kr)r\mathrm{d}r = r\left[J_m(k_{mi}r)\frac{\mathrm{d}J_m(kr)}{\mathrm{d}r} - J_m(kr)\frac{\mathrm{d}J_m(k_{mi}r)}{\mathrm{d}r}\right]\bigg|_{r=0}^{r=a}.$$

代入边界条件 (17.62b) 和 (17.63b), 可以将上面的结果化为

$$(k_{mi}^2 - k^2)\int_0^a J_m(k_{mi}r)J_m(kr)r\mathrm{d}r = -k_{mi}aJ_m(ka)J'_m(k_{mi}a). \tag{17.64}$$

我们对两个特殊情形感兴趣. 第一种情形是 $k=k_{mj}\ne k_{mi}$. 这时就有 $J_m(k_{mj}a)=0$, 因此 (17.64) 式的右端为 0. 但由于 $k_{mj}\ne k_{mi}$, 所以

$$\int_0^a J_m(k_{mi}r)J_m(k_{mj}r)r\mathrm{d}r = 0, \qquad k_{mi}\ne k_{mj}, \tag{17.65}$$

即对应于不同本征值的本征函数在区间 $[0,a]$ 上以权函数 r 正交.

另一种情形是 $k=k_{mi}$, 这时 (17.64) 式的两端均为 0. 我们可以先将 (17.64) 式的两端同除以 $k_{mi}^2-k^2$, 然后取极限 $k\to k_{mi}$, 这样就得到

$$\int_0^a J_m^2(k_{mi}r)r\mathrm{d}r = -\lim_{k\to k_{mi}}\frac{k_{mi}a}{k_{mi}^2-k^2}J_m(ka)J'_m(k_{mi}a) = \frac{a^2}{2}\left[J'_m(k_{mi}a)\right]^2. \tag{17.66}$$

这正是本征函数 $J_m(k_{mi}r)$ 的模方.

如果将本征值问题 (17.62) 中 $r=a$ 端的齐次边界条件改为第二类或第三类边界条件, 也可以类似地讨论.

练习 17.8 将边界条件 (17.62b) 改为

$$u|_{r=0} \text{ 有界}, \qquad \frac{\partial u}{\partial r}\bigg|_{r=a} = 0,$$

重复以上的讨论.

练习 17.9 将边界条件 (17.62b) 改为

$$u|_{r=0} \text{ 有界}, \qquad \left(\frac{\partial u}{\partial r}\sin\theta + u\cos\theta\right)_{r=a} = 0,$$

其中已知常数 $0\leqslant \theta\leqslant \pi/2$, 重复以上的讨论.

事实上, 可以把这三种情形统一写成

$$\frac{1}{r}\frac{\mathrm{d}}{\mathrm{d}r}\left[r\frac{\mathrm{d}R(r)}{\mathrm{d}r}\right] + \left(k^2 - \frac{m^2}{r^2}\right)R(r) = 0, \tag{17.67a}$$

$$R(0) \text{ 有界}, \qquad R'(a)\sin\beta + R(a)\cos\beta = 0, \tag{17.67b}$$

其中 $\beta\in[0,\pi/2]$ 为已知常数. 如果 $\beta=0$, 则是第一类边界条件; 如果 $\beta=\pi/2$, 就是第二类边界条件; 如果 $0<\beta<\pi/2$, 则为第三类边界条件.

关于 Bessel 函数族的完备性, 这里只给出结论: 如果函数 $f(r)$ 在区间 $[0, a]$ 上连续, 且只有有限个极大和极小, 则可按本征函数 $J_m(k_i r)$ 展开:

$$f(r) = \sum_{i=1}^{\infty} b_i J_m(k_i r), \tag{17.68}$$

其中 $J_m(k_i r)$ 是本征值问题 (17.67) 的解, 而展开系数为

$$b_i = \frac{\int_0^a f(r) J_m(k_i r) r \, dr}{\int_0^a J_m^2(k_i r) r \, dr}. \tag{17.69}$$

这样得到的级数在区间 $[\delta, a-\delta]\,(\delta > 0)$ 上是一致收敛的. 证明见参考书目 [16] 的 §17.33. 该书中还有更普遍的展开定理.

例 17.5 圆柱体的冷却.

设有一个无穷长的圆柱体, 半径为 a. 很自然地我们应该选用柱坐标系, z 轴即为圆柱体的轴. 如果柱体的表面温度维持为 0, 初温为 $u_0 f(r)$, 试求柱体内温度的分布和变化.

解 显然温度 u 与 ϕ, z 无关, 即 $u = u(r, t)$. 它由定解问题

$$\frac{\partial u}{\partial t} - \frac{\kappa}{r} \frac{\partial}{\partial r}\left(r \frac{\partial u}{\partial r}\right) = 0, \tag{17.70a}$$

$$u\big|_{r=0} \text{ 有界}, \qquad u\big|_{r=a} = 0, \tag{17.70b}$$

$$u\big|_{t=0} = u_0 f(r) \tag{17.70c}$$

决定. 根据前面的一般讨论, 容易写出满足方程 (17.70a) 及边界条件 (17.70b) 的一般解

$$u(r, t) = \sum_{i=1}^{\infty} c_i J_0\left(\frac{\mu_i}{a} r\right) \exp\left[-\kappa \left(\frac{\mu_i}{a}\right)^2 t\right], \tag{17.71}$$

其中 μ_i 是 $J_0(x)$ 的第 i 个正零点. 代入初条件, 有

$$u(r, t)\big|_{t=0} = \sum_{i=1}^{\infty} c_i J_0\left(\frac{\mu_i}{a} r\right) = u_0 f(r).$$

所以

$$c_i = \frac{2 u_0}{a^2 J_1^2(\mu_i)} \int_0^a f(r) J_0\left(\frac{\mu_i}{a} r\right) r \, dr. \tag{17.72}$$

知道了 $f(r)$ 的具体形式, 就可以算出上面的积分. 例如, 若

$$f(r) = 1 - \left(\frac{r}{a}\right)^2, \tag{17.73}$$

便有

$$c_i = \frac{2 u_0}{a^2 J_1^2(\mu_i)} \int_0^a \left[1 - \left(\frac{r}{a}\right)^2\right] J_0\left(\frac{\mu_i}{a} r\right) r \, dr = \frac{8 u_0}{\mu_i^3 J_1(\mu_i)}. \tag{17.74}$$

最后一步用到了例 17.2 中的计算结果 (见 (17.41) 式).

将本题得到的结果
$$1 - x^2 = 8 \sum_{i=1}^{\infty} \frac{1}{\mu_i^3 J_1(\mu_i)} J_0(\mu_i x)$$

两端微商, 并令 $x = 1$, 还可以导出一个有意思的结果:
$$\sum_{i=1}^{\infty} \frac{1}{\mu_i^2} = \frac{1}{4}. \tag{17.75}$$

例 17.6 圆环做平面径向振动的固有频率. 设圆环的内外半径分别为 a 和 b. 若内边界 (内圆) 固定, 外边界 (外圆) 自由, 求圆环做平面径向振动的固有频率.

解 显然应该选用平面极坐标系, 则位移 (矢量) $\boldsymbol{u} = u\boldsymbol{e}_r$ 满足的波动方程为
$$\frac{\partial^2 \boldsymbol{u}}{\partial t^2} - c^2 \nabla^2 \boldsymbol{u} = 0. \tag{17.76}$$

因为 (见 (14.54) 式)
$$\nabla^2 \boldsymbol{u} \equiv \nabla^2 (u\boldsymbol{e}_r) = \left(\nabla^2 u - \frac{u}{r^2}\right) \boldsymbol{e}_r + \frac{2}{r^2} \frac{\partial u}{\partial \phi} \boldsymbol{e}_\phi,$$

所以方程 (17.76) 等价于偏微分方程组
$$\frac{\partial^2 u}{\partial t^2} - c^2 \left(\nabla^2 u - \frac{u}{r^2}\right) = 0, \qquad \frac{\partial u}{\partial \phi} = 0. \tag{17.76'}$$

由此可见, 径向位移与 ϕ 无关, $u = u(r,t)$ 满足微分方程和边界条件
$$\frac{\partial^2 u}{\partial t^2} - c^2 \left[\frac{1}{r}\frac{\partial}{\partial r}\left(r\frac{\partial u}{\partial r}\right) - \frac{u}{r^2}\right] = 0, \tag{17.77a}$$

$$u\big|_{r=a} = 0, \qquad \frac{\partial u}{\partial r}\bigg|_{r=b} = 0. \tag{17.77b}$$

令 $u(r,t) = R(r) e^{-i\omega t}$, $k = \omega/c$, 代入 (17.77), 便得到
$$\frac{1}{r} \frac{d}{dr}\left[r \frac{dR(r)}{dr}\right] + \left(k^2 - \frac{1}{r^2}\right) R(r) = 0, \tag{17.78a}$$

$$R(a) = 0, \qquad R'(b) = 0. \tag{17.78b}$$

容易证明, $k = 0$ 时本征值问题 (17.78) 无解. 于是, 可做变换 $x = kr$ 和 $y(x) = R(r)$, 而将方程 (17.78a) 化为 Bessel 方程, 由此即可得到方程 (17.78a) 的通解
$$R(r) = C J_1(kr) + D N_1(kr).$$

代入边界条件 (17.78b), 即得
$$C J_1(ka) + D N_1(ka) = 0, \qquad C J_1'(kb) + D N_1'(kb) = 0.$$

这可以看成是关于 C 和 D 的线性代数方程组, 有非零解的充要条件是
$$\begin{vmatrix} J_1(ka) & N_1(ka) \\ J_1'(kb) & N_1'(kb) \end{vmatrix} = 0.$$

由此超越方程就可以求得圆环作平面径向振动的固有频率 $\omega_i = k_i c$, 其中 k_i 是

$$J_1(ka)N_1'(kb) - N_1(ka)J_1'(kb) = 0 \tag{17.79}$$

的第 i 个正根 (由小到大排列). 求出 C 和 D (实际上是 C 和 D 的比值), 例如 $C = N_1(k_i a)$, $D = -J_1(k_i a)$, 就可写出相应的固有振动模式

$$u_i(r,t) = \left[N_1(k_i a)J_1(k_i r) - J_1(k_i a)N_1(k_i r)\right] e^{-ik_i ct}. \tag{17.80}$$

练习 17.10 例 17.5 中的本征函数是

$$R_i(r) = N_1(k_i a)J_1(k_i r) - J_1(k_i a)N_1(k_i r).$$

试讨论本征函数的正交归一性质.

*§17.7 虚宗量 Bessel 函数

从原则上说, 在 Bessel 函数乃至 Neumann 函数和 Hankel 函数的定义中, 它们的宗量本来就可以是复数. 但是, 为了实用上的方便, 对于 Bessel 函数的宗量为纯虚数的情形还是值得做一些分析讨论, 并进一步定义两类虚宗量的 Bessel 函数 (或称修正的 Bessel 函数).

不妨仍然从偏微分方程的定解问题出发, 来引进虚宗量的 Bessel 函数. 例如, 假设有圆柱体内的 Laplace 方程定解问题

$$\frac{1}{r}\frac{\partial}{\partial r}\left(r\frac{\partial u}{\partial r}\right) + \frac{1}{r^2}\frac{\partial^2 u}{\partial \phi^2} + \frac{\partial^2 u}{\partial z^2} = 0, \tag{17.81a}$$

$$u\big|_{\phi=0} = u\big|_{\phi=2\pi}, \qquad \frac{\partial u}{\partial \phi}\bigg|_{\phi=0} = \frac{\partial u}{\partial \phi}\bigg|_{\phi=2\pi}, \tag{17.81b}$$

$$u\big|_{z=0} = 0, \qquad u\big|_{z=h} = 0, \tag{17.81c}$$

$$u\big|_{r=0} \text{ 有界}, \qquad u\big|_{r=a} = f(\phi, z). \tag{17.81d}$$

按照分离变量法的标准做法, 令

$$u(r,\phi,z) = R(r)\Phi(\phi)Z(z),$$

代入方程 (17.81a) 以及边界条件 (17.81b) 和 (17.81c), 分离变量, 就会得到本征值问题

$$\Phi''(\phi) + \mu\Phi(\phi) = 0, \tag{17.82a}$$

$$\Phi(0) = \Phi(2\pi), \qquad \Phi'(0) = \Phi'(2\pi) \tag{17.82b}$$

和

$$Z''(z) + \lambda Z(z) = 0, \tag{17.83a}$$

$$Z(0) = 0, \qquad Z(h) = 0, \tag{17.83b}$$

以及常微分方程

$$\frac{1}{r}\frac{d}{dr}\left(r\frac{dR}{dr}\right) - \left(\lambda + \frac{\mu}{r^2}\right)R = 0. \tag{17.84}$$

由本征值问题 (17.82), 可以得到

$$\text{本 征 值} \qquad \mu_m = m^2, \qquad m = 0,1,2,\cdots, \tag{17.85a}$$

$$\text{本征函数} \qquad \Phi_m(\phi) = \begin{cases} \cos m\phi, & m = 0,1,2,\cdots, \\ \sin m\phi & m = 1,2,3,\cdots. \end{cases} \tag{17.85b}$$

再由本征值问题 (17.83), 又可求得

$$\text{本 征 值} \qquad \lambda_n = \left(\frac{n\pi}{h}\right)^2, \qquad n = 1,2,3,\cdots, \tag{17.86a}$$

$$\text{本征函数} \qquad Z_n(z) = \sin\frac{n\pi}{h}z. \tag{17.86b}$$

这样, 常微分方程 (17.84) 就变成

$$\frac{1}{r}\frac{\mathrm{d}}{\mathrm{d}r}\left(r\frac{\mathrm{d}R}{\mathrm{d}r}\right) - \left[\left(\frac{n\pi}{h}\right)^2 + \frac{m^2}{r^2}\right]R = 0. \tag{17.84'}$$

做变换 $x = (n\pi/h)r$ 和 $y(x) = R(r)$, 就可以将此方程化为

$$\frac{1}{x}\frac{\mathrm{d}}{\mathrm{d}x}\left(x\frac{\mathrm{d}y}{\mathrm{d}x}\right) - \left(1 + \frac{m^2}{x^2}\right)y = 0. \tag{17.87}$$

这个方程称为**虚宗量 Bessel 方程**, 因为再做变换 $t = \mathrm{i}x$ 就可以将它化为 Bessel 方程. 于是, 方程 (17.84') 的通解就是

$$R(r) = C\mathrm{J}_m\left(\frac{\mathrm{i}n\pi}{h}r\right) + D\mathrm{N}_m\left(\frac{\mathrm{i}n\pi}{h}r\right). \tag{17.88}$$

这里就出现了宗量为纯虚数的 Bessel 函数和 Neumann 函数.

一般说来, 当 Bessel 函数的宗量为纯虚数 $x\mathrm{e}^{\mathrm{i}\pi/2}$ (x 为实数) 时, 函数值也是复数:

$$\mathrm{J}_\nu(x\mathrm{e}^{\mathrm{i}\pi/2}) = \sum_{k=0}^{\infty}\frac{(-)^k}{k!\,\Gamma(k+\nu+1)}\left(\frac{x}{2}\mathrm{e}^{\mathrm{i}\pi/2}\right)^{2k+\nu} = \mathrm{e}^{\mathrm{i}\nu\pi/2}\sum_{k=0}^{\infty}\frac{1}{k!\,\Gamma(k+\nu+1)}\left(\frac{x}{2}\right)^{2k+\nu}.$$

方程 (17.87) 是实系数方程, 采用实值函数的解在讨论物理问题时会更方便, 因此, 不妨定义**第一类虚宗量 Bessel 函数**

$$\mathrm{I}_\nu(x) \equiv \mathrm{e}^{-\mathrm{i}\nu\pi/2}\mathrm{J}_\nu(x\mathrm{e}^{\mathrm{i}\pi/2}) = \sum_{k=0}^{\infty}\frac{1}{k!\,\Gamma(k+\nu+1)}\left(\frac{x}{2}\right)^{2k+\nu}. \tag{17.89}$$

特别是对于整数阶的第一类虚宗量 Bessel 函数, 简单地有

$$\mathrm{I}_n(x) = \mathrm{i}^{-n}\mathrm{J}_n(\mathrm{i}x). \tag{17.90}$$

因此, 当 x 和 ν 均为实数时, $\mathrm{I}_\nu(x)$ 的函数值也是实数.

同样, 由于 $\mathrm{I}_\nu(x)$ 和 $\mathrm{I}_{-\nu}(x)$ 都是虚宗量 Bessel 方程 (17.87) 的解, 而且, 考虑到

$$\mathrm{I}_{-n}(x) = \mathrm{I}_n(x), \tag{17.91}$$

可以定义**第二类虚宗量 Bessel 函数**为

$$\mathrm{K}_\nu(x) = \frac{\pi}{2\sin\nu\pi}\left[\mathrm{I}_{-\nu}(x) - \mathrm{I}_\nu(x)\right]. \tag{17.92}$$

这样, 当 ν 为整数 n 时, $K_n(x)$ 仍然有意义, 且与 $I_n(x)$ 线性无关:

$$\begin{aligned}
K_n(x) &= \lim_{\nu \to n} K_\nu(x) \\
&= \frac{1}{2} \sum_{k=0}^{n-1} (-)^k \frac{(n-k-1)!}{k!} \left(\frac{x}{2}\right)^{2k-n} \\
&\quad + (-)^{n+1} \sum_{k=0}^{\infty} \frac{1}{k!(n+k)!} \left[\ln\frac{x}{2} - \frac{1}{2}\psi(n+k+1) - \frac{1}{2}\psi(k+1)\right] \left(\frac{x}{2}\right)^{2k+n}.
\end{aligned} \qquad (17.93)$$

这里仍约定, 当 $n = 0$ 时, 应去掉右端第一项的有限和.

图 17.3 中给出了前几个 $I_n(x)$ 和 $K_n(x)$ 的图形. $I_n(x)$ 是单调递增函数, $K_n(x)$ 是单调递降函数.

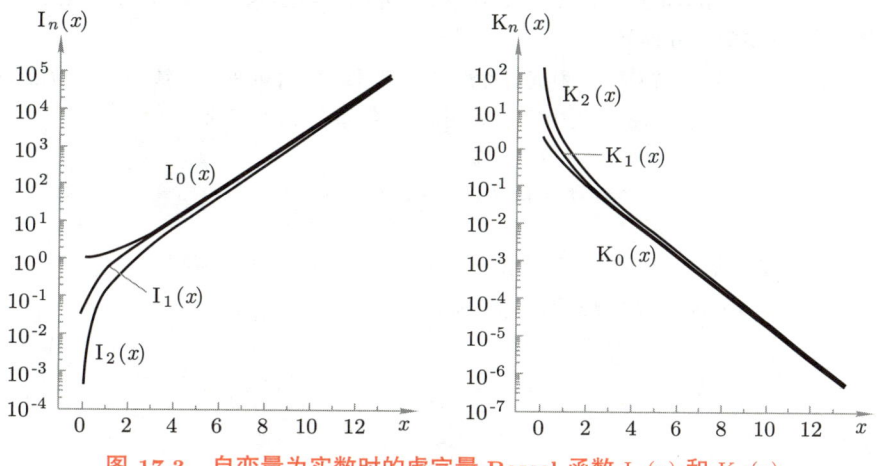

图 17.3 自变量为实数时的虚宗量 Bessel 函数 $I_n(x)$ 和 $K_n(x)$

练习 17.11 证明 $I_{-n}(x) = I_n(x)$.

练习 17.12 证明 $K_\nu(z) = \begin{cases} \dfrac{\pi i}{2} e^{\nu\pi i/2} H_\nu^{(1)}(z e^{\pi i/2}), & -\pi < \arg z \leqslant \pi/2; \\ -\dfrac{\pi i}{2} e^{-\nu\pi i/2} H_\nu^{(2)}(z e^{-\pi i/2}), & -\pi/2 < \arg z < \pi. \end{cases}$

练习 17.13 导出 $I_\nu(x)$ 和 $K_\nu(x)$ 的递推关系.

由 $I_\nu(x)$ 和 $K_\nu(x)$ 的定义, 容易写出它们在 $x \to 0$ 时的渐近行为. 特别是, 如果 $\nu \geqslant 0$, 则 $I_\nu(x)$ 是有界的, 而 $K_\nu(x)$ 是无界的. 当 $x \to \infty$ 时, 它们的渐近行为又是

$$I_\nu(x) \sim \sqrt{\frac{1}{2\pi x}} e^x, \qquad (17.94)$$

$$K_\nu(x) \sim \sqrt{\frac{\pi}{2x}} e^{-x}. \qquad (17.95)$$

在实用中, 常常需要根据这些渐近行为挑选出所需要的解. 例如, 在上面的定解问题 (17.81) 中, 由于有界条件 $u|_{r=0}$ 有界的限制, 在解式 (17.88) 中就一定有 $D = 0$. 于是, 在边界条件 (17.81b)、(17.81c) 和有界条件的限制下, 方程 (17.81a) 的特解就是

$$u_{mn}(r, \phi, z) = (A_{mn} \cos m\phi + B_{mn} \sin m\phi) I_m\left(\frac{n\pi}{h} r\right) \sin \frac{n\pi}{h} z. \qquad (17.96)$$

将全部特解叠加起来, 得到一般解, 再利用边界条件 (17.81d) 即可定出叠加系数.

练习 17.14 将圆柱体内的定解问题 (17.81) 改为圆柱体外的定解问题，边界条件 (17.81d) 改为
$$u|_{r=a} = f(\phi, z), \qquad \lim_{r \to \infty} u(r, \phi, z) = 0,$$
重复上面的讨论.

$I_\nu(x)$ 和 $K_\nu(x)$ 的其他性质 (例如，递推关系)，都可以由 $J_\nu(x)$ 和 $N_\nu(x)$ 的相应性质导出，从略.

以上定义的虚宗量 Bessel 函数，纯粹是在默认 x 为实数的条件下引进的. 但是，这种限制条件并不是必要的，完全可以把 $I_\nu(x)$ 的定义 (17.89) 扩充到带有割线的复平面 $|\arg x| < \pi$ 上. 相应地，$K_\nu(x)$ 的定义 (17.92) 也就扩充到了同一区域中.

例 17.7 处于一般 Meissner 态的无穷长的超导圆柱体，半径为 a，放在均匀静磁场中，柱轴与静磁场平行，求柱体内、外的磁场分布①.

解 取柱坐标系，z 轴与柱轴重合. 根据对称性可知，柱体内、外的磁场应该是 $\boldsymbol{B} = B(r)\boldsymbol{e}_z$，即大小只与 r 有关，方向则是平行于 z 轴. 本题用到与超导体有关的电磁学方程是
$$\nabla \times \boldsymbol{B} = \mu_0 \boldsymbol{J}_s, \qquad \nabla \times \boldsymbol{J}_s = -\alpha \boldsymbol{B},$$
其中 μ_0, α 为常数. 前者来自 Maxwell 方程组，后者则来自 London 第二方程.

对于柱外，$\boldsymbol{B}_{外} = B_1(r)\boldsymbol{e}_z$，因为无超导电流，所以
$$\nabla \times \boldsymbol{B}_{外} = 0, \quad 即 \quad \frac{1}{r}\frac{\partial B_1(r)}{\partial \phi}\boldsymbol{e}_r - \frac{\partial B_1(r)}{\partial r}\boldsymbol{e}_\phi = 0,$$
因此，$B_1 = $ 常数 (记为 B_0)，
$$\boldsymbol{B}_{外} = B_0 \boldsymbol{e}_z.$$

对于柱内，$\boldsymbol{B}_{内} = B_2(r)\boldsymbol{e}_z$，
$$\nabla \times \boldsymbol{B}_{内} = \mu_0 \boldsymbol{J}_s, \qquad \nabla \times \boldsymbol{J}_s = -\alpha \boldsymbol{B}_{内},$$
因此
$$\nabla \times (\nabla \times \boldsymbol{B}_{内}) = -\mu_0 \alpha \boldsymbol{B}_{内}, \quad 即 \quad \nabla(\nabla \cdot \boldsymbol{B}_{内}) - \nabla^2 \boldsymbol{B}_{内} = -\mu_0 \alpha \boldsymbol{B}_{内}.$$
因为 $\nabla \cdot \boldsymbol{B}_{内} = 0$，所以，
$$\frac{1}{r}\frac{\partial}{\partial r}\left[r\frac{\partial B_2(r)}{\partial r}\right] - \frac{B_2(r)}{\lambda^2} = 0, \qquad 其中 \ \lambda = \frac{1}{\sqrt{\mu_0 \alpha}} \ 称为穿透深度.$$

此方程立即可以化为虚宗量 Bessel 方程，考虑到 $B_2(0)$ 有界，以及 $\boldsymbol{B}_{内}|_{r=a} = \boldsymbol{B}_{外}|_{r=a}$，即可求出
$$B_2(r) = B_0 \frac{I_0(r/\lambda)}{I_0(a/\lambda)}, \qquad 即 \quad \boldsymbol{B}_{内} = B_0 \frac{I_0(r/\lambda)}{I_0(a/\lambda)}\boldsymbol{e}_z.$$

当 $r \gg \lambda$，$B_2(r) \sim B_0 e^{-(a-r)/\lambda}$，即柱体内磁场随深度增大而迅速衰减.

---
① 见郭硕鸿，《电动力学》(第四版)，高等教育出版社，2022 年. 感谢北京师范大学沈卡教授和刘翌教授提供此信息.

§17.8 半奇数阶 Bessel 函数

本节讨论另一类特殊的 Bessel 函数: 半奇数阶的 Bessel 函数. 先讨论 $J_{1/2}(x)$:

$$J_{1/2}(x) = \sum_{k=0}^{\infty} \frac{(-)^k}{k!\,\Gamma(k+3/2)} \left(\frac{x}{2}\right)^{2k+1/2}$$
$$= \sqrt{\frac{2}{\pi x}} \sum_{k=0}^{\infty} \frac{(-)^k}{(2k+1)!} x^{2k+1} = \sqrt{\frac{2}{\pi x}} \sin x. \tag{17.97}$$

因此, $J_{1/2}(x)$ 是初等函数. 同样也能推出

$$J_{-1/2}(x) = \sqrt{\frac{2}{\pi x}} \cos x. \tag{17.98}$$

实际上, 把 $J_\nu(x)$ 的两个递推关系改写成

$$\left(\frac{1}{x}\frac{\mathrm{d}}{\mathrm{d}x}\right) x^\nu J_\nu(x) = x^{\nu-1} J_{\nu-1}(x), \tag{17.99}$$

$$\left(-\frac{1}{x}\frac{\mathrm{d}}{\mathrm{d}x}\right) x^{-\nu} J_\nu(x) = x^{-(\nu+1)} J_{\nu+1}(x), \tag{17.100}$$

就可以得到

$$x^{-n+1/2} J_{-n+1/2}(x) = \left(\frac{1}{x}\frac{\mathrm{d}}{\mathrm{d}x}\right)^n x^{1/2} J_{1/2}(x) = \left(\frac{1}{x}\frac{\mathrm{d}}{\mathrm{d}x}\right)^n \sqrt{\frac{2}{\pi}} \sin x, \tag{17.101}$$

$$x^{-n-1/2} J_{n+1/2}(x) = \left(-\frac{1}{x}\frac{\mathrm{d}}{\mathrm{d}x}\right)^n x^{-1/2} J_{1/2}(x) = \left(-\frac{1}{x}\frac{\mathrm{d}}{\mathrm{d}x}\right)^n \sqrt{\frac{2}{\pi}} \frac{\sin x}{x}. \tag{17.102}$$

因此, 任意一个半奇数阶 Bessel 函数都是初等函数, 都是幂函数和三角函数的复合函数.

显然, $J_{n+1/2}(x)$ 与 $J_{-(n+1/2)}(x)$ 是线性无关的,

$$W[J_{n+1/2}(x), J_{-(n+1/2)}(x)] = (-)^{n+1} \frac{2}{\pi x}. \tag{17.103}$$

而 $N_{n+1/2}(x)$ 与 $J_{-(n+1/2)}(x)$ 线性相关,

$$N_{n+1/2}(x) = \frac{\cos(n+1/2)\pi \cdot J_{n+1/2}(x) - J_{-(n+1/2)}(x)}{\sin(n+1/2)\pi}$$
$$= (-)^{n+1} J_{-(n+1/2)}(x). \tag{17.104}$$

§17.9 球 Bessel 函数

Helmholtz 方程 $\nabla^2 u + k^2 u = 0$ 在球坐标系下分离变量时, 我们曾经得到常微分方程

$$\frac{1}{r^2}\frac{\mathrm{d}}{\mathrm{d}r}\left(r^2 \frac{\mathrm{d}R}{\mathrm{d}r}\right) + \left(k^2 - \frac{\lambda}{r^2}\right) R = 0.$$

在一般情况下 $\lambda_l = l(l+1)$, $l = 0, 1, 2, \cdots$. 本节就讨论这个方程的求解问题.

方程的 $k=0$ 的特殊情形, 在第十六章已经讨论过. 它的两个线性无关解就是 r^l 和 r^{-l-1}. 如果 $k\ne 0$, 则可以做变换 $x=kr$ 和 $y(x)=R(r)$, 将方程变为

$$\frac{1}{x^2}\frac{\mathrm{d}}{\mathrm{d}x}\left(x^2\frac{\mathrm{d}y}{\mathrm{d}x}\right)+\left[1-\frac{l(l+1)}{x^2}\right]y(x)=0. \tag{17.105}$$

这个方程称为**球 Bessel 方程**, 它的形式和 Bessel 方程非常相似. 而且, 球 Bessel 方程也有两个奇点, 一个是 $x=0$, 正则奇点, 一个是 $x=\infty$, 非正则奇点, 也和 Bessel 方程相同. 因此, 可以试图将它化为 Bessel 方程. 考虑到这个方程在 $x=0$ 点的指标方程

$$\rho(\rho-1)+2\rho-l(l+1)=0,$$

因而指标为 $\rho_1=l$ 和 $\rho_2=-(l+1)$, 和 Bessel 方程的指标 $\rho=\pm\nu$ 不同, 故应该做变换

$$y(x)=\frac{v(x)}{\sqrt{x}}. \tag{17.106}$$

这样, 可以预料, $v(x)$ 的微分方程在 $x=0$ 点的指标就会变为

$$\rho=\pm\left(l+\frac{1}{2}\right),$$

和 Bessel 方程的特点完全一样. 实际上, $v(x)$ 所满足的微分方程就是

$$\frac{1}{x}\frac{\mathrm{d}}{\mathrm{d}x}\left(x\frac{\mathrm{d}v}{\mathrm{d}x}\right)+\left[1-\frac{(l+1/2)^2}{x^2}\right]v=0, \tag{17.107}$$

正是 $l+1/2$ 阶的 Bessel 方程. 它的两个线性无关解就是 $\mathrm{J}_{l+1/2}(x)$ 和 $\mathrm{N}_{l+1/2}(x)$. 在此基础上, 就可以将球 Bessel 方程 (17.105) 的线性无关解取为

$$\mathrm{j}_l(x)=\sqrt{\frac{\pi}{2x}}\mathrm{J}_{l+1/2}(x)=\frac{\sqrt{\pi}}{2}\sum_{n=0}^{\infty}\frac{(-)^n}{n!\,\Gamma(n+l+3/2)}\left(\frac{x}{2}\right)^{2n+l} \tag{17.108}$$

和

$$\mathrm{n}_l(x)=(-)^{l+1}\mathrm{j}_{-l-1}(x)=\sqrt{\frac{\pi}{2x}}\mathrm{N}_{l+1/2}(x)$$
$$=(-)^{l+1}\frac{\sqrt{\pi}}{2}\sum_{n=0}^{\infty}\frac{(-)^n}{n!\,\Gamma(n-l+1/2)}\left(\frac{x}{2}\right)^{2n-l-1}, \tag{17.109}$$

分别称为 l 阶的**第一类球 Bessel 函数** (简称**球 Bessel 函数**) 和**第二类球 Bessel 函数** (又称**球 Neumann 函数**).

前几个球 Bessel 函数和球 Neumann 函数 (图形见图 17.4) 的表达式是:

$$\mathrm{j}_0(x)=\frac{\sin x}{x}, \qquad\qquad \mathrm{n}_0(x)=-\frac{\cos x}{x},$$
$$\mathrm{j}_1(x)=\frac{1}{x^2}\bigl(\sin x-x\cos x\bigr), \qquad \mathrm{n}_1(x)=-\frac{1}{x^2}\bigl(\cos x+x\sin x\bigr), \tag{17.110}$$
$$\mathrm{j}_2(x)=\frac{1}{x^3}\bigl[(3-x^2)\sin x-3x\cos x\bigr]; \quad \mathrm{n}_2(x)=-\frac{1}{x^3}\bigl[(3-x^2)\cos x+3x\sin x\bigr].$$

类似地, 也还可以定义**第三类球 Bessel 函数** (亦称**球 Hankel 函数**)

$$h_l^{(1)}(x) = j_l(x) + i\, n_l(x), \qquad h_l^{(2)}(x) = j_l(x) - i\, n_l(x). \tag{17.111}$$

练习 17.15 当球 Bessel 方程配合上适当的边界条件也可以构成本征值问题. 试问: 如果该本征值问题有解的话, 其本征函数的正交权函数是什么?

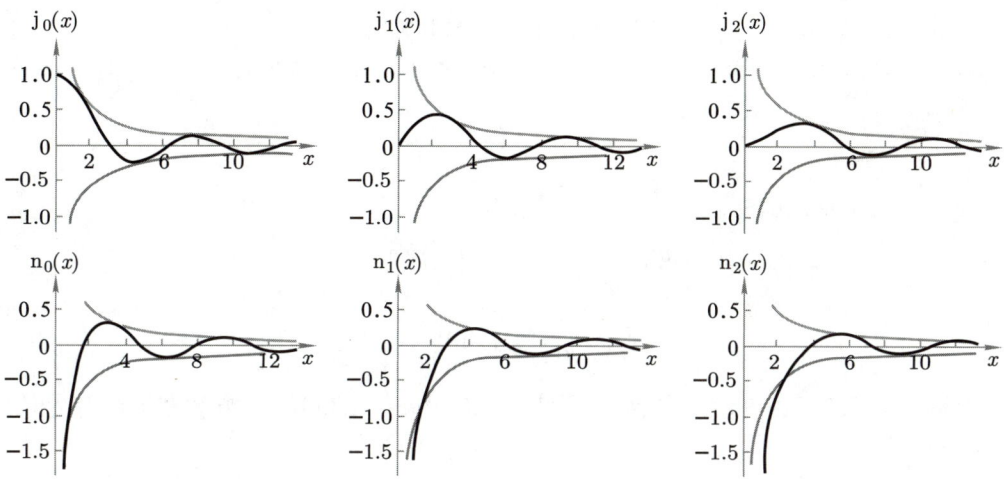

图 17.4 自变量为实数时的球 Bessel 函数 $j_l(x)$ 和 $n_l(x)$. 细灰线是它们的渐近线 $y = \pm 1/x$

例 17.8 将函数 $e^{ikr\cos\theta}$ 按 Legendre 多项式展开.

解 设

$$e^{ikr\cos\theta} = \sum_{l=0}^{\infty} c_l(kr) P_l(\cos\theta),$$

则展开系数

$$c_l(kr) = \frac{2l+1}{2} \int_{-1}^{1} e^{ikrx} P_l(x)\, dx = \frac{2l+1}{2} \sum_{n=0}^{\infty} \frac{(ikr)^n}{n!} \int_{-1}^{1} x^n P_l(x)\, dx.$$

利用 (16.30) ~ (16.32) 式的结果, 就有

$$\begin{aligned}
c_l(kr) &= \frac{2l+1}{2} \sum_{n=0}^{\infty} \frac{(ikr)^{l+2n}}{(l+2n)!} \int_{-1}^{1} x^{l+2n} P_l(x)\, dx \\
&= \frac{2l+1}{2} i^l \sum_{n=0}^{\infty} \frac{(-)^n}{(l+2n)!} (kr)^{l+2n} \cdot \frac{(l+2n)!}{2^{l+2n}\, n!} \frac{\sqrt{\pi}}{\Gamma(n+l+3/2)} \\
&= \frac{2l+1}{2} i^l \sqrt{\pi} \sum_{n=0}^{\infty} \frac{(-)^n}{n!\, \Gamma(n+l+3/2)} \left(\frac{kr}{2}\right)^{l+2n} \\
&= (2l+1)\, i^l\, j_l(kr).
\end{aligned}$$

所以, 最后就有展开式

$$e^{ikr\cos\theta} = \sum_{l=0}^{\infty} (2l+1)\, i^l\, j_l(kr)\, P_l(\cos\theta). \tag{17.112}$$

可以赋予这个展开式一个物理解释：**平面波按球面波展开**. 这是因为, 若将上式两端同乘以相位的时间因子 $\mathrm{e}^{-\mathrm{i}\omega t}$, 且 r 和 θ 为球坐标, 则左端是沿 $\theta = 0$（即正 z 轴）方向传播的平面波, 波数为 k, 而右端每一项中的 $\mathrm{j}_l(kr)$ 则具有球面波的相位因子,

$$\mathrm{j}_l(kr) \sim \frac{1}{kr} \sin\left(kr - \frac{l\pi}{2}\right), \tag{17.113}$$

因此, 等式右端是会聚的球面波和发散的球面波的叠加.

换一个角度考察展开式 (17.112). 我们看到, 该式左端的函数 $\mathrm{e}^{\mathrm{i}kr\cos\theta}$ 是 Helmholtz 方程

$$\nabla^2 u + k^2 u = 0$$

的解, 与 ϕ 无关, 而且满足

$$u\big|_{\theta=0} \text{ 有界}, \qquad u\big|_{\theta=\pi} \text{ 有界},$$

以及

$$u\big|_{r=0} \text{ 有界}.$$

另一方面, 我们又知道, 在轴对称情形下（即与 ϕ 无关）, Helmholtz 方程在上述有界条件下的一般解应该是

$$u(r, \theta) = \sum_{l=0}^{\infty} d_l \, \mathrm{j}_l(kr) \mathrm{P}_l(\cos\theta).$$

因此, 要求将 $\mathrm{e}^{\mathrm{i}kr\cos\theta}$ 按 Legendre 多项式展开, 我们其实应该能够立刻写出

$$\mathrm{e}^{\mathrm{i}kr\cos\theta} = \sum_{l=0}^{\infty} d_l \, \mathrm{j}_l(kr) \mathrm{P}_l(\cos\theta),$$

而只需定出常系数 d_l,

$$d_l \, \mathrm{j}_l(kr) = \frac{2l+1}{2} \int_{-1}^{1} \mathrm{e}^{\mathrm{i}krx} \mathrm{P}_l(x) \, \mathrm{d}x.$$

分别写出此式两端在 $r \to \infty$ 时的渐近展开：

$$\text{左端} = \frac{d_l}{kr} \sin\left(kr - \frac{l\pi}{2}\right) + O\left(\frac{1}{r^2}\right) = \frac{d_l}{2\mathrm{i}kr}\left(\mathrm{i}^{-l}\mathrm{e}^{\mathrm{i}kr} - \mathrm{i}^l \mathrm{e}^{-\mathrm{i}kr}\right) + O\left(\frac{1}{r^2}\right),$$

$$\text{右端} = \frac{2l+1}{2}\left[\frac{1}{\mathrm{i}kr}\mathrm{e}^{\mathrm{i}krx}\mathrm{P}_l(x)\Big|_{-1}^{1} - \frac{1}{\mathrm{i}kr}\int_{-1}^{1} \mathrm{e}^{\mathrm{i}krx}\mathrm{P}'_l(x)\,\mathrm{d}x\right]$$

$$= \frac{2l+1}{2}\frac{1}{\mathrm{i}kr}\left[\mathrm{e}^{\mathrm{i}kr} - (-)^l \mathrm{e}^{-\mathrm{i}kr}\right] + O\left(\frac{1}{r^2}\right).$$

比较系数, 即得 $d_l = (2l+1)\mathrm{i}^l$.

§17.10 幂级数展开与偏微分方程

在 §8.8 中, 我们讨论过将解析函数的幂级数展开转化为常微分方程的求解问题. 作为继续, 现在讨论另外一些函数的 Taylor 展开问题, 它们可以转化为偏微分方程的求解问题.

上一节例 17.8 其实也属于这种类型的例子: 要求展开的函数是 Helmholtz 方程的解, 所以它一定可以表示为球坐标系中此方程的在相应边界条件下的一般解. 下面可以看到更多的例子.

例 17.9 将函数 $\cos(k_1 r \cos\phi) \cos(k_2 r \sin\phi)$ 展开为 Fourier 级数, 其中 r, k_1, k_2 均为实常数, $r > 0$. r, ϕ 是平面极坐标系中的坐标变量.

解 不妨设
$$x = r\cos\phi, \qquad y = r\sin\phi,$$
则 $u(x,y) = \cos k_1 x \cos k_2 y$ 满足 Helmholtz 方程
$$\frac{\partial^2 u}{\partial x^2} + \frac{\partial^2 u}{\partial y^2} + k^2 u = 0, \qquad k^2 = k_1^2 + k_2^2.$$

换言之, $\cos(k_1 r \cos\phi) \cos(k_2 r \sin\phi)$ 一定是方程
$$\frac{1}{r}\frac{\partial}{\partial r}\left(r\frac{\partial u}{\partial r}\right) + \frac{1}{r^2}\frac{\partial^2 u}{\partial \phi^2} + k^2 u = 0$$
的解, 并且满足边界条件
$$u\big|_{\phi=0} = u\big|_{\phi=2\pi}, \qquad \frac{\partial u}{\partial \phi}\bigg|_{\phi=0} = \frac{\partial u}{\partial \phi}\bigg|_{\phi=2\pi},$$
$$u\big|_{r=0} \text{ 有界},$$
因此,
$$\cos(k_1 r \cos\phi) \cos(k_2 r \sin\phi) = \sum_{n=0}^{\infty} J_n(kr)\big(A_n \sin n\phi + B_n \cos n\phi\big).$$

这里已经考虑到函数 $\cos(k_1 r \cos\phi) \cos(k_2 r \sin\phi)$ 在 $r = 0$ 点有界的要求, 弃去了在 $r = 0$ 无界的解 $N_n(kr)$. 再进一步考虑到 $\cos(k_1 r \cos\phi) \cos(k_2 r \sin\phi)$ 是 ϕ 的偶函数, 因此一定有 $A_n = 0$,
$$\cos(k_1 r \cos\phi) \cos(k_2 r \sin\phi) = \sum_{n=0}^{\infty} B_n J_n(kr) \cos n\phi. \tag{17.114}$$

读者可以尝试直接应用 Fourier 级数公式来定出系数 B_n. 下面我们采用一个略微不同的办法. 根据是展开式 (17.146) 中的叠加系数 B_n 与 r, ϕ 无关, 最多只是 k_1, k_2 以及 n 的函数. 为此可以在上式中代入 ϕ 的特殊值, 只要这样能定出 B_n 即可. 比较简单的情形是代入 $\phi = 0$, 同时令
$$k_1 = k\cos\alpha, \qquad k_2 = k\sin\alpha,$$
于是有
$$\cos(kr\cos\alpha) = \sum_{n=0}^{\infty} B_n J_n(kr).$$

另一方面, 由 (16.52′) 式 (即所谓的 "平面波按柱面波展开")
$$e^{ikr\cos\theta} = J_0(kr) + 2\sum_{n=1}^{\infty} i^n J_n(kr) \cos n\theta, \tag{17.115a}$$

取实部,
$$\cos(kr\cos\theta) = \mathrm{J}_0(kr) + 2\sum_{n=1}^{\infty}(-1)^n \mathrm{J}_{2n}(kr)\cos 2n\theta, \tag{17.115b}$$

即可定出
$$B_n = \begin{cases} 1, & n=0, \\ (-1)^k 2\cos 2k\alpha, & n=2k, k=1,2,3,\cdots, \\ 0, & n=2k+1, k=0,2,3,\cdots. \end{cases}$$

这样最后就求出了展开式
$$\cos(kr\cos\alpha\cos\phi)\cos(kr\sin\alpha\sin\phi)$$
$$= \mathrm{J}_0(kr) + 2\sum_{n=0}^{\infty}(-1)^n \mathrm{J}_{2n}(kr)\cos 2n\alpha\cos 2n\phi. \tag{17.116}$$

类似地, 可以求得
$$\sin(kr\cos\alpha\cos\phi)\cos(kr\sin\alpha\sin\phi)$$
$$= 2\sum_{n=0}^{\infty}(-1)^n \mathrm{J}_{2n+1}(kr)\cos(2n+1)\alpha\cos(2n+1)\phi, \tag{17.117}$$

$$\cos(kr\cos\alpha\cos\phi)\sin(kr\sin\alpha\sin\phi)$$
$$= 2\sum_{n=0}^{\infty}(-1)^n \mathrm{J}_{2n+1}(kr)\sin(2n+1)\alpha\sin(2n+1)\phi. \tag{17.118}$$

例 17.10 将函数 $\mathrm{e}^{r\cos\theta}\mathrm{J}_0(r\sin\theta)$ 按 Legendre 多项式 $\mathrm{P}_l(\cos\theta)$ 展开, 其中 $0\leqslant\theta\leqslant\pi$ 为球坐标系中 (r,θ,ϕ) 点的极角 (纬度).

解 本例题的问题明确: 所谓将函数 $\mathrm{e}^{r\cos\theta}\mathrm{J}_0(r\sin\theta)$ 按 Legendre 多项式展开, 即要求将此函数表示为级数
$$\mathrm{e}^{r\cos\theta}\mathrm{J}_0(r\sin\theta) = \sum_{l=0}^{\infty} A_l(r)\mathrm{P}_l(\cos\theta), \tag{17.119a}$$

且其展开系数为
$$A_l(r) = \frac{2l+1}{2}\int_0^{\pi} \mathrm{e}^{r\cos\theta}\mathrm{J}_0(r\sin\theta)\mathrm{P}_l(\cos\theta)\sin\theta\,\mathrm{d}\theta. \tag{17.119b}$$

但此积分并不易计算. 最容易想到的办法似乎就是将函数 $\mathrm{e}^{r\cos\theta}$ 与 $\mathrm{J}_0(r\sin\theta)$ 分别展开为无穷级数, 逐项积分后再求出二重级数的和函数. 可以预料, 二重级数的求和问题可能会遇到困难.

其实本题的处理方法与上题存在某种相似性: 最简单的办法是从不同的坐标系考察所要展开的函数. 将球坐标系中的函数 $\mathrm{e}^{r\cos\theta}\mathrm{J}_0(r\sin\theta)$ 变换到柱坐标系 (ρ,ϕ,z) 中, 立即就能看出 $\mathrm{e}^{r\cos\theta}\mathrm{J}_0(r\sin\theta) = \mathrm{e}^z\mathrm{J}_0(\rho)$ 是 Laplace 方程的解, 与 ϕ 角无关 (即具有关于 z 轴的旋转不变性), 且在 z 轴上处处有界, 因此, 它 (在球坐标系中) 必然可以展开为
$$\mathrm{e}^{r\cos\theta}\mathrm{J}_0(r\sin\theta) = \sum_{l=0}^{\infty} C_l r^l \mathrm{P}_l(\cos\theta), \tag{17.120}$$

而且, 为了定出叠加常数 C_l, 甚至也不必计算积分 (17.119b), 而只要在上式中代入一个特殊的 θ 值即可. 最简单的当然是令 $\theta = 0$, 而后将左端也作 Taylor 展开, 比较系数就能定出 $C_l = 1/l!$, 因此,

$$e^{r\cos\theta} J_0(r\sin\theta) = \sum_{l=0}^{\infty} \frac{r^l}{l!} P_l(\cos\theta). \tag{17.121}$$

上面定叠加系数的办法, 即在 (17.120) 式中代入特殊 θ 值, 而后比较系数, 其理论依据是解析函数 Taylor 展开的唯一性.

这是应用 (偏) 微分方程作函数展开的又一个例子. 我们甚至也可以应用这种方法, 导出 "平面波按球面波展开" 公式

$$e^{ikr\cos\theta} = \sum_{l=0}^{\infty} (2l+1) i^l j_l(kr) P_l(\cos\theta). \tag{17.122}$$

基本思路是: 因为函数 $e^{ikr\cos\theta}$ 是 Helmholtz 方程 $\nabla^2 u + k^2 u = 0$ 的解, 所以一定有

$$e^{ikr\cos\theta} = \sum_{l=0}^{\infty} C_l j_l(kr) P_l(\cos\theta),$$

而后比较等式两端在 $r \to \infty$ 的渐近展开即可定出叠加系数 $C_l = (2l+1) i^l$.

反过来, 由 (17.122) 式倒还能导出积分

$$\frac{2l+1}{2} \int_0^\pi e^{r\cos\theta} J_0(r\sin\theta) P_l(\cos\theta) \sin\theta \, d\theta = \frac{r^l}{l!}. \tag{17.123}$$

如果将 (17.122) 式的左端作 Taylor 展开, 我们又能得到

$$\begin{aligned}
e^{r\cos\theta} J_0(r\sin\theta) &= \sum_{m=0}^{\infty} \frac{1}{m!} (r\cos\theta)^m \sum_{n=0}^{\infty} \frac{(-1)^n}{n!\,n!} \left(\frac{r\sin\theta}{2}\right)^{2n} \\
&= \sum_{m=0}^{\infty} \sum_{n=0}^{\infty} \frac{(-1)^n}{m!\,n!\,n!} \left(\frac{1}{2}\right)^{2n} \cos^m\theta \sin^{2n}\theta \, r^{m+2n} \\
&= \sum_{l=0}^{\infty} \left[\sum_{n=0}^{[l/2]} \frac{(-1)^n}{n!\,n!\,(l-2n)!} \left(\frac{1}{2}\right)^{2n} \cos^{l-2n}\theta \sin^{2n}\theta \right] r^l,
\end{aligned}$$

从而导出 Legendre 多项式的又一个表达式

$$P_l(\cos\theta) = \sum_{n=0}^{[l/2]} \frac{(-1)^n l!}{2^{2n} n!\,n!\,(l-2n)!} \cos^{l-2n}\theta \sin^{2n}\theta \tag{17.124a}$$

或

$$P_l(x) = \sum_{n=0}^{[l/2]} \frac{(-1)^n l!}{2^{2n} n!\,n!\,(l-2n)!} (1-x^2)^n x^{l-2n}. \tag{17.124b}$$

例 17.11 将函数 $e^{r\cos\theta} J_m(r\sin\theta)$ 按 $P_l^m(\cos\theta)$ 展开.

解 类似于例 17.10. 将函数 $e^{r\cos\theta} J_m(r\sin\theta) \cos m\phi$ 变换到柱坐标系, 就能看出它是 Laplace 方程的解, 而对于固定的 m, 此方程在球坐标系下的相应特解为

$$r^l P_l^m(\cos\theta) \cos m\phi, \qquad l = m, m+1, m+2, \cdots,$$

所以，
$$e^{r\cos\theta}J_m(r\sin\theta) = \sum_{l=m}^{\infty} A_l r^l P_l^m(\cos\theta).$$

这里的叠加系数 A_l，其实还会依赖于 m（作为参数）. 为了定出 A_l, 现在需要将上式两端同除以 $\sin^m\theta$, 而后代入 $\theta=0$. 对于左端,
$$\left.\frac{J_m(r\sin\theta)}{\sin^m\theta}\right|_{\theta=0} = \frac{1}{m!}\left(\frac{r}{2}\right)^m,$$

而对于右端,
$$\begin{aligned}\left.\frac{P_l^m(\cos\theta)}{\sin^m\theta}\right|_{\theta=0} &= \left.(-1)^m \frac{d^m P_l(x)}{dx^m}\right|_{x=1} = \left.\frac{(-1)^m}{2^l l!}\frac{d^{l+m}}{dx^{l+m}}(x^2-1)^l\right|_{x=1} \\ &= \left.\frac{(-1)^m}{2^l l!}\frac{(l+m)!}{l!m!}\frac{d^l(x-1)^l}{dx^l}\frac{d^m(x+1)^l}{dx^m}\right|_{x=1} \\ &= \left.\frac{(-1)^m}{2^l l!}\frac{(l+m)!}{l!m!}\frac{l!\,l!}{(l-m)!}(x+1)^{l-m}\right|_{x=1} = \frac{(-1)^m}{2^m m!}\frac{(l+m)!}{(l-m)!},\end{aligned}$$

所以有
$$\frac{1}{m!}\left(\frac{r}{2}\right)^m e^r = \frac{(-1)^m}{2^m m!}\sum_{l=m}^{\infty} A_l \frac{(l+m)!}{(l-m)!}r^l = \frac{(-1)^m}{m!}\left(\frac{r}{2}\right)^m \sum_{l=0}^{\infty} A_{l+m}\frac{(l+2m)!}{l!}r^l.$$

将 e^r 作 Taylor 展开, 比较系数, 就可以定出
$$A_{l+m} = \frac{(-1)^m}{(l+2m)!} \quad \text{亦即} \quad A_l = \frac{(-1)^m}{(l+m)!},$$

最后就得到展开式
$$e^{r\cos\theta}J_m(r\sin\theta) = \sum_{l=m}^{\infty}\frac{(-1)^m}{(l+m)!}r^l P_l^m(\cos\theta). \tag{17.125}$$

习 题

1. 将 $J_\nu(x)$ 表示为 $N_{\pm\nu}(x)$ 的线性组合, 证明: $\left.\dfrac{\partial N_\nu(x)}{\partial \nu}\right|_{\nu=0} = -\dfrac{\pi}{2}J_0(x).$

2. 计算下列积分:

   (1) $\displaystyle\int_0^1 \frac{\cos xt}{\sqrt{1-t^2}}dt;$ (2) $\displaystyle\int_0^1 \frac{t\sin xt}{\sqrt{1-t^2}}dt;$

   (3) $\displaystyle\int_0^{\pi/2}\sin(x\sin\theta)\cos^2\theta\sin\theta\,d\theta;$ (4) $\displaystyle\int_0^\pi e^{t\cos\theta}\cos(z\sin\theta)d\theta.$

3. 计算下列不定积分:

   (1) $\displaystyle\int J_0(x)\,x\ln x\,dx;$ (2) $\displaystyle\int J_0(x)x^3\ln x\,dx;$

   (3) $\displaystyle\int N_0(x)\,x\ln x\,dx;$ (4) $\displaystyle\int N_0(x)x^3\ln x\,dx.$

4. 利用 Bessel 的生成函数, 将函数 $\cos(x\cos\theta)$ 和 $\sin(x\cos\theta)$ 展开为 Fourier 级数.

5. 将函数 $\cos(z\cos\phi)$ 展开为 z 的幂级数, 逐项积分, 证明 (非整数阶) Bessel 函数的积分表示:
$$J_\nu(z) = \frac{1}{\Gamma(\nu+1/2)\Gamma(1/2)}\left(\frac{z}{2}\right)^\nu \int_0^\pi \cos(z\cos\phi)\sin^{2\nu}\phi\,\mathrm{d}\phi$$
$$= \frac{1}{\Gamma(\nu+1/2)\Gamma(1/2)}\left(\frac{z}{2}\right)^\nu \int_{-1}^1 \cos(z\xi)\left(1-\xi^2\right)^{\nu-1/2}\mathrm{d}\xi,$$

其中 $\mathrm{Re}\,\nu > -1/2$.

6. 利用 Bessel 函数的生成函数和积分表示, 计算积分 $\dfrac{1}{\pi}\int_0^\pi J_{2n}(2z\cos\theta)\mathrm{d}\theta$.

7. 利用 Bessel 函数的积分表示, 求下列级数之和:

(1) $\displaystyle\sum_{n=0}^\infty \frac{1}{n!}t^n J_n(2t)$;   (2) $\displaystyle\sum_{n=0}^\infty \frac{1}{n!}t^n J_{n+m}(t)$, m 为正整数;

8. 正如由 Legendre 多项式的递推关系导出 Christoffel 型和式那样, 试利用 Bessel 函数的下列递推关系, 各导出两个相应的两个 Christoffel 型和式:

(1) $\dfrac{2\nu}{z}J_\nu(z) = J_{\nu+1}(z) + J_{\nu-1}(z)$;

(2) $2J_\nu'(z) = -J_{\nu+1}(z) + J_{\nu-1}(z)$.

9. 将上题中的两个递推关系相乘, 就得到
$$\frac{4\nu}{z}J_\nu(x)J_\nu'(x) = -J_{\nu+1}^2(x) + J_{\nu-1}^2(x).$$

(1) 将递推关系适当变形后, 直接求和, 导出 Bessel 函数的 Christoffel 型和式;
(2) 请尝试导出 Bessel 函数的 4 次型 Christoffel 和式, 即每一项都是 4 个 Bessel 函数的乘积;
(3) 如果写出上题中两个递推关系的平方和, 请再导出两个 4 次型的 Christoffel 型和式.

10. 根据 Bessel 函数和 Neumann 函数的递推关系导出
$$J_{\nu+1}(x)N_{\nu-1}(x) - N_{\nu+1}(x)J_{\nu-1}(x) = \frac{2\nu}{x}\left[J_\nu(x)N_\nu'(x) - N_\nu(x)J_\nu'(x)\right] = \frac{4\nu}{\pi z^2},$$

两端同除以 $J_{\nu-1}(x)J_{\nu+1}(x)$ 或 $N_{\nu-1}(x)N_{\nu+1}(x)$, 即得
$$\frac{4}{\pi z^2}\frac{\nu}{J_{\nu-1}(x)J_{\nu+1}(x)} = -\frac{N_{\nu+1}(x)}{J_{\nu+1}(x)} + \frac{N_{\nu-1}(x)}{J_{\nu-1}(x)},$$
$$\frac{4}{\pi z^2}\frac{\nu}{N_{\nu-1}(x)N_{\nu+1}(x)} = \frac{J_{\nu+1}(x)}{N_{\nu+1}(x)} - \frac{J_{\nu-1}(x)}{N_{\nu-1}(x)}.$$

取 $\nu = 2l$ 或 $2l+1$, 求和, 试导出 4 个新形式的 Christoffel 和式.

11. 半径为 a、高为 h 的圆柱体, 上、下底绝热, 柱面温度为 0, 初始温度
$$u\big|_{t=0} = u_0\left(1-\frac{r^2}{a^2}\right),$$

求柱体内的温度分布与变化.

12. 求解下列定解问题:
$$\frac{\partial u}{\partial t} - \kappa\left[\frac{1}{r}\frac{\partial}{\partial r}\left(r\frac{\partial u}{\partial r}\right) + \frac{1}{r^2}\frac{\partial^2 u}{\partial \phi^2}\right] = 0,$$
$$u\big|_{r=0} \text{ 有界}, \qquad u\big|_{r=a} = 0,$$
$$u\big|_{t=0} = u_0\left(1-\frac{r^2}{a^2}\right)\sin 2\phi.$$

13. 一个半径为 a 的无穷长圆柱体,初温为 0,如果柱面温度保持为常数 U_0,求解柱体内温度的变化与分布.

14. 求空心圆柱体 $a < r < b, 0 < z < h$ 内的稳定温度分布,如果上、下底的温度为 u_0,内、外柱面为 u_1.

15. 求解圆形薄膜的受迫振动. 设膜的半径为 R,边缘固定,初位移与初速度均为 0. 膜上单位质量受周期力作用:

(1) $f(r,t) = A \sin \omega t$;

(2) $f(r,t) = A \left(1 - \dfrac{r^2}{R^2}\right) \cos 2\phi \sin \omega t$.

16. 求下列级数的和函数:

(1) $\mathrm{I}_0(z) + 2 \sum_{n=1}^{\infty} (-1)^n \mathrm{I}_{2n}(z)$;

(2) $\mathrm{I}_0(z) + 2 \sum_{n=1}^{\infty} \mathrm{I}_n(z)$;

(3) $\mathrm{I}_0(z) + 2 \sum_{n=1}^{\infty} (-1)^n \mathrm{I}_n(z)$.

17. 计算积分:

(1) $\int_0^\infty \mathrm{J}_\nu(\alpha x) \mathrm{K}_\nu(\beta x) x \, \mathrm{d}x, \quad a > 0, \mathrm{Re}\, \beta > 0, \mathrm{Re}\, \nu > -1$;

(2) $\int_0^\infty \mathrm{K}_\nu(\alpha x) \mathrm{K}_\nu(\beta x) x \, \mathrm{d}x, \quad \mathrm{Re}\,(\alpha + \beta) > 0, -1 < \mathrm{Re}\, \nu < 1$.

18. 设有一圆柱体,高为 h,上、下底接地,柱面上电势 $u|_{r=a} = $ 常数 V_0,求柱体内的静电势.

19. 设有一圆柱体,高为 h,上、下底接地,柱面 $r = a$ 上电势为 $Az(1 - z/h)$,A 为常数,求柱体内的静电势.

20. 从球 Bessel 方程出发,计算积分 $\int_0^1 \mathrm{j}_n(\mu x) \mathrm{j}_n(\nu x) x^2 \, \mathrm{d}x$,其中 n 为自然数.

21. 求解球内的定解问题:

$$\begin{cases} \dfrac{\partial^2 u}{\partial t^2} - a^2 \nabla^2 u = 0, \\ u|_{r=0} \text{ 有界}, \quad u|_{r=1} = A \cos p\pi a t, \\ u|_{t=0} = 0 \quad \left.\dfrac{\partial u}{\partial t}\right|_{t=0} = 0, \end{cases}$$

其中 $p \neq$ 整数.

22. 试求下列球内的热传导问题:

$$\begin{cases} \dfrac{\partial u}{\partial t} - \dfrac{\kappa}{r^2} \dfrac{\partial}{\partial r}\left(r^2 \dfrac{\partial u}{\partial r}\right) = A \mathrm{j}_0(\beta r), \quad r < a, t > 0, \\ u|_{r=0} \text{ 有界} \quad u|_{r=a} = 0 \\ u|_{t=0} = 0 \end{cases}$$

其中 κ, A, β 均为已知正数,$\beta a \neq \pi$ 的整数倍.

23. 求长圆柱形和球形铀块的临界半径.

24. 将函数 $\sin(r \cos \theta) \mathrm{I}_0(r \sin \theta)$ 按 Legendre 多项式 $\mathrm{P}_l(\cos \theta)$ 展开,其中 $0 \leqslant \theta \leqslant \pi$ 为球坐标系中 (r, θ, ϕ) 点的极角.

提示: 证明函数 $\sin(r\cos\theta)\mathrm{I}_0(r\sin\theta)$ 满足 Laplace 方程, 因此

$$\sin(r\cos\theta)\mathrm{I}_0(r\sin\theta) = \sum_{l=0}^{\infty} c_l r^l \mathrm{P}_l(\cos\theta),$$

令 $\theta = 0$, 根据 Taylor 展开的唯一性定出系数 c_l.

Bessel方程的线性无关解

在变换 $\nu \mapsto -\nu$ 或 $z \mapsto -z$ 之下, Bessel 方程

$$\frac{1}{z}\frac{\mathrm{d}}{\mathrm{d}z}\left(z\frac{\mathrm{d}w}{\mathrm{d}z}\right) + \left(1 - \frac{\nu^2}{z^2}\right)w = 0$$

的形式不变, 因此, 如果

$$\mathrm{J}_\nu(z) = \sum_{n=0}^{\infty} \frac{(-)^n}{n!\,\Gamma(n+\nu+1)} \left(\frac{z}{2}\right)^{2n+\nu}, \quad |\arg z| < \pi$$

是 Bessel 方程的解, 则 $\mathrm{J}_{-\nu}(z)$ 及 $\mathrm{J}_{\pm\nu}(-z)$ 也一定是解. 同样, 因为

$$\mathrm{N}_\nu(z) = \frac{\mathrm{J}_\nu(z)\cos\pi\nu - \mathrm{J}_{-\nu}(z)}{\sin\pi\nu}$$

是 Bessel 方程的解, 则 $\mathrm{N}_{-\nu}(z)$ 及 $\mathrm{N}_{\pm\nu}(-z)$ 也一定都是解. 更进一步, 因为 $\mathrm{H}_\nu^{(1)}(z)$ 及 $\mathrm{H}_\nu^{(2)}(z)$ 是 Bessel 方程的解, 则 $\mathrm{H}_{-\nu}^{(1)}(z)$, $\mathrm{H}_{\pm\nu}^{(1)}(-z)$ 以及 $\mathrm{H}_{-\nu}^{(2)}(z)$, $\mathrm{H}_{\pm\nu}^{(2)}(-z)$ 也一定都是解. 这 16 个函数都是柱函数, 我们总可以从中找到两个线性无关的特解, 而其余的 14 个函数总可以表示为这两个线性无关特解的线性组合. 柱函数之间的这些关系式, 在有关的专著中都可以找到.

第十八章

积分变换的应用

本章介绍求解偏微分方程定解问题的另一种方法 —— 将积分变换应用于求解偏微分方程定解问题. 常用的积分变换有 Laplace 变换和 Fourier 变换两种.

§18.1 Laplace 变换的应用

Laplace 变换可用于求解含时间的偏微分方程定解问题. 对于系数与 t 无关的偏微分方程, 变换后自变量的个数比原来减少一个. 例如, 原来是 x 和 t 两个自变量的偏微分方程定解问题, 变换后就是自变量只有一个 x 的常微分方程定解问题. 一般说来, 后者总比前者更容易求解. 当然, 这样求得的是原始定解问题解的像函数, 还必须反演才能得到原始问题的解.

下面先举一个无界杆的热传导问题的例子.

例 18.1 求解无界杆的热传导问题

$$\frac{\partial u}{\partial t} - \kappa \frac{\partial^2 u}{\partial x^2} = f(x,t), \qquad -\infty < x < \infty, \quad t > 0; \tag{18.1a}$$

$$u\big|_{t=0} = 0, \qquad -\infty < x < \infty. \tag{18.1b}$$

解 正如例 12.9 的脚注中指出的, 在这种无界区间的定解问题中, 习惯上往往并不明确列出边界条件. 实际上, "无界区间" 只是一个物理上的抽象, 它只是表明在所考察的限度 (时间, 精度等) 内, 两端的影响可以忽略. 因此, 读者应当明确, 如果要完整地列出定解问题的话, 则还应当有边界条件

$$u\big|_{x \to \pm\infty} \text{有界}. \tag{18.1c}$$

现在, 对变量 t 做 Laplace 变换. 令

$$u(x,t) \risingdotseq U(x,p) = \int_0^\infty u(x,t) \mathrm{e}^{-pt} \mathrm{d}t, \tag{18.2}$$

于是

$$\frac{\partial u}{\partial t} \risingdotseq p\, U(x,p), \tag{18.3}$$

$$\frac{\partial^2 u}{\partial x^2} \risingdotseq \frac{\mathrm{d}^2 U(x,p)}{\mathrm{d}x^2}. \tag{18.4}$$

这里, 在写出 (18.3) 时, 已经利用了初始条件 (18.1b). 再进一步令

$$f(x,t) \risingdotseq F(x,p), \tag{18.5}$$

因此, 在经过 Laplace 变换后, 定解问题 (18.1) 就变成常微分方程的边值问题

$$pU(x,p) - \kappa \frac{\mathrm{d}^2 U(x,p)}{\mathrm{d}x^2} = F(x,p), \tag{18.6a}$$

$$U(x,p)\big|_{x \to \pm\infty} \text{ 有界}. \tag{18.6b}$$

可以采用常数变易法求解此边值问题. 设 (18.6a) 方程的通解为

$$U(x,p) = A(x)\mathrm{e}^{\sqrt{p/\kappa}\,x} + B(x)\mathrm{e}^{-\sqrt{p/\kappa}\,x},$$

其中系数 $A(x)$, $B(x)$ 满足约束条件

$$A'(x)\mathrm{e}^{\sqrt{p/\kappa}\,x} + B'(x)\mathrm{e}^{-\sqrt{p/\kappa}\,x} = 0,$$

将 $U(x,p)$ 代入方程 (18.6a), 即可得到

$$A'(x)\mathrm{e}^{\sqrt{p/\kappa}\,x} - B'(x)\mathrm{e}^{-\sqrt{p/\kappa}\,x} = -\frac{1}{\sqrt{\kappa p}} F(x,p),$$

与上述约束条件联立, 可以求得

$$A'(x) = -\frac{1}{2\sqrt{\kappa p}} F(x,p)\mathrm{e}^{-\sqrt{p/\kappa}\,x}, \qquad B'(x) = \frac{1}{2\sqrt{\kappa p}} F(x,p)\mathrm{e}^{\sqrt{p/\kappa}\,x},$$

因此,

$$A(x) = -\frac{1}{2\sqrt{\kappa p}} \int_\alpha^x F(x',p)\mathrm{e}^{-\sqrt{p/\kappa}\,x'}\mathrm{d}x' = \frac{1}{2\sqrt{\kappa p}} \int_x^\alpha F(x',p)\mathrm{e}^{-\sqrt{p/\kappa}\,x'}\mathrm{d}x',$$

$$B(x) = \frac{1}{2\sqrt{\kappa p}} \int_\beta^x F(x',p)\mathrm{e}^{\sqrt{p/\kappa}\,x'}\mathrm{d}x'.$$

考虑到必要条件 (18.6b), 故有 $\alpha = \infty$, $\beta = -\infty$, 因此得到

$$\begin{aligned} U(x,p) &= \frac{1}{2}\frac{1}{\sqrt{\kappa p}} \left\{ \int_x^\infty F(x',p) \exp\left[\sqrt{\frac{p}{\kappa}}(x-x')\right] \mathrm{d}x' \right. \\ &\quad \left. + \int_{-\infty}^x F(x',p) \exp\left[-\sqrt{\frac{p}{\kappa}}(x-x')\right] \mathrm{d}x' \right\} \\ &= \frac{1}{2}\frac{1}{\sqrt{\kappa p}} \int_{-\infty}^\infty F(x',p) \exp\left[-\sqrt{\frac{p}{\kappa}}|x-x'|\right] \mathrm{d}x'. \end{aligned} \tag{18.7}$$

再根据 Laplace 变换的反演公式 (见例 10.8, (10.48) 式) 以及卷积定理 (见 §10.3), 得到

$$u(x,t) = \frac{1}{2\sqrt{\kappa\pi}} \int_{-\infty}^\infty \mathrm{d}x' \int_0^t \exp\left[-\frac{(x-x')^2}{4\kappa(t-\tau)}\right] \frac{f(x',\tau)}{\sqrt{t-\tau}} \mathrm{d}\tau. \tag{18.8}$$

从以上的求解过程可以看出, 用 Laplace 变换求解偏微分方程定解问题, 除了可以减少自变量的数目以外, 某些已知函数 (例如方程的非齐次项, 不一定容易求得它的像函数) 的像函数甚至都不必具体求出, 在求反演时只需应用卷积定理即可.

再举一个无界弦的波动问题的例子.

例 18.2 用 Laplace 变换求解无界弦的波动问题

$$\frac{\partial^2 u}{\partial t^2} - a^2 \frac{\partial^2 u}{\partial x^2} = 0, \qquad -\infty < x < \infty, t > 0; \tag{18.9a}$$

$$u\big|_{t=0} = \phi(x), \qquad \frac{\partial u}{\partial t}\bigg|_{t=0} = \psi(x), \qquad -\infty < x < \infty. \tag{18.9b}$$

解 设在 Laplace 变换之下,

$$u(x,t) \doteqdot U(x,p),$$

于是, 原来的定解问题就化为

$$p^2 U(x,p) - a^2 \frac{\mathrm{d}^2 U(x,p)}{\mathrm{d}x^2} = p\phi(x) + \psi(x). \tag{18.10}$$

考虑到 $U(x,p)$ 在 $\pm\infty$ 的行为, 即可引用例 18.1 中的 (18.7) 式, 从而写出此方程的解

$$U(x,p) = \frac{1}{2a} \int_{-\infty}^{\infty} \left[\phi(x') + \frac{\psi(x')}{p}\right] \exp\left[-\frac{p}{a}|x-x'|\right] \mathrm{d}x'. \tag{18.11}$$

因为

$$\mathrm{e}^{-\alpha p} \doteqdot \delta(t-\alpha), \qquad \frac{1}{p}\mathrm{e}^{-\alpha p} \doteqdot \eta(t-\alpha),$$

所以

$$u(x,t) = \frac{1}{2a} \int_{-\infty}^{\infty} \phi(x') \delta\left(t - \frac{|x-x'|}{a}\right) \mathrm{d}x' + \frac{1}{2a} \int_{-\infty}^{\infty} \psi(x') \eta\left(t - \frac{|x-x'|}{a}\right) \mathrm{d}x'$$

$$= \frac{1}{2} \int_{-\infty}^{\infty} \phi(x') \delta(at - |x-x'|) \mathrm{d}x' + \frac{1}{2a} \int_{-\infty}^{\infty} \psi(x') \eta(at - |x-x'|) \mathrm{d}x'.$$

注意到

$$\delta(at - |x-x'|) = \begin{cases} 0, & |x-x'| \neq at, \\ \infty, & |x-x'| = at, \end{cases} \qquad \eta(at - |x-x'|) = \begin{cases} 0, & |x-x'| > at, \\ 1, & |x-x'| < at, \end{cases}$$

就可以求出

$$u(x,t) = \frac{1}{2} \int_{-\infty}^{\infty} \phi(x') \delta(at - |x-x'|) \mathrm{d}x' + \frac{1}{2a} \int_{x-at}^{x+at} \psi(x') \mathrm{d}x'$$

$$= \frac{1}{2} [\phi(x-at) + \phi(x+at)] + \frac{1}{2a} \int_{x-at}^{x+at} \psi(x') \mathrm{d}x'. \tag{18.12}$$

这也正是第十二章中应用行波法求解得到的结果.

Laplace 变换也可用于求解半无界空间的定解问题. 请看下面的例子.

例 18.3 求解半无界问题

$$\begin{cases} \dfrac{\partial u}{\partial t} - \kappa \dfrac{\partial^2 u}{\partial x^2} = 0, & x > 0, t > 0, \\ u\big|_{x=0} = u_0, \\ u\big|_{t=0} = 0. \end{cases} \tag{18.13}$$

解 当然, 本题默认无穷远条件为

$$u\big|_{x \to \infty} \text{ 有界}. \tag{18.14}$$

对变量 t 做 Laplace 变换,

$$u(x,t) \doteqdot U(x,p) = \int_0^\infty u(x,t)\mathrm{e}^{-pt}\,\mathrm{d}t, \tag{18.15}$$

$$\dfrac{\partial u}{\partial t} \doteqdot pU(x,p) - u\big|_{t=0}. \tag{18.16}$$

于是, 在经过 Laplace 变换后, 定解问题 (18.13) 就转化为常微分方程的边值问题

$$\begin{cases} pU(x,p) - \kappa \dfrac{\mathrm{d}^2 U(x,p)}{\mathrm{d}x^2} = 0, \\ U(x,p)\big|_{x=0} = \dfrac{u_0}{p}, \qquad U(x,p)\big|_{x \to \infty} \text{ 有界}. \end{cases} \tag{18.17}$$

解得

$$U(x,p) = \dfrac{u_0}{p}\mathrm{e}^{-\sqrt{p/\kappa}\,x}. \tag{18.18}$$

利用例 10.9 的结果 (10.50) 式, 即得反演

$$u(x,t) = u_0 \operatorname{erfc} \dfrac{x}{2\sqrt{\kappa t}}. \tag{18.19}$$

Laplace 变换也可以应用于求解有界区间内的偏微分方程定解问题.

例 18.4 设有长为 l 的均匀细杆, 一端保持温度为 u_0, 另一端绝热. 杆的初温为 0. 求杆中温度的分布和变化.

解 首先列出杆中温度 $u(x,t)$ 所满足的定解问题

$$\dfrac{\partial u}{\partial t} - \kappa \dfrac{\partial^2 u}{\partial x^2} = 0, \qquad 0 < x < l, \quad t > 0, \tag{18.20a}$$

$$u\big|_{x=0} = u_0, \qquad \dfrac{\partial u}{\partial x}\bigg|_{x=l} = 0, \qquad t > 0, \tag{18.20b}$$

$$u\big|_{t=0} = 0, \qquad 0 < x < l. \tag{18.20c}$$

做 Laplace 变换 $u(x,t) \doteqdot U(x,p)$, 于是, 定解问题 (18.20) 变成

$$\kappa \dfrac{\mathrm{d}^2 U(x,p)}{\mathrm{d}x^2} - pU(x,p) = 0, \tag{18.21a}$$

$$U(0,p) = \dfrac{u_0}{p}, \qquad \dfrac{\mathrm{d}U(x,p)}{\mathrm{d}x}\bigg|_{x=l} = 0. \tag{18.21b}$$

解之得
$$U(x,p) = \frac{u_0}{p} \frac{\cosh\sqrt{p/\kappa}(l-x)}{\cosh\sqrt{p/\kappa}\,l}. \tag{18.22}$$

代入普遍反演公式
$$u(x,t) = \frac{1}{2\pi i} \int_L U(x,p) e^{pt} dp, \tag{18.23}$$

就可以求出定解问题 (18.20) 的解. 考虑到 $U(x,p)$ 的具体形式, 积分路径 L 应该取为在右半平面上的一条平行于虚轴的无穷直线, $\operatorname{Re} p > 0$ (保证像函数在 L 之右解析).

现在用留数定理来计算这个积分. 被积函数在左半平面内有无穷多个孤立奇点, 它们是 $p = 0$ 和 $\cosh\sqrt{p/\kappa}\,l$ 的零点, 即
$$\sqrt{\frac{p_n}{\kappa}}\,l = \frac{2n+1}{2}\pi i, \qquad p_n = -\left(\frac{2n+1}{2l}\pi\right)^2 \kappa, \qquad n = 0,1,2,\cdots,$$

且全是一阶极点. 容易求出被积函数在孤立奇点 $p = 0$ 处的留数为 u_0, 而在其余孤立奇点处留数为
$$\left.\frac{2u_0}{\sqrt{p/\kappa}\,l} \frac{\cosh\sqrt{p/\kappa}(l-x)}{\sinh\sqrt{p/\kappa}\,l} e^{pt}\right|_{p=p_n} = -\frac{4u_0}{\pi} \frac{1}{2n+1} \sin\frac{2n+1}{2l}\pi x \exp\left[-\left(\frac{2n+1}{2l}\pi\right)^2 \kappa t\right].$$

所以, 最后就求得
$$u(x,t) = u_0 - \frac{4u_0}{\pi} \sum_{n=0}^{\infty} \frac{1}{2n+1} \sin\frac{2n+1}{2l}\pi x \exp\left[-\left(\frac{2n+1}{2l}\pi\right)^2 \kappa t\right]. \tag{18.24}$$

不难验证, 这个解式和用分离变量法得到的结果完全相同.

从以上的求解过程可以看出, 用 Laplace 变换求解偏微分方程定解问题还有一个优点, 这就是不必将非齐次的边界条件齐次化, 因为这时原有的偏微分方程定解问题的非齐次边界条件将转化为常微分方程的非齐次边界条件, 这并不会带来原则性的困难.

对于这个例子, 也还可以用别的方法求反演. 例如, 可将像函数展开为
$$\frac{\cosh\sqrt{p/\kappa}(l-x)}{\cosh\sqrt{p/\kappa}\,l} = e^{-\sqrt{p/\kappa}\,l}\left(1 + e^{-2\sqrt{p/\kappa}\,l}\right)^{-1}\left[e^{\sqrt{p/\kappa}(l-x)} + e^{-\sqrt{p/\kappa}(l-x)}\right]$$
$$= \left[e^{-\sqrt{p/\kappa}\,x} + e^{-\sqrt{p/\kappa}(2l-x)}\right] \sum_{n=0}^{\infty} (-)^n e^{-2n\sqrt{p/\kappa}\,l}$$
$$= \sum_{n=0}^{\infty} (-)^n e^{-\sqrt{p/\kappa}(2nl+x)} - \sum_{n=1}^{\infty} (-)^n e^{-\sqrt{p/\kappa}(2nl-x)}. \tag{18.22'}$$

利用 Laplace 变换的反演公式 (见例 10.9, (10.50) 式), 就可以得到定解问题 (18.20) 的另一种形式的解
$$u(x,t) = u_0 \sum_{n=0}^{\infty} (-)^n \operatorname{erfc}\frac{2nl+x}{2\sqrt{\kappa t}} - u_0 \sum_{n=1}^{\infty} (-)^n \operatorname{erfc}\frac{2nl-x}{2\sqrt{\kappa t}}. \tag{18.25}$$

定解问题解的存在唯一性, 就保证了这两个不同形式的解实际上是相等的, 由余误差函数的有关公式也可以将解式 (18.24) 化为 (18.25).

再讨论一下半无界杆的极限情形. 这时在 (18.22) 或 (18.22′) 式中令 $l\to\infty$, 就有

$$U(x,p) = \frac{u_0}{p}\exp\left\{-\sqrt{\frac{p}{\kappa}}\,x\right\},$$

所以, 对于半无界杆, 就得到

$$u(x,t) = u_0\,\mathrm{erfc}\,\frac{x}{2\sqrt{\kappa t}},$$

即 (18.19) 式.

应用 Laplace 变换求解偏微分方程定解问题也有一个明显的局限性, 这就是通常只能对时间变量 t 做 Laplace 变换. 在一般情形下, 我们不建议对空间变量做 Laplace 变换, 即使是半无界空间的情形. 这是因为对于空间变量, 定解问题中只出现边界条件, 而 Laplace 变换需要用到的是初始条件.

§18.2 Fourier 变换的应用

Fourier 变换可以对空间变量进行. 根据空间变量的变化区间, 可以选用 Fourier 变换 (包括正弦变换和余弦变换) 或有限正弦、余弦变换. 例如, 对于无界区间 $(-\infty,\infty)$ 上的函数 $f(x)$, 如果在任意有限区间上只有有限个极大、极小和有限个第一类间断点, 且积分 $\int_{-\infty}^{\infty}f(x)\mathrm{d}x$ 绝对收敛, 则它的 Fourier 变换存在,

$$\mathscr{F}[f(x)] \equiv F(k) = \frac{1}{\sqrt{2\pi}}\int_{-\infty}^{\infty} f(x)\mathrm{e}^{-\mathrm{i}kx}\mathrm{d}x, \tag{18.26}$$

而逆变换 (反演) 是

$$\mathscr{F}^{-1}[F(k)] \equiv f(x) = \frac{1}{\sqrt{2\pi}}\int_{-\infty}^{\infty} F(k)\mathrm{e}^{\mathrm{i}kx}\mathrm{d}k. \tag{18.27}$$

为了将 Fourier 变换应用于求解偏微分方程定解问题, 必然涉及函数的一、二阶导数的 Fourier 变换. 设 $f(x)$ 的 Fourier 变换存在, 于是

$$\mathscr{F}[f'(x)] = \frac{1}{\sqrt{2\pi}}\int_{-\infty}^{\infty} f'(x)\mathrm{e}^{-\mathrm{i}kx}\mathrm{d}x = \frac{1}{\sqrt{2\pi}}f(x)\mathrm{e}^{-\mathrm{i}kx}\Big|_{-\infty}^{\infty} + \frac{\mathrm{i}k}{\sqrt{2\pi}}\int_{-\infty}^{\infty} f(x)\mathrm{e}^{-\mathrm{i}kx}\mathrm{d}x.$$

由于积分 $\int_{-\infty}^{\infty} f(x)\mathrm{d}x$ 绝对收敛, 就一定有 $\lim\limits_{x\to\pm\infty} f(x) = 0$, 所以

$$\mathscr{F}[f'(x)] = \frac{\mathrm{i}k}{\sqrt{2\pi}}\int_{-\infty}^{\infty} f(x)\mathrm{e}^{-\mathrm{i}kx}\mathrm{d}x = \mathrm{i}k\mathscr{F}[f(x)]. \tag{18.28}$$

更进一步, 当然就有

$$\mathscr{F}[f''(x)] = -k^2\mathscr{F}[f(x)]. \tag{18.29}$$

下面应用 Fourier 变换重新求解例 18.1 和例 18.2. 对于例 18.1, 亦即定解问题 (18.1), 假设 $u(x,t)$ 的 Fourier 变换存在, 记

$$U(k,t) = \frac{1}{\sqrt{2\pi}}\int_{-\infty}^{\infty} u(x,t)\mathrm{e}^{-\mathrm{i}kx}\mathrm{d}x, \tag{18.30}$$

并设
$$F(k,t) = \frac{1}{\sqrt{2\pi}} \int_{-\infty}^{\infty} f(x,t)\mathrm{e}^{-\mathrm{i}kx}\mathrm{d}x, \tag{18.31}$$

这样, 在对变量 x 做 Fourier 变换后, 定解问题 (18.1) 就变为
$$\frac{\mathrm{d}U(k,t)}{\mathrm{d}t} + \kappa k^2 U(k,t) = F(k,t), \tag{18.32a}$$
$$U(k,t)\big|_{t=0} = 0. \tag{18.32b}$$

用常数变易法求解这个一阶常微分方程的定解问题, 就得到
$$U(k,t) = \mathrm{e}^{-\kappa k^2 t} \int_0^t F(k,\tau)\mathrm{e}^{\kappa k^2 \tau}\mathrm{d}\tau. \tag{18.33}$$

再求反演, 有
$$u(x,t) = \frac{1}{\sqrt{2\pi}} \int_{-\infty}^{\infty} U(k,t)\mathrm{e}^{\mathrm{i}kx}\mathrm{d}k = \int_0^t \left[\frac{1}{\sqrt{2\pi}} \int_{-\infty}^{\infty} F(k,\tau)\mathrm{e}^{-\kappa k^2(t-\tau)}\mathrm{e}^{\mathrm{i}kx}\,\mathrm{d}k\right]\mathrm{d}\tau.$$

利用 (4.29) 式的结果, 可以算出
$$\frac{1}{\sqrt{2\pi}}\int_{-\infty}^{\infty}\mathrm{e}^{-\kappa k^2(t-\tau)}\mathrm{e}^{\mathrm{i}kx}\mathrm{d}k = \frac{1}{\sqrt{2\pi}}\int_{-\infty}^{\infty}\mathrm{e}^{-\kappa k^2(t-\tau)}\cos kx\,\mathrm{d}k$$
$$= \frac{1}{\sqrt{2\kappa(t-\tau)}}\exp\left[-\frac{x^2}{4\kappa(t-\tau)}\right]. \tag{18.34}$$

再利用 (18.31) 的逆变换
$$f(x,t) = \frac{1}{\sqrt{2\pi}}\int_{-\infty}^{\infty} F(k,t)\mathrm{e}^{\mathrm{i}kx}\mathrm{d}k$$

以及 Fourier 变换的卷积公式 (见 §9.3)
$$\mathscr{F}[f_1(x)]\mathscr{F}[f_2(x)] = \mathscr{F}\left[\frac{1}{\sqrt{2\pi}}\int_{-\infty}^{\infty} f_1(\xi)f_2(x-\xi)\mathrm{d}\xi\right], \tag{18.35}$$

最后就能得到
$$u(x,t) = \int_0^t \left\{\frac{1}{\sqrt{2\pi}}\int_{-\infty}^{\infty}\frac{f(\xi,\tau)}{\sqrt{2\kappa(t-\tau)}}\exp\left[-\frac{(x-\xi)^2}{4\kappa(t-\tau)}\right]\mathrm{d}\xi\right\}\mathrm{d}\tau$$
$$= \frac{1}{2\sqrt{\kappa\pi}}\int_0^t\left\{\int_{-\infty}^{\infty} f(\xi,\tau)\exp\left[-\frac{(x-\xi)^2}{4\kappa(t-\tau)}\right]\mathrm{d}\xi\right\}\frac{\mathrm{d}\tau}{\sqrt{t-\tau}}. \tag{18.36}$$

和上一节中得到的解式 (18.8) 的形式完全一样.

再来解无界弦上的自由振动问题, 定解问题见 (18.9) 式. 仍设 $u(x,t)$ 的 Fourier 变换
$$U(k,t) = \frac{1}{\sqrt{2\pi}}\int_{-\infty}^{\infty} u(x,t)\mathrm{e}^{-\mathrm{i}kx}\mathrm{d}x \tag{18.37}$$

存在, 并设
$$\Phi(k) = \frac{1}{\sqrt{2\pi}}\int_{-\infty}^{\infty}\phi(x)\mathrm{e}^{-\mathrm{i}kx}\mathrm{d}x, \tag{18.38}$$
$$\Psi(k) = \frac{1}{\sqrt{2\pi}}\int_{-\infty}^{\infty}\psi(x)\mathrm{e}^{-\mathrm{i}kx}\mathrm{d}x, \tag{18.39}$$

于是, 做 Fourier 变换后, 定解问题 (18.9) 就变为

$$\frac{\mathrm{d}^2 U(k,t)}{\mathrm{d}t^2} + k^2 a^2 U(k,t) = 0, \tag{18.40a}$$

$$U(k,t)\big|_{t=0} = \Phi(k), \qquad \frac{\mathrm{d}U(k,t)}{\mathrm{d}t}\bigg|_{t=0} = \Psi(k). \tag{18.40b}$$

这是一个二阶常微分方程的初值问题, 解之得

$$U(k,t) = \Phi(k)\cos kat + \Psi(k)\frac{\sin kat}{ka}. \tag{18.41}$$

根据 Fourier 变换的反演公式, 就可以求出

$$u(x,t) = \frac{1}{\sqrt{2\pi}}\int_{-\infty}^{\infty}\left[\Phi(k)\cos kat + \Psi(k)\frac{\sin kat}{ka}\right]\mathrm{e}^{\mathrm{i}kx}\mathrm{d}k.$$

注意

$$\frac{1}{\sqrt{2\pi}}\int_{-\infty}^{\infty}\Phi(k)\cos kat\,\mathrm{e}^{\mathrm{i}kx}\mathrm{d}k = \frac{1}{\sqrt{2\pi}}\frac{1}{2}\int_{-\infty}^{\infty}\Phi(k)\left[\mathrm{e}^{\mathrm{i}k(x+at)} + \mathrm{e}^{\mathrm{i}k(x-at)}\right]\mathrm{d}k$$

$$= \frac{1}{2}\left[\phi(x+at) + \phi(x-at)\right],$$

$$\frac{1}{\sqrt{2\pi}}\int_{-\infty}^{\infty}\Psi(k)\frac{\sin kat}{ka}\mathrm{e}^{\mathrm{i}kx}\mathrm{d}k = \frac{1}{\sqrt{2\pi}}\int_{-\infty}^{\infty}\Psi(k)\left[\int_0^t\cos ka\tau\,\mathrm{d}\tau\right]\mathrm{e}^{\mathrm{i}kx}\mathrm{d}k$$

$$= \int_0^t\left[\frac{1}{\sqrt{2\pi}}\int_{-\infty}^{\infty}\Psi(k)\cos ka\tau\,\mathrm{e}^{\mathrm{i}kx}\mathrm{d}k\right]\mathrm{d}\tau$$

$$= \frac{1}{2}\int_0^t\left[\psi(x+a\tau) + \psi(x-a\tau)\right]\mathrm{d}\tau = \frac{1}{2a}\int_{x-at}^{x+at}\psi(\xi)\mathrm{d}\xi,$$

最后得到的解式和 (18.12) 式完全相同:

$$u(x,t) = \frac{1}{2}\left[\phi(x+at) + \phi(x-at)\right] + \frac{1}{2a}\int_{x-at}^{x+at}\psi(\xi)\mathrm{d}\xi. \tag{18.42}$$

求解偏微分方程定解问题时, 还可以在对时间变量做 Laplace 变换的同时, 对空间变量做 Fourier 变换. 下面就用这个办法重新求解无界杆的热传导问题, 定解问题见 (18.1) 式. 先对变量 x 做 Fourier 变换, 再对变量 t 做 Laplace 变换. 令

$$\mathscr{F}\{u(x,t)\} = U(k,t), \tag{18.43}$$

$$\mathscr{F}\{f(x,t)\} = F(k,t), \tag{18.44}$$

$$U(k,t) \doteqdot \widetilde{U}(k,p), \tag{18.45}$$

$$F(k,t) \doteqdot \widetilde{F}(k,p). \tag{18.46}$$

对变量 x 做 Fourier 变换后定解问题 (18.1) 变为

$$\begin{cases}\dfrac{\mathrm{d}U(k,t)}{\mathrm{d}t} + \kappa k^2 U(k,t) = F(k,t), \\ U(k,t)\big|_{t=0} = 0.\end{cases}$$

再对变量 t 做 Laplace 变换后定解问题 (18.1) 变成一个代数方程

$$p\widetilde{U}(k,p) + \kappa k^2 \widetilde{U}(k,p) = \widetilde{F}(k,p).$$

解得

$$\widetilde{U}(k,p) = \frac{1}{p+\kappa k^2}\widetilde{F}(k,p).$$

应用卷积公式, 求反演, 得

$$U(k,t) = \int_0^t F(k,\tau)e^{-\kappa k^2(t-\tau)}d\tau.$$

再做 Fourier 逆变换, 利用 (18.34) 式的结果, 就得到

$$u(x,t) = \int_0^t \left\{ \frac{1}{\sqrt{2\pi}} \int_{-\infty}^{\infty} \frac{f(\xi,\tau)}{\sqrt{2\kappa(t-\tau)}} \exp\left[-\frac{(x-\xi)^2}{4\kappa(t-\tau)}\right] d\xi \right\} d\tau$$

$$= \frac{1}{2\sqrt{\kappa\pi}} \int_0^t \left\{ \int_{-\infty}^{\infty} f(\xi,\tau) \exp\left[-\frac{(x-\xi)^2}{4\kappa(t-\tau)}\right] d\xi \right\} \frac{d\tau}{\sqrt{t-\tau}}.$$

和上一节中得到的解式 (18.8) 的形式完全一样.

*§18.3　半无界空间的情形

如果 $f(x)$ 是定义在半无界区间 $[0,\infty)$ 上, 则可根据 $x=0$ 端边界条件的不同类型, 选用正弦变换

$$F(k) = \sqrt{\frac{2}{\pi}} \int_0^{\infty} f(x) \sin kx \, dx, \tag{18.47}$$

$$f(x) = \sqrt{\frac{2}{\pi}} \int_0^{\infty} F(k) \sin kx \, dk, \tag{18.48}$$

或余弦变换

$$F(k) = \sqrt{\frac{2}{\pi}} \int_0^{\infty} f(x) \cos kx \, dx, \tag{18.49}$$

$$f(x) = \sqrt{\frac{2}{\pi}} \int_0^{\infty} F(k) \cos kx \, dk. \tag{18.50}$$

在正弦变换下, 因为

$$\sqrt{\frac{2}{\pi}} \int_0^{\infty} f'(x) \sin kx \, dx = -\sqrt{\frac{2}{\pi}} k \int_0^{\infty} f(x) \cos kx \, dx, \tag{18.51}$$

$$\sqrt{\frac{2}{\pi}} \int_0^{\infty} f''(x) \sin kx \, dx = \sqrt{\frac{2}{\pi}} k f(0) - k^2 F(k). \tag{18.52}$$

由此可见, 对于二阶偏微分方程的定解问题, 则只有当定解问题中仅出现未知函数及其二阶偏导数, 且在半无界空间的 $x=0$ 端给出的是第一类边界条件时, 才可以选用正弦变换.

同样, 对于余弦变换, 也有

$$\sqrt{\frac{2}{\pi}} \int_0^{\infty} g'(x) \cos kx \, dx = -\sqrt{\frac{2}{\pi}} g(0) + \sqrt{\frac{2}{\pi}} k \int_0^{\infty} g(x) \sin kx \, dx, \tag{18.53}$$

$$\sqrt{\frac{2}{\pi}} \int_0^{\infty} g''(x) \cos kx \, dx = -\sqrt{\frac{2}{\pi}} g'(0) - k^2 G(k). \tag{18.54}$$

所以，如果还限于二阶偏微分方程的定解问题，则只有当定解问题中仅出现未知函数及其二阶偏导数，而且在 $x=0$ 端给出的是第二类边界条件时，才可以选用余弦变换.

例 18.5 求解半无界空间的稳定问题

$$\frac{\partial^2 u}{\partial x^2} + \frac{\partial^2 u}{\partial y^2} = 0, \quad -\infty < x < \infty, \quad y > 0; \tag{18.55a}$$

$$u\big|_{y=0} = f(x), \quad -\infty < x < \infty. \tag{18.55b}$$

解 对变量 y 做正弦变换，有

$$U(x,k) \equiv \mathscr{F}[u(x,y)] = \sqrt{\frac{2}{\pi}} \int_0^\infty u(x,y) \sin ky \, \mathrm{d}y, \tag{18.56}$$

$$\mathscr{F}\left[\frac{\partial^2 u(x,y)}{\partial y^2}\right] = \sqrt{\frac{2}{\pi}} k f(x) - k^2 U(x,y). \tag{18.57}$$

于是，在经过正弦变换后，定解问题 (18.55) 就转化为求无界区间 $-\infty < x < \infty$ 上

$$\frac{\mathrm{d}^2 U(x,k)}{\mathrm{d}x^2} - k^2 U(x,k) = \sqrt{\frac{2}{\pi}} k f(x) \tag{18.58}$$

的有界解. 对照例 18.1 中边值问题 (18.6) 的解 (18.7)，我们现在就能写出解

$$U(x,k) = \frac{1}{\sqrt{2\pi}} \int_{-\infty}^\infty \mathrm{e}^{-k|x-x'|} f(x') \, \mathrm{d}x'. \tag{18.59}$$

最后，根据正弦变换的逆变换公式，就可以求得

$$\begin{aligned}
u(x,y) &= \frac{1}{\pi} \int_0^\infty \left[\int_{-\infty}^\infty \mathrm{e}^{-k|x-x'|} f(x') \, \mathrm{d}x' \right] \sin ky \, \mathrm{d}k \\
&= \frac{1}{\pi} \int_{-\infty}^\infty f(x') \left[\int_0^\infty \mathrm{e}^{-k|x-x'|} \sin ky \, \mathrm{d}k \right] \mathrm{d}x' \\
&= \frac{y}{\pi} \int_{-\infty}^\infty \frac{f(x')}{(x-x')^2 + y^2} \, \mathrm{d}x'.
\end{aligned} \tag{18.60}$$

这正是上半平面的 Poisson 公式 (见 (3.34b) 式).

§18.4 关于积分变换的一般讨论

以上介绍了两类积分变换 (Laplace 变换和 Fourier 变换，包括 Fourier 变换的另外两种特殊形式，即正弦变换和余弦变换) 在求解偏微分方程定解问题中的应用. 可以把这些变换概括写成

$$F(k) = \int_a^b K(k,x) f(x) \mathrm{d}x, \tag{18.61}$$

它把自变量 $x \in [a,b]$ (这里的 x 可以代表空间变量或时间变量，区间也可以是无界或半无界的) 的函数 $f(x)$ 变换为复变量 k 的函数 $F(k)$，其中 $K(k,x)$ 称为积分变换的核：

Laplace 变换	$K(k,x) = \mathrm{e}^{-kx},$	$0 \leqslant x < \infty;$	(18.62a)
Fourier 变换	$K(k,x) = \mathrm{e}^{-\mathrm{i}kx},$	$-\infty < x < \infty;$	(18.62b)
正弦变换	$K(k,x) = \sin kx,$	$0 \leqslant x < \infty;$	(18.62c)
余弦变换	$K(k,x) = \cos kx,$	$0 \leqslant x < \infty.$	(18.62d)

其他还有

$$\text{Hankel 变换} \qquad K(k,x) = x\mathrm{J}_n(kx), \qquad 0 \leqslant x < \infty; \tag{18.62e}$$

$$\text{Mellin 变换} \qquad K(k,x) = x^{k-1}, \qquad 0 \leqslant x < \infty. \tag{18.62f}$$

就一个具体的偏微分方程 (为了叙述的方便, 不妨仍限于二阶偏微分方程) 定解问题而言, 到底应当选用哪一种积分变换, 要考虑以下几个原则:

原则 1　所涉及的自变量的变化区间和该变换的要求一致.

原则 2　未知函数的该种积分变换存在.

原则 3　要求函数 $f(x)$ 及其导数 $f'(x)$, $f''(x)$ 在该变换下有简单的代数关系.

原则 4　涉及的未知函数及其导数 $f'(x)$ 的特殊值正好由定解问题中的定解条件给出.

应该说, 上面的原则 3 还只是适用于常系数的微分方程. 如果讨论变系数的偏微分方程定解问题, 那么这一条还需要修改. 例如, 对于偏微分方程

$$\left[\widehat{L}_1(x) + \widehat{L}_2(y)\right]u(x,y) = f(x,y),$$

其中 $\widehat{L}_1(x)$ 和 $\widehat{L}_2(y)$ 分别是 x 和 y 的微分算符, 假定算符 $\widehat{L}_1(x)$ 中的系数都是 x 的实值函数, 再设 $u(x,y)$ 也是实值函数, 则在积分变换

$$\int_a^b K(k,x)u(x,y)\mathrm{d}x = U(k,y) \tag{18.63}$$

之下, 方程变为

$$\int_a^b K(k,x)f(x,y)\mathrm{d}x = \int_a^b K(k,x)\left[\widehat{L}_1(x)u(x,y)\right]\mathrm{d}x + \widehat{L}_2(y)\int_a^b K(k,x)u(x,y)\mathrm{d}x,$$

即

$$\int_a^b \left[\widehat{M}_1(x)K(k,x)\right]u(x,y)\mathrm{d}x + \widehat{L}_2(y)U(k,y) = F(k,y), \tag{18.64}$$

其中 $\widehat{M}_1(x)$ 是算符 $\widehat{L}_1(x)$ 的伴算符. 为了保证方程 (18.64) 是关于 $U(k,y)$ 的微分方程, 必须有

$$\widehat{M}_1(x)K(k,x) = \lambda K(k,x), \tag{18.65}$$

即 $\widehat{M}_1(x)K(k,x)$ 必须与 $K(k,x)$ 成正比. 这就限定了所能选择的变换核 $K(k,x)$. 例如, 在柱坐标系中求解 Laplace 方程或 Poisson 方程时, 对于变量 r, 就只能选用 Hankel 变换或 Mellin 变换.

下面就举一个应用 Hankel 变换的例子.

例 18.10　应用 Hankel 变换求解带电导体圆盘的静电势.

解　采用柱坐标系. 定解问题是

$$\frac{1}{r}\frac{\partial}{\partial r}\left(r\frac{\partial u}{\partial r}\right) + \frac{\partial^2 u}{\partial z^2} = 0, \qquad 0 < r < \infty,\ z > 0; \tag{18.66a}$$

$$u\big|_{r=0}\ \text{有界}, \qquad u\big|_{r\to\infty} \to 0; \tag{18.66b}$$

$$u\big|_{z=0} = u_0, \qquad r < a; \tag{18.66c}$$

$$\frac{\partial u}{\partial z}\bigg|_{z=0} = 0, \qquad r > a; \tag{18.66d}$$

$$u\big|_{z\to\infty} \to 0. \tag{18.66e}$$

做 Hankel 变换, 即令

$$U(p, z) = \int_0^\infty u(r, z) J_0(pr) r \, dr. \tag{18.67}$$

容易证明, 在边界条件 (18.66b) 之下,

$$\int_0^\infty \frac{1}{r} \frac{\partial}{\partial r} \left(r \frac{\partial u}{\partial r} \right) J_0(pr) \, r \, dr = -p^2 U(p, z). \tag{18.68}$$

所以, 方程 (18.66a) 和边界条件 (18.66b) 就变换为

$$\frac{d^2 U(p, z)}{dz^2} - p^2 U(p, z) = 0. \tag{18.69a}$$

同样, 边界条件 (18.66e) 就变换为

$$U(p, z) \Big|_{z \to \infty} \to 0. \tag{18.69b}$$

解之即得

$$U(p, z) = A(p) e^{-pz}.$$

现在的问题是, 难以将平面 $z = 0$ 上的边界条件 (18.66c) 和 (18.66d) 也代入变换 (18.67), 因为这一组边界条件给出的是 $0 \leqslant r < a$ 时的 $u(r, z)\big|_{z=0}$ 值和 $r > a$ 时的 $\partial u / \partial z \big|_{z=0}$ 值. 这样, 就只得先求反演, 得到了定解问题 (18.66) 的积分形式的解

$$u(r, z) = \int_0^\infty A(p) e^{-pz} J_0(pr) \, p \, dp, \tag{18.70}$$

然后再设法定出函数 $A(p)$. 为此, 将 (18.70) 式代入边界条件 (18.66c) 和 (18.66d), 可以得到一对方程

$$\int_0^\infty A(p) J_0(pr) \, p \, dp = u_0, \quad 0 < r < a;$$
$$\int_0^\infty A(p) J_0(pr) \, p^2 \, dp = 0, \quad r > a.$$

关于这种从一对 (含 Bessel 函数的) 积分方程中求函数 $A(p)$ 的问题, 参考书目 [14] 中给出了某些特殊情形下的解 (见该书第二册中译本, 87—89 页), 例如, 方程组

$$\int_0^\infty f(t) J_\nu(xt) \, dt = x^{-\nu} M(x), \quad 0 < x < 1,$$
$$\int_0^\infty f(t) J_\nu(xt) \, t \, dt = 0, \quad x > 1$$

的解就是

$$f(t) = \sqrt{\frac{2t}{\pi}} \int_0^1 x^{\nu+1/2} \xi(x) J_{\nu-1/2}(xt) \, dx,$$
$$\xi(x) = x^{-2\nu} M(0) + x^{1-2\nu} \int_0^x (x^2 - y^2)^{-1/2} M'(y) \, dy.$$

特别是, 当 $\nu = 0$ 时, 有

$$f(t) = \frac{2}{\pi} \int_0^1 \xi(x) \cos xt \, dx,$$
$$\xi(x) = M(0) + x \int_0^x (x^2 - y^2)^{-1/2} M'(y) \, dy.$$

这样, 就能定出

$$A(p) = \frac{2 u_0}{\pi} \frac{\sin ap}{p^2}.$$

代入 (18.70)，并算出积分，就可以得到带电导体圆盘的静电势

$$u(r,z)=\frac{2u_0}{\pi}\int_0^\infty \mathrm{e}^{-pz}\mathrm{J}_0(pr)\frac{\sin ap}{p}\mathrm{d}p=\frac{2u_0}{\pi}\arcsin\frac{2a}{\sqrt{z^2+(r+a)^2}+\sqrt{z^2+(r-a)^2}}. \tag{18.71}$$

以上讨论的都是无界或半无界区间上的积分变换，它们的共同特点是复变量 k 的取值也是连续的。在实用中还有有界区间上的积分变换，由于这时的 k 只能取离散值，所以可以把变换核记为 $K_n(x)$。例如，常见的有界区间上的积分变换有

$$\begin{aligned}&\text{有限正弦变换}\quad &K_n(x)&=\sin nx, &n&=1,2,3,\cdots, &0&\leqslant x\leqslant \pi;\\ &\text{有限余弦变换}\quad &K_n(x)&=\cos nx, &n&=0,1,2,\cdots, &0&\leqslant x\leqslant \pi;\\ &\text{Legendre 变换}\quad &K_n(x)&=\mathrm{P}_n(x), &n&=0,1,2,\cdots, &-1&\leqslant x\leqslant 1.\end{aligned}$$

可以看出，这些积分变换的核恰好就是定义在各自区间上的本征函数。

*§18.5 小波变换简介

"小波分析"是近年来发展起来的一个比较新的理论课题和应用数学方法。小波，作为表示函数的一种新的基，作为时间-频率分析的一种技术，也已经成为一个新的数学学科，而且还处在迅速发展的过程之中。本节只能从积分变换的角度，对小波变换做一个入门性的介绍。

先分析一下传统的 Fourier 变换。大家知道，在 $(-\infty,\infty)$ 上定义了函数 $f(t)$，只要 $f(t)$ 满足一定条件，则它的 Fourier 变换

$$F(\omega)=\frac{1}{\sqrt{2\pi}}\int_{-\infty}^\infty f(t)\mathrm{e}^{-\mathrm{i}\omega t}\mathrm{d}t \tag{18.72a}$$

以及逆变换

$$f(t)=\frac{1}{\sqrt{2\pi}}\int_{-\infty}^\infty F(\omega)\mathrm{e}^{\mathrm{i}\omega t}\mathrm{d}\omega \tag{18.72b}$$

都存在。通常，变量 t 代表时间，ω 代表频率。$F(\omega)$ 就给出了信号 $f(t)$ 的频谱。从 Fourier 变换的公式就可以看出，为了研究一个信号的频谱特性，必须提供信号在整个时间范围 $(-\infty,\infty)$ 内的全部变化情况，甚至包括将来的变化。另一方面如果信号在某一时段内发生了变化，那么，整个频谱都会受到影响。作为一个极端的情形，只出现在 t_0 时刻的脉冲信号 $\delta(t-t_0)$，其频谱是 $\mathrm{e}^{-\mathrm{i}\omega t_0}/\sqrt{2\pi}$，就覆盖了全部频率范围。

为了弥补 Fourier 变换的不足，早在半个世纪前，就有人提出过"加窗" Fourier 变换，通过引进时间局部化的"窗函数" $g_\alpha(t-b)$，使得我们可以选择任意一个时段（以 $t=b$ 时刻为中心的一定宽度范围内）的信号，而且通过观测信号在某一频率附近的频谱就可以获得此信号的足够精确的信息。而后平移窗函数，即改变 b，就可以覆盖整个时域。Gauss 型的函数就是一个这样的窗函数。这种特殊形式的加窗 Fourier 变换（窗函数为 Gauss 型函数）称为 **Gabor 变换**。由于 Gauss 型函数

$$g_\alpha(t)=\frac{1}{2\sqrt{\pi\alpha}}\exp\left\{-\frac{t^2}{4\alpha}\right\}$$

的 Fourier 变换

$$\frac{1}{\sqrt{2\pi}}\int_{-\infty}^\infty \frac{1}{2\sqrt{\pi\alpha}}\exp\left\{-\frac{t^2}{4\alpha}\right\}\mathrm{e}^{-\mathrm{i}\omega t}\mathrm{d}t=\frac{1}{\sqrt{2\pi}}\mathrm{e}^{-\alpha\omega^2} \tag{18.73}$$

仍然是 Gauss 型的函数, 所以, 根据 Fourier 变换的卷积公式

$$\int_{-\infty}^{\infty} f_1(t)f_2(t)e^{-i\omega t}dt = \int_{-\infty}^{\infty} F_1(\xi)F_2(\omega-\xi)d\xi, \tag{18.74a}$$

$$\frac{1}{\sqrt{2\pi}}\int_{-\infty}^{\infty} f_1(t)e^{-i\omega t}dt = F_1(\omega), \tag{18.74b}$$

$$\frac{1}{\sqrt{2\pi}}\int_{-\infty}^{\infty} f_2(t)e^{-i\omega t}dt = F_2(\omega), \tag{18.74c}$$

对于任意函数 $f(t)$, 就有

$$\int_{-\infty}^{\infty} f(t)g_\alpha(t-b)e^{-i\omega t}dt = \frac{1}{\sqrt{2\pi}}\int_{-\infty}^{\infty} F(\xi)e^{-i(\omega-\xi)b}e^{-\alpha(\omega-\xi)^2}d\xi, \tag{18.75}$$

其中, $F(\omega)$ 是 $f(t)$ 的 Fourier 变换,

$$F(\omega) = \frac{1}{\sqrt{2\pi}}\int_{-\infty}^{\infty} f(t)e^{-i\omega t}dt. \tag{18.76}$$

对于这个结果, 可以把 (18.75) 式的左端理解为函数 $g_\alpha(t-b)e^{i\omega t}$ 和 $f(t)$ 的内积

$$\left\langle g_\alpha(t-b)e^{i\omega t}, f(t) \right\rangle = \int_{-\infty}^{\infty} \left[g_\alpha(t-b)e^{i\omega t}\right]^* f(t)dt,$$

而右端则是它们的变换的内积,

$$\left\langle \frac{1}{\sqrt{2\pi}}e^{i(\omega-\xi)b}e^{-\alpha(\omega-\xi)^2}, F(\xi) \right\rangle = \int_{-\infty}^{\infty} \left[\frac{1}{\sqrt{2\pi}}e^{i(\omega-\xi)b}e^{-\alpha(\omega-\xi)^2}\right]^* F(\xi)d\xi.$$

这个结果不过是更普遍的 Parseval 方程 (见 (9.38) 式)

$$\langle f_1(t), f_2(t) \rangle = \langle F_1(\xi), F_2(\xi) \rangle \tag{18.77}$$

的一个特例. 从物理上看, 由于函数 $g_\alpha(t-b)$ 在 $t=b$ 处有一个尖锐的峰,

$$\lim_{\alpha \to 0} g_\alpha(t-b) = \delta(t-b),$$

所以, 在 (18.75) 式中, 对于左端积分的贡献主要来自 $t=b$ 附近, 而对于右端积分的贡献则主要来自 $\xi=\omega$ 附近. 换句话说, 信号 $f(t)$ 在 $t=b$ 时刻的信息可以通过在频率 $\xi=\omega$ 附近观测这个信号的频谱而得到. 可以把 (18.75) 式的右端改写为

$$\left(\frac{1}{\sqrt{2\alpha}}e^{-i\omega b}\right)\int_{-\infty}^{\infty} F(\xi)g_{1/(4\alpha)}(\xi-\omega)e^{i\xi b}d\xi,$$

这说明, 若 $g_\alpha(t)$ 为信号的时间窗函数, 则 $g_{1/(4\alpha)}(\xi)$ 为相应频谱的频率窗函数. 不妨定义

$$\bar{t}_{g_\alpha} = (g_\alpha(t), tg_\alpha(t)) = \int_{-\infty}^{\infty} t\,|g_\alpha(t)|^2\,dt \tag{18.78}$$

为 $g_\alpha(t)$ 的中心. 因 $g_\alpha(t)$ 为偶函数, 故 $\bar{t}_{g_\alpha}=0$. 在此基础上, 进一步定义 $g_\alpha(t)$ 的半宽度

$$\Delta_{g_\alpha} = \sqrt{\frac{((t-\bar{t})g_\alpha(t),(t-\bar{t})g_\alpha(t))}{(g_\alpha(t),g_\alpha(t))}} \tag{18.79}$$

显然有

$$\Delta_{g_\alpha} = \sqrt{\alpha}. \tag{18.80}$$

同样，可以求出 $g_{1/(4\alpha)}$ 中心

$$\bar{\omega}_{g_{1/(4\alpha)}} = 0 \tag{18.81}$$

和半宽度

$$\Delta_{g_{1/(4\alpha)}} = \frac{1}{2\sqrt{\alpha}}. \tag{18.82}$$

所以，时间窗宽度 $2\Delta_{g_\alpha}$ 与频率窗宽度 $2\Delta_{g_{1/(4\alpha)}}$ 的乘积为常数，

$$(2\Delta_{g_\alpha}) \times \left(2\Delta_{g_{1/(4\alpha)}}\right) = 2. \tag{18.83}$$

我们也可以在 t–ξ 平面上以 (b, ω) 点为中心作矩形 $b - \Delta_{g_\alpha} \leqslant t \leqslant b + \Delta_{g_\alpha}, \omega - \Delta_{g_{1/(4\alpha)}} \leqslant \xi \leqslant \omega + \Delta_{g_{1/(4\alpha)}}$ 来形象化地表示时间-频率的局部化（见图 18.1）. 这个矩形

$$[b - \Delta_{g_\alpha}, b + \Delta_{g_\alpha}] \times [\omega - \Delta_{g_{1/(4\alpha)}}, \omega + \Delta_{g_{1/(4\alpha)}}]$$

就称为 Gabor 变换的时间-频率窗. $2\Delta_{g_\alpha}$ 和 $2\Delta_{g_{1/(4\alpha)}}$ 又称为时间-频率窗的宽度和高度. 时间-频率窗的宽度、高度以及面积都是固定的.

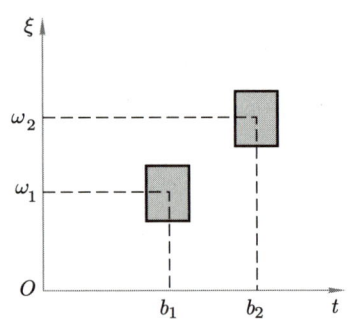

图 18.1 Gabor 变换的时间-频率窗

还可以取别的形式的窗函数 $w(t)$. 如果要求 $w(t)$ 及 $tw(t)$ 均平方可积（因此宽度 Δ_w 为有限值），同样，它的 Fourier 变换 $W(\xi)$ 及 $\xi W(\xi)$ 也平方可积（因而宽度 Δ_W 也为有限值），这样得到的加窗 Fourier 变换就称为短时 Fourier 变换. 前面提到的 Gabor 变换是短时 Fourier 变换的一种.

Gabor 变换或其他短时 Fourier 变换的缺点是时间-频率窗是固定的，不能随频率的高低而适当地调整. 因为频率与单位时间内的周期数成正比，所以，理想的情况是：要精确研究高频现象，就应当取窄的时间窗；而要研究低频现象，则不妨取较宽的时间窗. 因此，Gabor 变换或其他短时 Fourier 变换不适合于处理频域宽、变化激烈的信号. 而积分小波变换则是针对这类问题发展起来的.

要介绍积分小波变换，首先要建立基小波及小波的概念. 如果 $h(t)$ 及其 Fourier 变换 $H(\omega)$ 均为平方可积函数，宽度均为有限值，且满足相容性条件

$$C_h = \int_{-\infty}^{\infty} \frac{|H(\omega)|^2}{|\omega|} d\omega < \infty, \tag{18.84}$$

则称 $h(t)$ 为基小波. 条件 (18.84) 意味着 $H(0) = 0$，即

$$\int_{-\infty}^{\infty} h(t) \, dt = 0. \tag{18.85}$$

这正是称其为小波的原因. 在建立积分小波变换的反演时，需要用到相容性条件.

给出了基小波 $h(t)$ 后，通过平移和伸缩，可以得到一族函数

$$h_{b,a}(t) = \frac{1}{\sqrt{|a|}} h\left(\frac{t-b}{a}\right), \qquad a \neq 0, \tag{18.86}$$

称为小波. 而信号 $f(t)$ 的积分小波变换则定义为

$$(\mathscr{W}_h f)(b, a) = \frac{1}{\sqrt{|a|}} \int_{-\infty}^{\infty} f(t) h^*\left(\frac{t-b}{a}\right) dt = (h_{b,a}, f). \tag{18.87}$$

设函数 $h(t)$ 的中心和半宽度分别为 $\bar{t}$ 和 Δ_h，则函数 $h_{b,a}(t)$ 是中心在 $b + a\bar{t}$ 且半宽度为 $|a|\Delta_h$ 的窗函数. 因此，(18.87) 式表示的积分小波变换给出了信号 $f(t)$ 在时间窗

$$[b + a\bar{t} - |a|\Delta_h, b + a\bar{t} + |a|\Delta_h]$$

内的局部信息. $|a|$ 变小时时间窗变窄; $|a|$ 变大时时间窗变宽.

容易求出 $h_{b,a}(t)$ 的变换为

$$H_{b,a}(\xi) = \frac{1}{\sqrt{2\pi a}} \int_{-\infty}^{\infty} h\left(\frac{t-b}{a}\right) \mathrm{e}^{-\mathrm{i}\xi t} \mathrm{d}t = \sqrt{\frac{a}{2\pi}} \mathrm{e}^{-\mathrm{i}b\xi} H(a\xi). \tag{18.88}$$

设 $H(\xi)$ 的中心和半宽度分别为 $\bar{\omega}$ 和 Δ_H, 令

$$\eta(\xi - \bar{\omega}) \equiv H(\xi), \tag{18.89}$$

则 $\eta(\xi)$ 是中心和半宽度分别为 0 和 Δ_H 的窗函数. 根据 Parseval 方程, 可以写出

$$(\mathscr{W}_h f)(b, a) = \sqrt{\frac{a}{2\pi}} \int_{-\infty}^{\infty} \eta^*(a\xi - \bar{\omega}) F(\xi) \mathrm{d}\xi. \tag{18.90}$$

由于 $\eta(a\xi - \bar{\omega})$ 的半宽度为 $\Delta_H/|a|$, 所以, (18.100) 式给出的又是 $H(\xi)$ 在频率窗 $\left[\frac{\bar{\omega}}{a} - \frac{\Delta_H}{|a|}, \frac{\bar{\omega}}{a} + \frac{\Delta_H}{|a|}\right]$ 内的局部信息. 这样的时间-频率窗就是

$$\left[b + a\bar{t} - |a|\Delta_h, b + a\bar{t} + |a|\Delta_h\right] \times \left[\frac{\bar{\omega}}{|a|} - \frac{1}{|a|}\Delta_H, \frac{\bar{\omega}}{|a|} + \frac{1}{|a|}\Delta_H\right],$$

宽度为 $2|a|\Delta_h$. 因此, 积分小波变换具有 "变焦" 特性: 在检测高频现象 (即 $|a|$ 小) 时窗自动变窄; 在检测低频现象 (即 $|a|$ 大) 时窗自动变宽 (见图 18.2). 正是因为这种变焦特性, 使得积分小波变换成为许多理论研究以及工程技术应用的有力工具.

再进一步, 由 $f(t)$ 的积分小波变换 $(\mathscr{W}_h f)(b, a)$ 值还可以重构 $f(t)$ (即反演),

$$f(t) = \frac{1}{C_h} \int_{-\infty}^{\infty} \left[\int_{-\infty}^{\infty} (\mathscr{W}_h f)(b, a) h_{b,a}(t) \mathrm{d}b\right] \frac{\mathrm{d}a}{a^2}. \tag{18.91}$$

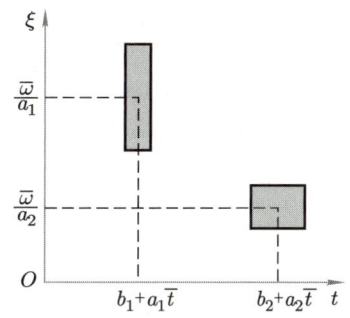

图 18.2 小波变换的时间-频率窗

证明从略. 从这个结果, 就可以理解为什么对基小波要加上相容性条件的限制.

在实际应用中, 还有离散形式的积分小波变换. 例如, 通过 Haar 函数

$$h(t) = \begin{cases} 1, & 0 \leqslant t < 1/2; \\ -1, & 1/2 \leqslant t < 1; \\ 0, & t < 0 \text{ 或 } t \geqslant 1 \end{cases} \tag{18.92}$$

的二进制伸缩与平移, 得到

$$h_{j,k}(t) = 2^{-j/2} h(2^{-j}t - k), \quad j, k \text{ 为任意整数}, \tag{18.93}$$

就构成一组正交归一基

$$\langle h_{j,k}, h_{l,m} \rangle = \delta_{jl} \delta_{km}, \tag{18.94}$$

任意一个平方可积的函数 $f(t)$ 都可以 (在平均收敛意义下) 展开为小波级数,

$$f(t) = \sum_{j,k=-\infty}^{\infty} c_{j,k} h_{j,k}(t), \tag{18.95}$$

展开系数 $c_{j,k}$ 为

$$c_{j,k} = \langle h_{j,k}, f \rangle = (\mathscr{W}_h f)\left(\frac{k}{2^j}, \frac{1}{2^j}\right). \tag{18.96}$$

小波分析及其应用是一门新兴的学科. 尽管它的早期思想可以追溯到 20 世纪的上半叶, 但是, 只是在近二三十年间才得到蓬勃的发展. 它已经或将要广泛应用于信号处理、图像处理、地质勘探、语音识别与合成、雷达、CT (ComputedTomography) 成像、机械故障诊断等科技领域. 本节的介绍只是关于小波分析的一点皮毛. 作者摘编这个阅读材料, 目的只是希望有读者因此而萌发了解与钻研小波分析的兴趣.

习 题

1. 一根半无界弦 $x \geqslant 0$, 原来处于静止状态. 设在 $t > 0$ 时 $x = 0$ 端作微小振动 $f(t)$. 试求弦上各点的运动.

2. 设有一细杆, 长为 l, 处于恒温状态 (取为 0). $t > 0$ 时由 $x = l$ 端单位面积内有恒定热流 q_0 流入, 试用 Laplace 变换求解此定解问题.

3. 一无穷长的圆柱体, 半径为 a, 保持柱面温度为 u_0. 初温为 0. 求柱体内温度的分布与变化.

4. 求解下列一维半无界弦上的波动问题:

$$\begin{cases} \dfrac{\partial^2 u(x,\ t)}{\partial t^2} - a^2 \dfrac{\partial^2 u(x,\ t)}{\partial x^2} = 0, & 0 < x < \infty,\ t > 0, \\ u(x,\ t)\big|_{x=0} = 0, \quad u(x,\ t)\big|_{x \to \infty} \text{有界}, & t > 0, \\ u(x,\ t)\big|_{t=0} = A\mathrm{e}^{-\alpha x} \sin \beta x, \quad \dfrac{\partial u(x,\ t)}{\partial t}\bigg|_{t=0} = 0, & 0 < x < \infty, \end{cases}$$

其中 A, a, α 和 β 均为已知的与 x 和 t 都无关的正数.

5. 用 Fourier 变换方法求解一维无界弦上的受迫振动问题

$$\dfrac{\partial^2 u}{\partial t^2} - a^2 \dfrac{\partial^2 u}{\partial x^2} = f(x,t),$$
$$u\big|_{t=0} = \phi(x), \quad \dfrac{\partial u}{\partial t}\bigg|_{t=0} = \psi(x).$$

6. 半无界杆, 杆端 $x = 0$ 单位面积有谐变热流 $B \sin \omega t$ 进入, 求长时间以后杆上的温度分布.

Mellin 变换

函数的 Mellin 变换及其反演定义为

$$f(x) \stackrel{\text{def}}{=} \mathscr{M}^{-1}\{F(\nu)\} = \dfrac{1}{2\pi \mathrm{i}} \int_{\sigma - \mathrm{i}\infty}^{\sigma + \mathrm{i}\infty} F(\nu)\, x^{-\nu}\, \mathrm{d}\nu, \qquad \sigma > \sigma_0;$$
$$F(\nu) \stackrel{\text{def}}{=} \mathscr{M}\{f(x)\} = \int_0^\infty f(x)\, x^{\nu - 1}\, \mathrm{d}x.$$

在此变换中, x 是实变量, $0 < x < \infty$; ν 是复变量, 以后将写作 $\nu = \sigma + \mathrm{i}\tau$. 为了方便, 以后我们有时还把 $f(x)$ 的 Mellin 变换 [即 $F(\nu)$] 写成 $(\mathscr{M}f)(\nu)$. σ_0 类似于 Laplace 变换中的收敛横标 s_0, 不妨称为 Mellin 变换的收敛横标. 容易证明

$$\mathscr{M}\{xf'(x)\}(\nu) \equiv \int_0^\infty f'(x) x^\nu\, \mathrm{d}x = -\nu (\mathscr{M}f)(\nu),$$

所以 Mellin 变换适合于在平面极坐标系和柱坐标系中使用.

第十九章

求解微分方程定解问题的 Green 函数方法

在第九章中,我们通过 Fourier 变换引进了 δ 函数,并且应用 δ 函数计算了某些无穷积分,实质上已经初步接触了常微分方程的 Green 函数. 本章将继续讨论这一话题. 我们将先讨论常微分方程定解问题的 Green 函数,包括它的概念、对称性质、Green 函数的常用求法以及常微分方程定解问题的 Green 函数解法. 在此基础上,再讨论偏微分方程定解问题 Green 函数的概念、对称性质、Green 函数的常用求法以及偏微分方程定解问题的 Green 函数解法.

在本章中,经常要用到 Green 第一公式和第二公式

$$\iiint_V u(\boldsymbol{r})\nabla^2 v(\boldsymbol{r}) \mathrm{d}\boldsymbol{r} = \iint_\Sigma u\nabla v \cdot \mathrm{d}\boldsymbol{\Sigma} - \iiint_V \nabla u \cdot \nabla v \,\mathrm{d}\boldsymbol{r}, \tag{19.1a}$$

$$\iiint_V [u(\boldsymbol{r})\nabla^2 v(\boldsymbol{r}) - v(\boldsymbol{r})\nabla^2 u(\boldsymbol{r})] \mathrm{d}\boldsymbol{r} = \iint_\Sigma (u\nabla v - v\nabla u) \cdot \mathrm{d}\boldsymbol{\Sigma}, \tag{19.1b}$$

其中 $u(\boldsymbol{r}) \equiv u(x,y,z)$, $v(\boldsymbol{r}) \equiv v(x,y,z)$, $\mathrm{d}\boldsymbol{r} = \mathrm{d}x\mathrm{d}y\mathrm{d}z$,$\Sigma$ 是 V 的边界面,$\mathrm{d}\boldsymbol{\Sigma}$ 是面元 (矢量),边界面的外法线方向为正. 后者常简称为 Green 公式,它是 Green 第一公式的直接推论. 有关这两个公式的成立条件及证明从略,读者可参阅高等数学中的有关章节.

§19.1 二阶常微分方程的 Green 函数

在 §9.5 中,我们利用 δ 函数计算过几个定积分,方法就是将定积分的计算转化为求解一类特殊的常微分方程,非齐次项为 δ 函数的常微分方程. 这类方程在理论上和实用上都具有特殊的重要性,有必要再进行更详细的讨论.

在开始讨论之前,需要再次强调,在传统意义下,这类非齐次项为 δ 函数的常微分方程是没有意义的. 正像 δ 函数可以理解为连续函数序列 (例如 $\{\delta_n(x)\}, n=1,2,3,\cdots$) 的极限一样,非齐次项为 δ 函数的微分方程也不妨理解为非齐次项为 $\delta_n(x)$ 的微分方程的极限,非齐次项为 δ 函数的微分方程的解也应当理解为非齐次项为 $\delta_n(x)$ 的微分方程的解的极限 (先解微分方程再取极限). 引进 δ 函数的优点就在于可以直接处理这种极限情形的微分方程求解问题,而不必考虑具体的函数序列以及它的极限过程.

正如我们在 §9.5 中已经看到的,由于这类二阶线性常微分方程的非齐次项为 δ 函数,就导致它的解具有特殊的连续性,或者换一个角度说,它的特殊的奇异性:解连续而一阶导数不连续,这一结论具有普遍性. 为此,我们就来讨论一般的非齐次项为 δ 函数的二阶线

性常微分方程. 满足这种方程以及相应齐次定解条件的函数就称为**常微分方程的 Green 函数**.

任意一个二阶线性齐次常微分方程都可以整理成如下的形式:
$$\frac{\mathrm{d}}{\mathrm{d}x}\left[p(x)\frac{\mathrm{d}y(x)}{\mathrm{d}x}\right] + q(x)y(x) = 0, \qquad a < x < b. \tag{19.2}$$

我们考虑非奇异的情形, 即假设 $p(x)$, $p'(x)$ 和 $q(x)$ 都是定义域 $a<x<b$ 上的实连续函数, $p(x)$ 无零点. 因此, 方程 (19.2) 的两个线性无关解 $y_1(x)$ 和 $y_2(x)$ 都在定义域 $a<x<b$ 上连续. 而对非齐次项为 δ 函数的二阶线性常微分方程
$$\frac{\mathrm{d}}{\mathrm{d}x}\left[p(x)\frac{\mathrm{d}g(x;t)}{\mathrm{d}x}\right] + q(x)g(x;t) = \delta(x-t), \qquad a < x < b, a < t < b, \tag{19.3}$$

当 $x \neq t$ 时, 方程 (19.3) 就是齐次方程 (19.2), 因此它的解可以用 $y_1(x)$ 和 $y_2(x)$ 叠加而得到:
$$g(x;t) = \begin{cases} c_1(t)y_1(x) + c_2(t)y_2(x) \equiv g_<, & x < t, \\ d_1(t)y_1(x) + d_2(t)y_2(x) \equiv g_>, & x > t \end{cases} \tag{19.4}$$
$$= g_< + (g_> - g_<)\eta(x-t), \tag{19.5}$$

其中 c_1, c_2, d_1 和 d_2 都是与 x 无关的叠加系数. 代回方程 (19.3), 得
$$\begin{aligned} p(x)&\left[\frac{\mathrm{d}^2 g_<}{\mathrm{d}x^2} + \left(\frac{\mathrm{d}^2 g_>}{\mathrm{d}x^2} - \frac{\mathrm{d}^2 g_<}{\mathrm{d}x^2}\right)\eta(x-t)\right.\\ &\left. + 2\left(\frac{\mathrm{d}g_>}{\mathrm{d}x} - \frac{\mathrm{d}g_<}{\mathrm{d}x}\right)\delta(x-t) + (g_> - g_<)\delta'(x-t)\right]\\ &+ p'(x)\left[\frac{\mathrm{d}g_<}{\mathrm{d}x} + \left(\frac{\mathrm{d}g_>}{\mathrm{d}x} - \frac{\mathrm{d}g_<}{\mathrm{d}x}\right)\eta(x-t) + (g_> - g_<)\delta(x-t)\right]\\ &+ q(x)\Big[g_< + (g_> - g_<)\eta(x-t)\Big] = \delta(x-t). \end{aligned}$$

由于 $y_1(x)$ 和 $y_2(x)$ 满足齐次线性方程 (19.2), 因此由它们叠加得到的 $g_<$ 和 $g_>$ 也都是齐次线性方程 (19.2) 的解, 故上式可化简为
$$\left[p'(x)(g_> - g_<) + 2p(x)\left(\frac{\mathrm{d}g_>}{\mathrm{d}x} - \frac{\mathrm{d}g_<}{\mathrm{d}x}\right) - 1\right]\delta(x-t) = -p(x)(g_> - g_<)\delta'(x-t).$$

此式应该在积分意义下理解, 也就是说对任意的检验函数 $f(x)$, 应该有
$$\int_{-\infty}^{\infty}\left[p'(x)(g_> - g_<) + 2p(x)\left(\frac{\mathrm{d}g_>}{\mathrm{d}x} - \frac{\mathrm{d}g_<}{\mathrm{d}x}\right) - 1\right]f(x)\delta(x-t)\mathrm{d}x$$
$$= -\int_{-\infty}^{\infty} p(x)(g_> - g_<)f(x)\delta'(x-t)\mathrm{d}x.$$

因为 [见 (9.54) 和 (9.57) 式]
$$\int_{-\infty}^{\infty} f(x)\delta(x-x_0)\mathrm{d}x = f(x_0),$$
$$\int_{-\infty}^{\infty} f(x)\delta'(x-x_0)\mathrm{d}x = -f'(x_0),$$

所以上述积分即可化为

$$\left[p(t)\left(\frac{\mathrm{d}g_>}{\mathrm{d}x} - \frac{\mathrm{d}g_<}{\mathrm{d}x}\right)_{x=t} - 1\right]f(t) = p(t)(g_> - g_<)_{x=t}f'(t).$$

由于 f 为任意函数, 包括函数 f 和它的一阶微商 f' 也应当相互独立, 即可导出

$$p(t)\left(\frac{\mathrm{d}g_>}{\mathrm{d}x} - \frac{\mathrm{d}g_<}{\mathrm{d}x}\right)_{x=t} - 1 = 0, \qquad p(t)(g_> - g_<)_{x=t} = 0.$$

再因为 $p(x)$ 无零点, 所以

$$(g_> - g_<)_{x=t} = 0, \qquad 即 \qquad g(x,t)\Big|_{x=t-}^{x=t+} = 0, \tag{19.6a}$$

$$p(t)\left(\frac{\mathrm{d}g_>}{\mathrm{d}x} - \frac{\mathrm{d}g_<}{\mathrm{d}x}\right)_{x=t} - 1 = 0, \qquad 即 \qquad \frac{\mathrm{d}g(x,t)}{\mathrm{d}x}\Big|_{x=t-}^{x=t+} = \frac{1}{p(t)}. \tag{19.6b}$$

所以, 对于非齐次项为 $\delta(x-t)$ 的二阶线性常微分方程 (19.3), 其解 $g(x,t)$ 一定在 $x=t$ 点函数值连续而一阶微商不连续, 跃度即为 $1/p(t)$.

§19.2 常微分方程初值问题的 Green 函数

本节讨论常微分方程初值问题的 Green 函数. 在下面的求解过程中, 注意非齐次项为 δ 函数的常微分方程是一种特殊的非齐次方程: 除了在使 δ 函数的宗量为零的个别点外, 方程是齐次的. 这使得这种非齐次常微分方程又很容易求解. 在特殊情形下甚至可以直接积分而得到方程的通解.

下面从一个最简单的例子, 开始关于常微分方程初值问题 Green 函数的讨论.

例 19.1 求解常微分方程初值问题

$$\frac{\mathrm{d}^2 g}{\mathrm{d}t^2} = \delta(t - \tau), \qquad t > 0, \tau > 0, \tag{19.7a}$$

$$g\big|_{t=0} = 0, \qquad \frac{\mathrm{d}g}{\mathrm{d}t}\bigg|_{t=0} = 0. \tag{19.7b}$$

解 显然 $g = g(t;\tau)$, 即不仅依赖于变量 t, 还依赖于参量 τ. 将方程 (19.7a) 直接积分, 即得

$$\frac{\mathrm{d}g}{\mathrm{d}t} = \eta(t - \tau) + \alpha(\tau). \tag{19.8}$$

将 (19.8) 式再积分一次, 就得到

$$g(t;\tau) = (t - \tau)\eta(t - \tau) + \alpha(\tau)t + \beta(\tau). \tag{19.9}$$

这里用到了 $g(t;\tau)$ 在 $t = \tau$ 点必须连续的要求, 否则在 $\mathrm{d}g/\mathrm{d}t$ 中就会出现 δ 函数.

将解式 (19.9) 代入初值 (19.7b), 由此可以定出积分常数 $\alpha(\tau) = 0$, $\beta(\tau) = 0$, 因此即可求得

$$g(t;\tau) = (t - \tau)\eta(t - \tau). \tag{19.10}$$

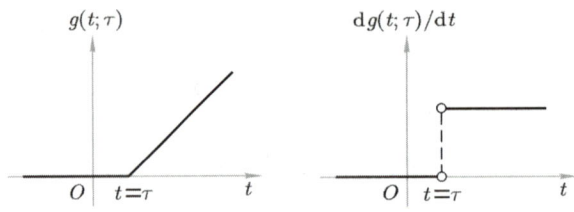

图 19.1　例 19.1 的解 $g(t;\tau)$ 及其一阶导数

在常微分方程初值问题 (19.7) 的基础上, 就可以求解常微分方程初值问题

$$\frac{\mathrm{d}^2 y}{\mathrm{d}t^2} = f(t), \qquad t > 0, \tag{19.11a}$$

$$y(0) = 0, \qquad y'(0) = 0. \tag{19.11b}$$

将方程 (19.11a) 的非齐次项 $f(t)$ 分解成

$$f(t) = \int_0^\infty f(\tau)\delta(t-\tau)\mathrm{d}\tau,$$

和 (19.7) 相比较, (至少在形式上) 就可以得到解

$$y(t) = \int_0^\infty g(t;\tau)f(\tau)\mathrm{d}\tau = \int_0^t (t-\tau)f(\tau)\mathrm{d}\tau. \tag{19.12}$$

再举一个略微复杂一点的例子.

例 19.2　求解常微分方程初值问题

$$\frac{\mathrm{d}^2 g(t;\tau)}{\mathrm{d}t^2} + k^2 g(t;\tau) = \delta(t-\tau), \qquad t > 0, \tau > 0, \tag{19.13a}$$

$$g(0;\tau) = 0, \qquad \left.\frac{\mathrm{d}g(t;\tau)}{\mathrm{d}t}\right|_{t=0} = 0. \tag{19.13b}$$

解　方程 (19.13a) 和方程 (19.7a) 不同之处在于难以直接积分, 故可介绍另一种解法. 注意到, 当 $t \neq \tau$ 时, 方程的非齐次项为 0, 所以

$$g(t;\tau) = \begin{cases} A(\tau)\sin kt + B(\tau)\cos kt, & t < \tau, \\ C(\tau)\sin kt + D(\tau)\cos kt, & t > \tau. \end{cases}$$

根据初始条件 (19.13b), 可以定出

$$A(\tau) = 0, \qquad B(\tau) = 0.$$

这里的 $g(t;\tau)$ 仍应具有 (19.6) 中相同的连续性质, 即在 $t = \tau$ 点,

$$g(t;\tau) \text{ 连续}, \left.g(t;\tau)\right|_{\tau-0}^{\tau+0} = 0; \qquad \frac{\mathrm{d}g(t;\tau)}{\mathrm{d}t} \text{ 不连续}, \left.\frac{\mathrm{d}g(t;\tau)}{\mathrm{d}t}\right|_{\tau-0}^{\tau+0} = 1,$$

于是

$$C(\tau)\sin k\tau + D(\tau)\cos k\tau = 0, \qquad C(\tau)\cos k\tau - D(\tau)\sin k\tau = \frac{1}{k}.$$

解之即得

$$C(\tau) = \frac{1}{k}\cos k\tau, \qquad D(\tau) = -\frac{1}{k}\sin k\tau.$$

这样, 就得到

$$g(t;\tau) = \frac{1}{k}\sin k(t-\tau)\eta(t-\tau). \tag{19.14}$$

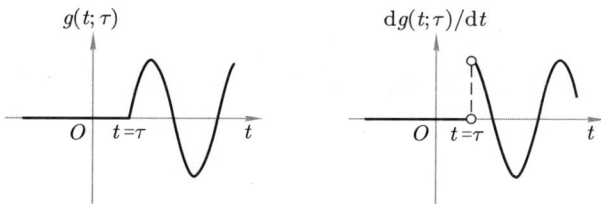

图 19.2 例 19.2 的解 $g(t;\tau)$ 及其一阶导数

在此基础上, 也可以求出常微分方程初值问题

$$\frac{d^2 y}{dt^2} + k^2 y(t) = f(t), \qquad t > 0, \tag{19.15a}$$

$$y(0) = 0, \qquad y'(0) = 0 \tag{19.15b}$$

的解

$$y(t) = \frac{1}{k}\int_0^t f(\tau)\sin k(t-\tau)d\tau. \tag{19.16}$$

这里顺便指出, (19.14) 式给出的当然是方程 (19.13a) 的一个特解, 所以方程 (19.13a) 的通解就是

$$g(t;\tau) = \frac{1}{k}\sin k(t-\tau)\eta(t-\tau) + C(\tau)\sin kt + D(\tau)\cos kt. \tag{19.17}$$

从以上两个例子, 可以提炼出一些更普遍的结论. 为此不妨讨论更一般的二阶线性常微分方程初值问题

$$\frac{d}{dt}\left[p(t)\frac{dg(t;\tau)}{dt}\right] + q(t)g(t;\tau) = \delta(t-\tau), \qquad t>0, \tau>0; \tag{19.18a}$$

$$g(0;\tau) = 0, \qquad \left.\frac{dg(t;\tau)}{dt}\right|_{t=0} = 0, \tag{19.18b}$$

其中 $p(t)$, $p'(t)$ 和 $q(t)$ 都是区间 $[0,\infty)$ 上的实连续函数, $p(t)$ 无零点.

(1) $t < \tau$ 时 $g(t;\tau) \equiv 0$.

由于当 $t < \tau$ 时, 方程是齐次的, 所以有通解

$$g(t;\tau) = c_1(\tau)y_1(t) + c_2(\tau)y_2(t), \qquad t < \tau,$$

其中 $y_1(t)$ 和 $y_2(t)$ 是 (19.18a) 所对应的齐次线性方程

$$\frac{d}{dt}\left[p(t)\frac{dy(t)}{dt}\right] + q(t)y(t) = 0 \tag{19.18c}$$

的两个线性无关解. 代入齐次初始条件, 就得到方程组

$$c_1(\tau)y_1(0) + c_2(\tau)y_2(0) = 0, \qquad c_1(\tau)y_1'(0) + c_2(\tau)y_2'(0) = 0. \tag{19.19}$$

但由于 $y_1(t)$ 和 $y_2(t)$ 是线性无关的,

$$W[y_1(t), y_2(t)] \equiv \begin{vmatrix} y_1(t) & y_2(t) \\ y_1'(t) & y_2'(t) \end{vmatrix} \neq 0,$$

因此, 作为 $c_1(\tau)$ 和 $c_2(\tau)$ 的线性齐次代数方程组 (19.19), 一定只有零解 $c_1(\tau) = 0, c_2(\tau) = 0$, 即

$$g(t;\tau) \equiv 0, \qquad t < \tau.$$

所以, 上面的初始条件 (19.18b) 完全等价于

$$g(t;\tau)\big|_{t<\tau} = 0, \qquad \frac{\mathrm{d}g(t;\tau)}{\mathrm{d}t}\bigg|_{t<\tau} = 0. \tag{19.20}$$

(2) $g(t;\tau)$ 在 $t = \tau$ 点的连续性质. 在上一节 (19.6) 式已经看到 $g(t;\tau)$ 在 $t = \tau$ 点连续 而 $\mathrm{d}g(t;\tau)/\mathrm{d}t$ 在 $t = \tau$ 点不连续, 这是非齐次项为 δ 函数的二阶线性常微分方程解的共同特征, 是由微分方程 (19.18a) 决定的.

(3) 可以通过 $y_1(t)$ 和 $y_2(t)$ 构造出常微分方程初值问题 (19.18) 的解 $g(t;\tau)$.

当 $t > \tau$ 时, 方程 (19.18a) 也还是齐次的, 故通解为

$$g(t;\tau) = c_3(\tau)y_1(t) + c_4(\tau)y_2(t), \qquad t > \tau. \tag{19.21}$$

由连续性 (19.6a) 和 (19.6b) 式, 有

$$c_3(\tau)y_1(\tau) + c_4(\tau)y_2(\tau) = 0, \qquad c_3(\tau)y_1'(\tau) + c_4(\tau)y_2'(\tau) = \frac{1}{p(\tau)}.$$

解之即得

$$c_3(\tau) = -\frac{1}{p(\tau)}\frac{y_2(\tau)}{W[y_1(\tau), y_2(\tau)]}, \qquad c_4(\tau) = \frac{1}{p(\tau)}\frac{y_1(\tau)}{W[y_1(\tau), y_2(\tau)]},$$

代入 (19.21), 并和 $t < \tau$ 时的结果 (19.20) 结合起来, 即可写出常微分方程初值问题 (19.18) 的解

$$g(t;\tau) = \frac{1}{p(\tau)}\frac{y_1(\tau)y_2(t) - y_2(\tau)y_1(t)}{W[y_1(\tau), y_2(\tau)]}\eta(t-\tau). \tag{19.22}$$

(4) 在此基础上, 可以进一步写出常微分方程初值问题

$$\frac{\mathrm{d}}{\mathrm{d}t}\left[p(t)\frac{\mathrm{d}y(t)}{\mathrm{d}t}\right] + q(t)y(t) = f(t), \qquad t > 0, \tag{19.23a}$$

$$y(0) = 0, \qquad y'(0) = 0 \tag{19.23b}$$

的解

$$y(t) = \int_0^t g(t;\tau)f(\tau)\mathrm{d}\tau. \tag{19.24}$$

不仅如此，还可以构造出更一般的常微分方程初值问题

$$\frac{\mathrm{d}}{\mathrm{d}t}\left[p(t)\frac{\mathrm{d}y(t)}{\mathrm{d}t}\right] + q(t)y(t) = f(t), \qquad t > 0, \tag{19.25a}$$

$$y(0) = A, \qquad y'(0) = B \tag{19.25b}$$

的解. 初值问题 (19.25) 代表了一般的非奇异二阶线性常微分方程初值问题，其中 $p(t)$, $p'(t)$ 和 $q(t)$ 都是区间 $[0, \infty)$ 上的实连续函数, $p(t)$ 无零点.

为了将常微分方程的初值问题 (19.25) 的解用相应的 Green 函数 $g(t;\tau)$ 表示出来，还必须做两件准备工作. 第一是要将定解问题 (19.18) 的成立条件延拓为 $-\infty < t, \tau < \infty$. 其实这只要去掉 $t, \tau > 0$ 的限制条件即可，于是，定解问题就变为①

$$\frac{\mathrm{d}}{\mathrm{d}t}\left[p(t)\frac{\mathrm{d}g(t;\tau)}{\mathrm{d}t}\right] + q(t)g(t;\tau) = \delta(t-\tau), \quad -\infty < t, \tau < \infty, \tag{19.18a'}$$

$$g(t;\tau)\big|_{t<\tau} = 0, \qquad \frac{\mathrm{d}g(t;\tau)}{\mathrm{d}t}\bigg|_{t<\tau} = 0. \tag{19.18b'}$$

第二是要讨论常微分方程初值问题 Green 函数 $g(t;\tau)$ 的对称性. 可以证明，这时 $g(t;\tau)$ 应当满足

$$g(t;\tau) = g^\dagger(-\tau;-t), \tag{19.26}$$

其中 $g^\dagger(-\tau;-t)$ 是常微分方程初值问题

$$\frac{\mathrm{d}}{\mathrm{d}\tau}\left[p(\tau)\frac{\mathrm{d}g^\dagger(-\tau;-t)}{\mathrm{d}\tau}\right] + q(\tau)g^\dagger(-\tau;-t) = \delta(t-\tau), \tag{19.27a}$$

$$g^\dagger(-\tau;-t)\big|_{-\tau<-t} = 0, \qquad \frac{\mathrm{d}g^\dagger(-\tau;-t)}{\mathrm{d}\tau}\bigg|_{-\tau<-t} = 0 \tag{19.27b}$$

的解，其中初始条件 (19.27b) 还可以改写为

$$g^\dagger(-\tau;-t)\big|_{\tau>t} = 0, \qquad \frac{\mathrm{d}g^\dagger(-\tau;-t)}{\mathrm{d}\tau}\bigg|_{\tau>t} = 0. \tag{19.27b'}$$

证 直接从微分方程及初始条件出发来证明.

已知 $g(t;\tau)$ 是常微分方程初值问题 (19.18') 的解. 再引入 $g^\dagger(-t;-t')$，按照定解问题 (19.27)，它是定解问题

$$\frac{\mathrm{d}}{\mathrm{d}t}\left[p(t)\frac{\mathrm{d}g^\dagger(-t;-t')}{\mathrm{d}t}\right] + q(t)g^\dagger(-t;-t') = \delta(t-t'), \tag{19.28a}$$

$$g^\dagger(-t,-t')\big|_{t>t'} = 0, \qquad \frac{\mathrm{d}g^\dagger(-t,-t')}{\mathrm{d}t}\bigg|_{t>t'} = 0 \tag{19.28b}$$

的解. 将方程 (19.18a') 乘以 $g^\dagger(-t;-t')$，同时将方程 (19.28a) 乘以 $g(t;\tau)$，相减，就得到

$$g^\dagger(-t;-t')\frac{\mathrm{d}}{\mathrm{d}t}\left[p(t)\frac{\mathrm{d}g(t;\tau)}{\mathrm{d}t}\right] - g(t;\tau)\frac{\mathrm{d}}{\mathrm{d}t}\left[p(t)\frac{\mathrm{d}g^\dagger(-t;-t')}{\mathrm{d}t}\right]$$
$$= \frac{\mathrm{d}}{\mathrm{d}t}\left\{p(t)\left[g^\dagger(-t;-t')\frac{\mathrm{d}g(t;\tau)}{\mathrm{d}t} - g(t;\tau)\frac{\mathrm{d}g^\dagger(-t;-t')}{\mathrm{d}t}\right]\right\}$$
$$= g^\dagger(-t;-t')\delta(t-\tau) - g(t;\tau)\delta(t-t').$$

---

① 显然，在 $t, \tau > 0$ 的条件下，定解问题 (19.18') 就退化为原始的定解问题 (19.18).

在定义域 $(-\infty, \infty)$ 上对 t 积分，注意到初始条件 (19.18b′) 和 (19.28b)，就有

$$g^\dagger(-\tau;-t') - g(t';\tau) = \left\{p(t)\left[g^\dagger(-t;-t')\frac{\mathrm{d}g(t;\tau)}{\mathrm{d}t} - g(t;\tau)\frac{\mathrm{d}g^\dagger(-t;-t')}{\mathrm{d}t}\right]\right\}_{t=-\infty}^{t=\infty} = 0.$$

将 t' 改写成 t，即得到 (19.26) 式。 □

我们可以把 $g^\dagger(-\tau;-t)$ 理解为体系在 $-t$ 时刻受到一个单位强度的扰动后而在 $-\tau$ 时刻的响应；初始条件 (19.27b) 表明体系在受到扰动之前完全处于静止状态.

$g^\dagger(t;\tau)$ 称为 $g(t;\tau)$ 的**伴函数**. 它和 $g(t;\tau)$ 并不相等，因为它们是不同方程的解. 事实上，方程 (19.27a) 等价于 (这只是将 t 与 τ 互易而后将 $-t$ 与 $-\tau$ 改写为 t 与 τ)

$$\frac{\mathrm{d}}{\mathrm{d}t}\left[p(-t)\frac{\mathrm{d}g^\dagger(t;\tau)}{\mathrm{d}t}\right] + q(-t)g^\dagger(t;\tau) = \delta(t-\tau), \tag{19.27a′}$$

显然不同于方程 (19.18a). 除非 $p(-t) = p(t)$，$q(-t) = q(t)$ (例如 $p(t), q(t)$ 均为常数)，这时才有 $g^\dagger(t;\tau) = g(t;\tau)$.

在完成了这两项准备工作后，就可以将常微分方程初值问题 (19.25) 的解用相应的 Green 函数 $g(t;\tau)$ 表示出来. 为此，将初值问题 (19.25) 中的自变量 t 改写成 τ，有

$$\frac{\mathrm{d}}{\mathrm{d}\tau}\left[p(\tau)\frac{\mathrm{d}y(\tau)}{\mathrm{d}\tau}\right] + q(\tau)y(\tau) = f(\tau), \quad \tau > 0, \tag{19.25a′}$$

$$y(0) = A, \quad y'(0) = B. \tag{19.25b′}$$

同时再根据 $g^\dagger(-\tau;-t)$ 满足的定解问题 (19.27) 以及对称性 (19.26)，就能得到 $g(t;\tau)$ 作为 τ 的函数所满足的方程① 和初始条件

$$\frac{\mathrm{d}}{\mathrm{d}\tau}\left[p(\tau)\frac{\mathrm{d}g(t;\tau)}{\mathrm{d}\tau}\right] + q(\tau)g(t;\tau) = \delta(t-\tau), \quad -\infty < \tau, t < \infty, \tag{19.29a}$$

$$g(t;\tau)\big|_{\tau>t} = 0, \quad \frac{\mathrm{d}g(t;\tau)}{\mathrm{d}\tau}\bigg|_{\tau>t} = 0. \tag{19.29b}$$

再将方程 (19.25a′) 乘以 $g(t;\tau)$，同时将 (19.29a) 乘以 $y(\tau)$，相减，就有

$$y(\tau)\frac{\mathrm{d}}{\mathrm{d}\tau}\left[p(\tau)\frac{\mathrm{d}g(t;\tau)}{\mathrm{d}\tau}\right] - g(t;\tau)\frac{\mathrm{d}}{\mathrm{d}\tau}\left[p(\tau)\frac{\mathrm{d}y(\tau)}{\mathrm{d}\tau}\right]$$
$$= \frac{\mathrm{d}}{\mathrm{d}\tau}\left\{p(\tau)\left[y(\tau)\frac{\mathrm{d}g(t;\tau)}{\mathrm{d}\tau} - g(t;\tau)\frac{\mathrm{d}y(\tau)}{\mathrm{d}\tau}\right]\right\} = y(\tau)\delta(t-\tau) - g(t;\tau)f(\tau).$$

最后，在区间 $[0, \infty)$ 上对 τ 积分，并代入初始条件，就能得到

$$y(t) = \int_0^\infty g(t;\tau)f(\tau)\mathrm{d}\tau + \left\{p(\tau)\left[y(\tau)\frac{\mathrm{d}g(t;\tau)}{\mathrm{d}\tau} - g(t;\tau)\frac{\mathrm{d}y(\tau)}{\mathrm{d}\tau}\right]\right\}_{\tau=0}^{\infty}$$
$$= \int_0^t g(t;\tau)f(\tau)\mathrm{d}\tau - p(0)\left[A\frac{\mathrm{d}g(t;\tau)}{\mathrm{d}\tau} - Bg(t;\tau)\right]_{\tau=0}. \tag{19.30}$$

---

① 注意方程 (19.29a) 不同于方程 (19.18a′). 后者是 Green 函数 $g(t;\tau)$ 的定义 (当然经过合理的延拓)，微分方程的变量是**场变量**，即测量的时刻 t；前者则是根据 $g^\dagger(-\tau,-t)$ 的定义 (19.27a) 联合 Green 函数的对称性 (19.26) 推理而得，微分方程的变量是**源变量**，即点源出现的时刻 τ.

上述计算过程表明, 如果 $g(t;\tau)$ 不满足齐次初始条件, 最后便不能去掉 $\tau\to\infty$ 或 $\tau=t$ 的项, 就无法完成用已知量 (函数 $f(t)$ 与初值 $y(0)$, $y'(0)$) 及相应的 Green 函数 $g(t;\tau)$ 表示 $y(t)$ 的要求.

上述计算过程还表明, 要实现应用 Green 函数方法求解常微分方程的定解问题, 从理论上说, 就必需解决三个关键问题: (1) 恰当地定义 Green 函数满足的定解问题, (2) 寻找 Green 函数的对称性, (3) 导出常微分方程定解问题的解与相应 Green 函数之间的关系式. 而如果考虑到完全求解常微分方程定解问题, 就还需要求出 Green 函数. 这样实际上总共就要解决四个问题. 下一节讨论常微分方程边值问题的 Green 函数, 也需要同样解决这四个问题.

总结以上的讨论, 读者可以看到, 一旦我们求出了常微分方程初值问题 (19.18) 的解 $g(t;\tau)$, 就一定能够构造出相应的常微分方程初值问题 (19.25) 的解 $y(t)$, 不论它的非齐次项 $f(t)$ 是何形式或是有何初值 $y(0)$, $y'(0)$. 这样, 这种特殊的非齐次 (非齐次项为 δ 函数的) 常微分方程初值问题的重要性, 就不言自明了. 初值问题 (19.23) 和 (19.25) 相应的 Green 函数满足定解问题 (19.18), 常微分方程初值问题 (19.18) 的解 $g(t;\tau)$ 称为常微分方程初值问题 (19.23) 和 (19.25) 相应的 Green 函数. **常微分方程初值问题相应的 Green 函数**, 满足的方程就是将原方程的非齐次项换成 δ 函数, 而初始条件就是 (19.20) 式. 上面介绍的利用 Green 函数求解常微分方程初值问题 (19.25) 的方法——Green 函数方法, 是求解非齐次常微分方程定解问题的重要方法. 而且, 从 §19.4 开始, 我们还要讨论求解偏微分方程定解问题的 Green 函数方法.

§19.3 常微分方程边值问题的 Green 函数

本节讨论另一种类型常微分方程定解问题的 Green 函数, 即常微分方程边值问题的 Green 函数, 它是非齐次项为 δ 函数的常微分方程在齐次边界条件下的解. 最后, 本节也要介绍求解常微分方程边值问题的 Green 函数方法.

先讨论几个具体的例子.

例 19.3 求解常微分方程边值问题

$$\frac{\mathrm{d}^2 g(x;\xi)}{\mathrm{d}x^2} = \delta(x-\xi), \qquad a<x,\xi<b, \tag{19.31a}$$

$$g(a;\xi)=0, \qquad g(b;\xi)=0. \tag{19.31b}$$

解 这个问题的微分方程和初值问题 (19.7) 相同, 但定解条件不同, 现在要求的是同一方程在齐次边界条件 (19.31b) 下的解.

前面在例 19.4 中已经得到方程 (19.13a) 即 (19.7a) 的通解 (19.9) 式, 将边界条件 (19.31b) 代入, 得

$$a\alpha(\xi)+\beta(\xi)=0, \qquad b-\xi+b\alpha(\xi)+\beta(\xi)=0.$$

解之即得

$$\alpha(\xi)=-\frac{b-\xi}{b-a}, \qquad \beta(\xi)=\frac{a(b-\xi)}{b-a}.$$

这就求出了常微分方程边值问题 (19.31) 的解,
$$g(x;\xi) = (x-\xi)\eta(x-\xi) - \frac{b-\xi}{b-a}(x-a). \tag{19.32}$$

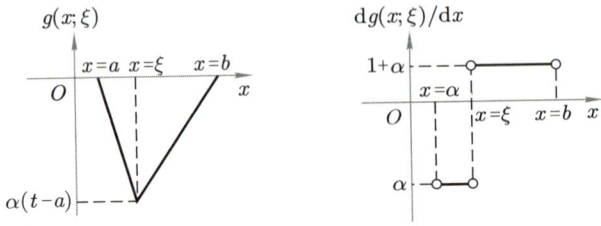

图 19.3 例 19.3 的解 $g(x;\xi)$ 及其一阶导数

和常微分方程初值问题 (19.7) 的解一样, 边值问题 (19.31) 的解也具有下列连续性质:

$$g(x;\xi) \text{ 在 } x=\xi \text{ 点连续}, \qquad g(x;\xi)\Big|_{\xi-0}^{\xi+0} = 0; \tag{19.33a}$$

$$\frac{\mathrm{d}g(x;\xi)}{\mathrm{d}x} \text{ 在 } x=\xi \text{ 点不连续}, \qquad \frac{\mathrm{d}g(x;\xi)}{\mathrm{d}x}\Big|_{\xi-0}^{\xi+0} = 1, \tag{19.33b}$$

因为这种特性完全是由微分方程 (19.31a) 决定的.

例 19.4 求解常微分方程边值问题

$$\frac{\mathrm{d}^2 g(x;\xi)}{\mathrm{d}x^2} + k^2 g(x;\xi) = \delta(x-\xi), \qquad a < x, \xi < b, \tag{19.34a}$$

$$g(a;\xi) = 0, \qquad g(b;\xi) = 0. \tag{19.34b}$$

解 例 19.2 中已经给出了方程 (19.34a) 的通解 (19.17) 式. 代入边界条件 (19.34b), 有

$$C(\xi)\sin ka + D(\xi)\cos ka = 0, \qquad C(\xi)\sin kb + D(\xi)\cos kb = -\frac{1}{k}\sin k(b-\xi).$$

解之即得

$$C(\xi) = -\frac{1}{k}\frac{\sin k(b-\xi)}{\sin k(b-a)}\cos ka, \qquad D(\xi) = \frac{1}{k}\frac{\sin k(b-\xi)}{\sin k(b-a)}\sin ka,$$

所以

$$g(x;\xi) = \frac{1}{k}\sin k(x-\xi)\,\eta(x-\xi) - \frac{1}{k}\frac{\sin k(b-\xi)}{\sin k(b-a)}\sin k(x-a). \tag{19.35}$$

当 $k(b-a) = n\pi \neq 0$ 时, 此题无解.

不直接写出方程 (19.34a) 的通解, 也能求解这个常微分方程的边值问题. 注意当 $x \neq \xi$ 时, 微分方程 (19.34a) 是齐次的. 于是, 当 $a < x < \xi$, 要求 $g(a;\xi) = 0$, 故解为

$$g(x;\xi) = C(\xi)\sin k(x-a), \qquad a < x < \xi;$$

又当 $\xi < x < b$ 时, 要求 $g(b;\xi) = 0$, 又有解

$$g(x;\xi) = D(\xi)\sin k(b-x), \qquad \xi < x < b.$$

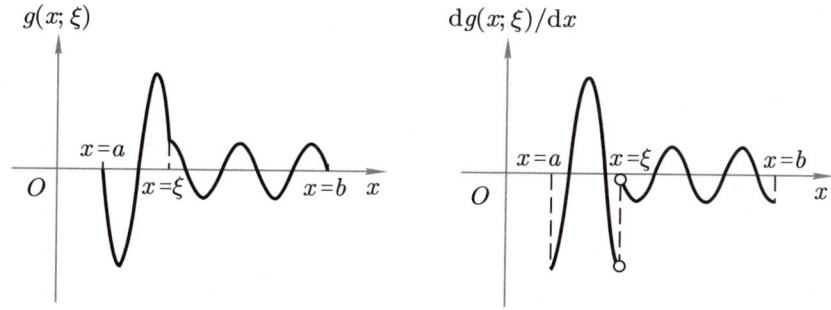

图 19.4 例 19.4 的解 $g(x;\xi)$ 及其一阶导数

利用 $g(x;\xi)$ 在 $x=\xi$ 点的连续性质 (19.33)，可以得到

$$D(\xi)\sin k(b-\xi) - C(\xi)\sin k(\xi-a) = 0, \qquad D(\xi)\cos k(b-\xi) + C(\xi)\cos k(\xi-a) = -\frac{1}{k}.$$

这样就可以求得

$$C(\xi) = -\frac{1}{k}\frac{\sin k(b-\xi)}{\sin k(b-a)}, \qquad D(\xi) = -\frac{1}{k}\frac{\sin k(\xi-a)}{\sin k(b-a)}.$$

最后，也得到 Green 函数

$$g(x;\xi) = \begin{cases} -\dfrac{1}{k}\dfrac{\sin k(b-\xi)}{\sin k(b-a)}\sin k(x-a), & a<x<\xi, \\ -\dfrac{1}{k}\dfrac{\sin k(\xi-a)}{\sin k(b-a)}\sin k(b-x), & \xi<x<b. \end{cases}$$

不难把它化成 (19.35) 式的形式.

容易把这种解法推广到更一般的情形，即根据齐次常微分方程 (19.2) 的线性无关解 $y_1(x)$ 和 $y_2(x)$，去构造常微分方程边值问题

$$\frac{\mathrm{d}}{\mathrm{d}x}\left[p(x)\frac{\mathrm{d}g(x;\xi)}{\mathrm{d}x}\right] + q(x)g(x;\xi) = \delta(x-\xi), \qquad a<x,\xi<b, \tag{19.36a}$$

$$g(a;\xi) = 0, \qquad g(b;\xi) = 0 \tag{19.36b}$$

的解. 方法是先在 $a<x<\xi$ 和 $\xi<x<b$ 的两个区间中写出方程 (19.36a) 在各自的齐次边界条件下的解，

在区间 $a<x<\xi$: $\begin{cases} \dfrac{\mathrm{d}}{\mathrm{d}x}\left[p(x)\dfrac{\mathrm{d}y_1(x)}{\mathrm{d}x}\right] + q(x)y_1(x) = 0, \\ y_1(a) = 0, \end{cases}$

在区间 $\xi<x<b$: $\begin{cases} \dfrac{\mathrm{d}}{\mathrm{d}x}\left[p(x)\dfrac{\mathrm{d}y_2(x)}{\mathrm{d}x}\right] + q(x)y_2(x) = 0, \\ y_2(b) = 0, \end{cases}$

然后利用在 $x = \xi$ 点的连续性要求 (19.6) 定出叠加系数. 这样便可得到结果

$$g(x;\xi) = -\frac{1}{p(\xi)}\frac{y_2(b)y_1(\xi) - y_1(b)y_2(\xi)}{y_1(b)y_2(a) - y_1(a)y_2(b)}\frac{y_2(a)y_1(x) - y_1(a)y_2(x)}{W[y_1(\xi), y_2(\xi)]}$$
$$+ \frac{1}{p(\xi)}\frac{y_1(\xi)y_2(x) - y_2(\xi)y_1(x)}{W[y_1(\xi), y_2(\xi)]}\eta(x - \xi). \tag{19.37}$$

请读者补足这个计算.

需要说明, 本节只讨论了第一类边界条件, 即函数在端点的数值为 0. 可以完全类似地讨论其他类型的齐次边界条件. 普遍地说, **常微分方程边值问题相应的 Green 函数**, 满足的方程也是将原方程的非齐次项换成 δ 函数, 而边界条件类型与原定解问题相同, 但要一律改成为齐次的. 讨论这些常微分方程边值问题的 Green 函数, 目的仍然是求解更一般的常微分方程边值问题. 例如, 对于常微分方程边值问题

$$\frac{\mathrm{d}}{\mathrm{d}x}\left[p(x)\frac{\mathrm{d}y(x)}{\mathrm{d}x}\right] + q(x)y(x) = f(x), \qquad a < x < b, \tag{19.38a}$$

$$y(a) = A, \qquad y(b) = B, \tag{19.38b}$$

它所对应的 Green 函数 $g(x;\xi)$ 就满足常微分方程边值问题 (19.36). 问题仍然是要求一定能用 (19.36) 的解 $g(x;\xi)$ 构造出 (19.38) 的解. 要圆满地解决这个问题, 仍然先要证明常微分方程边值问题 Green 函数 $g(x;\xi)$ 的对称性[①]

$$g(x;\xi) = g(\xi;x). \tag{19.39}$$

证明的方法[②] 仍然是再引入一个 Green 函数 $g(x;x')$, 它是常微分方程边值问题

$$\frac{\mathrm{d}}{\mathrm{d}x}\left[p(x)\frac{\mathrm{d}g(x;x')}{\mathrm{d}x}\right] + q(x)g(x;x') = \delta(x - x'), \qquad a < x, x' < b, \tag{19.40a}$$

$$g(a;x') = 0, \qquad g(b;x') = 0 \tag{19.40b}$$

的解. 将方程 (19.36a) 和 (19.40a) 分别乘以 $g(x;x')$ 和 $g(x;\xi)$, 相减, 再在区间 $[a,b]$ 上积分, 即得

$$g(\xi;x') - g(x';\xi) = \left\{p(x)\left[g(x;x')\frac{\mathrm{d}g(x;\xi)}{\mathrm{d}x} - g(x;\xi)\frac{\mathrm{d}g(x;x')}{\mathrm{d}x}\right]\right\}_{x=a}^{x=b}.$$

代入边界条件 (19.36b) 和 (19.40b), 得到上式右方为 0, 所以,

$$g(\xi;x') = g(x';\xi).$$

将 x' 换成 x, 这正好就是 (19.39) 式. □

下面我们把边值问题 (19.38) 的解用相应的 Green 函数 $g(x;\xi)$ 以及已知条件 (非齐次项 $f(x)$ 以及边界条件 $y(a)$ 和 $y(b)$) 构造出来, 步骤与 Green 函数法求解初值问题时的步

[①] 因为对于空间变量, 不存在因果律的约束, 可以简单地直接将 x 和 ξ 交换位置, 所以无须引进 $g(x;\xi)$ 的伴函数. 这里还要顺便指出, 在边值问题中, 也不需要将定解问题向区间外作延拓.

[②] 当然, 从 $g(x;\xi)$ 的具体表达式 (19.37) 就可以直接看出 (19.39) 式成立.

骤基本相同. 重要的不同之处在于边值问题 Green 函数的对称性和初值问题不同, 定解条件的形式也不相同.

首先写出相应的 Green 函数 $g(\xi;x)$ 满足的常微分方程边值问题

$$\frac{\mathrm{d}}{\mathrm{d}\xi}\left[p(\xi)\frac{\mathrm{d}g(\xi;x)}{\mathrm{d}\xi}\right] + q(\xi)g(\xi;x) = \delta(x-\xi), \qquad a<\xi, x<b,$$

$$g(\xi;x)\big|_{\xi=a} = 0, \qquad g(\xi;x)\big|_{\xi=b} = 0.$$

然后利用 $g(x;\xi)$ 的对称性 (19.39), 将 $g(\xi;x)$ 换成 $g(x;\xi)$, 就能得到 $g(x;\xi)$ 作为 ξ 的函数所满足的常微分方程边值问题

$$\frac{\mathrm{d}}{\mathrm{d}\xi}\left[p(\xi)\frac{\mathrm{d}g(x;\xi)}{\mathrm{d}\xi}\right] + q(\xi)g(x;\xi) = \delta(x-\xi), \qquad a<\xi, x<b, \tag{19.41a}$$

$$g(x;\xi)\big|_{\xi=a} = 0, \qquad g(x;\xi)\big|_{\xi=b} = 0. \tag{19.41b}$$

同时将待求解的边值问题 (19.38) 中的自变量改写成 ξ, 有

$$\frac{\mathrm{d}}{\mathrm{d}\xi}\left[p(\xi)\frac{\mathrm{d}y(\xi)}{\mathrm{d}\xi}\right] + q(\xi)y(\xi) = f(\xi), \qquad \xi>0, \tag{19.42a}$$

$$y(a) = A, \qquad y(b) = B. \tag{19.42b}$$

最后将方程 (19.42a) 乘以 $g(x,\xi)$, 同时将 (19.41a) 乘以 $y(\xi)$, 相减, 再在区间 $[a,b]$ 上对 ξ 积分, 整理即得

$$y(x) = \int_a^b g(x;\xi)f(\xi)\mathrm{d}\xi + \left\{p(\xi)\left[y(\xi)\frac{\mathrm{d}g(x;\xi)}{\mathrm{d}\xi} - g(x;\xi)\frac{\mathrm{d}y(\xi)}{\mathrm{d}\xi}\right]\right\}_{\xi=a}^{\xi=b} \tag{19.43}$$

$$= \int_a^b g(x;\xi)f(\xi)\mathrm{d}\xi + Bp(b)\frac{\mathrm{d}g(x;\xi)}{\mathrm{d}\xi}\bigg|_{\xi=b} - Ap(a)\frac{\mathrm{d}g(x;\xi)}{\mathrm{d}\xi}\bigg|_{\xi=a}. \tag{19.44}$$

在最后一步, 利用了边界条件 (19.42b) 和 (19.41b). 因此 (19.43) 式适用于方程为 (19.42a) 式的所有不同类型的边值问题, 而 (19.44) 式只适用于边值问题 (19.42).

最后举一个无界区间的例子.

例 19.5 用 Green 函数方法求解无界区间内的常微分方程边值问题

$$\frac{\mathrm{d}^2 y(x)}{\mathrm{d}x^2} - k^2 y(x) = f(x), \qquad -\infty < x < \infty, \tag{19.45a}$$

$$y(x)\big|_{x\to\pm\infty} \text{ 有界}, \tag{19.45b}$$

其中 $k>0$.

解 为此, 先求出此问题相应的 Green 函数, 即边值问题

$$\frac{\mathrm{d}^2 g(x;\xi)}{\mathrm{d}x^2} - k^2 g(x;\xi) = \delta(x-\xi), \qquad -\infty < x, \xi < \infty, \tag{19.46a}$$

$$g(x;\xi)\big|_{x\to\pm\infty} \text{ 有界} \tag{19.46b}$$

的解

$$g(x;\xi) = -\frac{1}{2k}\mathrm{e}^{-k|x-\xi|}. \tag{19.47}$$

再模仿有界区间的做法，可以求得 $y(x)$ 和 $g(x;\xi)$ 之间的关系

$$y(x) = \int_{-\infty}^{\infty} g(x;\xi)f(\xi)\mathrm{d}\xi + \left[y(\xi)\frac{\mathrm{d}g(x;\xi)}{\mathrm{d}\xi} - g(x;\xi)\frac{\mathrm{d}y(\xi)}{\mathrm{d}\xi} \right]_{\xi\to-\infty}^{\xi\to\infty}.$$

代入 (19.47) 式以及边界条件 (19.45b) 和 (19.46b)，就得到

$$y(x) = -\frac{1}{2k} \int_{-\infty}^{\infty} \mathrm{e}^{-k|x-\xi|} f(\xi)\mathrm{d}\xi. \tag{19.48}$$

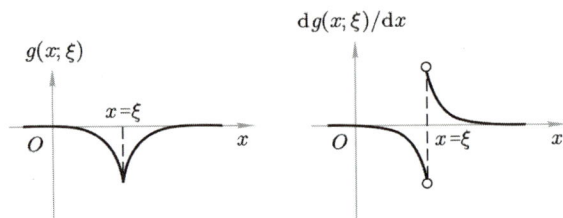

图 19.5　例 19.5 的解 $g(x;\xi)$ 及其一阶导数

这个例子告诉我们，如果待求解的定解问题边界上是有界条件，那么相应的 Green 函数满足的边界条件同样也是有界条件.

以上的讨论还告诉我们，虽然求解微分方程定解问题的 Green 函数法步骤稍显烦琐，但是对每一类定解问题 (定解问题中方程和定解条件等号左边都完全相同地属于同一类) 只需求解一个 Green 函数，然后按照固定的步骤就能解出这一类中的所有定解问题. 而且最后得到的解式还便于我们分析解对于非齐次项以及边界条件等的依赖关系.

§19.4　偏微分方程定解问题 Green 函数的概念

现在开始讨论偏微分方程定解问题的 Green 函数问题，先讨论稳定问题.

以静电场为例. 设在无界空间中有一定的电荷分布，电荷密度为 $\rho(\boldsymbol{r})$. 这样，位于 $\boldsymbol{r}' = (\xi', \eta', z')$ 处的体元 $\mathrm{d}\boldsymbol{r}'$ 内的电荷量即为 $\rho(\boldsymbol{r}')\mathrm{d}\boldsymbol{r}'$，它在空间 $\boldsymbol{r} = (x, y, z)$ 点的电势是

$$\frac{1}{4\pi\varepsilon_0} \frac{\rho(\boldsymbol{r}')}{|\boldsymbol{r} - \boldsymbol{r}'|}\mathrm{d}\boldsymbol{r}'.$$

根据电势叠加原理，把空间中全部电荷产生的电势叠加起来，就得到在 $\boldsymbol{r}$ 点的总电势为

$$\phi(\boldsymbol{r}) = \frac{1}{4\pi\varepsilon_0} \iiint \frac{\rho(\boldsymbol{r}')}{|\boldsymbol{r} - \boldsymbol{r}'|}\mathrm{d}\boldsymbol{r}'. \tag{19.49}$$

这个结果说明，只要知道了单位点电荷在空间的电势分布，通过电荷的分割与叠加，就可以得到任意电荷分布时的电势. 其实，这种做法只不过是利用了线性偏微分方程 (以及相应的边界条件) 的线性性质.

这个例子的简单之处是无界空间. 如果是有界空间，尽管仍然可以把空间内的电荷无限分割，但由于边界的存在，在边界面上会有 (单层或偶极层) 感生面电荷分布，也需要

将这些面电荷无限分割. 这样, 在有界空间的情形下, 我们面临的问题就是: 如何通过 (适当边界条件下的) 点电荷电势的叠加, 给出任意电荷分布和任意边界条件时的电势. 这就是说, 要用定解问题

$$\nabla^2 G(\boldsymbol{r};\boldsymbol{r}') = -\frac{1}{\varepsilon_0}\delta(\boldsymbol{r}-\boldsymbol{r}'), \qquad \boldsymbol{r},\boldsymbol{r}' \in V, \tag{19.50a}$$

适当的边界条件 (19.50b)

的解 $G(\boldsymbol{r};\boldsymbol{r}')$ 叠加出

$$\nabla^2 u(\boldsymbol{r}) = -\frac{1}{\varepsilon_0}\rho(\boldsymbol{r}), \qquad \boldsymbol{r} \in V, \tag{19.51a}$$

$$u\big|_\Sigma = f(\Sigma) \tag{19.51b}$$

的解 $u(\boldsymbol{r})$, 即把 $u(\boldsymbol{r})$ 用已知函数 $\rho(\boldsymbol{r})$, $f(\Sigma)$ 以及 $G(\boldsymbol{r};\boldsymbol{r}')$ 表示出来.

为此, 将方程 (19.50a) 和 (19.51a) 分别乘以 $u(\boldsymbol{r})$ 和 $G(\boldsymbol{r};\boldsymbol{r}')$, 相减, 再在空间 V 内积分, 得

$$\iiint_V \left[u(\boldsymbol{r})\nabla^2 G(\boldsymbol{r};\boldsymbol{r}') - G(\boldsymbol{r};\boldsymbol{r}')\nabla^2 u(\boldsymbol{r})\right]\mathrm{d}\boldsymbol{r} = -\frac{1}{\varepsilon_0}\left[u(\boldsymbol{r}') - \iiint_V G(\boldsymbol{r};\boldsymbol{r}')\rho(\boldsymbol{r})\mathrm{d}\boldsymbol{r}\right].$$

根据 Green 公式, 可以将上式左端的体积分化为面积分. 经过移项、整理, 就有

$$u(\boldsymbol{r}') = \iiint_V G(\boldsymbol{r};\boldsymbol{r}')\rho(\boldsymbol{r})\mathrm{d}\boldsymbol{r} - \varepsilon_0 \iint_\Sigma \left[u(\boldsymbol{r})\nabla G(\boldsymbol{r};\boldsymbol{r}') - G(\boldsymbol{r};\boldsymbol{r}')\nabla u(\boldsymbol{r})\right]\cdot\mathrm{d}\boldsymbol{\Sigma}.$$

在上面的面积分中, 第一项 $u(\boldsymbol{r})$ 在边界面 Σ 上的数值由边界条件 (19.51b) 给出, 是已知的; $G(\boldsymbol{r};\boldsymbol{r}')$ 可由定解问题 (19.50) 求出, 故其梯度 $\nabla G(\boldsymbol{r};\boldsymbol{r}')$ 在边界面上的数值也可求; 第二项中, $\nabla u(\boldsymbol{r})$ 在边界面上的数值未知, 所以, 为了要能够完成把 $u(\boldsymbol{r})$ 用 $\rho(\boldsymbol{r})$, $f(\Sigma)$ 以及 $G(\boldsymbol{r};\boldsymbol{r}')$ 表示这一要求, 即不允许出现 $\nabla u(\boldsymbol{r})\big|_\Sigma$ 这个未知函数, 就必须对 $G(\boldsymbol{r};\boldsymbol{r}')$ 加上齐次边界条件

$$G(\boldsymbol{r};\boldsymbol{r}')\big|_\Sigma = 0. \tag{19.50b}$$

最后就得到

$$u(\boldsymbol{r}') = \iiint_V G(\boldsymbol{r};\boldsymbol{r}')\rho(\boldsymbol{r})\mathrm{d}\boldsymbol{r} - \varepsilon_0 \iint_\Sigma f(\Sigma)\nabla G(\boldsymbol{r};\boldsymbol{r}')\big|_\Sigma \cdot\mathrm{d}\boldsymbol{\Sigma}, \tag{19.52}$$

或者把 $\boldsymbol{r}$ 和 $\boldsymbol{r}'$ 对换一下,

$$u(\boldsymbol{r}) = \iiint_V G(\boldsymbol{r}';\boldsymbol{r})\rho(\boldsymbol{r}')\,\mathrm{d}\boldsymbol{r}' - \varepsilon_0 \iint_\Sigma f(\Sigma')\nabla' G(\boldsymbol{r}';\boldsymbol{r})\big|_{\Sigma'} \cdot\mathrm{d}\boldsymbol{\Sigma}' \tag{19.52'}$$

$$= \iiint_V G(\boldsymbol{r}';\boldsymbol{r})\rho(\boldsymbol{r}')\,\mathrm{d}\boldsymbol{r}' - \varepsilon_0 \iint_\Sigma f(\Sigma')\frac{\partial G(\boldsymbol{r}';\boldsymbol{r})}{\partial n'}\bigg|_{\Sigma'}\mathrm{d}\Sigma', \tag{19.52''}$$

其中的 ∇' 和 $\partial/\partial n'$ 表示对自变量 $\boldsymbol{r}'$ 微商.

熟悉 Green 公式的读者会对上面的做法提出质疑: $G(\boldsymbol{r};\boldsymbol{r}')$ 在 $\boldsymbol{r}=\boldsymbol{r}'$ 点肯定不连续, 根本不能应用 Green 公式. 为了克服这一缺陷, 可以将方程 (19.50a) 右端的电荷密度函数改为足够好的连续函数 (因而可以应用 Green 公式), 它在一定尺度内明显不为 0, 而总电荷量保持为 1 个单位, 在求出了 $u(\boldsymbol{r})$ 的表达式后再令这一尺度趋于 0. 这种做法正是重复了引进 δ 函数的极限过程. 第九章中曾经指出, 引入 δ 函数的好处恰恰就在于略去这种极限过程, 恰恰就在于可以把 δ 函数当成连续函数来处理. 因此, 本题中上面的做法是严格的、正确的. 另外一种做法是在点电荷所在的 $\boldsymbol{r}'$ 点的附近挖去一个小体积, 在这个新的空间区域中应用 Green 公式 (必须注意, 现在的边界面除了原来的表面 Σ 之外, 还有新增加的在 $\boldsymbol{r}'$ 点处的界面), 然后再令这个小体积趋于 0. 毫无疑问, 这样得到的结果和 (19.52′) 或 (19.52″) 式完全一致.

以上通过静电场的实例引入了 Poisson 方程在第一类边界条件下 (简称 Poisson 方程的第一边值问题) 的 Green 函数. 简言之, 所谓 **Green 函数** 就是单位点电荷在齐次边界条件下的电势. 对于第二类或第三类边界条件, 原则上也可以类似地讨论. 从数学上说, 不含时间 (稳定问题) 的偏微分方程 (Laplace 方程, Poisson 方程, Helmholtz 方程等) 在一定边界条件下的 Green 函数就可以定义为一个特殊的定解问题的解:

(1) 方程和原来定解问题的方程一样, 只是非齐次项改为 δ 函数 (点源);

(2) 同种类型的齐次边界条件.

但是在某些特殊情形下, 这样定义的 Green 函数可能无解. 例如对于 Poisson 方程定解问题 (19.51), 若边界条件 (19.51b) 改为

$$\left.\frac{\partial u(\boldsymbol{r})}{\partial n}\right|_{\Sigma}=f(\Sigma), \tag{19.51b′}$$

则按照上面的讨论, Green 函数 $G(\boldsymbol{r};\boldsymbol{r}')$ 在边界面上应当满足齐次的第二类边界条件

$$\left.\frac{\partial G(\boldsymbol{r};\boldsymbol{r}')}{\partial n}\right|_{\Sigma}=0. \tag{19.50b′}$$

在 Green 公式 (19.1a) 中, 令 $u(\boldsymbol{r})=1$, $v(\boldsymbol{r})=G(\boldsymbol{r};\boldsymbol{r}')$, 就应该有

$$\iiint_V \nabla^2 G(\boldsymbol{r};\boldsymbol{r}')\mathrm{d}\boldsymbol{r}=\iint_\Sigma \nabla G(\boldsymbol{r};\boldsymbol{r}')\cdot\mathrm{d}\boldsymbol{\Sigma}=\iint_\Sigma \frac{\partial G(\boldsymbol{r};\boldsymbol{r}')}{\partial n}\mathrm{d}\Sigma=0.$$

可是, 将方程 (19.50a) 积分, 又得到

$$\iiint_V \nabla^2 G(\boldsymbol{r};\boldsymbol{r}')\mathrm{d}\boldsymbol{r}=-\frac{1}{\varepsilon_0}, \quad 即 \quad \iint_\Sigma \frac{\partial G(\boldsymbol{r};\boldsymbol{r}')}{\partial n}\mathrm{d}\Sigma=-\frac{1}{\varepsilon_0},$$

显然和边界条件 (19.50b′) 矛盾. 这说明, 在齐次边界条件 (19.50b′) 下, 方程 (19.50a) 一定无解, 换句话说, 这样的 Green 函数一定不存在. 在这种情形下, 需要引进广义的 Green 函数. 有兴趣的读者请参阅参考书目 [1] 的第 18.4 节. 这里从略.

§19.5 稳定问题 Green 函数的一般性质

建立了稳定问题的 Green 函数概念之后, 就需要讨论它的一般性质: Green 函数在点源附近的行为以及 Green 函数的对称性.

不妨仍然用静电场的语言来描述 Poisson 方程第一边值问题的 Green 函数. 我们知道, 在空间 V 中的点电荷, 必然要在边界面上产生一定的感生 (面) 电荷分布. 因此, 决定 Green 函数的定解问题又可以 (在 V 内) 等价地写成无界空间中的 Poisson 方程

$$\nabla^2 G(\boldsymbol{r};\boldsymbol{r}') = -\frac{1}{\varepsilon_0}\Big[\delta(\boldsymbol{r}-\boldsymbol{r}') + \sigma(\Sigma)\delta_\Sigma\Big], \tag{19.53}$$

其中 $\sigma(\Sigma)$ 是边界面 Σ 上的感生面电荷密度, δ_Σ 代表某种 δ 函数 (例如边界面为球面时就是 $\delta(r-a)$). 相应地, (定义在 V 内的) Green 函数 $G(\boldsymbol{r};\boldsymbol{r}')$ 就应该是这两部分电荷电势的叠加: 单位点电荷 $\delta(\boldsymbol{r}-\boldsymbol{r}')$ 的电势 $G_0(\boldsymbol{r};\boldsymbol{r}')$ 和边界面上的感生电荷 $\sigma(\Sigma)$ 的电势 $g(\boldsymbol{r};\boldsymbol{r}')$,

$$G(\boldsymbol{r};\boldsymbol{r}') = G_0(\boldsymbol{r};\boldsymbol{r}') + g(\boldsymbol{r};\boldsymbol{r}'), \tag{19.54}$$

$$\nabla^2 G_0(\boldsymbol{r};\boldsymbol{r}') = -\frac{1}{\varepsilon_0}\delta(\boldsymbol{r}-\boldsymbol{r}'), \tag{19.55}$$

$$\nabla^2 g(\boldsymbol{r};\boldsymbol{r}') = -\frac{1}{\varepsilon_0}\sigma(\Sigma)\delta_\Sigma. \tag{19.56}$$

显然, 方程 (19.55) 的解为

$$G_0(\boldsymbol{r};\boldsymbol{r}') = \frac{1}{4\pi\varepsilon_0}\frac{1}{|\boldsymbol{r}-\boldsymbol{r}'|}, \tag{19.57}$$

所以 $G_0(\boldsymbol{r};\boldsymbol{r}')$ 在 $\boldsymbol{r}=\boldsymbol{r}'$ 点不连续. 对于方程 (19.56), 因为感生电荷 $\sigma(\Sigma)$ 只分布在曲面 Σ 上, 所以 $g(\boldsymbol{r};\boldsymbol{r}')$ 及其一阶偏导数在曲面 Σ 外 (特别是, 在 V 内) 处处连续.

对于第三类边界条件, 也有同样的结果, 只不过 $g(\boldsymbol{r};\boldsymbol{r}')$ 的具体表达式会有所不同.

对于其他类型的稳定问题, 也可以类似地讨论. 例如, Helmholtz 方程的 Green 函数就是

$$\nabla^2 \widetilde{G}(\boldsymbol{r};\boldsymbol{r}') + k^2 \widetilde{G}(\boldsymbol{r};\boldsymbol{r}') = -\frac{1}{\varepsilon_0}\delta(\boldsymbol{r}-\boldsymbol{r}'), \qquad \boldsymbol{r},\boldsymbol{r}' \in V, \tag{19.58a}$$

$$\widetilde{G}(\boldsymbol{r};\boldsymbol{r}')\big|_\Sigma = 0 \tag{19.58b}$$

的解. 可以看出, 除了 $\boldsymbol{r}=\boldsymbol{r}'$ 点外, $\widetilde{G}(\boldsymbol{r};\boldsymbol{r}')$ 在 V 内是处处连续的. 而且, 和 Poisson 方程的 Green 函数 $G(\boldsymbol{r};\boldsymbol{r}')$ 所满足的定解问题 (19.50) 相比, 齐次边界条件完全相同, 不同之处只是在方程 (19.58a) 中多了一项 $k^2\widetilde{G}(\boldsymbol{r};\boldsymbol{r}')$. 因为 Green 函数的奇异性完全是由微分方程决定的, 而且乘法运算不可能改变函数的奇异性, 所以我们可以断定, $\widetilde{G}(\boldsymbol{r};\boldsymbol{r}')$ 和 $G(\boldsymbol{r};\boldsymbol{r}')$ 一样, 在 $\boldsymbol{r}=\boldsymbol{r}'$ 点都是以 $1/|\boldsymbol{r}-\boldsymbol{r}'|$ 的形式发散. 事实上, 从后面 §19.6 的讨论可知, 在 $\boldsymbol{r}=\boldsymbol{r}'$ 点附近, 一定有

$$\widetilde{G}(\boldsymbol{r};\boldsymbol{r}') \sim \frac{1}{4\pi\varepsilon_0}\frac{\cos(k|\boldsymbol{r}-\boldsymbol{r}'|)}{|\boldsymbol{r}-\boldsymbol{r}'|}.$$

在 §19.1 中, 我们曾经证明, 一维空间中的 Green 函数是处处连续的, 而它的一阶导数不连续. 上面讨论的三维空间中 Green 函数在点源处的行为显然和一维空间中 Green 函数

的行为不同. 原因是空间的维数不同, "点源" 的奇异程度也不相同: 一维空间中的点源实际上是三维空间中的面源. 不难预料, 二维空间中的 Green 函数也应该表现出不同的行为.

对于二维空间中 Poisson 方程第一边值问题, 其 Green 函数 $G(x,y;\xi,\eta)$ 是定解问题

$$\left(\frac{\partial^2}{\partial x^2}+\frac{\partial^2}{\partial y^2}\right)G(x,y;\xi,\eta)=-\frac{1}{\varepsilon_0}\delta(x-\xi)\delta(y-\eta),\qquad (x,y),(\xi,\eta)\in S, \qquad (19.59\text{a})$$

$$G(x,y;\xi,\eta)\Big|_C=0 \qquad (19.59\text{b})$$

的解, 其中 C 是平面区域 S 的边界. 模仿上面三维情形的讨论, 可以得出, 这时的 Green 函数 $G(x,y;\xi,\eta)$ 应当是

$$G(x,y;\xi,\eta)=-\frac{1}{2\pi\varepsilon_0}\ln\sqrt{(x-\xi)^2+(y-\eta)^2}+g(x,y;\xi,\eta), \qquad (19.60)$$

其中第一项是单位点电荷在无界空间中的电势 (还可以加上一个常数, 取决于电势零点的选取), 在 "点源" (实际上是三维空间中的线源) $\delta(x-\xi)\delta(y-\eta)$ 处是对数发散的, 第二项 $g(x,y;\xi,\eta)$ 是边界上的感生电荷产生的电势, 在 S 内处处连续.

再来讨论 Green 函数的对称性. 为此考察一下解式 (19.52″), 容易发现这个结果并不像物理所预料的那样, 并不表现为电荷电势的叠加: 在右端的体积分中, $G(\boldsymbol{r}';\boldsymbol{r})$ 代表 $\boldsymbol{r}$ 处的单位点电荷在 $\boldsymbol{r}'$ 处的电势, 它乘上在观测点 $\boldsymbol{r}'$ 处的电荷 $\rho(\boldsymbol{r}')\mathrm{d}\boldsymbol{r}'$, 并对观测点积分, 却给出 $\boldsymbol{r}$ 处的电势. 对这个问题的回答要涉及 Green 函数的对称性. 因为, 如果像无界空间的 Green 函数 $G(\boldsymbol{r};\boldsymbol{r}')=1/(4\pi\varepsilon_0|\boldsymbol{r}-\boldsymbol{r}'|)$ 那样, 关系式

$$G(\boldsymbol{r};\boldsymbol{r}')=G(\boldsymbol{r}';\boldsymbol{r}) \qquad (19.61)$$

成立的话, 那么, (19.52′) 式就能改写成

$$u(\boldsymbol{r})=\iiint_V G(\boldsymbol{r};\boldsymbol{r}')\rho(\boldsymbol{r}')\mathrm{d}\boldsymbol{r}'-\varepsilon_0\iint_\Sigma f(\Sigma')\nabla'G(\boldsymbol{r};\boldsymbol{r}')\big|_{\Sigma'}\cdot\mathrm{d}\boldsymbol{\Sigma}', \qquad (19.52''')$$

体积分就具有明确的物理意义. 第二项的面积分就是来自边界面上的感生面电荷的贡献.

下面就来证明 (19.61) 式. 和 §19.3 中的做法一样[①], 再引进定解问题

$$\nabla^2 G(\boldsymbol{r};\boldsymbol{r}'')=-\frac{1}{\varepsilon_0}\delta(\boldsymbol{r}-\boldsymbol{r}''),\quad \boldsymbol{r},\boldsymbol{r}''\in V, \qquad (19.62\text{a})$$

$$G(\boldsymbol{r};\boldsymbol{r}'')\big|_\Sigma=0, \qquad (19.62\text{b})$$

其解为 $G(\boldsymbol{r};\boldsymbol{r}'')$. 将方程 (19.50a) 和 (19.62a) 分别乘以 $G(\boldsymbol{r};\boldsymbol{r}'')$ 和 $G(\boldsymbol{r};\boldsymbol{r}')$, 相减, 然后在区域 V 内积分, 即得

$$\iiint_V [G(\boldsymbol{r};\boldsymbol{r}'')\nabla^2 G(\boldsymbol{r};\boldsymbol{r}')-G(\boldsymbol{r};\boldsymbol{r}')\nabla^2 G(\boldsymbol{r};\boldsymbol{r}'')]\mathrm{d}\boldsymbol{r}=-\frac{1}{\varepsilon_0}[G(\boldsymbol{r}';\boldsymbol{r}'')-G(\boldsymbol{r}'';\boldsymbol{r}')].$$

根据 Green 公式, 将上式左端的体积分化为面积分, 就有

$$G(\boldsymbol{r}';\boldsymbol{r}'')-G(\boldsymbol{r}'';\boldsymbol{r}')=-\varepsilon_0\iint_\Sigma [G(\boldsymbol{r};\boldsymbol{r}'')\nabla G(\boldsymbol{r};\boldsymbol{r}')-G(\boldsymbol{r};\boldsymbol{r}')\nabla G(\boldsymbol{r};\boldsymbol{r}'')]\cdot\mathrm{d}\boldsymbol{\Sigma}.$$

[①] 这里因为算符 ∇^2 本身就是自伴的, 所以无须引进伴算符的 Green 函数.

代入边界条件 (19.50b) 和 (19.62b), 立即得出右端的面积分为 0. 这样就证明了

$$G(\boldsymbol{r}'; \boldsymbol{r}'') = G(\boldsymbol{r}''; \boldsymbol{r}').$$

将 $\boldsymbol{r}''$ 改写为 $\boldsymbol{r}$, 这就是 (19.61) 式.

如果是第三类边界条件, 上面的结论仍然正确. 请读者自己补上证明.

对于其他类型的稳定问题, 它们的 Green 函数是否仍然有对称关系 (19.61) 需要具体讨论. 至少从形式上说, 这涉及 $G(\boldsymbol{r}; \boldsymbol{r}')$ 和 $G(\boldsymbol{r}'; \boldsymbol{r})$ 是否都是同一方程的解. 从根本上说, 这涉及方程中出现的微分算符是否自伴.

§19.6 三维无界空间 Helmholtz 方程的 Green 函数

§19.5 已经给出了三维无界空间 Poisson 方程的 Green 函数的具体形式, 即 (19.57) 式. 现在再来求三维无界空间中 Helmholtz 方程的 Green 函数, 即在三维无界空间中求解

$$\nabla^2 G(\boldsymbol{r}; \boldsymbol{r}') + k^2 G(\boldsymbol{r}; \boldsymbol{r}') = -\frac{1}{\varepsilon_0} \delta(\boldsymbol{r} - \boldsymbol{r}'), \quad \boldsymbol{r}, \boldsymbol{r}' \in V. \tag{19.63}$$

无穷远处的边界条件暂缺, 后面再讨论.

方程 (19.63) 是一个非齐次方程, 因此, 可以按照求解非齐次方程的标准做法, 或是先求出方程的一个特解, 而将方程齐次化, 或是将 $G(\boldsymbol{r}; \boldsymbol{r}')$ 按相应齐次问题的本征函数展开. 这两种做法, 特别是第二种做法, 没有原则困难, 这里不拟做具体的介绍. 现在要强调的是, 这是一个特殊的非齐次方程: 只在 $\boldsymbol{r} = \boldsymbol{r}'$ 点, 非齐次项才不为 0. 同时, 由于是在无界空间, 可以适当地安置坐标架, 充分体现出问题的对称性, 从而使问题得到简化.

为此, 首先做坐标平移

$$\xi = x - x', \quad \eta = y - y', \quad \zeta = z - z', \tag{19.64}$$

即将点电荷所在点取为新坐标系的原点. 令 $G(\boldsymbol{r}; \boldsymbol{r}') = g(\xi, \eta, \zeta)$, 则 $g(\xi, \eta, \zeta)$ 满足方程

$$\nabla^2_{\xi,\eta,\zeta} g(\xi, \eta, \zeta) + k^2 g(\xi, \eta, \zeta) = -\frac{1}{\varepsilon_0} \delta(\xi)\delta(\eta)\delta(\zeta), \tag{19.65}$$

其中 $\nabla^2_{\xi,\eta,\zeta}$ 是以直角坐标 ξ, η, ζ 为自变量的 Laplace 算符,

$$\nabla^2_{\xi,\eta,\zeta} \equiv \frac{\partial^2}{\partial \xi^2} + \frac{\partial^2}{\partial \eta^2} + \frac{\partial^2}{\partial \zeta^2}.$$

容易看出, 方程 (19.65) 是旋转不变的, 如果边界条件也是旋转不变的, 则解 $g(\xi, \eta, \zeta)$ 一定只是 $\rho = \sqrt{\xi^2 + \eta^2 + \zeta^2}$ 的函数, $g(\xi, \eta, \zeta) = f(\rho)$. 因此, 如果将直角坐标系 (ξ, η, ζ) 转换为球坐标系, 则方程 (19.65) 将变为 $\rho \neq 0$ 点处的齐次方程

$$\frac{1}{\rho^2} \frac{\mathrm{d}}{\mathrm{d}\rho} \left[\rho^2 \frac{\mathrm{d} f(\rho)}{\mathrm{d}\rho} \right] + k^2 f(\rho) = 0 \tag{19.66}$$

(原因是在 $\rho=0$ 点只存在单侧导数) 以及 $\rho=0$ 点处的边界条件 (在 $\rho=0$ 点处有一单位点电荷). 方程 (19.66) 可化为零阶球 Bessel 方程, 它的通解是[①]

$$f(\rho)=A(k)\frac{\mathrm{e}^{\mathrm{i}k\rho}}{\rho}+B(k)\frac{\mathrm{e}^{-\mathrm{i}k\rho}}{\rho}. \tag{19.67}$$

现在就根据 $\rho=0$ 和无穷远处的边界条件定出常数 $A(k)$ 和 $B(k)$. 先讨论无穷远处. 考虑到 Helmholtz 方程的实际背景, 比如说, 它是由波动方程经过分离变量 (分离去时间部分) 得到的. 这时, 作为一个例子, 假设要求得到的解在无穷远处为发散波. 取时间因子为 $\mathrm{e}^{-\mathrm{i}\omega t}$, 则应保留 (19.67) 中的第一项 (即 $A(k)\neq 0$), 而弃去第二项 (即令 $B(k)=0$). 常数 $A(k)$ 应该由 $\rho=0$ 处的边界条件决定, 更准确地说, 由 $\rho=0$ 处点源的强度决定. 注意, 这时并不能直接将 (19.67) 式代入方程 (19.65) 而定出 $A(k)$, 原因是 $f(\rho)$ 或 $g(\xi,\eta,\zeta)$ 在 $\rho=0$ 处的导数并不存在. 另一方面, 我们已经约定, 凡是涉及 δ 函数的等式都应该从积分意义下去理解. 于是, 很自然地, 应当将方程 (19.65) 在 $\rho=0$ 附近的小体积内积分,

$$\iiint \nabla^2_{\xi,\eta,\zeta} f(\rho)\mathrm{d}\xi\mathrm{d}\eta\mathrm{d}\zeta + k^2\iiint f(\rho)\mathrm{d}\xi\mathrm{d}\eta\mathrm{d}\zeta = -\frac{1}{\varepsilon_0}. \tag{19.68}$$

将左端第一项的体积分化为面积分

$$\iiint \nabla^2_{\xi,\eta,\zeta} f(\rho)\mathrm{d}\xi\mathrm{d}\eta\mathrm{d}\zeta = \iint [\nabla_{\xi,\eta,\zeta} f(\rho)]\cdot\mathrm{d}\boldsymbol{\Sigma},$$

从而回避掉在 $\rho=0$ 点的求导问题. 取小体积为以 $\rho=0$ 点为球心、a 为半径的球体, 则

$$\iiint \nabla^2_{\xi,\eta,\zeta} f(\rho)\mathrm{d}\xi\mathrm{d}\eta\mathrm{d}\zeta = \iint [\nabla_{\xi,\eta,\zeta} f(\rho)]\cdot\mathrm{d}\boldsymbol{\Sigma}\bigg|_{\rho=a} = \iint \frac{\mathrm{d}f(\rho)}{\mathrm{d}\rho}\bigg|_{\rho=a} a^2\sin\theta\mathrm{d}\theta\mathrm{d}\phi$$
$$= -4\pi A(k)(1-\mathrm{i}ka)\mathrm{e}^{\mathrm{i}ka}.$$

第二项的体积分可以直接算出:

$$\iiint f(\rho)\mathrm{d}\xi\mathrm{d}\eta\mathrm{d}\zeta = 4\pi A(k)\int_0^a \mathrm{e}^{\mathrm{i}k\rho}\rho\mathrm{d}\rho = \frac{4\pi A(k)}{k^2}\left[(\mathrm{e}^{\mathrm{i}ka}-1)-\mathrm{i}ka\mathrm{e}^{\mathrm{i}ka}\right].$$

将这些结果代回到 (19.68) 式, 就有

$$-4\pi A(k) = -\frac{1}{\varepsilon_0},$$

即 $A(k) = 1/4\pi\varepsilon_0$, 与 k 无关. 这样就求出了三维无界空间 Helmholtz 方程的 Green 函数

$$g(\xi,\eta,\zeta) = f(\rho) = \frac{1}{4\pi\varepsilon_0}\frac{\mathrm{e}^{\mathrm{i}k\rho}}{\rho} \tag{19.69}$$

或

$$G(\boldsymbol{r};\boldsymbol{r}') = \frac{1}{4\pi\varepsilon_0}\frac{\mathrm{e}^{\mathrm{i}k|\boldsymbol{r}-\boldsymbol{r}'|}}{|\boldsymbol{r}-\boldsymbol{r}'|}. \tag{19.70}$$

[①] 这两个特解就是第一种和第二种零阶球 Hankel 函数. 或者做变换 $f(\rho)=w(\rho)/\rho$, 则方程 (19.66) 化为 $w''(\rho)+k^2w(\rho)=0$, 也容易写出这个结果.

当 $k=0$ 时, 这个结果就回到 Poisson 方程的 Green 函数 (19.10).

需要说明, 这个结果是在无穷远处为发散的球面波, 并取时间因子为 $\mathrm{e}^{-\mathrm{i}\omega t}$ 的条件下得到的. 可以设想, 如果要求无穷远处为会聚的球面波 (且仍取时间因子为 $\mathrm{e}^{-\mathrm{i}\omega t}$), 则 Green 函数是

$$G(\boldsymbol{r};\boldsymbol{r}') = \frac{1}{4\pi\varepsilon_0} \frac{\mathrm{e}^{-\mathrm{i}k|\boldsymbol{r}-\boldsymbol{r}'|}}{|\boldsymbol{r}-\boldsymbol{r}'|}. \tag{19.71}$$

如果是其他形式的无穷远条件, 当然还会得到其他形式的解.

下面介绍另一种解法. 考虑到这是无界空间中的定解问题, 可采用 Fourier 变换. 令

$$g(\boldsymbol{K};\boldsymbol{r}') = \frac{1}{(2\pi)^{3/2}} \iiint G(\boldsymbol{r};\boldsymbol{r}') \mathrm{e}^{-\mathrm{i}\boldsymbol{K}\cdot\boldsymbol{r}} \mathrm{d}\boldsymbol{r}, \tag{19.72}$$

则方程 (19.63) 变为

$$\left(-K^2 + k^2\right) g(\boldsymbol{K};\boldsymbol{r}') = -\frac{1}{(2\pi)^{3/2}} \frac{1}{\varepsilon_0} \mathrm{e}^{-\mathrm{i}\boldsymbol{K}\cdot\boldsymbol{r}'}, \tag{19.73}$$

其中 $K^2 = \boldsymbol{K}\cdot\boldsymbol{K} = |\boldsymbol{K}|^2$. 注意代数方程 (19.73) 来源于偏微分方程 (19.63), 因此, 从根本上说, 应该在广义函数的意义下解此代数方程, 从而得到①

$$g(\boldsymbol{K};\boldsymbol{r}') = \frac{1}{(2\pi)^{3/2}} \frac{1}{\varepsilon_0} \left[\frac{1}{K^2-k^2} + C\delta(K^2-k^2)\right] \mathrm{e}^{-\mathrm{i}\boldsymbol{K}\cdot\boldsymbol{r}'}. \tag{19.74}$$

再求反演, 就有

$$\begin{aligned}G(\boldsymbol{r};\boldsymbol{r}') &= \frac{1}{(2\pi)^3} \frac{1}{\varepsilon_0} \iiint \frac{\mathrm{e}^{\mathrm{i}\boldsymbol{K}\cdot(\boldsymbol{r}-\boldsymbol{r}')}}{K^2-k^2} \mathrm{d}\boldsymbol{K} \\ &\quad + \frac{1}{(2\pi)^3} \frac{C}{\varepsilon_0} \iiint \delta(K^2-k^2) \mathrm{e}^{\mathrm{i}\boldsymbol{K}\cdot(\boldsymbol{r}-\boldsymbol{r}')} \mathrm{d}\boldsymbol{K}.\end{aligned} \tag{19.75}$$

可以看出, $G(\boldsymbol{r};\boldsymbol{r}')$ 只是 $\boldsymbol{r}-\boldsymbol{r}'$ 的函数. 不妨令 $\boldsymbol{\rho} = \boldsymbol{r}-\boldsymbol{r}'$, 然后改用 $\boldsymbol{K}$ 空间中的球坐标计算上面的三重积分. 对于 (19.75) 式右端的第一项, 可以得到

$$\begin{aligned}\frac{1}{(2\pi)^3} \frac{1}{\varepsilon_0} \iiint \frac{\mathrm{e}^{\mathrm{i}\boldsymbol{K}\cdot\boldsymbol{\rho}}}{K^2-k^2} \mathrm{d}\boldsymbol{K} &= \frac{1}{(2\pi)^3} \frac{1}{\varepsilon_0} \iiint \frac{\mathrm{e}^{\mathrm{i}K\rho\cos\theta}}{K^2-k^2} K^2 \sin\theta \, \mathrm{d}K \, \mathrm{d}\theta \, \mathrm{d}\phi \\ &= \frac{1}{(2\pi)^2} \frac{1}{\varepsilon_0} \int_0^\infty \frac{K^2}{K^2-k^2} \mathrm{d}K \int_0^\pi \mathrm{e}^{\mathrm{i}K\rho\cos\theta} \sin\theta \, \mathrm{d}\theta \\ &= \frac{1}{(2\pi)^2} \frac{1}{\mathrm{i}\rho\varepsilon_0} \int_0^\infty \frac{K}{K^2-k^2} \left(\mathrm{e}^{\mathrm{i}K\rho} - \mathrm{e}^{-\mathrm{i}K\rho}\right) \mathrm{d}K \\ &= \frac{1}{(2\pi)^2} \frac{1}{\mathrm{i}\rho\varepsilon_0} \int_{-\infty}^\infty \frac{K}{K^2-k^2} \mathrm{e}^{\mathrm{i}K\rho} \mathrm{d}K.\end{aligned}$$

---

① 如果限定在连续函数, 则齐次代数方程 $xf(x) = 0$ 只有零解 $f(x) = 0$; 但在广义函数的范围内, 由于 $x\delta(x) = 0$ [见第九章, (9.61) 式], 所以此方程有 "非零解" $f(x) = C\delta(x)$, C 为任意常数. 由此可见, (19.73) 式所对应的齐次方程 $(-K^2+k^2)g(\boldsymbol{K};\boldsymbol{r}') = 0$ 应当有解 $g(\boldsymbol{K};\boldsymbol{r}') = C\delta(-K^2+k^2) = C\delta(K^2-k^2)$.

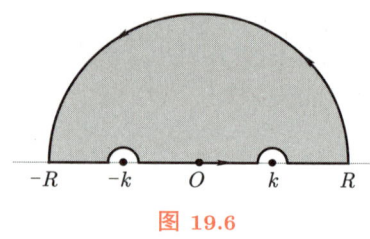

图 19.6

应用留数定理容易计算出这个定积分. 考虑到被积函数在实轴上有两个奇点 (均为一阶极点), $K=\pm k$, 故可以采用图 19.6 中的围道. 这样, 当小圆弧的半径趋于 0 时, 沿奇点 $K=\pm k$ 处半圆弧积分的极限值为

$$-\pi\mathrm{i}\times\lim_{K\to\pm k}(K\mp k)\frac{K}{K^2-k^2}\mathrm{e}^{\mathrm{i}K\rho}=-\frac{\pi\mathrm{i}}{2}\mathrm{e}^{\pm\mathrm{i}k\rho},$$

于是就可以计算得 (19.75) 式右端的第一项

$$\begin{aligned}
\frac{1}{(2\pi)^3}\frac{1}{\varepsilon_0}\iiint\frac{\mathrm{e}^{\mathrm{i}\boldsymbol{K}\cdot\boldsymbol{\rho}}}{K^2-k^2}\mathrm{d}\boldsymbol{K}&\\
&=\frac{1}{(2\pi)^2}\frac{1}{\mathrm{i}\rho\varepsilon_0}\frac{\pi\mathrm{i}}{2}\left(\mathrm{e}^{\mathrm{i}k\rho}+\mathrm{e}^{-\mathrm{i}k\rho}\right)\\
&=\frac{1}{4\pi\varepsilon_0}\frac{\cos(k\,|\boldsymbol{r}-\boldsymbol{r}'|)}{|\boldsymbol{r}-\boldsymbol{r}'|}.
\end{aligned} \tag{19.76}$$

类似地, 对于 (19.75) 式右端的第二项, 有

$$\begin{aligned}
\frac{1}{(2\pi)^3}\frac{C}{\varepsilon_0}&\iiint\mathrm{e}^{\mathrm{i}\boldsymbol{K}\cdot\boldsymbol{\rho}}\,\delta(K^2-k^2)\,\mathrm{d}\boldsymbol{K}\\
&=\frac{1}{(2\pi)^3}\frac{C}{\varepsilon_0}\int_0^\infty\delta(K^2-k^2)\,K^2\,\mathrm{d}K\iint\mathrm{e}^{\mathrm{i}K\rho\cos\theta}\sin\theta\,\mathrm{d}\theta\,\mathrm{d}\phi\\
&=-\frac{1}{(2\pi)^2}\frac{C}{\varepsilon_0}\int_0^\infty\delta(K^2-k^2)\left.\frac{\mathrm{e}^{\mathrm{i}K\rho\cos\theta}}{\mathrm{i}K\rho}\right|_0^\pi K^2\,\mathrm{d}K\\
&=\frac{1}{2\pi^2}\frac{C}{\varepsilon_0\rho}\int_0^\infty\delta(K^2-k^2)\sin(K\rho)\,K\,\mathrm{d}K.
\end{aligned}$$

注意在 $0\leqslant K,k<\infty$ 的条件下,

$$\delta(K^2-k^2)=\frac{1}{2K}\delta(K-k),$$

所以

$$\begin{aligned}
\frac{1}{(2\pi)^3}\frac{C}{\varepsilon_0}&\iiint\mathrm{e}^{\mathrm{i}\boldsymbol{K}\cdot\boldsymbol{\rho}}\,\delta(K^2-k^2)\,\mathrm{d}\boldsymbol{K}\\
&=\frac{1}{(2\pi)^2}\frac{C}{\varepsilon_0}\frac{\sin(k\rho)}{\rho}=\frac{1}{(2\pi)^2}\frac{C}{\varepsilon_0}\frac{\sin(k\,|\boldsymbol{r}-\boldsymbol{r}'|)}{|\boldsymbol{r}-\boldsymbol{r}'|}.
\end{aligned}\tag{19.77}$$

把两项合并起来, 就得到了三维无界空间中 Helmholtz 方程的 Green 函数

$$G(\boldsymbol{r};\boldsymbol{r}')=\frac{1}{4\pi\varepsilon_0}\frac{1}{|\boldsymbol{r}-\boldsymbol{r}'|}\left[\cos(k\,|\boldsymbol{r}-\boldsymbol{r}'|)+\frac{C}{\pi}\sin(k\,|\boldsymbol{r}-\boldsymbol{r}'|)\right],\tag{19.78}$$

常数 C 由无穷远条件决定. 对照 (19.70) 式或 (19.71) 式, 可以看出: 如果取 $C=\pi\mathrm{i}$, 则给出发散的球面波 (19.71); 如果取 $C=-\pi\mathrm{i}$, 则给出会聚的球面波.

§19.7 圆内 Poisson 方程第一边值问题的 Green 函数

圆内 Poisson 方程第一边值问题 Green 函数的定义是

$$\nabla_2^2 G(\boldsymbol{r};\boldsymbol{r}') = -\frac{1}{\varepsilon_0}\delta(\boldsymbol{r}-\boldsymbol{r}'), \qquad |\boldsymbol{r}|<a, |\boldsymbol{r}'|<a, \tag{19.79a}$$

$$G(\boldsymbol{r};\boldsymbol{r}')\big|_{r=a} = 0, \tag{19.79b}$$

其中

$$r^2 = x^2+y^2, \qquad \nabla_2^2 = \frac{\partial^2}{\partial x^2}+\frac{\partial^2}{\partial y^2}.$$

首先介绍标准的解法. 考虑到 (19.79a) 是非齐次方程, 所以应该将 Green 函数按相应齐次问题的本征函数展开, 为此, 采用平面极坐标系, 坐标原点放在圆心,

$$G(\boldsymbol{r};\boldsymbol{r}') = R_0(r) + \sum_{m=1}^{\infty}\big[R_{m1}(r)\cos m\phi + R_{m2}(r)\sin m\phi\big]. \tag{19.80}$$

同样, 将 δ 函数也按该组本征函数展开:

$$\begin{aligned}\delta(\boldsymbol{r}-\boldsymbol{r}') &= \delta(x-x')\delta(y-y') = \frac{1}{r'}\delta(r-r')\delta(\phi-\phi') \\ &= \frac{1}{2\pi r'}\delta(r-r')\Bigg[1+2\sum_{m=1}^{\infty}\big(\cos m\phi\cos m\phi' + \sin m\phi\sin m\phi'\big)\Bigg].\end{aligned} \tag{19.81}$$

于是, 定解问题 (19.79) 就转化为求解 $R_0(r)$, $R_{m1}(r)$ 和 $R_{m2}(r)$. 决定 $R_0(r)$ 的定解问题是

$$\frac{1}{r}\frac{\mathrm{d}}{\mathrm{d}r}\left[r\frac{\mathrm{d}R_0(r)}{\mathrm{d}r}\right] = -\frac{1}{2\pi\varepsilon_0}\frac{1}{r'}\delta(r-r'), \tag{19.82a}$$

$$R_0(0)\ \text{有界}, \qquad R_0(a)=0. \tag{19.82b}$$

当 $r\ne r'$ 时, 方程 (19.82a) 是齐次的, 所以, 在考虑到边界条件 (19.82b) 后, 就有

$$R_0(r) = \begin{cases} A_0, & r<r', \\ B_0\ln\dfrac{r}{a}, & r>r'. \end{cases}$$

再根据 $R_0(r)$ 在 $r=r'$ 点的连续性, 即

$$R_0(r)\ \text{在}\ r=r'\ \text{点连续}, \qquad \frac{\mathrm{d}R_0(r)}{\mathrm{d}r}\bigg|_{r'-0}^{r'+0} = -\frac{1}{2\pi\varepsilon_0}\frac{1}{r'}$$

定出 A_0 和 B_0, 于是就求得

$$R_0(r) = \begin{cases} -\dfrac{1}{2\pi\varepsilon_0}\ln\dfrac{r'}{a}, & r<r', \\ -\dfrac{1}{2\pi\varepsilon_0}\ln\dfrac{r}{a}, & r>r'. \end{cases} \tag{19.83}$$

完全模仿上面的做法, 可以由

$$\left[\frac{1}{r}\frac{\mathrm{d}}{\mathrm{d}r}\left(r\frac{\mathrm{d}}{\mathrm{d}r}\right) - \frac{m^2}{r^2}\right]R_{m1}(r) = -\frac{1}{\pi\varepsilon_0 r'}\delta(r-r')\cos m\phi', \tag{19.84a}$$

$$R_{m1}(0) \text{ 有界}, \qquad R_{m1}(a) = 0 \tag{19.84b}$$

求出 $R_{m1}(r)$,

$$R_{m1}(r) = \begin{cases} -\dfrac{1}{2\pi\varepsilon_0}\dfrac{1}{m}\left[\left(\dfrac{rr'}{a^2}\right)^m - \left(\dfrac{r}{r'}\right)^m\right]\cos m\phi', & r < r', \\ -\dfrac{1}{2\pi\varepsilon_0}\dfrac{1}{m}\left[\left(\dfrac{rr'}{a^2}\right)^m - \left(\dfrac{r'}{r}\right)^m\right]\cos m\phi', & r > r'. \end{cases} \tag{19.85}$$

同样, 由

$$\left[\frac{1}{r}\frac{\mathrm{d}}{\mathrm{d}r}\left(r\frac{\mathrm{d}}{\mathrm{d}r}\right) - \frac{m^2}{r^2}\right]R_{m2}(r) = -\frac{1}{\pi\varepsilon_0 r'}\delta(r-r')\sin m\phi', \tag{19.86a}$$

$$R_{m2}(0) \text{ 有界}, \qquad R_{m2}(a) = 0 \tag{19.86b}$$

求出 $R_{m2}(r)$,

$$R_{m2}(r) = \begin{cases} -\dfrac{1}{2\pi\varepsilon_0}\dfrac{1}{m}\left[\left(\dfrac{rr'}{a^2}\right)^m - \left(\dfrac{r}{r'}\right)^m\right]\sin m\phi', & r < r', \\ -\dfrac{1}{2\pi\varepsilon_0}\dfrac{1}{m}\left[\left(\dfrac{rr'}{a^2}\right)^m - \left(\dfrac{r'}{r}\right)^m\right]\sin m\phi', & r > r'. \end{cases} \tag{19.87}$$

这样, 就求得了圆内 Poisson 方程第一边值问题的 Green 函数:

$$G(\boldsymbol{r};\boldsymbol{r}') = \begin{cases} -\dfrac{1}{2\pi\varepsilon_0}\left\{\ln\dfrac{r'}{a} + \sum_{m=1}^{\infty}\dfrac{1}{m}\left[\left(\dfrac{rr'}{a^2}\right)^m - \left(\dfrac{r}{r'}\right)^m\right]\cos m(\phi-\phi')\right\}, & r < r' \\ -\dfrac{1}{2\pi\varepsilon_0}\left\{\ln\dfrac{r}{a} + \sum_{m=1}^{\infty}\dfrac{1}{m}\left[\left(\dfrac{rr'}{a^2}\right)^m - \left(\dfrac{r'}{r}\right)^m\right]\cos m(\phi-\phi')\right\}, & r > r'. \end{cases}$$
(19.88)

上面这种方法, 得到的解式是无穷级数. 当然, 不排除在某些特殊情形下可以将级数求和. 例如, 现在得到的解式 (19.88) 就是如此. 读者不妨尝试求出它们的和函数.

下面再介绍一种方法, 如果能够成功的话, 它将直接给出有限形式的解.

大家知道, 一旦在接地圆中放上点电荷后, 在圆周上必然出现感生电荷. 圆内任意一点的电势, 就是点电荷的电势和感生电荷的电势的叠加. 前者在点电荷所在点是对数发散的, 而后者在圆内是处处连续的. 如果我们能够方便地求出感生电荷在圆内所产生的电势, 当然也就求出了整个 Poisson 方程圆内第一边值问题的 Green 函数. 现在要介绍的这种方法, 称为**电像法**. 其基本思想是力图将边界上的感生电荷用一个等价的点电荷代替. 换句话说, 就把接地圆内的点电荷的静电场问题等价地转化为无界空间中的两个点电荷 (一个是真实的点电荷, 另一个是等价的 "虚" 电荷) 的问题. 这个 "虚" 电荷的等价性, 就表现在它和圆内的真实的点电荷一起, 在圆内能给出和原来问题同样的解. 而由于边值问题解的存在唯一性，我们知道，只要这两个点电荷也能产生圆周 $r=a$ 接地（电势为 0）的效果，只要圆内的电荷分布不变，就能保证这样得到的解和原来问题的解在圆内一定是一致的．可以预见，这个等价电荷如果存在的话，它一定位于圆外，否则圆内的电荷分布就和原来的问题不同，就不能保证等价性．或者换一种说法，由于感生电荷的电势在圆内是处处连续的，在圆内的任何等价电荷都不可能产生同样的效果．应用电像法成败的关键，就在于能否成功地求出等价电荷的电量和它所在的空间位置．

根据对称性的考虑，我们还可以进一步断定，如果这个等价电荷存在的话，它一定位于真实电荷所处的半径的延长线上．如图 19.7 所示，设这个等价电荷的位置为 $\boldsymbol{r}_1=(x_1,y_1)$，电量为 e，于是，它和真实点电荷一起，在圆内的电势就是价电荷的位置为 $\boldsymbol{r}_1=(x_1,y_1)$，电量为 e，于是，它和真实点电荷一起，在圆内的电势就是

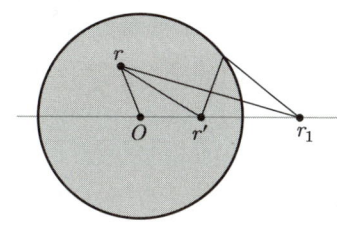

图 19.7　电像法

$$G(\boldsymbol{r};\boldsymbol{r}')=-\frac{1}{2\pi\varepsilon_0}\bigl(\ln|\boldsymbol{r}-\boldsymbol{r}'|+e\ln|\boldsymbol{r}-\boldsymbol{r}_1|+C\bigr), \tag{19.89}$$

其中常数 C 与电势零点的选择有关．现在的问题就是要从要求圆周 $r=a$ 上的电势为 0，

$$-\frac{1}{2\pi\varepsilon_0}\bigl(\ln|\boldsymbol{r}-\boldsymbol{r}'|+e\ln|\boldsymbol{r}-\boldsymbol{r}_1|+C\bigr)_{r=a}=0, \tag{19.90}$$

求出 $\boldsymbol{r}_1$，e 和 C．注意等式 (19.90) 应该对圆周上的一切点均成立．如果采用平面极坐标来写出 (19.89) 式及 (19.90) 式中各项的具体形式，即令

$$x=r\cos\phi,\quad x'=r'\cos\phi',\quad x_1=r_1\cos\phi',$$
$$y=r\sin\phi,\quad y'=r'\sin\phi',\quad y_1=r_1\sin\phi',$$

则 (19.90) 式化为

$$\ln\bigl[a^2+r'^2-2ar'\cos(\phi-\phi')\bigr]+e\ln\bigl[a^2+r_1^2-2ar_1\cos(\phi-\phi')\bigr]+2C=0, \tag{19.91}$$

它应该对一切 ϕ 均成立．注意当 $|t|<1$ 时有展开式

$$\ln\bigl(1+t^2-2t\cos\phi\bigr)=\ln\bigl(1-te^{i\phi}\bigr)+\ln\bigl(1-te^{-i\phi}\bigr)=-2\sum_{m=1}^{\infty}\frac{1}{m}t^m\cos m\phi, \tag{19.92}$$

于是就可以将 (19.91) 式化为

$$2\ln a+\ln\left[1+\left(\frac{r'}{a}\right)^2-2\frac{r'}{a}\cos(\phi-\phi')\right]+2e\ln r_1+e\ln\left[1+\left(\frac{a}{r_1}\right)^2-2\frac{a}{r_1}\cos(\phi-\phi')\right]+2C$$
$$=2\ln a+2e\ln r_1+2C-2\sum_{m=1}^{\infty}\frac{1}{m}\left[\left(\frac{r'}{a}\right)^m+e\left(\frac{a}{r_1}\right)^m\right]\cos m(\phi-\phi')=0,$$

这样就得到

$$\ln a+e\ln r_1+C=0, \tag{19.93}$$

$$\left(\frac{r'}{a}\right)^m+e\left(\frac{a}{r_1}\right)^m=0,\qquad m=1,2,3,\cdots. \tag{19.94}$$

将 (19.94) 式化成
$$e = -\left(\frac{r_1 r'}{a^2}\right)^m, \qquad m = 1, 2, 3, \cdots,$$
就可以得到 $e = -1$ 和
$$r_1 = \frac{a^2}{r'} \quad \text{或} \quad \boldsymbol{r}_1 = \left(\frac{a}{r'}\right)^2 \boldsymbol{r}'.$$
这样，我们的确求出了这个等价电荷，它位于真实电荷所在半径的延长线上，并且满足
$$r' r_1 = a^2.$$
凡处于同一半径方向且满足这个关系的两个点，称为关于圆 $r = a$ 的**反演点对**，即这一对点互为关于圆 $r = a$ 的反演点. 上面的结果说明，等价电荷和真实电荷构成对于圆 $r = a$ 的反演点对，它们的电荷量相等，而极性相反. 将 e 和 r_1 的结果代入 (19.93) 式，又可以求得
$$C = -\ln a + \ln r_1 = \ln \frac{a}{r'}.$$
将 e, r_1 和 C 的结果代回 (19.89) 式，就求得圆内 Poisson 方程第一边值问题的 Green 函数
$$G(\boldsymbol{r}; \boldsymbol{r}') = -\frac{1}{2\pi\varepsilon_0}\left[\ln|\boldsymbol{r} - \boldsymbol{r}'| - \ln\left|\boldsymbol{r} - \left(\frac{a}{r'}\right)^2 \boldsymbol{r}'\right| + \ln\frac{a}{r'}\right] \tag{19.95}$$
$$\begin{aligned}G(\boldsymbol{r}; \boldsymbol{r}') = -\frac{1}{4\pi\varepsilon_0}\bigg\{&\ln\left[r^2 + r'^2 - 2rr'\cos(\phi - \phi')\right] \\ &- \ln\left[r^2 + \left(\frac{a^2}{r'}\right)^2 - 2r\frac{a^2}{r'}\cos(\phi - \phi')\right] + 2\ln\frac{a}{r'}\bigg\}\end{aligned} \tag{19.96}$$
利用展开式 (19.92)，求出 (19.88) 中的级数和，其结果也正是 (19.96) 式.

以上介绍了电像法求解 Green 函数的基本思路. 这种方法只适用于某些非常特殊的几何形状 (例如球形, 半无界空间等). 即使放宽到同时使用有限多个像电荷来等效地代替边界上的感生电荷，对空间的几何形状仍然有相当严格的限制. 所以说, 电像法的优点是可以给出有限形式的解，缺点是适用范围有限，而且多限于二维稳定问题.

求出圆内 Poisson 方程第一边值问题的 Green 函数后，就可以导出一般的定解问题
$$\nabla_2^2 u(\boldsymbol{r}) = -\frac{1}{\varepsilon_0}\rho(\boldsymbol{r}), \qquad |\boldsymbol{r}| < a, \tag{19.97a}$$
$$u(\boldsymbol{r})\big|_{r=a} = f(\phi) \tag{19.97b}$$
的解. 为此, 将方程 (19.97) 的自变量改写成 $\boldsymbol{r}'$,
$$\nabla_2'^2 u(\boldsymbol{r}') = -\frac{1}{\varepsilon_0}\rho(\boldsymbol{r}'), \qquad |\boldsymbol{r}'| < a, \tag{19.98a}$$
$$u(\boldsymbol{r}')\big|_{r'=a} = f(\phi'). \tag{19.98b}$$
另一方面，还可以写出 $G(\boldsymbol{r}'; \boldsymbol{r})$ 所应该满足的定解问题，
$$\nabla_2'^2 G(\boldsymbol{r}'; \boldsymbol{r}) = -\frac{1}{\varepsilon_0}\delta(\boldsymbol{r} - \boldsymbol{r}'), \qquad |\boldsymbol{r}| < a, |\boldsymbol{r}'| < a,$$
$$G(\boldsymbol{r}'; \boldsymbol{r})\big|_{r'=a} = 0.$$

再利用 Green 函数的对称性 (它可以看成是 (19.61) 的特殊情形, 也能从上面求出的 $G(\boldsymbol{r};\boldsymbol{r}')$ 的具体表达式直接看出),
$$G(\boldsymbol{r};\boldsymbol{r}') = G(\boldsymbol{r}';\boldsymbol{r}),$$
进一步将其改写成
$$\nabla_2'^2 G(\boldsymbol{r};\boldsymbol{r}') = -\frac{1}{\varepsilon_0}\delta(\boldsymbol{r}-\boldsymbol{r}'), \qquad |\boldsymbol{r}|<a, |\boldsymbol{r}'|<a, \tag{19.99a}$$
$$G(\boldsymbol{r};\boldsymbol{r}')\big|_{r'=a} = 0. \tag{19.99b}$$

将方程 (19.98a) 和 (19.99a) 分别乘以 $G(\boldsymbol{r};\boldsymbol{r}')$ 和 $u(\boldsymbol{r}')$, 然后相减, 再在圆内积分, 就得到
$$\iint_{r'<a}\rho(\boldsymbol{r}')G(\boldsymbol{r};\boldsymbol{r}')\mathrm{d}\boldsymbol{r}' - u(\boldsymbol{r}) = -\varepsilon_0\iint_{r'<a}\left[G(\boldsymbol{r};\boldsymbol{r}')\nabla_2'^2 u(\boldsymbol{r}') - u(\boldsymbol{r}')\nabla_2'^2 G(\boldsymbol{r};\boldsymbol{r}')\right]\mathrm{d}\boldsymbol{r}'.$$

把上面的面积分化为沿圆周 $r=a$ 的线积分, 并代入边界条件 (19.98b) 和 (19.99b), 就有
$$\begin{aligned}u(\boldsymbol{r}) &= \iint_{r'<a}\rho(\boldsymbol{r}')G(\boldsymbol{r};\boldsymbol{r}')\mathrm{d}\boldsymbol{r}' + \varepsilon_0\int_0^{2\pi}\left[G(\boldsymbol{r};\boldsymbol{r}')\frac{\partial u(\boldsymbol{r}')}{\partial r'} - u(\boldsymbol{r}')\frac{\partial G(\boldsymbol{r};\boldsymbol{r}')}{\partial r'}\right]_{r'=a}a\mathrm{d}\phi'\\ &= \iint_{r'<a}\rho(\boldsymbol{r}')G(\boldsymbol{r};\boldsymbol{r}')\mathrm{d}\boldsymbol{r}' - \varepsilon_0\int_0^{2\pi}f(\phi')\frac{\partial G(\boldsymbol{r};\boldsymbol{r}')}{\partial r'}\bigg|_{r'=a}a\mathrm{d}\phi'.\end{aligned} \tag{19.100}$$

显然, 右端的第一项表示圆内电荷分布的贡献; 第二项则是来自圆周上的感生电荷产生的电势, 感生电荷的分布当然与给定的边界条件 (圆周上电势值的分布) 有关. 为了更清楚地看出圆周上的电荷分布, 可以将第二项中的线积分再改写成
$$\begin{aligned}&\int_0^{2\pi}f(\phi')\frac{\partial G(\boldsymbol{r};\boldsymbol{r}')}{\partial r'}\bigg|_{r'=a}a\mathrm{d}\phi'\\ &= \int_0^{2\pi}f(\phi')\left\{\lim_{\Delta r\to 0}\frac{1}{\Delta r}\left[G(\boldsymbol{r};\boldsymbol{r}')\big|_{r'=a} - G(\boldsymbol{r};\boldsymbol{r}')\big|_{r'=a-\Delta r}\right]\right\}a\mathrm{d}\phi'\\ &= \iint_{r'<a}f(\phi')\left\{\lim_{\Delta r\to 0}\frac{G(\boldsymbol{r};\boldsymbol{r}')}{\Delta r}\left[\delta(r'-a) - \delta(r'-a+\Delta r)\right]\right\}r'\mathrm{d}r'\mathrm{d}\phi'\\ &= -\iint_{r'<a}f(\phi')G(\boldsymbol{r};\boldsymbol{r}')\delta'(r'-a)r'\mathrm{d}r'\mathrm{d}\phi'.\end{aligned}$$

这样, 就可以把 (19.100) 式写成
$$u(\boldsymbol{r}) = \iint_{r'<a}\left[\rho(\boldsymbol{r}') + \varepsilon_0 f(\phi')\delta'(r'-a)\right]G(\boldsymbol{r};\boldsymbol{r}')\mathrm{d}\boldsymbol{r}'. \tag{19.101}$$

这个结果表明, 圆周上的感生电荷密度就是 $\varepsilon_0 f(\phi')\delta'(r'-a)$. 函数 $\delta'(r'-a)$ 的出现, 说明在圆周上的感生电荷为偶极层.

这里还可以引申出一个重要结论. 设想有另外一个定解问题
$$\nabla_2^2 u(\boldsymbol{r}) = -\frac{1}{\varepsilon_0}\left[\rho(\boldsymbol{r}) + \varepsilon_0 f(\phi)\delta'(r-a)\right], \quad |\boldsymbol{r}|<a, \tag{19.99a$'$}$$
$$u(\boldsymbol{r})\big|_{r=a} = 0, \tag{19.99b$'$}$$

显然, 它也将会有同样的解 (19.101). 这说明, 在引进 δ 函数及其导数的前提下, 非齐次边界条件的定解问题, 也可以改写为齐次的边界条件, 相应地在方程中增加一项特殊的非齐次项 (含 δ 函数). 上面的分析就提供了这种非齐次项的写法. 当然, 非齐次边界条件可以转化为方程的特殊形式的非齐次项, 丝毫不意味着可以混淆非齐次边界条件 (描写边界面上的源的分布) 与方程非齐次项 (区域内部的源的分布) 的区别. 即使把非齐次边界条件改写成方程的非齐次项, 它描写的仍然是存在于边界面的源.

现在再回到 (19.100) 式, 代入 $G(\bm{r};\bm{r}')$ 的表达式, 就得到

$$u(\bm{r}) = -\frac{1}{2\pi\varepsilon_0}\iint_{r'<a}\rho(\bm{r}')\left[\ln|\bm{r}-\bm{r}'|-\ln\left|\bm{r}-\left(\frac{a}{r'}\right)^2\bm{r}'\right|+\ln\frac{a}{r'}\right]d\bm{r}'$$
$$+\frac{a^2-r^2}{2\pi}\int_0^{2\pi}\frac{f(\phi')}{a^2+r^2-2ar\cos(\phi-\phi')}d\phi'. \qquad (19.102)$$

当 $\rho(\bm{r})=0$, 就有圆内 Laplace 方程第一边值问题的 Poisson 公式

$$u(\bm{r}) = \frac{a^2-r^2}{2\pi}\int_0^{2\pi}\frac{f(\phi')}{a^2+r^2-2ar\cos(\phi-\phi')}d\phi'. \qquad (19.103)$$

用复变函数方法也能得到这个结果, 见 (3.41) 式.

*§19.8 波动方程的 Green 函数

下面用 Green 函数方法研究与时间有关的定解问题. 正如前几节中指出的, 我们需要解决四个问题.

1. Green 函数 $G(x,t;\xi,\tau)$ 的定义

为了确定起见, 以有界弦的波动问题为例. 不妨考虑定解问题

$$\frac{\partial^2 u(x,t)}{\partial t^2}-a^2\frac{\partial^2 u(x,t)}{\partial x^2}=f(x,t), \qquad 0<x<l,\ t>0, \qquad (19.104a)$$

$$u(x,t)\big|_{x=0}=\mu(t), \qquad u(x,t)\big|_{x=l}=\nu(t), \qquad t>0, \qquad (19.104b)$$

$$u(x,t)\big|_{t=0}=\phi(x), \qquad \frac{\partial u(x,t)}{\partial t}\bigg|_{t=0}=\psi(x), \qquad 0<x<l. \qquad (19.104c)$$

可以预料, 相应的 Green 函数 $G(x,t;\xi,\tau)$ 应该是瞬时 (仅存在于时刻 τ) 点 (仅存在于空间一点 ξ) 源问题

$$\left(\frac{\partial^2}{\partial t^2}-a^2\frac{\partial^2}{\partial x^2}\right)G(x,t;\xi,\tau)=\delta(x-\xi)\delta(t-\tau), \qquad 0<x,\xi<l,\ \tau>0 \qquad (19.105a)$$

在齐次定解条件

$$G(x,t;\xi,\tau)\big|_{x=0}=0, \qquad G(x,t;\xi,\tau)\big|_{x=l}=0, \qquad \tau>0, \qquad (19.105b)$$

$$G(x,t;\xi,\tau)\big|_{t<\tau}=0, \qquad \frac{\partial G(x,t;\xi,\tau)}{\partial t}\bigg|_{t<\tau}=0, \qquad 0<x,\xi<l \qquad (19.105c)$$

下的解. 这里初始条件的物理意义是很清楚的: 在 $t=\tau$ 时刻驱动力出现之前, 弦一直保持静止. 注意在上面的 (19.105a) 和 (19.105b) 式中去掉了 $t>0$ 的限制, 换言之, 我们已将 $G(x,t;\xi,\tau)$ 延拓到了 $-\infty<t<\infty$.

2. Green 函数 $G(x,t;\xi,\tau)$ 的对称性

正如常微分方程初值问题的 Green 函数一样，本来需要引进 $G^\dagger(\xi,-\tau;x,-t)$，它是定解问题

$$\left(\frac{\partial^2}{\partial \tau^2} - a^2\frac{\partial^2}{\partial \xi^2}\right)G^\dagger(\xi,-\tau;x,-t) = \delta(x-\xi)\delta(t-\tau), \qquad 0<x,\xi<l,$$

$$G^\dagger(\xi,-\tau;x,-t)\big|_{\xi=0} = 0, \qquad G^\dagger(\xi,-\tau;x,-t)\big|_{\xi=l} = 0,$$

$$G^\dagger(\xi,-\tau;x,-t)\big|_{-\tau<-t} = 0, \qquad \frac{\partial G^\dagger(\xi,-\tau;x,-t)}{\partial \tau}\bigg|_{-\tau<-t} = 0, \qquad 0<x,\xi<l$$

的解. 如果将此定解问题中的自变量 $\xi,-\tau$ 改写为 x,t, $x,-t$ 改写为 ξ,τ, 则有

$$\left(\frac{\partial^2}{\partial t^2} - a^2\frac{\partial^2}{\partial x^2}\right)G^\dagger(x,t;\xi,\tau) = \delta(x-\xi)\delta(t-\tau), \qquad 0<x,\xi<l,$$

$$G^\dagger(x,t;\xi,\tau)\big|_{x=0} = 0, \qquad G^\dagger(x,t;\xi,\tau)\big|_{x=l} = 0,$$

$$G^\dagger(x,t;\xi,\tau)\big|_{t<\tau} = 0, \qquad \frac{\partial G^\dagger(x,t;\xi,\tau)}{\partial t}\bigg|_{t<\tau} = 0, \qquad 0<x,\xi<l.$$

这里在方程中只出现对 t 的二阶偏导数，而且系数为常数，对照定解问题 (19.105), 二者形式完全相同, 加之两个定解问题都只有唯一解，所以一定有 $G(x,t;\xi,\tau) = G^\dagger(x,t;\xi,\tau)$, 即 Green 函数 $G(x,t;\xi,\tau)$ 的伴函数就是它本身，换言之, 无须引进 $G^\dagger(x,t;\xi,\tau)$. 因此, 我们就只要将定解问题 (19.105) 中的 t,τ 改写为 $-t,-\tau'$,

$$\left(\frac{\partial^2}{\partial t^2} - a^2\frac{\partial^2}{\partial x^2}\right)G(x,-t;\xi',-\tau') = \delta(x-\xi')\delta(t-\tau'), \qquad 0<x,\xi'<l, \qquad (19.106a)$$

$$G(x,-t;\xi',-\tau')\big|_{x=0} = 0, \qquad G(x,-t;\xi',-\tau')\big|_{x=l} = 0, \qquad (19.106b)$$

$$G(x,-t;\xi',-\tau')\big|_{-t<-\tau'} = 0, \qquad \frac{\partial G(x,-t;\xi',-\tau')}{\partial t}\bigg|_{-t<-\tau'} = 0, \qquad 0<x,x''<l. \qquad (19.106c)$$

将方程 (19.105a) 和 (19.106a) 分别乘以 Green 函数 $G(x,-t;\xi',-\tau')$ 和 $G(x,t;\xi,\tau)$, 然后相减, 再在区间 $[0,l]$ 和 $(-\infty,\infty)$ 上对 x 和 t 积分，并代入边界条件 (19.105b)、(19.106b) 和初始条件 (19.105c)、(19.106c), 就有

$$G(\xi,-\tau;\xi',-\tau') - G(\xi',\tau';\xi,\tau)$$

$$= \int_0^l dx \int_{-\infty}^\infty \left[G(x,-t;\xi',-\tau')\frac{\partial^2 G(x,t;\xi,\tau)}{\partial t^2} - G(x,t;\xi,\tau)\frac{\partial^2 G(x,-t;\xi',-\tau')}{\partial t^2}\right]dt$$

$$- \int_0^\infty dt \int_0^l \left[G(x,-t;\xi',-\tau')\frac{\partial^2 G(x,t;\xi,\tau)}{\partial x^2} - G(x,t;\xi,\tau)\frac{\partial^2 G(x,-t;\xi',-\tau')}{\partial x^2}\right]dx$$

$$= \int_0^l \left[G(x,-t;\xi',-\tau')\frac{\partial G(x,t;\xi,\tau)}{\partial t} - G(x,t;\xi,\tau)\frac{\partial G(x,-t;\xi',-\tau')}{\partial t}\right]_{-\infty}^\infty dx$$

$$- \int_{-\infty}^\infty \left[G(x,-t;\xi',-\tau')\frac{\partial G(x,t;\xi,\tau)}{\partial x} - G(x,t;\xi,\tau)\frac{\partial G(x,-t;\xi',-\tau')}{\partial x}\right]_0^l dt$$

$$= 0.$$

这样就导出了 Green 函数在空间上的对称性与时间上的倒易性:

$$G(\xi',\tau';\xi,\tau) = G(\xi,-\tau;\xi',-\tau'),$$

或者将 ξ' 和 τ' 改写成 x 和 t,

$$G(x,t;\xi,\tau) = G(\xi,-\tau;x,-t). \qquad (19.107)$$

在此式中，将 t 和 τ 易位时出现的负号，正好保证了时间的先后次序不变，否则就有悖于因果律的要求.

3. 用 Green 函数及已知条件表示相关定解问题的解

为了用 Green 函数及已知条件表示定解问题 (19.104) 的解，可先将该定解问题中的自变量改写为 ξ 和 τ，

$$\frac{\partial^2 u(\xi,\tau)}{\partial \tau^2} - a^2 \frac{\partial^2 u(\xi,\tau)}{\partial \xi^2} = f(\xi,\tau), \qquad 0<\xi<l,\ \tau>0, \tag{19.108a}$$

$$u(\xi,\tau)\big|_{\xi=0} = \mu(\tau), \quad u(\xi,\tau)\big|_{\xi=l} = \nu(\tau), \qquad \tau>0, \tag{19.108b}$$

$$u(\xi,\tau)\big|_{\tau=0} = \phi(\xi), \quad \frac{\partial u(\xi,\tau)}{\partial \tau}\bigg|_{\tau=0} = \psi(\xi), \qquad 0<\xi<l, \tag{19.108c}$$

再写出 $G(\xi,-\tau;x,-t)$ 满足的定解问题，并利用 Green 函数的对称性与倒易性关系 (19.107) 而改写为

$$\left(\frac{\partial^2}{\partial \tau^2} - a^2 \frac{\partial^2}{\partial \xi^2}\right) G(x,t;\xi,\tau) = \delta(x-\xi)\delta(t-\tau), \qquad 0<x,\xi<l,\ t,\tau>0, \tag{19.109a}$$

$$G(x,t;\xi,\tau)\big|_{\xi=0} = 0, \qquad G(x,t;\xi,\tau)\big|_{\xi=l} = 0, \qquad t,\tau>0, \tag{19.109b}$$

$$G(x,t;\xi,\tau)\big|_{\tau>t} = 0, \qquad \frac{\partial G(x,t;\xi,\tau)}{\partial \tau}\bigg|_{\tau>t} = 0, \qquad 0<x,\xi<l. \tag{19.109c}$$

将方程 (19.108a) 和 (19.109a) 分别乘以 $G(x,t;\xi,\tau)$ 和 $u(\xi,\tau)$，然后相减，再积分，有

$$\int_0^l \mathrm{d}\xi \int_0^\infty G(x,t;\xi,\tau) f(\xi,\tau) \mathrm{d}\tau - u(x,t)$$

$$= \int_0^l \mathrm{d}\xi \int_0^\infty \left[G(x,t;\xi,\tau)\frac{\partial^2 u(\xi,\tau)}{\partial \tau^2} - u(\xi,\tau)\frac{\partial^2 G(x,t;\xi,\tau)}{\partial \tau^2}\right] \mathrm{d}\tau$$

$$- a^2 \int_0^\infty \mathrm{d}\tau \int_0^l \left[G(x,t;\xi,\tau)\frac{\partial^2 u(\xi,\tau)}{\partial \xi^2} - u(\xi,\tau)\frac{\partial^2 G(x,t;\xi,\tau)}{\partial \xi^2}\right] \mathrm{d}\xi$$

$$= \int_0^l \left[G(x,t;\xi,\tau)\frac{\partial u(\xi,\tau)}{\partial \tau} - u(\xi,\tau)\frac{\partial G(x,t;\xi,\tau)}{\partial \tau}\right]_0^\infty \mathrm{d}\xi$$

$$- a^2 \int_0^\infty \left[G(x,t;\xi,\tau)\frac{\partial u(\xi,\tau)}{\partial \xi} - u(\xi,\tau)\frac{\partial G(x,t;\xi,\tau)}{\partial \xi}\right]_0^l \mathrm{d}\tau.$$

代入边界条件 (19.108b)、(19.109b) 和初始条件 (19.108c)、(19.109c)，可以将上面的结果化简为

$$u(x,t) = \int_0^l \mathrm{d}\xi \int_0^t G(x,t;\xi,\tau) f(\xi,\tau) \mathrm{d}\tau$$

$$+ \int_0^l \left[G(x,t;\xi,0)\psi(\xi) - \phi(\xi) \frac{\partial G(x,t;\xi,\tau)}{\partial \tau}\bigg|_{\tau=0}\right] \mathrm{d}\xi$$

$$- a^2 \int_0^t \left[\nu(\tau) \frac{\partial G(x,t;\xi,\tau)}{\partial \xi}\bigg|_{\xi=l} - \mu(\tau) \frac{\partial G(x,t;\xi,\tau)}{\partial \xi}\bigg|_{\xi=0}\right] \mathrm{d}\tau. \tag{19.110}$$

练习 19.1 如果直接从 (19.104) 和 (19.107) 式出发，而不将这些方程的自变量换成 ξ 和 τ，是否能够用 Green 函数以及已知条件 $f(x,t)$，$\mu(t)$，$\nu(t)$ 和 $\phi(x)$，$\psi(x)$ 将定解问题 (19.104) 的解 $u(x,t)$ 表示出来？

4. 求解 Green 函数

现在讨论如何由定解问题 (19.105) 求出 Green 函数. 因为这是非齐次方程的定解问题，第一种解法仍然是按相应齐次问题的本征函数展开，

$$G(x,t;\xi,\tau) = \sum_{n=1}^\infty T_n(t) \sin \frac{n\pi}{l} x. \tag{19.111}$$

同时，将 δ 函数也按该组本征函数展开，

$$\delta(x-\xi) = \frac{2}{l} \sum_{n=1}^{\infty} \sin\frac{n\pi}{l}\xi \sin\frac{n\pi}{l}x. \tag{19.112}$$

于是，$T_n(t)$ 就满足常微分方程的初值问题

$$T''(t) + \left(\frac{n\pi a}{l}\right)^2 T_n(t) = \frac{2}{l}\sin\frac{n\pi}{l}\xi\,\delta(t-\tau), \tag{19.113a}$$

$$T_n(t<\tau) = 0, \qquad T'_n(t<\tau) = 0. \tag{19.113b}$$

解之即得

$$T_n(t) = \frac{2}{n\pi a}\sin\frac{n\pi}{l}\xi \sin\frac{n\pi}{l}a(t-\tau)\,\eta(t-\tau). \tag{19.114}$$

所以，就求得 Green 函数

$$G(x,t;\xi,\tau) = \frac{2}{\pi a}\sum_{n=1}^{\infty}\frac{1}{n}\sin\frac{n\pi}{l}\xi \sin\frac{n\pi}{l}x \sin\frac{n\pi}{l}a(t-\tau)\,\eta(t-\tau). \tag{19.115}$$

第二种方法是将定解问题 (19.105) 做 Laplace 变换. 令

$$g(x,p;\xi,\tau) = \int_0^{\infty} G(x,t;\xi,\tau)\,\mathrm{e}^{-pt}\,\mathrm{d}t, \tag{19.116}$$

则 $g(x,p;\xi,\tau)$ 满足常微分方程的边值问题

$$\left[\frac{\mathrm{d}^2}{\mathrm{d}x^2} - \left(\frac{p}{a}\right)^2\right]g(x,p;\xi,\tau) = -\frac{1}{a^2}\mathrm{e}^{-p\tau}\,\delta(x-\xi), \tag{19.117a}$$

$$g(x,p;\xi,\tau)\big|_{x=0} = 0, \qquad g(x,p;\xi,\tau)\big|_{x=l} = 0. \tag{19.117b}$$

由此也可求得

$$g(x,p;\xi,\tau) = \begin{cases} \dfrac{\sinh\dfrac{p}{a}(l-\xi)\,\sinh\dfrac{p}{a}x}{pa\sinh\dfrac{p}{a}l}\mathrm{e}^{-p\tau}, & 0\leqslant x<\xi, \\[2mm] \dfrac{\sinh\dfrac{p}{a}\xi\,\sinh\dfrac{p}{a}(l-x)}{pa\sinh\dfrac{p}{a}l}\mathrm{e}^{-p\tau}, & \xi<x\leqslant l. \end{cases} \tag{19.118}$$

最后，求反演，

$$G(x,t;\xi,\tau) = \frac{1}{2\pi\mathrm{i}}\int_L g(x,p;\xi,\tau)\,\mathrm{e}^{pt}\,\mathrm{d}p.$$

应用留数定理算出这个积分，也可以得到和 (19.115) 相同的结果.

再讨论一个三维无界空间的例子. 这时的 Green 函数 $G(\boldsymbol{r},t;\boldsymbol{\rho},\tau)$ 满足定解问题

$$\left(\frac{\partial^2}{\partial t^2} - a^2\nabla^2\right)G(\boldsymbol{r},t;\boldsymbol{\rho},\tau) = \delta(\boldsymbol{r}-\boldsymbol{\rho})\delta(t-\tau), \tag{19.119a}$$

$$G(\boldsymbol{r},t;\boldsymbol{\rho},\tau)\big|_{t<\tau} = 0, \qquad \left.\frac{\partial G(\boldsymbol{r},t;\boldsymbol{\rho},\tau)}{\partial t}\right|_{t<\tau} = 0. \tag{19.119b}$$

在 Fourier 变换

$$g(\boldsymbol{k},t;\boldsymbol{\rho},\tau) = \frac{1}{(2\pi)^{3/2}}\iiint G(\boldsymbol{r},t;\boldsymbol{\rho},\tau)\,\mathrm{e}^{-\mathrm{i}\boldsymbol{k}\cdot\boldsymbol{r}}\,\mathrm{d}\boldsymbol{r} \tag{19.120}$$

之下，定解问题 (19.119) 化为

$$\left[\frac{\mathrm{d}^2}{\mathrm{d}t^2} + (ka)^2\right] g(\boldsymbol{k},t;\boldsymbol{\rho},\tau) = \frac{1}{(2\pi)^{3/2}} \mathrm{e}^{-\mathrm{i}\boldsymbol{k}\cdot\boldsymbol{\rho}} \delta(t-\tau), \tag{19.121a}$$

$$g(\boldsymbol{k},t;\boldsymbol{\rho},\tau)\big|_{t<\tau} = 0, \qquad \frac{\mathrm{d}g(\boldsymbol{k},t;\boldsymbol{\rho},\tau)}{\mathrm{d}t}\bigg|_{t<\tau} = 0. \tag{19.121b}$$

根据例 19.2 的结果 (19.14) 式，可以得到

$$g(\boldsymbol{k},t;\boldsymbol{\rho},\tau) = \frac{1}{(2\pi)^{3/2}} \frac{\sin ka(t-\tau)}{ka} \mathrm{e}^{-\mathrm{i}\boldsymbol{k}\cdot\boldsymbol{\rho}} \eta(t-\tau). \tag{19.122}$$

做逆变换，就有

$$G(\boldsymbol{r},t;\boldsymbol{\rho},\tau) = \frac{\eta(t-\tau)}{(2\pi)^3} \iiint \frac{\sin ka(t-\tau)}{ka} \mathrm{e}^{-\mathrm{i}\boldsymbol{k}\cdot(\boldsymbol{r}-\boldsymbol{\rho})} \mathrm{d}\boldsymbol{k}.$$

完全模仿第 §19.6 中的做法，在 $\boldsymbol{k}$ 空间的球坐标系中计算上面的积分，就得到

$$G(\boldsymbol{r},t;\boldsymbol{\rho},\tau) = \frac{1}{2\pi^2 a} \frac{\eta(t-\tau)}{|\boldsymbol{r}-\boldsymbol{\rho}|} \int_0^\infty \sin ka(t-\tau) \sin k|\boldsymbol{r}-\boldsymbol{\rho}| \mathrm{d}k. \tag{19.123}$$

这个积分在通常的意义下是不存在的。出现这种积分的原因，根本原因是现在的定解问题 (19.119) 中非齐次项也不是通常意义下的函数。为了算出这个积分，可以将第九章中的 (9.14) 式代入 (9.15) 式，

$$f(x) = \sqrt{\frac{2}{\pi}} \int_0^\infty \left[\sqrt{\frac{2}{\pi}} \int_0^\infty f(\xi) \sin k\xi \mathrm{d}\xi\right] \sin kx \, \mathrm{d}k = \frac{2}{\pi} \int_0^\infty f(\xi) \left[\int_0^\infty \sin k\xi \sin kx \, \mathrm{d}k\right] \mathrm{d}\xi,$$

这说明

$$\frac{2}{\pi} \int_0^\infty \sin k\xi \sin kx \, \mathrm{d}k = \delta(x-\xi), \qquad x,\xi > 0.$$

把这个结果代入 (19.123) 式中，就求出了**推迟 Green 函数**

$$G(\boldsymbol{r},t;\boldsymbol{\rho},\tau) = \frac{1}{4\pi a} \frac{1}{|\boldsymbol{r}-\boldsymbol{\rho}|} \delta(|\boldsymbol{r}-\boldsymbol{\rho}| - a(t-\tau)). \tag{19.124}$$

这里去掉了函数 $\eta(t-\tau)$，因为 δ 函数已经保证了 $t-\tau<0$ 时 $G(\boldsymbol{r},t;\boldsymbol{\rho},\tau)=0$。这个解式的物理意义明确：$\tau$ 时刻在 $\boldsymbol{\rho}$ 处发射的信号，t 时刻一定只到达距 $\boldsymbol{\rho}$ 点为 $a(t-\tau)$ 的球面上。

利用推迟 Green 函数，可以得到三维无界空间中波动方程的初值问题

$$\frac{\partial^2 u(\boldsymbol{r},t)}{\partial t^2} - a^2 \nabla^2 u(\boldsymbol{r},t) = f(\boldsymbol{r},t), \qquad t>0, \tag{19.125a}$$

$$u(\boldsymbol{r},t)\big|_{t=0} = \phi(\boldsymbol{r}), \qquad \frac{\partial u(\boldsymbol{r},t)}{\partial t}\bigg|_{t=0} = \psi(\boldsymbol{r}) \tag{19.125b}$$

的解

$$u(\boldsymbol{r},t) = \frac{1}{4\pi a^2} \iiint_{|\boldsymbol{\rho}-\boldsymbol{r}|<at} \frac{f(\boldsymbol{\rho}, t-|\boldsymbol{\rho}-\boldsymbol{r}|/a)}{|\boldsymbol{\rho}-\boldsymbol{r}|} \mathrm{d}\boldsymbol{\rho}$$

$$+ \frac{1}{4\pi a} \left[\iint_\Sigma \frac{\psi(\boldsymbol{\rho})}{|\boldsymbol{\rho}-\boldsymbol{r}|} \mathrm{d}\Sigma' + \frac{\partial}{\partial t} \iint_\Sigma \frac{\phi(\boldsymbol{\rho})}{|\boldsymbol{\rho}-\boldsymbol{r}|} \mathrm{d}\Sigma'\right], \tag{19.126}$$

其中 Σ 是以 $\boldsymbol{r}$ 点为球心、at 为半径的球面 $|\boldsymbol{\rho}-\boldsymbol{r}|=at$。这个结果的证明留给读者完成。

*§19.9 热传导方程的 Green 函数

对于热传导问题的 Green 函数, 可以仿照波动问题的做法. 例如, 对于三维有界空间的热传导问题

$$\frac{\partial u(\boldsymbol{r},t)}{\partial t} - \kappa\nabla^2 u(\boldsymbol{r},t) = f(\boldsymbol{r},t), \qquad \boldsymbol{r}\in V,\, t>0, \tag{19.127a}$$

$$u(\boldsymbol{r},t)\big|_\Sigma = \mu(\Sigma,t), \qquad t>0, \tag{19.127b}$$

$$u(\boldsymbol{r},t)\big|_{t=0} = \phi(\boldsymbol{r}), \qquad \boldsymbol{r}\in V, \tag{19.127c}$$

相应的 Green 函数 $G(\boldsymbol{r},t;\boldsymbol{\rho},\tau)$ 就可以定义为 τ 时刻在 $\boldsymbol{\rho}$ 处有一个 (单位强度的) 瞬时点热源所产生的温度分布, 换句话说, 就是定解问题

$$\left(\frac{\partial}{\partial t} - \kappa\nabla^2\right) G(\boldsymbol{r},t;\boldsymbol{\rho},\tau) = \delta(\boldsymbol{r}-\boldsymbol{\rho})\,\delta(t-\tau), \qquad \boldsymbol{r},\boldsymbol{\rho}\in V,\, t,\tau>0, \tag{19.128a}$$

$$G(\boldsymbol{r},t;\boldsymbol{\rho},\tau)\big|_\Sigma = 0, \qquad t,\tau>0, \tag{19.128b}$$

$$G(\boldsymbol{r},t;\boldsymbol{\rho},\tau)\big|_{t=0} = 0, \qquad \boldsymbol{r},\boldsymbol{\rho}\in V \tag{19.128c}$$

的解.

下面推导热传导问题 Green 函数 $G(\boldsymbol{r},t;\boldsymbol{\rho},\tau)$ 的对称性. 为此先要将 $G(\boldsymbol{r},t;\boldsymbol{\rho},\tau)$ 的定义域延拓到 $t<0$,

$$\left(\frac{\partial}{\partial t} - \kappa\nabla^2\right) G(\boldsymbol{r},t;\boldsymbol{\rho},\tau) = \delta(\boldsymbol{r}-\boldsymbol{\rho})\,\delta(t-\tau), \qquad \boldsymbol{r},\boldsymbol{\rho}\in V,\, -\infty<t,\tau<\infty, \tag{19.128a$'$}$$

$$G(\boldsymbol{r},t;\boldsymbol{\rho},\tau)\big|_\Sigma = 0, \qquad -\infty<t,\tau<\infty, \tag{19.128b$'$}$$

$$G(\boldsymbol{r},t;\boldsymbol{\rho},\tau)\big|_{t<\tau} = 0, \qquad \boldsymbol{r},\boldsymbol{\rho}\in V. \tag{19.128c$'$}$$

再写出 $G(\boldsymbol{r},-t;\boldsymbol{\rho}',-\tau')$ 所满足的定解问题:

$$\left(-\frac{\partial}{\partial t} - \kappa\nabla^2\right) G(\boldsymbol{r},-t;\boldsymbol{\rho}',-\tau') = \delta(\boldsymbol{r}-\boldsymbol{\rho}')\,\delta(t-\tau'), \qquad \boldsymbol{r},\boldsymbol{\rho}'\in V,\, -\infty<t,\tau'<\infty, \tag{19.129a}$$

$$G(\boldsymbol{r},-t;\boldsymbol{\rho}',-\tau')\big|_\Sigma = 0, \qquad -\infty<t,\tau'<\infty, \tag{19.129b}$$

$$G(\boldsymbol{r},-t;\boldsymbol{\rho}',-\tau')\big|_{-t<-\tau'} = 0, \qquad \boldsymbol{r},\boldsymbol{\rho}'\in V. \tag{19.129c}$$

将方程 (19.128a$'$) 和 (19.129a) 分别乘以 $G(\boldsymbol{r},-t;\boldsymbol{\rho}',-\tau')$ 和 $G(\boldsymbol{r},t;\boldsymbol{\rho},\tau)$, 再相减, 并对 $\boldsymbol{r}$ 和 t 积分, 就得到

$$\int_{-\infty}^{\infty}\mathrm{d}t \iiint_V \Big[G(\boldsymbol{r},-t;\boldsymbol{\rho}',-\tau')\delta(\boldsymbol{r}-\boldsymbol{\rho})\,\delta(t-\tau) - G(\boldsymbol{r},t;\boldsymbol{\rho},\tau)\delta(\boldsymbol{r}-\boldsymbol{\rho}')\,\delta(t-\tau')\Big]\mathrm{d}\boldsymbol{r}$$

$$= \iiint_V \mathrm{d}\boldsymbol{r} \int_{-\infty}^{\infty} \left[\frac{\partial G(\boldsymbol{r},t;\boldsymbol{\rho},\tau)}{\partial t} G(\boldsymbol{r},-t;\boldsymbol{\rho}',-\tau') + \frac{\partial G(\boldsymbol{r},-t;\boldsymbol{\rho}',-\tau')}{\partial t} G(\boldsymbol{r},t;\boldsymbol{\rho},\tau)\right]\mathrm{d}t$$

$$\quad - \kappa \int_{-\infty}^{\infty}\mathrm{d}t \int_V \Big[G(\boldsymbol{r},-t;\boldsymbol{\rho}',-\tau')\nabla^2 G(\boldsymbol{r},t;\boldsymbol{\rho},\tau) - G(\boldsymbol{r},t;\boldsymbol{\rho},\tau)\nabla^2 G(\boldsymbol{r},-t;\boldsymbol{\rho}',-\tau')\Big]\mathrm{d}\boldsymbol{r}$$

$$= \iiint_V G(\boldsymbol{r},t;\boldsymbol{\rho},\tau) G(\boldsymbol{r},-t;\boldsymbol{\rho}',-\tau')\Big|_{-\infty}^{\infty} \mathrm{d}\boldsymbol{r}$$

$$\quad - \kappa \int_{-\infty}^{\infty} \left[G(\boldsymbol{r},-t;\boldsymbol{\rho}',-\tau')\frac{\partial G(\boldsymbol{r},t;\boldsymbol{\rho},\tau)}{\partial \boldsymbol{n}} - G(\boldsymbol{r},t;\boldsymbol{\rho},\tau)\frac{\partial G(\boldsymbol{r},-t;\boldsymbol{\rho}',-\tau')}{\partial \boldsymbol{n}}\right]_\Sigma \mathrm{d}t,$$

代入边界条件 (19.128b′)、(19.129b) 和初始条件 (19.128c′)、(19.129c)，即得

$$G(\boldsymbol{\rho},-\tau;\boldsymbol{\rho}',-\tau') - G(\boldsymbol{\rho}',\tau';\boldsymbol{\rho},\tau) = 0,$$

再将 $\boldsymbol{\rho}'$ 和 τ' 分别改写为 $\boldsymbol{r}$ 和 t，就导出了 $G(\boldsymbol{r},t;\boldsymbol{\rho},\tau)$ 的空间对称性和时间倒易性：

$$G(\boldsymbol{r},t;\boldsymbol{\rho},\tau) = G(\boldsymbol{\rho},-\tau;\boldsymbol{r},-t). \tag{19.130}$$

为了应用 Green 函数方法解定解问题 (19.127)，也必须模仿上一节的做法：首先将定解问题 (19.127) 的自变量改写成 $\boldsymbol{\rho}$ 和 τ[①]。

$$\frac{\partial u(\boldsymbol{\rho},\tau)}{\partial \tau} - \kappa \nabla'^2 u(\boldsymbol{\rho},\tau) = f(\boldsymbol{\rho},\tau), \qquad \boldsymbol{\rho} \in V,\ \tau > 0, \tag{19.131a}$$

$$u(\boldsymbol{\rho},\tau)\big|_{\Sigma'} = \mu(\Sigma',\tau), \qquad \tau > 0, \tag{19.131b}$$

$$u(\boldsymbol{\rho},\tau)\big|_{\tau=0} = \phi(\boldsymbol{\rho}), \qquad \boldsymbol{\rho} \in V, \tag{19.131c}$$

同时写出 Green 函数 $G(\boldsymbol{\rho},-\tau;\boldsymbol{r},-t)$ 满足的定解问题

$$\left[\frac{\partial}{\partial(-\tau)} - \kappa \nabla'^2\right] G(\boldsymbol{\rho},-\tau;\boldsymbol{r},-t) = \delta(\boldsymbol{r}-\boldsymbol{\rho})\delta(t-\tau), \qquad \boldsymbol{r},\boldsymbol{\rho} \in V,\ t,\tau > 0,$$

$$G(\boldsymbol{\rho},-\tau;\boldsymbol{r},-t)\big|_{\Sigma'} = 0, \qquad t,\tau > 0,$$

$$G(\boldsymbol{\rho},-\tau;\boldsymbol{r},-t)\big|_{-\tau<-t} = 0, \qquad \boldsymbol{r},\boldsymbol{\rho} \in V.$$

进一步再利用 Green 函数对于空间的对称性和时间的倒易性关系 (19.129)，将定解问题改写成

$$\left(-\frac{\partial}{\partial \tau} - \kappa \nabla'^2\right) G(\boldsymbol{r},t;\boldsymbol{\rho},\tau) = \delta(\boldsymbol{r}-\boldsymbol{\rho})\delta(t-\tau), \qquad \boldsymbol{r},\boldsymbol{\rho} \in V,\ t,\tau > 0, \tag{19.132a}$$

$$G(\boldsymbol{r},t;\boldsymbol{\rho},\tau)\big|_{\Sigma'} = 0, \qquad t,\tau > 0, \tag{19.132b}$$

$$G(\boldsymbol{r},t;\boldsymbol{\rho},\tau)\big|_{\tau>t} = 0, \qquad \boldsymbol{r},\boldsymbol{\rho} \in V. \tag{19.132c}$$

将方程 (19.131a) 和 (19.132a) 分别乘以 $G(\boldsymbol{r},t;\boldsymbol{\rho},\tau)$ 和 $u(\boldsymbol{\rho},\tau)$，相减并积分，就得到

$$\int_0^\infty d\tau \iiint_V f(\boldsymbol{\rho},\tau) G(\boldsymbol{r},t;\boldsymbol{\rho},\tau) d\boldsymbol{\rho} - u(\boldsymbol{r},t)$$

$$= \iiint_V d\boldsymbol{\rho} \int_0^\infty \left[G(\boldsymbol{r},t;\boldsymbol{\rho},\tau)\frac{\partial u(\boldsymbol{\rho},\tau)}{\partial \tau} + u(\boldsymbol{\rho},\tau)\frac{\partial G(\boldsymbol{r},t;\boldsymbol{\rho},\tau)}{\partial \tau}\right] d\tau$$

$$- \kappa \int_0^\infty d\tau \iiint_V \left[G(\boldsymbol{r},t;\boldsymbol{\rho},\tau)\nabla'^2 u(\boldsymbol{\rho},\tau) - u(\boldsymbol{\rho},\tau)\nabla'^2 G(\boldsymbol{r},t;\boldsymbol{\rho},\tau)\right] d\boldsymbol{\rho}$$

$$= \iiint_V G(\boldsymbol{r},t;\boldsymbol{\rho},\tau) u(\boldsymbol{\rho},\tau)\bigg|_{\tau=0}^{\tau=\infty} d\boldsymbol{\rho}$$

$$- \kappa \int_0^\infty d\tau \iint_\Sigma \left[G(\boldsymbol{r},t;\boldsymbol{\rho},\tau)\nabla' u(\boldsymbol{\rho},\tau) - u(\boldsymbol{\rho},\tau)\nabla' G(\boldsymbol{r},t;\boldsymbol{\rho},\tau)\right] \cdot d\boldsymbol{\Sigma}'.$$

[①] 在下面的定解问题中，∇'^2 表示作用于坐标 $\boldsymbol{\rho}$ 的 Laplace 算符，Σ' 仍然是空间区域 V 的边界面或界面上各点的坐标，但是改用坐标 $\boldsymbol{\rho}$ 表示 (例如球面 $|\boldsymbol{\rho}| = R$ 或球面上各点的坐标).

代入边界条件 (19.131b)、(19.132b) 和初始条件 (19.131c)、(19.132c),最后就得到

$$u(\boldsymbol{r},t) = \int_0^t \mathrm{d}\tau \iiint_V f(\boldsymbol{\rho},\tau) G(\boldsymbol{r},t;\boldsymbol{\rho},\tau) \mathrm{d}\boldsymbol{\rho} + \iiint_V \phi(\boldsymbol{\rho}) G(\boldsymbol{r},t;\boldsymbol{\rho},0) \mathrm{d}\boldsymbol{\rho}$$
$$-\kappa \int_0^t \mathrm{d}\tau \iint_\Sigma \mu(\Sigma',\tau) \frac{\partial G(\boldsymbol{r},t;\boldsymbol{\rho},\tau)}{\partial n'}\bigg|_{\Sigma'} \mathrm{d}\Sigma'. \tag{19.133}$$

练习 19.2 如果直接从 (19.127) 和 (19.128) 式出发,而不将这些方程的自变量换成 $\boldsymbol{\rho}$ 和 τ,是否能够用 Green 函数以及已知条件 $f(\boldsymbol{r},t)$, $\mu(\Sigma,t)$ 和 $\phi(\boldsymbol{r})$ 将定解问题 (19.127) 的解 $u(\boldsymbol{r},t)$ 表示出来?

现在来求解第十二章中遗留下的一个定解问题,即一维无界空间热传导方程的 Green 函数问题

$$\left(\frac{\partial}{\partial t} - \kappa \frac{\partial^2}{\partial x^2}\right) G(x,t;\xi,\tau) = \delta(x-\xi)\delta(t-\tau), \quad \tau > 0, \tag{19.134a}$$

$$G(x,t;\xi,\tau)\big|_{x\to\pm\infty} \text{ 有界}, \tag{19.134b}$$

$$G(x,t;\xi,\tau)\big|_{t=0} = 0. \tag{19.134c}$$

做 Laplace 变换,即令

$$g(p;x,\xi) = \int_0^\infty G(x,t;\xi,\tau) \mathrm{e}^{-pt} \mathrm{d}t, \tag{19.135}$$

于是,定解问题化为

$$pg(p;x,\xi) - \kappa \frac{\mathrm{d}^2 g(p;x,\xi)}{\mathrm{d}x^2} = \delta(x-\xi) \mathrm{e}^{-p\tau}, \tag{19.136a}$$

$$g(p;x,\xi)\big|_{x\to\pm\infty} \text{ 有界}. \tag{19.136b}$$

援引例 19.5 中的 (19.47) 式,就求得

$$g(p;x,\xi) = \frac{1}{2\sqrt{\kappa p}} \mathrm{e}^{-p\tau} \exp\left\{-\sqrt{\frac{p}{\kappa}}|x-\xi|\right\}. \tag{19.137}$$

再利用 (10.48) 式的结果,求出反演,得

$$G(x,t;\xi,\tau) = \frac{1}{2\sqrt{\kappa\pi(t-\tau)}} \exp\left\{-\frac{(x-\xi)^2}{4\kappa(t-\tau)}\right\} \eta(t-\tau). \tag{19.138}$$

练习 19.3 求解第十二章中的定解问题 (12.54).

1. 已知单位阶跃函数
$$\eta(x) = \begin{cases} 0, & x < 0, \\ 1, & x > 0, \end{cases}$$

试求 $\dfrac{\mathrm{d}\eta(x)}{\mathrm{d}x}, \dfrac{\mathrm{d}^2\eta(x)}{\mathrm{d}x^2}$ 及 $\dfrac{\mathrm{d}[x\eta(x)]}{\mathrm{d}x}$.

2. 计算 $\dfrac{\mathrm{d}\,\mathrm{e}^{-|x|}}{\mathrm{d}x}, \dfrac{\mathrm{d}^2 \mathrm{e}^{-|x|}}{\mathrm{d}x^2}$ 及 $\dfrac{\mathrm{d}^3 \mathrm{e}^{-|x|}}{\mathrm{d}x^3}$.

3. 求下列常微分方程初值问题的解:

(1) $\left(\dfrac{\mathrm{d}^2}{\mathrm{d}t^2} - k^2\right) g(t;\tau) = \delta(t-\tau), \qquad t, \tau > 0, k > 0,$

$\quad g(0;\tau) = 0, \qquad \left.\dfrac{\mathrm{d}g(t;\tau)}{\mathrm{d}t}\right|_{t=0} = 0;$

(2) $\left(\dfrac{\mathrm{d}^2}{\mathrm{d}t^2} - t^2\right) g(t;\tau) = \delta(t-\tau), \qquad t, \tau > 0,$

$\quad g(0;\tau) = 0, \qquad \left.\dfrac{\mathrm{d}g(t;\tau)}{\mathrm{d}t}\right|_{t=0} = 0;$

(3) $\left[(1+t+t^2)\dfrac{\mathrm{d}^2}{\mathrm{d}t^2} + 2(1+2t)\dfrac{\mathrm{d}}{\mathrm{d}t} + 2\right] g(t;\tau) = \delta(t-\tau), \qquad t, \tau > 0,$

$\quad g(0;\tau) = 0, \qquad \left.\dfrac{\mathrm{d}g(t;\tau)}{\mathrm{d}t}\right|_{t=0} = 0.$

提示：以上各变系数常微分方程的解见第八章习题.

4. 用三种方法 (常数变易法、Laplace 变换和 Green 函数方法) 求解常微分方程初值问题:

$$\begin{cases} \dfrac{\mathrm{d}^2 y(t)}{\mathrm{d}t^2} + k^2 y(t) = f(t), & t > 0, k > 0, \\ y(0) = A, \quad \left.\dfrac{\mathrm{d}y(t)}{\mathrm{d}t}\right|_{t=0} = B. \end{cases}$$

5. 用 Green 函数方法求解下列常微分方程初值问题:

(1) $\dfrac{\mathrm{d}^2 y(t)}{\mathrm{d}t^2} - k^2 y(t) = f(t), \qquad t > 0, k > 0,$

$\quad y(0) = A, \qquad \left.\dfrac{\mathrm{d}y(t)}{\mathrm{d}t}\right|_{t=0} = B;$

(2) $\dfrac{\mathrm{d}^2 y(t)}{\mathrm{d}t^2} - t^2 y(t) = f(t), \qquad t > 0,$

$\quad y(0) = A, \qquad \left.\dfrac{\mathrm{d}y(t)}{\mathrm{d}t}\right|_{t=0} = B.$

6. 求下列常微分方程边值问题的解:

(1) $\left(\dfrac{\mathrm{d}^2}{\mathrm{d}x^2} - k^2\right) g(x;\xi) = \delta(x-\xi), \qquad 0 < x, \xi < 1, k > 0,$

$\quad g(0;\xi) = 0, \qquad g(1;\xi) = 0;$

(2) $\left(\dfrac{\mathrm{d}^2}{\mathrm{d}x^2} - x^2\right) g(x;\xi) = \delta(x-\xi), \qquad 0 < x, \xi < 1,$

$\quad g(0;\xi) = 0, \qquad g(1;\xi) = 0;$

(3) $\left[(1+x+x^2)\dfrac{\mathrm{d}^2}{\mathrm{d}x^2} + 2(1+2x)\dfrac{\mathrm{d}}{\mathrm{d}x} + 2\right] g(x;\xi) = \delta(x-\xi), \qquad 0 < x, \xi < l < 1,$

$\quad g(0;\xi) = 0, \qquad g(l;\xi) = 0.$

7. 求下列常微分方程边值问题相应的 Green 函数:

(1) $\begin{cases} \dfrac{\mathrm{d}^2 y(x)}{\mathrm{d}x^2} - k^2 y(x) = f(x), & x > 0, k > 0, \\ \left.\dfrac{\mathrm{d}y(x)}{\mathrm{d}x}\right|_{x=0} = v_0, \qquad y(x)|_{x\to\infty} \text{ 有界,} \quad \text{其中 } v_0 \text{ 是已知常数.} \end{cases}$

(2) $\begin{cases} \dfrac{\mathrm{d}^2 y(x)}{\mathrm{d} x^2} + k^2 y(x) = f(x), & a < x < b, k > 0, \\ y(a) = y_0, \quad \dfrac{\mathrm{d} y(x)}{\mathrm{d} x}\bigg|_{x=b} = v_0, & \text{其中 } y_0 \text{ 和 } v_0 \text{ 是已知常数}. \end{cases}$

8. 用 Green 函数方法求解下列常微分方程边值问题:

(1) $\dfrac{\mathrm{d}^2 y(x)}{\mathrm{d} x^2} + k^2 y(x) = f(x), \qquad 0 < x < 1,$

$y(0) = A, \quad y(1) = B;$

(2) $\dfrac{\mathrm{d}^2 y(x)}{\mathrm{d} x^2} - k^2 y(x) = f(x), \qquad 0 < x < 1, k > 0,$

$y(0) = A, \quad y(1) = B;$

(3) $\dfrac{\mathrm{d}^2 y(x)}{\mathrm{d} x^2} - x^2 y(x) = f(x), \qquad 0 < x < 1,$

$y(0) = A, \quad y(1) = B.$

9. 氢原子中的电子处于 1s 轨道上时, 其电荷密度为 $\rho(r, \theta, \phi) = \dfrac{q_0}{\pi a_0^3} \mathrm{e}^{-2r/a_0}$, 其中 q_0 为电子电荷, a_0 为 Bohr 半径. 应用电势叠加原理, 求空间任意一点处的静电势.

提示: 积分时可能会用到 (16.128) 式.

10. (1) 用电像法求出球内 Laplace 方程第一类边值问题的 Green 函数 $G(\boldsymbol{r}; \boldsymbol{r}')$;

(2) 求出边界面 (球面 $r = a$) 上各点的感生电荷密度 $\sigma(\theta, \phi)$;

(3) 证明像电荷和感生电荷在球内完全等效;

(4) 证明球内 Laplace 方程第一类边值问题

$$\nabla^2 u = 0,$$
$$u\big|_{r=a} = f(\theta, \phi)$$

的解是

$$u(r, \theta, \phi) = \frac{a(a^2 - r^2)}{4\pi} \int_0^{2\pi} \left[\int_0^\pi \frac{f(\theta', \phi')}{(a^2 + r^2 - 2ar\cos\psi)^{3/2}} \sin\theta' \mathrm{d}\theta' \right] \mathrm{d}\phi',$$

其中 ψ 是 $\boldsymbol{r}(r, \theta, \phi)$ 与 $\boldsymbol{r}'(r', \theta', \phi')$ 的夹角,

$$\cos\psi = \cos\theta \cos\theta' + \sin\theta \sin\theta' \cos(\phi - \phi').$$

11. 利用电像法求三维 Poisson 方程球外问题

$$\frac{\partial^2 u}{\partial x^2} + \frac{\partial^2 u}{\partial y^2} + \frac{\partial^2 u}{\partial z^2} = f(x, y, x), \quad x^2 + y^2 + z^2 > a^2,$$
$$u\big|_{x^2+y^2+z^2=a^2} = g$$

的 Green 函数, 其中 f 和 g 是已知函数.

12. 用 Green 函数方法解第十三章习题第 8 题.

13. 求移动点源在弦上产生的横向位移，方程及定解条件为

$$\begin{cases} \dfrac{\partial^2 G}{\partial t^2} - a^2 \dfrac{\partial^2 G}{\partial x^2} = A\delta(x - v_0 t), & 0 < x < l, 0 < t < \dfrac{l}{v_0}, \\ G\big|_{x=0} = 0, \quad G\big|_{x=l} = 0, & 0 \leqslant t \leqslant \dfrac{l}{v_0}, \\ G\big|_{t=0} = 0, \quad \dfrac{\mathrm{d}G}{\mathrm{d}t}\bigg|_{t=0} = 0, & 0 \leqslant x \leqslant l. \end{cases}$$

14. 求解点热源在细杆上产生的温度分布与变化，方程及初始条件为

$$\begin{cases} \dfrac{\partial G(x,t;x_0,t_0)}{\partial t} - \kappa \dfrac{\partial^2 G(x,t;x_0,t_0)}{\partial x^2} = A\delta(x - x_0), & 0 < x < l, t > 0, \\ G\big|_{x=0} = 0, \quad G\big|_{x=l} = 0, & t \geqslant 0, \\ G\big|_{t=0} = 0, & 0 \leqslant x \leqslant l. \end{cases}$$

15. 用 §19.8 中求解三维无界空间波动方程 Green 函数的方法，求解三维无界空间热传导方程的 Green 函数.

16. 用 Green 函数方法求解三维无界空间热传导问题

$$\dfrac{\partial u}{\partial t} - \kappa \nabla^2 u = f(x,y,z,t),$$

$$u\big|_{t=0} = \phi(x,y,y).$$

第二十章

变分法初步

变分法是数学物理中一个古老而成熟的方法. 早在古希腊时期, 有人就已经提出了 "等周问题". 17 世纪, 许多数学家用不同方法, 解决了 Galileo 提出的著名 "捷线问题", 而 Euler 和 Lagrange 对于这一类问题的研究, 则为变分法奠定了理论基础.

变分法在物理学中的应用集中在两个方面: 基本物理规律的一种新的表述语言和具体物理问题的近似方法. 本章就围绕这两方面的应用, 对变分法做一点初步的介绍.

§20.1 泛函的概念

泛函是从函数到数的映射, 简单地说, 就是以整个函数为自变量的函数.

设在 x-y 平面上有一簇曲线 $y(x)$, 其长度为

$$L = \int_C \mathrm{d}s = \int_{x_0}^{x_1} \sqrt{1 + y'^2}\, \mathrm{d}x.$$

显然, $y(x)$ 不同, L 值也不同, 即 L 的数值依赖于整个函数 $y(x)$. L 和函数 $y(x)$ 之间的这种依赖关系称为**泛函关系**. 类似的例子还有闭合曲线围成的面积, 平面曲线绕固定轴而生成的旋转体体积或表面积, 等等. 它们也都定义了各自的泛函关系.

设对于 (某一函数集合内的) 每一个函数 $y(x)$, 都有唯一一个数 $J[y]$ 与之对应, 则称 $J[y]$ 为 $y(x)$ 的**泛函**. 这里的函数集合, 即泛函的定义域, 通常要求 $y(x)$ 具有连续的二阶导数, 并且满足一定的边界条件. 这样的 $y(x)$ 称为**可取函数**.

这里要特别强调, 泛函不同于复合函数, 例如 $g = g(f(x))$. 对于后者, 给定一个 x 值, 仍然有一个 g 值与之对应; 对于前者, 则必须给出某一区间上的整个函数 $y(x)$, 才能得到一个泛函值 $J[y]$. (定义在同一区间上的) 函数不同, 泛函值当然不同. 为了强调泛函值 $J[y]$ 与函数 $y(x)$ 之间的依赖关系, 常常又把函数 $y(x)$ 称为**变量函数**.

例 20.1 捷线问题 (brachistochrone problem). 如图 20.1 所示, 在重力作用下, 一质点从 (x_0, y_0) 点沿平面曲线 $y(x)$ 无摩擦地自由下滑到 (x_1, y_1) 点, 则所需时间

$$T = \int_{(x_0, y_0)}^{(x_1, y_1)} \frac{\mathrm{d}s}{\sqrt{2g(y_0 - y)}}$$

$$= \int_{x_0}^{x_1} \frac{\sqrt{1 + y'^2}}{\sqrt{2g(y_0 - y)}}\, \mathrm{d}x \tag{20.1}$$

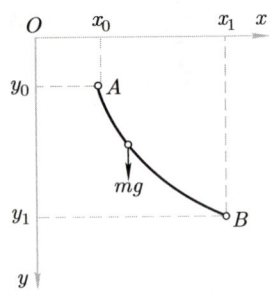

图 20.1　捷线问题

就是 $y(x)$ 的泛函. 这里, 自然要求变量函数 $y(x)$ 一定通过端点 (x_0, y_0) 和 (x_1, y_1).

例 20.2　弦的横振动问题. 设在弦上隔离出足够短的一段弦, 则该段弦的动能 E_k 和势能 E_p 分别为

$$E_k = \frac{1}{2}\rho\Delta x\left(\frac{\partial u}{\partial t}\right)^2, \qquad E_p = \frac{1}{2}T\Delta x\left(\frac{\partial u}{\partial x}\right)^2,$$

其中 $u(x,t)$ 是弦的横向位移, ρ 是弦的线密度, T 是张力. 这样, 弦的 Hamilton 作用量

$$S = \int_{t_0}^{t_1}\mathrm{d}t\int_{x_0}^{x_1}\frac{1}{2}\left[\rho\left(\frac{\partial u}{\partial t}\right)^2 - T\left(\frac{\partial u}{\partial x}\right)^2\right]\mathrm{d}x \tag{20.2}$$

也是位移 $u(x,t)$ 的泛函. 这里的

$$L = \int_{x_0}^{x_1}\frac{1}{2}\left[\rho\left(\frac{\partial u}{\partial t}\right)^2 - T\left(\frac{\partial u}{\partial x}\right)^2\right]\mathrm{d}x$$

称为 Lagrange 量, 而被积函数

$$\frac{1}{2}\left[\rho\left(\frac{\partial u}{\partial t}\right)^2 - T\left(\frac{\partial u}{\partial x}\right)^2\right]$$

称为 Lagrange 量密度.

泛函的形式可以多种多样, 例如求函数的最大值, 也是定义了一个泛函关系. 本书中只限于用积分定义的泛函, 例如

$$J[y] = \int_{x_0}^{x_1} F(x, y, y')\,\mathrm{d}x, \tag{20.3}$$

其中 F 是它的宗量 $x, y(x)$ 及 $y'(x)$ 的已知函数, 且具有连续的二阶偏导数. 如果变量函数是二元函数 $u(x,y)$, 则泛函为

$$J[u] = \iint_S F(x, y, u, u_x, u_y)\,\mathrm{d}x\mathrm{d}y, \tag{20.4}$$

其中 $u_x \equiv \partial u/\partial x$, $u_y \equiv \partial u/\partial y$. 对于更多个自变量的多元函数, 也可以有类似的定义.

§20.2　泛函的极值

泛函极值的概念和函数极值非常类似. 例如, "当变量函数为 $y(x)$ 时, 泛函 $J[y]$ 取极值" 的含义就是: 对于极值函数 $y(x)$ 及其 "附近" 的变量函数 $y(x) + \delta y(x)$, 恒有

$$J[y + \delta y] \geqslant J[y], \qquad \text{泛函 } J[y] \text{ 取极小值}, \tag{20.5a}$$

$$J[y + \delta y] \leqslant J[y], \qquad \text{泛函 } J[y] \text{ 取极大值}. \tag{20.5b}$$

所谓 $y(x) + \delta y(x)$ 在 $y(x)$ 的 "附近", 是函数空间的语言, 其含义是它们的差 $\delta y(x)$ (称为函数 $y(x)$ 的**变分**) 满足

(1) $\|\delta y(x)\| < \varepsilon$,

(2) 有时还要求 $\|(\delta y)'(x)\| < \varepsilon$,

其中 $\|\delta y(x)\|$ 就是函数 $\delta y(x)$ 的范数 (见 §22.1, (22.5) 式), 这里也可以理解为 $\max|\delta y(x)|$.

可以仿照函数极值必要条件的导出办法, 导出泛函取极值的必要条件. 为此, 不妨不失普遍性地假定, 所考虑的变量函数均通过固定的两个端点 $y(x_0) = a, y(x_1) = b$, 即

$$\delta y(x_0) = 0, \qquad \delta y(x_1) = 0. \tag{20.6}$$

现在, 考虑泛函的差值

$$J[y + \delta y] - J[y] = \int_{x_0}^{x_1} [F(x, y + \delta y, y' + (\delta y)') - F(x, y, y')] \, dx.$$

当函数的变分 $\delta y(x)$ 足够小时, 可以将被积函数在极值函数附近作 Taylor 展开, 有

$$J[y + \delta y] - J[y] = \int_{x_0}^{x_1} \left\{ \left[\delta y \frac{\partial}{\partial y} + (\delta y)' \frac{\partial}{\partial y'}\right] F + \frac{1}{2!}\left[\delta y \frac{\partial}{\partial y} + (\delta y)' \frac{\partial}{\partial y'}\right]^2 F + \cdots \right\} dx$$
$$= \delta J[y] + \frac{1}{2!} \delta^2 J[y] + \cdots,$$

其中

$$\delta J[y] \equiv \int_{x_0}^{x_1} \left[\frac{\partial F}{\partial y}\delta y + \frac{\partial F}{\partial y'}(\delta y)'\right] dx, \tag{20.7}$$

$$\delta^2 J[y] \equiv \int_{x_0}^{x_1} \left[\delta y \frac{\partial}{\partial y} + (\delta y)' \frac{\partial}{\partial y'}\right]^2 F \, dx$$
$$= \int_{x_0}^{x_1} \left[\frac{\partial^2 F}{\partial y^2}(\delta y)^2 + 2\frac{\partial^2 F}{\partial y \partial y'}\delta y(\delta y)' + \frac{\partial^2 F}{\partial y'^2}(\delta y)'^2\right] dx \tag{20.8}$$

分别是泛函 $J[y]$ 的一级变分和二级变分. 这样就得到: 泛函 $J[y]$ 取极值的必要条件是泛函的一级变分为 0,

$$\delta J[y] \equiv \int_{x_0}^{x_1} \left[\delta y \frac{\partial F}{\partial y} + (\delta y)' \frac{\partial F}{\partial y'}\right] dx = 0. \tag{20.9}$$

将上述积分中的第二项分部积分, 同时考虑到边界条件 (20.6), 就有

$$\delta J[y] = \frac{\partial F}{\partial y'}\delta y \bigg|_{x_0}^{x_1} + \int_{x_0}^{x_1} \left(\delta y \frac{\partial F}{\partial y} - \delta y \frac{d}{dx}\frac{\partial F}{\partial y'}\right) dx = \int_{x_0}^{x_1} \left(\frac{\partial F}{\partial y} - \frac{d}{dx}\frac{\partial F}{\partial y'}\right) \delta y \, dx = 0.$$

由于 δy 的任意性, 我们又可以得到

$$\frac{\partial F}{\partial y} - \frac{d}{dx}\frac{\partial F}{\partial y'} = 0. \tag{20.10}$$

这个方程称为 Euler-Lagrange 方程, 它是泛函 $J[y]$ 取极小值的必要条件的微分形式. 一般说来, 这是一个二阶常微分方程.

在导出方程 (20.10) 时, 需要用到下面的引理:

引理 20.1 (变分学基本引理) 设 $\phi(x)$ 是连续函数, $\eta(x)$ 具有连续的二阶导数, 并且满足 $\eta(x)\big|_{x=x_0} = \eta(x)\big|_{x=x_1} = 0$, 若对于任意 $\eta(x)$,

$$\int_{x_0}^{x_1} \phi(x)\,\eta(x)\,\mathrm{d}x = 0$$

均成立, 则必有 $\phi(x) \equiv 0$. 证明从略.

例 20.3 设质点在有势力场中沿路径 $q = q(t)$ 由 $(t_0, q(t_0))$ 点运动到 $(t_1, q(t_1))$ 点, 它的 Hamilton 作用量是

$$S = \int_{t_0}^{t_1} L(t, q, \dot{q})\,\mathrm{d}t, \tag{20.11}$$

其中 q 和 $\dot{q}$ 是描写质点运动的广义坐标和广义动量, $L = T - V$ 是动能 T 和势能 V 之差, 即 Lagrange 量. Hamilton 原理告诉我们, 在一切 (运动学上允许的) 可能路径中, 真实发生的 (即由力学规律决定的) 运动路径使作用量 S 取极值. 根据上面的讨论可知, 作用量 S 取极值的必要条件的积分形式和微分形式分别是

$$\delta S = \int_{t_0}^{t_1} \left(\frac{\partial L}{\partial q} \delta q + \frac{\partial L}{\partial \dot{q}} \delta \dot{q} \right) \mathrm{d}t = 0 \tag{20.12}$$

和

$$\frac{\partial L}{\partial q} - \frac{\mathrm{d}}{\mathrm{d}t} \frac{\partial L}{\partial \dot{q}} = 0. \tag{20.13}$$

在给定的有势力场中, 写出 Lagrange 量 L 的具体形式, 代入 (20.13) 式就会发现, 它和 Newton 力学的动力学方程完全一样.

现在讨论两种常见的特殊情形. 一种是泛函 (20.1) 中的 $F = F(x, y')$ 不显含 y, 这时的 Euler-Lagrange 方程就是

$$\frac{\mathrm{d}}{\mathrm{d}x} \frac{\partial F}{\partial y'} = 0,$$

所以, 立即就得到它的首次积分

$$\frac{\partial F}{\partial y'} = 常量\ C. \tag{20.14}$$

另一种是泛函 (20.1) 中的 $F = F(y, y')$ 不显含 x, 容易证明,

$$\frac{\mathrm{d}}{\mathrm{d}x}\left(y' \frac{\partial F}{\partial y'} - F \right) = y'' \frac{\partial F}{\partial y'} + y' \frac{\mathrm{d}}{\mathrm{d}x} \frac{\partial F}{\partial y'} - \frac{\partial F}{\partial y} y' - \frac{\partial F}{\partial y'} y'' = -y' \left(\frac{\partial F}{\partial y} - \frac{\mathrm{d}}{\mathrm{d}x} \frac{\partial F}{\partial y'} \right),$$

所以, 这时的 Euler-Lagrange 方程也可以有首次积分

$$y' \frac{\partial F}{\partial y'} - F = 常量\ C. \tag{20.15}$$

把这个结果应用到例 20.3 中, 如果 Lagrange 量 L 不显含 t, 则有

$$\dot{q} \frac{\partial L}{\partial \dot{q}} - L = 常量\ C, \tag{20.16}$$

这就是能量守恒.

下面研究变量函数是二元函数的情形. 设有二元函数 $u(x,y), (x,y) \in S$, 在此基础上可定义泛函

$$J[u] = \iint_S F(x, y, u, u_x, u_y) \,dx\,dy, \tag{20.17}$$

其中 $u_x = \partial u/\partial x, u_y = \partial u/\partial y$. 仍然约定, $u(x,y)$ 在 S 的边界 Γ 上的数值给定, 即

$$u|_\Gamma \text{ 固定}. \tag{20.18}$$

首先, 当然要计算

$$J[u+\delta u] - J[u]$$
$$= \iint_S F(x, y, u+\delta u, (u+\delta u)_x, (u+\delta u)_y) \,dx\,dy - \iint_S F(x, y, u, u_x, u_y) \,dx\,dy$$
$$= \iint_S \left[\delta u \frac{\partial}{\partial u} + (\delta u)_x \frac{\partial}{\partial u_x} + (\delta u)_y \frac{\partial}{\partial u_y}\right] F \,dx\,dy$$
$$+ \frac{1}{2!} \iint_S \left[\delta u \frac{\partial}{\partial u} + (\delta u)_x \frac{\partial}{\partial u_x} + (\delta u)_y \frac{\partial}{\partial u_y}\right]^2 F \,dx\,dy + \cdots,$$

于是, 泛函 $J[u]$ 取极值的必要条件就是泛函的一级变分为 0,

$$\delta J[u] = \iint_S \left[\delta u \frac{\partial F}{\partial u} + (\delta u)_x \frac{\partial F}{\partial u_x} + (\delta u)_y \frac{\partial F}{\partial u_y}\right] dx\,dy$$
$$= \iint_S \left[\frac{\partial F}{\partial u} - \frac{\partial}{\partial x}\left(\frac{\partial F}{\partial u_x}\right) - \frac{\partial}{\partial y}\left(\frac{\partial F}{\partial u_y}\right)\right] \delta u \,dx\,dy$$
$$+ \iint_S \left[\frac{\partial}{\partial x}\left(\frac{\partial F}{\partial u_x}\delta u\right) + \frac{\partial}{\partial y}\left(\frac{\partial F}{\partial u_y}\delta u\right)\right] dx\,dy = 0. \tag{20.19}$$

利用公式

$$\iint_S \left(\frac{\partial Q}{\partial x} - \frac{\partial P}{\partial y}\right) dx\,dy = \int_\Gamma (P\,dx + Q\,dy),$$

取 $Q = \dfrac{\partial F}{\partial u_x}\delta u$, $P = -\dfrac{\partial F}{\partial u_y}\delta u$, 就能将上面的结果化为

$$\delta J[u] = \iint_S \left(\frac{\partial F}{\partial u} - \frac{\partial}{\partial x}\frac{\partial F}{\partial u_x} - \frac{\partial}{\partial y}\frac{\partial F}{\partial u_y}\right) \delta u\,dx\,dy + \int_\Gamma \left(-\frac{\partial F}{\partial u_y}dx + \frac{\partial F}{\partial u_x}dy\right)\delta u.$$

根据 (20.18) 式, $\delta u|_\Gamma = 0$, 可知上式右端第二项的线积分为 0, 所以

$$\delta J[u] = \iint_S \left(\frac{\partial F}{\partial u} - \frac{\partial}{\partial x}\frac{\partial F}{\partial u_x} - \frac{\partial}{\partial y}\frac{\partial F}{\partial u_y}\right) \delta u\,dx\,dy = 0.$$

再利用 δu 的任意性, 就可以导出上面的被积函数一定为 0, 即

$$\frac{\partial F}{\partial u} - \frac{\partial}{\partial x}\frac{\partial F}{\partial u_x} - \frac{\partial}{\partial y}\frac{\partial F}{\partial u_y} = 0. \tag{20.20}$$

这就是二元函数情形下, 泛函

$$J[u] = \iint_S F(x, y, u, u_x, u_y) \mathrm{d}x\,\mathrm{d}y$$

取极值的必要条件的微分形式 (Euler‐Lagrange 方程).

把这个结果应用到例 20.2 中弦的横振动问题上, 就得到使作用量

$$S = \int_{t_0}^{t_1} \mathrm{d}t \int_{x_0}^{x_1} \frac{1}{2}\left[\rho\left(\frac{\partial u}{\partial t}\right)^2 - T\left(\frac{\partial u}{\partial x}\right)^2\right]\mathrm{d}x$$

取极值的必要条件

$$\frac{\partial^2 u}{\partial t^2} - \frac{T}{\rho}\frac{\partial^2 u}{\partial x^2} = 0, \tag{20.21}$$

正是我们在第十一章导出的弦的横振动方程.

练习 20.1 在 n 个自变量的情形下, 导出泛函

$$\int\cdots\int F(x_1, x_2, \cdots, x_n, u, u_{x_1}, u_{x_2}, \cdots, u_{x_n})\,\mathrm{d}x_1\,\mathrm{d}x_2\cdots\mathrm{d}x_n$$

取极值的必要条件, 包括积分形式和微分形式. 上式中的积分是在 n 维空间中的一定区域内进行的.

下面以一元函数为例, 总结一下变分运算的几条简单法则.

(1) 变量函数 y 本身只有一级变分,

$$\delta^2 y = 0. \tag{20.22}$$

(2) 变分运算是线性运算,

$$\delta(\alpha F + \beta G) = \alpha\,\delta F + \beta\,\delta G, \tag{20.23}$$

其中 α 和 β 是常数.

(3) 直接计算, 就可以得到函数乘积的变分法则:

$$\delta(FG) = (\delta F)\,G + F\,(\delta G). \tag{20.24}$$

(4) 变分运算和微商 (或微分) 运算可交换次序,

$$\delta\frac{\mathrm{d}y}{\mathrm{d}x} = \frac{\mathrm{d}(\delta y)}{\mathrm{d}x}, \qquad 即 \qquad \delta y' = (\delta y)'. \tag{20.25}$$

(5) 变分运算和积分 (微分的逆运算) 也可以交换次序,

$$\delta\int_a^b F\,\mathrm{d}x = \int_a^b (\delta F)\,\mathrm{d}x. \tag{20.26}$$

(6) 复合函数的变分运算, 其法则和微分运算完全相同, 只要简单地将微分运算中的 "d" 换成 "δ" 即可. 例如,

$$\delta F(x, y, y') = \frac{\partial F}{\partial y}\delta y + \frac{\partial F}{\partial y'}\delta y'. \tag{20.27}$$

这里注意，引起 F 变化的原因，是函数 y 的变分，而非自变量 x.

这些运算法则，可以毫不困难地推广到多元函数的情形.

作为完整的泛函极值问题，在列出泛函取极值的必要条件 (即 Euler-Lagrange 方程) 后，还需要在给定的定解条件下求解微分方程，才求得极值函数. 这里需要注意，Euler-Lagrange 方程只是泛函取极值的必要条件，并非充分条件. 在给定的定解条件下，Euler-Lagrange 方程的解到底是不是极值函数，还需要进一步加以甄别. 和求函数极值的情形一样，现在也可以有两种方法. 一种是直接比较所求得的解及其"附近"的函数的泛函值，根据泛函极值的定义加以判断. 另一种方法是计算泛函的二级变分 $\delta^2 J$，如果对于所求得的解，泛函的二级变分取正 (负) 值，则该解即为极值函数，泛函取极小 (大). 如果二级变分为 0，则需要继续讨论高级变分.

可是，实际问题往往又特别简单，这就是在给定的边界条件下，Euler-Lagrange 方程只有一个解，同时，从物理或数学内容上又能判断，该泛函的极值一定存在，那么，这时求得的唯一解当然就是所要求的极值函数了.

§20.3　泛函的条件极值

要求泛函

$$J[y] = \int_{x_0}^{x_1} F(x, y, y') \, dx \tag{20.28}$$

在边界条件

$$y(x_0) = a, \qquad y(x_1) = b \tag{20.29}$$

以及约束条件

$$J_1[y] \equiv \int_{x_0}^{x_1} G(x, y, y') \, dx = C \tag{20.30}$$

下的极值，可采用处理多元函数条件极值问题的 Lagrange 乘子法，即定义

$$J_0[y] = J[y] - \lambda J_1[y], \tag{20.31}$$

其中 Lagrange 乘子 λ 为待定常数，仍将 δy 看成是独立的，于是泛函 $J_0[y]$ 在边界条件 (20.29) 下取极值的必要条件就是

$$\left(\frac{\partial}{\partial y} - \frac{d}{dx} \frac{\partial}{\partial y'} \right)(F - \lambda G) = 0. \tag{20.32}$$

由微分方程 (20.32)、边界条件 (20.29) 以及约束条件 (20.30)，必要时经过甄别，就可以求出 Lagrange 乘子的值 $\lambda = \lambda_0$、极值函数 $y = y(x, \lambda_0)$，及相应泛函 $J_0[y]$ 的条件极值.

例 20.4　求泛函

$$I[y] = \int_0^1 x {y'}^2 \, dx \tag{20.33}$$

在边界条件

$$y(0) \text{ 有界}, \qquad y(1) = 0 \tag{20.34}$$

和约束条件
$$\int_0^1 xy^2\,\mathrm{d}x = 1 \tag{20.35}$$
下的极值曲线.

解 采用上面描述的 Lagrange 乘子法, 可以得到必要条件
$$\left(\frac{\partial}{\partial y} - \frac{\mathrm{d}}{\mathrm{d}x}\frac{\partial}{\partial y'}\right)(xy'^2 - \lambda xy^2) = 0, \quad 即 \quad \frac{\mathrm{d}}{\mathrm{d}x}\left(x\frac{\mathrm{d}y}{\mathrm{d}x}\right) + \lambda x y = 0. \tag{20.36}$$

此方程及齐次的边界条件 (20.34) 即构成一个本征值问题, 它的本征值
$$\lambda_i = \mu_i^2, \quad \mu_i \text{ 是零阶 Bessel 函数 } \mathrm{J}_0(x) \text{ 的第 } i \text{ 个正零点}, i = 1, 2, 3, \cdots \tag{20.37}$$
正好就是 Lagrange 乘子, 而极值函数就是相应的本征函数
$$y_i(x) = C_i\,\mathrm{J}_0(\mu_i x).$$

常量 C_i 可以由约束条件定出. 因为
$$C_i^2 \int_0^1 x\,\mathrm{J}_0^2(\mu_i x)\,\mathrm{d}x = \frac{1}{2}C_i^2 \mathrm{J}_1^2(\mu_i) = 1,$$
所以 $C_i = \sqrt{2}/\mathrm{J}_1(\mu_i)$. 这样就求出了极值函数
$$y_i(x) = \frac{\sqrt{2}}{\mathrm{J}_1(\mu_i)}\mathrm{J}_0(\mu_i x). \tag{20.38}$$

值得注意, 这里由于 Lagrange 乘子的引进, 在 Euler-Lagrange 方程出现了待定参量, 和齐次边界条件组合在一起, 就构成本征值问题. 而作为本征值问题, 它的解 (本征值和本征函数) 有无穷多个. 这无穷多个本征函数都是极值函数, 因为 $I[y]$ 的二级变分
$$\delta^2 I[y] = 2\int_0^1 x(\delta y')^2\,\mathrm{d}x > 0,$$
所以这些极值函数均使泛函取极小. 而且, 这无穷个本征值正好也就是泛函的极值. 这是因为, 将方程 (20.36) 乘以极值函数 $y(x)$, 再积分, 就有
$$\lambda \int_0^1 x\,y^2\,\mathrm{d}x = -\int_0^1 y\,(x\,y')'\,\mathrm{d}x = -y\cdot x\,y'\Big|_0^1 + \int_0^1 x\,y'^2\,\mathrm{d}x = \int_0^1 x\,y'^2\,\mathrm{d}x.$$
根据约束条件 (20.35), 就能得到
$$\lambda = \int_0^1 x\,y'^2\,\mathrm{d}x. \tag{20.39}$$

还可以从另一个角度来理解泛函的条件极值问题. 从第十五章的讨论知道, 自伴算符本征函数的全体构成完备函数组. 因此, 作为泛函 (20.33) 中的可取函数 $y(x)$, 一定可以按照本征函数 (20.38) 展开 (不妨设展开系数 c_i 为实数):
$$y(x) = \sum_{i=1}^\infty c_i y_i(x). \tag{20.40}$$

容易证明:

$$\int_0^1 x\, y'^2\, \mathrm{d}x = x\, y'y \Big|_0^1 - \int_0^1 (x\, y')' y\, \mathrm{d}x = -\int_0^1 \sum_{i=1}^\infty c_i (x\, y'_i)' \sum_{j=1}^\infty c_j y_j\, \mathrm{d}x$$

$$= \sum_{i,j} c_i c_j \lambda_i \int_0^1 y_i y_j x\, \mathrm{d}x = \sum_{i=1}^\infty \lambda_i c_i^2, \tag{20.41}$$

$$\int_0^1 x\, y^2\, \mathrm{d}x = \sum_{i=1}^\infty c_i^2 = 1. \tag{20.42}$$

因此, 例 20.4 中的泛函条件极值问题就完全等价于 (无穷维) 二次型 (20.41) 在约束条件 (20.42) 下的极值问题.

最后, 还要提到, 这一类泛函的条件极值问题的原型, 可以追溯到 "闭合曲线周长一定而面积取极大" 的原始几何问题. 因此, 泛函的条件极值问题, 常称为**等周问题** (isoperimetric problem).

§20.4 微分方程定解问题和本征值问题的变分形式

在前两节中读者看到, 泛函取极值的必要条件的微分形式 (Euler‐Lagrange 方程) 是常微分方程或偏微分方程, 它和变量函数的定解条件结合起来, 就构成常微分方程或偏微分方程的定解问题. 对于泛函的条件极值问题, 其必要条件中出现待定参量 (Lagrange 乘子), 它和齐次边界条件结合起来, 就构成微分方程本征值问题. 这一节将研究它的反问题: 如何将微分方程的定解问题或本征值问题转化为泛函的极值或条件极值问题, 即如何将微分方程的定解问题或本征值问题用变分语言表述.

例 20.5 写出常微分方程边值问题

$$\frac{\mathrm{d}}{\mathrm{d}x}\left[p(x)\frac{\mathrm{d}y}{\mathrm{d}x}\right] + q(x)y(x) = f(x), \qquad x_0 < x < x_1, \tag{20.43a}$$

$$y(x_0) = y_0, \qquad y(x_1) = y_1 \tag{20.43b}$$

的泛函形式, 即求相应的泛函, 它在边界条件 (20.43b) 下取极值的必要条件即为 (20.43a).

解 既然泛函极值必要条件的微分形式就是方程 (20.43a), 那么, 这个方程一定来自

$$\int_{x_0}^{x_1}\left\{\frac{\mathrm{d}}{\mathrm{d}x}\left[p(x)\frac{\mathrm{d}y}{\mathrm{d}x}\right] + q(x)y(x) - f(x)\right\}\delta y(x)\, \mathrm{d}x = 0.$$

现在的问题就是要把上式左端化成泛函的变分. 对于上式左端积分中被积函数的第二项和第三项, 显然有

$$\int_{x_0}^{x_1} q(x)y(x)\delta y(x)\mathrm{d}x = \frac{1}{2}\delta \int_{x_0}^{x_1} q(x)y^2(x)\mathrm{d}x,$$

$$\int_{x_0}^{x_1} f(x)\delta y(x)\mathrm{d}x = \delta \int_{x_0}^{x_1} f(x)y(x)\mathrm{d}x.$$

注意已知函数 $q(x)$ 和 $f(x)$ 是与 $y(x)$ 的变分无关的，因此它们在变分计算中都是常量. 对于被积函数中的第一项，可以通过分部积分而化为

$$\int_{x_0}^{x_1} \frac{\mathrm{d}}{\mathrm{d}x}\left[p(x)\frac{\mathrm{d}y}{\mathrm{d}x}\right] \delta y(x)\,\mathrm{d}x = -\int_{x_0}^{x_1} p(x)\frac{\mathrm{d}y}{\mathrm{d}x}\delta\left(\frac{\mathrm{d}y}{\mathrm{d}x}\right)\mathrm{d}x = -\frac{1}{2}\delta\int_{x_0}^{x_1} p(x)\left(\frac{\mathrm{d}y}{\mathrm{d}x}\right)^2 \mathrm{d}x,$$

其中用到了 $\delta y(x)\big|_{x_0} = \delta y(x)\big|_{x_1} = 0$. 综合上面的结果，就得到

$$\int_{x_0}^{x_1}\left\{\frac{\mathrm{d}}{\mathrm{d}x}\left[p(x)\frac{\mathrm{d}y}{\mathrm{d}x}\right] + q(x)y(x) - f(x)\right\}\delta y(x)\,\mathrm{d}x$$

$$= -\delta\int_{x_0}^{x_1}\left\{\frac{1}{2}\left[p(x)\left(\frac{\mathrm{d}y}{\mathrm{d}x}\right)^2 - q(x)y^2(x)\right] + f(x)y(x)\right\}\mathrm{d}x = 0. \quad (20.44)$$

这就说明，方程 (20.43a) 一定就是泛函

$$J[y] = \int_{x_0}^{x_1}\left\{\frac{1}{2}\left[p(x)\left(\frac{\mathrm{d}y}{\mathrm{d}x}\right)^2 - q(x)y^2(x)\right] + f(x)y(x)\right\}\mathrm{d}x \quad (20.45)$$

取极值的必要条件. 读者也可以直接验算.

例 20.6 写出偏微分方程定解问题

$$\nabla^2 u(\boldsymbol{r}) + k^2 u(\boldsymbol{r}) = -\rho(\boldsymbol{r}), \qquad \boldsymbol{r} \in V, \quad (20.46\mathrm{a})$$

$$u(\boldsymbol{r})\big|_{\Sigma} = f(\Sigma) \quad (20.46\mathrm{b})$$

的变分形式.

解 可以完全仿照例 20.5 的做法，考虑积分

$$\iiint_V \left[\nabla^2 u + k^2 u + \rho(\boldsymbol{r})\right]\delta u\,\mathrm{d}\boldsymbol{r}.$$

对于被积函数中的后两项，有

$$\iiint_V k^2 u\delta u\mathrm{d}\boldsymbol{r} = \frac{1}{2}\delta\iiint_V k^2 u^2 \mathrm{d}\boldsymbol{r}, \qquad \iiint_V \rho(\boldsymbol{r})\delta u\mathrm{d}\boldsymbol{r} = \delta\iiint_V \rho(\boldsymbol{r})u\,\mathrm{d}\boldsymbol{r}.$$

对于被积函数中的第一项，则需要应用 Green 第一公式以及边界条件 $\delta u(\boldsymbol{r})\big|_{\Sigma} = 0$，有

$$\iiint_V \nabla^2 u\,\delta u\,\mathrm{d}\boldsymbol{r} = \iint_{\Sigma} \delta u\,\nabla u \cdot \mathrm{d}\boldsymbol{\Sigma} - \iiint_V \nabla u \cdot \nabla(\delta u)\mathrm{d}\boldsymbol{r} = -\frac{1}{2}\delta\iiint_V (\nabla u)^2 \mathrm{d}\boldsymbol{r}.$$

因此，原方程就转化为

$$\delta\iiint_V\left\{\frac{1}{2}\left[(\nabla u)^2 - k^2 u^2\right] - \rho u\right\}\mathrm{d}\boldsymbol{r} = 0.$$

这说明，定解问题 (20.46) 就等价于在边界条件 (20.46b) 下求泛函

$$\iiint_V\left\{\frac{1}{2}\left[(\nabla u)^2 - k^2 u^2\right] - \rho u\right\}\mathrm{d}\boldsymbol{r} \quad (20.47)$$

的极值问题.

例 20.7 写出偏微分方程的本征值问题

$$\nabla^2 u(\boldsymbol{r}) + \lambda u(\boldsymbol{r}) = 0, \qquad \boldsymbol{r} \in V, \tag{20.48a}$$

$$u(\boldsymbol{r})\big|_{\Sigma} = 0 \tag{20.48b}$$

的变分形式.

解 可将本问题看成例 20.6 的特殊情形. 因此, 本征值问题 (20.48) 就等价于泛函

$$J[u] = \iiint_V \left\{ \left[\nabla u(\boldsymbol{r})\right]^2 - \lambda \left[u(\boldsymbol{r})\right]^2 \right\} \mathrm{d}\boldsymbol{r} \tag{20.49}$$

在边界条件 (20.48b) 下的极值问题. 更进一步, 把本征值 λ 看成 Lagrange 乘子, 那么, 这个泛函极值问题又等价于泛函

$$J[u] = \iiint_V \left[\nabla u(\boldsymbol{r})\right]^2 \mathrm{d}\boldsymbol{r} \tag{20.50}$$

在边界条件 (20.48b) 和约束条件 (本征函数的归一化条件)

$$J_1[u] \equiv \iiint_V \left[u(\boldsymbol{r})\right]^2 \mathrm{d}\boldsymbol{r} = 1 \tag{20.51}$$

下的条件极值问题.

不难证明, 这样得到的泛函条件极值问题的确和本征值问题 (20.48) 同解. 这些本征函数正好就是泛函的极值函数, 而本征值正好是泛函的极值. 由于泛函 $J[u]$ 的二级变分

$$\delta^2 J[u] = 2 \iiint_V \left[\nabla(\delta u(\boldsymbol{r}))\right]^2 \mathrm{d}\boldsymbol{r} \tag{20.52}$$

恒为正, 所以泛函的极值是极小值. 这些极小值中的最小者, 当然就是本征值问题 (20.48) 的最小本征值.

*§20.5 变边值问题

在实际问题中还会遇到另一类泛函的极值问题, 即极值函数在一端或两端的数值并未指定. 可以看下面这两个例子.

例 20.8 找出连接一固定点 A 到一铅直线 L 的路径 (见图 20.2), 使质点在重力作用下以最少的时间由 A 到 L. 在这个问题中, 起点 A 的位置是给定的,

$$y_A = y(x_A).$$

但是, 终点 B 的位置并不完全确定, 它只是限定在 L 上变化, 因此, 只是 x_B 给定, 而 y_B 不定.

例 20.9 如图 20.3 所示, 求两条不相交曲线之间的最短路径. 这里, 两个端点的位置都是不完全确定的, 需要决定端点的坐标, 以及连接这两点的最短路径.

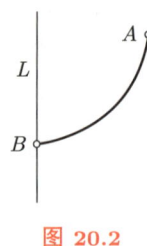
图 20.2

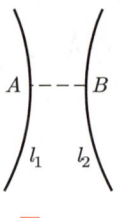
图 20.3

从数学上看,这类问题仍然可以归结为求泛函

$$J[y] = \int_{x_0}^{x_1} F(x, y, y') \, \mathrm{d}x \tag{20.53}$$

的极值问题,只不过边界条件需要修改. 仿照前面的讨论,可得到这个泛函取极值的必要条件

$$\delta J[y] = \int_{x_0}^{x_1} \delta F(x, y, y') \, \mathrm{d}x = \int_{x_0}^{x_1} \left(\frac{\partial F}{\partial y} \delta y + \frac{\partial F}{\partial y'} \delta y' \right) \mathrm{d}x$$
$$= \frac{\partial F}{\partial y'} \delta y \bigg|_{x_0}^{x_1} + \int_{x_0}^{x_1} \left(\frac{\partial F}{\partial y} - \frac{\mathrm{d}}{\mathrm{d}x} \frac{\partial F}{\partial y'} \right) \delta y \, \mathrm{d}x = 0.$$

设起点的位置 (x_0, y_0) 给定,因而 $\delta y|_{x_0} = 0$;但终点的位置 (x_1, y_1) 仅 x_1 给定,而 y_1 不定,所以 $\delta y|_{x_1}$ 也不定. 但是,只要极值函数存在 (因而终点位置 (x_1, y_1) 完全确定),则此极值函数一定也是同一个泛函在两端固定的边界条件

$$y(x_0) = y_0, \qquad y(x_1) = y_1$$

下的极值函数,所以一定也还是方程

$$\frac{\partial F}{\partial y} - \frac{\mathrm{d}}{\mathrm{d}x} \frac{\partial F}{\partial y'} = 0 \tag{20.54}$$

的解. 换句话说,这个 Euler - Lagrange 方程也还是泛函在变边值条件下取极值的必要条件. 但是,只有这个条件不够,还必须有

$$\frac{\partial F}{\partial y'} \bigg|_{x=x_1} = 0 \tag{20.55}$$

才能保证泛函的一级变分 $\delta J[y] = 0$.

结论: 泛函 (20.53) 在一端完全固定 $(y(x_0) = y_0)$,另一端 x_1 给定,而 $y(x_1)$ 不定的条件下取极值的必要条件是

$$\frac{\partial F}{\partial y} - \frac{\mathrm{d}}{\mathrm{d}x} \frac{\partial F}{\partial y'} = 0, \tag{20.56a}$$

$$y(x_0) = y_0, \qquad \frac{\partial F}{\partial y'} \bigg|_{x=x_1} = 0. \tag{20.56b}$$

练习 20.2 在两端均为变边值的条件下,求泛函

$$J[y] = \int_{x_0}^{x_1} F(x, y, y') \, \mathrm{d}x$$

取极值的必要条件.

再推广到二元函数的情形. 在自由边值条件 (边界 Γ 上的 $u(x, y)$ 值自由) 下,泛函

$$J[u] = \iint_S F\left(x, y, u, \frac{\partial u}{\partial x}, \frac{\partial u}{\partial y}\right) \mathrm{d}x \mathrm{d}y \tag{20.57}$$

取极值的必要条件，仍然是此泛函的一级变分为 0,

$$\delta J[u] = \iint_S \left(\frac{\partial F}{\partial u}\delta u + \frac{\partial F}{\partial u_x}\delta u_x + \frac{\partial F}{\partial u_y}\delta u_y\right)\,\mathrm{d}x\,\mathrm{d}y$$

$$= \iint_S \left(\frac{\partial F}{\partial u} - \frac{\partial}{\partial x}\frac{\partial F}{\partial u_x} - \frac{\partial}{\partial y}\frac{\partial F}{\partial u_y}\right)\delta u\,\mathrm{d}x\,\mathrm{d}y + \iint_S \left[\frac{\partial}{\partial x}\left(\frac{\partial F}{\partial u_x}\delta u\right) + \frac{\partial}{\partial y}\left(\frac{\partial F}{\partial u_y}\delta u\right)\right]\mathrm{d}x\,\mathrm{d}y$$

$$= \iint_S \left(\frac{\partial F}{\partial u} - \frac{\partial}{\partial x}\frac{\partial F}{\partial u_x} - \frac{\partial}{\partial y}\frac{\partial F}{\partial u_y}\right)\delta u\,\mathrm{d}x\,\mathrm{d}y + \int_\Gamma \left(-\frac{\partial F}{\partial u_y}\mathrm{d}x + \frac{\partial F}{\partial u_x}\mathrm{d}y\right)\delta u = 0.$$

所以，必要条件的微分形式是

$$\frac{\partial F}{\partial u} - \frac{\partial}{\partial x}\frac{\partial F}{\partial u_x} - \frac{\partial}{\partial y}\frac{\partial F}{\partial u_y} = 0, \tag{20.58a}$$

$$\int_\Gamma \left(-\frac{\partial F}{\partial u_y}\mathrm{d}x + \frac{\partial F}{\partial u_x}\mathrm{d}y\right)\delta u = 0. \tag{20.58b}$$

或者把沿边界的第二型线积分改写成第一型线积分的形式，边界条件 (20.58b) 又可改写成

$$\left[\frac{\partial F}{\partial u_x}\cos(n,x) + \frac{\partial F}{\partial u_y}\cos(n,y)\right]_\Gamma = 0. \tag{20.58b'}$$

§20.6 Rayleigh-Ritz 方法

到现在为止，读者应该已经了解了变分法应用于物理问题的大概轮廓. 变分法在物理学中的应用，可以分为两个主要的方面. 一种应用是作为基本物理规律的表述语言. 可以用 Hamilton 原理或其他类似的语言描述力学系统 (质点、质点组等) 的运动，可以用 Fermat 原理描述光在介质中的传播，也可以用变分的语言描述电磁场乃至微观粒子的运动，等等. 在物理学的这些分支中，支配物质运动的各种特定形式的基本规律，无一例外地都可以表述为各自的泛函极值问题. 变分法的这种应用，具有重要的理论意义. 它可以使我们用统一的语言描述物质世界的运动，可以协调一致地处理涉及多个物理学分支的综合问题，也可以更方便地从已知的物理领域向新领域扩展. 变分法的第二种应用则体现出它的实用价值：它为求解具体物理问题提供了一种新的灵活手段. 在变分法的基础上，可以建立起实用的近似解法. 本节就以常微分方程本征值问题为例介绍这种近似方法.

假设有一个一般的本征值问题

$$\hat{L}X = \lambda X, \tag{20.59a}$$

$$D(\hat{L}) = \{X(x): a \leqslant x \leqslant b, \cos\alpha X(a) - \sin\alpha X'(a) = 0, \cos\beta X(b) + \sin\beta X'(b) = 0\}. \tag{20.59b}$$

这时存在两种可能：一种是常微分方程 (20.59a) 的解已知，很容易求得；另一种可能是还需要用常微分方程级数解法，才能求出常微分方程的解. 但是，无论哪种情况，都还要代入边界条件，定出本征值和本征函数. 一般说来，除了少数已经熟悉的函数外，难以指望能得到本征值的准确表达式. 即使像

$$\hat{L}X \equiv -\frac{\mathrm{d}^2 X}{\mathrm{d}x^2} = \lambda X,$$

$$D(\hat{L}) = \{X(x): a \leqslant x \leqslant b, \cos\alpha X(a) - \sin\alpha X'(a) = 0, \cos\beta X(b) + \sin\beta X'(b) = 0\}$$

这样简单的方程,有熟知的两个线性无关解 $\sin\sqrt{\lambda}x$ 和 $\cos\sqrt{\lambda}x$,在一般的第三类边界条件下,也无法写出本征值的显明表达式. 对于一般的本征值问题,困难可想而知. 变分法就为我们提供了求解本征值的近似方法.

用 Rayleigh-Ritz 方法近似求解本征值问题的基本思路是:首先把本征值问题转化为泛函的条件极值问题,然后在一定的函数空间中求解,把问题又转化为函数的条件极值问题. 前提条件是选择的函数空间 (对于此本征值问题) 是完备的. 从实用的角度看,要选择一个 "好" 的函数空间 (实际上是一个函数序列),一方面便于计算,一方面又能够足够快地、足够精确地求得本征值的近似值. 这就要求函数序列具有本征函数所要求的主要基本特征,要求我们事先从物理学和数学上对于本征函数的性质做出尽可能准确的判断.

为了便于比较,不妨举一个已知精确解的例子.

例 20.10 求本征值问题

$$\frac{1}{x}\frac{\mathrm{d}}{\mathrm{d}x}\left(x\frac{\mathrm{d}y}{\mathrm{d}x}\right)+\lambda y(x)=0, \tag{20.60a}$$

$$y(0)\ \text{有界}, \qquad y(1)=0 \tag{20.60b}$$

的最小本征值.

解 这个本征值问题在例 20.4 中已经讨论过. 当时讨论的是泛函

$$I[y]=\int_0^1 x\, y'^2\,\mathrm{d}x \tag{20.61}$$

在边界条件 (20.60b) 和约束条件

$$I_1[y]\equiv\int_0^1 x\, y^2\,\mathrm{d}x=1 \tag{20.62}$$

下的条件极值问题,它的 Euler-Lagrange 方程就是 (20.60a) 式.

现在就用 Rayleigh-Ritz 方法来近似求解这个泛函的条件极值问题. 事先,我们对于本征函数的了解是,它除了必须满足边界条件 (20.60b) 之外,还可以具有奇偶性 (为什么?请读者证明). 因此,可用多项式序列

$$y_n(x)=\sum_{k=1}^{n}\alpha_k\left(1-x^2\right)^k, \qquad n=1,2,3,\cdots \tag{20.63}$$

去逼近本征函数. 首先取近似的本征函数 $y_2(x)$,即在 (20.63) 中取前两项,代入泛函 (20.61) 及约束条件 (20.62),得

$$I[y_2]=\int_0^1 x\, y_2'^2\,\mathrm{d}x=\alpha_1^2+\frac{4}{3}\alpha_1\alpha_2+\frac{2}{3}\alpha_2^2, \tag{20.64}$$

$$I_1[y_2]=\int_0^1 x\, y_2^2\,\mathrm{d}x=\frac{1}{6}\alpha_1^2+\frac{1}{4}\alpha_1\alpha_2+\frac{1}{10}\alpha_2^2=1. \tag{20.65}$$

这可以看成是 α_1 和 α_2 的二元函数的条件极值问题,必要条件是

$$\frac{\partial(I-\lambda I_1)}{\partial\alpha_1}=2\alpha_1+\frac{4}{3}\alpha_2-\lambda\left(\frac{1}{3}\alpha_1+\frac{1}{4}\alpha_2\right)=0, \tag{20.66}$$

$$\frac{\partial(I-\lambda I_1)}{\partial\alpha_2}=\frac{4}{3}\alpha_2+\frac{4}{3}\alpha_1-\lambda\left(\frac{1}{5}\alpha_2+\frac{1}{4}\alpha_1\right)=0. \tag{20.67}$$

这又是关于 α_1 和 α_2 的代数方程组,有非零解的充要条件是

$$\begin{vmatrix} 2-\dfrac{\lambda}{3} & \dfrac{4}{3}-\dfrac{\lambda}{4} \\ \dfrac{4}{3}-\dfrac{\lambda}{4} & \dfrac{4}{3}-\dfrac{\lambda}{5} \end{vmatrix}=0, \qquad \text{即} \qquad 3\lambda^2-128\lambda+640=0. \tag{20.68}$$

解之得

$$\lambda=\frac{64}{3}\pm\frac{8}{3}\sqrt{34}. \tag{20.69}$$

这两个给出的都是 λ 的极小值. 在 §20.3 和 §20.4 中已经论证过,最小的极小值就对应于最小的本征值. 这里得到的当然只是本征值问题 (20.60) 的最小本征值的近似值

$$\bar\lambda_1=\frac{64}{3}-\frac{8}{3}\sqrt{34}=5.7841\cdots, \tag{20.70}$$

它和精确值

$$\lambda_1=\bigl(2.4048\cdots\bigr)^2=5.7831\cdots$$

的相对误差不到 2×10^{-4}. 相应地,本征函数的近似解是

$$\bar y_1(x)=\alpha_1\bigl(1-x^2\bigr)+\alpha_2\bigl(1-x^2\bigr)^2, \tag{20.71a}$$

$$\alpha_1=2\sqrt{12-33\sqrt{2/17}}\;=\;1.6505676\cdots, \tag{20.71b}$$

$$\alpha_2=\sqrt{80-230\sqrt{2/17}}\;=\;1.0538742\cdots. \tag{20.71c}$$

为了与精确解

$$y_1(x)=\frac{\sqrt{2}}{\mathrm{J}_1(\mu_1)}\mathrm{J}_0(\mu_1 x)$$

做比较 (参见图 20.4),不妨计算

$$\Delta=\int_0^1\bigl[y_1(x)-\bar y_1(x)\bigr]^2 x\mathrm{d}x=2-2\int_0^1 y_1(x)\,\bar y_1(x)x\mathrm{d}x$$

$$=2\left\{1-\left[\alpha_1\frac{4\sqrt{2}}{\mu_1^3}+\alpha_2\frac{8\sqrt{2}}{\mu_1^3}\left(\frac{8}{\mu_1^2}-1\right)\right]\right\}=1.66\times10^{-5}.$$

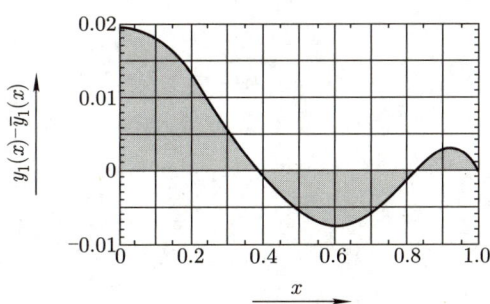

图 20.4 　本征函数 $y_1(x)$ 与近似解 $\bar y_1(x)$ 之差

在多项式逼近 (20.63) 中才只取了两项, 本征值和本征函数就能达到这个精度, 这的确是令人惊异的. 可以想象, 如果取的项数更多, 得到的精度会更高.

从上面的计算可以看出, 在应用 Rayleigh-Ritz 方法时, 只能求得最低的几个本征值的近似值, 本征值的个数和使用的逼近函数中的参数数目相同. 这是应用 Rayleigh-Ritz 方法求解本征值问题的一个特点. 在实际应用中, 并不会因为 Rayleigh-Ritz 方法只能求得有限个本征值而降低它的实用价值, 因为有不少问题只需要求出最小的若干个本征值.

再看一下上面得到的第二个本征值

$$\bar\lambda_2 = \frac{64}{3} + \frac{8}{3}\sqrt{34} = 36.883\cdots, \tag{20.72}$$

它和精确值 $\lambda_2 = 30.471\cdots$ 之间的误差竟超过 20%! 为了求得足够精确的第二个本征值, 就必须增加逼近函数中的参数, 这必然以计算量的急剧增长为代价. 在实用中, 更好的办法是求解一个新的泛函条件极值问题, 它和原来的泛函条件极值问题的差别只在于排除掉第一个本征值. 这只要在原来的泛函条件极值问题中再附加上一个正交条件

$$\int_0^1 y(x)\,\bar y_1(x)\,x\,\mathrm{d}x = 0 \tag{20.73}$$

即可. 这样, 在这个新的泛函条件极值问题中, 最小的本征值当然就是原来的第二个本征值了. 读者不难想到, 如果需要求得更高的本征值, 应该如何处理.

习 题

1. 写出使下列泛函取极值的 Euler-Lagrange 方程, 并求解:

(1) $\int_{x_0}^{x_1} \sqrt{1+y^2 y'^2}\,\mathrm{d}x$; (2) $\int_{x_0}^{x_1} (y^2 + y'^2)\,\mathrm{d}x$;

(3) $\int_{x_0}^{x_1} \dfrac{x}{x+y'}\,\mathrm{d}x$; (4) $\int_{x_0}^{x_1} \sqrt{1+x}\sqrt{1+y'^2}\,\mathrm{d}x$.

规定极值曲线均通过平面上的已知点 (x_0, y_0) 和 (x_1, y_1).

2. 求锥面 $x^2 + y^2 = z^2$ 上的 "短程线" (准确说, 称为测地线, geodesic).

3. 求圆柱面上的测地线, 设圆柱的母线平行于 z 轴.

4. 求泛函

$$J[y] = \iiint_{x^2+y^2+z^2<a^2} \left[(\nabla u)^2 - k^2 u^2\right] \mathrm{d}x\mathrm{d}y\mathrm{d}z$$

在边界条件

$$u\big|_{x^2+y^2+z^2=a^2} = z$$

下的极值函数, 其中 $k>0$ 和 $a>0$ 都是已知常数, 且满足 $ka \ne \tan ka$.

5. 光在折射率为 n 的介质中的传播速率为 $v = \dfrac{\mathrm{d}s}{\mathrm{d}t} = \dfrac{c}{n}$, c 是真空中的速率, 于是光由 A 点 (x_0, y_0) 传播到 B 点 (x_1, y_1) 的时间便是

$$T = \int_{(x_0,y_0)}^{(x_1,y_1)} \frac{\mathrm{d}s}{v} = \frac{1}{c}\int_{(x_0,y_0)}^{(x_1,y_1)} n\,\mathrm{d}s.$$

而光由 A 到 B 的实际路径应当使 T 取极值 (Fermat 原理). 试求光在下列介质中传播时的实际轨迹:

(1) $n = k(x+1)$; (2) $n = k\sqrt{y}$;
(3) $n = \dfrac{k}{2x+3}$; (4) $n = \dfrac{k}{y}$;
(5) $n = k\mathrm{e}^y$; (6) $n = k\sqrt{x+y}$;
(7) $n = kr^{-1/2}$; (8) $n = \dfrac{k}{r}$.

其中 k 均为已知常数, $r^2 = x^2 + y^2$.

6. 已知常微分方程定解问题

$$\begin{cases} \dfrac{\mathrm{d}^2 y}{\mathrm{d}x^2} - 2x\dfrac{\mathrm{d}y}{\mathrm{d}x} + 2ny = 0 \\ y(0) = 0, \qquad y(1) = 1, \end{cases}$$

其中 n 为常数, 试写出它所对应的泛函极值问题.

7. 求泛函

$$J[y] = \int_0^1 \left[\left(x\dfrac{\mathrm{d}y}{\mathrm{d}x}\right)^2 + 2y^2\right] \mathrm{d}x$$

在边界条件

$$y(0) \text{ 有界}, \qquad y(1) = 0$$

以及约束条件

$$J_1[y] = \int_0^1 y^2(x)\, x^2 \,\mathrm{d}x = 1$$

下的最小值.

8. 用 Rayleigh‑Ritz 方法求出

$$y'' + \lambda y = 0,$$
$$y(-1) = 0, \qquad y(1) = 0$$

的最低的两个本征值的近似值, 取试探函数为

(1) $c_1(1-x^2) + c_2 x(1-x^2)$; (2) $y = c_1(1-x^2) + c_2 x^2(1-x^2)$.

第二十一章

数学物理方程综述

§21.1 二阶线性偏微分方程的分类

在本课程的数学物理方程部分中，我们总共讨论了三种类型偏微分方程定解问题的解. 这三类方程 (即波动方程, 热传导方程, 以及稳定问题中出现的 Laplace 方程或 Poisson 方程, 包括分离变量导出的 Helmholtz 方程) 描写了不同的物理过程, 在数学上, 也分属双曲型、抛物型和椭圆型三类 (见 §11.4). 它们的解也都表现出各自不同的特点 (见 §12.5 ~ §12.8 的讨论). 下面证明: 在两个自变量的情形下, 二阶线性偏微分方程就只有这三种类型[①].

两个自变量 (x,y) 的二阶线性偏微分方程的普遍形式是:

$$a\frac{\partial^2 u}{\partial x^2} + 2b\frac{\partial^2 u}{\partial x \partial y} + c\frac{\partial^2 u}{\partial y^2} + d\frac{\partial u}{\partial x} + e\frac{\partial u}{\partial y} + fu + g = 0, \tag{21.1}$$

其中 a, b, c, d, e, f 和 g 是 x, y 的已知函数. 通常要求它们是连续可微的. 显然, 函数 a, b, c 中至少有一个不恒为 0, 否则就不成其为二阶偏微分方程.

首先考虑 a 和 (或) c 不恒为 0 的情形. 不妨设 $a \not\equiv 0$. 这时可做变换

$$\xi = \phi(x, y), \qquad \eta = \psi(x, y). \tag{21.2}$$

为了保证 ξ 和 η 仍然是独立变量, 这一组变换必须满足

$$\frac{\partial(\xi, \eta)}{\partial(x, y)} \neq 0. \tag{21.3}$$

在这一组变换下, 方程 (21.1) 变为

$$A\frac{\partial^2 u}{\partial \xi^2} + 2B\frac{\partial^2 u}{\partial \xi \partial \eta} + C\frac{\partial^2 u}{\partial \eta^2} + D\frac{\partial u}{\partial \xi} + E\frac{\partial u}{\partial \eta} + Fu + G = 0, \tag{21.4}$$

[①] 对于更多个自变量的情形, 问题要复杂一些, 但讨论的基本方法是一样的.

其中

$$A = a\left(\frac{\partial \phi}{\partial x}\right)^2 + 2b\frac{\partial \phi}{\partial x}\frac{\partial \phi}{\partial y} + c\left(\frac{\partial \phi}{\partial y}\right)^2,$$

$$B = a\frac{\partial \phi}{\partial x}\frac{\partial \psi}{\partial x} + b\left(\frac{\partial \phi}{\partial x}\frac{\partial \psi}{\partial y} + \frac{\partial \phi}{\partial y}\frac{\partial \psi}{\partial x}\right) + c\frac{\partial \phi}{\partial y}\frac{\partial \psi}{\partial y},$$

$$C = a\left(\frac{\partial \psi}{\partial x}\right)^2 + 2b\frac{\partial \psi}{\partial x}\frac{\partial \psi}{\partial y} + c\left(\frac{\partial \psi}{\partial y}\right)^2,$$

$$D = a\frac{\partial^2 \phi}{\partial x^2} + 2b\frac{\partial^2 \phi}{\partial x \partial y} + c\frac{\partial^2 \phi}{\partial y^2} + d\frac{\partial \phi}{\partial x} + e\frac{\partial \phi}{\partial y},$$

$$E = a\frac{\partial^2 \psi}{\partial x^2} + 2b\frac{\partial^2 \psi}{\partial x \partial y} + c\frac{\partial^2 \psi}{\partial y^2} + d\frac{\partial \psi}{\partial x} + e\frac{\partial \psi}{\partial y},$$

$$F = f,$$

$$G = g.$$

容易证明

$$B^2 - AC = \left(\frac{\partial \phi}{\partial x}\frac{\partial \psi}{\partial y} - \frac{\partial \phi}{\partial y}\frac{\partial \psi}{\partial x}\right)^2 (b^2 - ac) = \left|\frac{\partial(\xi, \eta)}{\partial(x, y)}\right|^2 (b^2 - ac). \tag{21.5}$$

为了书写简便起见, 令

$$\Phi\left(\xi, \eta, u, \frac{\partial u}{\partial \xi}, \frac{\partial u}{\partial \eta}\right) \equiv D\frac{\partial u}{\partial \xi} + E\frac{\partial u}{\partial \eta} + Fu + G, \tag{21.6}$$

则方程 (21.4) 变为

$$A\frac{\partial^2 u}{\partial \xi^2} + 2B\frac{\partial^2 u}{\partial \xi \partial \eta} + C\frac{\partial^2 u}{\partial \eta^2} + \Phi\left(\xi, \eta, u, \frac{\partial u}{\partial \xi}, \frac{\partial u}{\partial \eta}\right) = 0. \tag{21.4'}$$

我们希望, 通过适当选择变换 (21.2), 使得 A, B, C 中有一个或几个为 0, 达到使方程简化的目的. 为此, 介绍一个定理.

定理 21.1 如果 $\phi(x, y) = C$ 是方程

$$a(\mathrm{d}y)^2 - 2b\mathrm{d}y\mathrm{d}x + c(\mathrm{d}x)^2 = 0 \tag{21.7}$$

的一般积分, 则 $\xi = \phi(x, y)$ 是方程

$$a\left(\frac{\partial \phi}{\partial x}\right)^2 + 2b\frac{\partial \phi}{\partial x}\frac{\partial \phi}{\partial y} + c\left(\frac{\partial \phi}{\partial y}\right)^2 = 0 \tag{21.8}$$

的一个特解.

证 因为 $\phi(x, y) = C$, 故有

$$\frac{\partial \phi}{\partial x}\mathrm{d}x + \frac{\partial \phi}{\partial y}\mathrm{d}y = 0, \qquad 即 \qquad \mathrm{d}y = -\frac{\partial \phi/\partial x}{\partial \phi/\partial y}\mathrm{d}x.$$

不妨设 $\partial \phi/\partial y \neq 0$. 代入方程 (21.7), 就有

$$a(\mathrm{d}y)^2 - 2b\mathrm{d}y\mathrm{d}x + c(\mathrm{d}x)^2 = \left[a\left(\frac{\partial \phi}{\partial x}\right)^2 + 2b\frac{\partial \phi}{\partial x}\frac{\partial \phi}{\partial y} + c\left(\frac{\partial \phi}{\partial y}\right)^2\right]\left(\frac{\partial \phi}{\partial y}\right)^{-2}(\mathrm{d}x)^2 = 0,$$

所以 (21.8) 成立. □

这个定理告诉我们, 通过求解常微分方程

$$a\left(\frac{\mathrm{d}y}{\mathrm{d}x}\right)^2 - 2b\frac{\mathrm{d}y}{\mathrm{d}x} + c = 0 \quad \text{或} \quad \frac{\mathrm{d}y}{\mathrm{d}x} = \frac{b}{a} \pm \frac{1}{a}\sqrt{b^2 - ac}, \tag{21.9}$$

只要 $b^2 - ac \ne 0$, 这样能得到两个线性无关解 (称为偏微分方程 (21.1) 的**特征线**), 从而就能够选择变换 $\xi = \phi(x, y)$ 使 $A = 0$, 同时选择变换 $\eta = \psi(x, y)$ 使 $C = 0$.

在具体求解方程 (21.9) 时, 又需要区别下列两种情形:

1. $b^2 - ac > 0$. 这时, 从方程 (21.9) 可以求得两个实值函数解

$$\phi(x, y) = C_1 \quad \text{及} \quad \psi(x, y) = C_2,$$

也就是说, 偏微分方程 (21.1) 有两条实的特征线. 于是, 令

$$\xi = \phi(x, y), \quad \eta = \psi(x, y),$$

就可使 $A = C = 0$. 同时, 根据 (21.5) 式, 还可以断定 B 一定不为 0. 所以, 方程 (21.4') 就变成

$$\frac{\partial^2 u}{\partial \xi \partial \eta} + \Phi_1\left(\xi, \eta, u, \frac{\partial u}{\partial \xi}, \frac{\partial u}{\partial \eta}\right) = 0. \tag{21.10}$$

或者进一步做变换

$$\rho = \xi + \eta, \quad \sigma = \xi - \eta,$$

于是方程 (21.10) 可以化为

$$\frac{\partial^2 u}{\partial \rho^2} - \frac{\partial^2 u}{\partial \sigma^2} + \Phi_2\left(\rho, \sigma, u, \frac{\partial u}{\partial \rho}, \frac{\partial u}{\partial \sigma}\right) = 0. \tag{21.11}$$

这种类型的方程称为**双曲型方程**. 波动方程就属于这种类型.

2. $b^2 - ac < 0$. 这时可以重复上面的讨论, 只不过得到的 $\phi(x, y)$ 和 $\psi(x, y)$ 是一对共轭的复函数, 或者说, 偏微分方程 (21.1) 的两条特征线都不是实的. 于是

$$\xi = \phi(x, y), \quad \eta = \psi(x, y)$$

是一对共轭的复变量. 这样也能够得到以复变量 ξ 和 η 为自变量的方程 (21.10). 进一步引进两个新的实变量

$$\rho = \xi + \eta, \quad \sigma = \mathrm{i}(\xi - \eta),$$

方程 (21.10) 也可以进一步化为

$$\frac{\partial^2 u}{\partial \rho^2} + \frac{\partial^2 u}{\partial \sigma^2} + \Phi_3\left(\rho, \sigma, u, \frac{\partial u}{\partial \rho}, \frac{\partial u}{\partial \sigma}\right) = 0, \tag{21.12}$$

称为**椭圆型方程**. Laplace 方程、Poisson 方程和 Helmholtz 方程都属于这种类型.

另一种情形是 $b^2 - ac = 0$. 这时, 方程 (21.9) 一定有重根

$$\frac{\mathrm{d}y}{\mathrm{d}x} = \frac{b}{a},$$

因而只能求得一个解, 例如 $\phi(x,y) = C$. 做变换 $\xi = \phi(x,y)$ 就可以使 $A = 0$. 但是, 由 (21.5) 式可以断定, 一定有 $B^2 - AC = 0$, 这意味着 B 也一定为 0. 所以, 我们完全可以任意选取另一个变换, $\eta = \psi(x,y)$, 只要它和 $\xi = \phi(x,y)$ 彼此独立, 即

$$\frac{\partial(\xi, \eta)}{\partial(x, y)} \neq 0,$$

这样, 方程 (21.4′) 就化为

$$\frac{\partial^2 u}{\partial \eta^2} + \Phi_4\left(\xi, \eta, u, \frac{\partial u}{\partial \xi}, \frac{\partial u}{\partial \eta}\right) = 0. \tag{21.13}$$

这种类型的方程称为**抛物型方程**. 热传导方程就属于这种类型.

以上的讨论是在 a 和 c 不恒为 0 的前提下进行的. 适当选择变换 (21.2), 总可以使 A, B, C 中有一个 (B) 或两个 (A, B 或 B, C) 为 0. 再做进一步的变换, 还可以把不为 0 的系数变为 1 或 −1. 当 $A = C = 1$, $B = 0$ 时, 方程是椭圆型; 当 $A = -C = \pm 1$, $B = 0$ 时, 方程为双曲型; 当 $A = B = 0$, $C = 1$ 或 $A = 1$, $B = C = 0$ 时, 方程为抛物型.

如果 a 和 c 恒为 0. 那么, 一定有 $b \neq 0$. 这正属于双曲型方程, 不必再讨论.

综合以上的讨论, 可以得出结论: 要判断二阶线性偏微分方程属于何种类型, 只要讨论判别式 $b^2 - ac$ 即可. 如果方程的系数 a, b, c 为常数, 偏微分方程一定属于上述三种类型之一. 如果 a, b, c 是 x, y 的函数, 那么, 在 x-y 平面上的一定区域内, 一般说来, $b^2 - ac$ 并不会保持为恒正、恒负、或恒为 0, 因此方程并不能简单地归结为固定的一种类型. 换句话说, 方程可能在区域的不同部分属于不同类型. 这时, 不妨先求出 $b^2 - ac = 0$ 的解. 这条曲线称为抛物型曲线, 因为在此曲线上方程属于抛物型. 整个区域就可能被这条曲线分割为两部分, 方程分属于椭圆型和双曲型. 例如, 对于方程

$$(1-x^2)\frac{\partial^2 u}{\partial x^2} - 2xy\frac{\partial^2 u}{\partial x \partial y} - (1+y^2)\frac{\partial^2 u}{\partial y^2} - 2x\frac{\partial u}{\partial x} - 2y\frac{\partial u}{\partial y} = 0,$$

容易求出

$$b^2 - ac = 1 - x^2 + y^2.$$

因此, 此方程的抛物型曲线就是一对双曲线 $x^2 - y^2 = 1$. 在双曲线上, 方程属于抛物型. 整个 x-y 平面被这两条曲线分割开. 在 $1 - x^2 + y^2 > 0$ 的部分, 方程属于双曲型; 在 $1 - x^2 + y^2 < 0$ 的部分, 方程属于椭圆型.

对于多个自变量的偏微分方程, 原则上也可以选择适当的自变量变换, 把方程中混合二阶偏导数项的系数变为 0. 如果其余的 (二阶偏导数项的) 系数 (事实上, 可以化为 1 或 −1) 全部同号, 则方程为椭圆型; 如果其中一个与其余的异号, 则方程为双曲型; 如果有多个与其余的异号, 则方程为超双曲型; 如果有一个或多个为 0, 则方程为抛物型. 当然, 除非方程的系数为常数, 否则, 自变量变换的具体选择总还需要具体讨论.

§21.2 线性偏微分方程解法述评

在本书中, 介绍了二阶线性偏微分方程定解问题的几种主要解法, 关于这些解法的解

题思想、应用条件以及理论根据, 以前也都分别做过讨论, 这里再集中地对它们做一点综合性的评述, 以便于读者有一个横向的比较.

1. 分离变量法. 这是求解线性偏微分方程定解问题的主要方法. 从理论上说, 分离变量法的依据是 Sturm-Liouville 型方程的本征值问题. 这在第十五章中已做了较系统的阐述, 不再重复. 从解题步骤上看, 除了留待确定叠加系数的部分定解条件外, 要求其余的边界条件都必须是齐次的 (如果它是非齐次的, 则首先必须齐次化). 这样, 对于定解问题中微分方程的具体形式就有一定的限制, 对于所讨论问题的空间区域形状更有明显的限制. 这又涉及正交曲面坐标系的选取 (空间区域的边界面必须是正交曲面坐标系的坐标面). 关于这些问题, 在参考书目 [4] 中有详细的讨论, 见该书的 5.1 节.

在具体求解时, 当然还必须求解相应的常微分方程本征值问题. 除了本书中介绍过的几个本征函数外, 还可能出现其他的特殊函数. 读者可以查阅参考书目 [13, 14]. 此外, 值得查阅的还有 E. Kamke 的 *Differentialgleichungen, Lösungsmethoden und Lösungen, Band 1, Gewöhnliche Differentialgleichungen*. 该书相当全地收录了各种常微分方程的解.

2. 积分变换方法. 这种方法的优点是减少方程的微分变量的数目. 从原则上说, 无论是对于时间变量或是空间变量, 无论是无界空间或是有界空间, 都可以采用积分变换的方法求解线性偏微分方程的定解问题. 但从实际计算看, 就需要根据方程和定解条件的类型, 选择最合适的积分变换. 反演问题, 也是关系所拟采用的积分变换是否实际可行的关键. 如果反演时涉及的积分很简单, 甚至有现成的结果 (包括工具书) 可供引用, 采用积分变换的确可以带来极大的便利. 但如果涉及的积分比较复杂, 也没有现成的结果 (包括工具书) 可供引用, 那么, 反演问题也可以成为积分变换的难点.

积分变换方法和分离变量法存在密切的联系. 例如, 当本征值过渡到连续谱时, 分离变量法就变为相应的积分变换方法.

从实用的角度说, 如果是有界空间, 一般说来, 积分变换和分离变量法没有什么差别, 而且只要本征值问题能解出, 那么分离变量法没有什么特别的难点, 故仍不妨采用分离变量法.

积分变换方法不要求定解问题中的边界条件是齐次的, 不需要先将非齐次边界条件齐次化, 另外积分变换方法还具有分离变量法所没有的优点: 它还可用于求解非线性偏微分方程.

3. Green 函数方法. 应该说, 这种方法具有极大的理论意义. 它给出了定解问题的解和方程的非齐次项以及定解条件之间的关系, 因而便于讨论方程的非齐次项或定解条件发生变化时, 解如何相应地变化. 而且, 不止如此, 在讨论本征值问题的普遍性质时, 也离不开 Green 函数, 只不过在本书中未作介绍而已. Green 函数方法已经成为理论物理研究中的常用方法之一.

应用 Green 函数方法, 重要的是, 要能够求出 Green 函数的具体形式. 尽管 Green 函数所满足的是一种特别简单的定解问题, 方程的非齐次项为 δ 函数, 定解条件均为齐次, 在少数情形下, 能够求得 Green 函数的简单表达式, 但是, 一般说来, 可求出 Green 函数的解析解的情形, 仍只限于若干种空间区域形状, 和分离变量法没有什么差别.

Green 函数方法的另一个优点是便于进行近似计算. 例如, 对于某一类偏微分方程的定解问题, 由于区域形状的限制, 不能求出它的 Green 函数的解析表达式. 但是, 如果必要的话, 总还可以求出 Green 函数的足够精确的近似解 (例如数值解). 这样, 也就可以进一步求出这一类偏微分方程定解问题的近似解. 这在工程上还是具有实际意义的.

4. 变分法. 这个方法具有理论价值和实用价值. 在理论上, 它可以把不同类型的偏微分方程定解问题用相同的泛函语言表达出来 (当然不同问题中出现的泛函是不同的), 或者说, 把不同的物理问题用相同的泛函语言表达出来. 正是由于这个原因, 变分或泛函语言已经成为表述物理规律的常用工具之一. 在实用上, 变分法又提供了一种近似计算的好办法. 有效地利用物理知识, 灵活巧妙地选取试探函数, 可以使计算大为简化. 在第二十章中, 我们已经看到过这样的例子. 在物理学中, 过去或现在, 变分法都是常用的一种近似计算方法. 例如, 在原子和分子光谱的计算中, 就广泛地采用了变分法.

5. Poisson 积分公式. 对于二维和三维 Laplace 方程的边值问题, 也还可以将解表示为特殊的积分公式. 对于二维 Laplace 方程, 它的解一定是解析函数的实部或虚部, 因此, 可以采用复变函数的方法求解. 例如, 圆内或上半平面的第一类边值问题, Laplace 方程的解就可以表示为 Poisson 积分 (见 §3.8, 也可以从 Green 函数方法得到, 见 §19.7). 三维 Laplace 方程第一类边值问题的解, 也可以表示为沿边界面的积分.

除了上面提到的这几种方法外, 还有下面几种方法.

6. 保角变换. 这种方法的理论基础, 是解析函数所代表的变换的保角性. 这种解法, 主要用于二维 Laplace 方程或 Poisson 方程的边值问题, 因为在保角变换下, 前者的形式不变, 后者也只是非齐次项做相应的改变. 粗略地说, 运用保角变换, 可以把 "不规则" 的边界形状化为规则的边界形状 (但是难以在 "不规则" 和 "规则" 之间划定一个界限), 例如, 可以把多边形化为上半平面或单位圆内. 再结合上半平面或圆内的 Poisson 公式, 就能直接求出二维 Laplace 方程的解. 运用保角变换, 的确可以解决一些有意义的物理问题或工程问题, 例如, 有限大小尺寸的平行板电容器的边缘效应问题, 空气动力学中的机翼问题, 以及某些流体力学问题. 又如, 应用保角变换方法, 可以把偏心圆化为同心圆. 有兴趣的读者, 可参阅参考书目 [1, 2]. 在 H. Kober 所编的 *Dictionary of Conformal Representations* (Dover Publications, Inc., 1957) 一书中, 收录了各种主要的保角变换, 包括初等函数和椭圆函数所代表的保角变换, 也可供参考.

7. 双曲型方程定解问题的特殊解法, 例如平均值法, 降维法, 等等. 在理论上说, 双曲型方程的解的存在唯一性, 可以通过所谓 Cauchy 型边界条件 (即要求解在边界上同时满足给定的函数值与法向微商值) 得到保证[①]. 相应地, 双曲型方程, 就可以采用特征线法 (或称 Riemann 方法) 求解. 由于篇幅限制, 这些方法都未做介绍. 读者也可参阅参考书目 [1].

§21.3 非线性偏微分方程问题

本书中讨论的偏微分方程定解问题, 全部都是由线性方程和线性定解条件构成的. 这一类问题的解法特别简单, 因为可以运用叠加原理. 从实际问题看, 这是和物理学的发展状况密切相关的. 迄今为止, 线性近似仍然是物理学中大量采用的最基本的近似. 例如, 在 Newton 力学中, 质点的加速度与外力成正比, 比例系数 (质量) 是常数, 与质点运动的速度

[①] 椭圆型方程就不同. 对于椭圆型方程, 只要指定未知函数在边界上的函数值或法向微商值, 就足以唯一地确定解. 同时指定未知函数在边界上的函数值和法向微商值, 反而是过分了, 会造成问题无解.

大小无关. 在弹性力学中, 在弹性限度内, 应力与应变成正比 (Hooke 定律), 比例系数 (弹性系数) 是物质常数, 与应变的大小无关. 又如, 在涉及输运过程的分子动理论中, 也是着重讨论相对于平衡状态的线性偏离: 由温度的分布不均匀而产生热传导现象, 热流密度与温度梯度成正比, 比例系数 (导热率) 是物质常数, 与温度高低无关; 由物质密度的分布不均匀而产生扩散现象, 物质流密度 (单位时间通过单位面积的质量) 与密度梯度成正比, 比例系数 (扩散系数) 是常数, 与物质密度的高低无关. 在电磁学中, Ohm 定律说的也是电流密度与电场强度成正比, 比例系数 (电导率) 是物质常数, 与电场强度的高低无关. 这类例子, 在物理学中, 可以说俯拾皆是. 相应地, 在描写连续介质或场的运动的数学物理方程中, 就出现了波动方程、热传导方程和 Laplace 方程、Poisson 方程、Helmholtz 方程等线性偏微分方程, 以及各种类型的线性定解条件. 正是由于采用了线性近似, 所以得到的方程形式具有普适性. 无论是弹性体中发生的纵振动或横振动, 或是电磁场随时间、空间的变化与分布, 都遵从同样形式的波动方程, 介质的性质只体现在波的传播速率上. 无论是热传导过程, 或是扩散过程, 也都遵从同样的热传导方程, 不同的过程, 以及有关的介质性质, 同样也只表现在方程中的常数 (扩散率) 上.

对上面各种现象的线性描述, 当然都只是在一定限度内的近似. 随着科学技术的发展, 以及人们对于自然规律认识的深化, 不可避免地会超出线性近似的限制. 研究各种极端条件 (例如, 高温、高压、高密度等) 下的物理过程, 研究物理过程随时间的长期演变, 或是在空间上的大尺度范围内的变化, 都使得非线性效应变得不可忽略. 例如, 当介质表面的温度和环境温度相差不大时, 单位时间内通过单位表面积散出的热量与温差成正比 (Newton 冷却定律); 但如果介质表面的温度 T 足够高, 热辐射的效应不可忽略, 以辐射方式散出的热量便与 T^4 成正比 (Stefan-Boltzmann 定律).

下面再讨论一下无穷直线上的波动问题. 正如第十二章中指出的, 波动方程

$$\frac{\partial^2 u}{\partial t^2} - a^2 \frac{\partial^2 u}{\partial x^2} = 0 \tag{21.14}$$

的解

$$u(x,t) = f(x-at) + g(x+at) \tag{21.15}$$

表示的是在 $\pm x$ 方向上独立传播的行波. 如果只关注其中的一个行波, 例如, $u(x,t) = f(x-at)$, 它满足的一阶偏微分方程

$$\frac{\partial u}{\partial t} + a\frac{\partial u}{\partial x} = 0 \tag{21.16}$$

可以改写成连续性方程

$$\frac{\partial u}{\partial t} + \frac{\partial j}{\partial x} = 0, \tag{21.17}$$

其中的 $j = au$ 表示 "流" (粒子流、能量流等) 的强度. 如果要考虑非线性的影响, 下一级的近似便会有 u^2 项:

$$j = au + \frac{\alpha}{2}u^2. \tag{21.18}$$

代入连续性方程 (21.17), 波动方程就变为

$$\frac{\partial u}{\partial t} + a\frac{\partial u}{\partial x} + \alpha u \frac{\partial u}{\partial x} = 0, \tag{21.19}$$

方程中就出现了非线性项. 如果同时还存在色散 (见 §12.6), 流的强度变为

$$j = au + \beta\frac{\partial^2 u}{\partial x^2} + \frac{\alpha}{2}u^2, \tag{21.20}$$

代入连续性方程 (21.17), 波动方程又变为

$$\frac{\partial u}{\partial t} + a\frac{\partial u}{\partial x} + \beta\frac{\partial^3 u}{\partial x^3} + \alpha u\frac{\partial u}{\partial x} = 0. \tag{21.21}$$

为了将方程 (21.21) 的形式化简, 可以进一步做变换

$$\tau = At, \qquad \xi = A(x - at), \qquad v = Bu,$$

取 $A^2 = 1/\beta$, $B = -6/\alpha$, 就得到标准的 KdV 方程 (Korteweg-de Vries, 1895 年)

$$\frac{\partial v}{\partial \tau} + \frac{\partial^3 v}{\partial \xi^3} - 6v\frac{\partial v}{\partial \xi} = 0. \tag{21.22}$$

这是典型的非线性偏微分方程之一. 它可以描写浅水波的传播.

在非线性偏微分方程中, 经常提到的典型方程还有正弦 Gordon 方程

$$\frac{\partial^2 u}{\partial x \partial t} = \sin u \quad \text{或} \quad \frac{\partial^2 u}{\partial x^2} - \frac{\partial^2 u}{\partial t^2} = \sin u \tag{21.23}$$

和非线性 Schrödinger 方程

$$\mathrm{i}\frac{\partial u}{\partial t} = -\frac{\hbar^2}{2m}\frac{\partial^2 u}{\partial x^2} + \alpha |u|^2 u. \tag{21.24}$$

前者最早出现在 19 世纪的几何问题中.

非线性方程的最大特点, 就是解对于初值和参数的敏感性, 从而就出现所谓的"蝴蝶效应". 同时, 解不再具有线性叠加性质. 例如, 即使对于齐次的非线性方程, 如果 u 是方程的解, 它的常数倍 Au 也不一定是方程的解; 如果 u_1 和 u_2 是方程的解, 它们的和 $u_1 + u_2$ 也不见得是方程的解. 因此, 求解非线性方程, 需要特殊的技巧. 下面就简单介绍 KdV 方程 (21.22) 的几个特解.

为了叙述的方便, 不妨撇开 KdV 方程的上述背景, 而是简单地把 ξ 和 τ 仍称为空间和时间变量. 最容易求的是

$$v(\xi, \tau) = f(\xi - c\tau) \tag{21.25}$$

形式的行波解, 因为这样可以转化为常微分方程的求解问题. 令 $\eta = \xi - c\tau$, 于是

$$\frac{\partial v}{\partial \tau} = -c\frac{\mathrm{d}f}{\mathrm{d}\eta}, \qquad \frac{\partial v}{\partial \xi} = \frac{\mathrm{d}f}{\mathrm{d}\eta},$$

代入 KdV 方程 (21.22), 得

$$-c\frac{\mathrm{d}f}{\mathrm{d}\eta} + \frac{\mathrm{d}^3 f}{\mathrm{d}\eta^3} - 6f(\eta)\frac{\mathrm{d}f}{\mathrm{d}\eta} = 0.$$

积分一次, 有

$$-cf(\eta) + \frac{\mathrm{d}^2 f}{\mathrm{d}\eta^2} - 3\bigl[f(\eta)\bigr]^2 = A, \tag{21.26}$$

A 为积分常数. 两端乘以 $\dfrac{\mathrm{d}f}{\mathrm{d}\eta}$, 再积分, 就得到

$$-\frac{c}{2}[f(\eta)]^2 + \frac{1}{2}\left(\frac{\mathrm{d}f}{\mathrm{d}\eta}\right)^2 - [f(\eta)]^3 = Af(\eta) + B, \tag{21.27}$$

B 是第二个积分常数. 如果我们加上边界条件

$$\eta \to \pm\infty \text{ 时}, \qquad f(\eta), \frac{\mathrm{d}f}{\mathrm{d}\eta}, \frac{\mathrm{d}^2 f}{\mathrm{d}\eta^2} \text{ 均} \to 0,$$

则可定出 $A = B = 0$. 于是

$$\left(\frac{\mathrm{d}f}{\mathrm{d}\eta}\right)^2 = [f(\eta)]^2 [2f(\eta) + c], \qquad \text{即} \qquad \pm\frac{\mathrm{d}f}{f\sqrt{2f+c}} = \mathrm{d}\eta. \tag{21.28}$$

这里一定有 $2f(\eta) + c \geqslant 0$. 做变换 $\sqrt{2f+c} = \sqrt{c}\,w$, 方程就化为

$$\mp \frac{2}{\sqrt{c}} \frac{\mathrm{d}w}{1-w^2} = \mathrm{d}\eta. \tag{21.29}$$

先考虑上式中取负号的情形. 解之即得

$$-\frac{1}{\sqrt{c}} \ln \frac{1+w}{1-w} = \eta - \eta_0, \qquad \text{即} \qquad \frac{\sqrt{c}+\sqrt{2f+c}}{\sqrt{c}-\sqrt{2f+c}} = \mathrm{e}^{-\sqrt{c}(\eta-\eta_0)}.$$

进一步化简, 就得到解

$$f(\xi - c\tau) = -\frac{c}{2}\operatorname{sech}^2\left\{\frac{\sqrt{c}}{2}\left[(\xi - \xi_0) - c(\tau - \tau_0)\right]\right\}. \tag{21.30}$$

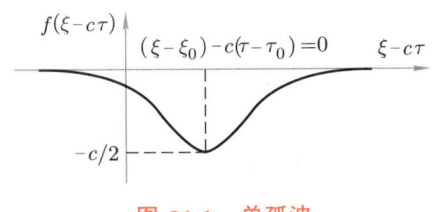

图 21.1　单孤波

这是一个行波解, 在 $\tau > \tau_0$ 的任意一个时刻, 仍然保持 $\tau = \tau_0$ 时刻的波形, 只不过向右平移了 $c(\tau - \tau_0)$. 在非线性方程中, 常把这种不受干扰地传播的波称为孤波, 或孤 [立] 子. (21.30) 式的波形只有一个极值, 所以称为单孤波或单孤子. 图 21.1 中给出了 $f(\xi - c\tau)$ 的图形.

值得注意, 与线性波动方程不同, KdV 方程的孤波解的传播速度 c 并不是一个固定的常数, 而是任意常数, 只要大于 0 即可. 对于任意一个 c 值, KdV 方程有一个单孤波解. KdV 方程有无穷多个单孤波解.

再讨论 (21.29) 式中取正号的情形. 重复上面的步骤, 又可以得到

$$f(\xi - c\tau) = \frac{c}{2}\operatorname{csch}^2\left\{\frac{\sqrt{c}}{2}\left[(\xi - \xi_0) - c(\tau - \tau_0)\right]\right\}. \tag{21.31}$$

应该说, 这只是一个形式解, 它在 $(\xi - \xi_0) - c(\tau - \tau_0) = 0$ 处具有奇异性.

KdV 方程还可以有双孤波解

$$v(\xi, \tau) = -2 \frac{k_1^2 E_1 + k_2^2 E_2 + 2(k_2 - k_1)^2 E_1 E_2 + A(k_2^2 E_1 + k_1^2 E_2) E_1 E_2}{(1 + E_1 + E_2 + AE_1 E_2)^2}, \tag{21.32}$$

其中

$$E_1 = \exp\{k_1\xi - k_1^3\tau + \alpha_1\}, \qquad E_2 = \exp\{k_2\xi - k_2^3\tau + \alpha_2\}, \qquad A = \left(\frac{k_2-k_1}{k_2+k_1}\right)^2.$$

求出这种解的方法和步骤, 本书不再介绍. 对于非线性偏微分方程的求解问题, 读者可以阅读陆振球所著的《经典和现代数学物理方法》(上海科学技术出版社, 2004 年). 在姚端正、周国全、贾俊基合著的《数学物理方法》(科学出版社, 2020 年第四版) 中也介绍了求解非线性方程的某些初等解法.

习 题

1. 讨论下列方程的类型, 并将它们化为标准形式:

(1) $\dfrac{\partial^2 u}{\partial x^2} + y\dfrac{\partial^2 u}{\partial y^2} + \dfrac{1}{2}\dfrac{\partial u}{\partial y} = 0;$

(2) $(1+x^2)\dfrac{\partial^2 u}{\partial x^2} + (1+y^2)\dfrac{\partial^2 u}{\partial y^2} + x\dfrac{\partial u}{\partial x} + y\dfrac{\partial u}{\partial y} = 0;$

(3) $\tan^2 x\dfrac{\partial^2 u}{\partial x^2} - 2y\tan x\dfrac{\partial^2 u}{\partial x\partial y} + y^2\dfrac{\partial^2 u}{\partial y^2} + y^2\dfrac{\partial u}{\partial y} = 0;$

(4) $\dfrac{\partial^2 u}{\partial x^2} - 2\sin x\dfrac{\partial^2 u}{\partial x\partial y} - \cos^2 x\dfrac{\partial^2 u}{\partial y^2} - \cos x\dfrac{\partial u}{\partial y} = 0.$

2. 有些方程, 对未知函数做适当的变换后, 可以消去一阶偏导数项.

(1) 证明: 在变换 $u(x,y) = \mathrm{e}^{-(ax+by)}v(x,y)$ 下, 方程

$$\nabla^2 u + 2a\frac{\partial u}{\partial x} + 2b\frac{\partial u}{\partial y} = 0$$

(其中 a, b 为常数) 化为 Helmholtz 方程

$$\nabla^2 v - (a^2+b^2)v = 0.$$

(2) 寻求适当的变换, 使方程

$$\frac{\partial^2 u}{\partial x^2} - \frac{\partial^2 u}{\partial y^2} + 2a\frac{\partial u}{\partial x} + 2b\frac{\partial u}{\partial y} = 0$$

在变换后不再含有一阶偏导数项.

(3) 设有方程

$$a\frac{\partial^2 u}{\partial x^2} + 2b\frac{\partial^2 u}{\partial x\partial y} + c\frac{\partial^2 u}{\partial y^2} + d\frac{\partial u}{\partial x} + e\frac{\partial u}{\partial y} + fu = \frac{\partial u}{\partial t},$$

其中 a, b, c, d, e, f 为常数, 且 $b^2 - ac \ne 0$. 试证明: 在变换 $u(x,y,t) = \mathrm{e}^{\alpha x+\beta y+\gamma t}v(x,y,t)$ 下, 可使 $v(x,y,t)$ 满足方程

$$a\frac{\partial^2 v}{\partial x^2} + 2b\frac{\partial^2 v}{\partial x\partial y} + c\frac{\partial^2 v}{\partial y^2} = \frac{\partial v}{\partial t}.$$

3. 求解弦振动方程的 Goursat 问题:

$$\frac{\partial^2 u}{\partial t^2} - a^2\frac{\partial^2 u}{\partial x^2} = 0,$$

$$u\big|_{x-at=0} = \phi(x), \qquad u\big|_{x+at=0} = \psi(x),$$

其中 $\phi(x), \psi(x)$ 满足 $\phi(0) = \psi(0)$.

4. 在波动方程
$$\frac{\partial^2 u}{\partial t^2} - a^2 \frac{\partial^2 u}{\partial x^2} = 0$$
中用 $\mathrm{i}y$ 代替 at, 就能得到 Laplace 方程的 "初值" 问题
$$\frac{\partial^2 u}{\partial x^2} + \frac{\partial^2 u}{\partial y^2} = 0,$$
$$u|_{y=0} = \phi(x), \qquad \frac{\partial u}{\partial y}\bigg|_{y=0} = \psi(x)$$
的形式解为
$$u = \frac{1}{2}\left[\phi(x+\mathrm{i}y) + \phi(x-\mathrm{i}y)\right] + \frac{1}{2\mathrm{i}}\int_{x-\mathrm{i}y}^{x+\mathrm{i}y} \psi(\xi)\mathrm{d}\xi.$$

(1) 令 $\phi(x) = x, \psi(x) = \mathrm{e}^{-x}$, 则可得 $u(x,y) = x + \mathrm{e}^{-x}\sin y$. 验证这个表达式处处满足 Laplace 方程, 也满足 $y=0$ 时的 "初始" 条件.

(2) 如果 $\phi(x) = \dfrac{1}{1+x^2}, \psi(x) = 0$, 则形式解变为
$$u(x,y) = \frac{1+x^2-y^2}{\left(1+x^2-y^2\right)^2 + 4x^2 y^2}.$$

试证明: 这个函数在 $(0, \pm 1)$ 点不连续, 因此, 至少在这些点上, 并不满足 Laplace 方程. 这说明在一般情况下, Laplace 方程的 "初值" 问题无解.

第三部分

选读材料汇编

这是本书的第三部分，涉及数学物理方程的相关理论．

第二十二章讨论了有关函数空间、线性算符以及线性微分算符的本征值问题．在这一章中，介绍了度量空间、赋范空间和内积空间，引进了距离、范数和正交等概念，将我们日常生活中熟悉的长度、距离和平行、垂直（正交）等直观几何概念引入到函数空间中．这一章还介绍了与物理学密切相关的 Hilbert 空间，介绍了空间中的线性微分算符以及线性微分算符的本征值问题，特别是在讨论了正则的 Sturm-Liouville 型方程的本征值问题后，介绍了奇异的本征值问题的相关结论，从而使我们对本征值问题有一个比较全面的了解．

第二十三章介绍了广义函数，比较详细地介绍了广义函数的概念，讨论了广义函数的运算规则，介绍了广义函数 δ 和 $1/x$．在从广义函数的角度讨论了微分方程，引进了弱解和广义函数解的概念后，又回到常微分方程初值问题和边值问题的本征值问题上．和传统的函数概念相比，广义函数是一个全新的概念，但是的确又是物理学研究中不可或缺的重要知识与工具，需要我们逐步熟悉和运用．

以上这两章的内容，应该说，都有一定的理论深度与难度．建议初读者先简单浏览一下全部内容，对于所讨论的内容初步有一个全面的了解，以熟悉相关的概念和运算为主．以后随着学习与工作的需要，再仔细研读，甚至研读相关的专著．例如，对于第二十二章，不妨先只了解线性空间直至 Hilbert 空间以及线性算符知识，而着重理解线性微分算符以及 Sturm-Liouville 型方程本征值问题．当然这种理解可能是不严谨而且不彻底的．同样，对于第二十三章，也可以先比较仔细地掌握 §23.1 直至 §23.4 的内容，而其余内容则留待以后再慢慢钻研．

第二十二章

线性微分算符的本征值问题

作为正文的补充,本章首先简要介绍函数空间与线性变换的一些基本概念与基本结论,不加证明地介绍若干重要的定理. 在此基础上,介绍线性微分算符的本征值问题,针对正则的本征值问题和奇异的本征值问题两种类型,分别介绍了有关的结论.

§22.1 度量空间

1. 度量空间

我们介绍一种新的空间概念,称为**度量空间** (或**距离空间**),构成空间的元素是**点**. 在这类空间中,具有与三维 Euclide 空间中矢量分析类似的直观几何结构,例如,可以存在距离的概念.

定义 22.1 元素 (称为点) $x, y, z, \cdots$ 的集合 $\mathscr{X}$ 称为度量空间 (或距离空间),如果对于每一对元素 x, y,存在与它们相联系的一个实数 $d(x, y)$,满足

(1) $d(x, y) = d(y, x);$ (22.1a)

(2) (i) $d(x, y) \geqslant 0,$ (ii) $d(x, y) = 0,$ 当且仅当 $x = y;$ (22.1b)

(3) $d(x, z) \leqslant d(x, y) + d(y, z)$ (三角形不等式). (22.1c)

作为点 x 与 y 的函数, $d(x, y)$ 称为 (x 与 y 之间的) **度量函数** (或**距离函数**).

注意,对于度量空间的元素 (点),无须定义加法与数乘. 所以,度量空间可以不是线性空间.

例 22.1 所有实数的集合 (实轴) 构成度量空间,如果两个实数 (实轴上的两点) x 与 y 之间的距离定义为 $|x - y|$.

例 22.2 所有复数 $z = x + \mathrm{i}y$ 的集合构成度量空间,若复数 z_1 与 z_2 的距离为

$$d(z_1, z_2) = |z_1 - z_2| = \sqrt{(x_1 - x_2)^2 + (y_1 - y_2)^2}.$$

例 22.3 所有 n 个有序实数的集合构成度量空间,记为 $\mathscr{A}_n^{(r)}$. 令

$$x = (\xi_1, \xi_2, \cdots, \xi_n) \quad \text{和} \quad y = (\eta_1, \eta_2, \cdots, \eta_n)$$

是此空间中的两个点,引进不同的距离定义,就得到不同的度量空间. 例如,可以定义距离函数为

$$d_p(x, y) = \big(|\xi_1 - \eta_1|^p + |\xi_2 - \eta_2|^p + \cdots + |\xi_n - \eta_n|^p\big)^{1/p}, \qquad 1 \leqslant p < \infty, \quad (22.2a)$$

包括取 $p=1, 2$ 以及 $p=\infty$ 的情形:

$$d_1(x,y) = |\xi_1 - \eta_1| + |\xi_2 - \eta_2| + \cdots + |\xi_n - \eta_n|, \tag{22.2b}$$

$$d_2(x,y) = \left(|\xi_1 - \eta_1|^2 + |\xi_2 - \eta_2|^2 + \cdots + |\xi_n - \eta_n|^2\right)^{1/2}, \tag{22.2c}$$

$$d_\infty(x,y) = \max_i |\xi_i - \eta_i|. \tag{22.2d}$$

在所有这些情形下, 容易验证 (22.1) 式中的前两个性质, 对于 d_1 和 d_∞, 可以直接判断三角形不等式成立, 而对于 d_2, 三角形不等式则可由 Schwarz 不等式 (下一节 (22.10) 式) 导出.

例 22.4 所有 n 个有序复数构成度量空间, 记为 $\mathscr{A}_n^{(c)}$.

定义了距离函数之后, 就可以自然地引入收敛的概念.

定义 22.2 如果任给 $\varepsilon > 0$, 存在指标 N, 使得

$$d(x, x_k) \leqslant \varepsilon, \qquad \forall k > N,$$

则称点列 $\{x_k\}$ 收敛到 x $(x_k \to x)$, 或 $\{x_k\}$ 有极限 x, 记为 $\lim_{k\to\infty} x_k = x$.

2. 度量空间的完备性问题

定义 22.3 如果任给 $\varepsilon > 0$, 存在 N, 使得

$$d(x_m, x_p) \leqslant \varepsilon, \qquad \forall m, p > N,$$

则称序列 $\{x_k\}$ 是 **Cauchy 序列**, 记为

$$\lim_{m,p\to\infty} d(x_m, x_p) = 0.$$

定理 22.1 如果序列 $\{x_k\}$ 收敛, 则它是 Cauchy 序列.

容易以为 Cauchy 序列一定收敛, 因为序列中超过一定指标的所有点均彼此接近, 它们似乎应当接近于某个确定点 x. 问题是点 x 是否属于此空间, 这只有在 x 属于此空间时才正确.

定义 22.4 如果度量空间 $\mathscr{X}$ 中的点构成的每一个 Cauchy 序列都在 $\mathscr{X}$ 中收敛到极限, 则称 $\mathscr{X}$ **完备**.

上面例 22.1 ~ 22.4 中所列举的度量空间都是完备的.

可以举出不完备的度量空间的例子. 例如, 所有有理数 $x, y, \cdots$ 的集合 Q, 定义距离 $d(x,y) = |x-y|$, 则构成度量空间. 但 Q 中的序列

$$x_1 = 1, \quad x_2 = 1 + \frac{1}{1!}, \quad \cdots, \quad x_n = 1 + \frac{1}{1!} + \frac{1}{2!} + \cdots + \frac{1}{(n-1)!}, \quad \cdots$$

收敛到 e, 它不是有理数. 所以, 由有理数组成的度量空间不完备.

有理数空间在距离 $|x-y|$ 之下不完备. 形象地说, 有理数空间不够致密, 还存在空隙. 将有理数空间加以扩充, 即容纳进作为有理数序列极限的无理数, 从而就得到在距离 $|x-y|$ 之下完备的实数空间.

例 22.5 对定义在 $a \leqslant t \leqslant b$ 上的所有实值连续函数 $x(t)$ 的集合, 取距离函数

$$d_\infty(x,y) = \max_{a \leqslant t \leqslant b} |x(t) - y(t)|. \tag{22.3}$$

容易验证 $\{x(t), a \leqslant t \leqslant b\}$ 构成度量空间 $\mathscr{C}(a,b)$. 若 $\{x_k(t)\}$ 是 $\mathscr{C}(a,b)$ 中的 Cauchy 序列, 则一定满足

$$\lim_{m,p \to \infty} \max_{a \leqslant t \leqslant b} |x_p(t) - x_m(t)| = 0.$$

但这正是函数序列一致收敛的 Cauchy 充要条件. 根据数学分析知道, 连续函数的一致收敛序列一定收敛到连续函数, 因此由 $\mathscr{C}(a,b)$ 中的元素组成的序列一定收敛到 $\mathscr{C}(a,b)$ 中的某元素, 即 $\mathscr{C}(a,b)$ 是完备的.

例 22.6 对于定义在 $a \leqslant t \leqslant b$ 上的所有实值连续函数 $x(t)$ 的集合, 但采用 (与例 22.5 不同的) 距离函数

$$d_2(x,y) = \left[\int_a^b |x(t) - y(t)|^2 \,\mathrm{d}t \right]^{1/2}, \tag{22.4}$$

这也是度量空间, 可以根据 Schwarz 不等式 (§22.3 中的 (22.21) 式) 证明三角形不等式成立. 然而这个空间不完备, 理由如下: 考虑连续函数序列

$$x_k(t) = \frac{1}{2} + \frac{1}{\pi} \arctan kt, \qquad -1 \leqslant t \leqslant 1,$$

显然此序列是 Cauchy 序列, 即

$$\lim_{m,p \to \infty} \int_{-1}^1 [x_m(t) - x_p(t)]^2 \,\mathrm{d}t = 0,$$

然而 $x_k(t)$ 在平常收敛意义下的极限是间断函数 $y(t) = \dfrac{1}{2} + \dfrac{1}{2}\mathrm{sgn}\, t$, 因此此空间并不完备.

这个例子说明, 由同样的元素构成的集合, 采用不同的距离定义, 形成的度量空间不同, 特别是还影响到度量空间是否完备.

例 22.7 平方可积的实值函数空间 $\mathscr{L}_2^{(r)}(a,b)$.

在距离 d_2 之下, 例 22.6 中的连续函数空间不完备. 同样可以填上连续函数空间的 "空隙", 即容纳进所有 Cauchy 序列的极限 (这样的极限可以是间断函数). 这样定义在 $a \leqslant t \leqslant b$ 上、距离为例 22.6 中的 d_2 的实值连续函数空间就扩充为在 Lebesgue 意义下平方可积的实值函数空间 $\mathscr{L}_2^{(r)}(a,b)$.

§22.2 赋范线性空间与内积空间

1. 赋范线性空间

定义 22.5 **赋范线性空间**是线性空间, 其中定义了实值函数 $\|x\|$ (称为 x 的**范数**), 满足下列性质:

(1) (i) $\|x\| \geqslant 0$, (ii) $\|x\| = 0$, 当且仅当 $x = 0$; (22.5a)

(2) $\|\alpha x\| = |\alpha|\, \|x\|$; (22.5b)

(3) $\|x_1 + x_2\| \leqslant \|x_1\| + \|x_2\|$. (22.5c)

如果定义距离为
$$d(x, y) = \|x - y\|,\quad (22.6)$$

赋范线性空间自动就是度量空间①. 由 (22.6) 式定义的距离, 称为 (由范数导出的) **自然距离**. 当然, 也可以反过来, 用 d 表示范数:
$$\|x\| = d(x, 0). \quad (22.7)$$

由此导出 $\|x\|$ 是 x 的连续函数, 即若 $x_k \to x$, 则 $\|x_k\| \to \|x\|$.

赋范线性空间既是线性空间, 也是度量空间, 因此它的元素既可以看成矢量, 也可以看成点. 这正是平常三维几何中所熟悉的情况. 一方面, 空间由点组成, 点之间的距离就是通常的 Euclid 距离. 另一方面, 选定固定的原点, 空间中的每一个点又可以看成由原点发出的矢量的终点. 点和矢量因此是等同的. 两点之间的距离正好就是两个矢量的差的长度, 即 $\|x - y\|$; 特别是 $d(x, 0) = \|x\|$, 所以点到原点的距离就是矢量的长度.

在赋范线性空间中矢量有了长度定义后, 我们希望进一步优化空间的结构, 使得矢量还具有方向概念, 或者等价地说, 也能定义两矢量之间的夹角. 特别是需要一个判据, 以确定两个矢量是否平行或垂直.

2. 内积空间

定义 22.6 实线性空间 $\mathscr{A}^{(r)}$ 上的内积 $\langle x, y \rangle$② 是一对有序矢量 x, y 的实值函数, 具有下列性质:

$$\langle x, y \rangle = \langle y, x \rangle, \quad (22.8a)$$

$$\langle \alpha x, y \rangle = \alpha \langle x, y \rangle, \quad (22.8b)$$

$$\langle x_1 + x_2, y \rangle = \langle x_1, y \rangle + \langle x_2, y \rangle, \quad (22.8c)$$

$$\langle x, x \rangle \geqslant 0, \quad \langle x, x \rangle = 0 \text{ 当且仅当 } x = 0. \quad (22.8d)$$

其中 x, y 是 $\mathscr{A}^{(r)}$ 中的任意矢量, α 是任意实数. 此线性空间称为**实内积空间**.

由以上定义可以导出对于任意 x, 有 $\langle x, 0 \rangle = 0$. 尽管 $\langle x, x \rangle$ 非负, 但 $\langle x, y \rangle$ 可正、可负, 也可以是 0. 对 $\langle x, x \rangle$ 的要求, 使得它有正的平方根, 能用以定义范数.

现在对复线性空间定义内积. 希望仍旧用内积导出范数, 故性质 (22.8d) 必须保持. 这迫使我们必须对 (22.8a) 做某些改变, 否则 $\langle ix, ix \rangle = i \langle x, ix \rangle = i \langle ix, x \rangle = i^2 \langle x, x \rangle = -\langle x, x \rangle$, 这样就不可能对于任意 $x \neq 0$ 有 $\langle x, x \rangle > 0$. 解决的办法是将 (22.8a) 式改为 $\langle x, y \rangle = \langle y, x \rangle^*$.

定义 22.7 复线性空间 $\mathscr{A}^{(c)}$ 上的内积 $\langle x, y \rangle$ 是一对有序矢量 x, y 的复值函数, 具有

---

① 由上面的性质 (22.5b), 我们有 $d(x, y) = d(y, x)$. 由性质 (22.5a) 有 $d(x, y) \geqslant 0$, 只有 $x = y$ 时等式成立. 令 $x_1 = x - y, x_2 = y - z$, 由性质 (3) 又有 $d(x, z) \leqslant d(x, y) + d(y, z)$. 于是 (22.1) 的三个条件均得以满足.

② 在量子力学中, 内积记为 $\langle x | y \rangle$, $\langle x |$ 称为左矢 (bra), $| y \rangle$ 称为右矢 (ket). 英文名称由 bracket 分拆而成.

下列性质[①]:

$$\langle x, y\rangle = \langle y, x\rangle^* \quad (\text{这意味着} \langle x, x\rangle \text{为实}), \tag{22.9a}$$

$$\langle \alpha x, y\rangle = \alpha^* \langle x, y\rangle, \tag{22.9b}$$

$$\langle x_1 + x_2, y\rangle = \langle x_1, y\rangle + \langle x_2, y\rangle, \tag{22.9c}$$

$$\langle x, x\rangle \geqslant 0, \quad \langle x, x\rangle = 0 \text{ 当且仅当 } x = \mathbf{0}, \tag{22.9d}$$

其中 x, y 是 $\mathscr{A}^{(c)}$ 中的任意矢量, α 是任意复数.

定义有内积的复线性空间称为**复内积空间**.

由 (22.9a)、(22.9b) 这两个性质, 可以推知

$$\langle x, \alpha y\rangle = \alpha \langle x, y\rangle. \tag{22.9b'}$$

定理 22.2 (Schwarz 不等式) 对于内积空间中的任意两个矢量 x, y, 有

$$|\langle x, y\rangle|^2 \leqslant \langle x, x\rangle \langle y, y\rangle. \tag{22.10}$$

规定 $\langle x, x\rangle^{1/2}$ 及 $\langle y, y\rangle^{1/2}$ 取算术根, 则有

$$|\langle x, y\rangle| \leqslant \langle x, x\rangle^{1/2} \langle y, y\rangle^{1/2}. \tag{22.10'}$$

当且仅当 x 与 y 线性相关时, (22.10) 或 (22.10') 式中的等号才成立.

推论 $\langle x + y, x + y\rangle^{1/2} \leqslant \langle x, x\rangle^{1/2} + \langle y, y\rangle^{1/2}. \tag{22.10''}$

由 (22.9) 和 (22.10'') 式能够验证 $\langle x, x\rangle^{1/2}$ 满足条件 (22.5), 因此可以采用 $\langle x, x\rangle^{1/2}$ 作为范数的定义,

$$\|x\| = \langle x, x\rangle^{1/2}. \tag{22.11}$$

这样内积空间自然就是赋范线性空间. 再进一步由范数导出自然距离, 于是又有

$$d(x, y) = \|x - y\| = \langle x - y, x - y\rangle^{1/2}. \tag{22.12}$$

而 Schwarz 不等式 (22.10') 可以改写为更有吸引力的形式:

$$|\langle x, y\rangle| \leqslant \|x\| \|y\|. \tag{22.13}$$

采用距离定义 (22.12), 就有平常的关于收敛的定义: 如果任给 $\varepsilon > 0$, 存在 $N > 0$, 使当 $k > N$ 时 $\|x_k - x\| < \varepsilon$, 则称序列 $\{x_k\}$ 收敛到 x.

在此基础上, 就能定义级数的收敛性.

定义 22.8 设有级数 $\sum_{k=1}^{\infty} x_k \equiv x_1 + x_2 + \cdots + x_n + \cdots$, 若其部分和序列收敛到 x, 即任给 $\varepsilon > 0$, 存在 $N > 0$, 使当 $n > N$ 时 $\left\|\sum_{k=1}^{n} x_k - x\right\| < \varepsilon$, 则称级数收敛到 x.

[①] 在数学类书籍中, 常将性质 (22.9b) 定义为 $\langle \alpha x, y\rangle = \alpha \langle x, y\rangle$, 二者并无本质区别.

由 Schwarz 不等式能够推出，内积是其宗量的连续函数. 因此，只要 $x_n \to x$, $y_n \to y$, 则 $\lim\limits_{n\to\infty}\langle x_n, y_n\rangle = \langle x, y\rangle$. 特别是，如果 $x_n \to x$, 则 $\|x_n\| \to \|x\|$. 如果 $\sum\limits_{k=1}^{\infty} x_n = z$, 则级数 $\sum\limits_{k=1}^{\infty}\langle x_k, y\rangle$ 自动收敛到 $\langle z, y\rangle$.

3. 正交与正交投影

定义 22.9 如果 $\langle x, y\rangle = 0$, 则称矢量 x, y **正交** (或垂直). 两两正交的矢量集合称为**正交集**. 如果其中的所有矢量均不为 0, 则为**真正交集**.

真正交集是线性无关集. 在 n 维线性空间中，真正交集最多含有 n 个元素. 如果正交集中每个矢量范数均为 1, 则此集合是**正交归一**的. 真正交集总可以转化为正交归一集.

若两个矢量 x, y 满足 $\langle x, y\rangle = 0$, 则有**商高定理** (勾股定理，Pythagoras 定理)

$$\langle x+y, x+y\rangle = \langle x, x\rangle + \langle y, y\rangle \quad \text{或} \quad \|x+y\|^2 = \|x\|^2 + \|y\|^2.$$

由此还可推出，若两个正交矢量之和为 0, 则每个矢量都必须是零矢量.

定义 22.10 若矢量 $y \neq 0$, 而 α 取遍所有实数，则集合 αy 称为由 y 生成的**直线**. 如果 $\alpha \geq 0$, 则集合 αy 称为由 y 生成的**正向射线**.

当 α 为实数时，在由 y 生成的直线上有两个单位长度的矢量 (称为单位矢量): $\pm y/\|y\|$. 但当 α 为复数时，则由 y 所生成的直线就含有 $e^{i\theta} y/\|y\|$ 形式的所有单位矢量，其中 θ 为实数.

定义 22.11 x 在 y 生成的直线上的 (正交) 投影是矢量 $x_p = \langle x, e\rangle e$, 其中 e 是直线 y 上的两个方向正好相反的单位矢量之一. e 的不同选取得到同样的 x_p.

不使用单位矢量，也能把 x 在 y 生成的直线上的投影用 y 表示:

$$x_p = \frac{\langle y, x\rangle}{\|y\|^2} y. \tag{22.14}$$

给定矢量 x 及另一个矢量 $y \neq 0$, 则 x 能分解为两个矢量之和，其中一个矢量在 y 所生成的直线上，另一个矢量垂直于此直线 (图 22.1):

$$x = x_p + x_\perp, \quad x_p = \frac{\langle y, x\rangle}{\|y\|^2} y, \quad \langle x_\perp, y\rangle = 0. \tag{22.15}$$

这样的分解是唯一的. 矢量 x_p 就是位于 y 所生成的直线上的、最接近于 x 的矢量. 定义 x 与 y 之间的夹角 θ_{xy} 即为 x 与 y 所生成的正向射线间的夹角. 如果 e 是与 y 同向的半直线上的单位矢量，即 $e = y/\|y\|$, 则

$$\cos\theta_{xy} = \frac{\langle e, x\rangle}{\|x\|} = \frac{\langle y, x\rangle}{\|x\|\|y\|}. \tag{22.16}$$

Schwarz 不等式 (22.10) 指出，上式右端在 -1 与 1 之间，所以公式 (22.16) 定义的夹角为实数，在 0 与 π 之间.

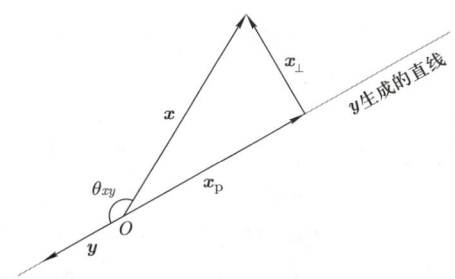

图 22.1 矢量的正交分解

4. 线性流形与线性子空间

在平常的三维 Euclid 空间 $\mathscr{E}_3$ 中,能够找到称为线性流形的子集,它们就是过原点的直线和平面. 从概念上说,空间 $\mathscr{E}_3$ 本身,或是仅由零矢量组成的集合,也都是线性流形.

线性流形的概念也能推广到任意线性空间.

定义 22.12 线性空间 $\mathscr{A}$ 中的集合 $\mathscr{M}$ 称为 ($\mathscr{A}$ 中的) **线性流形**, 如果对于任意属于 $\mathscr{M}$ 的矢量 $\boldsymbol{x}$ 和 $\boldsymbol{y}$, $\alpha\boldsymbol{x}+\beta\boldsymbol{y}$ 也属于 $\mathscr{M}$, 其中 α,β 是任意常数.

线性流形必须含有零矢量. 因此,如果 $\boldsymbol{x},\boldsymbol{y}$ 是 $\mathscr{A}$ 中的两个独立矢量,则形式为 $\boldsymbol{x}+\alpha\boldsymbol{y}$ 的矢量集合不是线性流形,因为它不包含零矢量 (原点).

最简单的线性流形就是由单个非零矢量 $\boldsymbol{\phi}_1$ (可取为单位矢量) 生成的直线.

如果 $\mathscr{M}$ 中的每一个矢量 $\boldsymbol{y}$ 均可用 $\mathscr{M}$ 中的一组矢量 $\{\boldsymbol{x}_1,\boldsymbol{x}_2,\cdots,\boldsymbol{x}_k\}$ 的线性组合表示,即

$$\boldsymbol{y}=\alpha_1\boldsymbol{x}_1+\alpha_2\boldsymbol{x}_2+\cdots+\alpha_k\boldsymbol{x}_k, \qquad \forall \boldsymbol{y}\in\mathscr{M}, \tag{22.17}$$

则称矢量集 $\{\boldsymbol{x}_1,\boldsymbol{x}_2,\cdots,\boldsymbol{x}_k\}$ 张成 k 维线性流形 $\mathscr{M}$. 在几何上就可以把它看成通过原点的超平面. 特别是,如果 $\{\boldsymbol{x}_1,\boldsymbol{x}_2,\cdots,\boldsymbol{x}_k\}$ 线性无关,则它们就构成了 $\mathscr{M}$ 的一组基. 这时 $\boldsymbol{y}$ 的线性表示 (22.17) 式就是唯一的.

任何一个 k 维线性流形 $\mathscr{M}$ 一定含有 k 个线性无关的矢量 (基); 而且, k 维线性流形中的任意 $k+1$ 个矢量一定线性相关.

如果一个流形不是由有限个数的矢量张成的,这个流形就是无穷维的.

如果无穷维线性流形 $\mathscr{M}$ 中的每一个矢量 $\boldsymbol{y}$, 或者可以表示成无穷矢量集 $\{\boldsymbol{x}_1,\boldsymbol{x}_2,\cdots\}$ 中有限个矢量的线性组合,或者可以表示成这种有限线性组合的极限,则 $\mathscr{M}$ 就是由矢量集 $\{\boldsymbol{x}_1,\boldsymbol{x}_2,\cdots\}$ 张成的. 更进一步,如果对于 $\mathscr{M}$ 中的任何一个矢量 $\boldsymbol{y}$, 都有唯一的线性表示

$$\boldsymbol{y}=\alpha_1\boldsymbol{x}_1+\alpha_2\boldsymbol{x}_2+\cdots+\alpha_n\boldsymbol{x}_n+\cdots,$$

则称无穷矢量集 $\{\boldsymbol{x}_1,\boldsymbol{x}_2,\cdots\}$ 是 $\mathscr{M}$ 的基. 此时 $\{\boldsymbol{x}_1,\boldsymbol{x}_2,\cdots\}$ 一定是线性无关的[①].

和有限维流形不同的是,对于由矢量集 $\{\boldsymbol{x}_1,\boldsymbol{x}_2,\cdots\}$ 张成的无穷维线性流形 $\mathscr{M}$, 即使这一组矢量集是线性无关的,它们也不一定构成 $\mathscr{M}$ 的基. 例如考虑 $\mathscr{E}_\infty$ 中的矢量集

$$\boldsymbol{f}_j=(1,0,0,\cdots,0,1,0,\cdots), \qquad j=2,3,4,\cdots,$$

---

① 即当且仅当 $\alpha_1=\alpha_2=\cdots=0$ 时,才能有 $\alpha_1\boldsymbol{x}_1+\alpha_2\boldsymbol{x}_2+\cdots=0$.

在 f_j 中, 只有两个分量 (第一个分量和第 j 个分量) 不为 0. 可以证明, 由 $\{f_j\}$ 的确张成 $\mathscr{E}_\infty$, 因为序列 $(f_2 + f_3 + \cdots + f_{n+1})/n$ 的极限就是 $e_1 = (1, 0, 0, 0, \cdots)$; 在此基础上就可得到 $e_2 = (0, 1, 0, 0, \cdots)$, $e_3 = (0, 0, 1, 0, \cdots)$, $\cdots$, 所以也就能叠加出 ($\mathscr{E}_\infty$ 内的任意一个) 矢量 $x = (\xi_1, \xi_2, \xi_3, \cdots)$. 然而直接将 $\{f_j\}$ 中的矢量作线性组合, 却无法给出 e_1, 因为 $e_1 = \alpha_2 f_2 + \alpha_3 f_3 + \cdots$ 无解. 所以, 矢量集 $\{f_j, j = 2, 3, 4, \cdots\}$ 并不是 $\mathscr{E}_\infty$ 的基.

如果线性流形 $\mathscr{M}$ 是闭的 (即 $\mathscr{M}$ 中的任意一个矢量序列均收敛, 且其极限仍属于 $\mathscr{M}$), 则称为**线性子空间**. 有限维空间中的线性流形都一定是闭的, 因而一定是线性子空间. 然而无穷维线性流形却不一定是线性子空间.

设 $\mathscr{M}$ 为 $\mathscr{A}$ 中的线性流形 (闭的或否), 考虑与 $\mathscr{M}$ 中的每个矢量都正交的所有矢量的集合 $\mathscr{M}^\perp$. 集合 $\mathscr{M}^\perp$ 是线性流形, 而且是闭的. 事实上, 若 $x_1, x_2, \cdots$ 是 $\mathscr{M}^\perp$ 中的序列, 其极限 x 属于 $\mathscr{A}$; 由于对于 $\mathscr{M}$ 中的每个 f, $\langle x_k, f \rangle = 0$, 内积的连续性表明 $\langle x, f \rangle = 0$, 所以 x 属于 $\mathscr{M}^\perp$. 这就证明了 $\mathscr{M}^\perp$ 是闭的. 如果 $\mathscr{M}$ 本身也是闭的, 则 $(\mathscr{M}^\perp)^\perp = \mathscr{M}$. $\mathscr{M}$ 和 $\mathscr{M}^\perp$ 互为**正交补**.

我们特别关注闭线性流形. 原因是如果 $\mathscr{A}$ 是 Hilbert 空间, 则 $\mathscr{A}$ 中的闭线性流形 $\mathscr{M}$ 一定也是 Hilbert 空间: 设 $\{x_k\}$ 是 $\mathscr{M}$ 中的 Cauchy 序列, 它一定在 $\mathscr{A}$ 中有极限 x (因为 $\mathscr{A}$ 是完备的); x 也一定属于 $\mathscr{M}$ (因为 $\mathscr{M}$ 是封闭的). 因此 $\mathscr{M}$ 是完备的内积空间, 故而是 Hilbert 空间.

§22.3 Hilbert 空间

1. Hilbert 空间

定义 22.13 在自然距离下完备的内积空间称为 **Hilbert 空间**.

例 22.8 任意 n 维实内积空间称为 (实) n 维 Euclid 空间, 记为 $\mathscr{E}_n$. 任何这样的空间都是完备的, 因此也都是 Hilbert 空间.

一个具体例子就是所有 n 个有序实数的空间. 如果定义

$$\langle x, y \rangle = \xi_1 \eta_1 + \xi_2 \eta_2 + \cdots + \xi_n \eta_n,$$

它就是内积空间. 我们有

$$\|x\| = \left(\xi_1^2 + \xi_2^2 + \cdots + \xi_n^2\right)^{1/2}$$

及

$$d(x, y) = \|x - y\| = \left[(\xi_1 - \eta_1)^2 + (\xi_2 - \eta_2)^2 + \cdots + (\xi_n - \eta_n)^2\right]^{1/2}.$$

Schwarz 不等式变为

$$\left(\sum_{k=1}^n \xi_k \eta_k\right)^2 \leqslant \left(\sum_{k=1}^n \xi_k^2\right)\left(\sum_{k=1}^n \eta_k^2\right). \tag{22.18}$$

另一个例子是定义在区间 $a \leqslant t \leqslant b$ 上的次数低于 n 的实多项式 $x = x(t)$ 构成的空间 p_n, 内积定义为

$$\langle x, y \rangle = \int_a^b x(t)\, y(t)\, \mathrm{d}t.$$

例 22.9 任意 n 维复内积空间称为 n 维酉空间 (或称 n 维复 Euclid 空间), 记为 $\mathscr{U}_n$. 任何这样的空间也都是完备的.

也可以举出复 Euclid 空间的例子. 例如所有 n 个有序复数的空间, 内积定义为

$$\langle \boldsymbol{x}, \boldsymbol{y} \rangle = \sum_{k=1}^{n} \xi_k^* \eta_k.$$

容易验证条件 (22.8), 且

$$\|\boldsymbol{x}\| = \left(\sum_{k=1}^{n} \xi_k^* \xi_k\right)^{1/2} = \left(\sum_{k=1}^{n} |\xi_k|^2\right)^{1/2}, \quad d(\boldsymbol{x}, \boldsymbol{y}) = \|\boldsymbol{x} - \boldsymbol{y}\| = \left(\sum_{k=1}^{n} |\xi_k - \eta_k|^2\right)^{1/2}.$$

Schwarz 不等式 (22.10) 变为

$$\left(\sum_{k=1}^{n} \xi_k^* \eta_k\right)^2 \leqslant \left(\sum_{k=1}^{n} |\xi_k|^2\right)\left(\sum_{k=1}^{n} |\eta_k|^2\right). \tag{22.19}$$

例 22.10 考虑在 $a \leqslant t \leqslant b$ 上 Lebesgue 平方可积的所有复值函数 $x(t)$ 所构成的空间 $\mathscr{L}_2^{(c)}(a,b)$. 可以采用合适的内积定义, 例如:

$$\langle \boldsymbol{x}, \boldsymbol{y} \rangle = \int_a^b x^*(t)\, y(t)\, \mathrm{d}t, \tag{22.20}$$

则范数及自然距离分别是

$$\|\boldsymbol{x}\| = \left[\int_a^b |x(t)|^2\, \mathrm{d}t\right]^{1/2}, \quad d(\boldsymbol{x}, \boldsymbol{y}) = \|\boldsymbol{x} - \boldsymbol{y}\| = \left[\int_a^b |x(t) - y(t)|^2\, \mathrm{d}t\right]^{1/2},$$

而 Schwarz 不等式变为

$$\left|\int_a^b x^*(t)\, y(t)\, \mathrm{d}t\right| \leqslant \left[\int_a^b |x(t)|^2\, \mathrm{d}t\right]^{1/2} \left[\int_a^b |y(t)|^2\, \mathrm{d}t\right]^{1/2}. \tag{22.21}$$

空间 $\mathscr{L}_2^{(c)}(a,b)$ 也是完备的, 因此是 Hilbert 空间.

令 U 是 Hilbert 空间 $\mathscr{H}$ 中的矢量集. U 中矢量的全部有限线性组合就是 U 所张成的线性子空间 $S(U)$. 一般说来, $S(U)$ 在 $\mathscr{H}$ 中并不封闭[1]; 它的闭包 $\overline{S}(U)$ 称为 U 所张成的闭合线性子空间. $S(U)$ 可以明显不同于 $\overline{S}(U)$. 例如, 如果 U 是 $\mathscr{L}_2(a,b)$ 中的集合 $\{1, x, x^2, \cdots\}$, $S(U)$ 是全部多项式的集合, 而 $\overline{S}(U)$ 是整个 $\mathscr{L}_2(a,b)$.

如果 $U: \{\boldsymbol{f}_1, \boldsymbol{f}_2, \cdots, \boldsymbol{f}_n, \cdots\}$ 张成的闭合线性子空间与 $\mathscr{H}$ 重合, 我们就说 U 是 $\mathscr{H}$ 的**生成子集**, 或者说, U 在 $\mathscr{H}$ 中**稠密**[2]. 这样, 任给 $\varepsilon > 0$, 对于 $\mathscr{H}$ 中的任意元素 $\boldsymbol{f}$, 总存在指标 N 及一组常数 $\alpha_1, \alpha_2, \cdots, \alpha_N$, 使得

$$\left\|\boldsymbol{f} - \sum_{k=1}^{N} \alpha_k \boldsymbol{f}_k\right\| < \varepsilon.$$

---

[1] 如果 U 只含有有限个线性无关矢量, 则 $S(U)$ 是有限维线性子空间, 因此是封闭的.

[2] 设 $\mathscr{A}$ 为度量空间, $S \subset T$ 是 $\mathscr{A}$ 的两个子集. 如果任给 $\varepsilon > 0$, 对于 T 内的每个 $\boldsymbol{f}$, 总存在 S 的一个元素 $\boldsymbol{e}$, 使得 $d(\boldsymbol{e}, \boldsymbol{f}) < \varepsilon$, 则称 S 在 T 内是稠密的. 在几何上, 这意味着对于 T 内的任意元素, 我们总能在 S 内找到与之任意接近的元素; 或者说, T 内的每个元素, 都可以用 S 内的元素以任意精度近似. T 当然可以就是空间 $\mathscr{A}$ 本身. 稠密性的概念, 显然依赖于所使用的距离定义.

用 S 表示生成子集的全部有限线性组合的集合, 则 $\overline{S} = \mathscr{H}$.

U 可以是整个 $\mathscr{H}$, 因此 $S(U) = \overline{S}(U) = \mathscr{H}$. 我们的目标是寻找比较小的集合 U, 然而它是 $\mathscr{H}$ 的生成子集.

2. 可分离的 Hilbert 空间

定义 22.14 Hilbert 空间称为**可分离**的, 如果它的生成子集 U 是可数的[①].

可数的生成子集的存在, 意味着空间 $\mathscr{H}$ 并不太 "大", 尽管 $\mathscr{H}$ 含有的元素可能是不可数的.

任何有限维 Hilbert 空间 $\mathscr{E}_n$ 是可分离的, 因为存在 n 个矢量 $(\boldsymbol{f}_1, \boldsymbol{f}_2, \cdots, \boldsymbol{f}_n)$, 使得 $\mathscr{E}_n$ 中的任何一个矢量都能表示为 $\boldsymbol{f} = \sum_{k=1}^{n} \xi_k \boldsymbol{f}_k$; 特别是, 任何一组基就起着生成子集的作用.

我们更有兴趣于无穷维 Hilbert 空间. 显然无穷维空间不能有有限的生成子集. 因此, 一个可分离的无穷维 Hilbert 空间一定含有可数的无穷集合 $U : \{\boldsymbol{f}_1, \boldsymbol{f}_2, \cdots\}$, 使得 $\mathscr{H}$ 中的每一个元素 $\boldsymbol{f}$ 都能以所要求的精度用 U 中有限个元素的线性组合逼近. 换言之, 对于 $\mathscr{H}$ 中的每个 $\boldsymbol{f}$, 任给 $\varepsilon > 0$, 总能找到指标 N 以及标量 $\alpha_1, \alpha_2, \cdots, \alpha_N$ (它们通常与 ε 有关), 使得

$$\left\| \boldsymbol{f} - \sum_{k=1}^{N} \alpha_k \boldsymbol{f}_k \right\| < \varepsilon. \tag{22.22}$$

例如, 集合 $\{1, t, t^2, \cdots\}$ (显然是可数的) 是 $\mathscr{L}_2(a, b)$ 的生成子集, 其中 a 和 b 为有限值; 空间 $\mathscr{L}_2(a, \infty), \mathscr{L}_2(-\infty, b), \mathscr{L}_2(-\infty, \infty)$ 也都是可分离的; k 个独立自变量的平方可积函数空间 $\mathscr{L}_2(V)$ 也是可分离的.

在 $\mathscr{L}_2^{(c)}(a, b)$ 中, 元素 u 是复值函数, 在区间 $a \leqslant x \leqslant b$ 上 Lebesgue 平方可积. 令 $e_1(x), e_2(x), \cdots, e_n(x), \cdots$ 是一组正交标准基,

$$\int_a^b e_i^*(x) e_j(x) \,\mathrm{d}x = \delta_{ij},$$

$\mathscr{L}_2^{(c)}(a, b)$ 中的元素 $u(x)$ 就能展开为

$$u(x) = \sum_{k=1}^{\infty} \gamma_k e_k(x), \qquad \gamma_k = \int_a^b e_k^*(x) u(x) \,\mathrm{d}x, \tag{22.23}$$

而上面的级数是在平均收敛

$$\lim_{n \to \infty} \int_a^b \left| u(x) - \sum_{k=1}^{n} \gamma_k e_k(x) \right|^2 \mathrm{d}x = 0 \tag{22.24}$$

的意义下收敛. 如果要求 (22.23) 式在 "更好" 的意义下收敛, 例如逐点收敛或一致收敛, 只是知道 $e_k(x)$ 是一组基并不够, 还需要对函数 $u(x)$ 有进一步的要求 (例如可微性). 但是因为平均收敛在应用上是最重要的一种收敛形式, 所以这里对其他收敛性的讨论从略.

[①] 所谓集合是可数的, 指的是它的元素能与正整数或正整数的某个子集一一对应. 只有有限个元素的集合是可数的; 有理数构成可数集, 而实数集则否.

3. 基与生成子集两个概念之间的差异

对于可分离的 Hilbert 空间 $\mathscr{H}$, 总可以找到一个生成子集, 使其元素均线性无关, 因为我们总可以将 (任意一个) 生成子集中的元素编号, 而后将所有与 "前面" 的元素线性相关的元素剔除即可. 再按照 Gram-Schmidt 步骤, 可以进一步将这个生成子集转换成正交集. 这样, 任何一个可分离的 Hilbert 空间 $\mathscr{H}$ 总含有一组正交的生成子集.

显然也需要有一组矢量构成 Hilbert 空间 $\mathscr{H}$ 的基, 因而能够把 $\mathscr{H}$ 中的任意一个矢量用这组基矢表示为有限或无穷级数. 值得注意基与生成子集这两个概念的区别.

矢量集 $(\boldsymbol{f}_1, \boldsymbol{f}_2, \cdots, \boldsymbol{f}_n, \cdots)$ 是生成子集, 如果 $\mathscr{H}$ 中的每一个矢量 $\boldsymbol{x}$ 都能用该集中矢量的有限线性组合以事先给定的任意精度作近似: 任给 $\varepsilon > 0$, 对于每个 $\boldsymbol{x}$, 总存在 $N > 0$ 及常数 $\alpha_1, \alpha_2, \cdots, \alpha_N$, 使得 (22.22) 式成立. 减小 ε, 即提高近似的精度, 可以预期必须增大指标 N, 而且也必须改变此前求出的系数 $\alpha_1, \alpha_2, \cdots, \alpha_N$, 换言之, 并不存在一个固定的常数序列 $\xi_1, \xi_2, \cdots, \xi_n, \cdots$, 使得 $\boldsymbol{x} = \sum_{k=1}^{\infty} \xi_k \boldsymbol{f}_k$. 线性无关集 $\{\boldsymbol{f}_0 = 1, \boldsymbol{f}_1 = t, \boldsymbol{f}_2 = t^2, \cdots\}$ 是 $\mathscr{L}_2(-1, 1)$ 的生成子集, 但不是基, 因为有许多函数 (例如 $|t|$) 属于 $\mathscr{L}_2(-1, 1)$, 但不能展开为级数 $\sum_{k=0}^{\infty} \xi_k t^k$. 因为 $|t|$ 是偶函数, 在用上述 $\boldsymbol{f}_n(t) = t^n$ 的有限线性组合 $\sum_{k=0}^{N} \alpha_n t^{2n}$ 逼近时, 得到的结果是:

$$\text{零级近似} \quad \alpha_0 = \frac{1}{2};$$

$$\text{一级近似} \quad \alpha_0 = \frac{3}{16}, \ \alpha_1 = \frac{15}{16};$$

$$\text{二级近似} \quad \alpha_0 = \frac{15}{128}, \ \alpha_2 = \frac{105}{64}, \ \alpha_2 = -\frac{105}{128};$$

$$\cdots \qquad \cdots.$$

从函数逼近的角度来看, 只要 $x(t)$ 连续, 则 Weierstrass 逼近定理就保证了多项式 $p_k(t)$ 的存在性, 使得 $\|x(t) - p_k(t)\| < 1/k$. 我们容易构造无穷级数 $q_1(t) + q_2(t) + \cdots$, 使得 $p_k(t)$ 是它的部分和序列. 只需选取 $q_k(t) = p_k(t) - p_{k-1}(t)$ 即可. 无穷级数 $\sum_{k=1}^{\infty} q_k(t)$ 显然收敛到 $x(t)$, 而每个 $q_k(t)$ 都是多项式, 可是这并不是幂级数 $\sum_{j=0}^{\infty} \xi_j \boldsymbol{f}_j$. 将 $\sum_{k=1}^{\infty} q_k(t)$ 变换为幂级数, 我们首先必须将这个级数重新排序: 将每个 $q_k(t)$ 中的常数项合并 (求和), 并且放到最前面, 再将 t^1 项合并, 并放到第二项, 如此等等. 对于级数并不总是允许作这样剧烈的重排的, 因此级数 $\sum_{k=1}^{\infty} q_k(t)$ 通常并不等价于幂级数. 能将函数表示为幂级数, 该函数至少必须无穷次可微, 而 $\mathscr{L}_2$ 中的大多数函数并没有这么光滑. 我们知道, 如果得到的级数只是平均收敛而非绝对收敛, 就不允许将级数重排.

处理按 Legendre 多项式 $\mathrm{P}_k(t)$ 展开的问题时, 也将遇到非常相似的现象. 我们知道, 连续 (但不可导) 函数 $x(t) = |t|$ 能在区间 $-1 \leqslant t \leqslant 1$ 中展开为级数 $\sum_{k=0}^{\infty} \alpha_k \mathrm{P}_k(t)$, 在用

Legendre 多项式的有限线性组合逼近 $|t|$ 时,
$$|t| = \frac{1}{2}\mathrm{P}_0(t) + \frac{5}{8}\mathrm{P}_2(t) - \frac{3}{16}\mathrm{P}_4(t) + \cdots,$$
随着精度的提高 (即参与叠加的 Legendre 多项式次数更高), 其组合系数并不改变. 尽管 $|t|$ 并不能展开为幂级数 $\sum_{j=0}^{\infty} \xi_j t^j$. 我们并不许可将函数按照 Legendre 多项式展开中的各项集中再重排为幂级数.

以上我们强调了基与生成子集这两个概念的差异. 读者也可以去找它们的相似性. 显然, 对于由正交元素构成的集合, 这两者是恒等的.

§22.4 线性算符

为了叙述简洁起见, 以下所有讨论均限于复数域上的线性空间. 当然, 不难转换为实数域上的线性空间.

1. 线性算符

线性空间 $\mathscr{A}$ 中的**算符 (即变换)** $\widehat{A}$ 是一个对应关系, 它对于 ($\mathscr{A}$ 的子集) $D(\widehat{A})$ 中的每一个元素 (矢量) $\boldsymbol{x}$, 指定唯一一个 (也属于 $\mathscr{A}$ 的) 元素 (矢量) $\boldsymbol{y}$. 后者称为算符 $\widehat{A}$ 作用于矢量 $\boldsymbol{x}$ 而得到的像, 记为 $\widehat{A}\boldsymbol{x}$. $D(\widehat{A})$ 是算符 $\widehat{A}$ 的定义域, 可以就是线性空间 $\mathscr{A}$ 本身. 相应地, 全体像矢量的集合 $R(\widehat{A})$, 称为 $\widehat{A}$ 的值域.

如果 $D(\widehat{A}) = D(\widehat{B})$, 且对于此共同定义域中的所有 $\boldsymbol{x}$, $\widehat{A}\boldsymbol{x} = \widehat{B}\boldsymbol{x}$, 则 $\widehat{A} = \widehat{B}$.

设有算符 $\widehat{A}$ 和 $\widehat{B}$ (其定义域分别为 $D(\widehat{A})$ 和 $D(\widehat{B})$), 通过算符的初等运算可导出新的算符如下:

(1) $\widehat{C} = \alpha\widehat{A}: \widehat{C}\boldsymbol{x} = \alpha(\widehat{A}\boldsymbol{x})$, 其中 α 是给定的复数. C 的定义域与 $\widehat{A}$ 相同.

(2) $\widehat{D} = \widehat{A} + \widehat{B}: \widehat{D}\boldsymbol{x} = \widehat{A}\boldsymbol{x} + \widehat{B}\boldsymbol{x}$. 显然 $D(\widehat{D}) = D(\widehat{A}) \bigcap D(\widehat{B})$. 注意 $\widehat{A} + \widehat{B} = \widehat{B} + \widehat{A}$.

(3) $\widehat{E} = \widehat{A}\widehat{B}: \widehat{E}\boldsymbol{x} = \widehat{A}(\widehat{B}\boldsymbol{x})$, 其定义域为 $D(\widehat{E}) = \left\{\boldsymbol{x} \,|\, \widehat{B}\boldsymbol{x} \in D(\widehat{A})\right\}$. 一般说来, $\widehat{A}\widehat{B} \neq \widehat{B}\widehat{A}$. 如果 $\widehat{A}\widehat{B} = \widehat{B}\widehat{A}$, 则称此二算符**对易**.

如果
$$\widehat{A}(\boldsymbol{x}_1 + \boldsymbol{x}_2) = \widehat{A}\boldsymbol{x}_1 + \widehat{A}\boldsymbol{x}_2, \qquad \widehat{A}(\alpha\boldsymbol{x}) = \alpha(\widehat{A}\boldsymbol{x}), \tag{22.25}$$
则 $\widehat{A}$ 为**线性算符 (线性变换)**. 对于这种算符, 一定有 $\widehat{A}(\boldsymbol{0}) = \boldsymbol{0}$, 而且 $D(\widehat{A})$ 和 $R(\widehat{A})$ 都是线性子空间.

2. 有界算符与连续算符

正如 §22.2 中那样, 在线性空间中引入范数的概念, 就同时成为赋范空间.

如果对于 $D(\widehat{A})$ 中的所有 $\boldsymbol{x}$, 存在常数 c, 使得 $\left\|\widehat{A}\boldsymbol{x}\right\| \leqslant c\|\boldsymbol{x}\|$, 则称算符 $\widehat{A}$ (在 $D(\widehat{A})$ 上) **有界**. 常数 c 并不唯一, 重要的是它的最小值, 称为 $\widehat{A}$ 的**范数**, 记为 $\left\|\widehat{A}\right\|$.

$$\left\|\widehat{A}\right\| = \sup_{\boldsymbol{x} \neq \boldsymbol{0}} \left(\frac{1}{\|\boldsymbol{x}\|} \left\|\widehat{A}\boldsymbol{x}\right\| \right). \tag{22.26}$$

即使 $\widehat{A}$ 是有界的, 也不一定存在非零元素 x, 使得 $\|\widehat{A}x\| = \|\widehat{A}\|\|x\|$; 但总可以使得 $\|\widehat{A}x\|$ 接近 $\|\widehat{A}\|\|x\|$, 想多接近就能多接近.

设 $\{x_n\}$ 是 $D(\widehat{A})$ 中的序列, 以 $x \in D(\widehat{A})$ 为极限. 若 $\widehat{A}x_n \to \widehat{A}x$, 则称算符 $\widehat{A}$ 在 x 连续. 如果 $\widehat{A}$ 在 $D(\widehat{A})$ 中的每一点都连续, 则称 $\widehat{A}$ 在 $D(\widehat{A})$ 上连续. 在以下的叙述中, 如果 $D(\widehat{A})$ 固定, 则常略去定义域不说, 而只简称为连续算符.

定理 22.3 如果 $\widehat{A}$ 在 $x = 0$ 处连续, 则在 $D(\widehat{A})$ 中的所有点均连续.

定理 22.4 $\widehat{A}$ 在 $D(\widehat{A})$ 上连续, 当且仅当该算符有界.

Euclid 空间 $\mathscr{E}_n$ 中的所有线性算符均有界, 因而全都连续. 证明从略.

在平方可积的函数空间 $\mathscr{L}_2$ 中, 可以出现无界算符, 见后面的例 22.13.

例 22.11 (1) 零算符 $\widehat{0}$: 对于任意 x, $\widehat{0}x = 0$. 这个算符显然是有界的: $\|\widehat{0}\| = 0$.

(2) 恒等算符 $\widehat{I}$: 对于任意 x, $\widehat{I}x = x$. 该算符有界: $\|\widehat{I}\| = 1$.

例 22.12 在 $\mathscr{L}_2(0,1)$ 上, 考虑算符 $\widehat{A}$: $\widehat{A}x = tx(t)$. 此算符对于 $\mathscr{L}_2(0,1)$ 上的所有元素均有定义, 且为线性算符. 因为

$$\|\widehat{A}x\|^2 = \int_0^1 t^2|x(t)|^2\,dt \leqslant \int_0^1 |x(t)|^2\,dt = \|x\|^2,$$

所以 $\|\widehat{A}\| \leqslant 1$, 即 $\widehat{A}$ 有界.

例 22.13 在 $\mathscr{L}_2(0,1)$ 上, 考虑由 $\widehat{A}x = f_0(t)x(t)$ 所定义的算符, 其中 $f_0(t)$ 是给定的函数 (不一定在 $\mathscr{L}_2(0,1)$ 中).

(1) 如果 $f_0(t)$ 在 $0 \leqslant t \leqslant 1$ 上连续, 则 $\widehat{A}$ 是整个 $\mathscr{L}_2(0,1)$ 上的有界线性算符. 能够证明

$$\|\widehat{A}\| = \max_{0 \leqslant t \leqslant 1} |f_0(t)|.$$

(2) 如果 $f_0(t)$ 在区间 $0 \leqslant t \leqslant 1$ 上某点为无穷, 则 $\widehat{A}$ 是无界线性算符, 其定义域将不会是整个 $\mathscr{L}_2$. 例如, $f_0(t) = 1/t$, 则只当 $x(t)$ 在 $t = 0$ 足够快地为 0 时 $f_0(t)x(t)$ 才属于 $\mathscr{L}_2$. 为了证明 $\widehat{A}$ 无界, 可考虑 $D(\widehat{A})$ 中的函数

$$x(t) = \begin{cases} 0, & 0 \leqslant t < \varepsilon, \\ 1, & \varepsilon \leqslant t \leqslant 1. \end{cases}$$

对于这个特殊的 $x(t)$, 我们有

$$\|x\|^2 = 1 - \varepsilon, \qquad \|\widehat{A}x\|^2 = \int_\varepsilon^1 \frac{dt}{t^2} = -1 + \frac{1}{\varepsilon}.$$

ε 足够小, 则比值 $\|\widehat{A}x\|/\|x\| = 1/\varepsilon$ 可以任意大, 所以 $\widehat{A}$ 无界.

例 22.14 在 $\mathscr{L}_2^{(c)}(0,1)$ 上考虑微分算符 $\widehat{A}x = dx(t)/dt$. 这个算符不能对于 $\mathscr{L}_2$ 中的所有函数都有定义. 属于 $D(\widehat{A})$ 的 $x(t)$ 必须具有两个性质:

(1) $x(t)$ 在一定意义下可微①;
(2) $x(t)$ 的导数属于 $\mathscr{L}_2^{(c)}(0,1)$.

考虑定义在 $D(\widehat{A})$ 上的算符 $\mathrm{d}/\mathrm{d}t$. 这个算符是线性的, 其值域 $R(\widehat{A})$ 是整个 $\mathscr{L}_2^{(c)}(0,1)$. 当然, 此算符不连续. 序列 $x_n(t) = \sqrt{2}\sin n\pi t$ 中每一个函数的范数都是 1, 但是 $\|\mathrm{d}x_n(t)/\mathrm{d}t\| = n\pi$, 所以微分算符显然无界.

3. 线性算符的逆

若由像矢量能反过来确定原来的矢量, 则称算符 $\widehat{A}$ 是一对一的.

完全等价地, 当且仅当由 $\widehat{A}\boldsymbol{f} = \widehat{A}\boldsymbol{g}$ 就能导出 $\boldsymbol{f} = \boldsymbol{g}$ 时, 则称算符 $\widehat{A}$ 是一对一的.

若算符 $\widehat{A}$ 是一对一的, 其定义域为 $D(\widehat{A})$, 值域为 $R(\widehat{A})$, 则可定义**逆算符** $\widehat{A}^{-1}$ 如下:

$$\widehat{A}^{-1}\boldsymbol{f} = \boldsymbol{g}, \qquad \text{当且仅当}\ \widehat{A}\boldsymbol{g} = \boldsymbol{f}.$$

因为对于 $\boldsymbol{f} \in R(\widehat{A})$, 上式有一个并且只有一个解, 故此定义有意义, 且 $D(\widehat{A}^{-1}) = R(\widehat{A})$, $R(\widehat{A}^{-1}) = D(\widehat{A})$. 一对一算符的逆算符一定存在, 即一对一算符是可逆的.

定理 22.5 当且仅当 $\widehat{A}\boldsymbol{x} = \boldsymbol{0}$ 只有零解 $\boldsymbol{x} = \boldsymbol{0}$, 线性算符 $\widehat{A}$ 是一对一的 (即存在逆算符 $\widehat{A}^{-1}$).

证 (1) 设 $\widehat{A}$ 是一对一的. 对于任何线性算符, $\widehat{A}\boldsymbol{0} = \boldsymbol{0}$, 因此 $\boldsymbol{0}$ 是 $\widehat{A}\boldsymbol{x} = \boldsymbol{0}$ 的解. 因为 $\widehat{A}$ 是一对一的, 这就是唯一解.

(2) 若 $\widehat{A}\boldsymbol{x} = \boldsymbol{0}$ 只有 $\boldsymbol{0}$ 解. 令 $\widehat{A}\boldsymbol{x} = \boldsymbol{f}$ 有解 $\boldsymbol{x}_1$ 与 $\boldsymbol{x}_2$, 即 $\widehat{A}\boldsymbol{x}_1 = \widehat{A}\boldsymbol{x}_2$, 则元素 $\boldsymbol{y} = \boldsymbol{x}_1 - \boldsymbol{x}_2$ 处在 $\widehat{A}$ 的定义域中 (因为此定义域为线性子空间), $\widehat{A}$ 的线性性质意味着 $\widehat{A}\boldsymbol{y} = \widehat{A}\boldsymbol{x}_1 - \widehat{A}\boldsymbol{x}_2 = \boldsymbol{f} - \boldsymbol{f} = \boldsymbol{0}$, 所以 $\boldsymbol{y} = \boldsymbol{0}$, $\boldsymbol{x}_1 = \boldsymbol{x}_2$. □

容易看出算符 $\widehat{A}^{-1}$ 是线性算符, $D(\widehat{A}^{-1}) = R(\widehat{A})$, $R(\widehat{A}^{-1}) = D(\widehat{A})$.

4. 正则线性算符

定义 22.15 满足下列条件的线性算符 $\widehat{A}$ 称为**正则线性算符**:

(1) $\widehat{A}\boldsymbol{x} = \boldsymbol{0}$ 只有 $\boldsymbol{0}$ 解;
(2) $R(\widehat{A}) = \mathscr{A}$;
(3) $\widehat{A}^{-1}$ 有界.

否则, 称算符 $\widehat{A}$ 是**奇异**的.

第一个条件保证 $\widehat{A}\boldsymbol{x} = \boldsymbol{f}$ 最多有一个解. 第二个条件告诉我们, 对于 $\mathscr{A}$ 中的每个 $\boldsymbol{f}$, $\widehat{A}\boldsymbol{x} = \boldsymbol{f}$ 至少有一个解. 和第一个条件结合起来, $\widehat{A}\boldsymbol{x} = \boldsymbol{f}$ 就有一个并且只有一个解, 因此 $\widehat{A}^{-1}$ 存在. 第三个条件保证如果 $\boldsymbol{f}_1$ 与 $\boldsymbol{f}_2$ 接近, 比如说 $\|\boldsymbol{f}_1 - \boldsymbol{f}_2\| < \varepsilon$, 则相应的 $\boldsymbol{x}_1$ 与 $\boldsymbol{x}_2$ 也接近, 即 $\|\boldsymbol{x}_1 - \boldsymbol{x}_2\| < \varepsilon\left\|\widehat{A}^{-1}\right\|$.

5. 闭算符

定义 22.16 令 $\widehat{A}$ 是定义在子空间 $D(\widehat{A})$ 上的线性算符, 如果只要 $\{\boldsymbol{x}_n\}$ 在 $D(\widehat{A})$ 内, $\boldsymbol{x}_n \to \boldsymbol{x}$, $\widehat{A}\boldsymbol{x}_n \to \boldsymbol{f}$, 就能推出 $\boldsymbol{x} \in D(\widehat{A})$, 且 $\widehat{A}\boldsymbol{x} = \boldsymbol{f}$, 则称 $\widehat{A}$ 为**闭算符**.

---

① 即存在可积函数 $y(t)$, 使得 $x(t) = \int_0^t y(t)\,\mathrm{d}t + x(0)$, 因此, $x(t)$ 几乎处处可微, 并且是它的导函数的广义原函数. 连续而不绝对连续的例子就是所谓的 Lebesgue-Cantor 函数, 它不恒为常数, 但导数几乎处处为 0.

闭算符具有下列性质：
(1) 如果 $\widehat{A}$ 是闭的，且 $\widehat{A}^{-1}$ 存在，则 $\widehat{A}^{-1}$ 是闭的；
(2) 如果 $\widehat{A}$ 是闭的，且 $\widehat{A}^{-1}$ 有界，则 $R(\widehat{A})$ 是闭集；
(3) 在闭域上的闭算符有界.

所以，闭算符一定属于下列几种互不相容的类型之一：
(1) $\widehat{A}$ 是正则的；
(2) $\widehat{A}\boldsymbol{x} = \boldsymbol{0}$ 有非零解 ($\widehat{A}^{-1}$ 不存在)；
(3) $\widehat{A}\boldsymbol{x} = \boldsymbol{0}$ 只有零解，$\widehat{A}^{-1}$ 无界，且 $R(\widehat{A}) \neq \mathscr{A}$，$\overline{\mathscr{R}_{\widehat{A}}} = \mathscr{A}$；
(4) $\widehat{A}\boldsymbol{x} = \boldsymbol{0}$ 只有零解，且 $\overline{\mathscr{R}_{\widehat{A}}} \neq \mathscr{A}$ ($\widehat{A}^{-1}$ 或有界，或无界).

§22.5 Hilbert 空间上的线性算符

尽管 Hilbert 空间的定义中并不排斥有限维空间，但是，或许值得更关心无穷维 Hilbert 空间，特别是因为这时会出现无界算符. 其后果之一就是我们将看到，自伴算符一定是 Hermite 的，但 Hermite 算符不一定自伴.

这里还需要重复一句，对于某些线性算符，例如微分算符，它的定义域需要修改为 Hilbert 空间中的某个子集，而不是整个 Hilbert 空间，因为组成这个空间的元素 (函数) 可以不可导.

1. 伴算符

先讨论定义在整个 Hilbert 空间 $\mathscr{H}$ 上的有界线性算符 $\widehat{A}$. 考虑 $\langle \boldsymbol{y}, \widehat{A}\boldsymbol{x} \rangle$，其中 $\boldsymbol{y}$ 是 $\mathscr{H}$ 中固定的元素，$\boldsymbol{x}$ 可以取遍 $\mathscr{H}$ 中的所有元素. 显然 $\langle \boldsymbol{y}, \widehat{A}\boldsymbol{x} \rangle$ 是关于 $\boldsymbol{x}$ 的有界线性泛函. 按照 Riesz 表示定理[①]，存在唯一一个完全确定的元素 $\boldsymbol{g}$，使得

$$\langle \boldsymbol{y}, \widehat{A}\boldsymbol{x} \rangle = \langle \boldsymbol{g}, \boldsymbol{x} \rangle, \qquad \forall \boldsymbol{x} \in \mathscr{H}. \tag{22.27}$$

元素 $\boldsymbol{g}$ 依赖于 $\boldsymbol{y}$ 的选取. 我们写成 $\boldsymbol{g} = \widehat{A}^{\dagger}\boldsymbol{y}$，其中 $\widehat{A}^{\dagger}$ 是定义在整个 $\mathscr{H}$ 上的线性算符. 算符 $\widehat{A}^{\dagger}$ 称为 $\widehat{A}$ 的**伴算符**，$\widehat{A}^{\dagger}$ 有界，且 $\|\widehat{A}^{\dagger}\| = \|\widehat{A}\|$. 如果 $\boldsymbol{x}$ 和 $\boldsymbol{y}$ 是 $\mathscr{H}$ 中的任意两个矢量，我们有

$$\langle \boldsymbol{y}, \widehat{A}\boldsymbol{x} \rangle = \langle \widehat{A}^{\dagger}\boldsymbol{y}, \boldsymbol{x} \rangle. \tag{22.28}$$

如果 $\widehat{A}$ 是定义在线性子空间 $D(\widehat{A})$ 上的无界线性算符，$D(\widehat{A})$ 在 $\mathscr{H}$ 中稠密 (即 $D(\widehat{A})$ 的闭包 $\overline{\mathscr{D}_{\widehat{A}}} = \mathscr{H}$). 令 $\boldsymbol{y}$ 是 $\mathscr{H}$ 中固定的元素，考虑 $\langle \boldsymbol{y}, \widehat{A}\boldsymbol{x} \rangle$，其中 $\boldsymbol{x}$ 取遍整个 $D(\widehat{A})$. 对于 $D(\widehat{A})$ 中的 $\boldsymbol{x}$ 来说，$\langle \boldsymbol{y}, \widehat{A}\boldsymbol{x} \rangle$ 也还是线性泛函 (可能无界). 对于某些 $\boldsymbol{y}$，也还能写出

$$\langle \boldsymbol{y}, \widehat{A}\boldsymbol{x} \rangle = \langle \boldsymbol{g}, \boldsymbol{x} \rangle, \qquad \forall \boldsymbol{x} \in D(\widehat{A}). \tag{22.29}$$

使 (22.29) 式对于 $D(\widehat{A})$ 中的所有 $\boldsymbol{x}$ 均成立的元素对 $(\boldsymbol{y}, \boldsymbol{g})$ 称为**容许对**. 显然 $\boldsymbol{g}$ 依赖于 $\boldsymbol{y}$. 为了描述 $\boldsymbol{g}$ 与 $\boldsymbol{y}$ 之间的联系，我们首先可以确认，如果 (22.29) 式对两个不同的元素 $\boldsymbol{g}_1$ 和

[①] Riesz 表示定理是 Hilbert 空间的基本定理之一，它告诉我们，Hilbert 空间 $\mathscr{H}$ 上的有界线性泛函是相对于 $\mathscr{H}$ 内某个固定矢量的内积：对应于定义在整个 $\mathscr{H}$ 上的每个线性泛函 T，存在唯一一个确定无疑的矢量 ϕ，使得 $T(f) = \langle \phi, f \rangle$，$\forall f \in \mathscr{H}$.

g_2 均成立，则对于 $D(\widehat{A})$ 中的所有 x，都应有 $\langle g_1-g_2, x\rangle = 0$. 因为 $D(\widehat{A})$ 在 $\mathscr{H}$ 中稠密，所以能够断定 $g_1 - g_2 = 0$. 因此，对于给定的 y，最多只能有一个 g 使 (22.29) 式成立. 现在考虑使 (22.29) 式成立的所有矢量 y 的集合，则存在相应的矢量 g 的集合，这两个集合之间的对应关系，能表示为 $g = \widehat{A}^\dagger y$，其中 $\widehat{A}^\dagger$ 是 $\widehat{A}$ 的伴算符. $\widehat{A}^\dagger$ 有完全确定的定义域 $D(\widehat{A}^\dagger)$，它至少含有 0 矢量，因为

$$\langle 0, \widehat{A}x\rangle = 0 = \langle 0, x\rangle, \qquad \forall x \in D(\widehat{A}).$$

和 (22.29) 式相比较，我们看到 $(0,0)$ 是一个容许对. 因此 $0 \in D(\widehat{A}^\dagger)$, $\widehat{A}^\dagger 0 = 0$. 如果 $x \in D(\widehat{A}), y \in D(\widehat{A}^\dagger)$，则有

$$\langle y, \widehat{A}x\rangle = \langle \widehat{A}^\dagger y, x\rangle. \tag{22.30}$$

容易看出 $\widehat{A}^\dagger$ 是线性的.

下面列出伴算符的一些有用的性质：
(1) 若 $D(\widehat{A})$ 在 $\mathscr{H}$ 中稠密，则 $\widehat{A}^\dagger$ 存在；
(2) $\widehat{A}^\dagger$ 是线性算符；
(3) $\widehat{A}^\dagger$ 是闭的，不管 $\widehat{A}$ 是否是闭的；
(4) $\widehat{B} \supset \widehat{A}$① 意味着 $\widehat{A}^\dagger \supset \widehat{B}^\dagger$；
(5) 若 $\widehat{A}$ 有界，且定义在整个 $\mathscr{H}$ 上，则 $\widehat{A}^\dagger$ 有界，也定义在整个 $\mathscr{H}$ 上；
(6) 若 $\widehat{A}^{\dagger\dagger} \equiv (\widehat{A}^\dagger)^\dagger$ 存在 (即 $D(\widehat{A}^\dagger)$ 在 $\mathscr{H}$ 中稠密)，则 $\widehat{A} \supset \widehat{A}^{\dagger\dagger}$；
(7) 若 $\widehat{A}$ 是闭的，$D(\widehat{A})$ 在 $\mathscr{H}$ 中稠密，则 $D(\widehat{A}^\dagger)$ 在 $\mathscr{H}$ 中稠密，因此 $\widehat{A}^{\dagger\dagger}$ 存在，且 $\widehat{A} = \widehat{A}^{\dagger\dagger}$.

2. 自伴算符与 Hermite 算符

定义 22.17 若 $\widehat{A} = \widehat{A}^\dagger$，则称此算符**自伴**. 其充要条件是
(1) $D(\widehat{A}) = D(\widehat{A}^\dagger)$；
(2) 对于 $D(\widehat{A})$ 中的任意 x，$\widehat{A}x = \widehat{A}^\dagger x$.

定义 22.18 如果对于全在 $D(\widehat{A})$ 中的任意一对元素 (x, y)，

$$\langle y, \widehat{A}x\rangle = \langle \widehat{A}y, x\rangle, \tag{22.31}$$

则 $\widehat{A}$ 为 **Hermite 算符**.

如果 $\widehat{A}$ 是 Hermite 的，则 $(y, \widehat{A}y)$ 是容许对，因此 $y \in D(\widehat{A}^\dagger)$，且 $\widehat{A}^\dagger y = \widehat{A}y$. 这样，如果 $\widehat{A}$ 是 Hermite 的，则 $\widehat{A}^\dagger \supset \widehat{A}$. 另一方面，如果 $\widehat{A}^\dagger \supset \widehat{A}$，则只要 x 和 y 均在 $D(\widehat{A})$ 中，我们就有 $\langle y, \widehat{A}x\rangle = \langle \widehat{A}^\dagger y, x\rangle = \langle \widehat{A}y, x\rangle$，因此 $\widehat{A}$ 是 Hermite 的. 所以，$\widehat{A}$ 是 Hermite 算符的充要条件就是 $\widehat{A}^\dagger \supset \widehat{A}$. Hermite 算符是自伴算符的充要条件是 $D(\widehat{A}^\dagger) = D(\widehat{A})$. 对于无界 Hermite 算符，常常遇到 $D(\widehat{A}^\dagger)$ 比 $D(\widehat{A})$ 大，因而不是自伴算符.

若 Hermite 算符定义在整个 $\mathscr{H}$ 上，则 $D(\widehat{A}^\dagger) = D(\widehat{A}) = \mathscr{H}$，因此变换是自伴的.

下面的例子有助于弄清楚上面的讨论.

---

① $\supset$ 是集合符号，$\widehat{B} \supset \widehat{A}$ 表示 $\widehat{B}$ 包含 $\widehat{A}$，即 $D(\widehat{A})$ 是 $D(\widehat{B})$ 的子集，且对于任意 $x \in D(\widehat{A})$，有 $\widehat{A}x = \widehat{B}x$.

例 22.15 设 $\widehat{A}x = t\,x(t)$, $\mathscr{H} = \mathscr{L}_2^{(c)}(0,1)$. $\widehat{A}$ 的定义域是整个 $\mathscr{H}$. 对于 $\mathscr{H}$ 中的任意两个元素 $\boldsymbol{x}, \boldsymbol{y}$, 考虑 $\langle \boldsymbol{y}, \widehat{A}\boldsymbol{x} \rangle$, 则

$$\langle \boldsymbol{y}, \widehat{A}\boldsymbol{x} \rangle = \int_0^1 [t\,x(t)]\,y^*(t)\mathrm{d}t = \int_0^1 x(t)[t\,y^*(t)]\mathrm{d}t = \langle \widehat{A}^\dagger \boldsymbol{y}, \boldsymbol{x} \rangle,$$

其中 $\widehat{A}^\dagger \boldsymbol{y} = t\,y(t)$. 因此 $\widehat{A} = \widehat{A}^\dagger$, $\widehat{A}$ 是自伴的.

例 22.16 再讨论平方可积函数空间 $\mathscr{L}_2^{(c)}(0,1)$ 上的微分算符. 设 $\widehat{A}\boldsymbol{x} = \mathrm{i}\dfrac{\mathrm{d}x}{\mathrm{d}t}$, 它定义在 $\mathscr{L}_2(0,1)$ 的某个子空间上, 例如

$$\widehat{A}\boldsymbol{x} \equiv \mathrm{i}\frac{\mathrm{d}x}{\mathrm{d}t}, \qquad D(\widehat{A}) : x(t) \text{ 绝对连续}, x'(t) \in \mathscr{L}_2(0,1), x(0) = x(1) = 0.$$

直接分部积分即得

$$\int_0^1 y^*\left(\mathrm{i}\frac{\mathrm{d}x}{\mathrm{d}t}\right)\mathrm{d}t = \int_0^1 \left(\mathrm{i}\frac{\mathrm{d}y}{\mathrm{d}t}\right)^* x\,\mathrm{d}t + \mathrm{i}y^*(t)x(t)\Big|_0^1 = \int_0^1 \left(\mathrm{i}\frac{\mathrm{d}y}{\mathrm{d}t}\right)^* x\,\mathrm{d}t,$$

即

$$\langle \boldsymbol{y}, \widehat{A}\boldsymbol{x} \rangle = \langle \widehat{A}^\dagger \boldsymbol{y}, \boldsymbol{x} \rangle.$$

因此, 作为 $\widehat{A} \equiv \mathrm{i}\dfrac{\mathrm{d}}{\mathrm{d}t}$ 的伴算符,

$$\widehat{A}^\dagger \boldsymbol{y} = \mathrm{i}\frac{\mathrm{d}y}{\mathrm{d}t}, \qquad D(\widehat{A}^\dagger) : y(t) \text{ 绝对连续}, y'(t) \in \mathscr{L}_2(0,1).$$

由于定义域并不相同, 所以 $\widehat{A}$ 并不是自伴算符. 但是, 因为在 $D(\widehat{A})$ 中, $\widehat{A} = \widehat{A}^\dagger = \mathrm{i}\dfrac{\mathrm{d}}{\mathrm{d}t}$, 所以是 Hermite 算符.

§22.6 线性微分算符

1. 二阶线性微分算符及其伴算符

定义 22.19 (关于函数 $y(x)$ 的) 二阶线性微分式为

$$\widehat{l}\,y = p_0 y'' + p_1 y' + p_2 y, \tag{22.32}$$

而

$$\widehat{l} \equiv p_0(x)\frac{\mathrm{d}^2}{\mathrm{d}x^2} + p_1(x)\frac{\mathrm{d}}{\mathrm{d}x} + p_2(x) \tag{22.33}$$

称为**二阶线性微分算符**, 其中系数 $p_0(x)$ 及 $p_1(x), p_2(x)$ 均为实连续函数. 请注意, 这里算符的定义中为明确写出定义域, 通常就理解为最大许可的函数集.

容易验证, 算符 $\widehat{l}$ 是线性算符, 即

$$\widehat{l}(\alpha_1 y_1 + \alpha_2 y_2) = \alpha_1 \widehat{l}\,y_1 + \alpha_2 \widehat{l}\,y_2. \tag{22.34}$$

采用上述记号, 可以将二阶线性齐次微分方程

$$p_0 y'' + p_1 y' + p_2 y = 0 \tag{22.35}$$

简写成
$$\widehat{l}y = 0. \tag{22.35'}$$

定义 22.20 二阶线性微分式
$$\widehat{l}^\dagger y = [p_0(x)y]'' - (p_1 y)' + p_2(x)y(x) \tag{22.36}$$
称为 $\widehat{l}y$ 的**伴式**. 相应地, $\widehat{l}^\dagger$ 就是 $\widehat{l}$ 的**伴算符**.

直接分部积分即得
$$\int_a^b y_2^* (\widehat{l} y_1) \mathrm{d}x = Q(y_1, y_2^*) + \int_a^b (\widehat{l}^\dagger y_2)^* y_1 \mathrm{d}x, \tag{22.37a}$$

其中
$$Q(y_1, y_2) = \left[p_0(y_2 y_1' - y_1 y_2') + (p_1 - p_0') y_1 y_2 \right]_a^b \tag{22.37b}$$

是 y_1 和 y_2 的双线性式. 或者引进内积记号
$$\langle y_2, y_1 \rangle = \int_a^b y_2^* y_1 \mathrm{d}x, \tag{22.38}$$

则 (22.37a) 式可以写成
$$\langle y_2, \widehat{l} y_1 \rangle = Q(y_1, y_2) + \langle \widehat{l}^\dagger y_2, y_1 \rangle. \tag{22.37a'}$$

上述有关线性微分算符及其伴算符, 均应定义在一定的函数空间上. 换言之, 这些算符都应有各自的定义域. 例如, 相对于线性算符 $\widehat{l}$, 比较苛刻的要求是 $y(x)$ (在区间 (a,b) 上) 具有二阶连续导数. 这个要求可以放宽到 $p_0 y''$ 及 $p_1 y'$ 分段连续, 且 $y(x), y'(x)$ 及 $y''(x)$ 平方可积. 对于算符 $\widehat{l}^\dagger$, 也可做类似讨论. 特别是, $\widehat{l}$ 和 $\widehat{l}^\dagger$ 的定义域可以不尽相同.

2. 常微分方程的齐次边值问题

为了求解微分方程, 还需要有适当的边界条件. 对于二阶线性常微分方程 (22.35) 来说, 不妨讨论第一、二、三类齐次边界条件:
$$U_a(y) \equiv \alpha_{11} y(a) + \alpha_{12} y'(a) = 0, \qquad \alpha_{11}^2 + \alpha_{12}^2 \neq 0, \tag{22.39a}$$
$$U_b(y) \equiv \alpha_{21} y(b) + \alpha_{22} y'(b) = 0, \qquad \alpha_{21}^2 + \alpha_{22}^2 \neq 0. \tag{22.39b}$$

方程 (22.35) 及边界条件 (22.39) 就构成了常微分方程的边值问题
$$p_0 y'' + p_1 y' + p_2 y = 0, \tag{22.40a}$$
$$U_a(y) \equiv \alpha_{11} y(a) + \alpha_{12} y'(a) = 0, \tag{22.40b}$$
$$U_b(y) \equiv \alpha_{21} y(b) + \alpha_{22} y'(b) = 0. \tag{22.40c}$$

边值问题 (22.40) 显然有零解 $y(x) = 0$. 我们关心的是此边值问题的非零解. 设方程 (22.40a) 的通解为
$$y(x) = c_1 y_1(x) + c_2 y_2(x),$$

代入齐次边界条件 (22.39a)、(22.39b),即得
$$c_1 U_a(y_1) + c_2 U_a(y_2) = 0, \qquad c_1 U_b(y_1) + c_2 U_b(y_2) = 0.$$

于是,常微分方程边值问题 (22.40) 有非零解的充要条件是

$$\begin{vmatrix} U_a(y_1) & U_a(y_2) \\ U_b(y_1) & U_b(y_2) \end{vmatrix} = 0. \tag{22.41}$$

由于方程和边界条件都是齐次的,因此,非零解存在但不唯一;如果 $y(x)$ 是解,则 $cy(x)$ 也一定是解.

还可以引进线性算符 $\widehat{L}$,而将齐次边值问题 (22.40) 简写成算符形式

$$\widehat{L}y = 0. \tag{22.40'}$$

它既包括了齐次常微分方程 $\widehat{l}y = 0$,还包括了齐次边界条件 $U_a(y) = 0, U_b(y) = 0$. 特别是,有

$$\int_a^b y_2^* \widehat{L} y_1 \mathrm{d}x = \int_a^b y_2^* \widehat{l} y_1 \mathrm{d}x, \qquad 即 \qquad \langle y_2, \widehat{L} y_1 \rangle = \langle y_2, \widehat{l} y_1 \rangle.$$

需要说明,纯粹作为二阶线性微分算符的定义,(独立的) 齐次边界条件的数目可以不是两个,可多可少,甚至也可以没有,只不过在边界条件数目过多的情况下,相应齐次微分方程的边值问题就只有零解.

3. $\widehat{L}$ 的伴算符与伴随边界条件

定义 22.21 若对于任意函数 $y_1 \in D(\widehat{L}), y_2 \in D(\widehat{L^\dagger})$,等式

$$\int_a^b y_2^* (\widehat{L} y_1) \mathrm{d}x = \int_a^b (\widehat{L^\dagger} y_2)^* y_1 \mathrm{d}x, \qquad 即 \qquad \langle y_2, \widehat{L} y_1 \rangle = \langle \widehat{L^\dagger} y_2, y_1 \rangle \tag{22.42}$$

恒成立,则称算符 $\widehat{L^\dagger}$ 为 $\widehat{L}$ 的**伴算符**.

对照等式 (22.37a) 可见,作为伴算符 $\widehat{L^\dagger}$ 的定义,它必须有

$$\widehat{l^\dagger} y_2 = \frac{\mathrm{d}^2(p_0 y_2)}{\mathrm{d}x^2} - \frac{\mathrm{d}(p_1 y_2)}{\mathrm{d}x} + p_2(x) y_2(x),$$

且还需满足适当的边界条件,使得

$$Q(y_1, y_2^*) = \left[p_0 \left(y_2^* y_1' - y_2^{*\prime} \right) + (p_1 - p_0') y_2^* y_1 \right]_a^b = 0. \tag{22.43}$$

为了写出 y_2 所应满足的边界条件,可以将 y_1 所满足的边界条件 (22.39) 代入 (22.43) 式,而后分离出对 y_2 及其导数的限制条件. 结果为

$$V_a(y^*) = p_0(a) \left[\alpha_{11} y^*(a) + \alpha_{12} y^{*\prime}(a) \right] + \left[p_0'(a) - p_1(a) \right] \alpha_{12} y^*(a) = 0, \tag{22.44a}$$

$$V_b(y^*) = p_0(b) \left[\alpha_{21} y^*(b) + \alpha_{22} y^{*\prime}(b) \right] + \left[p_0'(b) - p_1(b) \right] \alpha_{22} y^*(b) = 0. \tag{22.44b}$$

它是 (22.39) 式的伴随边界条件. $P(y)$ 和 $P'(y)$ 都是 y 线性式,所以上式能改写成

$$V_a^*(y_2) = 0, \qquad V_b^*(y_2) = 0.$$

特别是, 如果式中的系数均为实数, 则又有

$$V_a(y_2) = 0, \qquad V_b(y_2) = 0. \tag{22.44'}$$

特别提醒: 在伴算符的定义 (即 (22.42) 式) 中, 算符 $\widehat{L}$ 与其伴算符 $\widehat{L}^\dagger$ 原则上可以有不同的定义域.

例 22.17 设 $\widehat{L}y_1$ 满足周期条件

$$U(y_1) = y_1(a) - y_1(b) = 0, \tag{22.45a}$$
$$U(y_1') = y_1'(a) - y_1'(b) = 0. \tag{22.45b}$$

这时一定有

$$p_0(a) = p_0(b), \qquad p_0'(a) = p_0'(b), \qquad p_1(a) = p_1(b).$$

能够求出对应于边界条件 (22.45) 的伴随边界条件就是

$$V(y_2) = y_2(a) - y_2(b) = 0, \tag{22.46a}$$
$$V(y_2') = y_2'(a) - y_2'(b) = 0. \tag{22.46b}$$

与 (22.45) 的形式完全相同.

在介绍了微分算符的伴算符概念后, 同样可以进一步讨论微分算符的自伴性与 Hermite 性. 这相当于上一节有关内容在微分算符条件下的应用, 不再重复. 只是值得强调, 所谓算符的自伴性, 当然应当包括两部分的含义: 既包括相应的微分表达式相等, 即 $\widehat{l} = \widehat{l}^\dagger$, 也包括相关的边界条件

$$U_a(y) = 0, \quad U_b(y) = 0 \qquad \text{与} \qquad V_a(y) = 0, \quad V_b(y) = 0$$

互相等价, 或

$$U(y) = 0, \quad U(y') = 0 \qquad \text{与} \qquad V(y) = 0, \quad V(y') = 0$$

互相等价, 或者说, 边界条件自伴.

例 22.18 若

$$\widehat{l}y = \frac{\mathrm{d}}{\mathrm{d}x}\left[p(x)\frac{\mathrm{d}y}{\mathrm{d}x}\right] + q(x)y, \tag{22.47}$$

即相当于 (22.33) 式中的 $p_0 = p(x), p_1 = p_0', p_2 = q(x)$, 由 (22.36) 式即可证得

$$\widehat{l}^\dagger y = \frac{\mathrm{d}^2[p(x)y]}{\mathrm{d}x^2} - \frac{\mathrm{d}(p'y)}{\mathrm{d}x} + q(x)y = \widehat{l}y. \tag{22.48}$$

如果边界条件仍为 (22.39), 则伴随边界条件 (22.44) 与 (22.39) 完全相同. 因此, 由 (22.47) 及边界条件 (22.39) 所定义的二阶线性微分算符 $\widehat{L}$ 就是自伴算符.

4. 二阶线性常微分算符的本征值问题

定义 22.22 如果在算符 $\widehat{L}$ 的定义域上存在非零函数 $y(x)$, 使得

$$\widehat{L}y = \lambda y, \tag{22.49a}$$

或者等价地写成
$$\widehat{l}\, y = \lambda y, \tag{22.49b}$$
$$U_a(y) = 0, \qquad U_b(y) = 0, \tag{22.49c}$$

常数 λ 就称为线性算符 $\widehat{L}$ 的**本征值**, 函数 $y(x)$ 就是算符 $\widehat{L}$ 对应于本征值 λ 的**本征函数**.

假设方程 (22.49b) 的通解为
$$y(x) = c_1 y_1(x, \lambda) + c_2 y_2(x, \lambda),$$

代入边界条件 (22.49c), 有
$$c_1 U_a\big(y_1(a, \lambda)\big) + c_2 U_a\big(y_2(a, \lambda)\big) = 0,$$
$$c_1 U_b\big(y_1(b, \lambda)\big) + c_2 U_b\big(y_2(b, \lambda)\big) = 0.$$

由此, $y(x) \not\equiv 0$ 的充要条件是
$$\Delta(\lambda) \equiv \begin{vmatrix} U_a\big(y_1(a,\lambda)\big) & U_a\big(y_2(a,\lambda)\big) \\ U_b\big(y_1(b,\lambda)\big) & U_b\big(y_2(b,\lambda)\big) \end{vmatrix} = 0. \tag{22.50}$$

$\Delta(\lambda)$ 称为线性算符 $\widehat{L}$ 的**本征行列式**. (22.49) 式表明, 本征值 λ 就是本征行列式 $\Delta(\lambda)$ 的零点. 按照常微分方程的解析理论, 可以知道, 对于 $[a,b]$ 中的任何 x 值, $y(x)$ 是参数 λ 的整函数. 因此, 本征行列式 $\Delta(\lambda)$ 也必然是 λ 的整函数. 于是, 根据复变函数理论, 我们必将面临下列情形之一:

(1) 本征行列式 $\Delta(\lambda)$ 无零点, 本征值问题 (22.49) 无解. 换言之, 对于任何 λ 值, 本征值问题 (22.49) 都只有零解.

(2) 本征行列式 $\Delta(\lambda)$ 恒为 0, 因此任何 λ 值都是 $\widehat{L}$ 的本征值.

(3) 本征行列式 $\Delta(\lambda)$ 有可数个零点 (即算符 $\widehat{L}$ 有可数个本征值): 可以有有限个零点, 也可以有无穷多个零点; 而且, 在有限远处只有有限个零点, 在有限远处没有聚点.

作为本征值问题 (22.49) 的解, 本征值 λ 是本征行列式 $\Delta(\lambda)$ 的零点, 零点的阶数也没有任何限制. 而且, 对于给定的一个本征值 λ, 一定能求得关于 c_1, c_2 的非零解. 换言之, 一定能求得相应于本征值 λ 的本征函数. 这样的 (线性无关的) 本征函数, 最多只能有两个 (因为涉及的是二阶常微分方程), 或者说, 本征值问题 (22.49) 的简并度最多为 2.

下面不加证明地给出关于伴随本征值问题的几个结论:

(1) 如果 λ 是线性算符 $\widehat{L}$ 的本征值, 则 λ^* 是伴随算符 $\widehat{L^\dagger}$ 的本征值.

这个结论说明, 如果 $\widehat{L} y(x, \lambda) = \lambda y(x, \lambda)$, 则 $\widehat{L^\dagger} y(x, \lambda^*) = \lambda^* y(x, \lambda^*)$. 难点在于证明 $y(x, \lambda^*)$ 满足相应的伴随边界条件.

(2) 如果对应于本征值 λ, 算符 $\widehat{L}$ 有 p 个本征函数 (即简并度为 p), 则对应于本征值 λ^*, 算符 $\widehat{L^\dagger}$ 也一定有 p 个本征函数.

(3) 如果 $\lambda \ne \mu^*$, 则 $\widehat{L}$ 的本征函数 $y(x, \lambda)$ 与 $\widehat{L^\dagger}$ 的本征函数 $y(x, \mu^*)$ 正交.

把这些结论应用到自伴线性算符上, 就得到:

(1) 自伴算符的本征值一定为实数;

(2) 对应不同本征值的本征函数一定正交.

§22.7 Sturm-Liouville 型方程的本征值问题

本节讨论正则的本征值问题

$$\frac{\mathrm{d}}{\mathrm{d}x}\left[p(x)\frac{\mathrm{d}y}{\mathrm{d}x}\right] + \left[-q(x) + \lambda\rho(x)\right]y = 0, \tag{22.51a}$$

$$a_{11}y(a) + a_{12}y'(a) = 0, \qquad a_{11}^2 + a_{12}^2 \neq 0, \tag{22.51b}$$

$$a_{21}y(b) + a_{22}y'(b) = 0, \qquad a_{21}^2 + a_{22}^2 \neq 0. \tag{22.51c}$$

这个本征值问题, 作为一个特殊的常微分方程边值问题, 其自伴性已在第十五章做过讨论, 不再重复.

先讨论一个例子.

例 22.19 考虑本征值问题

$$y'' + \lambda y = 0, \qquad 0 < x < 1, \tag{22.52a}$$

$$y(0) = 0, \qquad y(1)\cos\beta + y'(1)\sin\beta = 0, \tag{22.52b}$$

其中 β 为已知常数, 不妨规定 $0 \leqslant \beta < \pi$. 不难看出这个本征值问题的自伴性, 因此它的本征值一定是实数. 直接将方程 (22.52a) 乘以 $y^*(x)$, 而后积分即得

$$\lambda\int_0^1 y(x)y^*(x)\mathrm{d}x = -\int_0^1 y''y^*\mathrm{d}x = -y'(x)y^*(x)\Big|_0^1 + \int_0^1 y'(y')^*\mathrm{d}x.$$

代入边界条件 (22.52b), 就有

$$\lambda\int_0^1 |y(x)|^2\,\mathrm{d}x = \cot\beta\,|y(1)|^2 + \int_0^1 |y'(x)|^2\,\mathrm{d}x.$$

也能看到本征值 λ 一定为实数, 而且, 当 $\cot\beta \geqslant 0$ (即 $0 \leqslant \beta \leqslant \pi/2$) 时, 本征值为正; 当 $\cot\beta < 0$ 即 $\pi/2 < \beta < \pi$ 时, 本征值可正可负.

在求解本征值问题 (22.52) 时, 值得注意本征值随 β 的变化规律. 我们将要看到, 在区间 $0 \leqslant \beta < \pi$ 内, 本征值 $\{\lambda_n\}$ 随着 β 的增大而减小. 从物理上说, 这个本征值问题可以出现在细杆的热传导问题中. 设杆的左端温度为 0, 右端与外界 (温度为 0) 按 Newton 冷却定律交换热量. $\beta = 0$ 意味着右端的温度保持为 0. 随着 β 的增大, 右端流失的热量越来越少: 如果 $0 < \beta < \pi/2$, 有热量向周围介质散发, 从杆的右端散发出热量的速率正比于右端的温度 (比例系数随 β 增大而减小); 如果 $\beta = \pi/2$, 右端绝热; 如果 $\pi/2 < \beta < \pi$, 反过来有热量从右端以正比于温度的速率馈入细杆, 而又有热量从左端流出 (以保持零温). 显然这种情形具有潜在的不稳定性. 我们也或许值得注意在 (22.52) 式出现负本征值时 β 的临界值.

对于 $0 \leqslant \beta \leqslant \pi/2$ 的情形, $x=1$ 端的边界条件就是传统的第一、二、三类边界条件 (分别对应于 $\beta=0, \beta=\pi/2$ 及 $0<\beta<\pi/2$), 在任何一本数学物理方法教材中都可以找到相关的讨论, 此处不再详述. 大家都知道, 这时本征值 λ 是超越方程

$$\cos\beta\sin\sqrt{\lambda} + \sin\beta\sqrt{\lambda}\cos\sqrt{\lambda} = 0, \qquad 即 \qquad \tan\sqrt{\lambda} = -\sqrt{\lambda}\tan\beta \tag{22.53}$$

的解. 超越方程 (22.44) 有无穷多个正根 (即本征值) λ_n, $n=1,2,3,\cdots$. 当 $\beta=0$ 时, 本征值为
$$\lambda_n = (n\pi)^2, \qquad n=1,2,3,\cdots.$$
当 $\beta=\pi/2$ 时, 本征值为
$$\lambda_n = (n-1/2)^2\pi^2, \quad n=1,2,3,\cdots.$$

而当 β 值介于 0 与 $\pi/2$ 之间时, λ_n 则处于 $(n-1/2)^2\pi^2$ 与 $(n\pi)^2$ 之间. 由图 22.2 可以直观地看到本征值 λ_n 随 β 的变化规律. 例如, 当 β 由 0 逐渐增大到 $\pi/2$ 时, $\sqrt{\lambda_n}$ 由 $n\pi$ 逐渐减小到 $(n-1/2)\pi$.

我们有兴趣于讨论 $\pi/2 < \beta < \pi$ 的情形. 如果 $\lambda \neq 0$, 超越方程 (22.53) 仍然有无穷多个正根 (本征值) λ_n. 只是值得注意, 当 $\pi/2 < \beta < 3\pi/4$ 时,

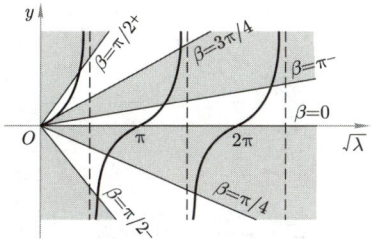

图 22.2 $\tan\sqrt{\lambda} = -\sqrt{\lambda}\tan\beta$ 的根
直线为 $y = -\sqrt{\lambda}\tan\beta$,
曲线为 $y = \tan\sqrt{\lambda}$

$$(n-1)^2\pi^2 < \lambda_n < (n-1/2)^2\pi^2, \qquad n=1,2,3,\cdots,$$

即 $\sqrt{\lambda_n}$ 依次出现在第一象限与第三象限. 而如果 $3\pi/4 < \beta < \pi$, 则

$$(n-1)^2\pi^2 < \lambda_n < (n-1/2)^2\pi^2, \qquad n=2,3,4,\cdots.$$

由于 β 由 $(3\pi/4)-$ 变为 $(3\pi/4)+$ 时, 本征值的位置发生突变 (见图 22.2), 故而将这些正本征值依次编为 $n=2,3,4,\cdots$. 下面将看到, 其实 λ_1 仍然存在, 只是变成了负数, 而 $\beta=3\pi/4$ 正是出现负本征值的临界值.

当 $\lambda=0$ 时, 方程 (22.52a) 的通解为 $y(x) = Ax+B$. 代入边界条件 (22.52b), 得
$$B=0, \qquad A(\cos\beta + \sin\beta) = 0.$$

因此, 如果 $\cos\beta + \sin\beta = 0$, 即 $\beta=3\pi/4$, 则 $\lambda=0$ 为本征值 (即 λ_1), 相应的本征函数为 $y(x) = x$ (取 $A=1$).

当 $\lambda < 0$ 时, 不妨令 $\lambda = -\mu^2$. 这时可将方程 (22.52a) 的通解改写为
$$y(x) = A\sinh\mu x + B\cosh\mu x.$$

代入边界条件 (22.52b), 又得到
$$B=0,$$
$$A(\cos\beta\sinh\mu + \sin\beta\mu\cosh\mu) = 0.$$

因此, 本征值 $\lambda = -\mu^2$ 应当是超越方程
$$\mu\tan\beta = -\tanh\mu$$

的解. 由图 22.3 可知, $\tanh\mu$ 在 $\mu = 0$ 点的切线斜率 $(\tanh\mu)'|_{\mu=0} = 1$, 所以只有当 $-\tan\beta > 1$ 即 $3\pi/4 < \beta < \pi$ 时才有唯一解 (它对应于本征值 λ_1). 随着 β 的增大, λ_1 单调减小, 当 $\beta \to \pi$ 时, $\lambda_1 \to -\infty$.

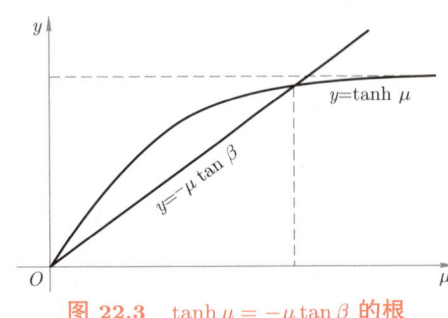

图 22.3 $\tanh\mu = -\mu\tan\beta$ 的根

自伴边值问题的本征值与自伴微分方程解的零点之间存在着密切的联系. 这方面的内容见参考书目 [20], 本书从略.

下面不加证明地列出有关自伴边值问题的本征值的若干结论.

定理 22.6 设微分方程 (22.51a) 的系数 $p(x), q(x), \rho(x)$ 在区间 $a \leqslant x \leqslant b$ 内连续, $p(x)$ 可导, $p(x) > 0$, $\rho(x) > 0$, 则存在 λ_0, 当 $\lambda \leqslant \lambda_0$ 时, Sturm-Liouville 问题 (22.51) 无解.

定理 22.7 设微分方程 (22.51a) 的系数 $p(x), q(x), \rho(x)$ 在区间 $a < x < b$ 内连续, $p(x)$ 可导, $p(x) > 0$, $\rho(x) > 0$, 则存在无穷多个本征值 $\lambda_1 < \lambda_2 < \lambda_3 < \cdots$, 使 Sturm-Liouville 问题 (22.51) 有非零解. 如果 $y(x, \lambda_k)$ 是对应于第 k 个本征值的解, 则它在区间 $a \leqslant x \leqslant b$ 上比 $y(x, \lambda_{k-1})$ 多一个零点, 且 $\lim\limits_{\lambda \to \infty} \lambda_k = \infty$.

总结以上结果, 我们能表述为: 在一般情形下, Sturm-Liouville 问题无解; 然而存在无穷多个值 $\lambda_1, \lambda_2, \lambda_3, \cdots$, 使 Sturm-Liouville 问题有非零解. 这些解, 称为本征函数. 将本征值由小到大排列, 则相应的本征函数在边界条件所规定的区间上有越来越多的零点, 后一个本征值所对应的本征函数, 总比前一个本征值所对应的本征函数多一个零点.

§22.8 奇异的本征值问题

1. 二阶微分方程的奇异本征值问题

作为一个例子, 现在分别考虑区间 $0 < x < \infty$ 和 $-\infty < x < \infty$ 上的方程

$$\frac{d^2 y}{dx^2} + \lambda y = 0.$$

在加上边界条件之前, 我们先简单考察一下这个方程的解. 设 $\lambda = |\lambda| e^{i\theta}$, $0 \leqslant \theta < 2\pi$, 并约定 $\sqrt{\lambda} = |\lambda|^{1/2} e^{i\theta/2}$, 因此 $\tau \equiv \operatorname{Im} \sqrt{\lambda} \geqslant 0$, 而且只有 $\theta = 0$ 时才有 $\tau = 0$. 当 $\lambda \neq 0$ 时, 微分方程的通解可以写成

$$A \sin\sqrt{\lambda} x + B \cos\sqrt{\lambda} x \quad \text{或} \quad C \exp\{i\sqrt{\lambda} x\} + D \exp\{-i\sqrt{\lambda} x\};$$

而当 $\lambda = 0$ 时, 通解为 $Ax + B$.

我们能立即得出下面三个结论:

(1) 对于任何 λ, 在 $\mathscr{L}_2^{(c)}(-\infty, \infty)$ 内不存在非零解. 因为

$$\left|\exp\{i\sqrt{\lambda} x\}\right|^2 = e^{-2\tau x}, \quad \left|\exp\{-i\sqrt{\lambda} x\}\right|^2 = e^{2\tau x},$$

所以, 对于任何 τ (包括 $\tau = 0$), 有

$$\int_{-\infty}^{\infty} \left|\exp\{i\sqrt{\lambda} x\}\right|^2 dx = \infty, \quad \int_{-\infty}^{\infty} \left|\exp\{-i\sqrt{\lambda} x\}\right|^2 dx = \infty.$$

(2) 若 $\mathrm{Im}\sqrt{\lambda}>0$ (即 $\lambda\notin[0,\infty)$),则在 $\mathscr{L}_2^{(c)}(0,\infty)$ 内有一个解 $C\exp\{\mathrm{i}\sqrt{\lambda}x\}$,在 $\mathscr{L}_2^{(c)}(-\infty,0)$ 内有一个解 $D\exp\{-\mathrm{i}\sqrt{\lambda}x\}$.

(3) 若 $\mathrm{Im}\sqrt{\lambda}=0$ (即 $\lambda\in[0,\infty)$),则在 $\mathscr{L}_2^{(c)}(0,\infty)$ 或 $\mathscr{L}_2^{(c)}(-\infty,0)$ 内都无解.

2. 奇异本征值问题的 Weyl 分类

考虑齐次方程

$$\frac{\mathrm{d}}{\mathrm{d}x}\left(p\frac{\mathrm{d}y}{\mathrm{d}x}\right)+[\lambda\rho(x)-q(x)]y=0,\qquad a<x<b, \tag{22.54a}$$

或者写成算符形式

$$\widehat{l}\,y+\lambda y=0,\qquad a<x<b, \tag{22.54b}$$

其中

$$\widehat{l}\equiv\frac{1}{\rho}\left\{\frac{\mathrm{d}}{\mathrm{d}x}\left[p(x)\frac{\mathrm{d}}{\mathrm{d}x}\right]-q(x)\right\}, \tag{22.54c}$$

$p(x)$, $q(x)$, $\rho(x)$ 均为实函数. 我们将在满足

$$\int_a^b|y(x)|^2\,\rho(x)\,\mathrm{d}x<\infty \tag{22.55}$$

的函数组成的空间 $\mathscr{H}_\rho$ 内讨论方程 (22.54a) 的解. 此时,内积及范数的定义分别为

$$\langle y_2,y_1\rangle_\rho=\int_a^b y_2^*(x)\,y_1(x)\,\rho(x)\,\mathrm{d}x,$$

$$\|y\|_\rho=[\langle y,y\rangle_\rho]^{1/2}=\left[\int_a^b|y(x)|^2\,\rho(x)\,\mathrm{d}x\right]^{1/2}.$$

凡是满足 (22.55) 式的函数 $y(x)$,以后称为具有有限的 ρ 范.

由算符 $\widehat{l}$ 的定义,立即可以得到,对于任意二次可微函数 y_1 和 y_2,有

$$y_2^*\widehat{l}y_1-y_1\widehat{l}y_2^*=-\frac{1}{\rho}\frac{\mathrm{d}}{\mathrm{d}x}\{p(x)[y_1(y_2^*)'-y_1'y_2^*]\}$$

$$=-\frac{1}{\rho}\frac{\mathrm{d}[p(x)W(y_1,y_2^*;x)]}{\mathrm{d}x},\qquad a<x<b,$$

其中 $W(y_1,y_2^*;x)\equiv y_1(x)\dfrac{\mathrm{d}y_2^*(x)}{\mathrm{d}x}-\dfrac{\mathrm{d}y_1(x)}{\mathrm{d}x}y_2^*(x)$ 是 y_1 和 y_2^* 的 Wroński 行列式.

现在研究方程在端点奇异的情形,不妨假设方程 (22.54a) 在端点 $x=a$ 解析,而在另一端 $x=b$ 奇异. 为了定义 $\int_a^b y_2^*(\widehat{l}y_1)\rho(x)\,\mathrm{d}x$ 类型的积分,可任取一点 b_0,使 $a<b_0<b$,

$$\int_a^{b_0}(y_2^*\widehat{l}y_1-y_1\widehat{l}y_2^*)\rho(x)\,\mathrm{d}x=p(a)W(y_1,y_2^*;a)-p(b_0)W(y_1,y_2^*;b_0). \tag{22.56a}$$

要将此公式扩充到整个 (a,b) 区间,就必须要求相关的积分

$$\int_a^b y_2^*(\widehat{l}y_1)\rho(x)\,\mathrm{d}x\quad\text{及}\quad\int_a^b y_1(\widehat{l}y_2^*)\rho(x)\,\mathrm{d}x$$

为有限值. 因此就需要局限于 y_1 和 y_1' 均绝对连续且 y_1 和 $\widehat{l}y_1$ 均在 (a,b) 上具有有限 ρ 范的函数集合 $\mathscr{D}$. 这样的函数组成了 Hilbert 空间 $\mathscr{H}_\rho$ 的一个子空间. 设 y_1, y_2 均属于 $\mathscr{D}$; 则因为 $\langle y_2, \widehat{l}y_1\rangle_\rho$ 和 $\langle \widehat{l}y_2, y_1\rangle_\rho$ 均存在, 故

$$\langle y_2, \widehat{l}y_1\rangle_\rho - \langle \widehat{l}y_2, y_1\rangle_\rho = \lim_{b_0 \to b}\left[p(a)W(y_1, y_2^*; a) - p(b_0)W(y_1, y_2^*; b_0)\right]. \tag{22.56b}$$

所以我们断定

$$\lim_{b_0 \to b} p(b_0)W(y_1, y_2^*; b_0)$$

一定存在. 此极限即可记为 $p(b)W(y_1, y_2^*; b)$.

令 λ 为复数, $\phi(x)$ 是 $\widehat{l}\phi + \lambda\phi = 0$ 的解, 则我们也有 $\widehat{l}\phi^* + \lambda^*\phi^* = 0$. 因此,

$$(\lambda - \lambda^*)|\phi|^2 \rho(x) = \langle\phi, \widehat{l}\phi\rangle_\rho - \langle \widehat{l}\phi, \phi\rangle = -\frac{\mathrm{d}}{\mathrm{d}x}\left[p(x)W(\phi, \phi^*; x)\right],$$

进一步就得到

$$2\mathrm{i}(\operatorname{Im}\lambda)\int_{a_0}^{b_0}|\phi|^2 \rho(x)\,\mathrm{d}x = p(a_0)W(\phi, \phi^*; a_0) - p(b_0)W(\phi, \phi^*; b_0). \tag{22.57a}$$

如果 $\phi \in \mathscr{D}$, 我们有

$$2\mathrm{i}(\operatorname{Im}\lambda)\int_a^b |\phi|^2 \rho(x)\,\mathrm{d}x = p(a)W(\phi, \phi^*; a) - p(b)W(\phi, \phi^*; b). \tag{22.57b}$$

下面就来研究方程 (22.54a) 是否存在具有有限 ρ 范的解. 假设方程 (22.54a) 有一个端点奇异[①], 或者区间为半无界, 或者区间有界, 但 $p(x)$ 在一个端点为 0 (同时还可伴有 $q(x)$ 或 $\rho(x)$ 在该点无界). 微分方程的解不再一定属于使 $\int_a^b |y_1|^2 \rho(x)\mathrm{d}x < \infty$ 的函数空间 $\mathscr{H}_\rho$.

Weyl 定理可以使我们按照 $\mathscr{H}_\rho$ 内解的数目将奇点分类.

定理 22.8 (Weyl 定理)[②] 考虑

$$\frac{\mathrm{d}}{\mathrm{d}x}\left[p(x)\frac{\mathrm{d}y}{\mathrm{d}x}\right] + [\lambda\rho(x) - q(x)]y = 0, \qquad a < x < b, \tag{22.58}$$

其一端为常点, 而另一端为奇点, 除 λ 外系数固定. 下列结论成立:

(1) 若对于 λ 的某个特殊值, (22.58) 的两个 (线性无关) 解均属于 $\mathscr{H}_\rho$, 则对于任何 λ 值, 方程 (22.58) 的解仍属于 $\mathscr{H}_\rho$;

(2) 对于 $\operatorname{Im}\lambda \neq 0$ 的任意 λ, 方程 (22.58) 至少存在一个属于 $\mathscr{H}_\rho$ 的解.

Weyl 定理告诉我们, 方程 (22.58) 的奇点一定属于下列两种互不相容情形之一:

极限圆情形: 对于所有的 λ, 所有的解都属于 $\mathscr{H}_\rho$;

极限点情形: 对于 $\operatorname{Im}\lambda \neq 0$ 的 λ 值, 严格地只有一个解在 $\mathscr{H}_\rho$ 内, 因此对于 $\operatorname{Im}\lambda = 0$, $\mathscr{H}_\rho$ 内可以有一个解, 也可以没有解.

[①] 如果两个端点都是奇点, 则可以引进一个中间点 $c, a < c < b$, 而后按照解在 $a < x < c$ 内的行为将 a 点分类, 按照解在 $c < x < b$ 内的行为将 b 点分类. 分类显然与 c 点的选择无关.

[②] 证明从略, 有兴趣的读者可查阅文献: M. Hajmirzaahmad, A. M. Krall, *Singular Second-Order Operator* (SIAM Rev. 34). 1992.

为了确定属于哪种情形, 检查一个 λ 值就足够了.

例 22.20 设有方程 $y'' + \lambda y = 0$, 这里 $p(x) = \rho(x) = 1$. 考虑下列三种情形:

(1) 在区间 $a < x < \infty$ 上, a 为有限值. 这时 $\mathscr{H}_\rho = \mathscr{L}_2^{(c)}(a, \infty)$. 点 a 为常点, 但右端 $b = \infty$ 奇异. 若 $\lambda = 0$, 方程的通解为 $Ax + B$, 在 $\mathscr{L}_2^{(c)}(a, \infty)$ 内无解, 这意味着奇点 $b = \infty$ 属于极限点情形. 容易检验 Weyl 定理的判断: 对于 $\mathrm{Im}\,\lambda \neq 0$, 严格地只有一个解在 $\mathscr{L}_2^{(c)}(a, \infty)$ 内. 若取方程 $y'' + \lambda y = 0$ 的通解为

$$y(x) = A \exp\{\mathrm{i}\sqrt{\lambda}x\} + B \exp\{-\mathrm{i}\sqrt{\lambda}x\},$$

并规定 $0 \leqslant \arg \lambda < 2\pi$, 则容易验证: 当 $\lambda \notin [0, \infty)$ 时, $\sqrt{\lambda}$ 的虚部为正, $\exp(\mathrm{i}\sqrt{\lambda}x)$ 在 $\mathscr{L}_2^{(c)}(a, \infty)$ 内, 而 $\exp(-\mathrm{i}\sqrt{\lambda}x)$ 则否; 当 $\lambda \in [0, \infty)$ 时, 在 $\mathscr{L}_2^{(c)}(a, \infty)$ 内无解.

(2) 在区间 $-\infty < x < b$ 上, b 有限. 奇点 (现在是左端 $a = -\infty$) 仍属于极限点情形.

(3) 在区间 $-\infty < x < \infty$ 上. 可综合 (1) 和 (2) 的结果: 两个端点都属于极限点情形.

例 22.21 考虑具有参数 λ 的 0 阶 Bessel 方程

$$\frac{\mathrm{d}}{\mathrm{d}x}\left(x \frac{\mathrm{d}y}{\mathrm{d}x}\right) + \lambda x y = 0, \quad p(x) = \rho(x) = x. \tag{22.59}$$

(1) 在 $0 < x < b$ 上, b 有限. 空间 $\mathscr{H}_\rho$ 由 $\int_0^b |y|^2 x \mathrm{d}x < \infty$ 的函数 y 组成. $p(0) = 0$, 故 $x = 0$ 为奇点. 对于 $\lambda = 0$, 方程 (22.59) 退化为更简单的 Euler 型方程, 有线性无关解 $y_1(x) = 1$ 和 $y_2(x) = \ln x$. 由于积分 $\int_0^b y_1^2 x \mathrm{d}x$ 与 $\int_0^b y_2^2 x \mathrm{d}x$ 均有限, 因此, $x = 0$ 属于极限圆情形. 这与下列事实一致: 对于任意 λ, 线性无关解能取为 $\mathrm{J}_0(\sqrt{\lambda}x)$ 和 $\mathrm{N}_0(\sqrt{\lambda}x)$, 前者在 $x = 0$ 有限, 后者在 $x = 0$ 对数发散; 两个解都是在 $\mathscr{H}_\rho$ 内.

(2) 在 $a < x < \infty$ 上, $a > 0$. 右端奇异, 但左端为常点. 空间 $\mathscr{H}_\rho$ 由 $\int_a^\infty x|y|^2 \mathrm{d}x < \infty$ 的函数 y 组成. 因为 $\lambda = 0$ 时的线性无关解 1 和 $\ln x$ 都不在 $\mathscr{H}_\rho$ 内, 因此 ∞ 点属于极限点情形. 注意, 若 $\lambda \notin [0, \infty)$, $\mathrm{H}_0^{(1)}(\sqrt{\lambda}x)$ 是唯一属于 $\mathscr{H}_\rho$ 的解; 若 $\lambda \in [0, \infty)$, 则 (在 $\mathscr{H}_\rho$ 内) 无解.

(3) 在 $0 < x < \infty$ 上. 两端均为奇点, 将 (1) 和 (2) 结合起来即可.

例 22.22 考虑 Euler 型方程

$$\frac{\mathrm{d}}{\mathrm{d}x}\left(x \frac{\mathrm{d}y}{\mathrm{d}x}\right) + \frac{\lambda}{x} y = 0, \quad 0 < x < \infty. \tag{22.60}$$

此时 $p(x) = x$, $\rho(x) = 1/x$. 如果 $\lambda = 0$, 方程有线性无关解 $y_1 = 1$ 和 $y_2 = \ln x$. 因为对于任意 $A > 0$, 有

$$\int_0^A y_1^2 \rho \,\mathrm{d}x = \int_0^A \frac{\mathrm{d}x}{x} = \infty, \quad \int_0^A y_2^2 \rho \,\mathrm{d}x = \int_0^A \frac{\ln^2 x}{x} \mathrm{d}x = \infty,$$

所以 $x = 0$ 点属于极限点的情形. 事实上, 对于 $\lambda \neq 0$, 方程的两个线性无关解为 $\mathrm{e}^{\mathrm{i}\sqrt{\lambda}\ln x}$ 和 $\mathrm{e}^{-\mathrm{i}\sqrt{\lambda}\ln x}$; 如果 $\lambda \notin (0, \infty)$, 则只有第二个解在区间 $(0, A)$ 上属于 $\mathscr{H}_\rho$; 而如果 $\lambda \in (0, \infty)$, 则两个解都不属于 $\mathscr{H}_\rho$. 和例 22.21(1) 作比较, 就可以看出奇点的分类如何依赖于 $\rho(x)$.

对于 $x = \infty$,我们注意,若取 $\lambda = 0$,则有
$$\int_A^\infty \rho\, y_1^2\, \mathrm{d}x = \infty, \qquad \int_A^\infty \rho\, y_2^2\, \mathrm{d}x = \infty,$$
所以 $x = \infty$ 点也属于极限点情形.

例 22.23 考虑 Hermite 方程
$$y'' - 2xy' + 2\lambda = 0, \qquad -\infty < x < \infty. \tag{22.61}$$
两个端点都是奇异的. 容易将此方程化为
$$\frac{\mathrm{d}}{\mathrm{d}x}\left(\mathrm{e}^{-x^2}\frac{\mathrm{d}y}{\mathrm{d}x}\right) + 2\lambda \mathrm{e}^{-x^2} y = 0, \tag{22.61'}$$
从而求得 $\rho(x) = \mathrm{e}^{-x^2}$. $\lambda = 0$ 时方程 (22.61) 有线性无关解 $y_1(x) = 1$ 和 $y_2(x) = \int_0^x \mathrm{e}^{t^2}\mathrm{d}t$. 因为
$$\int_{-\infty}^0 |y_1|^2\, \mathrm{e}^{-x^2}\mathrm{d}x \text{ 与 } \int_0^\infty |y_1|^2\, \mathrm{e}^{-x^2}\mathrm{d}x \text{ 均存在},$$
而
$$\int_{-\infty}^0 |y_2|^2\, \mathrm{e}^{-x^2}\mathrm{d}x \text{ 与 } \int_0^\infty |y_2|^2\, \mathrm{e}^{-x^2}\mathrm{d}x \text{ 均不存在},$$
所以两个端点都是极限点情形.

例 22.24 考虑 Legendre 方程
$$\frac{\mathrm{d}}{\mathrm{d}x}\left[(1-x^2)\frac{\mathrm{d}y}{\mathrm{d}x}\right] + \lambda y = 0, \qquad -1 < x < 1. \tag{22.62}$$
$p(x) = 1 - x^2$, $\rho(x) = 1$. 因为 $p(-1) = p(1) = 0$, 所以两个端点 $x = \pm 1$ 都是奇点. 对于 $\lambda = 0$, 方程有线性无关解 $y_1(x) = 1$ 和 $y_2(x) = \ln(1+x) - \ln(1-x)$. 对于任何 A, $-1 < A < 1$, 积分 $\int_{-1}^A |y_1|^2\, \mathrm{d}x$, $\int_{-1}^A |y_2|^2\, \mathrm{d}x$, $\int_A^1 |y_1|^2\, \mathrm{d}x$ 及 $\int_A^1 |y_2|^2\, \mathrm{d}x$ 均有限, 因此两个端点都属于极限圆情形.

3. 极限圆情形下的本征值问题

设 $x = a$ 是方程的常点, $x = b$ 为奇点, 处于极限圆情形. 在常点处, 我们加上边界条件
$$y(a)\cos\alpha - y'(a)\sin\alpha = 0, \tag{22.63}$$
其中 α 为实数. 在奇点 $x = b$ 处, 也必须加上适当的边界条件. 但是, 我们不能简单模仿常点的情形, 因为 $y(b)$ 和 $y'(b)$ 可以是无穷, 所以通常关于 $y(b)$ 和 $y'(b)$ 的条件失去意义. 然而, 可以把常点处的边界条件加以改写, 使之允许推广到奇异的极限圆问题. 这正是重复 Weyl 定理的证明过程. 为此目的, 可以将
$$p(b)W(y, y^*; b) = 0 \tag{22.64}$$

看成在 b 点的边界条件,等价于加在常点 $x=a$ 处的实系数边界条件[①]. 奇点 (一个或两个端点) 属于极限圆情形的问题十分类似于正则问题. 在奇点处的边界条件可以用略微间接的方式 (如 (22.64) 式中那样) 指定, 这样本征值问题也产生离散谱以及常见的本征函数形式. 它同正则情形的可能差别在于本征值 $|\lambda_n| \to \infty$ 而非 $\lambda_n \to \infty$.

例 22.25 考虑 0 阶 Bessel 方程 (见例 22.21)

$$\frac{\mathrm{d}}{\mathrm{d}x}\left(x\frac{\mathrm{d}y}{\mathrm{d}x}\right) + \lambda xy = 0 \tag{22.65}$$

在区间 $0<x<1$ 上的本征值问题. 在常点 $x=1$ 处, 我们加上边界条件 $y(1)=0$. 在奇点 (属于极限圆情形) $x=0$ 处, 我们加上与 (22.64) 式相同的边界条件, 即 $p(0)W(z,z^*;0)=0$, 其中的辅助函数 z 待定. 由前面的理论可知, z 能取为

$$\frac{\mathrm{d}}{\mathrm{d}x}\left(x\frac{\mathrm{d}z}{\mathrm{d}x}\right) + \lambda_0 z = 0 \tag{22.66}$$

的解, 其中 $\mathrm{Im}\,\lambda_0 \neq 0$, $p(0)W(z,z^*;0)=0$. 然而也可以用实数 λ_0 值, 只要选取 z 与同一方程在常点处满足边界条件的解 v 线性无关即可.

取 $\lambda_0 = 0$, 则方程 (22.66) 有线性无关解 1 和 $\ln x$. 取 $v(x) = \ln x$, 而另一个独立解为 $z = -1 + A\ln x$ 的倍乘解, 其中 A 为实数. 由于 $z=z^*$, 因而 $p(0)W(z,z^*;0)=0$ 一定成立. 这样选定的 z 的特殊形式给出 $p(x)W(z^*,v;x) = -1$. 固定 A, 条件 $p(0)W(y,z^*;0)=0$ 就变为

$$\lim_{x\to 0}\left[Ay - (A\ln x - 1)xy'\right] = 0.$$

对于每一个实的 A, 我们能够考虑本征值问题

$$\frac{\mathrm{d}}{\mathrm{d}x}\left(x\frac{\mathrm{d}y}{\mathrm{d}x}\right) + \lambda xy = 0, \qquad 0<x<1, \tag{22.67a}$$

$$y(1) = 0, \qquad \lim_{x\to 0}\left[Ay - (A\ln x - 1)xy'\right] = 0. \tag{22.67b}$$

取不同的 A 值就导致不同的本征值及本征函数.

考虑 $A=0$ 的特殊情形, 这时 $x=0$ 端的边界条件是

$$\lim_{x\to 0} xy' = 0. \tag{22.68}$$

$\lambda \neq 0$ 时方程 (22.65) 的线性无关解是 $\mathrm{J}_0(\sqrt{\lambda}r)$ 和 $\mathrm{N}_0(\sqrt{\lambda}r)$, 其中只有 $\mathrm{J}_0(\sqrt{\lambda}r)$ 满足 (22.68) 式. 边界条件 (22.68) 等价于通常的 "有界条件", 其效果都是挑选 $\mathrm{J}_0(\sqrt{\lambda}r)$ 作为许可的解. 更进一步, $x=1$ 处的边界条件意味着 $\mathrm{J}_0(\sqrt{\lambda})=0$, 它给出正本征值的序列 $\{\lambda_k\}$, 相应的未归一化的本征函数为 $\mathrm{J}_0(\sqrt{\lambda_k}r)$, 而归一化的本征函数

$$y_k(x) = \frac{\sqrt{2}}{\mathrm{J}_0'(\sqrt{\lambda_k})}\mathrm{J}_0(\sqrt{\lambda_k}x) \tag{22.69}$$

就构成了 $\mathscr{H}_\rho$ 内的正交归一基, 即 $\int_0^1 y_k(x) y_j^*(x)\, x\,\mathrm{d}x = \delta_{kj}$.

[①] 可以证明, 当 $\mathrm{Im}\,\lambda \neq 0$ 时, 除了零解之外, $\widehat{l}y + \lambda y = 0$ 的解不能既满足 $p(a)W(y,y^*;a)=0$, 又满足 $p(b)W(y,y^*;b)=0$. 这可以从 Weyl 定理的证明中看出.

4. 极限点情形下的本征值问题

仍然在 $\mathscr{H}_\rho$ 中讨论方程

$$\frac{\mathrm{d}}{\mathrm{d}x}\left(p\frac{\mathrm{d}y}{\mathrm{d}x}\right) + \left[\lambda\rho(x) - q(x)\right]y = 0. \qquad a < x < b, \tag{22.70}$$

如果端点 a 为常点,端点 b 为奇点,处于极限点情形,通常在 $x = a$ 附加上 (22.63) 型的条件,但在 b 点就不能加上任何条件. 因为按照 Weyl 定理,对于任意 λ,方程 (22.70) 最多只能有一个解属于 $\mathscr{H}_\rho$. 因此,可以预见,对于这类本征值问题,不外乎会出现下面两种结果:

(1) 当 $\operatorname{Im}\lambda = 0$ 时,方程 (22.70) 有一个解属于 $\mathscr{H}_\rho$,例如,记为 $y_1(x,\lambda)$,再代入边界条件 (22.63),判断是否有解. 或者换一种说法,我们也可以先求出既满足方程 (22.70)、又满足边界条件 (22.63) 的解,而后讨论它是否属于 $\mathscr{H}_\rho$.

(2) 方程 (22.70) 的解全不属于 $\mathscr{H}_\rho$,因此,本征值问题无解.

如果两个端点 a 和 b 都属于极限点情形,可以在区间 $a \leqslant x \leqslant b$ 内任取一点 c,因此只有 $y_1(x,\lambda)$ 既属于 $\mathscr{H}_\rho(a,c)$,又属于 $\mathscr{H}_\rho(c,b)$ 时,换言之,只有 $y_1(x,\lambda) \in \mathscr{H}_\rho(a,b)$ 时,本征值问题才有可能有解.

例 22.26 在例 22.23 中已经讨论过 Hermite 方程

$$y'' - 2xy' + 2\lambda y = 0, \qquad -\infty < x < \infty, \tag{22.71a}$$

它的两个奇点 $x = \pm\infty$ 都属于极限点情形.

首先在 $0 \leqslant x < \infty$ 上求解相关的本征值问题,而在 $x = 0$ 端的边界条件为

$$y(0) = 0. \tag{22.71b}$$

由常微分方程幂级数解法,可以求得既满足方程 (22.71a)、又满足边界条件 (22.71b) 的解

$$y(x) = c_1 \sum_{k=0}^{\infty} \frac{1}{(2k+1)!} \frac{\Gamma\left(k + \frac{1-\lambda}{2}\right)}{\Gamma\left(\frac{1-\lambda}{2}\right)} (2x)^{2k+1}.$$

由于当 k 足够大时,x^{2k+1} 项的系数为

$$\text{常数} \times \frac{2^{2k+1}}{\Gamma(2k+2)} \Gamma\left(k + \frac{1-\lambda}{2}\right) \sim \text{常数} \times \frac{1}{k^{k+(\lambda+3)/2}\mathrm{e}^{-k}},$$

所以当 λ 为实数的条件下[①],则因

$$\frac{1}{(k+k_0+3)!} \leqslant \frac{1}{\Gamma(k+2+\lambda/2)} \leqslant \frac{1}{(k+k_0+2)!},$$

其中 $k_0 = [\lambda/2]$,故有

$$x^{-5-2k_0}\left(\mathrm{e}^{x^2} - \sum_{k=0}^{k_0+2} \frac{x^{2k}}{k!}\right) \leqslant \sum_{k=0}^{\infty} \frac{x^{2k+1}}{\Gamma(k+2+\lambda/2)} \leqslant x^{-3-2k_0}\left(\mathrm{e}^{x^2} - \sum_{k=0}^{k_0+1} \frac{x^{2k}}{k!}\right).$$

[①] 不难证明,此本征值问题如果有解,本征值 λ 一定为实数.

这样就能判断, 在一般情形下, 作为无穷级数解的 $y(x)$,
$$\int_0^\infty y^2(x)\,\mathrm{e}^{-x^2}\,\mathrm{d}x \text{ 发散},$$
除非

$$\text{本征值} \quad \lambda_n = 2n+1, \qquad n=0,1,2,\cdots, \tag{22.72a}$$

相应的本征函数便是 $2n+1$ 阶 Hermite 多项式

$$\mathrm{H}_{2n+1}(x) = \sum_{k=0}^n \frac{(-)^{n-k}}{(2k+1)!}\frac{(2n+1)!}{(n-k)!}(2x)^{2k+1} = \sum_{k=0}^n \frac{(-)^k}{k!}\frac{(2n+1)!}{(2n-2k+1)!}(2x)^{2n-2k+1}, \tag{22.72b}$$

这相当于在上面的 $y(x)$ 中代入 $\lambda = 2n+1$, 并取 $c_1 = (-)^n(2n+1)!/n!$.

同样, 如果 $x=0$ 端的边界条件为

$$y'(0) = 0, \tag{22.71c}$$

则既满足方程 (22.71a)、又满足边界条件 (22.71c) 的解为

$$y(x) = \sum_{k=0}^\infty \frac{1}{(2k)!}\frac{\Gamma(k-\lambda/2)}{\Gamma(-\lambda/2)}(2x)^{2k}.$$

重复上面类似的讨论, 就能得到本征值

$$\lambda_n = 2n, \qquad n=0,1,2,\cdots, \tag{22.73a}$$

而本征函数为 $2n$ 阶 Hermite 多项式

$$\mathrm{H}_{2n}(x) = \sum_{k=0}^n \frac{(-)^{n-k}}{(2k)!}\frac{(2n)!}{(n-k)!}(2x)^{2k} = \sum_{k=0}^n \frac{(-)^k}{k!}\frac{(2n)!}{(2n-2k)!}(2x)^{2n-2k}. \tag{22.73b}$$

也可以在空间 $\mathscr{H}_\rho(-\infty,\infty)$ 内求方程 (22.71a) 的解, 这正好就是上面两种情形相加:

$$\text{本征值} \quad \lambda_n = n, \qquad n=0,1,2,\cdots, \tag{22.74a}$$

$$\text{本征函数} \quad \mathrm{H}_n(x) = \sum_{k=0}^{[n/2]} \frac{(-1)^k}{k!}\frac{n!}{(n-2k)!}(2x)^{n-2k}. \tag{22.74b}$$

例 22.27 考虑例 22.22 中的方程

$$\frac{\mathrm{d}}{\mathrm{d}x}\left[x\frac{\mathrm{d}y}{\mathrm{d}x}\right] + \frac{\lambda}{x}y = 0, \qquad 0 < x < \infty. \tag{22.75}$$

$x=0$ 与 ∞ 都属于极限点情形. 由于当 λ 为实数时, 方程的解都不属于 $\mathscr{H}_\rho(0,A)$ 或 $\mathscr{H}_\rho(A,\infty)$, 因此, 此本征值问题无解.

第二十三章

广义函数

我们在第九章中引入了 δ 函数的概念,由此进一步定义了常微分方程和偏微分方程的 Green 函数,并且广泛应用于求解这些微分方程的定解问题. 为了准确理解 δ 函数及其运算规则, 准确理解常微分方程与偏微分方程的 Green 函数问题, 就离不开广义函数 (也称为分布).

在本课程中, 我们已经接触到 δ 函数. 它是由英国物理学家 Dirac 首先提出的. 作为粗略的理解, 这个函数除了在 $x=0$ 点为 ∞ 外, 处处为 0, 而其积分为 1. 按照函数及积分的定义, 没有一个传统意义下的函数 (以下称为经典函数, 以区别于广义函数) 能够具有这个性质.

通常将 δ 函数理解为函数序列的极限: 设想有一个函数序列, 它们在 $x=0$ 处有逐渐升高而又逐渐变陡的高峰, 曲线下的面积保持为 1, 同时函数在每一点的值趋于 0, 但 $x=0$ (在该点函数的值趋于无穷) 除外. 甚至还可以对 $\delta(x)$ 进行 "微分" 和 "积分", 从而得到广义函数 $\delta'(x)$ 和单位阶跃函数 (即 Heaviside 函数) $\eta(x)$.

这样引进的 $\delta(x)$, $\delta'(x)$, $\eta(x)$ 等等, 都属于广义函数. 它们都不是传统意义下的函数.

利用函数序列定义广义函数, 是数学物理方法课程中常常采用的方法. 这种方法的优点是形象直观. 如此定义广义函数, 理所当然地需要辅之以明确规定必需的运算法则. 事实上, 如果笼统地、无条件地说广义函数可以像普通函数那样微分或积分, 并不一定正确, 有时甚至会导出明显荒谬的结果. 正是基于这一理由, 本章将简要介绍广义函数的基本概念与运算规则. 这对于正确理解和正确运用广义函数至为重要.

§23.1 线性泛函

1. 线性泛函是函数概念的推广

回忆一下定义在 n 维实空间 $\mathscr{R}_n$ 上的连续实函数. 所谓函数 f, 本质上是规定了一个对应关系或法则, 它把 $\mathscr{R}_n$ 上的每一点 x 和相应的实数 (称之为 f 在 x 点的值) $y=f(x)$ 联系起来.

我们其实也曾经采用间接的方式定义过函数 f. 例如, 在普通的 Fourier 级数中, 若 f 是 $0 \leqslant x \leqslant \pi$ 上的可微实函数, 则 f 可以由 Fourier 正弦系数 $b_n = \dfrac{2}{\pi}\displaystyle\int_0^\pi f(x)\sin nx\,\mathrm{d}x$ 表征. 反之, 能够由 Fourier 正弦系数通过 Fourier 级数重构出 $f(x)$. 这种做法的实质是, 有别于通过逐点 x 给定 f 的数值 [函数值 $f(x)$] 定义函数的办法, 我们可以采用一种新的替代办法，即对于属于辅助函数类（即上面的 $\sin x, \sin 2x, \cdots$）中的每一个函数 ϕ，给出实数 $\int_{\mathscr{R}_n} f(x)\phi(x)\mathrm{d}x$；或者说，$f$ 是一个对应关系，它将此辅助函数类上的任意一个函数和相应的实数值 $\int_{\mathscr{R}_n} f(x)\phi(x)\mathrm{d}x$ 联系起来，即 f 是此辅助函数类上的泛函. 这里的辅助函数类 ϕ，作为定义 f 的载体，当然需要满足一定的要求. 引进辅助函数空间上的泛函，目的不仅是要给出函数的另一种描述方式，更重要的是，这种新观点将允许我们定义经典函数所不能描写的对应关系. 适当选定 ϕ 所属的辅助函数类，我们能够用泛函定义 δ 函数之类的奇异函数.

最适当的辅助函数类是非常平滑的函数（称为检验函数）构成的函数类.

2. 检验函数

先引进关于函数支集的概念.

定义 23.1 函数 $f(x)$ 的**支集**是 $\mathscr{R}_n$ 内 $f(x) \neq 0$ 的点的全体构成的点集的闭包（即 $f(x) \neq 0$ 的点集及这个点集的极限点）.

在此基础上就可以建立检验函数的定义.

定义 23.2 **检验函数** $\phi(x) = \phi(x_1, x_2, \cdots, x_n)$ 是在 $\mathscr{R}_n$ 上无限可微[①] 且有有限支集[②] 的函数. $\mathscr{R}_n$ 上全部检验函数的空间表示为 $\mathscr{C}_0^\infty(\mathscr{R}_n)$，简写为 $\mathscr{C}_0^\infty$.

显然，若 $\phi_1(x), \phi_2(x)$ 是 $\mathscr{R}_n$ 上的检验函数，则对于任何实数 ε_1 和 ε_2，$\varepsilon_1\phi_1 + \varepsilon_2\phi_2$ 也是 $\mathscr{R}_n$ 上的检验函数. 因此 $\mathscr{C}_0^\infty(\mathscr{R}_n)$ 是实线性空间.

需要讨论这种（非零）检验函数的存在性.

在 $\mathscr{R}_1$ 上，检验函数 $\phi(x)$ 可以在区间 $a < x < b$ 外恒为 0，但在区间内必须取非零值，甚至 ϕ 在 $x = a$ 和 $x = b$ 点的各阶导数可以为 0. 难以设想在 a 和 b 如此"平滑"的函数如何能异于零函数. 事实上，如果 $\phi(x)$ 能在 $x = a$ 点展开为收敛半径不为 0 的 Taylor 级数，则 $\phi(x)$ 必恒为 0，因为在 $x = a$ 点的各阶导数均为 0. 关于检验函数的经典例子是：

$$\phi(x) = \begin{cases} \exp\left\{\dfrac{1}{x^2 - 1}\right\}, & |x| < 1, \\ 0, & |x| \geqslant 1, \end{cases} \tag{23.1}$$

如图 23.1 所示. 毫无疑问，ϕ 在 $x \neq \pm 1$ 处无限可微. 至于在 $x = \pm 1$ 两点，显然

$$\lim_{x \to \pm 1 \mp} \exp\left\{\frac{1}{x^2 - 1}\right\} = 0,$$

因此 $\phi(x)$ 在 $x = \pm 1$ 连续. 而由于

$$\lim_{t \to \infty} t^m \mathrm{e}^{-t} = 0, \quad m = 0, 1, 2, \cdots,$$

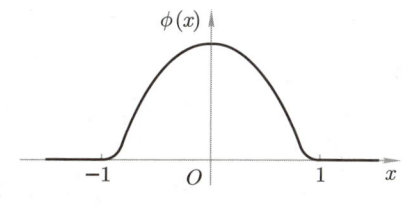

图 23.1 检验函数 $\phi(x)$

做变换 $t = 1/(1 - x^2)$，则有

$$\lim_{x \to \pm 1 \mp} \frac{1}{(x^2 - 1)^m} \exp\left\{\frac{1}{x^2 - 1}\right\} = 0,$$

[①] 这意味着各种次序的任意阶偏导数存在.
[②] 即在一定有界区域 [检验函数 $\phi(x)$ 不同，此有界区域可以不同] 外恒为 0.

这样就能证明 ϕ 在 $x=\pm 1$ 的各阶导数均为 0.

类似地，$\mathscr{R}_n$ 上的球对称检验函数可取为

$$\phi(x)=\begin{cases}\exp\left\{\dfrac{1}{|x|^2-1}\right\}, & |x|<1,\\ 0, & |x|\geqslant 1,\end{cases} \tag{23.2}$$

在本章中，约定将坐标 $(x_1,x_2,\cdots,x_n)$ 简写为 x，而 $|x|=r$ 是径向坐标 (即到原点的距离，$\sqrt{x_1^2+x_2^2+\cdots+x_n^2}$).

根据检验函数的上述定义，可以导出它的下列性质：
(1) 若 $\phi(x)\in\mathscr{C}_0^\infty(\mathscr{R}_n)$，则 $\phi(x)$ 的各阶导数亦然；
(2) 若 $\phi(x)\in\mathscr{C}_0^\infty(\mathscr{R}_n)$，且 $a(x)$ 无限可微，则 $a(x)\phi(x)\in\mathscr{C}_0^\infty(\mathscr{R}_n)$；
(3) 若 $\phi(x_1,\cdots,x_m)\in\mathscr{C}_0^\infty(\mathscr{R}_m)$，$\psi(x_{m+1},\cdots,x_n)\in\mathscr{C}_0^\infty(\mathscr{R}_{n-m})$，则

$$\phi(x_1,\cdots,x_m)\psi(x_{m+1},\cdots,x_n)\in\mathscr{C}_0^\infty(\mathscr{R}_n).$$

3. 检验函数空间 $\mathscr{C}_0^\infty$ 内的收敛性

在建立检验函数空间内的收敛概念之前，需要先引进关于偏导数和微分算符的简写记号. 令 $k_1,\cdots,k_n$ 为非负整数，$k=(k_1,\cdots,k_n)$ 称为 n 维多重指标. 定义

$$|k|=k_1+\cdots+k_n \quad \text{及} \quad D^k=\frac{\partial^{|k|}}{\partial x_1^{k_1}\cdots\partial x_n^{k_n}}=\frac{\partial^{k_1+\cdots+k_n}}{\partial x_1^{k_1}\cdots\partial x_n^{k_n}}.$$

若 k 的某一分量为 0，例如，$n=3$，$k=(2,0,5)$，则应理解为不含有对 x_2 的偏导数，

$$D^k=\frac{\partial^7}{\partial x_1^2 \partial x_3^5}.$$

应用这种简写记号，即可将 n 个自变量的任意 p 阶线性微分算符 $\widehat{L}$ 写成

$$\widehat{L}=\sum_{|k|\leqslant p}a_k(x)D^k, \tag{23.3}$$

其中系数 $a_k(x)=a_{k_1,\cdots,k_n}(x_1,\cdots,x_n)$ 是任意函数.

为了建立 $\mathscr{C}_0^\infty(\mathscr{R}_n)$ 内的收敛性概念，不妨先定义 $\mathscr{C}_0^\infty(\mathscr{R}_n)$ 内的**零序列**. 我们称检验函数序列 $\{\phi_1(x),\cdots,\phi_m(x),\cdots\}$ 是 $\mathscr{C}_0^\infty(\mathscr{R}_n)$ 内的零序列，当且仅当下列条件成立：
(1) 存在一个共同的有界区域，在区域之外所有的 $\phi_m(x)$ 均为 0 (即所有 $\phi_m(x)$，$m=1,2,\cdots$ 的支集一定包含在一个足够大的球域内)；
(2) 对于每一个 n 维的多重指标 k，有

$$\lim_{m\to\infty}\max_{x\in\mathscr{R}_n}\left|D^k\phi_m(x)\right|=0.$$

所谓 $\{\phi_m(x)\}$ 是 $\mathscr{C}_0^\infty(\mathscr{R}_n)$ 内的零序列，意味着 $\{\phi_m(x)\}$ 及其各阶导数均在 $\mathscr{R}_n$ 内一致趋于 0.

§23.2 广义函数

1. 广义函数的定义

定义 23.3 如果对于 $\mathscr{C}_0^\infty$ 内的每一个 $\phi(x)$, 总能 (按照约定的法则) 确定一个实数, 记为 (f,ϕ), 使得对于所有的实数 α_1, α_2 及 $\mathscr{C}_0^\infty$ 内的所有 ϕ_1, ϕ_2, 有

$$(f, \alpha_1\phi_1 + \alpha_2\phi_2) = \alpha_1(f,\phi_1) + \alpha_2(f,\phi_2),$$

则称 f 是 $\mathscr{C}_0^\infty$ 上的**线性泛函**.

实数 (f,ϕ) 是 f 作用在 ϕ 的**值**, 或者说, 是 f 在 ϕ 上的**作用**.

注意对于任何线性泛函, 我们总有

$$(f, 0) = 0 \quad \text{及} \quad \left(f, \sum_{k=1}^m \alpha_k \phi_k\right) = \sum_{k=1}^m \alpha_k(f, \phi_k).$$

定义 23.4 已知 $\{\phi_m(x)\}$ 是 $\mathscr{C}_0^\infty$ 内的零序列, f 是 $\mathscr{C}_0^\infty$ 上的线性泛函, 若当 $m \to \infty$ 时 (f, ϕ_m) 趋于 0, 则称线性泛函 f **连续**.

定义 23.5 $\mathscr{C}_0^\infty$ 上的连续线性泛函称为 $(n$ 维$)$ **广义函数**.

如果 f_1, f_2 是任意两个广义函数, c_1, c_2 是任意常数, 定义 $f = c_1 f_1 + c_2 f_2$ 为

$$(f, \phi) \triangleq c_1(f_1, \phi) + c_2(f_2, \phi),$$

则 f 也满足广义函数的所有条件. 因此 n 维广义函数也构成线性空间 (记为 $\mathscr{D}_n$).

广义函数是经典数学中函数概念的推广. 一方面, 经典函数也能看成广义函数, 或者说, 广义函数涵盖了经典函数作为它的特殊情形; 另一方面, 建立起广义函数的概念, 使我们能处理像 δ 函数这样超乎常规的 "函数".

2. 作为广义函数的局部可积函数

定义 23.6 若对于 $\mathscr{R}_n$ 内的任何有界域 Ω, 积分 $\int_\Omega |f| \, dx$ 存在, 则称函数 $f(x)$ **局部可积**.

连续函数和分段连续函数都是局部可积函数.

定理 23.1 $\mathscr{R}_n$ 中的局部可积函数 $f(x)$ 通过法则

$$\begin{aligned}(f, \phi) &\triangleq \int_{\mathscr{R}_n} f(x) \phi(x) \, dx \\ &\equiv \int_{-\infty}^\infty \cdots \int_{-\infty}^\infty f(x_1, \cdots, x_n) \phi(x_1, \cdots, x_n) \, dx_1 \cdots dx_n\end{aligned} \tag{23.4}$$

定义相应的 $(n$ 维$)$ 广义函数 f.

证 显然 (23.4) 式已经定义了 $\mathscr{C}_0^\infty$ 上的线性泛函. 为了证明它的连续性, 可取 $\{\phi_m(x)\}$ 为零序列. 零序列中所有元素在有限球域 Ω 外均为 0, 则

$$|(f, \phi_m)| < \left(\max_{x \in \Omega} |\phi_m(x)|\right) \int_\Omega |f(x)| \, dx.$$

因为 $\{\phi_m(x)\}$ 为零序列, $\lim\limits_{m\to\infty}\max\limits_{x\in\Omega}|\phi_m(x)|=0$, 而 f 局部可积, 即积分 $\int_\Omega |f(x)|\mathrm{d}x$ 为有限值, 因此一定有
$$\lim_{m\to\infty}(f,\phi_m)=0,$$
即泛函 (23.4) 连续, 所以 f 是广义函数. □

例 23.1 令 c 为常数, 显然 $\mathscr{C}_0^\infty$ 上的泛函 $\int_{\mathscr{R}_n} c\phi(x)\mathrm{d}x$ 是连续线性泛函, 所以它是一个广义函数, 是由常数函数 $f(x)=c$ 通过 (23.4) 式
$$(c,\phi)=\int_{\mathscr{R}_n} c\phi(x)\mathrm{d}x$$
定义的广义函数. 特别是 $c=0$ 时, 就定义了广义函数 0.

除了我们需要理解广义函数概念而定义广义函数 c 外, 在实用上, 其实倒无须区别数 c, 每一点均取常数值的点函数 c 以及广义函数 c.

例 23.2 下列一元函数 (多数是连续或分段连续函数) 都是局部可积的, 因而也都可以通过 (23.4) 式定义相应的广义函数:

幂函数: $|x|^\alpha$ $(\alpha>-1)$;   三角函数: $\sin x, \cos x$;

指数函数: $\mathrm{e}^x, \mathrm{e}^{-x}$;   对数函数: $\ln|x|$;

符号函数: $\mathrm{sgn}\,x$;   Heaviside 函数: $\eta(x)$.

函数在无穷远处的行为并不影响它的局部可积性, 然而在有限远点, 不能容许太高的奇异性. 例如, 在 $\mathscr{R}_n$ 中, 若 $\alpha<n$, 则 $1/|x|^\alpha$ 是局部可积的, 但 $\alpha>n$ 时则否.

定义 23.7 以积分式 (23.4) 定义的广义函数是**正则**的, 否则就是**奇异**的.

例 23.3 令 ξ 是 $\mathscr{R}_1$ 内的固定一点. 考虑由
$$(\delta_\xi,\phi)\overset{\triangle}{=}\phi(\xi) \tag{23.5a}$$
定义的线性泛函 δ_ξ, 即它对任何一个检验函数 ϕ 的作用就是遴选出 ϕ 在 $x=\xi$ 的值 $\phi(\xi)$. 如果 $\{\phi_m(x)\}$ 是 $\mathscr{C}_0^\infty(\mathscr{R}_1)$ 内的零序列, 则数列 $\{\phi_m(\xi)\}$ 趋于 0. 因此 δ_ξ 是 $\mathscr{C}_0^\infty(\mathscr{R}_1)$ 上的连续线性泛函, 它是一个广义函数 —— Dirac 广义函数, 记为 $\delta_\xi, \delta_\xi(x)$ 或 (δ_ξ,ϕ). 特别是 $\xi=0$ 时,
$$(\delta_0,\phi)=\phi(0) \tag{23.5b}$$
就定义了广义函数 δ_0 (常简单记为 δ).

常常把广义函数 δ_ξ 或 δ_0 称为 δ 函数, 并且仍旧表示为 $\delta_\xi(x)$ 或 $\delta(x)$. 但要注意这种叫法并不准确, 因为 $\delta_\xi(x)$ 不是经典意义下的函数, 谈论它在某一点的函数值是没有意义的. δ 函数的全部含义就是 (23.5) 式: 它对检验函数的作用就是遴选出检验函数在本性点的值.

δ 函数属于奇异型广义函数. 这是因为, 如果它是正则广义函数, 则必须存在一个局部可积函数 $f(x)$, 使得
$$\int_{\mathscr{R}_n} f(x)\phi(x)\mathrm{d}x=\phi(0), \qquad \forall\,\phi\in\mathscr{C}_0^\infty(\mathscr{R}_n). \tag{23.6}$$

这里 $\xi = 0$ 是 δ 函数的特殊点, 称为本性点 (定义见下页). 现在考虑检验函数 $\psi_a(x) = \phi(x/a)$, 其中 $\phi(x)$ 见 (23.2) 式. 由于 $|\psi_a(x)| \leqslant \psi_a(0) = \phi(0) = 1/\mathrm{e}$, 因此

$$\left|\int_{\mathscr{R}_n} f(x)\psi_a(x)\mathrm{d}x\right| = \left|\int_{|x|<a} f(x)\exp\left\{\frac{a^2}{|x|^2 - a^2}\right\}\mathrm{d}x\right| \leqslant \frac{1}{\mathrm{e}}\int_{|x|<a}|f(x)|\,\mathrm{d}x.$$

只要 $f(x)$ 是局部可积的, 就一定有 $\lim\limits_{a\to 0}\int_{|x|<a}|f(x)|\,\mathrm{d}x = 0$, 因此

$$\lim_{a\to 0}\int_{\mathscr{R}_n} f(x)\psi_a(x)\mathrm{d}x = 0.$$

另一方面, 若 (23.6) 式成立, 则必有

$$\int_{\mathscr{R}_n} f(x)\psi_a(x)\mathrm{d}x = \frac{1}{\mathrm{e}},$$

与 a 无关. 此二结果互相矛盾. 所以 Dirac 广义函数 δ 是奇异的. 如果本性点在 ξ 而非原点, 可同样证明. 可以把 δ_ξ 想象成 ξ 处集中点源的源密度.

3. 广义函数的局部性质

前面已经提到, 不能指定广义函数在某一点的值, 例如, 不能说 "广义函数 f 在 x_0 点的值为 0". 但是, 可以说 "广义函数 f 在 x_0 的某个邻域 U 内为 0". 这个说法的确切含义是: 对于 $\mathscr{C}_0^\infty$ 内的任意 $\phi(x)$, 无论其支集是否在 U 内, 我们总恒有 $(f, \phi) = 0$.

如果有一个经典函数 $f(x)$, 它在 x_0 点的邻域 U 内 (几乎处处) 为 0, 则 $f(x)$ 对应的广义函数 f 在 U 内为 0.

奇异函数 δ_ξ 在任意 $x \neq \xi$ 的邻域内总是 0.

若广义函数 f 在某开集 G 中每一点的邻域内均为 0, 则称此广义函数在 G 上为 0.

若广义函数在任意一点的邻域内均为 0, 则此广义函数对于 $\mathscr{C}_0^\infty$ 内的每一个 $\phi(x)$ 都有 $(f, \phi) = 0$.

4. 广义函数的本性点

如果 f 是广义函数, 它在 x_0 的邻域内不为 0, 则称 x_0 为广义函数 f 的**本性点** (essential point). 例如, $x = 0$ 就是泛函 $f(x) = x^2$ 的本性点 (尽管作为经典函数, x^2 本身在该点为 0); 当然 x 轴上的其他点也都是这个泛函的本性点. 广义函数 f 的全部本性点的集合称为**支集**. 通常的连续 (或分段连续) 函数 $f(x)$ 所对应的正则广义函数 f 的支集就是使 $f(x) \neq 0$ 的点集的闭包. 广义函数 δ_ξ 的支集就是单独一个点 $x = \xi$.

5. 广义函数相等

首先对任意两个广义函数作局部的比较. 如果广义函数 f 和 g 的差 $f - g$ 在某开域 G 内为 0, 则称 f 和 g 在此开域内相等. 如果 f 和 g 在 $\mathscr{R}_n$ 内每一点的邻域内都相等, 则它们在整个 $\mathscr{R}_n$ 内相等, 即对于所有 $\phi(x)$, $(f, \phi) = (g, \phi)$.

特别是, 若广义函数和一个普通的局部可积函数在区域 G 内相等, 则称此广义函数在 G 内正则. 例如, 尽管广义函数 δ_ξ 是奇异的, 但它在本性点 ξ 之外处处正则 (且为 0).

如果 $f_1(x), f_2(x)$ 是不同的连续函数, 它们生成不同的广义函数, 则在 $\mathscr{C}_0^\infty$ 内至少存在某个 ϕ, 使得 $(f_2, \phi) \neq (f_1, \phi)$ 或 $(f_2 - f_1, \phi) \neq 0$. 这是因为, 作为连续函数, $f_1(x)$ 与 $f_2(x)$

不同，则一定存在 x_0，使得 $f_2(x_0) \neq f_1(x_0)$. 不妨假设 $f_2(x_0) > f_1(x_0)$. 由函数的连续性可知，一定存在 x_0 的邻域 $|x - x_0| < \varepsilon$，使得 $f_2(x) - f_1(x) > 0$. 我们总可以选取检验函数 ϕ，使之在 $|x - x_0| < \varepsilon$ 内恒非负，而在区间外处处为 0. 对于这个 ϕ，法则 (23.4) 表明 $(f_2, \phi) > (f_1, \phi)$，即广义函数 f_1 和 f_2 是不同的.

如果两个函数全等，但有限个点除外，那么这两个函数不可能全都连续. 不妨假设这两个函数局部可积. 我们看到，如果除了有限个点外，局部可积函数 $f_1(x)$ 与 $f_2(x)$ 全等，则它们生成同样的广义函数. 更普遍地说，如果对于每一个有界域 Ω，$\int_\Omega |f_1 - f_2| \mathrm{d}x = 0$，则称此二函数**几乎处处相等**. 两个几乎处处相等的局部可积函数生成同样的广义函数. 换一个说法，两个几乎处处相等的函数之差一定几乎处处为 0，它一定生成广义函数 0[①]. 这意味着不同的广义函数对应于不同的函数，至少对于正则广义函数是如此. 正是因为这个原因，尽管我们不能说广义函数在给定点的值，但仍常常用 $f(x)$ 表示广义函数，无论是正则广义函数或是奇异广义函数. 甚至对于奇异广义函数，也常常纯形式地写成

$$(f, \phi) = \int_{\mathscr{R}_n} f(x) \phi(x) \mathrm{d}x, \tag{23.4'}$$

尽管按照传统的积分定义，这个记号可能没有意义.

再次强调：f, $f(x)$ 和 (f, ϕ) 都是同一个广义函数的记号，可以灵活地用于不同场合.

定义 23.8 若对于支集包含在开集 Ω 内的所有检验函数 ϕ, $(f, \phi) = 0$，则称广义函数 f 在 Ω 上为 0；若 $(f_1, \phi) = (f_2, \phi)$，则称广义函数 f_1 和 f_2 在 Ω 上相等.

§23.3 广义函数的基本运算

下面讨论广义函数的基本运算. 在定义这些运算时 (线性运算除外)，我们总是从正则广义函数出发，设法将相应的运算转移到检验函数上 (这是因为，作为普通函数，检验函数的这些运算已有明确的定义)，从而采用这样得到的关系式作为对于任意广义函数进行相关运算的定义.

1. 广义函数的线性组合

两个广义函数的线性组合 $f = \alpha_1 f_1 + \alpha_2 f_2$ 定义为

$$(\alpha_1 f_1 + \alpha_2 f_2, \phi) = \alpha_1 (f_1, \phi) + \alpha_2 (f_2, \phi). \tag{23.7}$$

取 $\alpha_1 = 1, \alpha_2 = -1$，就定义了广义函数的减法 $f_1 - f_2$. 特别是，$f_1 - f_2 = 0$ 完全等价于 $f_1 = f_2$.

2. 广义函数的平移

可以将 $\mathscr{R}_n$ 上的局部可积函数 $f(x)$ 平移 $a \equiv (a_1, a_2, \cdots, a_n)$ 而得到局部可积函数

[①] 正因为如此，我们就把几乎处处为 0 的函数称为零函数，相应地，把几乎处处相等的函数看成是同一个函数.

$f(x-a)$, 它就定义了广义函数

$$(f(x-a), \phi(x)) = \int_{\mathscr{R}_n} f(x-a)\phi(x)\mathrm{d}x$$
$$= \int_{\mathscr{R}_n} f(x)\phi(x+a)\mathrm{d}x = (f(x), \phi(x+a)).$$

相应地, 就定义任意广义函数 f 的平移为

$$(f(x-a), \phi(x)) = (f(x), \phi(x+a)). \tag{23.8}$$

3. 广义函数的缩放 (相似变换)

如果 $f(x)$ 局部可积, 则 $f(\alpha x)$ 亦然 ($\alpha \neq 0$ 为任意实数). 对应于 $f(\alpha x)$ 的广义函数是 $\int_{\mathscr{R}_n} f(\alpha x)\phi(x)\mathrm{d}x$. 置 $\alpha x = y$, 并注意 $\alpha < 0$ 需颠倒积分限, 我们求得

$$(f(\alpha x), \phi(x)) = \frac{1}{|\alpha|^n}\left(f(x), \phi\left(\frac{x}{\alpha}\right)\right). \tag{23.9a}$$

即使 f 是奇异广义函数, 我们也可以用 (23.9a) 式去定义广义函数 $f(\alpha x)$.

特别是, $\alpha = -1$ 称为相似变换, 它是对于原点的反射:

$$(f(-x), \phi(x)) = (f(x), \phi(-x)). \tag{23.9b}$$

4. 广义函数与普通函数的乘积

若 $f(x)$ 和 $a(x)$ 都是局部可积的, $a(x)f(x)$ 不一定局部可积. 然而, 如果 $a(x)$ 无限可微 (但不必具有有限支集), 则 $a\phi$ 是检验函数, 且

$$(af, \phi) = \int_{\mathscr{R}_n} a(x)f(x)\phi(x)\mathrm{d}x = (f, a\phi). \tag{23.10}$$

这样 $a(x)f(x)$ 就通过 (23.10) 式生成相应的广义函数. 这个运算法则适用于任何广义函数 f 与无限可微函数的乘积.

5. 广义函数的导数

如果 $f(x)$ 是 $\mathscr{R}_1$ 中的可微函数, 其一阶导数 $f'(x)$ 局部可积, 则 f' 也根据 (23.4) 式定义了它所对应的广义函数:

$$(f', \phi) = \int_{-\infty}^{\infty} f'(x)\phi(x)\,\mathrm{d}x, \tag{23.11}$$

并且就定义为广义函数 f 的导数. 换言之, 在上述条件下, 由 f 生成的广义函数的导数就是由 f' 生成的广义函数.

例 23.4 当 $\alpha > 0$ 时, 可以求得广义函数 $|x|^\alpha$, $|x|^\alpha \operatorname{sgn} x$, $|x|^\alpha \eta(x)$ 的导数:

$$\frac{\mathrm{d}}{\mathrm{d}x}|x|^\alpha = \alpha |x|^{\alpha-1}\operatorname{sgn} x, \tag{23.12}$$

$$\frac{\mathrm{d}}{\mathrm{d}x}\left[|x|^\alpha \operatorname{sgn} x\right] = \alpha |x|^{\alpha-1}, \tag{23.13}$$

$$\frac{\mathrm{d}}{\mathrm{d}x}\left[x^\alpha \eta(x)\right] = \alpha x^{\alpha-1}\eta(x). \tag{23.14}$$

为保证右端出现的广义函数有定义，以上各式均要求 $\alpha - 1 > -1$，即 $\alpha > 0$.

反复应用 (23.12) — (23.14) 诸式，可以得到 $\alpha > -1$ 时这些广义函数的高阶导数：

$$|x|^\alpha = \frac{\Gamma(\alpha+1)}{\Gamma(\alpha+n+1)} \frac{\mathrm{d}^n}{\mathrm{d}x^n}\big[\,|x|^{\alpha+n}(\operatorname{sgn} x)^n\,\big], \tag{23.15}$$

$$|x|^\alpha \operatorname{sgn} x = \frac{\Gamma(\alpha+1)}{\Gamma(\alpha+n+1)} \frac{\mathrm{d}^n}{\mathrm{d}x^n}\big[\,|x|^{\alpha+n}(\operatorname{sgn} x)^{n+1}\,\big], \tag{23.16}$$

$$x^\alpha \eta(x) = \frac{\Gamma(\alpha+1)}{\Gamma(\alpha+n+1)} \frac{\mathrm{d}^n}{\mathrm{d}x^n}\big[x^{\alpha+n}\eta(x)\big]. \tag{23.17}$$

但是还存在另外一种情形，即 $f(x)$ 不 (处处) 可导，或虽可导而 $f'(x)$ 并不局部可积，因而需要重新定义广义函数 f 的导数. 为此，我们在 $f'(x)$ 局部可积的条件下，寻找新的关系式，原则仍然是能将微商运算转移到检验函数上去，从而作为广义函数导数的新定义. 事实上，将 (23.11) 式分部积分，就可以得到

$$(f', \phi) = \int_{-\infty}^{\infty} f'(x)\phi(x)\mathrm{d}x$$
$$= f(x)\phi(x)\Big|_{-\infty}^{\infty} - \int_{-\infty}^{\infty} f(x)\phi'(x)\mathrm{d}x = -\int_{-\infty}^{\infty} f(x)\phi'(x)\mathrm{d}x.$$

因此我们也可以用

$$(f', \phi) = (f, -\phi') \tag{23.18}$$

来定义广义函数的导数. 采用这个定义的好处是：因为 ϕ 是检验函数，故 $-\phi'$ 亦然；f 是广义函数，故 f 对 $-\phi'$ 的作用有定义. 这就说明，只要 $f(x)$ 局部可积，不论它作为普通函数时在 $\mathscr{R}_1$ 中是否处处可导，更无须考虑 $f'(x)$ 是否局部可积，都可以用 (23.18) 式作为广义函数 f 的导数定义. 显然，定义 (23.18) 式涵盖了 (23.11) 式作为它的特殊情形.

对于奇异广义函数 f (例如广义函数 δ)，同样也采用 (23.18) 式来定义它的导数 f'.

正是基于这样的认识，我们可以将上面 (23.15) — (23.17) 诸式中的 n 放宽为满足 $\alpha + n > 0$ 的整数. 在这样的条件下，上述诸式右端出现的广义函数均有定义，它们的导数也都有确切的定义，因而就可以作为左端各广义函数 (即使 $\alpha < -1$，但 $\alpha \neq$ 负整数的定义. 这样定义的广义函数，在 $-\infty < x < 0$ 或 $0 < x < \infty$ 的区间中，都等于具有同样记号的经典函数.

同样的论点可以应用到 n 维广义函数 f 的偏导数上. 我们定义

$$\left(\frac{\partial f}{\partial x_i}, \phi\right) = \left(f, -\frac{\partial \phi}{\partial x_i}\right). \tag{23.19}$$

重复应用这个定义，可得

$$(D^k f, \phi) = (-1)^{|k|}(f, D^k \phi). \tag{23.20}$$

这样我们就有了明确的结论：每一个广义函数都能 (无限) 求导，并且给出了广义函数的求导法则. 广义函数的导数仍然是广义函数.

例 23.5 (Heaviside 函数的导数) 在经典的意义下，Heaviside 函数在 $x = 0$ 点不可导，不论我们如何去定义 $\eta(0)$ 的值. 但是，按照 (23.18) 式，η' 可以通过

$$(\eta', \phi) = (\eta, -\phi') = -\int_0^\infty \phi'(x)\mathrm{d}x = \phi(0)$$

定义为广义函数. 这正是 δ 函数. 因此, 在广义函数的意义下,

$$\eta'(x) = \delta(x). \tag{23.21}$$

相应地, (23.21) 式也可以形式地积分而给出

$$\eta(x) = \int_{-\infty}^{x} \delta(x)\mathrm{d}x = \begin{cases} 0, & x < 0, \\ 1, & x > 0. \end{cases}$$

例 23.6 (间断函数的导数) Heaviside 函数 $\eta(x)$ 就是一个间断函数, 它在广义函数的意义下的导数 $\eta' = \delta$. 因此, 可以预料, 对于具有第一类间断点的任意函数 $f(x)$, 它的广义函数导数 f' 也将含有广义函数 δ. 设 $f(x)$ 在实轴上无限可导, 但 $a_1, a_2, \cdots, a_k$ 点除外. 若函数在这些点处的跃度 (左、右极限之差) 分别为 $\Delta f_1, \Delta f_2, \cdots, \Delta f_k$, 则

$$g = f - \sum_{i=1}^{k} \Delta f_i \eta(x - a_i) \tag{23.22}$$

连续, 且具有分段连续的导数 (亦即 g 的广义函数导数) g'. 换一种写法, 直接用 $[f']$ 表示剔除间断点后对 f 微商得到的函数 (例如 $[\eta']=0$), 即 $g' = [f']$. 这样, 在广义函数意义下对 (23.22) 式微商, 我们得到

$$g' = f' - \sum_{i=1}^{k} \Delta f_i \delta(x - a_i), \qquad \text{即} \qquad f' = [f'] + \sum_{i=1}^{k} \Delta f_i \delta(x - a_i). \tag{23.23}$$

f 在第一类间断点 a_i 处不连续, 相应地, 在它的广义函数导数中就贡献一项 $\Delta f_i \delta(x - a_i)$. 因此, 分段连续函数 $[f']$ 一般并不等于 f 的广义函数导数 f'.

还可以继续计算间断函数的高阶导数. 例如, 可以计算 $f = \mathrm{e}^{-|x|}$ 的各阶导数:

$$f' = [f'] = -\mathrm{e}^{-|x|}\mathrm{sgn}\, x,$$
$$f'' = [f''] - 2\delta(x) = \mathrm{e}^{-|x|} - 2\delta(x),$$
$$f''' = [f'''] - 2\delta'(x) = -\mathrm{e}^{-|x|}\mathrm{sgn}\, x - 2\delta'(x),$$
$$\cdots.$$

§23.4 奇异广义函数 δ

广义函数 δ 是最常用的广义函数, 并且常常直接称为 δ 函数, 其定义已由 (23.5) 式给出. 下面列出它的主要性质 (运算法则):

性质 1 按照定义 (23.5), 如果 δ 的本性点 ξ 不包含在检验函数 $\phi(x)$ 的支集内, 则

$$\int_a^b \delta_\xi(x)\phi(x)\mathrm{d}x = 0, \qquad \xi \notin [a,b].$$

换言之, 在任何不包含 ξ 点在内的区间 Ω 上,
$$(\delta_\xi, \phi) = 0, \qquad \xi \notin \Omega, \tag{23.24a}$$
因此, 正是在这个意义上, 我们说,
$$\delta_\xi = 0, \qquad \xi \notin \Omega. \tag{23.24b}$$

性质 2 (δ 函数的平移性质) 根据广义函数的运算法则 (23.8), 有
$$(\delta(x-\xi), \phi(x)) = (\delta(x), \phi(x+\xi)) = \phi(\xi),$$
和 (23.5a) 式相比较, 就有
$$\delta_\xi(x) = \delta(x-\xi). \tag{23.25}$$

性质 3 (δ 函数的奇偶性) 根据广义函数的运算法则 (23.9b), 有
$$(\delta(-x), \phi(x)) = (\delta(x), \phi(-x)) = \phi(0) = (\delta(x), \phi(x)),$$
所以 δ 函数是偶函数, 即
$$\delta(-x) = \delta(x). \tag{23.26}$$

性质 4 (δ 函数与无限可微函数 $a(x)$ 的乘积) 根据广义函数的运算法则 (23.10), 有
$$(a(x)\delta_\xi(x), \phi(x)) = (\delta_\xi(x), a(x)\phi(x)) = a(\xi)\phi(\xi),$$
所以
$$a(x)\delta_\xi(x) = a(x)\delta(x-\xi) = a(\xi)\delta(x-\xi). \tag{23.27a}$$
特别是, $\xi = 0$ 时有
$$a(x)\delta(x) = a(0)\delta(x). \tag{23.27b}$$
例如, $a(x) = x$ 时有
$$(x\delta(x), \phi(x)) = (\delta(x), x\phi(x)) = 0,$$
所以
$$x\delta(x) = 0. \tag{23.27c}$$
这个看似简单却很重要的结论, 值得表述为定理:

定理 23.2 广义函数方程 $xf(x)=0$ 的解是 $f(x)=c\delta(x)$, 其中 c 为任意常数.

性质 5 (δ 函数的导数) 根据广义函数的运算法则 (23.18), 有
$$(\delta'(x-\xi), \phi(x)) = -(\delta(x-\xi), \phi'(x)) = -\phi'(\xi). \tag{23.28}$$
如此继续, 还可得到 δ 函数的 n 阶导数 $\delta^{(n)}$, 其定义为
$$(\delta^{(n)}(x-\xi), \phi(x)) = (-1)^n \phi^{(n)}(\xi). \tag{23.29}$$

例 23.7 考虑 $\mathscr{R}_3$ 内的局部可积函数 $1/|x|$. 在经典意义下, 此函数显然在原点不可导. 现在在广义函数的意义下计算 $\nabla^2(1/|x|)$. 因为 ∇^2 中只含有对自变量的二阶导数, 故根据 (23.20) 式, 有

$$\left(\nabla^2 \frac{1}{|x|}, \phi\right) = \left(\frac{1}{|x|}, \nabla^2 \phi\right) = \int_{\mathscr{R}_3} \frac{\nabla^2 \phi}{|x|} \mathrm{d}x = \lim_{\varepsilon \to 0} \int_{|x|>\varepsilon} \frac{\nabla^2 \phi}{|x|} \mathrm{d}x.$$

上式最后一步是因为 $1/|x|$ 在原点的奇异性比较弱, 右端的积分收敛. 注意在一定有界区域外 $\phi = 0$, 用 Green 公式计算上式右端的积分, 可得到

$$\int_{|x|>\varepsilon} \frac{\nabla^2 \phi}{|x|} \mathrm{d}x = \int_{|x|>\varepsilon} \phi \nabla^2\left(\frac{1}{|x|}\right) \mathrm{d}x + \int_{|x|=\varepsilon} \left[\frac{1}{|x|}\frac{\partial \phi}{\partial \boldsymbol{n}} - \phi \frac{\partial}{\partial \boldsymbol{n}}\left(\frac{1}{|x|}\right)\right] \mathrm{d}S,$$

其中 $\boldsymbol{n}$ 是区域 $|x|>\varepsilon$ 的外法线. 置 $|x|=r$, 注意 $\partial/\partial \boldsymbol{n} = -(\partial/\partial r)$ 及 $\nabla^2(1/r) = 0, r \neq 0$, 所以上式右端第一项为 0, 因此有

$$\int_{|x|>\varepsilon} \frac{\nabla^2 \phi}{|x|} \mathrm{d}x = -\int_{|x|=\varepsilon} \left(\frac{1}{r}\frac{\partial \phi}{\partial r} + \frac{\phi}{r^2}\right) \mathrm{d}S.$$

因为检验函数的导数是有界的, 即 $|\partial \phi/\partial r| < M$, 所以

$$\left|\int_{|x|=\varepsilon} \frac{1}{r}\frac{\partial \phi}{\partial r} \mathrm{d}S\right| \leqslant \frac{M}{\varepsilon}(4\pi\varepsilon^2) = 4\pi\varepsilon M \to 0, \qquad \varepsilon \to 0.$$

同时,

$$\int_{|x|=\varepsilon} \frac{\phi}{r^2} \mathrm{d}S = \int_{|x|=\varepsilon} \frac{\phi(0) + [\phi(x)-\phi(0)]}{r^2} \mathrm{d}S = 4\pi\phi(0) + \int_{|x|=\varepsilon} \frac{\phi(x)-\phi(0)}{r^2} \mathrm{d}S.$$

因为 $\phi(x)$ 在 $x=0$ 连续, 所以上式后一个积分在 $\varepsilon \to 0$ 时趋于 0. 由此就导出

$$\left(\nabla^2 \frac{1}{|x|}, \phi\right) = -4\pi\phi(0),$$

所以, 在广义函数的意义下,

$$\nabla^2 \frac{1}{|x|} = -4\pi\delta(x). \tag{23.30}$$

§23.5 广义函数序列的收敛性

1. 广义函数族

考虑依赖于参数 α 的广义函数族 $\{f_\alpha(x)\}$, 其中 α 属于某个指标集[①]. 对于该指标集内的每个 α, 定义了一个广义函数 f_α.

定义 23.9 令 $\{f_\alpha\}$ 是 n 维广义函数族. 如果

$$\lim_{\alpha \to \alpha_0}(f_\alpha, \phi) = (f, \phi), \qquad \forall \phi \in \mathscr{C}_0^\infty(\mathscr{R}_n), \tag{23.31}$$

[①] 这个指标集常常就是正整数集, 即 α 为正整数 k, 因而就是讨论广义函数序列.

则称 $\alpha \to \alpha_0$ 时 $\{f_\alpha\}$ 在广义函数的意义下收敛到 f, 记为 $f_\alpha \to f$.

通过上述定义, 广义函数的收敛性就转化为数列的收敛性.

定理 23.3 若对于 $\mathscr{C}_0^\infty(\mathscr{R}_n)$ 内的每一个 ϕ, 极限 $\lim\limits_{\alpha \to \alpha_0} (f_\alpha, \phi)$ 存在, 则存在并且只存在一个广义函数 f, 使得 $\alpha \to \alpha_0$ 时 $f_\alpha \to f$, 亦即

$$\lim_{\alpha \to \alpha_0} (f_\alpha, \phi) = (f, \phi), \qquad \forall \phi \in \mathscr{C}_0^\infty(\mathscr{R}_n).$$

作为定理 23.3 的特殊情形, 考虑广义函数序列 $\{f_k\}$. 若对于每个 ϕ, $\lim\limits_{k \to \infty} (f_k, \phi)$ 存在, 由此就可推定存在唯一的一个广义函数 f, 使得 $k \to \infty$ 时, 对于每个 ϕ, $(f_k, \phi) \to (f, \phi)$, 即 $f_k \to f$.

由广义函数序列的收敛性又能导出广义函数级数的收敛定义. 令 $u_1, u_2, \cdots, u_k, \cdots$ 是 n 维广义函数. 当且仅当广义函数序列 $f_k = \sum\limits_{j=1}^{k} u_j$ 收敛, 则有 $\sum\limits_{k=1}^{\infty} u_k = f$.

在处理 $\mathscr{R}_n$ 上的局部可积函数族 $\{f_\alpha\}$ 时, 我们可以探求有关广义函数的收敛性与经典意义下的收敛性之间的关系. 然而广义函数意义下的收敛性毕竟不等同于经典意义下的收敛性, 甚至没有 (经典意义下的) 逐点收敛性也可能有广义函数的收敛性. 例如, 当 $m \to \infty$ 时, $\mathscr{R}_1$ 内的序列 $\{\sin mx\}$ 并不 (逐点) 收敛, 然而用分部积分能够证明, 对于每一个检验函数 ϕ, 有

$$\lim_{m \to \infty} \int_{-\infty}^{\infty} \sin mx\, \phi(x)\, \mathrm{d}x = \lim_{m \to \infty} \frac{1}{m} \int_{-\infty}^{\infty} \cos mx\, \phi'(x)\, \mathrm{d}x = \cdots = 0,$$

所以在广义函数的意义下

$$\sin mx \to 0, \qquad m \to \infty. \tag{23.32a}$$

2. 广义函数族的微商

令 $\{f_\alpha\}$ 是任意广义函数族, 且当 $\alpha \to \alpha_0$ 时在广义函数意义下 $f_\alpha \to f$, 则因为

$$\left(\frac{\partial f_\alpha}{\partial x_i}, \phi\right) = \left(f_\alpha, -\frac{\partial \phi}{\partial x_i}\right) \to \left(f, -\frac{\partial \phi}{\partial x_i}\right) = \left(\frac{\partial f}{\partial x_i}, \phi\right),$$

所以在广义函数的意义下, 有

$$\frac{\partial f_\alpha}{\partial x_i} \to \frac{\partial f}{\partial x_i}, \qquad \alpha \to \alpha_0.$$

由此立即推出, 当 $\alpha \to \alpha_0$ 时, 在广义函数的意义下 $D^k f_\alpha \to D^k f$, 其中 k 为任意的多重指标. 这样, 每一个广义函数序列或广义函数级数都可以逐项微商. 这和经典的函数级数有很大的不同: 在经典意义下, 只在比较严格的限制下才能逐项微商.

作为简单的一维的例子, 我们由 (23.32a) 式就能推出

$$\lim_{m \to \infty} m^p \sin mx = \lim_{m \to \infty} m^p \cos mx = 0, \qquad \forall p \in \mathbb{N}. \tag{23.32b}$$

同样, 若有广义函数序列 $\{f_m, m \in \mathbb{N}\}$, 它收敛到广义函数 f, 则立即可得

$$\left(\frac{\partial f_m}{\partial x_j}, \phi\right) = \left(f_m, -\frac{\partial \phi}{\partial x_j}\right) \to \left(f, -\frac{\partial \phi}{\partial x_j}\right) = \left(\frac{\partial f}{\partial x_j}, \phi\right).$$

所以逐项微商而得到的序列 $\left\{\dfrac{\partial f_m}{\partial x_j},\ m\in\mathbb{N}\right\}$ 一定收敛到 $\dfrac{\partial f}{\partial x_j}$.

类似地, 若广义函数序列 $h_1+h_2+\cdots+h_m+\cdots$ 收敛到广义函数 g, 则可逐项微商, 从而得到
$$h_1'+h_2'+\cdots+h_m'+\cdots=g'.$$

上面的这些结果说明, 在广义函数的意义下, 微商与求极限总可以交换次序. 但在经典的微积分中并没有这样的结论. 可微函数构成的收敛序列, 微商后一般并不收敛. 例如, 序列 $\{f_m=\sin mx/m\}$ 一致收敛到 0, 可是这个序列的导数 $\{f_m'(x)=\cos mx\}$ 在经典意义下并不收敛, 更谈不上收敛到序列极限的导数. 但是在广义函数的意义下, 序列 f_m' 收敛, 而且收敛到 0. 不仅如此, 在广义函数的意义下, 序列
$$f_m''=-m\sin mx,\qquad f_m'''=-m^2\cos mx\qquad(m=1,2,\cdots)$$

及更高阶导数的序列也都收敛到 0.

例 23.8 考虑由
$$\ln(x+\mathrm{i}0)=\begin{cases}\ln x, & x>0,\\ \ln|x|+\mathrm{i}\pi, & x<0\end{cases}$$
定义的泛函. 因为对于固定的 y, 有
$$\ln(x+\mathrm{i}y)=\frac{1}{2}\ln(x^2+y^2)+\mathrm{i}\arctan\frac{y}{x},$$

所以, 当 $y\to 0+$ 时左端趋于 $\ln(x+\mathrm{i}0)$. 而右端
- 第一项收敛 (单调下降) 到 $\ln|x|$;
- 第二项收敛到 $h(x)=\mathrm{i}\pi\eta(-x)=\mathrm{i}\pi[1-\eta(x)]$.

所以在广义函数意义下仍然有
$$\ln(x+\mathrm{i}0)=\lim_{y\to 0+}\ln(x+\mathrm{i}y).$$

注意 $\ln|x|$ 的导数是 $1/x$, $h(x)$ 的导数是 $-\mathrm{i}\pi\delta(x)$, 所以
$$\frac{\mathrm{d}}{\mathrm{d}x}\ln(x+\mathrm{i}0)=\frac{1}{x}-\mathrm{i}\pi\delta(x). \tag{23.33a}$$

另一方面, 因为在广义函数的意义下, 微商与求极限总可以交换次序, 所以
$$\frac{\mathrm{d}}{\mathrm{d}x}\ln(x+\mathrm{i}0)=\lim_{y\to 0+}\left[\frac{\mathrm{d}}{\mathrm{d}x}\ln(x+\mathrm{i}y)\right]=\lim_{y\to 0+}\frac{1}{x+\mathrm{i}y}.$$

这样我们就得到了
$$\lim_{y\to 0+}\frac{1}{x+\mathrm{i}y}=\mathrm{v.p.}\frac{1}{x}-\mathrm{i}\pi\delta(x), \tag{23.33b}$$

其中 v.p. 表示取 Cauchy 主值. 此结果即等价于
$$\lim_{y\to 0+}\int_{-\infty}^{\infty}\frac{\phi(x)}{x+\mathrm{i}y}\mathrm{d}x=\mathrm{v.p.}\int_{-\infty}^{\infty}\frac{\phi(x)}{x}\mathrm{d}x-\mathrm{i}\pi\phi(0). \tag{23.33c}$$

在数学物理中,经常遇到在 $\mathscr{R}_n$ 上不一致收敛的函数序列. 这些函数序列, 可能逐点收敛, 可能不逐点收敛, 甚至完全不收敛. 不论在哪种情形下, 常常可以应用广义函数来理解逐项求导的合法性. 例如, 已知序列 $\{f_k(x)\}$ (为了简单起见, 假设定义在 $\mathscr{R}_1$ 上), 若能找到正整数 m, 使得 $\{f_k(x)\}$ 是序列 $\{g_k(x)\}$ 的 m 阶导数, 且 $g_k(x) \rightrightarrows g(x)$, 则在广义函数的意义下, 也有 $g_k(x) \to g(x)$. 因为在广义函数意义下逐项求导是合法的, 所以 $g_k^{(m)} \to g^{(m)}$, 即 $f_k \to g^{(m)}$, 其中 $g^{(m)}$ 是 g (在广义函数意义下) 的 m 阶导数.

§23.6 奇异广义函数 $1/x$

1. 两个例题

例 23.9 求广义函数 $x^\alpha \eta(x)$ $(-1 < \alpha < 0)$ 的导数.

§23.3 中其实已经讨论过这个问题, 见 (23.17) 式. 按照广义函数的求导法则, 应当有

$$\frac{\mathrm{d}}{\mathrm{d}x}\left[x^\alpha \eta(x)\right] = \alpha x^{\alpha-1} \eta(x), \qquad -1 < \alpha < 0.$$

现在要来进一步探求一下这个求导法则的内涵. 注意, $x^\alpha \eta(x)$ 作为普通函数, 在 $-1 < \alpha < 0$ 的条件下是局部可积的, 但 (在 $x = 0$ 点) 不可导. 而且, 即使先置 $x = 0$ 点而不顾, 这个函数在区间 $0 < x < \infty$ 上的导数 $\alpha x^{\alpha-1}$ 也不局部可积. 因此, 我们必须按照 (23.18) 式来求 $x^\alpha \eta(x)$ 它作为广义函数的导数:

$$([x^\alpha \eta(x)]', \phi) = -(x^\alpha \eta(x), \phi') = \int_0^\infty x^\alpha \phi'(x)\mathrm{d}x.$$

为了计算出此积分, 可以分部积分, 从而得到

$$([x^\alpha \eta(x)]', \phi) = -\lim_{\varepsilon \to 0}\left\{x^\alpha\left[\phi(x) + C\right]\Big|_\varepsilon^\infty - \int_\varepsilon^\infty \alpha x^{\alpha-1}\left[\phi(x) + C\right]\mathrm{d}x\right\}.$$

取 $C = -\phi(0)$, 则有

$$([x^\alpha \eta(x)]', \phi) = \lim_{\varepsilon \to 0}\int_\varepsilon^\infty \alpha x^{\alpha-1}\left[\phi(x) - \phi(0)\right]\mathrm{d}x = \int_0^\infty \alpha x^{\alpha-1}\left[\phi(x) - \phi(0)\right]\mathrm{d}x.$$

这正是广义函数 $[x^\alpha \eta(x)]'$ 的定义, 即 $\left[x^\alpha \eta(x)\right]' = \alpha x^{\alpha-1} \eta(x)$ 的准确含义. 这时得到的导数 $\alpha x^{\alpha-1} \eta(x)$ 是奇异的, 但当 $x \ne 0$ 时, 它和正则广义函数相同. 广义函数 $\alpha x^{\alpha-1} \eta(x)$ 的奇异性, 就表现为它对于检验函数 $\phi(x)$ 的作用是

$$\begin{aligned}(\alpha x^{\alpha-1} \eta(x), \phi) &= \int_{-\infty}^\infty \alpha x^{\alpha-1} \eta(x)\left[\phi(x) - \phi(0)\right]\mathrm{d}x \\ &= \int_0^\infty \alpha x^{\alpha-1}\left[\phi(x) - \phi(0)\right]\mathrm{d}x,\end{aligned} \qquad (23.34)$$

而非

$$\int_{-\infty}^\infty \alpha x^{\alpha-1} \eta(x)\phi(x)\mathrm{d}x = \int_0^\infty \alpha x^{\alpha-1} \phi(x)\mathrm{d}x. \qquad (23.34')$$

等式 (23.34′) 两端的积分显然都是发散的. 但 (23.34) 式中的积分不同: 被积函数中的 $\phi(x)$ 换成了 $\phi(x) - \phi(0)$, 这样既保证了积分在 $x = 0$ 处的收敛性, 也不破坏积分在 ∞ 处的收敛性. 即使在广义函数的意义下, 我们尽管仍然常常习惯性地、纯粹形式地将 $(\alpha x^{\alpha-1}\eta(x), \phi)$ 写成

$$(\alpha x^{\alpha-1}\eta(x), \phi) = \int_{-\infty}^{\infty} \alpha x^{\alpha-1}\eta(x)\phi(x)\mathrm{d}x,$$

只是这时上式右端的表达式不应当看成通常意义下的定积分, 而应当理解为 (23.34) 式. 用广义函数的语言说, 这种做法称为 "发散积分的正则化".

例 23.10 在广义函数意义下计算定积分

$$\int_0^a x^\alpha \phi(x)\mathrm{d}x, \qquad -n-1 < \alpha < -n, \, a > 0,$$

其中 $\phi(x)$ 为检验函数.

为了计算此积分, 需要设法将被积函数化为另一广义函数的导数. 为此, 先将积分改写为

$$\int_0^a x^\alpha \phi(x)\mathrm{d}x = \int_{-\infty}^{\infty} \left[x^\alpha \eta(x) - x^\alpha \eta(x-a) \right] \phi(x)\mathrm{d}x.$$

若 $f(x)$ 是当 $x \geqslant a$ 时可微的普通函数, 则

$$\frac{\mathrm{d}}{\mathrm{d}x}\left[f(x)\eta(x-a)\right] = \frac{\mathrm{d}}{\mathrm{d}x}\left\{\left[f(x) - f(a)\right]\eta(x-a)\right\} + \frac{\mathrm{d}}{\mathrm{d}x}\left[f(a)\eta(x-a)\right]$$
$$= f'(x)\eta(x-a) + f(a)\delta(x-a).$$

将此公式反复应用于 $x^\alpha \eta(x-a)$ 型的函数, 就得到

$$\frac{\mathrm{d}}{\mathrm{d}x}\left[x^{\alpha+1}\eta(x-a)\right] = (\alpha+1)x^\alpha \eta(x-a) + a^{\alpha+1}\delta(x-a),$$
$$\frac{\mathrm{d}^2}{\mathrm{d}x^2}\left[x^{\alpha+2}\eta(x-a)\right] = \frac{\mathrm{d}}{\mathrm{d}x}\left\{(\alpha+2)x^{\alpha+1}\eta(x-a) + a^{\alpha+2}\delta(x-a)\right\}$$
$$= (\alpha+2)(\alpha+1)x^\alpha \eta(x-a) + (\alpha+2)a^{\alpha+1}\delta(x-a) + a^{\alpha+2}\delta'(x-a),$$
$$\cdots .$$

并且结合 (23.17) 式, 有

$$x^\alpha \eta(x) - x^\alpha \eta(x-a) = \frac{\Gamma(\alpha+1)}{\Gamma(\alpha+n+1)} \frac{\mathrm{d}^n}{\mathrm{d}x^n}\left\{ x^{\alpha+n}[\eta(x) - \eta(x-a)] \right\}$$
$$+ \frac{\Gamma(\alpha+1)}{\Gamma(\alpha+2)} a^{\alpha+1}\delta(x-a) + \frac{\Gamma(\alpha+1)}{\Gamma(\alpha+3)} a^{\alpha+2}\delta'(x-a) + \cdots$$
$$+ \frac{\Gamma(\alpha+1)}{\Gamma(\alpha+n+1)} a^{\alpha+n}\delta^{(n-1)}(x-a), \qquad \alpha+n > -1.$$

代入所求积分, 即可求得

$$\int_0^a x^\alpha \phi(x) \mathrm{d}x = (-1)^n \frac{\Gamma(\alpha+1)}{\Gamma(\alpha+n+1)} \int_0^a x^{\alpha+n} \phi^{(n)}(x) \mathrm{d}x$$
$$+ \frac{\Gamma(\alpha+1)}{\Gamma(\alpha+2)} a^{\alpha+1} \phi(a) - \frac{\Gamma(\alpha+1)}{\Gamma(\alpha+3)} a^{\alpha+2} \phi'(a)$$
$$+ \cdots + (-1)^{n-1} \frac{\Gamma(\alpha+1)}{\Gamma(\alpha+n+1)} a^{\alpha+n} \phi^{(n-1)}(a). \qquad (23.35)$$

在标准的数学分析教程中, 左端的积分并不收敛. 但如果在形式上分部积分 n 次, 而且弃去 $x^{\alpha+1}, x^{\alpha+2}, \cdots, x^{\alpha+n}$ 等项在下限 $x=0$ 的值 (应为无穷)①, 则正好就得到 (23.35) 式.

2. 发散积分的正则化, 非局部可积函数的正则化泛函

在 §23.2 中, 已经讨论过如何定义局部可积函数所对应的广义函数. 因此, 广义函数的重要问题之一自然是: 给定一个普通的 (非局部可积的, 或者说, 具有不可积奇点的) 函数 $f(x)$ (例如一元函数 $1/x$), 能否也定义出相应的广义函数? 或者换一个说法, 是否存在一个广义函数 f, 它在 $f(x)$ 局部可积的所有点上都等于 $f(x)$? 而且, 一旦建立了这样的对应关系 $f(x) \mapsto f$, 更进一步的问题就是: 在相应的广义函数加法与 (无限可微) 函数相乘及微分运算中, 这种对应关系是否得以保持? 对这些问题的回答至为重要, 这涉及能否将具有不可积奇点的函数包括进广义函数中来.

不妨先讨论只有一个 (不可积) 奇点的情形. 令 $f(x)$ 是处处局部可积函数, 但 $x = x_0$ 点除外, 在该点函数具有不可积的奇异性. 在这种情况下, 积分

$$\int_{\mathscr{R}_n} f(x) \phi(x) \mathrm{d}x, \qquad \phi(x) \in \mathscr{C}_0^\infty \qquad (23.36)$$

一般是不收敛的. 但是如果 $\phi(x)$ 在 x_0 点的邻域内为 0, 则积分可能收敛. 我们的问题就是, 是否可以利用类似于例 23.9 与例 23.10 的办法, 重新定义泛函, 使得对于 $\mathscr{C}_0^\infty$ 内所有 $\phi(x)$, 泛函值能由某种特定形式的积分给出. 这样的泛函就称为发散积分 (23.36) 的正则化, 或称为 $f(x)$ 的正则化泛函.

函数 $f(x)$ 的正则化泛函是连续线性泛函 f, 它处处等于 $f(x)$, 但 x_0 点除外.

例 23.11 广义函数 $(\ln x)\eta(x)$ 的导数.

当 $x > 0$ 时, 这个广义函数和普通函数 $\ln x$ 相等, 而后者的导数为 $1/x$, 故可以推测, 作为广义函数 $(\ln x)\eta(x)$ 的导数, 可能与泛函 $\int_0^\infty \frac{\phi(x)}{x} \mathrm{d}x$ 有联系. 但这是一个发散积分, 且无法用 $\phi(x) - \phi(0)$ 代替 $\phi(x)$ 的办法使之正则化, 因为这样代换后的积分在 ∞ 仍是发散的.

---

① 这相当于选择特殊的检验函数, 即 $x = 0$ 是 $\phi(x)$ 的 n 阶零点: $\phi(0) = \phi'(0) = \phi''(0) = \cdots = \phi^{(n-1)}(0) = 0$, 而 $\phi^{(n)}(0) \neq 0$.

因此, 我们还需从广义函数导数的定义 (23.18) 出发:

$$([(\ln x)\eta(x)]', \phi) = -((\ln x)\eta(x), \phi') = -\int_0^\infty (\ln x)\phi'(x)\mathrm{d}x$$

$$= -\lim_{\varepsilon \to 0} \int_\varepsilon^\infty (\ln x)\phi'(x)\mathrm{d}x = -\lim_{\varepsilon \to 0}\left\{(\ln x)\phi(x)\Big|_\varepsilon^\infty - \int_\varepsilon^\infty \frac{\phi(x)}{x}\mathrm{d}x\right\}$$

$$= -\lim_{\varepsilon \to 0}\left\{(\ln \varepsilon)\phi(\varepsilon) - \int_\varepsilon^\infty \frac{\phi(x)}{x}\mathrm{d}x\right\}$$

$$= -\lim_{\varepsilon \to 0}\left\{(\ln \varepsilon)\phi(0) + (\ln \varepsilon)[\phi(\varepsilon) - \phi(0)] - \int_\varepsilon^\infty \frac{\phi(x)}{x}\mathrm{d}x\right\}$$

$$= -\lim_{\varepsilon \to 0}\left\{(\ln \varepsilon)\phi(0) - \int_\varepsilon^\infty \frac{\phi(x)}{x}\mathrm{d}x\right\}$$

$$= \int_0^\infty \frac{\phi(x) - \phi(0)\eta(1-x)}{x}\mathrm{d}x.$$

这样得到的正是函数 $\frac{1}{x}\eta(x)$ 的正则化泛函. 上面的最后一步用到了

$$-\ln\varepsilon = \int_\varepsilon^1 \frac{\mathrm{d}x}{x} = \int_\varepsilon^\infty \frac{\eta(1-x)}{x}\mathrm{d}x.$$

下面列出有关正则化泛函存在性的几个结论. 为了简单起见, 取 $x_0 = 0$.

结论 1 若存在整数 $m > 0$, 使得 $f(x) \cdot |x|^m$ 局部可积, 则积分 (23.36) 可以正则化. 在这种情形下, 可以按照下列方程构造正则化泛函 f:

$$(f, \phi) = \int_{\mathscr{R}_n} f(x)\left\{\phi(x) - \left[\phi(0) + \frac{\partial \phi(x)}{\partial x_1}\bigg|_{x=0}x_1 \right.\right.$$

$$\left.\left. + \cdots + \frac{\partial^m \phi(x)}{\partial x_n{}^m}\bigg|_{x=0}\frac{x_n^m}{m!}\right]\eta(1-|x|)\right\}\mathrm{d}x, \quad (23.37)$$

即从 $\phi(x)$ 的 Taylor 展开中减去足够多的项, 使得留下的项具有高于 $|x|^m$ 的幂.

显然, 积分 (23.38) 对 $\mathscr{C}_0^\infty$ 内的所有 $\phi(x)$ 收敛, 而且是连续线性泛函. 如果函数 $\phi(x)$ 直至其 m 阶导数在坐标原点的邻域内均为 0, 则 (23.37) 式变为

$$(f, \phi) = \int_{\mathscr{R}_n} f(x)\phi(x)\mathrm{d}x.$$

所以除坐标原点之外, f 与 $f(x)$ 相等.

结论 2 如果 f_0 是积分 (23.36) 的正则化泛函问题的一个特解, 即 f_0 使积分 (23.36) 正则化, 则 f_0 加上本性点在 $x_0 = 0$ 的任意一个泛函就得到通解 f.

令 f_0 是正则化泛函, g 是以原点为本性点的泛函, 则对于在原点邻域内为 0 的检验函数 $\phi(x)$, 有

$$(f_0 + g, \phi) = (f_0, \phi) + (g, \phi) = (f_0, \phi),$$

所以 $f_0 + g$ 也是正则化泛函. 反之, 如果 $f_0 \neq f_1$ 是积分 (23.36) 的两个正则化泛函, 则对于所有在原点邻域内为 0 的检验函数 $\phi(x)$, 有

$$(f_0 - f_1, \phi) = (f_0, \phi) - (f_1, \phi) = 0.$$

所以 $f_0 - f_1$ 是集中作用在原点 $x_0 = 0$ 的泛函.

结论 3　如果在顶点位于 $x_0 = 0$ 的某个立体角内, $f(x)$ 满足条件
$$f(x) \geqslant F(|x|),$$
当 $r \to 0$ 时 $F(r)$ 比 $1/r$ 的任意次幂都快地单调上升, 则积分 (23.36) 不能正则化.

如果 $f(x)$ 有不止一个奇点, 而是有多个甚至可数的无穷多个孤立奇点, 也可以类似地定义正则化泛函, 只要在任意有界区间中, 奇点的个数是有限的.

3. 广义函数 $1/x$

广义函数 $1/x$ 可定义为广义函数 $\ln|x|$ 的导数.

在 $\mathscr{R}_1$ 内, 局部可积函数 $f(x) = \ln|x|$ 可通过泛函
$$(\ln|x|, \phi) = \int_{-\infty}^{\infty} \ln|x| \phi(x) \mathrm{d}x$$
定义相应的广义函数. 现在求此广义函数的导数, 按照定义 (23.18), 我们有
$$([\ln|x|]', \phi) = -(\ln|x|, \phi') = -\int_{-\infty}^{\infty} \ln|x| \phi'(x) \mathrm{d}x = -\lim_{\varepsilon \to 0} \int_{|x| \geqslant \varepsilon} \ln|x| \phi'(x) \mathrm{d}x$$
$$= \lim_{\varepsilon \to 0} \left\{ \left[-\ln|x| \phi(x) \Big|_{-\infty}^{-\varepsilon} - \ln|x| \phi(x) \Big|_{\varepsilon}^{\infty} \right] + \int_{|x| \geqslant \varepsilon} \frac{1}{x} \phi(x) \mathrm{d}x \right\}$$
$$= \lim_{\varepsilon \to 0} \int_{|x| \geqslant \varepsilon} \frac{1}{x} \phi(x) \mathrm{d}x,$$
即
$$\left(\frac{\mathrm{d}}{\mathrm{d}x} \ln|x|, \phi(x) \right) = \mathrm{v.p.} \int_{-\infty}^{\infty} \frac{1}{x} \phi(x) \mathrm{d}x. \tag{23.38a}$$
因此, 可以定义广义函数 $1/x$ 为
$$\left(\frac{1}{x}, \phi(x) \right) = \mathrm{v.p.} \int_{-\infty}^{\infty} \frac{1}{x} \phi(x) \mathrm{d}x, \tag{23.38b}$$
亦即
$$\frac{\mathrm{d}}{\mathrm{d}x} \ln|x| = \frac{1}{x}. \tag{23.39}$$
作为普通函数, $1/x$ 不是局部可积的, 因而广义函数 $1/x$ 属于奇异型广义函数. 这个广义函数, 在 $-\infty < x < 0$ 或 $0 < x < \infty$ 的区间内与平常的函数 $1/x$ 相等.

如果进一步定义广义函数
$$\ln(x + \mathrm{i}0) = \lim_{y \to 0+} \ln(x + \mathrm{i}y) = \ln|x| + \mathrm{i}\pi \eta(-x),$$
就还能得到
$$\frac{\mathrm{d}}{\mathrm{d}x} \ln(x + \mathrm{i}0) = \frac{\mathrm{d}}{\mathrm{d}x} \ln|x| + \mathrm{i}\pi \frac{\mathrm{d}\eta(-x)}{\mathrm{d}x} = \frac{1}{x} - \mathrm{i}\pi \delta(x). \tag{23.40}$$
广义函数 $1/x$ 是方程 $xf = 1$ 的奇广义函数解.

通过广义函数 $1/x$, 可以进一步定义
$$\frac{1}{x^m} = \frac{(-1)^{m-1}}{(m-1)!} \frac{\mathrm{d}^m}{\mathrm{d}x^{m-1}} \frac{1}{x}. \tag{23.41}$$

§23.7 广义函数中的微分方程

在经典微积分的范畴内, 我们已经熟悉了作为经典函数的常微分方程

$$a_0(x)u^{(n)}(x) + a_1(x)u^{(n-1)}(x) + \cdots + a_n(x)u(x) = b(x) \tag{23.42}$$

的解. 但一旦涉及微分方程的 Green 函数问题, 方程的非齐次项是 δ 函数, 原则上就必然应当在广义函数的层次上加以讨论. 作为广义函数 $u(x)$ 的 n 阶线性常微分方程, (23.42) 式在广义函数下是有意义的. 这里需要假设系数 $a_0(x), a_1(x), \cdots, a_n(x)$ 是无限可微函数. 本节将从广义函数的角度, 建立起微分方程解的概念及其与经典意义下解的异同, 包括概念上的差异和实际解式上的差异.

1. $\mathscr{R}_1$ 内的齐次常微分方程的解

考虑特别简单的微分方程

$$u' = 0. \tag{23.43}$$

我们知道, 作为普通函数的微分方程, 其通解 (经典解) 为常数 $u = c$. 而且, 如果把方程 (23.43) 看成广义函数的微分方程, 则广义函数 c 仍然是它的解. 现在要证明, 作为广义函数的微分方程, 方程 (23.43) 的通解仍然只是常数 $u = c$, 即作为广义函数微分方程 (23.43) 的通解 u, 一定满足 $(u, \phi) = (c, \phi)$.

首先需要了解, 在广义函数的框架内, 所谓方程 (23.43) 的广义函数解 u, 按照广义函数导数的定义, 就应当理解为满足泛函等式

$$(u, \phi') = 0, \qquad \forall \phi(x) \in \mathscr{C}_0^\infty(\mathscr{R}_1). \tag{23.43'}$$

但问题是, 从表达式 (23.43') 看, 如此定义的泛函 u, 它并不是作用在检验函数空间 $\mathscr{C}_0^\infty$ 内的任意函数上, 它只作用于 $\mathscr{C}_0^\infty$ 的子集 (记为 M), 此子集内的函数总是 $\mathscr{C}_0^\infty$ 内另一个函数的导数. 并非每个检验函数都有这样的特性. 例如检验函数 (23.1) 就不是另一个检验函数的导数. 对于检验函数空间 $\mathscr{C}_0^\infty$ 内的子集 M, 一定具有下列性质:

引理 23.1 设 $\psi \in \mathscr{C}_0^\infty(\mathscr{R}_1)$, 则 $\psi \in M$ 的充要条件是

$$\int_{-\infty}^{\infty} \psi \, \mathrm{d}x = 0. \tag{23.44}$$

证 先证必要性. 若 $\psi \in M$, 则 $\psi = \chi'$, 其中 $\chi \in \mathscr{C}_0^\infty(\mathscr{R}_1)$. 由此得出 $\int_{-\infty}^{\infty} \psi \mathrm{d}x = \chi\big|_{-\infty}^{\infty} = 0$, 故 (23.44) 式成立.

再证充分性. 因 $\psi \in \mathscr{C}_0^\infty(\mathscr{R}_1)$, 且 $\int_{-\infty}^{\infty} \psi \, \mathrm{d}x = 0$, 故可定义 $\chi(x) = \int_{-\infty}^{x} \psi \, \mathrm{d}x$. 则 χ 无限可微, 且由于 (23.44) 式, 故 χ 在一定有界区间外为 0. 因此 χ 为检验函数, 且由 $\chi' = \psi$, 可得 $\psi \in M$. □

按照引理 23.1, 我们就可以将整个检验函数空间 $\mathscr{C}_0^\infty$ 划分为两部分, 一部分是子集 M,

其特征是 $\int_{-\infty}^{\infty}\psi\,\mathrm{d}x=0$, 而剩余的部分, 应当有 $\int_{-\infty}^{\infty}\phi\,\mathrm{d}x$ 存在, 然而不为 0. 在这部分中, 我们总可以毫不困难地找到一个检验函数 ϕ_0, 满足 $\int_{-\infty}^{\infty}\phi_0\,\mathrm{d}x=1$ 的要求. 下面的引理表明, 任意一个检验函数 ϕ, 总可以表示为 ϕ_0 与 ψ 这两类检验函数的线性叠加:

引理 23.2 令 $\phi_0(x)$ 是固定 (然而任意) 的检验函数, 使 $\int_{-\infty}^{\infty}\phi_0\,\mathrm{d}x=1$, 则对于任意一个检验函数 $\phi(x)\in\mathscr{C}_0^{\infty}(\mathscr{R}_1)$, 总存在唯一的一个常数 a 和唯一的一个元素 $\psi\in M$, 使得

$$\phi(x)=a\phi_0(x)+\psi(x). \tag{23.45}$$

证 取 $a=(1,\phi)=\int_{-\infty}^{\infty}\phi\,\mathrm{d}x$, 并且定义 $\psi=\phi-a\phi_0$, 由 ψ 的定义能看出它是检验函数, 且 $\int_{-\infty}^{\infty}\psi\,\mathrm{d}x=0$. 因此 $\psi\in M$. 唯一性的证明从略. □

完成了这些准备工作之后, 现在就可以着手讨论方程 (23.43). 因为 u 为广义函数, 由 (23.45) 式, 一定有

$$(u,\phi)=a(u,\phi_0)+(u,\psi),$$

其中 $\psi\in M$. 若 u 是 (23.43) 的解, 则 $(u,\psi)=0$. 所以对于每一个 $\phi\in\mathscr{C}_0^{\infty}(\mathscr{R}_1)$, 都有

$$(u,\phi)=a(u,\phi_0)=(u,\phi_0)\int_{-\infty}^{\infty}\phi\,\mathrm{d}x=(c,\phi),$$

其中 c 是常数 (u,ϕ_0). 这样我们就证明了只有广义函数为常数才能是方程 (23.43) 的解, 容易验证常数广义函数的确满足微分方程 (23.43).

同样可以证明, 若 $a_1(x),a_2(x),\cdots,a_n(x)$ 均为无限可微函数, 则对于高阶齐次微分方程

$$u^{(n)}+a_1(x)u^{(n-1)}+a_2(x)u^{(n-2)}+\cdots+a_{n-1}(x)u'+a_n(x)u=0,$$

在广义函数的意义下, 除了经典解之外, 也别无它解.

但如果方程的系数有奇点时, 情况便会不同: 在广义函数中可以出现 (经典解中所没有的) 新的解.

例 23.12 考虑一阶微分方程 $x\dfrac{\mathrm{d}y}{\mathrm{d}x}=0$.

当 $x\ne 0$ 时, 其解一定为常数. 因此, 在广义函数下, 就有两个线性无关解 $y_1(x)=1$ 和 $y_2(x)=\eta(x)$, 因而通解为

$$y=C_1+C_2\eta(x).$$

例 23.13 在广义函数中, 方程 $-2x^3y'=y$ 只有单独一个解 $y=0$, 这是因为当 $x\ne 0$ 时广义函数解一定与经典解 $y=C\exp\{x^{-2}\}$ 重合, 其中 $C\ne 0$ 或 $C=0$ 均可. 然而按照 §25.5 的结论 3 所述, 积分 $\int\exp\{x^{-2}\}\phi(x)\,\mathrm{d}x$ 无法正则化, 故只有唯一选择 $C=0$.

2. $\mathscr{R}_1$ 内的非齐次常微分方程的解

再转到非齐次方程

$$u'=f, \tag{23.46}$$

其中 f 是任意给定的广义函数. 按照定义, 当且仅当

$$(u, \phi') = -(f, \phi), \qquad \forall \phi \in \mathscr{C}_0^\infty(\mathscr{R}_1)$$

时, f 满足方程 (23.46). 为了求出 (23.46) 的通解, 我们利用 (23.46) 式作分解而写为

$$(u, \phi) = a(u, \phi_0) + (u, \psi),$$

其中 $\psi \in M$, 比如说 $\psi = \chi'$, $\chi \in \mathscr{C}_0^\infty(\mathscr{R}_1)$. χ 可以用 ϕ 表示出来:

$$\chi = \int_{-\infty}^x \psi(s)\,\mathrm{d}s = \int_{-\infty}^x \phi(s)\,\mathrm{d}s - (1, \phi)\int_{-\infty}^x \phi_0(s)\,\mathrm{d}s.$$

因为 u 是方程 (23.46) 的解,

$$(u, \psi) = (u, \chi') = -(f, \chi),$$

所以

$$(u, \phi) = (u, \phi_0)(1, \phi) - (f, \chi).$$

我们能够合理地定义广义函数 u_p[①], 作为方程 (23.46) 的特解:

$$(u_p, \phi) = -(f, \chi). \tag{23.47}$$

因此, 方程 (23.46) 的每一个解都一定是

$$(u, \phi) = C(1, \phi) + (u_p, \phi)$$

的形式. 反之, 也容易验证, 每一个这种形式的广义函数的确都是解. 这和我们在数学分析中得到的结论一致: 非齐次常微分方程的通解等于该方程的一个特解加上相应齐次方程的通解.

3. 经典解、弱解和广义函数解

现在看常微分方程

$$\frac{\mathrm{d}u}{\mathrm{d}x} = f(x), \qquad \Omega: a < x < b, \tag{23.48}$$

即

$$\left(\frac{\mathrm{d}u}{\mathrm{d}x}, \phi\right) = (f, \phi), \qquad \forall \phi \in \mathscr{K}_0^\infty(\Omega), \tag{23.48'}$$

其中 $\mathscr{C}_0^\infty(\Omega)$ 表示支集在 Ω 内的检验函数类. 如果 $f(x)$ 是连续函数, 我们能在经典意义下定义解的概念: 若 $u(x)$ 具有连续导数, 在 Ω 上逐点满足 (23.48) 式, 则称它是**经典解** (或**严格解**). 将 (23.48') 式的左端分部积分, 并利用在边界的邻域内 $\phi \equiv 0$ 这一事实, 就能得到, 对于 (23.48) 式的任意一个经典解, 有

$$\int_\Omega f\phi\,\mathrm{d}x = -\int_\Omega u\,\frac{\mathrm{d}\phi}{\mathrm{d}x}\,\mathrm{d}x, \qquad \forall \phi \in \mathscr{C}_0^\infty(\Omega). \tag{23.49}$$

[①] χ 的确是检验函数, 线性地依赖于 ϕ, 所以 (23.47) 式就在检验函数 ϕ 的空间内定义了一个线性泛函. 而且如果 $\{\phi_m\}$ 是 $\mathscr{C}_0^\infty(\mathscr{R}_1)$ 内的零序列, 则 $\{\psi_m\}$ 及 $\{\chi_m\}$ 亦然. 因此由 (23.47) 式定义的泛函连续, 即广义函数.

(23.49) 式的两端在 f 及 u 均局部可积时也有意义, 它给出方程 (23.48) 的弱解: 若 f 局部可积, 则当且仅当对于 $\mathscr{C}_0^\infty(\mathscr{R}_1)$ 内的每一个 ϕ, u 都满足 (23.49) 式时, u 称为方程 (23.48) 的**弱解**. 这时我们也说 $\mathrm{d}u/\mathrm{d}x = f$ 在减弱的意义下成立.

更进一步, 如果 f 也是广义函数, 则当且仅当广义函数 u 满足

$$-\left(u, \frac{\mathrm{d}\phi}{\mathrm{d}x}\right) = (f, \phi), \qquad \forall \phi \in \mathscr{C}_0^\infty(\mathscr{R}_1) \tag{23.50}$$

时, u 称为 (23.48) 的**广义函数解**. 注意 (23.50) 式左端是广义函数 u' 的定义. 如果广义函数 f 是由局部可积函数生成的, 并且我们寻找的解 u 也是局部可积函数, 则 (23.50) 式退化为 (23.49) 式, 即退化为弱解.

可以把这些思想推广到更一般的算符. 令 $\widehat{L}$ 是 n 个自变量 $x_1, x_2, \cdots, x_n$ 的任意 p 阶线性微分算符:

$$\widehat{L} = \sum_{|k| \leqslant p} a_k(x) \widehat{D}^k, \qquad \begin{cases} k = (k_1, k_2, \cdots, k_n), \\ |k| = k_1 + k_2 + \cdots + k_n. \end{cases}$$

假定 $a_k(x)$ 无限可微, 则对于任意广义函数 u, 广义函数 $\widehat{L}u$ 总存在, 仿照 §27.3 中定义广义函数运算法则的做法, 总可以将对 u 实施的微分运算 $\widehat{L}$ 转移到检验函数 ϕ 上:

$$(\widehat{L}u, \phi) = (u, \widehat{L^\dagger}\phi),$$

其中 $\widehat{L^\dagger}$ 就是 $\widehat{L}$ 的伴算符,

$$\widehat{L^\dagger}\phi = \sum_{|k| \leqslant p} (-1)^{|k|} \widehat{D}^k(a_k \phi). \tag{23.51}$$

因此我们也就对方程

$$\widehat{L}u = f, \qquad x \in \Omega \tag{23.52}$$

赋予了广义函数的意义, 其中 f 是已知的广义函数.

定义 23.10 如果

$$(u, \widehat{L^\dagger}\phi) = (f, \phi), \qquad \forall \phi \in \mathscr{C}_0^\infty(\mathscr{R}_1), \tag{23.53}$$

则称广义函数 u 是方程 (23.52) 的解.

定义 23.11 若 f 局部可积, 则称满足 (23.53) 式的局部可积函数 u 为方程 (23.52) 在 Ω 上的弱解.

定理 23.4 令 $f(x)$ 在 Ω 上连续, 则
(1) 方程 (23.52) 的经典解也是弱解;
(2) Ω 上有 p 阶连续导数的任意弱解是经典解.

这自然就产生一个问题, 方程 (23.52) 是否能有弱解而非经典解. 定理 23.4 之 (2) 告诉我们, 任何一个这样的弱解不能属于 $\mathscr{C}^p(\Omega)$. $\Omega = \mathscr{R}_1$ 中的一个简单例子是一阶微分方程 $xu' = 0$, 它有弱解 $u(x) = \eta(x)$, $(x\eta', \phi) = (\eta', x\phi) = (\delta, x\phi) = 0$, 但显然不是经典解. 在 $\mathscr{R}_1$ 中, 弱解与微分方程具有奇点 (在本例中是 $x = 0$) 有关, 在该点, 方程的最高阶导数 $D^p u$ 的

系数为 0. 偏微分方程的情形要更复杂. 这时需要考察最高阶导数的有关各项的系数, 见下面的例子.

例 23.14 在 $\mathscr{R}_2$ 中, $x = (x_1, x_2)$. 考虑方程
$$\frac{\partial u}{\partial x_1} = 0, \tag{23.54}$$
它的经典解是 $u = f(x_2)$, 其中 f 可微. 因为在方程中没有涉及对 x_2 求微商, 故 $f(x_2)$ 可微的要求可以减弱而仍然满足方程. 例如, $u = \eta(x_2)$ 就是方程 (23.54) 的弱解, 因为容易验证
$$\left(\frac{\partial \eta(x_2)}{\partial x_1}, \phi(x_1, x_2)\right) = \left(\eta(x_2), -\frac{\partial \phi}{\partial x_1}\right) = -\int_0^\infty dx_2 \int_{-\infty}^\infty \frac{\partial \phi}{\partial x_1} dx_1$$
$$= -\int_0^\infty \phi(x_1, x_2)\Big|_{x_1=-\infty}^{x_1=\infty} dx_2 = 0.$$

例 23.15 在 $\mathscr{R}_2$ 中, $x = (x_1, x_2)$. 方程
$$\frac{\partial^2 u}{\partial x_1 \partial x_2} = 0 \tag{23.55}$$
有经典解 $u = f(x_1) + g(x_2)$, 其中 f 和 g 二次可微. 但即使 f 和 g 不可微, 这种类型的 u 仍旧是解. 的确, $u = \eta(x_1) + \eta(x_2)$ 就是方程 (23.55) 的弱解, 因为
$$\left(\frac{\partial^2(\eta(x_1) + \eta(x_2))}{\partial x_1 \partial x_2}, \phi(x_1, x_2)\right) = \left(\eta(x_1) + \eta(x_2), \frac{\partial^2 \phi}{\partial x_1 \partial x_2}\right)$$
$$= \int_0^\infty dx_1 \int_{-\infty}^\infty \frac{\partial^2 \phi}{\partial x_1 \partial x_2} dx_2 + \int_0^\infty dx_2 \int_{-\infty}^\infty \frac{\partial^2 \phi}{\partial x_1 \partial x_2} dx_1 = 0.$$

例 23.16 考虑一维空间的齐次波动方程
$$\Box^2 u \equiv \frac{\partial^2 u}{\partial t^2} - \frac{\partial^2 u}{\partial x^2} = 0. \tag{23.56}$$
如果 f 是实变量的任意函数, 具有连续二阶导数, 则容易看出 $u = f(x-t)$ 是方程 (23.56) 的解. 这个解是以速率 1 向右运动的波. 在物理上似乎没有任何理由限制波形必须二次可微. 下面证明 $u = \eta(x-t)$ 就是 方程 (23.56) 的弱解. 因为 $\Box^2$ 是自伴的, 按照 (23.53) 式, 我们就只需证明
$$(\eta(x-t), \Box^2\phi(x,t)) = 0, \quad \forall \text{检验函数 } \phi(x,t),$$
或者等价地,
$$\iint_{x>t} \left(\frac{\partial^2 \phi}{\partial t^2} - \frac{\partial^2 \phi}{\partial x^2}\right) dx\, dt = 0, \quad \forall \phi \in \mathscr{C}_0^\infty(\mathscr{R}_2). \tag{23.57}$$
做变量变换 $x_1 = x - t$, $x_2 = x + t$, 我们发现, 上面的积分就简化为
$$\int_0^\infty dx_1 \int_{-\infty}^\infty \frac{\partial^2 \phi}{\partial x_1 \partial x_2} dx_2.$$
因为 $\partial \phi/\partial x_1$ 仍为检验函数, 故
$$\int_{-\infty}^\infty \frac{\partial^2 \phi}{\partial x_1 \partial x_2} dx_2 = 0.$$
因此 (23.57) 式得证. 同样的办法可以证明 $u = \eta(x+t)$ 也是方程 (23.56) 的弱解. 我们看到, 方程 (23.56) 的弱解在特征线 $x = t$ 和 $x = -t$ (即 $x_1 = 0$ 和 $x_2 = 0$) 上可以有跃变.

§23.8 常微分方程初值问题的 Green 函数

设有 Sturm-Liouville 型 (非齐次) 常微分方程的初值问题

$$\frac{\mathrm{d}}{\mathrm{d}t}\left[p(t)\frac{\mathrm{d}y}{\mathrm{d}t}\right] + q(t)y(t) = f(t), \tag{23.58a}$$

$$y(0) = A, \qquad y'(0) = B, \tag{23.58b}$$

这里不要求系数 $p(t)$ 与 $q(t)$ 是偶函数, 同时约定 $y(t<0)=0$. 现在的问题是: 如何定义相应的 Green 函数, 使之能用于求解上述常微分方程初值问题.

1. Green 函数解法: 冲量定理

我们可以定义上述常微分方程初值问题的 Green 函数 $g(t;\tau)$, 它是常微分方程初值问题

$$\frac{\mathrm{d}}{\mathrm{d}t}\left[p(t)\frac{\mathrm{d}g(t;\tau)}{\mathrm{d}t}\right] + q(t)g(t;\tau) = \delta(t-\tau), \tag{23.59a}$$

$$g(t;\tau)\big|_{t<\tau} = 0, \qquad \frac{\mathrm{d}g(t;\tau)}{\mathrm{d}t}\bigg|_{t<\tau} = 0 \tag{23.59b}$$

的解. 在初值问题 (23.58) 中的 A, B 均为 0 的条件下, 可以由 $g(t;\tau)$ 直接叠加出 $y(t)$. 其基本思路是, 将方程 (23.58a) 的非齐次项分解为无穷多个脉冲:

$$f(t) = \int_0^\infty f(\tau)\delta(t-\tau)\mathrm{d}\tau,$$

利用方程 (23.59a) 置换上式中的 $\delta(t-\tau)$, 即

$$\begin{aligned}f(t) &= \int_0^\infty f(\tau)\left\{\frac{\mathrm{d}}{\mathrm{d}t}\left[p(t)\frac{\mathrm{d}g(t;\tau)}{\mathrm{d}t}\right] + q(t)g(t;\tau)\right\}\mathrm{d}\tau \\ &= \left\{\frac{\mathrm{d}}{\mathrm{d}t}\left[p(t)\frac{\mathrm{d}}{\mathrm{d}t}\right] + q(t)\right\}\int_0^\infty f(\tau)g(t;\tau)\mathrm{d}\tau,\end{aligned}$$

再与 (23.58a) 式比较, 就能推断出

$$y(t) = \int_0^\infty f(\tau)g(t;\tau)\mathrm{d}\tau = \int_0^t f(\tau)g(t;\tau)\mathrm{d}\tau. \tag{23.60}$$

如果 A, B 不为 0, 我们可以 (根据冲量定理) 将初值问题 (23.58) 改写成

$$\frac{\mathrm{d}}{\mathrm{d}t}\left[p(t)\frac{\mathrm{d}y}{\mathrm{d}t}\right] + q(t)y(t) = f(t) + p(0)\big[B\delta(t-0) + A\delta'(t-0)\big], \tag{23.61a}$$

$$y(0) = 0, \qquad y'(0) = 0, \tag{23.61b}$$

从而得到

$$\begin{aligned}y(t) &= \int_0^\infty \left\{f(\tau) + p(0)\big[B\delta(\tau-0) + A\delta'(\tau-0)\big]\right\}g(t;\tau)\mathrm{d}\tau \\ &= \int_0^t f(\tau)g(t;\tau)\mathrm{d}\tau + p(0)\left[Bg(t;0) - A\frac{\mathrm{d}g(t;\tau)}{\mathrm{d}\tau}\bigg|_{\tau=0}\right].\end{aligned} \tag{23.62}$$

在上面的推导过程中, 需要将初始条件 (23.61b) 中的 $y(0)$ 与 $y'(0)$ 理解为 $y(0-)$ 与 $y'(0-)$, 或者将方程 (23.61a) 中 $\delta(t-0)$ 与 $\delta'(t-0)$ 的本性点理解为 $0+$.

2. 另一种 Green 函数解法

我们还可以引进初值问题 (23.58) 所对应的伴随 Green 函数 $g^\dagger(-\tau;-t)$, 它满足微分方程初值问题

$$\frac{\mathrm{d}}{\mathrm{d}\tau}\left[p(\tau)\frac{\mathrm{d}g^\dagger(-\tau;-t)}{\mathrm{d}\tau}\right]+q(\tau)g^\dagger(-\tau;-t)=\delta(t-\tau), \tag{23.63a}$$

$$g^\dagger(-\tau;-t)\big|_{-\tau<-t}=0,\qquad \frac{\mathrm{d}g^\dagger(-\tau;-t)}{\mathrm{d}\tau}\bigg|_{-\tau<-t}=0, \tag{23.63b}$$

亦即

$$g^\dagger(-\tau;-t)\big|_{\tau>t}=0,\qquad \frac{\mathrm{d}g^\dagger(-\tau;-t)}{\mathrm{d}\tau}\bigg|_{\tau>t}=0. \tag{23.63c}$$

我们可以把 $g^\dagger(-\tau;-t)$ 理解为体系在 $-t$ 时刻受到一个单位强度的扰动后而在 $-\tau$ 时刻的响应; 初始条件 (23.63b) 表明体系在受到扰动之前完全处于静止状态.

Green 函数 $g^\dagger$ 与 g 并不相等, 因为它们是不同方程的解. 事实上, 方程 (23.63a) 等价于 (这只是将 t 与 τ 互易而后将 $-t$ 与 $-\tau$ 改写为 t 与 τ)

$$\frac{\mathrm{d}}{\mathrm{d}t}\left[p(-t)\frac{\mathrm{d}g^\dagger(t;\tau)}{\mathrm{d}t}\right]+q(-t)g^\dagger(t;\tau)=\delta(t-\tau). \tag{23.63a'}$$

可以看出, 除非 $p(-t)=p(t)$, $q(-t)=q(t)$①, 否则方程 (23.63a') 左端的算符

$$\frac{\mathrm{d}}{\mathrm{d}t}\left[p(-t)\frac{\mathrm{d}}{\mathrm{d}t}\right]+q(-t)$$

不同于出现在方程 (23.58a) 左端的算符.

为了用 Green 函数 $g^\dagger(-\tau;-t)$ 叠加出定解问题 (23.58) 的解, 需要先将该定解问题改写为

$$\frac{\mathrm{d}}{\mathrm{d}\tau}\left[p(\tau)\frac{\mathrm{d}y}{\mathrm{d}\tau}\right]+q(\tau)y(\tau)=f(\tau), \tag{23.58a'}$$

$$y(0)=A,\qquad y'(0)=B. \tag{23.58b'}$$

而后将方程 (23.58a') 与 (23.63a) 分别乘以 $g^\dagger(-\tau;-t)$ 与 $y(\tau)$, 相减, 再在区间 $(-\infty,\infty)$ 上积分, 即得

$$\int_{-\infty}^{\infty}\left\{g^\dagger(-\tau;-t)\frac{\mathrm{d}}{\mathrm{d}\tau}\left[p(\tau)\frac{\mathrm{d}y(\tau)}{\mathrm{d}\tau}\right]-y(\tau)\frac{\mathrm{d}}{\mathrm{d}\tau}\left[p(\tau)\frac{\mathrm{d}g^\dagger(-\tau;-t)}{\mathrm{d}\tau}\right]\right\}\mathrm{d}\tau$$
$$=\int_{-\infty}^{\infty}\left[f(\tau)g^\dagger(-\tau;-t)-y(\tau)\delta(t-\tau)\right]\mathrm{d}\tau.$$

---

① 显然, 当 $p(-t)=p(t)$, $q(-t)=q(t)$ 时, 就有 $g^\dagger(-\tau;-t)=g(-\tau;-t)$, 即 $g^\dagger(t;\tau)=g(t;\tau)$.

因此, 定解问题 (23.58) 的解为

$$y(t) = \int_{-\infty}^{\infty} f(\tau)g^\dagger(-\tau;-t)\mathrm{d}\tau - \left\{p(\tau)\left[g^\dagger(-\tau;-t)\frac{\mathrm{d}y(\tau)}{\mathrm{d}\tau} - y(\tau)\frac{\mathrm{d}g^\dagger(-\tau;-t)}{\mathrm{d}\tau}\right]\right\}_{-\infty}^{\infty}$$

$$= \int_0^t f(\tau)g^\dagger(-\tau;-t)\mathrm{d}\tau + p(0)\left[g^\dagger(-\tau;-t)\frac{\mathrm{d}y(\tau)}{\mathrm{d}\tau} - y(\tau)\frac{\mathrm{d}g^\dagger(-\tau;-t)}{\mathrm{d}\tau}\right]_{\tau=0}$$

$$= \int_0^t f(\tau)g^\dagger(-\tau;-t)\mathrm{d}\tau + p(0)\left[Bg^\dagger(0;-t) - A\frac{\mathrm{d}g^\dagger(-\tau;-t)}{\mathrm{d}\tau}\bigg|_{\tau=0}\right]. \tag{23.64}$$

3. Green 函数的对称性

当方程 (23.58a) 具有时间反演不变性, 即 $p(-t) = p(t)$, $q(-t) = q(t)$ 时, 可以证明 Green 函数具有对称性 (或称倒易性)

$$g(t;\tau) = g(-\tau;-t). \tag{23.65}$$

如果 $p(-t) \neq p(t)$, $q(-t) \neq q(t)$, 此式当然不再成立. 然而比较 (23.62) 与 (23.64) 两式, 就会发现, 我们应当有

$$g(t;\tau) = g^\dagger(-\tau;-t). \tag{23.66}$$

这个结果原则上可以根据 $g(t;\tau)$ 与 $g^\dagger(-\tau;-t)$ 满足的初值问题 (23.59) 与 (23.63) 而导出. 请读者补足证明.

4. 一般的常微分方程初值问题

对于一般的常微分方程初值问题

$$\alpha(t)\frac{\mathrm{d}^2 y}{\mathrm{d}t^2} + \beta(t)\frac{\mathrm{d}y}{\mathrm{d}t} + \gamma(t)y(t) = f(t), \tag{23.67a}$$

$$y(0) = A, \qquad y'(0) = B, \tag{23.67b}$$

我们固然可以将方程 (23.67a) 变为 Sturm-Liouville 型的 (非齐次) 方程, 但是也可以直接由此初值问题定义相关的 Green 函数, 并进而求出初值问题的解 $y(t)$. 这时采用微分算符及其伴算符的记号, 会显得更加简捷. 为此令

$$\widehat{L}_t = \alpha(t)\frac{\mathrm{d}^2}{\mathrm{d}t^2} + \beta(t)\frac{\mathrm{d}}{\mathrm{d}t} + \gamma(t), \tag{23.68a}$$

则方程 (23.67a) 即可改写为 $\widehat{L}_t y = f(t)$. 定义 Green 函数 $g^\dagger(-\tau;-t)$ 为下列常微分方程初值问题的解:

$$\widehat{M}_\tau g^\dagger(-\tau;-t) = \delta(t-\tau), \qquad 0 < t, \tau < \infty, \tag{23.69a}$$

$$g^\dagger(-\tau;-t)\big|_{\tau>t} = 0, \qquad \frac{\mathrm{d}g^\dagger(-\tau;-t)}{\mathrm{d}\tau}\bigg|_{\tau>t} = 0, \tag{23.69b}$$

其中 $\widehat{M}_\tau$ 是 $\widehat{L}_\tau$ 的伴算符:

$$\widehat{M}_\tau = \frac{\mathrm{d}^2}{\mathrm{d}\tau^2}[\alpha(\tau)] - \frac{\mathrm{d}}{\mathrm{d}\tau}[\beta(\tau)] + \gamma(\tau). \tag{23.68b}$$

同时将初值问题 (23.67) 中的自变量改写为 τ, 即
$$\widehat{L}_\tau y(\tau) = f(\tau), \tag{23.70a}$$
$$y(0) = A, \qquad y'(0) = B, \tag{23.70b}$$

再将方程 (23.70a) 乘以 $g^\dagger(-\tau;-t)$, 方程 (23.69a) 乘以 $y(\tau)$, 相减而后积分, 于是有
$$\int_0^\infty \left[g^\dagger(-\tau;-t) \widehat{L}_\tau y(\tau) - y(\tau) \widehat{M}_\tau g^\dagger(-\tau;-t) \right] d\tau$$
$$= \int_0^\infty \left[f(\tau) g^\dagger(-\tau;-t) - y(\tau) \delta(t-\tau) \right] d\tau$$
$$= \int_0^\infty f(\tau) g^\dagger(-\tau;-t) d\tau - y(t).$$

由此即得
$$y(t) = \int_0^\infty f(\tau) g^\dagger(-\tau;-t) d\tau - \int_0^\infty \left[g^\dagger(-\tau;-t) \widehat{L}_\tau y(\tau) - y(\tau) \widehat{M}_\tau g^\dagger(-\tau;-t) \right] d\tau$$
$$= \int_0^t f(\tau) g^\dagger(-\tau;-t) d\tau - \int_0^\infty \left[g^\dagger(-\tau;-t) \widehat{L}_\tau y(\tau) - y(\tau) \widehat{M}_\tau g^\dagger(-\tau;-t) \right] d\tau.$$

注意
$$\int_0^\infty \left[g^\dagger(-\tau;-t) \widehat{L}_\tau y(\tau) - y(\tau) \widehat{M}_\tau g^\dagger(-\tau;-t) \right] d\tau$$
$$= \int_0^\infty \left\{ g^\dagger(-\tau;-t) \alpha(\tau) \frac{d^2 y(\tau)}{d\tau^2} - y(\tau) \frac{d^2}{d\tau^2} \left[\alpha(\tau) g^\dagger(-\tau;-t) \right] \right\} d\tau$$
$$+ \int_0^\infty \left\{ g^\dagger(-\tau;-t) \beta(\tau) \frac{dy(\tau)}{d\tau} + y(\tau) \frac{d}{d\tau} \left[\beta(\tau) g^\dagger(-\tau;-t) \right] \right\} d\tau$$
$$= \left\{ \alpha(\tau) \left[g^\dagger(-\tau;-t) \frac{dy(\tau)}{d\tau} - y(\tau) \frac{dg^\dagger(-\tau;-t)}{d\tau} \right] \right\}_0^\infty$$
$$+ \left[\beta(\tau) - \alpha'(\tau) \right] y(\tau) g^\dagger(-\tau;-t) \Big|_0^\infty$$
$$= -\alpha(0) \left[B g^\dagger(0;-t) - A \frac{dg^\dagger(-\tau;-t)}{d\tau} \Big|_{\tau=0} \right] - \left[\beta(0) - \alpha'(0) \right] A g^\dagger(0;-t),$$

因此最后就得到
$$y(t) = \int_0^t f(\tau) g^\dagger(-\tau;-t) d\tau + \left[\beta(0) - \alpha'(0) \right] A g^\dagger(0;-t)$$
$$+ \alpha(0) \left[B g^\dagger(0;-t) - A \frac{dg^\dagger(-\tau;-t)}{d\tau} \Big|_{\tau=0} \right]. \tag{23.71}$$

显然, 当 $\alpha'(t) = \beta(t)$ 时, 此结果即与 (23.64) 式一致.

另外, 也可以想到, 如果要定义 Green 函数 $g(t;\tau)$, 则按照 (23.66) 式的要求, 它应当是
$$\widehat{M}_t g(t;\tau) = \delta(t-\tau), \qquad 0 < t, \tau < \infty, \tag{23.72a}$$
$$g(t;\tau)\big|_{t<\tau} = 0, \qquad \frac{dg(t;\tau)}{dt}\bigg|_{t<\tau} = 0 \tag{23.72b}$$

的解.

§23.9 常微分方程边值问题的 Green 函数

对于 Sturm-Liouville 型非齐次常微分方程的边值问题

$$\frac{\mathrm{d}}{\mathrm{d}x}\left[p(x)\frac{\mathrm{d}y}{\mathrm{d}x}\right] + q(x)y(x) = f(x), \tag{23.73a}$$

$$y(a) = A, \qquad y(b) = B, \tag{23.73b}$$

我们可以定义 Green 函数 $g(x;\xi)$ 为定解问题

$$\frac{\mathrm{d}}{\mathrm{d}x}\left[p(x)\frac{\mathrm{d}g(x;\xi)}{\mathrm{d}x}\right] + q(x)g(x;\xi) = \delta(x-\xi), \qquad a < x,\ \xi < b, \tag{23.74a}$$

$$g(a;\xi) = 0, \qquad g(b;\xi) = 0 \tag{23.74b}$$

的解. 在一般的数学物理方法教材中都会证明此 Green 函数具有对称性:

$$g(x;\xi) = g(\xi;x). \tag{23.75}$$

边值问题 (23.73) 的解 $y(x)$ 可由 $g(x;\xi)$ 叠加而得, 即

$$y(x) = \int_a^b g(x;\xi)f(\xi)\mathrm{d}\xi + \left[Bp(b)\frac{\mathrm{d}g(x;\xi)}{\mathrm{d}\xi}\bigg|_{\xi=b} - Ap(a)\frac{\mathrm{d}g(x;\xi)}{\mathrm{d}\xi}\bigg|_{\xi=a}\right]. \tag{23.76}$$

有关证明与推导, 此处不再重复.

第三类边界条件的情形可以类似地讨论.

如果我们面临的是非 Sturm-Liouville 型常微分方程的边值问题

$$\alpha(x)\frac{\mathrm{d}^2y}{\mathrm{d}x^2} + \beta(x)\frac{\mathrm{d}y}{\mathrm{d}x} + \gamma(x)y(x) = f(x), \tag{23.77a}$$

$$y(a) = A, \qquad y(b) = B, \tag{23.77b}$$

则有两种方法可供选择: 第一种方法是将它转化为 Sturm-Liouville 型非齐次常微分方程的边值问题. 为此将方程 (23.77a) 的两端同乘以 $\rho(x)$:

$$\alpha(x)\rho(x)\frac{\mathrm{d}^2y}{\mathrm{d}x^2} + \beta(x)\rho(x)\frac{\mathrm{d}y}{\mathrm{d}x} + \gamma(x)\rho(x)y = f(x)\rho(x),$$

选择 $\rho(x)$, 使得 $\alpha(x)\rho(x) = p(x)$, $\beta(x)\rho(x) = p'(x)$, 即

$$\rho(x) = \frac{1}{\alpha(x)}\exp\left\{\int^x \frac{\beta(\xi)}{\alpha(\xi)}\mathrm{d}\xi\right\},$$

而后就可以直接引用 (23.73)~(23.76) 式的结果, 只是要将 (23.73a) 及 (23.76) 式中的 $f(x)$ 换成 $f(x)\rho(x)$.

第二种方法是直接根据定解问题 (23.77) 定义相应的 Green 函数 $\mathscr{G}(x;\xi)$ 或 $\mathscr{G}^\dagger(x;\xi)$. 采用上一节中的记号

$$\widehat{L}_x = \alpha(x)\frac{\mathrm{d}^2}{\mathrm{d}x^2} + \beta(x)\frac{\mathrm{d}}{\mathrm{d}x} + \gamma(x), \tag{23.78a}$$

$$\widehat{M}_x = \frac{\mathrm{d}^2}{\mathrm{d}x^2}[\alpha(x)] - \frac{\mathrm{d}}{\mathrm{d}x}[\beta(x)] + \gamma(x), \tag{23.78b}$$

$\mathscr{G}(x;\xi)$ 和 $\mathscr{G}^\dagger(\xi;x)$ 分别是边值问题

$$\widehat{L}_x \mathscr{G}(x;\xi) = \delta(x-\xi), \tag{23.79a}$$

$$\mathscr{G}(a;\xi) = 0, \qquad \mathscr{G}(b;\xi) = 0 \tag{23.79b}$$

与

$$\widehat{M}_x \mathscr{G}^\dagger(x;\xi) = \delta(x-\xi), \tag{23.80a}$$

$$\mathscr{G}^\dagger(a;\xi) = 0, \qquad \mathscr{G}^\dagger(b;\xi) = 0 \tag{23.80b}$$

的解. 将边值问题 (23.80) 中的 ξ 改写为 ξ', 而后将方程 (23.79a) 与 (23.80a) 分别乘以 $\mathscr{G}^\dagger(x;\xi')$ 与 $\mathscr{G}(x;\xi)$, 所得二式相减, 再积分, 并代入边界条件 (23.79b) 与 (23.80b), 就能证得

$$\mathscr{G}(\xi';\xi) = \mathscr{G}^\dagger(\xi;\xi'), \qquad \text{亦即} \qquad \mathscr{G}(x;\xi) = \mathscr{G}^\dagger(\xi;x). \tag{23.81}$$

根据 (23.81) 式, 还能进一步得到 $\widehat{M}_\xi \mathscr{G}(x;\xi) = \widehat{M}_\xi \mathscr{G}^\dagger(\xi;x)$, 因此

$$\widehat{M}_\xi \mathscr{G}(x;\xi) = \delta(x-\xi). \tag{23.82a}$$

同时将 (23.81) 与 (23.80b) 式结合起来, 又有

$$\mathscr{G}(x;a) = 0, \qquad \mathscr{G}(x;b) = 0. \tag{23.82b}$$

与此同时, 将边值问题 (23.77) 中的自变量改换为 ξ, 而后将此方程及 (23.82a) 式分别乘以 $\mathscr{G}(x;\xi)$ 与 $y(\xi)$, 所得二式相减, 再积分:

$$\int_a^b \left[\mathscr{G}(x;\xi) \widehat{M}_\xi y(\xi) - y(\xi) \widehat{L}_\xi \mathscr{G}(x;\xi) \right] d\xi = \int_a^b \left[\mathscr{G}(x;\xi) f(\xi) - y(\xi) \delta(x-\xi) \right] d\xi,$$

即得

$$y(x) = \int_a^b \mathscr{G}(x;\xi) f(\xi) d\xi - \left\{ \alpha(\xi) \left[\mathscr{G}(x;\xi) \frac{dy(\xi)}{d\xi} - y(\xi) \frac{d\mathscr{G}(x;\xi)}{d\xi} \right] \right\}_{\xi=a}^{\xi=b}$$
$$- \left\{ \left[\beta(\xi) - \alpha'(\xi) \right] y(\xi) \mathscr{G}(x;\xi) \right\}_{\xi=a}^{\xi=b}.$$

代入边界条件 (23.77b) 及 (23.82b), 就得到边值问题 (23.77) 的解

$$y(x) = \int_a^b \mathscr{G}(x;\xi) f(\xi) d\xi + \left[B\alpha(b) \frac{d\mathscr{G}(x;\xi)}{d\xi} \bigg|_{\xi=b} - A\alpha(a) \frac{d\mathscr{G}(x;\xi)}{d\xi} \bigg|_{\xi=a} \right]. \tag{23.83}$$

例 23.17 求解

$$\frac{d}{dx} \left[(1-x^2) \frac{dg(x;\xi)}{dx} \right] + \nu(\nu+1) g(x;\xi) = \delta(x-\xi),$$

$$g(x;\xi) \big|_{x=\pm 1} \text{有界},$$

其中 ν 不为整数.

解 考虑到这是一个特殊的非齐次方程边值问题: 方程的非齐次项只出现在 $x=\xi$ 一点, 故可以先在 $x\ne\xi$ 处求出满足齐次常微分方程及边界条件的解

$$g(x;\xi)=\begin{cases} A\mathrm{P}_\nu(-x), & -1<x<\xi, \\ B\mathrm{P}_\nu(x), & \xi<x<1, \end{cases}$$

再根据连接条件

$$g(x;\xi)\Big|_{x=\xi-}^{x=\xi+}=0,\qquad \frac{\mathrm{d}g(x;\xi)}{\mathrm{d}x}\Big|_{x=\xi-}^{x=\xi+}=\frac{1}{1-\xi^2},$$

即可定出系数 A, B. 显然,

$$B\mathrm{P}_\nu(\xi)-A\mathrm{P}_\nu(-\xi)=0,\qquad B\frac{\mathrm{d}\mathrm{P}_\nu(\xi)}{\mathrm{d}\xi}-A\frac{\mathrm{d}\mathrm{P}_\nu(-\xi)}{\mathrm{d}\xi}=\frac{1}{1-\xi^2}.$$

因为 (见第九章 (9.4) 式)

$$\begin{vmatrix} \mathrm{P}_\nu(x) & -\mathrm{P}_\nu(-x) \\ \dfrac{\mathrm{d}\mathrm{P}_\nu(x)}{\mathrm{d}x} & -\dfrac{\mathrm{d}\mathrm{P}_\nu(-x)}{\mathrm{d}x} \end{vmatrix}=\frac{2}{\pi}\frac{\sin\nu\pi}{1-x^2},$$

所以

$$B=\frac{\pi}{2}\frac{1-\xi^2}{\sin\nu\pi}\begin{vmatrix} 0 & -\mathrm{P}_\nu(-\xi) \\ \dfrac{1}{1-\xi^2} & -\dfrac{\mathrm{d}\mathrm{P}_\nu(-\xi)}{\mathrm{d}\xi} \end{vmatrix}=\frac{\pi}{2}\frac{1}{\sin\nu\pi}\mathrm{P}_\nu(-\xi),$$

$$A=\frac{\pi}{2}\frac{1-\xi^2}{\sin\nu\pi}\begin{vmatrix} \mathrm{P}_\nu(\xi) & 0 \\ \dfrac{\mathrm{d}\mathrm{P}_\nu(\xi)}{\mathrm{d}\xi} & \dfrac{1}{1-\xi^2} \end{vmatrix}=\frac{\pi}{2}\frac{1}{\sin\nu\pi}\mathrm{P}_\nu(\xi).$$

最后就得到

$$g(x;\xi)=\begin{cases} \dfrac{\pi}{2}\dfrac{1}{\sin\nu\pi}\mathrm{P}_\nu(\xi)\mathrm{P}_\nu(-x), & -1<x<\xi, \\ \dfrac{\pi}{2}\dfrac{1}{\sin\nu\pi}\mathrm{P}_\nu(-\xi)\mathrm{P}_\nu(x), & \xi<x<1. \end{cases}$$

由此结果也可看出, 当 ν 是整数时, 此问题无解.

还可以用本征函数展开法求 Green 函数 $g(x;\xi)$. 为此令

$$g(x;\xi)=\sum_{l=0}^{\infty}g_l(\xi)\mathrm{P}_l(x).$$

它一定满足边界条件 $g(x;\xi)\big|_{x=\pm 1}$ 有界, 因此只需代入微分方程定出 $g_l(\xi)$ 即可. 将 $\delta(x-\xi)$ 也按 $\mathrm{P}_l(x)$ 展开, 得

$$\sum_{l=0}^{\infty}\big[\nu(\nu+1)-l(l+1)\big]g_l(\xi)\mathrm{P}_l(x)=\sum_{l=0}^{\infty}\frac{2l+1}{2}\mathrm{P}_l(\xi)\mathrm{P}_l(x),$$

比较系数, 就能求出
$$g_l(\xi) = \frac{2l+1}{2} \frac{1}{\nu(\nu+1) - l(l+1)} P_l(\xi).$$

因此
$$g(x;\xi) = \sum_{l=0}^{\infty} \frac{2l+1}{2} \frac{1}{\nu(\nu+1) - l(l+1)} P_l(\xi) P_l(x).$$

例 23.18 求解
$$\frac{d}{dx}\left[(1-x^2)\frac{dg(x;\xi)}{dx}\right] + \nu(\nu+1) g(x;\xi) = \delta(x - \xi),$$
$$g(x;\xi)\big|_{x=0} = 0, \qquad g(x;\xi)\big|_{x=1} \text{有界},$$

其中 ν 不为整数.

解 本例题与例 23.6 大同小异: 微分方程相同, 差别只在于求解的区间不同, 边界条件因而也有所不同. 但同样可以先在 $x \neq \xi$ 处求出满足齐次常微分方程及边界条件的解
$$g(x;\xi) = \begin{cases} A[P_\nu(x) - P_\nu(-x)], & 0 < x < \xi, \\ B P_\nu(x), & \xi < x < 1, \end{cases}$$

再由连接条件
$$g(x;\xi)\bigg|_{x=\xi-}^{x=\xi+} = 0, \qquad \frac{dg(x;\xi)}{dx}\bigg|_{x=\xi-}^{x=\xi+} = \frac{1}{1-\xi^2}.$$

导出系数 A, B 之间应当满足的关系
$$A[P_\nu(\xi) - P_\nu(-\xi)] - B P_\nu(\xi) = 0,$$
$$A\left[\frac{dP_\nu(\xi)}{dx} - \frac{dP_\nu(-\xi)}{dx}\right] - B\frac{dP_\nu(\xi)}{dx} = -\frac{1}{1-\xi^2},$$

从而可以求得
$$A = -\frac{\pi}{2\sin\nu\pi} P_\nu(\xi), \qquad B = -\frac{\pi}{2\sin\nu\pi}[P_\nu(\xi) - P_\nu(-\xi)],$$

因此
$$g(x;\xi) = \begin{cases} -\dfrac{\pi}{2\sin\nu\pi} P_\nu(\xi)[P_\nu(x) - P_\nu(-x)], & 0 < x < \xi, \\ -\dfrac{\pi}{2\sin\nu\pi}[P_\nu(\xi) - P_\nu(-\xi)] P_\nu(x), & \xi < x < 1. \end{cases}$$

和例 23.17 一样, 也可以用本征函数展开法求解本题的 Green 函数. 只是需要注意, 由于本征值问题
$$\frac{d}{dx}\left[(1-x^2)\frac{dy(x)}{dx}\right] + \lambda y(x) = 0,$$
$$y(0) = 0, \qquad y(1) \text{有界}$$

的解为

$$\lambda_l = (2l+1)(2l+2),$$
$$y_l(x) = \mathrm{P}_{2l+1}(x), \qquad l=0,1,2,\cdots,$$

本征函数组 $\{\mathrm{P}_{2l+1}(x)\}$ 在 $[0,1]$ 上是正交完备的:

$$\int_0^1 \mathrm{P}_{2l+1}(x)\,\mathrm{P}_{2k+1}(x) = \frac{1}{4l+3}\delta_{kl}.$$

采用与例 23.17 类似的步骤, 就能求得

$$g(x;\xi) = \sum_{l=0}^{\infty} \frac{4l+3}{\nu(\nu+1)-(2l+1)(2l+2)}\,\mathrm{P}_{2l+1}(\xi)\,\mathrm{P}_{2l+1}(x).$$

§23.10 Green 函数的本征函数展开

1. 关于本征值问题的约定

设有常微分方程的本征值问题

$$-(pu')' + qu - \lambda\rho u = 0, \qquad a<x<b, \tag{23.84a}$$
$$U_a u = U_b u = 0. \tag{23.84b}$$

这里为了书写得简便, 已经将 (非混合型的) 边界条件简写成算符形式, 其定义为

$$U_a u \equiv \cos\alpha\, u(a) - \sin\alpha\, u'(a) = 0, \tag{23.85a}$$
$$U_b u \equiv \cos\beta\, u(b) + \sin\beta\, u'(b) = 0, \tag{23.85b}$$

其中 α 和 β 为给定的实数, $0\leqslant\alpha<\pi, 0\leqslant\beta<\pi$. 通常假设本征值问题 (23.84) 中的系数 p,q,ρ 是 $a<x<b$ 上的实值函数; p,p',q,ρ 在 $a<x<b$ 上连续; p 和 ρ 在 $a<x<b$ 上为正. 如果区间是有限的, 还要求上述所有假设均在闭区间 $a\leqslant x\leqslant b$ 上成立. 这样的本征值问题称为正则的; 否则称为奇异的. 这里只讨论正则的本征值问题.

把本征值问题 (23.84) 写成

$$\widehat{L}\,u - \lambda u = 0, \tag{23.86}$$

其中算符 $\widehat{L}$ 为

$$\widehat{L}\,u = \frac{1}{\rho}\left[-(pu')' + qu\right]. \tag{23.87}$$

(23.86) 式是标准的本征值问题的形式, 由于 $\widehat{L}$ 中因子 $1/\rho$ 的存在, 故应当定义内积为

$$(v,u)_\rho = \int_a^b v^* u\rho\,\mathrm{d}x.$$

因为在 $a<x<b$ 内 $\rho(x)>0$, 所以对于 $u\neq 0$, $(u,u)_\rho$ 为正, 因而能用于定义范数

$$\|u\|_\rho = (u,u)_\rho^{1/2} = \left(\int_a^b |u|^2\rho\,\mathrm{d}x\right)^{1/2}.$$

我们只讨论 $\int_a^b |u|^2 \rho\, dx$ 有限的函数 u, 它们组成 Hilbert 空间 $\mathscr{H}_\rho$, 其正交性为

$$(v, u)_\rho = 0, \quad 即 \quad \int_a^b v^* u \rho\, dx = 0.$$

令 $\{e_n\}$ 是 $\mathscr{H}_\rho$ 的正交归一基, 则对于 $\mathscr{H}_\rho$ 内的每个 f, 有

$$f = \sum_n (e_n, f)_\rho\, e_n = \sum_n \left[\int_a^b e_n^*(\xi) f(\xi) \rho(\xi) d\xi\right] e_n(x). \tag{23.88}$$

如果 f 属于 $\mathscr{L}_2(a,b)$, 则 f/ρ 属于 $\mathscr{H}_\rho$, 因此

$$\frac{f}{\rho} = \sum_n \left(e_n, \frac{f}{\rho}\right)_\rho e_n = \sum_n (e_n, f) e_n = \sum_n \left[\int_a^b e_n^*(\xi) f(\xi) d\xi\right] e_n(x). \tag{23.89}$$

容易证明 $\widehat{L}$ 及边界算符 U_a, U_b 的下列性质: 令 u 和 v 是任意二次可微函数, 则

$$\widehat{L}u^* = (\widehat{L}u)^*, \qquad U_a u^* = (U_a u)^*, \qquad U_b u^* = (U_b u)^*, \tag{23.90}$$

$$v^* \widehat{L} u - u \widehat{L} v^* = \frac{1}{\rho}\left[p\left(u(v^*)' - u'v^*\right)\right]' = \frac{1}{\rho}\left[p(x) W[u, v^*; x]\right]', \tag{23.91}$$

$$(v, \widehat{L}u)_\rho - (\widehat{L}v, u)_\rho = p(b) W[u, v^*; b] - p(a) W[u, v^*; a], \tag{23.92}$$

其中 $W[u, v^*; x] = uv^{*\prime} - u'v^*$ 是 $u(x)$ 和 $v^*(x)$ 的 Wroński 行列式. 如果 u 和 v 均满足边界条件 (23.85), 则 $W[u, v^*; b] = W[u, v^*; a] = 0$, 所以有

$$(v, \widehat{L}u)_\rho = (\widehat{L}v, u)_\rho. \tag{23.93}$$

这样, 如果算符 $\widehat{L}$ 的定义域 $\mathscr{D}_{\widehat{L}}$ 为具有连续二阶导数且满足 (23.85) 式的函数, 则 $\widehat{L}$ 是 Hermite 的; 而如果通过放松光滑性条件 (包括进一阶导数绝对连续①、二阶导数属于 $\mathscr{H}_\rho$ 的函数) 以稍稍扩大 $\mathscr{D}_{\widehat{L}}$, 则 $\widehat{L}$ 在新定义域上实际上是自伴的.

2. Green 函数与本征函数的关系

现在研究

$$-(pg')' + qg - \lambda \rho g = \delta(x - \xi), \quad a < x, \xi < b, \tag{23.94a}$$
$$U_a g = U_b g = 0 \tag{23.94b}$$

的 Green 函数 $g(x; \xi|\lambda)$ 与本征值问题 (23.84) 的本征函数 u_n 之间的关系. 将 $g(x; \xi|\lambda)$ 按本征函数 $u_n(x)$ 作展开:

$$g(x; \xi|\lambda) = \sum_n g_n(\xi, \lambda) u_n(x).$$

---

① 如果函数 $v(x)$ 满足

$$u(x) = \int_0^x v(x) dx + u(0),$$

则称为绝对连续函数. 若 $v(x)$ 连续, 则 $u(x)$ 可微; 但即使 $v(x)$ 可积, 此式仍成立, 此时 $u'(x)$ 几乎处处存在, 且几乎处处 $u'(x) = v(x)$.

为了求出 g_n，用 $u_n^*(x)$ 乘方程 (23.94a)，由 a 到 b 积分，并应用 (23.93) 式，即可得到

$$(u_n, \widehat{L}g)_\rho - \lambda(u_n, g)_\rho = (u_n, g)_\rho(\lambda_n - \lambda) = u_n^*(\xi).$$

所以

$$g_n(\xi, \lambda) = (u_n, g)_\rho = \frac{u_n^*(\xi)}{\lambda_n - \lambda}, \tag{23.95a}$$

从而就能求得

$$g(x; \xi|\lambda) = \sum_n \frac{u_n^*(\xi)u_n(x)}{\lambda_n - \lambda}. \tag{23.95b}$$

这是 g 的双线性级数. 我们看到，$g(x; \xi|\lambda)$ 作为 λ 的函数，在 $\lambda = \lambda_n$ 处有奇点. 如果 $\{u_n\}$ 和 $\{\lambda_n\}$ 已知，则可以直接由 (23.95b) 式构造出 g. 与此同时，我们还能求出非齐次方程

$$\begin{aligned}-(pw')' + qw - \lambda\rho w &= f, \quad a < x, \xi < b, \\ U_a w = U_b w &= 0\end{aligned} \tag{23.96}$$

的解 $w(x, \lambda)$. 模仿 (23.95b) 式的推导步骤，可得

$$w(x, \lambda) = \int_a^b g(x; \xi|\lambda) f(\xi) \mathrm{d}\xi = \sum_n \frac{u_n(x)}{\lambda_n - \lambda} \int_a^b u_n^*(\xi) f(\xi) \mathrm{d}\xi = \sum_n \frac{(u_n, f)}{\lambda_n - \lambda} u_n. \tag{23.97}$$

现在问一个反问题：根据 $g(x; \xi|\lambda)$ 的已知表达式，是否能确定本征值问题 (23.84) 的本征函数 $\{u_n\}$ 及本征值 $\{\lambda_n\}$？(23.95b) 式表明，作为复参数 λ 的函数，$g(x; \xi|\lambda)$ 在实数 λ_n 处有一阶极点，留数为 $-u_n^*(\xi)u_n(x)$. 这样我们所要做的全部工作就是要在 λ 的复平面上考察 $g(x; \xi|\lambda)$，挑出奇点 (就是本征值) 及在这些奇点处的留数 (与本征函数有关). 在 λ 的复平面上作无穷大圆 C_∞，它就包含了 $g(x; \xi|\lambda)$ 的全部奇点. 于是，沿 C_∞ (逆时针) 计算围道积分，就有

$$\frac{1}{2\pi\mathrm{i}} \oint_{C_\infty} g(x; \xi|\lambda) \mathrm{d}\lambda = -\sum_n u_n^*(\xi) u_n(x). \tag{23.98}$$

此式中的级数公认在通常意义下并不收敛，但在广义函数下有意义. 事实上，在 (23.89) 式中令 $f = \delta(x - \xi), e_n = u_n$，我们有

$$\frac{\delta(x - \xi)}{\rho(x)} = \sum_n u_n^*(\xi) u_n(x). \tag{23.99}$$

我们可以用 (23.99) 式去导出本征函数，甚至在连续谱的情形下，也可以用 (23.99) 式，只是要用对连续参量的积分代替求和，而 Green 函数有枝点而非极点.

应用 (23.99) 式的第一步是构造 $g(x; \xi|\lambda)$，从而使得我们能研究它对于 λ 的依赖性. 对于正则问题 (23.98)，当 $x < \xi$ 时，g 是齐次方程的解，满足 $U_a g = 0$. 不妨假设此解为 $v(x, \lambda)$，满足

$$v(x, \lambda)\big|_{x=a} = \sin\alpha, \qquad \frac{\mathrm{d}v(x, \lambda)}{\mathrm{d}x}\bigg|_{x=a} = \cos\alpha.$$

这样做的好处是 v 在整个 λ 平面上解析 (因为 v 所满足的方程中 λ 是解析地出现的，而边界条件与 λ 无关). 类似地，令 $w(x, \lambda)$ 是满足齐次方程及初始条件

$$w(x, \lambda)\big|_{x=b} = \sin\beta, \qquad \frac{\mathrm{d}w(x, \lambda)}{\mathrm{d}x}\bigg|_{x=b} = -\cos\beta$$

的解，再令 $x_< = \min(x,\xi)$，$x_> = \max(x,\xi)$，我们就有

$$g(x;\xi|\lambda) = Av(x_<,\lambda)w(x_>,\lambda) = \begin{cases} Av(x,\lambda)w(\xi,\lambda), & a < x < \xi, \\ Av(\xi,\lambda)w(x,\lambda), & \xi < x < b. \end{cases}$$

$\mathrm{d}g/\mathrm{d}x$ 在 $x = \xi$ 点不连续：

$$\left.\frac{\mathrm{d}g}{\mathrm{d}x}\right|_{x=\xi+} - \left.\frac{\mathrm{d}g}{\mathrm{d}x}\right|_{x=\xi-} = -\frac{1}{p(\xi)},$$

即

$$A\left[v(\xi,\lambda)w'(\xi,\lambda) - v'(\xi,\lambda)w(\xi,\lambda)\right] = -\frac{1}{p(\xi)}.$$

上式方括号内的表达式正好是 v 和 w 的 Wroński 行列式，它应当等于 $C/p(\xi)$，其中 C 是与 ξ 无关但与 λ 有关的常数. 因此

$$g(x;\xi|\lambda) = -\frac{v(x_<,\lambda)w(x_>,\lambda)}{C(\lambda)}, \tag{23.100}$$

其中的 $C(\lambda)$ 由

$$W[v(x,\lambda), w(x,\lambda); x] = vw' - v'w = \frac{C(\lambda)}{p(x)} \tag{23.101}$$

确定. 因为 v 和 w 都是 x 的整函数，故 v'，w' 和 $W[v,w]$ 亦然. 令 $\lambda = \mu$ 是 C 的零点，即 $C(\mu) = 0$，于是 $W[v(x,\mu), w(x,\mu); x] = 0$，即 $v(x,\mu)$ 与 $w(x,\mu)$ 线性相关. 由于 $v(x,\mu)$ 或/和 $w(x,\mu)$ 不可能恒等于 0，因此 $v(x,\mu)$ 只能是 $w(x,\mu)$ 的非零常数倍 (称为倍乘解)，并且都满足 $x = a, b$ 两端的齐次边界条件. 这说明 μ 是本征值，(未归一化的) 本征函数为 $v(x,\mu)$. 反之，由 (23.95b) 式可见，每个本征值都必定是 g 的奇点，因此 C 必为 0. 这样我们就能得出结论：C 的零点一定与 (23.84) 的本征值重合. 将这些零点 (本征值) 编号：$\lambda_1 < \lambda_2 < \cdots < \lambda_n < \cdots$，$\lambda_n \to \infty$，于是

$$v(x,\lambda_n) = k_n w(x,\lambda_n), \tag{23.102}$$

其中 k_n 是非零实常数. 由 (23.95b) 式我们也看到 g 只有一阶极点，因此 C 的零点也同样只能是一阶的. 为了使符号简化，我们令

$$v_n(x) \triangleq v(x,\lambda_n), \qquad w_n(x) \triangleq w(x,\lambda_n).$$

这样 $v_n(x)$ (或 $w_n(x)$) 就是对应于 (非简并) 本征值 λ_n 的实本征函数：$v_n(x) = k_n w_n(x)$. $v_n(x)$ 和 $w_n(x)$ 都不是归一化的.

g 在 $\lambda = \lambda_n$ 处的留数为

$$-\frac{v_n(x_<)w_n(x_>)}{C'(\lambda_n)} = -k_n \frac{w_n(x_<)w_n(x_>)}{C'(\lambda_n)} = -\frac{v_n(x_<)v_n(x_>)}{k_n C'(\lambda_n)}.$$

无论 $x<\xi$ 或 $x>\xi$，$w_n(x_<)w_n(x_>)$ 总等于 $w_n(x)w_n(\xi)$，因此 g 在 $\lambda=\lambda_n$ 的留数为

$$-k_n \frac{w_n(x)w_n(\xi)}{C'(\lambda_n)} = -\frac{v_n(x)v_n(\xi)}{k_n C'(\lambda_n)} = -u_n(x)u_n^*(\xi).$$

由此我们就能确认，归一化的实本征函数 $u_n(x)$ 由下式给出：

$$u_n(x) = \pm \frac{v_n(x)}{\sqrt{k_n C'(\lambda_n)}} = \pm \sqrt{\frac{k_n}{C'(\lambda_n)}} w_n(x). \tag{23.103}$$

例 23.19 固定边界的环形薄膜径向振动固有模式 u 及相应的固有频率 λ 满足

$$-(xu')' = \lambda x u, \qquad 0 < a < x < b, \tag{23.104a}$$
$$u(a) = u(b) = 0, \tag{23.104b}$$

其中 x 是到环心的距离.

Green 函数 $g(x;\xi|\lambda)$ 是

$$-(xg')' - \lambda x g = \delta(x-\xi), \qquad 0 < a < x, \xi < b, \tag{23.105a}$$
$$g\big|_{x=a} = g\big|_{x=b} = 0 \tag{23.105b}$$

的解. 齐次方程的独立解为 $\mathrm{J}_0(\sqrt{\lambda}x)$, $\mathrm{N}_0(\sqrt{\lambda}x)$. 函数

$$v(x,\lambda) = \mathrm{J}_0(\sqrt{\lambda}a)\mathrm{N}_0(\sqrt{\lambda}x) - \mathrm{J}_0(\sqrt{\lambda}x)\mathrm{N}_0(\sqrt{\lambda}a), \tag{23.106a}$$
$$w(x,\lambda) = \mathrm{J}_0(\sqrt{\lambda}b)\mathrm{N}_0(\sqrt{\lambda}x) - \mathrm{J}_0(\sqrt{\lambda}x)\mathrm{N}_0(\sqrt{\lambda}b) \tag{23.106b}$$

满足齐次方程及各自的初始条件

$$v(a,\lambda) = 0, \qquad v'(a,\lambda) = \sqrt{\lambda}\,W[\mathrm{J}_0, \mathrm{N}_0; \sqrt{\lambda}a] = \frac{2}{\pi a},$$
$$w(b,\lambda) = 0, \qquad w'(b,\lambda) = \sqrt{\lambda}\,W[\mathrm{J}_0, \mathrm{N}_0; \sqrt{\lambda}b] = \frac{2}{\pi b},$$

其中用到了 Wroński 行列式

$$W[\mathrm{J}_0, \mathrm{N}_0; x] = \frac{2}{\pi x}. \tag{23.107}$$

显然 $v(x,\lambda)$ 和 $w(x,\lambda)$ 都是整函数，且

$$g(x;\xi|\lambda) = A v(x_<,\lambda) w(x_>,\lambda).$$

$\dfrac{\mathrm{d}g}{\mathrm{d}x}$ 的间断条件是 $\dfrac{\mathrm{d}g}{\mathrm{d}x}\Big|_{\xi-}^{\xi+} = -\dfrac{1}{\xi}$, 因此 $AW[v,w;\xi] = -\dfrac{1}{\xi}$. 由 (23.106) 和 (23.107) 式, 有

$$W[v,w;x] = \frac{2}{\pi x}\left[\mathrm{J}_0(\sqrt{\lambda}a)\mathrm{N}_0(\sqrt{\lambda}b) - \mathrm{J}_0(\sqrt{\lambda}b)\mathrm{N}_0(\sqrt{\lambda}a)\right],$$

所以

$$g = -\frac{\pi}{2} \frac{v(x_<,\lambda) w(x_>,\lambda)}{\mathrm{J}_0(\sqrt{\lambda}a)\mathrm{N}_0(\sqrt{\lambda}b) - \mathrm{J}_0(\sqrt{\lambda}b)\mathrm{N}_0(\sqrt{\lambda}a)}. \tag{23.108}$$

问题 (23.104) 的本征值 λ 是 (23.108) 式中分母

$$D(\lambda) = \mathrm{J}_0(\sqrt{\lambda}a)\mathrm{N}_0(\sqrt{\lambda}b) - \mathrm{J}_0(\sqrt{\lambda}b)\mathrm{N}_0(\sqrt{\lambda}a)$$

的零点. 由 (23.104) 式可以证明它们都是正数. 置 $\lambda=r^2$, 则本征值 $\lambda_n=r_n^2$ 即由超越方程

$$D(r^2) = J_0(ra)N_0(rb) - J_0(rb)N_0(ra) = 0 \quad \text{或} \quad \frac{J_0(ra)}{J_0(rb)} = \frac{N_0(ra)}{N_0(rb)} \tag{23.109}$$

确定. 由方程 (23.109) 可以求得一系列正 (一阶) 零点 $r_1 < r_2 < \cdots$. 令

$$R_n = \frac{J_0(r_n a)}{J_0(r_n b)} = \frac{N_0(r_n a)}{N_0(r_n b)}, \tag{23.110}$$

我们则得到

$$\begin{aligned} v_n = v(x, r_n^2) &= J_0(r_n a)N_0(r_n x) - J_0(r_n x)N_0(r_n a) \\ &= R_n J_0(r_n b)N_0(r_n x) - B_n J_0(r_n x)N_0(r_n b) = R_n w(x, r_n^2) \\ &= R_n w_n(x). \end{aligned}$$

g 在 $\lambda = \lambda_n = r_n^2$ 处的留数为

$$-\frac{\pi}{2}\frac{v_n(x_<)w_n(x_>)}{D'(\lambda_n)} = -\frac{\pi}{2}\left(\frac{2r_n}{R_n}\right)\frac{v_n(x)v_n(\xi)}{[dD(r^2)/dr]_{r=r_n}},$$

由 (23.109) 和 (23.110) 式, 我们得到

$$\left.\frac{dD(r^2)}{dr}\right|_{r=r_n} = -\frac{a}{R_n}\frac{2}{\pi r_n a} + bR_n\frac{2}{\pi r_n b} = \frac{2}{\pi r_n}\left(\frac{R_n^2 - 1}{R_n}\right).$$

因此归一化的本征函数就是

$$u_n(x) = \frac{\pi r_n}{\sqrt{2(R_n^2 - 1)}}\left[J_0(r_n a)N_0(r_n x) - J_0(r_n x)N_0(r_n a)\right], \tag{23.111}$$

其中 r_n 和 R_n 分别由 (23.109) 和 (23.110) 二式决定.

参考书目

基本参考书

[1] 郭敦仁. 数学物理方法. 2 版. 北京: 高等教育出版社, 1991.

[2] 梁昆淼. 数学物理方法. 3 版. 北京: 高等教育出版社, 1998.

[3] COURANT R, HILBERT D. Methods of Methematical Physics. New York: Interscience Publishers, 1962.
柯朗, 希尔伯特. 数学物理方法: 卷 I. 钱敏, 郭敦仁, 译. 北京: 科学出版社, 1958; 卷 II, 熊振翔, 杨应辰, 译. 北京: 科学出版社, 1977.

[4] MORSE P M, FESHBACH H. Methods of Theoretical Physics. New York: McGraw-Hill, 1953.

[5] WHITTAKER E T, WATSON G N. A Course of Modern Analysis. Cambridge: Cambridge Univ. Press, 1927.

[6] ARFKEN G B, WEBER H J. Mathematical Methods for Physicists. Amsterdam: Elsevier, 2006.

[7] MACROBERT T M. Functions of a Complex Variable. London: Macmillan, 1954.

[8] TITCHMARSH E C. The Theory of Functions. Oxford: Oxford Univ. Press, 1962.
梯其玛希. 函数论. 吴锦, 译. 北京: 科学出版社, 1962.

[9] BROMWICH T J I'A. An Introduction to the Theory of Infnite Series. London: Macmillan, 1931.

[10] KNOPP K. Theory and Application of Infinite Series. New York: Dover, 1989.

[11] CHURCHILL R V. Fourier Series and Boundary Value Problems. New York: McGraw-Hill, 1941.

[12] CHURCHILL R V. Operational Mathematics. New York: McGraw-Hill, New York, 1958.

专著和工具书

[13] 王竹溪, 郭敦仁. 特殊函数概论. 北京: 北京大学出版社, 2012.

[14] ERDELYI A et al. Higher Transcendental Functions: Vol I, II. New York: McGraw-Hill, 1953.

[15] HOBSON E W. The Theory of Spherical and Ellipsoidal Harmonics. Cambridge: Cam-

bridge Univ. Press, 1931.

[16] WATSON G N. A Treatise on the Theory of Bessel Functions. Cambridge: Cambridge Univ. Press, 1944.

[17] GRADSHTEYN I S, RYZHIK I M. Table of Integrals, Series, and Products. 7th ed. Singapore: Elsvier, 2007.

[18] ABRAMOWITZ M, ATEGUN I A. Handbook of Mathematical Functions with Formulas, Graphs, and Mathematical Tables. Washington D C: U. S. National Bureau of Standards, 1965.

[19] ERDELYI A. Tables of Integral Transforms. New York: McGraw-Hill, 1954.

[20] 吴崇试. 数学物理方法专题: 复变函数与积分变换. 北京: 北京大学出版社, 2013.

[21] 吴崇试. 数学物理方法专题: 数理方程与特殊函数. 北京: 北京大学出版社, 2012.

其他参考书

[22] 莫叶. 勒襄特函数论. 济南: 山东大学出版社, 1988.

[23] 普里瓦洛夫. 复变函数引论. 北京大学数学力学系数学分析与函数论教研室, 译. 北京: 商务印书馆, 1953.

[24] 拉甫伦捷夫, 沙巴特. 复变函数论方法: 上册. 施祥林, 夏定中, 译. 北京: 人民教育出版社, 1956; 下册, 北京: 人民教育出版社, 1956.

[25] 吉洪诺夫, 萨马尔斯基. 数学物理方程: 上册. 黄克欧, 等译. 北京: 人民教育出版社, 1961; 中册. 北京: 人民教育出版社, 1961; 下册. 北京: 人民教育出版社, 1963.

[26] BRADBURY T C. Mathematical Methods with Applications to Problems in the Physical Sciences. New York: Wiley, 1984.

[27] MATHEWS J, WALKER B L. Mathematical Methods of Physics. New York: Benjamin, 1970.

[28] HILDBRAND F B. Advanced Calculus for Applications. 2nd ed. Englewood Cliffs: Prentice-Hall, 1976.

[29] BOAS M L. Mathematical Methods in the Physical Sciences. New York: Wiey, 1983.

[30] MARSDEN J E. Basic Complex Analysis. San Fransisco: Freeman, 1973.

[31] REMMERT R. Theory of Cpmplex Functions. New York: Springer-Verlag, 1991.

[32] RAINVILLE E D. Special Functions. New York: Macmillan, 1960.

[33] TRANTER C J. Integral Transforms in Mathematical Physics. 3rd ed. New York: Wiley, 1966.
特兰台尔. 数学物理中的积分变换. 潘德惠, 译. 北京: 高等教育出版社, 1959.

[34] DE BRUIJN N G. Asymptotic Methods in Analysis. Amsterdam: North-Holland Publishing Co., 1958.

[35] JEFFREYS H. Asymptotic Approximation. Oxford: Clarendon, 1962.

[36] DINGLE R B. Asymptotic Expansions: Their Derivation and Interpretation. London: Academic Press, 1973.

索 引

A

Abel 定理   57, 60

B

B 函数   122ff, 329
Bernoulli 多项式   62
Bernoulli 数   84, 132, 135
Bessel 方程   144, 159, 164, 221, 361ff, 458, 558
　　～的本征值问题   376ff
Bessel 函数   79, 157, 213, 361ff, 407
　　～的递推关系   367
　　～的渐近展开   160, 252, 371
　　半奇数阶 ～   385ff
　　含 ～ 的积分   366ff
　　球 ～   322, 385ff
　　虚宗量 ～   157, 381ff
　　整数阶 ～ 的积分表示   372ff
　　整数阶 ～ 的生成函数   372ff
Bolzano - Weierstrass 定理   7
半纯函数的有理分式展开   86
本征值问题   165, 257ff, 293ff, 303ff, 325ff, 354ff, 376ff, 458ff, 480ff
　　Sturm - Liouville 型方程的 ～   309ff, 502ff
　　本征函数的正交性   258ff, 294ff, 307
　　本征函数的完备性   273, 308, 316
　　～ 简并现象   296, 313ff, 501
　　偏微分方程的 ～   347
　　奇异的 ～   306, 309, 504ff
　　正则的 ～   306, 309
　　自伴算符的 ～   303ff
边界条件   233ff
　　连接条件   235, 300, 351
　　有界条件   235, 292ff
　　无穷远条件   235, 299, 341, 399, 431ff
　　周期条件   292ff, 309, 314, 500
变分法   451ff
　　变分学基本引理 ～   454
波动方程   227ff, 247ff
　　发散波   372, 432
　　孤波   476
　　固有频率   261, 376, 380, 548
　　会聚波   372
　　平面波   374, 388
　　球面波   388, 433
　　行波   247
　　柱面波   372, 375
不定积分   37

C

Cauchy 不等式   45
Cauchy 定理   32ff, 90
Cauchy 积分公式   41ff, 68, 75, 297
Cauchy 型积分   42ff
Cauchy – Riemann 方程   14ff, 33ff
Cauchy – Riemann 条件   14
Christoffel 型和式   336ff
常微分方程的积分解法   172ff, 219
　　Euler 变换   173
　　Laplace 变换   220
常微分方程的幂级数解法   172ff, 219
　　Bessel 方程的解   160, 164, 361ff
　　Frobenius 方法   149

Fuchs 型方程　151, 161, 173, 357
Legendre 方程的解　140, 154, 322ff
常微分方程常点邻域内的解　139ff
常微分方程的不变式　161ff
常微分方程的常点　138ff, 227, 506ff
常微分方程的非正则奇点　144, 155ff, 164, 173, 219, 313, 356, 361, 386
常微分方程的奇点　138
常微分方程的正则解　144, 149, 155, 168, 363
常微分方程的正则奇点　144
常微分方程非正则奇点邻域内的解　158ff
微分方程正则奇点邻域内的解　143ff
指标方程　145
超几何方程　138, 144, 151ff, 161, 170, 323
　Riemann P- 方程　151ff, 323, 344
超几何函数　155, 171
初等函数　17ff, 70, 161, 182, 194, 385
初始条件　232, 237, 256, 260ff

D

d'Alembert 解　248
δ 函数　190, 342, 373, 413ff, 516, 520ff
　～的定义　191, 516
　～的运算法则　521
　利用 ～ 计算定积分　196ff
δ 序列　192
单侧导数　432
单侧函数　200
单值函数的奇点　80ff
　本性奇点　82
　非孤立奇点　80
　孤立奇点　80
　极点奇点　81
　可去奇点　80
等周问题　459
递推关系
　Γ 函数的 ～　115
　Legendre 多项式的 ～　333ff
　ψ 函数的 ～　120
　柱函数的 ～　367ff
电像法　436
度规　282, 291

度量空间　481ff
多值函数　9, 22ff
　～的分支点　23ff
　单值分支　24
　割线　25
　对数函数　27ff
　反三角函数　27
　根式函数　22ff

E

Euler 常数　117, 129, 324
Euler 数　84ff
Euler–Lagrange 方程　453ff
二阶线性齐次常微分方程
　Bessel 方程　144, 159, 164, 221, 361ff
　Euler 型方程　293, 309, 311, 507
　Legendre 方程　138ff, 175, 322ff, 508
　超几何方程　138, 144, 151ff, 163, 170
　合流超几何方程　155ff, 161ff
　连带 Legendre 方程　163, 344ff
　球 Bessel 方程　386, 432
二项式展开　36, 72

F

Fourier 变换　178ff, 375, 401, 433, 443
　～的 Parseval 公式　186
　～的反演　186, 401, 433, 443, 447
　～的基本性质　185
　～卷积公式　186
　复平面上的 ～　198
Fourier 定律　230
Fourier 积分　179
　～的收敛性　183
Fourier 级数 (展开)　63, 261, 294, 372, 389
Frullani 积分　212
泛函　451ff
　～极值　452ff
　～的条件极值　457ff
　线性 ～　495, 512ff
范数　453, 483, 492, 505, 544
分离变量法　255ff, 292ff, 314, 339ff, 381ff
　非齐次边界条件的齐次化　273ff

索引

矩形区域 262ff
两端固定弦的受迫振动 267ff
两端固定弦的自由振动 256ff
球形区域 339ff
圆形区域 292ff
柱形区域 381ff
复变函数 8, 13ff
    连续性 13ff
    可导 14
    可导的必要条件 14
    可微 15
    平方可积 303ff, 356, 483ff
一致连续 14
复变积分 31ff, 96ff, 155, 201
    Cauchy 型积分 42
    ~ 的变形定理 34
    (积分) 主值 48, 101, 125, 201, 558
    含参量的积分 45, 60
赋范线性空间 483ff, 492
复数级数 51ff
    ~ 的收敛性 51
    ~ 乘法 53
    Cauchy 判别法 53, 64
    d'Alembert 判别法 52
    Gauss 判别法 52
    比较判别法 52
    比值判别法 52
    二重级数 54ff
    绝对收敛 52
    收敛的 Cauchy 充要条件 51
    收敛的必要条件 51

G

Γ 函数 113ff
    ~ 的倍乘公式 116, 122
    ~ 的递推关系 115
    ~ 的解析性 113ff
    ~ 的奇点 116
    ~ 的无穷乘积表示 129
    ~ 的围道积分表示 129
    Stirling 公式 116
    不完全 ~ 113

互余宗量关系 116, 122
Gauss 和 107
Green 公式 32, 413, 427
Green 函数 252, 413ff
    ~ 的概念 414, 426
    ~ 的对称性 419, 424, 430, 440, 445, 538
    ~ 的奇异性 415, 422, 429
    常微分方程边值问题的 ~ 421ff, 540ff
    常微分方程初值问题的 ~ 415ff, 536ff
    波动方程的 ~ 440ff
    热传导问题的 ~ 252, 445ff
    三维无界区域 Helmholtz 方程的 ~ 431ff
    圆形区域第一边值问题的 ~ 435ff
    稳定问题的 ~ 426ff
光瞳函数 375
广义函数 187, 193, 201, 433, 512ff
    检验函数 513
    局部可积函数 515

H

Hankel 变换 406
Hankel 函数 158, 160, 368, 371
Heaviside 单位阶跃函数 193, 199, 299, 516ff
Helmholtz 方程 21, 232, 300ff, 321ff, 360ff
Hilbert 空间 488ff
    ~ 的基 490
    ~ 的生成子集 489
    可分离的 ~ 490
含参量反常积分的解析性 60
含参量积分的解析性 45
函数级数 55ff
    ~ 的收敛性 55
    Weierstrass M-检验法 56
    发散级数 62
    渐近级数 62ff
    一致收敛 56
    一致收敛级数的性质 55
合流超几何函数 156ff, 161

J

极限 7, 13

加法公式
    连带 Legendre 函数的 ~ 344
    柱函数的 ~ 368
解析函数 15ff
    ~ 的高阶导数公式 44
    ~ 的唯一性 74
    ~ 零点的孤立性 74
    必要条件 15
    实部与虚部的关系 15
解析函数的幂级数展开 68ff
    Laurent 展开 75ff
    Taylor 展开 68ff
解析延拓 82ff
聚点（极限点） 7
均值定理 41

K

扩散方程 231

L

Lagrange 乘子法 457ff
Lagrange 量 452
Laplace 变换 204ff
    ~ 存在的充分条件 205
    ~ 的反演 210ff
    ~ 的卷积定理 213
    ~ 的像函数 204
    ~ 的原函数 204
    绝对收敛横标 205
    收敛横标 205
Laplace 换式的解析性 207
Laplace 算符 230
    ~ 的不变性 290ff
    正交曲面坐标系中的 ~ 287ff
Laurent 展开 74ff
    ~ 的正则部分 76
    ~ 主要部分 76
Legendre 多项式 324ff
    ~ 的递推关系 333
    ~ 的模方 330
    ~ 的生成函数 332
    ~ 的微分表示 327

    ~ 的正交完备性 329
    函数按 ~ 展开 330
Legendre 函数 324
l'Hôpital 法则 81, 270, 365
Liouville 定理 45
连带 Legendre 函数 345ff
    ~ 的加法公式 352
零函数 210, 309, 518
留数 90
    ~ 定理 90ff

M

Mittag-Leffler 定理 86
Möbius 变换 133ff
Möbius 反演 133ff
Möbius 函数 132
Morera 定理 44
幂级数 57ff
    Abel 定理 5, 57
    Cauchy‑Hadamard 公式 58
    收敛半径 58
    收敛圆 58

N

Neumann 函数 365, 368
Newton 多项式 135
内积 484
内积空间 484

P

Parseval 公式 186ff
Picard 大定理 82
Poisson 方程 21, 231, 239, 296, 429, 431
Poisson 积分公式 46ff, 297, 405, 440, 473
ψ 函数 117ff, 126, 365, 383
    ~ 的渐近展开 117
    ~ 的奇点 117
    利用 ~ 计算级数和 120ff
偏微分方程
    Helmholtz 方程 21, 232, 239, 301, 321ff, 360ff

Laplace 方程　17, 21, 232, 253, 262, 295, 324, 340, 341, 347, 381, 440, 473
Poisson 方程　21, 231, 239, 297, 298, 429, 435
抛物型方程　232, 471
热传导方程　230ff
矢量波动方程　300
矢量 Helmholtz 方程　301
双曲型方程　232, 470
椭圆型方程　232, 470
平均收敛　309, 316, 490
平面波按球面波展开　388
平面波按柱面波展开　375

Q

球 Bessel 函数　386
球 Hankel 函数　387
球 Neumann 函数　386
区域　8
权函数　303, 330

R

Rayleigh–Ritz 方法　463ff
Riemann P-方程　151ff, 323
Riemann ζ 函数　132
Riemann 面　26
Riemann 映射定理　20
Riemann–Lebesgue 定理　183, 207

S

Schwarz 不等式　485, 488
色散关系　49
生成函数
　　Legendre 多项式的 ～　332
　　整数阶 Bessel 函数的 ～　372
矢量分析　290
　　梯度　290
　　旋度　290
　　散度　290
算符　239, 303ff
　　Hermite ～　306, 496
　　Laplace ～　230
　　伴 ～　172, 304, 495
　　闭 ～　494
　　连续 ～　493
　　奇异 ～　494
　　线性 ～　239, 492
　　线性微分 ～　497
　　无界 ～　493
　　有界 ～　492
　　自伴 ～　305, 496,
　　正则 ～　494

T

特征线　248, 470
调和函数　17, 253
　　球面 ～　347ff

W

Weierstrass 定理　57
Weierstrass 函数　14
Weyl 定理　506
Wroński 行列式　314, 364, 505, 545
外微分　283ff
　　～ 算符　283
　　∗ 算符　284
　　楔积　283
　　微分形式　283
围道　29, 44
　　半圆形 ～　97ff, 118
　　方形 ～　109
　　矩形 ～　106
　　玦形 ～　103
　　平行四边形围道 ～　107
　　三角形 ～　34
　　扇形 ～　97
　　哑铃形 ～　106
　　圆形 ～　48
无穷级数
　　Cauchy 判别法　53
　　Cauchy 充要条件　51
　　d'Alembert 判别法　52
　　Gauss 判别法　52
　　发散　51, 55

渐近 (展开) 级数　62, 116, 130ff, 160, 252
绝对收敛　52
收敛　51, 55
一致收敛　51
无穷级数求和
　利用 Laplace 变换求和　217ff
　利用 ψ 函数求和　120ff
　利用留数定理求和　109ff
无穷远点　10

X

线性空间　483ff
　Euclid 空间　489
　Hilbert 空间　488ff
　函数空间　481ff
　线性流形　487
　线性子空间　488
　酉空间　489
　正交归一矢量组　486
小波变换　408ff
　Gabor 变换　408
序列
　～收敛的 Cauchy 充要条件　8
　有界 ～　7
　无界 ～　7

Y

一类无穷积分的变换公式　125ff

引理
　Jordan ～　98
　变分学基本 ～　454
　补充 ～　100
　大圆弧 ～　40
　小圆弧 ～　39
映射　9, 15, 19, 304, 451
应用留数定理计算定积分　90ff
　留数定理　90
　积分路径上有奇点的情形　101ff
　含三角函数的无穷积分　97ff, 99ff
　涉及多值函数的积分　103ff
　有理三角函数的积分　94ff
　无穷积分　95ff
原函数 (Laplace 变换)　204
原函数 (复变积分)　38

Z

正交　486ff
　～补　488
　～分解　486
　～投影　486
　～集　486
　真 ～ 集　486
正交多项式　354ff
正交变换　290
整函数　85
最大模定理　45